工控技术精品丛书·跟李老师学 PLC

三菱 FX3 系列 PLC 功能指令应用全解

李金城　编著

電子工業出版社
Publishing House of Electronics Industry
北京·BEIJING

内 容 简 介

本书主要内容为三菱 FX3 系列 PLC 功能指令讲解。为了使读者能够在较短的时间内正确理解、掌握和应用功能指令，书中除了对功能指令本身做了详细的说明，还增加了与功能指令相关的基础知识、专业知识和应用知识。同时，针对功能指令的应用编写了许多实例，说明功能指令的应用技巧。

本书既可以作为工控技术人员的自学用书，也可以作为培训教材和大专院校相关专业的教学参考，同时还可以作为编程手册查询使用。

图书在版编目（CIP）数据

三菱 FX3 系列 PLC 功能指令应用全解 / 李金城编著. 一北京：电子工业出版社，2020.4
（工控技术精品丛书. 跟李老师学 PLC）
ISBN 978-7-121-38649-7

Ⅰ. ①三…　Ⅱ. ①李…　Ⅲ. ①PLC 技术　Ⅳ. ①TM571.61

中国版本图书馆 CIP 数据核字（2020）第 035913 号

责任编辑：陈韦凯　　文字编辑：孙丽明
印　　刷：北京虎彩文化传播有限公司
装　　订：北京虎彩文化传播有限公司
出版发行：电子工业出版社
　　　　　北京市海淀区万寿路 173 信箱　　邮编　100036
开　　本：787×1 092　1/16　印张：44.25　字数：1132.8 千字
版　　次：2020 年 4 月第 1 版
印　　次：2024 年12月第 6 次印刷
定　　价：96.00 元

凡所购买电子工业出版社图书有缺损问题，请向购买书店调换。若书店售缺，请与本社发行部联系，联系及邮购电话：（010）88254888，88258888。

质量投诉请发邮件至 zlts@phei.com.cn，盗版侵权举报请发邮件至 dbqq@phei.com.cn。

本书咨询联系方式：chenwk@phei.com.cn，（010）88254441。

前　言

《三菱 FX_{2N} PLC 功能指令应用详解》第 1 版自 2011 年出版以来，市场反应良好，受到了广大读者的欢迎，9 年来印刷了 16 次（含修订版），共计 41000 余册。随着微电子技术的发展，PLC 也在不断地升级和更新换代。2012 年 9 月，三菱公司停产了 FX_{2N} PLC 机型；2015 年 12 月，三菱公司又停产了 FX_{1S}/FX_{1N} PLC 机型。它们的替代产品是 FX3 系列 PLC——FX_{3S} PLC、FX_{3G} PLC 和 FX_{3U} PLC 三种机型。

FX3 系列 PLC 不但在硬件性能上远远高于被替代产品，同时，还开发了许多非常实用和方便编程的功能指令。机型的升级和功能指令的增加使得《三菱 FX_{2N} PLC 功能指令应用详解》一书已落后于时代的需求。近几年，许多读者和技成培训公司的学员通过邮箱、QQ 群、工控论坛等各种渠道给我提出意见，希望我能尽快编写一本更为齐全的、符合时代需求的 FX3 系列 PLC 功能指令详解。一开始，我很是犹豫，主要是考虑到自己年岁已高，精力有限，怕半途而废。但是，面对广大读者的殷切希望和他们对学习知识的追切需求，我还是在两年前消除了顾虑，提起笔来，开始着手编写本书。要做，就全力去做；要做，就尽力做好。到今天，总算完成了自己的心愿。

与《三菱 FX_{2N} PLC 功能指令应用详解》一书相比，本书的编写有以下几个特点。

（1）在内容上做了改动，删去了《三菱 FX_{2N} PLC 功能指令应用详解》一书的前四章，直接进入了功能指令的讲解。这样改动，使书名与内容更贴切，将更多的篇幅用于功能指令讲解，可以使内容更充实，而整书的篇幅又不会增加很多。

（2）FX3 系列 PLC 共有 220 条功能指令，比 FX_{2N} PLC 多了 80 条。本书对在实际中较少用到的扩展寄存器控制指令（6 条）和内存闪卡控制指令（6 条）不进行讲解，对其余的 208 条功能指令全部进行详细的讲解。可以说本书是讲解 FX3 系列 PLC 功能指令最全的一本书。

（3）本书的编写继承了《三菱 FX_{2N} PLC 功能指令应用详解》一书的编写风格和特点，对功能指令的讲解增加了与其相关的基础知识、专业知识和应用知识，克服了编程手册对功能指令的说明简单和文字晦涩的缺陷，使读者能在较短的时间里学会、掌握和在实际中应用功能指令。

（4）对《三菱 FX_{2N} PLC 功能指令应用详解》一书中的功能指令也不是全部原封不动地照搬到本书中，而是参考三菱电机《FX3 系列编程手册・基本应用指令说明书》，进行了全面的修订和增补。因为本书是针对 FX_{3U} PLC 机型进行编写的，所以凡是与 FX_{2N} PLC 相通的部分，例如转移指令、传送移位指令、数值运算指令等基本上没有改动，而对应用有差别的部分，则按 FX_{3U} PLC 进行了全面的修订和改动。

本书的阅读对象是从事工业控制自动化的工程技术人员、刚毕业的工科院校机电专业学生和在生产第一线的初、中、高级维修电工。因此，编写时力求深入浅出、通俗易懂，同时联系实际、注重应用。书中精选了大量的应用实例，供读者在实践中参考。

技成培训公司有我主讲的《FX_{2N} PLC 功能指令详解》《三菱 FX 系列 PLC SFC 顺序控制应用》和《FX_{3U} PLC 新增功能指令讲解》三门视频课程。书和视频课程配套学习，效果会更好。读者如需购买视频课程，请自行访问技成培训公司网站，网址：www.jcpeixun.com，联系电话：4001114100。

本书编写的过程中，季建华工程师对 Modbus 读写指令 ADPRW 的初稿提出了宝贵意见；李震涛、李欢欢承担了全部书稿的打字录入工作，付出了辛勤的劳动。同时在编写的过程中还参考了一些书刊内容，并引用了其中一些资料，难以一一列举，在此一并表示衷心感谢。

由于编著者水平有限，书中有疏漏和不足之处，恳请广大读者批评指正。编著者联系邮箱：jc1350284@163.com。

李金城
2020 年 1 月

谈谈功能指令的学习
（学习本书前请先阅读）

功能指令又称为应用指令，是对 PLC 的基本逻辑指令的扩充，它的出现使 PLC 的应用从逻辑顺序控制领域扩展到模拟量控制、运动量控制和通信控制领域，因此，学习功能指令应用是掌握 PLC 在这些扩展领域中使用的前提。

很多参加培训的学员和从事工控技术工作的朋友都感觉功能指令难学、不好掌握，这是为什么呢？主要有三方面的原因：一是功能指令数量多、门类广，FX_{2N} PLC 有 140 条功能指令，FX 3 系列 PLC 有 220 条功能指令，未学之前就会有一种畏难情绪，不知从哪儿学起，不知如何学习。二是许多功能指令的学习涉及一些工控技术基础知识、专业知识和应用知识，编程手册对这些知识的介绍既简单，文字又晦涩。许多 PLC 的入门书籍限于篇幅，对功能指令往往只是进行一些简单罗列和一般性介绍，也不够全面。对于需要进一步提高 PLC 控制技术而又缺乏相关知识的读者来说，增加了学习功能指令的难度。三是功能指令学习必须与实践紧密结合才能学好。初学者往往实践较少，缺乏经验，学习上有点急于求成，总希望仅仅通过阅读编程手册和一些 PLC 书籍就能很快地掌握功能指令的应用，结果是欲速则不达，碰到实际问题还是不知道如何使用功能指令编程。

那么如何学习功能指令呢？本书提出以下几点供广大读者参考。

第一，先要学习有关功能指令的预备知识，即编程手册的“功能指令预备知识”（本书第 1 章）。很多初学者一开始就跳过这一章，直接进行指令学习，结果就出现了找不到 DMOV 指令、INCP 指令在哪里，K4X0 是什么等问题。其实，这些问题都可以在预备知识中找到答案，因此，对功能指令预备知识的学习是非常重要的，这些知识主要有指令格式、指令执行形式、指令数值表示和指令寻址方式。这些知识是针对所有指令的，必须先要学习和了解，当然这些知识也必须结合具体的指令去慢慢理解，不是学习一次就够了，要反复结合指令学习理解。

第二，对指令进行浏览性的学习。浏览就是泛泛地看，随意翻翻，任意记记，没有前后顺序，没有时间长短。浏览的目的是对指令的分类有大致的了解，对查找指令的位置大致清楚，对指令的功能有印象。浏览就是浏览，不要刻意地去记什么，浏览的次数多了，就自然会在脑子中留下印象，也就“无心插柳柳成荫”了。

第三，对基础指令要重点学、反复学。功能指令可以大致分为两大类：一类是基础性的指令；另一类是高级应用指令。基础性指令指步进指令、程序流程指令、传送指令和比较指令、位移指令、数值运算指令和部分数据处理指令。这类指令是编程中最常用的指令，在一般控制程序中都用得上，对这类功能指令就要专门拿出时间来重点学习。初学者主要是学习它们的操作功能，并在实践中去理解它们，每一个功能指令在实际使用中都会有一些应用规则，对这些应用规则不必一开始就非要弄清楚，而是要通过对指令的反复学习和应用才能逐步掌握。基础性指令也会涉及一些指令外的知识，如 PLC 知识、数制码制知识、数的表示和运算知识等。因此，在学习功能指令的同时，也要去补充这方面的知识，这样才能更好地学好功能指令。

第四，采用实用主义的态度去学习 PLC 高级应用功能指令，高级应用功能指令是指模拟量控制、PID 控制、定位控制、高速输入/输出和通信控制等有关的指令。学习这类指令需要一些专业知识才能掌握。对这些指令建议采用实用性的学习态度，就是用到就学，不用不学，边用边学，边学边用；专业知识和功能指令一起学，学了马上就用，以加深理解。当然，这种学习方法也适用于部分不常用的基础指令的学习。

第五，对于“休眠”指令暂时不学。在 PLC 的功能指令中，有一些功能指令是在早期为适应当时的需要而开发的，随着时代的变迁，这些功能指令或者被后来开发的指令所代替，或者随着工控技术的发展已基本不用。还有一些指令是针对某些特定的外部设备而开发的，现在也很少用。虽不学习，但要了解它们在编程手册中的位置，万一在读程序时碰到就可以通过手册来了解它们。

第六，所有指令，都要在实践中学。进行仿真和联机（PLC）实践。注意，很多指令是不能仿真的，只有联机甚至外接实际工况才能完成它的功能。指令的功能和应用是非常丰富的。任何书和资料都不可能把所有应用情况讲全。大部分要靠自己在实践中去理解和掌握。所谓“实践出真知”就是这个道理了。

学习有法，法无定法，没有一种学习方法是适合所有人的，因此，读者还是要根据自身的条件，参考上述方法，寻找出最适合自己的学习方法。这样，才能达到学习功能指令事半功倍的效果。

李金城
2020 年 1 月

目　　录

第 1 章　功能指令预备知识

PLC（可编程逻辑控制器）除了能处理逻辑开关量，还能对数据进行处理。PLC 的基本逻辑指令主要用于逻辑开关量的处理，而功能指令则用于数据的处理，包括数据的传送、变换、运算，以及程序流程控制，此外功能指令还用来处理 PLC 与外部设备的数据传送和控制。

本章主要介绍与功能指令应用相关的基础知识，这些知识对学习、掌握和应用功能指令非常有帮助，特别是对初学者而言。后面学习具体功能指令时，对这些相关的基础知识就不再赘述。

1.1　功能指令分类

PLC 最初是结合计算机和继电器控制的一种通用控制装置。第一台 PLC 就是代替传统的继电器控制系统而获得成功的。因此，早期的 PLC 在控制功能上只能实现逻辑量控制（继电器控制系统的开关量控制）。但随着技术的发展特别是计算机技术的发展，PLC 的功能发生了很大的变化。当 PLC 采用 CPU 作为中央处理器后，PLC 不仅具有逻辑处理功能，还具有了数据处理功能，这就为 PLC 在模拟量控制和运动量控制等领域的应用奠定了基础。因此，在 20 世纪 80 年代后，一些小型 PLC 就逐步添加了功能指令（又称为应用指令，以区别基本逻辑控制指令）。功能指令的出现使得 PLC 的控制功能越来越强大，应用范围也越来越广泛。

在 PLC 中，功能指令实际上是一个个完成不同功能的子程序。在应用中，只要按照功能指令操作数的要求填入相应的操作数，然后在程序中驱动它们（实际上是调用相应子程序），就会完成该功能指令所代表的功能操作。因为是子程序，所以 PLC 的功能指令越来越多，功能越来越强，应用也越来越方便。

三菱 FX3 系列 PLC 的功能指令目前有 228 条，而且还在不断增加中，这些功能指令可以分成下面几种类型。

1）基本功能指令

这是一些经常用到的功能指令，有程序流程控制指令、传送与比较指令、移位指令等。

2）数值运算指令

主要是对数值进行各种运算的指令，有二进制运算指令、浮点运算指令、逻辑位运算指令等。

3）数据处理指令

主要是对数据进行转换、复位等处理功能的指令，有码制转换、编码解码、信号报警及各种数据处理指令等。

4）外部设备指令

主要包括针对 I/O 接口的一些简单设备进行数据输入和显示的 I/O 接口外部设备指令，PLC 与外部设备进行联系和控制应用的外部设备指令，如特殊模块读/写、PID 运算等。

5）高速处理指令

PLC 内置高速计数器处理指令和影响 PLC 操作系统处理的 PLC 控制指令。

6）通信指令

PLC 通过外置通信板、通信适配器和通信模块可以作为控制设备与外部设备进行通信。通信是通过通信功能指令编制程序来完成的，通信指令包括无协议通信指令、校验码指令、Modbus 通信指令和通信程序配套指令等。

7）脉冲输出和定位指令

这是与定位控制有关的指令，有脉冲输出控制指令、定位控制指令等。

8）方便指令

这是在程序中以简单的指令形式来完成复杂的控制功能的指令。

9）字符串处理指令

这是 PLC 中关于字符串处理的指令。

10）时钟运算指令

这是对时间和实时时钟数据进行运算、比较等处理的指令。

11）其他指令

这是不包含在上述指定范围的指令，如随机指令、软元件注释读出指令等。

12）STL 步进顺控指令

这是三菱 FX 系列 PLC 专为顺序控制（SFC）所设计的指令，是三菱最有特色的指令。

在下面的章节中，将会对这些指令特别是常用指令和一些控制指令作详细介绍。

1.2　指令格式

1.2.1　指令格式解读

在三菱电机的三菱微型可编程控制器 FX 系列的编程手册中（JY997D19401），功能指令表示形式如图 1-1 所示。阅读和理解图 1-1 所示的功能指令对学习编程手册是很有帮助的。下面，对图中的各组成部分进行解读。

图 1-1 所示为加法指令 ADD 的表示形式。

图 1-1　功能指令表示形式

1. 执行形式

执行形式用图 1-1 左边图形表示，包含三种含义，如图 1-2 所示。

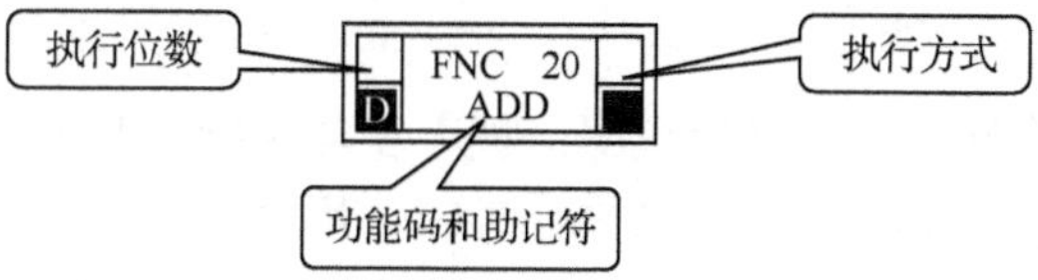

图 1-2　执行形式表示

1）功能码和助记符

“FNC　20”表示该指令的功能码（或操作码）、ADD 表示该指令的助记符（编程软件输入符）。

2）执行位数

功能指令在进行数字处理时，有 16 位、32 位之分，如为 32 位指令则在指令前添加 D 以示区别，如 ADD 为 16 位，DADD 为 32 位。

功能码左侧有上下两个方格，上格为 16 位表示，下格为 32 位表示。具体含义是，如方格为虚线，表示该指令与该位数无关，如方格为实线（其中下方格为实线时同时会标记字母“D”），表示该指令可以使用该位数。所有功能指令的执行位数只有 4 种情况，如图 1-3 所示。

3）执行方式

功能指令在执行时，有两种执行方式。

（1）连续执行型：驱动条件成立，在每个扫描周期都执行一次。

（2）脉冲执行型：驱动条件成立一次，指令执行一次，与扫描无关。

应用指令的执行方式用功能码右侧的上下两个方格表示，上格为连续执行型，下格为脉冲执行型，如图 1-4 所示。方格线是实线时表示可使用该执行形式，方格线是虚线时表示不使用该执行形式，其中上方格永远是实线（即每条指令都可以连续执行），下方格可虚可实，下方格为实线时同时会标记字母“P”。所有功能指令的执行方式只有三种情况，其中第三种形式要求注意连续执行时的终址变化，是指某些功能指令在驱动条件成立的时间段内，在每一个 PLC 扫描周期内都会执行指令功能一次，直到驱动条件断开，这就会影响到指令终址的变化，具体见本章 1.2.3 节的说明。

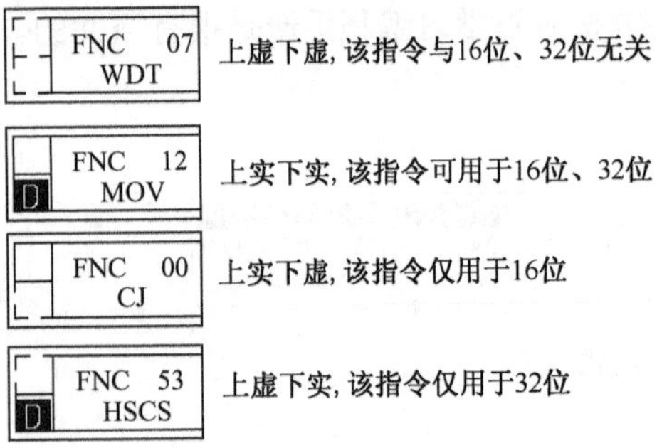

图 1-3　执行位数表示

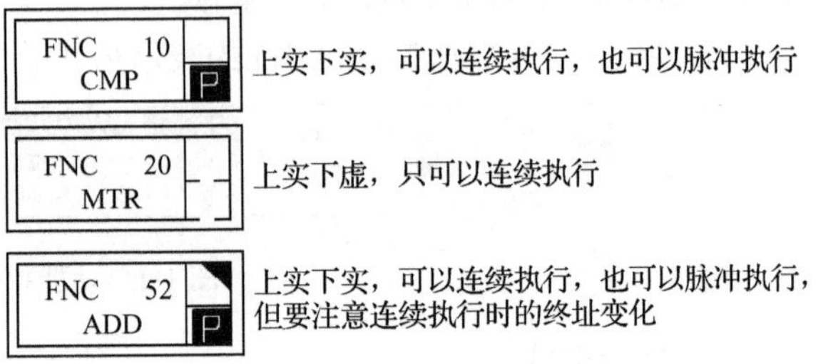

图 1-4　执行方式表示

2. 程序步

图 1-5 的右边部分为指令的程序步说明。程序步与执行的数据位有关，32 位要比 16 位的程序步多。程序步也表示了功能指令的执行时间，程序步越多，指令的执行时间越长。程序步还表示了 PLC 的内存容量，FX_{3U} PLC 程序最大容量为 16000 程序步，也就是说用户程序的所有程序指令的程序步相加不能超过 16000 步。

在本书中，对功能指令的执行位数，执行方式和程序步均用如图 1-5 所示方式表示，说明如下。

FNC 48：【D】 SQR 【P】	程序步：5/9

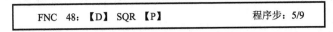

图 1-5　本书指令执行形式表示

（1）FNC　48：功能码。

（2）SQR：助记符。

（3）【D】：表示进行 32 位数据处理，若没有，则结合程序步判断指令是仅为 16 位数据处理，还是与位数无关。

（4）【P】：表示可执行脉冲执行型操作，若没有，则为连续执行型操作。

（5）程序步：/前为 16 位程序步，/后为 32 位程序步。0/13 表示仅为 32 位程序步，无 16 位执行。7 表示仅为 16 位程序步，无 32 位执行。

3. 适用机型

FX3 系列 PLC 编程手册（JY997D19401）是三菱 FX_{3S}、FX_{3G}、FX_{3GC}、FX_{3U}、FX_{3UC}

PLC 的统一编程手册，它们所含有的功能指令是不一样的，手册在这方面给出了说明。本书在附录 A 的功能指令一览表中给以说明。

4．影响标志

标志是 PLC 中设置的特殊软元件 M，一般称为标志位。该栏目表明功能指令执行结果所影响标志位，或某些标志位对功能指令执行的影响。

关于标志位的知识将在后面介绍。

5．指令应用格式

图 1-6 所示为指令在梯形图中的应用格式。

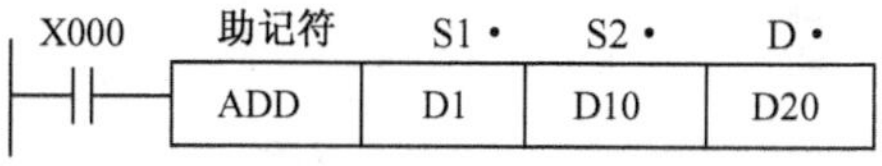

图 1-6　指令在梯形图中的应用格式

其中，X000 为指令的驱动条件，在应用时，仅当驱动条件成立时（X000=ON），功能指令才能执行，驱动条件可以为如图 1-6 所示的控制位元件，也可以是一系列控制元件的逻辑组合等。

助记符栏表示了指令的功能编号和助记符。在编程软件中，输入和显示均为助记符，不需要功能编号。

助记符后面各栏表示指令的操作数。功能指令的操作数远比基本指令复杂，它分为源址、终址（目标）和操作量 3 种，分别解读如下。

（1）源址 S：参与功能操作的数的地址，也称为源操作数。它的内容在指令执行时不会改变。当功能指令的源址较多时，以 S,S1,S2……表示。如果该地址可以利用变址寻址方式改变源地址，则在 S 后面加“ • ”表示。

（2）终址 D：又称目标地址，也称为目标操作数。它是参与操作的源操作数（源址）经过功能操作后得到的操作结果所存放的地址。当终址较多时，用 D,D1,D2……表示。终址的内容是随源址内容的变化而变化的。

（3）操作量 m,n：在指令中，它既不是源址，也不是终址，仅表示源址和终址的操作数量或操作位置。m,n 在应用中，以常数 K,H 表示。

在以后的功能指令学习过程中就会发现，功能指令的源址、终址和操作量的变化是丰富多彩的。有些指令无操作数（如 IRET,WDT）；有些指令没有源址，只有终址（如 XCH）。当然，大部分指令是源址和终址都具备的。

6．适用软元件

适用软元件是指源址、终址可采用 PLC 的软元件。在后面的讲解中，用表 1-1 来表示源址、终址所适用的软元件类型。表中“●”表示该软元件可以出现在源址或终址中，而没有“●”的，则不能出现在源址或终址中。在变址“修饰”栏内有“●”号的，表示适用软元件可进行变址寻址，有“▲”的表示该适用软元件变址受到限制。

表 1-1 适用软元件说明

操作数种类	位软元件							字软元件												其他				
	系统/用户							位数指定				系统/用户				特殊模块	变址			常数		实数	字符串	指针
	X	Y	M	T	C	S	D□.b	KnX	KnY	KnM	KnS	T	C	D	R	U□\G□	V	Z	修饰	K	H	E	"□"	P
(S1·)								●	●	●	●	●	●	●	●	●			●	●	●			
(S2·)								●	●	●	●	●	●	●	●	●			●	●	●			
(D1·)		▲1																	●					
(D2·)		▲2	●			●	▲3												●					

1.2.2 16 位与 32 位

1. 位、数位、字节、字和双字

在学习资料或和他人进行交流时，经常会碰到位、字节、字、双字等这些名词，这里对这些名词术语做一些介绍。这些知识是学习和掌握 PLC 所必备的，务必要正确理解和应用。

PLC 处理的量有两种：一种是开关量，即只有“1”和“0”两种状态的量，一个开关量就是一位，输入端 X 和输出端 Y 均是一位开关量。另一种是模拟量，模拟量要通过一定的转换（模数转换），转换成开关量才能由 PLC 进行处理。这种由模拟量转换过来的开关量，可以把它称为数据量。数据量虽然也是开关量，但它的特点是它是由多位开关量组成的一个存储单元整体，这些多位开关量在同一时刻同时被处理。根据计算机发展的过程，产生了 4 位、8 位、16 位、32 位等整体处理的数据存储单元，同时也形成了位、字节、字、双字等名词术语。

位（bit）：数据量是由多个开关量组成的，其中每一个开关量也是只有两种状态，我们把每一个开关量称为数据量的位，也称二进制位（bit）。

数位（digit）：由 4 个二进制位组成的数据量。因 4 位很快被 8 位代替，所以现在已经很少用到数位这个名词了。

字节（byte）：由 8 个二进制位组成的数据量。8 位机曾经存在很长一段时间，并由此派生出来一些高、低位的术语。如高 4 位（高址）、低 4 位（低址）、高位（MSD）、低位（LSD）等，如图 1-7 所示，b0 为低位，b7 为高位。

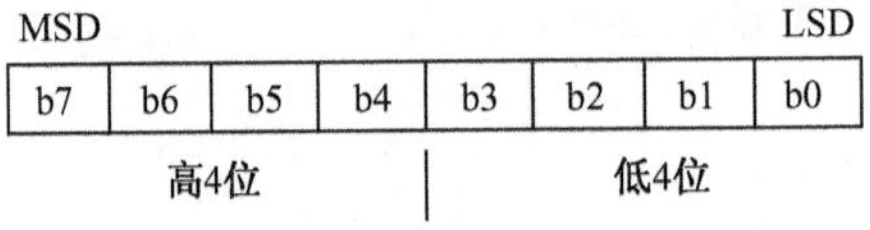

图 1-7 字节组成

字（word）：由 16 个二进制位组成的数据量。如图 1-8 所示，b0 为低位，b15 为高位。b7～b0 为低 8 位（低字节），b15～b8 为高 8 位（高字节）。

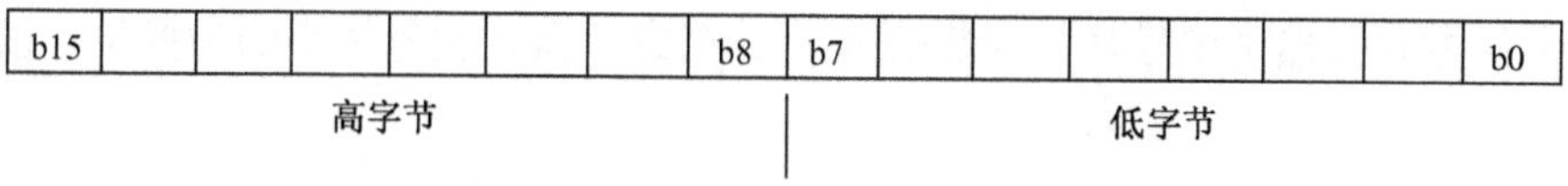

图 1-8　字组成

双字（D）：由 32 个二进制位组成的数据量。在 FX 系列 PLC 中，双字是由两个相邻的 16 位存储单元所组成的数据量整体。当用字来处理数据量时，碰到所表达的数不够或处理精度不能满足时，就用双字来进行处理。但是，在硬件中，并没有 32 位的整体存储单元（32 位机才是 32 位存储单元）。同样，Dn 为低 16 位，Dn+1 为高 16 位，b31 为高位，b0 为低位，如图 1-9 所示。

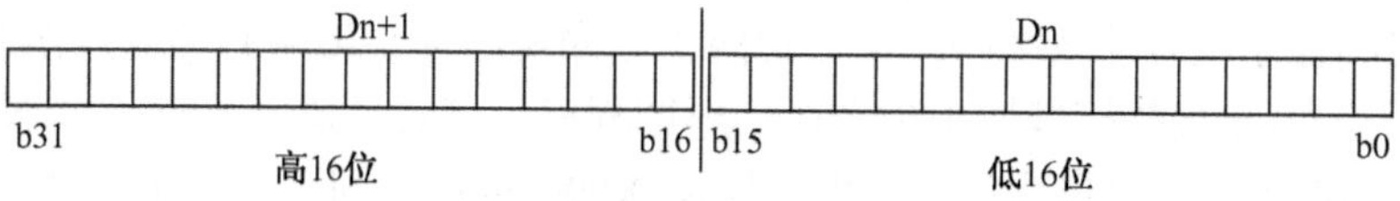

图 1-9　双字组成

关于位、字节、字、双字的含义，不同的 PLC 基本上是一致的。但关于位、字节、双字的关系处理，不同的 PLC 是不一样的。

例如，PLC 的数据存储器容量，三菱 FX PLC 是以字计，而西门子则是以字节计。又如，在三菱 FX 系列 PLC 中，16 位的字其高 8 位（b15～b8）在前，低 8 位（b7～b0）在后，而西门子 PLC 则相反，低 8 位（b15～b8）在前，高 8 位（b7～b0）在后。在三菱 FX 系列 PLC 中基本上没有字节的使用，数据量的处理统一按 16 位进行，而在西门子 PLC 中，可以以字节、字、双字等单位进行处理。

2. 三菱 FX 系列 PLC 的双字处理

三菱 FX 系列 PLC 的数据寄存器为 16 位寄存器。16 位数据量所表示的数值和数据的精度不能满足控制要求时，一般采用两个数据寄存器组成双字进行扩展。

三菱 FX 系列 PLC 的功能指令的助记符为 16 位操作的助记符，为表示 16 位和 32 位操作的区别，在助记符前加前缀“D”表示所执行的功能操作为 32 位操作。例如，加法指令的助记符 ADD，如为 ADD 则为 16 位操作，如为 DADD 则为 32 位操作，两者不能混淆。但有些指令，例如，浮点运算指令，它没有 16 位操作，只有 32 位操作，因此，在应用时必须加 D。

FX 系列 PLC 规定，采用双字处理时，两个数据寄存器必须为编号相邻的数据寄存器。同时规定，编号大的为高 16 位，编号小的为低 16 位。例如，D0,D1 可为双字寄存器，D1 存高 16 位，D0 存低 16 位。原则上讲，采用双字时，起始编号可以为偶号，也可以为单号，但建议采用偶号起始，如 D2,D3；D20,D21 等。在指令格式中，都用低位编号写入源址或终址。

【例 1】　说明指令 DADD　D0　D2　D10 的操作功能。

ADD 为加法指令，DADD 表示 32 位加法操作，其操作功能将(D1,D0)的数与(D3,D2)的数相加，加的结果送到(D11,D10)中。

三菱 FX 系列 PLC 中不存在高于 32 位的操作，但在应用乘法指令时，结果会是一个 64

位数，其存储方式依然是编号紧紧相邻的 4 个数据寄存器，编号最小的为低位，编号最大的为高位。

1.2.3 连续执行与脉冲执行

1. 连续执行型

PLC 是按一定顺序周而复始地循环扫描工作的。在每一个扫描周期内，总是先进行输入采样处理，以端口扫描方式依次读入所有输入状态和数据。然后将他们保存在相应的 I/O 映像寄存器内。采样结束后，才进行用户程序扫描和输出端口的输出刷新锁存。这种工作方式对基本逻辑控制程序没有什么影响，但对功能指令来说，却会影响到功能操作结果。

图 1-10 所示为连续执行型加 1 指令的梯形图程序，其设计本意是输入端 X000 每通断一次，寄存器 D0 就加 1。但在执行过程中，如果 X000 接通时间远大于 PLC 扫描周期，则在 X000 接通时间内，在每一个 PLC 扫描周期内，D0 都会自动加 1，直到 X0 断开。这就与设计本意不相符了。

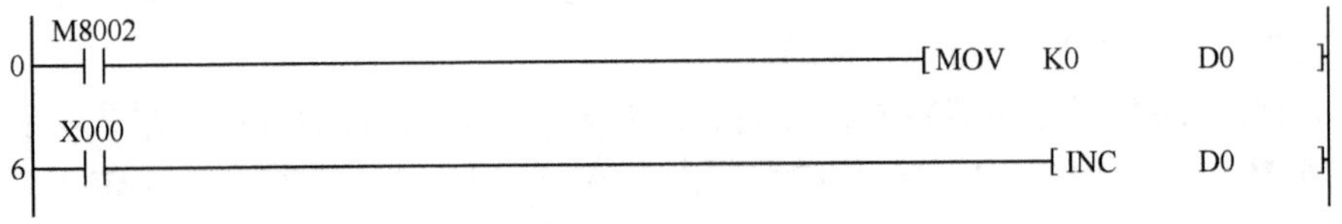

图 1-10 连续执行型加 1 指令的梯形图程序

所有功能指令都是连续执行型功能指令。为了防止类似上述加 1 指令所产生的操作错误，在功能指令的执行功能上又派生了脉冲执行型。

2. 脉冲执行型

指令的脉冲执行型是指当指令的驱动条件成立时，仅在信号的上升沿（由 OFF 变至 ON 时）或信号的下降沿（由 ON 变至 OFF 时），指令执行一次，其他时间均不执行。也就是说如果信号的闭合时间远大于扫描周期，指令也仅执行一次，这样就避免了连续执行型的错误。

与连续执行型相区别，三菱 FX PLC 规定在指令助记符加后缀“P”表示脉冲执行型。例如，加法指令 ADD 为 16 位连续执行型，ADDP 为 16 位脉冲执行型，DADDP 为 32 位脉冲执行型。

图 1-11 所示为脉冲执行型加 1 指令的梯形图程序，该指令在 X000 每断通一次才执行寄存器 D0 加 1 操作。

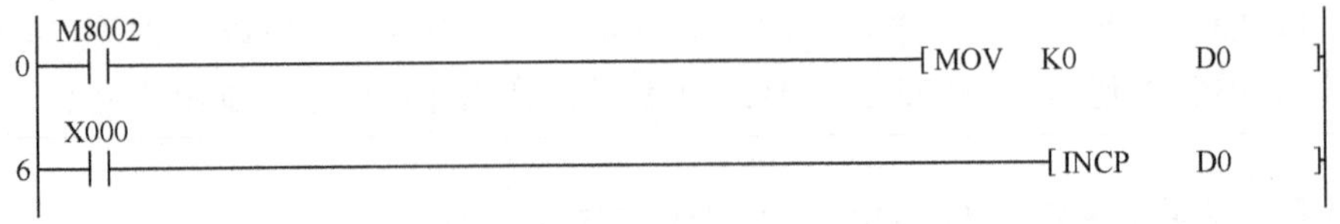

图 1-11 脉冲执行型加 1 指令的梯形图程序

在基本逻辑指令中，微分输出指令 PLS 和脉冲边沿检测指令 LDP、ANDP、ORP 也具有脉冲执行型的功能。图 1-12 所示为脉冲边沿检测“LDP X000”的加 1 指令梯形图程序，图 1-13 所示为微分输出指令 PLS 的加 1 指令梯形图程序，它们都可以完成如图 1-11 所示的操作功能。

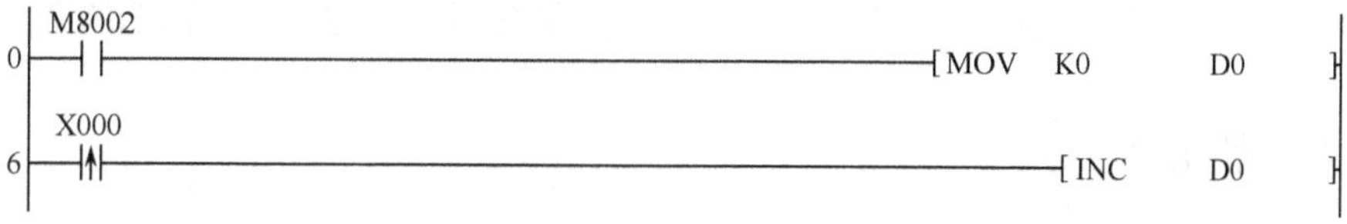

图 1-12　脉冲边沿检测“LDP X000”的加 1 指令梯形图程序

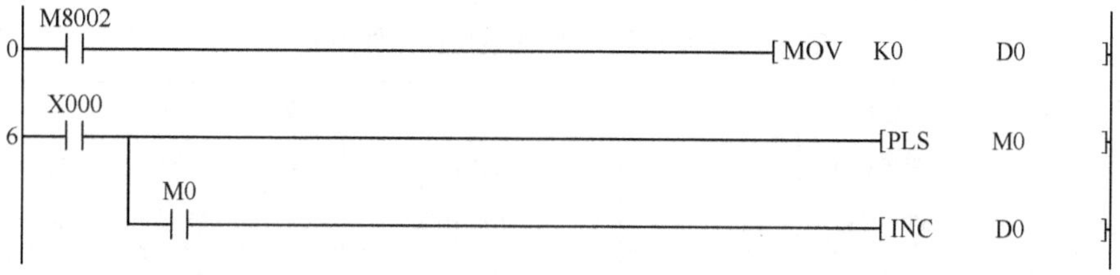

图 1-13　微分输出指令 PLS 的加 1 指令梯形图程序

如果希望在 PLC 的整个运行期间，功能指令仅执行一次，则可利用特殊辅助继电器 M8002 进行驱动。M8002 为开机脉冲特殊辅助继电器，当 PLC 由 STOP 转到 RUN 状态时，M8002 仅接通一个扫描周期。如图 1-13 中首行程序，指令“MOV　K0　D0”仅在 PLC 开机后的第一个扫描周期被执行一次，在以后的扫描周期内不再被执行。M8002 常在初始化程序和一次性写入规定值时使用。

1.3　编程软元件

在继电控制线路中，控制系统是由各种器件组成的，例如，按钮、开关、继电器、计数器及各种电磁线圈等，我们把这些器件称为元件，这些元件都是实实在在的物体。在 PLC 控制系统中，PLC 的控制也是由许多控制元件来完成控制任务的。这些器件通常都是由电子电路和存储器组成的，在 PLC 中把这些器件统称为 PLC 的编程软元件。以区别于继电器控制线路中的元件。三菱 FX 系列 PLC 的编程软元件可以分为位软元件、字软元件和其他软元件三大类。位软元件是只有两种状态的开关量元件，而字软元件是以字为单位进行数据处理的软元件。其他是指立即数（十进制数，十六进制数和实数）、字符串、嵌套层数 N 和指针 P/I。

位软元件有 X、Y、M、S、C、T 和 D□.b。字软元件有 T、C、D、R、ER、V、Z、U□\G□和组合位软元件。其中定时器 T 和计数器 C 比较特殊，它们的触点属于位软元件，而它们的设定值为字软元件。其他编程软元件有常数 K/H、实数 E、字符串、嵌套 N 和指针 P/I。

每一种编程软元件都有很多个，少则几十个，多则几千个。为了区别它们，对每个编程软元件都进行了编号，这个编号叫作编程软元件的地址，编号的方式叫作编址。在三菱 FX 系列 PLC 中，除 X 和 Y 为八进制编址外，其他都是十进制编址。某些特殊的编程元件则按其规定进行编址。编程软元件的编址规定从0开始。

学习PLC，必须学习PLC的编程。而学习编程，首先要详细了解PLC内各种软元件的属性及其应用，再学习系统的指令（基本指令和功能指令），然后再针对控制要求进行编程。因此，在学习功能指令前，先对三菱FX系列PLC的内部编程软元件作一个详细的介绍。

1.3.1 位软元件

FX系列PLC的编程位软元件组成结构如表1-2所示。

表1-2 FX系列PLC的编程位元件组成

位软元件	输入继电器X	输出继电器Y	辅助继电器M			
			通用	停电保持用	固定停电保持用	特殊辅助继电器
编址	X0～X367	Y0～Y367	M0～M499	M500～M1023	M1024～M7679	M8000～M8511
可用点数	248	248	500	524	6656	512
位软元件	状态继电器S				位指定D□.b	定时器T 计数器C
	一般用	停电保持用	固定停电保持用	信号报警用		
编址	S0～S499	S500～S899	S1000～S4095	S900～S999	仅能用于数据寄存器D	限其常开，常闭触点

1．输入继电器X

输入继电器X是PLC接受外部开关量信号的一种等效电路表示。可以这样理解，输入继电器X有线圈，有常开和常闭触点，但其线圈是否接通，完全由外部所连接的开关量信号控制。当外部开关ON时，X接通，程序中其相应的触点动作，常开动合，常闭动断；反之亦然。

X是PLC的输入口电路和输出口电路软元件的表示，它们是由电子电路和存储器所组成的。从物理结构讲，它们不是继电器结构。但是由于PLC的设计初衷是为了代替继电器控制系统，考虑到工程技术人员的习惯，许多名词仍使用了继电器控制系统中经常使用的名称，如母线、能流、继电器等。这样，我们就把位软元件叫作继电器。

输入继电器X有无数个常开和常闭软触点，可以在程序中随意使用，这一点是PLC的软元件和继电器控制中的继电器触点元件最大的区别。

这些触点直接受输入接口的信号状态控制，当输入信号为ON时（外接常开触点闭合），X在梯形图中对应的常开触点闭合，常闭触点断开；反之亦然。因此，在梯形图程序中，软元件X没有线圈，也不能用程序驱动，在程序中只能使用它的触点去控制其他软元件或作为功能指令的驱动条件。

输入接口地址是按照八进制数进行顺序编址的，8个为一组，地址为X000～X007、X010～X017、X020～X027等。

2．输出继电器Y

输出继电器Y是PLC内部输出信号控制外部负载的一种等效电路表示。可以这样理解，输出继电器Y是一个受控的开关，其断开和接通均由程序来控制，仅当被驱动时，才能控制其相应的外部负载。对外仅被看做是一个无源的开关，所以要驱动外部负载，还必须外接电源。同时，它和 X 一样，有无数个常开、常闭软触点，可以在程序中随意使用。

输出继电器的编址也是八进制编址，地址为 Y0～Y7、Y10～Y17 等。

3. 辅助继电器 M

辅助继电器 M 是 PLC 内部位软元件，类似于继电器控制线路中的中间继电器。但其作用与中间继电器有所不同，中间继电器有扩大触点数量、信号传送和功率放大的作用，可以直接驱动外部负载。而辅助继电器 M 则不能直接驱动外部负载，它仅在程序中起信号传递和逻辑控制的作用。

辅助继电器 M 有线圈和无数个常开、常闭触点，其线圈由 PLC 的各种软元件触动或功能指令驱动，其触点可任意使用。M 的编址采用十进制，在 FX 系列 PLC 中，除 X 和 Y 采用八进制编址外，其余软元件均采用十进制编址。

辅助继电器 M 的分类及编址如表 1-3 所示。

表 1-3　辅助继电器 M 的分类及编址

	一般用	停电保持专用（EEPROM 保持）	一般用	特殊用
FX_{3S}	M0～M383 384 点	M384～M511 128 点	M512～M1535 1024 点	M8000～M8511 512 点
FX_{3G} • FX_{3GC}	M0～M383 384 点	M384～M1535 1152 点	M1536～M7679 6144 点①	M8000～M8511 512 点
FX_{3U} • FX_{3UC}	M0～M499 500 点②	M500～M1023 524 点③	M1024～M7679 6656 点④	M8000～M8511 512 点

注：①元件的电池，使用时，可通过参数变为停电保持（电池保持），但是不能设定停电保持范围。

②非停电保持用，但可以通过参数设定变为停电保持区域。

③停电保持区域，但可以通过参数设定变为非停电保持区域。

④关于停电保持的特性可以通过参数进行变更。

辅助继电器 M 分为通用型辅助继电器、停电保持用辅助继电器与特殊辅助继电器三大类。

1）通用型辅助继电器

通用型辅助继电器的作用类似于中间继电器，其主要用途为逻辑运算的中间结果存储或信号类型的变换。PLC 上电时处于复位状态，上电后由程序驱动，它没有断电保持功能，在系统失电时，自动复位。若电源再次接通，除因外部输入开关信号变化而引起 M 的变化外，其余的皆保持 OFF 状态。

2）停电保持辅助继电器

这类继电器也是通用辅助继电器，但它有记忆功能，在系统断电时，它能保持断电前的状态。当系统重新上电后，即可重现断电前的状态，并在该基础上继续工作。但要注意，系统重新上电后，仅在第一个扫描周期内保持断电前状态，然后 M 将失电。因此，在实际应用时，还必须加上 M 自锁环节，才能真正实现断电保持功能。

停电保持辅助继电器也分两种类型，一种是可以通过参数设置更改为非停电保持型；一种是不能通过参数更改其停电保持型，称之为固定停电保持型。

3）特殊辅助继电器

编址 M8000～M8511 为特殊辅助继电器。特殊辅助继电器是 PLC 用来表示 PLC 的某些状态，提供时钟脉冲和标志位，设定 PLC 的运行方式或者 PLC 用于步进顺控、禁止中断、计数器的加减设定、模拟量控制、定位控制和通信控制中的各种状态标志等。它也分为两类。

（1）触点利用型特殊辅助继电器（只读型）。

触点利用型特殊辅助继电器为 PLC 的内部状态标志位，PLC 根据本身的工作情况自动改变其状态（1 或 0），用户只能利用其触点，因而在用户程序中不能出现其线圈，但可利用其常开或常闭触点作为驱动条件。在附录特殊软元件一览表中，带在下面的表格中及附录 A 中，只读型特殊辅助继电器用【】表示，如【8002】。

（2）线圈驱动型特殊辅助继电器（可读/写型）。

对于这类特殊继电器用户可以在程序中驱动其线圈，使 PLC 执行特定的操作。用户也可以在程序中使用它们的触点。

这类继电器很多，有些与 PLC 方式有关，有些与指令执行功能相关，还有些与中断、通信、计数器有关，其功能也不尽相同，本书将结合功能指令的讲解给予介绍。

特殊辅助继电器中，有许多编号未定义其功能，这些是生产厂商专业用于系统处理的元件，用户不能在程序中使用。附录 B 为全部特殊辅助继电器的编号及功能定义。

下面介绍几种常用的特殊辅助继电器及其功能含义。

● PLC 运行状态特殊继电器

PLC 运行状态特殊继电器是说明 PLC 从停止向运行状态变化或反映 PLC 内部锂电池状况等功能的特殊继电器，一共有 10 个，常用的如表 1-4 所示。

表 1-4　PLC 运行状态特殊辅助继电器

特殊继电器	名　称	功 能 说 明
【M8000】	运行监视	当 PLC 开机运行后，M8000 为 ON；停止执行时，M8000 为 OFF。M8000 可作为“PLC 正常运行”标志上传给上位计算机
【M8001】	运行监视	当 PLC 开机运行后，M8001 为 OFF；停止执行时，M8001 为 ON
【M8002】	初始脉冲	当 PLC 开机运行后，M8002 仅在 M8000 由 OFF 变为 ON 时，自动接通一个扫描周期。可以用M8002 的常开触点来使用断电保持功能的元件初始化复位，或给某些元件置初始值
【M8003】	初始脉冲	当 PLC 开机运行后，M8003 仅在 M8000 由 OFF 变为 ON 时，自动断开一个扫描周期
【M8005】	锂电电池降低	电池电压下降至规定值时变为 ON，可以用它的触点驱动输出继电器和外部指示灯，提醒工作人员更换锂电池

运行监视及初始化脉冲特殊继电器的动作可用图 1-14 所示的时序图表示。

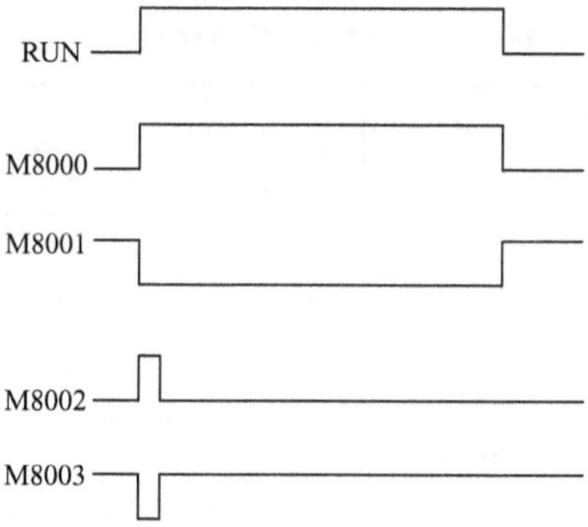

图 1-14 运行监视和初始脉冲时序图

● 时钟脉冲特殊辅助继电器

内部时钟脉冲继电器是利用其定时通断而产生周期固定的脉冲序列。时钟脉冲的占空比为 50%，即其通、断时间均为脉冲周期的一半。时钟脉冲特殊继电器共有 4 个（见表 1-5）。

表 1-5 时钟脉冲特殊辅助继电器

特殊继电器	名 称	功 能 说 明
【M8011】	10ms 时钟	当 PLC 上电后（不管运行与否），自动产生周期为 10ms 的时钟脉冲
【M8012】	100ms 时钟	当 PLC 上电后（不管运行与否），自动产生周期为 100ms 的时钟脉冲
【M8013】	1s 时钟	当 PLC 上电后（不管运行与否），自动产生周期为 1s 的时钟脉冲
【M8014】	1min 时钟	当 PLC 上电后（不管运行与否），自动产生周期为 1min 的时钟脉冲

● 标志位特殊辅助继电器

三菱 FX 系列 PLC 标志继电器有两种，一种是功能指令执行结果会影响到该继电器的状态，另一种是功能指令的执行模式受该继电器状态的控制。

表 1-6 为常用标志位特殊辅助继电器，一般称为标志位。

表 1-6 标志位特殊辅助继电器

特殊继电器	名 称	功 能 说 明
【M8020】	零标志位	运算结果为 0 时置 ON
【M8021】	借位标志位	减法结果小于负数最大值时置 ON
【M8022】	进位标志位	加法结果发生进位时，换位结果发生溢出时置 ON
【M8024】	BMOV 方向指标志位	标志位置 ON，终止向源址传送
【M8025】	HSC 模式标志位	参看指令说明
【M8026】	RAMP 模式标志位	参看指令说明
【M8027】	PR 模式标志位	参看指令说明
【M8028】	允许中断标志位	标志位置 ON 时，在执行 FROM/TO 指令过程中允许中断
【M8029】	指令执行完成标志位	当 DSW 等指令执行完成后置 ON

● PLC 运行方式特殊辅助继电器

与 PLC 运行方式相关的线圈驱动型特殊继电器如表 1-7 所示。

表 1-7　PLC 运行方式特殊辅助继电器

特殊继电器	名　　称	功 能 说 明
M8030	锂电池欠压指示灯（BATTLED）熄灭	为 ON 时，即使电池电压过低，面板指示灯也不会亮
M8031	非保持寄存器全部清除	驱动为 ON 时，可将 Y,M,S,T,C 及 T,C,D 当前值全部清除，特殊寄存器和文件寄存器不清除
M8032	保持寄存器全部清除	
M8033	PLC 停电时输出保持	为 ON 时，当 PLC RUN-STOP 时，将映像寄存器和数据寄存器中的内容全部保留下来
M8034	程序正常运行禁止所有输出	为 ON 时，将 PLC 的所有外部输出接点置于关闭状态
M8035	强制运行模式	为 ON 时，由外部输入点强制进入 RUN/STOP 模式
M8036	强制运行指令	为 ON 时，由外部输入点强制 RUN
M8037	强制停止指令	为 ON 时，由外部输入点强制 STOP
M8039	恒定扫描模式	当 M8039 变为 ON 时，PLC 的扫描时间由 D8039 指定的扫描时间执行

PLC 有两种工作模式，RUN（运行模式）和 STOP（编程模式）。在运行模式下，执行用户程序；在编程模式下，写入或读出用户程序，用户程序运行停止。一般情况下，这两种模式可以通过 PLC 基本单元上的内置 RUN/STOP 开关进行转换。其缺点是 PLC 装置在配电箱内，需人工拨动，不能自动执行。如果利用特殊辅助继电器 M8035,M8036,M8037 则可通过外部接线及编写程序来控制 PLC 的运行和停止。

外部接线及编写程序控制 PLC 的运行和停止图如图 1-15 所示。其中 RUN 控制可为基本单元上的 X000～X017 中任一点，STOP 控制可为任一输入点。使用前还必须对 PLC 参数进行设置。具体操作如下。

如用编程软件 GX 时，单击画面左侧“工程”栏中“参数”前的“⊞”，双击“PLC 参数”出现“FX 参数设置”对话框，单击“PLC 系统（1）”，出现图 1-16 所示画面，在“运行端子输入”栏填入 X000，单击“结束设置”，参数设置成功。如果用手持编程器，应将 X0 设置成 RUN　INPUT　USE　X000，然后下载到 PLC 中。

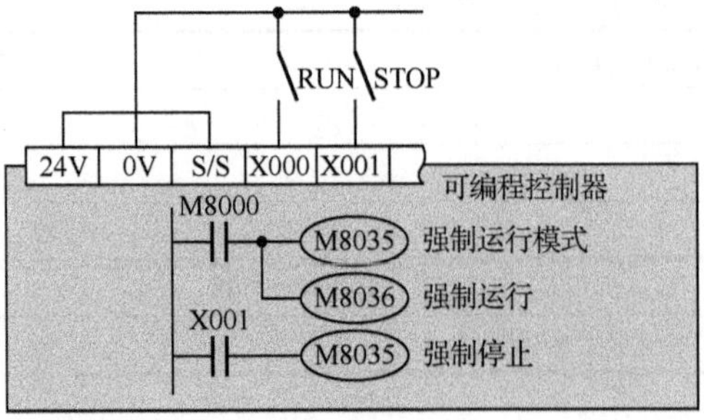

图 1-15　外部接线及编写程序控制 PLC 的运行和停止图

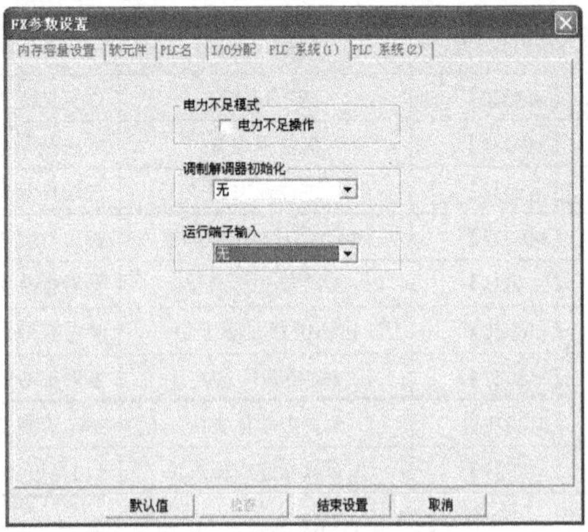

图 1-16 “FX 参数设置”对话框

这时，PLC 的工作模式就可用外部两个按钮进行点动转换了。必须注意，这时应将内置 RUN/STOP 开关拨向 STOP 模式。如拨向 RUN 模式，X1 可以停止 PLC 运行，但 X0 不能使 PLC 运行。

4．状态继电器 S

状态继电器 S 是专门针对步进顺序控制程序而设计的内部位软元件，经常与步进指令 STL 结合使用，完成步进顺序控制梯形图的编制。与辅助继电器 M 一样，状态继电器 S 也有无数个常开、常闭触点，在顺控程序中随便使用。当状态继电器不用于步进梯形图时，可以和 M 一样用于顺控程序中。

状态继电器 S 也分为一般用和停电保持用，其停电保持用也分为可参数改变和不可参数改变两种，其含义和辅助继电器 M 一样。报警继电器 S900～S999 是配合功能指令 ANS 和 ANR 使用的专用状态继电器。

状态继电器 S 的编址如表 1-8 所示。

表 1-8　状态继电器编址

FX_{3S} 可编程控制器

初始状态用（EEPROM 保持）	停电保持专用（EEPROM 保持）	一　般　用
S0～S9 10 点	S10～S127 118 点	S128～S255 128 点

FX_{3G}/FX_{3GC} 可编程控制器

初始状态用（EEPROM 保持）	停电保持专用（EEPROM 保持）	信号报警器用（EEPROM 保持）	一　般　用
S0～S9 10 点	S10～S899 890 点	S900～S999 100 点	S1000～S4095 3096 点①

FX_{3U}/FX_{3UC} 可编程控制器

初始状态用	一　般　用	停电保持用（电池保持）	停电保持专用（电池保持）	信号报警器用
S0～S9 10 点②	S0～S499 500 点②	S500～S899 400 点③	S1000～S4095 3096 点④	S900～S999 100 点③

注：①元件的电池，使用时，可通过参数变为停电保持（电池保持），但是不能设定停电保持范围。

②非停电保持用，但可以通过参数设定变为停电保持区域。

③停电保持区域，但可以通过参数设定变为非停电保持区域。

④停电保持专用，不能用参数改变。

5．字元件的位指定 D□.b

这是一个为 FX3 系列 PLC 专门开发的针对数据寄存器 D 的二进制位进行直接操作的编程位元件。其内容与取值如表 1-9 所示。

表 1-9　位元件 D□.b 内容与取值

操　作　数	内容与取值
D□	数据寄存器编号，□=0～8511
b	数据寄存器中二进制位编号，b=0～F

数据寄存器 D 是一个 16 位的寄存器。其二进制位由低位到高位分别编号为 0～F，如图 1-17 所示。

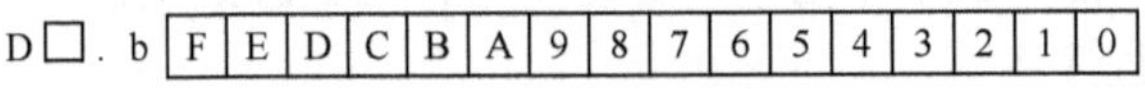

图 1-17　操作数 b 的取值

【例 2】　试说明位元件 D□.b 的含义

（1）D0.3　　数据寄存器 D0 的 b3 位，即第 4 个二进制位。

（2）D100.0　　数据寄存器 D100 的 b0 位，最低位。

（3）D350.F　　数据寄存器 D350 的 b15 位，最高位。

（4）D1002.7　数据寄存器 D1002 的 b7 位，即低 8 位的最高位。

D□.b 是一个位元件，在应用上和辅助继电器 M 一样，有无数个常开、常闭触点，本身也可以作为线圈进行驱动。

【例 3】　试说明图 1-18 梯形图程序的执行含义。

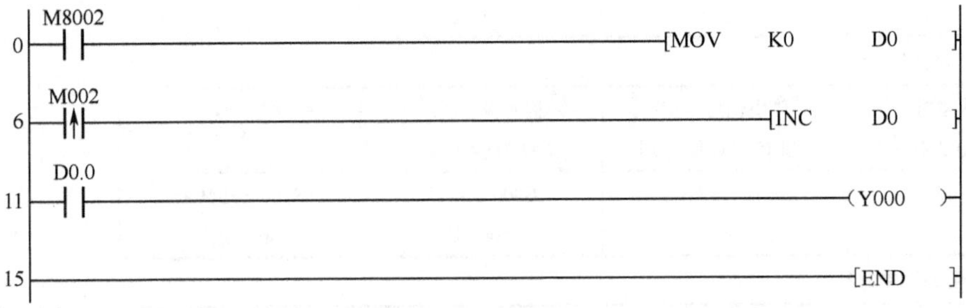

图 1-18　例 3 程序

当 X000 第 1 次按下时，D0 加 1，其 b0 位（即 D0.0）变为 1，触点 D0.0 闭合，Y000 输出。当 X000 第 2 次按下后，D0 又加 1，其 b0 位变成 0，触点 D0.0 断开，Y 000 停止。因此，这是一个单按钮控制电动机启动、停止的程序。

1.3.2　字软元件

在 1.2.2 节里，介绍了 PLC 除了能处理开关量，还能处理数据量，数据量是由多个开关量所组成的存储单元整体。不同的 PLC 对这个存储单元整体有不同的存储结构。在三菱 FX 系列中，这个存储整体就是软元件数据寄存器。数据寄存器结构统一为一个 16 位寄存器，即进行数值处理的是一个 16 位整体的数据。这个 16 位的数据量通常称为“字”，也称为字元件。如果一个“字”的数据量所表示的数值和数据的精度不能满足控制要求时，可以采用两个相邻的 16 位寄存器组成“双字”进行扩展。关于“字”“双字”等相关知识请参看 1.2.2 节。

数据寄存器又分为数据寄存器 D，文件寄存器 R，扩展文件寄存器 ER 和变址寄存器 V、Z。

1. 数据寄存器 D

数据寄存器 D 分为非保持用、停电保持用的通用型数据寄存器和文件寄存器，特殊数据寄存器，变址寄存器。其编址如表 1-10 所示。

表 1-10　数据寄存器编址

FX_{3S} 可编程控制器

数据寄存器				文件寄存器（EEPROM 保持）
一般用	停电保持专用 EEPROM 保持	一般用	特殊用	
D0～D127 128 点	D128～D255 128 点	D256～D2999 2744 点	D8000～D8511 512 点	D1000①以后 最大 2000 点

FX_{3G}/FX_{3GC} 可编程控制器

数据寄存器				文件寄存器（EEPROM 保持）
一般用	停电保持专用 EEPROM 保持	一般用	特殊用	
D0～D127 128 点	D128～D1099 972 点	D1100～D7999 6900 点②	D8000～D8511 512 点	D1000①以后 最大 7000 点

FX_{3U}/FX_{3UC} 可编程控制器

数据寄存器				文件寄存器（保持）
一般用	停电保持用 电池保持	停电保持专用（电池保持）	特殊用	
D0～D199 200 点③	D200～D511 312 点④	D512～D7999 7488 点①⑤	D8000～D8511 512 点	D1000①以后 最大 7000 点

注：①根据设定的参数，可以将 D1000 以后的数据寄存器以 500 点为单位作为文件寄存器。
②选择的电池使用时，可通过参数变为停电保持（电池保持），但是不能设定停电保持范围。
③非停电保持区域，根据设定的参数，可以更改为停电保持区域。
④停电保持区域，根据设定的参数，可以更改为非停电保持区域。
⑤关于停电保持的特性不能更改。

1）一般用数据寄存器

一般用数据寄存器的存储特点是“一旦写入，长期保持，存新除旧，断电归零”。数据寄存器一般是用指令或编程工具等外部设备写入数据，写入后内容长期保存，但一旦存入新的数据，原有的数据就自动消失，因此在程序中可以反复进行读写。当 PLC 断电或停止运行（由 RUN→STOP）时，数据寄存器马上清零。

2）停电保持用数据寄存器

数据寄存器 D 的停电保持型与固定停电保持型的含义与辅助继电器 M 相同，不再进行介绍。

3）特殊数据寄存器

特殊寄存器用来存放一些特定的数据。例如，PLC 状态信息、时钟数据、错误信息、功能指令数据存储、变址寄存器当前值等。按照其使用功能可分为两种，一种是只读寄存器，用户只能读取其内容，不能改写其内容，例如，可以从 D8067 中读出错误代码，找出错误原因，从 D8005 中读取锂电池电压值等；另一种是可以进行读写的特殊寄存器，用户可以对其进行读写操作，例如，D8000 进行监视扫描时间的数据存储，出厂值为 200ms，如果程序运行一个扫描周期时间大于 200ms，可以修改 D8000 的设定值，使程序扫描时间延长。同样，只读存储器在附录特殊软元件一览表中，用[D]表示。

特殊数据寄存器的编号在很多情况下与特殊辅助继电器有对应关系，例如，M8066 在用户程序发生回路错误时为 ON，而 D8066 则为该错误的错误代码寄存器。

特殊数据寄存器有许多编号未定义或没有使用，这些编号对应的特殊数据寄存器也不能使用。

4）文件寄存器 D1000～D7999

什么是文件寄存器？文件寄存器实际上是一类专用数据寄存器，用于存储大量的 PLC 应用程序需要用到的数据，例如，采集数据、统计计算数据、产品标准数据、数表、多组控制参数等。FX 系列 PLC 是从数据寄存器 D 中专门取出一块区域（D1000 以后）用作文件寄存器。按每 500 个 D 为一块进行分配，最多为 14 块（7000 个 D）。当然，如果这些区域的数据寄存器 D 不用作文件寄存器，仍然可当作一般寄存器使用。

2. 文件寄存器 R 和扩展文件寄存器 ER

文件寄存器 R 是对数据寄存器 D 的扩展，而扩展文件寄存器 ER 是在 PLC 系统中使用扩展的存储器盒时才可以使用的软元件，它们的使用性能如表 1-11 所示。

文件寄存器 R 是一个 16 位的数据存储器，使用相邻的两个文件寄存器可以组成 32 位数据寄存器。

文件寄存器 R 的使用与数据寄存器相同，但扩展文件寄存器 ER 有专门的指令对它操作。

表 1-11 数据寄存器 R、ER 的使用性能

软 元 件		文件寄存器 R	扩展文件寄存器 ER
编址		R0～R32767	ER0～ER32767
个数		32767	32767
数据存储地点		内置 RAM	存储器盒
访问方法	程序中读出	○	专用指令
	程序中写入	○	专用指令
	显示单元操作	○	○
变更方法	GX 在线测试操作	○	×
	GX 成批写入	○	○
	计算机链接	○	×

3．变址寄存器 V、Z

三菱 FX 有两个特别的数据寄存器，它们称为变址寄存器 V 和 Z，寄存器 V 和 Z 各 8 个，即 V0～V7 和 Z0～Z7，共 16 点。V0 和 Z0 也可用 V 和 Z 表示。它们和通用数据寄存器一样可以用作数值存储，但主要是用作运算操作数地址的修改。利用 V、Z 来进行地址修改的寻址方式称为变址寻址。因此，变址寄存器是有着特殊用途的数据寄存器。

关于变址寻址和变址寄存器 V、Z 在变址寻址中的应用见 1.4.2 节变址寻址。

4．组合位元件 Kn

位元件 X,Y,M,S 是只有两种状态的软元件，而字元件是以 16 位寄存器为存储单元的处理数据的软元件。但是字元件也是由只有两种状态的 bit 位组成的。如果把位元件进行组合，例如，用 16 个 M 元件组成一组位元件，并规定 M 元件的两种状态分别为“1”和“0”，“1”表示通，“0”表示断，这样由 16 个 M 元件组成的 16 位二进制数则也可以看成是一个“字”元件。那么 K4M0 的 16 个 M 软元件，可表示为 M15～M0，规定其顺序为 M15,M14,…,M0，则如果其通断状况为 0000 0100 1100 0101（M0,M2,M6,M7,M10 为通；其余皆断），这也是一个十六进制数 H04D5。这样就把位元件和字元件联系起来了。这种由连续编址的位元件所组成的一组位元件称为位元件组合。

在位元件组合中，如果对它的组合设置条件，规定组合的组数、位数等，则把这种按一定条件的位元件组合称为组合位元件。

三菱 FX 系列对组合位元件做了如下一系列规定。

（1）组合元件的助记符是：

Kn +组件起始号

其中：n 表示组数，起始号为组件最低编号。

（2）组合位元件的位组规定 4 位为一组，表示四位二进制数，多于一组以 4 的倍数增加，例如：

K1X0 表示 1 组 4 位组合位元件 X3～X0。这是一个组合“数位”。

K2Y0 表示 2 组 8 位组合位元件 Y7～Y0。这是一个组合“字”。

K8M10 表示 8 组 32 位组合位元件 M41～M10 。这是一个组合“双字”。

（3）按照规定，三菱 FX 系列组合位元件的类型有 KnX、KnY、KnM 和 KnS 四种，这四种组合位元件均按照字元件进行处理。

（4）组件的起始地址没有特别的限制，一般可自由指定，但对于位元件 X,Y 来说，它们的编址是八进制的，因此，起始地址最好设定为尾数为 0 的编址，例如，X000,X010, Y000,Y010 等。同时还应注意，由于 X,Y 的数量是有限的，设定的组数不要超过实际应用范围。对于 M,S 位元件，为了避免引起混乱，建议把起始地址设定为 M0,M10,M20 等。

（5）组合位元件在使用时统一规定位元件状态 ON 为“1”，OFF 为“0”。

（6）组合位元件在与数据寄存器进行数据处理时，因为数值处理是分 16 位和 32 位进行的，所以组合位元件会有位数不够和位数超过的问题。

当组合位元件向数据寄存器传送时，如果组合位元件位数不够，则传送后，数据寄存器的高位自动为 0。例如，当 K2M0 向 D0 传送时，K2M0 是 8 位，D0 是 16 位，则 K2M0 向

D0 的低 8 位（b7～b0）传送，而 D0 的高 8 位自动为 0；反过来，D0 向 K2M0 传送时，D0 有 16 位，K2M0 是 8 位，则 D0 的低 8 位向 K2M0 传送，而 D0 的高 8 位则不传送。当组合位元件的位数多于 16 位或 32 位时，指令不能输入。

在指令中，组合位元件是一个字元件操作数，既可为源操作数，也可为目的操作数。在软元件中，组合位元件是唯一把位元件和字元件紧密联系在一起的操作数。因此，组合位元件给编程带来了很大方便。

【例 4】 试说明如图 1-19 程序行执行功能。

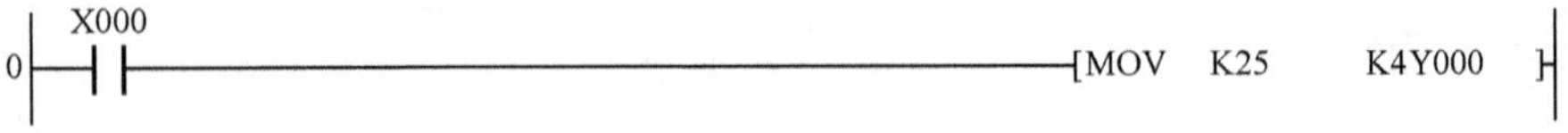

图 1-19 例 4 程序

程序的功能是利用一个二进制数来控制输出 Y 的状态。K25=B0000 0000 0001 1001，二进制位为“1”的对应的 Y 有输出，即 Y0,Y3,Y4 同时有输出，其余均无输出。通过本例可以看出，如果想控制相应的输出，只要把 K4Y000 变成一个字，再用这个字去控制即可，程序简单方便。

【例 5】 试分析下面程序的执行结果。

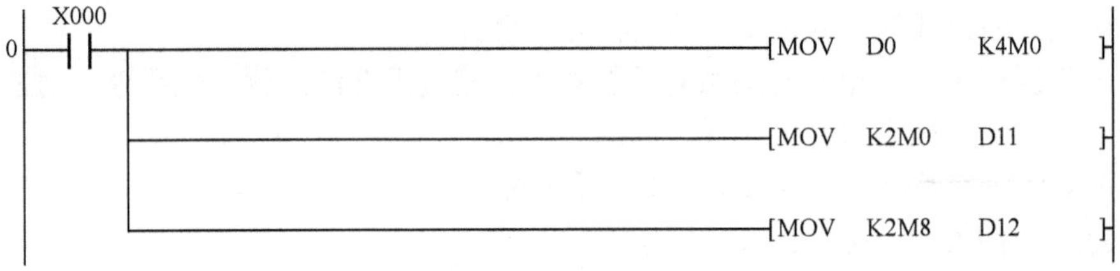

图 1-20 例 5 程序

该程序执行结果是把 D0 的低 8 位送到 D11 的低 8 位，把 D0 的高 8 位送到 D12 的低 8 位。在数据处理上，这叫作字的字节分离。利用类似程序，也可以进行数位分离。

1.3.3 定时器 T 和计数器 C

在编程软元件中，定时器和计数器是身兼位元件和字元件双重身份的软元件，其常开、常闭触点是位元件，定时时间设定值和计数预置设定值是字元件，当前值也是字元件。

1. 定时器 T

1）编址与分类

三菱 FX3 系列定时器编址见表 1-12。

三菱 FX 系列 PLC 的内部定时器分为通用型定时器和累计型定时器。

（1）通用型定时器

通用型定时器又叫非积算型定时器或常规定时器。根据计数时钟脉冲不同又分为 100ms 定时器、10ms 定时器和 1ms 定时器。其区分由定时器编址来决定，如表 1-12 所示。100ms、10ms 和 1ms 均为定时器计数时钟脉冲周期，也叫时基。

表 1-12　定时器编址

FX_{3S} 可编程控制器

100ms 型 0.1～3276.7 秒	100ms 型/100ms 型 0.1～3276.7 秒 0.01～327.67 秒	1ms 型 0.001～32.767 秒	1ms 累计型 0.001～32.767 秒	100ms 累计型 0.1～3276.7 秒	电位器型 0～255 的数值
T0～T62 63 点	T32～T62 31 点	T63～T127 65 点	T128～T131 4 点 执行中断保持用①	T132～T137 6 点 保持用①	内置 2 点② D8030、D8031 中保存

FX_{3G}/FX_{3GC} 可编程控制器

100ms 型 0.1～3276.7 秒	100ms 型 0.01～327.67 秒	1ms 累计型 0.001～32.767 秒	100ms 累计型 0.1～3276.7 秒	1ms 型 0.001～32.767 秒	电位器型 0～255 的数值
T0～T199 200 点	T200～T245 46 点	T246～T249 4 点① 执行中断保持用	T250～T255 6 点① 保持用	T256～T319 64 点	内置 2 点③ D8030、D8031 中保存
子程序 程序用 T192～T199					

FX_{3U}/FX_{3UC} 可编程控制器

100ms 型 0.1～3276.7 秒	100ms 型 0.01～327.67 秒	1ms 累计型④ 0.001～32.767 秒	100ms 累计型④ 0.1～3276.7 秒	1ms 型 0.001～32.767 秒
T0～T199 200 点	T200～T245 46 点	T246～T249 4 点 执行中断保持用④	T250～T255 6 点 保持用④	T256～T511 256 点
子程序 程序用 T192～T199				

注：①FX_{3S},FX_{3G},FX_{3GC} 的累计型定时器是通过 EEPROM 存储器进行停电保持的。
②不适用于 FX3S-30M□/E□-2AD。
③仅 FX_{3G} 支持。
④FX_{3U},FX_{3UC} 累计型定时器是通过电池进行停电保持的。
⑤FX_{3S} 的 T32-T62 可以通过设置 M8028=ON 更改为 10ms 定时器。

通用型定时器的启动和复位都是由驱动信号决定的，当驱动信号接通时，定时器被启动；当驱动信号断开时，定时器也立即复位。在定时器被启动后，如果计时时间未达到设定值时，定时器被复位，则该次计时无效，定时器当前值清零。当计时时间到达设定值后，当前值不再变化，相应定时器触点发生动作。其梯形图程序和时序图如图 1-21 所示。

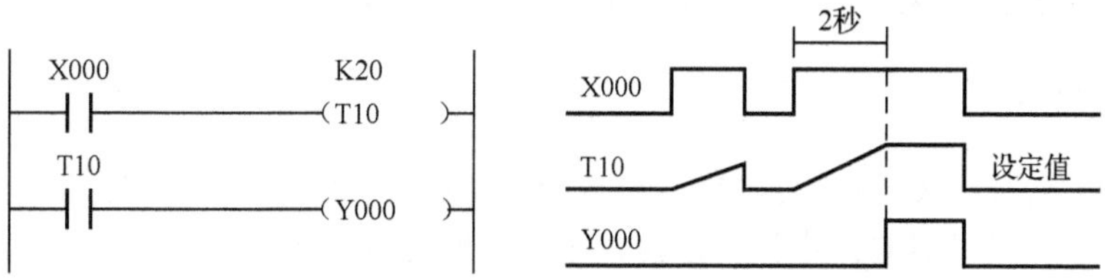

（a）梯形图程序　　（b）时序图

图 1-21　通用型定时器梯形图及时序图

（2）累计型定时器

累计型定时器又叫累加型定时器、积算型定时器、断电保持型定时器，它和通用型定时器的区别在于累计型定时器在定时的过程中，如果驱动条件不成立或停电引起计时停止时，累计型定时器能保持计时当前值，等到驱动条件成立或复电后，计时会在原计时基础上继续进行，当累加时间到达设定值时，定时器触点动作。

累计型定时器根据计数时钟脉冲不同又分为 100ms 定时器和 1ms 定时器。其区分由定时器编址来决定，如表 1-12 所示。

累计型定时器不因驱动信号断开或停电而复位，因此三菱 FX 系列 PLC 规定了累计型定时器复位只能用 RST 指令进行强制复位。图 1-22 为累计型定时器梯形图及时序图。

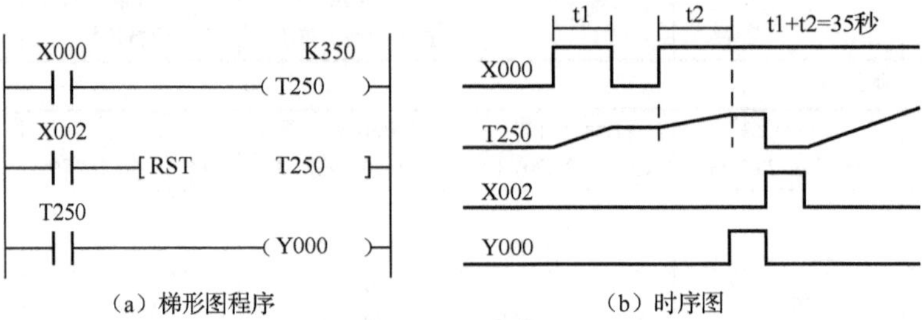

图 1-22　累计型定时器梯形图及时序图

2）定时器性质

（1）定时器是 PLC 中的一个较为特殊的软元件。它的当前值和设定值是数据寄存器结构，因此，它是一个字元件，而它的线圈和输出触点却是一个位元件。触点可以作为驱动条件控制电路的通断，线圈是定时器的输出表示。

（2）定时器是通过对时钟脉冲计数来进行时间设定的，因此，定时器的定时时间是由时钟脉冲的周期 T 和时钟脉冲个数（由设定值 K 决定）的乘积来决定的，即：

$$定时时间=T\times K$$

定时器的定时精度与时间脉冲的周期 T 有关，周期 T 越小，定时的精度越高。

（3）定时器输出触点是内部元件映像寄存器状态，和普通的位元件一样，可以对其常开、常闭触点无限次取用。

（4）定时器只有通电延时触点，没有瞬时和断电延时触点。

（5）在 PLC 控制中，定时器是按照位元件线圈来处理的，它需要驱动，驱动后到达设定时间后，如不进行复位，则不能被反复使用。

（6）在程序中，定时器的线圈和输出触点的动作是按照扫描方式顺序动作的（串行方式），而时间继电器的线圈和触点是同时动作的（并行方式）。

3）定时器使用

在三菱 FX 系列 PLC 中，定时器的符号表示如图 1-23 所示。图中，T 为定时器符号，10 为编址；K20 为定时器的设定值，注意，不是定时时间设定。

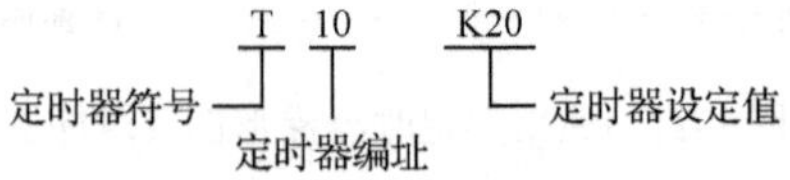

图 1-23　定时器符号图示

定时器的编号是按照十进制来编址的，编址同时也表示了定时器的时钟脉冲周期 T，即计时时间单位。例如，T0～T199 为 100ms 定时器，编址在这个范围里的定时器其计时单位均为 100ms。

每个定时器有一个设定定时时间的寄存器（16 位），一个对时钟脉冲进行计数的当前值寄存器（16 位）和一个用来存储其输出触点的映像寄存器（1 位）。这三个量使用同一地址编号的定时器符号。而在 PLC 的梯形图程序中，它们出现在不同的位置则表示不同的含义。以 T10 为例，当 T10 为(T10 K20)时，是作为定时器线圈处理的，如图 1-24（a）所示，而定时器的启动和复位均是对该线圈而言。当 T10 作为一个操作数出现在功能指令中时，T10 是作为定时器的当前值处理的，这时 T10 的值是变化的，定时器启动后，当前值便在不断变化，最大为其设定值，如图 1-24（b）所示。当 T10 为常开、常闭触点的符号时，触点按照定时器的输出触点处理，当定时器计时时间到达设定时间后，触点发生动作，并随其线圈复位而复位，如图 1-24（c）所示。

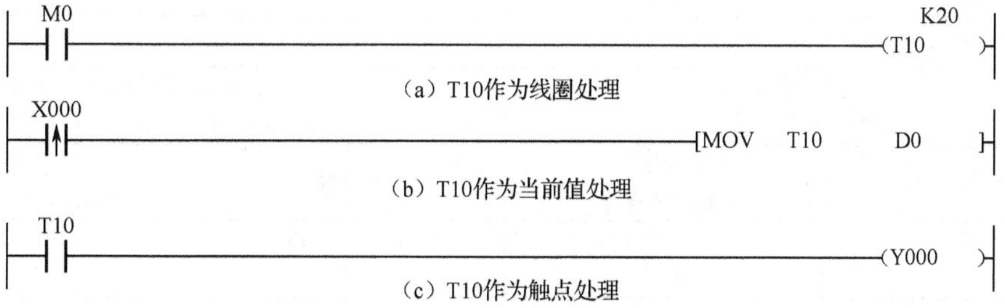

（a）T10作为线圈处理
（b）T10作为当前值处理
（c）T10作为触点处理

图 1-24　定时器符号在梯形图中的含义

对定时器，重点关心的是它的启动、触点动作和复位方式，我们把称之为定时器的三要素。启动是指定时器线圈开始工作的时刻，触点动作时间则是指定时器触点动作的时序，复位则是指定时器使当前值为 0 和触点恢复原态的动作。掌握定时器三要素对分析时序控制是很有帮助的。

4）定时器控制功能

定时器在程序中主要使用两种控制功能。一是定时控制功能，定时器从定时开始计时，到其设定值时，相应的定时器触点动作；二是定时器当前值比较控制功能，定时器在计时过程中，其当前值是在不断变化的，结合触点比较指令，把当前值当作其中一个比较字元件，当时间到达比较值时，触点动作。这种功能在某些控制中可以用一个定时器代替多个定时器工作。

2. 计数器 C

1）编址与分类

计数器 C 和继电控制系统中的计数器类似，它也是位元件和字元件的组合，其触点为位元件，其预置计数值和当前值为字元件。

三菱 FX 系列 PLC 内部计数器分为内部信号计数器和高速计数器两大类，内部信号计数器是在执行扫描操作时对内部编程元件 X,Y,M,S,T,C 的信号进行计数，其接通和断开的时间应长过 PLC 的扫描周期。内部信号计数器又分为 16 位增计数器和 32 位增/减计数器两种。

高速计数器专门对外部输入的高速脉冲信号（从 X0～X5 输入）进行计数，高速计数器是以中断方式工作的，脉冲信号的周期可以小于扫描周期。这里不对高速计数器作详尽讲解，读者如需了解请参看本书相关章节。

三菱 FX3 系列内部信号计数器编址如表 1-13 所示。

表 1-13　内部信号计数器编址

FX_{3S} 可编程控制器

16 位增计数器 0～32767 计数		32 位增/减计数器 -2,147,483,648～+2,147,483,647
一般用	停电保持专用 （EEPROM 保持）	一般用
C0～C15 16 点	C16～C31 16 点	C200～C234 35 点

FX_{3G}/ FX_{3GC} 可编程控制器

16 位增计数器 0～32767 的计数器		32 位增/减计数器 -2,147,483,648～+2,147,483,647	
一般用	停电保持专用 （EEPROM 保持）	一般用	停电保持专用 （EEPROM 保持）
C0～C15 16 点	C16～C199 184 点	C200～C219 20 点	C220～C234 15 点

FX_{3U}/ FX_{3UG} 可编程控制器

16 位增计数器 0～32767 计数		32 位增/减计数器 -2,147,483,648～+2,147,483,647	
一般用	停电保持用 （电池保持）	一般用	停电保持用 （电池保持）
C0～C99 100 点①	C100～C199 100 点②	C200～C219 20 点①	C220～C234 15 点②

注：①非停电保持的区域，根据设定的参数，可以更改为停电保持区域。
②停电保持区域，根据设定的参数，可以更改为非停电保持区域。

（1）16 位增计数器（加计数器）C0～C199。

16 位增计数器又叫 16 位加计数器。它又分为一般型（通用型）和断电保持型两种。

图 1-25 为 16 位增计数器的程序及触点动作时序图。在梯形图中，X011 为计数脉冲输入，其每通断一次为一个脉冲输入，当输入脉冲的个数使计数器当前值变化至等于预置计数值时，其触点 C0 就动作，常开为闭合，驱动 Y0 输出，此后，X011 仍然有计数脉冲输入，计数器的当前值不再变化。X010 为计数器的复位信号，当 X010 闭合时，计数器的当前值复归为 0，其相应触点也复归原态。

在计数器工作过程中，通用型计数器会因断电而自动复位，断电前所记数值会全部丢失。

断电保持型计数器和断电保持型定时器类似，它们能够在断电后保持已经记下来的数值，再次通电后，只要复位信号没有对计数器进行过复位，计数器就在原来的基础上继续计数。断电保持型计数器的其他特性和通用型计数器相同。

由 PLC 扫描工作原理可知，PLC 是批量进行输入状态刷新的，一个扫描周期仅刷新一次，刷新后的输入状态被置于映像存储区，供程序执行时取用。

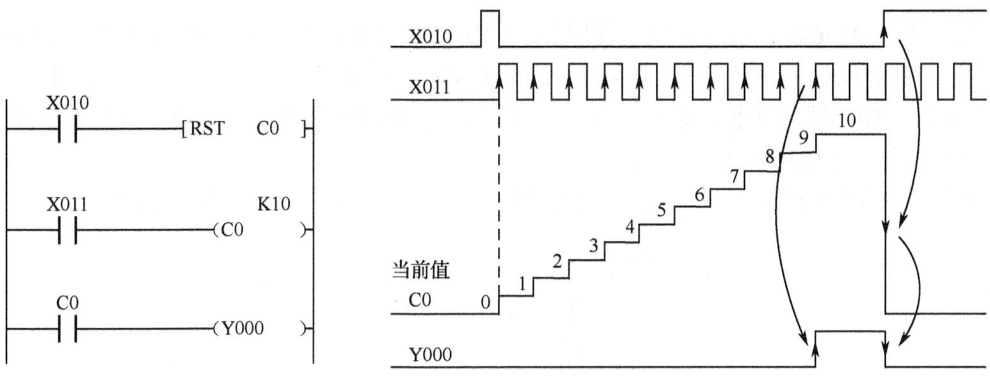

（a）计数器程序　　（b）时序图

图 1-25　16 位增计数器的程序及触点动作时序图

计数器输入脉冲信号的频率不能过高，如果在一个扫描周期内，输入的脉冲信号多过 1 个，其余的脉冲信号就不会被计数器计数，这样会产生计数不准确的问题。因此，对计数器输入脉冲的频率是有一定要求的。一般要求脉冲信号的周期要大于两倍的扫描周期，这就能满足大部分实际工程的需要。

（2）32 位增/减计数器（双向计数器）C200～C234。

32 位增/减计数器又叫双向计数器。所谓双向计数器就是它可以由 0 开始增 1 环形计数到预置值，也可以由 0 开始减 1 环形计数到预置值。32 位增/减计数器也分为一般型和断电保持型两种。

32 位计数器的预置值可由常数 K 表示，也可以通过数据寄存器 D 来间接表示。如果用寄存器表示，其预置值为两个元件号相连的寄存器内容。例如，C200 D0 预置值存放在 D1、D0 两个寄存器中，且 D1 为高位，D0 为低位。

那么双向计数器的方向是如何确定的呢？双向计数器的计数脉冲只能有一个，其计数方向是由特殊辅助继电器 M82××来定义的。M82××中的××与计数器 C2××相对应，如 C200 由 M8200 定义，C210 由 M8210 定义等。双向定义规定 M82××为 ON，则 C2××为减计数；M82××为 OFF，则 C2××为增计数，如表 1-14 所示。由于 M82××的初始状态是断开的，因此默认的 C2××都是增计数。只有当 M82××闭合时，C2××才变为减计数。

表 1-14　32 位增/减计数器计数方向确定

计　数　器	状态继电器	增/减计数
C200～C234	M8200～M8234	M82×× ＝OFF 减计数 M82×× ＝ON 增计数

双向计数器与增计数器在性能上有很大的差别，主要表现在计数方式和触点动作上。

（1）计数方式不同。

增计数器当脉冲输入计数值达到预置值后，即使继续有计数脉冲输入，计数器的当前值仍然为预置值。而双向计数器是一个环形计数器，其当前值变化可用图 1-26 来说明。

双向计数器在计数方向确定后，其当前值会随脉冲不断地输入而发生变化。当当前值等于预置值后，如果继续有脉冲变化，其当前值仍然发生变化。在增计数方向下，会一直增加到最大值 2147483647。这时，如果再增加一次脉冲，当前值马上就会变为-2147483648。如果继续有脉冲输入，当前值则会由-2147483648 变化至-1，0，1，又继续变化至 2147483647，如此循环不断，如图 1-26（a）所示。而在减计数方向下，当前值会沿如图 1-26（b）所示方向进行循环变化。

如果在变化的过程中，计数方向发生变化，则当前值马上按新的方向变化。

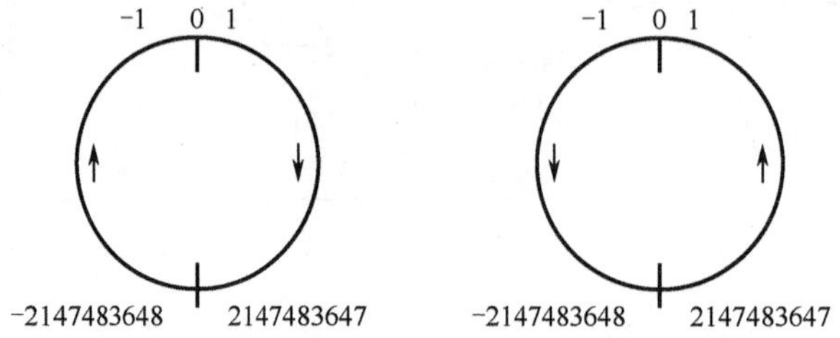

（a）加计数　　（b）减计数

图 1-26　双向计数器循环计数示意图

（2）触点动作不同。

增量计数器的当前值增加到预置值后，其触点动作，动作后直到对计数器断电或复位，其触点才恢复常态，这是典型的计数功能。其预置值就是要求计数的脉冲个数（在实际控制中，代表被计数物体的数量）。

而双向计数器则不同，它是一个环形计数器，其预置值可以为正值，也可以为负值。因此，这个预置值仅是当前值在输入脉冲发生变化时的比较值，而计数器触点的动作与这个比较结果有关。在双向计数过程中，只要当前值等于预置值时，其触点就动作一次。

当预置值为正值时，当前值会在增计数方式和减计数方式下分别等于预置值，在这两种情况下，计数器的触点都会动作，如图 1-27 所示。图中，双向计数器 C200 的预置值为 K3，由时序图可以看出，开始计数后，当当前值等于预置值时，C200 常开触点动合，当计数到 K5 时，改变计数方向，当前值由 K5 以减计数方式变化，变化至 K3 时，其 C200 常开触点动断，恢复原态。注意，这个 C200 常开触点复位并不是 RST 指令所致，而是在计数过程中发生的，应用时要特别注意。

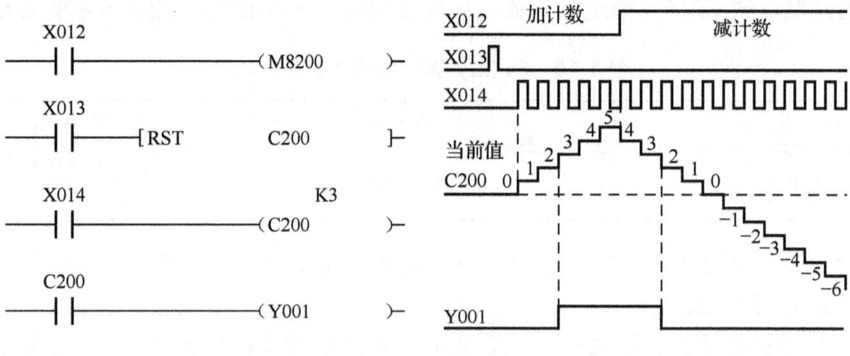

（a）梯形图程序　　（b）触点动作时序

图 1-27　双向计数器程序和触点动作时序图（预置值为正值）

同样，当预置值为负值时，当前值也会在减计数方式和增计数方式下两次等于预置值，这两种情况，计数器的触点都会动作，如图 1-28 所示。图中，当计数器 C200 在减计数方式下等于 K-5 时，其触点动作，恢复原态（OFF），见图中 c 点。而 C200 在增计数方式下等于 K-5 时，触点动合（ON），见图中 b 点。图中 a 点是减计数方式等于 K-5 时，因为 C200 触点此时就处于原态（OFF）中，所以 Y1 仍然维持原态。

由上面两个例子可以得出以下结论：双向计数器的当前值在增计数到达其预置值时，其常开触点动作为 ON；当前值在减计数到达其预置值时，其常开触点动作为 OFF。

不论是在增计数方式还是在减计数方式，如果给双向计数器发出 RST 信号，计数器的当前值马上复归为 0，其触点也恢复原态。

（a）梯形图程序

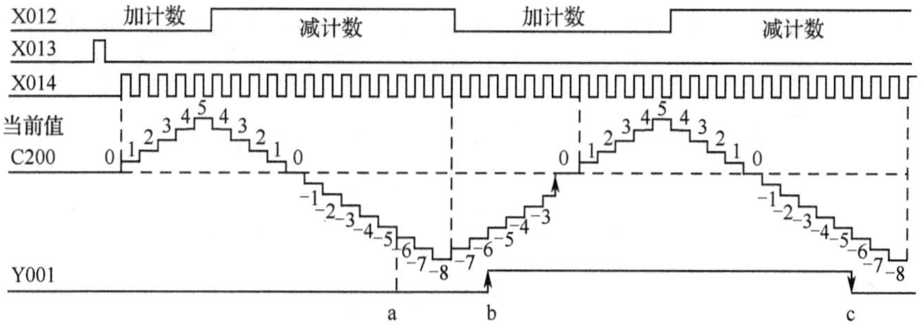

（b）触点动作时序

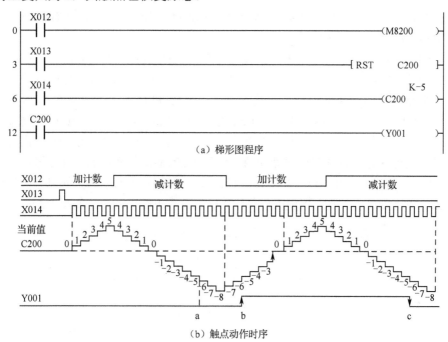

图 1-28　双向计数器程序和触点动作时序图（预置值为负值）

2）计数器性质

（1）内部计数器是 PLC 中的一个较为特殊的软元件，它的当前值和预置计数值是数据寄存器结构，因此，它是一个字元件。而它的输出触点却是一个位元件，可以作为驱动条件控制电路的通断。

（2）内部计数器输出触点是内部元件映像寄存器状态，和普通的位元件一样，可以对其常开、常闭触点无限次取用。

（3）在 PLC 控制中，内部计数器是按照位元件线圈来处理的，它需要驱动，驱动后当前值到达预置计数值后，其输出触点动作。计数器的复位必须用 RST 指令完成。

（4）在程序中，内部计数器的线圈和输出触点的动作是按照扫描方式顺序动作的（串行方式）。

3）计数器使用

在三菱 FX 系列 PLC 中，内部计数器的符号表示如图 1-29 所示。图中，C 为内部计数器符号，10 为编址，而 C10 则表示某个内部计数器的编号，K20 为内部计数器的预置计数值。

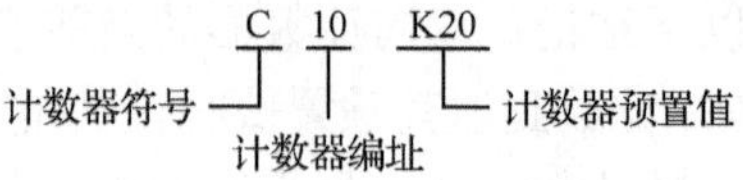

图 1-29　内部计数器符号图示

内部计数器的编号是按照十进制来编址的，编址同时也表示了内部计数器的分类，不同编号的计数器其应用会有很大的差别。

每个内部计数器有一个设定预置计数值的寄存器（16 位或 32 位），一个对计数脉冲进行计数的当前值寄存器（16 位或 32 位）和一个用来存储其输出触点的映像寄存器（1 位）。这三个量使用同一地址编号的计数器符号。而在 PLC 的程序中，它们出现在不同的位置则表示不同的含义。以 C10 为例，当 C10 为（C10 K20）时，是作为计数器线圈处理的，如图 1-30（a)，计数器的启动和复位均对该线圈而言。当 C10 作为一个操作数出现在功能指令中时，C10 是作为计数器的当前值处理的，这时 C10 的值是变化的，计数器启动后，当前值便在不断变化，如图 1-30（b）。当 C10 为常开、常闭触点的符号时，触点按照计数器的输出触点处理，当计数器当前值达到设定预置计数值后，输出触点动作，如图 1-30（c）。

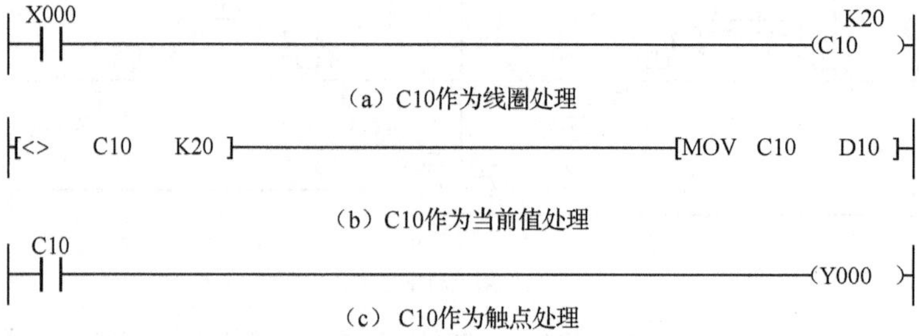

图 1-30　定时器符号处理梯形图表示

4）计数器预置计数值、触点动作时序和复位

和定时器不一样，计数器重点关心的是它的预置计数值、触点动作时序和复位，我们把它们称作计数器的三要素。启动是指计数器线圈在接收到第一个脉冲上升沿开始计数的时刻，亦即计数开始，此后，随着计数脉冲的不断输入，计数器当前值也跟着变化，当其当前值变化到等于预置计数值时，计数器的触点动作。具体动作过程与计数器类别有关，如果在当前值等于预置计数值后，仍然有计数脉冲输入，则当前值会继续变化，直至变化至最大值或进行环形计数。计数器的复位是指在脉冲输入过程中，用 RST 指令进行复位，这时，计数器的当前值会复归为 0，其触点也恢复原态。计数器在应用时，要求在计数前都要先清零，因为如不清零，其残留计数值不会自动去除，会影响到下面的计数。

5）内部计数器应用

在计数器计数过程中，如果通过指令改变了计数器的当前值，则会对计数过程产生一定的影响。

如图 1-31 所示，当 X002 启动计数器 C1 后，如果在计数的过程中，利用 X0 改变了其当前值，若当前值小于其预置值，则当前值马上变为更改后的当前值，并继续计数下去，直到等于预置值并且触点动作为止。若当前值等于或大于预置值，则当前值马上变化为预置值，且触点也马上动作。

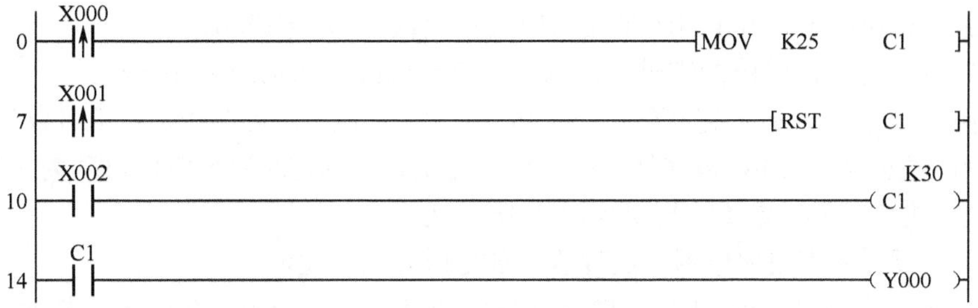

图 1-31　计数当前值变化影响梯形图程序

上面讨论的是增量计数器情况，对于双向计数器来说，在增计数方式下，即使当前值改变大于预置值，则当前值会在更改后的当前值基础上继续计数下去，但其触点不会动作，触点动作的时间仍按其原有的规定执行。

3. 定时器和计数器的设定

定时器的定时时间设定存在很多设定方法，有直接设定、间接设定、外部设备设定等。现以定时器为例进行说明，下面的方法也都适用于计数器的预置数设定。

1）定时时间的直接设定

定时器定时时间的直接设定就是指其定时时间软元件直接用十进制常数指定（不可以用十六进制数指定，也不可以用小数指定）。梯形图程序如图 1-32 所示。

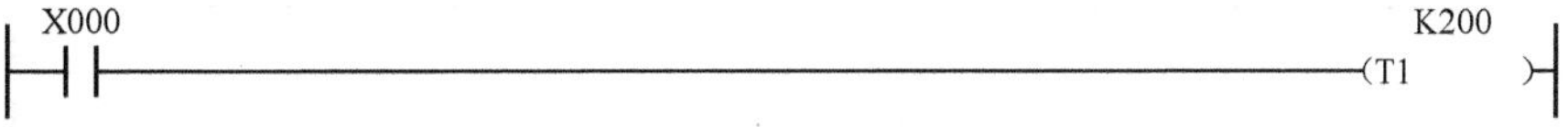

图 1-29　定时时间的直接设定

直接指定的优点是简洁明白，一看就知道定时时间是多少。缺点是如果定时时间是不确定的，需要改变定时值则必须修改程序才能完成。这对于某些对定时值需要根据控制条件而变化的动态控制程序来说，就不能满足其随时修改的要求。这时，就要用到定时值的间接设定。

2）定时时间的间接设定

定时器的定时时间间接设定是指把定时时间元件指定为一个数据存储单元（D 或 R 数据寄存器），而该数据存储单元所存储的二进制数据值便为定时器的定时设定值。那么只要变化数据存储单元的存储内容，就改变了定时器的定时设定值。梯形图程序如图 1-33 所示。

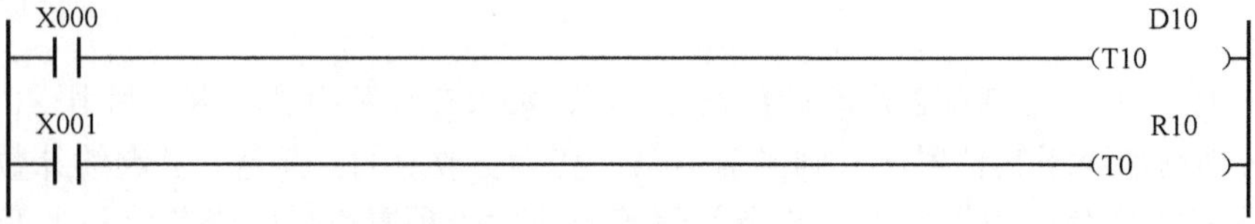

图 1-33　定时时间的间接设定

【例 6】　试说明定时器 T0 D0 的定时时间设定值。(D0)=K200。

解：T0 为 100ms 时钟脉冲定时器，则定时值=100ms×200=20000ms=20s。

间接指定只能是 D 或 R 寄存器，不能为 S、V、Z 或 ER 寄存器，也不可以为组合位元件。寄存器的数据是按 BIN 数来处理的，如果是负数，则定时器设定值自动为 0；如为 32 位寄存器数，则定时器设定值按指定数据低 16 位处理。

【例 7】　试说明下面梯形图中定时器 T 的定时时间设定值。

解：（1）如图 1-34 梯形图中 T2 的定时时间设定值，(D0)=H0FF03，按照 BIN 数约定，这是一个负数，所以 T2 的定时值为 0。

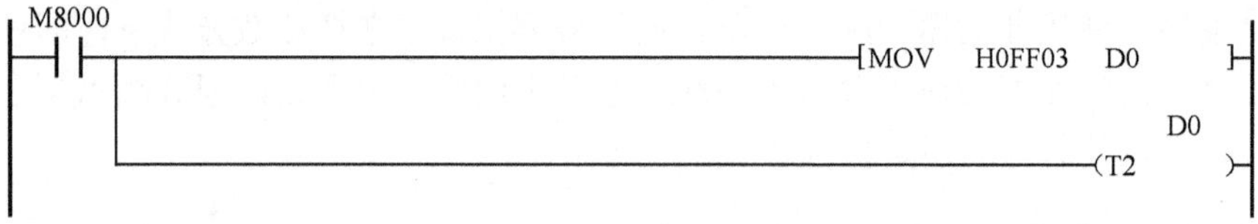

图 1-34　例 7（1）梯形图

（2）如图 1-35 梯形图中，(D1,D0)是按照双字输入的，但对 T0 来说，它只认 D1 的值，(D1)=H0032=K50，而 T10 只认 D0 的值，(D0)=H000A=K10，所以 T0 的定时设定值为 5 秒，而 T10 为 1 秒。

图 1-35　例 7（2）梯形图

间接指定也可以用变址方式指定，如图 1-36 所示。这时，定时时间设定值由变址后的寄存器数据内容所确定。

【例 8】　试说明图 1-36 中各个定时器的定时时间设定值。

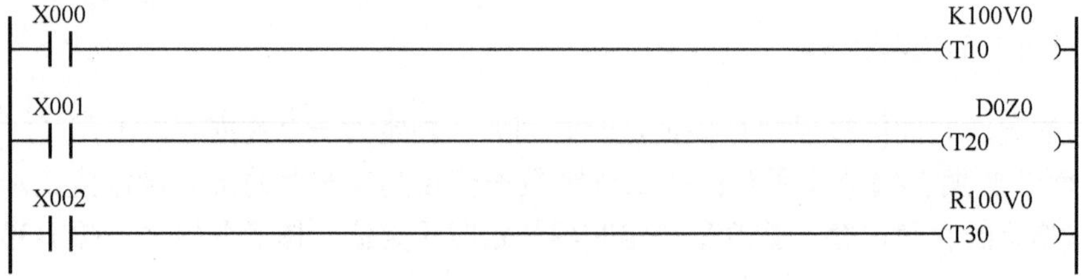

图 1-36　定时时间变址方式指定

解：（1）假设(V0)=K-10。这是一个立即数变址，其变址后的数值为 K100+(V0)=K100-K10=K90，T10 的定时设定值为 9 秒。

（2）假设(Z0)=K20，(D0)=K100，(D20)=K50。这是一个典型的变址寻址，变址后的寄存器地址是 0+K20=K20，即 D20。D20 的内存值为 K50，所以 T20 的定时设定值为 5 秒。

2）定时时间的外部设定

定时时间的间接设定，可以在程序中改变寄存器的值来完成。更多情况下是通过 PLC 的外部设备进行人机对话来修正间接设定寄存器的值。

（1）外接开关

当触摸屏没有普及时，早期的 PLC 是通过外部开关的组态来间接指定定时器的定时时间值。现在当控制设备比较简单，设定时间精度要求不高时，T13 会采用这种方法。

● 外接按钮输入

在 PLC 的三个输入端口 X000、X001、X002 分别接上三个按钮，设计如图 1-37 的梯形图程序，可通过按钮来间接设定定时器的定时时间值。

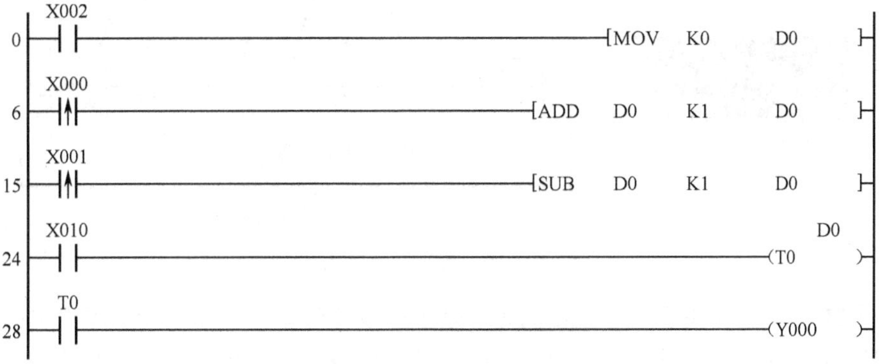

图 1-37　按钮输入梯形图程序

按钮 X002 为定时时间间接设定寄存器 D0 的清零按钮，每次设定时，都必须先按清零按钮，以保证定时时间设定从 0 开始。按钮 X000 为加按钮，每按一次，定时时间增加 0.1 秒。按钮 X001 为减按钮，每按一次定时时间减少 0.1 秒。这样，通过这两个按钮的动作次数可以基本上估计定时时间的多少。程序中，ADD 为加法指令，SUB 为减法指令。如果要按一次增加 1 秒或减少 1 秒，把这两个指令中的 K1 改成 K10 即可。以上说明是针对 100ms 定时器 T0～T199 而言。

这种通过按钮输入来改变定时时间的方式非常简单实用，定时时间可以随机设定；缺点是改变一个定时器的定时时间需要三个输入端口。在一些简易的设备上经常采用这种方法。

利用功能指令 TTMR，可以使用一个按钮很方便地对多个定时器的定时时间进行修改。详细讲述请参看示教定时器指令 TTMR 的内容。

● 外接开关输入

在 PLC 的输入端口 X0、X1 接上两个开关，这时，X0、X1 可以形成四种不同的组态，如图 1-38 所示。这四种组态可以对应四个定时时间设定值。这样，操作人员只要控制开关的组态，就间接指定了定时时间设定值。

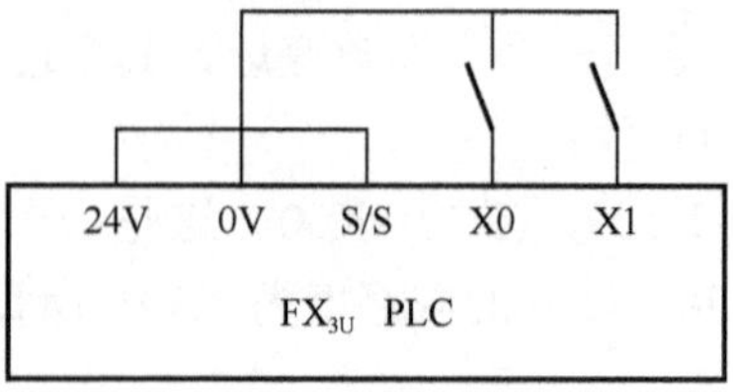

图 1-38　外接开关接线图

这种方式简单可靠，成本低廉，在一些简易的 PLC 控制设备上常被采用，其缺点是：如果时间设定较多，则需增加输入端口，而且时间设定也是固定的，不能任意设定。

● 外接拨码开关输入

拨码开关是一组独立的开关，如图 1-39（a）所示，把它们与输入端口顺序连接，如图 1-39（b）所示，可以组成一组 *N* 位二进制数（*N* 为开关的个数），PLC 利用 MOV 指令将该 *N* 位二进制数通过组合位元件方式读入到内存中，二进制数的值由开关的通断状态组合确定。这是 PLC 早期人机对话的方式。

（a）拨码开关

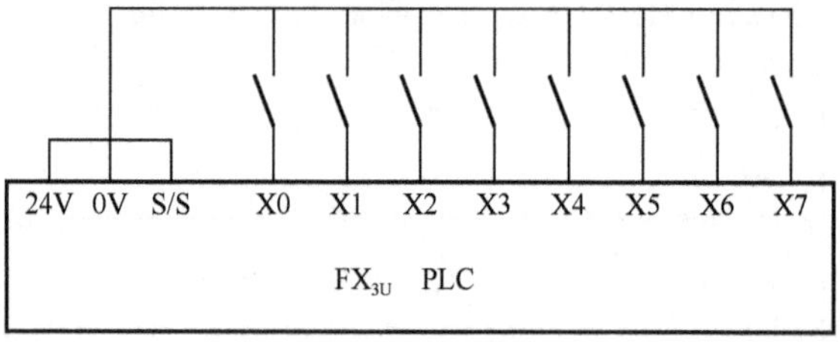

（b）拨码开关接线图

图 1-39　拨码开关输入

这种方式与外接开关输入方式相比优点是程序设计简单，可以进行动态设定；缺点是占用较多的输入端口，人机对话功能极差，不经过计算根本看不出输入端口的开关组态代表什么数值。

上述两种利用开关的组态改变定时器的时间设定值的方法，几乎适用于所有品牌的 PLC。在早期 PLC 的简单控制设备中，得到了比较广泛的应用。

● 外接数字开关

数字开关是一个 4 位拨码开关组合，占用 4 个输入端口。图 1-40（a）为数字开关外形图，图 1-40（b）为一个二位数字开关接线图，拨动开关会显示一个十进制数（0～9），通过功能指令 BIN 把数字开关这个十进制数用 8421 BCD 编码的状态组合送入 PLC。

（a）数字开关

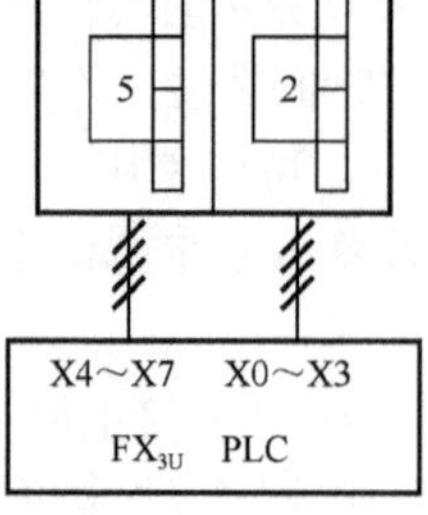

（b）数字开关接线图

图 1-40　数字开关输入

这种方式最大的特点是人机对话非常清晰，数字开关所显示的是人们非常熟悉的十进制数。

● 外接按键输入

外接按键输入是指在 PLC 的输入端口接入 11 个按键开关（带复位）和 1 个开关，它们组成了一个小型的键盘，定时器定时时间的设定和修改操作均通过这个小型的键盘进行，如图 1-41 所示。

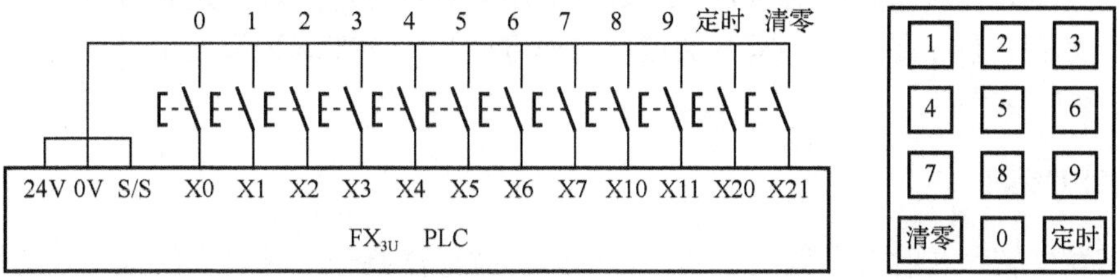

（a）外接按键接线图　（b）外接按键键盘示意图

图 1-41　外接按键输入

这种输入方式是通过三菱 FX 系列 PLC 的功能指令 TKY 来实现的。TKY 为 10 键输入指令，注意，这个指令仅三菱 FX_{2N} PLC 及 FX3 系列 PLC 才有，FX_{1S}/FX_{1N} /FX_{1NC} 系列 PLC 都没有这个功能指令。

（2）外接模拟电位器

三菱电机为模仿数字式时间继电器的定时时间调节开发了 FX_{2N}-8AV-BD 模拟电位器功能扩展板，如图 1-42（a）所示，使用时直接安装在 PLC 的基本单元的数据线接口上。板上有 8 个小型电位器 VR0～R7，位置编号如图 1-42（b）所示，转动电位器旋钮，就好像调节数字式时间继电器的电位器一样，可以控制 PLC 的内部定时器的定时时间。

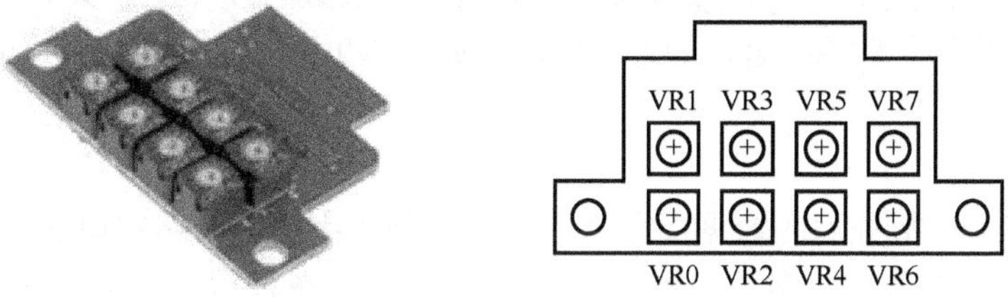

（a）FX_{2N}-8AV-BD功能扩展板　（b）位置编号示意图

图 1-42　外接模拟电位器

模拟电位器 VR0～VR7 的数值由 PLC 通过指令 VRRD 和 VRSC 读取到数据寄存器 D 中。外置模拟电位器仅适用于 FX_{1S}/FX_{1N}/FX_{2N} 系列 PLC，不适用于 FX3 系列 PLC。

（3）外接文本显示器和触摸屏

文本显示器和触摸屏是目前最常用的设定定时器定时时间的方式。

文本显示器，又名终端显示器、显示模块，是一种单纯以文字呈现的人机互动系统。触摸屏又称人机界面（HMI），是进行人机对话的极其重要的元件，是工业控制系统极其重要的组成部分，工控人员可以通过触摸屏和 PLC 之间进行各种信息的传递和交换。

1.3.4 其他软元件

1. 常数 K、H 和 E

在指令的操作数中，可以直接出现常数 K、H 和实数 E（小数）。通常把常数 K、H 和实数 E 也作为字元件对待。如前所述，PLC 中的所有数据全部是以二进制数表示的，引入常数 K、H 和实数 E 仅仅是为了书写、阅读和沟通方便。因此在编程和显示时，基本都是常数 K、H 和实数 E 表示的。

2. 指针 P 和 I

当程序发生转移（跳转、调用子程序、中断）时，需要一个转移去的程序入口地址，这个入口地址在三菱 FX 的程序中是用指针来表示的。指针按其用途分为分支指针 P 和中断指针 I 两种，

一种为 P 标号，称指针 P。用于指向跳转和子程序调用的入口地址。指针 P 的编制为十进制。

一种为 I 标号，称中断指针 I。专用于指向中断服务子程序的入口地址。中断指针 I 的编址比较特殊，它与中断源的性质有关。其中输入中断指针有 12 个，定时器中断有 3 个，计数器中断有 6 个，编址并不连续。读者如需进一步了解可参看第 2 章程序流程指令 2.1.4 节关于中断的介绍。

3. 嵌套 N

嵌套 N 是专为主控指令 MC 在嵌套使用时的嵌套层数所设计的。其编址为 N0～N7，也就是说主控指令最多有 8 层嵌套，如没有嵌套，则为 N0。

4. 字符串

FX_{3U} 系列 PLC 把处理的数据类型从数值扩展到了字符串，字符串在程序中采用二进制编码（ASCII 码）表示半角字母、符号、控制代码等，在程序中用双引号“”标识，例如“A1B,C#D*”等。

程序中，字符串作为字元件操作数指定的，有专门的字符串指令对字符串进行操作。

1.4 寻址方式

1.4.1 直接寻址与立即寻址

寻址就是寻找操作数的存放地址。大部分指令都有操作数，而寻址方式的快慢直接影响到 PLC 的扫描速度。了解寻址方式也有助于加强对指令特别是功能指令的执行过程的理

解。单片机、计算机中的寻址方式较多，而 PLC 的指令中寻址方式相对较少，一般有三种寻址方式：直接寻址、立即寻址和变址寻址。

1. 直接寻址

操作数就是存放数据的地址。基本逻辑指令都是直接寻址方式，功能指令中，多数也是直接寻址方式。例如，LD　X0　X0 就是操作地址，直接取 X0 状态；MOV　D0　D10 源址就是 D0，终址就是 D10，把 D0 内的数据传送到 D10。

2. 立即寻址

其特点是操作数（一般为源址）是一个十进制或十六进制的常数。例如：MOV　K100　D10 源址就是操作数 K100，为立即寻址，终址为 D10，采用直接寻址把数 K100 送到 D0 中。

1.4.2　变址寻址

1. 变址寻址、变址寄存器和变址操作数

变址寻址是一种最复杂的寻址方式，变址就是把操作数的地址进行了修改，要到修改后的地址（变址）去寻找操作数，而这个功能是由变址寄存器和变址操作数完成的。

三菱 FX 系列有两个特别的数据寄存器 V、Z，它们主要用作运算操作数地址的修改。它们的编址为 V0～V7 和 Z0～Z7，共 16 个，其中 V0 和 Z0 也可写成 V、Z。利用 V0～V7 和 Z0～Z7 进行地址修改的寻址方式叫变址寻址。

变址寄存器 V、Z 在使用上没有差别，可以任意使用，不存在优先级，变址的功能也可完全一样。但是在进行 32 位变址操作时，也必须由 V、Z 组成的 32 位数作为变址操作数的组合。这时对 V、Z 组成 32 位数就有了规定，当 V、Z 组成 32 位数时，必须由相同编址的 V、Z 组成，V 为高位，Z 为低位。这样，总共只有 V0Z0、V1Z1…V7Z7 8 组 32 位数，其他任意组合都是非法的，例如 V1V0、Z3Z2、V125 等。

变址操作数由两个编程元件组合而成，前一个编程元件为可以进行变址操作的软元件，后一个编程元件为变址寄存器 V、Z 中的一个，如图 1-43 所示。

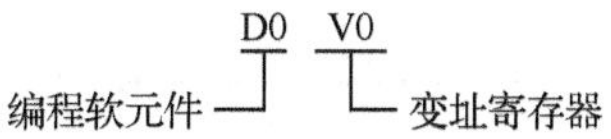

图 1-43　变址操作数

对 FX 系列来说，可以进行变址操作的编程软元件有：X,Y,M,S,KnX,KnY,KnM,KnS,T,C,D,R,P 及常数 K,H。因此，下列组合都是合法的变址操作数。

X0V2　D10Z3　K2X10V0　K15Z5　T5Z1　C10V4

变址操作数是如何进行变址的呢？变址寻址的方式规定如下。

（1）变址后的操作编程软元件性质不变。

（2）变址后的操作数地址为变址操作编程软元件的编号加上变址寄存器的数值。

关于操作数地址将在下面做详细说明。

变址寻址主要用在功能指令中，在功能指令的操作数中，也不是所有操作数都可以进行

变址操作的。在下文的指令讲解中，凡是可进行变址操作的操作数均在其右侧加点表示，如图 1-44 所示。

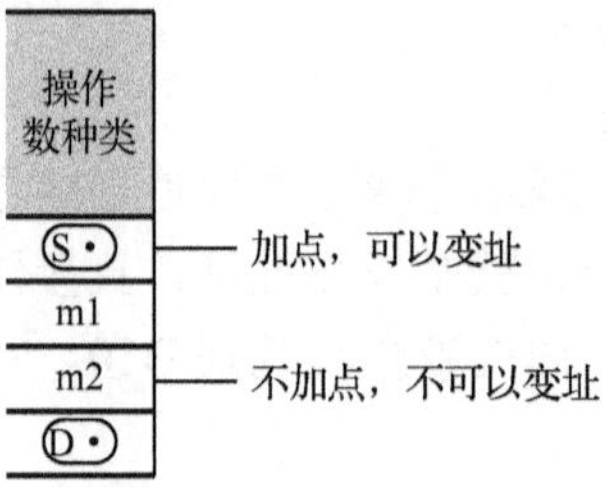

图 1-44　功能指令中变址操作表示

FX_3 系列的基本指令中的 LD,LDI,AND,ANI,OR,ORI,OUT,SET,RST,PLS,PLF 等指令使用的软元件 X,Y,M（特殊辅助 M 除外）,T,C（0～199）均可使用变址操作数进行变址寻址。

2．指令的变址寻址及应用

1）位元件 X,Y,M,S

【例 6】 请说明变址操作数的 X0V2 地址，设(V2)= K10。

X0V2，变址操作后的地址编号为 K0+K10=K10，但输入口 X 是八进制编址的，偏移 10 个后，不是 X10，而应为 X12，即变址操作后的地址为 X12。这一点在使用时务必注意。

【例 7】 某些功能指令在使用时受到使用次数的限制。例如，脉宽指令 PWM，如果想要在程序中使用多次则可应用变址操作，其效果和同一指令在程序中使用多次效果一样。图 1-45 表示了输出脉宽指令 PWM 可以分别在 Y0 或 Y1 口输出的梯形图程序。

X010=ON 时，Z0=0，Y000Z0=Y000（即 PWM 指令的脉冲从 Y000 口输出）；当 X010=OFF 时，Z0=1，发生地址偏移，Y000Z0=Y001（即 PWM 指令的脉冲从 Y001 口输出）。这样，利用变址操作等于两次使用了 PWM 指令。

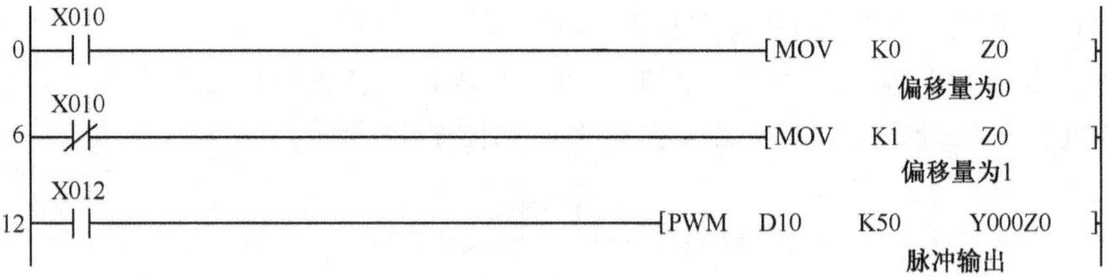

图 1-45　例 7 程序梯形图

【例 8】 请说明变址操作数的 M3V0 地址，设(V0)= K10。

M3V0，变址地址编号为 K3+K10=K13，即变址后操作地址为 M13，与十进制编址的状态继电器 S 类似。

【例 9】 请对图 1-46 所示的梯形图执行过程进行说明。

CMP 为比较输出指令。当 X000=ON 时，偏移量为 0，则比较输出 M0～M2；当 X000=OFF 时，偏移量为 K10，则比较输出 M10～M12。利用变址操作，可以得到两组不同的输出继电器 M。

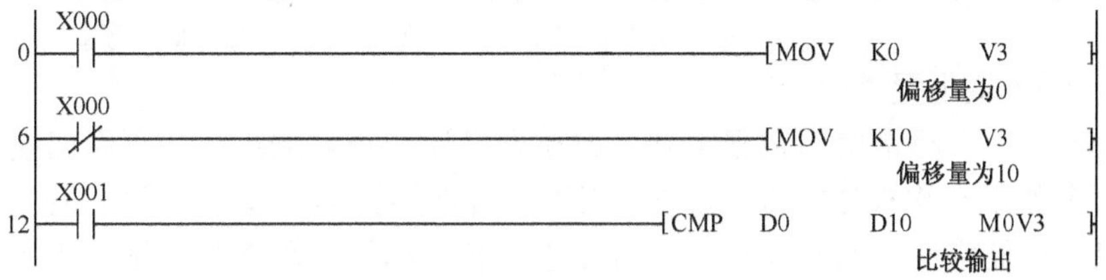

图 1-46　例 8 程序梯形图

2）组合位元件 KnX,KnY,KnM,KnS

【例 10】　请说明变址操作数的 K2X0V4 地址，设(V4)= K5。

K2X0V4，同样，X 为八进制编制的，变址后的组合位元件应为 K2X5，即由 X5,X6,X7,X10,X11,X12,X13,X14,8 个位元件组合成的组合位元件，使用起来很不方便。因此，建议当使用组合位元件 KnX ,KnY 时，位元件首址最好为 X0,X10 等，变址寄存器的值最好为 K0,K8,K16 等，这样变址后地址为 KnX0,KnX10,KnX20 等。组合位元件的组数 n 不能变址操作，不能出现 K3V0X0 这样的变址操作数。

【例 11】　请对图 1-47 所示的梯形图执行过程进行说明。

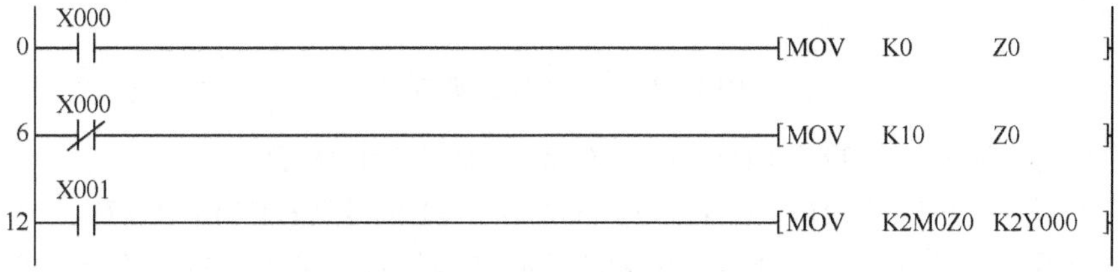

图 1-47　例 11 程序梯形图

当 X000=ON 时，M7～M0 的状态控制输出为 Y7～Y0；当 X000=OFF 时，M17～M10 的状态控制输出为 Y7～Y0。

3）数据寄存器 D

【例 12】　请说明变址操作数的 D0Z6 地址，设(Z6)= K10。

数据寄存器 D 是最常用的变址操作编程元件，为十进制编制，所以，变址后的地址编号为 K0+K10=K10，即 D10。

【例 13】　如图 1-48 所示，如果(D0)=H0032，(V2)=H0010，(D10)=H000F，(D16)= H0020，指令执行后，对应的几个输出口 Y 置“1”。

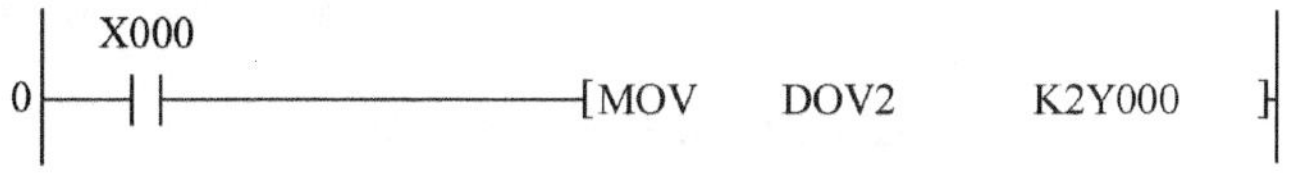

图 1-48　例 13 程序梯形图

分析：(V2)=H0010=K16，D0V2=D0+16=D16，即使用 D16 的内容对输出口 Y0～Y7 进行控制，对应关系如下：

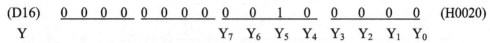

(D16) 0 0 0 0 0 0 0 0 0 0 1 0 0 0 0 0 (H0020)

Y Y_7 Y_6 Y_5 Y_4 Y_3 Y_2 Y_1 Y_0

可见，仅 Y5 输出置“1”。

在控制程序中，经常用到数据求和。如果要设计一个累加程序，不用间接寻址的话，那就要每两个数用一次加法指令 ADD，直到所有被加数累加完才得到结果，程序非常冗长，占用很多存储空间，而且指令执行时间也加长。如果使用变址寻址，则程序设计变得非常简单。

【例 14】 把 D11～D20 的内容进行累加，结果送 D21。应用变址寻址程序设计如图 1-49 所示。

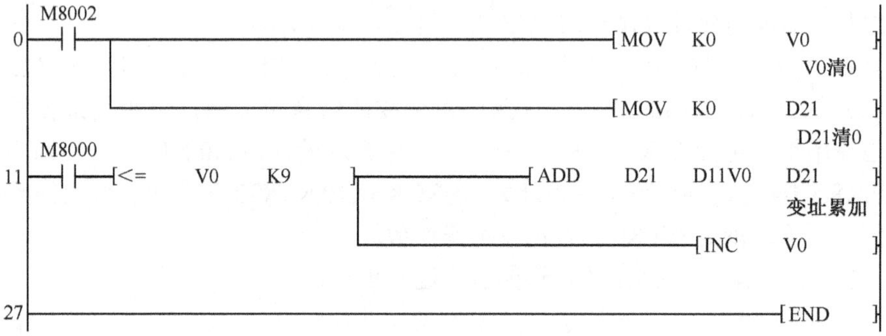

图 1-49 变址寻址累加程序

第一次执行，V0=0，(D21)＋(D11) → (D21)，D21 的值为 D11；

第二次执行，V0=1，(D21)＋(D12) → (D21)，D21 的值为(D11)＋(D12)。

以后每执行一次 V0 加 1，D11+V0 为新的被加数地址，依次类推，直到 V0 等于 9 为止。最后就是(D11)＋(D12)＋(D13)＋…＋(D20) →(D21)。

4）定时器 T、计数器 C

【例 15】 请说明变址操作数的 T0Z2 地址，设(Z2)= K8。

变址操作数的地址编号为 K0+K8=K8，即变址后的操作为 T 8。

【例 16】 利用定时器变址操作编写的显示定时器 T0～T9 当前值的程序，如图 1-50 所示。计数器的变址操作和定时器类似，不再赘述。

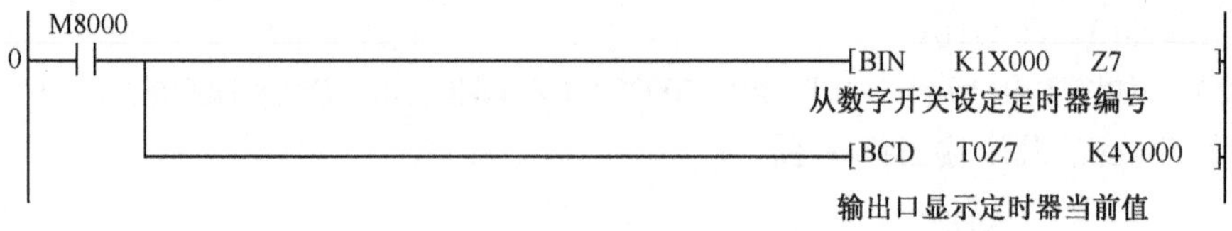

图 1-50 例 16 程序梯形图

5）指针 P

指针 P 也可进行变址操作，这时，表示转移的地址发生了偏移。一般在程序中用的较少。

6）常数 K、H

常数 K、H 也可进行变址操作，但操作结果不是偏移的地址，而是一个数。

【例 17】　请说明下面常数变址操作数的结果。

(V0) =K10　　　K20V0=K30

(V1) =H12　　　K20V1=K38

(Z0) =H25　　　H02Z0=H27=K39

(Z4) =K103　　　H123Z4=H18A=K394

3．32 位指令变址寻址应用

当指令于 32 位应用时，也可以进行变址操作，其变址操作仍然为两个编程元件的组合，例如，D0Z0。其中，D0 表示 32 位可以进行变址操作的编程元件(D1,D0)，Z0 表示 32 位的变址寄存器(V0,Z0)。三菱 FX 系列规定，变址寄存器组成 32 位寄存器时，必须(V,Z)配对组成，其中 V 为高 16 位，Z 为低 16 位。配对时必须编号相同，只能配对为(V0,Z0),(V1,Z1), (V2,Z2),…,(V7,Z7)。编号不同不能配对，变址操作数由各自的低 8 位组合而成，这样，变址操作数的变址寄存器只能是 Z。

应用 32 位变址寻址时，应特别注意，不能随意用 MOV 将变址值送入 Z，一定要用 DMOV 将变址值送入(V,Z)。

【例 18】　下面为一个 32 位指令变址寻址应用程序，如图 1-51 所示，请给予说明。说明见梯形图。

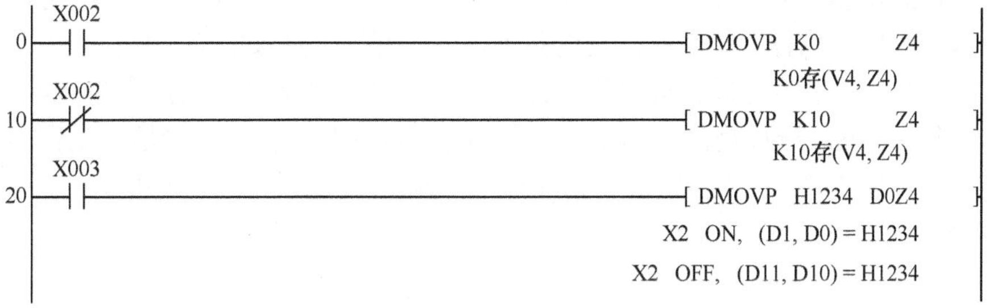

图 1-51　例 18 程序梯形图

第2章　程序流程指令

程序流程转移是指程序在顺序执行过程中发生转移的现象，即跳过一段程序去执行指定程序。造成这种程序流程转移的有条件转移、子程序调用、中断服务和循环程序。

2.1　程序流程基础知识

2.1.1　PLC 程序结构和程序流程

PLC 的用户程序一般分为主程序区和副程序区。主程序区存有用户控制程序，简称主程序，是完成用户控制要求的 PLC 程序。主程序是必不可少的，且只能有一个。副程序区存有子程序和中断服务程序，子程序和中断服务程序是一个个独立的程序段，完成独立的功能，它们依照程序设计人员的安排依次存放在副程序区中。

主程序区和副程序区用主程序结束指令 FEND 进行分隔。PLC 在扫描工作时，只扫描主程序区，不扫描副程序区。也就是说，当 PLC 扫描到主程序结束指令 FEND 时，同扫描到 END 结束指令一样，执行刷新功能，并返回到程序的开始，继续扫描工作。

在小型控制程序中，可以只有主程序而没有副程序，其程序结束指令为 END。这时，程序流程有两种情况：一种是从上到下、从左到右的顺序扫描；另一种情况是程序会发生转移，当转移条件成立时，扫描会跳过一部分程序，向前或向后转移到指定程序行继续扫描。

图 2-1 表示了这两种程序流程。

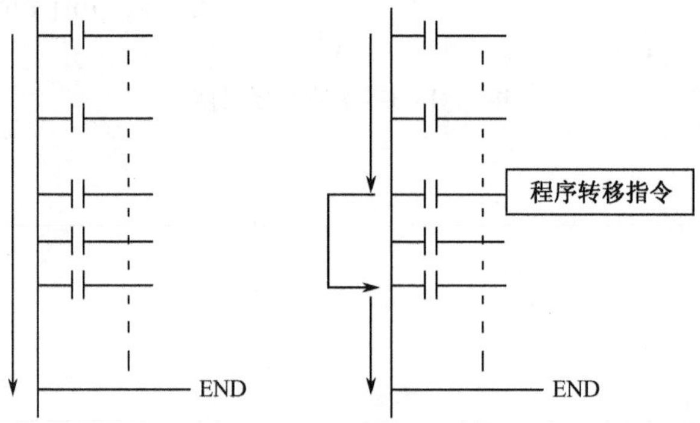

图 2-1　程序流程示意图

当系统规模很大、控制要求复杂时，如果将全部控制任务放在主程序中，主程序将会非常复杂，既难以调试，也难以阅读，而且，若发生随机事件，难以在主程序中进行处理。这时，就会把一些程序编写成程序块放到副程序区。PLC 是不会扫描副程序区的，这些程序块只能通过程序流程转移才能执行。这种程序转移与上面所讲的程序转移有很大的区别。如果上面的程序转移称为条件转移的话，这里的程序转移可以称为断点转移。

条件转移在主程序区内进行，转移后，PLC 扫描仍按顺序进行，直到执行到主程序结束指令 FEND 或 END 指令再从头开始，不存在转移断点和返回。

断点转移则不同，当 PLC 碰到断点转移时，会停止主程序区的扫描工作，在主程序区产生一个程序中断点，然后转移到副程序区去执行相应的程序块，执行完毕后，必须再次从副程序区回到主程序区的断点处，由断点处的下一条指令继续扫描下去。其转移流程如图 2-2 所示。

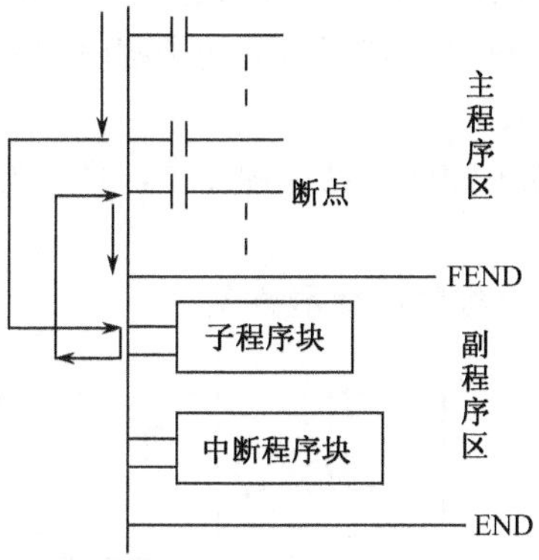

图 2-2　断点转移流程示意图

由图中程序流程可见，完成这种程序转移，以下内容是不能缺少的：必须要有引起转移的条件，告诉 PLC 什么时候发生转移；发生转移时，PLC 必须能记住主程序的断点；发生转移时，必须告诉 PLC 程序转移的地址入口；程序块执行完后，必须告诉 PLC 需要返回的信息。后面将从这几方面来介绍子程序和中断服务程序的结构及运行。

2.1.2　主程序结束指令 FEND

1. 指令格式

FNC 06：FEND　　　　　　　　　　　　　　　　程序步：1

FEND 指令可用软元件如表 2-1 所示。

表 2-1　FEND 指令可用软元件

操作数种类	位软元件							字软元件												其他				
	系统/用户							位数指定				系统/用户				特殊模块	变址			常数		实数	字符串	指针
	X	Y	M	T	C	S	D□.b	KnX	KnY	KnM	KnS	T	C	D	R	U□\G□	V	Z	修饰	K	H	E	"□"	P
—	无对象软元件																							

指令梯形图如图 2-3 所示。

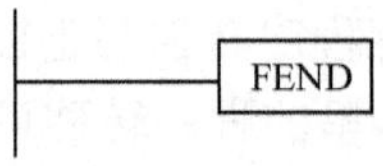

图 2-3　FEND 指令梯形图

2. 指令应用

FEND 指令无驱动条件，执行 FEND 指令和执行 END 指令功能一样，可以进行输出刷新、输入刷新、WDT 指令刷新和向 0 步程序返回。

在主程序中，FEND 指令可以多次使用，但 PLC 扫描到任一 FEND 指令即向 0 步程序返回。在程序中有多个 FEND 指令时，副程序区的子程序和中断服务程序块必须在最后一个 FEND 指令和 END 指令之间编写。

FEND 指令不能出现在 FOR…NEXT 循环程序中，也不能出现在子程序中，否则程序会出错。

图 2-4 所示为两个 FEND 指令程序流程示意图。

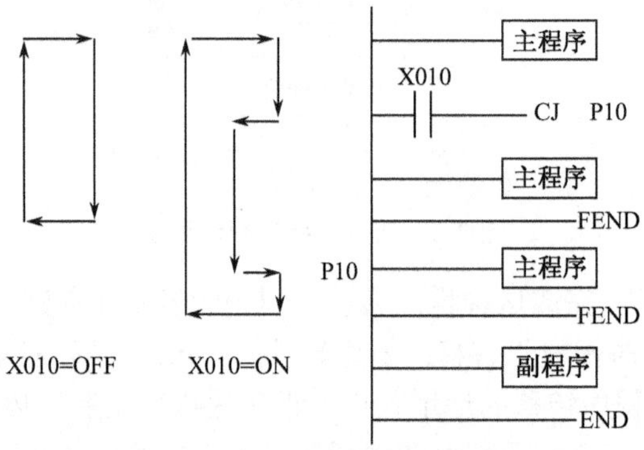

图 2-4　两个 FEND 指令程序流程示意图

2.1.3　子程序

1. 子程序及其调用

什么是子程序？子程序是相对于主程序而言的独立的程序段，子程序完成的是各自独立的程序功能。它和中断服务程序一样，存放在副程序区。因此，PLC 扫描时，执行子程序是有条件地的。仅当条件成立时，PLC 才由主程序区转移到副程序区去执行相应的子程序段，这个过程一般称为子程序调用或呼叫子程序。

那么在什么情况下会用到子程序呢？有两种情况使编写子程序成为必要。一是在一些用户程序中，有一些程序功能会在程序中反复执行，如某些标定变换程序、报警程序、通信程序中的校验码程序等。这时，可将这些程序段编写成子程序，在需要时对其进行调用，避免了在主程序中反复重写这些程序段。这样可使主程序简单清晰，程序容量减少，扫描时间也相应缩短。另一种情况是当系统规模很大且控制要求复杂时，如果将全部控制任务放在主程序中，主程序将会非常复杂，既难以调试，也难以阅读。这时，使用子程序可以将程序分成容易管理的小块，使程序结构简单，易于阅读、调试、查错和维护。三菱 FX 系列 PLC 的功能指令实际上就是一个个子程序，在梯形图中应用功能指令时，实质上就是调用相应的子程序完成功能指令的操作功能。

在上文讲解程序流程时，曾经讲到当程序执行由主程序转移到子程序时，会在主程序区保存断点，断点保存是由 PLC 自动完成的。子程序调用指令必须指出程序转移地址，且当 PLC 执行相应的子程序段后还必须返回到主程序区，因此，子程序里必须要有返回指令。所以，子程序的结构应如图 2-5 所示。子程序入口标志因 PLC 不同而不同，但子程序调用指令和子程序返回指令在子程序调用时应成对出现，所有品牌的 PLC 都必须遵循这一原则。

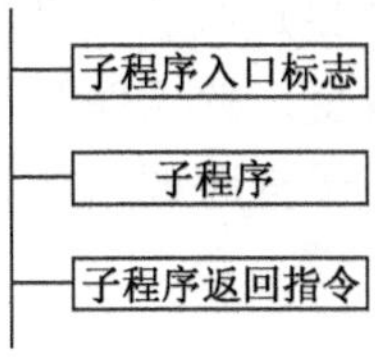

图 2-5　子程序的结构

一般来说，子程序调用都是有驱动条件的，仅当驱动条件成立时才调用子程序。如果想无条件调用子程序，可以使用特殊继电器来驱动子程序调用指令，例如，用三菱 FX 的 M8000 的常开触点作为驱动条件。

子程序可以在主程序中调用，也可以在中断服务程序中调用，还可以在其他子程序中调用，其调用执行过程都是相同的。

2. 子程序嵌套

子程序嵌套是指在子程序中应用子程序调用指令去调用其他子程序。这时，其调用过程和主程序调用子程序一样。图 2-6 所示为三次调用子程序的程序扫描执行过程。

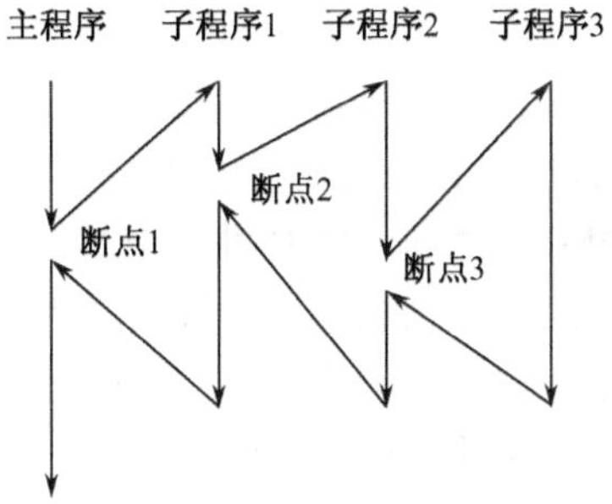

图 2-6　三次调用子程序的程序扫描执行过程

PLC 对子程序嵌套应用的层次是有限制的，也就是在子程序内对子程调用指令的使用次数是有限制的。三菱 FX 系列 PLC 最多只能使用 4 次子程序调用指令，其主程序最多有 5 层嵌套，西门子 S-200 PLC 最多为 8 层嵌套。

3. 子程序编写

子程序是按照所完成的独立功能来编写的，但它完成后必须把相关控制数据通过软元件传送给主程序，而子程序本身也在使用软元件。由于三菱 FX 系列 PLC 的软元件是所有程序共享的，所以这就存在着一个软元件冲突问题（主要体现在数据寄存器 D 的地址冲突），当主程序和子程序都使用某一地址的 D 寄存器时，如果它的含义在主程序和子程序中不同，就会出现混乱。因此，当程序复杂，子程序较多时，必须对所用软元件进行统一分配，以避免发生混乱。同时，相同功能的子程序在不同控制系统中移植时，必须要检查子程序与新的主程序软元件有无地址冲突，如果有，则必须对子程序软元件进行修改或对主程序软元件进行修改。

子程序在调用时，其中各软元件的状态受程序执行的控制，但当调用结束时，其软元件则保持最后一次调用时的状态不变。如果这些软元件状态没有受到其他程序的控制，就会长期保持不变，哪怕是驱动条件发生了改变，软元件的状态也不会改变。

关于子程序编写的进一步说明将在子程序调用指令中讲解。

2.1.4 中断

1. 中断的有关概念

中断是指 PLC 在平常按照顺序执行的扫描循环中，当有需要立即反应的请求发生时，立即中断其正在执行的扫描工作，优先地去执行要求所指定的服务工作；等该服务工作完成后，再回到刚才被中断的地方继续执行未完成的扫描工作。

可以举一个例子来说明中断的基本概念。某公司老总正坐在办公桌前批阅文件（正在执行扫描），突然电话铃响了（有中断请求），老总放下手头的工作（中断扫描工作）去接电话（执行中断服务），电话接听完毕（中断服务完成），老总又继续批阅文件（继续执行扫描）。

这个例子已经通俗地说明了中断的基本概念。

1）中断请求与中断源

中断也是一种程序流程转移，但这种转移大都是随机发生的，例如，故障报警、计数器当前值等于设定值、外部设备的动作等，事先并不知道这些事件发生的时刻，但这些事件出现后就必须尽快地对他们进行相应的处理，这时可用中断功能来快速完成上述事件的处理。另一种情况是对于大部分的应用，上述按照顺序扫描的控制方式已经足够，但对某些需要高速反应的应用场合（如模拟量控制、定位控制等），扫描时间的延时即代表误差的扩大，其反应时间甚至要到微秒，才能达到精度要求。在这种情况下，只有利用中断功能才能实现。

要求实行中断功能首先必须向 PLC 发出中断请求信号。发出中断信号的设备称为中断源，中断源可以是外部设备（各种开关信号），也可以是内部定时器、计数器，以及根据需要人为设置的中断源等。

2）断点与中断返回

当中断源向 PLC 发出中断请求信号后，PLC 正在执行的扫描程序在当前指令执行完成后被停止执行，这样就在程序中产生一个断点，PLC 必须记住这个断点，然后转移去执行副程序区的中断服务程序。

中断服务程序执行完后，PLC 会再回到刚才中断的地方（称为中断返回），从断点处的下一条指令开始继续执行未完成的扫描工作。这一过程不受 PLC 扫描工作方式的影响，因此，可使 PLC 能迅速响应中断事件。换句话说，中断程序不是在每次扫描循环中进行处理的，而是在需要时被及时地处理。

2．中断优先与中断控制

继续上面电话的事例，如果该老总面前有三部电话，当老总正在接第一个电话时，又有一部电话铃响了，这时老总是听完第一个电话后，去接第二电话，还是中断第一个电话，马上去接第二个电话？这就涉及当发生多重中断时中断优先的问题。

什么是中断优先呢？在多重中断输入结构时，会将各个中断输入按照其重要性给予其不同的中断优先顺序。当 CPU 接受某一个中断请求且正执行该中断的服务程序的同时，如果有另一个中断请求发生，CPU 将比较两个中断的中断优先级。如果其优先级低于正在执行的中断，CPU 将不理会该中断，必须等执行完现行的中断服务程序后才会接受该中断，并按照产生中断请求的先后次序进行处理。但如果其优先顺序高于正在执行的中断，CPU 将立即停止其正在执行的中断服务程序，跳入更高优先级的中断服务程序去执行。等执行完成后，再回到刚才被中断的较低优先级服务程序中去，继续完成未完成的工作。这种处理方式称为中断程序的嵌套应用。

回到上面的事例，如果第二个电话是董事长直线电话，其优先级最高，该老总会立即放下第一个电话去接第二个电话；如果第二个电话是下属来电，该老总会听完第一个电话后，再听第二个电话，听完第二个电话后，再继续批阅文件。

不同品牌的 PLC 关于中断优先的设定是不同的，三菱 FX 系列 PLC 的中断功能原则是不能嵌套的。也就是说，正在执行某一中断程序时，不能再接受其他中断程序的处理。但作为特殊处理，FX_{2N} PLC 运行时可以使用一次且仅可使用一次中断嵌套。

不是所有的应用程序都需要 PLC 的中断功能，用户一般也不需要处理所有的中断事件，因此，PLC 设置了中断控制指令来控制是否需要中断和需要哪些中断。中断控制指令一般包含允许中断指令（又称开中断）和禁止中断指令（又称关中断）。在程序中设置允许中断指令后，则后面的扫描程序中，就允许处理事先设置的中断处理功能；在程序中设置了禁止中断指令后，则后面的扫描程序中，就禁止处理所有的中断功能，直到重新执行允许中断指令。

3．中断服务程序结构与编写

中断和子程序调用虽然同样用到副程序，但其调用（跳到副程序去执行）的方式却不同。子程序调用是在主程序中执行子程序调用指令（一般为 CALL 指令）时，PLC 会记下 CALL 指令所指定的副程序名称，并到副程序区执行该标记名称的副程序，一直执行到子程序返回指令后，才会返回主程序。中断的调用则不是利用软件指令，而是由硬件电路发出中断信号给 PLC，由 PLC 自行去辨别该中断的名称，自动跳入副程序中以该中断名称为标记的“中断服务程序”中去执行，执行到中断返回指令后，才返回到主程序。上述中断服务程序结构如图 2-7 所示。由“头”“尾”及中断服务程序组成。“头”即为该中断的唯一中断标志名称，而“尾”就是中断返回指令，告诉 PLC 中断程序的结束，头尾中间为中断服务程序本身，用来告知 PLC 在该中断发生时必须执行哪些控制操作。中断服务程序编写要注意下面两个问题。

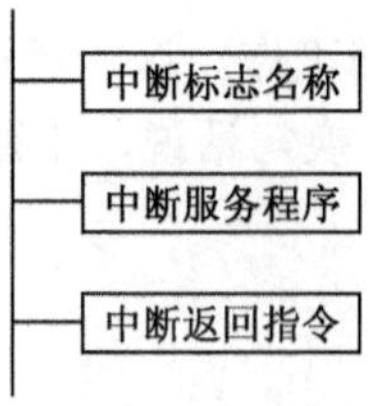

图 2-7　中断服务程序结构

（1）设计中断程序时应遵循“越短越好”的原则。中断服务程序的执行会延迟主程序执行的时间，如果中断服务程序执行时间过长，则有可能引起主程序所控制的设备操作发生异常。因此，必须对中断服务程序进行优化，使其尽量短小，以减少其执行时间，从而减少对主程序处理的延迟。

（2）中断服务程序是随机调用的，必须谨慎地设计中断服务程序的各种软元件，弄清楚中断服务子程序中软元件和主程序中软元件的关系，中断服务程序中的软元件最好是独立的，当然，与主程序相关的除外。

2.2　条 件 转 移

2.2.1　条件转移指令 CJ

1. 指令格式

FNC 00：CJ 【P】　　　　　　　　程序步：3

CJ 指令可用软元件如表 2-2 所示。

表 2-2　CJ 指令可用软元件

操作数种类	位软元件							字软元件												其他			
	系统/用户							位数指定				系统/用户				特殊模块	变址			常数		实数	字符串	指针
	X	Y	M	T	C	S	D□.b	KnX	KnY	KnM	KnS	T	C	D	R	U□\G□	V	Z	修饰	K	H	E	"□"	P
Pn·																			●					●

指令梯形图如图 2-8 所示。

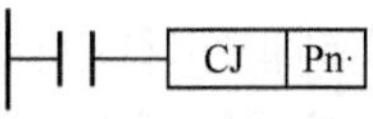

图 2-8　CJ 指令梯形图

CJ 指令操作数内容及取值如表 2-3 所示。

表 2-3　CJ 指令操作数内容及取值

操作数种类	内　　容	数据类型
Pn·	跳转目标标记的指针编号（P） （FX_{3S}：n=0～255，FX_{3G}/FX_{3GC}：n=0～2047，FX_{3U}/FX_{3UC}：n=0～4095，但是 P63 为 END 跳转）	指针编号

解读：当驱动条件成立时，主程序转移到指针为 Pn 的程序段往下执行。当驱动条件断开时，主程序按顺序执行指令的下一行程序，并往下继续执行。

2. 关于分支指针 P

（1）指针又称标号、标签。在 FX 系列 PLC 里，指针有分支指针 P 和中断指针 I 两种。

（2）当程序发生转移时，必须要告诉 PLC 程序转移的入口地址，这个入口地址就是用指针来指示的。因此，指针的作用就是指示程序转移的入口地址。

分支指针 P 主要用来指示条件转移和子程序调用转移时的入口地址。条件转移时分支指针 P 在主程序区；子程序调用时分支指针 P 在副程序区。

（3）FX3 系列 PLC 的分支指针 P 的点数如表 2-4 所示。

表 2-4　FX3 系列 PLC 的分支指针 P 的点数

FX_{3S}		FX_{3G}/FX_{3GC}		FX_{3U}/FX_{3UC}	
分支用	END 跳转用	分支用	END 跳转用	分支用	END 跳转用
P0～P62 P64～P255 255 点	P63 1 点	P0～P62 P64～P2047 2047 点	P63 1 点	P0～P62 P64～P4095 4095 点	P63 1 点

（4）分支指针 P 必须和转移指令 CJ 或子程序调用指令 CALL 组合使用。

（5）指针 P63 为 END 指令跳转用特殊指针，当出现指令 CJ P63，驱动条件成立后，马上转移到 END 指针，执行 END 指令功能。因此，P63 不能作为程序入口地址标号进行编程。如果对标号 P63 编程，PLC 会发生程序错误并停止运行，如图 2-9 所示。

（6）在编程软件 GX 上输入梯形图时，标号的输入方法为：找到转移后的程序首行，将光标移到该行左母线外侧，直接输入标号。

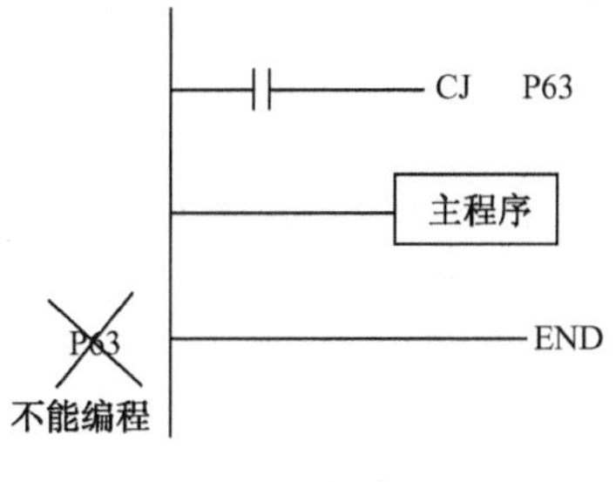

图 2-9　指针 P63 的应用

3. 转移指令 CJ 应用注意

1）连续执行与脉冲执行

CJ 指令有两种执行形式：连续执行型 CJ 和脉冲执行型 CJP。它们的执行形式是不同的，如图 2-10 所示。

对连续执行型指令 CJ，在 X010 接通期间，每个扫描周期都要执行一次转移。对脉冲执行型指令 CJP，X010 每通断一次，才执行一次程序转移。

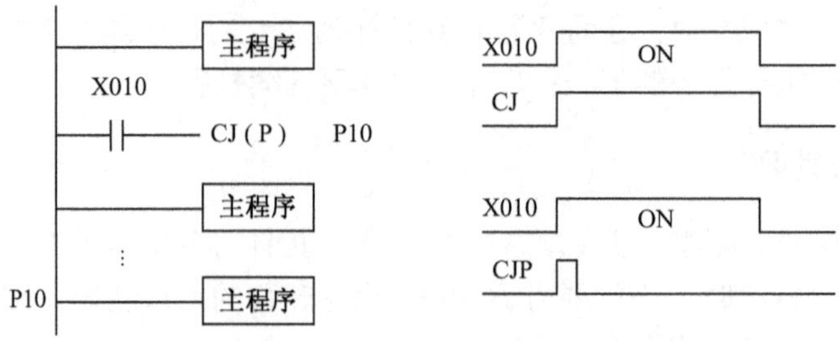

图 2-10　CJ 指令的连续执行与脉冲执行

2）转移方式

利用 CJ 转移时，可以向 CJ 指令的后面程序进行转移，也可以向 CJ 指令的前面程序进行转移，如图 2-11 所示。但在向前面程序进行转移时，如果驱动条件一直接通，则程序会在转移地址入口（标号处）到 CJ 指令之间不断运行。这就会造成死循环，且因程序扫描时间超过监视定时器时间（出厂值为 200ms）而发生看门狗动作，程序停止运行。一般来说，如需要向前转移，建议使用 CJP 指令，仅执行一次。下一个扫描周期，即使驱动条件仍然接通，也不会再次执行转移。

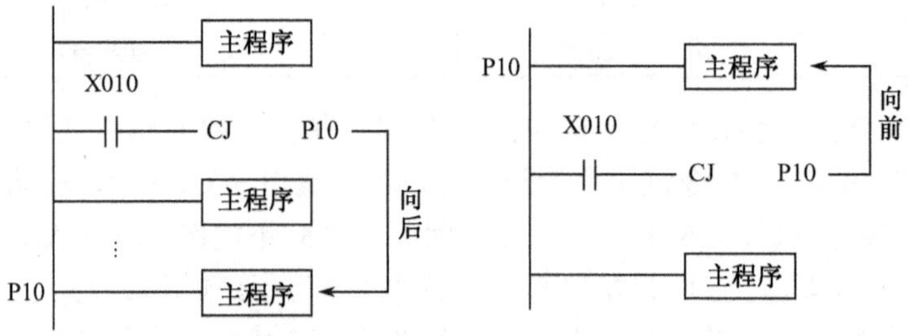

（a）向后转移　（b）向前转移

图 2-11　CJ 指令的向前、向后转移

3）标号使用的唯一性

标号在程序中具有唯一性，即在程序中不允许出现标号相同的两个或两个以上程序转移入口地址，如图 2-12 所示。

4）标号重复使用

在程序中，标号是唯一的，但却可以是多个 CJ 指令的程序转移入口地址，如图 2-13 所示。当 X010 接通时，从上一个 CJ 转移到 P10，当 X010 断开，X020 接通时，从下一个 CJ 转向 P10。但是 CJ 指令和子程序调用指令 CALL 不能共用一个标号，如图 2-14 所示。

5）无条件转移

CJ 是条件转移指令，但如果驱动条件常通（如用特殊继电器 M8000 作为 CJ 指令的驱动条件），则变成无条件转移指令，如图 2-15 所示。

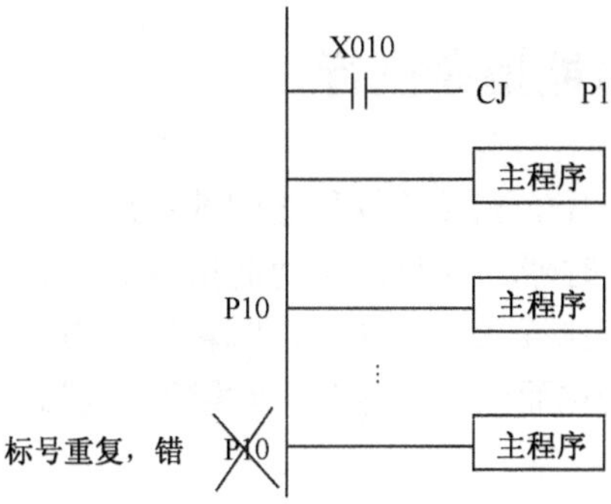

图 2-12　CJ 指令的标号使用唯一性

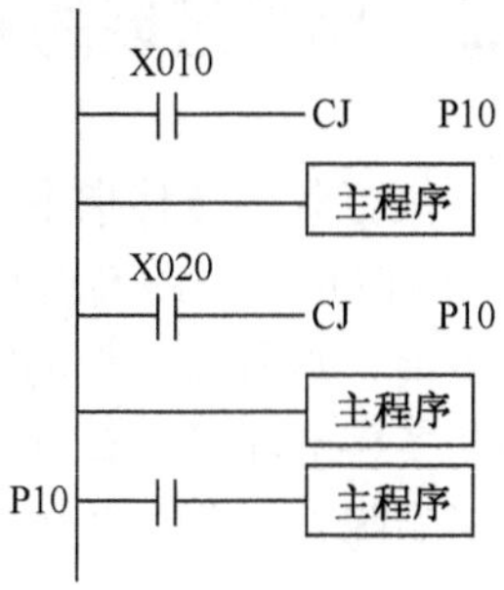

图 2-13　CJ 指令的标号重复使用

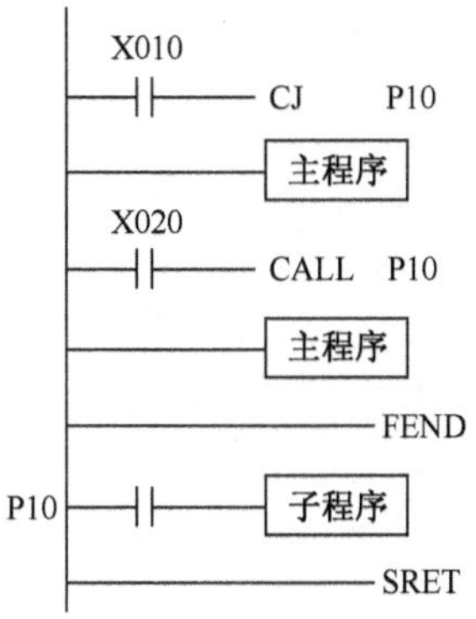

图 2-14　CJ 和 CALL 不能共用标号

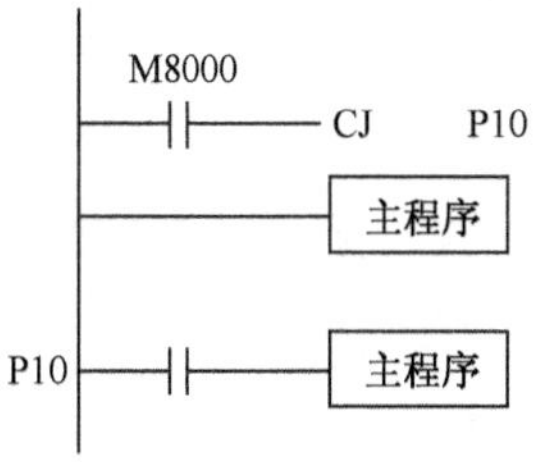

图 2-15　无条件转移

6）输出关断后转移

如图 2-16 所示程序，由于使用了上升沿检测指令 PLS，所以，CJ 指令要等 1 个扫描周期才能生效。采用这种方法，可以将 CJ 指令到转移标号之间的输出全部关断后才进行跳转。

7）标号的变址应用

标号也可变址寻址应用，这样，利用一条条件转移指令可以转移到多个标号的程序转移地址入口，如图 2-17 所示。

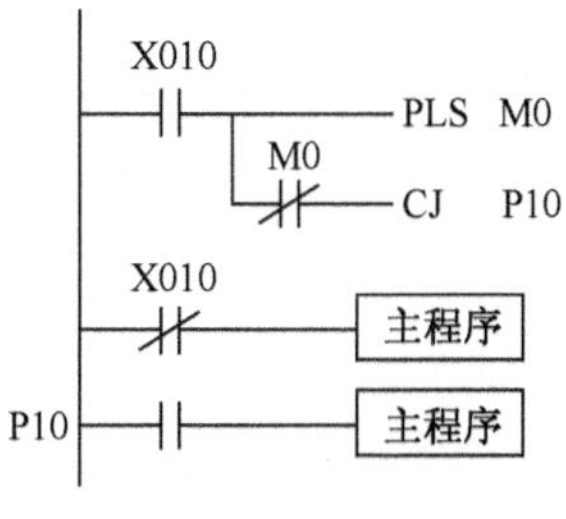

图 2-16　输出关断后转移

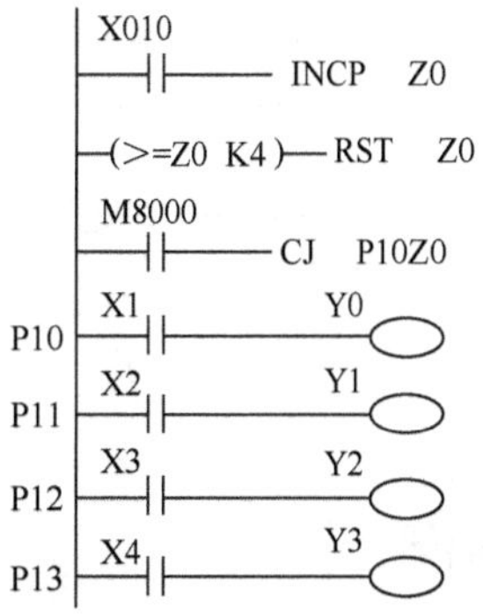

图 2-17　标号的变址应用

2.2.2 跳转区域的软元件变化与功能指令执行

当程序执行条件转移指令发生跳转时，把指令 CJ 到转移标号之间的程序段称为跳转区域，如图 2-18 所示。跳转区域中会有位元件、定时器、计数器和功能指令等。如果在未执行 CJ 指令前，这些软元件的状态是一定的。但在执行 CJ 指令后，跳转区域指令虽并未执行，但驱动条件会随输入口状态变化或程序运行变化而改变，这时，对跳转区域的软元件会产生什么影响呢？下面分别加以讨论。

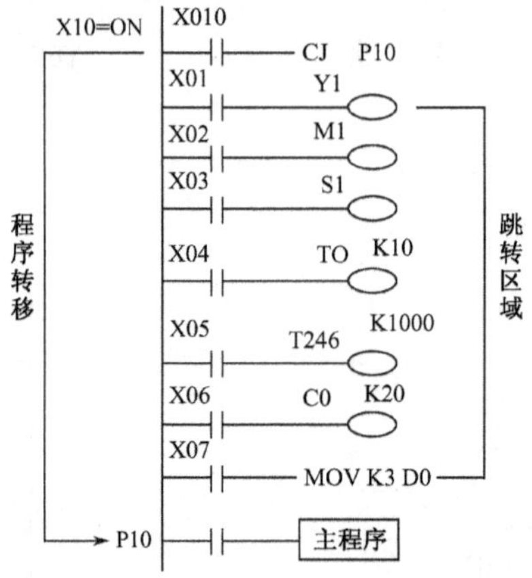

图 2-18 程序转移与跳转区域

1. 位元件 Y、M、S

如图 2-19（a）所示，Y1 为跳转区域中的位元件。程序在未执行转移时，Y1 的状态由驱动元件 X03 决定。分两种情况讨论，X03=ON 时，时序图如图 2-19（b）所示；X03=OFF 时，时序图如图 2-19（c）所示。从时序图中可以看出，不论 Y1 的初始状态是 ON 还是 OFF，当程序发生转移后，如果其驱动条件 X03 的状态发生变化（图 6-19（b）中的①变到②），Y1 仍保持其状态不变。但如果在跳转区域外，再次驱动 Y1，则按双线圈处理。以上结论同样适用于位元件 M,S。

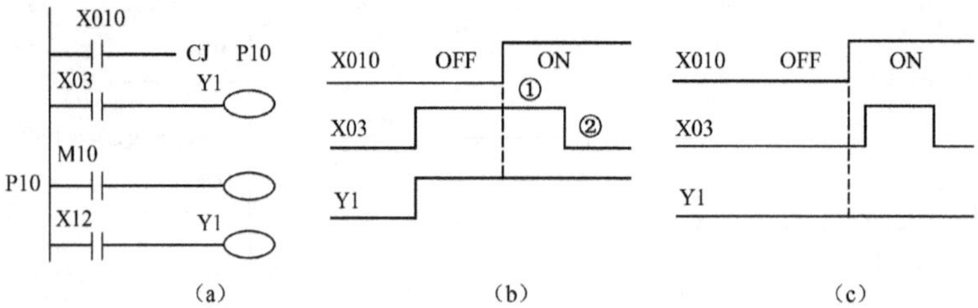

图 2-19 位元件跳转状态

2. 定时器

1）10ms、100ms 定时器（T0～T199,T200～T245,T250～T255）

这类定时器如果程序转移前未启动，则一直保持停止状态，与位元件类似如图 2-20

(a) 所示。如果程序转移前已启动，则发生程序转移时，会马上停止计时，且在转移期间保持当前值不变，如图 2-20（b）所示的①处。转移结束后，如果 X04 仍为 ON，则计时继续，直到达到设定值为止。如果又发生程序转移，并在转移期间，X04 由 ON 变为 OFF，则当转移结束后，定时器马上复位，当前值也归 0，触点动作如图 2-20（b）所示的②处。这类定时器的跳转状态如图 2-20 所示。

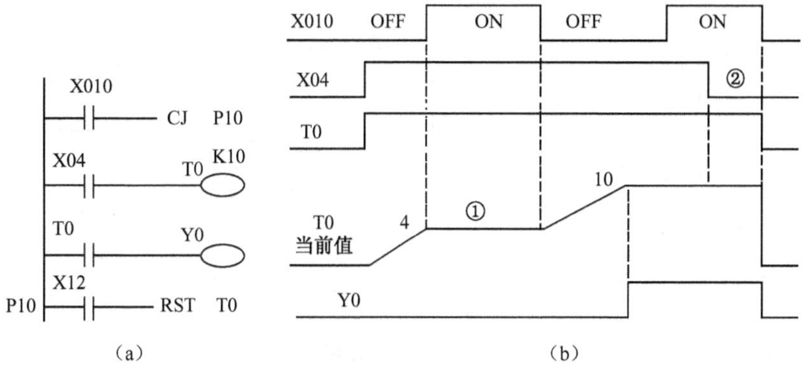

图 2-20　10ms、100ms 定时器跳转状态

2）1ms 定时器（T246～249）

与 10ms,100ms 定时器类似，如果程序转移前未启动，则一直保持停止状态。与 10ms,100ms 定时器不同之处在于如果程序转移前已启动，则在发生程序转移期间，定时器继续计时，直到当前值为设定值，如图 2-21（b）所示的①处。但其触点动作在转移结束后才发生，如图 2-21（b）所示的②处。如果定时器驱动条件由 ON 变 OFF，转移结束后，定时器当前值仍维持设定值，其相应触点也不动作，直到有信号使定时器复位，当前值才归零，触点动作，如图 2-21（b）所示的③处。

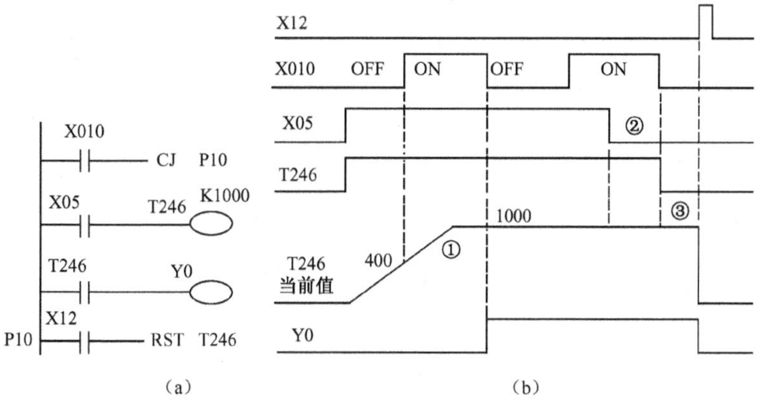

图 2-21　1ms 定时器跳转状态

对跳转区域中的定时器来说，程序转移后，如果出现了驱动跳转区域中定时器的 RST 指令，只要驱动条件成立，都会使定时器复位，当前值为 0，触点动作。但在跳转区域中的 RST 指令，程序转移后，即使驱动条件成立，定时器也不会复位。

3．计数器

跳转区域中的计数器的状态和 10ms,100ms 定时器类似，时序图如图 2-22 所示。读者可自行分析。

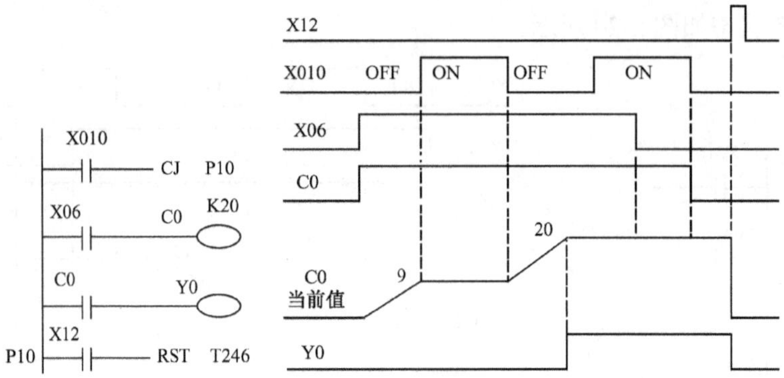

图 2-22　计数器跳转状态

4．功能指令

如果跳转区域中有功能指令，则当程序发生转移后，即使功能指令的驱动条件成立，功能指令也不执行，但是功能指令 MTR,HSCC,HSCR,HSZ,SPD PLSY,PWM,PLSR 的动作继续，不受程序转移的影响。

5．与主控指令的关系

主控指令和转移指令的关系及动作如图 2-23 所示。其转移动作说明如下。

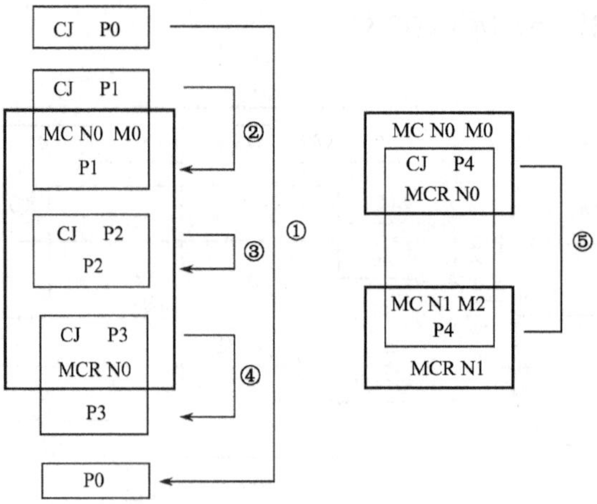

图 2-23　主控指令中的跳转状态

（1）从 MC 外向 MC 外转移，图中①所示。

这种转移，基本上与主控程序无关，可以随意转移。

（2）从 MC 外向 MC 内转移，图中②所示。

这时，如果主控指令不被驱动（M0=OFF），转移到 P1 以后的程序照样执行，视

M0=ON。

（3）从 MC 内向 MC 内转移，图中③所示。

这是在 MC 内的转移，能够执行转移的条件是主控指令必须被驱动，如果不被驱动（M0=OFF），转移则不被执行。

（4）从 MC 内向 MC 外转移，图中④所示。

分两种情况，如果主控指令被驱动（M0=ON）则可以进行转移，但主控复位指令 MCR 变为无效。如果主控指令不被驱动（M0=OFF），转移不能执行。

（5）从一个 MC 内向另一个 MC 内转移，图中⑤所示。

仅当 MC　N0　M0 指令被驱动时，转移才能进行。一旦发生转移，则与 MC　N1　M2 指令是否被驱动无关，而且上一个 MCR　N0 被忽略。

2.2.3　CJ 指令应用实例

【例 1】　在工业控制中，常常有自动、手动两种工作方式选择。一般情况下，自动方式用于控制正常运行的程序；手动方式用于工作设定、调试等。用 CJ 指令设计程序既简单又有较强的可读性。图 2-24 所示两种程序梯形图均可达到控制要求。

【例 2】　CJ 指令也常用来执行程序初始化工作。程序初始化是指在 PLC 接通后，仅需要执行一次的程序段。利用 CJ 指令，可以把程序初始化放在第一个扫描周期内执行，在以后的扫描周期内，则被 CJ 指令跳过，不再执行，如图 2-25 所示。

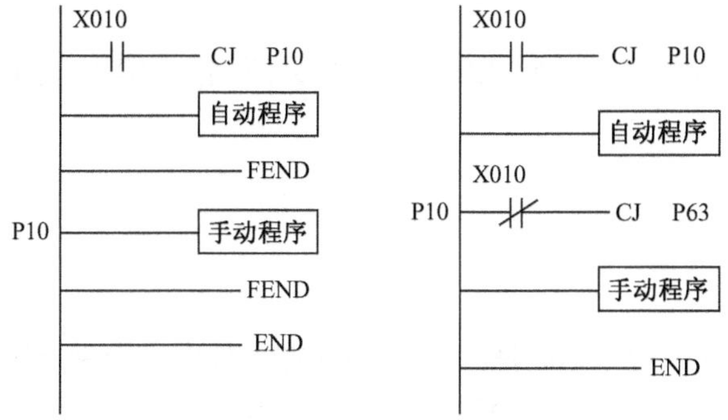

图 2-24　CJ 指令手动、自动程序梯形图

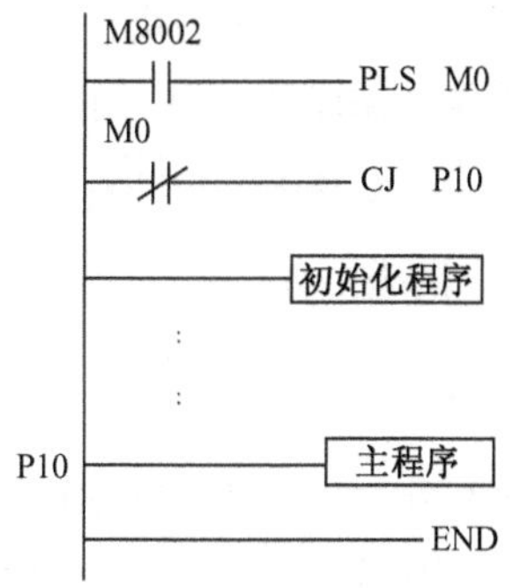

图 2-25　CJ 指令初始化程序梯形图

2.3　子程序调用

2.3.1　子程序调用指令 CALL,SRET

1. 指令格式

FNC 01：CALL 【P】　　子程序调用　　程序步：3

FNC 02：　SRET　　　子程序返回　　程序步：1

CALL 指令可用软元件如表 2-5 所示。

表 2-5　CALL 指令可用软元件

操作数种类	位软元件							字软元件												其他				
	系统/用户							位数指定				系统/用户				特殊模块	变址			常数		实数	字符串	指针
	X	Y	M	T	C	S	D□.b	KnX	KnY	KnM	KnS	T	C	D	R	U□\G□	V	Z	修饰	K	H	E	"□"	P
(Pn·)																			●					●

指令梯形图如图 2-26、图 2-27 所示。

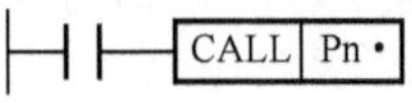

图 2-26　CALL 指令梯形图

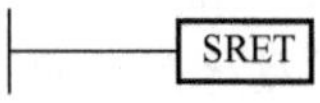

图 2-27　SRET 指令梯形图

CALL 指令操作数内容及取值如表 2-6 所示。

表 2-6　CALL 指令操作数内容及取值

操作数种类	内　容	数据类型
(Pn·)	跳转目标标记的指针编号（P） （FX_{3S}：n=0～62、64～255，FX_{3G}/FX_{3GC}：n=0～62、64～2047，FX_{3U}/FX_{3UC}：n=0～62、64～4095）	指针编号

注：由于 P63 为 CJ(FNC　00)专用（END 跳转），所以不可以作为 CALL(FNC　01)指令的指针使用。

解读（CALL）：当驱动条件成立时，调用程序入口地址标号为 Pn 的子程序，即转移到标号为 Pn 的子程序去执行。

解读（SRET）：在子程序中，执行到子程序返回指令 SRET 时，立即返回到主程序调用指令的下一行继续往下执行。

2. 指令应用

1）指令执行流程

调用子程序也是一种程序转移操作，和 CJ 指令不同是，CJ 指令是在主程序区中进行转移，而调用子程序则是转移到副程序区进行操作，CJ 指令转移后不产生断点，无须再回到 CJ 指令的下一行程序，而调用子程序在完成子程序的运行后，还必须回到调用子程序指令，并从下一行继续往下运行。而它们的相同之处是程序转移入口地址都用分支标号 P 来表示调用子程序的程序流程图，如图 2-28 所示。

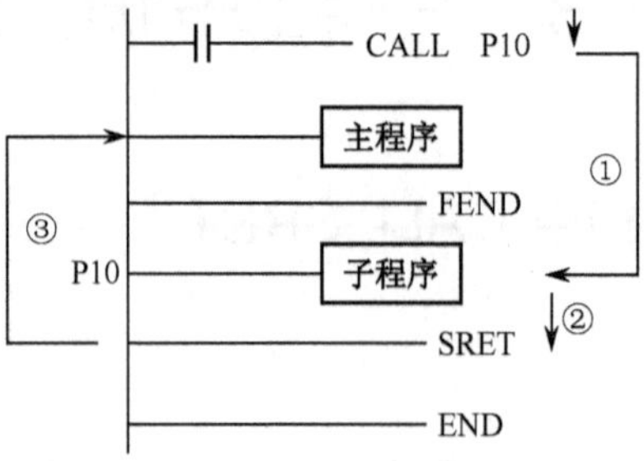

图 2-28　调用子程序程序流程图

调用子程序指令可以嵌套使用。三菱 FX 系列 PLC 在子程序内的调用子程序指令 CALL 最多允许使用四次，也就是说一个用户程序最多允许进行五层嵌套。图 2-29 表示了一个二次调用子程序的流程图。

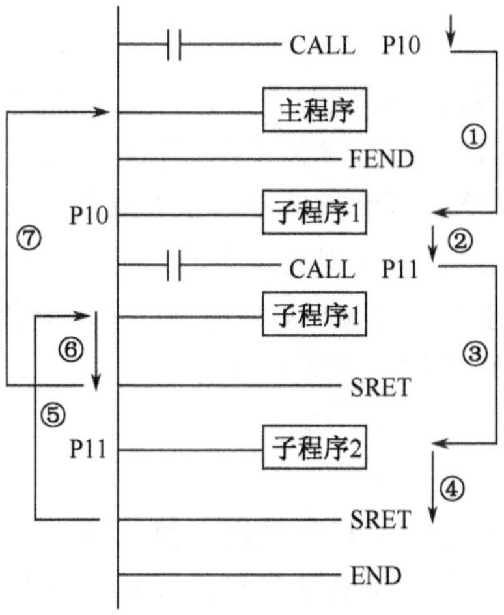

图 2-29　二次调用子程序流程图

2）指针 P 的使用

指针 P 的标号不能重复使用，也不能与 CJ 指令共用同一个标号，但一个标号可以供多个调用子程序指令调用。需要注意的是不可以使用指针 P63。

子程序必须放在副程序区，在主程序结束指令 FEND 后面，子程序必须以子程序返回指令 SRET 结束。

3）脉冲执行型

调用子程序指令 CALL 有连续执行型和脉冲执行型两种方式。当为连续执行型 CALL 时，在每个扫描周期都会被执行。而当为脉冲执行型 CALLP 时，仅在驱动条件的上升沿出现时执行一次，用 CALLP 指令也可以执行程序初始化，且比 CJ 指令还要方便，如图 2-30 所示。

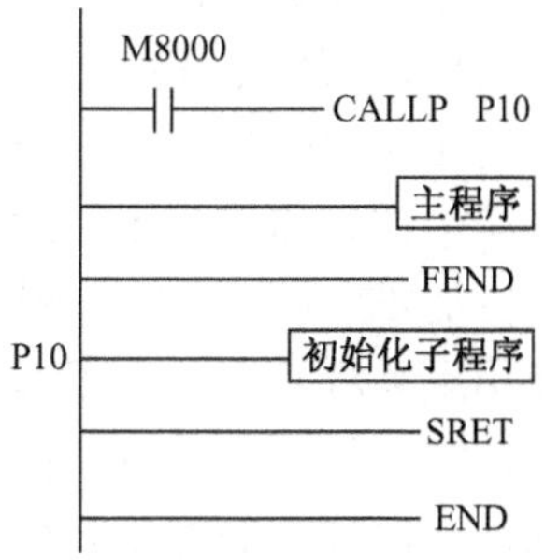

图 2-30　CALLP 指令应用

4）子程序调用

子程序可以在主程序中调用，也可以在中断服务程序中调用，还可以在其他子程序中调用，其调用执行过程都是相同的。

3．子程序内软元件使用

1）定时器 T 的使用

由于一般的定时器只能在线圈被驱动时计时，因此，如果用于仅在某种条件下才驱动线圈的子程序中，则不能进行计时。因此，FX 系列 PLC 规定了在子程序里使用专用的子程序用定时器 T192～T199，该定时器在线圈被驱动时或是执行 END 指令时进行计时，如果达到设定值，在线圈被驱动或执行 END 指令时相应触点动作。

在子程序内使用 1ms 定时器（T246～T249）时，到达设定值后，输出触点会在最初驱动线圈指令时（执行子程序时）动作，请务必注意。

2）软元件状态

子程序在调用时，其中各软元件的状态受程序执行的控制。但当调用结束后，其软元件会保持最后一次调用时的状态不变。如果这些软元件状态没有受到其他程序的控制，就会长期保持不变，哪怕是驱动条件发生了改变，软元件的状态也不会改变。

如果在程序中对定时器、计数器执行 RST 指令，定时器和计数器的复位状态也会保持。因此，对这些软元件编程时，可以在子程序结束后的主程序中复位，或是在子程序中进行复位。

2.3.2 子程序编制与应用实例

如前所述，有两种情况会用到子程序，使编写子程序成为必要。一是系统规模很大、控制要求复杂时，使用子程序可以将程序分成容易管理的小块，使程序结构简单，易于阅读、调试、查错和维护。这类子程序是在特定系统中编制的，相当于主程序的分支转移，子程序中所涉及的各种软元件相对比较独立，也不存在所谓的移植问题。二是有一些程序功能会在程序中反复执行，如某些标定变换运算程序、查询程序、排序程序、报警程序、通信程序中的校验码程序等，这时可将这些程序段编写成子程序，在需要时对其进行调用，从而不需要在主程序中反复重写这些程序段。这样，可使主程序简单清晰，程序容量减少，扫描时间也相应缩短。这类子程序所完成的功能相对比较独立，一个子程序可以看成是一个功能块，通用性很强，可以在任何一个控制系统中进行移植应用。对这类子程序进行开发和收集，会对程序设计工作带来很大的方便。这也是要重点讨论的子程序类型。

和主程序一样，子程序中也使用到编程软元件，子程序中所涉及的软元件有两种，一种是子程序功能本身所需要的软元件，它们的主要特点是仅在子程序中运用，与主程序没有关联，这些软元件是子程序所独有的，可以称为局部软元件。另一种是与主程序相关联的软元件。这些软元件，一类为主程序传递给子程序的数据（子程序的入口数据），一类为子程序完成功能后所需把处理结果送回主程序的数据（子程序的出口数据），这些软元件是主程序和子程序共有的，可以称为全局软元件。不同品牌的 PLC 对局部软元件和全局软元件的处理是不同的。

西门子的局部软元件和全局软元件是互相独立的（西门子称为局部变量和全局变量）。因此，一个功能块只需要关心它的入口和出口软元件即可，功能块可以很方便地进行移植，控制程序可以像搭积木似的编制。

三菱 FX 系列 PLC 软元件是不分局部软元件和全局软元件的。所有软元件都是主程序和子程序共享的，这就存在着一个软元件冲突问题，主要体现在数据寄存器 D 的地址冲突。在子程序中出现的局部软元件是不能在主程序中出现的，而主程序中的软元件也不能出现在子程序的局部软元件中。

当主程序和子程序使用同一地址的 D 寄存器时，如果它的含义在主程序和子程序中不，就会出现混乱。这就给子程序的编制和移植带来了很大的不便。因此，在编制子程序时，必须对所用软元件进行统一分配，以避免混乱发生。同样功能的子程序在不同控制系统中移植时，必须要检查子程序与新的主程序有无地址冲突，如果有，则必须对子程序软元件进行修改或对主程序软元件进行修改。在收集各种功能的子程序时，除了记录它的功能，还必须记录子程序的入口软元件、出口软元件和局部软元件。

通过下面的例子给予说明。

【例 3】　在 PLC 与控制设备的通信控制中，如果采用了 MODBUS 通信协议 RTU 通信方式时，其通信数据规定采用 CRC 校验码。当 PLC 无 CRC 校验码指令时，必须编制 CRC 校验码子程序进行 CRC 校验码计算，其算法是：

（1）设置 CRC 寄存器为 HFF。

（2）把第一个参与校验的 8 位数与 CRC 低 8 位进行异或运算，结果仍存 CRC。

（3）把 CRC 右移 1 位，最高位补 0，检查最低位 b0 位。

（4）b0=0，CRC 不变，b0=1，CRC 与 HA001 进行异或运算，结果仍存 CRC。

（5）重复（3）（4），直到右移 8 次，这样就对第一个 8 位数进行了处理，结果仍存 CRC。

（6）重复（2）到（5），处理第二个 8 位数。

如此处理，直到所有参与校验的 8 位数全部处理完毕。结果 CRC 寄存器所存即为 CRC 校验码。

注意：CRC 校验码是 16 位校验码，通信程序要求，必须把 16 位校验码的高 8 位和低 8 位分别送至两个存储单元再送回主程序。该子程序所用软元件清单如表 2-7 所示。

表 2-7　CRC 校验码子程序所用软元件

类　型	编　号	说　明
入口软元件	D0	参与校验数据的个数（n）
	D1～Dn	参与校验的 n 个数据存放地址
出口软元件	D110	存 CRC 校验码低 8 位
	D111	存 CRC 校验码高 8 位
局部软元件	V0	变址寄存器
	D100	CRC 校验码寄存器
	D101	校验数据低 8 位暂存

程序编制如图 2-31 所示（作为子程序 P1 编制）。

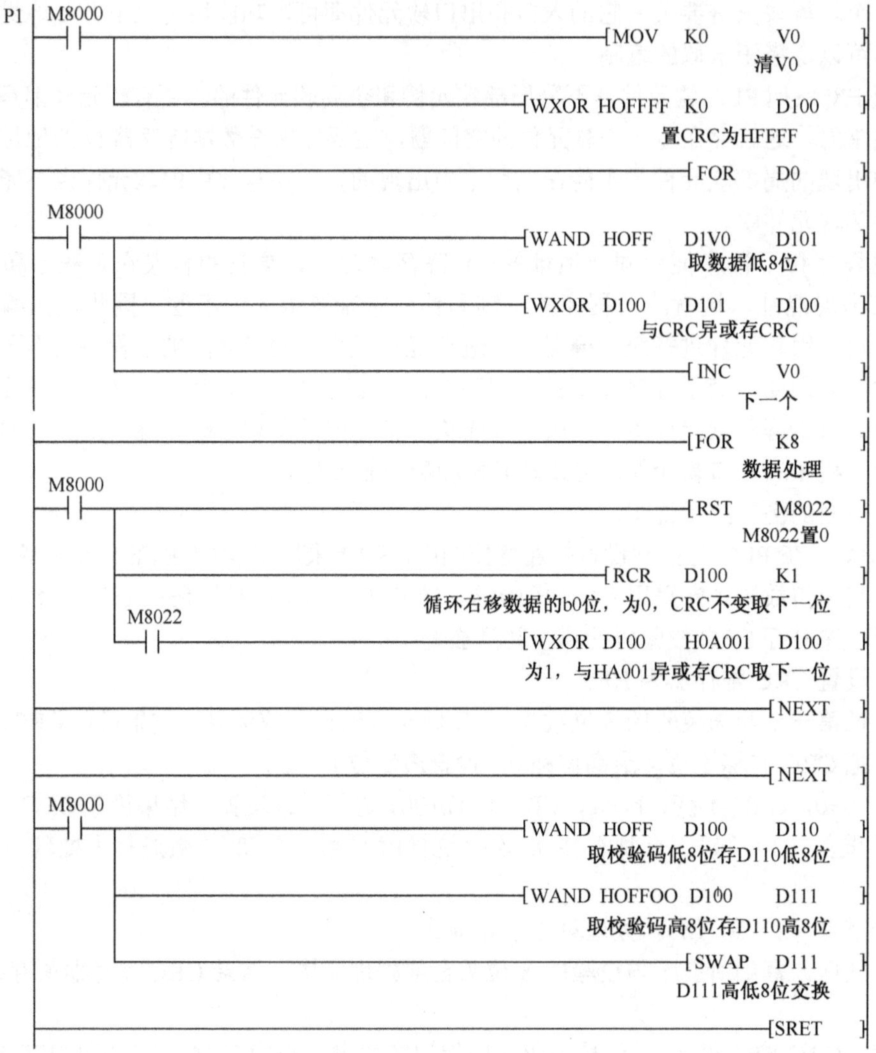
P1
M8000
MOV K0 V0
清V0
WXOR HOFFFF K0 D100
置CRC为HFFFF
FOR D0
M8000
WAND HOFF D1V0 D101
取数据低8位
WXOR D100 D101 D100
与CRC异或存CRC
INC V0
下一个
FOR K8
数据处理
M8000
RST M8022
M8022置0
RCR D100 K1
循环右移数据的b0位，为0，CRC不变取下一位
M8022
WXOR D100 H0A001 D100
为1，与HA001异或存CRC取下一位
NEXT
NEXT
M8000
WAND HOFF D100 D110
取校验码低8位存D110低8位
WAND HOFFOO D100 D111
取校验码高8位存D110高8位
SWAP D111
D111高低8位交换
SRET

图 2-31　CRC 校验码子程序

2.4　中 断 服 务

2.4.1　中断指令 EI,DI,IRET

1. 指令格式

FX 系列 PLC 关于中断的指令有三个。

FNC 04:　EI　　中断允许指令　　程序步：1

FNC 05:　DI　　中断禁止指令　　程序步：1

FNC 03:　IRET　　中断返回指令　　程序步：1

EI,DI,IRET 指令可用软元件如表 2-8 所示。

表 2-8　EI,DI,IRET 指令可用软元件

操作数种类	位软元件							字软元件												其他				
	系统/用户							位数指定				系统/用户				特殊模块	变址			常数		实数	字符串	指针
	X	Y	M	T	C	S	D□.b	KnX	KnY	KnM	KnS	T	C	D	R	U□\G□	V	Z	修饰	K	H	E	"□"	P
—	无对象软元件																							

1）中断允许指令 EI

指令梯形图如图 2-32 所示。

解读： 执行中断允许指令 EI 后，其后的程序到出现中断禁止指令 DI 之间，均允许执行中断服务程序。EI 又称开中断指令。三菱 FX 系列 PLC 开机后为中断禁止状态，因此，如果希望能进行中断处理，必须要在程序中首先编制中断允许指令。

2）中断禁止指令 DI

指令梯形图如图 2-33 所示。

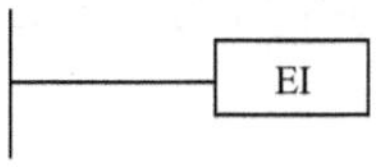

图 2-32　EI 指令梯形图

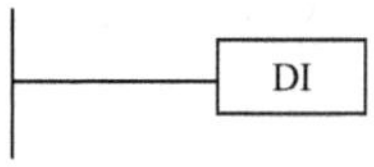

图 2-33　DI 指令梯形图

解读： 执行 EI 指令后，如果不希望在某些程序段进行中断处理，则在该程序段前编制中断禁止指令 DI。执行中断禁止指令 DI 后，其后的程序到出现 EI 指令之间，均不能进行中断处理。DI 指令又称关中断指令。

3）中断返回指令 IRET

指令梯形图如图 2-34 所示。

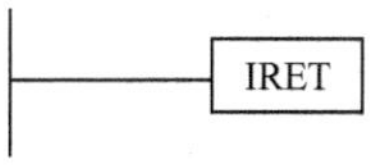

图 2-34　IRET 指令梯形图

解读： 在中断服务程序中，执行到中断返回指令 IRET，表示中断服务程序执行结束，无条件返回到主程序继续往下执行。

EI,DI 和 IRET 指令在程序中的位置与作用如图 2-35 所示。

EI 和 DI 指令可以在程序中多次使用。凡是在指令 EI～DI 之间或指令 EI～FEND 之间的为中断允许，凡是在指令 DI～EI 之间或是指令 DI～FEND 之间的为中断禁止。

如果 PLC 只需要对某些特定的中断源进行禁止中断，也可以利用特殊辅助继电器置 ON 给予中断禁止。详见下述。

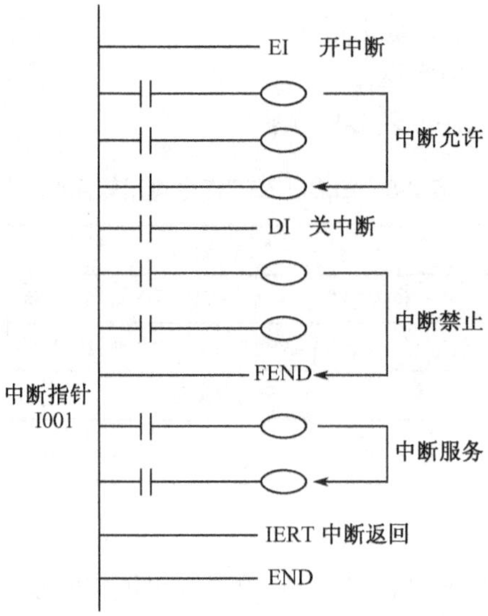

图 2-35 EI,DI,IERT 指令位置说明图

2. 关于中断指针 I

FX 系列 PLC 中断有三种中断源：外部输入中断、内部定时器中断和高速计数器中断。这三种中断的指针是不一样的，如表 2-9 所示。关于它们的详细说明在下面分别介绍三种中断时给予讲解。

表 2-9 FX 系列 PLC 三种中断指针

	输入中断 输入延迟中断用	定时器中断用	计数器中断用
FX_{3S}	I00□(X000) I30□(X003) I10□(X001) I40□(X004) I20□(X002) I50□(X005) 6 点	I6□□ I7□□ I8□□ 3 点	
FX_{3G}/FX_{3GC}	I00□(X000) I30□(X003) I10□(X001) I40□(X004) I20□(X002) I50□(X005) 6 点	I6□□ I7□□ I8□□ 3 点	
FX_{3U}/FX_{3UC}	I00□(X000) I30□(X003) I10□(X001) I40□(X004) I20□(X002) I50□(X005) 6 点	I6□□ I7□□ I8□□ 3 点	I010 I040 I020 I050 I030 I060 6 点

中断指令表示中断服务程序的入口地址，因此，它只能出现在主程序结束指令 FEND 之后，中断服务程序也和子程序一样必须位于副程序区。

中断指针不能在程序中重复使用。

3．关于中断和中断优先处理

1）中断允许

PLC 只能在中断允许的状态下才能进行中断处理。

2）中断服务

在中断允许的状态下，PLC 一旦接到中断请求必须立即停止主程序或副程序的执行，转移到相应中断服务程序的处理中，直到处理完毕才返回原来的程序继续执行。

3）中断优先

PLC 在任意时刻只能执行一个中断服务程序。当没有多个中断请求同时发生时，PLC 按照先来先中断的时间优先原则进行中断处理。

当有多个中断请求时，三菱 FX 系列 PLC 会按照中断指针的不同进行划分优先级处理，其原则是指针的编号越小，优先级越高，例如，I001 优先于 I501，I501 优先于 I610 等。

4）中断嵌套

三菱 FX 系列 PLC 的中断优先仅限于多个中断请求时的优先处理，但当 PLC 正在执行某一个中断服务程序时，如果又发生中断请求，PLC 将不管这个中断请求是否优先于正在执行的中断服务，一概不予以处理。只有该中断服务结束后，才能进行下一个中断处理。也就是说，三菱 FX 系列 PLC 不接受中断嵌套处理。但是如果正在执行的中断服务程序中编写了 EI,DI 指令，则可以且仅可以执行一次中断嵌套处理。

4．中断处理的使用注意

1）中断源的禁止重复使用

三菱 FX 系列 PLC 的外部输入中断和高速计数器中断都使用输入口 X000～X005，因此，当输入口 X000～X005 用于高速计数器、SPD、ZRN、DSZR 等指令和普通开关量输入时，不能再重复使用它们进行外部中断输入。

2）中断程序中定时器的使用

在中断服务程序中如需要应用定时器，请使用子程序中定时器 T192～T199。使用普通的定时器不能执行计时功能。如果使用了 1ms 计算型定时器 T246～T249，当它达到设定值后，在最初执行线圈指令处输出触点动作。

3）中断程序中软元件

在中断程序中被驱动输出置 ON 的软元件，中断程序结束后仍然保持置 ON。在中断程序中对定时器、计数器执行 RST 指令后，定时器计数器的复位状态也保持不变。

4）关于 FROM/TO 指令执行过程中的中断

FROM/TO 指令为 PLC 的特殊模块读/写指令。该指令执行过程中，能否进行中断服务与特殊继电器 M8028 的状态有关。

（1）M8028=OFF：在 FROM/TO 指令执行中自动处于中断禁止状态，不执行外部输入中断和定时中断。如果在此期间，发生中断请求，则在指令执行后会立即执行中断服务，这时，FROM/TO 指令可以在中断服务中使用。

（2）M8028=ON：在 FROM/TO 指令执行过程中自动处于中断允许状态。一旦有中断请求，马上执行中断服务，这时，不能在中断服务程序中使用 FROM/TO 指令。

2.4.2 外部输入中断

外部输入中断是一种硬件信号中断，在输入端口 X000～X005 被分配为中断信号端口时，接在端口上的开关量信号一旦接通，就向 PLC 发出中断请求，PLC 马上无条件地转向该端口规定的中断服务程序区去执行。外部输入中断常用于外部紧急事件的处理，如报警等。

1. 输入中断指针

三菱 FX 系列 PLC 外部中断指针有 6 个，对应于输入口 X000～X005，其标号说明如图 2-36 所示。

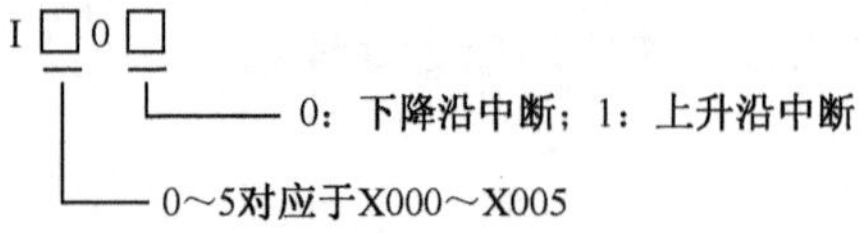

图 2-36　外部输入中断指针标号说明

可以单独对其中一个或 *n* 个外部输入中断设置中断禁止，每一个中断都对应一个特殊继电器，如果该继电器为 ON，则该程序中断将被禁止，对应关系如表 2-10 所示。

表 2-10　外部输入中断指针对应关系

输入编号	指针编号		禁止中断的指令
	上升沿中断	下降沿中断	
X000	I001	I000	M8050[①]
X001	I101	I100	M8051[①]
X002	I201	I200	M8052[①]
X003	I301	I300	M8053[①]
X004	I401	I400	M8054[①]
X005	I501	I500	M8055[①]

注：①从 RUN→STOP 时清除。

如图 2-37 所示程序，当 M0 接通时，M8054 为 ON，则下面的程序运行中，I400 及 I401 均被禁止中断。这时候，即使 X004 输入口有中断请求，也不会转去中断服务程序。

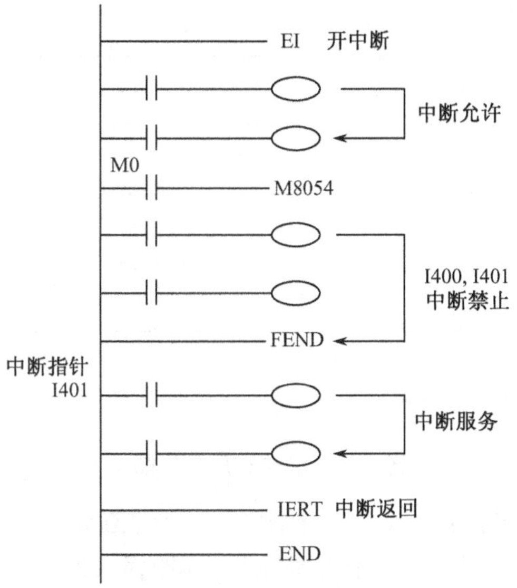

图 2-37　外部输入中断禁止程序说明

外部输入中断指针虽然有 12 个，但对于使用同一输入口的两个指针并不能同时被编写，所以，实际上最多只能使用 6 个中断指针。

2．输入中断信号脉冲宽度

外部输入中断对输入信号的宽度有一定的要求，如表 2-11 所示。

表 2-11　外部输入中断信号脉冲宽度

可编程控制器	输入编号	输入滤波常数设定为 0 时的值
FX_{3S}	X000、X001	10μs
	X002、X003、X004、X005	50μs
FX_{3G}/FX_{3GC}	X000、X001、X003、X004	10μs
	X002、X005	50μs
FX_{3U}/FX_{3UC}	X000～X005	5μs

3．输入滤波时间常数的自动调整

当把输入口指定为外部中断输入口时，该输入口的输入滤波时间会自动更改为 50μs（X000、X001 为 20μs），而不需要采用 REFF 指令及特殊寄存器 D8020 进行调整，但非外部中断输入口的输入滤波时间仍然为 10ms。

4．外部输入中断应用程序例

【例 4】　急停告警。

引入中断的一个主要优点是可以马上进行实时处理，急停告警程序如图 2-38 所示。

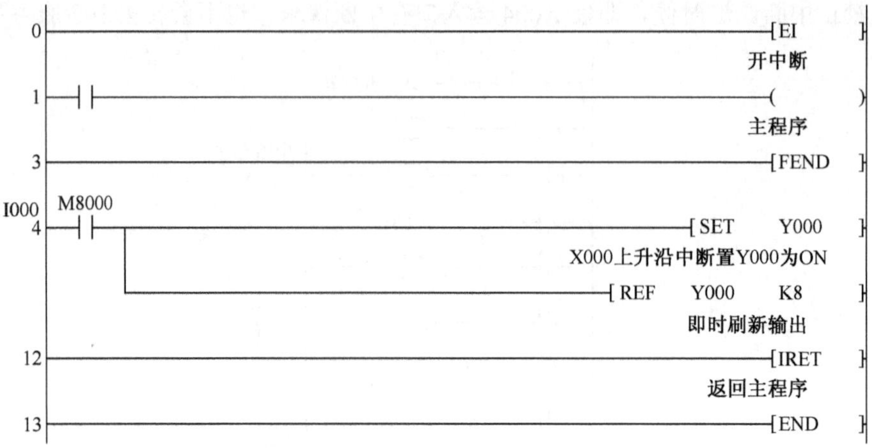

图 2-38　急停程序梯形图

中断指针为 I000，即 X000 输入口上升沿中断，当 X000 一有告警信号，马上转入中断服务程序，置 Y000 为 ON，并通过刷新指令 REF 立即将 Y000 状态刷新送到输出口进行告警信号控制。

【例 5】　窄脉冲信号的计数。

在上面程序中，如果在中断中对输入中断信号进行计数，则相当于完成对一个窄脉冲信号（>50μs）的计数。程序梯形图如图 2-39 所示。

X010 为计数开始，当 X010 有脉冲信号发生时，即转入中断服务程序，对其进行加 1 计数，并将结果存为 D0。加 1 指令 INC，原来是每个扫描周期都要执行的指令，但因中断程序的每次中断仅执行一次，所以，不需要脉冲执行型指令 INCP。这个程序与单相高速计数器作用类似。

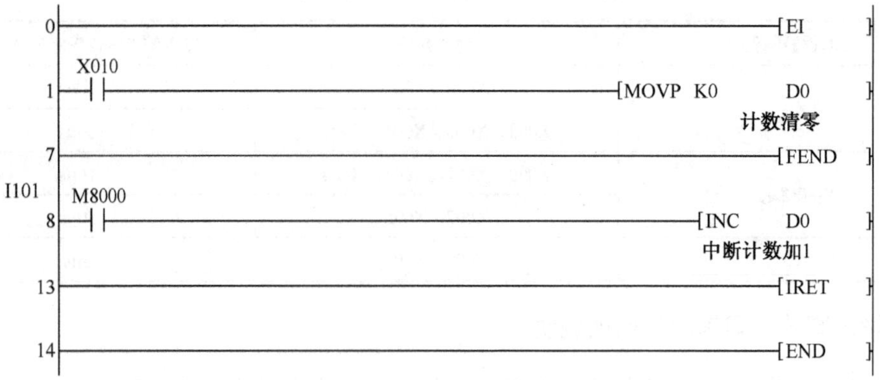

图 2-39　脉冲计数中断程序梯形图

【例 6】　脉冲捕捉。

利用输入中断可以对短时间脉冲（大于 50μs 远小于扫描周期的脉冲信号）进行监测，即脉冲捕捉功能。程序梯形图如图 2-40 所示。

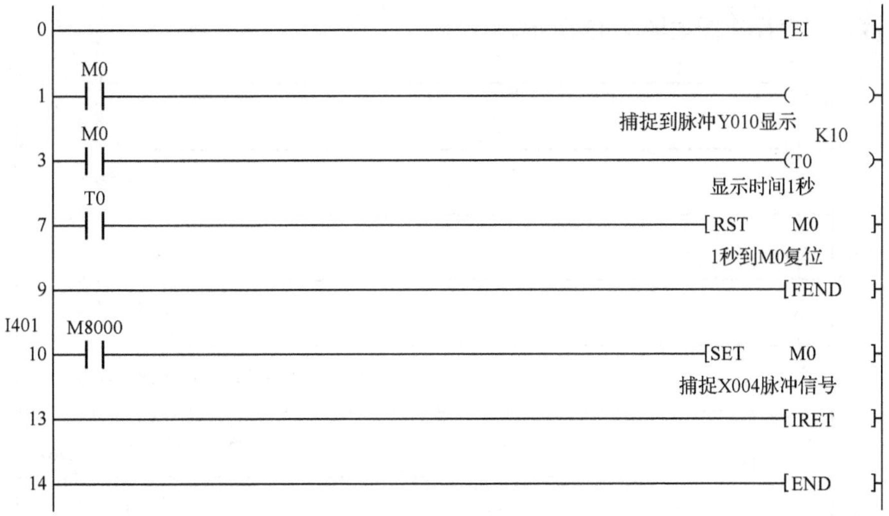

图 2-40　脉冲捕捉中断程序梯形图

脉冲捕捉功能也可以直接利用特殊继电器 M8170～M8175 来完成，PLC 设置了 M8170～M8175 对输入口 X000～X005 进行脉冲捕捉，其工作原理是：开中断后，当输入口 X000～X005 有脉冲输入时，其相应的特殊继电器（X000 对应 M8170，X001 对应 M8171，以下类推）马上在上升沿进行中断置位，利用置位的继电器触点接通捕捉显示。当捕捉到脉冲后，M8170～M8175 不能自动复位，必须利用程序进行复位，准备下一次捕捉。而且这种捕捉与中断禁止用特殊继电器 M8050～M8057 的状态无关。

程序梯形图如图 2-41 所示。

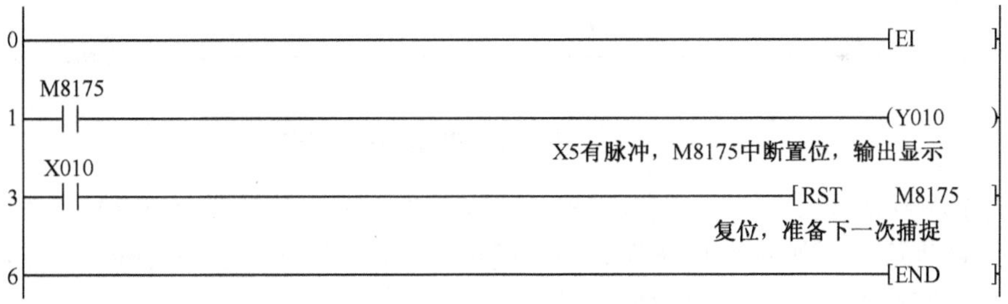

图 2-41　利用 M8175 脉冲捕捉程序梯形图

【例 7】　脉冲宽度测量。

利用上、下沿中断可以对输入脉冲宽度进行测量，其原理示意图如图 2-42 所示。

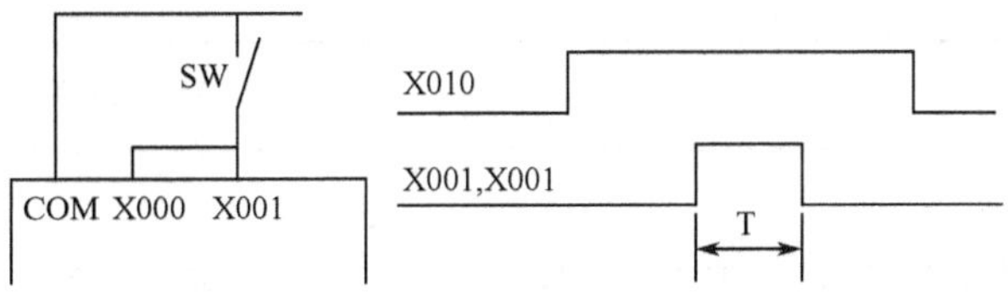

图 2-42　1ms 脉冲宽度测量原理示意图

将脉冲输入同时接入输入口 X000,X001，利用 X000 的上升沿中断捕捉到脉冲，同时启动 1ms 定时器计时，利用 X001 的下降沿保存定时器当前值（脉宽 T）。这样就巧妙地测量了脉冲宽度，程序梯形图如图 2-43 所示。

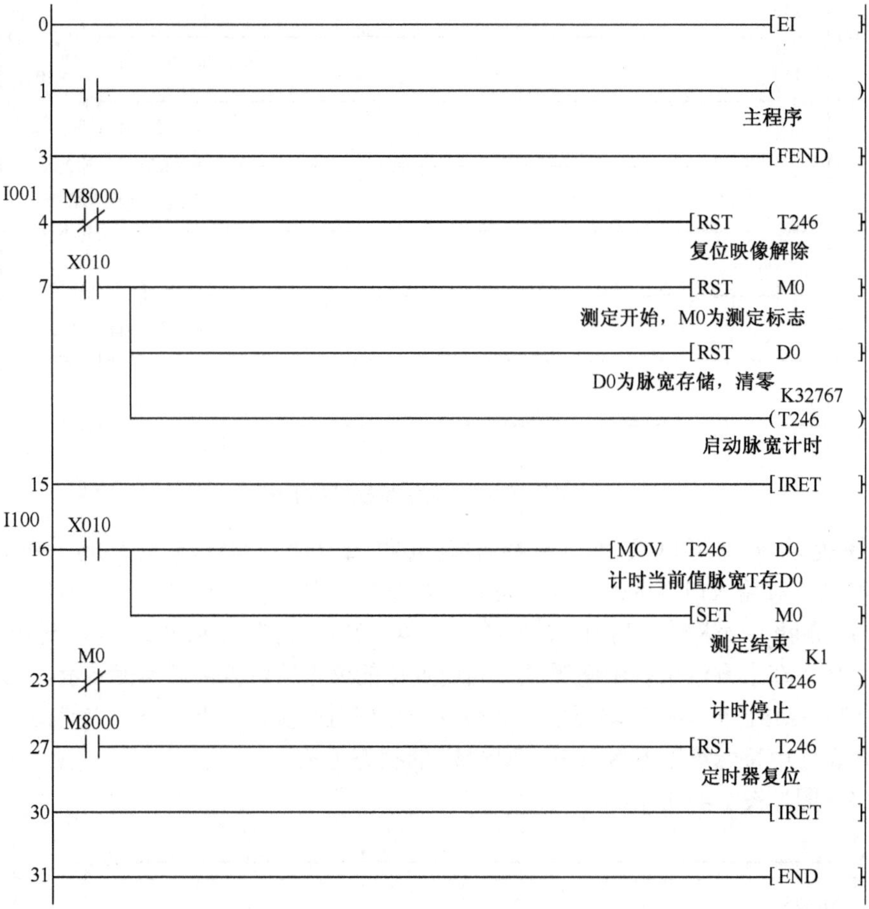

图 2-43 1ms 脉冲宽度测量程序梯形图

如果要求测量精度较高，则可利用 FX_{3U} PLC 的 0.1ms 的计时器 D8099，特殊继电器 M8099 为其启动元件。当 M8099 被驱动后，随着 END 指令的执行，0.1ms 的高速环形计数器开始动作，程序梯形图如图 2-44 所示。

图 2-44 0.1ms 脉冲宽度测量程序梯形图

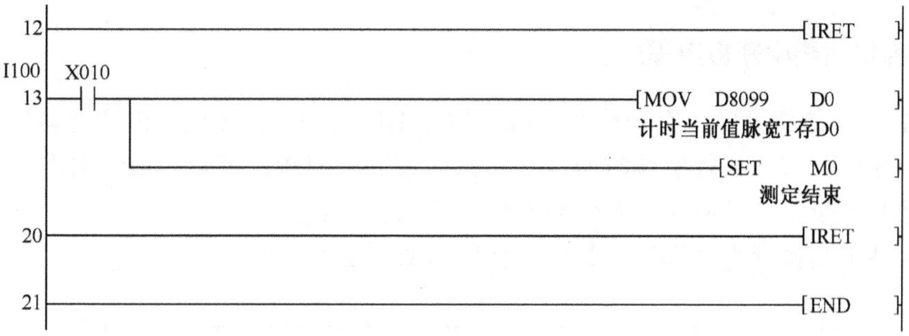

图 2-44　0.1ms 脉冲宽度测量程序梯形图（续）

2.4.3　内部定时器中断

内部定时器中断是一种按一定时间自动进行的中断。其间隔时间可以设置，不受扫描周期的影响。

内部定时器中断适用于扫描时间较长而又需及时处理数据的场合，例如，外部开关输入的刷新、模拟量输入的定时采样、模拟量输出的定时刷新等。

1．内部定时器中断指针

三菱 FX 系列 PLC 定时器中断指针有三个，其标号如图 2-45 所示。

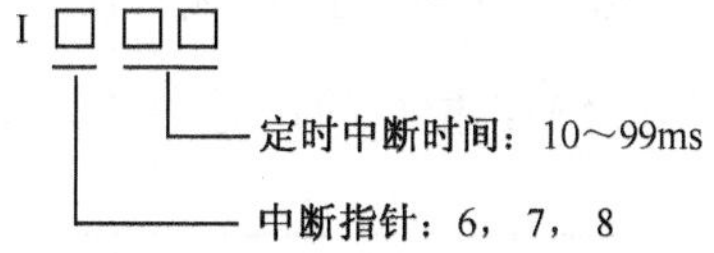

图 2-45　定时器中断指针标号

与其相对应的禁止中断继电器为 M8056～M8058，对应关系如表 2-12 所示。其程序编制和应用与外部输入中断类似。

表 2-12　定时器中断指针及中断禁止标志位

输入编号	中断周期（ms）	中断禁止标志位
I6□□	在指针名的□□中，输入 10～99 的整数。 例如：I610=每 10ms 的定时器中断	M8056①
I7□□		M8057①
I8□□		M8058①

注：①从 RUN→STOP 时清除。

（1）定时器中断指令不能重复使用，因此，定时器中断在一个程序中最多只能使用三次。

（2）定时器中断时间设定在 9ms 以下时，在中断程序的处理时间较长或主程序中使用了处理时间较长的指令时，会出现不能按照正常时间定时中断处理中断子程序的情况，所以建议设定中断时间为 10ms 以上。

2. 内部定时器中断应用程序例

【例 8】 功能指令中，有一些外部设备指令 HKY,SEGL,ARWS,PR 等是与扫描时间同步的，这会导致出现程序执行整体时间过长和时间波动的问题，使输入或输出不能及时响应，而采用定时器中断，可以使其输入或输出状态得到及时响应。

以十六键中断执行程序为例，其程序梯形图如图 2-46 所示。

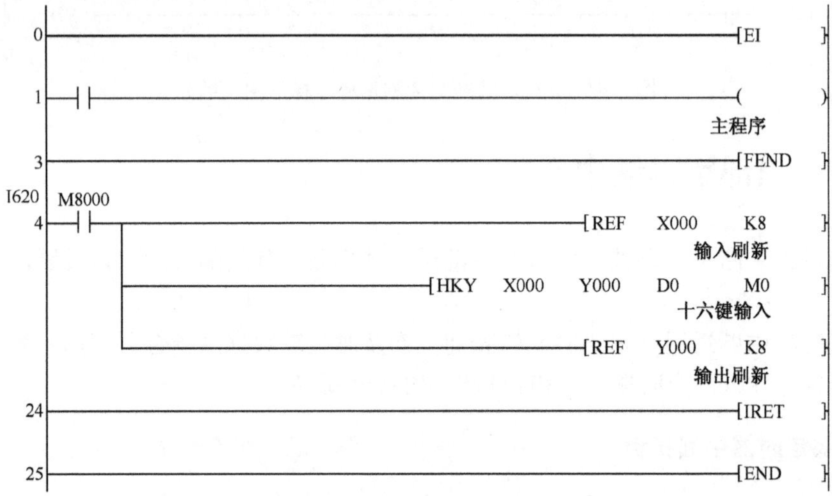

图 2-46 十六键中断执行程序梯形图

【例 9】 图 2-47 所示程序为 RAMP 指令的定时中断处理。

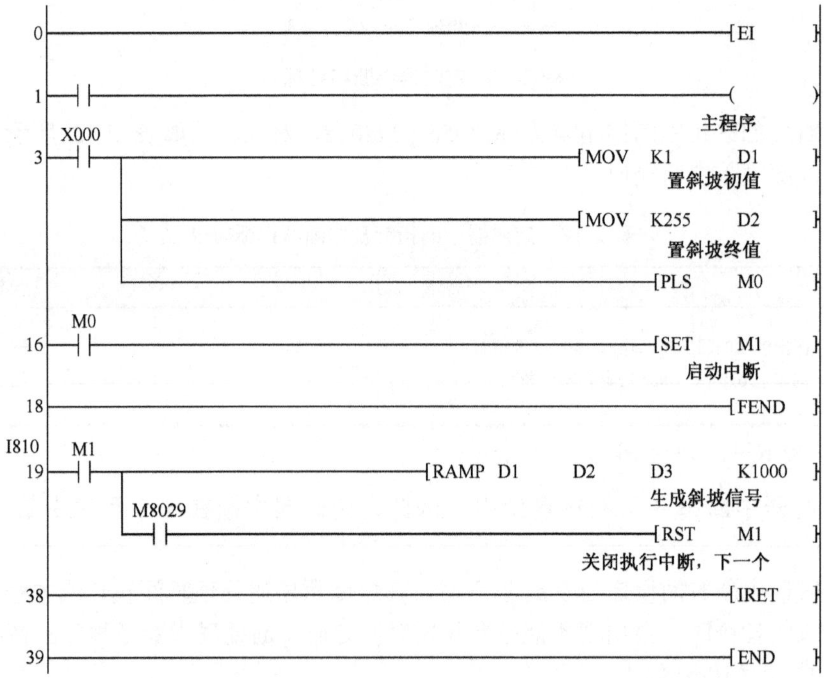

图 2-47 斜坡信号 RAMP 指令中断生成程序梯形图

RAMP 指令为斜坡信号输出指令，PLC 执行主程序时，当 X000=ON 时，K1 送入 D1，K255 送入 D2，并同时启动中断服务程序，在中断服务程序中每隔 10ms 执行一次 D3 加 1，在 1 000×10ms=10s 时间内将 D3 的值从 D1（K1）加到 D2（K255），M8029 为指令执行完成标志位，当 D3 为 K255 时，M1 复位，等待下一次中断，其动作过程如图 2-48 所示。

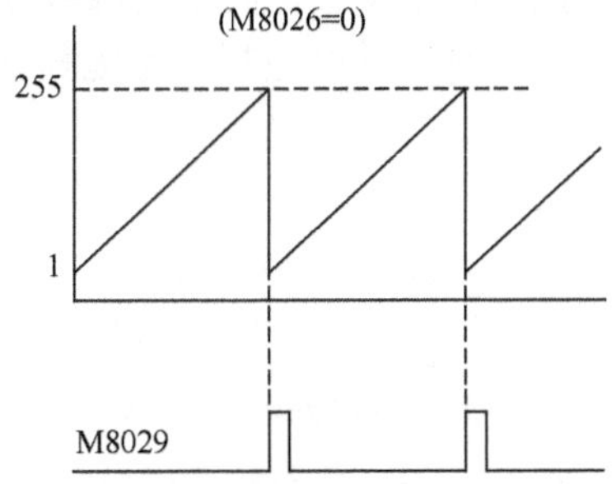

图 2-48　斜坡信号动作过程图示

【例 10】　模拟量控制对实时值要求较高，总是希望输入的当前值能及时参与控制处理，这时候使用定时器中断来定时读取实时值比较及时。图 2-49 所示为每隔 50ms 对 FX_{2N}-2AD 模拟量模块两个通道当前值读入的程序。

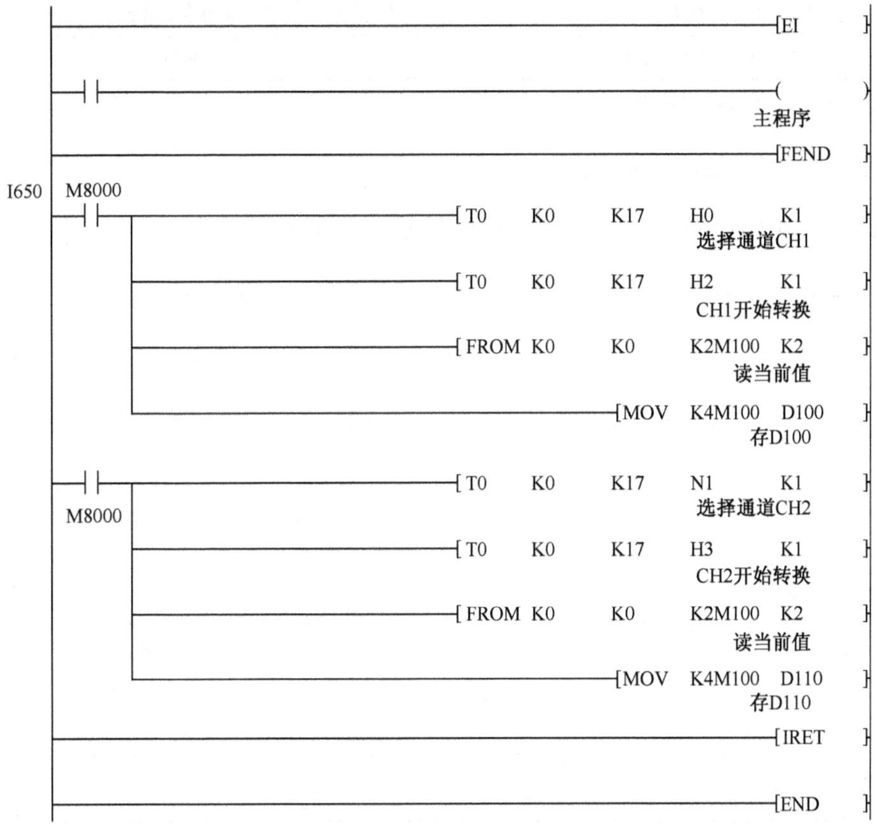

图 2-49　模拟量中断读取程序梯形图

2.4.4 高速计数器中断

高速计数器中断是一种软件中断，必须与高速计数器指令 DHSCS 一起使用，当高速计数器的当前值与设定值一致时，执行指令中指定的中断服务程序。

高速计数器中断功能可以用于高速的定位控制、速度测量等。

1. 高速计数器中断指针

高速计数器中断指针有 6 个，标号如图 2-50 所示。

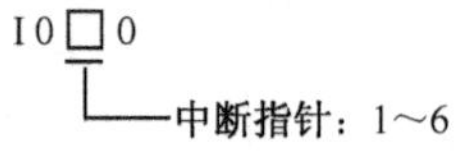

图 2-50 高速计数器中断指针标号

高速计数器的禁止中断继电器只有一个，为 M8059，当 M8059 为 ON 时，所有中断指针均禁止中断，如表 2-13 所示。同样，中断指针编号不能重复使用。

表 2-13 高速计数器中断指针及中断禁止标志位

指 针 编 号	中断禁止标志位
I010，I020，I030，I040，I050，I060	M8059①

注：①从 RUN→STOP 时清除。

2. 高速计数器中断应用程序例

【例 11】 高速计数器中断基本程序样例如图 2-51 所示。

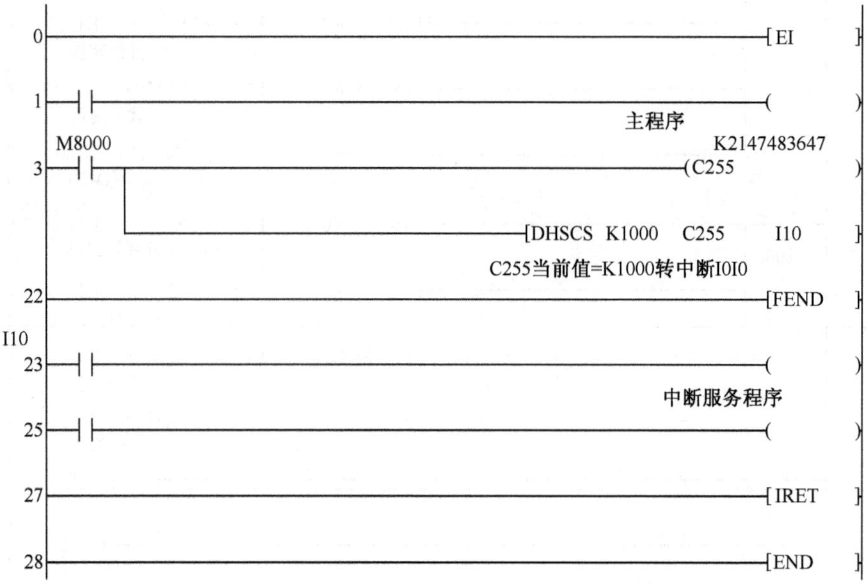

图 2-51 高速计数器中断基本程序样例梯形图

2.5　循　　环

2.5.1　循环指令 FOR-NEXT

1．指令格式

FNC 08：FOR　　循环开始　　程序步：3

FNC 09：NEXT　　循环结束　　程序步：1

FOR 指令可用软元件如表 2-14 所示。

表 2-14　FOR 指令可用软元件

操作数种类	位软元件							字软元件												其他				
	系统/用户							位数指定				系统/用户				特殊模块	变址			常数		实数	字符串	指针
	X	Y	M	T	C	S	D□.b	KnX	KnY	KnM	KnS	T	C	D	R	U□\G□	V	Z	修饰	K	H	E	"□"	P
S·								●	●	●	●	●	●	●	▲1	▲2	●	●	●	●	●			

▲1：仅 $FX_{3G}/FX_{3GC}/FX_{3U}/FX_{3UC}$ 可编程控制器支持。

▲2：仅 FX_{3U}/FX_{3UC} 可编程控制器支持。

NEXT 指令可用软元件如表 2-15 所示。

表 2-15　NEXT 指令可用软元件

操作数种类	位软元件							字软元件												其他				
	系统/用户							位数指定				系统/用户				特殊模块	变址			常数		实数	字符串	指针
	X	Y	M	T	C	S	D□.b	KnX	KnY	KnM	KnS	T	C	D	R	U□\G□	V	Z	修饰	K	H	E	"□"	P
—	无对象软元件																							

FOR-NEXT 指令梯形图如图 2-52 所示。

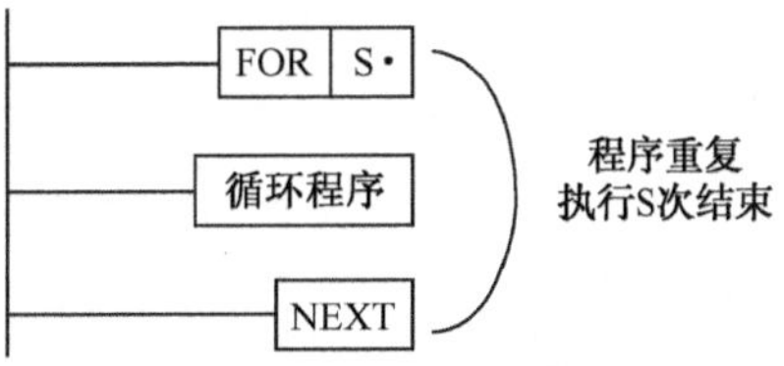

图 2-52　FOR-NEXT 指令梯形图

FOR 指令操作数内容及取值如表 2-16 所示。

表 2-16　FOR 指令操作数内容及取值

操作数种类	内　　容	数据类型
S·	FOR～NEXT 指令之间的重复次数 [S· =K1～K32767（-32768～0 作为 1 处理）]	BIN16 位

解读：在程序中扫描到 FOR-NEXT 指令时，对 FOR,NEXT 指令之间的程序重复执行 S 次。执行后转入 NEXT 指令下一行程序继续执行。

2. 指令应用

（1）FOR-NEXT 指令必须成对出现在程序中，图 2-53 所示是一些编程时容易出现的错误类型。

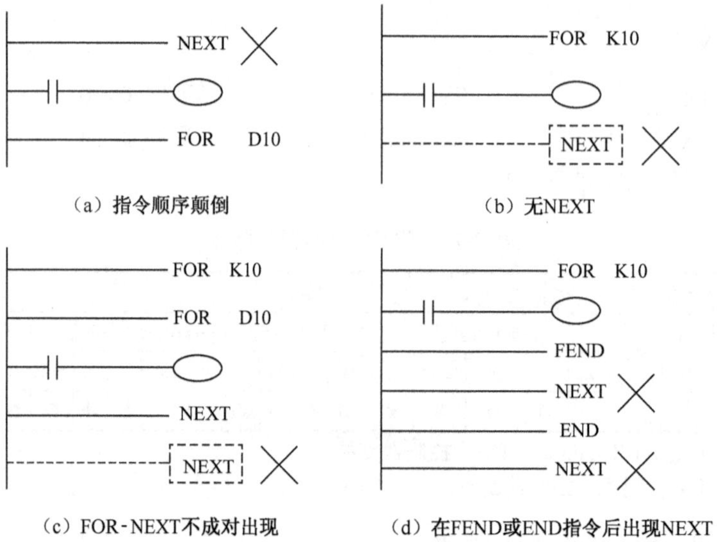

图 2-53 循环指令错误类型

（2）S 为循环重复次数，取值为 1～32 767。如果取值为–32 768～0，则 PLC 自动作 S=1 处理。

（3）FOR-NEXT 指令可以嵌套编程，但嵌套的层数不得超过五层，循环嵌套程序梯形图，如图 2-54 所示。在 FOR-NEXT 指令间的并立嵌套（图 2-54（b））以嵌套一层计算。

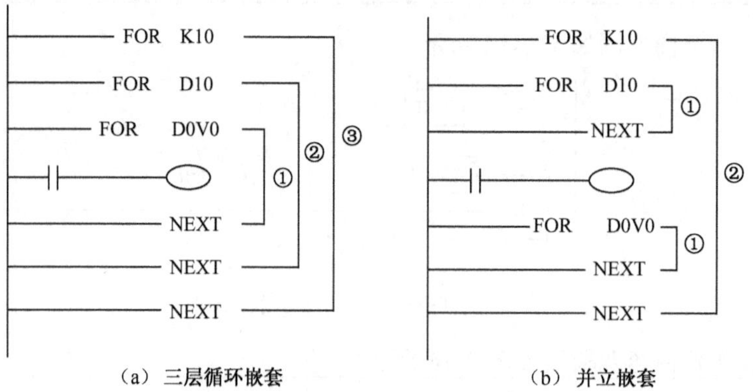

图 2-54 循环嵌套程序梯形图

（4）必须注意，当循环次数设置较大，或循环嵌套层次过多时，程序运算时间会加长。运算时间过长，会引起 PLC 的响应时间变慢，对实时控制会有影响，运算时间超过程序扫描时间（D8000），则会发生看门狗定时器出错。因此，为了避免这种情况发生，可在循环程序中对看门狗定时器指令 WDT 进行一次或多次编程，如图 2-55 所示。

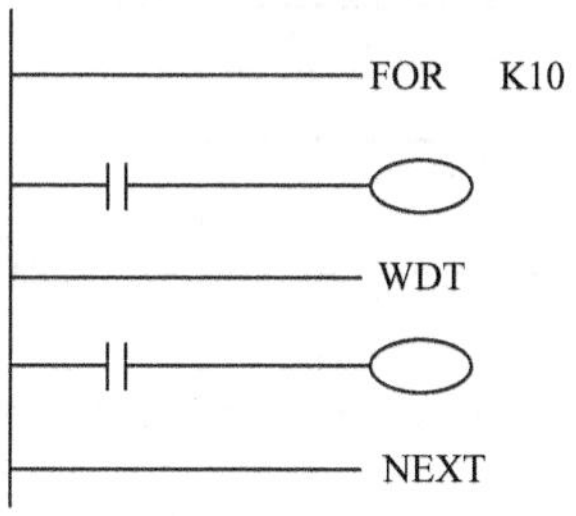

图 2-55　循环中插入 WDT 指令

2.5.2　循环程序编制与应用实例

循环程序的设计，主要是要掌握循环次数 S 的确定和循环程序的执行动作，下面通过几个例子加以说明。

【例 12】　试编制从 1 加到 100 的求和程序。

图 2-56 所示为利用循环指令编制的求和程序。

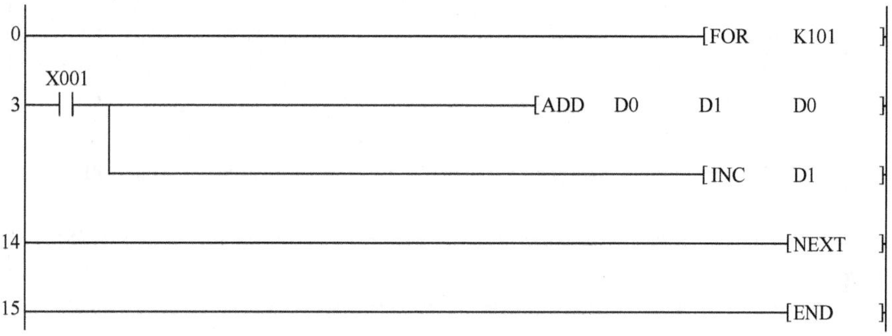

图 2-56　循环指令求和程序梯形图一

先讨论一下循环次数的确定，如果一开始就是 1+2 然后加到 100，循环次数应为 99。但在该程序中，D0,D1 的初始值均为 0，所以，第一次相加为 0+0，第二次相加为 0+1，第三次才是 1+2，则循环次数为 101。

再将程序进行仿真，如果程序正常，D0 的数应该是 5050。但当接通 X001，又断开 X001 后，D0 的数字每次都会不同，但都远大于 5050。为什么会这样呢？这是因为 FOR-NEXT 指令是一条无驱动条件的指令，程序的每个扫描周期都会执行一次循环，如果 X001 的接通时间大于一个扫描周期的时间，则在下一个扫描周期，会再进行一次循环运算。实际上，X001 的接通时间总是大于一个扫描周期的时间，所以，循环又再进行，其和就远大于 5050 了。如果将 X001 变为上升沿检测指令，那也不行，因为 X001 每接通一次，只执行一次 ADD 与 INC 指令，不能达到循环相加的要求。

改进后的程序如图 2-57 所示。

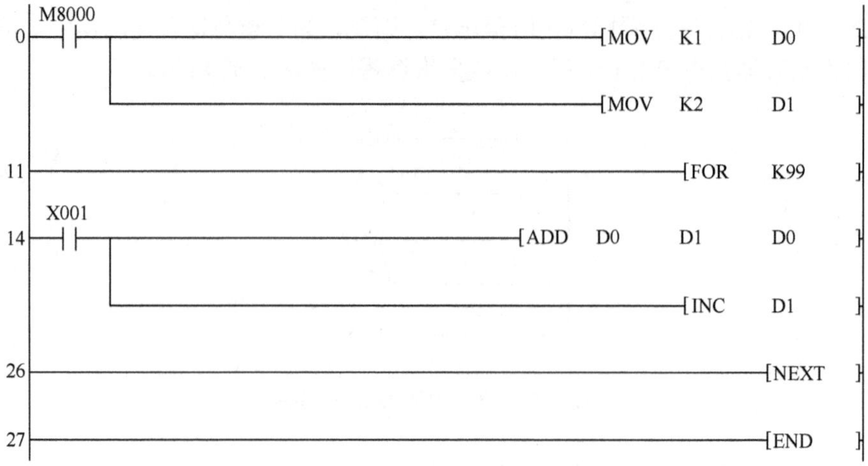

图 2-57 循环指令求和程序梯形图二

与图 2-56 程序不同的是，在循环程序前，增加 D0,D1 赋值程序（循环次数与 D0,D1 赋值有关），这时，每次扫描到循环程序前，先给 D0 和 D1 重新赋值，再送入循环程序求和，这就保证了求和结果与 X001 的接通时间无关。

另外一种解决的方法是把循环程序设计成子程序，需要时进行调用，如图 2-58 所示。

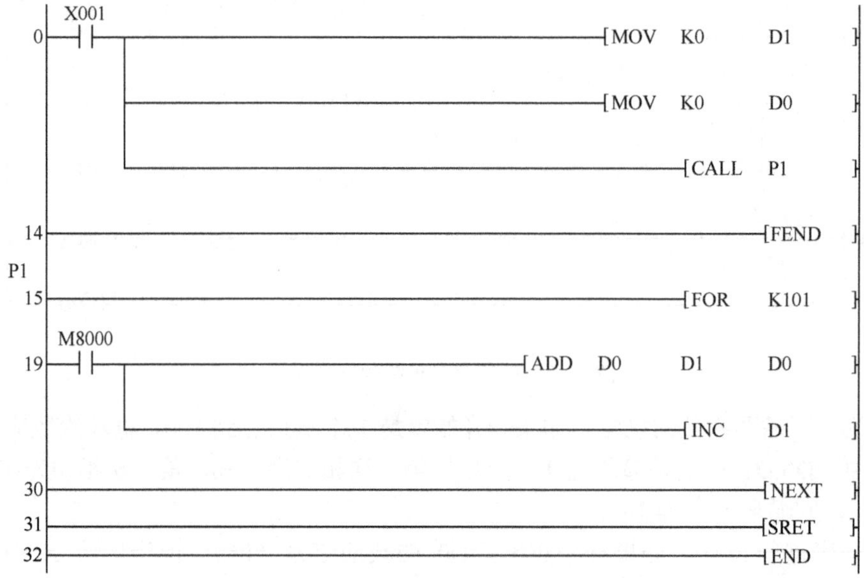

图 2-58 循环程序求和程序梯形图三

在实际应用中，循环程序经常被设计成子程序进行调用。例如，在本章 2.3.2 节中所介绍的求 MODBUS 之 RTU 方式的 CRC 校验码程序，就是一个具有二层嵌套循环的子程序。

【例 13】 有 10 个数，分别存于 D0～D9，试编制一个程序找出其中最大数并存于 D100 中。

采用循环指令 FOR-NEXT 设计的程序梯形图如图 2-59 所示。

在第 3 章中会介绍触点比较指令，在很多情况下，采用触点比较指令也可以编制由循环指令所完成的循环功能，而且程序简单、易理解。

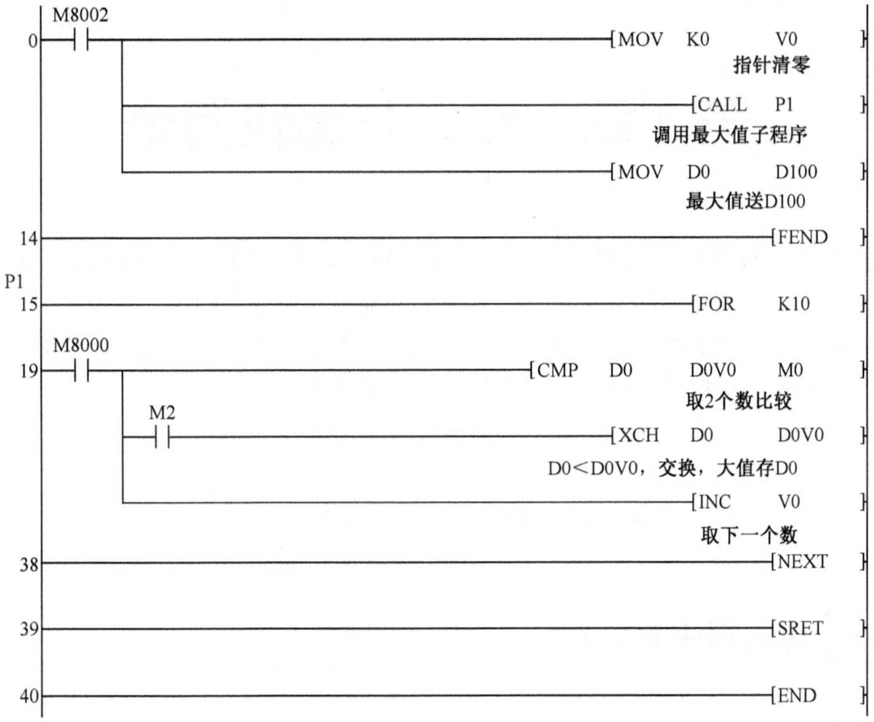

图 2-59　求最大数程序梯形图一

图 2-60 所示为采用触点比较指令的程序梯形图。

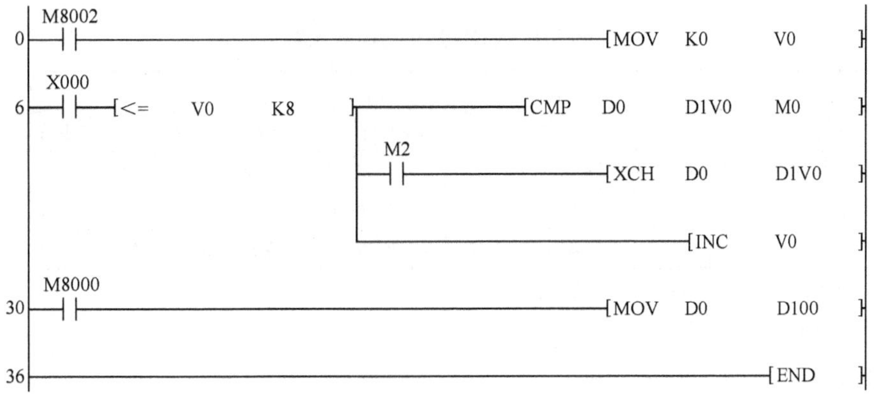

图 2-60　求最大数程序梯形图二

第 3 章　传送与比较指令

传送指令和比较指令是功能指令中最常用的指令，在应用程序中使用十分频繁。可以说，这些指令是功能指令中的基本指令。其主要功能是对软元件的读写和清零，字元件的比较、交换等。传送指令和比较指令是 PLC 进行各种数据处理和数值运算的基础，而这些指令的应用也可以使一些逻辑运算控制程序得到简化和优化。

3.1　传 送 指 令

3.1.1　传送指令 MOV

1. 指令格式

FNC 12:【D】MOV 【P】　　　　　　　　　　　　程序步：5/9

MOV 指令可用软元件如表 3-1 所示。

表 3-1　MOV 指令可用软元件

操作数种类	位软元件							字软元件												其他			
	系统/用户							位数指定				系统/用户				特殊模块	变址			常数		实数	字符串	指针
	X	Y	M	T	C	S	D□.b	KnX	KnY	KnM	KnS	T	C	D	R	U□\G□	V	Z	修饰	K	H	E	"□"	P
(S·)								●	●	●	●	●	●	●	▲1	▲2	●	●	●	●	●			
(D·)									●	●	●	●	●	●	▲1	▲2	●	●	●					

▲1：仅 $FX_{3G}/FX_{3GC}/FX_{3U}/FX_{3UC}$ 可编程控制器支持。

▲2：仅 FX_{3U}/FX_{3UC} 可编程控制器支持。

指令梯形图如图 3-1 所示。

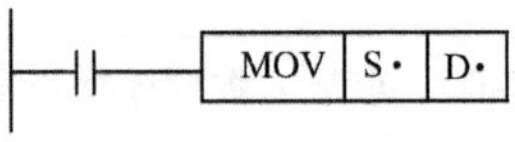

图 3-1　MOV 指令梯形图

MOV 指令操作数内容与取值如表 3-2 所示。

表 3-2　MOV 指令操作数内容与取值

操作数种类	内　容	数 据 类 型
(S·)	传送源的数据，或是保存数据的软元件编号	BIN16/32 位
(D·)	传送目标的软元件编号	BIN16/32 位

解读：当驱动条件成立时，将源址 S 中的二进制数据传送至终址 D。传送后，S 的内容保持不变。

2．指令应用

传送指令 MOV 是功能指令中应用最多的基本指令，其实质是一个对字元件进行读写操作的指令。应用组合位元件也可以对位元件进行复位和置位操作。

【例 1】　解读指令执行功能：MOV　K25　D0。

执行功能是将 K25 写入 D0, (D0) = K25。常数 K,H 在执行过程中会自动转成二进制数写入 D0，在程序中，D0 可多次写入，存新除旧，其值以最后一次写入为准。

【例 2】　解读指令执行功能：MOV　K2　K2Y0。

执行功能是将 K2 用二进制数表示，并以其二进制数的位值控制组合位元件 Y0～Y7 状态，如图 3-2 所示。

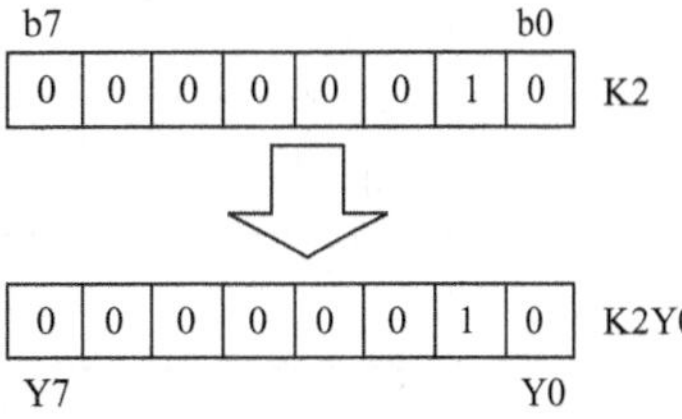

图 3-2　例 2 MOV 指令图

【例 3】　解读指令执行功能：MOV　K2X0　K2Y0。

执行功能相当于用输入口的状态控制输出口的状态。如输入口 X 接通（ON），则相应输出口 Y 有输出（ON），反之亦然。如用基本逻辑指令编制，程序要写成 8 行，由此可见，合适的功能指令可以代替烦琐的基本逻辑指令编制程序。

【例 4】　解读指令执行功能：MOV　D2　K4M10。

和例 2 类似，执行功能是用 D2 所存的二进制数的位值控制 M10～M25 的状态。如(D2)=K25，传送过程如图 3-3 所示。

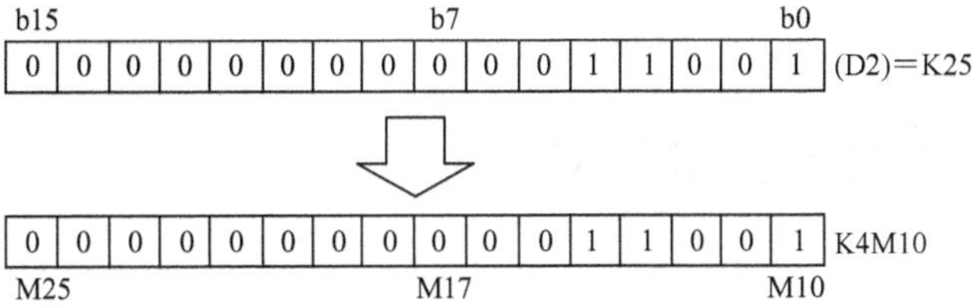

图 3-3　例 4 MOV 指令图

【例 5】　解读指令执行功能：DMOV　D10　D20。

这是一个 32 位传送指令，执行功能是把(D11,D10)的存储数值传送到(D21,D20)中，在字元件 D 的传送中，源址执行前后均不变，终址执行前不管是多少，执行后与源址一样。

【例 6】　解读指令执行功能：MOV　C1　D20。

指令中，C1 为计数器 C1 的当前值，当驱动条件成立时，把计数器 C1 的当前值马上存入 D20。如果是 32 位计数器 C200～C235，则必须用 32 位指令 DMOV，如图 3-4 所示。

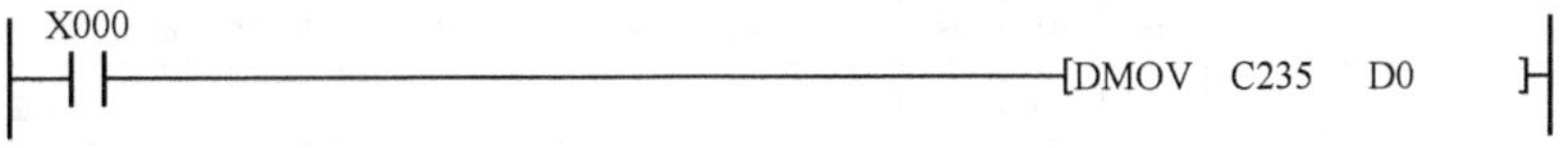

图 3-4　例 6 MOV 指令程序梯形图

【例 7】　解读指令执行功能：MOVP　T1　D10。

指令中 T1 为定时器 T1 的计时当前值，注意，该指令为脉冲执行型，执行功能是在驱动条件成立的扫描周期内仅执行一次，把计数器的当前值马上传送到 D10 中存储起来。而且，驱动条件每 ON/OFF 一次，执行一次。如果使用的是连续执行型传送指令 MOV，则驱动条件成立期间，每个扫描周期中均会执行一次，应用时必须加以注意。

【例 8】 解读指令执行功能：MOVP K0 D10。

把 K0 送到 D10，即(D10)=0。利用 MOV 指令可以对位元件或字元件进行复位和清零，其功能与 RST 指令相仿。但是与 RST 指令不同的是，RST 指令在对定时器和计数器进行复位时，其相应的常开、常闭触点也同时回归复位状态，而 MOV 指令仅能对定时或计数的当前值复位，不能使其相应的触点复位，相应触点仍然保持执行指令前的状态。

【例 9】 通过驱动条件的 ON/OFF，可以对定时器设定两个设定值。当设定值为两个以上的时候，则需要使用多个驱动条件 ON/OFF，程序梯形图如图 3-5 所示。

图 3-5 例 9 MOV 指令程序梯形图

【例 10】 解读指令执行功能：MOV U1\G4 D10。

这是一个从特殊功能模块缓冲存储器 BFM 读出数据的指令，其执行功能是把 1#模块的 BFM#4 单元的内容传送到 PLC 的数据寄存器 D10，其完成的功能和指令 FROM K1 K4 D10 K1 一样。

3.1.2 数位传送指令 SMOV

1. 指令格式

FNC 13：SMOV 【P】 程序步：11

SMOV 指令可用软元件如表 3-3 所示。

表 3-3 SMOV 指令可用软元件

操作数种类	位软元件							字软元件												其他				
	系统/用户							位数指定				系统/用户				特殊模块	变址			常数		实数	字符串	指针
	X	Y	M	T	C	S	D□.b	KnX	KnY	KnM	KnS	T	C	D	R	U□\G□	V	Z	修饰	K	H	E	"□"	P
(S·)								●	●	●	●	●	●	●	▲1	▲2	●	●	●					
m1																				●	●			
m2																				●	●			
(D·)									●	●	●	●	●	●	▲1	▲2	●	●	●					
n																				●	●			

▲1：仅 $FX_{3G}/FX_{3GC}/FX_{3U}/FX_{3UC}$ 可编程控制器支持。

▲2：仅 FX_{3U}/FX_{3UC} 可编程控制器支持。

指令梯形图如图 3-6 所示。

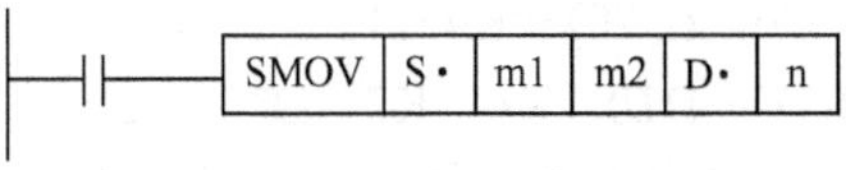

图 3-6　SMOV 指令梯形图

SMOV 指令操作数内容与取值如表 3-4 所示。

表 3-4　SMOV 指令操作数内容与取值

操作数种类	内　　容	数 据 类 型
(S·)	保存有要进行位移动的数据软元件的编号	BIN16 位
m1	要移动的起始位的位置	BIN16 位
m2	要移动的位的个数	BIN16 位
(D·)	保存已经进行位移动的数据的软元件编号	BIN16 位
n	移动目标的起始位的位置	BIN16 位

解读：在驱动条件成立时，将 S 中以 m1 数位为起始的共 m2 数位的数位数据移动到终址 D 中以 n 数位为起始的共 m2 数位中去。

上述的移动数位是指由四位二进制数构成的移位，一个 D 寄存器共四位，由低位到高位顺序以 K1, K2, K3, K4 排列。

2. 指令应用

1）数位传送

SMOV 指令是一个按数位进行位移传送的指令，这里的数位不是二进制位，而是由四个二进制位所组成的数位。如图 3-7 所示，一个 16 位 D 寄存器由四个数位组成，由低位到高位分别以 K1, K2, K3, K4 编号表示。

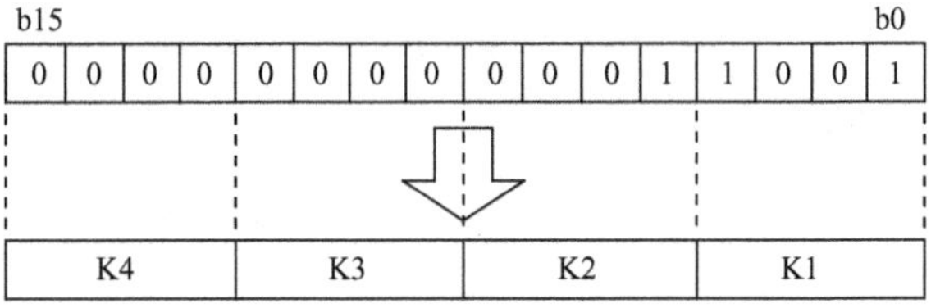

图 3-7　寄存器数位组成及其编号

2）两种执行模式

SMOV 指令的执行有两种模式，以标志继电器 M8168 的状态来进行区分。

（1）M8168 = OFF，BCD 码执行模式。

在这种模式下，源址 S 和终址 D 中所存放的是以数位表示的 BCD 码数（0000～9999），即源址 S 和终址 D 中的数必须小于 K9999。如果大于 K9999 会出现非 BCD 码数，指令会出现超出 BCD 码范围错误，不再执行。

指令执行传送前，会自动先把源址 S 和终址 D 中的十进制数转换成 BCD 码，如图 3-8

所示。然后再进行数位传送，传送完毕，又会自动转换成十进制数。

【例 11】 如(D10) = K9876，(D20) = K4321。

解读指令执行功能：SMOV D10 K4 K2 D20 K3 。

指令执行数位移动传送可用图 3-8 进行说明。该指令是把 D10 中的 K4 位的连续 2 位 BCD 码数 98 传送到 D20 中的 K3 位的连续 2 位中，即用 98 代替 32，对于 D20 中未被移动的位(H4,H1)则保持不变，这样移动后的寄存器内容为(D10)=K9876，(D20)=K4981。

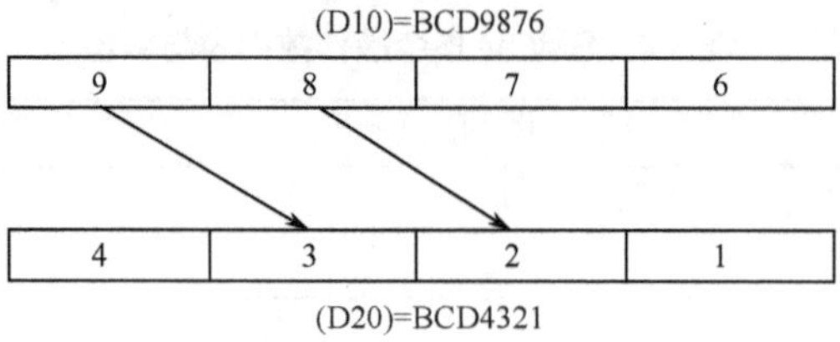

图 3-8 例 11 SMOV 指令数位移动传送图解

【例 12】 数字开关接线的输入口编址为不连续的 X 输入口时，可以通过 SMOV 指令对其进行重新组合，合成连续的 BCD 码输入值。

图 3-9 所示为三位数字开关输入示意图，三位数字开关与不连续的输入口相连。设计程序把三位数字开关按图中指定的百位、十位、个位合成一个三位十进制数送入寄存器 D10。

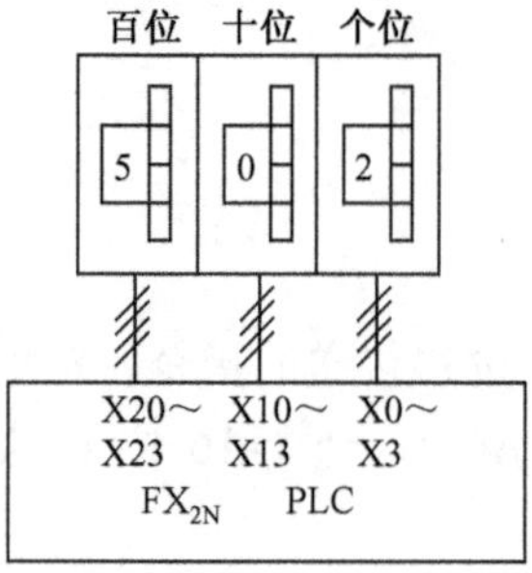

图 3-9 BCD 三位数字开关输入示意图

程序梯形图如图 3-10 所示。

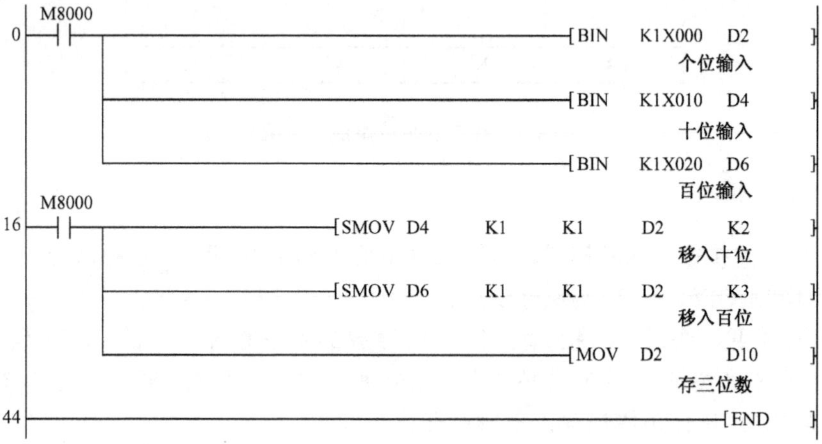

图 3-10 例 12 SMOV 指令程序梯形图

（2）M8168 = ON，十六进制数执行模式。

在这种模式下，仍然执行数位移位传送功能，但并不要求一定是 BCD 码数，可以是普通的十六进制数。

【例 13】 设计移位程序，将 D0 的高 8 位移动到 D2 的低 8 位，将 D0 的低 8 位移动到 D4 的低 8 位。

程序梯形图如图 3-11 所示。

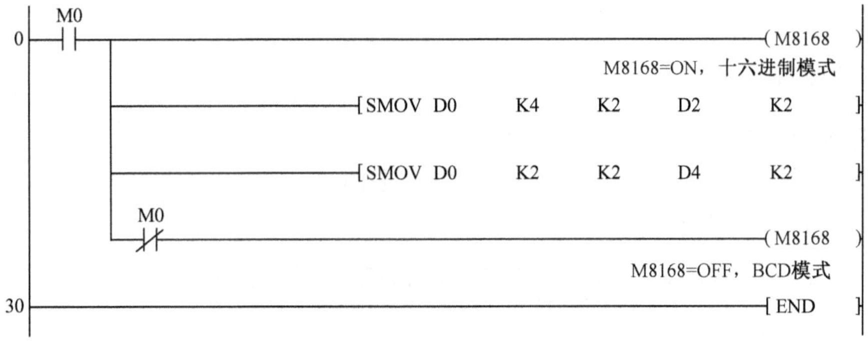

图 3-11　例 13 SMOV 指令程序梯形图

3.1.3　取反传送指令 CML

1．指令格式

FNC 14：【D】CML 【P】　　　　　　　　　　　　　程序步：5/9

CML 指令可用软元件如表 3-5 所示。

表 3-5　CML 指令可用软元件

操作数种类	位软元件							字软元件												其他				
	系统/用户							位数指定				系统/用户				特殊模块	变址			常数		实数	字符串	指针
	X	Y	M	T	C	S	D□.b	KnX	KnY	KnM	KnS	T	C	D	R	U□\G□	V	Z	修饰	K	H	E	"□"	P
(S·)								●	●	●	●	●	●	●	▲1	▲2	●	●	●	●	●			
(D·)									●	●	●	●	●	●	▲1	▲2	●	●	●					

▲1：仅 FX_{3G}/FX_{3GC}/FX_{3U}/FX_{3UC} 可编程控制器支持。

▲2：仅 FX_{3U}/FX_{3UC} 可编程控制器支持。

指令梯形图如图 3-12 所示。

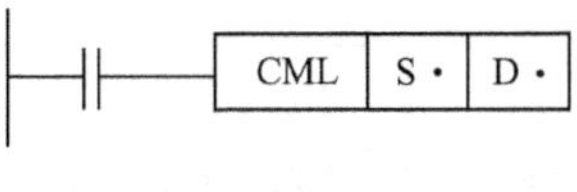

图 3-12　CML 指令梯形图

CML 指令操作数内容与取值如表 3-6 所示。

表 3-6 CML 指令操作数内容与取值

操作数种类	内 容	数据类型
(S·)	要执行反转的数据，或是保存数据的字软元件编号	BIN16/32 位
(D·)	保存执行反转后的数据的目标字软元件编号	BIN16/32 位

解读：当驱动条件成立时，将源址 S 所指定的数据或数据存储字软元件按位求反后传送至终址 D。

2. 指令应用

（1）源址中为常数 K,H 时，会自动转换成二进制数再按位求反传送。

【例 14】 解读指令执行功能：CML K25 D10。

指令执行如图 3-13 所示。

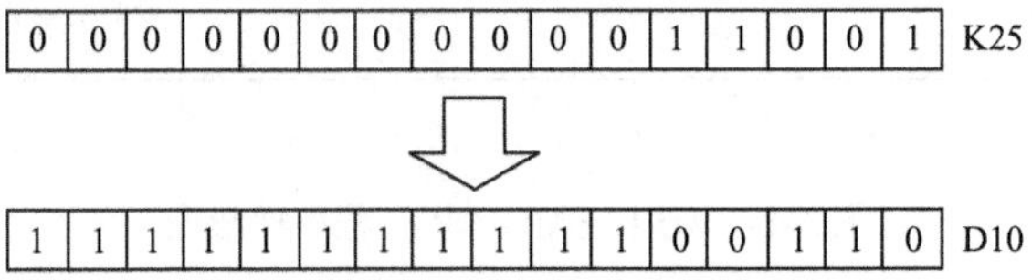

图 3-13 例 14 CML 指令图

（2）组合位元件与字元件传送。

【例 15】 解读指令执行功能：CML D0 K1Y0。

该指令中，源址 D0 为 16 位，而终址 Y0 为仅 4 位的位元件，传送时，仅把 D0 中的低 4 位(b3～b0)求反后传送至(Y3～Y0)。如(D0) =H1234，则 K1Y0=1011。

【例 16】 解读指令执行功能：CML K2Y0 D0。

该指令中，源址为组合位元件且仅 8 位，而 D0 为 16 位字元件。凡组合位元件少于字元件位数时，高位一律补齐“0”再按位求反，传送至字元件。如果 K2Y0=H78，则(D0)= HFF87。

（3）CML 指令常用在 PLC 的输出为反转输出时。

【例 17】 有 16 个小彩灯，安在 Y0～Y15 上，要求每隔 1s 交替闪烁，利用 CML 指令编制控制程序。程序梯形图如图 3-14 所示。

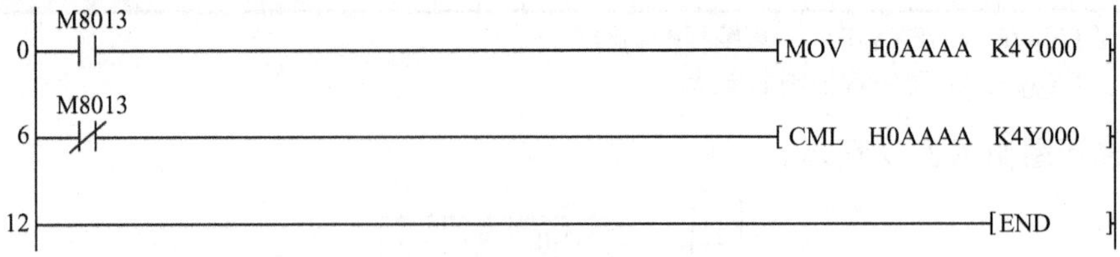

图 3-14 例 17 CML 指令程序梯形图

3.1.4　成批传送指令 BMOV 与文件寄存器

1．指令格式

FNC 15：BMOV 【P】　　　　　　　　　　　　　程序步：7

BMOV 指令可用软元件如表 3-7 所示。

表 3-7　BMOV 指令可用软元件

操作数种类	位软元件							字软元件												其他				
	系统/用户							位数指定				系统/用户				特殊模块	变址			常数		实数	字符串	指针
	X	Y	M	T	C	S	D□.b	KnX	KnY	KnM	KnS	T	C	D	R	U□\G□	V	Z	修饰	K	H	E	"□"	P
S·								●	●	●	●	●	●	●	▲1	▲2			●					
D·									●	●	●	●	●	●	▲1	▲2			●					
n														●						●	●			

▲1：仅 FX_{3G}/FX_{3GC}/FX_{3U}/FX_{3UC} 可编程控制器支持。

▲2：仅 FX_{3U}/FX_{3UC} 可编程控制器支持。

指令梯形图如图 3-15 所示。

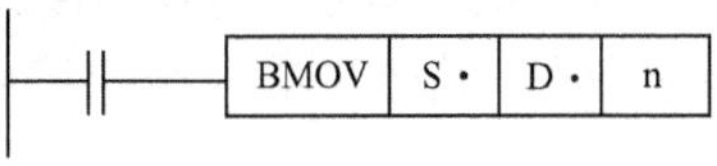

图 3-15　BMOV 指令梯形图

BMOV 指令操作数内容与取值如表 3-8 所示。

表 3-8　BMOV 指令操作数内容与取值

操作数种类	内　容	数 据 类 型
S·	传送源的数据，或是保存数据的软元件编号	BIN16
D·	传送目标的软元件编号	BIN16
n	传送点数（包括文件寄存器）［n≤512］	BIN16

解读：当驱动条件成立时，将以 S 为首址的 n 个寄存器的数据一一对应传送到以 D 为首址的 n 个寄存器中。

2．指令应用

1）BMOV 指令执行功能

BMOV 指令又称数据块传送指令，它是把一个连续的数据存储区的数据传送到另一个连续的数据存储区，传送时按照寄存器编号由小到大一一对应传送。但在具体传送时，又会稍有不同。

【例 18】　解读指令执行功能：BMOV　D0　D10　K3。

指令执行后，将 D0,D1,D2 中的数据分别传送到 D10,D11 和 D12 中，传送后，

D0,D1,D2 中的数据不变，传送数据的对应关系是 D0→D10，D1→D11，D2→D12。

【例 19】 解读指令执行功能：BMOVP D10 D9 K3。

这条指令中，源址 S 和终址 D 中有一部分寄存器的编号是相同的。传送顺序仍然由编号小的到编号大的，但在传送过程中，当 D11→D10 时，D10 中的数据已经改变。因此，执行结束后，D10,D11,D12 中的数据已经改变，不再是传送前的数据。例如：

(D10) =K1，(D11) =K2，(D12) =K3，则执行后 (D9) =K1，(D10) =K2，(D11) =K3，(D12) =K3。

【例 20】 解读指令执行功能：BMOVP D10 D11 K3。

这条指令中，同样有一部分寄存器编号是重复的，如果仍然按例 18 中的传送顺序，则 D10～D14 中的数据全部和 D10 中的数据一样。因此，在这种情况下（指终址首址编号大于源址首址编号，且有一部分寄存器的编号重复），其传送顺序发生变化，由编号大的开始传送到编号小的结束。例如：

(D10) =K1，(D11) =K2，(D12) =K3，则执行后(D10) =K1，(D11) =K1，(D12) =K2，(D13) =K3。

注意：例 18 使用的是 BMOV 指令，而例 19 和例 20 使用的是 BMOVP 指令。这是因为在例 19 和例 20 中如为连续执行型，每个扫描周期里都会执行一次，执行结果会完全不一样。因此，当源址和终址有一部分重复编号的寄存器时，应使用 BMOVP 指令。

对重复编号的寄存器传送，结合无重复编号的寄存器传送，可以这样理解：

（1）当终址编号小于源址编号时，其传送顺序是由编号小的到编号大的，如图 3-16（a）所示，称为顺序传送。

（2）当终址编号大于源址编号时，其传送顺序是由编号大的到编号小的，如图 3-16（b）所示，称为逆序传送。

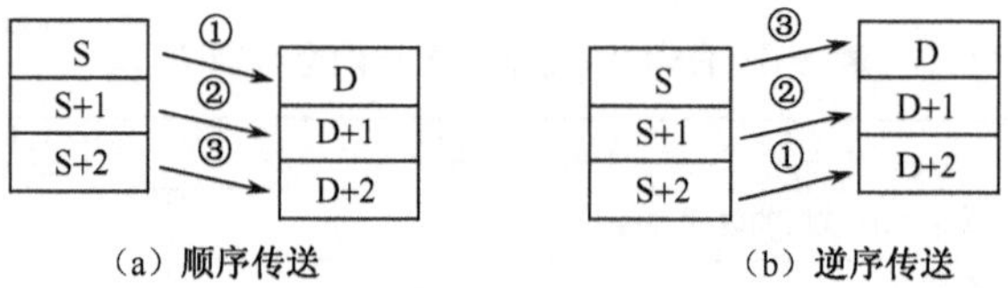

图 3-16 BMOV 指令顺序传送与逆序传送

不论顺序传送还是逆序传送，传送过程中一律存新除旧，依次传送。

【例 21】 解读指令执行功能：BMOV K4M0 D0 K2。

该指令是将 K4M0 所表示的数据传送给 D0，K4M16 所表示的数据传送给 D1。在这种传送指令中，如果源址的组数不是 K4，则指令不执行。

【例 22】 解读指令执行功能：BMOV K1M0 K1Y0 K2。

这是一条源址和终址都是组合位元件的指令。K2 表示两组位元件 K1M0,K1M4 传送到 K1Y0,K1Y4。这时，源址和终址中组数必须相同，否则指令不执行。

【例 23】 解读指令执行功能：BMOV D10 C100 K4。

指令执行后，把 D10～D13 中的数据分别传送到 C100～C103 中。执行这种指令必须注意计数器 C 的编号不能出现 32 位计数器编号（C200～C239）。因为指令仅能执行 16 位计数器的传送，不能执行 32 位计数器的传送。

2）两种传送模式

BMOV 指令还有一个特殊之处，即它具有双向传送功能，其传送方向由特殊继电器 M8024 的状态决定。

（1）M8024＝OFF，正向传送。

这时，传送方向由源址 S 向终止 D 传送，如上面例题所示。

（2）M8024＝ON，反向传送。

这时，由终址 D 向源址 S 传送数据，传送过程及需要注意的地方均同正向传送，不再赘述。

3. BMOV 指令在文件寄存器中的应用

1）什么是文件寄存器？

BMOV 指令的另一个重要应用是对 PLC 的文件寄存器进行读/写操作。

什么是文件寄存器？文件寄存器实际上是一类专用数据寄存器，用于存储大量的 PLC 应用程序需要用到的数据，例如，采集数据、统计计算数据、产品标准数据、数表、多组控制参数等。在 PLC 内部，根据存储性质的不同，可以分为程序存储区、数据存储区和位元件存储区。其中，程序存储区用来存储 PLC 参数、用户程序、注释和文件寄存器；数据存储区用来存储定时器和计数器当前值、数据寄存器 D 和变址寄存器 V,Z 等数据；位元件存储区用来存储 I/O 触点映像、继电器 M,S 及定时器、计数器的触点和线圈等数据。程序存储区的内容需要长期保持，一般为 EEPROM（带电可擦可编程只读存储器）或电池保持 RAM（随机存储器）。数据存储区和位元件存储区的数据根据需要有一般用及停电保持用两种。

当应用程序需要文件寄存器时，必须首先对程序存储区进行容量分配（相当于计算机硬盘分区）操作，这个操作是通过计算机编程软件来完成的。三菱 FX 系列 PLC 规定，文件寄存器在程序存储区中是以“块”来分配的，1 块为 500 个寄存器，最多 7 000 个寄存器（14 块）。另外，文件寄存器分配根据机型不同而不同。由于程序存储器容量是一定的，所以，文件存储区所占容量越大，用户程序区的容量就越小。1 块文件寄存器占用 500 步用户程序区的容量。因此，当文件寄存器较大时，往往需要加扩展内存 EEPROM 来扩充程序存储区。在程序存储区中分配了文件寄存器后（一般编号为 D1000～D7999），也将数据存储区的数据寄存器 D1000～D7999 分配为数据存储区的文件寄存器。文件寄存器的操作是这样的，当 PLC 上电或由 STOP 到 RUN 时，程序存储区中的文件寄存器（下称【块 A】）马上被分批次传送到数据寄存的文件寄存器（下称【块 B】），如图 3-17 所示。

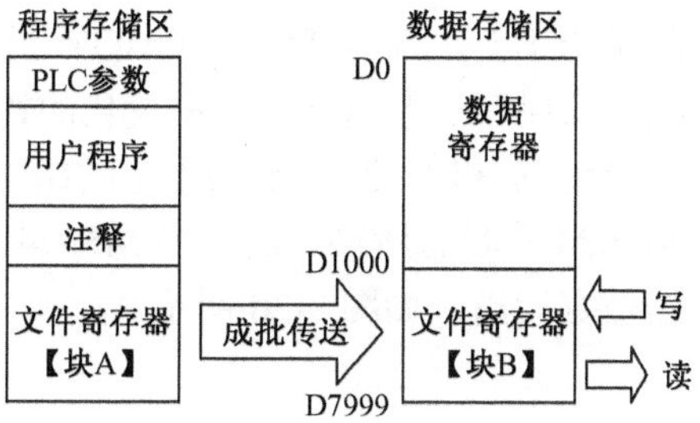

图 3-17　文件寄存器操作示意图

2）文件寄存器的读/写操作

在应用程序中的指令均是针对【块 B】进行操作的（BMOV 指令除外），不能直接对【块 A】进行操作。当需要用到文件寄存器的数据时，可以应用 MOV 指令或其他应用指令直接对【块 B】的文件寄存器进行读/写等各种处理。而利用 BMOV 指令是将全部文件寄存器或一部分文件寄存器批量读出到一般数据寄存器中，如图 3-18 所示。

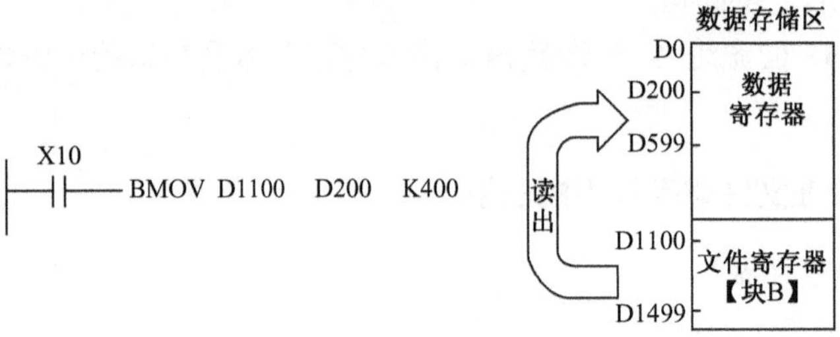

图 3-18 文件寄存器读出程序与示意图

图 3-18 中，当驱动条件成立时，将文件寄存器【块 B】中从 D1100 开始的 400 个连续单元的数据（D1100～D1499）传送到从 D200 开始的 400 个连续单元中（D200～D599）。

BMOV 指令的一个特殊功能是可以对【块 B】和【块 A】同时进行写入操作，如图 3-19 所示。图 3-19 中，当驱动条件成立时，将数据寄存器 D200～D599 共 400 个数据传送到文件寄存器【块 B】的 D1100～D1499 中去。这时，如果【块 A】的 EEPROM 或电池保持 RAM 的保护开关状态为 OFF，则同时将数据传送到【块 A】的 D1100～D1499 中去。

如果 BMOV 指令的原址 S 和终址 D 是相同的数据寄存器编号，则为文件寄存器的更新模式。

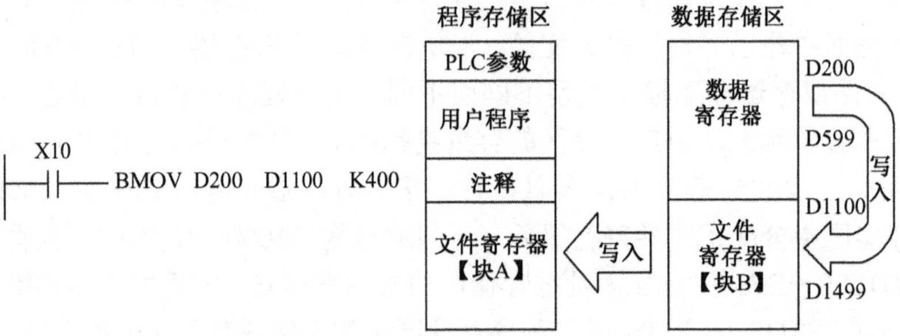

图 3-19 文件寄存器写入程序与示意图

更新模式是指【块 A】和【块 B】之间直接通过 BMOV 指令进行读/写操作，不涉及一般数据寄存器。当需要利用程序来保存在数据存储区中变化的数据时，必须利用更新模式写入到【块 A】中去保存。由于原址 S 和终址 D 都为指定的相同编号的文件寄存器，因此，其读写操作是由特殊继电器 M8024 的状态所决定的。当 M8024 为 OFF 时，传送方向由【块 A】到【块 B】，为文件寄存器数据读出，如图 3-20 所示。

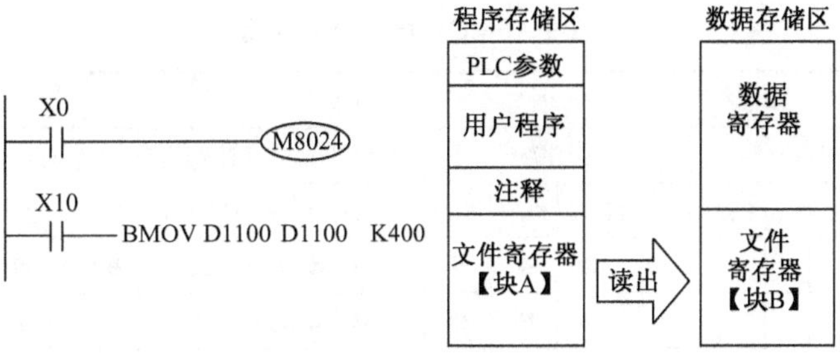

图 3-20　文件寄存器更新模式读出程序与示意图

当 M8024 为 ON 时，传送方向由【块 B】到【块 A】，为文件寄存器数据写入，如图 3-21 所示。

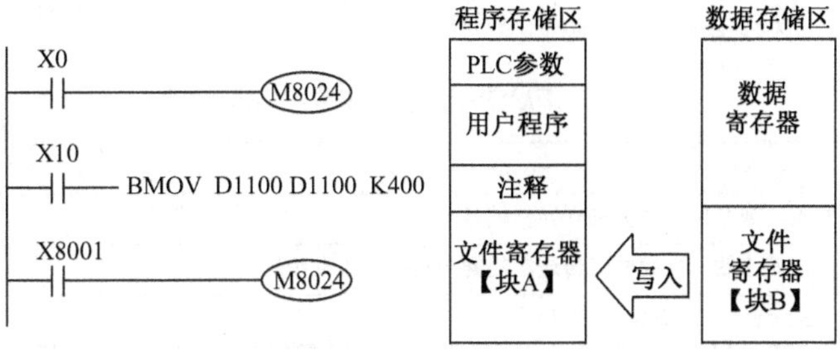

图 3-21　文件寄存器更新模式写入程序与示意图

3）文件寄存器操作的注意事项

（1）如果用外围设备来监控文件寄存器数据，这时是【块 B】的数据读出。如果用外围设备对文件寄存器进行“当前值变更”“强制复位”或“PC 内存全部清除”，这时是对【块 A】进行修改，随后，将修改后的【块 A】数据自动地向【块 B】传送。

（2）【块 B】虽然是停电保持软元件，但由于在重启电源或 PLC 由 STOP 到 RUN 时，【块 A】数据自动传向【块 B】，而在【块 B】中发生变化的数据将不会保存。应用时务必注意。

（3）【块 A】为 EEPROM 存储器件时，其写入次数必须少于 1 万次。如采用连续执行型 BMOV 指令写入，则每个扫描周期都会写入。为防止这种情况发生，请采用脉冲执行型指令 BMOVP 进行写入操作。

（4）对于 EEPROM 的写入，每 8 点约 10ms，这期间会中断程序的执行，因此，需要在程序中采取插入 WDT 指令等对应措施，以防止看门狗定时器出错。

3.1.5　多点传送指令 FMOV

1. 指令格式

FNC 16:【D】FMOV　【P】　　程序步：5/9

FMOV 指令可用软元件如表 3-9 所示。

表 3-9　FMOV 指令可用软元件

操作数种类	位软元件							字软元件												其他				
	系统/用户							位数指定				系统/用户				特殊模块	变址			常数		实数	字符串	指针
	X	Y	M	T	C	S	D□.b	KnX	KnY	KnM	KnS	T	C	D	R	U□\G□	V	Z	修饰	K	H	E	"□"	P
(S·)								●	●	●	●	●	●	●	▲1	▲2	●	●	●	●	●			
(D·)									●	●	●	●	●	●	▲1	▲2			●					
n																				●	●			

▲1：仅 $FX_{3G}/FX_{3GC}/FX_{3U}/FX_{3UC}$ 可编程控制器支持。

▲2：仅 FX_{3U}/FX_{3UC} 可编程控制器支持。

指令梯形图如图 3-22 所示。

FMOV 指令操作数内容与取值如表 3-10 所示。

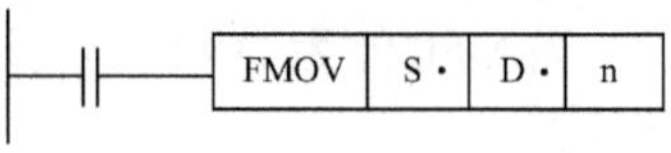

图 3-22　FMOV 指令梯形图

表 3-10　FMOV 指令操作数内容与取值

操作数种类	内　容	数据类型
(S·)	传送源的数据，或是保存数据的软元件编号	BIN16/32 位
(D·)	传送目标的起始字软元件编号（传送源的同一数据被成批传送）	BIN16/32 位
n	传送点数［K1≤n≤512，H1≤n≤H1FF］	BIN16 位

解读：当驱动条件成立时，把源址 S 的数据（1 个数据）传送到以 D 为首址的 n 个寄存器中（1 批数据）。

2．指令应用

FMOV 指令又称一点多传送指令，它的操作就是把同一个数传送到多个连续的寄存器中，传送的结果是多个寄存器都存储同一数据。

【例 24】　解读指令执行功能：FMOV　K0　D0　K10。

该指令把 K0 传送到 D0～D9 的 10 个寄存器中，即对寄存器组清零。故 FMOV 指令常用在对字元件清零和位元件复位上，但仅能对定时器和计数器的当前值复位，不能对其触点进行复位。

3.2　比较指令

3.2.1　比较指令 CMP

1．指令格式

FNC 10：【D】CMP　【P】　　程序步：5/9

CMP 指令可用软元件如表 3-11 所示。

表 3-11　CMP 指令可用软元件

操作数种类	位软元件							字软元件												其他				
	系统/用户							位数指定				系统/用户				特殊模块	变址			常数		实数	字符串	指针
	X	Y	M	T	C	S	D□.b	KnX	KnY	KnM	KnS	T	C	D	R	U□\G□	V	Z	修饰	K	H	E	"□"	P
S1·								●	●	●	●	●	●	●	▲2	▲3	●	●	●	●	●			
S2·								●	●	●	●	●	●	●	▲2	▲3	●	●	●	●	●			
D·		●	●			●	▲1												●					

▲1：D□.b 仅支持 FX_{3U}/FX_{3UC} 可编程控制器。但是，不能变址修饰（V、Z）。

▲2：仅 $FX_{3G}/FX_{3GC}/FX_{3U}/FX_{3UC}$ 可编程控制器支持。

▲3：仅 FX_{3U}/FX_{3UC} 可编程控制器支持。

指令梯形图如图 3-23 所示。

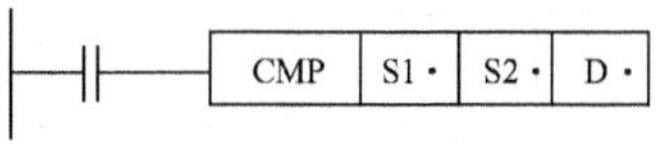

图 3-23　CMP 指令梯形图

CMP 指令操作数内容与取值如表 3-12 所示。

表 3-12　CMP 指令操作数内容与取值

操作数种类	内　容	数据类型
S1·	成为比较值的数据或软元件编号	BIN16/32 位
S2·	成为比较源的数据或软元件编号	BIN16/32 位
D·	输出比较结果的起始位软元件编号	位

解读：当驱动条件成立时，将源址 S1 与 S2 按代数形式进行大小的比较，并根据比较结果（S1＞S2,S1=S2,S1＜S2）置终址位元件 D,D+1,D+2 其中一个为 ON。

2. 指令应用

指令应用程序梯形图如图 3-24 所示。

CMP 指令根据比较结果，使某一位元件为 ON，执行其后续程序，如图 3-24 所示。三个位元件只能有一个接通。

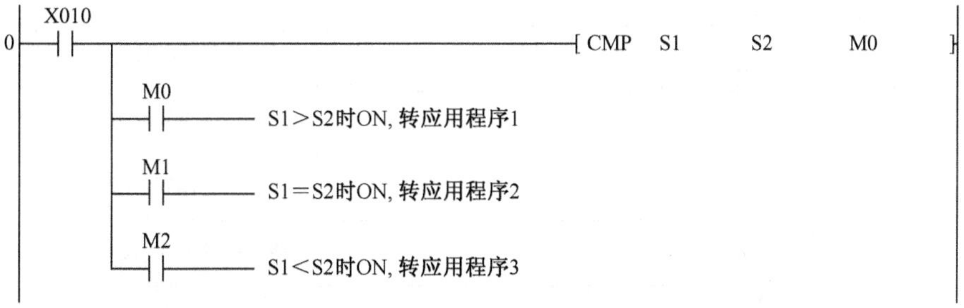

图 3-24　CMP 指令应用程序梯形图

一旦指定终址 D 后，三个连续位元件 D,D+1,D+2 就被指令占用，不能再做他用。

指令执行后即使驱动条件 X10 断开，D,D+1,D+2 仍会保持当前状态，不会随 X10 断开而改变。

CMP 指令和 MOV 指令一样，是常用功能指令之一。它可以对两个数据进行判别，并根据判别结果进行处理。在实际应用中，常常只需要其中一个数据的判别结果，这时，程序中可以只编写需要的程序段。终址位元件 D 也可直接和母线相连。如果需要在指令不执行时清除比较结果，请用 RST 指令或 ZRST 指令对终址进行复位。

【例 25】 图 3-25 所示为一密码锁接线图，密码锁由三位数字开关输入组成，设其密码为 K258。试编写其开锁控制程序梯形图。

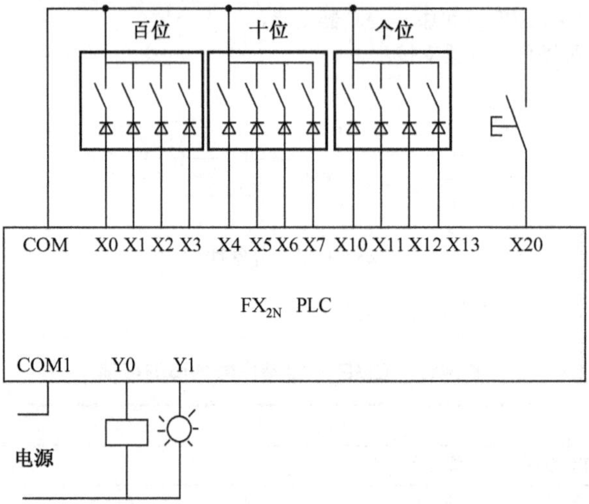

图 3-25 例 25 CMP 指令密码锁接线图

控制要求：先输入三位密码，再按确认键。如输入密码正确，则密码锁打开（Y0 输出），20s 后，恢复关锁状态。如果输入密码不正确，则指示灯 Y1 输出，闪烁 3s 停止，并进入重新输入状态。

程序梯形图如图 3-26 所示。

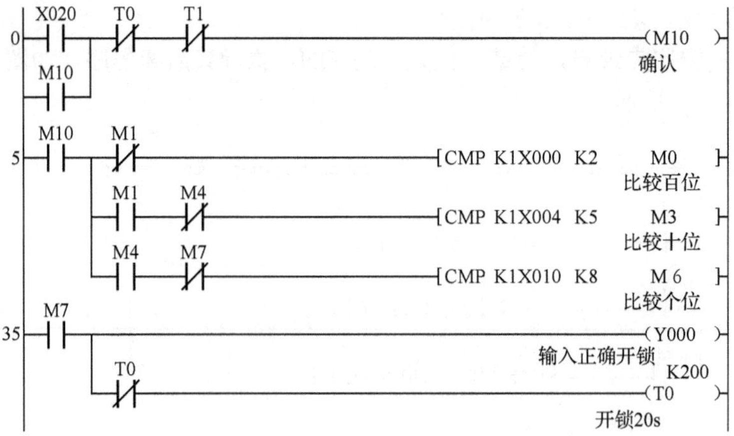

图 3-26 例 25CMP 指令密码锁程序梯形图

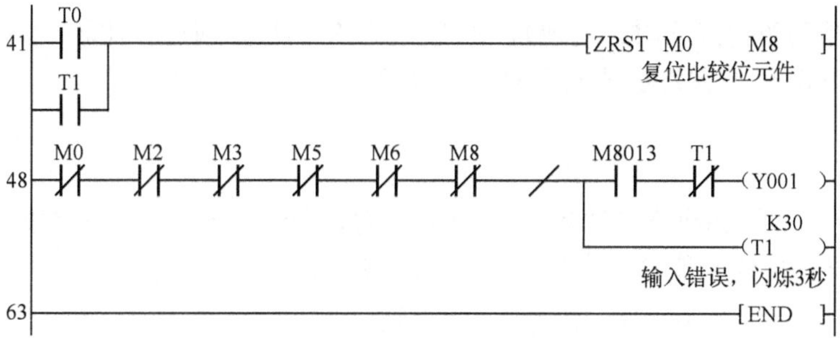

图 3-26　例 25 CMP 指令密码锁程序梯形图（续）

3.2.2　区间比较指令 ZCP

1．指令格式

FNC 11：【D】ZCP 【P】　　　　　　　　　　　　　程序步：9/17

ZCP 指令可用软元件如表 3-13 所示。

表 3-13　ZCP 指令可用软元件

操作数种类	位软元件							字软元件															其他			
	系统/用户							位数指定				系统/用户				特殊模块	变址			常数		实数	字符串	指针
	X	Y	M	T	C	S	D□.b	KnX	KnY	KnM	KnS	T	C	D	R	U□\G□	V	Z	修饰	K	H	E	"□"	P
S1·								●	●	●	●	●	●	●	▲2	▲3	●	●	●	●	●			
S2·								●	●	●	●	●	●	●	▲2	▲3	●	●	●	●	●			
S·								●	●	●	●	●	●	●	▲2	▲3	●	●	●	●	●			
D·		●	●			●	▲1												●					

▲1：D□.b 仅支持 FX_{3U}/FX_{3UC} 可编程控制器。但是，不能变址修饰（V、Z）。

▲2：仅 $FX_{3G}/FX_{3GC}/FX_{3U}/FX_{3UC}$ 可编程控制器支持。

▲3：仅 FX_{3U}/FX_{3UC} 可编程控制器支持。

指令梯形图如图 3-27 所示。

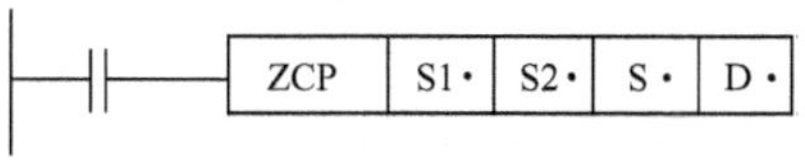

图 3-27　ZCP 指令梯形图

ZCP 指令操作数内容与取值如表 3-14 所示。

表 3-14　ZCP 指令操作数内容与取值

操作数种类	内　容	数 据 类 型
S1·	下侧的比较值的数据或软元件编号	BIN16/32 位
S2·	上侧的比较值的数据或软元件编号	BIN16/32 位
S·	成为比较源的数据或软元件编号	BIN16/32 位
D·	输出比较结果的起始位软元件编号	位

解读：当驱动条件成立时，将源址 S 与源址 S1,S2 分别进行比较，并根据比较结果，（S<S1,S1≤S≤S2,S>S2）置终址位元件 D,D+1,D+2 其中一个为 ON。

2. 指令应用

ZCP 指令与 CMP 指令都是比较指令，CMP 为数据值比较，ZCP 为数据区域比较，ZCP 指令比较结果与终址位元件 ON 的关系如图 3-28 所示。

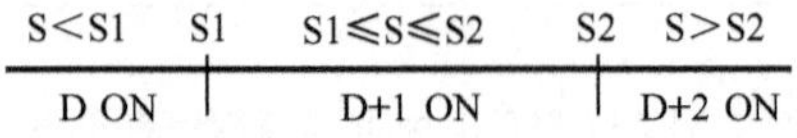

图 3-28 ZCP 指令执行示意图

ZCP 指令在正常执行情况下，S1<S2；如果发生了 S1>S2 的情况，则 PLC 自动把 S2 作为 S1 处理。

指定终址位元件后，D,D+1,D+2 被指令占用，不能再做其他控制用。

指令执行后，即使驱动条件断开，D,D+1,D+2 仍然保持当前状态，不会随驱动条件的断开而改变。

如指令执行后欲使 D,D+1,D+2 复位，请使用 RST 指令或 ZRST 指令。

【例 26】 在模拟量控制中，经常要对被控制模拟量进行范围检测，超出范围给予信号报警。某温度控制系统，温度输入采用 FX_{2N}-4AD-PT 温度传感器模拟量模块（位置编号 2），温度控制范围为 23～28℃，超出范围用灯光闪烁报警。

程序梯形图如图 3-29 所示。

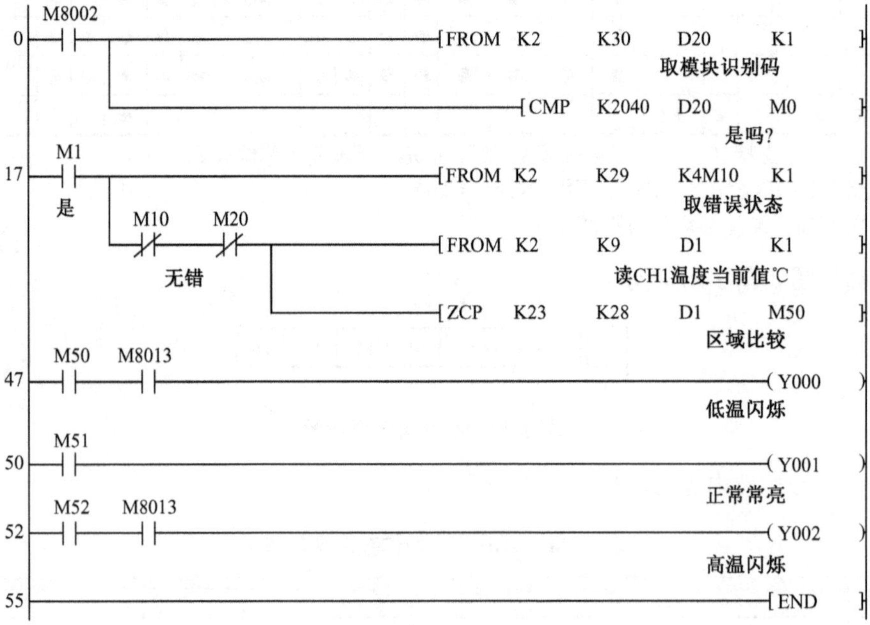

图 3-29 例 26ZCP 指令程序梯形图

3.3　触点比较指令

触点比较指令实质上是一个触点，影响这个触点动作的不是位元件输入（X）或位元件线圈（Y,M,S），而是指令中两个字元件 S1 和 S2 相比较的结果。如果比较条件成立则该触点动作，条件不成立，触点不动作。

和比较指令 CMP 相比，触点比较指令在功能上完全可以取代 CMP 指令，而且其应用远比 CMP 指令直观、简单、灵活、方便。触点比较指令的操作数可以使用变址寻址方式，在应用中，利用源址的变址寻址可以代替循环指令 FOR-NEXT 的功能。熟练掌握、灵活运用触点比较指令会给程序设计特别是模拟量控制程序设计带来很大的方便。

3.3.1　触点比较指令（18 条）

1. 指令格式

触点比较指令有 3 种形式：起始触点比较指令、串接触点比较指令和并接触点比较指令。每种形式又有 6 种比较方式：=（等于）、<>（不等于）、<（小于）、>（大于）、<=（小于等于）和>=（大于等于）。指令的源址 S1 和 S2 必须是字元件。比较的数据也有 16 位和 32 位两种，与其他功能指令不同的是，32 位触点比较指令在助记符加后缀 D，如 LDD,ANDD,ORD。数据比较按照 BIN 数表示进行，如 5 > 3、−5 < −3 等。

触点比较指令格式见表 3-15、表 3-16 和表 3-17。

表 3-15　起始触点比较指令格式

功 能 号	助 记 符	导 通 条 件	不导通条件	程 序 步
FNC 224	【D】 LD = S1 S2	S1=S2	S1≠S2	5/9
FNC 225	【D】 LD > S1 S2	S1>S2	S1≤S2	5/9
FNC 226	【D】 LD < S1 S2	S1<S2	S1≥S2	5/9
FNC 228	【D】 LD <> S1 S2	S1≠S2	S1=S2	5/9
FNC 229	【D】 LD <= S1 S2	S1≤S2	S1>S2	5/9
FNC 230	【D】 LD >= S1 S2	S1≥S2	S1<S2	5/9

表 3-16　串接触点比较指令格式

功 能 号	助 记 符	导 通 条 件	不导通条件	程 序 步
FNC 232	【D】 AND = S1 S2	S1=S2	S1≠S2	5/9
FNC 233	【D】 AND > S1 S2	S1>S2	S1≤S2	5/9
FNC 234	【D】 AND < S1 S2	S1<S2	S1≥S2	5/9
FNC 236	【D】 AND <> S1 S2	S1≠S2	S1=S2	5/9
FNC 237	【D】 AND <= S1 S2	S1≤S2	S1>S2	5/9

表 3-17 并接触点比较指令格式

功 能 号	助 记 符	导 通 条 件	不导通条件	程 序 步
FNC 240	【D】 OR= S1 S2	S1=S2	S1≠S2	5/9
FNC 241	【D】 OR> S1 S2	S1>S2	S1≤S2	5/9
FNC 242	【D】 OR< S1 S2	S1<S2	S1≥S2	5/9
FNC 244	【D】 OR<> S1 S2	S1≠S2	S1=S2	5/9
FNC 245	【D】 OR<= S1 S2	S1≤S2	S1>S2	5/9
FNC 246	【D】 OR>= S1 S2	S1≥S2	S1<S2	5/9

触点比较指令可用软元件如表 3-18。

表 3-18 触点比较指令可用软元件

操作数种类	位软元件							字软元件												其他				
	系统/用户							位数指定				系统/用户				特殊模块	变址			常数		实数	字符串	指针
	X	Y	M	T	C	S	D□.b	KnX	KnY	KnM	KnS	T	C	D	R	U□\G□	V	Z	修饰	K	H	E	"□"	P
S1·								●	●	●	●	●	●	●	▲1	▲2	●	●	●	●	●			
S2·								●	●	●	●	●	●	●	▲1	▲2	●	●	●	●	●			

▲1：仅 $FX_{3G}/FX_{3GC}/FX_{3U}/FX_{3UC}$ 可编程控制器支持。

▲2：仅 FX_{3U}/FX_{3UC} 可编程控制器支持。

指令梯形图如图 3-30 所示。

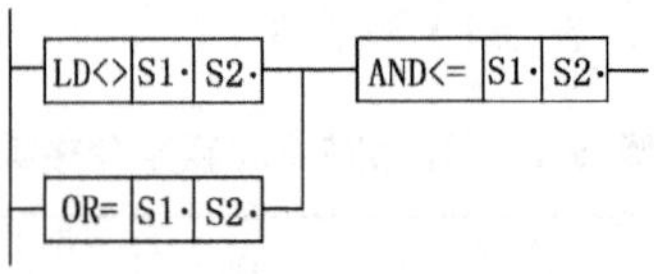

图 3-30 触点比较指令梯形图

触点比较指令操作数内容与取值如表 3-19 所示。

表 3-19 触点比较指令操作数内容与取值

操作数种类	内 容	数 据 类 型
S1·	保存比较数据的软元件编号	BIN16/32 位
S2·	保存比较数据的软元件编号	BIN16/32 位

2. 指令解读

在 PLC 的梯形图中，凡是触点都是位元件的触点，它们用来组合成驱动输出的条件，字元件是不能作为触点使用的，触点比较指令却是由字元件组成的。在梯形图中，触点比较指令等同于一个常开触点，但这个常开触点的 ON/OFF 是由指令的两个字元件 S1 和 S2 的比较结果决定的。比较结果成立时触点闭合，不成立时触点断开，图 3-31，图 3-32 和图 3-33 表示了三种不同助记符触点比较指令在梯形图上的等同触点示意图。

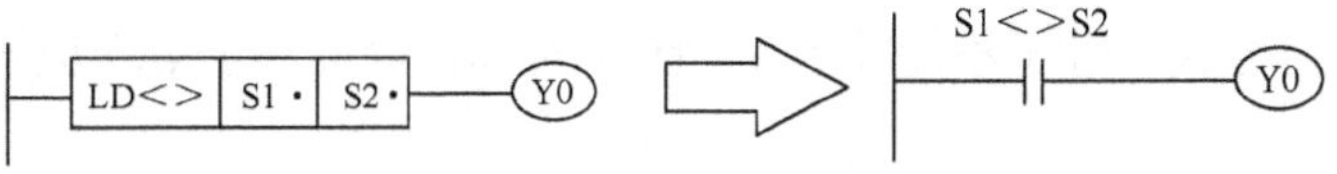

图 3-31　起始触点比较指令等同触点示意图

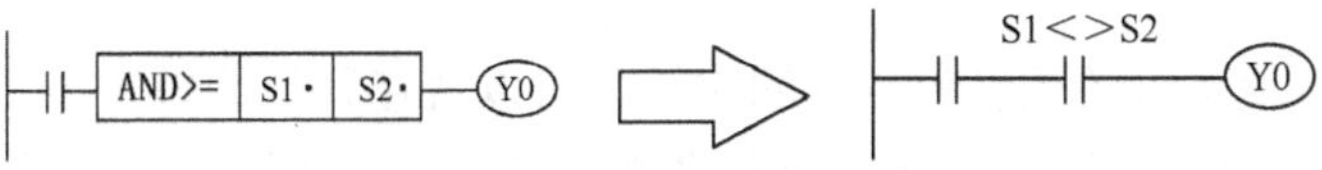

图 3-32　串接触点比较指令等同触点示意图

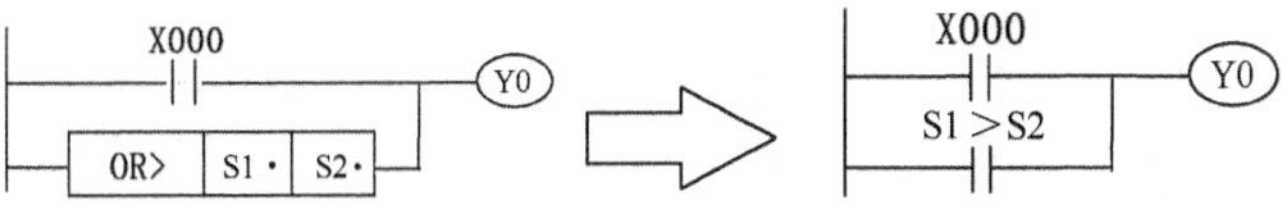

图 3-33　并接触点比较指令等同触点示意图

3. 指令应用

（1）前面提过，触点比较指令有 3 种形式（起始触点比较指令、串接触点比较指令和并接触点比较指令），每种形式又有=、<>、<、>、<=和>=这 6 种比较方式，故触点比较指令共有 18 条。其助记符表示在不同位置上的应用，在使用手持编程器时，必须使用助记符以示区别，但应用编程软件输入时，任何位置上均可用起始触点比较指令助记符(LD)输入。详见后续说明。

（2）比较的数据也有 16 位和 32 位两种，进行比较时，S1 和 S2 的数据位数必须一致，不可以出现 S1 是 16 位，S2 是 32 位等情况。

（3）当在指令中使用计数器比较时，务必使指令执行形式与使用计数器的位数（16 或 32 位）一致。两个源址都为计数器时，所使用的计数器的位数也必须一致。如果有不一致的情况，会导致程序出错（执行形式与位数不一致）或运算出错（计数器位数不一致）。

（4）S1 和 S2 的比较是指 B1N 数的数值比较，即正数> 0 >负数。

（5）如果比较数 S1 或 S2 是不断变化的值（例如定时器 T 和计数器的当前值），则触点比较指令所表示的触点也随之变化，这一点在编程时应特别注意。

3. 触点比较指令的编程输入

使用编程软件时，不管触点比较指令在什么位置上，都统一使用起始触点比较指令的助记符(LD)输入。但输入与梯形图上的显示会有所不同，如图 3-34 所示。

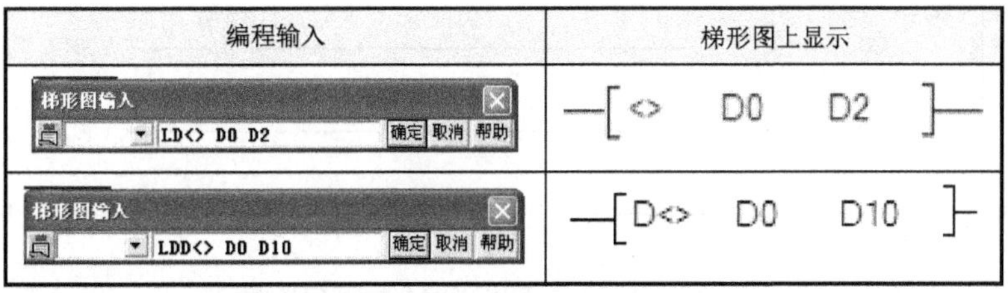

编程输入
梯形图上显示
梯形图输入
LD<> D0 D2
确定 取消 帮助
<> D0 D2
梯形图输入
LDD<> D0 D10
确定 取消 帮助
D<> D0 D10

图 3-34　触点比较指令的编程输入

请按图 3-34 所示方式输入，但在梯形图上显示时，16 位不显示助记符，32 位在比较符号前加 D 表示。

应注意：比较符号大于等于不能输入≥，应输入>=；同样小于等于应输入<=。

3.3.2 触点比较指令应用举例

【例 27】 触点比较指令利用=, >, <的比较，可以直接替代比较指令 CMP 的功能，而且在程序上更为简洁、直观，容易理解。例如在图 3-26 的开锁程序中，可以用三个触点比较指令相串联直接控制开锁，如图 3-35 所示。

图 3-35　例 27 触点比较指令程序梯形图

【例 28】 图 3-36 是一个计算从 1 加到 100 的梯形图程序，这种程序一般用循环指令 FOR-NEXT 设计，应用触点比较指令也可以完成。

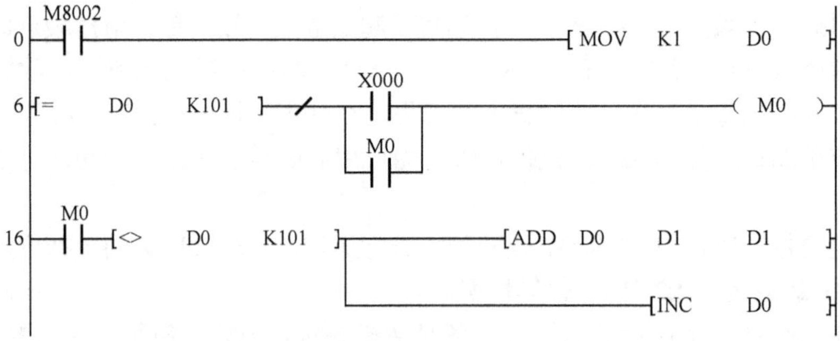

图 3-36　例 28 触点比较指令程序梯形图

【例 29】 触点比较指令和计数器当前值相结合，可以很方便地设计顺序控制程序。图 3-37 为一顺序控制程序样例，第一次按 X000，输出 Y000；第二次按 X000，输出 Y001；第三次按 X000，输出 Y002。做到了 Y0，Y1，Y2 顺序输出。

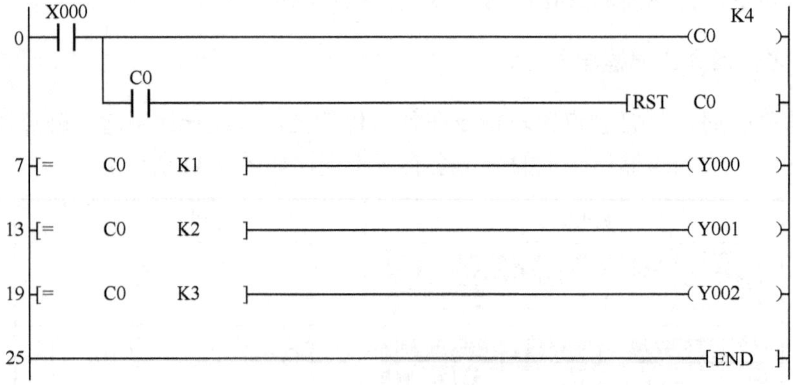

图 3-37　例 29 触点比较指令程序梯形图

【例 30】 控制要求：三个彩灯分别由 Y0，Y1，Y2 输出。按下按钮 X0，2 秒后，Y0 亮，又 2 秒后 Y1 亮，又 2 秒后 Y2 亮，再 2 秒后全部灯熄灭，又从头开始循环。任意时刻，松开按钮 X0 后，全部输出马上停止。其时序如图 3-38 所示，程序梯形图如图 3-39 所示。

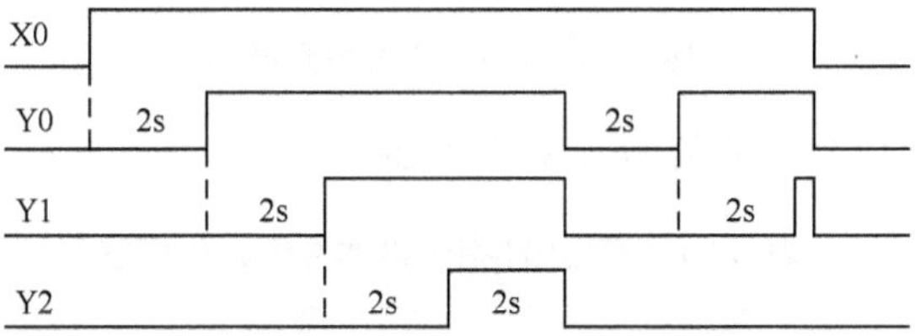

图 3-38　例 30 触点比较指令时序图

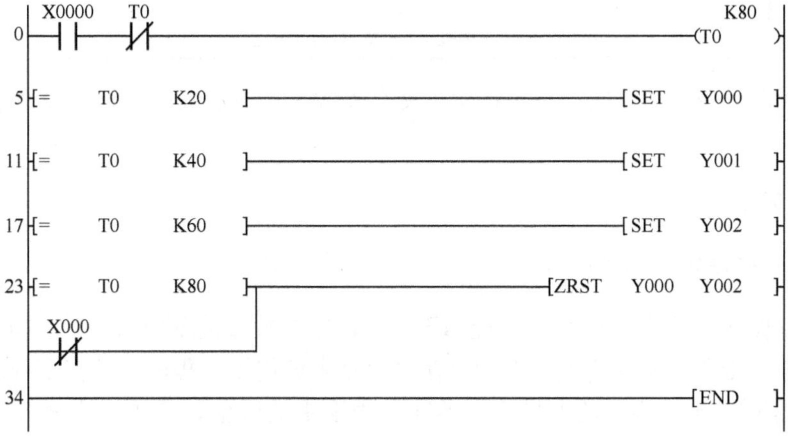

图 3-39　例 30 触点比较指令程序梯形图

3.4　变址寄存器传送指令

3.4.1　变址寄存器保存指令 ZPUSH

1. 指令格式

FNC 102：ZPUSH 【P】　　　　　　　　　程序步：3

ZPUSH 指令可用软元件如表 3-20 所示。

表 3-20　ZPUSH 指令可用软元件

操作数种类	位软元件							字软元件												其他				
	系统/用户							位数指定				系统/用户				特殊模块	变址			常数		实数	字符串	指针
	X	Y	M	T	C	S	D□.b	KnX	KnY	KnM	KnS	T	C	D	R	U□\G□	V	Z	修饰	K	H	E	"□"	P
(D)														▲	●									

▲：特殊数据寄存器（D）除外

指令梯形图如图 3-40 所示。

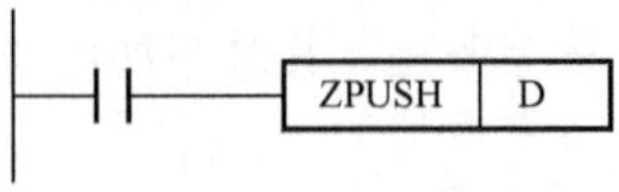

图 3-40　ZPUSH 指令梯形图

ZPUSH 指令操作数内容与取值如表 3-21 所示。

表 3-21　ZPUSH 指令操作数内容与取值

操作数种类	内　容	数据类型
(D)	暂时保存变址寄存器 V0～V7、Z0～Z7 的当前值的软元件起始编号 (D)：成批保存次数 (D)+1～(D)+16×成批保存次数：成批保存的数据保存的位置	BIN16

解读：当驱动条件成立时，将全部变址寄存器 V，Z 的数值保存到以 D 为首址的数据寄存器中。

2．指令应用

1）变址寄存器的子程序应用

变址寄存器 V,Z 在程序中作为地址修正使用，它的数值关系到修正后的操作数地址。一般在主程序中应用不会发生问题，但如果在主程序中调用了子程序，而在子程序中又要应用变址寻址，这时，相同编址的变址寄存器在主程序中的数值，就不一定适合子程序中的数值。当然，如果主程序和子程序中分别使用不同类型或不同编址的寄存器也不会发生相互干扰。但是变址寄存器的个数是有限的（仅 16 个），当程序需要的变址寄存器较多时，就会遇到不够用的情况，这时如何在主程序和子程序中正确地应用相同的变址寄存器就是一个必须解决的问题。最好的解决方法就是采用堆栈数据处理的方式，如图 3-41 所示。

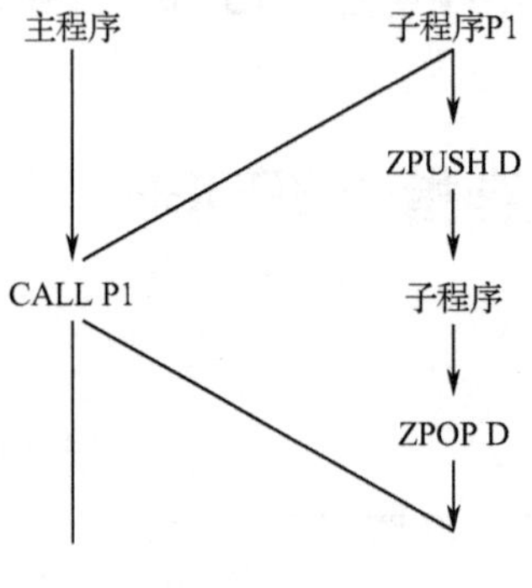

图 3-41　V,Z 寄存器堆栈数据处理的方式示意图

三菱 FX 系列 PLC 为 V, Z 寄存器的堆栈处理开发了两个指令，变址寄存器保存指令 ZPUSH 和变址寄存器恢复指令 ZPOP。

2）指令应用

从图 3-41 中可以看出，ZPUSH 和 ZPOP 是 V, Z 寄存器数值寄存和返回指令，它们的功能非常清晰，不必赘述。在程序中必须成对使用，一个在子程序的开头位置，一个子程序的

SRET 指令前。成对使用和使用位置都不能错。

3）堆栈数据格式与操作

如果把 V,Z 存储的存储区称作变址寄存器堆栈的话，则对这个堆栈的数据格式及存储方式都有一定的规定。堆栈为以 D+0 为首址的 17 个连续编址的存储区，其中，首址 D+0 存进栈批次数，后面的 16 个单元依次存入 V0,Z0,V1,Z1,…,V7,Z7 的值，如图 3-41 所示。D+0 为进栈批次数，存入一批（16 个），D+0 自动加 1，取出一批（16 个），D+0 自动减 1。D+0 的初始值为 0，使用前，必须通过程序对 D+0 清 0。堆栈数据操作如图 3-43 所示。

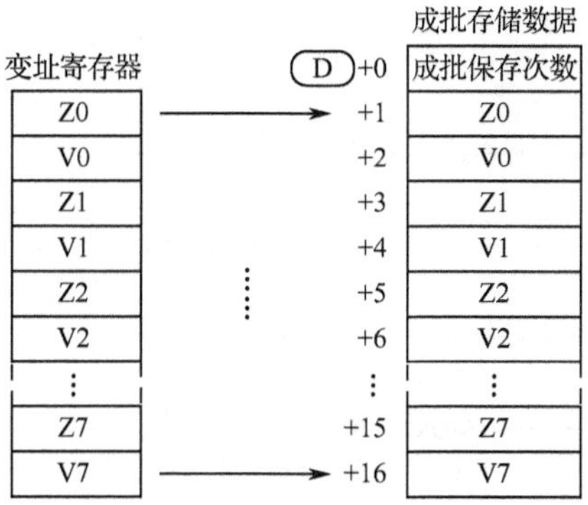

图 3-42　堆栈数据格式及存储方式示意图

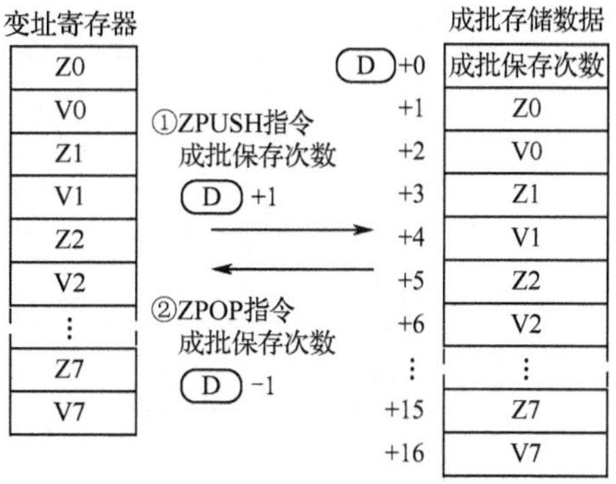

图 3-43　堆栈数据操作示意图

4）嵌套使用

由于子程序可以嵌套使用，因此，ZPUSH 和 ZPOP 指令也可以嵌套使用。如图 3-44 所示，在子程序 P2 中，应用 ZPUSH 指令把子程序 P1 中的 V,Z 值存入堆栈区，这就是 ZPUSH 和 ZPOP 指令的嵌套应用。

嵌套使用时，利用 ZPUSH 指令每存入一批数据，堆栈区首址 D+0 自动加 1，数据依顺序存入堆栈区，如图 3-45 所示。当使用 ZPOP 指令取出一批数据时，D+0 自动减 1。可以看出，首址 D+0 是数据区的批量存储指针，其内容为所存数据的批次，每次 16 个点。因此，如果嵌套利用 ZPUSH 和 ZPOP 指令，则事先要规划堆栈区的大小，预留存储空间。

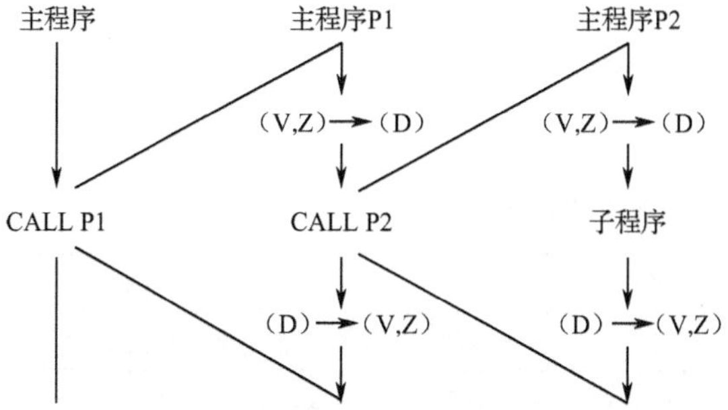

图 3-44　ZPUSH 和 ZPOP 指令嵌套使用示意图

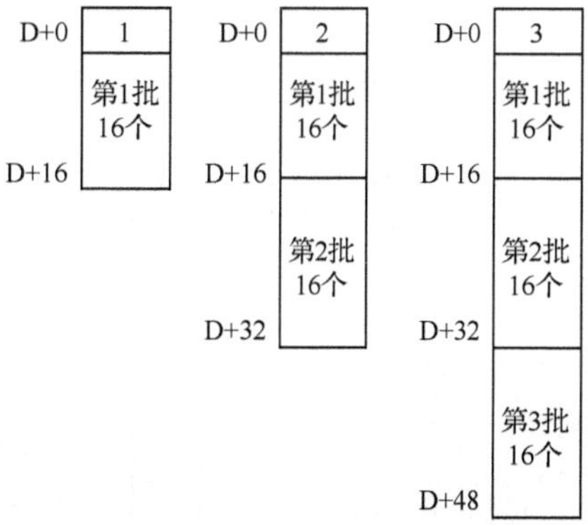

图 3-45　嵌套使用数据存取示意图

3．指令程序应用样例

图 3-46 所示为在指针 P0 以后的子程序中使用了变址寄存器时，在执行子程序之前，先将变址寄存器 Z0～Z7、V0～V7 的内容成批保存到 D0 以后的程序中。

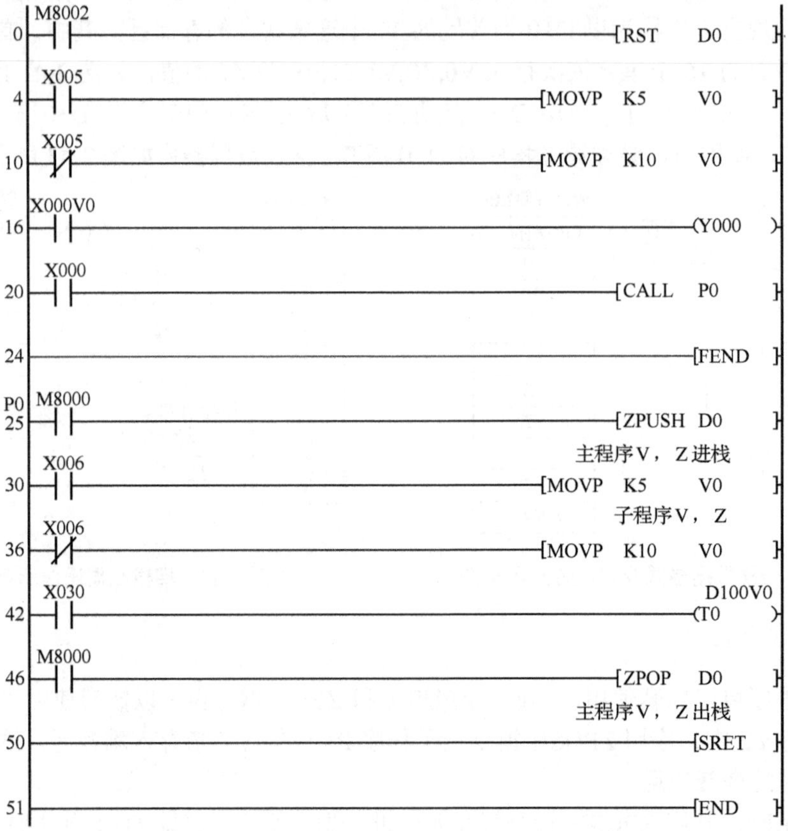

图 3-46　子程序中使用 ZPUSH、ZPOP 指令程序梯形图

3.4.2　变址寄存器恢复指令 ZPOP

1．指令格式

FNC 103：ZPOP 【P】　　　　　　　　　　程序步：3

ZPOP 指令可用软元件如表 3-22 所示。

表 3-22　ZPOP 指令可用软元件

操作数种类	位软元件							字软元件												其他				
	系统/用户							位数指定				系统/用户				特殊模块	变址			常数		实数	字符串	指针
	X	Y	M	T	C	S	D□.b	KnX	KnY	KnM	KnS	T	C	D	R	U□\G□	V	Z	修饰	K	H	E	"□"	P
(D)														▲	●									

▲：特殊数据寄存器（D）除外

指令梯形图如图 3-47 所示。

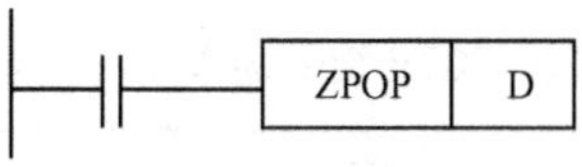

图 3-47　ZPOP 指令梯形图

ZPOP 指令操作数内容与取值如表 3-23 所示。

表 3-23　ZPOP 指令操作数内容与取值

操作数种类	内　容	数 据 类 型
D	暂时成批保存变址寄存器 V0～V7、Z0～Z7 内容的软元件的起始编号 D：成批保存次数 D+1～D+16×成批保存次数：成批保存的数据保存位置	BIN16 位

解读：当驱动条件成立时，将保存在堆栈数据区的变址寄存器数据重新送回 V,Z 变址寄存器。

2．指令应用

ZPOP 指令的应用已在 ZPUSH 指令小节中讲解，这里不再赘述。

3.5　数据交换指令

3.5.1　数据交换指令 XCH

1．指令格式

FNC 17：【D】XCH 【P】　　　　　　　　程序步：5/9

XCH 指令可用软元件如表 3-24 所示。

表 3-24　XCH 指令可用软元件

操作数种类	位软元件							字软元件												其他				
	系统/用户							位数指定				系统/用户				特殊模块	变址			常数		实数	字符串	指针
	X	Y	M	T	C	S	D□.b	KnX	KnY	KnM	KnS	T	C	D	R	U□\G□	V	Z	修饰	K	H	E	"□"	P
D1·								●	●	●	●	●	●	●	●	●	●	●	●					
D2·								●	●	●	●	●	●	●	●	●	●	●	●					

指令梯形图如图 3-48 所示。

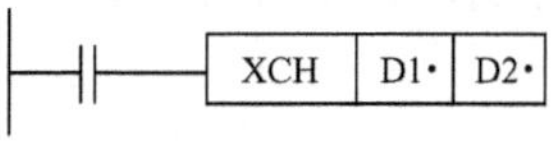

图 3-48　XCH 指令梯形图

XCH 指令操作数内容与取值如表 3-25 所示。

表 3-25 XCH 指令操作数内容与取值

操作数种类	内 容	数 据 类 型
(D1·)	保存交换数据的软元件编号	BIN16/32 位
(D2·)	保存交换数据的软元件编号	BIN16/32 位

解读：当驱动条件成立时，将终址 D1 和 D2 的数据进行交换，即（D1）→（D2），（D2）→（D1）。

2. 指令应用

（1）XCH 指令一般情况下应采用脉冲执行型。因为如果驱动条件成立期间每个扫描周期都执行一次，来回交换多次后很难保证执行结果是什么。

（2）扩展功能，当终址 D1 和 D2 为同一终址时，XCH 指令对终址本身进行字节交换。这时，必须首先将特殊继电器 M8160 置 ON。程序梯形图如图 3-49 所示。

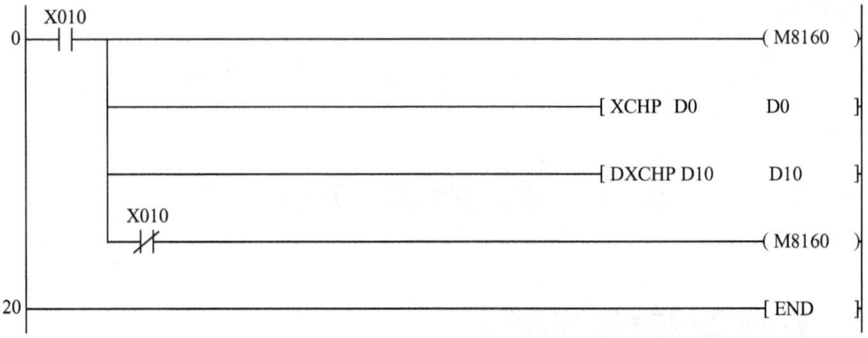

图 3-49 XCH 指令扩展功能程序梯形图

图 3-50 表示了 16 位数据形式和 32 位数据形式的寄存器执行 XCH 指令扩展功能前后的示意图。不管是 16 位还是 32 位都是对 D 寄存器本身的高 8 位和低 8 位进行交换。

应用 XCH 指令的扩展功能时，终址 D1,D2 必须为同一编号的字元件，如果不一致，则运算出错，出错标志位 M8067 置 ON。

XCH 指令的扩展功能与指令 SWAP 的功能是一样的。所以，在程序编制时，请直接使用 SWAP 指令。

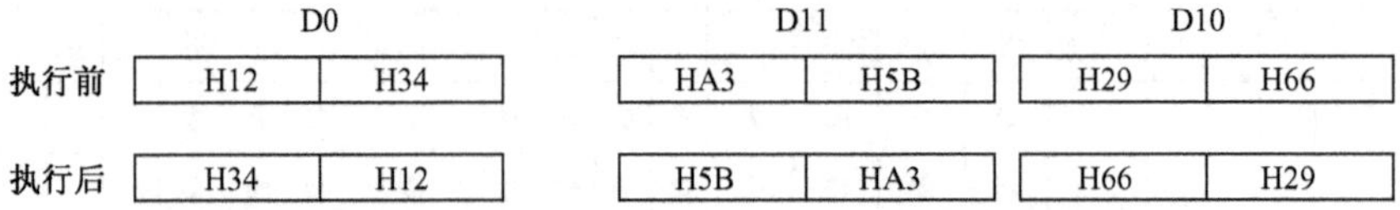

（a）16 位数据形式　　（b）32 位数据形式

图 3-50 XCH 指令扩展功能执行前后示意图

3.5.2　上下字节交换指令 SWAP

1. 指令格式

FNC 147：【D】SWAP【P】　　　　　　　　　　程序步：3/5

SWAP 指令可用软元件如表 3-26 所示。

表 3-26　SWAP 指令可用软元件

操作数种类	位软元件							字软元件												其他				
	系统/用户							位数指定				系统/用户				特殊模块	变址			常数		实数	字符串	指针
	X	Y	M	T	C	S	D□.b	KnX	KnY	KnM	KnS	T	C	D	R	U□\G□	V	Z	修饰	K	H	E	"□"	P
(S·)									●	●	●	●	●	●	●	●	●	●	●					

指令梯形图如图 3-51 所示。

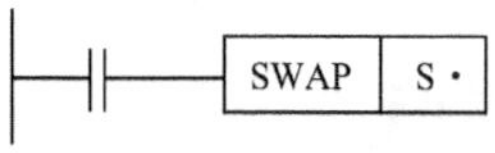

图 3-51　SWAP 指令梯形图

SWAP 指令操作数内容与取值如表 3-27 所示。

表 3-27　SWAP 指令操作数内容与取值

操作数种类	内　容	数据类型
(S·)	高低字节互换的字软元件	BIN16/32 位

解读：当驱动条件成立时，将字元件 S 的高 8 位和低 8 位进行互换。

2. 指令应用

SWAP 指令的功能和 XCH 指令的扩展功能一样，但 SWAP 指令不需要将特殊继电器 M8160 置 ON，所以，在对字元件上下字节交换时一般都使用 SWAP 指令。

同样，在 32 位数据形式时，SWAP 指令执行的是高位（S+1）和低位（S）寄存器各自的低 8 位和高 8 位的互换。

连续执行型指令 SWAP 在每个扫描周期都会执行一次，容易引起错误结果。所以，常使用的是脉冲执行型指令 SWAPP。

第4章 移位指令

移位指令的功能是对数据进行左、右移动。有对字元件的二进制位进行左右移位的指令 ROR，ROL，RCR，RCL，SFR，SFL；有对位元件组合进行左右移位的指令 SFTR，SFTL；有对字元件组合进行左右移位的指令 WSFR，WSFL。另外，将堆栈数据写入和读出的指令 SFWR，SFRD，POP 也放在本章中讲解。

4.1 字元件移位指令

4.1.1 循环右移指令 ROR

1. 指令格式

FNC 30：【D】ROR 【P】　　　　　　　　　　　　程序步：5/9

ROR 指令可用软元件如表 4-1 所示。

表 4-1　ROR 指令可用软元件

操作数种类	位软元件							字软元件												其他				
	系统/用户							位数指定				系统/用户				特殊模块	变址			常数		实数	字符串	指针
	X	Y	M	T	C	S	D□.b	KnX	KnY	KnM	KnS	T	C	D	R	U□\G□	V	Z	修饰	K	H	E	"□"	P
D·									▲1	▲1	▲1	●	●	●	▲2	▲3	●	●	●					
n														●	▲2					●	●			

▲1：16 位运算中，K4Y○○○、K4M○○○、K4S○○○有效。
　　32 位运算中，K8Y○○○、K8M○○○、K8S○○○有效。

▲2：仅 $FX_{3G}/FX_{3GC}/FX_{3U}/FX_{3UC}$ 可编程控制器支持。

▲3：仅 FX_{3U}/FX_{3UC} 可编程控制器支持。

梯形图如图 4-1 所示。

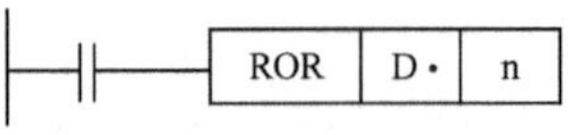

图 4-1　ROR 指令梯形图

ROR 指令操作数内容与取值如表 4-2 所示。

表 4-2　ROR 指令操作数内容与取值

操作数种类	内　容	数据类型
(D·)	保存循环右移数据的字软元件编号	BIN16/32 位
n	循环移动的位数［n≤16（16 位指令），n≤32（32 位指令），n≥0］	BIN16/32 位

解读：当驱动条件成立时，D 中的数据向右移动 n 个二进制位，移出 D 的低位数据循环进入 D 的高位。最后移出 D 的低位同时将位值传送给进位标志位 M8022。

2．指令应用

1）指令执行功能

ROR 指令的执行功能可以用图 4-2 来说明，图中，假设 n=K4，即 D 中数据一次右移 4 位。

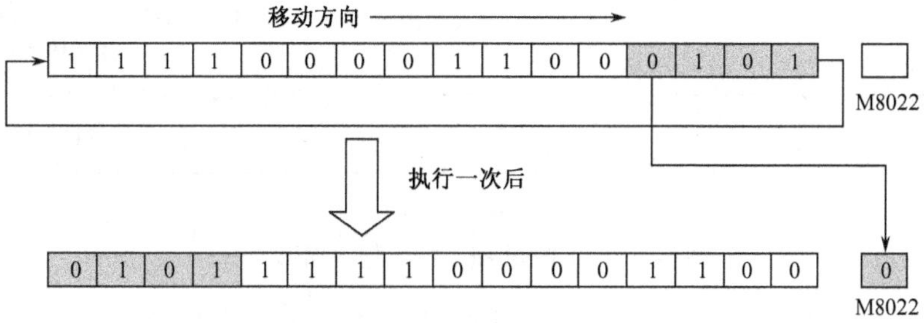

图 4-2　ROR 指令执行功能图示

ROR 指令是一个循环右移指令，其移出的低位数据顺序进入空出的高位，移动一次后，相当于把 b3～b0 整体移动到 b15～b12，b15～b4 整体移动到 b11～b0，其最后移出的 b3 位的位值（图中为 0）同时传送给进位标志位 M8022。

2）指令应用

（1）如果使用连续执行型指令 ROR，则每个扫描周期都要执行一次，因此，最好使用脉冲执行型指令 RORP。

（2）当终址 D 使用组合位元件时，组合位元件的组数在 16 位指令 ROR 时，为 K4；在 32 位指令 DROR 时，为 K8。否则指令不能执行。

（3）如果为 32 位指令 DROR，当操作数 n 指定为数据寄存器 D、R 时，其[n+1,n]的 32 位值便生效。例如对于 DROR　D100　R0，n=[R1, R0]生效。

【例 1】　当 n=K4（或 K8）时，利用循环移位指令可以输出循环的波形信号。例如，有 A,B,C 三个灯（代表“欢迎您”三个字），控制要求是 A,B,C 各轮流亮 1s，然后一起亮 1s，如此反复循环。其时序图如图 4-3 所示。

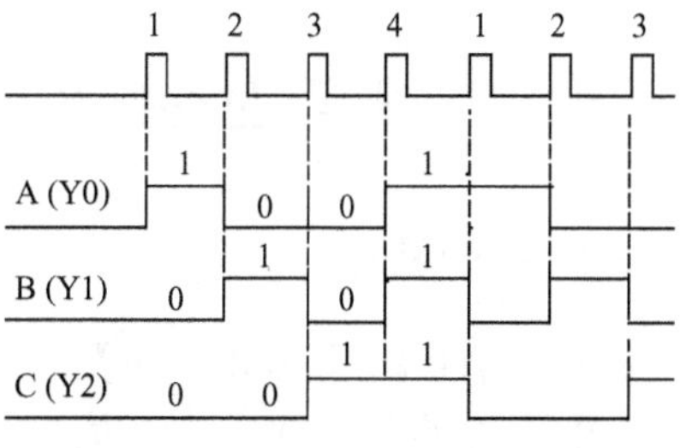

图 4-3　例 1ROR 指令控制时序图

如果把 Y2～Y0 看成一组三位二进制数，则每次其输出为 001,010,100,111。为保证循环输出，取 n=K4，则其输出为 0001(H1),0010(H2),0100(H4),0111(H7)。因此，只要将 Y15～Y0 的值设定为 H7421，并且按 1 次/s 的速度向右移位，每次移动 4 位，那么在 Y3～Y0 就会得到如图 4-3 所示的时序输出，Y15～Y10 的控制赋值如图 4-4 所示。

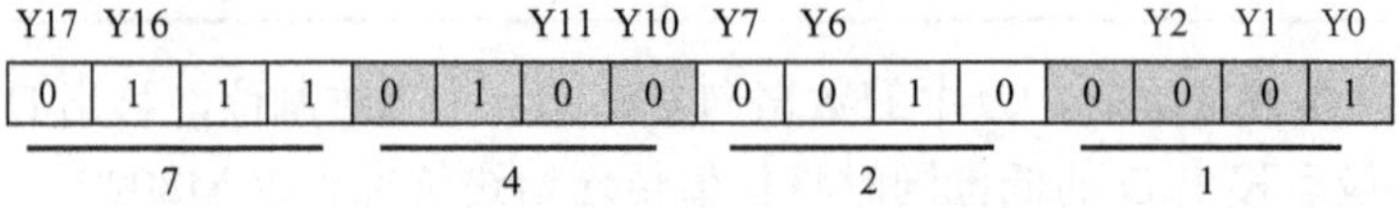

图 4-4　例 1 ROR 指令控制 Y15～Y0 设定控制值图

图 4-5 所示为控制程序梯形图，这个程序有一个严重缺点，实际输出仅为 Y2～Y0 三个口，但程序却占用了 Y15～Y0 十六个口。

图 4-5　例 1 ROR 指令控制程序梯形图一

图 4-6 所示程序对此做了改进，先用数据寄存器 D10 进行移位处理，然后将移位结果送到 Y3～Y0 输出。这个程序只占用了四个输出口。

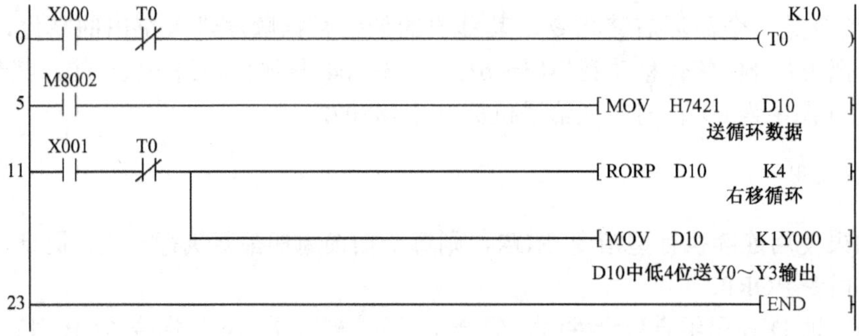

图 4-6　例 1 ROR 指令控制程序梯形图二

4.1.2　循环左移指令 ROL

1．指令格式

FNC 31：【D】ROL 【P】　　程序步：5/9

ROL 指令可用软元件如表 4-3 所示。

表 4-3　ROL 指令可用软元件

操作数种类	位软元件							字软元件													其他				
	系统/用户							位数指定				系统/用户				特殊模块	变址				常数		实数	字符串	指针
	X	Y	M	T	C	S	D□.b	KnX	KnY	KnM	KnS	T	C	D	R	U□\G□	V	Z	修饰		K	H	E	"□"	P
(D·)									▲1	▲1	▲1	●	●	●	▲2	▲3	●	●	●						
n														●	▲2						●	●			

▲1：16 位运算中，K4Y○○○、K4M○○○、K4S○○○有效。
　　32 位运算中，K8Y○○○、K8M○○○、K8S○○○有效。
▲2：仅 $FX_{3G}/FX_{3GC}/FX_{3U}/FX_{3UC}$ 可编程控制器支持。
▲3：仅 FX_{3U}/FX_{3UC} 可编程控制器支持。

梯形图如图 4-7 所示。

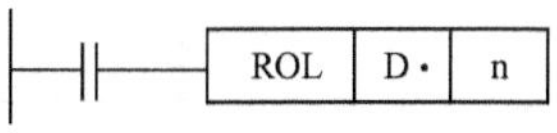

图 4-7　ROL 指令梯形图

ROL 指令操作数内容与取值如表 4-4 所示。

表 4-4　ROL 指令操作数内容与取值

操作数种类	内　容	数 据 类 型
(D·)	保存循环左移数据的字软元件编号	BIN16/32 位
n	循环移动的位数［n≤16（16 位指令），n≤32（32 位指令），n≥0］	BIN16/32 位

解读：当驱动条件成立时，D 中的数据向左移动 n 个二进制位，移出 D 的高位数据循环进入 D 的低位，最后移出 D 的高位同时将位值传送给进位标志位 M8022。

2．指令应用

1）指令执行功能

ROL 指令的执行功能可以用图 4-8 来说明，图中，假设 n=K4，即 D 中数据一次左移 4 位。

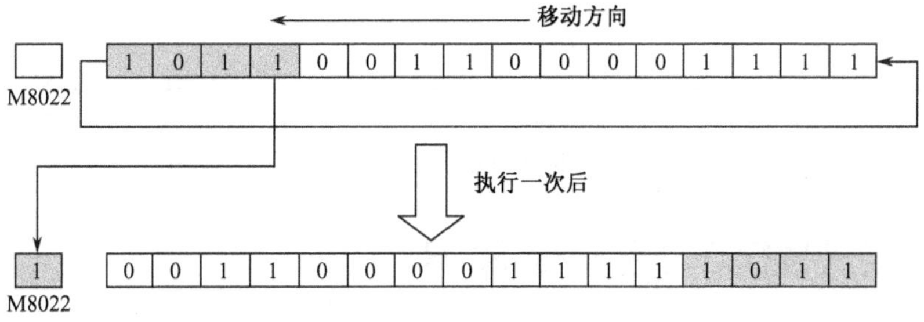

图 4-8　ROL 指令执行功能图示

ROL 指令是一个循环左移指令，其移出的高位数据顺序进入空出的低位，移动一次后，相当于把 b15～b12 整体移动到 b3～b0，而 b11～b0 则整体左移到 b15～b4，最后移出的 b12 位的位值（图中为 1）同时传送给进位标志位 M8022。

2）指令应用

（1）如果使用连续执行型指令 ROL，则每个扫描周期都要执行一次，因此，最好使用脉冲执行型指令 ROLP。

（2）当终址 D 使用组合位元件时，组合位元件的组数在 16 位指令 ROL 时，为 K4；在 32 位指令 DROL 时，为 K8，否则指令不能执行。

（3）如果为 32 位指令 DROL，当操作数指定为数据寄存器 D、R 时，其[n+1,n]的 32 位值便生效。例如对于 DROL　D100　R0，n=[R1, R0]生效。

【例 2】　试利用循环移位指令编制如下流程的应用程序。有 5 个灯，启动后，先是按照顺序轮流各自亮 1s，亮完后，全部一起亮 5s，如此反复循环。这是一个 5 个输出 5 步控制的程序，不能利用上节所述方法编制，程序梯形图如图 4-9 所示。

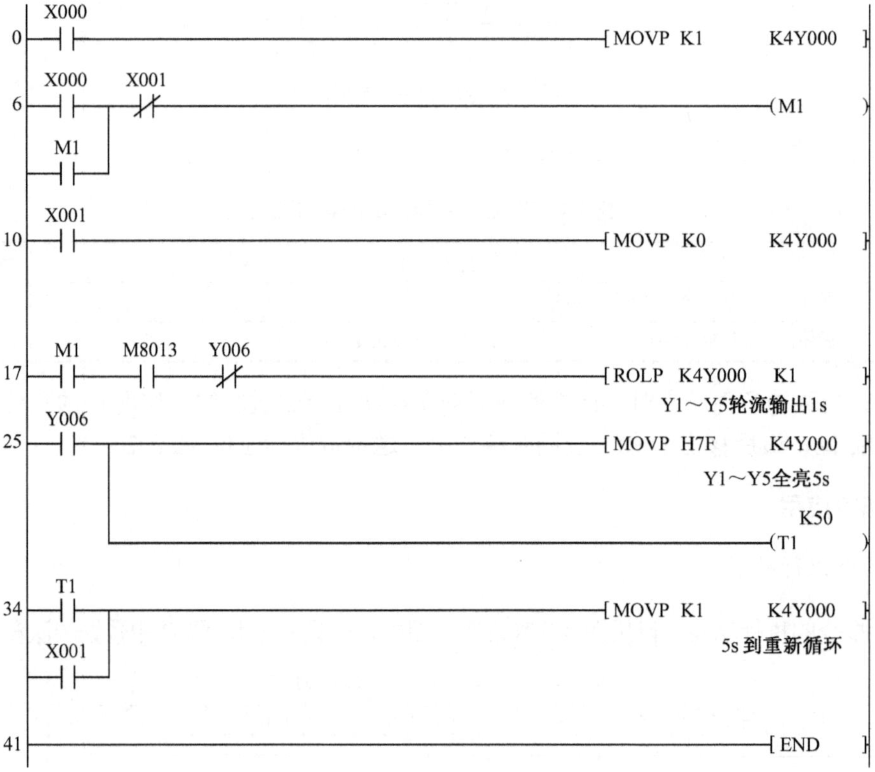

图 4-9　例 2 ROL 指令程序梯形图

4.1.3　带进位循环右移指令 RCR

1. 指令格式

FNC 32：【D】RCR 【P】　　　　程序步：5/9

RCR 指令可用软元件如表 4-5 所示。

表 4-5　RCR 指令可用软元件

操作数种类	位软元件							字软元件													其他				
	系统/用户							位数指定				系统/用户				特殊模块	变址			常数		实数	字符串	指针
	X	Y	M	T	C	S	D□.b	KnX	KnY	KnM	KnS	T	C	D	R	U□\G□	V	Z	修饰	K	H	E	"□"	P
(D·)									▲	▲	▲	●	●	●	●	●	●	●	●					
n														●	●					●	●			

▲：16 位运算中，K4Y○○○、K4M○○○、K4S○○○有效。
32 位运算中，K8Y○○○、K8M○○○、K8S○○○有效。

梯形图如图 4-10 所示。

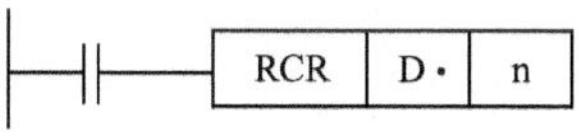

图 4-10　RCR 指令梯形图

RCR 指令操作数内容与取值如表 4-6 所示。

表 4-6　RCR 指令操作数内容与取值

操作数种类	内　容	数据类型
(D·)	保存循环右移数据的字软元件编号	BIN16/32 位
n	循环移动的位数［n≤16（16 位指令），n≤32（32 位指令），n≥0］	BIN16/32 位

解读：当驱动条件成立时，D 中的数据连带进位标志位 M8022 一起向右移动 n 个二进制位，移出的低位连带标志位 M8022 的数据循环进入 D 的高位，最后移出的位值移入标志位 M8022。

2. 指令应用

1）指令执行功能

RCR 指令的执行功能可以用图 4-11 说明，图中，假设 n=K4，即 D 中数据一次右移 4 位。

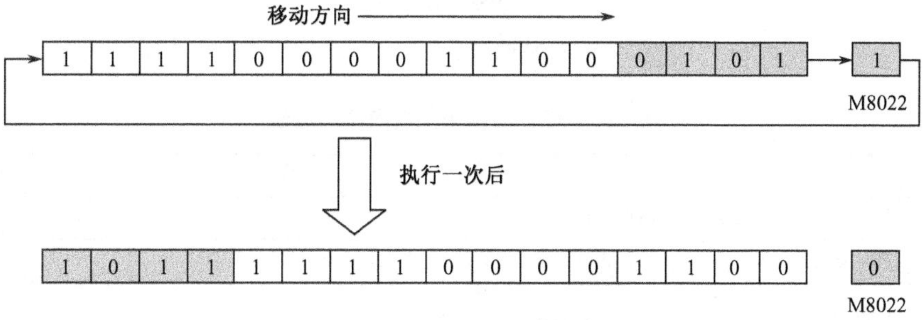

图 4-11　RCR 指令执行功能图

和 ROR 指令不同的是，RCR 是连带进位标志位 M8022 一起进行右移的，实际上它完成一个 17 位（或 33 位）数据进行（n+1）个数据右移一次的处理功能，由图中可见，b3 位进入 M8022，而 M8022 则移至 b12。

2）指令应用

（1）如果使用连续执行型指令 RCR，则每个扫描周期都要执行一次，因此，最好使用脉冲执行型指令 RCRP。

（2）当终址 D 使用组合位元件时，组合位元件的组数在 16 位指令 RCR 时，为 K4；在 32 位指令 DRCR 时，为 K8，否则指令不能执行。

（3）如果为 32 位指令 DRCR，当操作数 n 指定为数据寄存器 D、R 时，其[n+1,n]的 32 位值便生效。例如对于 DRCR　D100　R0，n=[R1, R0]生效。

4.1.4　带进位循环左移指令 RCL

1. 指令格式

FNC 33:【D】RCL 【P】　　　　　　　　　　程序步：5/9

RCL 指令可用软元件如表 4-7 所示。

表 4-7　RCL 指令可用软元件

操作数种类	位软元件							字软元件												其他				
	系统/用户							位数指定				系统/用户				特殊模块	变址			常数		实数	字符串	指针
	X	Y	M	T	C	S	D□.b	KnX	KnY	KnM	KnS	T	C	D	R	U□\G□	V	Z	修饰	K	H	E	"□"	P
D·									▲	▲	▲	●	●	●	●	●	●	●	●					
n														●	●					●	●			

▲：16 位运算中，K4Y○○○、K4M○○○、K4S○○○有效。
　　32 位运算中，K8Y○○○、K8M○○○、K8S○○○有效。

梯形图如图 4-12 所示。

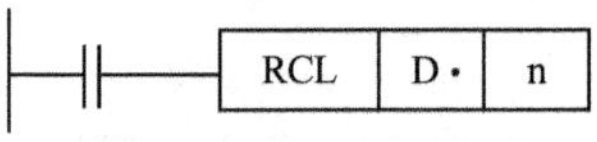

图 4-12　RCL 指令梯形图

RCL 指令操作数内容与取值如表 4-8 所示。

表 4-8　RCL 指令操作数内容与取值

操作数种类	内　　容	数 据 类 型
D·	保存循环左移数据的字软元件编号	BIN16/32 位
n	循环移动的位数［n≤16（16 位指令），n≤32（32 位指令），n≥0］	BIN16/32 位

解读：当驱动条件成立时，D 中的数据连带进位标志位 M8022 一起向左移动 n 个二进制位，移出的高位连带标志位 M8022 的数据循环进入 D 的低位，最后移出的位值移入标志位 M8022。

2. 指令应用

1）指令执行功能

RCL 指令执行功能和 RCR 指令一样，只不过其移动方向为左移而已，这里不再说明，RCL 指令执行功能如图 4-13 所示。

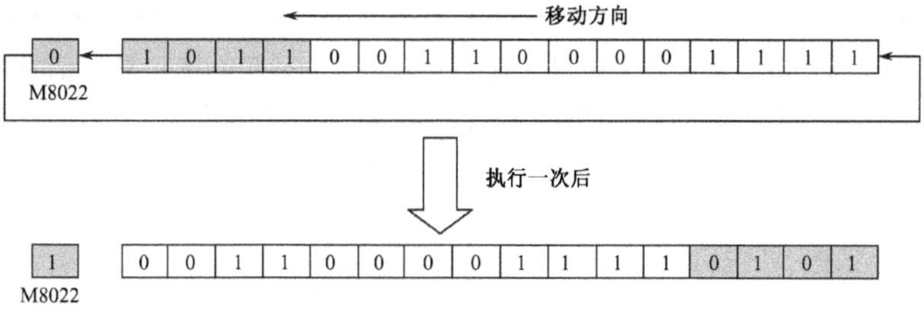

图 4-13　RCL 指令执行功能图

2）指令应用

（1）如果使用连续执行型指令 RCL，则每个扫描周期都要执行一次，因此，最好使用脉冲执行型指令 RCLP。

（2）当终址 D 使用组合位元件时，组合位元件的组数在 16 位指令 RCL 时，为 K4；在 32 位指令 DRCL，为 K8，否则指令不能执行。

（3）如果为 32 位指令 DRCL，当操作数 n 指定为数据寄存器 D、R 时，其[n+1,n]的 32 位值便生效。例如对于 DRCL　D100　R0，n=[R1, R0]生效。

4.1.5　16 位数据右移指令 SFR

1. 指令格式

FNC 213：SFR 【P】　　　　　　　　程序步：5

SFR 指令可用软元件如表 4-9 所示。

表 4-9　SFR 指令可用软元件

操作数种类	位软元件							字软元件												其他				
	系统/用户							位数指定				系统/用户				特殊模块	变址			常数		实数	字符串	指针
	X	Y	M	T	C	S	D□.b	KnX	KnY	KnM	KnS	T	C	D	R	U□\G□	V	Z	修饰	K	H	E	"□"	P
D·									●	●	●	●	●	●	●	●	●	●	●					
n								●	●	●	●	●	●	●	●	●	●	●		●	●			

梯形图如图 4-14 所示。

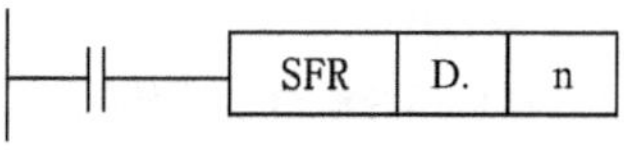

图 4-14　SFR 指令梯形图

SFR 指令操作数内容与取值如表 4-10 所示。

表 4-10 SFR 指令操作数内容与取值

操作数种类	内 容	数据类型
(D·)	保存要移动的数据的软元件编号	BIN16 位
n	移动的次数 0≤n≤15	

解读：当驱动条件成立时，D 中的数据向右移动 n 个二进制位，移出的低位舍去，从最高位开始的前 n 位变为 0，并将最后移出的位值移入标志位 M8022。

2. 指令应用

1）指令执行功能

SFR 指令的执行功能可以用图 4-15 说明，图中，假设 n=K6，即 D 中数据一次右移 6 位。

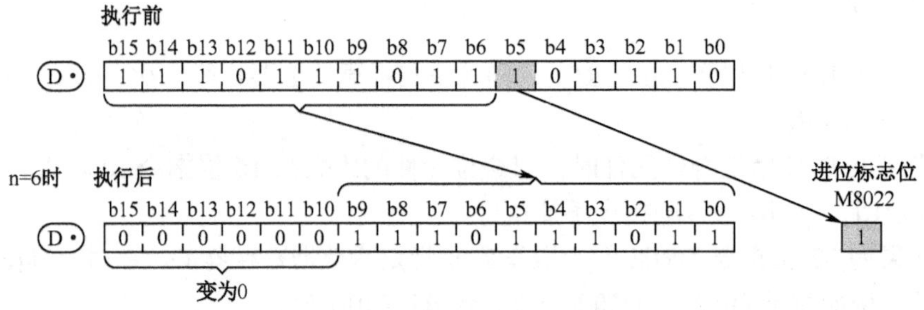

图 4-15 SFR 指令执行功能图

SFR 指令和 ROR 指令都是右移指令，它们的共同点是右移 n 位后，最后移出的二进制位状态，同时进入 M8022 标志位。但它们对移出的二进制位的处理不同。ROR 指令是循环移位指令，其移出的低 n 位被循环移到 D 的高位。而 SFR 指令是不带循环的右移指令，其移出的 n 位被舍去，而移位后的高 n 位则补 0。如图 4-15 所示，右移后 b5～b0 位被舍去，而其高位 b15～b10 则补充为 0，同时，将 b5 位位值送入 M8022。

ROR 可以有 16 位和 32 位两种数据处理方式，而 SFR 仅为 16 位数据处理。

如果 D 中指定的是组合位元件，则按组合位元件的状态进行移位。这时，位元件的状态会发生改变，如图 4-16 所示。

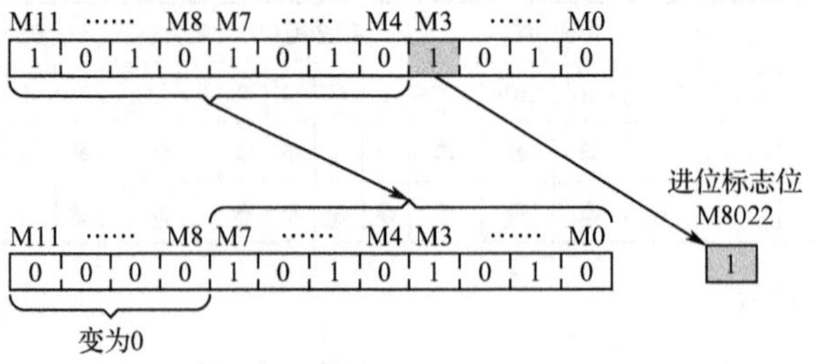

图 4-16 SFR 指令组合位元件执行功能图

2）指令应用

（1）如果使用连续执行型指令 SFR，则每个扫描周期都要执行一次，因此，最好使用脉冲执行型指令 SFRP。

（2）一般 n 应在 0～15 范围内，但如果 n 被指定为 16 以上数值时，则根据 n÷16 的余数进行移位，例如 n=18，18÷16=1 余 2，则按 n=2 进行右移。

4.1.6　16 位数据左移指令 SFL

1. 指令格式

FNC 214：SFL 【P】　　　　　　　　　程序步：5

SFL 指令可用软元件如表 4-11 所示。

表 4-11　SFL 指令可用软元件

操作数种类	位软元件							字软元件												其他				
	系统/用户							位数指定				系统/用户				特殊模块	变址			常数		实数	字符串	指针
	X	Y	M	T	C	S	D□.b	KnX	KnY	KnM	KnS	T	C	D	R	U□\G□	V	Z	修饰	K	H	E	"□"	P
(D·)									●	●	●	●	●	●	●	●	●	●	●					
n								●	●	●	●	●	●	●	●	●	●	●		●	●			

梯形图如图 4-17 所示。

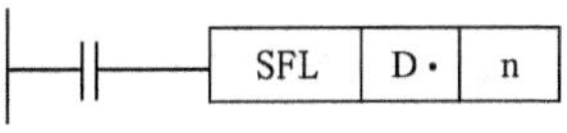

图 4-17　SFL 指令梯形图

SFL 指令操作数内容与取值如表 4-12 所示。

表 4-12　SFL 指令操作数内容与取值

操作数种类	内　容	数 据 类 型
(D·)	保存要移动的数据的软元件编号	BIN16 位
n	移动的次数 0≤n≤15	

解读： 当驱动条件成立时，D 中的数据向左移动 n 个二进制位，移出的高 n 位舍去，从最低位开始的 n 位变为 0，并将最后移出的位值移入标志位 M8022。

2. 指令应用

1）指令执行功能

SFL 指令的执行功能可以用图 4-18 说明，图中，假设 n=K4，即 D 中数据一次左移 4 位。

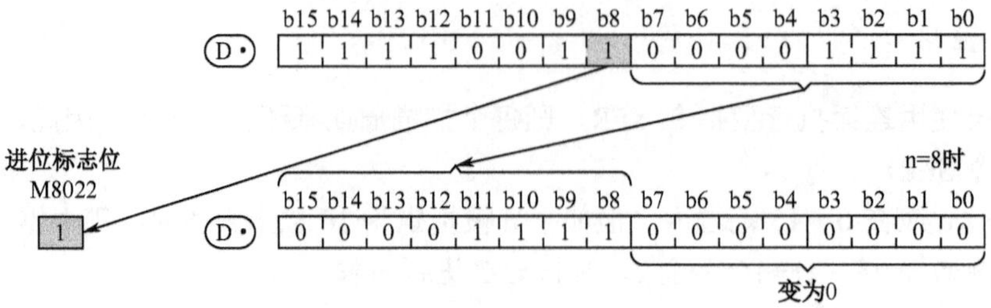

图 4-18　SFL 指令执行功能图

SFL 指令和 ROL 指令都是左移指令，它们的共同点是左移 n 位后，最后移出的二进制位状态，同时进入 M8022 标志位。但它们对移出的二进制位的处理不同。ROL 指令是循环移位指令，其移出的高 n 位被循环移到 D 的低位，而 SFR 指令是不带循环的左移指令，其移出的 n 位被舍去，而移位后的低 n 位则补 0。

ROL 可以有 16 位和 32 位两种数据处理方式，而 SFL 仅有 16 位数据处理方式。

如果 D 中指定的是组合位元件，则按组合位元件的状态进行移位。这时，位元件的状态会发生改变，如图 4-19 所示。

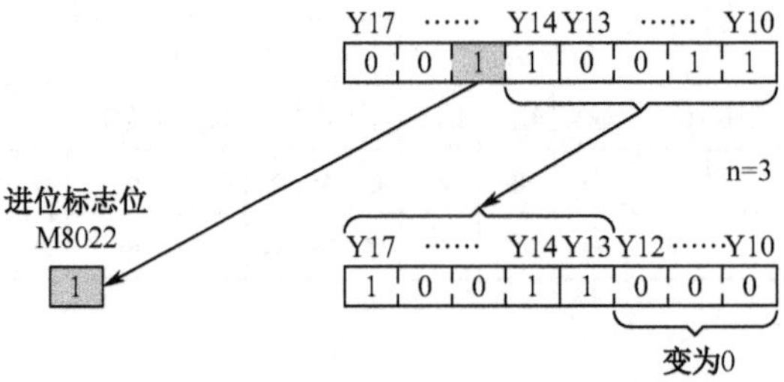

图 4-19　SFL 指令组合位元件执行功能图

2）指令应用

（1）如果使用连续执行型指令 SFR，则每个扫描周期都要执行一次，因此，最好使用脉冲执行型指令 SFRP。

（2）一般 n 应在 0～15 范围内，但如果 n 被指定为 16 以上数值时，则根据 n÷16 的余数进行移位，例如 n=18，18÷16=1 余 2，则按 n=2 进行右移。

4.2　位移字移指令

4.2.1　位右移指令 SFTR

1. 指令格式

FNC 34：SFTR 【P】　　　　　　　　　　程序步：9

SFTR 指令可用软元件如表 4-13 所示。

表 4-13　SFTR 指令可用软元件

操作数种类	位软元件							字软元件												其他				
	系统/用户							位数指定				系统/用户				特殊模块	变址			常数		实数	字符串	指针
	X	Y	M	T	C	S	D□.b	KnX	KnY	KnM	KnS	T	C	D	R	U□\G□	V	Z	修饰	K	H	E	"□"	P
(S·)	●	●	●			●	▲1												●					
(D·)		●	●			●													●					
n1																				●	●			
n2														●	▲2					●	●			

▲1：D□.b 仅支持 FX_{3U}/FX_{3UC} 可编程控制器。但是不能变址修饰。
▲2：仅 $FX_{3G}/FX_{3GC}/FX_{3U}/FX_{3UC}$ 可编程控制器支持。

梯形图如图 4-20 所示。

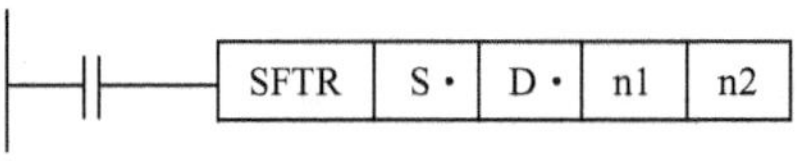

图 4-20　SFTR 指令梯形图

SFTR 指令操作数内容与取值如表 4-14 所示。

表 4-14　SFTR 指令操作数内容与取值

操作数种类	内　容	数 据 类 型
(S·)	右移后在移位数据中保存的起始位软元件编号	位
(D·)	右移的起始位软元件编号	位
n1	移位数据的位数据长度 n2≤n1≤1024	BIN16 位
n2	右移的位点数 n2≤n1≤1024①	BIN16 位

注：①右移的位点数请不要设定成负值。

解读：当驱动条件成立时，将以 D 为首址的位元件组合向右移动 n2 位，其高位由 n2 位的位元件组合 S 移入，移出的 n2 个低位被舍弃，而位元件组合 S 保持原值不变。

2. 指令应用

1）指令执行功能

前面所介绍的循环右移指令 ROR、RCR、SFR 或循环左移指令 RCL、RCL、SFL 是一种对字元件本身的二进制位进行的移动指令，虽然其操作数也用到组合位元件，但是是把组合位元件当作字元件看待的，组合仅限于 K4 或 K8。而这一节所介绍的位元件移动，是指位元件组合（以区别组合位元件）的移动。其位元件的组合的个数是没有限制的（n≤1024），一次移位的位数也比循环移位指令多，在实际应用中，也比循环移位指令方便。

现以图 4-21 指令应用为例讲解指令执行功能。

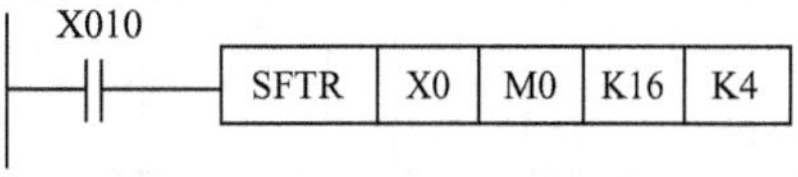

图 4-21　SFTR 指令应用梯形图

在指令中，有两个位元件组合，一个是位元件 X 的组合，它的个数是 4 个（n2），即 X3～X0；一个是位元件 M 的组合，它的个数是 16 个（n1），即 M15～M0。

指令的执行功能可用图 4-22 来说明。

在驱动条件成立时，指令执行两个功能：

（1）对位元件组合 M15～M0 进行右移 4 次（n2），移出的 M3～M0 四位数值舍去。

（2）将位元件组合 X3～X0 的值复制到位元件组合 M 的高位 M15～M12，位元件组合 X3～X0 的值保持不变。

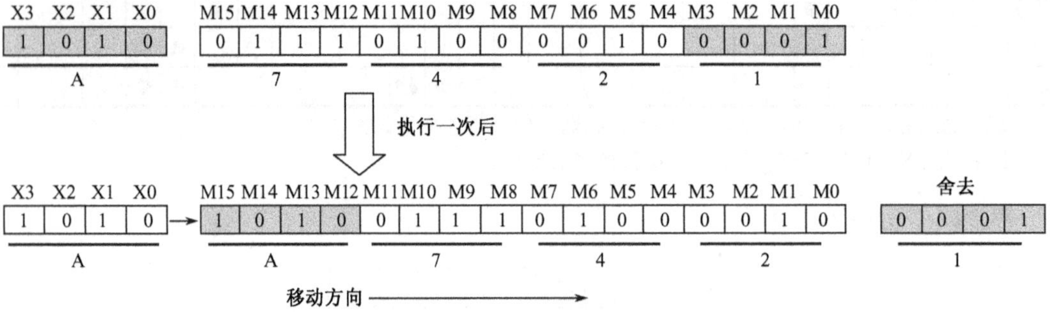

图 4-22　SFTR 指令执行功能示意图

2）指令应用

（1）如果使用连续执行型指令 SFTR，则每个扫描周期都要执行一次，因此，最好使用脉冲执行型指令 SFTRP。

（2）使用 FX_{3U}、FX_{3UC} PLC 的情况下，位元件组合 S 和位元件组合 D 可用同一类型的软元件，但编号不能重复，否则会发生运算错误（错误代码：K6710）。

（3）在 FX_{3S}、FX_{3G}、FX_{3GC} PLC 中，不会出现运算错误。

4.2.2　位左移指令 SFTL

1．指令格式

FNC 35：SFTL 【P】　　　　　　　　程序步：9

SFTL 指令可用软元件如表 4-15 所示。

表 4-15　SFTL 指令可用软元件

操作数种类	位软元件							字软元件												其他				
	系统/用户							位数指定				系统/用户				特殊模块	变址			常数		实数	字符串	指针
	X	Y	M	T	C	S	D□.b	KnX	KnY	KnM	KnS	T	C	D	R	U□\G□	V	Z	修饰	K	H	E	"□"	P
S·	●	●	●			●	▲1												●					
D·		●	●			●													●					
n1																				●	●			
n2														●	▲2					●	●			

▲1：D□.b 仅支持 FX_{3U}/FX_{3UC} 可编程控制器。但是不能变址修饰（V、Z）。

▲2：仅 FX_{3G}/FX_{3GC}/FX_{3U}/FX_{3UC} 可编程控制器支持。

梯形图如图 4-23 所示。

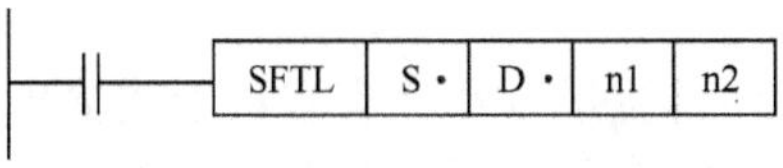

图 4-23　SFTL 指令梯形图

SFTL 指令操作数内容与取值如表 4-16 所示。

表 4-16　SFTL 指令操作数内容与取值

操作数种类	内　　容	数 据 类 型
S·	左移后在移位数据中保存的起始位软元件编号	位
D·	左移的起始位软元件编号	位
n1	移位数据的位数据长度 n2≤n1≤1024	BIN16 位
n2	左移的位点数 n2≤n1≤1024[①]	BIN16 位

注：①左移的位点数请不要设定成负值。

解读：当驱动条件成立时，将以 D 为首址的位元件组合向左移动 n2 位，其低位由 n2 位的位元件组合 S 移入，移出的 n2 个高位被舍去，而位元件组合 S 保持原值不变。

2. 指令应用

1）指令执行功能

其执行功能和位右移指令 SFTR 一样，只不过是向左移动而已。如图 4-24 所示为指令应用示例及其移位示意图。

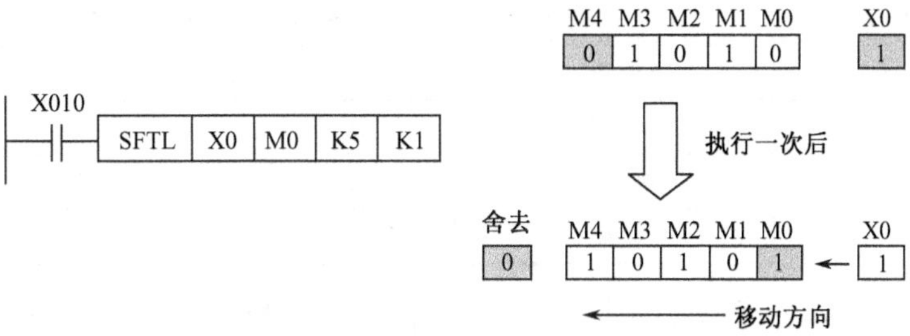

图 4-24　SFTL 指令应用示例及其移位示意图

2）指令应用

（1）如果使用连续执行型指令 SFTL，则每个扫描周期都要执行一次，因此，最好使用脉冲执行型指令 SFTLP。

（2）使用 FX_{3U}、FX_{3UC} PLC 的情况下，位元件组合 S 和位元件组合 D 可用同一类型的软元件，但编号不能重复，否则会发生运算错误（错误代码：K6710）。

（3）在 FX_{3S}、FX_{3G}、FX_{3GC} PLC 中，不会出现运算错误。

3. SFTR、SFTL 指令应用示例

位移位指令除了可以像循环移位指令那样有多种形式输出，还可以用来进行顺控程序编制，但由于步进指令 STL 对顺控程序编制特别方便，现在已很少用位移位指令来编制顺序控制程序了。

【例 3】 图 4-25 所示为单工位多工序顺序控制钻孔动力头控制示意图，M1 为主电机，M2 为钻头快进快退电机，YV 为钻头工进电磁阀。其控制流程比较简单，此处不再做详细说明。

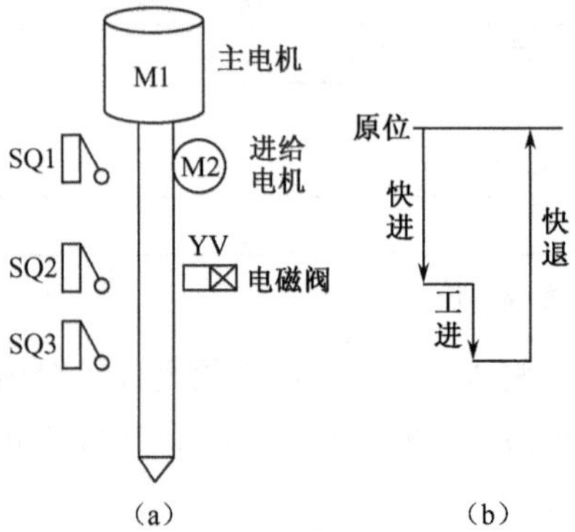

图 4-25　钻孔动力头控制示意图

I/O 地址分配见表 4-17。

表 4-17　I/O 地址分配表

符　号	输　入　口	功　能	符　号	输　出　口	功　能
QA	X0	启动	M1	Y1	主电机
SQ1	X1	原位、快退限位	M2	Y2	快进
SQ2	X2	快进限位	M2	Y3	快退
SQ3	X3	工进限位	YV	Y4	工进

程序梯形图如图 4-26 所示。当按下启动按钮 X0 后，M0=1，同时，使位左移指令向 S0 移动 1 位，使 S0=1。当快进工作台碰到限位开关 SQ2（X2）时，触发一次位移指令，使 S0=1 转移为 S1=1，S1 的输出得到执行。同样，工进时碰到限位开关 SQ3（X3）时，又触发一次移位指令，使 S1=1 转移为 S2=1，S2 的输出得到执行。快退时碰到 SQ1（X1），输出均停止，等待下一次启动。

【例 4】 图 4-27 所示为单工件多工位加工控制示意图，旋转工作台上有 4 个工位，各工位控制要求如图 4-27 所示。工作台由机械机构带动做间歇运动，每转动一次，4 个工位按各自的控制要求动作。在应用 SFC 设计时，这是一个并行分支的 SFC 程序。现针对如下控制要求给出程序设计。当工位 1 上料时，工料间歇转至工位 2，工位 3，工位 4，这三个工位相应的控制动作均执行；当工位 1 未上料时，工位 2，工位 3，工位 4 相应的控制动作均不执行。利用位移指令可以非常简洁地完成这个控制任务。程序梯形图如图 4-28 所示。

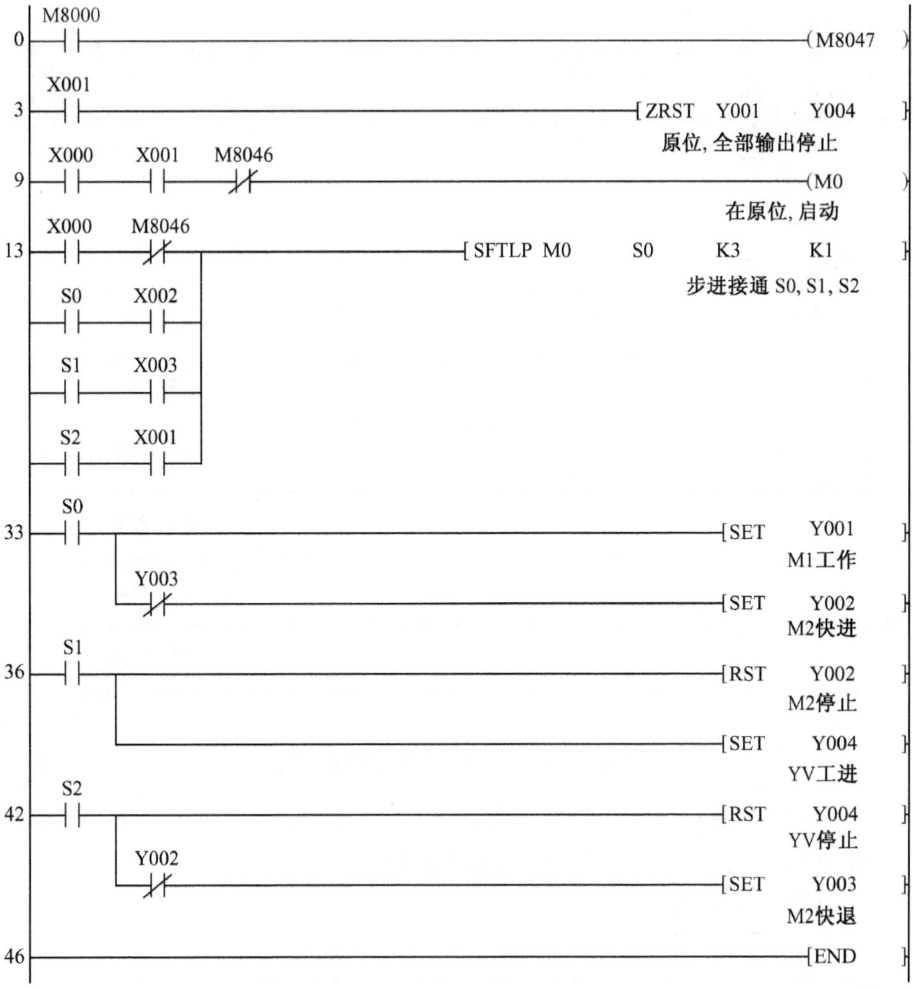

图 4-26 例 3 SFTL 指令程序梯形图

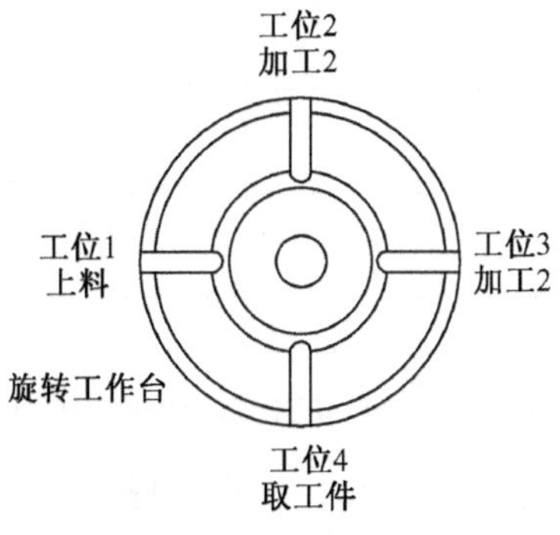

图 4-27 单工件多工位加工控制示意图

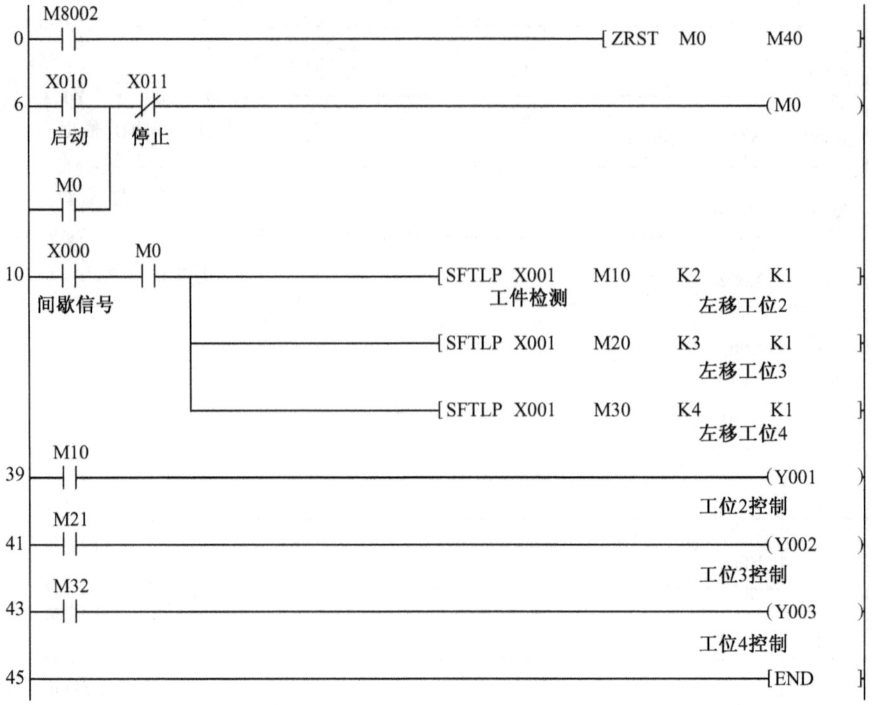

图 4-28　例 4 SFTL 指令程序梯形图

【例 5】　循环灯控制，有 10 个灯，要求从左到右依次点亮，全部点亮后，又从右到左依次熄灭，直到全部熄灭后，又重新开始，如此循环。

程序梯形图如图 4-29 所示。

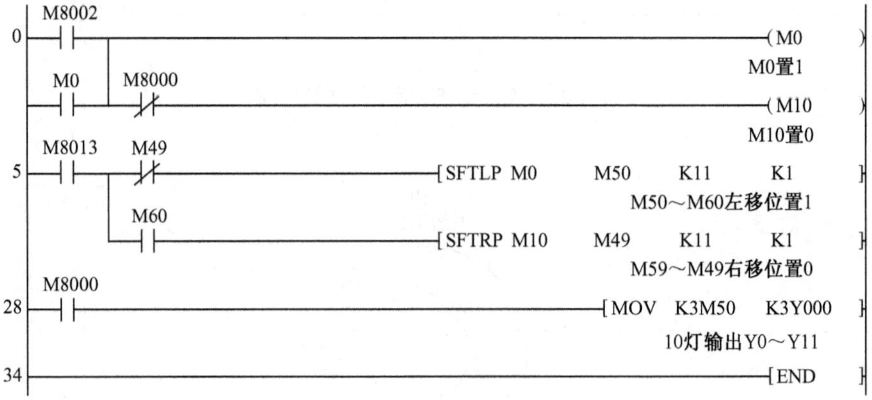

图 4-29　例 5 SFTL 指令程序梯形图

【例 6】　位移位指令也可以和循环移位指令一样，输出各种不同的波形组合，控制步进电机的旋转。图 4-30 所示为三相步进电机双三拍工作电压波形时序图。其正转通电顺序为 AB-BC-CA-AB，用位左移指令 SFTLP 可实现。反转通电顺序为 AB-CA-BC-AB，用位右移指令 SFTRP 可实现。程序梯形图如图 4-31 所示。

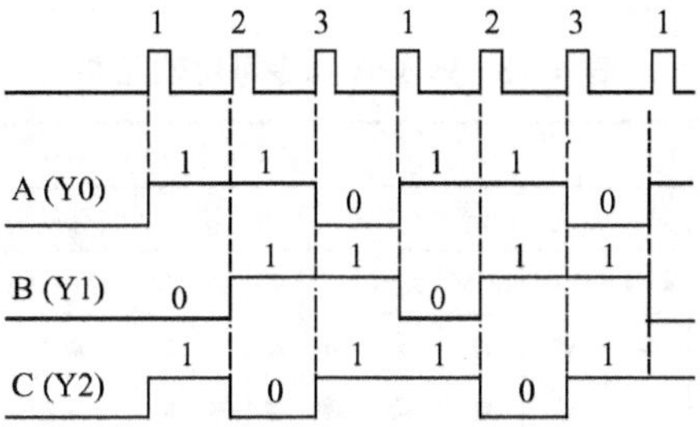

图 4-30　三相步进电机双三拍工作电压波形时序图

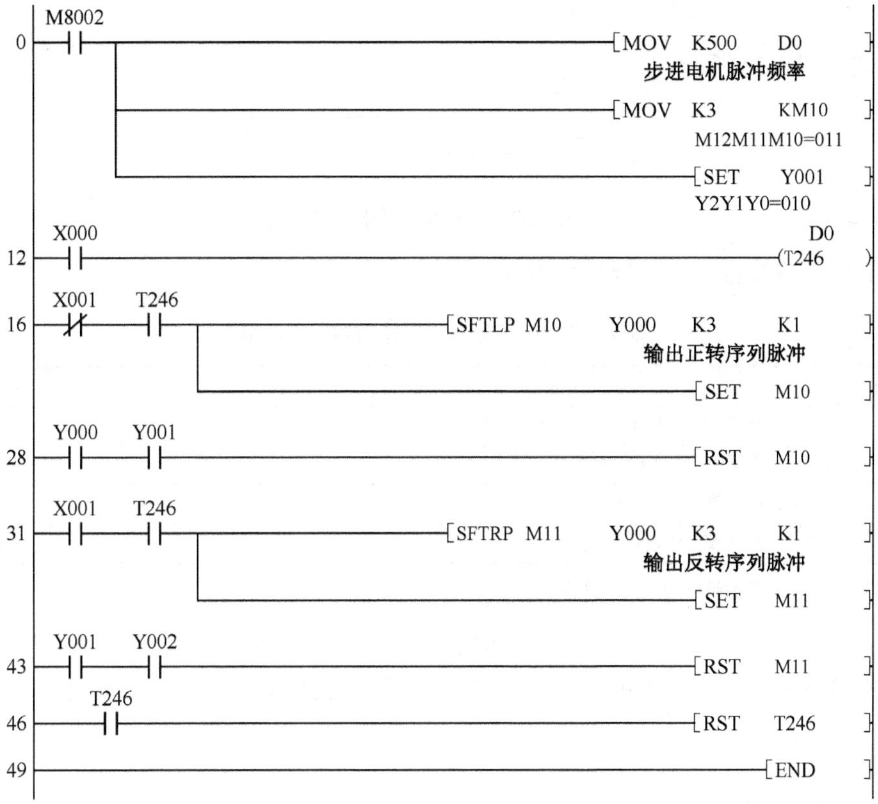

图 4-31　例 6 SFTL 指令程序梯形图

4.2.3　字右移指令 WSFR

1．指令格式

FNC 36：WSFR 【P】　　　　　　　　　　　　程序步：9

WSFR 指令可用软元件如表 4-18 所示。

表 4-18　WSFR 指令可用软元件

操作数种类	位软元件							字软元件													其他				
	系统/用户							位数指定				系统/用户				特殊模块	变址			常数		实数	字符串	指针
	X	Y	M	T	C	S	D□.b	KnX	KnY	KnM	KnS	T	C	D	R	U□\G□	V	Z	修饰	K	H	E	"□"	P
S·								●	●	●	●	●	●	●	▲1	▲2			●					
D·									●	●	●	●	●	●	▲1	▲2			●					
n1																				●	●			
n2														●	▲1					●	●			

▲1：仅 $FX_{3G}/FX_{3GC}/FX_{3U}/FX_{3UC}$ 可编程控制器支持。
▲2：仅 FX_{3U}/FX_{3UC} 可编程控制器支持。

梯形图如图 4-32 所示。

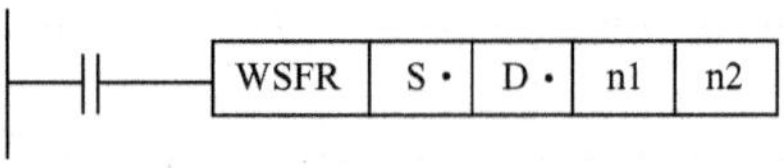

图 4-32　WSFR 指令梯形图

WSFR 指令操作数内容与取值如表 4-19 所示。

表 4-19　WSFR 指令操作数内容与取值

操作数种类	内　容	数 据 类 型
S·	右移后在移位数据中保存的起始位软元件编号	BIN16 位
D·	保存右移数据的起始字软元件编号	BIN16 位
n1	移位数据的字数据长度 n2≤n1≤512	BIN16 位
n2	右移的字点数 n2≤n1≤512①	BIN16 位

注：①右移的字点数请不要设定成负值。

解读：当驱动条件成立时，将以 D 为首址的字元件组合向右移动 n2 位，其高位由 n2 位字元件组合 S 移入，移出的 n2 个低位被舍去，而字元件组合 S 保持原值不变。

2. 指令应用

1）指令执行功能

字移和位移的执行功能是一样的，只不过把位移中的位元件换成了字元件，位移移动的是开关量的状态，字移移动的是寄存器数值（16 位二进制数据）。通过使用组合位元件，也可以移动位元件的组合状态。

现以图 4-33 的指令应用示例讲解指令执行功能。WSFR 字右移指令执行功能如图 4-34 所示。

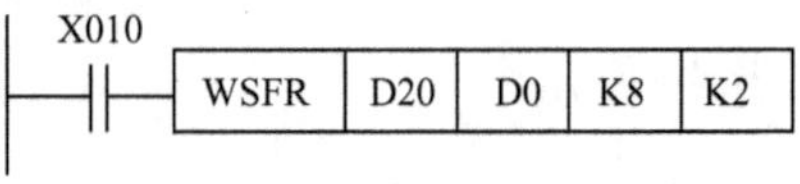

图 4-33　WSFR 指令应用示例梯形图

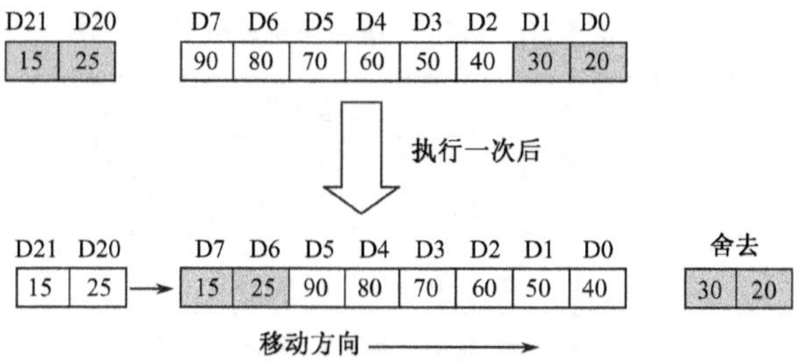

图 4-34　WSFR 指令应用示例执行功能图

当操作数 S 和 D 指定为组合位元件时，S 和 D 所指定的组数 Kn 必须相同。这时，操作数 n1 乘上 D 的组数 Kn，为要移位的位元件组合的组数，操作数 n2 乘上 S 的组数 Kn，为一次移位的位元件组数。

【例 7】　请说明指令 WSFRP K1X0 K1Y0 K4 K2 的执行功能。指令中，D=K1Y0，n1=K4，移位的位元件是 4 组组合位元件 Y15～Y0，S=K1X0，n2=K2，说明一次移位为 2 组组合位元件。指令执行前、执行中（操作过程）及执行后的 S 和 D 中的位元件组合内容如图 4-35 所示。

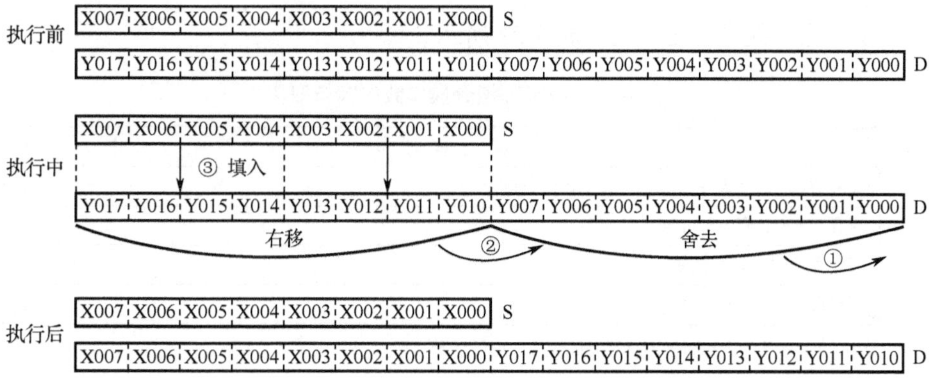

图 4-35　WSFR 指令执行示意图

2）指令应用

（1）如果使用连续执行型指令 WSFR，则每个扫描周期都要执行一次，因此，最好使用脉冲执行型指令 WSFRP。

（2）字元件组合 S 和字元件组合 D 的编号可用同一类型软元件，但编号不能重复，否则会发生运算错误（错误代码：K6710）。

4.2.4　字左移指令 WSFL

1. 指令格式

FNC 37：WSFL 【P】　　　　程序步：9

WSFL 指令可用软元件如表 4-20 所示。

表 4-20　WSFL 指令可用软元件

操作数种类	位软元件							字软元件												其他				
	系统/用户							位数指定				系统/用户				特殊模块	变址			常数		实数	字符串	指针
	X	Y	M	T	C	S	D□.b	KnX	KnY	KnM	KnS	T	C	D	R	U□\G□	V	Z	修饰	K	H	E	"□"	P
S·								●	●	●	●	●	●	●	▲1	▲2			●					
D·									●	●	●	●	●	●	▲1	▲2			●					
n1																				●	●			
n2														●	▲1					●	●			

▲1：仅 FX_{3G}/FX_{3GC}/FX_{3U}/FX_{3UC} 可编程控制器支持。
▲2：仅 FX_{3U}/FX_{3UC} 可编程控制器支持。

梯形图如图 4-36 所示。

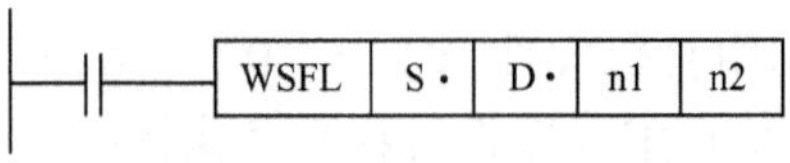

图 4-36　WSFL 指令梯形图

WSFL 指令操作数内容与取值如表 4-21 所示。

表 4-21　WSFL 指令操作数内容与取值

操作数种类	内　容	数据类型
S·	左移后在移位数据中保存的起始位软元件编号	BIN16 位
D·	保存左移数据的起始字软元件编号	BIN16 位
n1	移位数据的字数据长度 n2≤n1≤512	BIN16 位
n2	左移的字点数 n2≤n1≤512①	BIN16 位

注：①左移的字点数请不要设定成负值。

解读：当驱动条件成立时，将以 D 为首址字元件组合左移 n2 位，其低位由 n2 位字元件组合 S 移入，移出的 n2 个高位被舍去，而字元件组合 S 保持原值不变。

2. 指令应用

1）指令执行功能

字左移指令 WSFL 执行功能如图 4-37 所示。

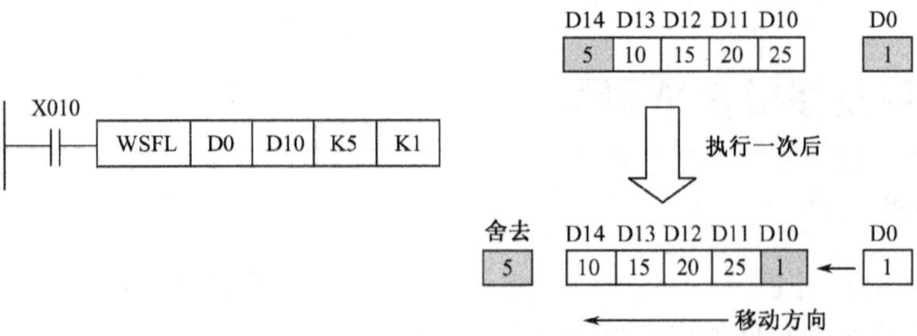

图 4-37　WSFL 指令执行功能图

2）指令应用

（1）如果使用连续执行型指令 WSFL，则每个扫描周期都要执行一次，因此，最好使用脉冲执行型指令 WSFLP。

（2）字元件组合 S 和字元件组合 D 的编号可用同一类型软元件，但编号不能重复，否则会发生运算错误（错误代码：K6710）。

4.3　堆栈数据读写指令

4.3.1　堆栈知识入门

1. 堆栈

堆栈就是货仓，这是从计算机技术中借用的一个名词。具体到 PLC 来说，堆栈就是在 PLC 的数据存储器中划出一个连续编址的特殊存储区，用来存储某些中间运算结果和存放程序断点及数据等。

2. 堆栈结构

堆栈的结构如图 4-38 所示，图中为一个指定 n+1 个连续编址的存储单元组成的存储区。其中 D 为堆栈的首址，一般来说，堆栈的首址是用来存放堆栈内数据存取状态（如数据的个数，存取的批次等）的指示器，称做堆栈指示器，又叫做堆栈指针。而从 D+1 到 D+n 为堆栈数据区，最前面的一个叫栈顶，最后面的一个叫栈底。堆栈的数据的个数是随机的，不一定填满堆栈。把有效的堆栈数据的最后一个数据移之栈尾，以示和栈底的区别。通常堆栈指示器的数据 n 为堆栈中数据的个数，也同时指向栈尾数据的位置（D+n）。

图 4-38　堆栈结构示意图

堆栈是人为地在存储区中划出的一个特定区域，它在硬件上没有任何指示，仅存在于设计人员的头脑中，因此，堆栈区的容量多大，存储什么数据，堆栈区设定后如何保证它不受其他数据的干扰都是设计人员要注意的问题。

2. 堆栈的操作

堆栈的操作是指堆栈数据的写入（又叫进栈）和读出（又叫出栈）。根据数据进出的不同，进栈又分为压栈和顺序进栈两种方式。出栈也分为先入先出和后入先出两种方式。

1）进栈方式

把数据存入堆栈有两种方式，现给以说明。

（1）压栈方式：这种方式是将数据送入栈顶。如图 4-39 所示，堆栈中原有 5 个数据，现将新数据 K0555 送入堆栈，这时，执行三个动作将数据送入栈顶：①将堆栈中原有数据全部依次向后转存一位，即原 D1 的数据送入 D2，原 D2 数据送入 D3，以此类推；②将写入数据 K0555 存入栈顶 D1；③堆栈指针 D0 加 1，由 5 变成 6，表示堆栈中有 6 个数据。

（2）顺序进栈方式：如果把压栈看做排队时插队在第一位，那顺序进栈就是在后面顺序排队。如图 4-40 所示，它执行两个动作将数据送入队尾：①得到 D0=5 后，将数据送入 D+6；②堆栈指针 D0 加 1。

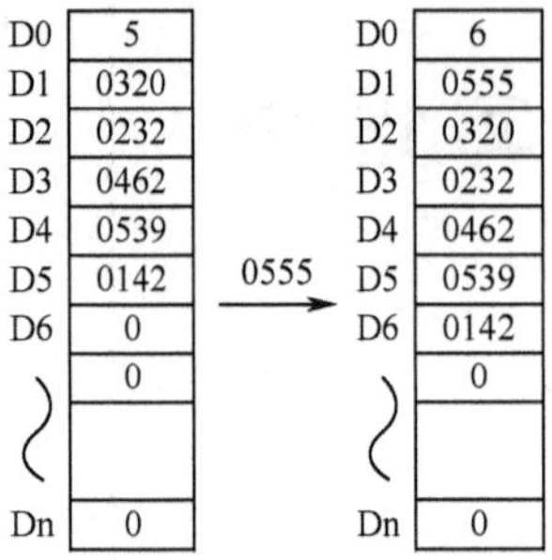

图 4-39　数据压栈方式示意图

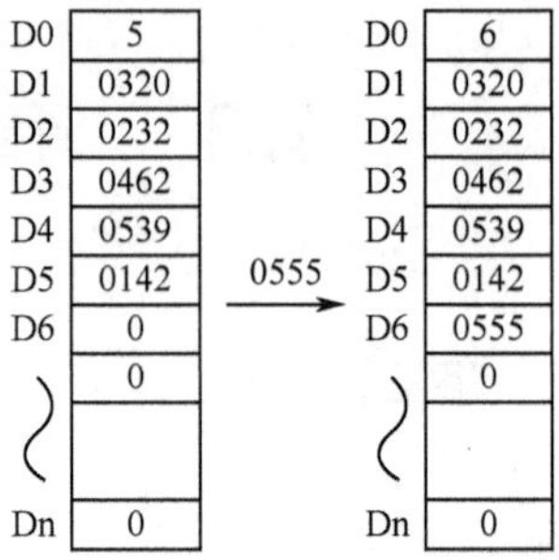

图 4-40　数据顺序进栈方式示意图

2）出栈方式

把数据从堆栈中读出也有两种方式，先入先出和后入先出（又叫先入后出）。但是这两种方式读出的数据与数据写入方式有关，不同的数据写入方式，同样的读出方式，会读出不同的数据。因此，在讨论堆栈数据读出时，必须先说明是对哪种写入方式的读取。本节讨论的数据读出方式是指读出在顺序进栈方式下写入的数据，这种方式下先写入的数据在栈顶，后写入的数据在栈尾。

（1）先入先出方式：这是一种从栈顶读出数据的方式，类似于超市中卖的米箱，米从上面倒进去，从下面放出来。先进去的米先被卖出，后进去的米后吃被卖出。如图 4-41 所示，图中的数据是按照顺序进栈方式写入的，因此，栈顶的数据是先入的数据，先入的数据先读出，读出也执行三个动作：①将 D1 数据读出即读出指定存储单元的数据；②将堆栈中的所有数据上移一个单元；③堆栈指针 D0 减 1。

（2）后入先出方式：这种方式类似家中的米缸，先进米缸的米（在米缸底部）最后吃，最后进米缸的米（在米缸顶部）最先吃。如图 4-42 所示，读出执行两个动作：①根据堆栈指针指示将 D5 数据读出即读出指定存储单元的数据；②堆栈指针 D0 减 1 。

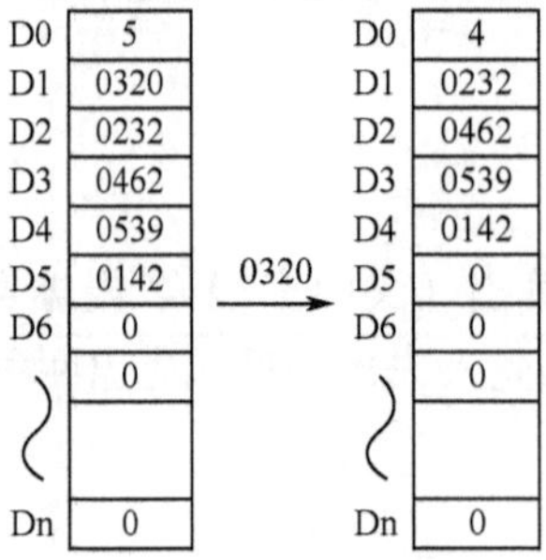

图 4-41　先入先出方式

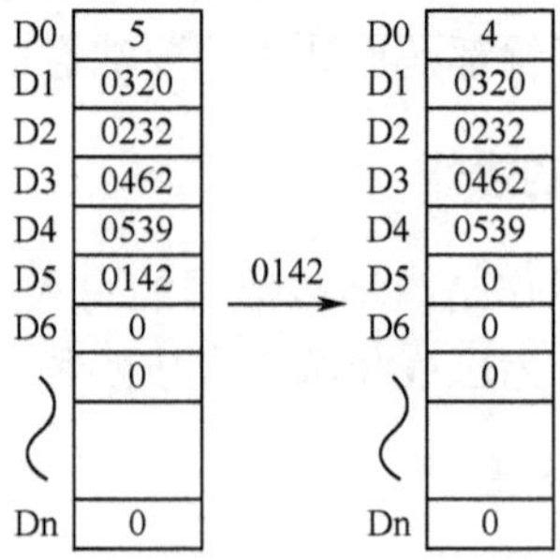

图 4-42　后入先出方式

后面将介绍三个堆栈指令。其中移位写入指令 SFWR 为按顺序进栈方式写入堆栈数据。移位读出指令 SFRD 为在 SFWR 指令方式下先入先出读出堆栈数据。移位读出指令 POP 为在 SFWR 指令方式下后入先出读出堆栈指令。

4.3.2　移位写入（顺序进栈）指令 SFWR

1．指令格式

FNC 38：SFWR 【P】　　　　　　　　　　程序步：7

SFWR 指令可用软元件如表 4-22 所示。

表 4-22　SFWR 指令可用软元件

操作数种类	位软元件							字软元件												其他				
	系统/用户							位数指定				系统/用户				特殊模块	变址			常数		实数	字符串	指针
	X	Y	M	T	C	S	D□.b	KnX	KnY	KnM	KnS	T	C	D	R	U□\G□	V	Z	修饰	K	H	E	"□"	P
(S·)								●	●	●	●	●	●	●	▲1	▲2	●	●	●	●	●			
(D·)									●	●	●	●	●	●	▲1	▲2			●					
n																				●	●			

▲1：仅 $FX_{3G}/FX_{3GC}/FX_{3U}/FX_{3UC}$ 可编程控制器支持。

▲2：仅 FX_{3U}/FX_{3UC} 可编程控制器支持。

梯形图如图 4-43 所示。

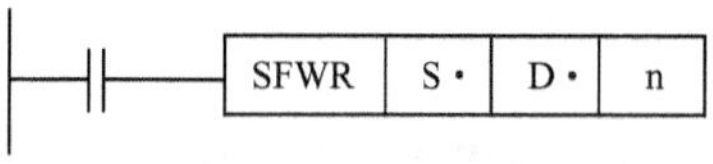

图 4-43　SFWR 指令梯形图

SFWR 指令操作数内容与取值如表 4-23 所示。

表 4-23　SFWR 指令操作数内容与取值

操作数种类	内　容	数 据 类 型
(S·)	保存想先入的数据的字软元件编号	BIN16 位
(D·)	保存数据并移位的起始字软元件编号 （最前端为指针，数据是从 (D·) +1 开始的）	BIN16 位
n	请指定被保存的数据的点数+1①的值，2≤n≤512	BIN16 位

注：①+1 为指针的部分。

解读：当驱动条件成立时，每执行一次指令，在长度为 n 的堆栈区中，将 S 的值送入 D+1 存储单元，同时指针 D 的值加 1。

2. 指令应用

1）指令执行功能

SFWR 指令为执行按顺序进栈方式写入数据的指令。在 PLC 的早期应用中，SFWR 指令常用于仓库库存物品的出入库管理。在数据存储区中，指定 n 个连续的数据寄存器来登记出入库物品的编号，称为数据区，这个数据区的首址 D 为入库物品的数量指针。而其后的 D+1,D+2,……,D+n−1 的 n−1 个数据寄存器为入库物品编号的寄存地址。每次进行入库登记时，物品的编号必须先存在数据寄存器 S 里，然后通过驱动条件的接通依次将入库物品的编号顺序存入从 D+1 到 D+n−1 的 n−1 个寄存器中，每存入一个数据，指针 D 就加 1，这样指针 D 的数值就是数据区中所存物品的个数。上述的指令执行功能可以通过图 4-44 来示意说明。

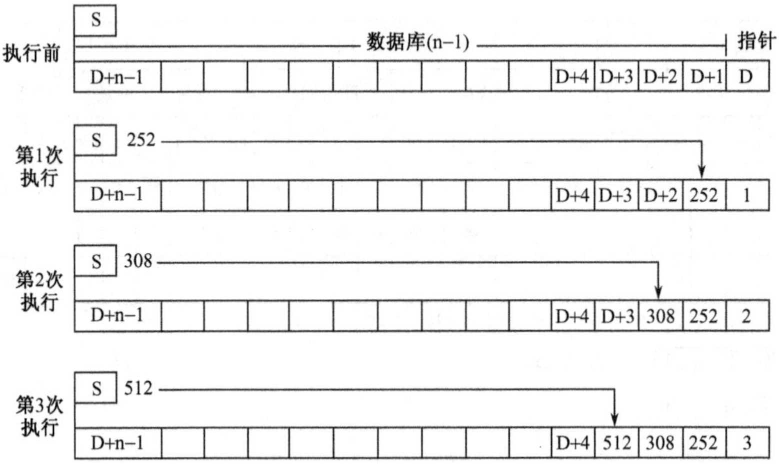

图 4-44　SFWR 指令执行功能示意图

执行前，数据区与指针都为 0，第一次执行后将 S 的当前值 252 送至 D+1，指针 D 为 1。第二次执行后，将 S 的当前值送到 D+1 存储单元，指针 D 又加 1 为 2，表示数据区内有两个数据，以此类推，直到数据区存满。

2）指令应用

（1）如用 SFWR 指令，则在每个扫描周期都会执行一次。因此，在应用时请使用脉冲执行型指令 SFWRP 或用边沿触发触点作为驱动条件。

（2）源址 S 和数据存储区均采用数据寄存器 D 时，注意其编号不能重复，否则会发生运算错误（错误代码 K6710）。

（3）指针 D 的内容不能超过数值 n−1，如果超过（含义是数据区已满）则指令不执行写入，且进位标志位 M8022 置 ON。

（4）如需要保存数据区的数据，请使用停电保持型数据寄存器（D512～D7999）。

【例 8】　利用 SFWR 指令编制程序，在 D1～D100 内依次存入数字 1～100。存储完毕后，显示完成存储工作。程序梯形图如图 4-45 所示。

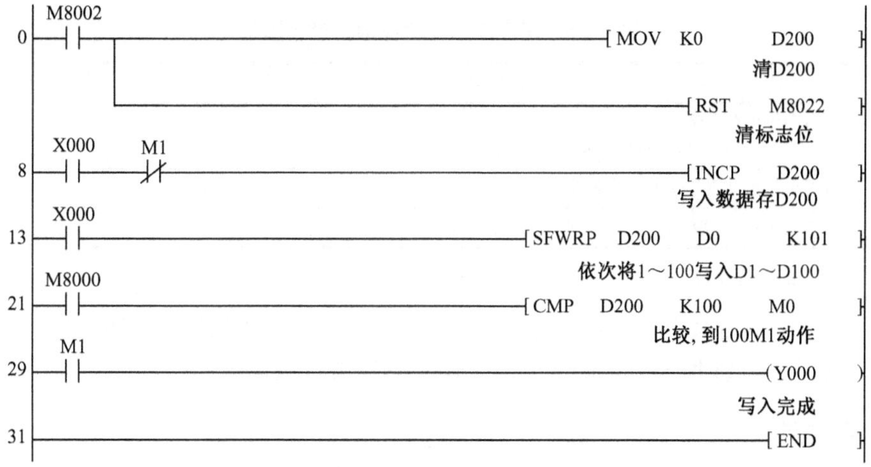

图 4-45　例 8 SFWR 指令程序梯形图

4.3.3　移位读出（先入先出）指令 SFRD

1．指令格式

FNC 39：SFRD 【P】　　　　　　　　　　程序步：7

SFRD 指令可用软元件如表 4-24 所示。

表 4-24　SFRD 指令可用软元件

操作数种类	位软元件							字软元件												其他				
	系统/用户							位数指定				系统/用户				特殊模块	变址			常数		实数	字符串	指针
	X	Y	M	T	C	S	D□.b	KnX	KnY	KnM	KnS	T	C	D	R	U□\G□	V	Z	修饰	K	H	E	"□"	P
S·								●	●	●	●	●	●	●	▲1	▲2			●					
D·								●	●	●	●	●	●	●	▲1	▲2	●	●	●					
n																				●	●			

▲1：仅 $FX_{3G}/FX_{3GC}/FX_{3U}/FX_{3UC}$ 可编程控制器支持。
▲2：仅 FX_{3U}/FX_{3UC} 可编程控制器支持。

梯形图如图 4-46 所示。

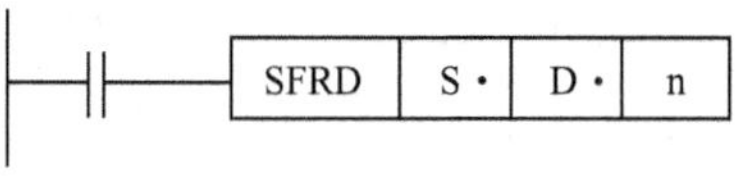

图 4-46　SFRD 指令梯形图

SFRD 指令操作数内容与取值如表 4-25 所示。

表 4-25　SFRD 指令操作数内容与取值

操作数种类	内　　容	数据类型
(S·)	保存数据的起始字软元件编号 （最前端为指针，数据是从 (S·) +1 开始的）	BIN16 位
(D·)	保存先出的数据的字软元件编号	BIN16 位
n	请指定被保存的数据的点数+1①的值，2≤n≤512	BIN16 位

注：①+1 为指针的部分。

解读：当驱动条件成立时，每执行一次指令，在长度为 n 的堆栈区中，把先入的数 S+1 单元的值读出，送到 D 指定的存储单元中，同时指针 S 的值减 1。

2．指令应用

1）指令执行功能

当数据区存有一定量的数据后，就可以进行数据读取操作。读取操作根据其读取数据方式的不同有两种：一种是先入先出，后入后出；另一种是先入后出，后入先出。这两种读取方法可用图 4-47 说明。

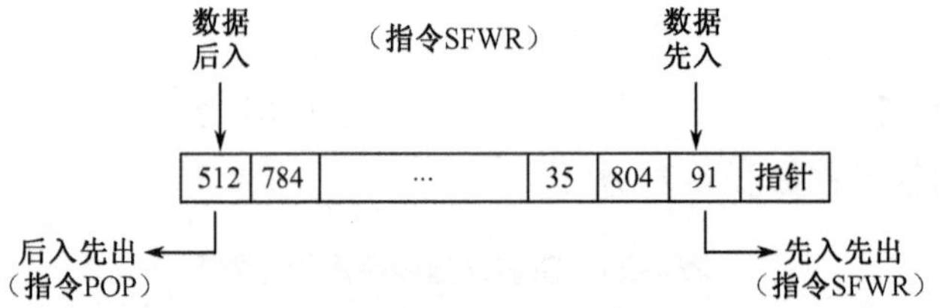

图 4-47　先入先出和后入先出读取方法示意图

数据是按照 SFWR 指令采用顺序进栈方式写入的。最先写入的数据是 91，最后写入的为 512，如最先读出 91，则为先入先出，如最先读出 512，则为后入先出。SFRD 指令为先入先出读取指令，POP 后入先出读取指令。

SFRD 指令为先入先出读取指令，其功能可以用图 4-48 来说明。

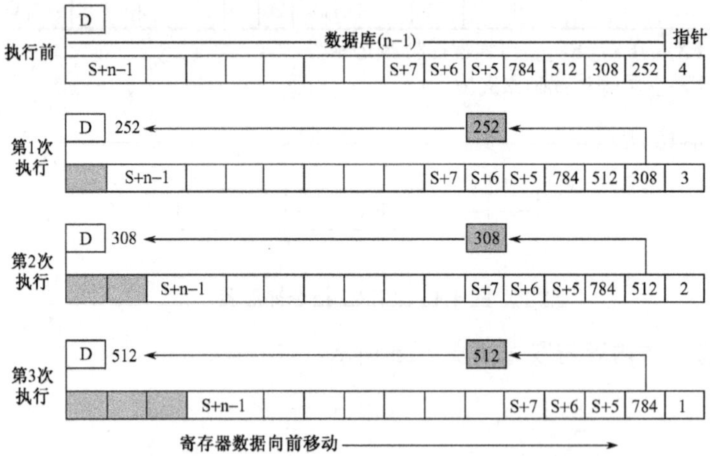

图 4-48　SFRD 指令先入先出执行功能示意图

执行前，数据区中有 4 个数，指针 S=4。第一次执行读取指令时，将最前面的数 252 传送到 D，同时，后面所有的数据均向前移动一位，S+1 变成了 308，S+2 变成了 512，以此类推。最后一位数据，S+n−1 也向前移动一位，但 S+n−1 位图中灰色格本身数据仍然保持不变。指针 S 自动减 1 变为 3。以后每执行一次，均按上述功能进行，当指针为 0 时，不再执行指令功能，且零标志位 M8020 置 ON。

2）指令应用

（1）和 SFWR 指令一样，在应用时请用脉冲执行型指令 SFRDP 或用边沿触发触点作为驱动条件。

（2）指令运行前，必须选用比较指令判断指针 S 中的数据当前值是否满足 1≤S≤n−1。如 S 为 0，哪怕数据区中有数据，执行也不会进行。

（3）实际应用时为保持数据区的数据，最好使用停电保持型数据寄存器（D512～D7999）。

【例 9】　编制 100 个产品出入库管理程序，产品入库用四位数字开关对产品进行编号，并按照先入先出的原则，进行出库产品编号显示。

程序梯形图如图 4-49 所示。PLC 外部电路连接如图 4-50 所示。

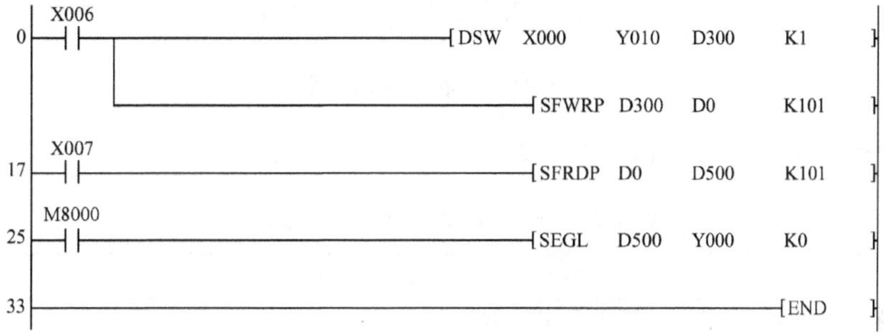

图 4-49　例 9 产品出入库管理程序梯形图

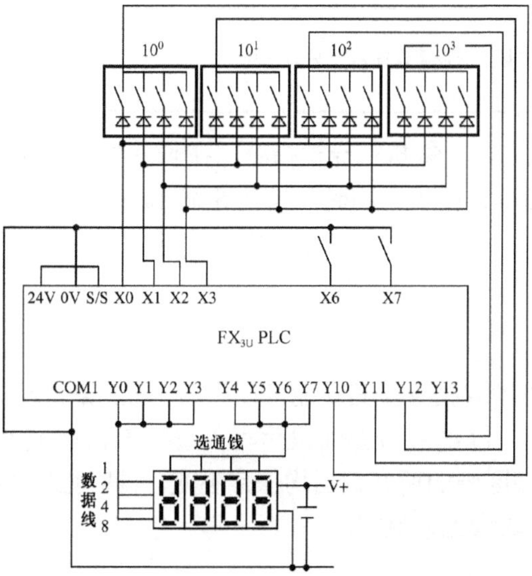

图 4-50　例 9 产品出入库管理 PLC 外部电路接线图

4.3.4 移位读出（后入先出）指令 POP

1. 指令格式

FNC 212：POP 【P】　　　　　　　　程序步：7

POP 指令可用软元件如表 4-26 所示。

表 4-26　POP 指令可用软元件

操作数种类	位软元件							字软元件												其他				
	系统/用户							位数指定				系统/用户				特殊模块	变址			常数		实数	字符串	指针
	X	Y	M	T	C	S	D□.b	KnX	KnY	KnM	KnS	T	C	D	R	U□\G□	V	Z	修饰	K	H	E	"□"	P
S·								●	●	●	●	●	●	●	●	●			●					
D·								●	●	●	●	●	●	●	●	●	●	●	●					
n																				●	●			

梯形图如图 4-51 所示。

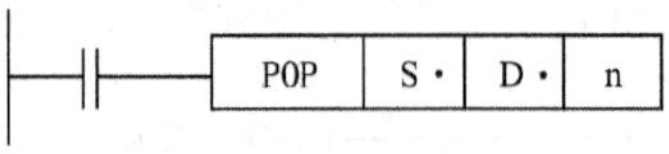

图 4-51　POP 指令梯形图

POP 指令操作数内容与取值如表 4-27 所示。

表 4-27　POP 指令操作数内容与取值

操作数种类	内　容	数据类型
S·	保存先入数据（包含指针数据）的起始软元件编号 （保存数据的起始字软元件编号）	BIN16 位
D·	保存后出的数据的字软元件编号	
n	被保存的数据的点数 （由于包含了指针数据，所以请设置为+1 后的位） 2≤n≤512	

解读：当驱动条件成立时，每执行一次指令，在长度为 n 的堆栈区中，将 S+(S)单元的值读出送到 D 指定的存储单元中去，同时，指针 S 减 1。

2. 指令应用

1）指令执行功能

POP 指令为后入先出读取指令，其功能可以用图 4-52 来说明。图中，指针(D10)=K4，表示堆栈区中有 4 个数据，POP 指令是将最后写入数据 D10+(D10)=D14 单元的数据 K0539 送到指定单元 D100，堆栈区中的所有数据均保持不变，同时指针 D10 减 1，变为 K3。说明有效数据只有 3 个，其余均为无效数据。

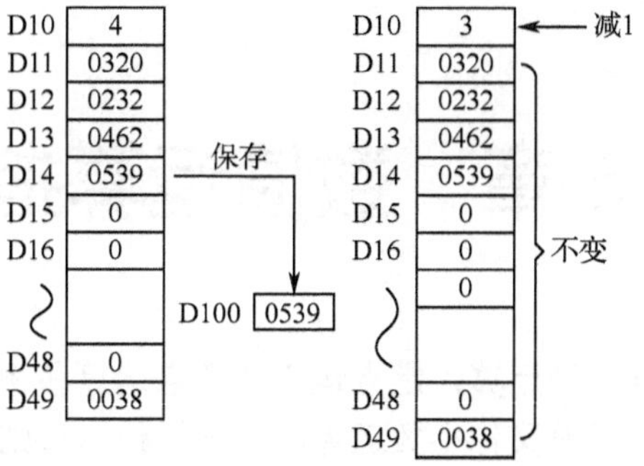

图 4-52　POP 指令执行功能示意图

2）指令应用

（1）和 SFDR 指令一样，在应用时请用脉冲执行型指令 POPP 或用边沿触发触点作为驱动条件。

（2）指令运行前，必须选用比较指令判断指针 S 中的数据当前值是否满足 1≤S≤n−1。如 S 为 0，哪怕数据区中有数据，执行也不会进行。

（3）实际应用时为保持数据区的数据，最好使用停电保持型数据寄存器（D512～D7999）。

第 5 章　数值运算指令

PLC 数值运算指令包含三种运算：定点运算、浮点运算和逻辑位运算。定点运算又称整数运算、BIN 数运算，浮点运算又称小数运算，而逻辑位运算则是二进制的数与数之间按位进行逻辑运算的数据量运算。

5.1　PLC 的数值处理方式

5.1.1　BIN 数和浮点数

1. BIN 数（定点整数）

定点整数是人为地将小数点的位置定在某一位。一般有两种情况，一种是小数点位置定在最高位的左边，表示的数为纯小数；一种是小数点位置定在最低位的右边，表示的数为整数。大部分数字控制设备都采用整数的定点整数表示。定点整数又叫带符号二进制数（BIN 数）或带符号整数。

那么正数、负数又是如何表示的呢？这里要先介绍一下原码和补码的概念。

原码就是指用纯二进制编码表示的二进制数，而补码就是对原码进行按位求反再加 1 后的二进制数。

【例 1】　求 K25 的原码和补码（以 16 位二进制数计算）。

K25 的原码为 B0000 0000 0001 1001（H0019）

K25 的反码是对原码按位求反为 B1111 1111 1110 0110（HFFE6）

K25 的补码是反码加 1 为 B1111 1111 1110 0111（HFFE7）

带符号整数是这样规定正负数的：取最高位为符号位，0 表示正数，1 表示负数，后面各位为表示的数值。如果为正数，则以其原码表示，如果为负数则用原码的补码表示。如图 5-1 所示为 16 位二进制带符号整数的图示。

图 5-1　16 位二进制带符号整数图示

下面通过一个例子理解上面所讲二进制带符号整数的表示。

【例 2】　写出 K78 和 K–40 的二进制带符号整数表示。

K78 为正数，用原码表示：B0000 0000 0100 1110（H004E）

K–40 是负数，先写出 K40 的原码，再求反加 1，K–40 的二进制带符号整数表示：

B1111 1111 1101 1000（HFFD8）

用定点整数表示的带符号整数，其符号位固定在最高位，后面才是真正的数值。很显然数的范围变小了。常用的是 16 位和 32 位，它们的范围如下：

16 位：（–32768～32767）

32 位：（–2147483648～2147483647）

有两个定点整数的表示是规定的，不照定义求出（以 16 位为例）：

K0：B0000 0000 0000 0000（H0000）

K–32768：B1000 0000 0000 0000（H8000）

在下面的讲解中，BIN 数运算就是指带符号位的定点整数运算。

2．浮点数（小数、实数）

定点整数虽然解决了整数的运算，但不能解决小数运算的问题，而且定点整数在运算时总是把相除后的余数舍去，这样经多次运算后就会产生很大的运算误差。定点整数运算范围也不够大，16 位运算仅在–32768～+32767 之间进行。这些原因都使定点整数运算的应用受到限制，而浮点数的表示不但可以进行小数运算，也提高了数的运算精度及数的运算范围。

浮点数表示和工程上的科学记数法类似。科学记数法是任何一个绝对值大于 10（或小于 1）的数都可以写成 $a\times10^{n}$ 的形式，（其中 a 为基数，$1<a<10$）。例如，$325=3.25\times10^{2}$，$0.0825=8.25\times10^{-2}$ 等。如果写出原数就会发现其小数点的位置与指数 n 有关。例如：

$$3.14159\times10^{2}=314.159$$

$$3.14159\times10^{4}=31415.9$$

就好像小数点的位置随着 n 在浮动。把这种方法应用到数字控制设备中就出现了浮点数表示方法。

浮点数就是尾数（相当于科学记数法的 a）固定，小数点的位置随指数的变化而浮动的数的表示方法。不同的数字控制设备其浮点数的表示方法也不同。这里仅介绍 FX 系列 PLC 的浮点数表示方法。浮点数通常也叫作小数、实数。

FX 系列 PLC 中浮点数有两种，分别介绍如下。

1）十进制浮点数

如图 5-2 所示，用两个连续编号的数据寄存器 D_n 和 D_{n+1} 来处理十进制浮点数，其中 D_n 存浮点数的尾数，D_{n+1} 存浮点数的指数。则十进制浮点数$=D_n\times10^{D_{n+1}}$。

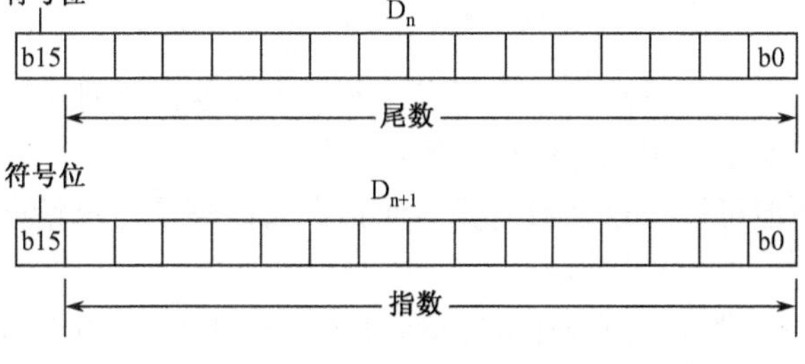

图 5-2　十进制浮点数图示

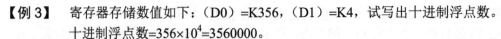

【例 3】 寄存器存储数值如下：（D0）=K356，（D1）=K4，试写出十进制浮点数。

十进制浮点数=356×10^4=3560000。

FX 系列 PLC 对十进制浮点数有一些规定：

（1）D_n, D_{n+1} 的最高位均为符号位。0 为正，1 为负。

（2）D_n, D_{n+1} 的取值范围：

尾数 $D_n=\pm$（1000～9999）或 0

指数 D_{n+1} =–41～35。

此外，在尾数 D_n 中，不存在 100，如为 100 的情况则变成 1000×10^{-1}。

（3）十进制浮点数的处理范围为最小绝对值 1175×10^{-41}，最大绝对值 3402×10^{35} 。

【例 4】 D2,D3 为十进制浮点数存储单元。（D2）= H0033,（D3）= HFFFD，试问十进制浮点数为多少？

（D2）= H0033 = K51，（D3）= HFFFD = K–3，

十进制浮点数=51×10^{-3}=0.051

在 FX 系列 PLC 中，十进制浮点数不能直接用来进行运算，它和二进制浮点数之间可以通过指令互相转换。十进制浮点数主要是用来进行数据监示。

2）二进制浮点数

二进制浮点数也是采用一对数据寄存器 D_n,D_n+$_1$。其规定如图 5-3 所示。

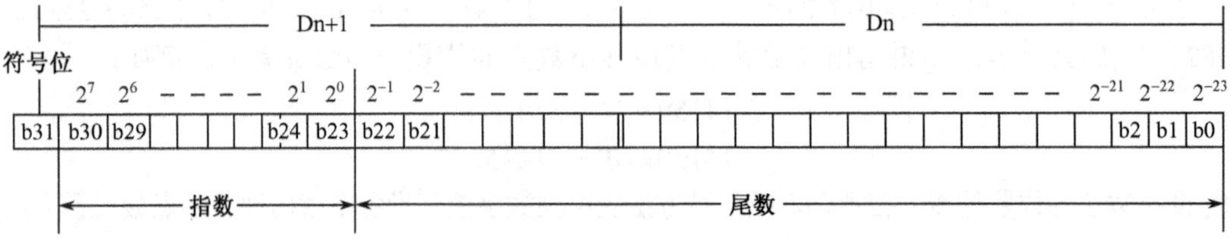

图 5-3 二进制浮点数图示

各部分说明如下：

符号位 S：b31 位，b31=0，正数；b31=1 负数

指数 N：b23～b30 位共 8 位，（b23～b30）=0 或 1

$N = b23\times2^0+b24\times2^1+\cdots+b29\times2^6+b30\times2^7$

尾数 a：b0～b22 位共 23 位，（b0～b22）=0 或 1

$a = b22\times2^{-1}+b21\times2^{-2}+\cdots+b2\times2^{-21}+b1\times2^{-22}+b0\times2^{-23}$

$$\text{二进制浮点数} = \pm\frac{(1+a)\cdot 2^N}{2^{127}}$$

二进制浮点数远比十进制浮点数复杂得多。其最大的缺点是难于判断它的数值。在 PLC 内部，其浮点运算全部都是采用二进制浮点数进行的。

采用浮点数运算不但可以进行小数运算，而且大大提高了运算精度和速度。这正是 PLC 控制所要求的。

三菱 FX1 系列 PLC 没有浮点数运算指令，FX2, FX3 系列 PLC 均有浮点数运算指令。但 FX2 系列 PLC 不能在指令中直接输入浮点数，而 FX3 系列 PLC 可以在指令中直接输入浮

点数。

5.1.2　逻辑位运算

逻辑位运算在数据量处理中非常有用，在数据量的处理中，经常要把两个 n 位二进制数进行逻辑运算处理，其处理的方法是把两个二进制数相对应的位进行位与位的逻辑运算，这就称为数据量的逻辑位运算。

1. 位与

参与运算的数据量，进行相对应的位与位的“与”运算。如果相对应的两位都为 1，则该位的结果值为 1，否则为 0。（见 0 为 0，全 1 为 1）

	0001	0010	0011	0100
×	0000	0000	1111	1111
	0000	0000	0011	0100

2. 位或

参与运算数据量，进行相对应的位与位的“或”运算。如果相对应的两位都为 0，则该位的结果值为 0，否则为 1。（见 1 为 1，全 0 为 0）

	0001	0010	0011	0100
+	0000	0000	1111	1111
	0001	0010	1111	1111

3. 位反

将参与运算数据量的所有二进制位的位值取反，即 1 变 0，0 变 1。

A	0001	0010	0011	0100
$\overline{A}$	1110	1101	1100	1011

4. 按位异或

参与运算数据量，进行相对应的位与位的“异或”运算。如果相对应的两位相异，则该位的结果为 1，否则为 0。（同为 0，异为 1）

	0001	0010	0011	0100
⊕	0000	0000	1111	1111
	0001	0010	1100	1011

5.1.3　FX 系列 PLC 数值运算处理

PLC 是一个数字控制设备，其处理的信号为两种状态（“1”和“0”）的开关量信号。在实际应用中希望 PLC 能对各种类型的数据进行处理，这也是比较 PLC 性能的一个指标。

常用的数据类型有：布尔数（1 位二进制数）、整数、浮点数（小数）、时间数据、字符串和组合位元件数。三菱 FX 系列不同型号的 PLC 能够处理的数据类型是不同的，见表 5-1。

表 5-1　FX 系列 PLC 能够处理的数据类型表

型　号	布尔数	整　数	浮点数	时间数据	字符串	组合位元件
FX_{1S}/FX_{1N}	●	●	—	●	—	●
FX_{2N}/FX_{2NC}	●	●	●	●	—	●
FX3 系列	●	●	●	●	●	●

由表中可以看出，FX3 系列 PLC 可以处理整数、浮点数和字符串等，而 FX_{2N} 不能处理字符串，FX_{1S}/FX_{1N} 连浮点数都不能处理。

PLC 在编程时，功能指令的操作数（源址和终址）是否能直接用常规的数据类型输入是 PLC 的编程功能之一。它用“常数输入”来表示。这种“常数输入”的功能给使用者带来了极大的方便。当然“常数输入”是通过 PLC 编译程序自动转换成 PLC 所能接受的二进制数后再进行处理的。例如，FX_{3U} 能够在编程中直接输入整数、浮点数和字符，而 $FX_{1S}/FX_{1N}/FX_{2N}$ 只能直接输入整数，FX_{2N} 不能直接输入浮点数，它的浮点数运算必须通过程序先把整数转换成浮点数才能进行。

在三菱 FX 系列 PLC 中，整数的输入有两种表示，一种是十进制数，加前缀 K；一种是十六进制数，加前缀 H。在指令中直接输入十进制数或十六进制数称为立即寻址。本来 K,H 常数不是软元件，是数值，但一般把它们看作是软元件。必须注意，在使用编程软件直接输入十进制数或十六进制数时，前面必须加 K,H，直接输入浮点数前面必须加 E，直接输入字符必须加“”。例如 K16, H10, E5.28,“ASD”等，而不加则不能输入。

功能指令在 32 位应用时，必须在助记符前加 D。同样所有 32 位指令（如浮点数指令）在编程输入时，必须在助记符前加 D。

5.2　整数运算指令

5.2.1　四则运算指令 ADD,SUB,MUL,DIV

1. 指令格式

四则运算指令格式如表 5-2 所示。

表 5-2　四则运算指令格式

功能号	助记符	名　称	程序步
FNC 20	【D】 ADD 【P】	BIN 加法运算	7/13
FNC 21	【D】 SUB 【P】	BIN 减法运算	7/13
FNC 22	【D】 MUL 【P】	BIN 乘法运算	7/13
FNC 23	【D】 DIV 【P】	BIN 除法运算	7/13

四则运算指令可用软元件如表 5-3 所示。

表 5-3　四则运算指令可用软元件

操作数种类	位软元件							字软元件													其他				
	系统/用户							位数指定				系统/用户				特殊模块	变址			常数		实数	字符串	指针
	X	Y	M	T	C	S	D□.b	KnX	KnY	KnM	KnS	T	C	D	R	U□\G□	V	Z	修饰	K	H	E	"□"	P
(S1·)								●	●	●	●	●	●	●	▲1	▲2	●	●	●	●	●			
(S2·)								●	●	●	●	●	●	●	▲1	▲2	●	●	●	●	●			
(D·)									●	●	●	●	●	●	▲1	▲2	●	●	●					

▲1：仅 $FX_{3G}/FX_{3GC}/FX_{3U}/FX_{3UC}$ 可编程控制器支持。
▲2：仅 FX_{3U}/FX_{3UC} 可编程控制器支持。

指令梯形图如图 5-4、图 5-5、图 5-6、图 5-7 所示。

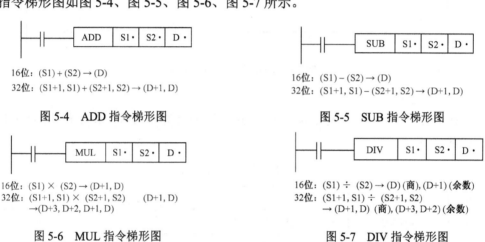

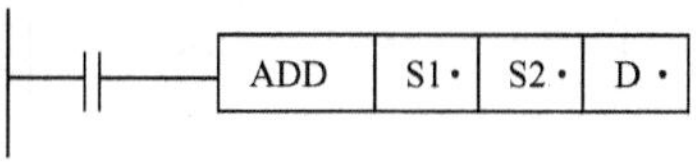

16位：(S1) + (S2) → (D)
32位：(S1+1, S1) + (S2+1, S2) → (D+1, D)

图 5-4　ADD 指令梯形图

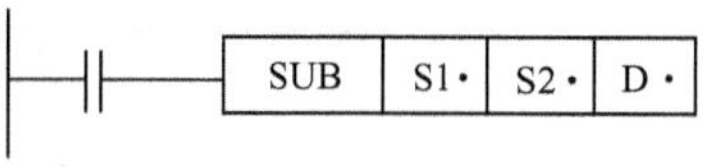

16位：(S1) − (S2) → (D)
32位：(S1+1, S1) − (S2+1, S2) → (D+1, D)

图 5-5　SUB 指令梯形图

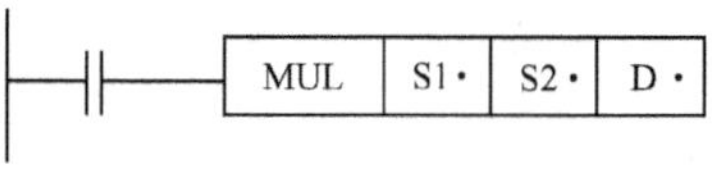

16位：(S1) × (S2) → (D+1, D)
32位：(S1+1, S1) × (S2+1, S2)　　(D+1, D)
→(D+3, D+2, D+1, D)

图 5-6　MUL 指令梯形图

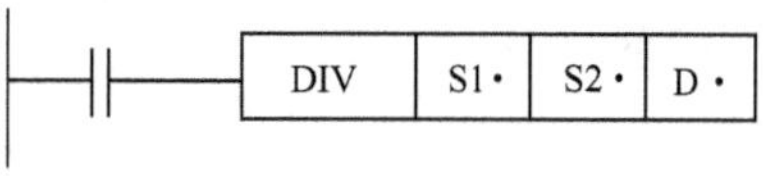

16位：(S1) ÷ (S2) → (D) (商), (D+1) (余数)
32位：(S1+1, S1) ÷ (S2+1, S2)
→ (D+1, D) (商), (D+3, D+2) (余数)

图 5-7　DIV 指令梯形图

四则运算操作数内容及取值如表 5-4 所示。

表 5-4　四则运算指令操作数内容及取值

操作数种类	内　容	数 据 类 型
(S1·)	运算的数据，或是保存数据的字软元件编号	BIN16/32 位
(S2·)	运算的数据，或是保存数据的字软元件编号	BIN16/32 位
(D·)	保存运算结果的字软元件编号	BIN16/32 位

解读：当驱动条件成立时，将源址 S1 和 S2 中的 BIN 数进行四则运算，并将运算结果传送至终址 D。传送后，S1 和 S2 中的内容保持不变。

2．指令应用

四则运算指令功能比较容易理解，这里不做进一步说明。在具体应用时，必须注意以下几点。

（1）当应用连续执行型指令时，在驱动条件成立期间，每一个扫描周期，指令都会执行一次。在程序中，如果两个源址内容都不改变，则对终址内容没有影响。但如果源址发生变化，例如，某个源址和终址都使用同一个软元件时，则每一个扫描周期，终址内容都会改变。如图 5-8 所示 ADD 指令连续执行例。

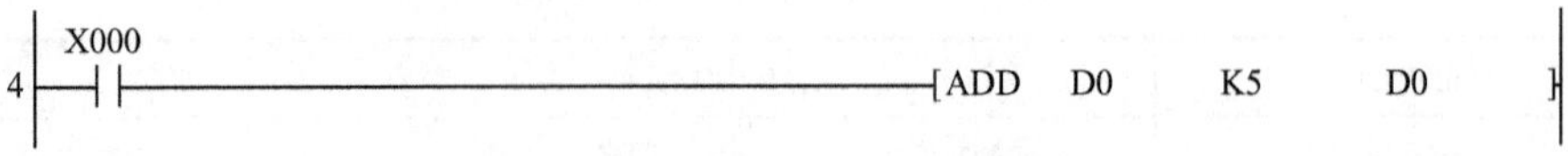

图 5-8　ADD 指令连续执行例

设 D0 初始值为 0，则当 X000 闭合期间，第一次扫描后(D0) =K5，而第二次扫描后(D0)=K10，以后的每次扫描(D0)都会自动加上 5，直到 X000 断开。很多情况下，这不是所希望的情况。如果仅希望 X000 通断一次，指令执行一次，则可采用脉冲执行型指令 ADDP 或边沿触发型驱动条件，如图 5-9 所示。

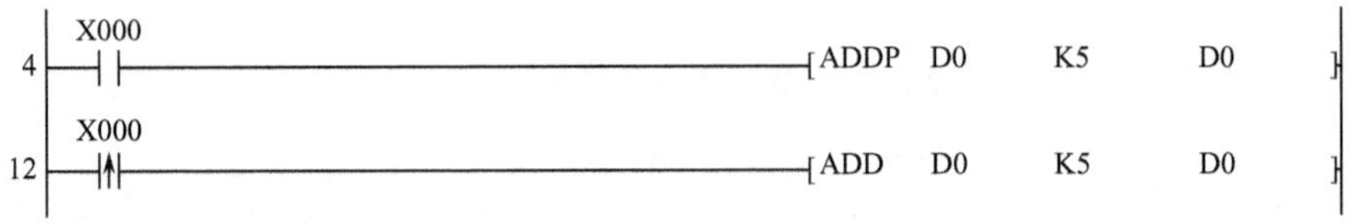

图 5-9　ADD 指令一次执行例

（2）运算标志位。

指令在执行后要影响三个标志位，见表 5-5。加减运算和乘除运算有不同的标志位，应用时应注意。

表 5-5　相关运算标志位

编　号	名　称	功能和用途
M8020	零标志位	ON：加减运算结果为 0
M8021	借位标志位	ON：加减运算结果小于−32768（16 位）或−2147483648（32 位）时，负数溢出标志
M8022	进位标志位	ON：加减运算结果大于 32767（16 位）或 2147483648（32 位），正数溢出标志
M8304	零标志位	ON：乘除运算结果为 0
M8306	进位标志位	ON：除法运算结果大于 32767（16 位）或 2147483648（32 位），正数溢出标志

三个标志是相互独立的，如果出现进位且结果又为零的情况，则 M8020 和 M8022 同时置 ON。

（3）执行除法指令时，除数不能为“0”，否则指令不能执行。错误标志 M8067=ON。

（4）位元件的使用。

在乘法指令中，当终址 D 为组合位元件时，其组合只能进行 K1～K8 的指定，在 16 位运算中，可以将乘积用 32 个组合位元件表示，如指定为 K4 时，只能取得乘积运算的低 16 位。但在应用 32 位运算时，乘积为 64 位位元件，只能得到低 32 位的结果，而不能得到高 32 位的结果。如果要想得到全部结果，则可利用传送指令，分别将高 32 位和低 32 位送至组合位元件中，如图 5-10 所示。

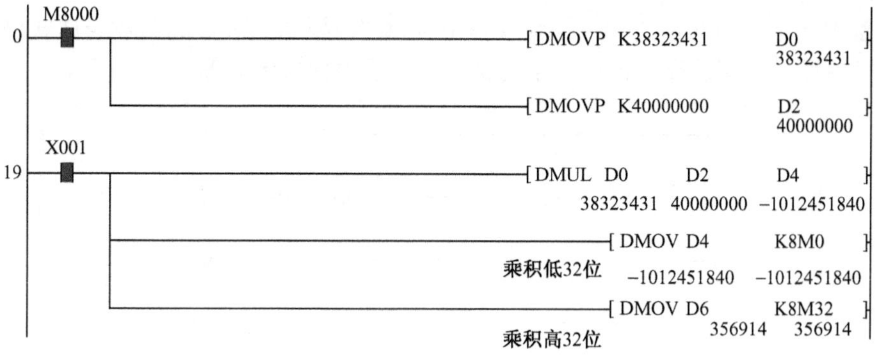

图 5-10　乘法指令组合位元件例

同样，在除法指令中，当终址为组合位元件时，不能用 K8 来保存商和余数，因为在除法指令中用指定组合位元件作终址时，得到的余数是错误的。要想保留商和余数必须先将商和余数传送到组合位元件中，如图 5-11 所示。

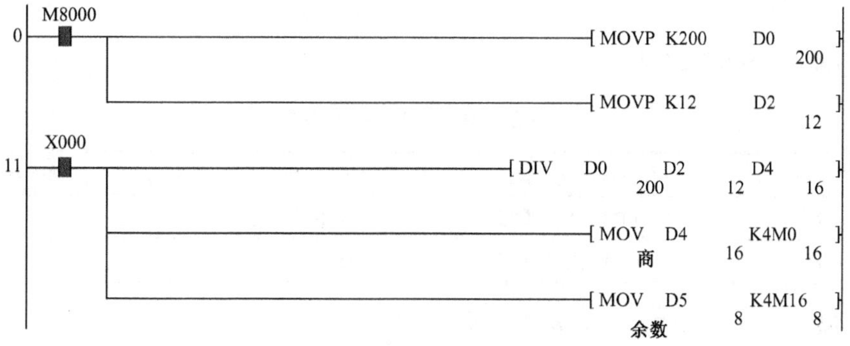

图 5-11　除法指令组合位元件例

（5）利用除法指令相除时，如果除不尽，其余数一般不再参加后续运算。因此，计算精度较低，在多次连续运算后，最后结果会产生较大的错误，这时，建议采用浮点运算代替整数运算。

【例 5】　编写计算函数值 Y= (3+2X/7) ×6–8 的 PLC 程序。

程序梯形图如图 5-12 所示，D10 存储函数值 Y。

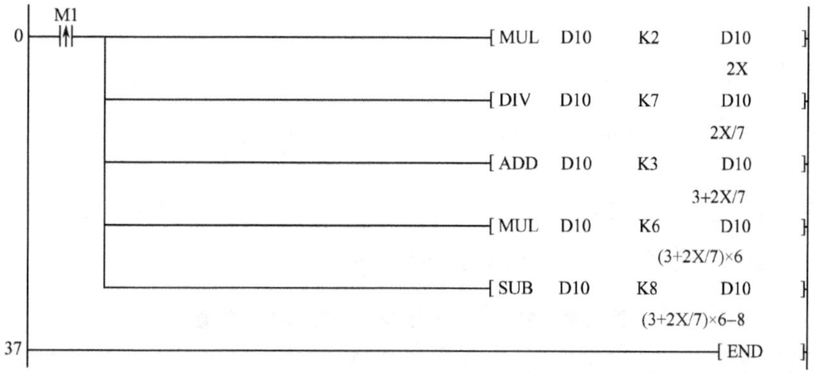

图 5-12　例 5 计算函数值程序梯形图一

如果整理一下代数式，Y=18+12X/7−8=10+12X/7，根据整理后的函数表达式进行编程，不但程序简单而且精度提高了很多，不妨试一试。程序梯形图如图5-13所示。

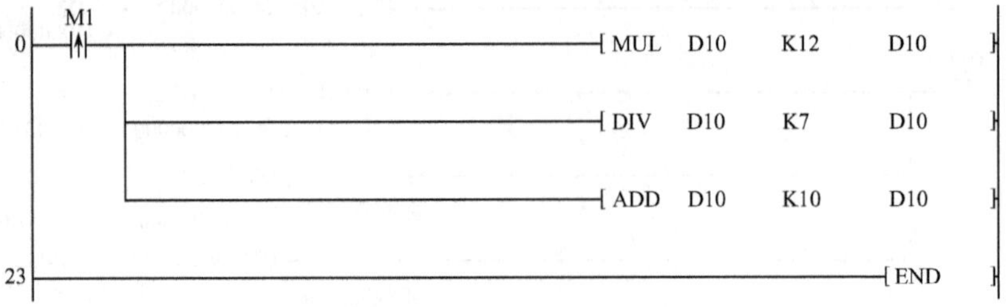

图5-13 例5计算函数值程序梯形图二

5.2.2 加1、减1指令INC,DEC

1. 指令格式

加1、减1指令格式如表5-6所示。

表5-6 加1、减1指令格式

功能号	助记符	名称	程序步
FNC 24	【D】INC【P】	BIN加1运算	3/5
FNC 25	【D】DEC【P】	BIN减1运算	3/5

加1、减1指令可用软元件如表5-7所示。

表5-7 加1、减1指令可用软元件

操作数种类	位软元件							字软元件												其他				
	系统/用户							位数指定				系统/用户				特殊模块	变址			常数		实数	字符串	指针
	X	Y	M	T	C	S	D□.b	KnX	KnY	KnM	KnS	T	C	D	R	U□\G□	V	Z	修饰	K	H	E	"□"	P
D·								●	●	●	●	●	●	●	▲1	▲2	●	●	●					

▲1：仅FX_{3G}/FX_{3GC}/FX_{3U}/FX_{3UC}可编程控制器支持。
▲2：仅FX_{3U}/FX_{3UC}可编程控制器支持。

指令梯形图如图5-14、图5-15所示。

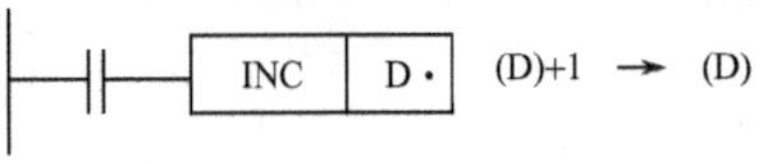

图5-14 INC指令梯形图

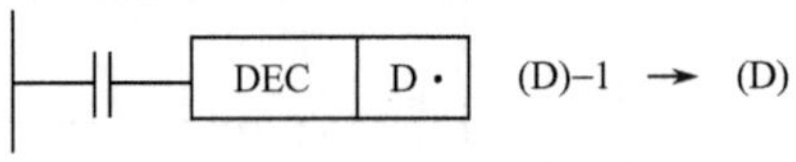

图5-15 DEC指令梯形图

加1、减1指令操作数内容及取值如表5-8所示。

表5-8 加1、减1指令操作数内容及取值

操作数种类	内容	数据类型
D·	保存被加一减一数据的字软元件编号	BIN16/32位

解读：当驱动条件成立时，将 D 中的数据进行加 1 或减 1 运算，并将运算结果传送至 D。

2. 指令应用

（1）和四则运算指令一样，当驱动条件成立时，在连续执行型指令中，每个扫描周期都将执行加 1（减 1）运算，当驱动条件成立时间长于扫描周期时，就很难预料指令执行结果，因此，建议这时采用脉冲执行型指令 INCP、DECP。

（2）与加法、减法指令不同，加 1 减 1 指令执行结果对零标志 M8020、溢出标志 M8021 及 M8022 没有影响，实际上 INC 和 DEC 指令是一个单位累加（累减）环形计数器，如图 5-16 所示。

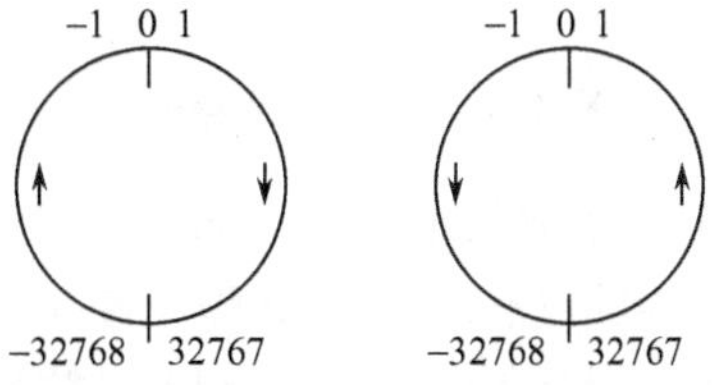

（a）INC （b）DEC

图 5-16 INC,DEC 数的环形计数器变化

从图 5-16 可见，对加 1 指令来说，当前值为 32767 时再加 1 变成−32768（减 1 指令为−32768 再减 1 时变成 32767），当前值为−1 时，加 1 变成 0（减 1 指令为 1 时，再减 1 变成 0）。上述变化时溢出及结果为 0 都不会影响标志位。这一点和加法指令 ADD D0 K1 D0 是不一样的，加法指令如果 16 位加结果超过 32767 时，再加 1 变为 0。

INC,DEC 指令常和变址寻址配合在累加、累减及检索等程序中得到较多应用。

【例 6】 把 D11～D20 的内容进行累加，结果送到 D21。程序设计如图 5-17 所示。

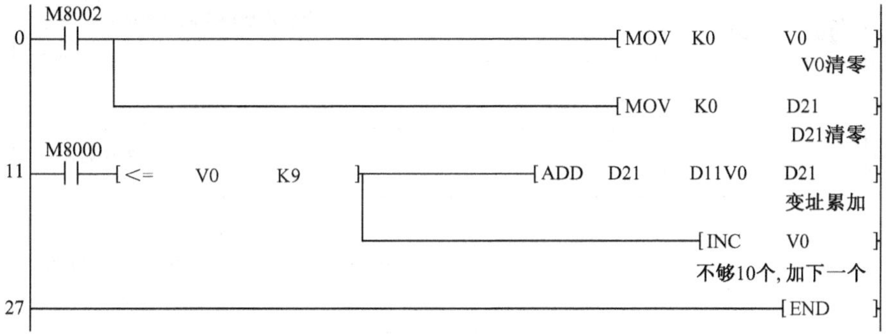

图 5-17 例 6 程序梯形图

【例 7】 将计数器 C0～C9 当前值转换成 BCD 码向 K4Y000 输出显示，程序设计如图 5-18 所示。

每按一次 X02，依次输出 C0～C9 的当前计数值，为四位 BCD 码显示，计数最大值为 9999。

当操作数为组合位元件时，利用加 1、减 1 指令对电路进行控制，程序设计会有意想不到的方便。

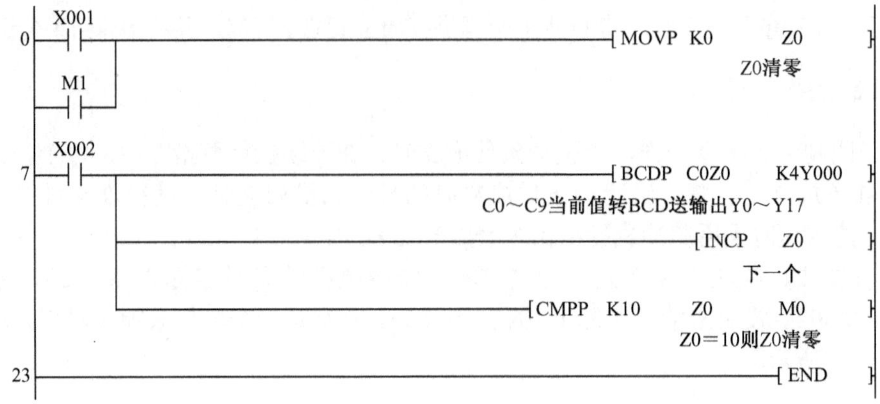

图 5-18　例 7 程序梯形图

【例 8】　用一个按钮控制三台电机的顺序启动，逆序停止控制，即按一下，电机按Y0,Y1,Y2 顺序启动，再按一下，电机按 Y2,Y1,Y0 顺序停止。

程序设计如图 5-19 所示。程序中，比较难以理解的是 INCP　K1Y000 和 INCP　K1Y000Z0 的功能含义。实际上，它们是利用加 1 计数的功能对输出 Y 口进行巧妙控制，表 5-9 表示了当 INCP　K1Y000 每驱动一次输出口的变化。

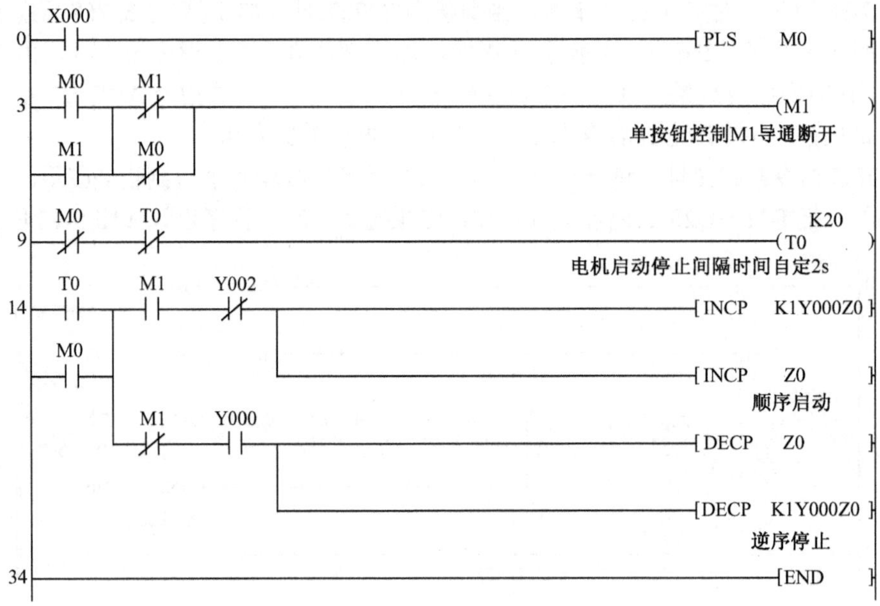

图 5-19　例 8 程序梯形图

表 5-9　INCP　K1Y000 取值输出变化表

INCP	K1Y000 值	Y3	Y2	Y1	Y0
初始	K1Y000＝0	0	0	0	0
加 1	K1Y000＝1	0	0	0	1
加 1	K1Y000＝2	0	0	1	0

续表

INCP	K1Y000 值	Y3	Y2	Y1	Y0
加 1	K1Y000 = 3	0	0	1	1
加 1	K1Y000 = 4	0	1	0	0
⋮	⋮	⋮	⋮	⋮	⋮

指令 INCP　K1Y000Z0 是一个变址寻址。当 Z0=0 时，变址为 Y0+0=Y0，加 1 就是 K1Y000 加 1，即 Y3Y2Y1Y0=0001。当 Z0=1 时，变址为 Y0+1=Y1，加 1 就是 K1Y001 加 1，即 Y4Y3Y2Y1=0001，以此类推，得到表 5-10。由表可以看出，INCP　K1Y000Z0 每通断一次，输出口按照 Y0,Y1,Y2 顺序接通。当 Y2 接通后 Y2 的常闭触点断开，使 INCP　K1Y000Z0 处于断开状态，不再继续加 1 操作，这时 Z0=3 顺序启动已完成。停止时再按下 X0，M1 断开，其常闭触点 M1 闭合，因为这时 Y0 是闭合的，驱动减 1 指令作逆序停止，具体分析读者可自行完成。

表 5-10　INCP　K1Y000Z0 取值输出变化表

INCP	Z0	K1Y000Z0 变址值	Y6	Y5	Y4	Y3	Y2	Y1	Y0
初始	0	K1Y000 = 0	0	0	0	0	0	0	0
加 1	0	K1Y000 = 1	0	0	0	0	0	0	1
加 1	1	K1Y001 = 1	0	0	0	0	0	1	0
加 1	2	K1Y002 = 1	0	0	0	0	1	0	0
⋮	⋮	⋮	⋮	⋮	⋮	⋮	⋮	⋮	⋮

5.2.3　开方指令 SQR

1. 指令格式

FNC 48:【D】 SQR 【P】　　　　　　　　　　程序步：5/9

SQR 指令可用软元件如表 5-11 所示。

表 5-11　SQR 指令可用软元件

操作数种类	位软元件							字软元件												其他				
	系统/用户							位数指定				系统/用户				特殊模块	变址			常数		实数	字符串	指针
	X	Y	M	T	C	S	D□.b	KnX	KnY	KnM	KnS	T	C	D	R	U□\G□	V	Z	修饰	K	H	E	"□"	P
S·														●	●	●			●	●	●			
D·														●	●	●			●					

指令梯形图如图 5-20 所示。

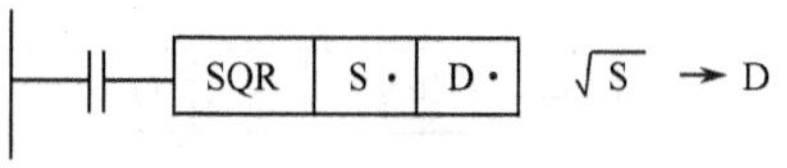

图 5-20　开方指令梯形图

SQR 指令操作数内容及取值如表 5-12 所示。

表 5-12　SQR 指令操作数内容及取值

操作数种类	内　容	数据类型
(S·)	保存要被开平方根运算数据的字软元件编号	BIN16/32 位
(D·)	保存被执行了开平方根运算数据的数据寄存器编号	BIN16/32 位

(S·)：16 位运算：K0～K32767；32 位运算：K0～K2147483647。

解读：当驱动条件成立时，将源址 S 中的正整数求平方根运算，并将运算后的数据传送至终址 D。传送后，S 的内容保持不变。

2．指令应用

开方指令 SQR 用于对正整数求平方根运算，因此，其源址 S 只能取正整数，不能取负整数。其运算结果只保留整数部分，小数部分舍去；对非平方数的整数而言，运算结果误差较大，一般多用浮点数开方指令 ESQR。

当舍去小数时，借位标志位 M8021=ON，当计算结果为 0 时，“0”标志 M8020=ON，该指令只对正数有效，如为负数，则错误标志 M8067=ON，指令不执行。

5.3　浮点数运算指令

5.3.1　浮点数传送指令 EMOV

1．指令格式

FNC 112：【D】 EMOV 【P】　　　　　　　　　　程序步：0/9

EMOV 指令可用软元件如表 5-13 所示。

表 5-13　EMOV 指令可用软元件

操作数种类	位软元件							字软元件														其他				
	系统/用户							位数指定				系统/用户				特殊模块	变址			常数		实数	字符串	指针
	X	Y	M	T	C	S	D□.b	KnX	KnY	KnM	KnS	T	C	D	R	U□\G□	V	Z	修饰	K	H	E	"□"	P
(S·)														●	▲1	▲2			●			●		
(D·)														●	▲1	▲2			●					

▲1：仅 $FX_{3G}/FX_{3GC}/FX_{3U}/FX_{3UC}$ 可编程控制器支持。

▲2：仅 FX_{3U}/FX_{3UC} 可编程控制器支持。

指令梯形图如图 5-21 所示。

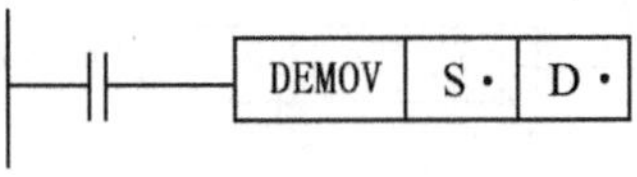

图 5-21　EMOV 指令梯形图

EMOV 指令操作数内容及取值如表 5-14 所示。

表 5-14　EMOV 指令操作数内容及取值

操作数种类	内　容	数据类型
(S·)	传送源的二进制浮点数数据，或是保存数据的软元件编号	实数（二进制）
(D·)	保存二进制浮点数数据的软元件编号	

解读：当驱动条件成立时，将源址 S 中的浮点数数据传送至终址 D。传送后，S 的内容保持不变。

2．指令应用

EMOV 指令的执行含义和 MOV 指令完全相同。源址 S 可以输入浮点数 E，但不能输入 K,H。

5.3.2　浮点数比较指令 ECMP

1．指令格式

FNC110：【D】 ECMP 【P】　　　　程序步：0/13

ECMP 指令可用软元件如表 5-15 所示。

表 5-15　ECMP 指令可用软元件

操作数种类	位软元件							字软元件												其他				
	系统/用户							位数指定				系统/用户				特殊模块	变址			常数		实数	字符串	指针
	X	Y	M	T	C	S	D□.b	KnX	KnY	KnM	KnS	T	C	D	R	U□\G□	V	Z	修饰	K	H	E	"□"	P
(S1·)														●	▲2	▲3			●	●	●	●		
(S2·)														●	▲2	▲3			●	●	●	●		
(D·)		●	●			●	▲1												●					

▲1：D□.b 仅支持 FX_{3U}/FX_{3UC} 可编程控制器。但是，不能进行变址修饰（V、Z）。
▲2：仅 $FX_{3G}/FX_{3GC}/FX_{3U}/FX_{3UC}$ 可编程控制器支持。
▲3：仅 FX_{3U}/FX_{3UC} 可编程控制器支持。

指令梯形图如图 5-22 所示。

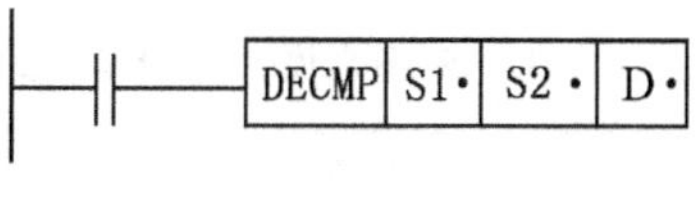

图 5-22　ECMP 指令梯形图

ECMP 指令操作数内容及取值如表 5-16 所示。

表 5-16　ECMP 指令操作数内容及取值

操作数种类	内　容	数据类型
(S1·)	保存要比较的二进制浮点数数据的软元件编号	实数（二进制）①
(S2·)	保存要比较的二进制浮点数数据的软元件编号	
(D·)	输出结果的起始位软元件编号（占用 3 点）	位

注：①指定了常数（K、H）时，会自动将数值从 BIN 转换为二进制浮点数（实数），再执行指令。

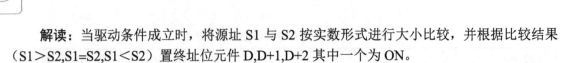

解读：当驱动条件成立时，将源址 S1 与 S2 按实数形式进行大小比较，并根据比较结果（S1＞S2,S1=S2,S1＜S2）置终址位元件 D,D+1,D+2 其中一个为 ON。

2. 指令应用

ECMP 指令与 CMP 指令功能相同。但是 ECMP 指令可以比较 BIN 数与浮点数，浮点数与浮点数，而 CMP 指令只能比较 BIN 数。

5.3.3 浮点数区间比较指令 EZCP

1. 指令格式

FNC 111：【D】 EZCP 【P】　　　　　　　　　　　　　程序步：0/17

EZCP 指令可用软元件如表 5-17 所示。

表 5-17 EZCP 指令可用软元件

操作数种类	位软元件							字软元件												其他				
	系统/用户							位数指定				系统/用户				特殊模块	变址			常数		实数	字符串	指针
	X	Y	M	T	C	S	D□.b	KnX	KnY	KnM	KnS	T	C	D	R	U□\G□	V	Z	修饰	K	H	E	"□"	P
S1·														●	●	●			●	●	●	●		
S2·														●	●	●			●	●	●	●		
S·														●	●	●			●	●	●	●		
D·		●	●			●	▲												●					

▲：D□.b 不能变址修饰（V、Z）。

指令梯形图如图 5-23 所示。

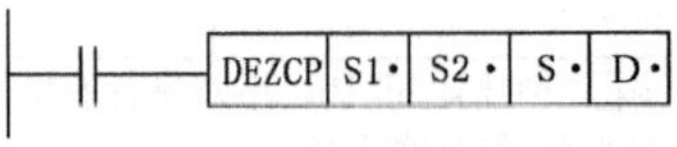

图 5-23 EZCP 指令梯形图

EZCP 指令操作数内容及取值如表 5-18 所示。

表 5-18 EZCP 指令操作数内容及取值

操作数种类	内 容	数据类型
S1·	保存要比较的二进制浮点数数据的软元件编号	实数（二进制）①
S2·	保存要比较的二进制浮点数数据的软元件编号	
S·	保存要比较的二进制浮点数数据的软元件编号	
D·	输出结果的起始位软元件编号（占用 3 点）	位

注：①指定了常数（K、H）时，会自动将数值从 BIN 转换为二进制浮点数（实数），再执行指令。

解读：当驱动条件成立时，将源址 S 与源址 S1,S2 分别进行实数比较，并根据比较结果（S<S1,S1⩽S⩽S2,S>S2）置终址位元件 D,D+1,D+2 其中一个为 ON。

2. 指令应用

ECMP 指令和 EZCP 指令均为浮点数比较指令，它们的应用及应用注意均与 CMP 指令和 ZCP 指令一样。可参考上述指令讲解进行学习和应用。

浮点数运算为 32 位运算，所以，浮点数比较指令在使用时，必须为 DECMP 和 DEZCP，如这两个指令的梯形图所示。

源址 S1,S2 和 S 均可指定常数 K,H,E。指定了 K,H 常数时，指令会自动把他们转换成浮点数再进行比较。

5.3.4　十进制整数与二进制浮点数转换指令 FLT, INT

FLT 指令是为不能进行小数直接输入的 FX_{2N} PLC 设计的。如前所述，FX_{2N} 能进行浮点数运算，但不能直接输入浮点数。PLC 在进行浮点数运算时，浮点数指令的源址必须是二进制浮点数，因此，当寄存器的数据内容为整数时，必须要先把整数转换成浮点数，然后再参与浮点数运算。这个转换是通过 FLT 指令来完成的。但如果是 K,H 常数，则可直接把作为浮点数运算指令的源址写入到指令中，而浮点数运算指令会在执行过程中自动地把 K,H 常数转换成浮点数。而 FX3 系列 PLC 都可以直接输入浮点数，不需要使用 FLT 指令进行转换。

1. 指令格式

指令格式如表 5-19 所示。

表 5-19　FLT、INT 指令格式

功能号	助记符	名称	程序步
FNC 49	【D】 FLT 【P】	整数转换二进制浮点数	5/9
FNC 129	【D】 INT 【P】	二进制浮点数转换整数	5/9

FLT、INT 指令可用软元件如表 5-20 所示。

表 5-20　FLT、INT 指令可用软元件

操作数种类	位软元件							字软元件												其他				
	系统/用户							位数指定				系统/用户				特殊模块	变址			常数		实数	字符串	指针
	X	Y	M	T	C	S	D□.b	KnX	KnY	KnM	KnS	T	C	D	R	U□\G□	V	Z	修饰	K	H	E	"□"	P
S·														●	▲1	▲2			●					
D·														●	▲1	▲2			●					

▲1：仅 FX_{3G}/FX_{3GC}/FX_{3U}/FX_{3UC} 可编程控制器支持。

▲2：仅 FX_{3U}/FX_{3UC} 可编程控制器支持。

指令梯形图如图 5-24、图 5-25 所示。

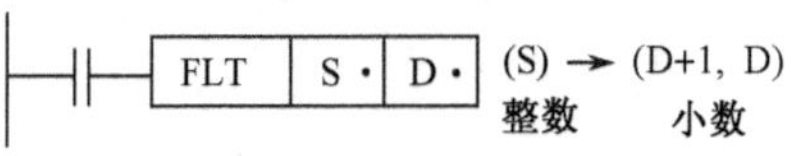

图 5-24　FLT 指令梯形图

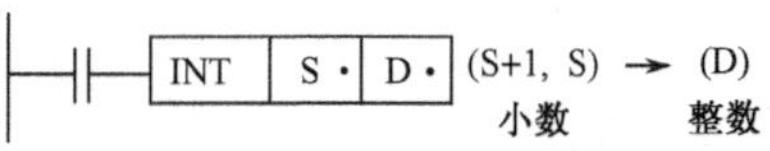

图 5-25　INT 指令梯形图

FLT、INT 指令操作数内容及取值如表 5-21 所示。

表 5-21　FLT、INT 指令操作数内容及取值

操作数种类	内　容	数 据 类 型
S·	保存 BIN 数或二进制浮点数数据的数据寄存器编号	BIN16/32 位或实数（二进制）
D·	保存转换后二进制浮点数或 BIN 数的数据寄存器编号	实数（二进制）或 BIN16/32 位

解读：当驱动条件成立时，将 S 中的整数（或二进制浮点数）转换成二进制浮点数（或整数）送到 D 中保存。

2．指令应用

（1）FLT 和 INT 是一对互为逆变换的指令，它们的源址和终址只能是寄存器 D，不能是常数 K、H 或其他软元件。

（2）在进行浮点数运算时，除必须将整数转成浮点数外，浮点数常数也不能直接写入源址中，必须先将它们转成浮点数后才能进行运算。浮点数常数转换成浮点数的方法：先乘以一个 10 的倍数变成整数，再通过指令 FLT 转成浮点数，再把这个浮点数除以 10 的倍数，复原为原来的浮点数。

【例 9】　试编写将整数 K330 和小数 3.14 转换成浮点数小数的程序。

程序如图 5-26 所示。

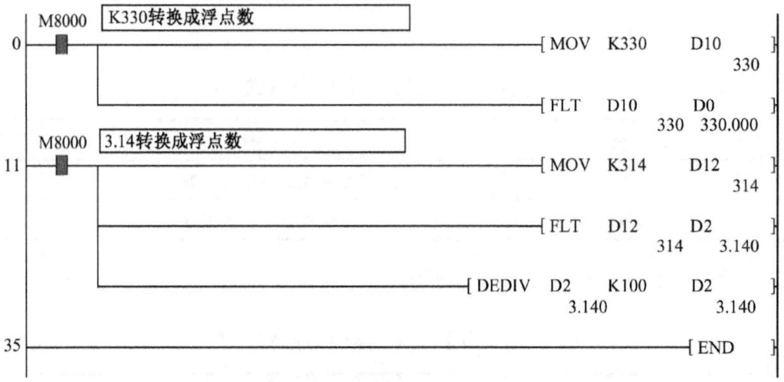

图 5-26　例 9 程序梯形图

（3）INT 指令实际为取整指令，即取出浮点小数的整数部分存入终址单元。在执行 INT 指令时，如果浮点数的整数部分为 0，则取整数为“0”，舍去小数部分，这时，借位标志 M8021=ON，当结果为 0 时，标志 M8020=ON，结果发生溢出时（超出 16 位或 32 位整数范围）溢出标志 M8022=ON。

5.3.5　十、二进制浮点数转换指令 EBCD,EBIN

1．指令格式

指令格式如表 5-22 所示。

表 5-22　EBCD、EBIN 指令格式

功 能 号	助 记 符	名　　称	程 序 步
FNC 118	【D】 EBCD 【P】	二进制浮点数转换十进制浮点数	0/9
FNC 119	【D】 EBIN 【P】	十进制浮点数转换二进制浮点数	0/9

EBCD、EBIN 指令可用软元件如表 5-23 所示。

表 5-23　EBCD、EBIN 指令可用软元件

操作数种类	位软元件							字软元件												其他				
	系统/用户							位数指定				系统/用户				特殊模块	变址			常数		实数	字符串	指针
	X	Y	M	T	C	S	D□.b	KnX	KnY	KnM	KnS	T	C	D	R	U□\G□	V	Z	修饰	K	H	E	"□"	P
S·														●	●	●			●					
D·														●	●	●			●					

指令梯形图如图 5-27、图 5-28 所示。

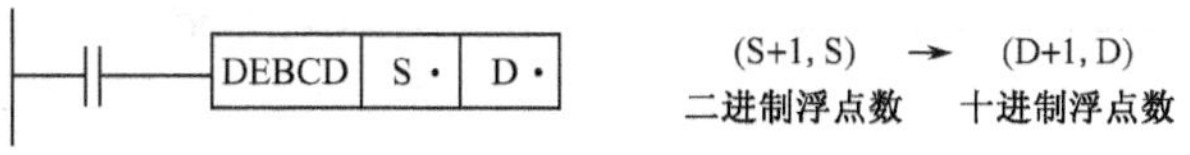

图 5-27　EBCD 指令梯形图

图 5-28　EBIN 指令梯形图

EBCD、EBIN 指令操作数内容及取值如表 5-24 所示。

表 5-24　EBCD、EBIN 指令操作数内容及取值

操作数种类	内　　容	数 据 类 型
S·	保存二进制浮点数或十进制浮点数数据的数据寄存器编号	实数（二进制）或实数（十进制）
D·	保存被转换的十进制浮点数或二进制浮点数的数据寄存器编号	实数（十进制）或实数（二进制）

解读：当驱动条件成立时，将 S 中的二进制浮点数（或十进制浮点数）转换成十进制浮点数（或二进制浮点数）传送到 D 中保存。

2．指令应用

（1）二进制浮点数和十进制浮点数都是用两个相邻的寄存器单元进行表示，但其表示方法却是不一样的，这在 5.1 节中已经介绍。EBCD、EBIN 指令的执行功能如图 5-29 所示。

小数运算在 PLC 内部全部是以二进制数来运算的。但是由于二进制浮点数值不易判断，因此，把二进制浮点数转换成十进制浮点数，就可以通过外部设备对数据进行监测。

（2）DEBIN 指令为小数转换成二进制浮点数提供了另一种转换方法。其方法是先将小数变成十进制浮点数，再通过 DEBIN 指令转换成二进制浮点数。

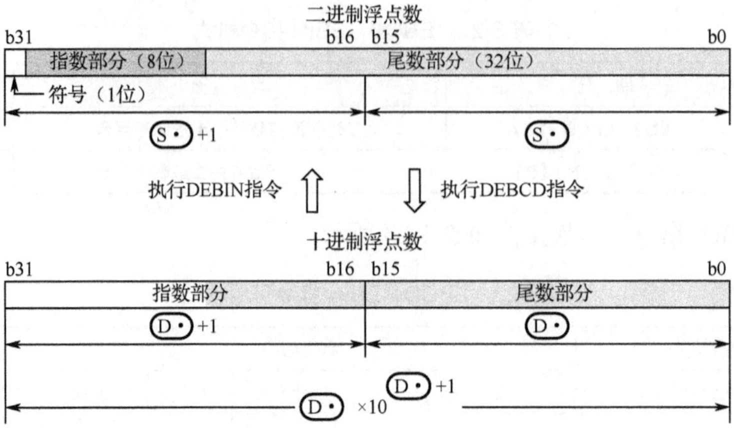

图 5-29　EBCD、EBIN 指令的执行功能

【例 10】　将 3.14 转换成二进制小数。

程序如图 5-30 所示。

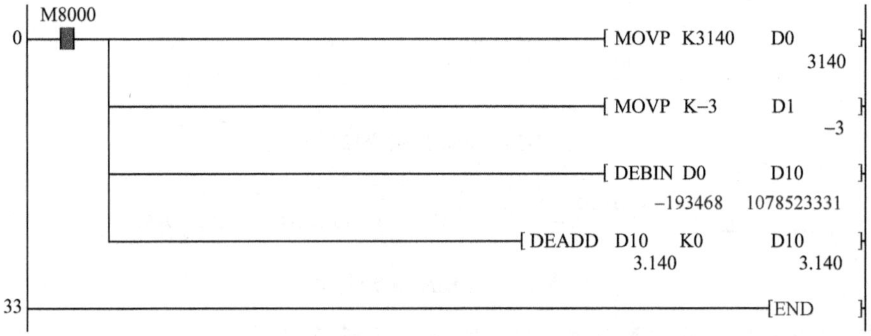

图 5-30　例 10 程序梯形图

程序中，DEADD 指令是为了说明(D1,D0)中数是 3.14。

5.3.6　浮点数四则运算指令 EADD,ESUB,EMUL,EDIV

1．指令格式

指令格式如表 5-25 所示。

表 5-25　浮点数四则运算指令格式

功 能 号	助 记 符	名 称	程 序 步
FNC 120	【D】 EADD 【P】	浮点数加法运算	0/13
FNC 121	【D】 ESUB 【P】	浮点数减法运算	0/13
FNC 122	【D】 EMUL 【P】	浮点数乘法运算	0/13
FNC 123	【D】 EDIV 【P】	浮点数除法运算	0/13

浮点数四则运算指令可用软元件如表 5-26 所示。

表 5-26　浮点数四则运算指令可用软元件

操作数种类	位软元件							字软元件												其他				
	系统/用户							位数指定				系统/用户				特殊模块	变址			常数		实数	字符串	指针
	X	Y	M	T	C	S	D□.b	KnX	KnY	KnM	KnS	T	C	D	R	U□\G□	V	Z	修饰	K	H	E	"□"	P
S1·														●	▲1	▲2			●	●	●	●		
S2·														●	▲1	▲2			●	●	●	●		
D·														●	▲1	▲2			●					

▲1：仅 $FX_{3G}/FX_{3GC}/FX_{3U}/FX_{3UC}$ 可编程控制器支持。

▲2：仅 FX_{3U}/FX_{3UC} 可编程控制器支持。

指令梯形图如图 5-31、图 5-32、图 5-33、图 5-34 所示。

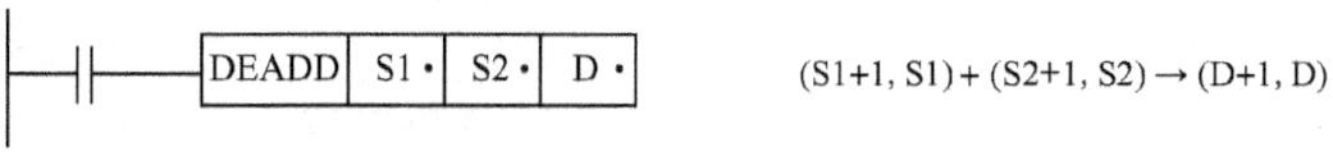

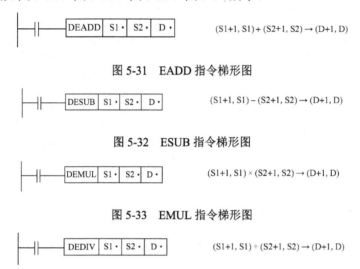

图 5-31　EADD 指令梯形图

图 5-32　ESUB 指令梯形图

图 5-33　EMUL 指令梯形图

图 5-34　EDIV 指令梯形图

浮点数四则运算指令操作数内容及取值如表 5-27 所示。

表 5-27　浮点数四则运算指令操作数内容及取值

操作数种类	内　容	数 据 类 型
S1·	保存进行运算的二进制浮点数数据的字软元件编号	实数（二进制）
S2·	保存进行运算的二进制浮点数数据的字软元件编号	
D·	保存运算后的二进制浮点数数据的数据寄存器编号	

解读：当驱动条件成立时，将源址 S1 和 S2 中的浮点数进行四则运算，并将运算结果传送至终址 D。传送后，S1 和 S2 中的内容保持不变。

2. 指令应用

1）常数 K,H 作为源址时，会在程序执行时自动转化为二进制浮点数进行处理。

2）当应用连续执行型指令时，在驱动条件成立期间，每一个扫描周期指令都会执行一次。可参考整数四则运算指令的应用说明。

3）如果除数（S2）为 0，则运算错误，指令不执行，且错误标志 M8067=ON。

【例 11】 试编写棱锥体积公式运算程序。

$$V=1/3\times(2\pi r\times h)$$

其中，r 为底圆半径，h 为高。

程序编制如图 5-35 所示。

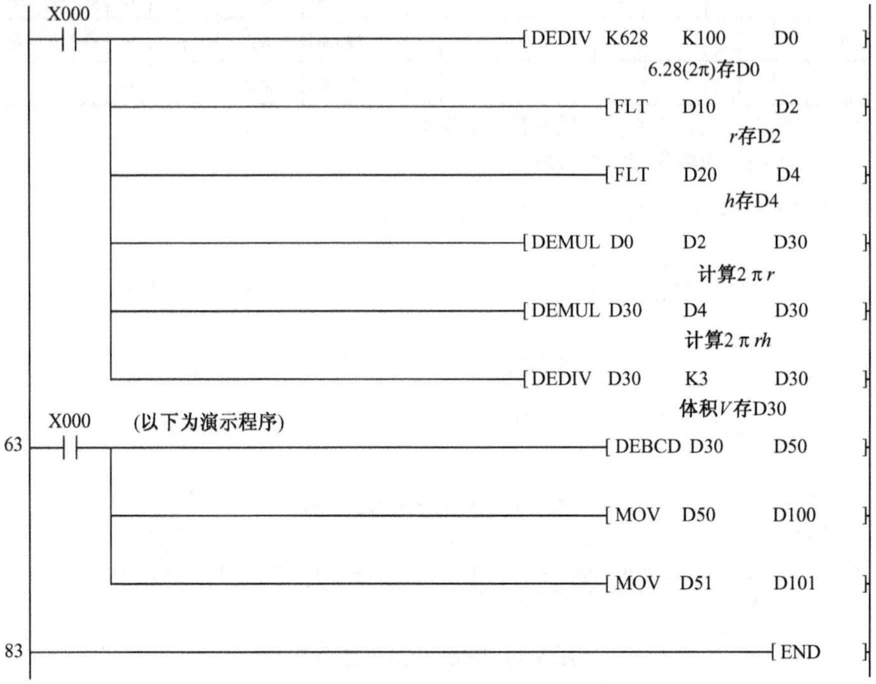

图 5-35 例 11 程序梯形图

5.3.7 浮点数开方指令 ESQR

1. 指令格式

FNC 127：【D】 ESQR 【P】　　　　程序步：0/9

ESQR 指令可用软元件如表 5-28 所示。

表 5-28 ESQR 指令可用软元件

操作数种类	位软元件							字软元件												其他				
	系统/用户							位数指定				系统/用户				特殊模块	变址			常数		实数	字符串	指针
	X	Y	M	T	C	S	D□.b	KnX	KnY	KnM	KnS	T	C	D	R	U□\G□	V	Z	修饰	K	H	E	"□"	P
(S·)														●	▲1	▲2			●	●	●	●		
(D·)														●	▲1	▲2			●					

▲1：仅 $FX_{3G}/FX_{3GC}/FX_{3U}/FX_{3UC}$ 可编程控制器支持。

▲2：仅 FX_{3U}/FX_{3UC} 可编程控制器支持。

指令梯形图如图 5-36 所示。

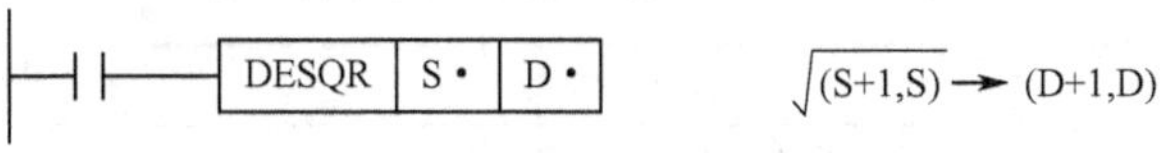

图 5-36　ESQR 指令梯形图

ESQR 指令操作数内容及取值如表 5-29 所示。

表 5-29　ESQR 指令操作数内容及取值

操作数种类	内　容	数据类型
(S·)	保存执行开方运算的二进制浮点数数据的软元件的起始编号	实数（二进制）①
(D·)	保存开方运算后的二进制浮点数数据的数据寄存器编号	

注：①指定了常数（K、H）时，会自动将数值从 BIN 转换为二进制浮点数（实数），再执行指令。

解读：当驱动条件成立时，对(S+1，S)浮点数进行开方（开根号）运算，并将运算结果送(D+1,D)中去。

2．指令应用

（1）如果运算结果为 0，则 M8020=ON,

（2）原址 S 必须为正数，如为负数，指令不执行，程序出错。

5.3.8　浮点数指数指令 EXP

1．指令格式

FNC 124:【D】 EXP 【P】　　　　程序步：0/9

EXP 指令可用软元件如表 5-30 所示。

表 5-30　EXP 指令可用软元件

操作数种类	位软元件							字软元件												其他				
	系统/用户							位数指定				系统/用户				特殊模块	变址			常数		实数	字符串	指针
	X	Y	M	T	C	S	D□.b	KnX	KnY	KnM	KnS	T	C	D	R	U□\G□	V	Z	修饰	K	H	E	"□"	P
(S·)														●	●	●			●			●		
(D·)														●	●	●			●					

指令梯形图如图 5-37 所示。

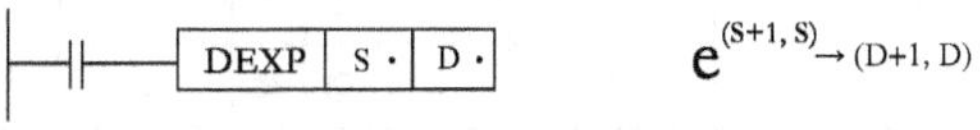

图 5-37　EXP 指令梯形图

EXP 指令操作数内容及取值如表 5-31 所示。

表 5-31　EXP 指令操作数内容及取值

操作数种类	内　容	数 据 类 型
(S·)	保存执行指数运算的二进制浮点数数据的软元件起始编号	实数（二进制）
(D·)	保存运算结果的软元件起始编号	

解读：当驱动条件成立时，对以 e 为底，S 为指数的数进行运算，并将运算结果送到 D 中保存。

2．指令应用

（1）e 为重要的数学常数。与π一样，是一个无限不循环小数。e 的近似值为 2.71828。把以 e 为底的对数称为自然对数。

（2）运算结果必须在 2^{-126}～2^{-128} 范围内，否则会运算出错，标志位 M8067=ON，在 D8067 中保存错误代码。

（3）为保证不会运算出错，可在运算前检查源址的值，仅当源址的数值小于 K88 时，($e^{88}>2^{128}$)，指令才执行。程序如图 5-38 所示。程序中，（D11,D10）为源址，D0 为终址。

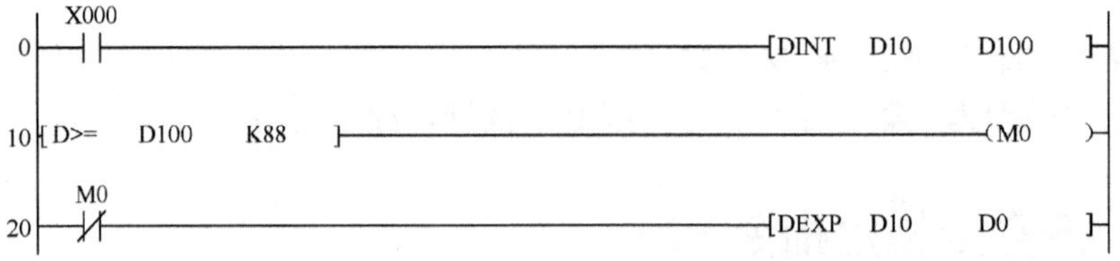

图 5-38　检查 EXP 指令是否出错程序梯形图

5.3.9　浮点数自然对数指令 LOGE

1．指令格式

FNC 125:【D】LOGE 【P】　　　　　　　　　　　　程序步：0/9

LOGE 指令可用软元件如表 5-32 所示。

表 5-32　LOGE 指令可用软元件

操作数种类	位软元件							字软元件												其他				
	系统/用户							位数指定				系统/用户				特殊模块	变址			常数		实数	字符串	指针
	X	Y	M	T	C	S	D□.b	KnX	KnY	KnM	KnS	T	C	D	R	U□\G□	V	Z	修饰	K	H	E	"□"	P
(S·)														●	●	●			●			●		
(D·)														●	●	●			●					

指令梯形图如图 5-39 所示。

图 5-39　LOGE 指令梯形图

LOGE 指令操作数内容及取值如表 5-33 所示。

表 5-33　LOGE 指令操作数内容及取值

操作数种类	内　容	数据类型
(S·)	保存进行自然对数运算的二进制浮点数数据的软元件的起始编号	实数（二进制）
(D·)	保存运算结果的软元件起始编号	

解读：当驱动条件成立时，执行以 e 为底的 S 的自然对数运算，并将运算结果送到 D 中保存。

2．指令应用

源址 S 只能为正值，如为负值或 0，运算出错。

5.3.10　浮点数常用对数指令 LOG10

1．指令格式

FNC 126：【D】LOG10 【P】　　　　程序步：0/9

LOG10 指令可用软元件如表 5-34 所示。

表 5-34　LOG10 指令可用软元件

操作数种类	位软元件							字软元件													其他			
	系统/用户							位数指定				系统/用户				特殊模块	变址			常数		实数	字符串	指针
	X	Y	M	T	C	S	D□.b	KnX	KnY	KnM	KnS	T	C	D	R	U□\G□	V	Z	修饰	K	H	E	"□"	P
(S·)														●	●	●			●			●		
(D·)														●	●	●			●					

指令梯形图如图 5-40 所示。

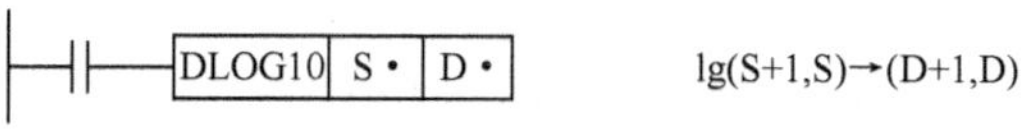

图 5-40　LOG10 指令梯形图

LOG10 指令操作数内容及取值如表 5-35 所示。

表 5-35　LOG10 指令操作数内容及取值

操作数种类	内　容	数据类型
(S·)	保存进行常用对数运算的二进制浮点数数据的软元件的起始编号	实数（二进制）
(D·)	保存运算结果的软元件起始编号	

解读：当驱动条件成立时，执行以 10 为底的 S 的常用对数运算，并将运算结果送到 D 中保存。

2. 指令应用

源址 S 只能为正值，如为负值或 0，运算出错。

5.3.11　浮点数三角函数值指令 SIN,COS,TAN

1. 指令格式

指令格式如表 5-36 所示。

表 5-36　SIN, COS, TAN 指令格式

功 能 号	助 记 符	名　称	程 序 步
FNC 130	【D】 SIN 【P】	浮点数弧度值正弦运算	0/9
FNC 131	【D】 COS 【P】	浮点数弧度值余弦运算	0/9
FNC 132	【D】 TAN 【P】	浮点数弧度值正切运算	0/9

SIN, COS, TAN 指令可用软元件如表 5-37 所示。

表 5-37　SIN, COS, TAN 指令可用软元件

操作数种类	位软元件							字软元件												其他				
	系统/用户							位数指定				系统/用户				特殊模块	变址			常数		实数	字符串	指针
	X	Y	M	T	C	S	D□.b	KnX	KnY	KnM	KnS	T	C	D	R	U□\G□	V	Z	修饰	K	H	E	"□"	P
S·														●	●	●			●			●		
D·														●	●	●			●					

指令梯形图如图 5-41、图 5-42、图 5-43 所示。

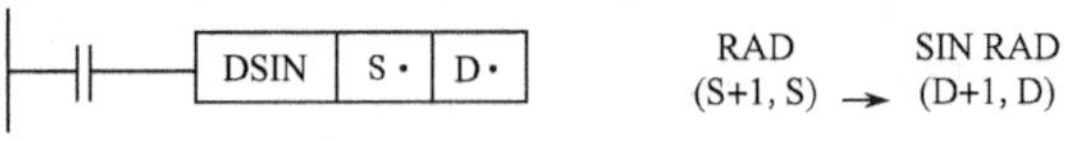

图 5-41　SIN 指令梯形图

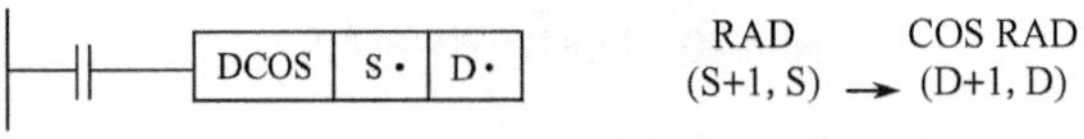

图 5-42　COS 指令梯形图

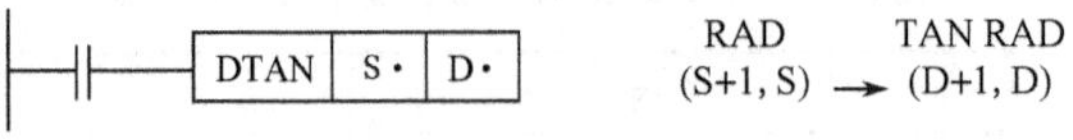

图 5-43　TAN 指令梯形图

SIN, COS, TAN 指令操作数内容及取值如表 5-38 所示。

表 5-38 SIN, COS, TAN 指令操作数内容及取值

操作数种类	内 容	数据类型
(S·)	保存二进制浮点数的 RAD（角度）的软元件编号	实数（二进制）
(D·)	保存二进制浮点数的 SIN 值、COS 值、TAN 值的软元件编号	

解读：当驱动条件成立时，将存储在 S 的浮点数弧度值转换成所对应的三角函数值保存在 D 中。

2. 指令应用

浮点数三角函数数值指令用来求浮点数弧度值所对应的三角函数值。角度不能直接作为源址。如为角度，则必须先转换成弧度后才能进行运算。计算公式为：弧度=角度×π÷180。

【例 12】 求 sin30°、cos30° 和 tan30° 的值。

程序如图 5-44 所示。

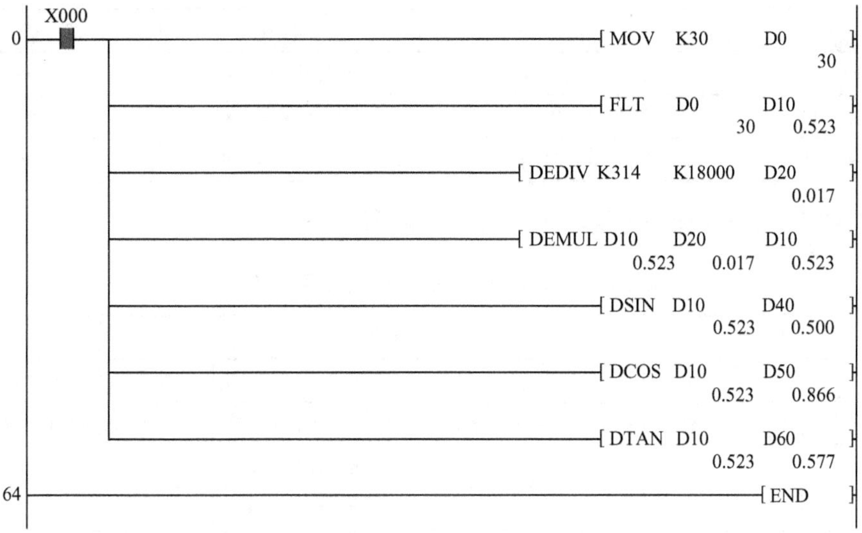

图 5-44 例 12 程序梯形图

对 FX3 系列 PLC 来说，新增了角度-弧度指令，RAD 程序设计更为简单，如图 5-45 所示。

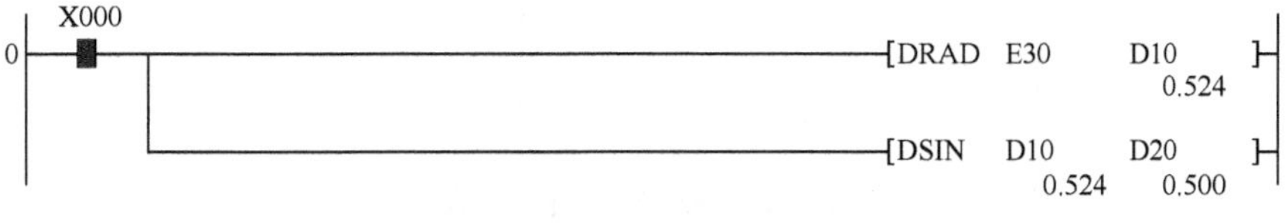

图 5-45 例 12 利用 RAD 指令程序梯形图

这个程序是用 RAD 指令直接把 30° 角度转换成弧度，再求其 sin 值。如果是 D 存储的角度，必须先用 DEMOV 指令将角度值转换成浮点数角度值，才能利用 RAD 指令转换成弧度。如图 5-46 梯形图程序。

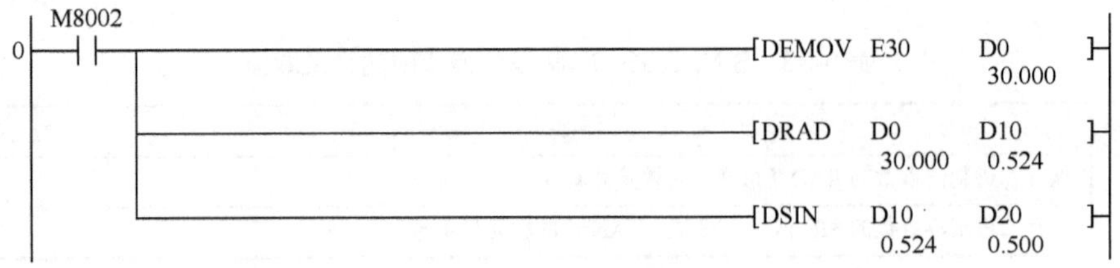

图 5-46　例 12 利用 RAD 间接寻址程序梯形图

5.3.12　浮点数反三角函数值指令 ASIN,ACOS,ATAN

1．指令格式

指令格式如表 5-39 所示。

表 5-39　ASIN,ACOS,ATAN 指令格式

功 能 号	助 记 符	名　　称	程 序 步
FNC 133	【D】 ASIN 【P】	浮点数反正弦运算	0/9
FNC 134	【D】 ACOS 【P】	浮点数反余弦运算	0/9
FNC 135	【D】 ATAN 【P】	浮点数反正切运算	0/9

ASIN,ACOS,ATAN 指令可用软元件如表 5-40 所示。

表 5-40　ASIN,ACOS,ATAN 指令可用软元件

操作数种类	位软元件							字软元件												其他				
	系统/用户							位数指定				系统/用户				特殊模块	变址			常数		实数	字符串	指针
	X	Y	M	T	C	S	D□.b	KnX	KnY	KnM	KnS	T	C	D	R	U□\G□	V	Z	修饰	K	H	E	"□"	P
S·														●	●	●			●			●		
D·														●	●	●			●					

指令梯形图如图 5-47、图 5-48、图 5-49 所示。

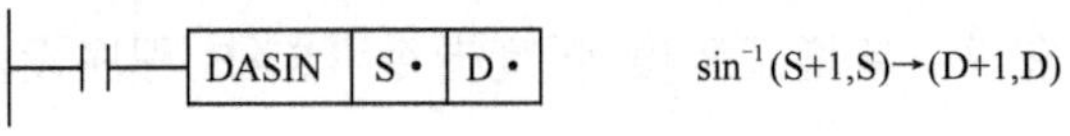

图 5-47　ASIN 指令梯形图

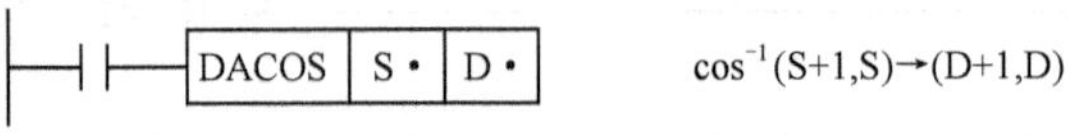

图 5-48　ACOS 指令梯形图

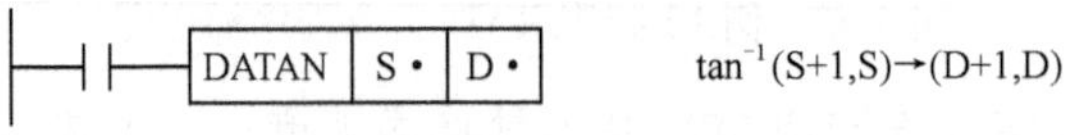

图 5-49　ATAN 指令梯形图

ASIN,ACOS,ATAN 指令操作数内容及取值如表 5-41 所示。

表 5-41　ASIN,ACOS,ATAN 指令操作数内容及取值

操作数种类	内　　容	数 据 类 型
S·	保存执行反正弦、反余弦、反正切值的软元件的起始编号	实数（二进制）
D·	保存运算结果的软元件起始编号	

解读： 当驱动条件成立时，将存储在 S 中的反三角函数 $\sin^{-1}$,$\cos^{-1}$,$\tan^{-1}$ 值转换成所对应的弧度值保存在 D 中。

2. 指令应用

对 $\sin^{-1}$, $\cos^{-1}$ 来说，源址 S 的取值必须在-1 到+1 之间，超过这个范围，运算出错，M8067=ON。对 $\tan^{-1}$，没有取值限制。

5.3.13　浮点数角度-弧度值转换指令 RAD, DEG

1. 指令格式

指令格式如表 5-42 所示。

表 5-42　RAD, DEG 指令格式

功 能 号	助 记 符	名　称	程 序 步
FNC 136	【D】 RAD 【P】	浮点数角度-弧度运算	0/9
FNC 137	【D】 DEG 【P】	浮点数弧度-角度运算	0/9

RAD, DEG 指令可用软元件如表 5-43 所示。

表 5-43　RAD, DEG 指令可用软元件

操作数种类	位软元件							字软元件												其他				
	系统/用户							位数指定				系统/用户				特殊模块	变址			常数		实数	字符串	指针
	X	Y	M	T	C	S	D□.b	KnX	KnY	KnM	KnS	T	C	D	R	U□\G□	V	Z	修饰	K	H	E	"□"	P
S·														●	●	●			●			●		
D·														●	●	●			●					

指令梯形图如图 5-50、图 5-51 所示。

图 5-50　RAD 指令梯形图

图 5-51　DEG 指令梯形图

RAD, DEG 指令操作数内容及取值如表 5-44 所示。

表 5-44　RAD, DEG 指令操作数内容及取值

操作数种类	内　　容	数 据 类 型
S·	保存要转换成弧度单位、角度单位的软元件起始编号	实数（二进制）
D·	保存运算结果的软元件起始编号	

解读：当驱动条件成立时，将存储在 S 中的角度值转换成所对应的弧度值保存在 D 中。

2. 指令应用

（1）这是新开发的弧度-角度功能指令，它省去了在程序中利用公式进行弧度-角度的编制。

（2）这一对指令均适用源址 S 为立即寻址方式，即直接输入浮点数弧度值或角度值。如果用间接寻址寄存器 D，还必须先把角度值用 DEMOV 指令存入到寄存器后再进行转换。

5.3.14　浮点数符号反转指令 ENEG

1. 指令格式

FNC 128：【D】ENEG 【P】　　　　程序步：0/5

指令可用软元件如表 5-45 所示。

表 5-45　ENEG 指令可用软元件

操作数种类	位软元件							字软元件												其他				
	系统/用户							位数指定				系统/用户				特殊模块	变址			常数		实数	字符串	指针
	X	Y	M	T	C	S	D□.b	KnX	KnY	KnM	KnS	T	C	D	R	U□\G□	V	Z	修饰	K	H	E	"□"	P
D·														●	●	●			●					

指令梯形图如图 5-52 所示。

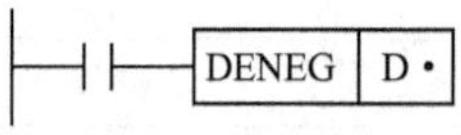

图 5-52　ENEG 指令梯形图

指令操作数内容及取值如表 5-46 所示。

表 5-46　指令操作数内容及取值

操作数种类	内　　容	数 据 类 型
D·	保存要执行符号翻转的二进制浮点数数据的软元件的起始编号	实数（二进制）

解读：当驱动条件成立时，将浮点数 D 的符号进行翻转（正变负，负变正）后重新存入 D 中。

2. 指令应用

该指令仅对浮点数符号进行反转，对数值本身没有任何影响。

5.4　逻辑位运算指令

逻辑位运算的规则参看本章 5.1 节所述。在 FX 系列 PLC 数据量的处理中，经常要把两个 16 位或 32 位的二进制数进行逻辑运算处理，其处理的方法是把两个数相对应的位进行位与位的逻辑运算。

5.4.1　逻辑位运算指令 WAND, WOR, WXOR

1. 指令格式

逻辑位运算有逻辑字与，逻辑字或，逻辑字异或三种。逻辑位运算指令格式如表 5-47 所示。

表 5-47　逻辑位运算指令格式

功 能 号	助 记 符	名　　称	程 序 步
FNC 26	【D】 WAND 【P】	逻辑与运算	7/13
FNC 27	【D】 WOR 【P】	逻辑或运算	7/13
FNC 28	【D】 WXOR 【P】	逻辑异或运算	7/13

逻辑位运算指令可用软元件如表 5-48 所示。

表 5-48　逻辑位运算指令可用软元件

操作数种类	位软元件							字软元件													其他				
	系统/用户							位数指定				系统/用户				特殊模块	变址			常数		实数	字符串	指针
	X	Y	M	T	C	S	D□.b	KnX	KnY	KnM	KnS	T	C	D	R	U□\G□	V	Z	修饰	K	H	E	"□"	P
S1·								●	●	●	●	●	●	●	▲1	▲2	●	●	●	●	●			
S2·								●	●	●	●	●	●	●	▲1	▲2	●	●	●	●	●			
D·									●	●	●	●	●	●	▲1	▲2	●	●	●					

▲1：仅 $FX_{3G}/FX_{3GC}/FX_{3U}/FX_{3UC}$ 可编程控制器支持。
▲2：仅 FX_{3U}/FX_{3UC} 可编程控制器支持。

指令梯形图如图 5-53、图 5-54、图 5-55 所示。

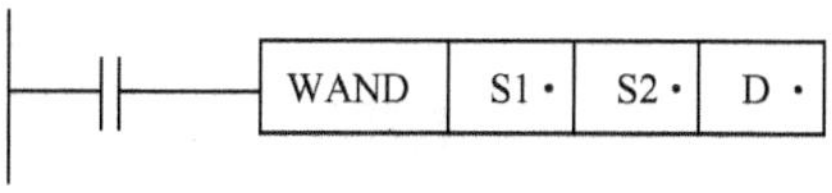

图 5-53　WAND 指令梯形图

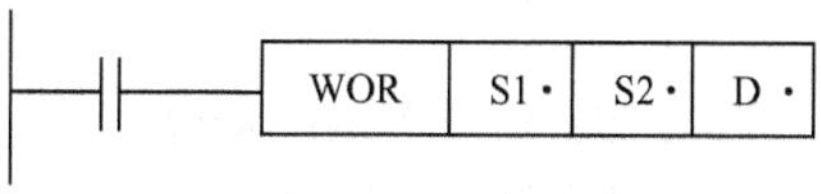

图 5-54　WOR 指令梯形图

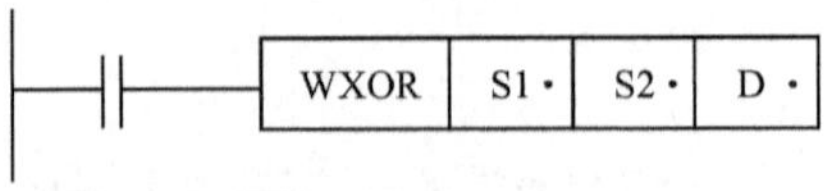

图 5-55　WXOR 指令梯形图

逻辑位运算指令操作数内容及取值如表 5-49 所示。

表 5-49　逻辑位运算指令操作数内容及取值

操作数种类	内　容	数据类型
S1·	保存逻辑数据或保存数据的字软元件编号	BIN16/32 位
S2·	保存逻辑数据或保存数据的字软元件编号	BIN16/32 位
D·	保存逻辑结果的字软元件编号	BIN16/32 位

解读：当驱动条件成立时，将二进制数 S1 和二进制数 S2 进行位对位的相应逻辑位运算，运算结果保存在 D 中。

2．指令应用

WAND 指令常用于将某个运算量的某些位清零或提取某些位的值，用“0 与”则清零，用“1 与”则保留或提取位值。

【例 13】　指令 WAND 的应用。

```
WAND   H0000   D20    D20          对 D20 清零
WAND   H00FF   D10    D11          取 D10 低 8 位存 D11
WAND   HFF00   D10    D12          取 D10 高 8 位存 D12
WAND   H0010   D10    K4M0         取 D10 的 b5 位送 M4
```

WOR 指令常用于将某个运算量的某些位置 1，用“1 或”则置 1，用“0 或”则保留或提取位值。

【例 14】　指令 WOR 的应用。

```
WOR   HFFFF   D20    D20          对 D20 置全 1
WOR   HFFDF   D10    K4M0         取 D10 的 b5 位送 M4
```

WXOR 指令有“与 1 异或”该位翻转，“与 0 异或”该位不变的规律，即用“异或 1”则置反，用“异或 0”则保留。

5.4.2　求补码指令 NEG

1．指令格式

FNC 29:【D】NEG 【P】　　　　　　　　　　　　程序步：3/5

指令可用软元件如表 5-50 所示。

表 5-50　NEG 指令可用软元件

操作数种类	位软元件							字软元件												其他				
	系统/用户							位数指定				系统/用户				特殊模块	变址			常数		实数	字符串	指针
	X	Y	M	T	C	S	D□.b	KnX	KnY	KnM	KnS	T	C	D	R	U□\G□	V	Z	修饰	K	H	E	"□"	P
(D·)									●	●	●	●	●	●	●	●	●	●	●					

指令梯形图如图 5-56 所示。

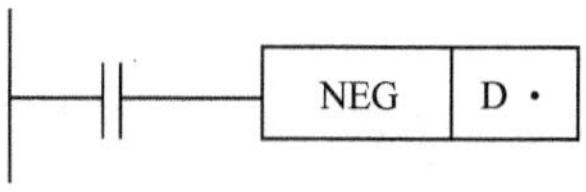

图 5-56　NEG 指令梯形图

指令操作数内容及取值如表 5-51 所示。

表 5-51　指令操作数内容及取值

操作数种类	内　　容	数据类型
(D·)	保存欲求补码的数据的字软元件编号，以及保存目标软元件编号（运算结果被保存在同一字软元件编号中）	BIN16/32 位

解读：当驱动条件成立时，对 D 进行求补码运算（按位求反加 1），并将结果送回 D 中。

2．指令应用

在 5.1 节中，介绍了补码的概念，并指出在带符号的定点整数表示中，正数为二进制原码，负数则为原码的补码。这就是说，正数的补码是其相反数，如+5 的补码为–5，+32 767 的补码为–32 767。因此，绝对值相同的正负数是一对互为补码的数，这里有两个例外，0 的补码仍为 0，–32 768 的补码仍为–32 768。

求补指令在实际应用中，除对数值求补外（求补在某些通信程序中对通信数据校验时会用到，例如，MODBUS 通信协议中 ASCII 方式规定的 LRC 校验算法就是对参与校验的数据求和，取其低 8 位的补码为校验码），还可以用来求绝对值。

【例 15】　求任意两数相减所得的绝对值，试编写运算程序。

程序如图 5-57 所示。

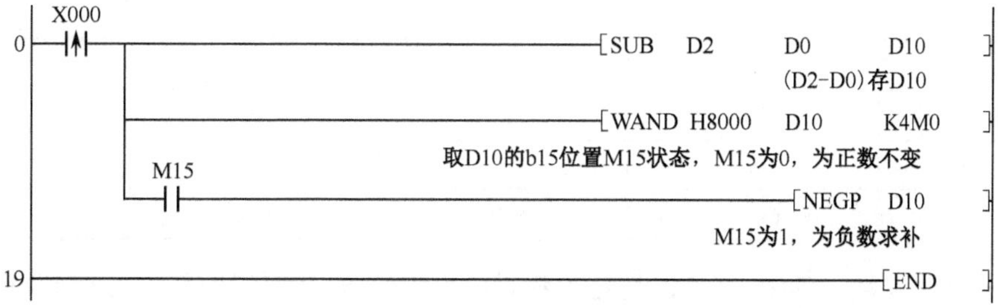

图 5-57　例 15 程序梯形图

第6章　数据处理指令（一）

广义地讲，数据处理是针对数据的采集、存储、检索、变换、传送显示及数表的处理。实际上，PLC 的控制功能就是对控制系统的数据处理功能。因此，可以说全部功能指令都是数据处理指令。

这一章讨论的数据处理指令含义要狭窄一些，仅包括了码制的转换，编码解码，数据的采集、检索、排序，以及一些不能归于其他门类的指令。

6.1　数制与码制

6.1.1　数制

数制就是数的计数方法，也就是数的进位法。在数字电子技术中，数制是必须掌握的基础知识。

1．数制三要素

数制是指计算数的方法。其基本内容有两个，一个是如何表示一个数，一个是如何表示数的进位。公元 400 年，印度数学家最早提出了十进制计数系统，当然，这种计数系统与人手指的数量有关，这也是很自然的事。这种计数系统（即数制）的特点是逢十进一，有 10 个不同的数码表示数（也就是阿拉伯数字 0～9），把这个计数系统称为十进制。

十进制计数已经包含了数制的三要素：基数、位权、复位和进位。下面就以十进制为例来讲解数制的三要素。

表 6-1 是十进制数 6505 的位、位权、位符、位值的说明。

表 6-1　位、位权、位符、位值

	MSD			LSD
位　权	10^3	10^2	10^1	10^0
位	b3	b2	b1	b0
位　符	6	5	0	5
位　值	6×10^3	5×10^2	0×10^1	5×10^0

这是一个四位数，其中，6,5,0 是它的数码，也称位符。我们知道，十进制数有 10 个数码 0～9，把这 10 个数码称为十进制数的数符，10 为十进制数的基数。基数表示数制所包含数符的个数，同时也表示了数制的进位，即逢十进一。N 进制必须有 n 个数符，基数为 N，

逢 N 进一。

我们分别以 b0 位、b1 位、b2 位和 b3 位来表示这个四位数数符所在的个位、十位、百位和千位。

规定最右边位（个位）为 b0 位，然后依次往左为 b1,b2,b3 位。我们会发现 b2 位的 5 和 b0 位的 5 虽然都是数码 5，但它们表示的数值是不一样的。b2 位的 5 表示 500，b0 位的 5 只表示 5，为什么呢？这是因为不同位的位权是不一样的。位权是数制的三要素之一，它表示位符所在位的权值。位权一般是基数的正整数幂，从 0 开始，按位递增。b0 位位权为 10^0，b1 位位权为 10^1，以此类推。N 进制的位权为 $n^0,n^1,n^2,\cdots$，而该位的位值为位符×位权。

当数中某一位（如 b0 位）到达最大数码后，必须产生复位和进位的操作。当 b0 位数到 9（最大数码）后，则 b0 位会变为 0，并向 b1 位进 1。复位和进位是数制必须包含的运算处理。

基数、位权、进位和复位称为数制三要素。一般地说，数制的数值由各位数码乘以位权然后相加得到，即

$$6505 = 6\times10^3+5\times10^2+0\times10^1+5\times10^0$$

把数制中数的位权最大的有效值（最左边的位）称为最高有效位 MSD（Most Siginfical Digit），而把最右边的有效位称为最低有效位 LSD（Least Siginfical Digit）。在二进制中，常常把 LSD 位称为低位，把 MSD 位称为高位。

上面虽然是以十进制来介绍数制的知识的，但是数制的三要素对所有的进制都是适用的。

一个 N 进制的 n 位数，则基数为 N，有 n 个不同的数码，逢 N 进一，其位权由 LSD 位到 MSD 位分别为 $n^0,n^1,n^2,\cdots,n^{N-1}$。当某位计数到最大数码时，该位复位为最小数码，并向上一位进 1，其数值为

$$数值 = b_{N-1}\cdot n^{N-1}+b_{N-2}\cdot n^{N-2}+\cdots+b_1\cdot n^1+b_0\cdot n^0$$

2. 二、八、十、十六进制数

下面介绍在数字电子技术中，特别是在 PLC 中常用的二、八、十、十六进制。

根据上节所讲的知识，我们得到二、八、十、十六进制的三要素，见表 6-2。

表 6-2　二、八、十、十六进制的三要素

进　制	符　号	数　符	位　权	例　举
2	B	0，1	2^n	B1101
8	$(\cdots)_8$	0～7	8^n	$(107)_8$
10	K	0～9	10^n	K255
16	H	0～9,A,B,C,D,E,F	16^n	H3AE

本来，N 进制数制的数符 n 个数码是人为随意规定的。但是，目前国际上关于二、八、十、十六进制的数符都已做了明确的规定，见表 6-2。我们发现这四个进制的数符有部分相同，这就出现了数制如何表示的问题。例如，1101 是二进制、八进制、十进制还是十六进制数呢？为了明确区分，在数的前面（或者后面）加上前缀（或者后缀）。这就是表中“符号”的含义。例如，B1101 是二进制数，K1101 是十进制数，而 H1101 是十六进制数。八进制数目前还没有统一表示。今后在程序编写时必须严格按这个规定执行。

既然十进制已经用了 2000 多年，而且应用也很方便，为什么还要提出二进制呢？这实际上是数字电子技术发展的必然。因为在脉冲和数字电路中，所处理的信号只有两种状态：高电位和低电位，这两种状态刚好可以用 0 和 1 来表示。当把二进制引入数字电路后，数字电路就可以对数进行运算了，也可以对各种信息进行处理了。可以说，计算机今天能够发挥如此大的作用是与二进制数的应用分不开的。我们要学习数字电子技术就必须要学习二进制。

八进制在约 40 年前比较流行，因为当时很多微型计算机的接口是按八进制设计的（三位为一组），然而今天已经用得不多了。目前，仅在 PLC 的输入 / 输出（I/O）接口的编址上还在使用八进制数。

二进制数的优点是只使用两个数码，和计算机信号状态相吻合，可以直接被计算机所使用。缺点是表示同样一个数，它需要用到更多的位数。例如，十进制数 K14 只有两位，而二进制数为 B1110 有四位，如果用十六进制数表示，只有一位 H E。太多的二进制位使得阅读和书写都变得非常不方便，例如，B1100 0110 根本看不出这个数是多少，如果是 K198，马上就有了数量大小的概念。因此，在数字电子技术中引入十进制数就是为了阅读和书写的方便。而引进十六进制数除了其表示数的位数更少、更简约，还因为它与二进制的转换极其简单方便。

3. 数制间转换

1）二、十六进制数转换成十进制数

前面已经有初步的讲解，数制的数值为各个位符乘以位权然后完全相加。一般地说，一个 n 进制数如果有 N 位（$0,1,\cdots,N-1$），则其十进制数值公式为：

十进制数值 $= b_{N-1}\cdot n^{N-1}+b_{N-2}\cdot n^{N-2}+\cdots+b_1\cdot n^1+b_0\cdot n^0$

式中，$b_0,b_1,\cdots,b_{N-2},b_{N-1}$ 为 N 进制基数；$n^0,n^1,\cdots,n^{N-2},n^{N-1}$ 为 N 进制的位权。

这里就以二、十六进制为例说明。

【例 1】 试把二进制数 B11011 转换成等值的十进制数，$n=2, N=5$。

十进制数值 $= b_{N-1}\cdot n^{N-1}+b_{N-2}\cdot n^{N-2}+\cdots+b_1\cdot n^1+b_0\cdot n^0$

$= 1\times2^4+1\times2^3+0\times2^2+1\times2^1+1\times2^0 =$ K27

从中可以看出，b_i 为 0 的位，其值也为 0，可以不用加，这样把一个二进制数转换为十进制数只要把位符为 1 的权值相加即可。

【例 2】 试把十六进制数 H3E8 转换成十进制数。$n=16$，$N=3$。

十进制数值 $= b_{N-1}\cdot n^{N-1}+b_{N-2}\cdot n^{N-2}+\cdots+b_1\cdot n^1+b_0\cdot n^0$

$= 3\times16^2+14\times16^1+8\times16^0 =$ K1000

其转换过程和二进制完全一样。

2）十进制数转换成二、十六进制数

十进制数转换成 N 进制的口诀：

整数部分　除 N 取余　逆序排列

小数部分　乘 N 取整　顺序排列

【例 3】 K200 = B？　K0.13 = B？

这是十进制数转换成二进制数，N=2。

整数部分：

$$
\begin{aligned}
200\div2 &= 100\cdots0\\
100\div2 &= 50\cdots\ 0\\
50\div2 &= 25\cdots\ 0\\
25\div2 &= 12\cdots\ 1\\
12\div2 &= 6\cdots\ 0\\
6\div2 &= 3\cdots\ 0\\
3\div2 &= 1\cdots\ 1\\
1\div2 &= 0\cdots\ 1
\end{aligned}
$$

K200 = B11001000
（逆序排列）

小数部分：

$0.13\times2 = 0.26$　　整数部分 0

$0.26\times2 = 0.52$　　整数部分 0　　K0.13 ≈ B0.001（顺序排列）

$0.52\times2 = 1.04$　　整数部分 1

注意：小数部分应乘到 0 为止，但一般乘到题目要求就可以了。

【例 4】　K1425 = H?　K0.85 = H?

整数部分：

$$
\begin{aligned}
1425\div16 &= 89\cdots1\\
89\div16 &= 5\cdots9\\
5\div16 &= 0\cdots5
\end{aligned}
$$

K1425 = H591（逆序排列）

小数部分 ：

$0.85\times16 = 13.6$　　整数部分 13（D）

$0.\ 6\times16 = 9.6$　　整数部分 9　　K0.85 ≈ H0.D99（顺序排列）

$0.6\times16 = 9.6$　　整数部分 9

注意：如果除以权值后商大于 9，必须用十六进制数 A,B,C,D,E,F 表示。

【例 5】　K1425.85 = H?

K1425.85 = H591.D99

3）二、十六进制数互换

二、十六进制数互换有如下口诀：

2 转 16：4 位变 1 位，按表写数。

16 转 2：1 位变 4 位，按数查表。

二进制数和十六进制数的对应关系见表 6-3。

表 6-3　二进制数和十六进制数对应表

二 进 制	0000	0001	0010	0011	0100	0101	0110	0111
十 六 进 制	0	1	2	3	4	5	6	7
二 进 制	1000	1001	1010	1011	1100	1101	1110	1111
十 六 进 制	8	9	A	B	C	D	E	F

【例 6】 试把二进制数 B01111010010011 转换成十六进制数。

把二进制数 B01111010010011 由最低位 b0 开始，4 位划一，高位不足 4 位时，前面补 0 凑成 4 位，然后按表直接写出十六进制数。

0001	1110	1001	0011
1	E	9	3

【例 7】 试把十六进制数 H3AC8 转换成二进制数。

按数查表直接写出二进制数：

3	A	C	8
0011	1010	1100	1000

6.1.2 码制

编码是指用一组 *n* 位二进制数码来表示数据、各种字母符号、文本信息和控制信息的二进制数码的集合。

表示的方式不同，就形成了不同的码制。

这里仅介绍在 PLC 中常用的 8421BCD 码、ASCII 字符编码、7 段数码管显示码和格雷码。

1．8421BCD 码

二进制数的优点是数字系统可以直接应用它，但是不符合人们的阅读和书写习惯，如何既不改变数字系统处理二进制数的特征，又能在外部显示十进制数字，这就产生了用二进制数表示十进制数的编码——BCD 码。

数字 0～9 一共有 10 种状态。三位二进制数只能表示 8 种不同的状态，显然不行。用四位二进制数来表示 10 种状态是绰绰有余的，因为 4 位二进制数有 16 种状态组合，还有 6 种状态没有用上。

从 4 位二进制数中取出 10 种组合表示十进制数的 0～9，可以有很多种方法，因此，BCD 码也有多种。如 8421BCD 码、2421BCD 码、余 3 码等，其中最常用的是 8421BCD 码。

用 4 位二进制数来表示十进制数的 8421BCD 码码表见表 6-4。

表 6-4 8421BCD 码码表

二 进 制	0000	0001	0010	0011	0100
8421BCD	0	1	2	3	4
二 进 制	0101	0110	0111	1000	1001
8421BCD	5	6	7	8	9

从表中可以看出，8421BCD 码实际上就是用二进制数的 0～9 来表示十进制数的 0～9。为了区分二进制数和 8421BCD 码的不同，把二进制数的码称为纯二进制码。

4 位二进制数的组合中，还有六种组合没有使用，称为未用码，它们是 1010～1111。在实际应用中，未用码是绝对不允许出现在 8421BCD 码的表中的。

表示一个十进制数，用纯二进制码和 8421BCD 码表示有什么不同呢？下面通过一个实例加以说明。

【例 8】 十进制数 58 的二进制数表示和 BCD 码表示。

① 二进制数表示：

K58＝B 111010

② 8421BCD 码表示：

5	8
0101	1000

K58 ＝ 0101 1000　BCD

【例 9】 1001010100000010BCD 表示多少十进制数？

1001	0101	0000	0010
9	5	0	2

2．格雷码

定位控制是自动控制的一个重要内容。如何精确地进行位置控制在许多领域里面有着广泛的应用，例如，机器人运动、数控机床的加工、医疗机械和伺服传动控制系统等。

编码器是一种把角位移或者是直线位移转换成电信号（脉冲信号）的装置。按照其脉冲输出方式，可分为增量式和绝对式两种。增量式编码器是通过位移产生周期性的电信号，再把这个电信号转换成计数脉冲，用计数脉冲的个数来表示位移的大小。而绝对式编码器则是用一个确定的二进制码来表示其位置，其位置和二进制码的关系是用一个码盘来传送的。

图 6-1 所示为一个仅在此处作说明使用的三位纯二进制码的码盘示意图。

一组固定的光电二极管用于检测码盘径向一列单元的反射光，每个单元根据其明暗的不同输出相对于二进制数 1 或者 0 的信号电压，当码盘旋转时，输出一系列的三位二进制数，每转一圈，有 8 个二进制数从 000～111 输出。每一个二进制数表示转动的确定位置（角位移量）。图中是以纯二进制编码来设计码盘的。但是这种编码方式在码盘转至某些边界时，编码器输出便出现了问题。例如，当转盘转至 001～010 边界时（如图 6-1 所示），这里有两个编码改变，如果码盘刚好转到理论上的边界位置，编码器输出多少？由于是在边界上，001 和 010 都是可以接受的编码。由于机械装配的不完美，左边的光电二极管在边界两边都是 0，这不会产生异议，而中间和右边的光电二极管则可能会是“1”或者“0”，假定中间是 1 右边也是 1，则编码器就会输出 011，这是与编码盘所转到的位置 010 不相同的编码，同理，输出也可能是 000，这也是一个错码。通常在任何边界只要是一个以上的数位发生变化时都可能产生此类问题，最坏的情况是三位数位都发生变化的边界，如 000 转到 111 边界和 011 转到 100 边界，出现错码的概率极高。因此，纯二进制编码是不能作为编码器的编码输出的。

格雷码解决了这个问题。图 6-2 所示为一个格雷码编制的码盘。

与上面纯二进制码相比，格雷码的特点是任何相邻的码组之间只有一位数位变化。这就大大地减少了由一个码组转换到相邻码组时在边界上产生错码的可能。因此，格雷码是一种错误较少的编码方式，属于可靠性编码。而且格雷码与其所对应的角位移量是绝对唯一的，所以采样格雷码的编码器又称绝对式旋转编码器。这种光电编码器已经越来越广泛的应用于各种工业系统中的角度、长度测量和定位控制中。

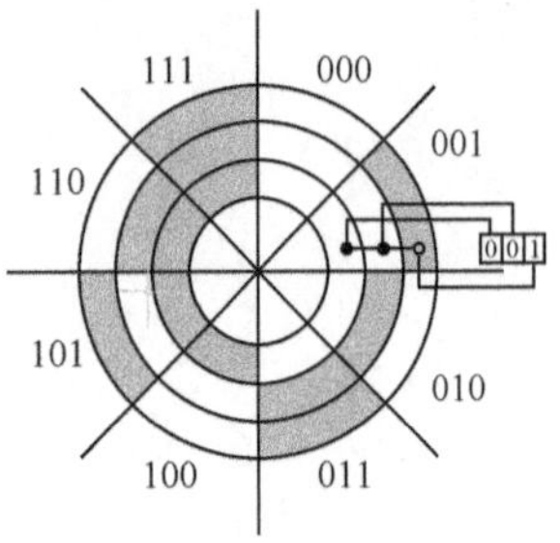

图 6-1　纯二进制码码盘

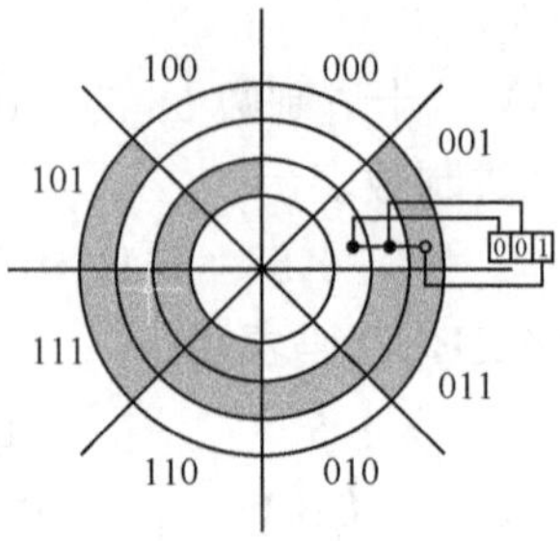

图 6-2　格雷码码盘

格雷码是无权码，每一位码没有确定的大小，因此，不能直接进行比较大小和算术运算。要想使用格雷码进行定位，还必须经过码制转换，变成纯二进制码，再由上位机读取和运算。

但是格雷码的编制还是有规律的，它的规律是：最后一位的顺序为 0,1,1,0……，倒数二位为 00,01,10,11……，倒数三位为 000,001,010,011,100,101,110,111……，以此类推。

表 6-5 是四位编制的纯二进制码与格雷码对照表。

表 6-5　四位纯二进制码与格雷码对照表

十进制	二进制	格雷码	十进制	二进制	格雷码
0	0000	0000	8	1000	1100
1	0001	0001	9	1001	1101
2	0010	0011	10	1010	1111
3	0011	0010	11	1011	1110
4	0100	0110	12	1100	1010
5	0101	0111	13	1101	1011
6	0110	0101	14	1110	1001
7	0111	0100	15	1111	1000

3. ASCII 字符编码

上面所讨论的纯二进制码、8421BCD 码、格雷码都是用二进制码来表示数值的，事实上，数字系统所处理的绝大部分信息是非数值信息，例如，字母、符号、控制信息等。用二进制码来表示这些字母、符号等就形成了字符编码。其中 ASCII 码是使用最广泛的字符编码。

ASCII 码是美国国家标准学会制定的信息交换标准代码，它包括 10 个数字、26 个大写字母、26 个小写字母，以及大约 25 个特殊符号和一些控制码。ASCII 码规定用七位或者八位二进制数组合来表示 128 种或 256 种的字符及控制码。标准 ASCII 码是用七位二进制组合来表示数字、字母、符号和控制码。

关于 ASCII 字符编码的详细讲解请参看第 14 章字符串控制指令。

4．7 段数码管显示码

在数字系统中，经常需要将数字、文字和符号用人们习惯的形式很直观地显示出来。显示的方式有叠加显示、分段显示和点阵式显示。其中最常用的是 7 段数码管分段显示。

7 段数码管内部有 8 个发光二极管，其中 7 个发光二极管为字段，另一个为小数点，7 个字段按一定方式组成一个 8 字形（见表 6-6 中的 7 段数码组成的 8 字）。图中未画出小数点段，每个二极管为一段。在使用中，点亮不同的段，可形成不同的字形，例如，只要点亮 b 段、c 段就会形成字符“1”字，7 段全部点亮，则形成字符“8”字。表 6-6 列出了从 0～F 的字符显示形式。

7 段数码管按其连接方式，又分为共阴极型和共阳极型两种：共阴极型，内部发光二极管的阴极（负极）连在一起作为公共端，外接高电平；共阳极型，内部发光二极管的阳极（正极）连接在一起作为公共端，外接低电平，如图 6-3 所示。

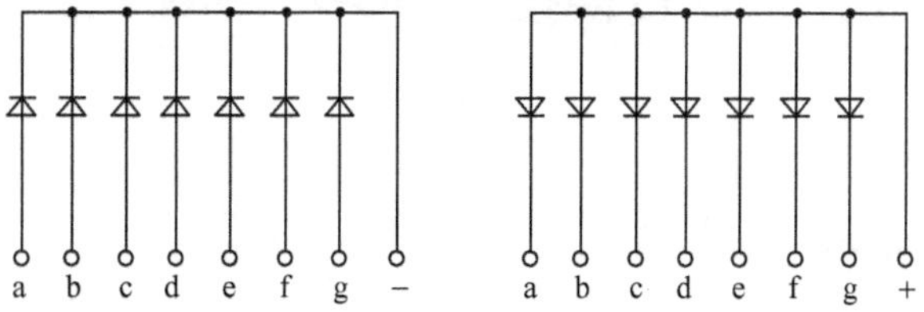

（a）共阴极　　（b）共阳极

图 6-3　7 段数码管连接方式示意图

共阴极和共阳极的区别是共阴极用输入高电平来点亮发光二极管，而共阳极则是用低电平来点亮发光段。7 段数码管的输入端，按照 g-f-e-d-c-b-a 排列，并规定输入端信号为“1”时，相应的发光段点亮，输入端为“0”时，相应的发光段熄灭，这样，每一种字形都会对应一组 7 位二进制数。把这全部对应的二进制数组合称为 7 段数码管显示码。比较常用的显示十六进制符 0～F 的显示码见表 6-6。

表 6-6　7 段数码管显示码码表

7 段数码组成	B7	g	f	e	d	c	b	a	字　符
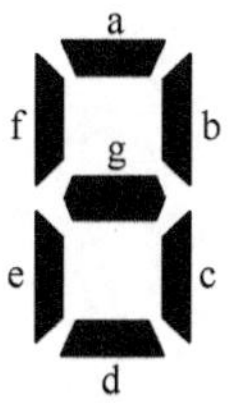	0	0	1	1	1	1	1	1	0
	0	0	0	0	0	1	1	0	1
	0	1	0	1	1	0	1	1	2
	0	1	0	0	1	1	1	1	3
	0	1	1	0	0	1	1	0	4
	0	1	1	0	1	1	0	1	5
	0	1	1	1	1	1	0	1	6
	0	0	1	0	0	1	1	1	7
	0	1	1	1	1	1	1	1	8
	0	1	1	0	1	1	1	1	9
	0	1	1	1	0	1	1	1	A
	0	1	1	1	1	1	0	0	b

续表

7 段数码组成	B7	g	f	e	d	c	b	a	字　符
	0	0	1	1	1	1	0	0	C
	0	1	0	1	1	1	1	0	d
	0	1	1	1	1	0	0	1	E
	0	1	1	1	0	0	0	1	F

6.2　码制转换指令

6.2.1　二进制与 BCD 转换指令 BCD、BIN

1. 指令格式

指令格式如表 6-7 所示。

表 6-7　BCD、BIN 指令格式

功　能　号	助　记　符	名　　称	程　序　步
FNC 18	【D】 BCD 【P】	BIN→BCD 转换传送	5/9
FNC 19	【D】 BIN 【P】	BCD→BIN 转换传送	5/9

BCD、BIN 指令可用软元件如表 6-8 所示。

表 6-8　BCD、BIN 指令可用软元件

操作数种类	位软元件							字软元件												其他				
	系统/用户							位数指定				系统/用户				特殊模块	变址			常数		实数	字符串	指针
	X	Y	M	T	C	S	D□.b	KnX	KnY	KnM	KnS	T	C	D	R	U□\G□	V	Z	修饰	K	H	E	"□"	P
S·								●	●	●	●	●	●	●	▲1	▲2	●	●	●					
D·									●	●	●	●	●	●	▲1	▲2	●	●	●					

▲1：仅 $FX_{3G}/FX_{3GC}/FX_{3U}/FX_{3UC}$ 可编程控制器支持。
▲2：仅 FX_{3U}/FX_{3UC} 可编程控制器支持。

梯形图如图 6-4、图 6-5 所示。

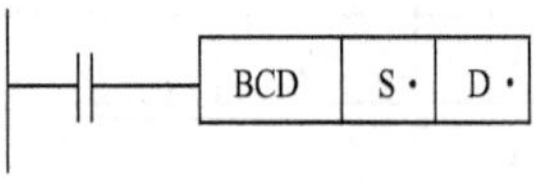

图 6-4　BCD 指令梯形图

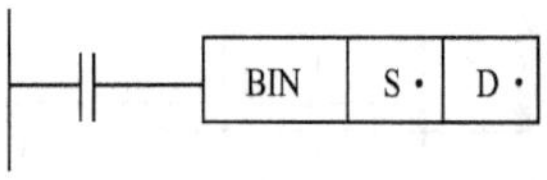

图 6-5　BIN 指令梯形图

BCD、BIN 指令操作数内容与取值如表 6-9 所示。

表 6-9　BCD、BIN 指令操作数内容与取值

操作数种类	内　　容	数据类型
(S·)	保存转换源（二进制数）数据的字软元件编号	BIN16/32 位
(D·)	转换目标（十进制数）的字软元件编号	BIN16/32 位

解读（BCD）：当驱动条件成立时，将源址 S 中的二进制数转换成 8421BCD 码数传送至终址 D。

解读（BIN）：当驱动条件成立时，将源址 S 中的 8421BCD 码数转换成二进制数传送至终址 D。

2．指令应用

1）数据范围

对 BCD 指令，其中源址 S 所表示的二进制数为 16 位时，转换后不能超过 K9999；为 32 位时，转换后不能超过 K99999999。对 BIN 指令，其中源址 S 为 8421BCD 码数，所以不能出现非 8421BCD 码表示，超出范围或出现非 BCD 码，则运算出错，且特殊辅助继电器 M8067 为 ON。

2）指令应用

【例 10】　设(D0)=0000 0010 0001 0000 执行指令 BCD　D0　D10 后，(D 10)=?

(D0)=0000 0010 0001 0000=K528

(D10)=0000 0101 0010 1000=0528BCD=K1320，BCD 指令程序梯形图如图 6-6 所示。

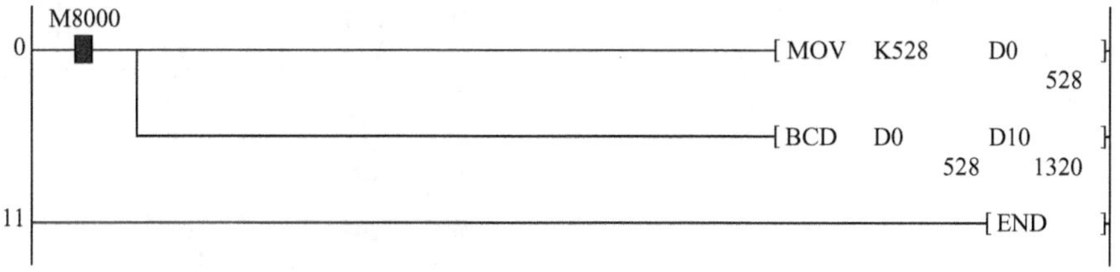

图 6-6　例 10 BCD 指令程序梯形图

【例 11】　设(D0)=0000 0000 0101 1000 执行指令 BIN　D0　D10 后，(D10)=?

(D0)=0000 0000 0101 1000=0058BCD=k88

(D10)=0000 0000 0011 1010=K58，BIN 指令程序梯形图如图 6-7 所示。

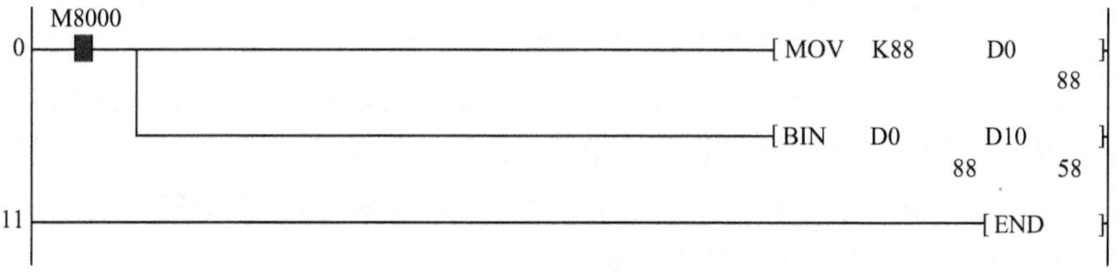

图 6-7　例 11BIN 指令程序梯形图

BIN 指令和 BCD 指令常结合对 I/O 接口的组合位元件操作从 X 口输入由数字开关代表的 BCD 码，从 Y 口输出 BCD 码到 7 段数码显示管。

图 6-8 表示从 PLC 的输入口 X 接入数字开关及应用指令梯形图。

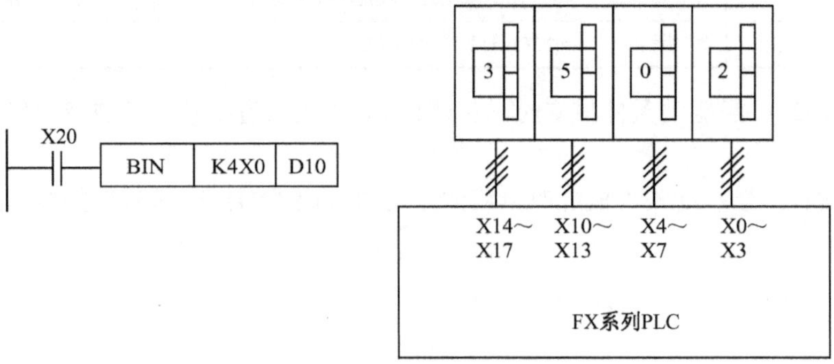

图 6-8　BIN 指令数字开关接入及应用指令梯形图

组合位元件的组数与接入数字开关的位数有关。K1X0 表示接入 1 位数字开关，数据范围为 0～9。K2X0 表示接入 2 位数字开关，数据范围为 0～99。依此类推最多可以接 8 位数字开关，数据范围为 0～99 999 999。

图 6-9 表示了从 PLC 输出口 Y 接入 7 段数码管及应用指令梯形图。同样，显示的位数与输出组合位元件的组数有关，K1Y0 表示仅接入 1 位数码管仅能显示 0～9，K8Y0 表示可接入 8 位数码管，显示 0～99 999 999。

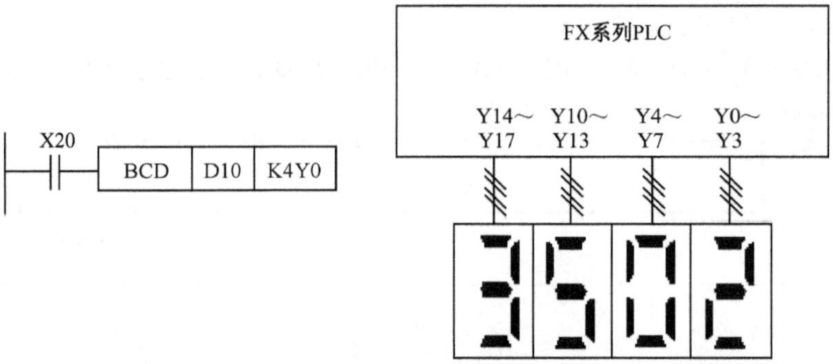

图 6-9　BCD 指令 7 段数码管接入及应用指令梯形图

图中，7 段数码管为带 8421BCD-7 段数码译码器的数码管。详细知识可参看 6.1.2 节。

BCD 和 BIN 指令常常应用在上述的 BCD 码的输入和输出上。这样通过 BCD 和 BIN 指令形成了一个人机界面。人可以通过数字开关和 7 段数码管来设定和显示 PLC 内部的某些数值（如定时器和计数器的设定值等），但这种方法占用硬件资源相当多，成本很高。随着功能指令的进一步发展，还开发了外围 I/O 设备指令 DSW（FNC72）,SEGL（FNC74），ARWS（FNC75）。这些指令都能自动进行 BCD 数和二进制数之间的转换，而且使用的硬件资源比 BCD 指令和 BIN 指令要少，基本上取代了 BCD 和 BIN 指令的应用。关于外接 I/O 设备指令的详解见第 8 章外围 I/O 设备指令。

6.2.2　二进制与格雷码转换指令 GRY、GBIN

1．指令格式

指令格式如表 6-10 所示。

表 6-10　GRY、GBIN 指令格式

功　能　号	助　记　符	名　　称	程　序　步
FNC 170	【D】 GRY 【P】	BIN→GRY 转换传送	5/9
FNC 171	【D】 GBIN 【P】	GRY→BIN 转换传送	5/9

GRY、GBIN 指令可用软元件如表 6-11 所示。

表 6-11　GRY、GBIN 指令可用软元件

操作数种类	位软元件							字软元件												其他				
	系统/用户							位数指定				系统/用户				特殊模块	变址			常数		实数	字符串	指针
	X	Y	M	T	C	S	D□.b	KnX	KnY	KnM	KnS	T	C	D	R	U□\G□	V	Z	修饰	K	H	E	"□"	P
S·								●	●	●	●	●	●	●	▲1	▲2	●	●	●	●	●			
D·									●	●	●	●	●	●	▲1	▲2	●	●	●					

▲1：仅 FX_{3G}/FX_{3GC}/FX_{3U}/FX_{3UC} 可编程控制器支持。
▲2：仅 FX_{3U}/FX_{3UC} 可编程控制器支持。

梯形图如图 6-10、图 6-11 所示。

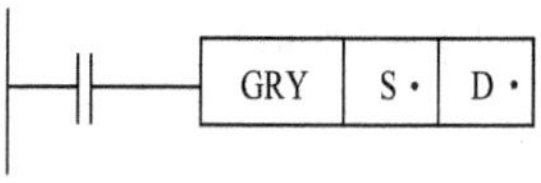

图 6-10　GRY 指令梯形图

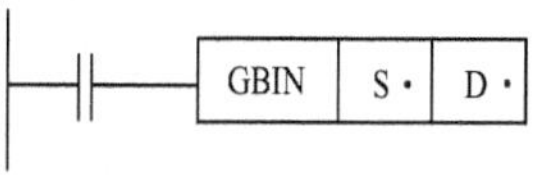

图 6-11　GBIN 指令梯形图

GRY、GBIN 指令操作数内容与取值如表 6-12 所示。

表 6-12　GRY、GBIN 指令操作数内容与取值

操作数种类	内　　容	数 据 类 型
S·	转换源数据，或是保存转换源数据的字软元件	BIN16/32 位
D·	保存转换后数据的字软元件	BIN16/32 位

解读（GRY）：当驱动条件成立时，将源址 S 中的二进制数据转换成格雷码传送到终址 D 中。
解读（GBIN）：当驱动条件成立时，将源址 S 中的格雷码转换成二进制数据传送到终址 D 中。

2．指令应用

1）数据范围

16 位应用时数值范围为 0～32 767。
32 位应用时数值范围为 0～2 147 483 647。

2）指令应用

GRY 和 GBIN 指令主要是用在定位控制中使用格雷码方式的绝对编码器检测绝对位置时（关于格雷码的知识可参看本章 6.1.2 节。关于绝对位置和相对位置概念可参看本书第 10 章脉冲输出和定位控制指令）。

在执行格雷码指令时格雷码绝对值编码的输出，是接在 PLC 的输出端口上的。执行指令 GRY　K1234　K3Y10 转换过程如图 6-12 所示。转换的速度取决于 PLC 的扫描时间。

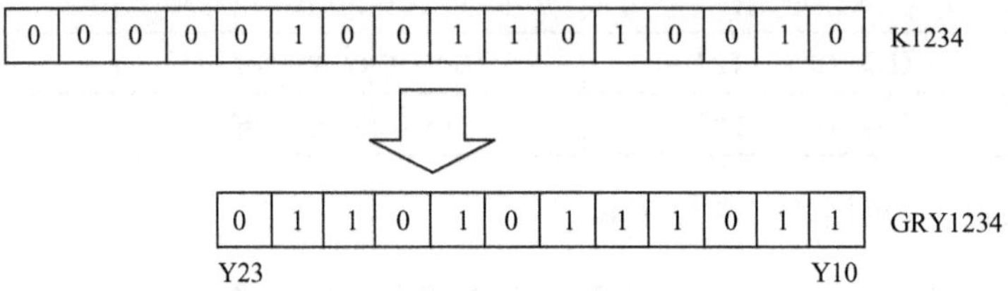

图 6-12　执行指令 GRY　K1234　K3Y10 转换过程

当执行格雷码逆变换指令 GBIN 时，需接入 PLC 的输入口，这时，由于输入继电器响应延迟（为 PLC 的扫描时间+输入滤波常数），可以通过使用输入刷新指令 REFF（FNC51）或 D8020 数值调节，去除 X0～X17 的输入滤波值，从而去掉输入滤波常数的延迟。执行指令 GBIN　K3X0　D10 转换过程如图 6-13 所示。

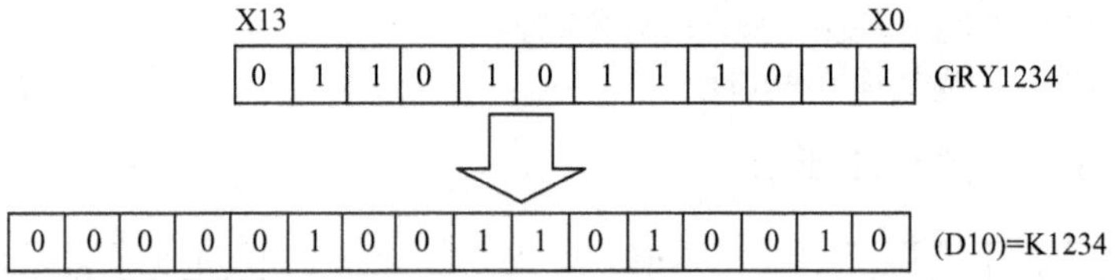

图 6-13　执行指令 GBIN　K3X0　D10 转换过程

6.2.3　十进制 ASCII→BIN 指令 DABIN

1. 指令格式

FNC 260:【D】DABIN 【P】　　程序步：5/9

DABIN 指令可用软元件见表 6-13。

表 6-13　DABIN 指令可用软元件

操作数种类	位软元件							字软元件												其他				
	系统/用户							位数指定				系统/用户				特殊模块	变址			常数		实数	字符串	指针
	X	Y	M	T	C	S	D□.b	KnX	KnY	KnM	KnS	T	C	D	R	U□\G□	V	Z	修饰	K	H	E	"□"	P
S·												●	●	●	●				●					
D·									●	●	●	●	●	●	●	●	●	●	●					

梯形图如图 6-14 所示。

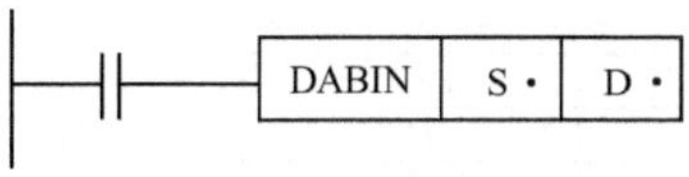

图 6-14　DABIN 指令梯形图

DABIN 指令操作数内容与取值如表 6-14 所示。

表 6-14　DABIN 指令操作数内容与取值

操作数种类	内　容	数 据 类 型
(S·)	保存要转换成 BIN 值的数据（ASCII 码）的软元件起始编号	字符串
(D·)	保存转换结果的软元件编号	BIN16/32 位

解读： 当驱动条件成立时，将源址 S 中 ASCII 码所表示的十进制数转换成二进制 BIN 数存储在 D 中.

2．指令应用

1）16 位应用

（1）16 位转换的数值范围为-32768～+ 32767，最多为 6 个字符，用 ASCII 码表示，仅用 3 个存储单元，6 个字节。因此，指令的原址占用 S，S+1，S+2 共 3 个单元，而终址仅为 1 个单元。

（2）源址 S 中为带符号的十进制数 ASCII 码表示，因此，指令规定在源址中只能出现以下的 ASCII 码表示，如表 6-15 所示，如出现表之外的 ASCII 码字符则运算出错。

表 6-15　DABIN 指令源址 S 使用 ASCII 码

字　符	ASCII 码	字　符	ASCII 码
+	20H	4	34H
-	2DH	5	35H
(空格)	20H	6	36H
0	30H	7	37H
1	31H	8	38H
2	32H	9	39H
3	33H	NULL	00H

（3）源址 S 中 ASCII 码存储格式如图 6-15 所示，应用时必须按此格式将 ASCII 码存入相应单元。图 6-16 为将-25108 的源址 ASCII 码表示存储例转换后存入终址 D。

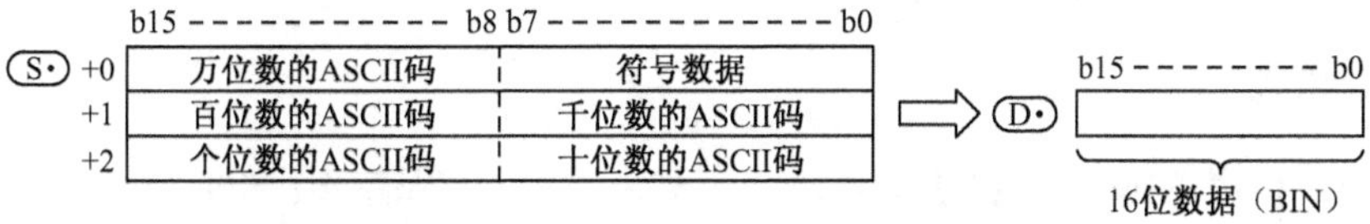

图 6-15　源址 S 中 ASCII 码存储格式

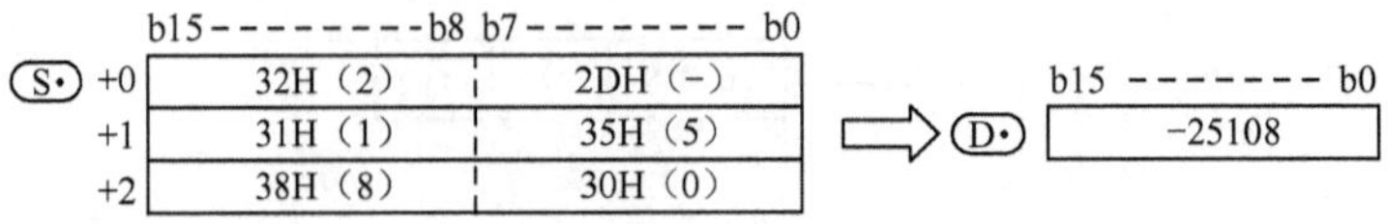

图 6-16 -25108 ASCII 码转换后存入终址 D

（4）如果二进制 BIN 数只有 3 位，例如为-276，源址的 ASCII 码表示在符号位和有效位之间补上空格符(20H)，如图 6-17 所示。

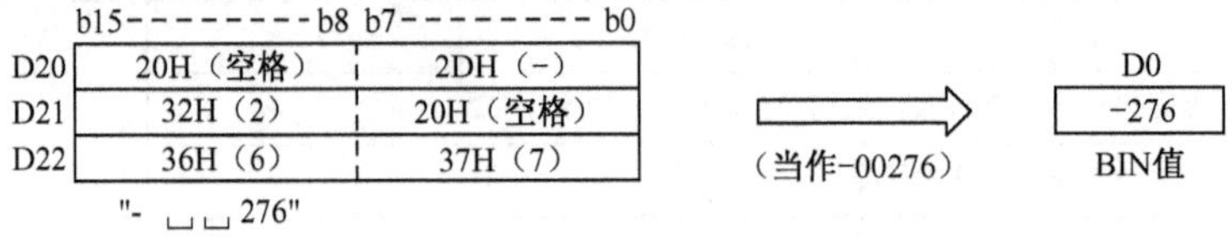

图 6-17 在符号位和有效位之间补上空格符(20H)

2）32 位应用

（1）32 位应用转换的数值范围为-2147483648～+2147483647，最多为 11 个字符。因此，源址要占用 S,S+1,S+2,S+3,S+4,S+5 共 6 个存储单元，其中 S+5 的高字节可以忽略，如图 6-18 所示。转换后存入双字单元 D+1,D 中。

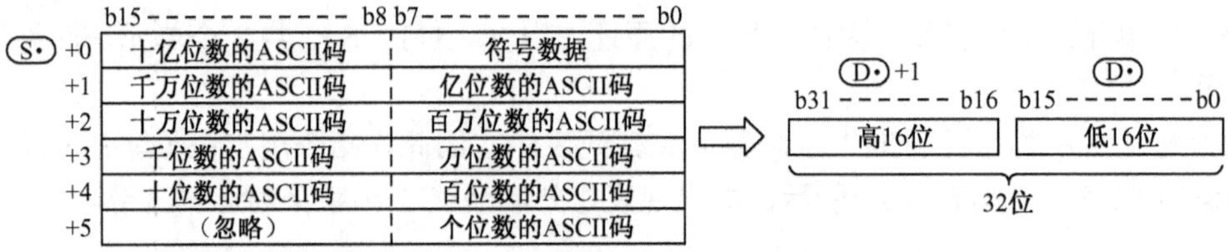

图 6-18 DABIN 指令源址 32 位 ASCII 码存储格式

（2）32 位应用的其他方面均与 16 位应用相同。

3. 指令应用出错事项

以下一些情况会发生指令应用出错。

（1）当符号位数据为 20H,2DH 以外的值时。

（2）数据位出现非 20H,35H～39H,00H 的值时。

（3）数值位所表示的值超出了 16 位和 32 位所表示的范围时。

（4）源址 S 的存储单元地址超出了软元件的范围时。

6.2.4 BIN→十进制 ASCII 指令 BINDA

1. 指令格式

FNC 261：【D】BINDA 【P】　　　　程序步：5/9

BINDA 指令可用软元件见表 6-16。

表 6-16　BINDA 指令可用软元件

操作数种类	位软元件							字软元件												其他				
	系统/用户							位数指定				系统/用户				特殊模块	变址			常数		实数	字符串	指针
	X	Y	M	T	C	S	D□.b	KnX	KnY	KnM	KnS	T	C	D	R	U□\G□	V	Z	修饰	K	H	E	"□"	P
S·								●	●	●	●	●	●	●	●	●	●	●	●	●	●			
D·												●	●	●	●				●					

梯形图如图 6-19 所示。

图 6-19　BINDA 指令梯形图

BINDA 指令操作数内容与取值如表 6-17 所示。

表 6-17　BINDA 指令操作数内容与取值

操作数种类	内　容	数 据 类 型
S·	保存要转换成 ASCII 码的 BIN 值的软元件编号	BIN16/32 位
D·	保存转换结果的软元件起始编号	字符串

解读：当驱动条件成立时，将源址 S 中的二进制 BIN 数转换成以 ASCII 码表示的值存储在以 D 为首址的存储单元中。

2. 指令应用

BINDA 指令是 DABIN 指令的反转换指令。其具体应用与 DABIN 指令基本相同，如用 ASCII 码所表示二进制 BIN 数据格式、16 位和 32 位应用、20H 的添加等，但在占用存储单元的数量上会稍有不同。

1）特殊辅助继电器 M8091

终址 D 所占用的存储单元数在 DABIN 指令中为 3 个单元，但在 BINDA 指令中为 4 个单元，即 D,D+1,D+2,D+3。而前面 3 个单元仍然存储 ASCII 码表示的二进制 BIN 数，最后一个单元存储的是什么数由特殊辅助继电器 M8091 的状态决定，如表 6-18 所示。

表 6-18　特殊辅助继电器 M8091 应用

状　态	16 位应用	32 位应用
M8091=ON	D+3 为原数据不变	D+5 的高字节为 20H(空格)
M8091=OFF	D+3 为 00H(NULL)	D+5 的高字节为 00H(NULL)

表中，当 M8091=OFF 时，指令自动在 D+3（16 位）或 D+5 的高字节（32 位）补 00H(NULL)，这种补充数据 00H 为字符串结束标志。当在程序中，需要识别字符串的长度，且以 00H 为结束标志时，必须置 M8091=OFF。

2）16 位应用和 32 位应用

指令的 16 位应用如图 6-20 所示，32 位应用如图 6-21 所示。

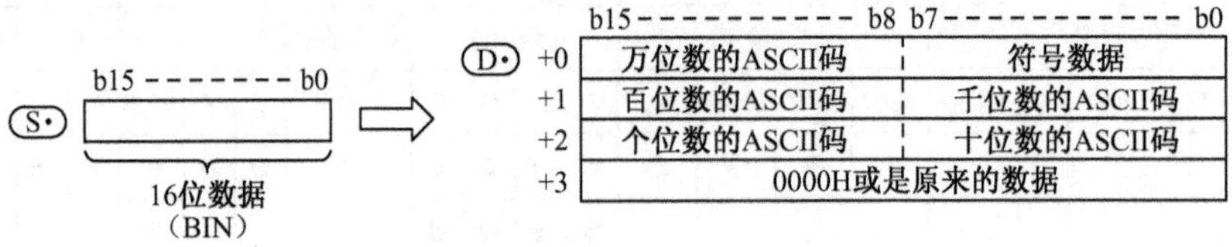

图 6-20　BINDA 指令 16 位应用

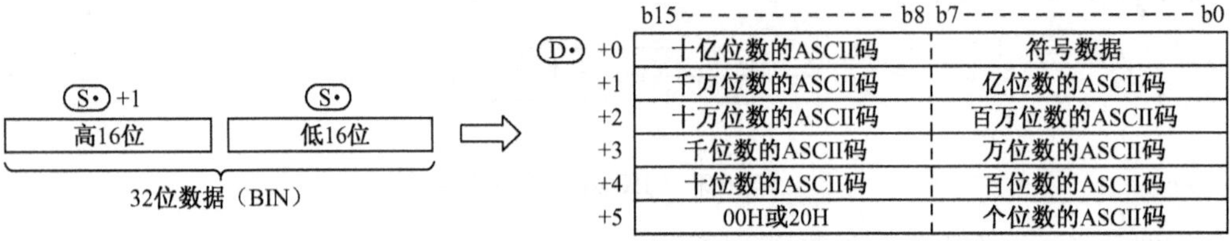

图 6-21　BINDA 指令 32 位应用

3. 指令应用出错事项

以下一些情况会发生指令应用出错。

（1）当符号位数据为 20H,2DH 以外的值时。

（2）数据位出现非 20H,35H～39H,00H 的值时。

（3）数值位所表示的值超出了 16 位和 32 位所表示的范围时。

（4）源址 S 的存储单元地址超出了软元件的范围时。

【例 12】 将 16 位 BIN 数 D100 转换成 ASCII 字符串后，使用 BINDA 指令将转换好的字符串输出到 Y040～Y051。程序如图 6-22 所示。M8027=ON 表示 PR 指令输出字符不是固定的，在 1～16 个字符之间。

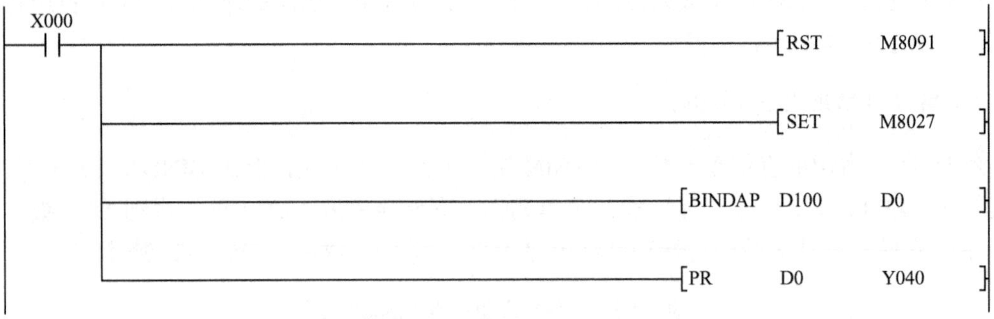

图 6-22　例 12 BINDA 指令梯形图程序

4. 关于转换指令的小结

在功能指令中，经常要用到数据之间互相转换的指令，例如本章介绍的 3 对指令，除这 3 对以外还有 3 对数据转换指令，在这里把它们集中到一起，如表 6-19 所示，供读者查阅。

表 6-19 数据转换指令一览

名 称	功能号	助记符	功 能
BIN 数与 BCD 码	FNC 18	【D】 BCD 【P】	BIN→BCD 转换传送
	FNC 19	【D】 BIN 【P】	BCD→BIN 转换传送
BIN 数与格雷码	FNC 170	【D】 GRY 【P】	BIN→GRY 转换传送
	FNC 171	【D】 GBIN 【P】	GRY→BIN 转换传送
BIN 数与 ASCII 码	FNC 260	【D】 DABIN 【P】	ASCII→BIN 转换传送
	FNC 261	【D】 BINDA 【P】	BIN→ASCII 转换传送
十六进制数与 ASCII 码	FNC 82	ASCI 【P】	HEX→ASCII 转换传送
	FNC 83	HEX 【P】	ASCII→HEX 转换传送
浮点数与字符串	FNC 116	【D】 ESTR 【P】	浮点数→字符串转换传送
	FNC 117	【D】 EVAL 【P】	字符串→浮点数转换传送
二进制浮点数与十进制浮点数	FNC 118	【D】 EBCD 【P】	2 浮点数→10 浮点数转换传送
	FNC 119	【D】 EBIN 【P】	10 浮点数→2 浮点数转换传送
时、分、秒与秒	FNC 164	【D】 HTOS 【P】	时、分、秒→秒转换传送
	FNC 165	【D】 STOH 【P】	秒→时、分、秒转换传送

6.3 译码、编码指令

6.3.1 译码器和编码器

在数字系统中，由输出的状态来表示输入代码的逻辑组合的数字电路称为译码器。可以说，所有组合电路都是某种类型的译码器。

译码器又称解码器。实际上，译码器的译码过程就是一种翻译的过程。译码器分为三类：一是变量译码器，又称二进制译码器、最小项译码器。它是用输出端的状态来表示输入端数据线的编码，有 3 线-8 线译码器、4 线-10 线译码器、4 线-16 线译码器等。二是码制转换译码器，有 8421BCD 转换十进制译码器、余 3 码转换十进制译码器等。三是显示译码器，这是将代码译成用显示器进行数字、文字、符号显示的电路。

二进制译码器的译码功能如图 6-23（a）所示。图中为 3 线-8 线译码器 74LS138，输入端为三根数据线 A,B,C。三根线有 8 种组合状态（000～111），代表二进制数（0～7）。输出有 8 根线 Y0～Y7，它们对应于输入的 8 种组合状态，如当输入为“000”时，则 Y0 有输出；输入为“101”时，则 Y5 有输出等。如果输入有 4 根数据线，则输出应有 16 根线，同样，对应于输入的 16 种组合状态。一般来说，如果译码器的输入有 n 个输入端，则其输出有 2^n 个输出端，每一个输出端都对应输入端一种编码状态，如图 6-23（b）所示。

以上所讲是用硬件电路实现的二进制译码器，在 PLC 中，则是通过指令来完成二进制译码器功能的。指令 DECO 就是完成上述功能的应用指令。

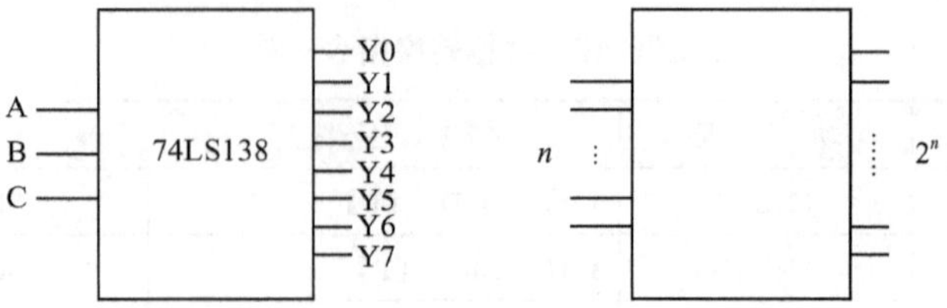

（a）3线-8线译码器　　（b）n线-2n译码器

图 6-23　译码器功能图

同样，显示译码器把输入端的二进制编码翻译成 7 段数码管显示码，如图 6-24 所示。在第 8 章外部设备指令所介绍的 7 段数码管的接入都是带有锁存显示译码器的数码管的接入。

编码器为译码器的反操作，把译码器的输入和输出交换一下就是一个 8 线-3 线编码器，如图 6-25 所示。这时，每一个输入端信号对应于一个输出二进制码。其功能可参考译码器进行理解，不再详述。在 PLC 中，编码器也是通过指令来实现的。指令 ENCO 就是完成上述功能的应用指令。

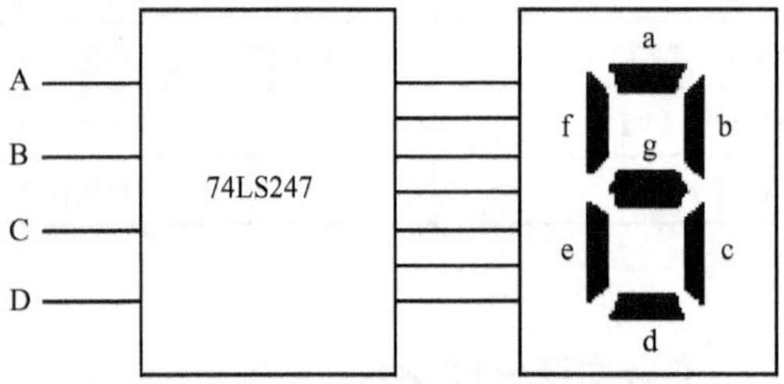

图 6-24　显示译码器功能图

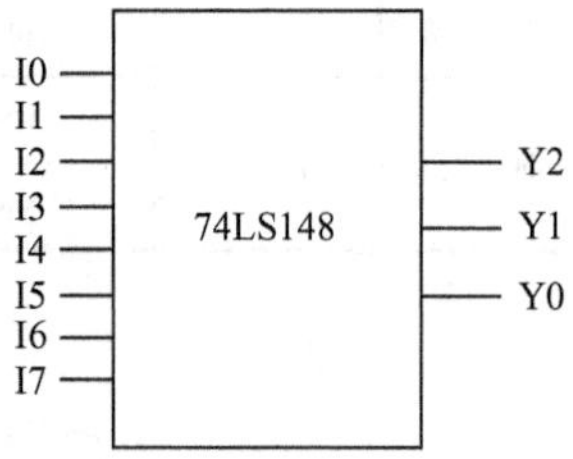

图 6-25　编码器功能图

只要掌握了上述译码器和编码器的基本知识，再去学习译码指令 DECO 和编码指令 ENCO 就会容易理解很多。

6.3.2　译码指令 DECO

1. 指令格式

FNC 41：DECO 【P】　　　　程序步：7

DECO 指令可用软元件见表 6-20。

表 6-20　DECO 指令可用软元件

操作数种类	位软元件							字软元件													其他				
	系统/用户							位数指定				系统/用户				特殊模块	变址			常数		实数	字符串	指针
	X	Y	M	T	C	S	D□.b	KnX	KnY	KnM	KnS	T	C	D	R	U□\G□	V	Z	修饰	K	H	E	"□"	P
S·	●	●	●			●						●	●	●	▲1	▲2	●	●	●	●	●			
D·		●	●			●						●	●	●	▲1	▲2			●					
n																				●	●			

▲1：仅 $FX_{3G}/FX_{3GC}/FX_{3U}/FX_{3UC}$ 可编程控制器支持。

▲2：仅 FX_{3U}/FX_{3UC} 可编程控制器支持。

梯形图如图 6-26 所示。

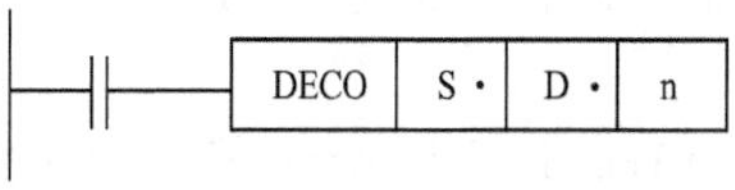

图 6-26 DECO 指令梯形图

DECO 指令操作数内容与取值如表 6-21 所示。

表 6-21 DECO 指令操作数内容与取值

操作数种类	内 容	数据类型
(S·)	保存要译码的数据，或是数据的字软元件编号	BIN16 位
(D·)	保存译码结果的位/字软元件编号	BIN16 位
n	保存译码结果的软元件的位点数（n=1～8） （n=0 时为不处理）	BIN16 位

解读：在驱动条件成立时，由源址 S 所表示的二进制值 m 使终址 D 中编号为 m 的位元件或字元件中 bm 位置 ON，D 的位数指定为 2^n 位。

2. 指令应用

1）指令执行功能

根据上一节译码器知识，指令 DECO 时间功能就是用源址 S 中所表示数值（相当于译码器输入）来控制终址中编号为 m 的位元件或字元件中 bm 位置 ON 的。

【例 13】 说明指令 DECO X0 M10 K3 的执行功能。

分析：K3 表示源址为三位位元件 X2,X1,X0 组成的输入编码。M10 表示译码输出控制为 M10～M17 八个位元件。

执行功能：(X2 X1 X0)=Km 则编号为 M（10+m）置 ON。如图 6-27 所示，(X2,X1,X0)= (101)=K5，则 M15 置 ON。

【例 14】 说明指令 DECO X0 D0 K4 的执行功能。

分析：K4 表示源址是四位位元件 X3,X2,X1,X0 组成的输入编码。D0 表示译码输出控制为 D0 的 b0～b15 十六个二进制位。

执行功能：(X4,X3,X2,X1)=Km，则 D0 中 bm 位置 ON。如图 6-28 所示，(X4,X3,X2,X1)= (1001)=K 9，则 D0 中的 b9 置 ON。

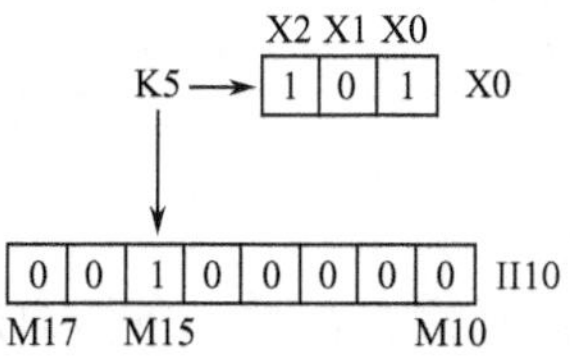

图 6-27 例 13 DECO 指令示意图

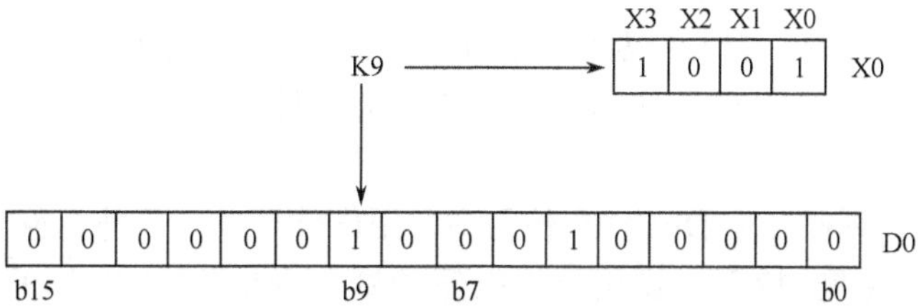

图 6-28 例 14 DECO 指令示意图

【例 15】 说明指令 DECO　D0　M0　K3 的执行功能。

分析：K3 表示源址时寄存器 D0 的低 3 位 b2b1b0 组成的输入编码，M0 表示译码输出控制为 M0～M7 八个位元件。

执行功能：D0 的低 3 位 b2b1b0 的值为 Km，则编号为 M（0+Km）置 ON，如图 6-29 所示，(D0)=K7，则 M7 置 ON。

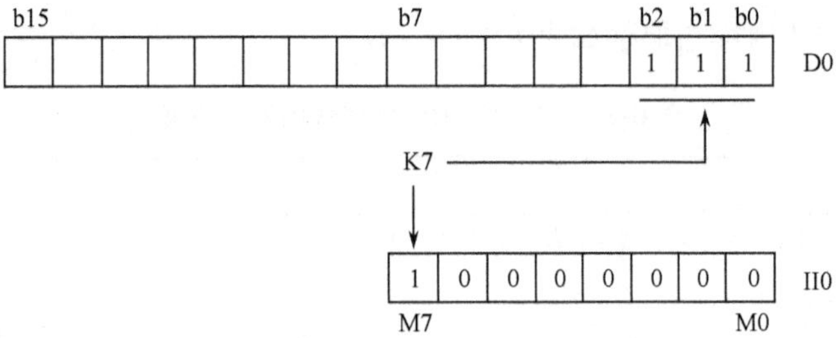

图 6-29　例 15 DECO 指令示意图

【例 16】 说明指令 DECO　D0　D10　K4 的执行功能。

分析：K4 表示源址时寄存器 D0 的低 4 位 b3b2b1b0 组成的输入编码，D10 表示译码输出控制 D10 的 b0～b15 十六个二进制位。

执行功能：(D0)=Km。则 D10 中的 bm 位置 ON。如图 6-30 所示，(D0)=K12，则 D10 中的 b12 置 ON。

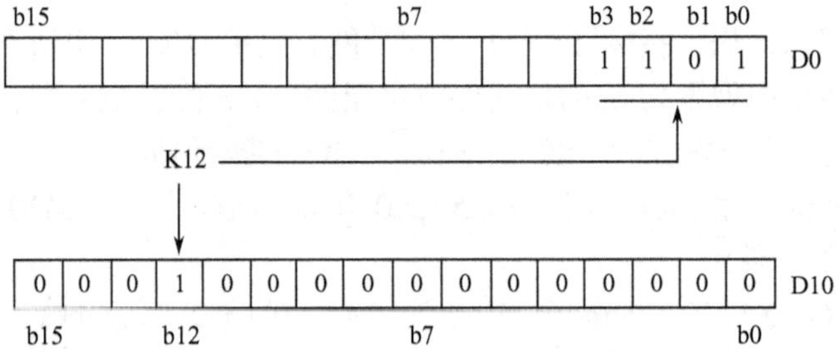

图 6-30　例 16 DECO 指令示意图

2）指令应用注意

（1）n 的取值。当终址为字元件时，1≤n≤4。当终址为位元件时，1≤n≤8。当 n=0 时，指令不执行。

（2）当终址为位元件时，如 n 在 K1～K8 之间变化，则相应位元件编号为 0～255，但如果这样做，则编号为 0～255 的位元件全部被占用，不能为其他控制所用。

（3）驱动条件为 OFF 时，指令停止执行，但已经在运行的译码输出会保持之前的 ON/OFF 状态。

译码指令 DECO 在使用中常用作软开关，以补充输入点的不足。

【例 17】 试用一个按钮控制三台电机 A,B,C 的启动，控制要求是：按一下，启动 A，又按一下，停止 A，启动 B，又按一下，停止 B，启动 C，又按一下，停止 C……如此循环。

程序梯形图如图 6-31 所示。

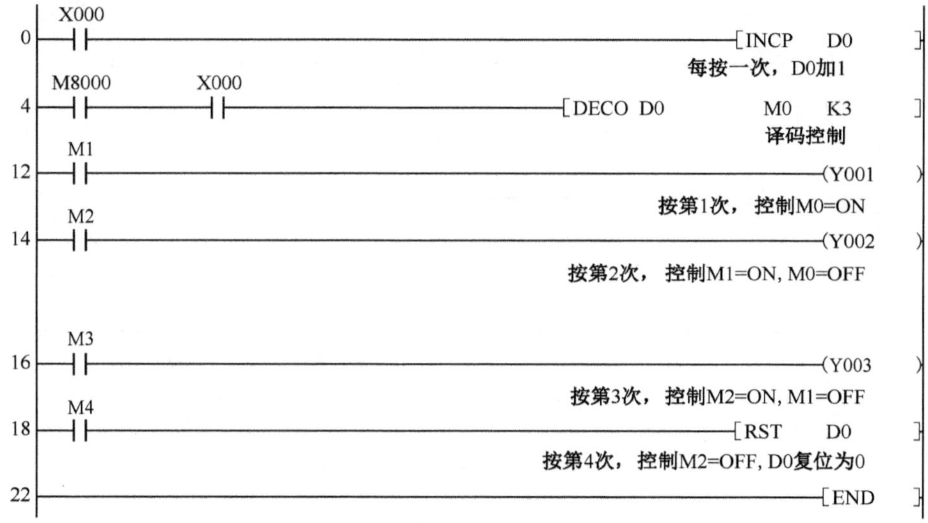

X000
0
INCP D0
每按一次，D0加1
M8000
X000
4
DECO D0 M0 K3
译码控制
M1
12
Y001
按第1次，控制M0=ON
M2
14
Y002
按第2次，控制M1=ON, M0=OFF
M3
16
Y003
按第3次，控制M2=ON, M1=OFF
M4
18
RST D0
按第4次，控制M2=OFF, D0复位为0
22
END

图 6-31　例 17 DECO 指令程序梯形图

此题中，稍做改动，就是一个三波段软开关，梯形图程序如图 6-32 所示。

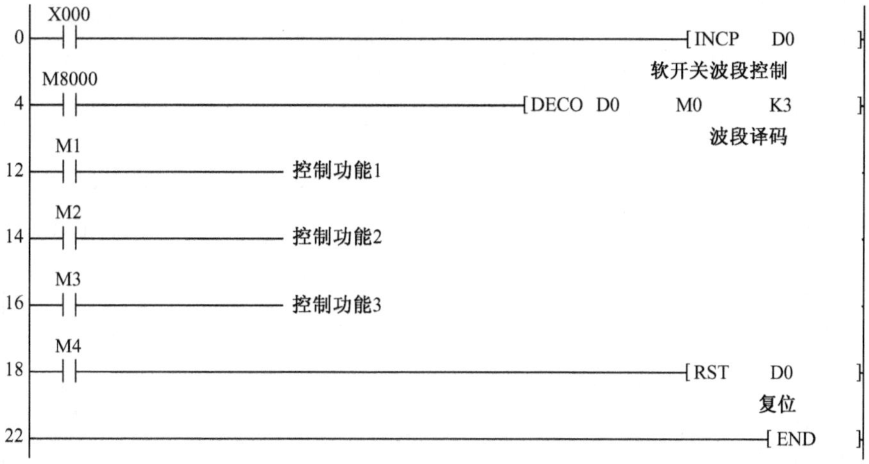

X000
0
INCP D0
软开关波段控制
M8000
4
DECO D0 M0 K3
波段译码
M1
12
控制功能1
M2
14
控制功能2
M3
16
控制功能3
M4
18
RST D0
复位
22
END

图 6-32　DECO 指令软开关程序梯形图

【例 18】　图 6-33 所示为一三相六拍步进电机脉冲系列，要求编制梯形图程序输出符合要求的脉冲系列。

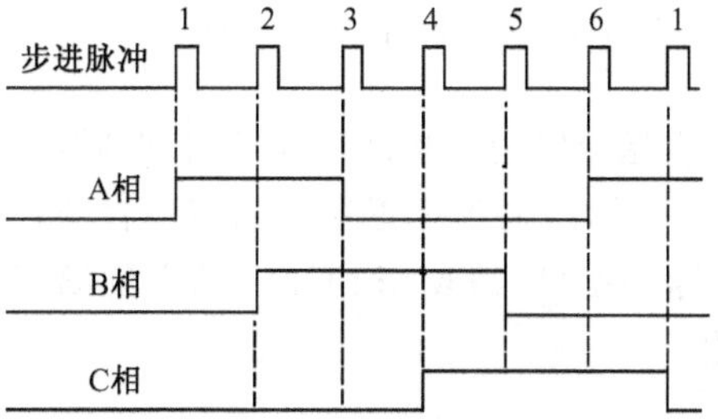

1 2 3 4 5 6 1
步进脉冲
A相
B相
C相

图 6-33　三相六拍步进电机脉冲序列

梯形图程序如图 6-34 所示。

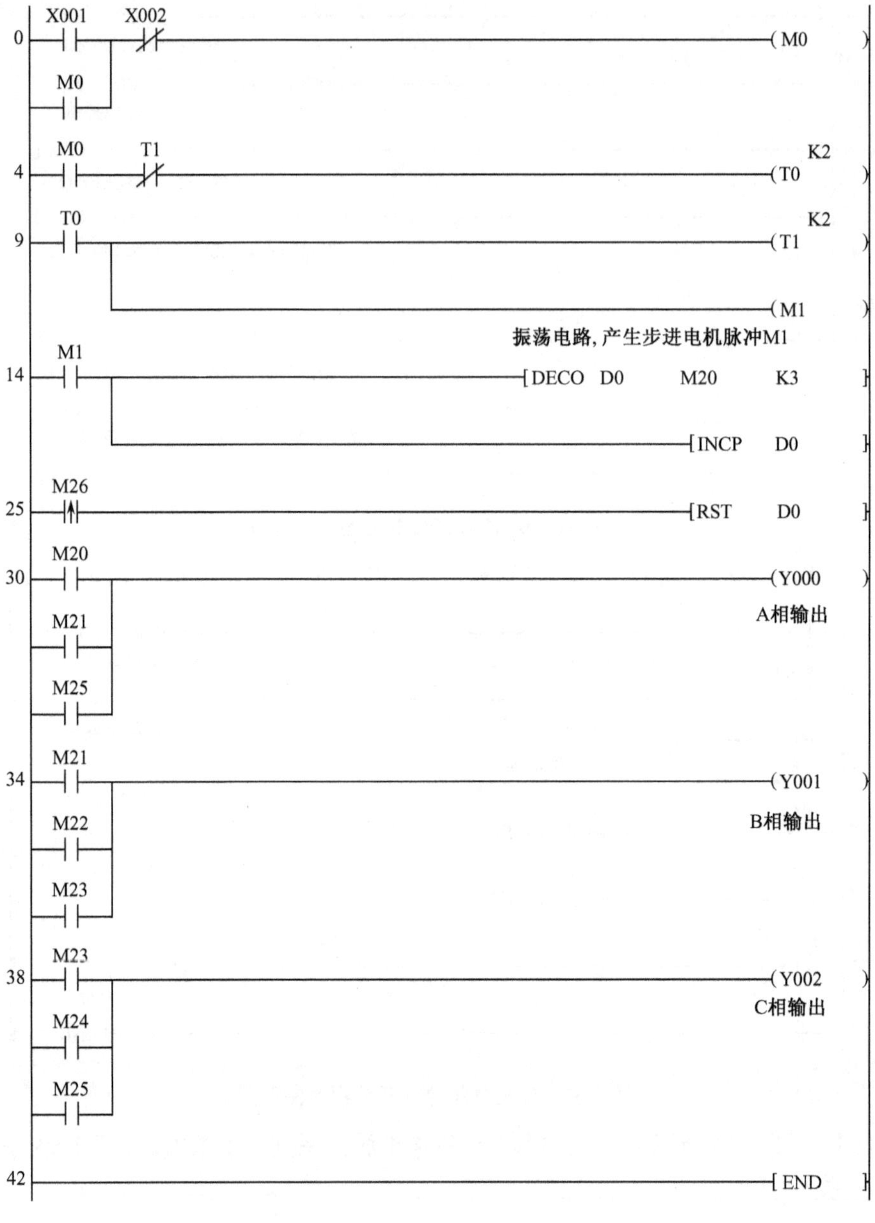

图 6-34　例 18 DECO 指令程序梯形图

程序中，DECO 指令具有指定输出的功能。当第 1 个脉冲来到时，D0=0，M20 输出，同时 D0 加 1 变 D0=1。第 2 个脉冲来到就变为 M21 输出，同时 D0 加 1 变 D0=2。以此类推，第 3,4,5,6 个脉冲输出为 M22,M23,M24,M25，输出到第 7 个脉冲时，M26 输出复位 D0，一个新的周期脉冲开始。

6.3.3　编码指令 ENCO

1. 指令格式

FNC 42：ENCO 【P】　　　　　　　　　　　　程序步：7

ENCO 指令可用软元件见表 6-22 所示。

表 6-22　ENCO 指令可用软元件

操作数种类	位软元件							字软元件													其他			
	系统/用户							位数指定				系统/用户				特殊模块	变址			常数		实数	字符串	指针
	X	Y	M	T	C	S	D□.b	KnX	KnY	KnM	KnS	T	C	D	R	U□\G□	V	Z	修饰	K	H	E	"□"	P
S·	●	●	●			●						●	●	●	▲1	▲2	●	●	●					
D·												●	●	●	▲1	▲2	●	●	●					
n																				●	●			

▲1：仅 $FX_{3G}/FX_{3GC}/FX_{3U}/FX_{3UC}$ 可编程控制器支持。
▲2：仅 FX_{3U}/FX_{3UC} 可编程控制器支持。

梯形图如图 6-35 所示。

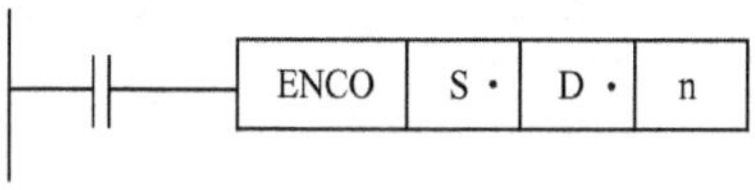

图 6-35　ENCO 指令梯形图

ENCO 指令操作数内容与取值如表 6-23 所示。

表 6-23　ENCO 指令操作数内容与取值

操作数种类	内　容	数 据 类 型
S·	保存要编码的数据，或是数据的字软元件编号	BIN16 位
D·	保存编码结果的字软元件编号	BIN16 位
n	保存编码结果的软元件的位点数（n 属于 1～8） （n=0 对不处理）	BIN16 位

解读：当驱动条件成立时，把源址 S 中置 ON 的位元件或字元件中置 ON 的 bit 位的位置值转换成二进制整数传送到终址 D，S 的位数指定为 2^n 位。

2. 指令应用

1）指令执行功能

ENCO 指令是 DECO 指令的逆指令，其功能正好与 DECO 相反。它把置 ON 的位元件或 Bit 位的位置值变成 BCD 码送到终址。

ENCO 指令的源址可为位元件或字元件，而其终址只能是字元件。

【例 19】　说明指令 ENCO　M0　D10　K4 的执行功能。

分析：K4 表示源址的 2^4=16 个位元件，从 M0～M15。

执行功能：将 M0～M15 中置 ON 的位元件的位置编号转换成 BIN 码传送到 D10 中，如图 6-36 所示。

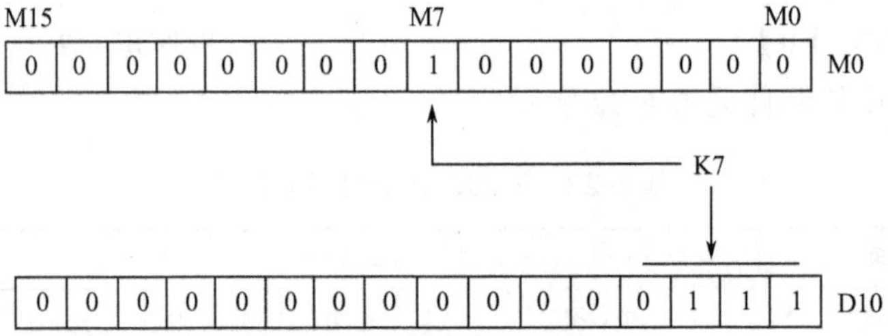

图 6-36　例 19 ENCO 指令示意图

【例 20】　说明指令 ENCO　D0　D10　K3 的执行功能。

分析：K3 表示取源址 D0 的低 2^3=8 位，b0～b7。

执行功能：将 b0～b7 中置 ON 的 bit 位的位置编号转换成 BIN 码传送到 D10 中，如图 6-37 所示。

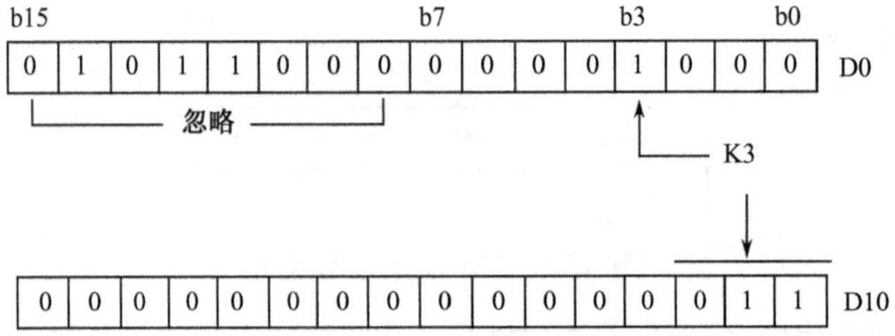

图 6-37　例 20 ENCO 指令示意图

2）指令应用

ENCO 指令常用在位置显示中，例如，电梯的楼层显示，电梯的每一层都有一个检测开关，电梯行至该层时，检测开关 ON，相对于一组位元件中“1”的位置值，通过 ENCO 指令转换成该楼层的 BCD 编码，再把编码显示到轿厢的显示板上。ENCO 指令电梯楼层显示应用程序梯形图如图 6-38 所示。

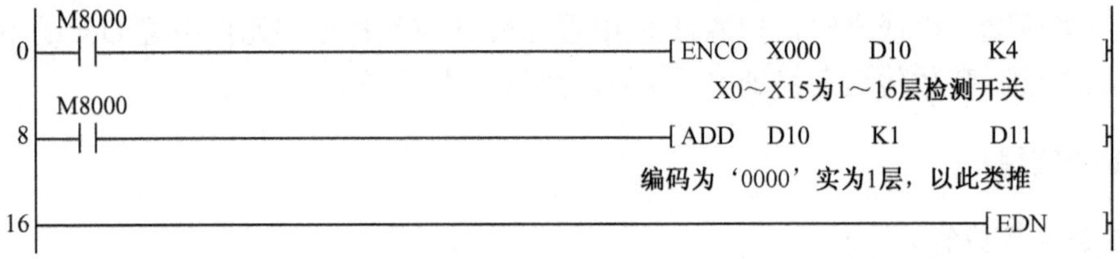

图 6-38　ENCO 指令电梯楼层显示应用程序梯形图

【例 21】　某处有一电动小车，供 6 个加工点使用，电动小车在 6 个工位之间运行，每个工位均有一个位置行程开关和呼叫按钮。PLC 启动前送料车可以在 6 个工位中的任意工位上停止并压下相应的位置行程开关。PLC 启动后，任一工位呼叫后，电动小车均能驶向该工位并停止在该工位上，图 6-39 为工作示意图。

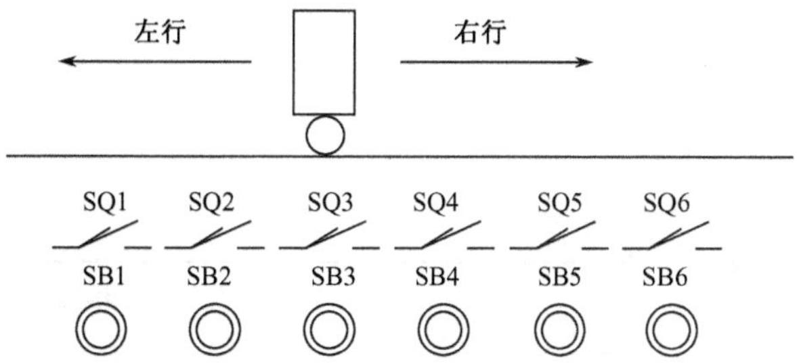

图 6-39　6 个工位电动小车工作示意图

6 个工位电动小车 PLC 控制的 I/O 地址分配见表 6-24。

表 6-24　6 个工位电动小车 I/O 地址分配表

输入接口		功　能	输出接口		功　能
SB0	X21	启动按钮	KM1	Y0	左行接触器
SB1	X0	1 号工位按钮	KM1	Y1	右行接触器
SB2	X1	2 号工位按钮			
SB3	X2	3 号工位按钮			
SB4	X3	4 号工位按钮			
SB5	X4	5 号工位按钮			
SB6	X5	6 号工位按钮			
SQ0	X22	停止按钮			
SQ1	X10	1 号工位开关			
SQ2	X11	2 号工位开关			
SQ3	X12	3 号工位开关			
SQ4	X13	4 号工位开关			
SQ5	X14	5 号工位开关			
SQ6	X15	6 号工位开关			

利用 MOV 指令和比较指令 CMP 设计程序如图 6-40 所示。

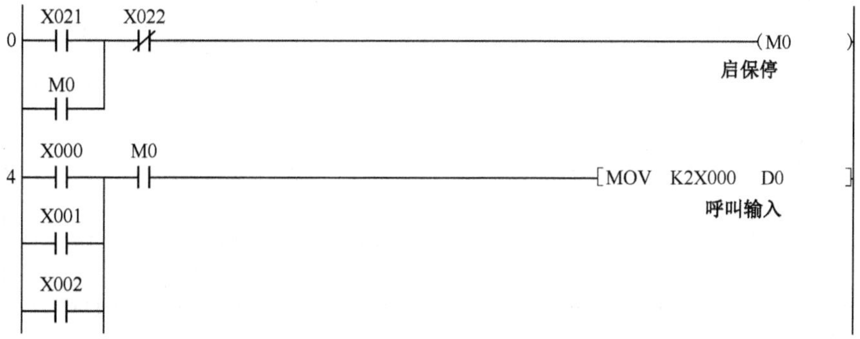

图 6-40　MOV 指令和 CMP 指令 6 个工位电动小车控制应用梯形图

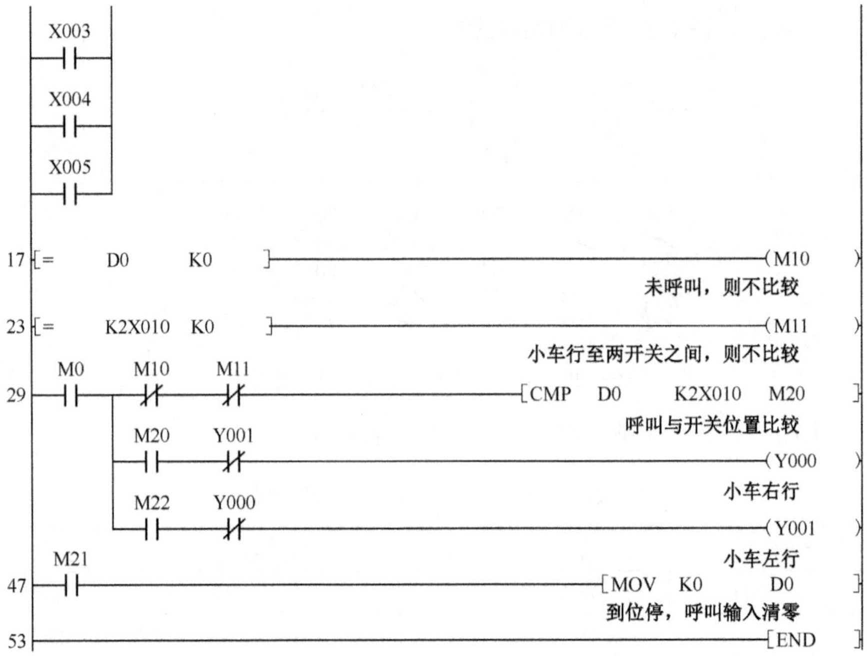

图 6-40 MOV 指令和 CMP 指令 6 个工位电动小车控制应用梯形图（续）

在这里，利用 ENCO 指令来编制控制程序。程序梯形图如图 6-41 所示。

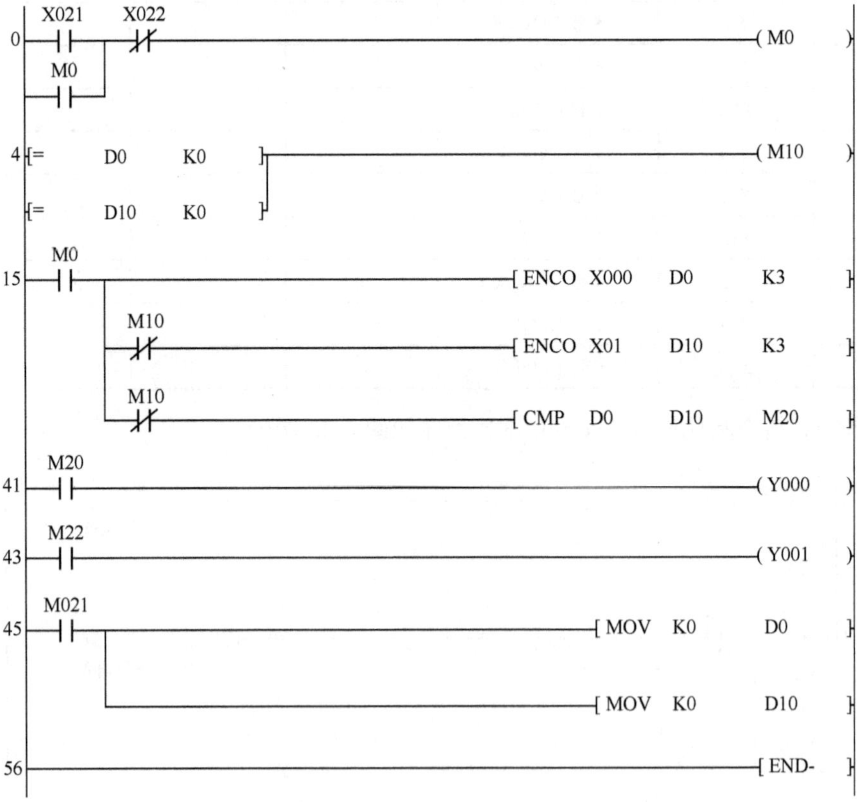

图 6-41 ENCO 指令 6 个工位电动小车控制应用梯形图

3）指令应用注意

（1）n 的取值。当源址为位元件时，1≤n≤8，其编码范围为 0～255；当源址为字元件时，1≤n≤4，其编码范围为 0～15。

（2）如果源址中有多个“1”时，只对最高位的“1”位进行编码，而忽略其余的“1”位。

（3）驱动条件位 OFF 时，指令停止执行，但已经运行的编码输出会保持状态。

（4）如果源址全为“0”，没有“1”，则指令出错，不执行。

6.4　位“1”处理指令

6.4.1　位“1”总和指令 SUM

1．指令格式

FNC 43：【D】SUM 【P】　　　　　　　　　　程序步：5/9

SUM 指令可用软元件见表 6-25。

表 6-25　SUM 指令可用软元件

操作数种类	位软元件							字软元件												其他				
	系统/用户							位数指定				系统/用户				特殊模块	变址			常数		实数	字符串	指针
	X	Y	M	T	C	S	D□.b	KnX	KnY	KnM	KnS	T	C	D	R	U□\G□	V	Z	修饰	K	H	E	"□"	P
S·								●	●	●	●	●	●	●	▲1	▲2	●	●	●	●	●			
D·									●	●	●	●	●	●	▲1	▲2	●	●	●					

▲1：仅 FX_{3G}/FX_{3GC}/FX_{3U}/FX_{3UC} 可编程控制器支持。

▲2：仅 FX_{3U}/FX_{3UC} 可编程控制器支持。

梯形图如图 6-42 所示。

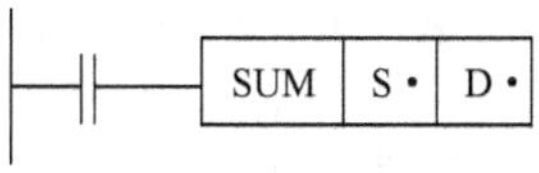

图 6-42　SUM 指令梯形图

SUM 指令操作数内容与取值如表 6-26 所示。

表 6-26　SUM 指令操作数内容与取值

操作数种类	内　容	数 据 类 型
S·	保存数据的字软元件编号	BIN16/32 位
D·	保存结果数据的字软元件编号	BIN16/32 位

解读：当驱动条件成立时，对源址 S 表示的二进制数（16 位或 32 位）中为“1”的位数进行统计，并将统计结果送到终址 D。

2．指令应用

（1）SUM 指令是对源址中含有“1”的位数进行计数。当源址为组合位元件时，对位元件为“ON”的个数进行计数；当源址为字元件或常数 K,H 时，对其二进制数表示的位值为“1”的二进制位计数。计数结果以二进制数形式传送到终址。

【例 22】 试求指令 SUM K21847 D0 执行后 (D0)=?

K21847 写成二进制数如图 6-43 所示，其中为“1”的二进制位共 9 个，则 (D0)=K9。

	b15								b7							b0
K21847	0	1	0	1	0	1	0	1	0	1	0	1	0	1	1	1

图 6-43 例 22 SUM 指令图示

（2）指令在 32 位运算时，是统计 S 和 S+1 中为“1”的个数，而终址低位 (D) 保存统计结果，高位 (D+1)=K0。

（3）仅当源址 S=K0 时，零标志位 M8020 置 ON。

（4）驱动条件为 OFF 时，指令不执行，但已经运行的程序结果输出会保持。

6.4.2 位“1”判别指令 BON

1．指令格式

FNC 44:【D】BON 【P】　　　　　　　　　　程序步：7/13

BON 指令可用软元件见表 6-27。

表 6-27 BON 指令可用软元件

操作数种类	位软元件							字软元件													其他			
	系统/用户							位数指定				系统/用户				特殊模块	变址			常数		实数	字符串	指针
	X	Y	M	T	C	S	D□.b	KnX	KnY	KnM	KnS	T	C	D	R	U□\G□	V	Z	修饰	K	H	E	"□"	P
S·								●	●	●	●	●	●	●	▲2	▲3	●	●	●	●	●			
D·		●	●			●	▲1												●					
n														●	▲2					●	●			

▲1：D□.b 仅支持 FX_{3U}/FX_{3UC} 可编程控制器。但是，不能变址修饰（V、Z）。

▲2：仅 $FX_{3G}/FX_{3GC}/FX_{3U}/FX_{3UC}$ 可编程控制器支持。

▲3：仅 FX_{3U}/FX_{3UC} 可编程控制器支持。

梯形图如图 6-44 所示。

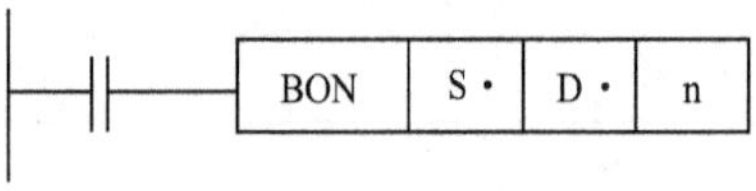

图 6-44 BON 指令梯形图

BON 指令操作数内容与取值如表 6-28 所示。

表 6-28　BON 指令操作数内容与取值

操作数种类	内　　容	数 据 类 型
(S·)	保存数据的字软元件编号	BIN16/32 位
(D·)	驱动的位软元件编号	位
n	要判定的位位置[n：0～15（16 位指令），n：0～31（32 位指令）]	BIN16/32 位

解读：当驱动条件成立时，用源址中指定的第 n 位位元件或字元件中第 bn 位的状态（1 或 0）控制终址位元件 D 的状态。

2．指令应用

（1）BON 指令中，n 为源址的指定位。指令功能就是用该位的状态（1 或 0）来控制终址 D（位元件）的状态。用指令 BON　D0　M0　n 的图示来说明，如图 6-45 所示。

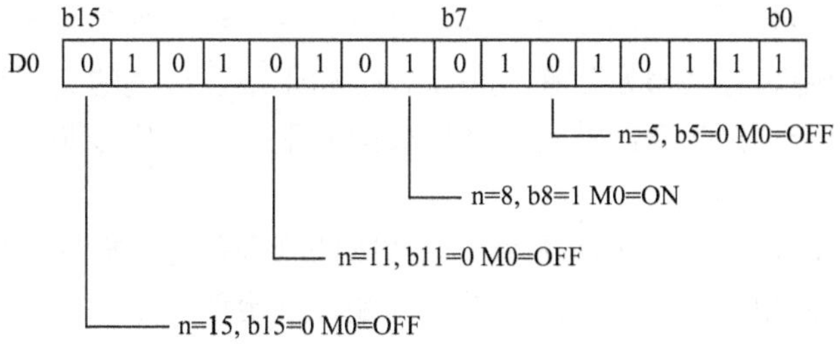

图 6-45　BON 指令执行功能图示

（2）如果源址 S 为常数 K,H，会自动转换成二进制数再执行 BON 指令。

BON 指令常常用来判断某数是正数还是负数（n 指定为最高位）或者是奇数还是偶数（n 指定为最低位）等。

【例 23】　编写求某数（D0）的绝对值程序，程序梯形图如图 6-46 所示。

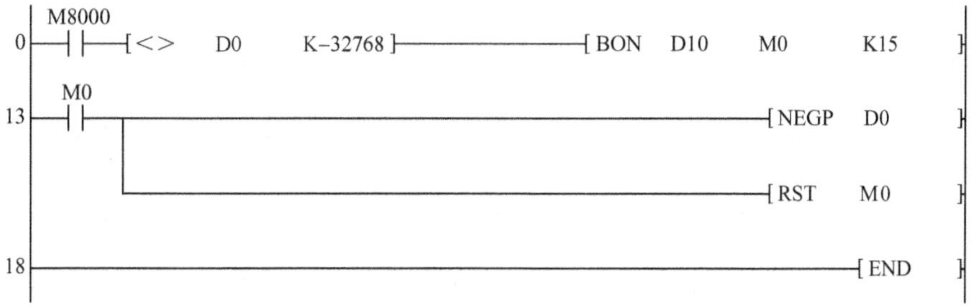

图 6-46　BON 指令例 23 程序梯形图

注意：K-32768 的补码仍为 K-32768，必须排除在外。如为 32 位指令，则同样 K-2147483648 必须排除在外。

（3）如果为 32 位指令 DBON，当操作数 n 指定为数据寄存器 D、R 时，其[n+1,n]的 32 位值便生效，敬请注意。例 DBON　D0 M0　R0 时，则 n=[R1, R0]。

6.5 信号报警指令

6.5.1 控制系统的信号报警

故障报警程序是 PLC 工业控制程序中一个非常重要的组成部分，工业控制系统中的故障是多种多样的，有些在程序设计时已经考虑到，而有些直到故障出现才知道还有这样的故障。本节仅就信号报警指令所涉及的故障报警知识作一些介绍。

最常用的报警方式是限位报警。这种报警方式是当被控制量超过所规定的范围时，通过机械的、气动的、液动的或电子电路带动一个机械开关或电磁继电器的触点的动作去完成报警处理功能及报警信号的输出。

限位报警一般是控制系统本身的要求，也是程序设计中所必须考虑的问题。但在实际控制系统中，有些故障虽然不是经常发生，却存在发生的可能。而且故障的原因大都是系统外部的原因，例如，机械的、气动的及液动的硬故障。这些故障都不发生在限位值上，而是发生在系统运行的过程中。有些虽发生在限位上，但由于限位开关的失灵而不能报警，或者是虽发生限位处，但由于被控制量的波动，经常会瞬时限位，如仍按照限位报警方式会引起频繁地报警。

当发生上述情况时，一般都采用时间作为故障的判别条件，即在一定的时间段内，如果应该检测到信号而未检测到，或者检测到的时间超过规定值，则立刻给出报警信号，例如，小车在前进时，本应在 2s 到达 B 点，然而途中小车出现机械故障停止前进。这时，可在 B 点设置一信号开关，小车开车后，启动定时器，如果在 2s 内未停止定时器的计时，表示小车未按时到达 B 点，发生故障，启动报警输出（当然，如果小车无故障，而信号开关失灵也一样报警）。程序梯形图如图 6-47 所示。

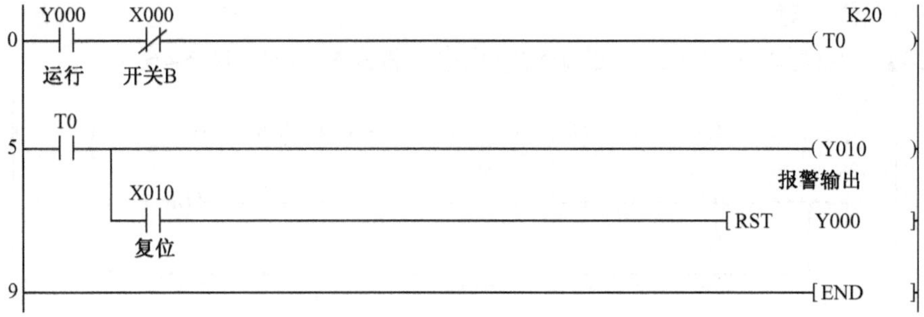

图 6-47 小车机械故障时间报警程序梯形图

FX 系列 PLC 为上述定时报警功能专门开发了一个功能指令——信号报警设置指令 ANS。利用 ANS 指令编制报警程序则简单得多。

一般报警信号均由电铃、警示灯进行声光显示。发生报警时，如果故障不排除，则声光信号也不消失，而声光信号长期报警会影响故障排除工作。在继电控制中，设计了一段声光信号解除电路完成声光信号的复位。在 PLC 的报警程序中，同样也设置了声光信号解除复位按钮，图 6-47 中 X010 完成声光信号复位。

针对 ANS 指令中的报警专用状态继电器 S900～S999 的复位，FX 系列 PLC 又开发了与 ANS 指令配套使用的信号报警复位指令 ANR。

6.5.2　信号报警设置指令 ANS

1. 指令格式

FNC 46：ANS　　　　　　　　　　　　　　　　程序步：7

ANS 指令可用软元件见表 6-29 所示。

表 6-29　ANS 指令可用软元件

操作数种类	位软元件							字软元件												其他				
	系统/用户							位数指定				系统/用户				特殊模块	变址			常数		实数	字符串	指针
	X	Y	M	T	C	S	D□.b	KnX	KnY	KnM	KnS	T	C	D	R	U□\G□	V	Z	修饰	K	H	E	"□"	P
S·												▲1							●					
m														●	●					●	●			
D·						▲2													●					

▲1：T0～T199。

▲2：S900～S999。

梯形图如图 6-48 所示。

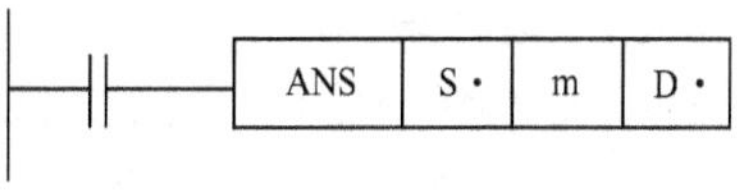

图 6-48　ANS 指令梯形图

ANS 指令操作数内容与取值如表 6-30。

表 6-30　ANS 指令操作数内容与取值

操作数种类	内　容	数据类型
S·	判断时间的计时定时器编号	BIN16 位
m	判断时间的数据[m 属于 1～32 767（100ms 单位）]	BIN16 位
D·	设置的信号报警器软元件	位

解读：当驱动条件成立的时间大于由 S 所设置的定时器的定时时间（定时时间=m×100ms）时，报警信号位元件 D 为 ON。

2. 指令应用

（1）相关特殊软元件，见表 6-31。

表 6-31　相关特殊软元件

编　号	名　称	功能和用途
M8049	信号报警器监视继电器	M8049 置 ON 后，D8048 才能保存报警位元件 S 的编号，M8048 才能置 ON
[M8048]	信号报警继电器	仅当 M8049=ON 且 S900～S999 中任一位元件动作时，M8048 才置 ON，M8048 是触点利用型特殊继电器
D8049	信号报警状态继电器最小位元件编号	仅保存 S900～S999 中动作的最小位元件编号且内容随 ANR 指令执行一次修改一次
S900～S999	信号报警用状态继电器	共 100 个，在信号报警设置指令 ANS 中设置，如果指令 ANS 执行中该继电器被接通的话，则指令的驱动条件断开后状态继电器仍保持接通状态（相当于被 SET 置位），仅能用 RST 指令和信号报警复位指令 ANR 对其进行复位

（2）指令执行时，如驱动条件为 ON 的时间小于指令中定时器的设定值（m×100ms），由 D 设定报警状态位元件不动作，且定时器的当前值复位。此外，驱动条件一旦为 OFF，定时器复位。ANS 指令时序图如图 6-49 所示。

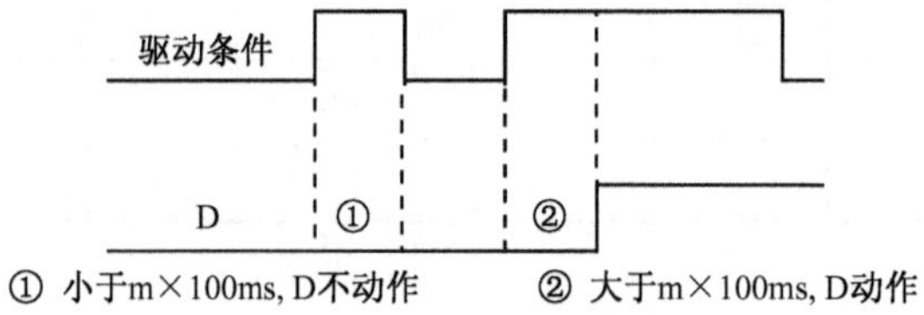

图 6-49　ANS 指令时序图

（3）指令的应用情况用下面的例子进行说明。

【例 24】　某输送带输送物件如图 6-50 所示。当机械手把物件 A 放到输送带上时，输送带开始前进，到达指定位置（开关 B 处）停止，输送运行时间为 5s。如果因机械等故障，物件 A 在输送带运行中停止前进时，要求给予报警。

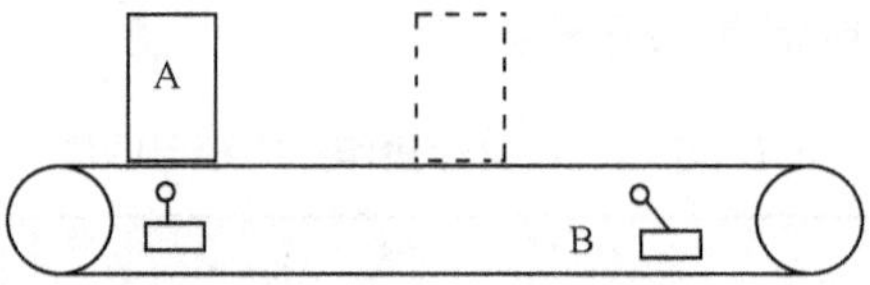

图 6-50　例 24 示意图

报警程序如图 6-51 所示。

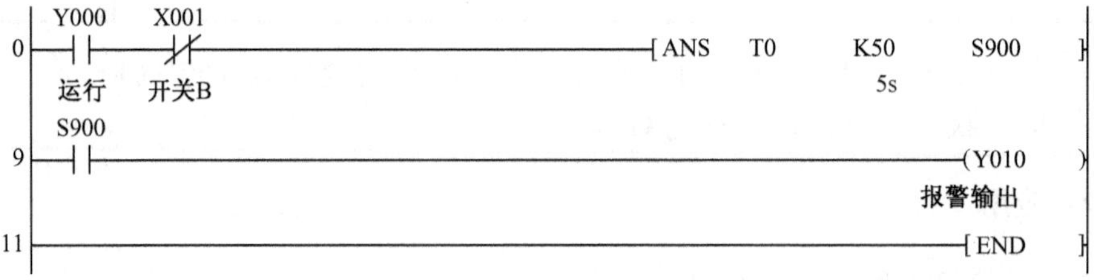

图 6-51　例 24 程序梯形图

实际运行中，该程序可对两种情况进行信号报警：一是由于机械故障，物件 A 停止前进；二是物件 A 虽前进，但由于开关 B 失灵而不能使物件停止。

【例 25】 卧式铣床工作台在往复运动时，两边有四个限位开关。其中，内侧两个是控制往复运动的换向开关；外侧两个是限位开关，在换向开关失灵时，紧急停止（图 6-52）。如果工作台往复一次时间为 4s，试设计当换向开关和限位开关都失灵时的报警程序。

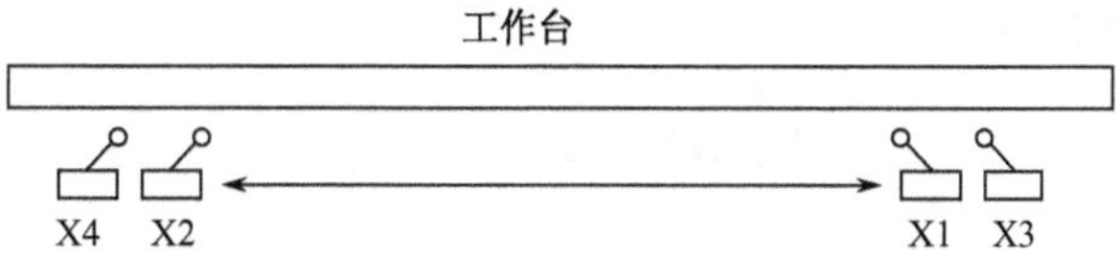

图 6-52　例 25 示意图

报警程序如图 6-53 所示。

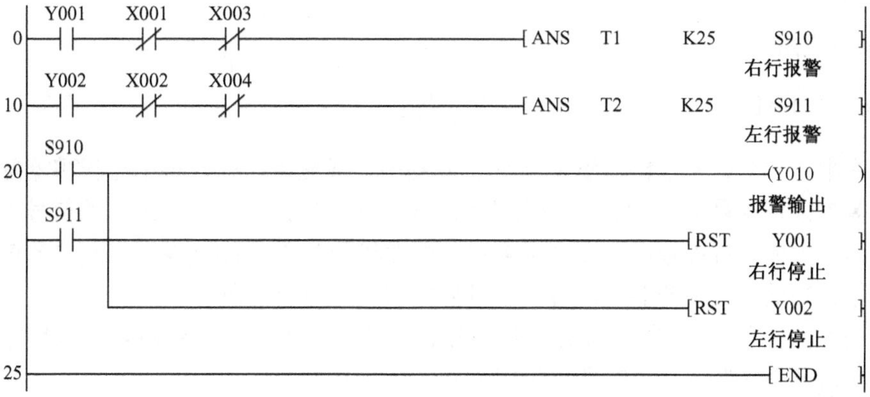

图 6-53　例 25 程序梯形图

【例 26】 在水位检测中，当水位超过限制水位时，必须报警输出。为防止水位波动而瞬时超限引起频繁报警，希望水位超过限制水位一定时间后，才确认水位超限，发出报警信号。

分析：这种情况下，可采取 ANS 指令设计，其中延迟时间由时间工况决定。梯形图程序由读者自行完成。

6.5.3　信号报警复位指令 ANR

1．指令格式

FNC 47：ANR 【P】　　　　　　　　　　　　程序步：1

ANR 指令可用软元件见表 6-32。

表 6-32　ANR 指令可用软元件

操作数种类	位软元件							字软元件												其他				
	系统/用户							位数指定				系统/用户				特殊模块	变址			常数		实数	字符串	指针
	X	Y	M	T	C	S	D□.b	KnX	KnY	KnM	KnS	T	C	D	R	U□\G□	V	Z	修饰	K	H	E	"□"	P
—	无对象软元件																							

梯形图如图 6-54 所示。

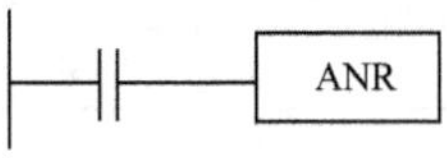

图 6-54　ANR 指令梯形图

解读：当驱动条件成立时，对信号报警状态继电器 S900～S999 中已经置 ON 的状态继电器进行复位。

2. 指令应用

1）复位工作过程

当程序中有一个信号报警器置 ON 时，驱动条件成立后，即对该信号报警器复位。如果程序中有多个报警器置 ON 时，驱动条件每动作一次就复位一个编号最小的信号报警器。由编号小到编号大依次将信号报警器全部复位。而 D8049 寄存器始终保存未复位的信号报警器的最小编号。知道信号报警器的编号，就可以知道故障源的所在。

ANR 指令仅对已经排除故障源的信号报警器复位有效。不能对故障源未排除的信号报警器（引起信号报警器置 ON 的条件仍然成立）进行复位。

图 6-55 所示为多个信号报警器典型应用程序梯形图。

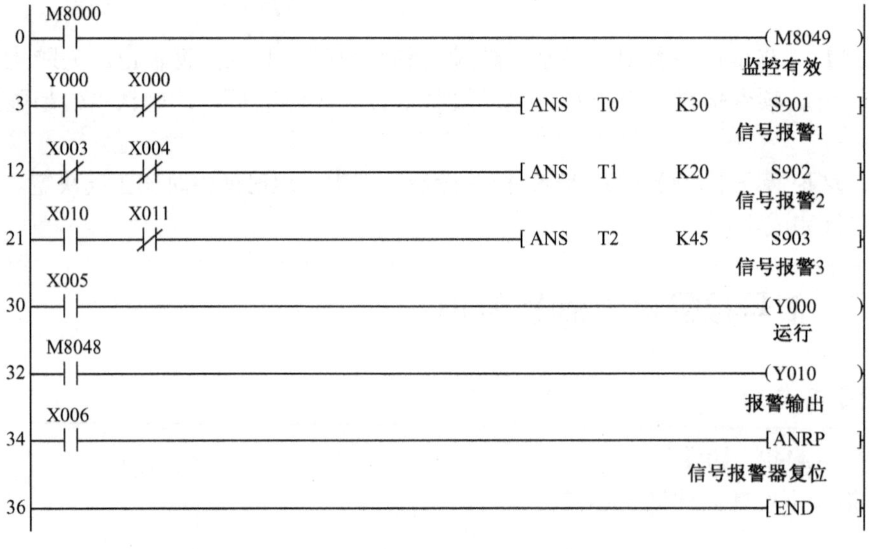

图 6-55　多个信号报警器程序梯形图

ANR 指令可以对由指定 ANS 引起置位的信号报警器 S900～S999 进行复位，也可以对用指令 SET 或 OUT 置位的信号报警器进行复位。这说明 ANR 指令可以和 ANS 指令配合使用，也可以单独应用。

2）脉冲执行型

使用指令 ANR（连续执行型），在驱动条件成立时，每个扫描周期都会执行一次。使用指令 ANRP（脉冲执行型），驱动条件每通断一次，指令执行一次。一般应用建议采用 ANRP。

3）信号报警器复位

图 6-55 所示的程序，ANR 指令每次只能复位一个信号报警器，而且，当低编号的信号报警器的故障源未排除时，不能复位编号较大的信号报警器，在这某些场合下，对故障源的寻找会有困难。因此，希望可以实现不管编号大小，找到一个复位一个。图 6-56 所示的程序能完成这种要求。图中，最后一行为演示程序，在仿真时可以看到当 S903 最先复位时，D8049 中仍为 901。

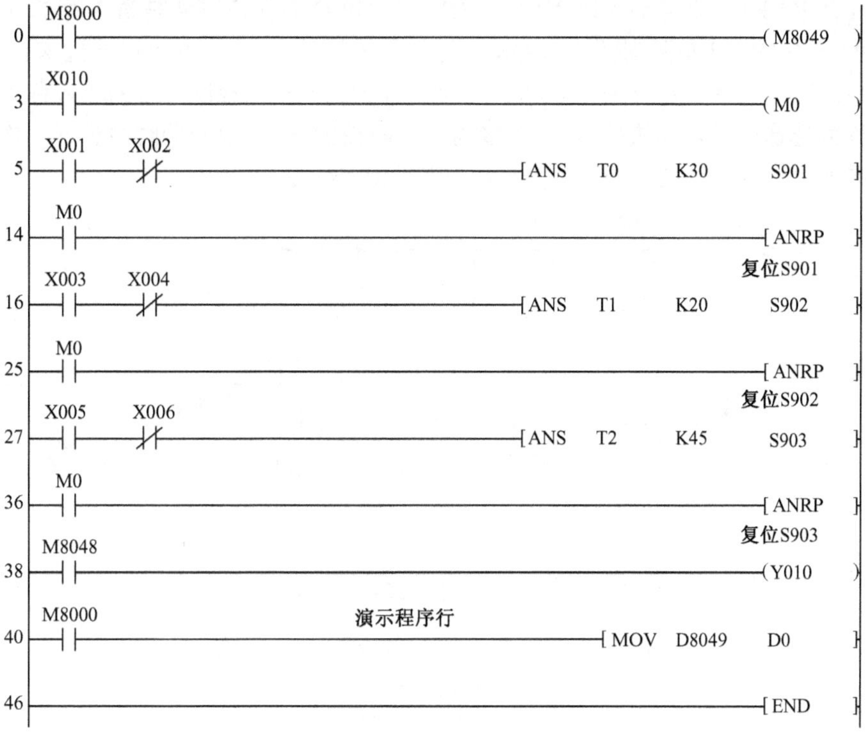
M8000
0
M8049
X010
3
M0
X001
X002
5
ANS T0 K30 S901
M0
14
ANRP
复位S901
X003
X004
16
ANS T1 K20 S902
M0
25
ANRP
复位S902
X005
X006
27
ANS T2 K45 S903
M0
36
ANRP
复位S903
M8048
38
Y010
M8000
演示程序行
40
MOV D8049 D0
46
END

图 6-56　多个 ANR 指令应用信号报警器复位程序梯形图

6.6　数据处理指令

6.6.1　分时扫描与选通

本节介绍的三种数据处理指令都是对一组数据而言的，功能指令中，大多数指令是对单个数据进行处理的。指令 MTR 为数据采集指令（又称矩阵输入指令），其功能是对外部开关量进行采集，最多可输入 64 个开关状态信号。指令 SER 和 SORT 是数据表处理指令。数据表是在存储区中连续存储的一组数据，数据可大可小，大的可占用到某个存储区，小的只有几个十几个数据。数据表由行和列组成，代表某种实际含义，例如，学生的学科成绩、商品的销售数量等。对数据表进行处理的操作有检索、排序、求极值、求和、求平均值、清零等。SER 为数据表检索指令，检索一组数据是否有要查找的数，检索其最大值和最小值。SORT 指令为数据表排序指令，对数据表中指定的列进行升序排列。

PLC 的开关量状态信号都是通过输入口 X 输入的，如果需要输入 64 个开关量信号，那就需要 64 个输入口，显然这是很不经济的，在实际应用中一般是通过分时扫描选通输入的方式来解决的。

那么，什么是分时扫描和选通呢？下面通过图 6-57 来说明。图中，PLC 的输入口接入两列开关，这两列开关都接入 X10～X17，但其公共端分别通过开关 K1,K2 接入 PLC 的公共端。如果没有 K1,K2，则当输入口 X10 为 ON 时，PLC 就无法判断是第 1 列的开关 ON 还是第 2 列的开关 ON 或是两列开关都 ON，而有了 K1 和 K2 后，则可以通过 K1,K2 的分别接通来控制是第 1 列还是第 2 列的输入。这种由开关的选择来控制信号的输入称为选通，而 K1,K2 也称为选通开关。如果把 K1,K2 接通的时间按图 6-58 那样的时序进行，称为分时扫描。利用这种信号控制不同列的信号为分时扫描选通输入。

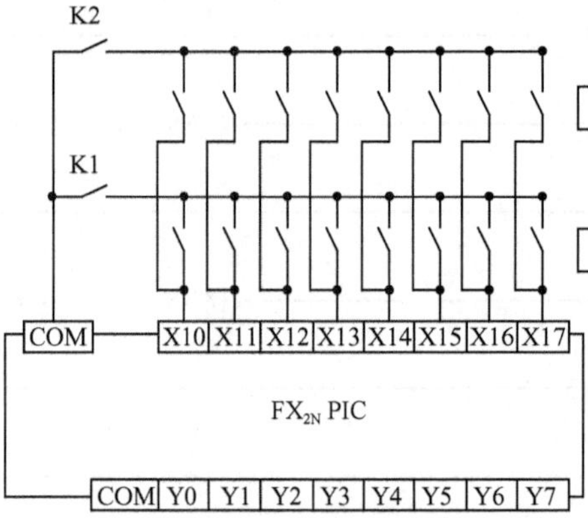

图 6-57　PLC 输入 16 个开关量信号示意图

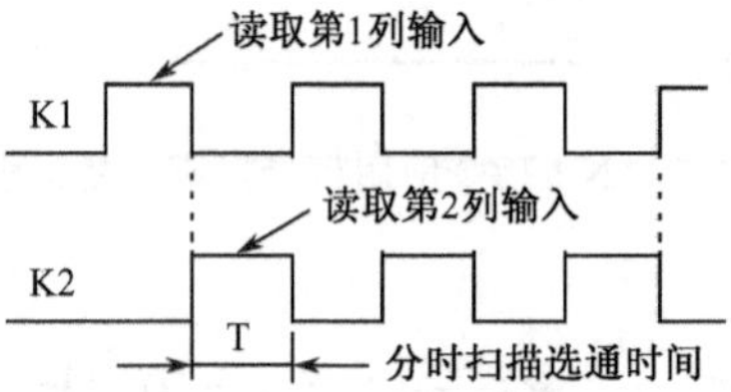

图 6-58　分时扫描选通时序图

通过分时扫描选通的方式，使信号的输入接口数量大为减少，同样，如果在 PLC 的输出口上需要 7 段数码管方式显示，也可采用分时扫描选通的方式使输出口大为减少。

在 PLC 控制中，一般选通信号是通过输出口 Y 的分时扫描信号完成的。其示意图及时序图如图 6-59 所示。此图是以 FX_{3U} PLC 的基本单元（漏型输入/漏型输出）为例进行说明的。

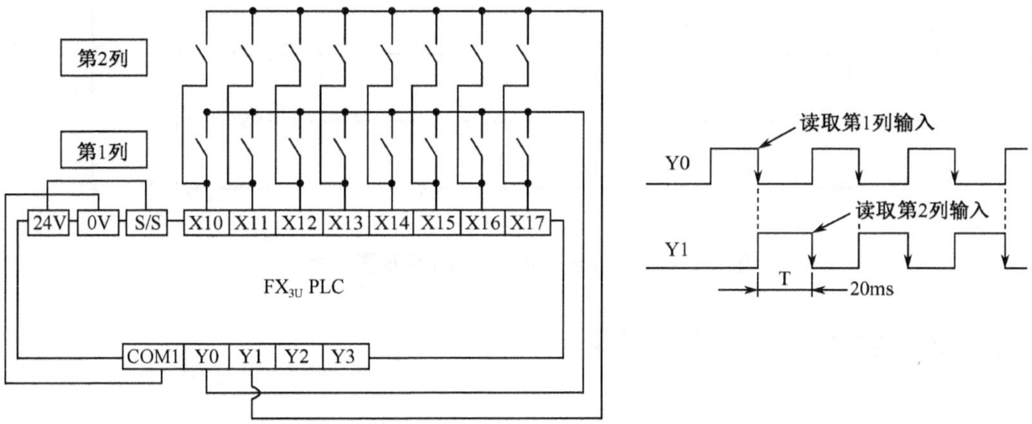

（a）PLC选通信号示意图　　（b）时序图

图 6-59　PLC 分时扫描选通信号及时序图

在 PLC 的模拟量控制中也会经常用到分时扫描程序来分时接收输入模拟量信号和输出控制/显示信号，在通信控制中，利用同一 RS 指令传送不同的控制信号也会用到分时扫描程序。分时扫描程序设计有很多种，图 6-60 所示为三个选通分时扫描程序时序图，图 6-61 所示为程序梯形图。D0 为扫描选通时间。

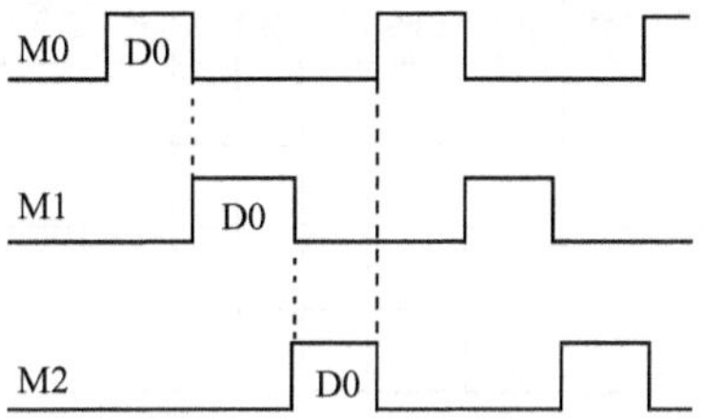

图 6-60　三个选通分时扫描程序时序图

图 6-61　三个选通分时扫描程序梯形图

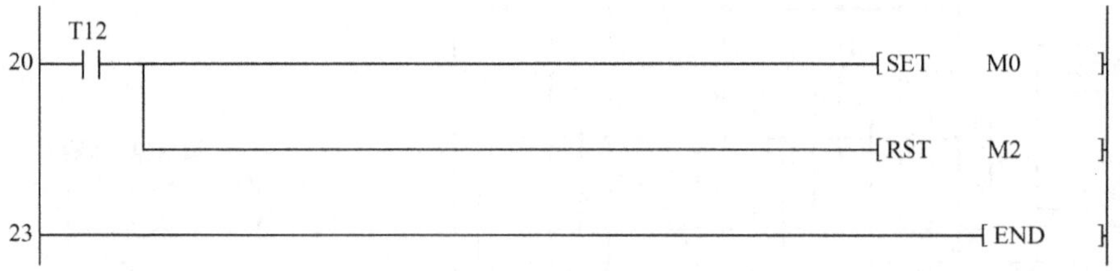

图 6-61　三个选通分时扫描程序梯形图（续）

6.6.2　数据采集指令 MTR

1．指令格式

FNC 52：MTR　　　　　　　　　　　　　　　　程序步：9

MTR 指令可用软元件见表 6-33 所示。

表 6-33　MTR 指令可用软元件

操作数种类	位软元件							字软元件												其他				
	系统/用户							位数指定				系统/用户				特殊模块	变址			常数		实数	字符串	指针
	X	Y	M	T	C	S	D□.b	KnX	KnY	KnM	KnS	T	C	D	R	U□\G□	V	Z	修饰	K	H	E	"□"	P
S	●																							
D1		●																						
D2		●	●			●																		
n																				●	●			

梯形图如图 6-62 所示。

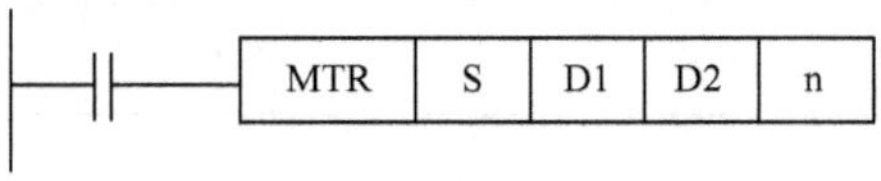

图 6-62　MTR 指令梯形图

MTR 指令操作数内容与取值如表 6-34 所示。

表 6-34　MTR 指令操作数内容与取值

操作数种类	内　　容	数据类型
S	矩阵的行信号输入的起始软元件（X）编号 X000、X010、X020…到最终的输入 X 编号为止（最低位的位数编号只能为 0）	位
D1	矩阵的列信号输出的到起始软元件（Y）编号 Y000、Y010、Y020…到最终的输出 Y 编号为止（最低位的位数编号只能为 0）	位
D2	输出目标地址的起始软元件（Y，M，S）编号 Y000、Y010、Y020…、M000、M010、M020…、S000、S010、S020…到最终的 Y，M，S 编号为止 （最低位的位数编号只能为 0）	位
n	设定矩阵输入的列数（K2～K8/H2～H8）	BIN16 位

解读：当驱动条件成立时，指令以选通的方式，依次从 S 所确定的输入口分时读取 n 列开关量状态信号送入以 D2 为首址所确定的位元件中。分时选通信号由 D1 为首址所确定的输出口发出。

2. 指令应用

1）外部接线与读取时序

MTR 指令实际上是一采集 PLC 外接开关矩阵的开关量状态信息的指令，现以图 6-63 所示指令应用梯形图说明。

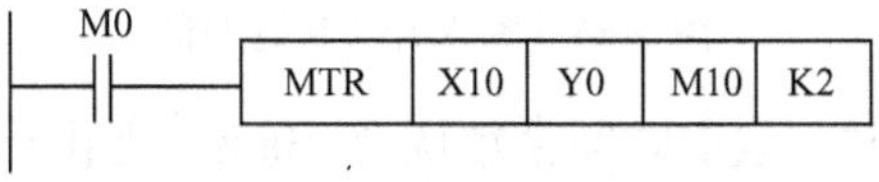

图 6-63 MTR 指令应用梯形图

如图 6-63 所示指令操作相对应的外部接线图如图 6-64 所示。

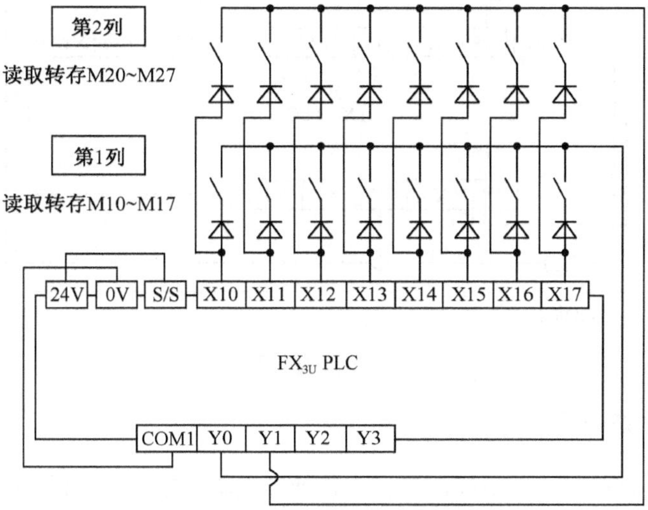

图 6-64 MTR 指令应用接线图

图中，有两列开关量信号需要采集，选通信号为 Y0,Y1。在驱动条件常 ON 时，Y0 和 Y1 按 20ms 的导通时间依次对第 1 列和第 2 列进行分时扫描，并将它们的开关量状态读取到 M10～M17 和 M20～M27 位元件中，分时读取完后，指令执行结束标志位 M8029=ON。其时序图如图 6-65 所示。

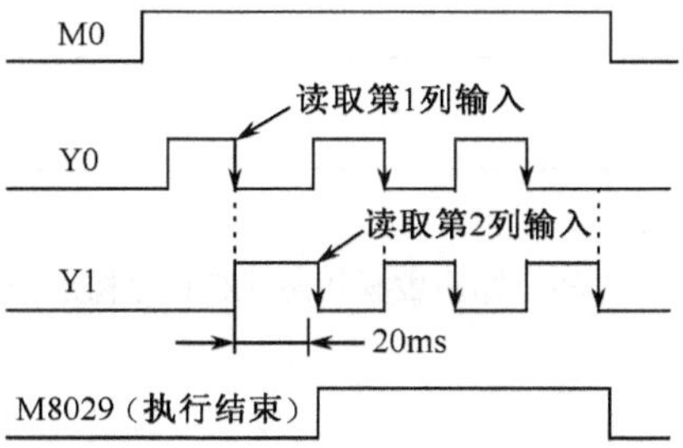

图 6-65 MTR 指令应用时序图

2）开关接通时间

为了防止信号的丢失，MTR 指令对外接开关的 ON/OFF 时间有一定的要求。在读取期间，开关的 ON/OFF 时间必须大于 n×20ms。当输入为 2 列时，必须大于 40ms。以此类推，最大为 8×20ms=160ms，如图 6-66 所示。

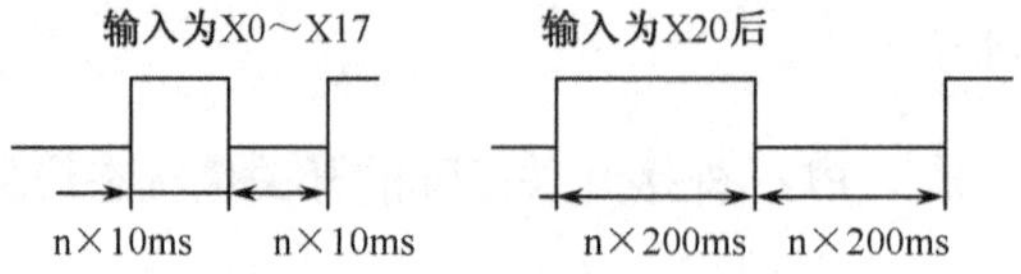

图 6-66　输入开关接通时间

使用 X0～X17 输入口时，读取时间会加快至 10ms，但由于晶体管的还原时间长且输入灵敏度高，因此，会产生误输入的情况，这时需在选通信号输出口上加接负载电阻 3.3kΩ/0.5W，如图 6-67 所示。

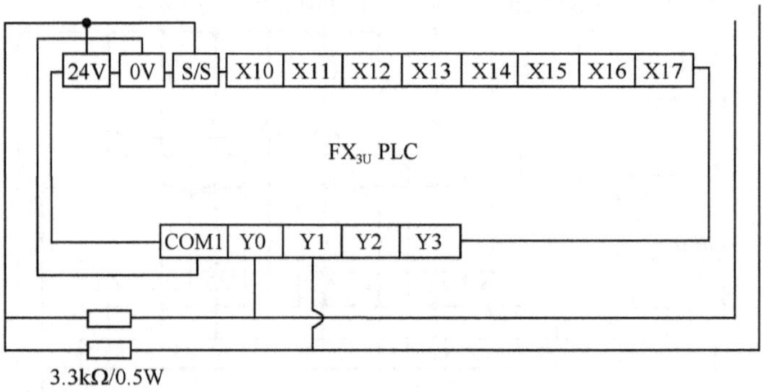

图 6-67　负载电阻接入

3）输出数据状态保存

在驱动条件为 ON/OFF 的瞬间，自指定选通口的输出首址开始的 16 点变为 OFF。如果这 16 点输出状态需要保存，则可在 MTR 指令执行前后对这 16 点数进行保存和复位。参看图 6-68 所示的梯形图程序。

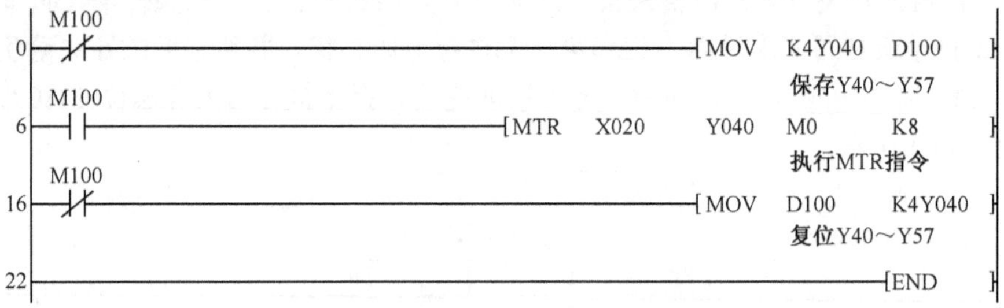

图 6-68　输出数据状态保存程序梯形图

4）指令应用注意

（1）在开关接入输入口时，每个开关必须串接一个 0.1A，50V 的二极管。

（2）MTR 指令的驱动，要求常置 ON，可以采用 M8000 作为指令的驱动条件。

（3）开关矩阵输入的列数，最少 2 列，最多 8 列。也就是说最多能采集 8×8 个开关量的状态。

（4）不论是源址还是终址，其位元件起始编号最低位的位数编号只能是 0，例如，10,20,30 等。对于源址输入，通常使用 X20 以后的编号。

（5）该指令在编程中只能使用一次。

6.6.3　数据检索指令 SER

1. 指令格式

FNC 61：【D】SER 【P】　　　　　　　　　　　　程序步：9/17

SER 指令可用软元件见表 6-35。

表 6-35　SER 指令可用软元件

操作数种类	位软元件							字软元件												其他				
	系统/用户							位数指定				系统/用户				特殊模块	变址			常数		实数	字符串	指针
	X	Y	M	T	C	S	D□.b	KnX	KnY	KnM	KnS	T	C	D	R	U□\G□	V	Z	修饰	K	H	E	"□"	P
S1·								●	●	●	●	●	●	●	▲1	▲2			●					
S2·								●	●	●	●	●	●	●	▲1	▲2	●	●	●	●	●			
D·									●	●	●	●	●	●	▲1	▲2			●					
n														●	▲1					●	●			

▲1：仅 $FX_{3G}/FX_{3GC}/FX_{3U}/FX_{3UC}$ 可编程控制器支持。

▲2：仅 FX_{3U}/FX_{3UC} 可编程控制器支持。

梯形图如图 6-69 所示。

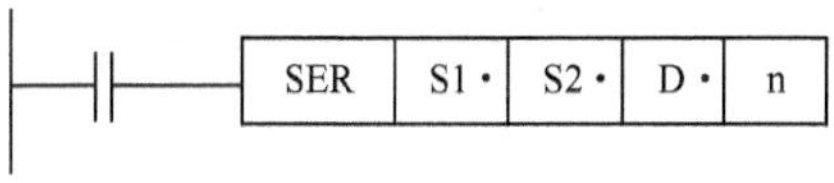

图 6-69　SER 指令梯形图

SER 指令操作数内容与取值如表 6-36 所示。

表 6-36　SER 指令操作数内容与取值

操作数种类	内　容	数据类型
S1·	检索相同数据、最大值、最小值的起始软元件编号	BIN16/32 位
S2·	检索相同数据、最大值、最小值的参考值或是其保存的目标软元件编号	BIN16/32 位
D·	检索相同数据、最大值、最小值后，保存这些数的起始软元件编号	BIN16/32 位
n	检索相同数据、最大值、最小值的个数 [16 位指令时：1～256，32 位指令时：1～128]	BIN16/32 位

解读：当驱动条件成立时，从源址 S1 为首址的 n 个数据中检索出符合条件 S2 的数据的

位置值，并把它们存放在以 D 为首址的 5 个寄存器中。

2. 指令应用

（1）SER 指令是对一组带符号整数以代数方式进行比较检索的。它把该组数据与目标数据进行逐个比较，找出相同数的个数、初次出现相同数的位置和最终出现相同数的位置；同时，还对数据进行排序找出最大数和最小数的最终位置，并把检索结果存放在指定寄存器中。下面通过表 6-37 和表 6-38 给予说明（16 位运算）。

表 6-37 是 n=10 时的 10 个检索数据，它们的大小，数据的位置如表中所示，比较数据及检索结果均已在表中列出。

表 6-37　检索数据及检索结果一览

检索数据寄存器	数据值	目标数据	数据位置编号	检索结果		
				最大值	相同数	最小值
S1	K-20	K50	0			◎
S1+1	K50		1		◎（初次）	
S1+2	K100		2	◎（初次）		
S1+3	K20		3			
S1+4	K15		4			
S1+5	K100		5	◎（最终）		
S1+6	K50		6		◎	
S1+7	K35		7			
S1+8	K50		8		◎（最终）	
S1+9	K-5		9			

表 6-38 是检索结果寄存一览。必须强调，检索结果不是数据本身，而是数据所在的位置编号值。

表 6-38　检索结果寄存一览

结果寄存器	检索内容	检索结果
D	相同数据个数	3
D+1	相同数据初次出现位置编号	1
D+2	相同数据最终出现位置编号	8
D+3	最小值最终出现位置编号	0
D+4	最大值最终出现位置编号	5

（2）检索结果不存在相同数据时，仅在 D+3,D+4 寄存器中保存最小值和最大值的位置值，而 D,D+1,D+2 三个寄存器均保存 0 值。

（3）在模拟量控制中，由于工业控制对象的环境比较恶劣，干扰较多，如环境温度、电场、磁场等。因此，为了减少对采样值的干扰，对输入的数据进行滤波是非常必要的。模拟量控制的滤波有硬件滤波和软件滤波两种方式。软件滤波又称为数字滤波。它利用计算机强大而快速的运算功能，对采样信号编制滤波处理程序，由计算机用滤波程序进行运算处理从而消除或削弱干扰信号的影响，提高采样值的可靠性和精度，达到滤波的目的。

数字滤波中，有一种方法称为中位值平均滤波，其算法是：连续采集 n 个数据，去掉一个最大值，去掉一个最小值。然后计算剩下的 n-2 个数据的平均值。

【例 27】　编制中位值平均滤波程序。

程序要求：基本单元为 FX_{3U}-32MR, A/D 模块为 FX_{2N}-2AD（位置编号 1#），采样次数为 10，电压输入。

寄存器分配：A/D 转换后数据输入 D1～D10，采样次数 10，中位值平均滤波后输出数据 D100。

程序设计的思路是取 10 个数据，并对其求和，然后对这 10 个数据进行检索，求得最大值和最小值，再用和减去最大值、最小值，剩下的 8 个数据求平均值。

利用 SER 指令编写的中位值平均滤波程序如图 6-70 所示。

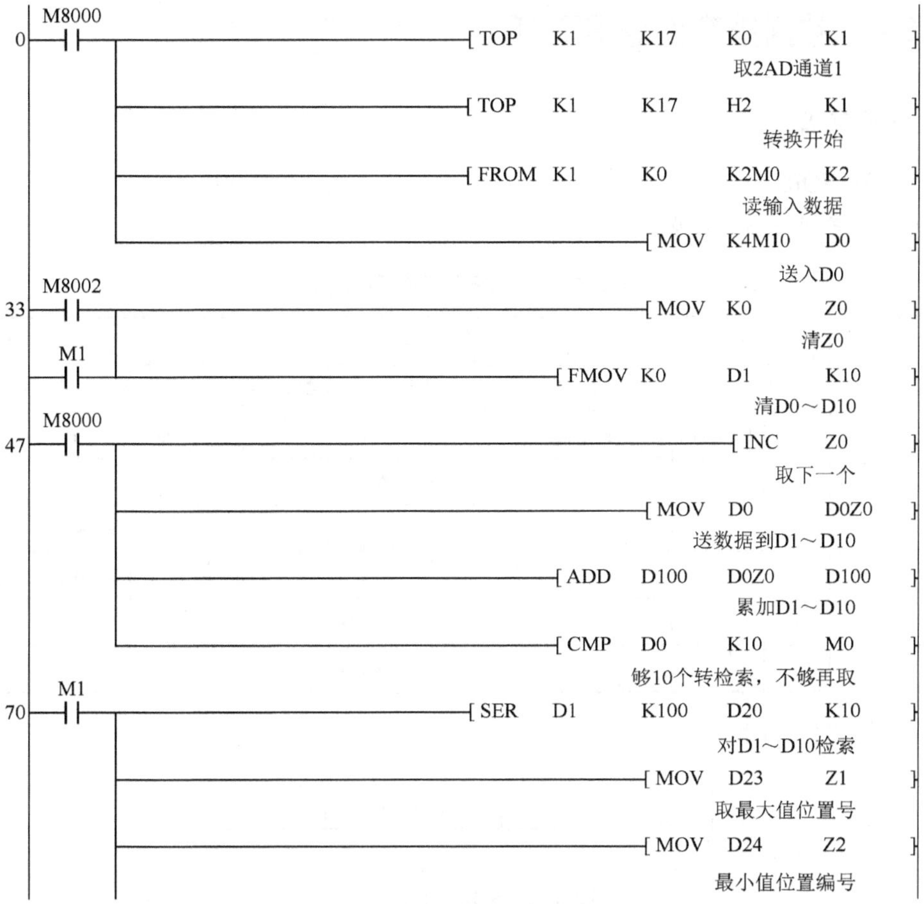
M8000
0
TOP K1 K17 K0 K1
取2AD通道1
TOP K1 K17 H2 K1
转换开始
FROM K1 K0 K2M0 K2
读输入数据
MOV K4M10 D0
送入D0
M8002
33
MOV K0 Z0
清Z0
M1
FMOV K0 D1 K10
清D0～D10
M8000
47
INC Z0
取下一个
MOV D0 D0Z0
送数据到D1～D10
ADD D100 D0Z0 D100
累加D1～D10
CMP D0 K10 M0
够10个转检索，不够再取
M1
70
SER D1 K100 D20 K10
对D1～D10检索
MOV D23 Z1
取最大值位置号
MOV D24 Z2
最小值位置编号

图 6-70　SER 指令中位值平均滤波程序

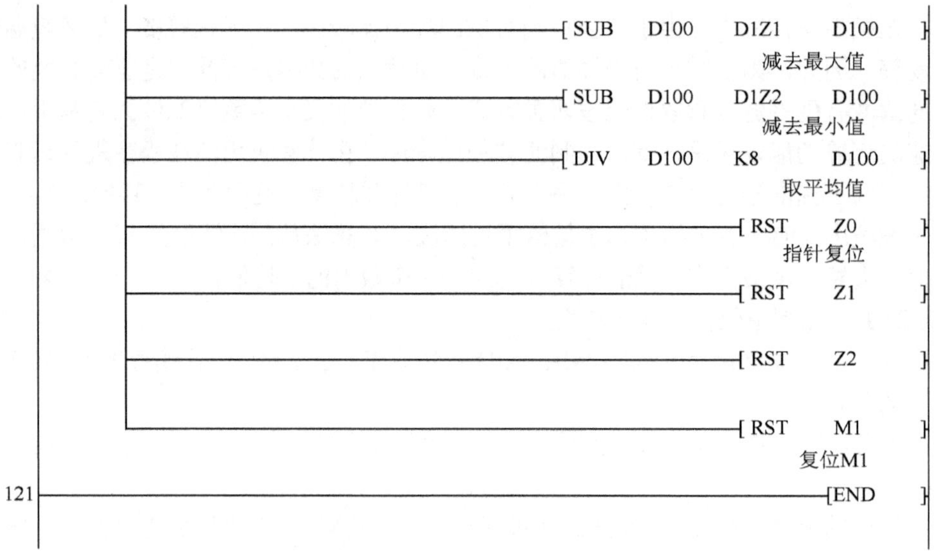

图 6-70　SER 指令中位值平均滤波程序（续）

6.6.4　数据排序指令 SORT

1．指令格式

FNC 69：SORT　　　　　　　　　　　　　　　　程序步：11

SORT 指令可用软元件见表 6-39。

表 6-39　　SORT 指令可用软元件

操作数种类	位软元件							字软元件													其他				
	系统/用户							位数指定				系统/用户				特殊模块	变址				常数		实数	字符串	指针
	X	Y	M	T	C	S	D□.b	KnX	KnY	KnM	KnS	T	C	D	R	U□\G□	V	Z	修饰		K	H	E	"□"	P
S														●	●										
m1																					●	●			
m2																					●	●			
D														●	●										
n														●	●						●	●			

梯形图如图 6-71 所示。

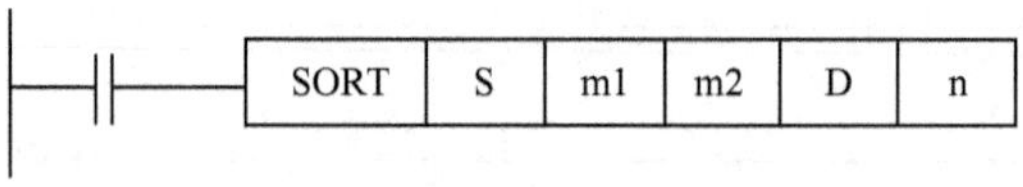

图 6-71　SORT 指令梯形图

SORT 指令操作数内容与取值如表 6-40 所示。

表 6-40　SORT 指令操作数内容与取值

操作数种类	内　容	数据类型
(S)	保存数据表格的软元件起始编号［占用 m1×m2 点］	BIN16 位
m1	数据（行）数［1～32］	
m2	群数据（列）数［1～6］	
(D)	保存运算结果的软元件起始编号［占用 m1×m2 点］	
n	作为排序标准的群数据（列）的列编号［1～m2］	

解读：当驱动条件成立时，在数据表格 S 中，对以 n 指定的列数重新进行升序排列（由小到大）。排列结果重新存储到数据表格 D 中。

2．指令应用

1）数据表格寄存器编号排列方式

SORT 指令所排序的表格为 m1 行×m2 列，其存储方式为：一列一列依顺序存入相应寄存器。例如，有一数据表格是 5 行×4 列，寄存器首址为 D100，则存储单元寄存器编号排列顺序如表 6-41 所示。

表 6-41　寄存器编号排列方式

		列数 m2			
		1 列	2 列	3 列	4 列
行数 m1	1 行	D100	D105	D110	D115
	2 行	D101	D106	D111	D116
	3 行	D102	D107	D112	D117
	4 行	D103	D108	D113	D118
	5 行	D104	D109	D114	D119

执行 SORT 指令后，经过重新排序会得到以终止 D 为首址的 m1×m2 的数据表格。结果数据表的寄存器编号排列顺序与源址表格相同。

2）指令执行功能列举

下面以 16 位指令执行形式说明指令执行功能，某班 5 位同学四科成绩的数据表格见表 6-42。

表 6-42　学科成绩数据表格

		学科 m2			
		语文	数学	英语	科学
姓名 m1	李小明	75	88	92	74
	张子华	66	72	86	78
	吴佳妮	81	68	94	63
	王　锐	92	96	98	85
	陈玉婷	53	63	81	61

现对其中数学成绩进行排序，并设排序前数据存储寄存器首址为 D100，排序后数据存储寄存器首址为 D200，则指令应用梯形图如图 6-72 所示。

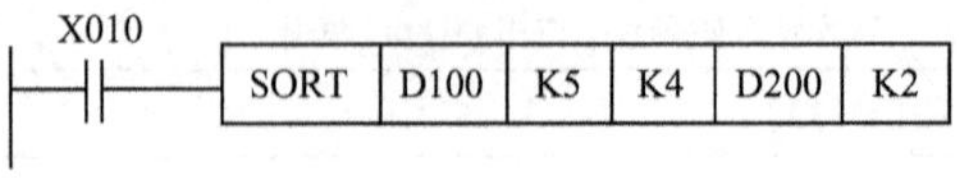

图 6-72　SORT 指令应用梯形图

指令执行后，排序后学科成绩数据表格为表 6-43。对比一下两个表格，发现已经对第 2 列数学成绩进行了排序处理，其成绩按分数由小到大顺序排列。同时其他成绩也随数学成绩成行移动。

表 6-43　排序后学科成绩数据表格

		学　科　m2			
		语文	数学	英语	科学
姓名 m1	陈玉婷	53	63	81	61
	吴佳妮	81	68	94	63
	张子华	66	72	86	78
	李小明	75	88	92	74
	王　锐	92	96	98	85

3）应用注意

（1）SORT 指令在程序中仅可以使用 1 次，但如果需要多次执行，每次执行前请将驱动条件置 OFF/ON 一次。

（2）在指令执行过程中，请勿改变操作数和数据表格的存储内容，但排序的列数 n 可以改变。

（3）源址 S 和终址 D 可以指定同一寄存器。这样指令执行后，源址 S 的数据结构就变成写入排序结果的数据结构。如果不需要保留原来的数据结构，这样做可以节省很多内存。

（4）如果在设计数据表格时，将第一列设计成行的编号，则排序后可以由第一列的内容判断出原来所在的行号，这在使用起来非常方便。

（5）SORT 指令影响执行完成标志位 M8029。当数据表格行数较多时，指令执行时间也较长，这时，可利用 M8029 转入后续运行。

利用 SORT 指令也可以编写求中位值平均滤波程序。程序设计思路是取 10 个数据，编制成 10 行×1 列数据表格，对其进行排序。因其最小数存 D1，最大数存 D10，仅对其中间 8 个数（D2～D9）求平均值即可。

【例 28】　利用 SORT 指令编制中位值平均滤波程序。

程序要求：基本单元为 FX_{3U}-32MR，A/D 模块为 FX_{2N}-2AD（位置编号 $1^{\#}$），采样次数 10，电压输入。

寄存器分配：A/D 转换后数据输入 D1～D10，采样次数 10，中位值平均滤波后输出数据 D100。

程序梯形图如图 6-73 所示。

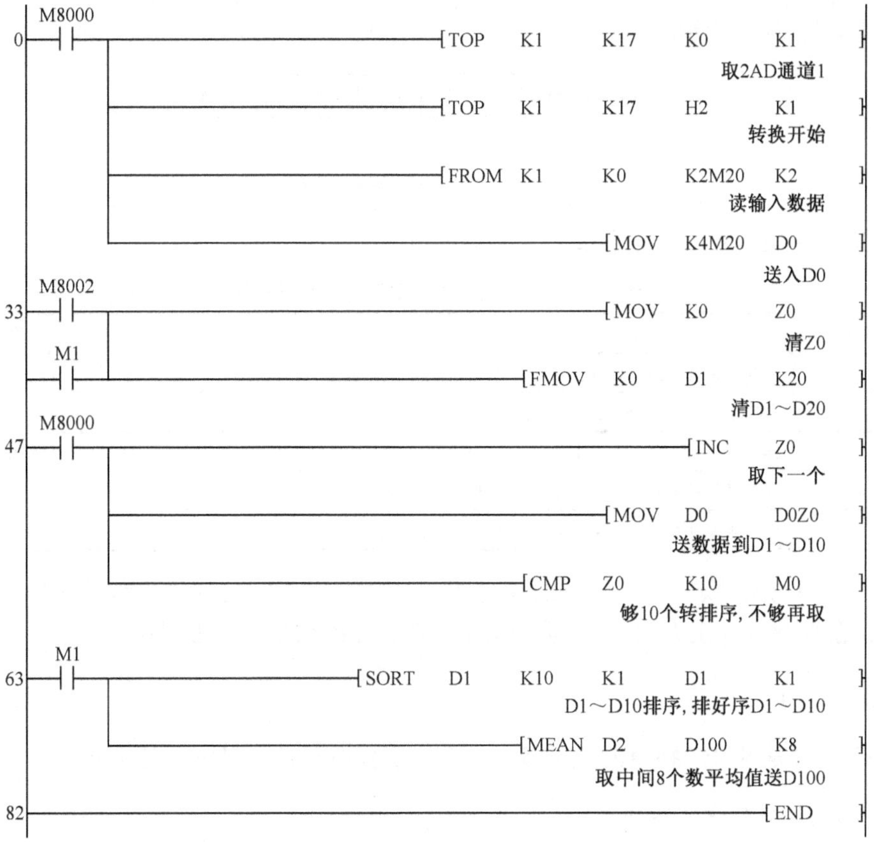

M8000
0
TOP K1 K17 K0 K1
取2AD通道1
TOP K1 K17 H2 K1
转换开始
FROM K1 K0 K2M20 K2
读输入数据
MOV K4M20 D0
送入D0
M8002
33
MOV K0 Z0
清Z0
M1
FMOV K0 D1 K20
清D1～D20
M8000
47
INC Z0
取下一个
MOV D0 D0Z0
送数据到D1～D10
CMP Z0 K10 M0
够10个转排序，不够再取
M1
63
SORT D1 K10 K1 D1 K1
D1～D10排序，排好序D1～D10
MEAN D2 D100 K8
取中间8个数平均值送D100
82
END

图 6-73　利用 SORT 指令编制中位值平均滤波程序

6.6.5　数据排序指令 SORT2

1．指令格式

FNC 149：【D】SORT2　　　　　　　　　　程序步：11/21

SORT2 指令可用软元件见表 6-44。

表 6-44　SORT2 指令可用软元件

操作数种类	位软元件							字软元件												其他				
	系统/用户							位数指定				系统/用户				特殊模块	变址			常数		实数	字符串	指针
	X	Y	M	T	C	S	D□.b	KnX	KnY	KnM	KnS	T	C	D	R	U□\G□	V	Z	修饰	K	H	E	"□"	P
(S)														●	●									
m1														●	●					●	●			
m2																				●	●			
(D)														●	●									
n														●	●					●	●			

梯形图如图6-74所示。

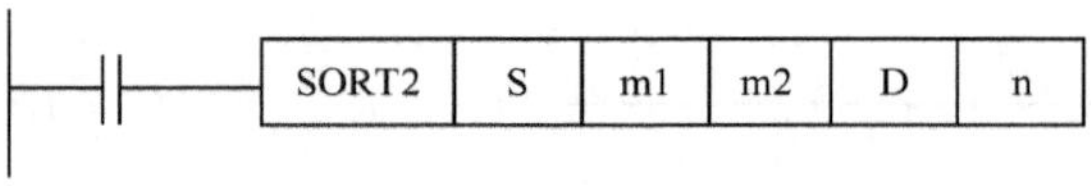

图6-74　SORT2指令梯形图

SORT2指令操作数内容与取值如表6-45所示。

表6-45　SORT2指令操作数内容与取值

操作数种类	内　容	数据类型
S	保存数据表格的软元件起始编号［占用m1×m2点］	BIN16/32位
m1	数据（行）数［1～32］	
m2	群数据（列）数［1～6］	
D	保存运算结果的软元件起始编号［占用m1×m2点］	
n	作为排序标准的群数据（列）的列编号［1～m2］	

解读：当驱动条件成立时，在数据表格S中，对以n指定的列数重新进行升序排列（由小到大）或降序排列（由大到小）。排列结果重新存储到数据表格D中。

2．指令说明

SORT2指令是SORT指令的改进版，与SORT指令相比有以下两处不同。

1）数据表格排列方式不同

SORT指令的数据表格是以列为基础排列的，如表6-46所示。这对于增加行数据非常不方便，主要是存储单元地址不是连续的。而SORT2指令的数据表格是以行为基础存储的，如表6-47所示。一行的数据其存储单元地址是连续的，这时增加一行数据非常方便。

表6-46　SORT指令数据表格排列方式（5行×4列例）

		列数m2			
		1列	2列	3列	4列
行数m1	1行	D100	D105	D110	D115
	2行	D101	D106	D111	D116
	3行	D102	D107	D112	D117
	4行	D103	D108	D113	D118
	5行	D104	D109	D114	D119

表6-47　SORT2指令数据表格排列方式（5行×4列例）

		列数m2			
		1列	2列	3列	4列
行数m1	1行	D100	D101	D102	D103
	2行	D104	D105	D106	D107
	3行	D108	D109	D110	D111
	4行	D112	D113	D114	D115
	5行	D116	D117	D118	D119

2）排序方式不同

SORT 指令仅有升序方式排列，而 SORT2 指令则增加降序方式排列，供用户进行选择。

3. 指令应用

1）特殊辅助继电器 M8165

SORT2 指令的升序和降序排列方式是由特殊辅助继电器 M8165 的状态所决定的。M8165=ON 降序排列；M8165=OFF 升序排列。因此，指令在执行前必须对 M8165 的状态进行设置。

2）指令应用

（1）指令的具体应用和操作请参看 SORT 指令讲解，这里不再赘述。

（2）SORT2 指令在程序中可以同时驱动 2 次。

（3）如果需要多次执行，请将驱动条件置 OFF/ON 一次。

（4）在指令执行过程中，请勿改变操作数和数据表格的存储内容，但排序的列数 n 可以改变。

（5）源址 S 和终址 D 可以指定同一寄存器。这样指令执行后，源址 S 的数据结构就变成写入排序结果的数据结构。如果并不需要保留原来的数据结构，这样做可以节省很多内存。

（6）源址 S 和终址 D 的数据表格，在编址上最好不要发生重复，尽量错开一些单元。

（7）如果在设计数据表格时，将第一列设计成行的编号，则排序后可以由第一列的内容判断出原来所在的行号，这在使用起来非常方便。

（8）SORT2 指令影响执行完成标志位 M8029。当数据表格行数较多时，指令执行时间也较长，这时，可利用 M8029 转入后续运行。

6.6.6 求平均值指令 MEAN

1. 指令格式

FNC 45：【D】MEAN 【P】　　　　　　　　　　程序步：7/13

MEAN 指令可用软元件见表 6-48。

表 6-48 MEAN 指令可用软元件

操作数种类	位软元件							字软元件												其他				
	系统/用户							位数指定				系统/用户				特殊模块	变址			常数		实数	字符串	指针
	X	Y	M	T	C	S	D□.b	KnX	KnY	KnM	KnS	T	C	D	R	U□\G□	V	Z	修饰	K	H	E	"□"	P
S·								●	●	●	●	●	●	●	▲1	▲2			●					
D·									●	●	●	●	●	●	▲1	▲2	●	●	●					
n														●	▲1					●	●			

▲1：仅 $FX_{3G}/FX_{3GC}/FX_{3U}/FX_{3UC}$ 可编程控制器支持。

▲2：仅 FX_{3U}/FX_{3UC} 可编程控制器支持。

梯形图如图 6-75 所示。

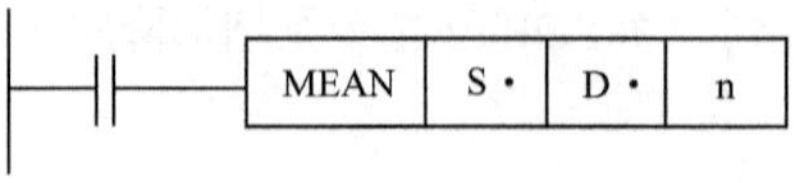
MEAN
S・
D・
n

图 6-75　MEAN 指令梯形图

MEAN 指令操作数内容与取值如表 6-49 所示。

表 6-49　MEAN 指令操作数内容与取值

操作数种类	内　　容	数 据 类 型
S・	保存想要的平均值数据的起始字软元件编号	BIN16/32 位
D・	保存取得的平均值数据的字软元件编号	BIN16/32 位
n	平均数据数（n=1～64 位）	BIN16/32 位

解读：当驱动条件成立时，将以源址 S 为首址的 n 个数据求其算术平均值并传送至终址 D 中。

2. 指令应用

算术平均值指参与计算的 n 个数据相加后再除以 n 得到的值。MEAN 指令执行时，只保留整数部分，余数会舍去。n 取值为 1～64。n 为负数或大于 64 时，运算出错标志 M8067 置 ON。

算术平均值处理也是模拟量控制中一种常用的数字滤波方法。

【例 29】　将 D1～D10 的 10 个数编制算术平均值滤波程序，平均值存 D100。

程序梯形图如图 6-76 所示。

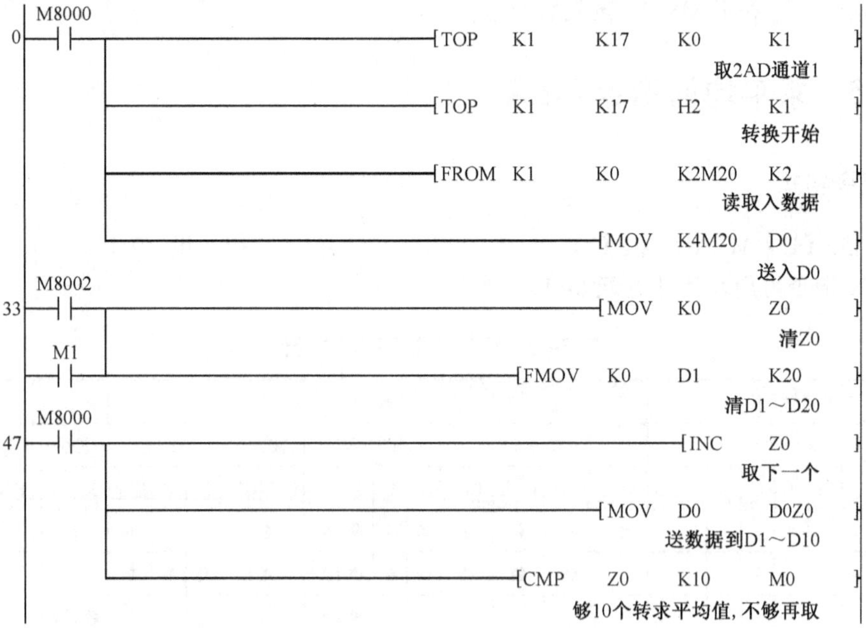
M8000
0
TOP　K1　K17　K0　K1
取2AD通道1
TOP　K1　K17　H2　K1
转换开始
FROM　K1　K0　K2M20　K2
读取入数据
MOV　K4M20　D0
送入D0
M8002
33
MOV　K0　Z0
清Z0
M1
FMOV　K0　D1　K20
清D1～D20
M8000
47
INC　Z0
取下一个
MOV　D0　D0Z0
送数据到D1～D10
CMP　Z0　K10　M0
够10个转求平均值，不够再取

图 6-76　例 29 MEAN 指令程序梯形图

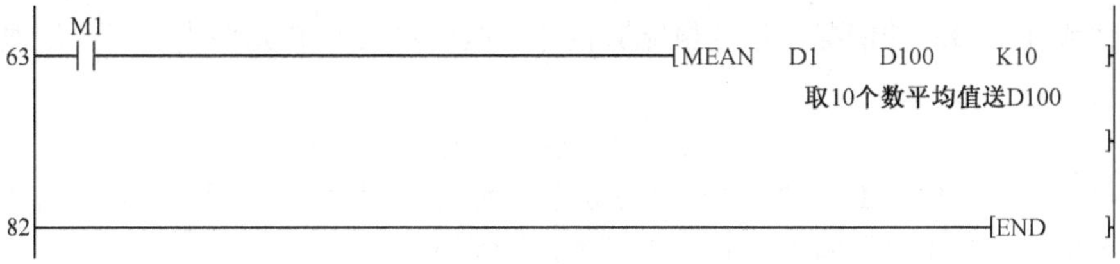

图 6-76　例 29 MEAN 指令程序梯形图（续）

6.6.7　区间复位指令 ZRST

1. 指令格式

FNC 40：ZRST 【P】　　　　　　　　　　程序步：5

ZRST 指令可用软元件见表 6-50。

表 6-50　ZRST 指令可用软元件

操作数种类	位软元件							字软元件												其他				
	系统/用户							位数指定				系统/用户				特殊模块	变址			常数		实数	字符串	指针
	X	Y	M	T	C	S	D□.b	KnX	KnY	KnM	KnS	T	C	D	R	U□\G□	V	Z	修饰	K	H	E	"□"	P
D1·		●	●			●						●	●	●	▲1	▲2			●					
D2·		●	●			●						●	●	●	▲1	▲2			●					

▲1：仅 $FX_{3G}/FX_{3GC}/FX_{3U}/FX_{3UC}$ 可编程控制器支持。

▲2：仅 FX_{3U}/FX_{3UC} 可编程控制器支持。

梯形图如图 6-77 所示。

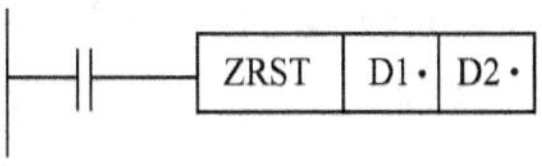

图 6-77　ZRST 指令梯形图

ZRST 指令操作数内容与取值如表 6-51 所示。

表 6-51　ZRST 指令操作数内容与取值

操作数种类	内　　容		数 据 类 型
D1·	成批复位的最前端的位/字软元件编号	D1·≤D2· 指定同一种类的要素	BIN16 位
D2·	成批复位的末尾的位/字软元件编号		BIN16 位

解读：当驱动条件成立时，将终址 D1 和终址 D2 之间的所有软元件进行复位处理。对位元件，全部置于 OFF，对字元件，全部写入 K0。

2. 指令应用

（1）D1 和 D2 必须是同一类型软元件，且软元件编号必须为 D1≤D2。如果出现不同类型的软元件或 D1>D2 的情况，指令虽能够执行，但仅对 D1 软元件进行复位处理。如出现下述情况指令：

ZRST　D10　D0

指令虽然执行但仅对 D10,D0 进行复位处理。而当 D1 为位元件且 D2 为不同类型软元件时，指令不执行，产生运算错误，M8067 置 ON，例如：

ZRST　M0　D0

ZRST　S0　M10

（2）ZRST 指令是 16 位处理指令，一般不能对 32 位软元件进行区间复位处理。但对 32 位计数器 C200～C234 来说，也可以应用 ZRST 指令进行区间复位。但不允许出现 D1 指定为 16 位计数器而 D2 指定为 32 位计数器的混乱情况，例如，ZRST　C180　C230 就不能执行，因为 C180 是 16 位计数器，C230 是 32 位计数器。

（3）ZRST 指令在对定时器、计数器进行区间复位时，不但将 T,C 的当前值写入 K0，还将其相应的触点全部复位。

（4）几种复位指令的应用比较。

能够完成对位元件置 OFF 和对字元件写入 K0 的复位处理的指令有 RST, MOV（FNC12），FMOV（FNC16）和 ZRST（FNC40）。但是它们之间的功能还是有差别的，现列表 6-52 进行比较，供学习参考。

表 6-52　RST,MOV,FMOV,ZRST 指令使用比较

功能号	助记符	名称	操作软元件	功能特点
	RST	复位	Y,M,S T,C,D,V,Z	① 只能对单个软元件复位； ② 对 T,C 复位，同时其触点也复位
FNC12	MOV	传送	KnY,KnM,KnS, T,C,D,V,Z	① 只能对单个字元件复位，不能单独对单个位元件复位； ② 对 T,C 复位，不能使其触点同时复位
FNC16	FMOV	多点传送	KnY,KnM,KnS, T,C,D,	① 只能对字元件进行区间复位（V,Z 除外）； ② 对 T,C 复位，不能使其触点同时复位
FNC40	ZRST	区间复位	Y,M,S T,C,D,	① 可对位元件、字元件进行区间复位（V,Z 除外）； ② 对 T,C 复位，同时其触点也复位

6.6.8　随机数指令 RND

1．指令格式

FNC 184：RND 【P】　　　　程序步：3

RND 指令可用软元件见表 6-53。

表 6-53　RND 指令可用软元件

操作数种类	位软元件							字软元件												其他				
	系统/用户							位数指定				系统/用户				特殊模块	变址			常数		实数	字符串	指针
	X	Y	M	T	C	S	D□.b	KnX	KnY	KnM	KnS	T	C	D	R	U□\G□	V	Z	修饰	K	H	E	"□"	P
D·									●	●	●	●	●	●	●	●			●					

梯形图如图 6-78 所示。

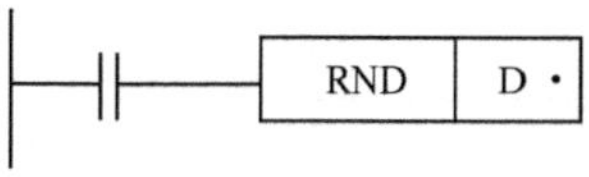

图 6-78　RND 指令梯形图

RND 指令操作数内容与取值如表 6-54 所示。

表 6-54　RND 指令操作数内容与取值

操作数种类	内　容	数 据 类 型
(D·)	保存随机数的软元件起始编号	BIN16 位

解读： 当驱动条件成立时，产生一个 0～32 767 的伪随机数，并将结果送到 D 中存储。

1．随机与随机数

什么叫随机？随机是指事前不可确定结果的一种现象。在同样的条件下，每次结果都不相同且不可预测。随机现象目前是概率论研究的对象。随机数则是指随机产生的没有规律的数。随机数的最重要的特点是它所产生的前后二个数没有丝毫的关系。随机数在统计学中得到广泛的应用，例如从统计总体中抽取有代表性样本时或进行抽样调查时，都用到随机数，以保证实验结果的代表性和可靠性。

那么，随机数是如何产生的呢？随机数的产生有两种方法，一种是使用物理性随机发生器，例如硬币、转盘等，最典型的是彩票中奖号码的投奖机，它所产生的中奖号码是没有规律且前后没有丝毫关系的。另一种是通过周期很长的固定的可以重复计算的方法产生的。这种随机数不是真实意义上的随机数，一般称为“伪随机数”。但由于周期很长，在需要的数据较少时，就可以把“伪随机数”看作随机数而进行统计学处理。在计算机技术中，一般都采用这种方法产生随机数。RND 指令就是通过这种方式产生的随机数。

2．指令应用

1）伪随机数的产生

RND 指令的随机数的产生是在 PLC 上电（或 STOP→RUN）时，一次性地在 32 位数据寄存器（D8311,D8310）中存入一个非负的数值（0～2147483647）作为（D8311,D8310）的初始值。然后 PLC 会按照事先设定的方式把这个初始值代入而产生一个 0～32767 之间的随机数，RND 指令每执行一次，产生一个伪随机数，可以把产生的伪随机数进行保存或处理。（D8311,D8310）的出厂初始值为 1。

2）指令应用

下面举两个例子说明随机数指令 RND 的使用。

【例 30】　这个例子是观察随机数的变化。设定（D8311,D8310）的初始值为 K15。从程序中可以看到，M8013 每变化一次，D 中的数值就会变化一次。梯形图如图 6-79 所示。注意，RND 指令不能仿真，必须连接 PLC。

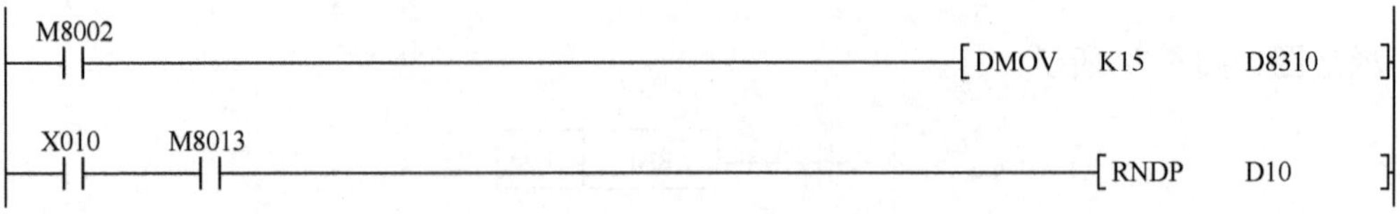

图 6-79　RND 指令观察梯形图

【例 31】 这个例子是将实时时间数据的时、分、秒转换为秒后再与[(年+月)×日]的值相加，得到的数值作为（D8311,D8310）的初始值，通过 RND 指令得到随机数。梯形图如图 6-80 所示。

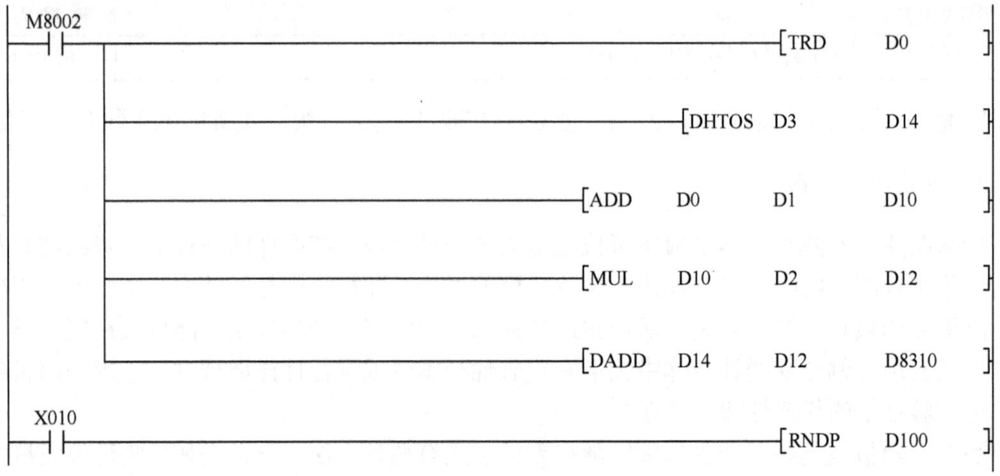

图 6-80　RND 指令例 31 程序梯形图

第 7 章　数据处理指令（二）

本章所介绍的数据处理指令均为 FX3 系列 PLC 新增加的功能指令，其中，字节处理指令代替了过去由编制程序完成的字节处理功能，其他指令则是 FX3 系列新开发的指令。它们扩大了 PLC 在数据处理方面的能力。使用户在数据处理上使用更加方便。

7.1　字节处理指令

7.1.1　字节处理说明

1．位、数位、字节、字和双字

PLC 所处理的量有两种：一种是开关量，即只有“1”和“0”两种状态的量，一个开关量就是一位，在 PLC 中，所有的位元件都是开关量。另一种是数据量。数据量虽然也是开关量，但它的特点是多位开关量组成一个存储单元整体，这些多位开关量在同一时刻是同时被处理的。根据计算机技术发展的过程，产生了 4 位、8 位、16 位、32 位等整体处理的数据存储单元，同时也形成了位、数位、字节、字、双字等名词术语。

位（bit）：数据量是由多个开关量组成的，其中每一个开关量也是只有两种状态，我们把每一个开关量称为数据量的“位”，也称二进制位（bit）。

数位（digit）：由 4 个二进制位组成的数据量。数位这个名词，因 4 位很快由 8 位所代替，所以，几乎没什么应用，现在仅在一些编码的处理上还有应用，例如 2-十进制码（BCD 码）仍然采用数位进行处理。

字节（byte）：由 8 个二进制位组成的数据量。8 位机曾经存在很长一段时间，并由此派生出来一些高、低位的术语。如高 4 位（高址）、低 4 位（低址）、高位、低位等，如图 7-1 所示 b0 为低位（LSD），b7 为高位（MSD）。

MSD							LSD
b7	b6	b5	b4	b3	b2	b1	b0
高4位				低4位			

图 7-1　字节的表示

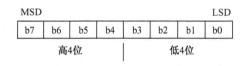

字（word）：由 16 个二进制位组成的数据量。如图 7-2 所示 b0 为低位，b15 为高位。b7～b0 为低 8 位（低字节），b15～b8 为高 8 位（高字节）。

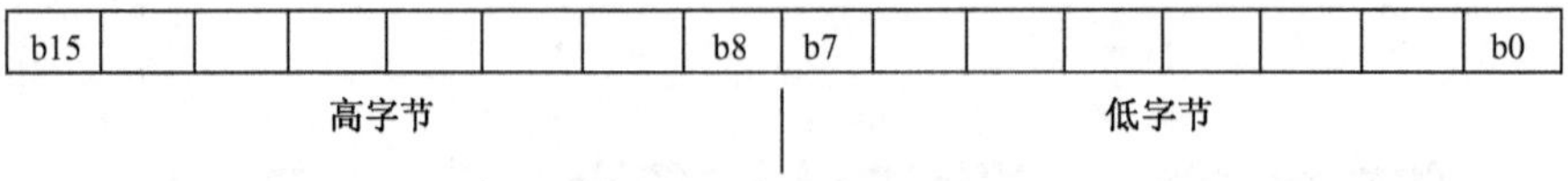

图 7-2　字的表示

双字（Two word）：存储单元所组成的数据量整体。当用字来处理数据量时，碰到所表达的数不够或处理精度不能满足时，就用双字来进行处理。但是，在 FX 系列 PLC 中，并没有 32 位的整体存储单元（32 位机才是 32 位存储单元），而是采用两个相邻编址的 16 位存储单位，组成一个 32 位单元整体进行处理，例如用（D1, D0）组成双字。同样，Dn 为低 16 位，Dn+1 为高 16 位，b31 为高位，b0 为低位等，如图 7-3 所示。

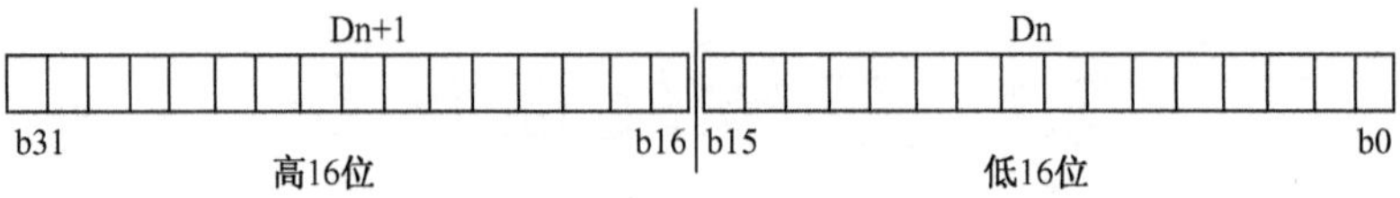

图 7-3　双字的表示

2. 数位和字节的处理

在三菱 FX 系列 PLC 中，字节和数位的处理是对一个 16 位的存储单元进行分离或结合的操作，具体操作含义见下面介绍。

1）分离

分离是指把一个 16 位的字分解成字节（8 位）或数位（4 位）并存储到相应的 16 位存储单元。

图 7-4 为字节的分离示意图，字节的分离是一个或多个连续编址的存储单元，按事先设置的分离字节的个数 n，按照低字节，高字节顺序分别存放到指定存储单元的低字节中。

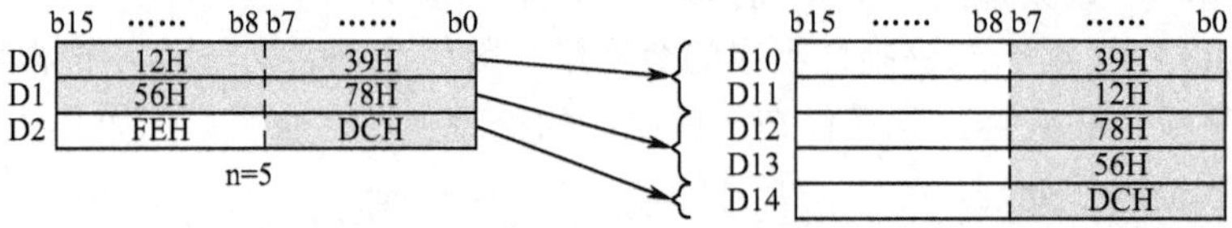

图 7-4　字节的分离示意图

数位的分离是将 1 个 16 位存储单元按照从低位到高位的顺序分别存放到 4 个存储单元的低 4 位中，如图 7-5 所示。

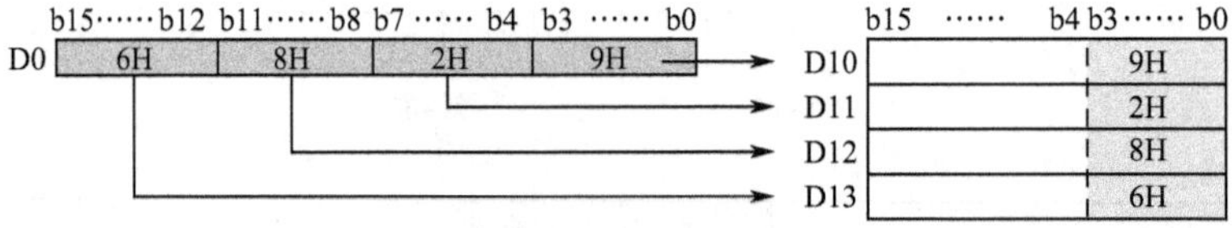

图 7-5　数位的分离示意图

2）结合

字节的结合与分离正好相反，是把多个单元的低字节按顺序结合在一起，然后按照低字节、高字节、低字节、高字节……分别存放到多个 16 位存储单元中，如图 7-6 所示。

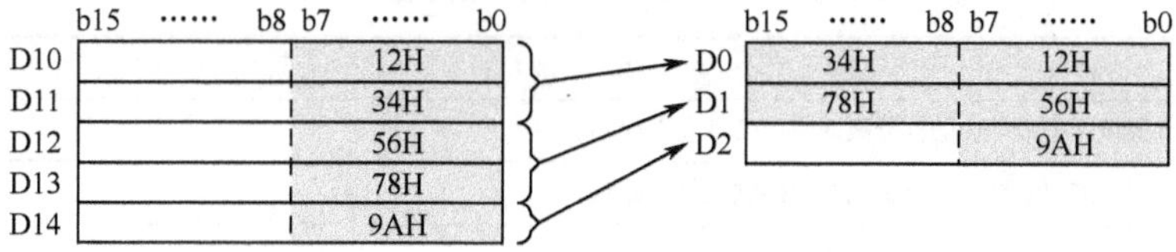

图 7-6　字节的结合示意图

数位的结合是指 4 个连续编址的 16 位存储单元的低 4 位按顺序结合成一个 16 位的字放到指定存储单元中，如图 7-7 所示。

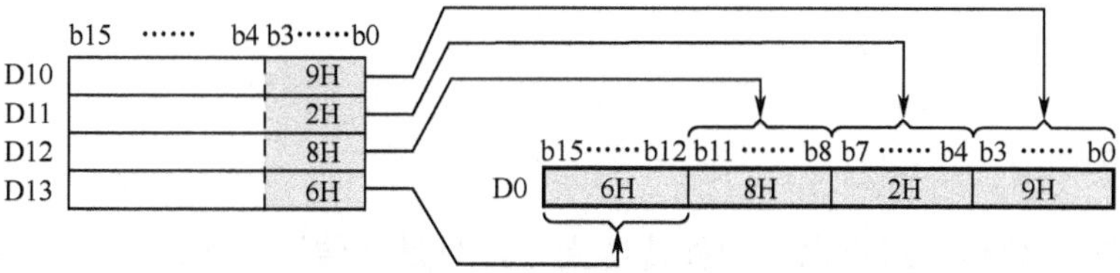

图 7-7　数位的结合示意图

7.1.2　字节分离指令 WTOB

1．指令格式

FNC 141：WTOB 【P】　　　　程序步：7

WTOB 指令可用软元件如表 7-1 所示。

表 7-1　WTOB 指令可用软元件

操作数种类	位软元件							字软元件												其他				
	系统/用户							位数指定				系统/用户				特殊模块	变址			常数		实数	字符串	指针
	X	Y	M	T	C	S	D□.b	KnX	KnY	KnM	KnS	T	C	D	R	U□\G□	V	Z	修饰	K	H	E	"□"	P
S·												●	●	●	●				●					
D·												●	●	●	●				●					
n														●	●					●	●			

梯形图如图 7-8 所示。

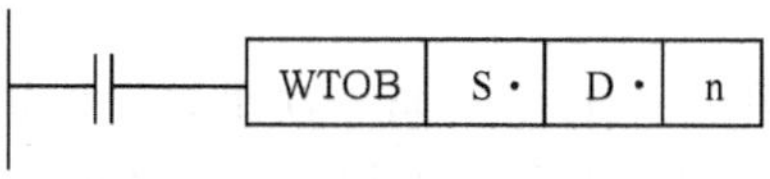

图 7-8　WTOB 指令梯形图

WTOB 指令操作数内容与取值如表 7-2 所示。

表 7-2 WTOB 指令操作数内容与取值

操作数种类	内 容	数据类型
S·	保存要按照字节单位进行分离的数据的软元件起始编号	BIN16 位
D·	保存已经按照字节单位分离的结果的软元件起始编号	
n	要分离的字节数据个数（n≥0）	

解读：当驱动条件成立时，将源址 S 中的 16 位存储单元的 n 个数据进行字节分离，分离后的字节按顺序存储在终址 D 的 16 位存储单元的低 8 位中。执行后，源址 S 的数据保持不变。

2. 指令应用

1）执行功能

数位、字节的分离和结合也是一种传送指令，只是在传送中还进行了一些处理。WTOB 指令是将源址 S 的各个 16 位存储单元的两个字节进行分离，分离后字节按照先低 8 位后高 8 位的顺序分别存储到终址 D 的各个 16 位存储单元的低 8 位，如图 7-9 所示，指令执行后，源址 S 中的数据不变，而终址 D 的各个存储单元的低 8 位为分离后的字节数据，高 8 位统一保存为 00H。

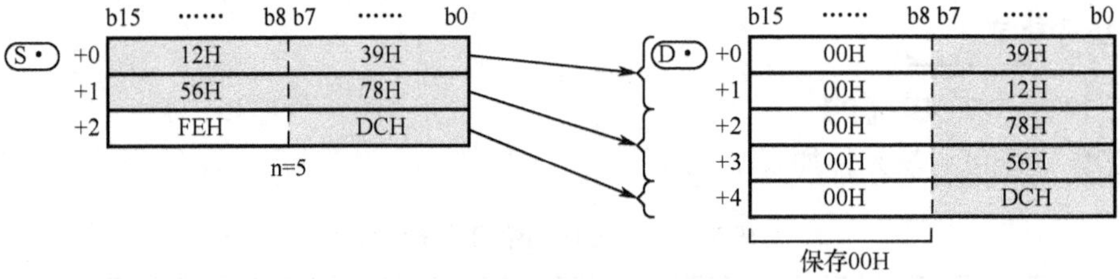

图 7-9 WTOB 指令执行功能示意图

2）n 的处理

操作数 n 是要分离的字节数，分为 n 为偶数和 n 为奇数两种情况的处理，当 n 为偶数时，其需要处理的是源址 S 的 n/2 个单元，而当 n 为奇数时，其要处理的是（n/2+0.5）个单元。处理时，最后一个单元的高字节不进行分离转移，如图 7-9 中 FEH 所示。n=0 指令不执行。

3）源址和终址编址重叠

WTOB 指令允许源址 S 和终址 D 使用同一类型软元件且编址重叠，但是，如果对源址 S 的数据不需要保留时，不存在任何问题，如果需要对源址 S 的数据进行保留的话，那使用编址重叠则会发生部分数据丢失的问题，用户使用时必须注意。

图 7-10 为源址 S 和终址 D 都使用了 D12 作为首址的例子，仔细分析，指令执行后，D14 的高位数 36H 已经被 00H 代替，而 36H 数据已经丢失。

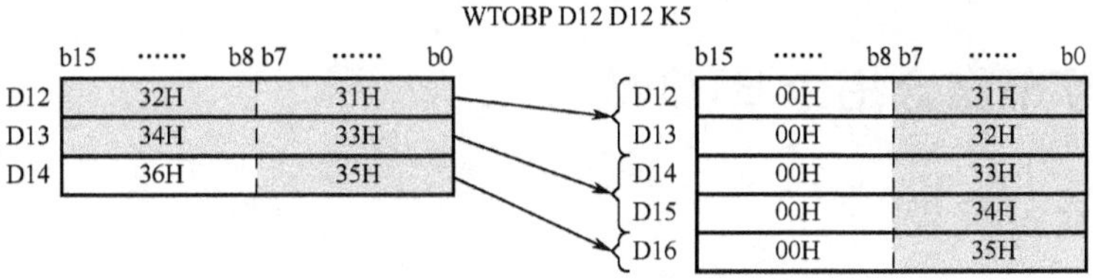

图 7-10　WTOB 指令编址重叠执行示意图

3．指令应用例

【例 1】　当 X000 闭合后，编制 D10～D12 中数据按字节分离后送到 D20～D25 中的程序。梯形图程序如图 7-11 所示，图 7-12 为执行功能示意图。

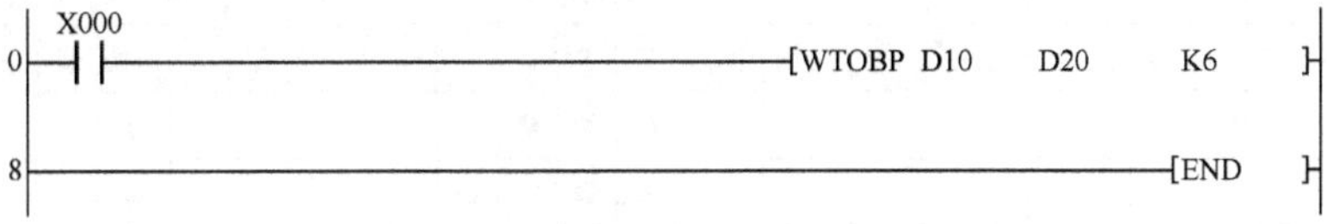

图 7-11　例 1 WTOB 指令程序梯形图

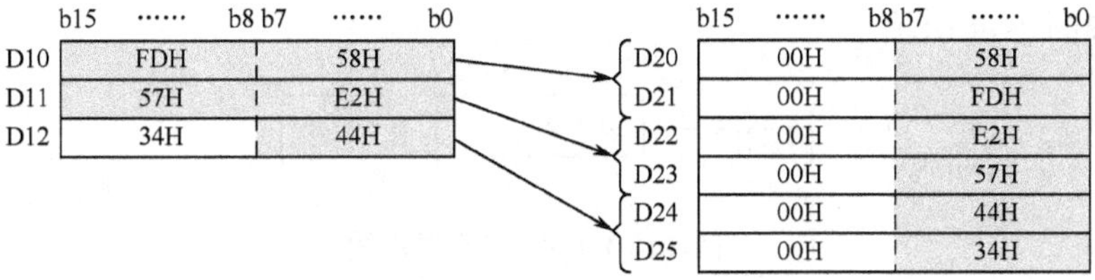

图 7-12　例 1 WTOB 指令执行示意图

WTOB 指令的功能也可以利用组合位元件作为中间传递元件来完成，当然程序要复杂一些，如图 7-13 所示。

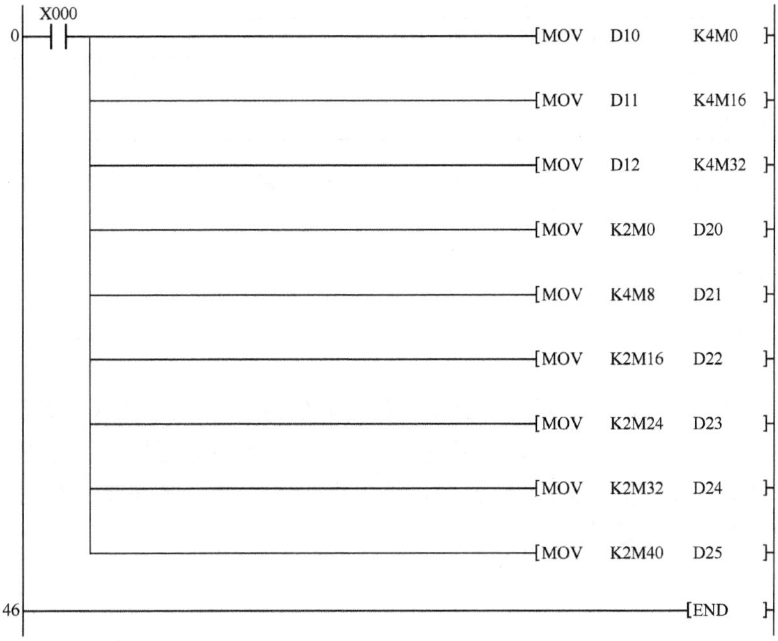

图 7-13　例 1 WTOB 指令组合位元件程序梯形图

7.1.3 字节结合指令 BTOW

1. 指令格式

FNC 142：BTOW 【P】　　程序步：7

BTOW 指令可用软元件如表 7-3 所示。

表 7-3 BTOW 指令可用软元件

操作数种类	位软元件							字软元件												其他				
	系统/用户							位数指定				系统/用户				特殊模块	变址			常数		实数	字符串	指针
	X	Y	M	T	C	S	D□.b	KnX	KnY	KnM	KnS	T	C	D	R	U□\G□	V	Z	修饰	K	H	E	"□"	P
S•												●	●	●	●				●					
D•												●	●	●	●				●					
n														●	●					●	●			

梯形图如图 7-14 所示。

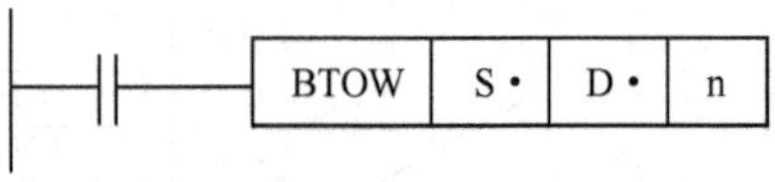

图 7-14 BTOW 指令梯形图

BTOW 指令操作数内容与取值如表 7-4 所示。

表 7-4 BTOW 指令操作数内容与取值

操作数种类	内　容	数据类型
S•	保存要按照字节单位结合的数据的软元件起始编号	BIN16 位
D•	保存已经按照字节单位结合的结果的软元件起始编号	
n	要结合的字节数据个数（n≥0）	

解读：当驱动条件成立时，将源址 S 的 n 个 16 位存储器数据的低 8 位数据结合成 16 位数据后，送到终址 D 的 16 位存储器中保存。

2. 指令应用

1）执行功能

BTOW 指令是 WTOB 的反指令，它是将指定源址 S 存储器的低 8 位数据按顺序结合成一个 16 位数据，然后送到 D 的 16 位存储器中去保存，指令执行时，源址 S 的高 8 位数据均被忽略。操作数 n 为源址的存储单元数，指令执行后，源址 S 的数据保持不变。图 7-15 为 BTOS 指令执行功能示意图。

2）n 的处理

同样，操作数 n 也存在偶数和奇数的不同处理方式。当 n 为偶数时，n 个源址 S 的低 8

位正好结合成 n/2 个 16 位数据，当 n 为奇数时，同样占用终址（n/2+0.5）个单元，但最后一个单元的高 8 位为 00H，如图 7-15 所示。n=0 时，指令不执行。

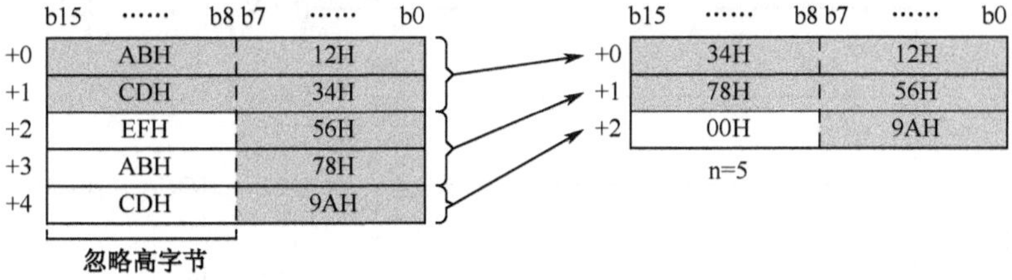

图 7-15 BTOW 指令执行功能示意图

3）源址和终址编址重叠

BTOW 指令源址 S 和终址 D 也可以编址重叠，但重叠后也存在部分源址数据丢失的问题，如图 7-16 指令执行后，D11 和 D12 的高 8 位数据 ABH，CDH（图中有黑点的）已经被 78H 和 BCH 所代替，原数据丢失了。

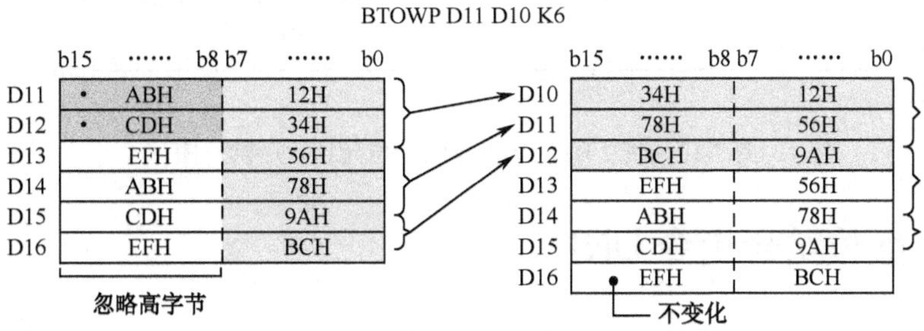

图 7-16 BTOW 指令编址重叠执行示意图

3. 指令应用例

【例 2】 当 X000 为 ON 后，编制将 D20～D25 的低 8 位数据按顺序结合后，送到 D10～D12 保存的程序。

梯形图程序如图 7-17 所示，图 7-18 为执行示意图。

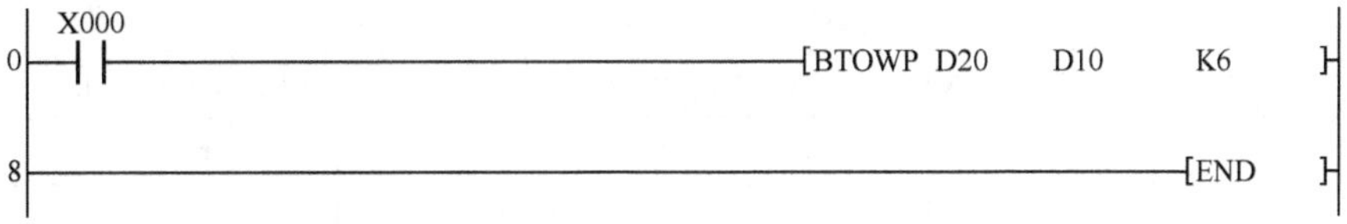

图 7-17 BTOW 指令例 2 程序梯形图

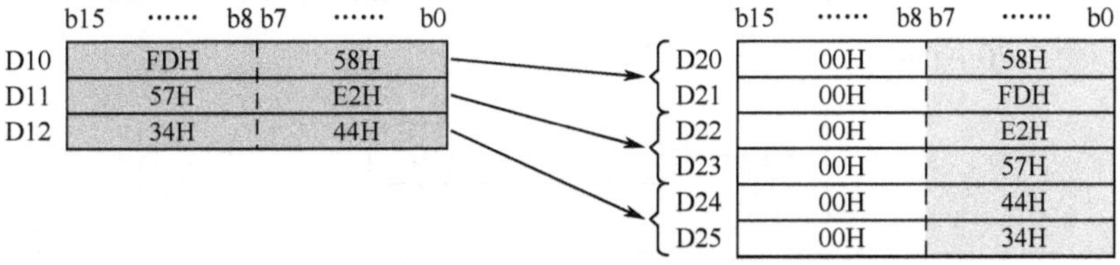

图 7-18 例 2 BTOW 指令执行示意图

BTOW 指令也可以通过组合位元件作为中间元件来完成指令功能，程序如图 7-19 所示。

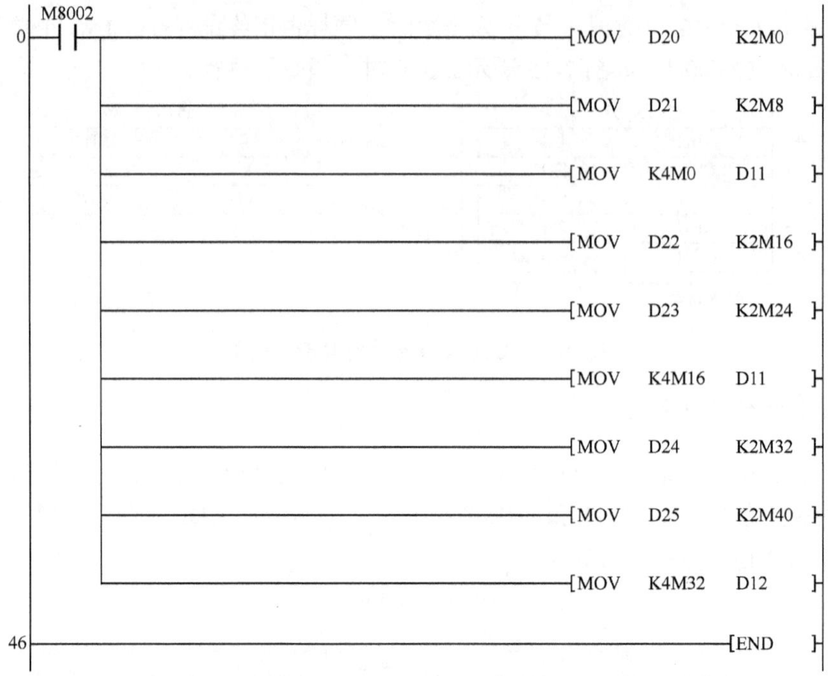

图 7-19 例 2 BTOW 指令组合位元件程序梯形图

7.1.4 数位结合指令 UNI

1. 指令格式

FNC 143 ：UNI 【P】 程序步：7

UNI 指令可用软元件如表 7-5 所示。

表 7-5 UNI 指令可用软元件

操作数种类	位软元件							字软元件												其他				
	系统/用户							位数指定				系统/用户				特殊模块	变址			常数		实数	字符串	指针
	X	Y	M	T	C	S	D□.b	KnX	KnY	KnM	KnS	T	C	D	R	U□\G□	V	Z	修饰	K	H	E	"□"	P
S·												●	●	●	●				●					
D·												●	●	●	●				●					
n														●	●					●	●			

梯形图如图 7-20 所示。

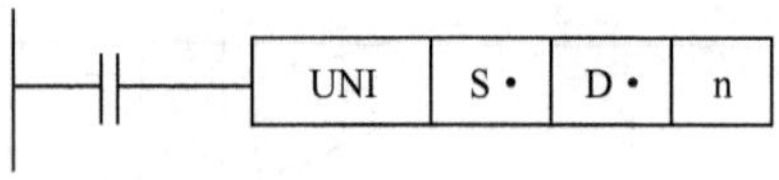

图 7-20 UNI 指令梯形图

UNI 指令操作数内容与取值如表 7-6 所示。

表 7-6　UNI 指令操作数内容与取值

操作数种类	内　　容	数 据 类 型
(S·)	保存要结合的数据的软元件起始编号	BIN16 位
(D·)	保存已结合的数据的软元件编号	
N	结合数（0～4，n=0 时不处理）	

解读：当驱动条件成立时，将源址 S 的 n 个 16 位数据的低 4 位按顺序结合成 1 个 16 位数据送到 D 中保存。

2. 指令应用

1）执行功能

UNI 指令的功能与 BTOW 指令功能类似，把不同存储单元的部分数据按顺序结合成 16 位数据送到终址中保存。只是 UNI 指令需要结合的是低 4 位数据（b0～b3），而且它最多只能将 4 个低 4 位数据结合成一个 16 位数据去保存。如图 7-21 所示，由图中可以看出，其结合是有一定顺序的，按照源址 S 的顺序在终址 D 中由低位到高位顺序结合。

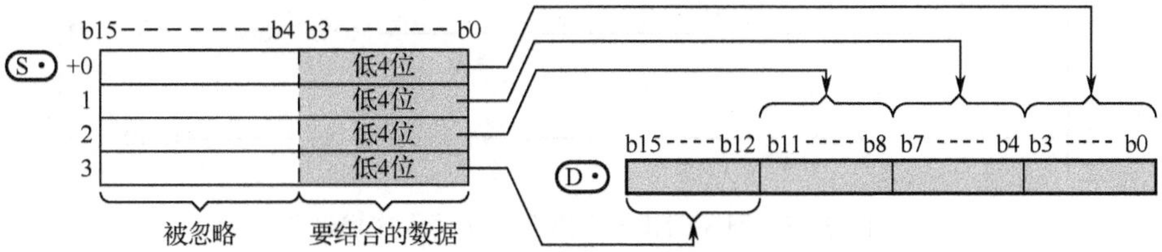

图 7-21　UNI 指令执行功能示意图

2）n 的处理

操作数 n 为结合数位数据的个数，n 的取值在 0～4 之间，当 n<4 时，终址的相应高位自动为 0。

如图 7-22，n=3 则 D 的 b12～b15 位为 0，以此类推。n=0 时,指令不执行，n 为非 0～4 之间的数据，则发生运算错误，标志位 M8067=ON。

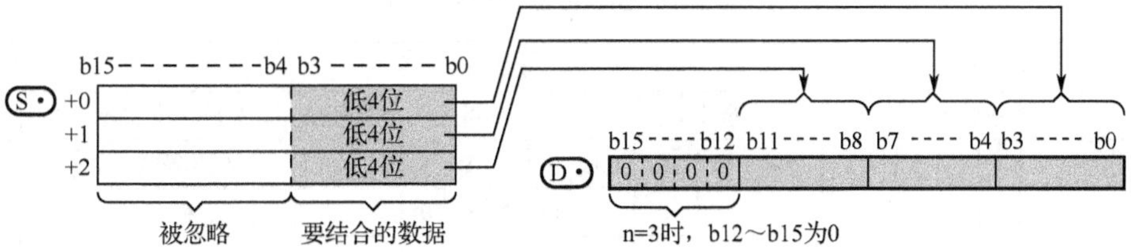

图 7-22　UNI 指令 n=3 执行功能示意图

3. 指令应用例

【例 3】　当 X000 为 ON 后，将 D0～D2 的低 4 位数据结合后，送到 D10 中保存的梯形图程序，梯形图程序如图 7-23 所示，图 7-24 为执行功能示意图。图 7-25 为应用组合位元件设计的梯形图。

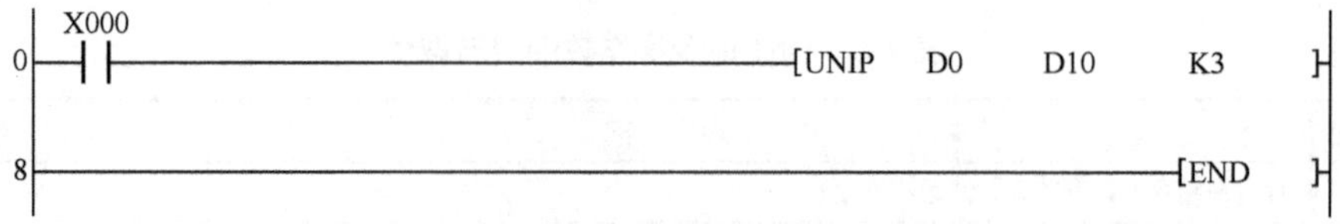

图 7-23 例 3 UNI 指令程序梯形图

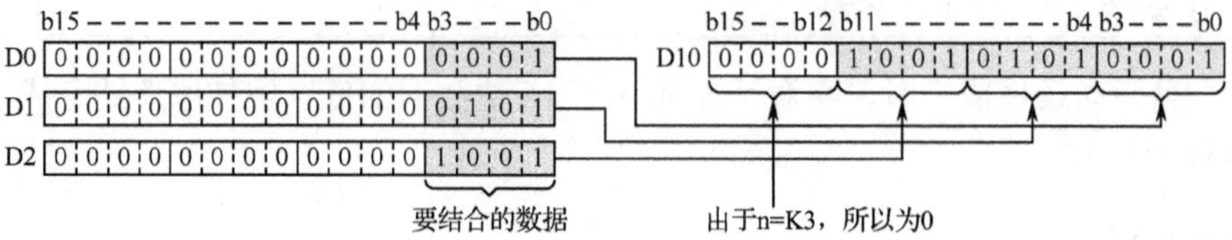

图 7-24 例 3 UNI 指令程序执行功能示意图

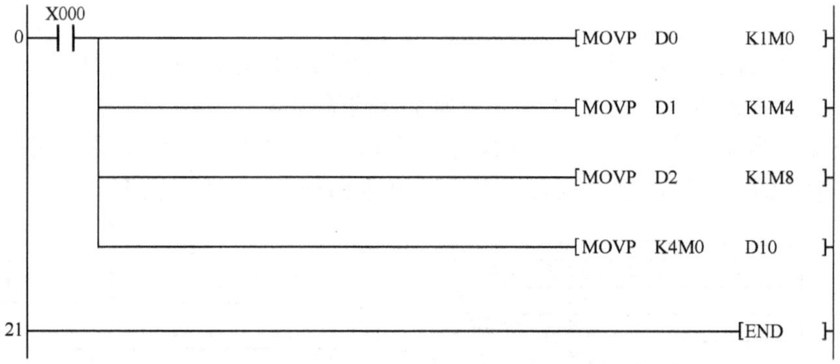

图 7-25 例 3 UNI 指令组合位元件程序梯形图

7.1.5 数位分离指令 DIS

1. 指令格式

FNC 144：DIS 【P】　　　　　　　　程序步：7

DIS 指令可用软元件如表 7-7 所示。

表 7-7 DIS 指令可用软元件

操作数种类	位软元件							字软元件												其他				
	系统/用户							位数指定				系统/用户				特殊模块	变址			常数		实数	字符串	指针
	X	Y	M	T	C	S	D□.b	KnX	KnY	KnM	KnS	T	C	D	R	U□\G□	V	Z	修饰	K	H	E	"□"	P
S·												●	●	●	●				●					
D·												●	●	●	●				●					
n														●	●					●	●			

梯形图如图 7-26 所示。

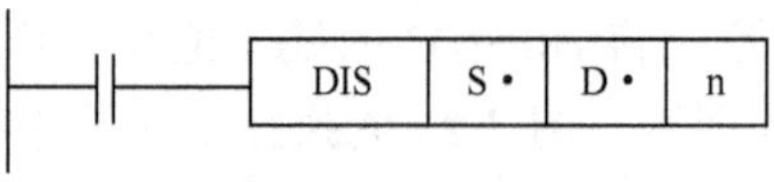

图 7-26 DIS 指令梯形图

DIS 指令操作数内容与取值如表 7-8 所示。

表 7-8　DIS 指令操作数内容与取值

操作数种类	内　容	数据类型
(S·)	保存要分离的数据的软元件起始编号	BIN16 位
(D·)	保存已分离的数据的软元件编号	
n	分离数（0～4，n=0 时不处理）	

解读：当驱动条件成立时，将源址 S 的 16 位数据以数位单位进行 n 个分离，分离后的数位数据按顺序存放在终址 D 的 n 个存储单元的低 4 位。

2. 指令应用

1）执行功能例

DIS 指令是数位分离指令，即把一个 16 位存储单元的数据进行 4 位一组的分离，分离后的 4 位一组数据送到 D 的各个存储单元的低 4 位保存，DIS 指令只能对一个存储单元的数据进行分离，最多只能分离 4 个数位数据，图 7-27 为其执行功能示意图。

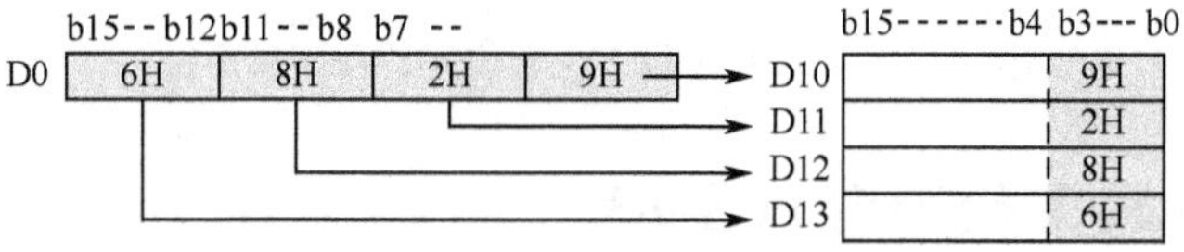

图 7-27　DIS 指令执行功能示意图

2）n 的处理

操作数 n 为需要分离数位的个数，n 的取值在 0～4 之间，n=0 时，指令不执行，n 指定了 0～4 以外的数据时，标志位 M8067=ON。

3. 指令应用例

【例 4】　当 X000 为 ON 后，将 D0 的每 4 个位为一组进行分离，按顺序保存到 D10～D13 的低 4 位的梯形图程序。

梯形图程序如图 7-28 所示，图 7-29 为执行功能示意图。图 7-30 为应用组合位元件设计的梯形图。

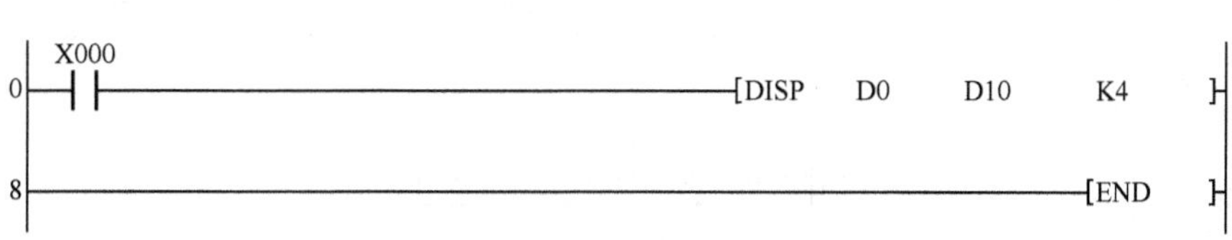

图 7-28　例 4 DIS 指令程序梯形图

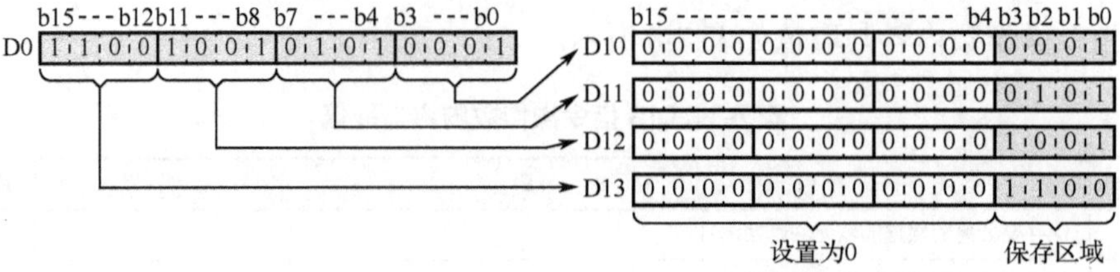

图 7-29　例 4 DIS 指令程序执行功能示意图

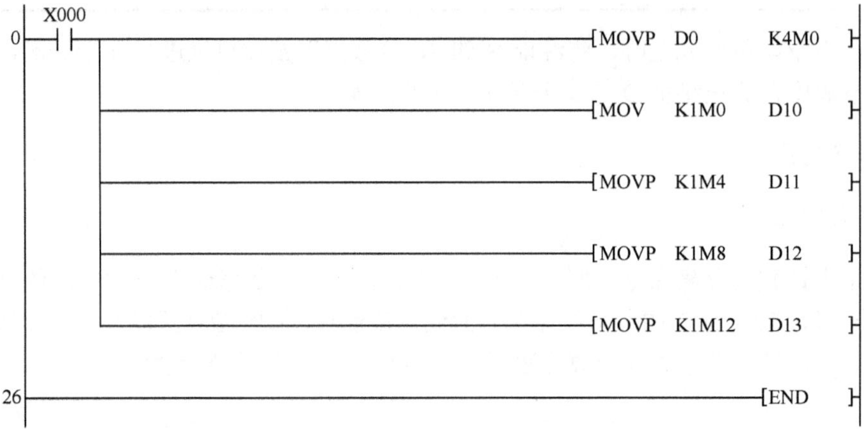

图 7-30　例 4 DIS 指令组合位元件程序梯形图

7.1.6　BIN 数求和指令 WSUB

1．指令格式

FNC 140:【D】WSUM 【P】　　　　　　　　　　　程序步：7/13

WSUM 指令可用软元件如表 7-9 所示。

表 7-9　WSUM 指令可用软元件

操作数种类	位软元件							字软元件												其他				
	系统/用户							位数指定				系统/用户				特殊模块	变址			常数		实数	字符串	指针
	X	Y	M	T	C	S	D□.b	KnX	KnY	KnM	KnS	T	C	D	R	U□\G□	V	Z	修饰	K	H	E	"□"	P
S·												●	●	●	●	●			●					
D·												●	●	●	●	●			●					
n														●	●					●	●			

梯形图如图 7-31 所示。

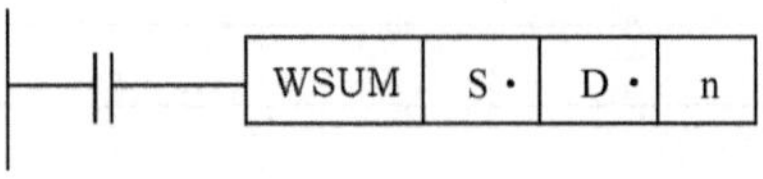

图 7-31　WSUM 指令梯形图

WSUM 指令操作数内容与取值如表 7-10 所示。

表 7-10　WSUM 指令操作数内容与取值

操作数种类	内　　容	数 据 类 型
(S·)	保存要算出合计值的数据的软元件起始编号	BIN16/32 位
(D·)	保存合计值的软元件起始编号	BIN32/64 位
n	数据个数（n>0）	BIN16/32 位

解读：当驱动条件成立时，将源址 S 中的 n 个 16 位存储单元的 BIN 数进行相加，并将其和值送到（D+1, D）存储单元中保存。

2. 指令说明

WSUM 指令就是一个 BIN 数求和指令，将 n 个存储单元存储的所有 BIN 数进行求和，和值送到终址的 32 位存储单元 D 中，如图 7-32 所示。该指令与加法指令 ADD 的区别是加法指令 ADD 只能求两个数值之和，而 WSVM 可以求很多个数值之和。

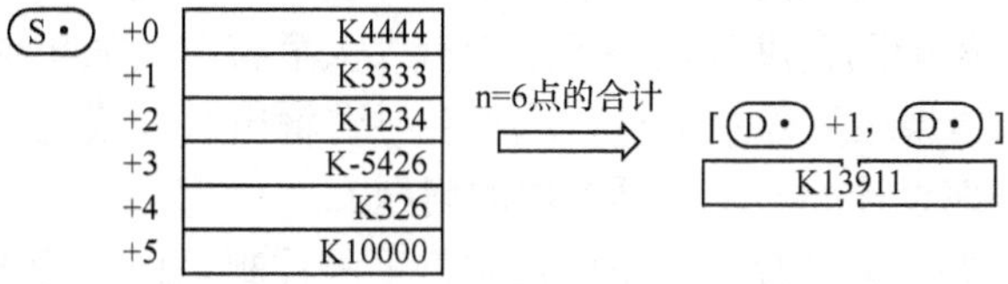

图 7-32　WSUM 指令执行功能示意图

3. 指令 32 位应用

WSUM 指令也可应用于双字单元，这时是对双字单元的 BIN 值求和，其和保存在 64 位存储单元（D+3, D+2, D+1, D）中。如图 7-33 所示，对 FX_{3U}、FX_{3UC} PLC 来说，它们不能处理 64 位数据，但如果其和值仍然在 32 位数据范围内（K-2147483645～K2147483647）则其低 32 位（D+1, D）可以作为和值直接进入程序做数据处理。

同时，还要注意，双字处理时，其操作数也为 32 位数据处理，例如 DWSUM DO D10 D20，这时操作数 n 使用自动位 32 位数（D21 D20）。

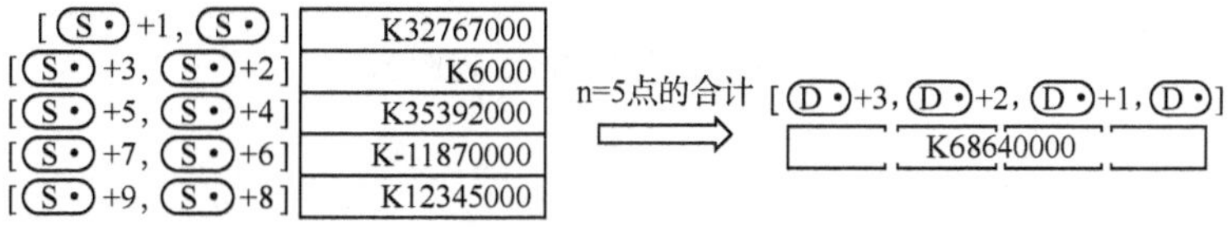

图 7-33　WSUM 指令 32 位执行功能示意图

7.2　平面数据输出控制指令

7.2.1　平面数据的输出控制

1. 平面数据的输出控制

这里的平面数据是指在平面直角坐标系中输出 y 与输入 x 的关系曲线数据，即 y 与 x 之间的函数关系数据。一般来说，在工业控制中，总希望 y 与 x 之间的关系按照事先设置好的关系曲线（标定）变化，但是由于工况的变化、信号的干扰等原因，要对原来的标定进行全面或部分改变，而全面改变是对标定重新进行设置，不是这里讨论的内容，面对标定进行部分的改变被称作数据输出控制。

数据输出控制的执行功能是将现场实际输入数据与标定的数据进行比较，根据比较的结果对输出数据进行部分修正或不修正。所以完成这些功能的指令本质上都是一个比较指令，和以前所讲解的比较指令 CMP、ZCP 相仿，只不过 CMP、ZCP 根据比较结果处理的是位元件的状态，而数据输出控制指令根据比较结果处理的是输出数据（字元件）的值。只要理解了这一点，对数据输出控制指令会很快掌握。

三菱 FX3 系列 PLC 的数据输出控制指令有三个：上下限控制、死区控制和区域控制。

1）上下限控制处理

在模拟量控制中，经常会因为外界干扰等原因，使输出值发生变化，这种变化如在控制范围内，除产生误差而影响到精度外，还不至于有太大危害。而如果这种变化超出了控制范围，则会引起 PLC 因错误运算停止运行，或者会导致输出过大或过小而引起生产事故，对输出进行控制就成为程序设计的一个必须考虑的问题。

对输出进行控制主要是上限控制和下限控制，上限控制是指当输出超过了设定的上限值后，就必须按照上限值输出，而下限控制是当输出低于所设定的下限值后，就必须按照下限值输出。在实际生产中，可根据具体的控制要求进行上限控制、下限控制或上下限控制。

如图 7-34 所示的下限控制和上限控制均为单边控制，仅对一边进行限值控制，而上下限控制是双边控制。例如在 PID 控制中，就需要进行上下限控制。

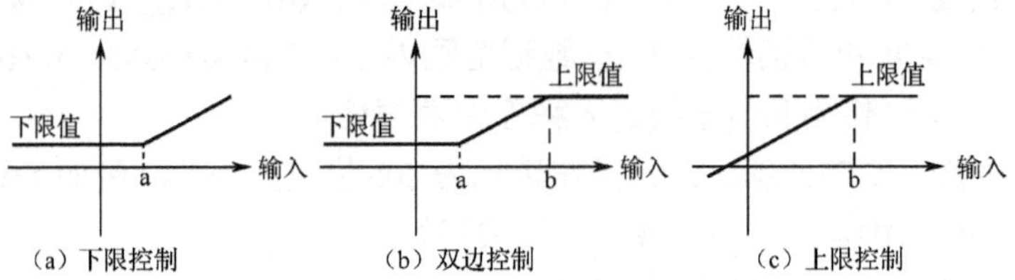

图 7-34　上下限控制处理图示

2）死区控制处理

死区控制也是常用的输出控制方式，在模拟量电压控制中，如果控制电压过低，就会分不清这个低电压是正常的，还是干扰所产生的。这时，通常的处理方法是重新设定，使电压值从某个值（例如 0.5V）开始有输出，而低于 0.5V 则视为无控制电压输入。另一种方法是设定死区，把 0.5V 作为输入比较值，如果输入低于 0.5V，则输出为 0，如图 7-35 所示。

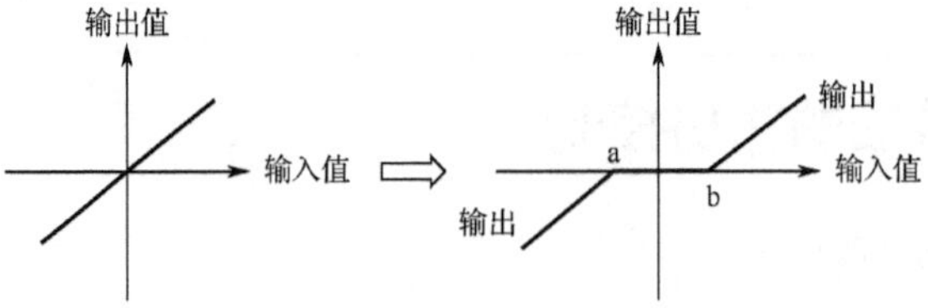

图 7-35　死区控制处理图示

3）区域控制处理

这里的所谓区域控制实质上是一种偏差控制，控制功能是先判断输入是正值还是负值，如果是正值，则输出值加上正偏差后再输出。若为负值。则输出值加上负偏差后再输出，如图 7-36 所示。

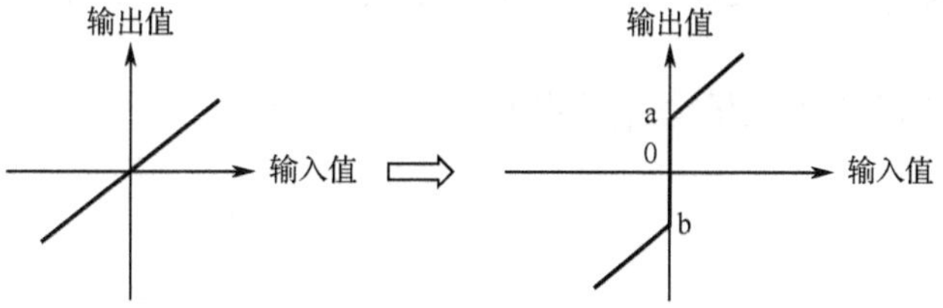

图 7-36　区域控制处理图示

2．线性插值处理

在数据处理系统中，总是希望系统的输入与输出之间的关系为线性关系。但在工程实际中，大多数传感器的输出电信号与被测参数之间呈非线性关系。为了保证系统的参数具有线性输出，就必须对输入参数的非线性进行“线性化”处理。随着计算机技术的广泛应用，用软件对输入参数进行“线性化”处理的方法也得到了越来越广泛的应用。其中，最常用的是线性插值处理方法，如图 7-37 所示。图中，原有的非线性曲线 M1M2 用直线 M1M2 代替。而对直线 M1M2 来说，只要知道了 M1 和 M2 的坐标(x_k，y_k)、(x_{k+1}，y_{k+1})，就非常容易得到 M1M2 的直线方程式，如果要求直线中任一点 x_i 的 y_i 值，只要将 x_i 代入直线方程中计算。线性插值处理在模拟量控制中得到了广泛的应用，线性插值处理会产生一定对误差（图中 Δy），但只要这个误差控制在精度要求对范围内，并不会影响控制系统的运行。

插值法也叫折线法，对于一个非线性关系曲线来说，可以根据控制要求的精度将输入 x 分成 n 个均匀的区间，则每个区间的端点 x_k 都对应一个输出 y_k。把这些（x_k，y_k）编制成表格存储起来。实际的测量值 x_i 一定会落在某个区间（x_k，x_{k+1}）内，即 $x_k<x_i<x_{k+1}$。线性插值法就是用通过（x_k，y_k）、（x_{k+1}，y_{k+1}）两点的直线近似代替这段区间里的实际曲线，然后通过近似直线公式计算出输出 y_i。如图 7-38 所示。

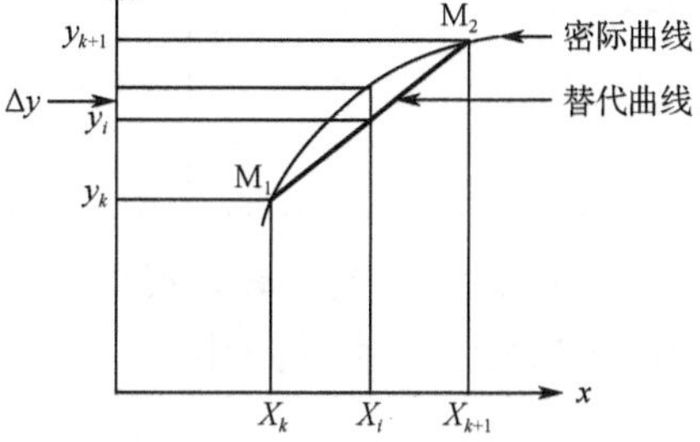

图 7-37　线性插值法图示

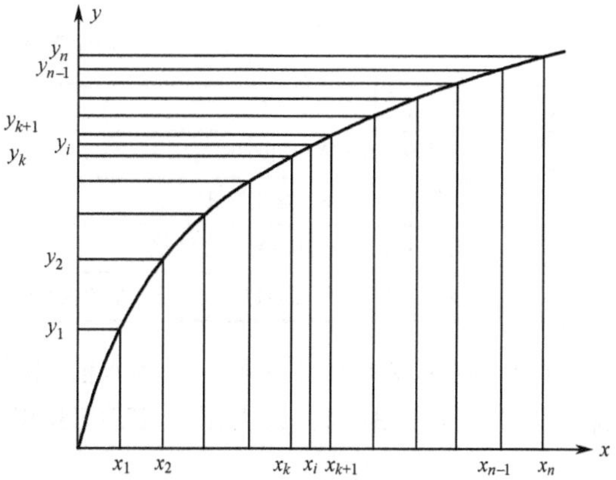

图 7-38　折线法图示

三菱 FX3 系列 PLC 对线性折线插值处理开发了两个指令 SCL 和 SCL2。这两个指令都要求先将折线的端点坐标（x_k，y_k）编制成一个表格，当你输入一个 x_i 值时，指令会自动搜索它所在的区间（x_k，x_{k+1}）然后自动地代入到这个区间所对应对直线方程（已由指令自动给出，不需要用户编制），算出相应的 y 值，送到输出单元去保存。SCL 指令和 SCL2 指令执行功能完全相同，仅仅是端点坐标编制表格的方法不同，详见指令讲解。

7.2.2　上下限限位指令 LIMIT

1. 指令格式

FNC 256:【D】LIMIT 【P】　　　　　　　　　　程序步：9/17

LIMIT 指令可用软元件如表 7-11 所示。

表 7-11　LIMIT 指令可用软元件

操作数种类	位软元件							字软元件												其他			
	系统/用户							位数指定				系统/用户				特殊模块	变址			常数		实数	字符串	指针
	X	Y	M	T	C	S	D□.b	KnX	KnY	KnM	KnS	T	C	D	R	U□\G□	V	Z	修饰	K	H	E	"□"	P
S1·								●	●	●	●	●	●	●	●	●			●	●	●			
S2·								●	●	●	●	●	●	●	●	●			●	●	●			
S3·								●	●	●	●	●	●	●	●	●			●					
D·									●	●	●	●	●	●	●	●			●					

梯形图如图 7-39 所示。

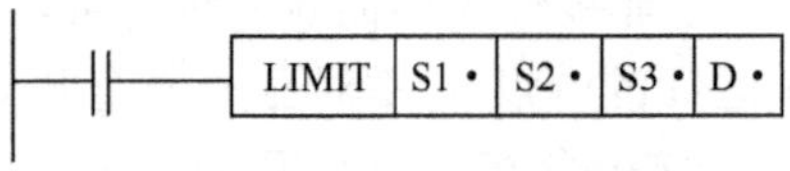

图 7-39　LIMIT 指令梯形图

LIMIT 指令操作数内容与取值如表 7-12 所示。

表 7-12　LIMIT 指令操作数内容与取值

操作数种类	内　容	数据类型
S1·	下限限位值（最小输出界限值）	BIN16/32 位
S2·	上限限位值（最大输出界限值）	
S3·	需要通过上下限限位控制的输入值	
D·	保存已经过上下限限位控制的输出值的软元件起始编号	

解读： 在驱动条件成立时，将输入值 S3 与上、下限位值 S1、S2 进行比较，根据比较结果将下限值 S1（S3<S1）或上限值 S2（S3>S2）或 S3（S1≤S3≤S2）保存到 D 中。

2. 指令应用说明

LIMIT 指令也是一个比较指令，和 CMP 指令一样，但它比较的结果是把相应的数据值送到终址 D 中保存，如图 7-40 所示，图中，S1、S2 为比较值，而输入值 S3 要与 S1、S2 进行比较，如果 S3<S1，则把 S1 送到 D 中保存，如果 S3>S2 则把 S2 送到 D 中保存，当 S1≤S3≤S2 时，则把 S3 送到 D 中保存。

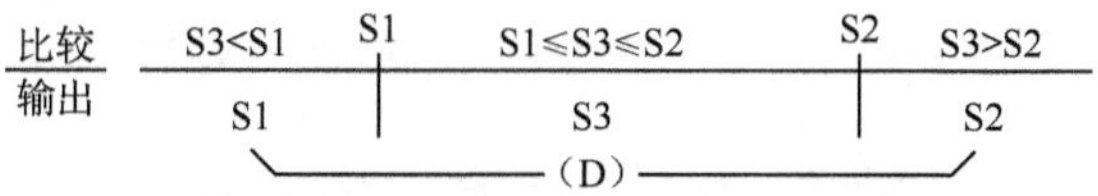

图 7-40　LIMIT 指令执行功能示意

应用 LIM1IT 指令时必须注意，指令中的输出值 D 并不是用户程序中的真正输出值，这一点可以从图 7-41 中看出。当 S3 在 S1 和 S2 之间时，指令是将 S3 送入到 D 中，但从图中可以看出，S1、S2 之间是一条直线，其输出是随 S3 的变化而变化的，当直线的斜率不为 45°时，输出并不等于 S3，必须将 S3 代入该直线方程求出，这就是说，由指令所得到的输出值不是真正的输出，还必须经过程序处理，才是真正的用户需要的输出值，这也包括上限值 S2 和下限值 S1 在内。

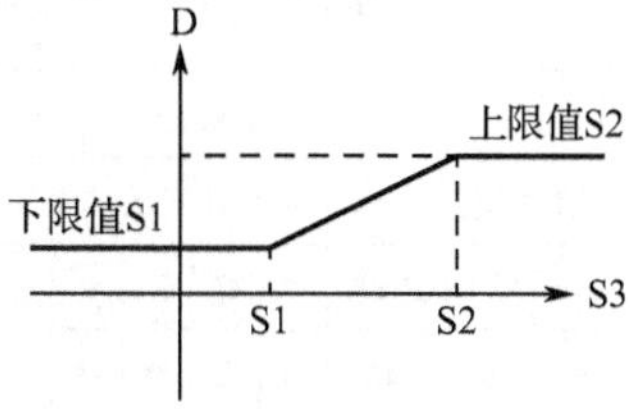

图 7-41　LIMIT 指令输出值说明

3．指令应用

1）16 位和 32 位应用

LIMIT 指令有 16 位运算和 32 位运算两种形式，运算的执行功能完全一样，但取值范围不同，所用的数值存储单元也不同。一个是字，一个是双字。

2）单边限值

LIMIT 指令是两边限值输出，在 16 位运算情况下，如果把操作数 S1 或 S2 分别指定为-32768 或 32767，就变成了单边限值输出，如图 7-42 所示。

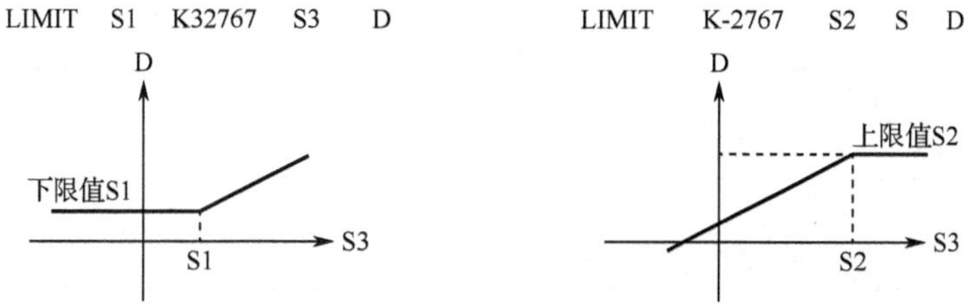

（a）单下限值输出控制　　（b）单上限值输出控制

图 7-42　LIMIT 指令单边限值输出示意图

【例 5】　当 X000 为 ON 时，对 X20～X37 中输入为 BCD 的数据执行下限值为 500，上限值为 5000 的限值输出控制，并将输出送到 D1 中保存的梯形图程序。

梯形图程序见图 7-43。

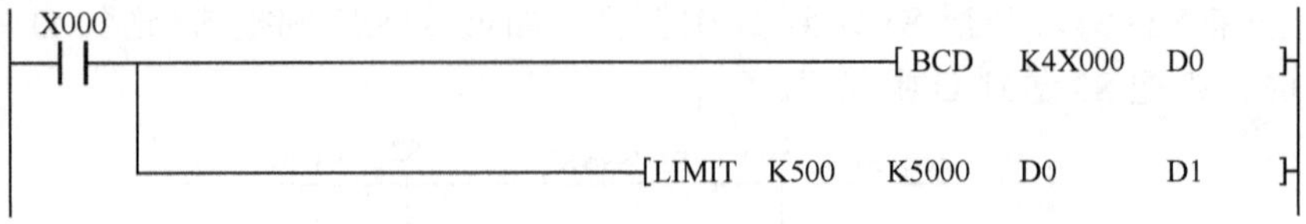

图 7-43 例 5 LIMIT 指令程序梯形图

7.2.3 死区控制指令 BAND

1. 指令格式

FNC 256：【D】BAND 【P】　　　　　　　　程序步：9/17

BAND 指令可用软元件如表 7-13 所示。

表 7-13 BAND 指令可用软元件

操作数种类	位软元件							字软元件													其他				
	系统/用户							位数指定				系统/用户				特殊模块	变址			常数		实数	字符串	指针
	X	Y	M	T	C	S	D□.b	KnX	KnY	KnM	KnS	T	C	D	R	U□\G□	V	Z	修饰	K	H	E	"□"	P
S1·								●	●	●	●	●	●	●	●	●			●	●	●			
S2·								●	●	●	●	●	●	●	●	●			●	●	●			
S3·								●	●	●	●	●	●	●	●	●			●					
D·									●	●	●	●	●	●	●	●			●					

梯形图如图 7-44 所示。

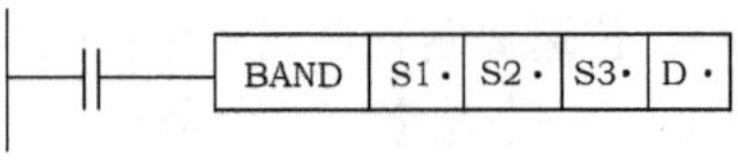

图 7-44 BAND 指令梯形图

BAND 指令操作数内容与取值如表 7-14 所示。

表 7-14 BAND 指令操作数内容与取值

操作数种类	内容	数据类型
S1·	死区（无输出区域）的下限值	BIN16/32 位
S2·	死区（无输出区域）的上限值	
S3·	要通过死区控制的输入值	
D·	保存经过死区控制的输出值的软元件编号	

解读：在驱动条件成立时，将输入 S3 与上下限位值进行比较，根据比较结果设立死区或相应输出。

2. 指令应用说明

关于死区的说明见 7.2.1 节所述，BAND 指令的执行功能如图 7-45 所示，死区为输出为 0 的区域，如图中所示，当 S1≤S3≤S2 时，输出为 0。

图 7-46 为死区的坐标表示，从坐标图上看到，指令执行后相当于把原来的关系曲线向左和向右平移了一段距离，形成了新的曲线关系。

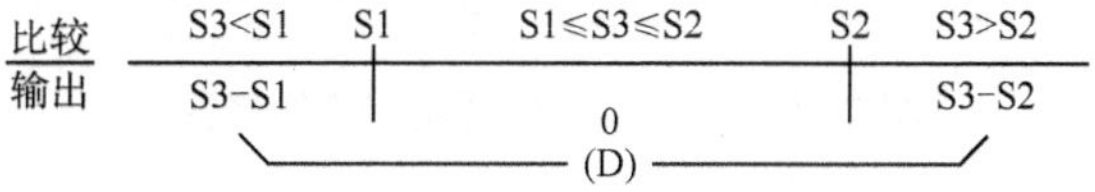

图 7-45　BAND 指令执行功能示意

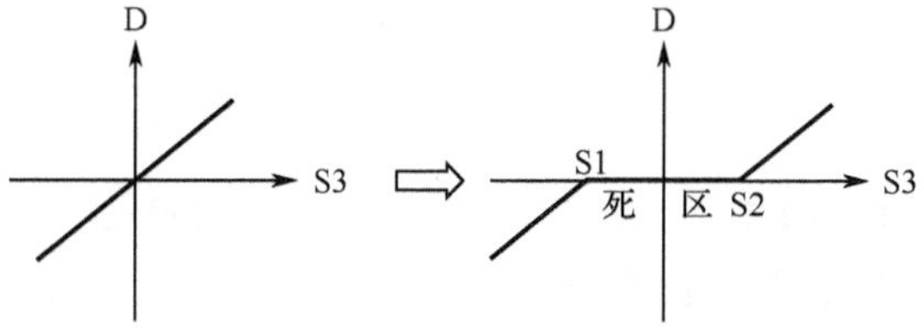

图 7-46　BAND 指令输出值说明

3. 指令应用

1）16 位和 32 位应用

BAND 指令有 16 位运算和 32 位运算两种形式，其执行功能完全一样，仅取值范围不同，所用的操作数一个为字，一个为双字。

2）溢出处理

BAND 指令的输出，如果不在死区范围内，则为两个操作数相减运算 S3−S1 或 S3−S2，既然是相减运算，结果就有可能超出了 16 位或 32 位 BIN 数所表示的范围，这就是 BAND 的指令溢出。

BAND 指令的溢出处理是按照环形计数器来处理的，环形计数器的法则是加法运算时，达到正最大值时再加 1 为负最小值，即 32767+1=−32768，减法运算时达到负最小值时再减 1 为正最大值 32767，即−32768−1=32768。因此，在具体计算时，先减至−32768，然后再减 1 变 32767。再具体计算下去，得到 BAND 的输出值，图 7-47 表示了计算过程，不再另举例说明。

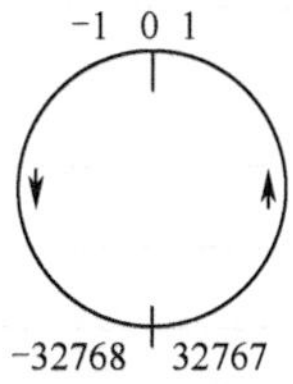

S1=200　　S3=−32754

S3−S1=−32754−200

=−32754−14−186

=−32768−1−185

=32767−185=32585

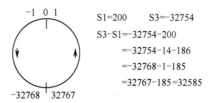

图 7-47　BAND 指令溢出处理

【例 6】 当 X000=ON 时，对从 X020～X037 输入的 BCD 数据进行-1000~+1000 之间的死区控制输出，并将输出保存到 D1 的程序。

程序如图 7-48 所示。

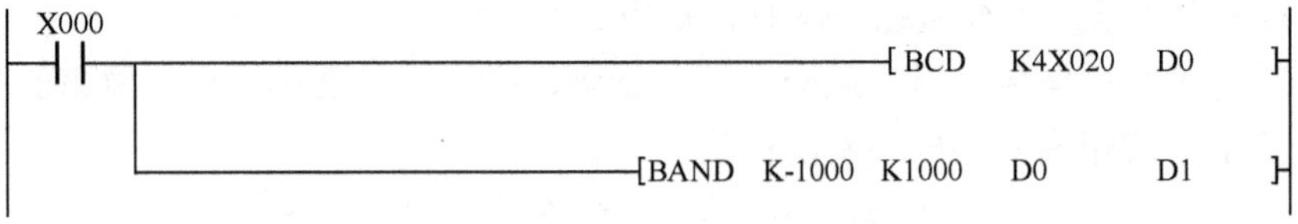

图 7-48 例 6 输出值说明程序梯形图

7.2.4 区域控制指令 ZONE

1. 指令格式

FNC 258:【D】ZONE 【P】　　　　程序步：9/17

ZONE 指令可用软元件如表 7-15 所示。

表 7-15 ZONE 指令可用软元件

操作数种类	位软元件							字软元件												其他				
	系统/用户							位数指定				系统/用户				特殊模块	变址			常数		实数	字符串	指针
	X	Y	M	T	C	S	D□.b	KnX	KnY	KnM	KnS	T	C	D	R	U□\G□	V	Z	修饰	K	H	E	"□"	P
S1·								●	●	●	●	●	●	●	●	●			●	●	●			
S2·								●	●	●	●	●	●	●	●	●			●	●	●			
S3·								●	●	●	●	●	●	●	●	●			●					
D·									●	●	●	●	●	●	●	●			●					

梯形图如图 7-49 所示。

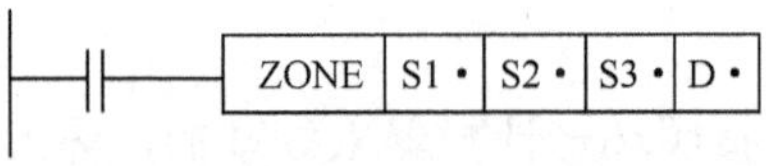

图 7-49 ZONE 指令梯形图

ZONE 指令操作数内容与取值如表 7-16 所示。

表 7-16 ZONE 指令操作数内容与取值

操作数种类	内　容	数 据 类 型
S1·	加在输入值上的负偏差值	BIN16/32 位
S2·	加在输入值上的正偏差值	
S3·	要通过区域控制的输入值	
D·	保存已通过区域控制的输出值的软元件起始编号	

解读：在驱动条件成立时，将输入值 S3 与 0 比较，如果 S3<0，则输出 D 为 S3+S1，如果 S3<0，则输出 D 为 S3+S2。

2. 指令应用说明

ZONE 指令的比较对象是 0，是输入与 0 进行比较，S3<0 表示 S3 是负数，S3>0 表示 S3 是正数，如图 7-50 所示。其输出是偏差输出，即输入值加上偏差值为输出值，如图 7-51 所示。

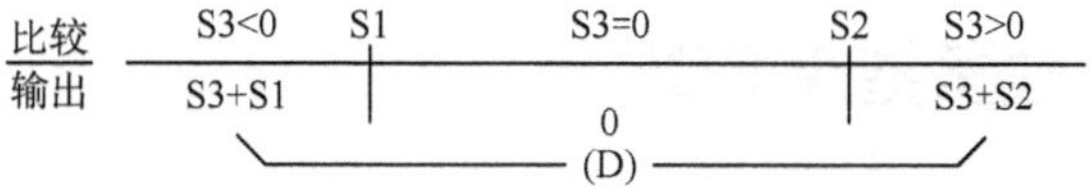

图 7-50　ZONE 指令执行功能示意图

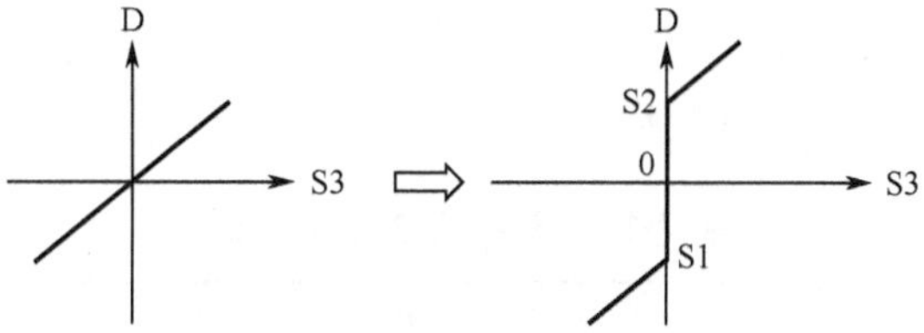

图 7-51　ZONE 指令偏差坐标表示

3. 指令应用

1）16 位和 32 位应用

ZONE 指令有 16 位运算和 32 位运算两种形式，其执行功能完全一样，仅取值范围不同，所用的操作数一个为字，一个为双字。

2）溢出处理

同样，ZONE 指令的输出存在加法运算 S3+S1 或 S3+S2，也存在运算结果溢出的问题，其溢出处理也必须按照环形计数器法则处理，如图 7-47 BAND 指令所述，这里不再说明。

图 7-52 是当 S3>0 时，操作数 S3 加上 S2 产生溢出时数据处理例，当相加结果超过 32767 时，先加至 32767，然后再加 1 变为-32768，再继续运算下去为 ZONE 的溢出运算结果，即其输出值。

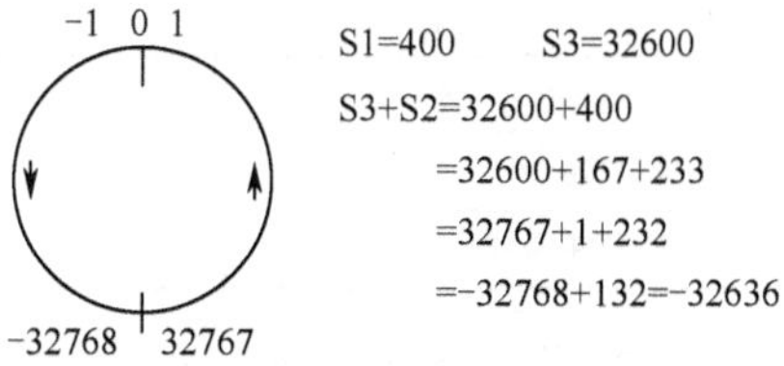

图 7-52　ZONE 指令溢出处理

【例 7】　当 X000=ON 时，对从 X020～X057 输入的 BCD 数据进行-10000～+10000 之间的区域控制输出，并将输出保存到(D11，D10)的程序。

梯形图程序如图 7-53。

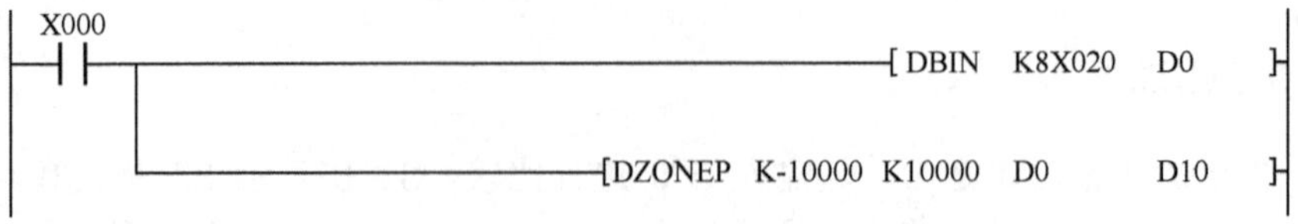

图 7-53 例 7 ZONE 指令程序梯形图

7.2.5 定坐标数据指令 SCL

1. 指令格式

FNC 259：【D】SCL 【P】 程序步：7/13

SCL 指令可用软元件如表 7-17 所示。

表 7-17 SCL 指令可用软元件

操作数种类	位软元件							字软元件													其他				
	系统/用户							位数指定				系统/用户				特殊模块	变址				常数		实数	字符串	指针
	X	Y	M	T	C	S	D□.b	KnX	KnY	KnM	KnS	T	C	D	R	U□\G□	V	Z	修饰		K	H	E	"□"	P
S1·								●	●	●	●	●	●	●	●	●			●		●	●			
S2·														●	●				●						
D·									●	●	●	●	●	●	●	●			●						

梯形图如图 7-54 所示。

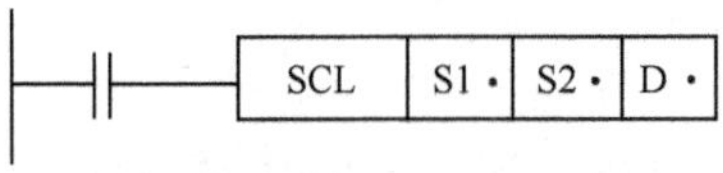

图 7-54 SCL 指令梯形图

SCL 指令操作数内容与取值如表 7-18 所示。

表 7-18 SCL 指令操作数内容与取值

操作数种类	内 容	数 据 类 型
S1·	执行定坐标的输入值或是保存输入值的软元件编号	BIN16/32 位
S2·	定坐标用的转换表格软元件的起始编号	
D·	保存被定坐标控制的输出值的软元件编号	

解读：在驱动条件成立时，对 S1 指定的输入值，在 S2 中进行坐标区间搜索，确定区间后，将 S1 代入相应的线性方程后得出的输出值送到 D 中保存。

2. 指令执行功能

SCL 指令是一个完成线性折线插值处理功能的指令，指令在执行前，必须把各个折线的端点坐标按端点顺序存储在指定的表格中。SCL 指令的执行功能有三个动作：（1）自动对输入值 S1 在端点坐标表格 S2 中进行坐标区间搜索；（2）落实某个区间后，自动进行定坐标计算；（3）将定坐标计算结果送到 D 中保存。读者可参考图 7-55，图中，输入值 X_i 进行区间搜索落在点 2（X_2, Y_2）和点 3（X_3, Y_3）区间，然后，代入点 2 和点 3 间的直线方程，求出 Y_i 送到 D 中保存。

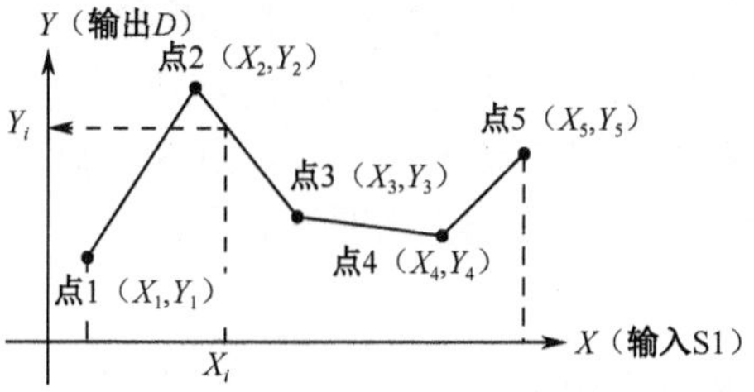

图 7-55　SCL 指令执行功能图

3．坐标表格的编制

坐标表格是以 S2 为首址的连续编址的存储区。根据图 7-55 所示 5 个坐标端点的坐标表格编制如表 7-19 所示。对照图 7-55 和表 7-19，坐标表格编制的特点是：（1）存储单元首址 S2 为坐标点数的存储；（2）一个点的坐标按 X、Y 顺序连续编址存储；（3）所有点按（X_1, Y_1）、（X_2, Y_2）……顺序连续编址存储。

表 7-19　SCL 指令坐标点表格编制

设定项目		设定数据表格的软元件分配
坐标点数		(S2·)
点 1	X_1	(S2·)+1
	Y_1	(S2·)+2
点 2	X_2	(S2·)+3
	Y_2	(S2·)+4
点 3	X_3	(S2·)+5
	Y_3	(S2·)+6
点 4	X_4	(S2·)+7
	Y_4	(S2·)+8
点 5	X_5	(S2·)+9
	Y_5	(S2·)+10

4．指令应用

1）16 位和 32 位应用

指令有 16 位和 32 位运算应用，32 位应用时所有存储单元均为双字处理，其他均与 16 位应用相同。

2）特殊坐标处理

所谓特殊坐标处理是指在坐标中出现两点或多点的连接为垂直直线（各点的 X 坐标均相

同，Y 坐标不同）时，输出值应为多少。SCL 指令对这个情况的处理又分为 X 点坐标升序和 X 点坐标降序两种处理方式。

X 点坐标升序如图 7-56（a）所示，点 4、点 5、点 6 的 X 坐标值均相同，这时，如果输入值 S1 为 200 时时，输出值为多少呢？SCL 指令的处理原则是：像这样 3 点或 3 点以上的 X 坐标相同时，取第 2 个点（本图为点 5）的 Y 值为指令输出值。

另一种情况是 X 点坐标降序如图 7-56（b）所示，点 8 和点 9 的 X 坐标值的相同，此时，SCL 指令的处理原则是：像这样的 2 点 X 坐标相同时，取最后一个点（图中为点 9）的 Y 值为输出值。

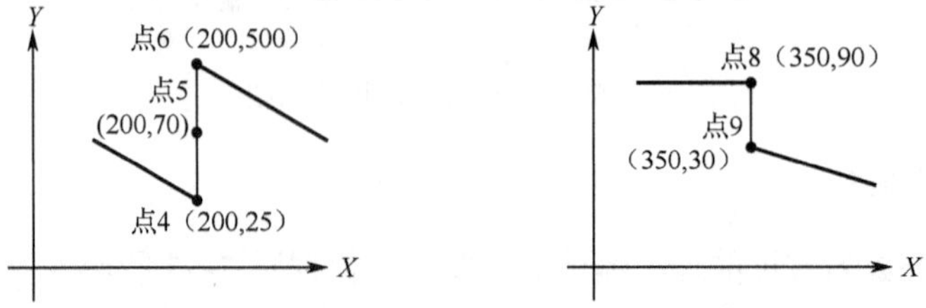

（a）X点坐标升序　　（b）X点坐标降序

图 7-56　SCL 指令特殊坐标点处理

3）输出数值处理

当输出值计算不是整数时，小数第一位四舍五入后输出。

5．指令应用注意

下面的情况会发生运算错误，标志位 M8067=ON。

（1）坐标数据表格没有按 X 坐标的升序排列，但指令仍然执行到正确升序部分前。

（2）S1 值大于坐标数据表格中坐标点最大的 X 值。

（3）运算过程中的数值超过了数据的表示范围。

（4）存在两点 X 坐标距离超过 65 535 时。

7.2.6　定坐标数据指令 SCL2

1．指令格式

FNC 269：【D】SCL2 【P】　　　　　　　　程序步：7/13

SCL2 指令可用软元件如表 7-20 所示。

表 7-20　SCL2 指令可用软元件

操作数种类	位软元件							字软元件												其他				
	系统/用户							位数指定				系统/用户				特殊模块	变址			常数		实数	字符串	指针
	X	Y	M	T	C	S	D□.b	KnX	KnY	KnM	KnS	T	C	D	R	U□\G□	V	Z	修饰	K	H	E	"□"	P
S1·								●	●	●	●	●	●	●	●	●			●	●	●			
S2·														●	●				●					
D·									●	●	●	●	●	●	●	●			●					

梯形图如图 7-57 所示。

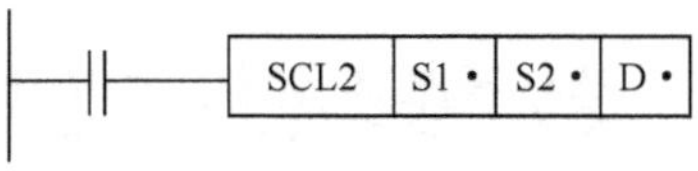

图 7-57　SCL2 指令梯形图

SCL2 指令操作数内容与取值如表 7-21 所示。

表 7-21　SCL2 指令操作数内容与取值

操作数种类	内　容	数 据 类 型
S1・	执行定坐标的输入值或是保存输入值的软元件编号	BIN16/32 位
S2・	定坐标用的转换表格软元件的起始编号	
D・	保存被定坐标控制的输出值的软元件编号	

解读：在驱动条件成立时，对 S1 指定的输入值，在 S2 中进行坐标区间搜索，确定区间后，将 S1 代入相应的线性方程得出的输出值送到 D 中保存。

2．指令应用

SCL2 指令和 SCL 指令的应用是完全相同的，读者可参看 SCL 指令的讲解，这里不再赘述。其不同点仅是坐标数据表格编制的方式不同。

3．坐标表格的编制

SCL2 指令的坐标数据表格的编制特点是：（1）存储单元首址为坐标点数存储；（2）*X* 坐标和 *Y* 点坐标分别集中编址；（3）按照先 *X* 后 *Y* 的顺序连续编制。同样是五个点的线性析线定坐标图如图 7-58 所示。SCL2 指令和 SCL 指令的坐标数据表格编制方式见表 7-22 和表 7-23。读者可自行比较它们的编制特点和编制方式的不同。

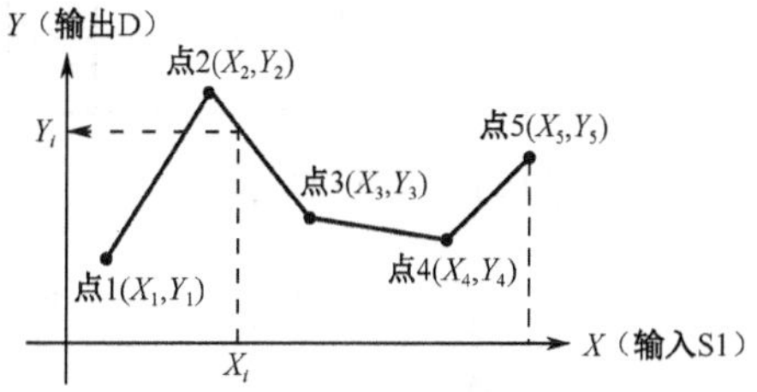

图 7-58　SCL,SCL2 指令执行定坐标图

表 7-22　SCL2 指令坐标点表格编制表

设 定 项 目		设定数据表格的软元件分配
坐标点数		S2・
X 坐标	X_1	S2・+1
	X_2	S2・+2
	X_3	S2・+3
	X_4	S2・+4
	X_5	S2・+5
Y 坐标	Y_1	S2・+6
	Y_2	S2・+7
	Y_3	S2・+8
	Y_4	S2・+9
	Y_5	S2・+10

表 7-23　SCL 指令坐标点表格编制表

设 定 项 目		设定数据表格的软元件分配
坐标点数		S2・
点 1	X_1	S2・+1
	Y_1	S2・+2
点 2	X_2	S2・+3
	Y_2	S2・+4
点 3	X_3	S2・+5
	Y_3	S2・+6
点 4	X_4	S2・+7
	Y_4	S2・+8
点 5	X_5	S2・+9
	Y_5	S2・+10

7.3 数据块处理指令

7.3.1 数据块加法运算指令 BK +

1. 指令格式

FNC 192:【D】 BK+ 【P】　　　　　　　　　　　程序步：9/17

BK+指令可用软元件如表 7-24 所示。

表 7-24 BK+指令可用软元件

操作数种类	位软元件							字软元件												其他				
	系统/用户							位数指定				系统/用户				特殊模块	变址			常数		实数	字符串	指针
	X	Y	M	T	C	S	D□.b	KnX	KnY	KnM	KnS	T	C	D	R	U□\G□	V	Z	修饰	K	H	E	"□"	P
S1·												●	●	●	●				●					
S2·												●	●	●	●				●	●	●			
D·												●	●	●	●				●					
n														●	●					●	●			

梯形图如图 7-59 所示。

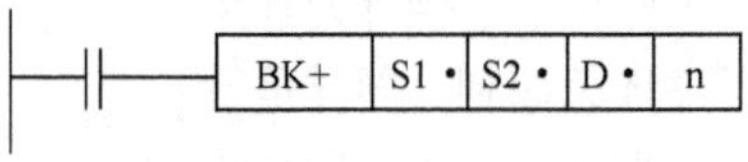

图 7-59 BK+指令梯形图

BK+指令操作数内容与取值如表 7-25 所示。

表 7-25 BK+指令操作数内容与取值

操作数种类	内　　容	数 据 类 型
S1·	保存执行加法运算的数据的软元件起始编号	BIN16/32 位
S2·	执行加法运算的常数，或是保存执行加法运算的数据的软元件起始编号	
D·	保存运算结果的软元件起始编号	
n	数据的个数	

解读：在驱动条件成立时，将两个有 n 个数据的数据块 S1 和数据块 S2 相对应的单元的数据（BIN 数）相加，并将结果送到数据块 D 的相对应单元中分别保存。

2. 数据块

数据块是指在 PLC 的存储区内指定的一个具有 n 个存储单元存储数据（BIN 数）的连续编址的区域。在 PLC 的存储区内，可以指定多个这样的数据存储区域，形成多个数据块，两个同样大小的数据块可以进行加、减、比较运算，完成这些运算的指令是数据块处理指令。

数据块处理指令在执行前必须先对数据块进行数据赋值。数据块的数据可以是现场数据采集的结果，也可以是运算得来的数据。

多个数据块时，数据块的软元件编址不可以产生重叠，否则会发生运算错误。

3. 指令应用

1）指令执行功能

指令执行功能如图 7-60 所示，两个有 n 个数据的数据块相加是其相对应单元数据相加，图中 S1+S2 送到 D，(S1+1)+(S2+1)送到 D+1，以此类推，(S1+(n−1))+(S2+(n−1))送到 D+(n−1)。

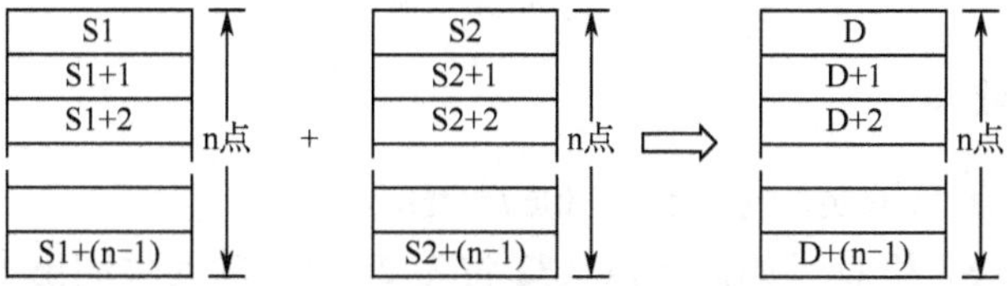

图 7-60　BK+指令执行功能示意图

图 7-61 为数据块相加实例。D0+D100 送到 D500，D1+D101 送到 D501，以此类推，D10+D110 送到 D510。

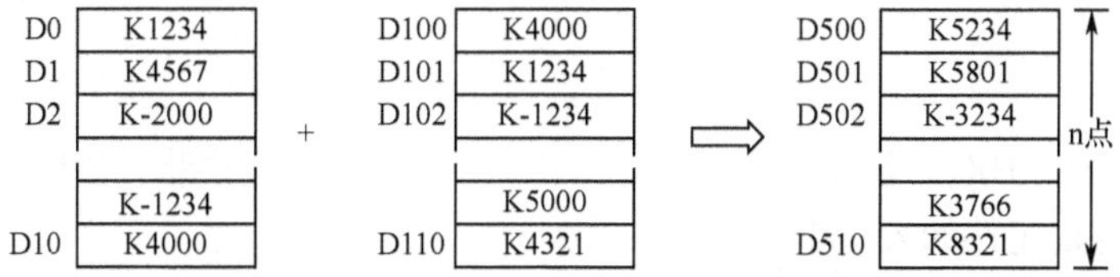

图 7-61　BK+指令数据块相加例

操作数 S2 也可以为常数，这时是数据块 S1 的每个单元与常数 S2 相加后送到数据块 D 的相对应单元，见图 7-62。

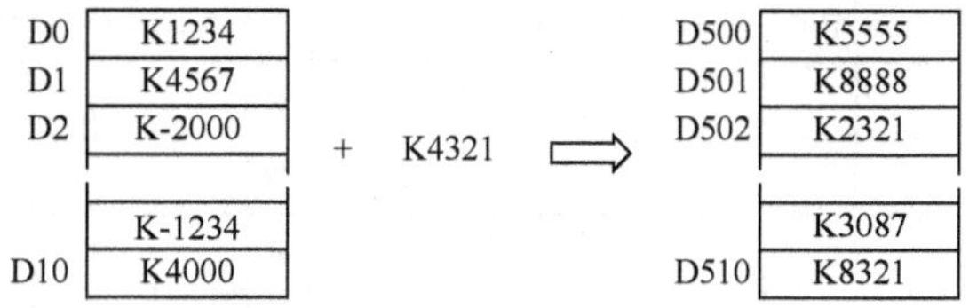

图 7-62　BK+指令 S2 为常数相加例

2）16 位和 32 位运算

指令有 16 位和 32 位运算应用。32 位应用时，所有的存储单元均为双字处理，操作数 n 也为双字处理。

3）溢出处理

同样，BK+指令的输出存在加法运算 S1+S2，也存在运算结果溢出的问题，其溢出处理也必须按照环形计数器法则处理，如上文 BAND 指令所述，这里不再说明。

图 7-63 是操作数 S1 加上 S2 产生溢出时数据处理例，当相加结果超过 32 767 时，先加至 32 767，然后再加 1 变为−32 768，再继续运算下去为 BK+的溢出运算结果，即其输出值。

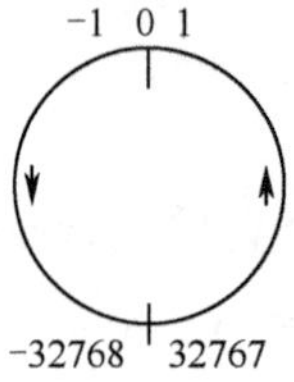

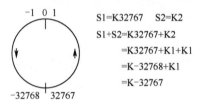

S1=K32767　S2=K2
S1+S2=K32767+K2
=K32767+K1+K1
=K-32768+K1
=K-32767

图 7-63　BK+指令溢出处理

4．指令应用注意

以下情况会发生运算错误，标志位 M8067=ON。

（1）数据块 S1、S2 和 D 开始的 n 点（32 位为 2n 点）软元件超出了软元件范围。

（2）数据块 S1、S2 和 D 的软元件编址发生重叠。

7.3.2　数据块减法运算指令 BK−

1．指令格式

FNC 193：【D】 BK− 【P】　　　　程序步：9/17

BK-指令可用软元件如表 7-26 所示。

表 7-26　BK-指令可用软元件

操作数种类	位软元件							字软元件												其他				
	系统/用户							位数指定				系统/用户				特殊模块	变址			常数		实数	字符串	指针
	X	Y	M	T	C	S	D□.b	KnX	KnY	KnM	KnS	T	C	D	R	U□\G□	V	Z	修饰	K	H	E	"□"	P
S1·												●	●	●	●				●					
S2·												●	●	●	●				●	●	●			
D·												●	●	●	●				●					
n														●	●					●	●			

梯形图如图 7-64 所示。

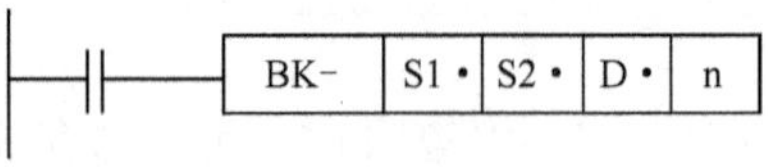

图 7-64　BK−指令梯形图

BK-指令操作数内容与取值如表 7-27 所示。

表 7-27　BK-指令操作数内容与取值

操作数种类	内　　容	数 据 类 型
S1·	保存减法运算数据的软元件起始编号	BIN16/32 位
S2·	要进行减法运算的常数，或是保存进行减法运算的数据的软元件起始编号	
D·	保存运算结果的软元件起始编号	
n	数据的个数	

解读：在驱动条件成立时，将两个有 n 个数据的数据块 S1 和数据块 S2 相对应的单元的数据（BIN 数）相减，并将结果送到数据块 D 的相对应单元中分别保存。

2. 指令应用

1）指令执行功能

指令执行功能如图 7-65 所示。两个有 n 个数据的数据块相减是其相对应单元数据相减。如图，S1-S2 送到 D，(S1+1)-(S2+1)送到 D+1，以此类推，(S1+(n−1))-(S2+(n−1))送到 D+(n−1)。

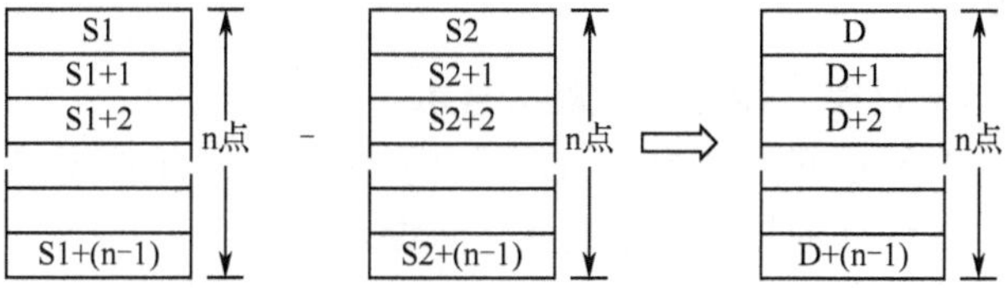

图 7-65　BK-指令执行功能示意图

图 7-66 为数据块相减实例。D0-D100 送到 D500，D1-D101 送到 D501，以此类推，D10-D110 送到 D510。

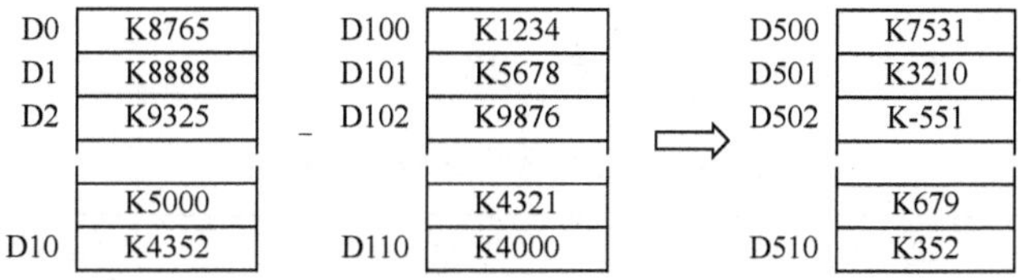

图 7-66　BK-指令数据块相减例

操作数 S2 也可以为常数，这时是数据块 S1 的每个单元与常数相减后送到数据块 D 的相对应单元，见图 7-67。

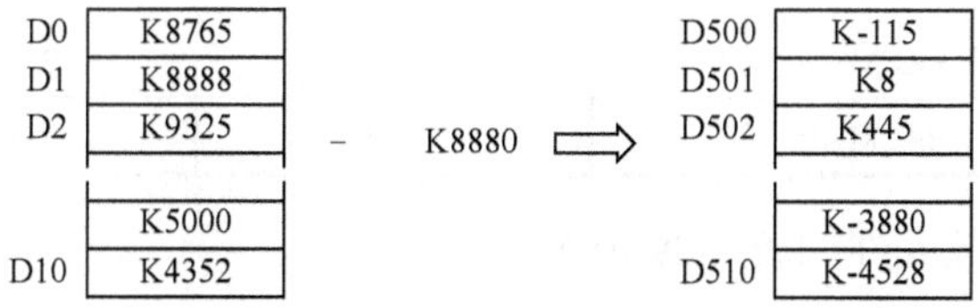

图 7-67　BK-指令 S2 为常数例

2）16位和32位运算

指令有16位和32位运算应用。32位应用时，所有的存储单元均为双字处理，操作数n也为双字处理。

3）溢出处理

同样，BK-指令的输出存在减法运算 S1-S2，也存在运算结果溢出的问题，其溢出处理也必须按照环形计数器法则处理，这里不再说明。

图7-68是操作数S1减去S2产生溢出时数据处理例，当相减结果超过32 767时，先算至32 767，然后再加1变为-32768，再继续运算下去为BK+的溢出运算结果，即其输出值。

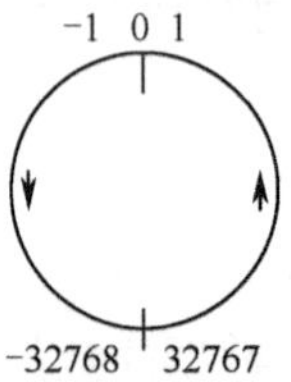

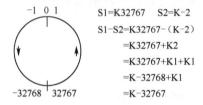

S1=K32767　S2=K-2
S1-S2=K32767-（K-2）
=K32767+K2
=K32767+K1+K1
=K-32768+K1
=K-32767

图7-68　BK-指令溢出处理

3. 指令应用注意

以下情况会发生运算错误，标志位M8067=ON。

（1）数据块S1、S2和D开始的N点（32位为2N点）软元件超出了软元件范围。

（2）数据块S1、S2和D的软元件编址发生重叠。

7.3.3　数据块比较指令BKCMP

1. 指令格式

数据块比较指令有6个，指令格式见表7-28。

表7-28　BKCMP比较指令格式

功能号	助记符	导通条件	不导通条件	程序步
FNC 194	【D】BKCMP=【P】	S1=S2	S1≠S2	9/17
FNC 195	【D】BKCMP>【P】	S1>S2	S1<=S2	9/17
FNC 196	【D】BKCMP<【P】	S1<S2	S1>=	9/17
FNC 197	【D】BKCMP<>【P】	S1≠S2	S1=S2	9/17
FNC 198	【D】BKCMP<=【P】	S1<=S2	S1>S2	9/17
FNC 199	【D】BKCMP>=【P】	S1>=S2	S1<S2	9/17

BKCMP指令可用软元件如表7-29所示。

表 7-29　BKCMP 指令可用软元件

操作数种类	位软元件							字软元件												其他				
	系统/用户							位数指定				系统/用户				特殊模块	变址			常数		实数	字符串	指针
	X	Y	M	T	C	S	D□.b	KnX	KnY	KnM	KnS	T	C	D	R	U□\G□	V	Z	修饰	K	H	E	"□"	P
S1·												●	●	●	●				●	●	●			
S2·												●	●	●	●				●					
D·		●	●			●	▲												●					
n														●	●					●	●			

▲：D□.b 不能变址修饰（V、Z）。

梯形图如图 7-69 所示。

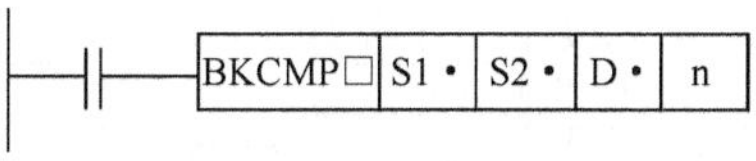

图 7-69　BKCMP 指令梯形图

BKCMP 指令操作数内容与取值如表 7-30 所示。

表 7-30　BKCMP 指令操作数内容与取值

操作数种类	内　　容	数据类型
S1·	比较值或是保存比较值的软元件编号	BIN16/32 位
S2·	保存比较源数据的软元件起始编号	BIN16/32 位
D·	保存比较结果的软元件起始编号	位
n	要比较的数据数	BIN16/32 位

解读：在驱动条件成立时，将具有 n 个数据的数据块 S1 和 S2 的各个相对应的存储单元的数据分别进行 BIN 数比较。根据比较结果使数据块 D 的相对应的位元件存储单元为 ON 或为 OFF。

2．指令应用

1）指令执行功能

数据块比较指令是将两个数据块的相对应的存储单元进行数值（BIN 值）比较，比较的结果使由位元件组成的数据块的相对应单元位元件为 ON（1）或 OFF（0）。当比较成立时为 ON（1），当比较不成立时为 OFF（0）。比较有=，>，<，<>，≥和≤六种比较类型。图 7-70 为其执行功能示意图，图中示例的是比较符>。

图 7-71 为 BKCMP 指令执行例。D0>D100，则 M0 为 ON，而 D2<D102，比较不成立，则 M2 为 OFF，以此类推。

数据块 S1 也可以指定为常数。这时，数据块 S2 与常数 S1 比较，见图 7-72。

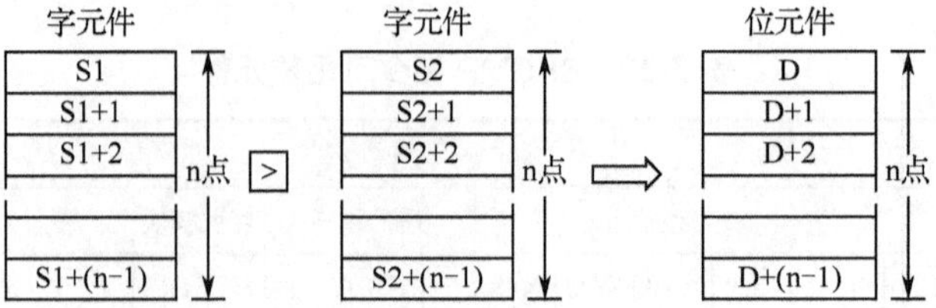

图 7-70　BKCMP 指令执行功能示意图

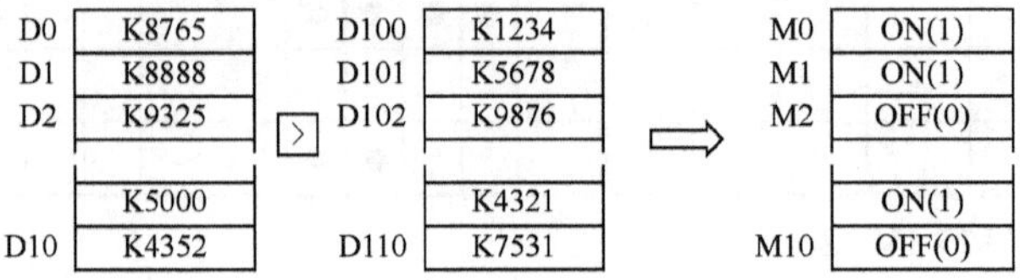

图 7-71　BKCMP 指令执行例

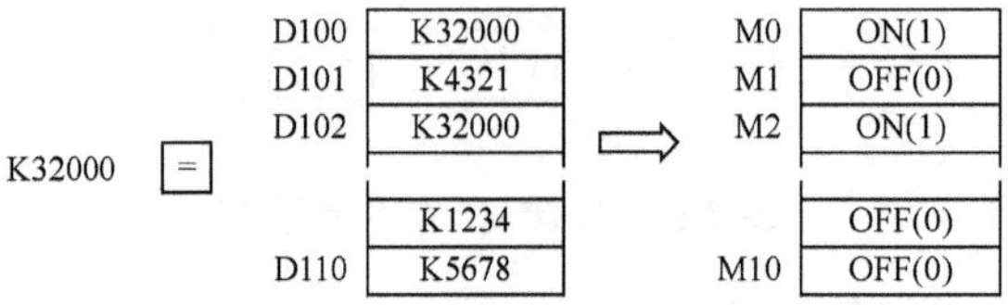

图 7-72　BKCMP 指令执行 S1 常数例

2）16 位和 32 位运算

指令有 16 位和 32 位运算应用。32 位应用时，所有的存储单元均为双字处理，操作数 n 也为双字处理。

3）特殊辅助继电器 M8090

特殊辅助继电器 M8090 为块比较信号状态继电器，仅当 n 个数据的比较结果都成立时，M8090 为 ON。利用 M8090 可以设计程序对数据进行检查，全部符合要求时为 ON，有一个或多个不符合要求时为 OFF。

3．指令应用注意

（1）使用 32 位计数器（包含高速计数器时）必须使用 32 位 DBKCMP 指令运算。
（2）当用 D、R 寄存器指定操作数 n 时，n 为 32 位数（n+1,n）。

7.4　数据删除、插入处理指令

7.4.1　数据表数据删除指令 FDEL

1．指令格式

FNC 210：FDEL 【P】　　　　　　　　　　　　程序步：7

FDEL 指令可用软元件如表 7-31 所示。

表 7-31　FDEL 指令可用软元件

操作数种类	位软元件							字软元件												其他				
	系统/用户							位数指定				系统/用户				特殊模块	变址			常数		实数	字符串	指针
	X	Y	M	T	C	S	D□.b	KnX	KnY	KnM	KnS	T	C	D	R	U□\G□	V	Z	修饰	K	H	E	"□"	P
S·												●	●	●	●				●					
D·												●	●	●	●				●					
n														●	●					●	●			

梯形图如图 7-73 所示。

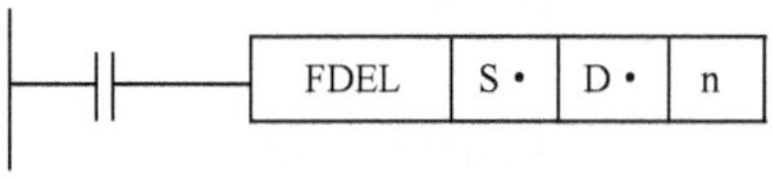

图 7-73　FDEL 指令梯形图

FDEL 指令操作数内容与取值如表 7-32 所示。

表 7-32　FDEL 指令操作数内容与取值

操作数种类	内　容	数据类型
S·	保存被删除的数据的软元件编号	BIN16 位
D·	数据表格的起始软元件编号	
n	要删除的数据的表格位置	

解读：在驱动条件成立时，删除数据表 D 中的第 n 个数据，同时将该数据送入 S 中保存。数据表中第 n 个数据后的所有有效数据均向前移动一位，且数据表指针减 1。

2．数据表

什么是数据表？数据表就是在 PLC 存储区中指定的一个连续编址的存储区，它和堆栈非常相似。图 7-74 为数据表格结构图，它由表头和数据表组成。表头又称数据指示器，它存储的数据为数据表存放有效数据的个数。表头后面为数据表的数据存储区。图 7-75 为有 10 个数据的数据表格例图。很多情况下，表头所指示数据的个数并不占满数据表格，这时，数据表格分为数据表格范围和有效数据区，数字表格中有效数字之外的数据为无效数据，见图 7-76。

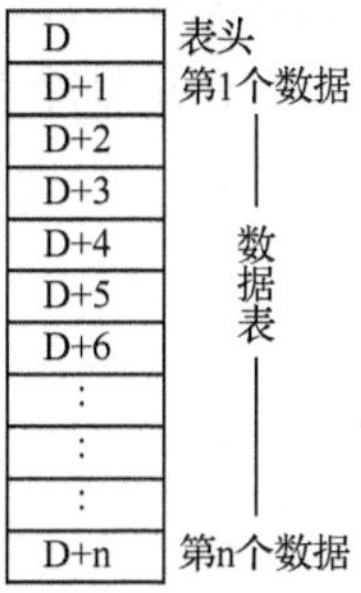

图 7-74　数据表格结构图

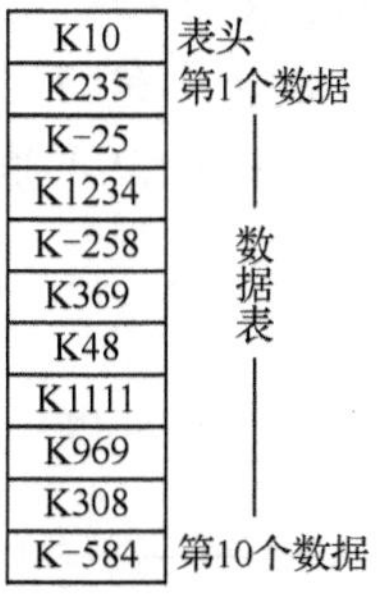

图 7-75　数据表格例图

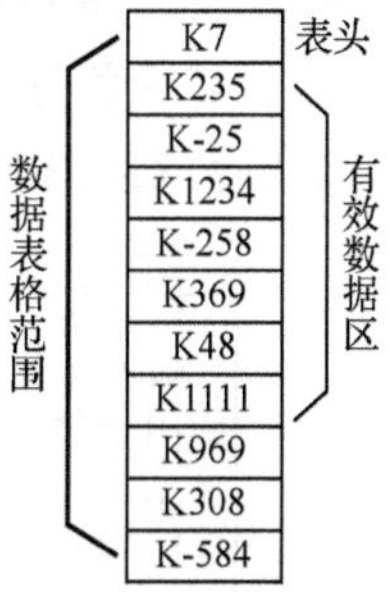

图 7-76　数据表格范围和有效数据区

数据表指令就是对上述结构的数据表的有效数据进行数据删除和数据插入的操作。

3. 指令执行功能

FDEL 为数据表删除指令，其应用梯形图及执行功能可参看图 7-77。图中，执行前数据表格的范围为 11 个数据范围，表头存 K8 表示该数据表有 8 个有效数据，从 D11 到 D18，指令执行功能是：

① 删除第三个有效数据（n=3）K1234。
② 将被删除数据送 D100 保存，（D100）=K1234。
③ 表头数值减 1，变 K7。
④ 第 3 个数据后的 5 个有效数据均上移一位。
⑤ 空出的第 8 个数据补 0，变无效数据。
⑥ 其他数据不变。

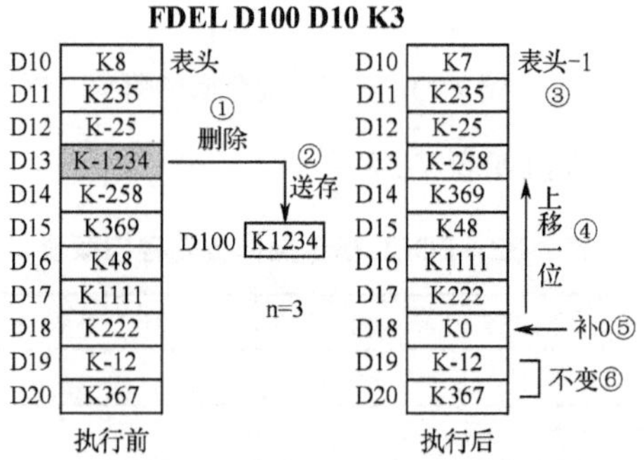

图 7-77 FDEL 指令应用梯形图及执行功能示意图

4. 指令应用

在指令中，并没有指出数据表格的范围，但用户在应用时，对数据表格的范围应心中有数，指令执行必须在数据表格范围内进行，同时，删除数据必须在有效数据区内。因此，操作数 n 必须小于等于表头指针数，在程序中为顺利地执行指令，可以在执行指令前对上述范围进行检测，满足条件才执行删除指令。

【例 8】 当 X10 为 ON 时，删除 D100～D105 的数据表格中的第 2 节数据，将删除的数据保存到 D0 中的程序。

梯形图程序见图 7-78。图中，D100 为数据表格表头存储地址，其内容为数据表格中有效数据的个数。程序的第 1 行是数据的有效个数，必须在数据表格的范围内，否则指令 FDELP 不执行。由程序可见，其数据表格的范围是 7 个数据，程序的第 2 行是删除数据的位置，必须在有效数据的范围内，否则指令 FDELP 不执行。

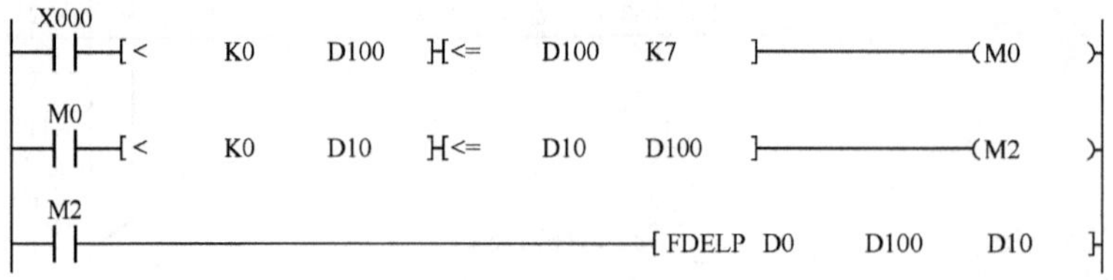

图 7-78 例 8 FDEL 指令程序梯形图

5. 指令应用注意

以下情况会发生运算错误，标志位 M8067=ON。

（1）数据表格表头 D 的内容超过了数据表格的范围时。

（2）操作数 n 不在 D 所示的有效数据范围内。

（3）n=0 时。

（4）表头 D 的内容为 0 时。

7.4.2　数据表数据插入指令 FINS

1. 指令格式

FNC 211：FINS 【P】　　　　　　　　　　　　　　程序步：7

FINS 指令可用软元件如表 7-33 所示。

表 7-33　FINS 指令可用软元件

操作数种类	位软元件							字软元件													其他				
	系统/用户							位数指定				系统/用户				特殊模块	变址			常数		实数	字符串	指针
	X	Y	M	T	C	S	D□.b	KnX	KnY	KnM	KnS	T	C	D	R	U□\G□	V	Z	修饰	K	H	E	"□"	P
S·												●	●	●	●				●	●	●			
D·												●	●	●	●				●					
n														●	●					●	●			

梯形图如图 7-79 所示。

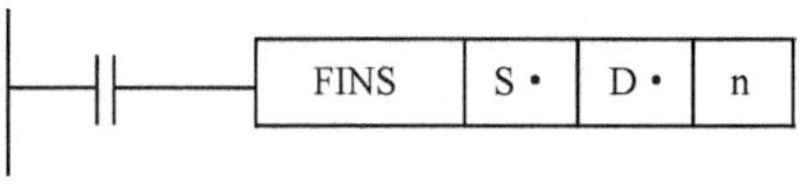

图 7-79　FINS 指令梯形图

FINS 指令操作数内容与取值如表 7-34 所示。

表 7-34　FINS 指令操作数内容与取值

操作数种类	内　　容	数 据 类 型
S·	保存插入数据的软元件编号	BIN16 位
D·	数据表格的起始软元件编号	
n	插入数据的表格位置	

解读：在驱动条件成立时，将插入数据 S 插入到数据表格中第 n 个数据位置上，并将第 n 个数据及以后数据均后移一位，数据表指针加 1。

2. 指令执行功能

FINS 为数据表数据插入指令，其执行功能可参看图 7-80。执行前，数据表中有 8 个有

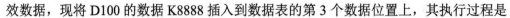

效数据，现将 D100 的数据 K8888 插入到数据表的第 3 个数据位置上，其执行过程是

① 将原数据表中第 3 个数据及其以后的数据均下移一位。

② 将 D100 数据 K8888 插入到第 3 个数据位置上。

③ 表头指针 D 的内容加 1。

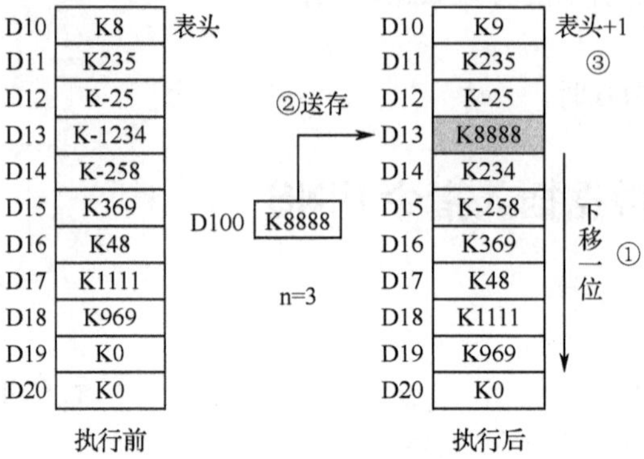

图 7-80　FINS 指令执行功能图

3. 指令应用

和 FDEL 指令一样，FINS 指令也没有说明数据表格的范围，用户在应用时，必须对数据表格的范围做到心中有数，在程序中检测各种数据是否在有效的范围内，可参看 FDEL 指令说明。

4. 指令应用注意

以下情况会发生运算错误，标志位 M8067=ON。

（1）数据表格表头 D 的内容超过了数据表格的范围时。

（2）操作数 N 不在 D 所示的有效数据范围内。

（3）n=0 时。

（4）表头 D 的内容为 0 时。

第 8 章　外部设备指令

外部设备指令有两类，一类是外部 I/O 设备指令，这类指令与连接在 PLC 的 I/O 接口上的按键、数字开关、数码显示器、打印机等有关；另一类是外部选用设备指令，这类指令与外接模拟电位器、特殊功能模块和通信设备等有关。

8.1　概　　述

8.1.1　外部 I/O 设备指令简介

PLC 自研制成功后，在替代继电控制系统上获得了巨大的成功。但是 PLC 也存在一个严重的缺点，即人机界面差。程序一旦编好送入 PLC 后，如果要修改某些数据，例如，定时器和计数器的设定值，则必须停止 PLC 的运行，进行读出、修改、重新写入步骤才能完成，人机对话十分不便。为了进行人机对话，早期的应用是在 PLC 的输入接口 X 端口上安上一组开关，通过编制程序把这一组开关的组态读入 PLC，再转换成所需要的数据，这样通过改变外接开关的组态改变 PLC 内数据的修改和设定。但是这种方法要占用大量的硬件资源和软件资源，而且输入数据是开关量表示的，人机对话也很不方便。在这个基础上，三菱电机开发出了能较好地进行人机对话的外部 I/O 设备功能指令。在实际应用中，只要按照要求在 I/O 接口上连接相关的按键、数字开关、数码显示器、打印机等，在功能指令的操作数填入所需要的数据信息，然后在程序中执行指令，就自动完成人机对话功能。界面也比较人性化，可以做成十进制按键形式。因此，三菱 FX 系列 PLC 的外部 I/O 设备功能指令又称人机界面指令。

外部 I/O 设备功能指令有 8 种，见表 8-1。

表 8-1　外部 I/O 设备指令

功能号	助记符	名　称	X 端口接	Y 端口接	界面功能
FNC70	TKY	10 键输入	按键	—	输入十进制数
FNC71	HKY	16 键输入	按键	—	输入十六进制数
FNC72	DSW	数字开关	数字开关	—	输入 8421BCD 数
FNC73	SEGD	7 段码显示	—	7 段数码管	输出 7 段数码
FNC74	SEGL	7 段码锁存显示	—	2 组 4 位 7 段数码管	输出 2 组 4 位 7 段数码
FNC75	ARWS	方向开关	按键、数字开关	1 组 4 位 7 段数码管	输入 8421BCD 数码 输出 1 组 4 位 7 段数码
FNC76	ASC	ASCII 码输入	（外接计算机）	—	输入字符串
FNC77	PR	ASCII 码输出	—	打印机或显示器	输出字符串

这种通过外接开关、数码管的人机界面方式在早期的生产设备上应用较多，但其使用仍然要占用较多的硬件资源，而且界面功能也十分有限，为改变这种状况，生产厂家又开发了与 PLC 配套的显示模块（又称显示终端），例如，三菱的 FX_{1N}-5DM、FX-10DM-SETO 显示模块等。它们有的直接安装在 PLC 上，有的可安装在控制柜上，用一根电缆与 PLC 相连。这种显示模块完全代替了按键、数字开关和 7 段数码管显示，功能也加强了许多，不但可对定时器、计数器和数据寄存器 D 值进行设定、修改、复位，而且还有监控、出错显示等功能，操作十分简单，如果对界面要求不多，并考虑到设备成本，显示模块仍然是一个很好的选择。

技术的发展又进一步开发了人机界面的高端产品——图形显示终端。图形显示终端又称触摸屏。触摸屏的出现给工业控制的人机界面带来了非常大的变化，它不但可以显示设备的工作状况，直接省略了按钮指示灯等硬件设备，还能显示文字、图形、曲线，能够方便地修改 PLC 中字元件和位元件的设定值和显示当前值。触摸屏还有许多其他强大的功能，这里不再介绍。随着触摸屏的价格走低，其应用也越来越广泛了，触摸屏的普及应用使得这一章所介绍的外部 I/O 设备指令在实际中已经很少使用。

8.1.2 外部选用设备指令简介

外部选用设备是指通过数据线与 PLC 相连的特殊功能模块和通过通信传输线与 PLC 相连的各种智能数字控制设备，如变频器、温控仪、变送器等。当 PLC 与这些选用设备相连进行控制和信息交换时就必须用到外部选用设备指令。

外部选用设备指令包括模拟量控制、通信控制和定位控制指令。其中通信控制和定位控制指令将在第 9 章和第 10 章中讲解。

PID 控制是目前在模拟量控制中应用最广泛的一种控制方式。它解决了控制的稳定性、快速性和准确性的问题。在 PLC 中，PID 控制是通过软件来完成其控制功能的。PLC 所提供的 PID 控制功能指令实际上是一个 PID 控制运算的子程序调用指令，使用者只要根据指令要求写入设定值、控制参数，输入被控制量的测定值，PLC 就自动进行 PID 运算，并将运算结果送到指定的寄存器。

这一章仅介绍特殊功能模块及模拟电位器数据读写相关的一些指令，如表 8-2 所示。

表 8-2　外部选用设备指令

分　类	功 能 号	助 记 符	名　称	功　能
模拟电位器数据读写	FNC85	VRRD	模拟电位器数据读	读入模拟电位器数据
	FNC86	VRSC	模拟电位器开关设定	
特殊功能模块读写	FNC78	FROM	特殊功能模块 BFM 读	与特殊功能模块进行数据交换
	FNC79	TO	特殊功能模块 BFM 写	
	FNC278	RBFM	特殊功能模块 BFM 分割读	
	FNC279	WBFM	特殊功能模块 BFM 分割写	
指定特殊功能模块读写	FNC176	RD3A	指定模拟量模块读	与 FX_{0N}-3A 以及 FX_{2N}-2AD 模拟量模块进行数据交换
	FNC177	WR3A	指定模拟量模块写	
模拟量 PID 控制	FNC88	PID	PID 控制	对模拟量进行 PID 控制

外部选用指令是 PLC 和外部特殊功能模块及各种智能设备之间联系的唯一指令，因此，它对学习 PLC 模拟量控制、运动量控制和通信控制的应用特别重要，是必须要学好掌握好的功能指令。

8.2　外部 I/O 设备指令

8.2.1　10 键输入指令 TKY

1. 指令格式

FNC 70:【D】TKY　　　　　　　　　　　　程序步：7/13

TKY 指令可用软元件如表 8-3 所示。

表 8-3　TKY 指令可用软元件

操作数种类	位软元件							字软元件												其他			
	系统/用户							位数指定				系统/用户				特殊模块	变址			常数		实数	字符串	指针
	X	Y	M	T	C	S	D□.b	KnX	KnY	KnM	KnS	T	C	D	R	U□\G□	V	Z	修饰	K	H	E	"□"	P
S·	●	●	●			●	▲												●					
D1·									●	●	●	●	●	●	●	●	●	●	●					
D2·		●	●			●	▲												●					

▲：D□.b 不能变址修饰（V、Z）。

梯形图如图 8-1 所示。

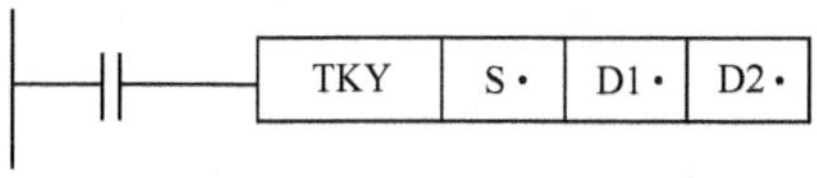

图 8-1　TKY 指令梯形图

TKY 指令操作数内容与取值如表 8-4 所示。

表 8-4　TKY 指令操作数内容与取值

操作数种类	内　容	数据类型
S·	输入数字键的起始位软元件［占用 10 点］	位
D1·	保存数据的字软元件编号	BIN16/32 位
D2·	按键信息为 ON 的起始位软元件编号［占用 11 点］	位

解读：TKY 指令的功能是从 PLC 的以 S 为首址的输入口通过按键的动作顺序把一个 4 位十进制数（或 8 位十进制数）送入指定字元件（一般为数据寄存器 D）中，同时，驱动相应的位元件动作。

2. 指令应用

（1）TKY 指令执行功能现用图 8-2 所示指令应用梯形图来进行说明。

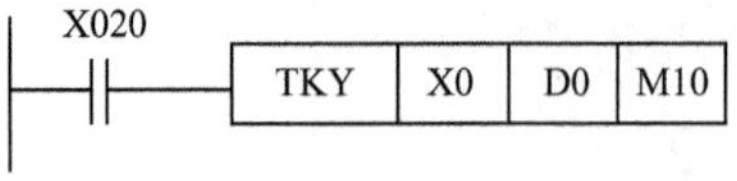

图 8-2　TKY 指令应用梯形图

执行 TKY 指令必须在 PLC 的输入口 X 接上 10 个按键开关，如图 8-3 所示。

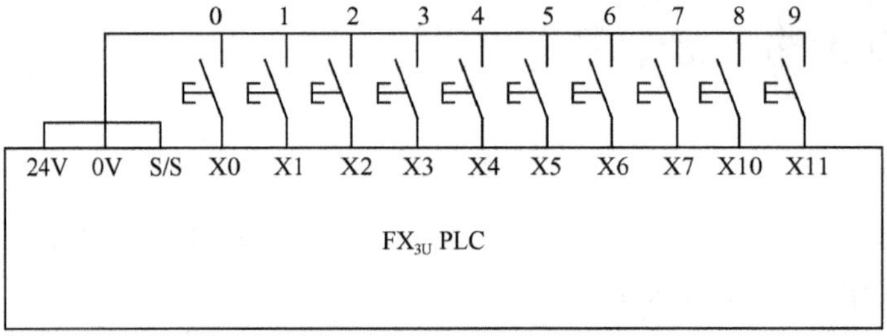

图 8-3　TKY 指令外部接线图

图中每个按键都对应一个十进制数 0～9，当按下某个按键后，相应的十进制数会送入 PLC 软元件，并接通一个辅助继电器 M。

当 X20=1 时，可以按四次输入按键，把一个 4 位十进制数送入 D0。例如，顺序按下 X2—X1—X0—X3，相应的数字组合 2103 被送入到 D0。TKY 指令输入仅为 4 位十进制数，超过 4 位输入时，则按照先按先出、后按后出的规定进行溢出处理。例如，输入 2 103 后再按下 X5，则十进制数变成 1035，第 1 位 2 被溢出，以后均如此处理，输入最大数为 9 999。如果使用 32 位指令 DTKY，可输入 8 位十进制数，超过部分仍按上述原则处理，32 位指令高位存 D1，低位存 D0，输入最大数为 99 999 999。当 X20=0 时，D0 中的数据保持不变。如果同时有多个按键按下，先按下的键有效。

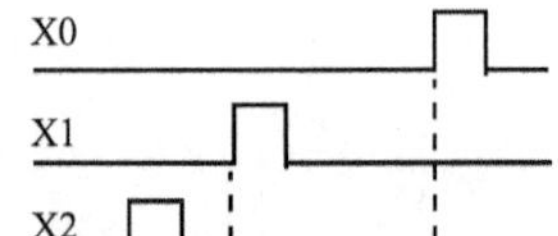

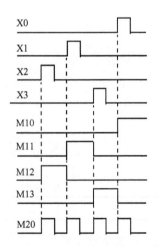

图 8-4　TKY 指令执行时序说明

（2）数字键按下的同时，还使相对应的继电器 M10～M19 动作，X0 使 M10 动作，X2 使 M12 动作，以此类推，X11 使 M19 动作，M10～M19 的动作是随相应按键按下动作，并保持到下一个按键按下时复位。当 X20=0 时，M10～M19 全部复位。

任何一个键被按下，M20 都会动作，并随按键恢复而复位。在实际应用中，M20 可作为按键输入的确定信号利用。例如，利用 M20 控制蜂鸣器，按一下，响一下，没响表示没有按到，响两声表示连续按了两次等。相应时序图如图 8-4 所示。

（3）该指令在编程时只能使用一次，可以用作用外部按键来设定 PLC 内部定时器和计数器的设定值，也可作为某些需要经常做调整的参数输入，其缺点是需要占用 10 个输入口。

8.2.2　16 键输入指令 HKY

1. 指令格式

FNC 71：【D】HKY　　　　　　　　　　　　　　　程序步：9/17

HKY 指令可用软元件如表 8-5 所示。

表 8-5　HKY 指令可用软元件

操作数种类	位软元件							字软元件												其他			
	系统/用户							位数指定				系统/用户				特殊模块	变址			常数		实数	字符串	指针
	X	Y	M	T	C	S	D□.b	KnX	KnY	KnM	KnS	T	C	D	R	U□\G□	V	Z	修饰	K	H	E	"□"	P
S·	●																		●					
D1·		●																	●					
D2·												●	●	●	●	●	●	●	●					
D3·		●	●			●	▲												●					

▲：D□.bg 不能变址修饰（V、Z）。

梯形图如图 8-5 所示。

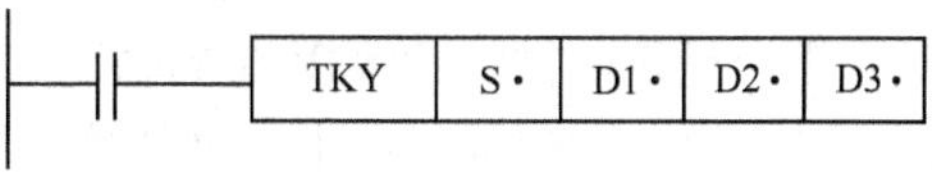

图 8-5　HKY 指令梯形图

HKY 指令操作数内容与取值如表 8-6 所示。

表 8-6　HKY 指令操作数内容与取值

操作数种类	内　容	数 据 类 型
S·	输入 16 键的起始位软元件（X）编号（占用 4 点）	位
D1·	输出的起始软元件（Y）编号（占用 4 点）	位
D2·	保存从 16 键输入的数值的软元件编号	BIN16/32 位
D3·	按键信息为 ON 的起始位软元件编号（占用 8 点）	位

解读：HKY 指令功能是根据不同的模式从 PLC 输入口 S 通过按键的动作顺序选通输入 1 个十进制数（4 位或 8 位）或输入 1 个十六进制数到字元件 D2 中，同时，驱动相应位元件动作。

2. 指令应用

1）外部接线

执行 HKY 指令必须在 PLC 的 I/O 端口接 16 个按键开关，这 16 个按键开关接法如图 8-6 所示（对应于图 8-7 所示指令梯形图）。

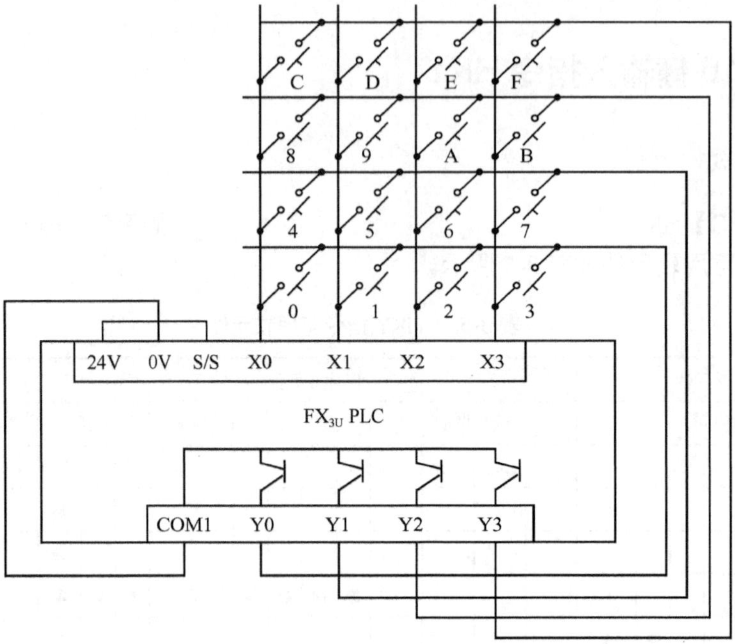

图 8-6　HKY 指令接线图

图 8-6 中，16 个按键组成一个 4×4 输入矩阵，接入输入端口 X0～X3 按键的另一端分别接入选通端口 Y0～Y3。HKY 指令是按照循环扫描接通 Y0,Y1,Y2,Y3 方式检测 16 个按键的接通。当你按下一个按键后，相应的十进制数（或十六进制数）被送入 PLC 软元件，并接通相应的辅助继电器。一个相应的继电器接通，执行一个功能程序如复位、置位、加一、减一等，当任一功能键接通时，继电器 M6 接通，并随按键复位而复位。

2）两种数据处理模式

现对如图 8-7 所示指令应用梯形图来说明两种不同模式下指令的执行功能。

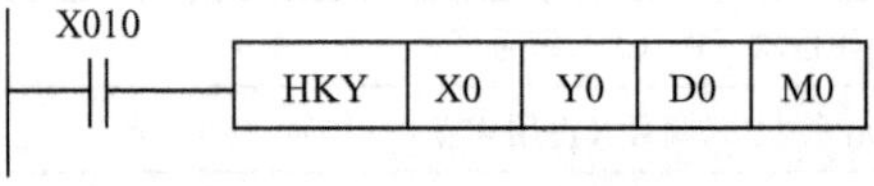

图 8-7　HKY 指令应用梯形图

（1）M8167=0，十进制处理模式。

在这种模式下，键盘分成两部分：

数字键 0～9：按键向 PLC 输入 4 位十进制数，超过 4 位，溢出情况同指令 TKY，同时，相应的辅助继电器 M7 为 ON，并随按键松开而复位。32 位指令 DHKY 可输入 8 位十进制数。

功能键 A～F：按下任一功能键，其相对应的继电器接通，对应关系见表 8-7。

表 8-7　功能键对应继电器动作

按　键	A	B	C	D	E	F
ON	（D3）	（D3+1）	（D3+2）	（D3+3）	（D3+4）	（D3+5）
	M0	M1	M2	M3	M4	M5
	按下 A～F 键：（D3+6）M6；按下 0～9 键：（D3+7）M7					

按下一个功能键，一个相应的继电器接通。利用这个继电器接通的时间，执行一个功能程序如复位、置位、加一、减一等，当任一功能键接通时，继电器 M6 接通，并随按键复位而复位。

（2） M8167=1，十六进制处理模式。

这种模式下，键盘为十六进制数输入键盘，将一个 4 位的十六进制数输入 D0。32 位指令 DHKY 将一个 8 位十六进制数输入到（D1,D0）中。

3）恒定扫描

指令在使用时，如与 PLC 的扫描周期同期执行，则完成一个循环扫描需要 8 个扫描周期，为防止键输入的滤波延时造成存储错误，应使用恒定扫描模式和定时器中断处理。有的时候为了编程的需要，如 RAMP 指令需要指定的整数时间，就要采用恒定扫描模式。

什么是恒定扫描模式，实际上就是利用 PLC 的特殊辅助继电器 M8039 和数据寄存器 D8039 的状态设定和指定数值来固定 PLC 的扫描时间。一旦扫描模式确定后，PLC 的扫描时间就已固定，假使 PLC 的运算提早结束，PLC 也不会马上返回到零步，而是要等到固定的扫描时间结束才返回零步。

恒定扫描模式的设定：置 M8039 为 ON，并在 D8039 中写入确定的恒定扫描时间（单位：ms）。置 M8039 为 OFF 时，PLC 又执行自身的扫描时间。

建议在使用 RAMP, HKY, SEGL, ARWS, PR 等与扫描周期同步的指令时，采用恒定扫描模式或定时器中断处理，而使用 HKY 指令时，恒定扫描时间要大于 20ms。

HKY 指令使用恒定扫描模式时，先置 M8039 为 ON，并在 D8039 中存入 20ms 以上的扫描时间，其程序梯形图如图 8-8 所示。

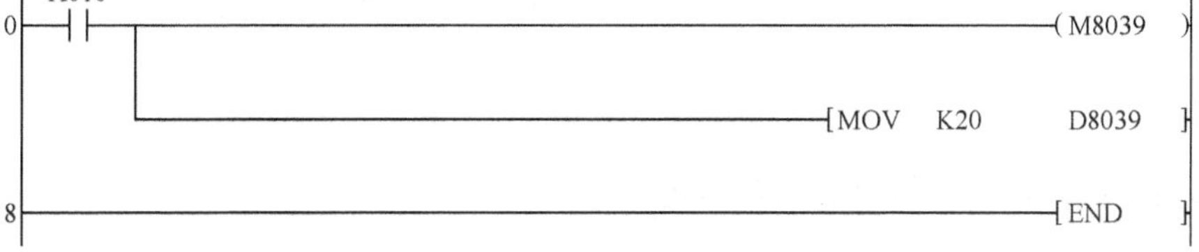

图 8-8　HKY 指令恒定扫描模式程序梯形图

4）相关特殊软元件

与 HKY 指令相关的几个特殊辅助继电器和数据寄存器见表 8-8。

表 8-8　相关特殊软元件

编　号	名　称	功能和用途
M8029	执行结束标志位	指令执行结束 D=S2 时，置 ON
M8039	恒定扫描模式标志位	为 ON 时，程序执行恒定的扫描周期
M8167	数据处理模式标志位	OFF：十进制处理模式；ON：十六进制处理模式

HKY 指令在编程时只能使用一次，必须使用晶体管输出型的基本单元或扩展单元。

8.2.3　数字开关指令 DSW

1．指令格式

FNC 72：DSW　　　　　　　　　　　　　　　　　　程序步：9

DSW 指令可用软元件如表 8-9 所示。

表 8-9　DSW 指令可用软元件

操作数种类	位软元件							字软元件												其他				
	系统/用户							位数指定				系统/用户				特殊模块	变址			常数		实数	字符串	指针
	X	Y	M	T	C	S	D□.b	KnX	KnY	KnM	KnS	T	C	D	R	U□\G□	V	Z	修饰	K	H	E	"□"	P
S·	●																		●					
D1·		●																	●					
D2·												●	●	●	▲1	▲2	●	●	●					
n																				●	●			

▲1：仅 $FX_{3G}/FX_{3GC}/FX_{3U}/FX_{3UC}$ 可编程控制器支持。
▲2：仅 FX_{3U}/FX_{3UC} 可编程控制器支持。

梯形图如图 8-9 所示。

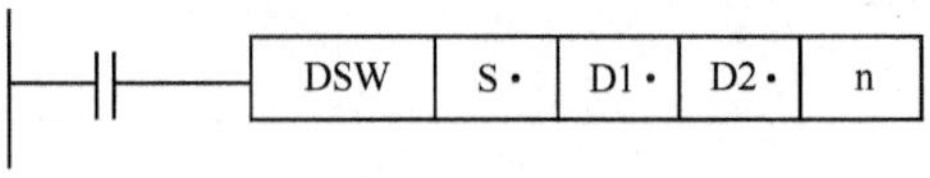

图 8-9　DSW 指令梯形图

DSW 指令操作数内容与取值如表 8-10 所示。

表 8-10　DSW 指令操作数内容与取值

操作数种类	内　容	数 据 类 型
S·	连接数字开关的起始软元件（X）编号（占用 4 点）	位
D1·	输出选通信号的起始软元件（Y）编号（占用 4 点）	位
D2·	保存数字开关的数值的软元件编号（占用 n 点）	BIN16 位
n	数字开关的组数（4 位数/1 组）[n=1 或是 2]	BIN16 位

解读：当驱动条件成立时，把 S 中 X 接口所连接的数字开关的值（BCD 码表示）通过 D1 选通口选通信号的处理转换成相应的二进制数保存在 D2 中。若 n=1，则为 1 组数字开关（4 位），若 n=2，则为 2 组数字开关（各 4 位）。

2．指令应用

1）外部接线与读取时序

DSW 指令实际上就是一个读取 PLC 外接数字开关设定值的指令，现以如图 8-10 所示指令应用梯形图说明。

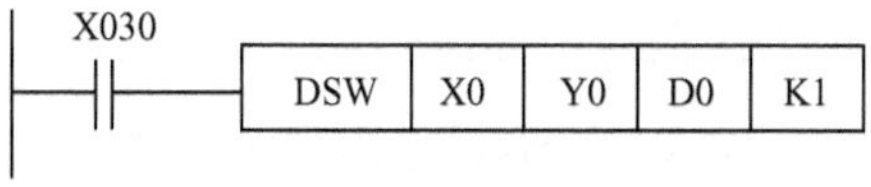

图 8-10　DSW 指令应用梯形图

图 8-10 所示指令应用梯形图相对应的外部接线图如图 8-11 所示。

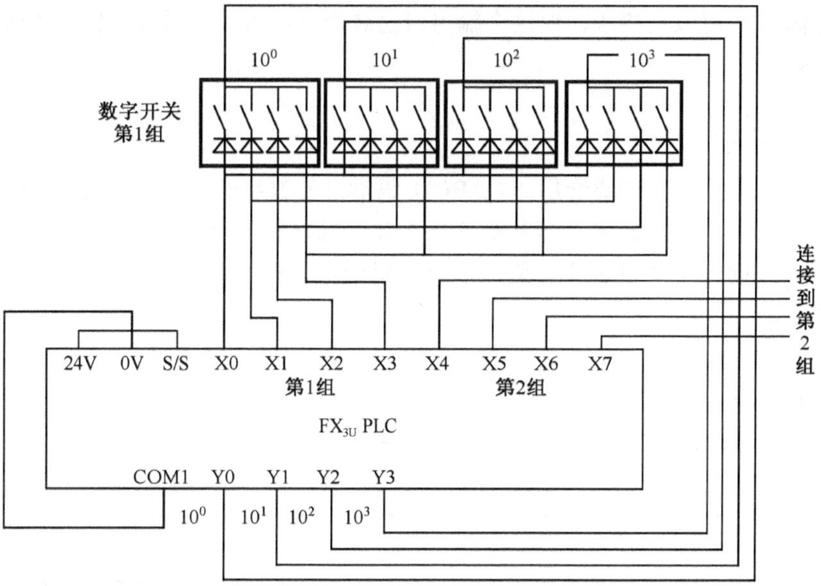

图 8-11　DSW 指令外部接线图

和 HKY 指令外部接线类似，Y0～Y3 为选通信号，在 X030 为 ON 期间，Y0～Y3 每隔 100ms 依次置 ON，循环一次后，结束标志位 M8029 置 ON。如果 X030 继续为 ON，则重复 Y0～Y3 依次置 ON，直到 X030 为 OFF，Y0～Y3 全部置 OFF，其时序如图 8-12 所示。

指令中 n 值决定数字开关的组数，每一组由 4 个数字组成。

当 n=K1 时，（本例）通过选通信号 Y0～Y3 依次读取 X0～X3 所连接的 BCD 码输出的 4 位数的数字开关，并将其值转换成二进制数保存到 D0 中，其最大输入值为 9 999。

当 n=K2 时，表示有两组 4 位 BCD 码输出的数字开关分别接入 X0～X3 和 X4～X7（图中，数字开关第 2 组未画出），这时，通过选通信号 Y0～Y3 分别将第一组数字开关读入 D0，而将第二组数字开关读入 D1。DSW 指令是 16 位指令，这两组数字开关不能组成 8 位十进制数，而是互相独立的，最大输入值均为 9 999。

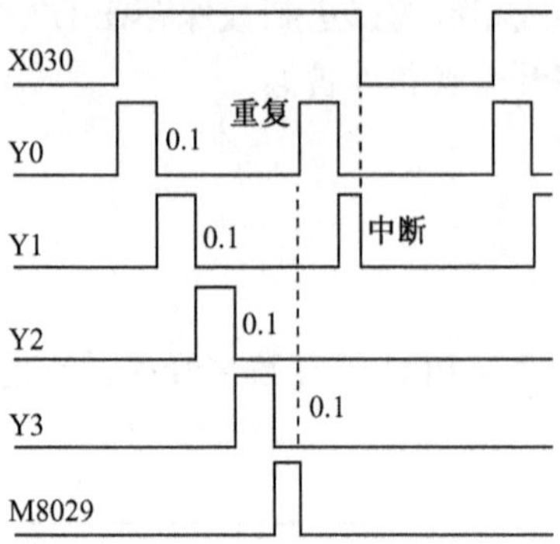

图 8-12　DSW 指令执行时序图

2）关于数字开关使用

在实际使用中，常常只需要 1 位、2 位或 3 位数字开关，对于没有使用的位数，其相应的选通信号输出 Y 可以不接线，但这个输出口已被指令占用了，所以，也不能作其他用途，只能空着。

3）PLC 选型

外部接数字开关，一定要选用 8421BCD 码输出的数字开关。对于 PLC 的选型，如果需要连续的读取数字开关的值，请务必使用晶体管输出型的 PLC。但如果为按键输入，且仅当按键接通为读入一次数字开关值，也可使用继电器输出型的 PLC。读取的梯形图程序如图 8-13 所示。

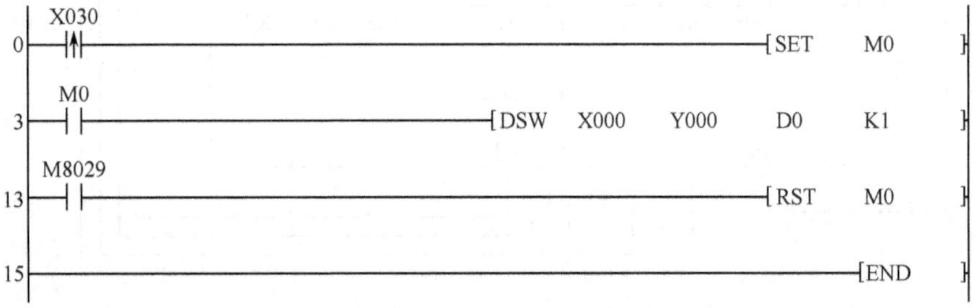

图 8-13　继电器输出型 PLC DSW 指令程序梯形图

4）外接数字开关指令的比较

DSW, BIN, TKY 指令及 HKY 指令都可以把接入 X 输入端口上的开关设定的值读入到 PLC 的软元件中，现对它们进行一些比较说明。

DSW 指令和 BIN 指令都可以把 BCD 码的数字开关的设定值转换成二进制数读入软元件。但同样 4 位十进制数，BIN 指令占用 16 个输入口，而 DSW 指令仅占用 4 个输入口和 4 个输出口，占用的点数少了一半，所以，当外接 BCD 数字开关时，基本上不用 BIN 指令，而用 DSW 指令。

和 TKY, HKY 指令相比，DSW 指令的特点是人机界面较人性化，可以直接看到外面数字开关的具体值，而 TKY, HKY 指令都不行。因此，需改变参数的设定值输入时（如定时器的定时时间、计数器的计数设定值等）用 DSW 指令较好，所以，一般设备上用 DSW 指令较多，而用 TKY, HKY 指令作为数字输入相对较少，但 DSW 指令的缺点是输入数值仅为 0～9 999。

实际上，自触摸屏在工业控制中被广泛应用后，这种通过外接开关方式输入数值的方法已越来越少用，其相应的指令也越来越少用。

8.2.4　7 段码显示指令 SEGD

1. 指令格式

FNC 73：SEGD 【P】　　　　　　　　　　　　　　程序步：5

SEGD 指令可用软元件如表 8-11 所示。

表 8-11　SEGD 指令可用软元件

操作数种类	位软元件							字软元件												其他				
	系统/用户							位数指定				系统/用户				特殊模块	变址			常数		实数	字符串	指针
	X	Y	M	T	C	S	D□.b	KnX	KnY	KnM	KnS	T	C	D	R	U□\G□	V	Z	修饰	K	H	E	"□"	P
S·								●	●	●	●	●	●	●	●	●	●	●	●	●	●			
D·									●	●	●	●	●	●	●	●	●	●	●					

梯形图如图 8-14 所示。

图 8-14　SEGD 指令梯形图

SEGD 指令操作数内容与取值如表 8-12 所示。

表 8-12　SEGD 指令操作数内容与取值

操作数种类	内　容	数 据 类 型
S·	译码的起始字软元件	BIN16 位
D·	保存 7 段码显示用数据的字软元件编号	BIN16 位

解读：当驱动条件成立时，把 S 中所存放的低 4 位十六进制数编译成相应的 7 段显示码，保存在 D 的低 8 位中。

2. 指令应用

关于 7 段显示器及 7 段显示码的知识在第 6 章 6.1.2 节中已有介绍。在学习本指令前，应先学习和掌握 6.1.2 节所讲的知识。

一般采用组合位元件 K2Y 作为指令的终址，这样，只要在输出口 Y（如 Y0～Y6）接上 7 段显示器，可直接显示源址中的十六进制数。7 段显示器有共阳极和共阴极两种结构，如果 PLC 的晶体管输出为 NPN 型，则应选共阳极 7 段显示器，PNP 型则选择共阴极。

一个 SEGD 指令只能控制一个 7 段显示器，且要占用 8 个输出口，如果要显示多位数，占用的输出口点数更多，显然在实际控制中，很少采用这样的方法。

【例 1】 7 段数码管循环点亮程序控制。

控制要求：（1）能手动/自动切换。

（2）手动控制时，按一次手动按钮，数码管按 0～9 的顺序依次轮流点亮。

（3）自动控制时，每隔 1s，数码管按 0～9 的顺序依次轮流点亮。

试画出接线图及梯形图程序。

接线图如图 8-15 所示。

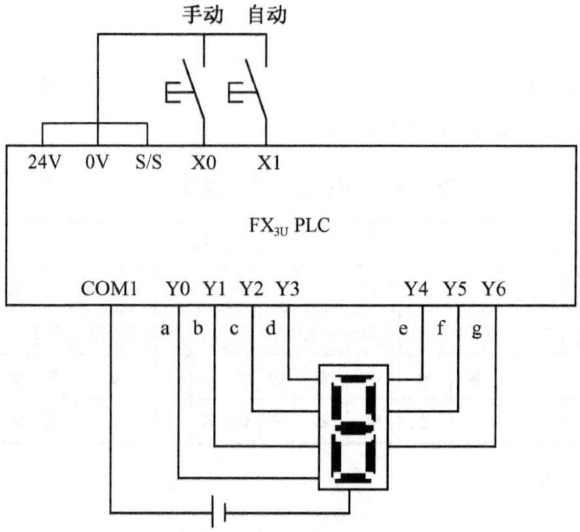

图 8-15 例 1 接线图

梯形图程序如图 8-16 所示。

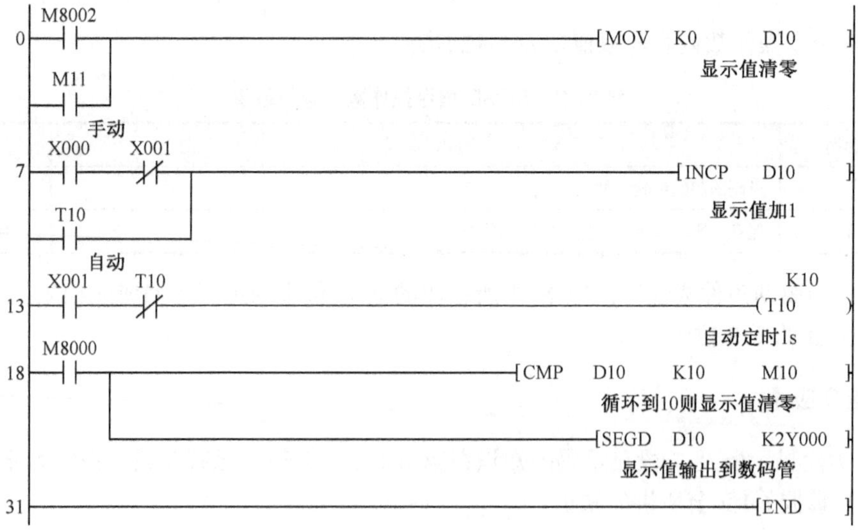

图 8-16 例 1 程序梯形图

8.2.5　7 段码锁存显示指令 SEGL

1．指令格式

FNC 74：SEGL　　　　　　　　　　　　　　　　程序步：　7

SEGL 指令可用软元件如表 8-13 所示。

表 8-13　SEGL 指令可用软元件

操作数种类	位软元件							字软元件												其他				
	系统/用户							位数指定				系统/用户				特殊模块	变址			常数		实数	字符串	指针
	X	Y	M	T	C	S	D□.b	KnX	KnY	KnM	KnS	T	C	D	R	U□\G□	V	Z	修饰	K	H	E	"□"	P
S·								●	●	●	●	●	●	●	▲1	▲2	●	●	●	●	●			
D·		●																	●					
n																				●	●			

▲1：仅 $FX_{3G}/FX_{3GC}/FX_{3U}/FX_{3UC}$ 可编程控制器支持。

▲2：仅 FX_{3U}/FX_{3UC} 可编程控制器支持。

梯形图如图 8-17 所示。

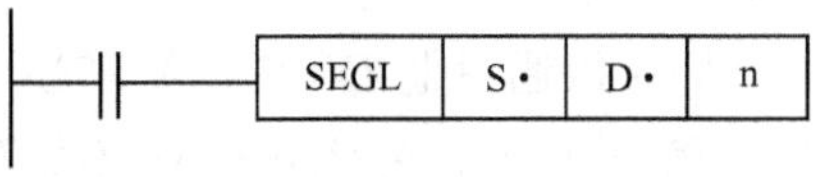

图 8-17　SEGL 指令梯形图

SEGL 指令操作数内容与取值如表 8-14 所示。

表 8-14　SEGL 指令操作数内容与取值

操作数种类	内　　容	数据类型
S·	BCD 转换的起始字软元件	BIN16 位
D·	被输出的起始 Y 编号	位
n	参数编号［设定范围：K0（H0）～K7（H7）］	BIN16 位

解读：当驱动条件成立时，如 n=K0～K3，把 S 中的二进制数（0～9 999）转换成 BCD 码数据，采用选通方式依次将每一位数输出到连接在（D）～（D+3）输出口上带锁存 BCD 译码器的 7 段数码管显示，如 n=4～7。把 S 和 S+1 两组二进制数转换成 BCD 码数据，采用选通方式分别送到连接在（D）～（D+3）输出口上第 1 组和连接在（D+4）～（D+7）输出口上第 2 组的带锁存 BCD 译码器的两组数码管显示。

2．指令应用

1）外部接线与输出时序

外部接线与输出时序，分以下两种情况。

（1）n=K0～K3，输出一组 4 位 7 段数码管。其对应指令应用梯形图如图 8-18 所示，接线图如图 8-19 所示。

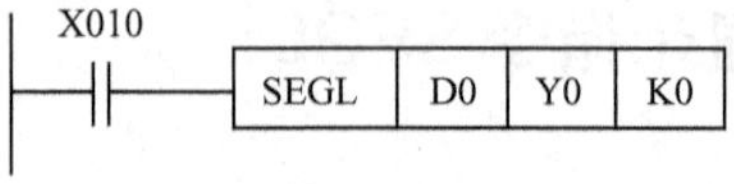

图 8-18　SEGL 指令 1 组输出应用梯形图

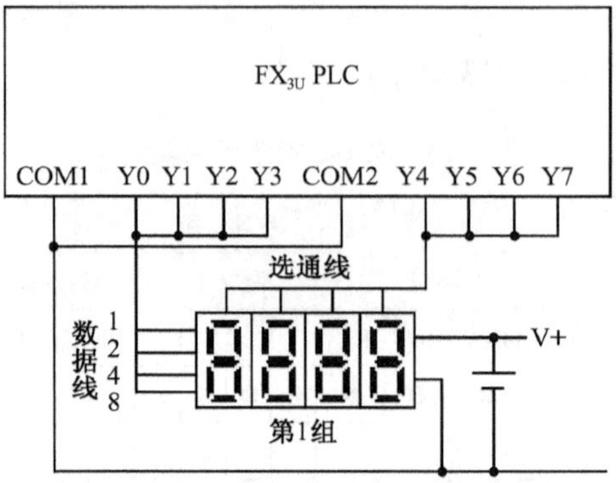

图 8-19　SEGL 指令 1 组输出接线图

由于指令的输出是 8421BCD 码，因此，不能直接和 7 段数码管相连接，中间必须有 BCD 码-7 段码的译码器，详细内容可查阅第 6 章 6.3.1 节。

其数据信号选通的输出过程与 DSW 指令类似，Y0～Y3 为数据线输出口，Y4～Y7 为相应的选通并锁存信号输出口，当 X10 接通后把 D0 中的数转换成 BCD 码并从 Y0～Y3 依次对每一位数进行输出，并根据相应位的选通信号送入相应位的 7 段数码管锁存显示。

（2）n=K4～K7，这时，输出 2 组 4 位 7 段数码管，接线图如图 8-20 所示。这时，除了把 D0 中的数据送到第 1 组的 4 个数码管，还把 D1 中的数据转换成 BCD 码后，从 Y10～Y13 依次对每一位数据进行输出，并根据相应位的选通信号 Y4～Y7 送入第 2 组相应位的 7 段数码管锁存及显示。

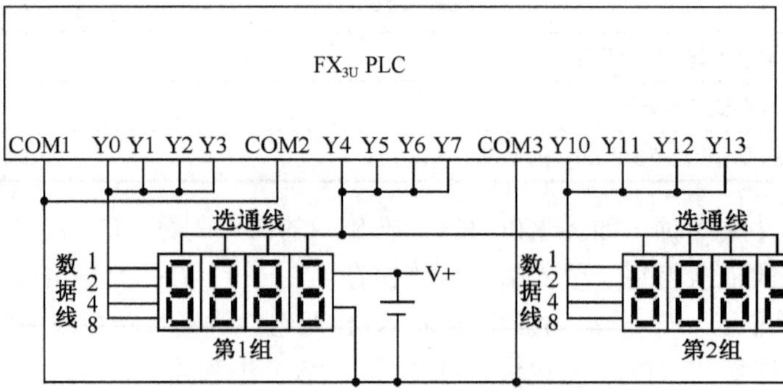

图 8-20　SEGL 指令 2 组输出接线图

2）应用注意

（1）更新 1 组或 2 组的 4 位数字的显示时间为 PLC 扫描时间的 2 倍。

（2）驱动条件为 ON 时，指令重复执行输出过程，当驱动条件变为 OFF 时，马上中断输出。当驱动条件再次为 ON 时，重新开始执行输出，选通信号依次执行后，结束标志 M8029 置 ON。

（3）如果实际应用位不是 4 位，则相应的选通信号口 Y4～Y7 可以空置，但不能作他用。

（4）SEGL 指令与 PLC 的扫描周期同步执行，为执行一连串的显示。PLC 的扫描周期应大于 10ms，如不满足 10ms，需使用恒定扫描模式，设定扫描时间大于 10ms，梯形图程序如图 8-8 所示。

（5）执行 SEGL 指令请选择晶体管输出型的 PLC。

3）关于参数 n 的设置

SEGL 指令格式中操作量 n 的设置比较复杂，它不仅与外接 7 段数码显示器的组别有关，还与 PLC 输入逻辑（正/负），7 段数码显示器的数据信号输入的逻辑（正/负），及其选通信号的逻辑（正/负）有关，表 8-15 列出了 n 的设置与它们的之间的关系。

表 8-15　操作量 n 的设置逻辑关系表

PLC 晶体管输出类型		数码管数据输入		选通信号输入		n 取值	
PNP	NPN	高电平有效	低电平有效	高电平有效	低电平有效		
正逻辑	负逻辑	正逻辑	负逻辑	正逻辑	负逻辑	1 组	2 组
●		●		●		0	4
●		●			●	1	5
●			●	●		2	6
●			●		●	3	7
	●	●		●		3	7
	●	●			●	2	6
	●		●	●		1	5
	●		●		●	0	4

8.2.6　方向开关指令 ARWS

1. 指令格式

FNC 75：ARWS　　　　　　　　　　　　　　　　程序步：9

ARWS 指令可用软元件如表 8-16 所示。

表 8-16　ARWS 指令可用软元件

操作数种类	位软元件							字软元件												其他				
	系统/用户							位数指定				系统/用户				特殊模块	变址			常数		实数	字符串	指针
	X	Y	M	T	C	S	D□.b	KnX	KnY	KnM	KnS	T	C	D	R	U□\G□	V	Z	修饰	K	H	E	"□"	P
S·	●	●	●			●	▲												●					
D1·												●	●	●	●	●	●	●	●					
D2·		●																	●					
n																				●	●			

▲：D□.b 不能变址修饰（V、Z）。

梯形图如图 8-21 所示。

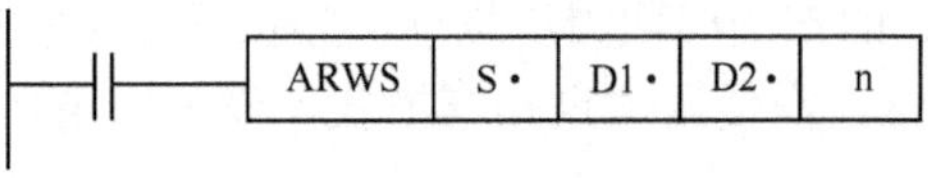

图 8-21　ARWS 指令梯形图

ARWS 指令操作数内容与取值如表 8-17 所示。

表 8-17　ARWS 指令操作数内容与取值

操作数种类	内　容	数 据 类 型
S·	输入的起始位软元件编号	位
D1·	保存 BCD 换算数据的字软元件编号	BIN16 位
D2·	连接 7 段数码管显示的起始位软元件（Y）	位
n	7 段数码管显示的位数指定［设定范围：K0～K3］	BIN16 位

解读：当驱动条件成立时，通过使用连接在 S 输入口的 4 个方向开关的动作对连接在输出口上的 7 段数码管的显示值进行设定调整。

2. 指令应用

1）外部接线与动作说明

外部接线和按键功能以图 8-22 所示的 ARWS 指令应用梯形图为例进行讲解。

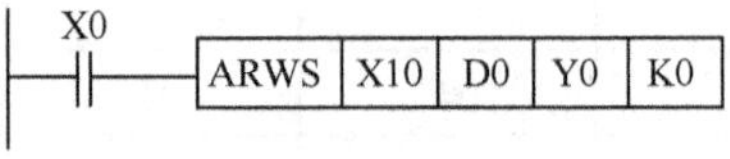

图 8-22　ARWS 指令应用梯形图

应用指令对应的接线图如图 8-23 所示。

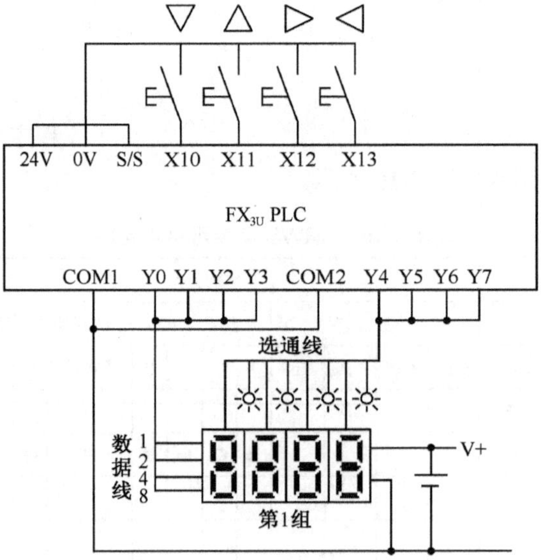

图 8-23　ARWS 指令接线图

假定这时 D0 中数值为 K206，则 4 位数码管显示为 0206。当 X0=ON 时，可利用连接在 X10～X13 输入口上的 4 个键对显示值进行调整，这 4 个功能键的含义如图 8-24 所示。

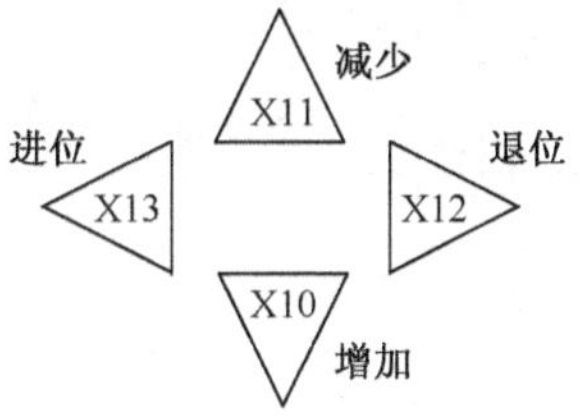

图 8-24　ARWS 指令按键功能图

调整分以下两步进行。

（1）选择要调整的位数。

X13：进位功能键，每按一次，由个位→十位→百位→千位→个位……循环移动。选中的位数，其相应的位指示灯不亮（因本例选通逻辑为负逻辑）。

X12：退位功能键和 X13 键一样，只是移动方向相反。

（2）选择调整位的数据。

确定要调整的位数后，即可对该位数据进行设定，设定方法：

X10：数据加 1 键，每按一次数字按加 1 变化。例如，调整个位数据按 6—7—8—9—0—1—2……循环变化。

X11：数据减 1 键，每按一次数字按减 1 变化。例如，调整十位数据按 0—9—8—7—6—5—4……循环变化。

调整时 7 段数码管会及时显示调整的数据，调整后的数据被写入到 D0 中。

2）应用注意

（1）ARWS 指令在程序中只可以使用 1 次，要使用多次时，可采用变址寻址方式编程，参看第 1 章 1.4 节。

（2）ARWS 指令 PLC 的扫描周期同步执行。为了执行一连串的显示，PLC 的扫描周期必须大于 10ms，如不足 10ms，请使用恒定扫描模式，如图 8-8 所示，或使用定时中断，按一定时间间隔运行。

（3）ARWS 指令执行必须选用晶体管输出型 PLC。

3）关于参数 n 的设置

参数 n 的设置和 SEGL 指令的 n 设置一样，仅有一组 4 位 7 段数码管，所以 n 只能是 K0～K3，具体选择可参看表 8-15。

【例 2】　某一控制系统，其控制要求是用 3 位数字开关指定 PLC 内部定时器 T0～T199 的编号。使用 4 位带锁存的 7 段数码显示器显示定时器的设定值，并利用外接按键输入修改定时器的设定值，画出接线图及编制梯形图程序。

接线图如图 8-25 所示。

程序梯形图如图 8-26 所示。

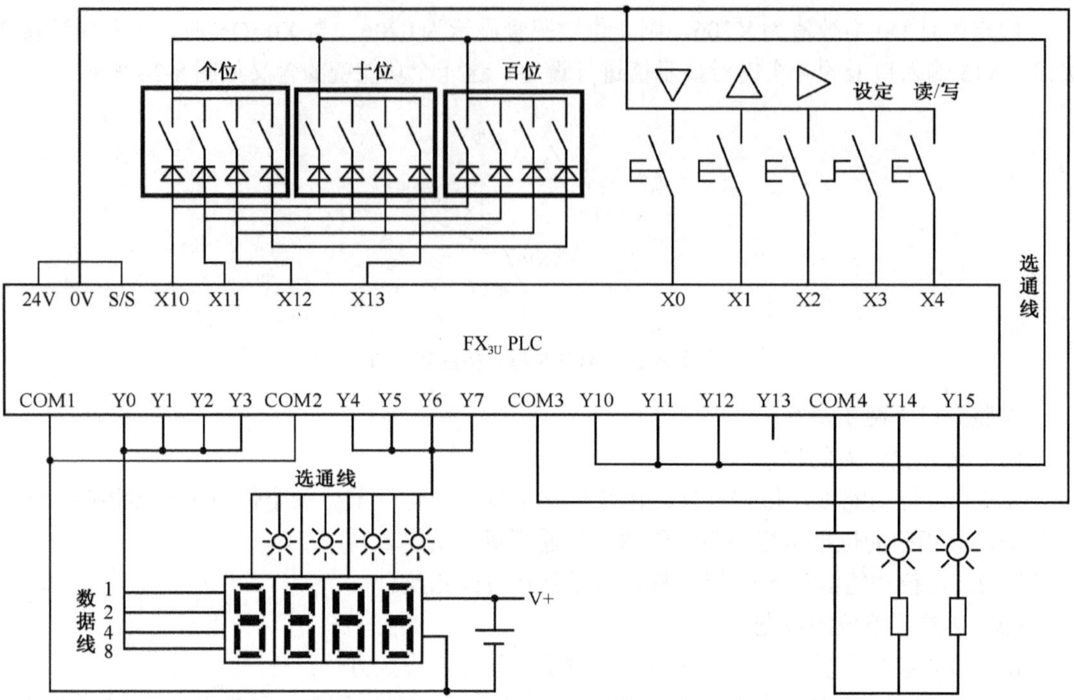

图 8-25　例 2 接线图

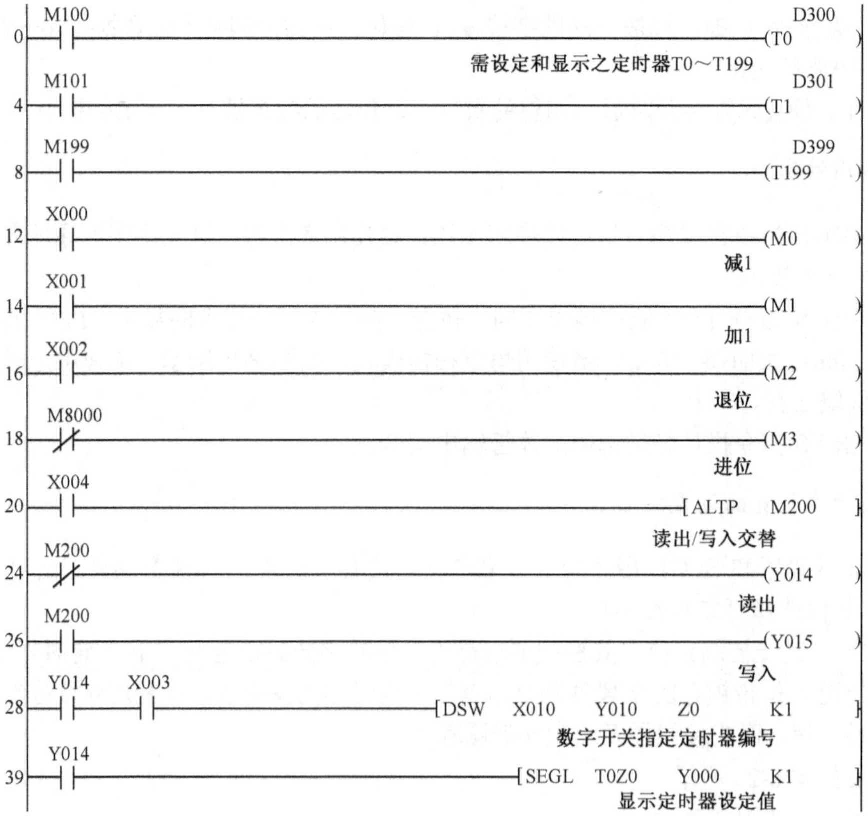

图 8-26　例 2 程序梯形图

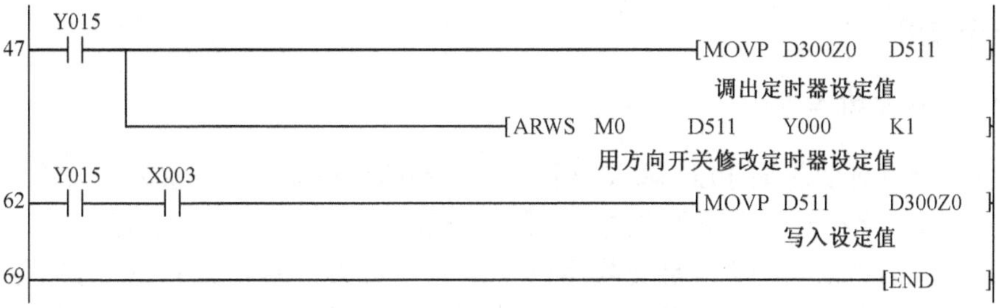

图 8-26　例 2 程序梯形图（续）

8.2.7　ASCII 码输入指令 ASC

1．指令格式

FNC 76：ASC　　　　　　　　　　　　　　　程序步：11

ASC 指令可用软元件如表 8-18 所示。

表 8-18　ASC 指令可用软元件

操作数种类	位软元件							字软元件												其他				
	系统/用户							位数指定				系统/用户				特殊模块	变址			常数		实数	字符串	指针
	X	Y	M	T	C	S	D□.b	KnX	KnY	KnM	KnS	T	C	D	R	U□\G□	V	Z	修饰	K	H	E	"□"	P
(S·)																							●①	
(D·)												●	●	●	●	●			●					

注：①在 ASC 指令中，不需要给(S·)字符串添加 ["]。

梯形图如图 8-27 所示。

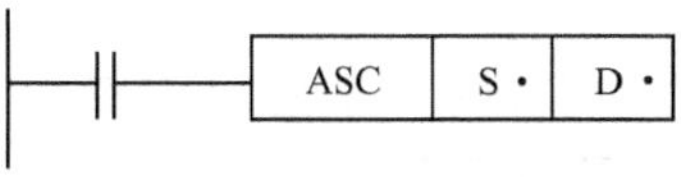

图 8-27　ASC 指令梯形图

ASC 指令操作数内容与取值如表 8-19 所示。

表 8-19　ASC 指令操作数内容与取值

操作数种类	内　　容	数 据 类 型
(S·)	从计算机输入的 8 个字符的半角英文数字①	字符串（仅 ASCII 码）
(D·)	保存 ASCII 数据的起始字软元件编号	BIN16 位

注：①字符数固定为 8 个字符。输入字符在 8 个以内的 ASCII 字符的情况下，在剩余的(D·)中保存空格（H20）。

解读：当驱动条件成立时，将由计算机输入到 S 的 8 个半角英文、数字字符串转换成 ASCII 码存放在以 D 为首址的寄存器中。

2. 指令应用

1）全角与半角输入

ASC 指令是从计算机向 PLC 输入一个 8 个字符的字符串，并要求为半角输入。在计算机上显示英文数字字符时，有两种方式，一种是全角输入，另一种是半角输入。

全角是指 GB2312-80（《信息交换用汉字编码字符集·基本集》）中的各种符号，如Ａ,Ｂ,Ｃ,１,２,３等，应将这些符号理解为汉字，和汉字一样占用两个字节。半角是指用 ASCII 码表示的各种符号，同样是 A,B,C,1,2,3 等输入，但只占用一个字节。 这两种输入的标志也不同，全角输入为圆形标志，而半角输入为半月形标志，如图 8-28 所示。

字符串的输入在计算机上使用编程工具时输入。

2）两种数据处理模式

ASC 指令有两种处理模式。这两种模式与特殊继电器 M8161 有关，M8161 的状态不同，指令执行数据处理的方式也不同。现以图 8-29 所示指令应用梯形图来说明。

图 8-28　全角与半角输入标志

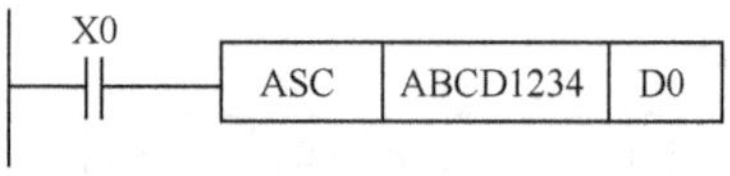

图 8-29　ASC 指令应用梯形图

（1）M8161=0，16 位数据处理模式。

在这种模式下，指令先将 S 中所指定的 8 个字符的字符串转换成 ASCII 码（一个字符转换成两个十六进制数）。然后按照低 8 位、高 8 位的顺序依次将 ABCD1234 的 ASCII 码存放在 D0～D3 中。也就是说，每一个寄存器 D 存放两个字符，前一个字符存放在 D 的低 8 位，后一个字符存放在 D 的高 8 位。执行结果见表 8-20。

表 8-20　ASC 指令 16 位数据处理模式执行结果

ASCII 码存放寄存器	高 8 位	低 8 位
D0	H42(B)	H41(A)
D1	H44(D)	H43(C)
D2	H32(2)	H31(1)
D3	H34(4)	H33(3)

（2）M8161=1，8 位数据处理模式。

这种模式与上面不同的是，转换后的 ASCII 码仅存储在 D 寄存器的低 8 位，其高 8 位为 0。也就是说，每一个寄存器 D 仅存一个字符，存放在低 8 位。这时，寄存器 D 的个数比 16 位模式多 1 倍。执行结果见表 8-21。

表 8-21　ASC 指令 8 位数据处理模式执行结果

ASCII 码存放寄存器	高 8 位	低 8 位
D0	H0	H41(A)
D1	H0	H42(B)
D2	H0	H43(C)
D3	H0	H44(D)
D4	H0	H31(1)
D5	H0	H32(2)
D6	H0	H33(3)
D7	H0	H34(4)

3）应用注意

(1) ASC 指令的操作数 S 规定输入是 8 个字符，如果少于 8 个字符。指令自动以空格符 SP（H20）补充到 8 个。如果多于 8 个字符，指令会自动取消多余的字符。

（2）状态标志 M8161，是与通信指令 RS（FNC80）、ASCI（FNC82）、HEX（FNC83）、CCD（FNC84）共同使用的标志，不论在哪一个指令中设定了 M8161 的状态，这 5 个指令都必须按照设定状态处理数据。在后面讲解通信指令时，会强调这个问题。状态标志 M8161 初始状态为 0。

8.2.8　ASCII 码输出指令 PR

1．指令格式

FNC 77：PR　　　　　　　　　　　　　　　　程序步：5

PR 指令可用软元件如表 8-22 所示。

表 8-22　PR 指令可用软元件

操作数种类	位软元件							字软元件												其他				
	系统/用户							位数指定				系统/用户				特殊模块	变址			常数		实数	字符串	指针
	X	Y	M	T	C	S	D□.b	KnX	KnY	KnM	KnS	T	C	D	R	U□\G□	V	Z	修饰	K	H	E	"□"	P
S·												●	●	●	●				●					
D·		●																	●					

梯形图如图 8-30 所示。

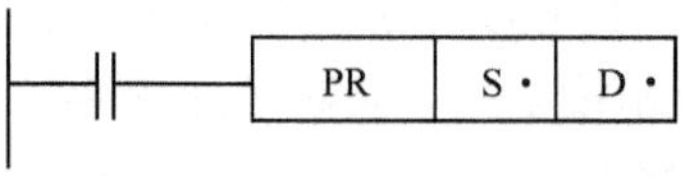

图 8-30　PR 指令梯形图

PR 指令操作数内容与取值如表 8-23 所示。

表 8-23　PR 指令操作数内容与取值

操作数种类	内　　容	数 据 类 型
(S·)	保存 ASCII 码数据的软元件的起始编号	字符串（仅 ASCII 码）
(D·)	输出 ASCII 码数据的起始 Y 编号	位

解读：当驱动条件成立时，根据输出字符的模式，把 S 中所存储的 ASCII 码字符通过 D 输出口串行输出到打印机或显示器中。

2. 指令应用

1）外部接线

PR 指令专为打印机或显示器输送字符串。PLC 与型号为 A6FD 的外部显示单元连接例如图 8-31 所示（注：型号为 A6FD 的外部显示单元于 2002 年 11 月停产）。

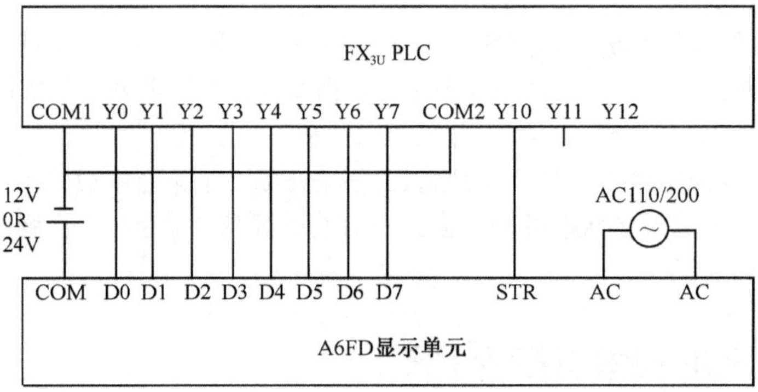

图 8-31　PR 指令接线图

图 8-31 中，Y0 为输出数据首址，一共占用 Y0～Y11 十个点，其中，Y0～Y7 为数据线，一个字符的 ASCII 码（8 位二进制数）是并行输出的。Y10 是选通信号，仅当 Y10 输出选通信号有效时，这 8 位二进制数才输出到显示器中。而字符串则是一个字符接一个字符逐个串行输出的，Y11 为数据输出执行中标志，数据开始输出为 ON，直到数据传输结束为 OFF。详细传输过程可参看下面的时序图。

2）输出字符模式与时序

特殊继电器 M8027 的状态会引起 PR 指令中输出字符数的变化。M8027=0 时固定为 8 个字符的输出；M8027=1 时为 1～16 个字符的串行输出。

（1）M8027 = 0 时固定 8 个字符输出。

在这种模式下，指令固定输出 8 个字符，不管这些字符是存放在 S～S+3 单元中（M8161=0）还是存放在 S～S+7 单元的低 8 位中（M8161=1），其输送时序都是按先后顺序将 8 个字符依次传输到打印或显示设备上。其时序如图 8-32 所示。

（2）M8027 = 1 时 1～16 个字符输出。

这种模式其输出的字符不是固定的，在 1～16 个字符之间。少于 16 个字符时应加符号“0”（ASCII 码 H00）为结束符。传送数据中出现 H00，表示字符传输结束，其前一个字符为最后字符，H00 之后的字符则不能再输出，运行结束。这种模式下，指令执行完成，结束标志位 M8029=1。其时序如图 8-33 所示。

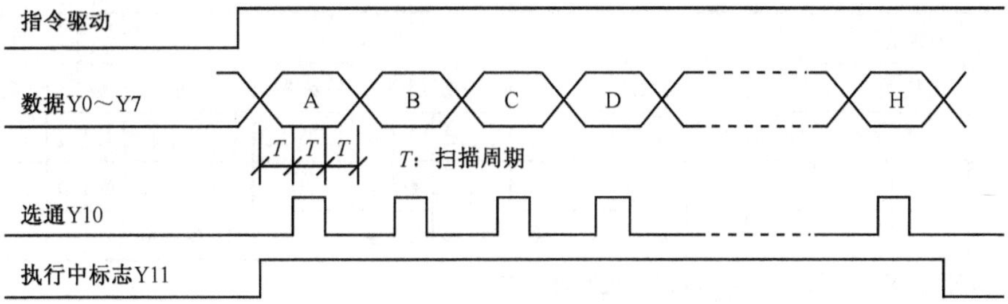

图 8-32　指令 PR 固定 8 个字符输出时序图

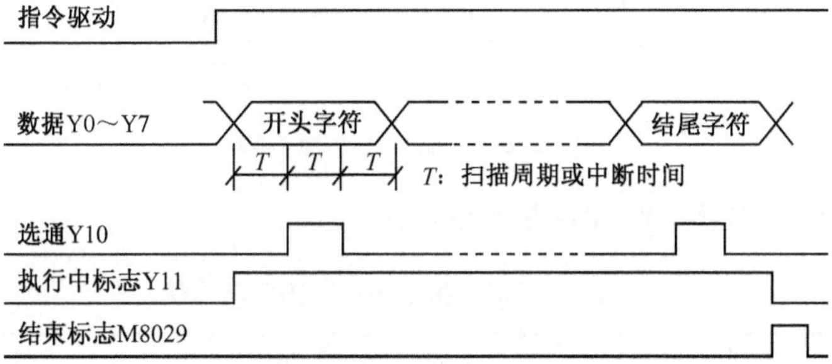

图 8-33　指令 PR 不固定 1～16 个字符输出时序图

3）应用注意

（1）不管是执行连续为 ON 的指令或执行脉冲指令，只要循环一次的输出结束，则执行就结束。当指令为 OFF 时，输出全部为 OFF。

（2）该指令与扫描周期同步，由时序图可见，输出一个字符要三个扫描周期或定时中断时间，扫描周期较短时，请用恒定扫描模式或使用定时中断驱动，PLC 应使用晶体管输出型。

（3）指令 ASC 与指令 PR 一般都同时在程序中使用，用 ASC 指令存放设备的工作状态或错误代码等文字信息。再用相应的驱动条件驱动 PR 指令，使这些状态信息或错误代码在显示器上显示出来，和其他外部 I/O 设备指令一样，现在已很少使用。

（4）该指令在编程中只能使用一次。

8.3　模拟电位器指令

8.3.1　模拟电位器数据读指令 VRRD

1. 指令格式

FNC 85：VRRD 【P】　　　　　　　　　　　　程序步：5

VRRD 指令可用软元件如表 8-24 所示。

表 8-24　VRRD 指令可用软元件

操作数种类	位软元件							字软元件												其他				
	系统/用户							位数指定				系统/用户				特殊模块	变址			常数		实数	字符串	指针
	X	Y	M	T	C	S	D□.b	KnX	KnY	KnM	KnS	T	C	D	R	U□\G□	V	Z	修饰	K	H	E	"□"	P
S·														●	▲				●	●	●			
D·									●	●	●	●	●	●	▲		●	●	●					

▲：仅 $FX_{3G}/FX_{3GC}/FX_{3U}/FX_{3UC}$ 可编程控制器支持。

梯形图如图 8-34 所示。

VRRD	S ·	D ·

图 8-34　VRRD 指令梯形图

VRRD 指令操作数内容与取值如表 8-25 所示。

表 8-25　VRRD 指令操作数内容与取值

操作数种类	内　容	数据类型
S·	电位器编号［设定范围：0~7］	BIN16 位
D·	读出目标的软元件	BIN16 位

解读：当驱动条件成立时，把 S 值所表示的电位器的位置值读取到寄存器 D 中，位置值范围为 0～255。

2. 模拟电位器介绍

三菱电机为模仿数字式时间继电器的定时时间调节，开发了 FX_{2N}-8AV-BD 模拟电位器功能扩展板，使用时直接安装在 FX_{2N} 系列 PLC 的基本单元的数据线接口上。板上有 8 个小型电位器 VR0～VR7，位置编号如图 8-35 所示。转动电位器旋钮，就好像调节数字式时间继电器的电位器一样，可以控制 PLC 的内部定时器的定时时间。

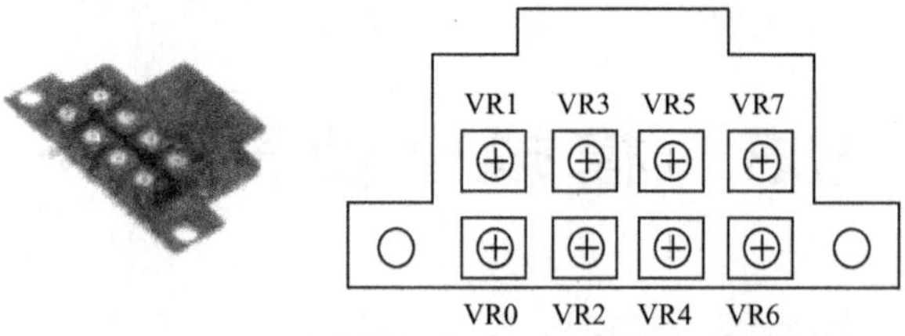

图 8-35　FX_{2N}-8AV-BD 模拟电位器及位置编号图

模拟电位器 VR0～VR7 的数值由 PLC 通过指令 VRRD 和 VRSC 读取到数据寄存器 D 中。

3．指令应用

S 取值为 K0～K7，对应于功能扩展板上的电位器 VR0～VR7。读取数值在 0～255 之间，数值大小与电位器旋转角度成正比。如果需要 255 以上的数值，可利用乘法指令将数值扩大。

模拟电位器的数值读到数据寄存器 D 后，可作为 PLC 内部定时器或计数器的设定值。这样，只要通过转动外部模拟电位器的旋钮，就可以调整定时器的定时值或计数器的计数值。图 8-36 所示为转动电位器 VR0 调节计数器 C0 的计数值的梯形图程序。

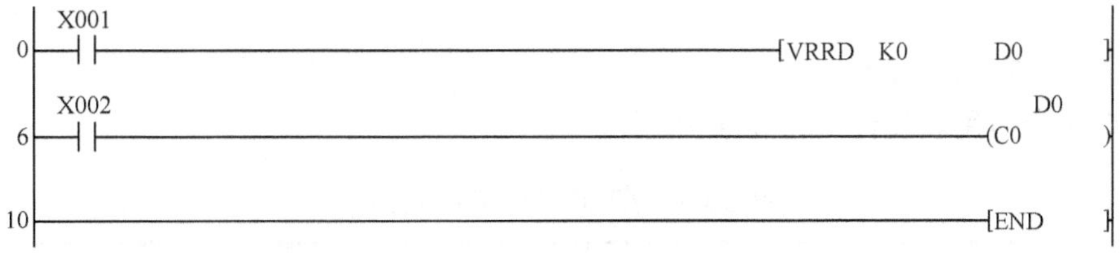
X001
0
VRRD K0 D0
X002
6
D0
C0
10
END

图 8-36　VR0 调节计数器 C0 计数值梯形图

【例 3】　编写利用 FX_{2N}-8AV-BD 模拟电位器功能扩展板设定 PLC 内部定时器 T0～T7 的定时设定值的梯形图程序。

梯形图程序如图 8-37 所示。

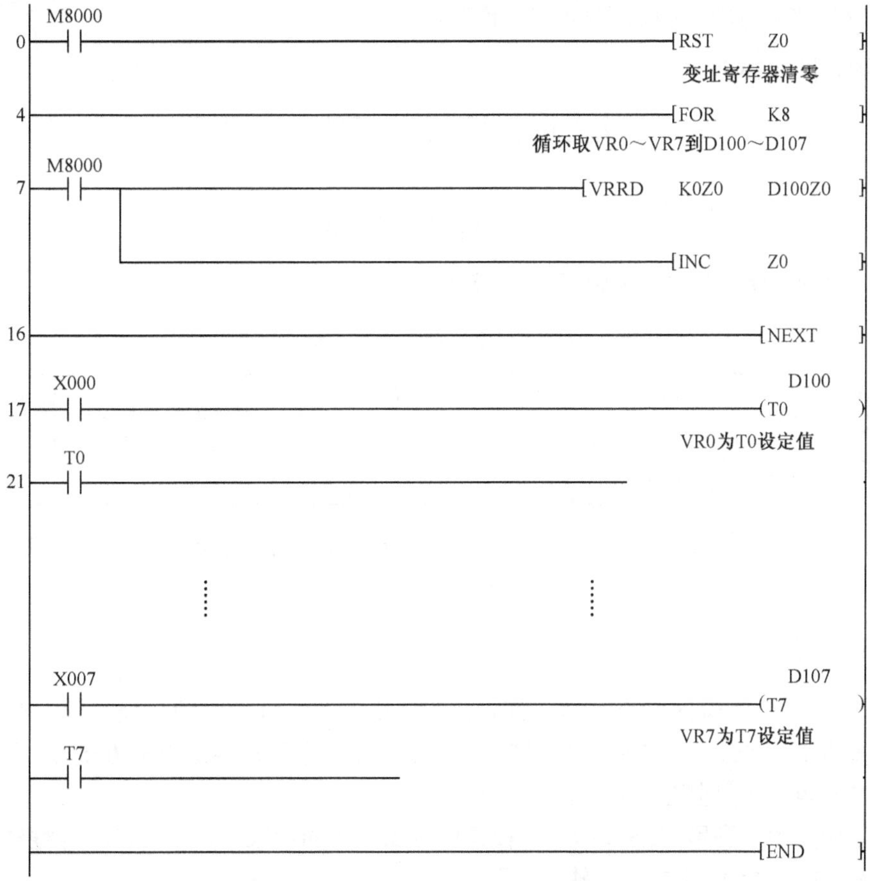
M8000
0
RST Z0
变址寄存器清零
4
FOR K8
循环取VR0～VR7到D100～D107
M8000
7
VRRD K0Z0 D100Z0
INC Z0
16
NEXT
X000
17
D100
T0
VR0为T0设定值
T0
21
X007
D107
T7
VR7为T7设定值
T7
END

图 8-37　VRRD 指令例 3 程序梯形图

VR0～VR7 的数值范围在 0～255 之间，定时器 T0～T7 为 100ms 型定时器，所以，最大延时时间为 25.5s，如需要 25.5s 以上的时间，可先将 D100～D107 中数值变大，再设为定时设定值。

8.3.2 模拟电位器开关设定指令 VRSC

1. 指令格式

FNC 86：VRSC 【P】　　　　　　　　　　　　程序步：5

VRSC 指令可用软元件如表 8-26 所示。

表 8-26　VRSC 指令可用软元件

操作数种类	位软元件							字软元件												其他				
	系统/用户							位数指定				系统/用户				特殊模块	变址			常数		实数	字符串	指针
	X	Y	M	T	C	S	D□.b	KnX	KnY	KnM	KnS	T	C	D	R	U□\G□	V	Z	修饰	K	H	E	"□"	P
S·														●	▲				●	●	●			
D·									●	●	●	●	●	●	▲		●	●	●					

▲：仅 $FX_{3G}/FX_{3GC}/FX_{3U}/FX_{3UC}$ 可编程控制器支持。

梯形图如图 8-38 所示。

图 8-38　VRSC 指令梯形图

VRSC 指令操作数内容与取值如表 8-27 所示。

表 8-27　VRSC 指令操作数内容与取值

操作数种类	内　容	数据类型
S·	电位器编号［设定范围：0～7］	BIN16 位
D·	读出目标的软元件	BIN16 位

解读：当驱动条件成立时，把 S 值所表示的电位器的位置值读取到寄存器 D 中，位置值范围为 0～10。

2. 指令应用

VRSC 指令和 VRRD 指令一样，都是读取模拟量电位器 VR 值转换成数字存入 D，但 VRRD 转换为 0～255，而 VRSC 是把模拟电位器的全部量程转换成 0～10 的 11 个整数值存入 D，旋转的角度按四舍五入处理。

在实际应用中，利用 VRSC 指令对模拟电位器 VR 的读取特点，可以编写程序将 VR 变成一个具有多挡（最多 11 挡）的软波段开关。

【例 4】　利用模拟电位器 VR 设计一个具有 11 挡的旋转波段开关。

梯形图程序如图 8-39 所示。

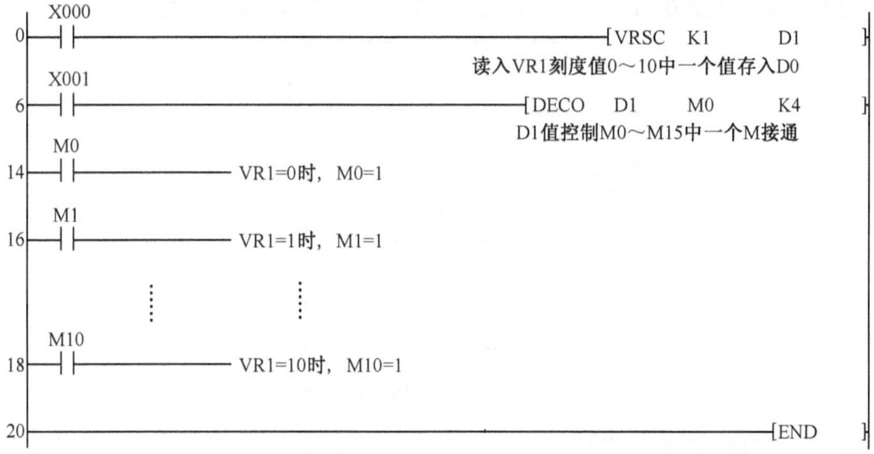
X000
0
VRSC　K1　D1
读入VR1刻度值0～10中一个值存入D0
X001
6
DECO　D1　M0　K4
D1值控制M0～M15中一个M接通
M0
14
VR1=0时，M0=1
M1
16
VR1=1时，M1=1
M10
18
VR1=10时，M10=1
20
END

图 8-39　例 4 VRSC 指令程序梯形图

8.4　特殊功能模块读写指令

8.4.1　FX 特殊功能模块介绍

1.　特殊功能模块

最初，PLC 是代替继电器控制系统而出现的一种新型控制装置。早期的 PLC 最广泛的应用是开关量逻辑控制。现代工业控制对 PLC 提出了许多控制要求，例如，对温度、压力等连续变化的模拟量控制；对直线运动或圆周运动的运动量定位控制；对各种数据完成采集、分析和处理的数据运算、传送、排列和查表功能等。这些要求，如果仅用开关量逻辑控制方式是不能完成的。但 IT 技术和计算机技术的发展，使 PLC 完成现代工业控制要求成为可能。为了增加 PLC 的控制功能，扩大 PLC 的应用范围，PLC 生产厂家开发了品种繁多的与 PLC 相配套的特殊功能模块。这些功能模块和 PLC 一起就能完成上述控制要求。

三菱电机为 FX 系列 PLC 开发了众多的特殊功能模块，它们大致分成：模拟量输入/输出模块、温度传感器输入模块、高速计数模块、定位控制模块、定位专用单元和通信模块。这些特殊的功能模块实质上都是带微处理器的智能模块。

特殊功能模块通过数据线与 PLC 的基本单元直接相连接。PLC 和特殊功能模块的数据交换是通过对特殊功能模块的读写指令来完成的。

2.　特殊功能模块位置编号

当多个特殊功能模块与 PLC 相连时，PLC 对模块进行的读写操作必须正确区分是对哪一个特殊功能模块进行的。这就产生了区分不同模块的位置编号。

当多个模块相连时，PLC 特殊功能模块的位置编号是这样确定的：从基本单元最近的模块算起，由近到远分别是 0#,1#,2#,⋯,7#特殊模块编号，如图 8-40 所示。

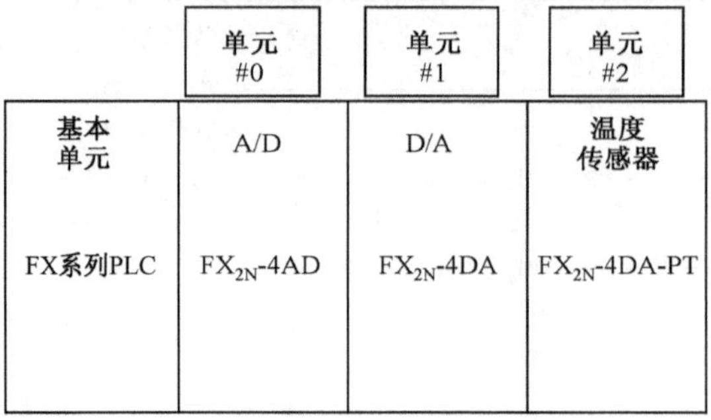

图 8-40　特殊功能模块位置编号

但如果其中含有扩展模块或扩展单元时，扩展模块或单元不算入编号，特殊模块编号跳过扩展单元仍由近到远从 0#开始编号，如图 8-41 所示。

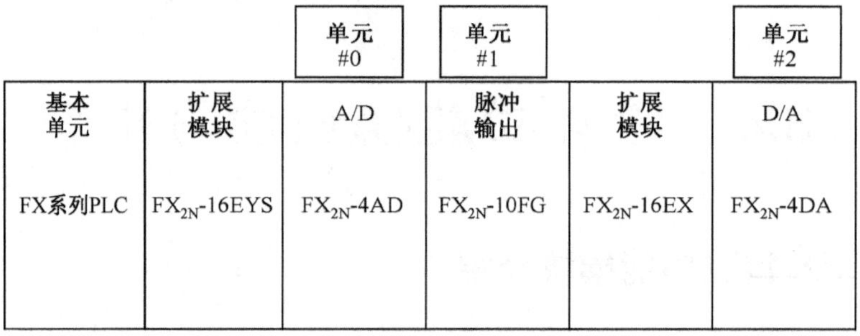

图 8-41　含有扩展单元的特殊功能模块位置编号

一个 PLC 的基本单元最多能够连接 8 个特殊模块，编号 0#～7#。FX 系列 PLC 的最多 I/O 点数包含了基本单元的 I/O 点数、扩展模块或单元的 I/O 点数和特殊模块所占用的 I/O 点数。特殊模块所占用的 I/O 点数可查询手册得到。FX_{2N} 的特殊功能模块一般占用 8 个 I/O 点，计算在输入点、输出点均可。

3.　特殊功能模块缓冲存储器 BFM

每个特殊功能模块里面有若干个 16 位存储器，手册上面称为缓冲存储器 BFM。缓冲存储器 BFM 是 PLC 与特殊功能模块进行信息交换的中间单元。输入时，由特殊功能模块将外部数据量转换成数字量后暂存在 BFM 内，当 PLC 需要时再由 PLC 通过特殊功能模块读取指令复制到 PLC 的字软元件进行处理。输出时，PLC 将数字量通过特殊功能模块写入指令送入到特殊功能模块的 BFM 内，再由特殊功能模块自动转换成数据量送入外部控制器或执行器中，这是特殊功能模块的 BFM 的主要功能，除此之外，BFM 还具有以下功能。

模块应用设置功能：特殊功能模块在具体应用时，要求对其各种参数进行选择性设置，例如，模拟量模块通道的选择、转换速度、采样等，这些都是通过特殊功能模块写入指令针对 BFM 不同单元的内容设置来完成的。

识别和查错功能：每一个都有一个识别码，固化在某个 BFM 单元里用来进行模块识别。当模块发生故障时，BFM 的某个单元会存有故障状态信息。通过特殊功能模块读取指令复制到 PLC 内进行识别和监视。

特殊功能模块的 BFM 数量并不相同，每个 BFM 缓冲存储器都是一个 16 位的二进制寄存器。在数字技术中，16 位二进制数为一个“字”，因此，每个 BFM 缓冲存储器都是一个“字”单元。在介绍模拟量模块的 BFM 功能时，常常把某些 BFM 缓冲存储器的内容称为“××字”，如通道字、状态字等。当需要两个 16 位 BFM 组成 32 位时，一般都是由相邻的两个 BFM 单元组成。

对特殊功能模块的学习和应用，除了选型、输入/输出接线和它的位置编号外，对其 BFM 缓冲存储器的学习是个关键，这是学习特殊功能模块的难点和重点。实际上学习这些模块的应用就是学习这些缓冲存储器的内容及它的读写。

PLC 与特殊功能模块的 BFM 单元信息交换是通过编制特殊功能模块读写指令 FROM 和 TO、BFM 单元分割读写指令，以及 BFM 单元指定软元件 U□\G□的程序来完成的。其中 U□\G□是 FX3 系列 PLC 新开发的专门用于 BFM 单元的软元件，在功能指令中，利用它作为操作数，基本上可代替读写指令 FROM、TO 所完成的功能，读者应重点掌握它的应用。

8.4.2　特殊功能模块读指令 FROM

1．指令格式

FNC 78：【D】 FROM 【P】　　　　　　　　　　　　　程序步：9/17

FROM 指令可用软元件如表 8-28 所示。

表 8-28　FROM 指令可用软元件

操作数种类	位软元件							字软元件												其他				
	系统/用户							位数指定				系统/用户				特殊模块	变址			常数		实数	字符串	指针
	X	Y	M	T	C	S	D□.b	KnX	KnY	KnM	KnS	T	C	D	R	U□\G□	V	Z	修饰	K	H	E	"□"	P
m1														●	●					●	●			
m2														●	●					●	●			
(D·)									●	●	●	●	●	●	●		●	●	●					
n														●	●					●	●			

梯形图如图 8-42 所示。

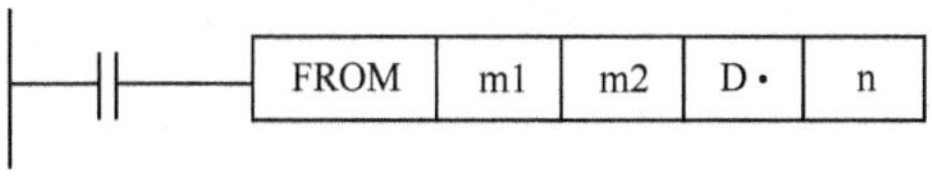

图 8-42　FROM 指令梯形图

FROM 指令操作数内容与取值如表 8-29 所示。

表 8-29 FROM 指令操作数内容与取值

操作数种类	内 容	数 据 类 型
m1	特殊功能单元/模块的单元号 （从基本单元的右侧开始依次为 K0～K7）	BIN16/32 位
m2	传送源缓冲存储区（BFM）编号	BIN16/32 位
D·	传送目标的软元件编号	BIN16/32 位
n	传送点数	BIN16/32 位

解读：当驱动条件成立时，把位置编号为 m1 的特殊模块中以 BFM# m2 为首址的 n 个缓冲存储器的内容读到 PLC 中以 D 为首址的 n 个字元件中。

2．指令功能说明

下面通过例子来具体说明指令功能。

【例 5】 试说明指令执行功能含义。

（1） FROM K1 K30 D0 K1

把 1#模块的 BFM#30 单元内容复制到 PLC 的 D0 单元中。

（2） FROM K0 K5 D10 K4

把 0#模块的 (BFM#5～BFM#8) 4 个单元内容复制到 PLC 的(D10～D13)单元中。其对应关系：

(BFM#5) → (D10)，(BFM#6) → (D11)

(BFM#7) → (D12)，(BFM#8) → (D13)

（3） FROM K1 K29 K4M10 K1

用 1#模块 BFM#29 的位值控制 PLC 的 M10～M25 继电器的状态。位值为 0，M 断开；位值为 1，M 闭合。例如，BFM#29 中的数值是 1000 0000 0000 0111，那么它所对应的继电器 M10,M11,M12 和 M25 是闭合的，其余继电器都是断开的。

FROM 指令也可应用于 32 位，这时传送数据个数为 2n 个。

【例 6】 试说明指令执行功能含义。

DFROM K0 K5 D100 K2

这是 FROM 指令的 32 位应用，注意这个 K2 表示传送 4 个数据，指令执行功能含义是把 0#模块(BFM#5～BFM#8) 4 个单元内容复制到 PLC 的(D100～D103)单元中。其对应关系：

(BFM#6) (BFM#5) → (D101) (D100)

(BFM#8) (BFM#7) → (D103) (D102)

在 32 位指令中处理 BFM 时，指令指定的 BFM 为低位，编号紧接的 BFM 为高位。

8.4.3 特殊功能模块写指令 TO

1．指令格式

FNC 79：【D】 TO 【P】 程序步：9/17

TO 指令可用软元件如表 8-30 所示。

表 8-30　TO 指令可用软元件

操作数种类	位软元件							字软元件													其他				
	系统/用户							位数指定				系统/用户				特殊模块	变址			常数		实数	字符串	指针
	X	Y	M	T	C	S	D□.b	KnX	KnY	KnM	KnS	T	C	D	R	U□\G□	V	Z	修饰	K	H	E	"□"	P
m1														●	●					●	●			
m2														●	●					●	●			
(S·)								●	●	●	●	●	●	●	●		●	●	●	●	●			
n														●	●					●	●			

梯形图如图 8-43 所示。

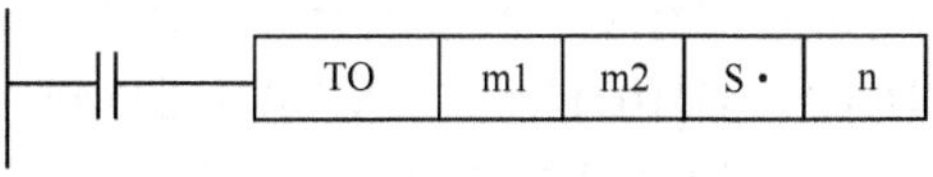

图 8-43　TO 指令梯形图

TO 指令操作数内容与取值如表 8-31 所示。

表 8-31　TO 指令操作数内容与取值

操作数种类	内　　容	数 据 类 型
m1	特殊功能单元/模块的单元号 （从基本单元的右侧开始依次为 K0～K7）	BIN16/32 位
m2	传送目标缓冲存储区（BFM）编号	BIN16/32 位
(S·)	保存传送源数据的软元件编号	BIN16/32 位
n	传送点数	BIN16/32 位

解读：当驱动条件成立时，把 PLC 中以 S 为首址的 n 个字元件的内容写入到位置编号为 m1 的特殊模块中以 m2 为首址的 n 个缓冲存储器 BFM 中。

TO 指令在程序中常用脉冲执行型 TOP。

2．指令功能说明

下面通过例子来具体说明指令功能。

【例 7】　试说明指令执行功能含义。

（1）　TOP　K1　K0　H3300　K1

把十六进制数 H3300 复制到 1# 模块的 BFM#0 单元中。

（2）　TOP　K0　K5　D10　K4

把 PLC 的(D10～D13)4 个单元的内容写入到位置编号为 0#模块的(BFM#5～BFM#8)4 个单元中。其对应关系：

(D10)→(BFM#5)

(D11)→(BFM#6)

(D12)→(BFM#7)

(D13)→(BFM#8)

（3） TOP K1 K4 K4M10 K1

把 PLC 的 M10～M25 继电器的状态所表示的 16 位数据的内容写入到位置编号为 1# 模块的 BFM#4 缓冲存储器中。M 断开位值为 0；M 闭合位值为 1。

TO 指令也可应用于 32 位，这时传送数据个数为 2n 个。

【例 8】 试说明指令执行功能含义。

DTOP K0 K5 D100 K2

这是 TO 指令的 32 位应用，注意，这个 K2 表示传送 4 个数据，指令执行功能含义是把 PLC 的(D100～D103)单元中的内容复制到位置编号为 0#模块(BFM#5～BFM#8)的缓冲存储器中。

(D101) (D100) → (BFM#6) (BFM#5)

(D103) (D102) → (BFM#8) (BFM#7)

在 32 位指令中处理 BFM 时，指令指定的 BFM 为低位，编号紧接的 BFM 为高位。

8.4.4 FROM、TO 指令应用

1. 中断标志位 M8028

当 M8028=0 时，FROM、TO 指令执行时自动进入中断禁止状态，在这期间发生的输入中断或定时器中断均不能执行，在 FROM、TO 指令执行完毕后，立即执行。另外 FROM、TO 指令可以在中断程序中使用。

当 M8028=1 时，在 FROM、TO 指令执行期间，可以进入中断状态，但 FROM、TO 指令却不能在中断程序中使用。

2. 运算时间延长的处理

当一台 PLC 直接连接多台特殊功能模块时，可编程控制器对特殊功能模块的缓冲存储器初始化运行时间会变长，运算的时间也会变长。另外，执行多个 FROM、TO 指令或传送多个缓冲存储器的时间也会变长，过长的运算时间会引起监视定时器超时。为了防止这种情况，可以在程序的初始步加入第 11 章中所介绍的延长监视定时器时间的程序来解决 （参看第 11 章 11.4.3 节监视定时器刷新指令），也可错开 FROM,TO 指令执行的时间。

3. 指令应用实例

下面举一个实例说明 FROM、TO 指令的应用。在这个程序中，模拟量输入模块 FX_{2N}-4AD 的各个缓冲存储器 BFM 的详细内容见表 8-32。

表 8-32　FX_{2N}-4AD 缓冲存储器 BFM 分配

BFM	内　容	出 厂 值	BFM	内　容	出 厂 值
#0	通道字	H0000	#13～#14	保留	
#1	通道 1 采样平均次数	K8	#15	A/D 转换速度，0：15ms/通道，1：6ms/通道	0
#2	通道 2 采样平均次数	K8	#16～#19	保留	
#3	通道 3 采样平均次数	K8	#20	复位出厂值	0
#4	通道 4 采样平均次数	K8	#21	允许调整选择。K1：允许，K2：禁止	K1
#5	通道 1 采样平均值输入		#22	通道允许调整选择。位 0：禁止，位 1：允许	
#6	通道 2 采样平均值输入		#23	偏移调整值	K0
#7	通道 3 采样平均值输入		#24	增益调整值	K5000
#8	通道 4 采样平均值输入		#25～#28	保留	
#9	通道 1 当前值输入		#29	错误信息状态	H0
#10	通道 2 当前值输入		#30	模块识别码	K2010
#11	通道 3 当前值输入		#31	禁用	
#12	通道 4 当前值输入				

【例 9】　试编制特殊功能模拟量输入模块 FX_{2N}-4AD 应用程序。设计要求：

（1）FX_{2N}-4AD 为 0#模块。

（2）CH1 为电压输入，CH3 为电流（4～20mA）输入，要求调整为（7～20mA）输入。

（3）平均值滤波平均次数为 4。

（4）转换速度均为 15ms。

（5）用 PLC 的 D0,D10 接受 CH1,CH3 的平均值。

分析：先分析通道组态：第 1 个通道为电压输入，那么第 1 个通道应该是 0；第 2 个通道是关闭的，那么应该是 3；第 3 个通道是电流输出 4～20mA，应该是 1；第 4 个通道也是关闭的，也是 3。因此，通道字是 H3130。平均次数都是 4，因此，它的采样字是 K4，转换速度数是 15ms。15ms 是出厂值，这个字可以不用写。要求调整为（7～20mA）输入，零点值为 7000，增益值为 20000。

梯形图程序设计如图 8-44 所示。关于三菱 PLC 在模拟量中的应用请参看《PLC 模拟量与通信控制应用实践》一书。

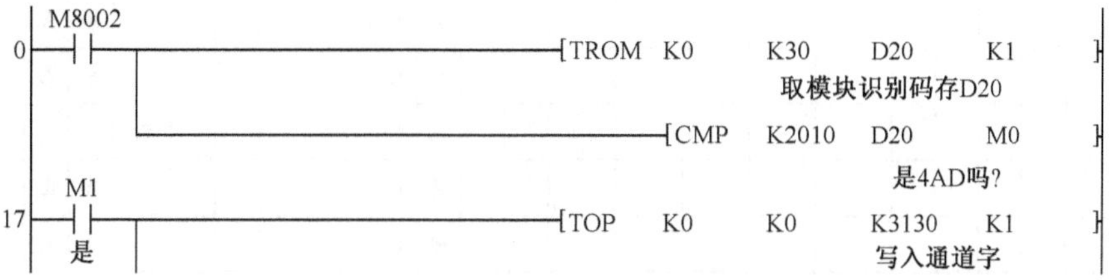

图 8-44　例 9 FROM、TO 指令程序梯形图

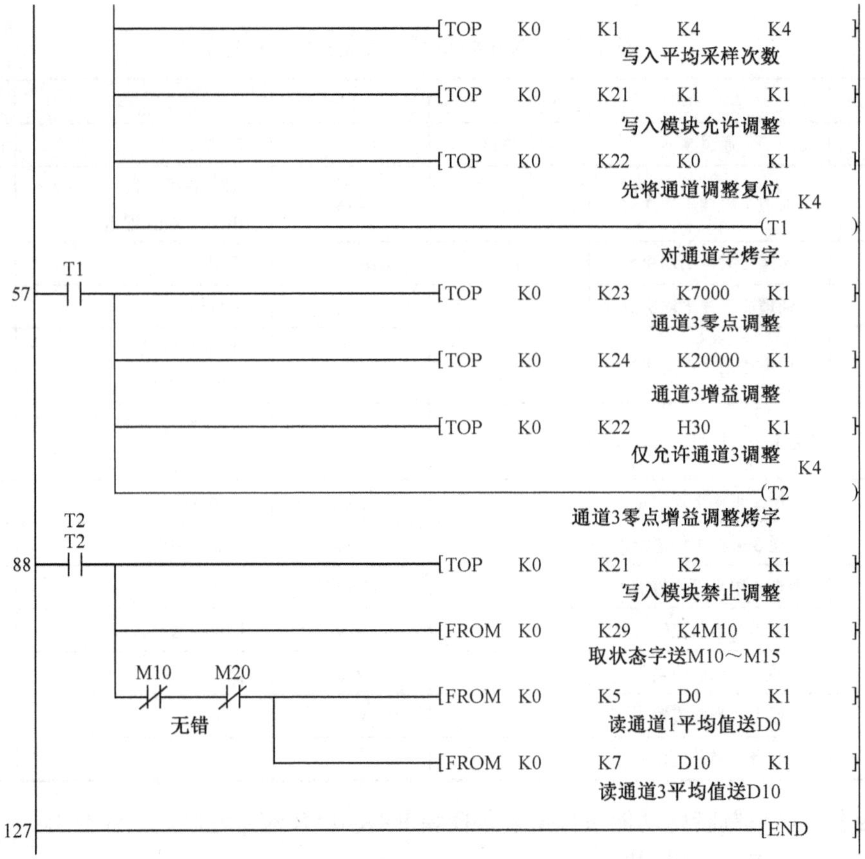

图 8-44　例 9 FROM、TO 指令程序梯形图（续）

8.4.5　BFM 分时读出指令 RBFM

1．指令格式

FNC 278：RBFM　　　　　　　　　　　　　　程序步：11

RBFM 指令可用软元件如表 8-33 所示。

表 8-33　RBFM 指令可用软元件

操作数种类	位软元件							字软元件												其他				
	系统/用户							位数指定				系统/用户				特殊模块	变址			常数		实数	字符串	指针
	X	Y	M	T	C	S	D□.b	KnX	KnY	KnM	KnS	T	C	D	R	U□\G□	V	Z	修饰	K	H	E	"□"	P
m1														●	●					●	●			
m2														●	●					●	●			
(D·)														▲	●				●					
n1														●	●					●	●			
n2														●	●					●	●			

▲：特殊数据寄存器（D）除外。

梯形图如图 8-45 所示。

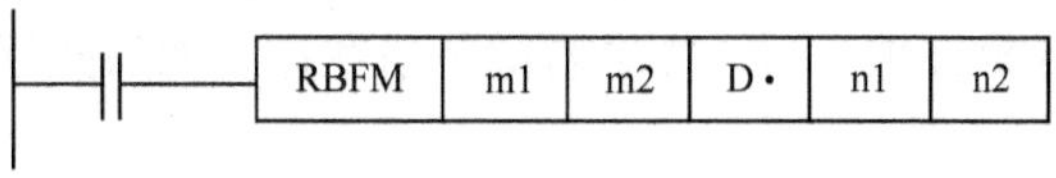

图 8-45　RBFM 指令梯形图

RBFM 指令操作数内容与取值如表 8-34 所示。

表 8-34　RBFM 指令操作数内容与取值

操作数种类	内　容	数 据 类 型
m1	单元号［0～7］	BIN16 位
m2	缓冲存储区（BFM）的起始编号［0～32766］	
D·	保存从缓冲存储区（BFM）读出的数据的软元件起始编号	
n1	读出缓冲存储区（BFM）的总点数［1～32767］	
n2	每个运算周期的传送点数［1～32767］	

解读：当驱动条件成立时，将 m1#模块的以 BFM#m2 为首址的 n1 个缓冲存储器的内容分时读到 PLC 内以 D 为首址的 n1 个数据寄存器中去。每个扫描周期仅读出 n2 个，在 n1/n2 各扫描周期内读取完毕。

2. 指令功能说明

分时读出指令在从特殊功能模块内读出较多数据（连续 BFM 单元的数据块）时较为有用。这在读取数据较多的特殊通信模块（如 CC-LINK）中应用较多。

当数据读取较多时（例如 n1 个），RBFM 指令会自动将所传送的 BFM 单元数据按照每个扫描周期仅传送 n2 个数据进行工作，在 n1/n2 各扫描周期内分时传送（最后一次不管余多少都算一次）如图 8-46 所示。

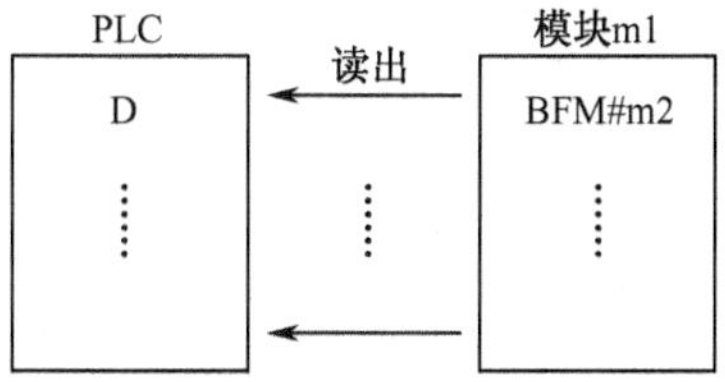

图 8-46　RBFM 指令读出示意图

3. 相关软元件

与 RBFM 指令相关的软元件如表 8-35 所示。

表 8-35　WBFM 指令相关软元件

编　号	名　称	内 容 含 义
M8029	指令执行结束	当指令正常结束时为 ON
M8328	指令不执行	针对相同模块编号，正在执行其他的 RBFM 和 WBFM 指令时为 ON
M8329	指令执行异常结束	当指令异常结束时为 ON

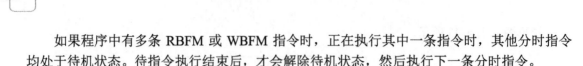

如果程序中有多条 RBFM 或 WBFM 指令时，正在执行其中一条指令时，其他分时指令均处于待机状态。待指令执行结束后，才会解除待机状态，然后执行下一条分时指令。

4. 指令应用

（1）当 m1 所表示的模块编号不存在时，出错标志位 M8067 置 ON。D8067 保存错误代码。

（2）每个扫描周期传递点数较多时，会发生看门狗定时器出错。处理方法除延长看门狗定时器的时间外。还可以将每个扫描周期的传递点数 n2 更改为较小的值。

（3）指令在执行过程中，请勿中断指令的驱动。

8.4.6 BFM 分时写入指令 WBFM

1. 指令格式

FNC 279：WBFM　　　　　　　　　　程序步：11

WBFM 指令可用软元件如表 8-36 所示。

表 8-36　WBFM 指令可用软元件

操作数种类	位软元件							字软元件												其他				
	系统/用户							位数指定				系统/用户				特殊模块	变址			常数		实数	字符串	指针
	X	Y	M	T	C	S	D□.b	KnX	KnY	KnM	KnS	T	C	D	R	U□\G□	V	Z	修饰	K	H	E	"□"	P
m1														●	●					●	●			
m2														●	●					●	●			
(S·)														▲	●				●					
n1														●	●					●	●			
n2														●	●					●	●			

▲：特殊数据寄存器（D）除外。

梯形图如图 8-47 所示。

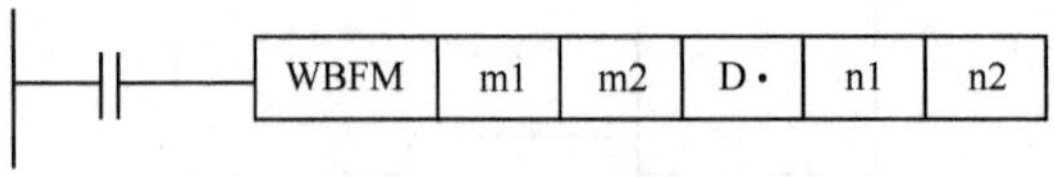

图 8-47　WBFM 指令梯形图

WBFM 指令操作数内容与取值如表 8-37 所示。

表 8-37　WBFM 指令操作数内容与取值

操作数种类	内　容	数 据 类 型
m1	单元号［0～7］	BIN16 位
m2	缓冲存储区（BFM）的起始编号［0～32766］	
(S·)	保存写入到缓冲存储区（BFM）的数据的软元件起始编号	
n1	写入缓冲存储区（BFM）的总点数［1～32767］	
n2	每个运算周期的传送点数［1～32767］	

解读：当驱动条件成立时，将 PLC 内以 D 为首址的 n1 个数据寄存器中的内容分时写入到 m1#模块的以 BFM#m2 为首址的 n1 个缓冲存储器中去。每个扫描周期仅写入 n2 个，在 n1/n2 各扫描周期内写入完毕。

2．指令功能说明

WBFM 指令执行功能与 RBFM 指令相反，它是从 PLC 中向模块的 BFM 写入数据，如图 8-48 所示。

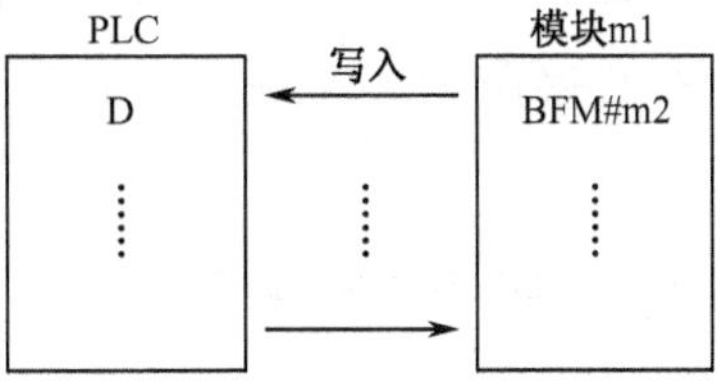

图 8-48　WBFM 指令写入示意图

3．指令应用

WBFM 指令的应用注意与 RBFM 指令一样，不再赘述。

8.4.7　模拟量模块读出指令 RD3A

1．指令格式

FNC 176：RD3A 【P】　　　　　　　　　　　　　　程序步：7

RD3A 指令可用软元件如表 8-38 所示。

表 8-38　RD3A 指令可用软元件

操作数种类	位软元件							字软元件													其他				
	系统/用户							位数指定				系统/用户				特殊模块	变址			常数		实数	字符串	指针
	X	Y	M	T	C	S	D□.b	KnX	KnY	KnM	KnS	T	C	D	R	U□\G□	V	Z	修饰	K	H	E	"□"	P
m1								●	●	●	●	●	●	●	●		●	●	●	●	●			
m2								●	●	●	●	●	●	●	●		●	●	●	●	●			
(D·)									●	●	●	●	●	●	●		●	●	●					

梯形图如图 8-49 所示。

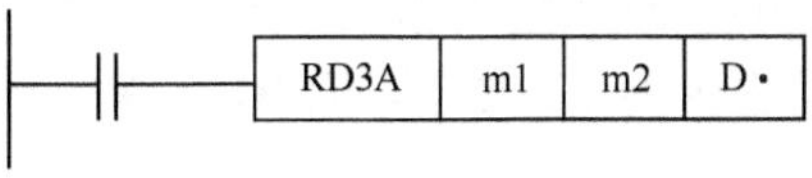

图 8-49　RD3A 指令梯形图

RD3A 指令操作数内容与取值如表 8-39 所示。

表 8-39 RD3A 指令操作数内容与取值

操作数种类	内 容	数据类型
m1 ·	特殊模块编号 ● $FX_{3G}/FX_{3GC}/FX_{3U}/FX_{3UC}$（D、DS、DSS）系列：K0～K7 ● FX_{3UC}-32MT-LT（-2）：K1～K7	BIN16 位
m2 ·	模拟量输入通道编号	BIN16 位
(D·)	保存读出的数据的字软元件	BIN16 位

解读：当驱动条件成立时，把连接在 PLC 上编号为 M1 的模块的通道为 M2 的模拟量输入转换后的数值送到 D 中。

2. 模拟量模块 FX_{0N}-3A、FX_{2N}-2AD 和 FX_{2N}-2DA

RD3A 和 WR3A 指令是专门为读取和写入特殊模拟量功能模块 FX_{0N}-3A、FX_{2N}-2AD 和 FX_{2N}-2DA 的 BFM 单元而开发的指令。利用这两个指令可以直接读出其模拟量转换的数字量，也可以直接对模拟量模块进行写入操作，替代了利用 FROM，TO 指令编制程序的操作。

图 8-50 为三个模拟量模块的外形图，它们均可通过数据线（图中模块左侧）直接与 PLC 连接，不同型号的 PLC 所连接的模块个数也不同。

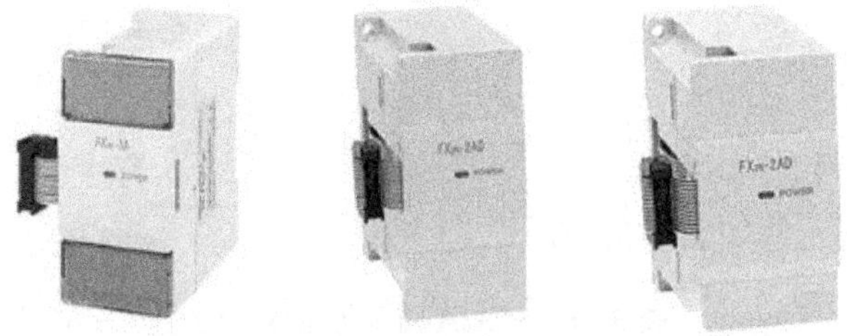

（a）FX_{0N}-3A （b）FX_{2N}-2AD （c）FX_{2N}-2DA

图 8-50 FX_{0N}-3A, FX_{2N}-2AD, FX_{2N}-2DA 外形图

FX_{0N}-3A 是有 2 个输入通道和 1 个输出通道的模拟量混合功能模块，输入通道接受模拟量信号并转换成数字值送到 BFM 单元，输出通道采用数字量并输出等量的模拟信号。FX_{0N}-3A 的分辨率为 8 位，也就是说其模拟量输入后转换的数字量为 8 位二进制数，即 0～255 之间，同样，其输出也是把 0～250 转换成相对应的电压或电流进行输出。FX_{2N}-2AD 为有 2 个通道输入的模拟量输入模块，其分辨率为 12 位，转换的数值为 0～4000 之间。把模拟量输入转换成 0～4000 直接送入相应的 BFM 单元。FX_{2N}-2DA 为有 2 个通道输出的模拟量输出模块，其分辨率也为 12 位，即把 BFM 单元的 0～4000 值转换成相对应的电压或电流输出。

关于以上三个模拟量特殊功能模块的详细讲解可参看其使用手册或电子工业出版社出版的李金城编写的《PLC 模拟量与通信控制应用实践》一书。

3. 指令应用

1）指令应用范围

由于 FX_{0N}-3DA，FX_{2N}-2AD 和 FX_{2N}-2DA 并不支持所有 FX 系列 PLC，因此 RD3A、WR3A 应用的 PLC 有一定范围，如表 8-40 所示。

表 8-40　RD3A、WR3A 指令可用 PLC

模　块	FX_{0N}	FX_{1N}	FX_{2N}	FX_{2NC}	FX_{3U}	FX_{3UC}	FX_{3G}	FX_{3GC}
FX_{0N}-3A	●	●	●	●	●	●	×	×
FX_{2N}-2AD	●	●	●	●	●	●	●	●
FX_{2N}-2DA	●	●	●	●	●	●	●	●

2）模块编号 m1 的设置

m1 为特殊功能模块在 PLC 基本单元右侧所处的位置编号。由于一个 PLC 基本单元最多只能连接 8 个功能模块，因此，m1 只能取 K0～K7。但对 FX_{3UC} PLC 来说，由于 K0 已被内置的 CC-LINK/T 主站所占用，所以只能取 K1～K7。

3）模拟量通道块 m2 的设置

m2 为模拟量的输入通道编号，对 FX_{0N}-3A 来说，其输入通道有 2 个，通道 1 对应为 K1，通道 2 对应为 K2。对于 FX_{2N}-2AD 来，也是 2 个通道，分别对应为 K21 和 K22。在具体应用时，VIN1、IN1 为通道 1，VIN2、IN2 为通道 2，如图 8-51 所示。

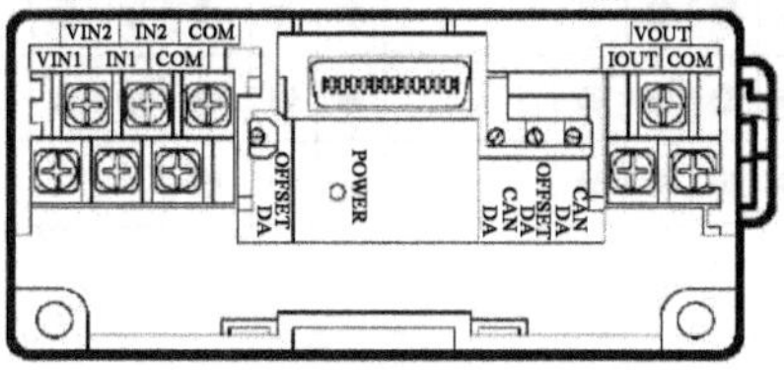

（a）FX_{0N}-3A

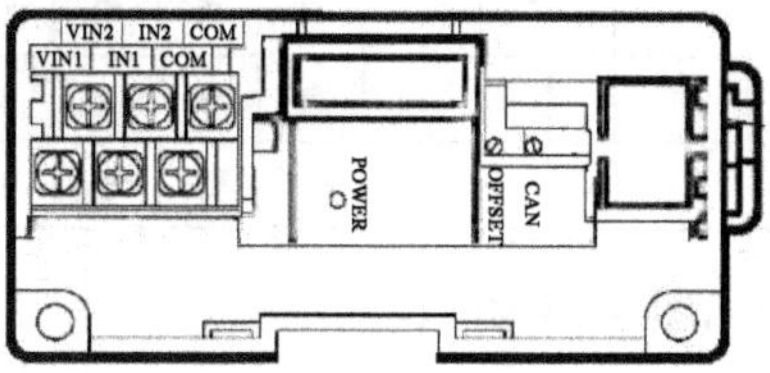

（b）FX_{2N}-2AD

图 8-51　FX_{0N}-3A, FX_{2N}-2AD 通道区别

4）数字量存储单元 D

指令执行后，把指定输入通道的模拟量当前值转换后送到 D 中保存，对 FX_{0N}-3A 来说，转换后数字值为 K0～K255，对 FX_{2N}-2AD 来说，转换后的数值为 K0～K4096，具体数值由模拟通道输入特性所决定。

【例 10】　试编写读出 FX_{0N}-3A 的输入通道 2 的模拟量当前值，并送到 D10 中的梯形图程序，FX_{0N}-3A 的位置编号为 1。

利用 FROM 和 TO 指令编写的程序如图 8-52 所示，利用 RD3A 指令编写的程序如图 8-53 所示。

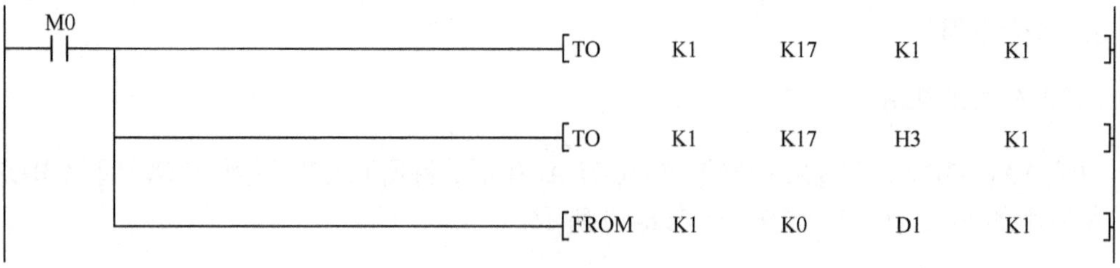

图 8-52 利用 FROM 和 TO 指令程序梯形图

图 8-53 利用 RD3A 指令程序梯形图

8.4.8 模拟量模块写入指令 WR3A

1. 指令格式

FNC 177：WR3A 【P】　　　　程序步：7

WR3A 指令可用软元件如表 8-41 所示。

表 8-41 WR3A 指令可用软元件

操作数种类	位软元件							字软元件												其他				
	系统/用户							位数指定				系统/用户				特殊模块	变址			常数		实数	字符串	指针
	X	Y	M	T	C	S	D□.b	KnX	KnY	KnM	KnS	T	C	D	R	U□\G□	V	Z	修饰	K	H	E	"□"	P
m1·								●	●	●	●	●	●	●	●		●	●	●	●	●			
m2·								●	●	●	●	●	●	●	●		●	●	●	●	●			
(S·)									●	●	●	●	●	●	●		●	●	●					

梯形图如图 8-54 所示。

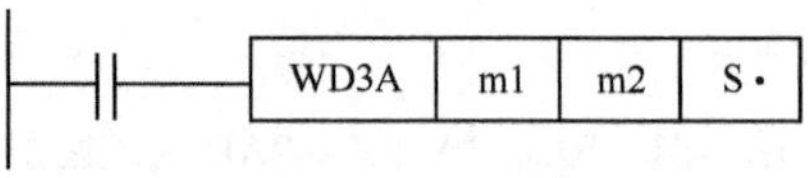

图 8-54 WR3A 指令梯形图

WR3A 指令操作数内容与取值如表 8-42 所示。

表 8-42 WR3A 指令操作数内容与取值

操作数种类	内容	数据类型
m1·	特殊模块编号 ● FX_{3G}/FX_{3GC}/FX_{3U}/FX_{3UC}（D、DS、DSS）系列：K0～K7 ● FX_{3UC}-32MT-LT（-2）：K1～K7	BIN16 位
m2·	模拟量输入通道编号	BIN16 位
(S·)	写入的数据，或是保存写入数据的字软元件	BIN16 位

解读：当驱动条件成立时，将要写入的数据 S 传送到连接在 PLC 上编号为 m1 的通道为 m2 的模拟量模块的通道输出。

2. 指令应用

1）指令应用说明

WR3D 指令实际上是模拟量输出指令，需要输出的模拟量对应的数字值存放在 S 中，指令执行就是把这个数值 S 经过转换后，直接以模拟量值从位量编写为 m1 的模拟量模块的输出通道 m2 输出。

指令对 PLC 的应用范围和 RD3A 指令一样，见表 8-40。

2）模块编号 m1 的设置

m1 为特殊功能模块在 PLC 基本单元右侧所处的位置编号。由于一个 PLC 基本单元最多只能连接 8 个功能模块，因此，m1 只能取 K0～K7。但对 FX_{3UC} PLC 来说，由于 K0 已被内置的 CC-LINK/T 主站所占用，所以只能取 K1～K7。

3）模拟量通道块 m2 的设置

m2 为模拟量的输出通道编号，对 FX_{0N}-3A 来说，其输出通道只有 1 个，对应为 K1。对于 FX_{2N}-2AD 来，输出通道有 2 个，分别对应为 K21、K22。

【例 11】 试编写把 D10 的数值送到位置编号为 1 号的模拟量模块 FX_{2N}-2DA 的通道 2 输出。

利用 FROM 和 TO 指令编写的程序如图 8-55 所示。利用 WR3A 指令编写的程序如图 8-56 所示。

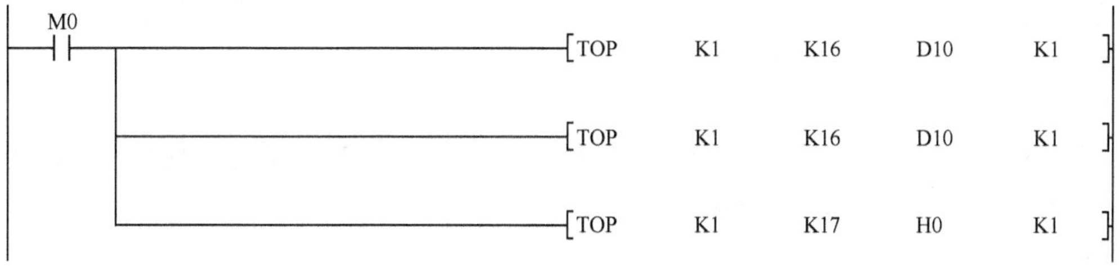

图 8-55　利用 FROM 和 TO 指令程序梯形图

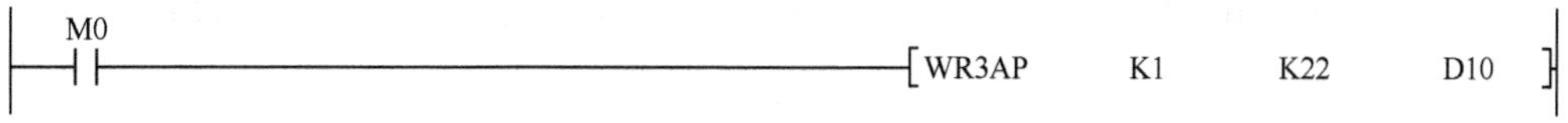

图 8-56　利用 WR3A 指令程序梯形图

8.4.9 BFM 专用软元件 U□\G□应用

U□\G□是 FX3 系列 PLC 专门为方便应用特殊功能模块的 BFM 缓冲存储器开发的软元件。它具备了与特殊功能模块进行信息交换 2 个基本参数：模块编号和 BFM 缓冲存储器的编址。因此，作为功能指令的操作数，它可以直接对 BFM 的数据进行读、写、运算和处理，使用非常方便。而 FROM、TO 指令仅能对 BFM 进行读、写操作，数据的其他处理操作还必须另外编制程序完成。下面，通过用 FROM、TO 指令对比举例说明 U□\G□的方便之处。

1．读写操作

【例 12】 把 1#模块的 BFM#30 单元内容复制到 PLC 的 D0 单元中。

MOV U1\G30 D0

FROM K1 K30 D0 K1

【例 13】 把 0# 模块的 (BFM#5～BFM#8) 4 个单元内容复制到 PLC 的(D10～D13)单元中。

BMOV U0\G5 D10 K4

FROM K0 K5 D10 K4

【例 14】 用 1#模块 BFM#29 的位值控制 PLC 的 M10～M25 继电器的状态。

MOV U1\G29 K4M10

FROM K1 K29 K4M10 K1

【例 15】 试利用软元件 U□\G□完成 DFROM K0 K5 D100 K2 指令相应执行功能指令程序。

BMOV U0\G5 D100 K4

【例 16】 把十六进制数 H3300 复制到 1# 模块的 BFM#0 单元中。

MOVP H3300 U1\G0

TOP K1 K0 H3300 K1

【例 17】 把 PLC 的(D10～D13)4 个单元的内容写入到位置编号为 0#模块的(BFM#5～BFM#8)4 个单元中。

BMOVP D10 U0\G5 K4

TOP K0 K5 D10 K4

【例 18】 把 PLC 的 M10～M25 继电器的状态所表示的 16 位数据的内容写入到位置编号为 1# 模块的 BFM#4 缓冲存储器中。

MOVP K4M10 U1\G4

TOP K1 K4 K4M10 K1

【例 19】 试利用软元件 U□\G□完成 DTOP K0 K5 D100 K2 指令相应执行功能指令程序。

BMOVP U0\G5 D100 K4

2．数据处理操作

【例 20】 试说明下列指令执行功能。

（1）ADDP U0\G5 D0 D10

这是一个加法指令，其执行功能是把 0#模块的 BFM#5 单元的数与 D0 的数相加，结果送到 D10。

如果用 FROM 指令处理，则先要把数据读出，然后再在程序中进行相加处理，程序如下：

FROM　K0　K5　D20　K1

ADDP　D20　D0　D10

（2）INCP　U1\G10

这是一个加一个指令，其执行功能是把 1#模块的 BFM#10 单元的数加 1 后再送回该单元。

如果用 FROM，TO 指令处理，则先要读出，再加 1，然后再写入，程序如下：

FROM　K1　K10　D0　K1

INCP　D0

TOP　K1　K10　D0　K1

通过上面两个例子，说明了如果要对模块的 BFM 单元的数据进行处理，利用软元件 U□\G□就非常方便。

软元件 U□\G□可以作为大部分指令的操作数，读者在应用模块数据时，可以查看一下相应的指令是否有 U□\G□这个操作数，如果有，则应优先选用该指令编制程序。

3．程序举例

【例 21】 下面的例子是把例 9 的程序改写成利用软元件 U□\G□编制的程序。程序如图 8-57 所示。

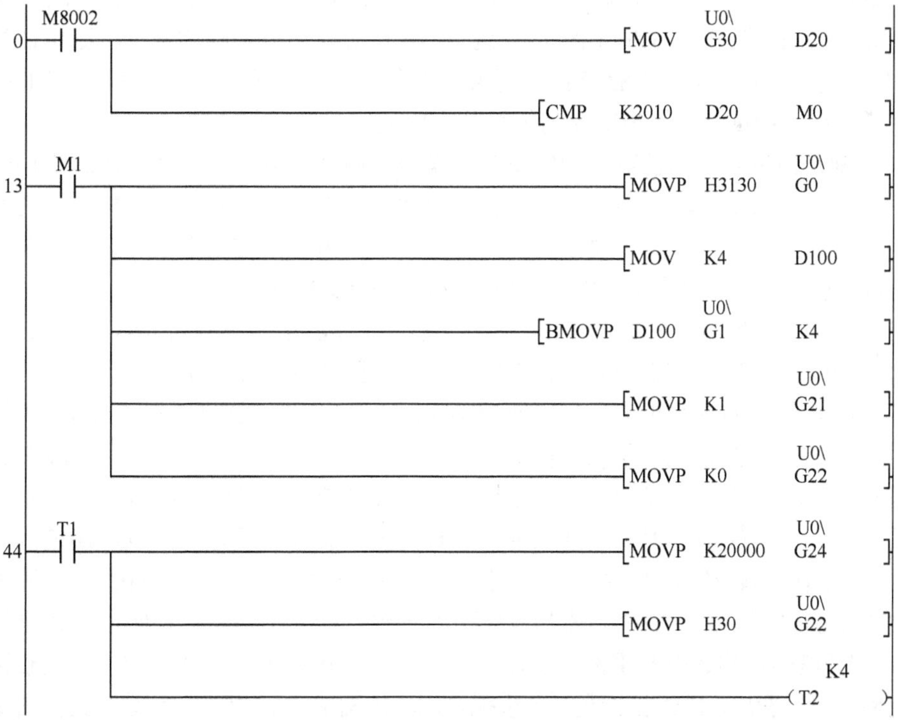

图 8-57　例 23 程序梯形图

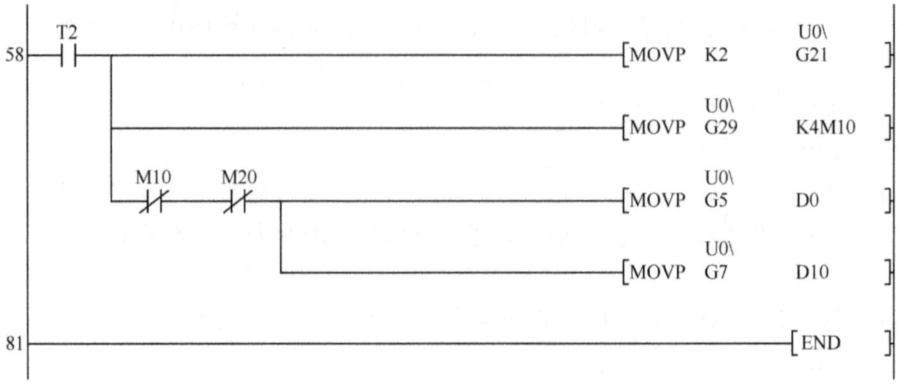

图 8-57　例 23 程序梯形图（续）

8.5　PID 控制指令

8.5.1　PID 控制介绍

在工程实际中，常常用到定值控制，即把某个物理量控制在一个设定值上，也就是人们常说的恒温、恒压等。在定值控制中，应用最为广泛的是比例、积分、微分控制，简称 PID 控制，又称 PID 调节。PID 控制问世已有近 70 年历史，它以其结构简单、稳定性好、工作可靠、调整方便的特点成为工业控制中定值控制的最主要技术之一。目前，在工业控制领域，尤其是控制系统的底层，PID 控制仍然是应用最广泛的工业控制。

PID 控制是由偏差、偏差对时间的积分和偏差对时间的微分所叠加而成。它们分别为比例控制、积分作用和微分输出。把三种控制规律地组合在一起，并根据被控制系统的特性选择合适的比例系数、积分时间和微分时间，就得到了在模拟量控制中应用最广泛并解决了控制的稳定性、快速性和准确性问题的无静差控制——PID 控制。

现在以某空调温度调节来说明 PID 控制过程，假设温度的设置为 26℃（设定值 X，又称目标值），并希望维持 26℃不变。在温度达到设定温度 26℃后，房间里进来 3 个人，这 3 个人所散发的热量使室内温度升高了，如升高到 27℃，这时候由现场检测到的实际温度值（反馈值 F，又称测定值）被反馈到输入端，与设定值作比较。比较所产生的偏差送到 PID 控制器进行处理，处理后的输出值 U 会调整压缩机的转速，导致制冷量加大使室内温度下降。只要偏差存在，控制过程就一直在进行，直到被控制值与设定值一致，偏差为 0，才停止。这时，压缩机的转速就维持在这个转速上运行而不会停止。这个控制过程说明 PID 控制是一个动态平衡过程，只要被控制值与设定值不一致，产生了偏差，控制就开始进行，直到偏差为 0（无偏差），到达新的平衡为止，而且其控制过程稳定、快速且控制精度较高。

从上例中可以看出，PID 控制是一个模拟量闭环控制，一个 PID 控制系统的框图如图 8-58 所示。

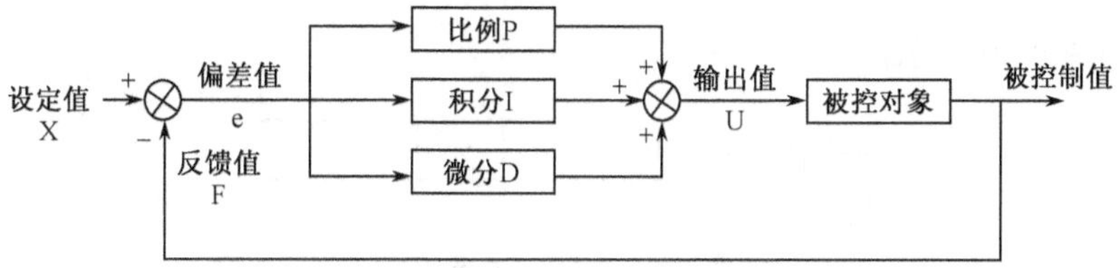

图 8-58　PID 控制系统原理框图

在实际应用中，PID 控制器可以通过两种方式完成。一种是利用电子元件和执行元件组成 PID 控制电路，这种方式叫做模拟式控制器、硬件控制电路。另一种是利用数字计算机强大的计算功能，编制 PID 的运算程序，由软件完成 PID 控制功能的控制器，这种方式叫做数字式控制器、软件控制器。PLC 是一个数字式控制设备，在 PLC 的模拟量控制中，实现 PID 控制功能有三种方式：PID 控制模块、自编程序进行 PID 控制和应用 PID 功能指令。

目前，很多品牌的 PLC 都提供了 PID 控制用的 PID 应用功能指令。PID 指令实际上是一个 PID 控制算法的子程序调用指令。使用者只要根据指令所要求的方式写入设定值、PID 控制参数和被控制量的测定值，PLC 就会自动进行 PID 运算，并把运算结果输出值送到指定的存储器。学习和掌握 PID 控制指令就成为利用 PLC 进行 PID 控制应用的主要内容。

当一个模拟量 PID 控制系统组成之后，控制对象的静态、动态特性都已确定。这时，控制系统能否自动完成控制功能就完全取决于 PID 的控制参数（比例系数 P、积分时间 I、微分时间 D）的取值了。只有控制参数的选择与控制系统相配合时，才能取得最佳的控制效果。因此，PID 的控制参数整定就显得非常重要。

PID 的控制参数整定目前多采用试凑法参数现场整定。试凑法整定步骤是“先是比例后积分，最后再把微分加”。PID 参数整定还带有神秘性，对于两套看似一样的系统，可能通过调试得到不同的参数值。甚至同一套系统，在停机一段时间后重新启动都要重新整定参数。因此，各种 PID 参数整定的经验和公式只供参考，实际的 PID 参数整定值必须在调试中获取。

8.5.2　PID 控制指令

1．指令格式

FNC 88：PID　　　　程序步：9

PID 指令可用软元件如表 8-43 所示。

表 8-43　PID 指令可用软元件

操作数种类	位软元件							字软元件												其他				
	系统/用户							位数指定				系统/用户				特殊模块	变址			常数		实数	字符串	指针
	X	Y	M	T	C	S	D□.b	KnX	KnY	KnM	KnS	T	C	D	R	U□\G□	V	Z	修饰	K	H	E	"□"	P
(S1)														●	▲1	▲1								
(S2)														●	▲1	▲1								
(S3)														●	▲1									
(D)														●	▲1	▲2								

▲1：仅 $FX_{3G}/FX_{3GC}/FX_{3U}/FX_{3UC}$ 可编程控制器支持。

▲2：仅 FX_{3U}/FX_{3UC} 可编程控制器支持。

梯形图如图 8-59 所示。

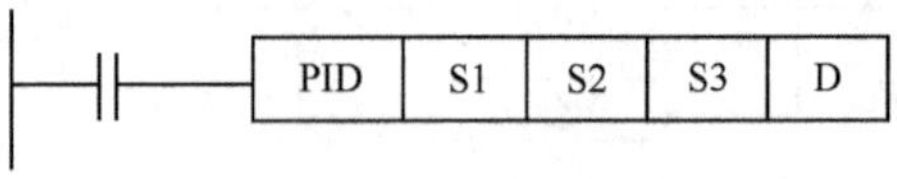

图 8-59　PID 指令梯形图

PID 指令操作数内容与取值如表 8-44 所示。

表 8-44　PID 指令操作数内容与取值

操作数种类	内　　容	数 据 类 型
S1	保存目标值（SV）的数据寄存器编号	BIN16 位
S2	保存测量值（PV）的数据寄存器编号	BIN16 位
S3	保存参数的数据寄存器编号	BIN16 位
D	保存输出值（MV）的数据寄存器编号	BIN16 位

解读：当驱动条件成立时，每当到达采样时间后的扫描周期内，把设定值 SV 与测定值 PV 的差值用于 S3 为首址的 PID 控制参数进行 PID 运算，运算结果送到 MV。

2. 指令应用

1）指令执行功能

试说明图 8-60 指令执行功能。

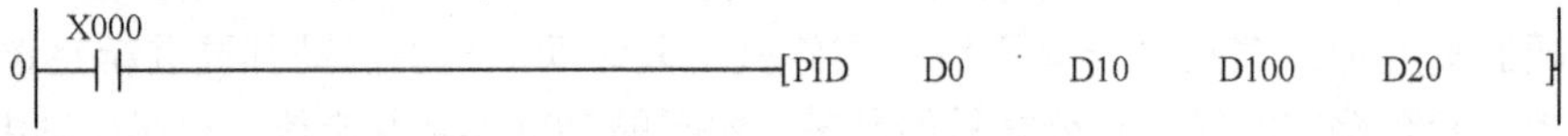

图 8-60　PID 指令应用梯形图

指令的执行功能是当驱动条件 X0 闭合时，每当到达采样时间后的扫描周期内把寄存在 D0 寄存器中的设定值 SV 与寄存在 D10 寄存器中的测定值 PV 进行比较，其差值进行 PID 控制运算，运算结果为输出值 MV，送至 D20 中。PID 运算控制参数（Ts,P,I,D 等）寄存在以 D100 为首址的寄存器群组中。

2）指令应用

（1）设定值 SV、测定值 PV 和输出值 MV 在 PLC 模拟量控制系统中的相应位置如图 8-61 所示。

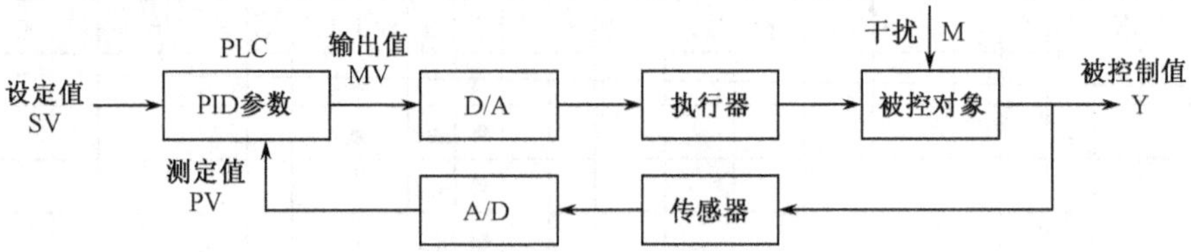

图 8-61　PID 指令参数值位置

测定值 PV 就是被控制值的反馈值，它表示被控制值的实际值。输出值 MV 是 PID 控制的数字量输出控制值，如果执行器为模拟量控制，必须通过 D/A 转换模块才能控制执行器动作，也可直接用脉冲序列输出去控制执行器。设定值一般在 PLC 内通过程序给定，如果设定值需要调整，可以通过触摸屏进行，在没有触摸屏的情况下，也可以通过 A/D 转换模块输入或通过在输入开关量接口接入开关量组合位元件方式输入。

（2）如果控制系统中需要 PID 控制的回路不止 1 个，PID 指令可多次使用，使用次数不受限制。但必须注意，多个 PID 指令应分别使用不同的源址 SV、PV、终址 MV 和参数群地址，不能有重复。多个 PID 指令的执行，会延长扫描时间，使系统的动态响应变慢。

（3）PID 指令可以在定时器中断、子程序、步进梯形图和跳转指令中使用，但在执行 PID 指令前必须将 S+7 寄存器清零，如图 8-62 所示。

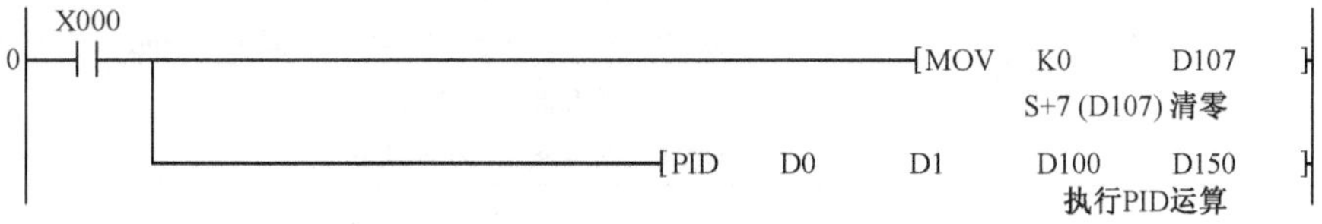

图 8-62　PID 指令中断前 S+7 清零程序

3. 控制参数表

在指令中，S 是 PID 控制参数群首址，它一共占用了 25 个 D 存储器，从 S 到 S+24，每一个存储器有它规定的内容，见表 8-45。

表 8-45　PID 控制参数表

<table>
<tr><th>寄存器地址</th><th>参数名称（符号）</th><th>设 定 内 容</th></tr>
<tr><td>S</td><td>采样时间 （Ts）</td><td>1～32 767（ms）</td></tr>
<tr><td>S+1</td><td>动作方向（ACT）</td><td>
<table>
<tr><th>位</th><th>0</th><th>1</th></tr>
<tr><td>bit0</td><td>正动作</td><td>逆动作</td></tr>
<tr><td>bit1</td><td>输入变化量报警无</td><td>输入变化量报警有</td></tr>
<tr><td>bit2</td><td>输出变化量报警无</td><td>输出变化量报警有</td></tr>
<tr><td>bit3</td><td colspan="2">不可使用</td></tr>
<tr><td>bit4</td><td>自动调谐不动作</td><td>执行自动调谐</td></tr>
<tr><td>bit5</td><td>不设定输出上下限</td><td>设定输出上下限</td></tr>
<tr><td>bit6</td><td>阶跃响应法</td><td>极限循环法</td></tr>
<tr><td>bit7～bit15</td><td colspan="2">不可使用</td></tr>
</table>
bit5 和 bit2 不能同时为 ON</td></tr>
<tr><td>S+2</td><td>输入滤波常数（a）</td><td>0～99（%）　设定为 0 时无输入滤波</td></tr>
<tr><td>S+3</td><td>比例增益（Kp）</td><td>1～32 767（%）</td></tr>
<tr><td>S+4</td><td>积分时间（I）</td><td>0～32 767（×100ms）　设定为 0 时无积分处理</td></tr>
<tr><td>S+5</td><td>微分增益（KD）</td><td>0～100%　设定为 0 时无微分增益</td></tr>
</table>

续表

寄存器地址	参数名称（符号）	设定内容
S+6	微分时间（D）	0～32 767（×100ms） 设定为 0 时无微分处理
S+7→S+19	PID 运算的内部处理用	
S+20	输入变化量（增加）报警设定	0～32 767 （bit1=1 时有效）
S+21	输入变化量（减少）报警设定	0～32 767 （bit1=1 时有效）
S+22	输出变化量（增加）报警设定 或输出上限设定	0～32 767 （bit2=1，bit5=0 时有效） -32 768～32 767 （bit2=0，bit5=1 时有效）
S+23	输出变化量（减少）报警设定 或输出下限设定	0～32 767 （bit2=1，bit5=0 时有效） -32 768～32 767 （bit2=0，bit5=1 时有效）
S+24	报警输出	bit0 输入变化量（增加）溢出 bit1 输入变化量（减少）溢出 （bit1=1 或 bit2=1 时有效） bit2 输出变化量（增加）溢出 bit3 输出变化量（减少）溢出
S+25	自整定极限循环法时的参数设定，本书略	
S+26		
S+27		
S+28		

这 29 个 D 存储器选取范围是 D0～D7975，但要求输出值 MV 必须选取非停电保持存储器，即 D0～D199。如果选取 D200 以上的存储器，必须在 PLC 编写程序开始运行时对 MV 寄存器清零。

在实际应用中，如果不进行极限循环法自整定，即无须其参数设定，仅占用 S 到 S+24 共 25 个寄存器单元。如果动作方向寄存器（S+1）的位设定 bit1=0,bit2=0,bit5=0，即无须报警设定和输出上下限设定，则仅占用 S 到 S+19 共 20 个寄存器单元。

关于控制参数的详细说明见下节内容。

8.5.3 PID 指令控制参数详解

1. 采样时间（Ts）

这里的采样时间 Ts 与模拟量采样的采样周期不一样，它所指的是 PID 指令相邻两次计算的时间间隔。一般情况下，不能小于 PLC 的一个扫描周期。确定了采样时间后，实际运行时仍然会存在误差，最大误差为－（1 个扫描周期+1ms）～+（1 个扫描周期）。因此，当采样时间 Ts 较小时（接近一个扫描周期时或小于 1 个扫描周期时）可采用定时器中断（I6□□～I8□□）来运行 PID 指令或恒定扫描周期工作。

2. 动作方向（ACT）

动作方向是指当反馈测定值增加时，输出值是增大还是减小。如图 8-63 所示，当输出值随反馈测定值增加而增加时，称为正动作、正方向。例如，变频控制空调机温度控制中，温度越高，则要求压缩机的转速也越高。反之，当输出值随反馈测定值的增加而减小时，则称为逆动作、反方向。例如，在变频控制恒压供水中，如果一旦发现压力超过设定值，就要求水泵电机的转速要降低。

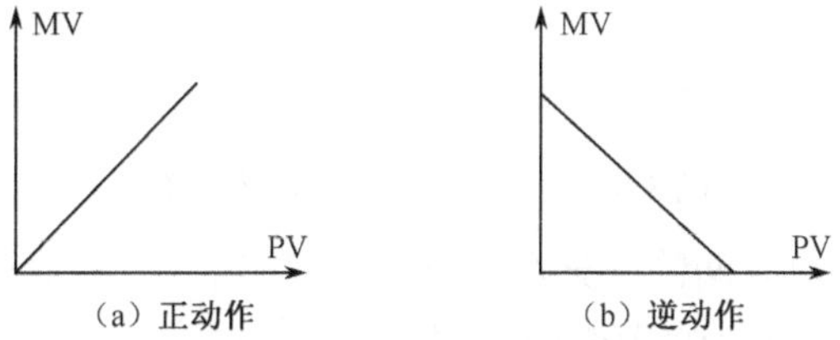

图 8-63　PID 动作方向图解

3. 输入滤波常数（a）

三菱 PLC 在设计 PID 运算程序时，使用的是位置式输出的增量式 PID 算法，控制算法中使用了一阶惯性数字滤波。当由被控对象中所反馈的控制量的测定值输入到 PLC 后，先进行一阶惯性数字滤波处理，再进行 PID 运算，这样做，有更好地使测点值变化平滑的控制效果。

一阶惯性数字滤波可以很好地去除干扰噪声。以百分比（0～99%）来表示大小，滤波常数越大，滤波效果越好，但过大会使系统响应变慢，动态性能变坏，取 0 则表示没有滤波。一般可先取 50%，待系统调试后，再观察系统的响应情况，如果响应符合要求，可适当加大滤波常数，而如果调试过程始终存在响应迟缓的问题，可先设为 0，观察该参数是否影响动态响应，再慢慢由小到大取值。

4. 比例增益、积分时间、微分时间

这 3 个参数是 PID 控制的基本控制参数，其设置值对 PID 控制效果影响极大。

（1）比例控制是 PID 控制中最基本的控制，起主导作用。系统一出现误差，比例控制立即产生作用以减少偏差。比例增益 Kp 越大，控制作用越强，但也容易引起系统不稳定。比例控制可减少偏差，但无法消除偏差，控制结果会产生余差。如图 8-64 所示。

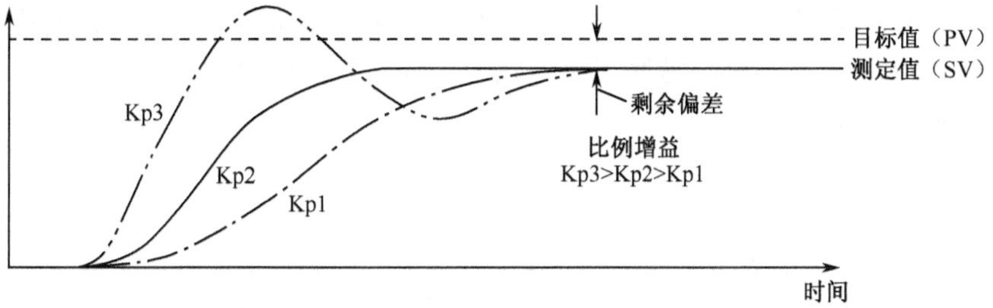

图 8-64　比例增益 Kp 控制作用图解

（2）积分作用与偏差对时间的积分及积分时间 I 有关。加入积分作用后，系统波动加大，动态响应变慢，但却能使系统最终消除余差，使控制精度得到提高。如图 8-65 所示。

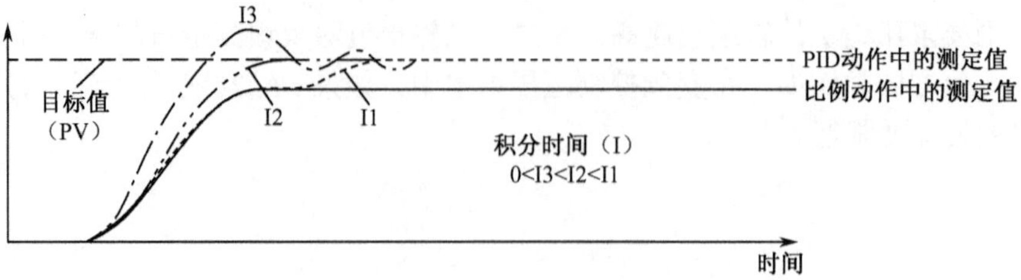

图 8-65　积分时间 I 控制作用图解

（3）微分输出与偏差对时间的微分及微分时间 D 有关。它对比例控制起到补偿作用，能够抑制超调，减少波动，减少调节时间，使系统保持稳定。如图 8-66 所示。

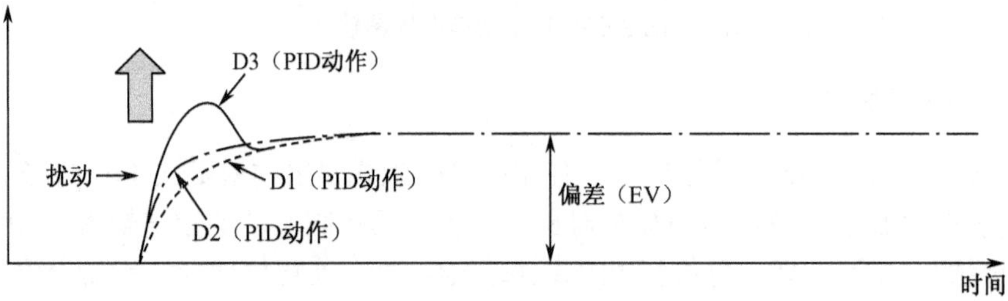

图 8-66　微分时间 D 控制作用图解

5. 微分增益

微分增益 KD 是在进行不完全微分和反馈量微分 PID 算法中的一个常数（<1），它和微分时间 TD 的乘积组成了微分控制的系数，它有缓和输出值激烈变化的效果，但又有产生微小振荡的可能。不加微分控制时，可设为 0。

6. 输出限定

输出限定的含义是如果 PID 控制的输出值超过了设定的输出值上限值或输出值下限值，则按照所设定的上、下限定值输出，类似于电子电路中的限幅器。使用输出限定功能时，不但输出值被限幅，而且还有抑制 PID 控制的积分项增大的效果，如图 8-67 所示。

图 8-67 中 1 处出现了输出值超过上限的情况，在设置输出限定时，输出值按照上限值输出，同时，由于限定抑制了积分项，使后面的输出向前移动了一段时间。当输出值变化至 2 处时，与 1 处相同，不但输出按照下限值输出，同时也向前移动一段时间，这就形成了图中所示的输出限定的波形。

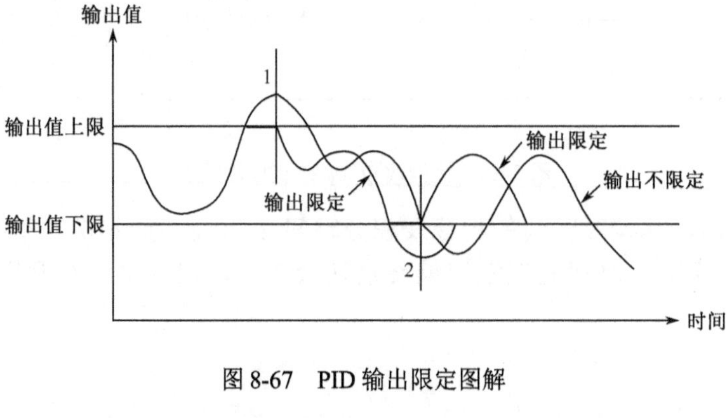

图 8-67　PID 输出限定图解

PID 指令规定，该功能使用有两个设定内容。首先进行功能应用设定，设置 S+1 寄存器（动作方向）的 bit5=1，bit2=0，然后在 S+22 寄存器中设置输出上限值，在 S+23 中设定输出下限值。

7. 报警设定

报警设定的含义是当输入或输出发生较大变化量时，可对外进行报警。变化量是指前后两次采样的输入量或输出量的比较，即本次变化量=上次值-本次值。如果这个差值超过报警设定值，则发出报警信号。一般来说，模拟量是连续光滑变化的曲线，前后两次采样的输入值不应相差太大，如果相差太大，则说明输入有较大变化或有较大干扰，严重时会使 PID 控制出错，甚至失去控制作用。

图 8-68 为 PID 指令报警功能示意图。

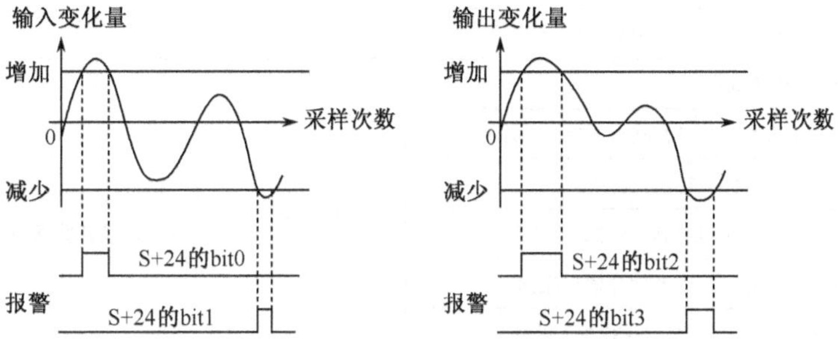

图 8-68　PID 指令报警功能示意图

PID 指令的报警设定有三个设定内容：功能应用设定、变化量设定和报警位指定，详细情况见表 8-45。

表 8-45 指出，输出报警设定和输出上下限设定都使用两个相同寄存器：S+22 和 S+23。因此，这两个设定只能设定其中一个，由 S+1 的 bit2 和 bit5 的设定来区别。如果 bit2=0，bit5=1，则为输出上下限设定；如果 bit2=1，bit5=0 则为输出报警设定；如果 bit2=bit5=0，则都不设定；不允许出现 bit2 和 bit5 同时为 1 的情况。应用时，应根据实际情况选用。

如果输出报警和上下限都不设定（bit2=bit5=0），则寄存器 S+20 到 S+24 都不被占用，可移作他用。这时 PID 指令的参数群仅用了 20 个寄存器。

8.5.4 PID 指令应用错误代码

PID 指令应用中如果出现错误，则标志继电器 M8067 变为 ON，发生的错误代码存入 D8067 寄存器中。为防止错误产生，必须在 PID 指令应用前，将正确的测定值读入 PID 的 PV 中。特别是对模拟量输入模块输入值进行运算时，需注意其转换时间。

D8067 寄存器中的错误代码所表示的错误内容、处理状态及处理方法见表 8-46。

表 8-46 PID 指令运用出错代码表

代 码	错误内容	处理状态	处理方法
K6705	应用指令的操作数在对象软元件范围外	PID 命令运算停止	请确认控制数据的内容
K6706	应用指令的操作数在对象软元件范围外		
K6730	采样时间在对象软元件范围外（T<0）		
K6732	输入滤波常数在对象软元件范围外（a<0 或 a≥100）		
K6733	比例增益在对象软元件范围外（P<0）		
K6734	积分时间在对象软元件范围外（I<0）		
K6735	微分增益在对象软元件范围外（KD<0 或 KD≥201）		
K6736	微分时间在对象软元件范围外（D<0）		
K6740	采样时间≤运算周期	PID 命令运算继续	请确认控制数据的内容
K6742	测定值变化量溢出（-32768～32767 以外）		
K6743	偏差溢出（-32768～32767 以外）		
K6744	积分计算值溢出（-32768～32767 以外）		
K6745	由于微分增益溢出，导致微分值也溢出		
K6746	微分计算量溢出（-32 768～32 767 以外）		
K6747	PID 运算结果溢出（-32 768～32 767 以外）		
K6750	自动调谐结果不良	自动调谐结束	自动调谐开始时的测定值和目标值的差为 150 以下或自动调谐开始时的测定值和目标值的差为 1/3 以上，则结束确认测定值、目标值后，再次进行自动调谐
K6751	自动调谐动作方向不一致	自动调谐继续	从自动调谐开始时的测定值预测的动作方向和自动调谐用输出时实际动作方向不一致，使目标值、自动调谐用输出值、测定值的关系正确后，再次进行自动调谐
K6752	自动调谐动作不良	自动调谐结束	自动调谐中的测定值因上下变化不能正确动作，使采用时间远远大于输出的变化周期，增大输入滤波常数，设定变更后，再次进行自动调谐

8.5.5 PID 指令应用程序设计

1. PID 程序设计的数据流程

图 8-69 为用 PID 指令执行 PID 控制的数据流向。对图进行进一步分析，就可以得到 PID 指令控制程序的结构与内容。

（1）PID 指令控制必须通过 A/D 模块将模拟量测定值转换成数字量 PLC。因此，对于

A/D 模块的初始化及其采样程序也是必不可少的一部分。

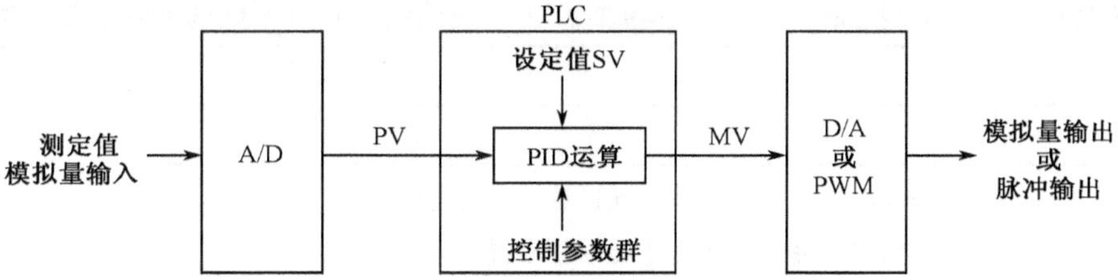

图 8-69　PID 程序设计数据流向

（2）PID 的指令的设定值 SV 及 PID 控制参数群参数必须在指令执行前送入相关的寄存器。这一部分内容称为 PID 指令的初始化，PID 指令的初始化程序必须在执行 PID 指令前完成。

（3）用 PID 指令对设定值 SV 和测定值 PV 的差值进行 PID 运算，并将运算结果送至 MV 寄存器。

（4）如果是模拟量输出，则还要经过 D/A 模块将数字量转换成模拟量送到执行器，因此，D/A 模块的初始化及其读取程序也是必不可少的一部分。

（5）如果是脉冲量输出，则直接通过脉宽调制指令 PWM 在 Y0 或 Y1 输出口输出占空比可调的脉冲串。

综上所述，PID 指令的 PID 控制程序设计框如图 8-70 所示。

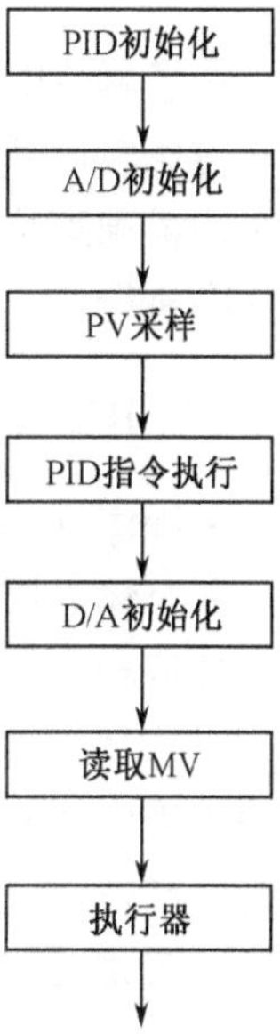

图 8-70　PID 控制程序设计框图

2. 动作方向字的设定

在 PID 指令控制参数群中，有一个动作方向寄存器。它的存储内容可称为动作方向字。由于这个字涉及众多内容，这里做进一步讲解。

动作方向字除了确定控制动作方向（这是 PID 指令必须要求设置的），还与输入/输出变化量报警、输出上下限设定和 PID 自动调谐有关。在实际应用中，用得最多的是单独确定控制方向，这时正方向动作方向字为 H0，反方向为 H1。如果还用到输入/输出报警等，动作方向字也随之改变。表 8-47 以表格的方式列出可能存在的动作方向字，供读者在应用时参考。

表 8-47　PID 指令动作方向字

正动作	逆动作	输入变化量报警	输出变化量报警	设定输出上下限	执行自动调谐	动作方向字
○						H0000
	○					H0001
○		○	○			H0006
○		○		○		H0022
○				○		H0020
	○	○	○			H0007
	○	○		○		H0023

续表

正动作	逆动作	输入变化量报警	输出变化量报警	设定输出上下限	执行自动调谐	动作方向字
	○			○		H0021
				○	○	H0030

说明：1. ○表示有该项设置。其中动作方向设置是必须设置项。

2. 输出变化量报警和输出上下限不能同时设置，只能取其一。

3. 自动调谐时，一般要求设定输出上下限，以防止调谐时发生意外。

3. PID 指令程序设计

在了解 PID 控制的数据流程、程序框图及动作方向字的设置后，PID 指令控制程序设计就变得比较简单了。PID 指令可以在程序扫描周期内执行也可在定时器中断中执行。其区别是在扫描周期内执行时，采样时间大于扫描周期，而当采样时间 Ts 较小时，采用定时器中断程序执行。

1）PID 指令程序设计

在程序样例中，采用了 FX_{2N}-2AD 模拟量输入模块位置（编号 1#）作为测定值 PV 的输入，并对输入采样值进行了中位值平均滤波处理。PID 控制的输出采用脉冲序列输出，用输出值去调制一个周期为 10s 的脉冲序列占空比，以达到控制目的。

中位值平均滤波法相当于“中位值滤波法”+“算术平均滤波法”。中位值平均滤波法算法是连续采样 N 个数据，去掉一个最大值和一个最小值，然后计算 N−2 个数据的算术平均值。N 值的选取：3～14。它的优点是融合了两种滤波法的优点，这种方法既能抑制随机干扰，又能滤除明显的脉冲干扰。缺点是测量速度较慢，和算术平均滤波法一样，比较浪费内存。

程序中各寄存器分配见表 8-48。

表 8-48　寄存器分配表

寄 存 器	内 容	寄 存 器	内 容
Z0	采样次数	D100	采样时间
D0	采样值	D101	动作方向
D1～D10	排序前采样值	D102	滤波系数
D11～D20	排序后采样值	D103	比例增益
D200	设定值 SV	D104	积分时间
D202	测定值 PV	D105	微分增益
D204	输出值 MV	D106	微分时间

PID 指令执行程序如图 8-71 所示。

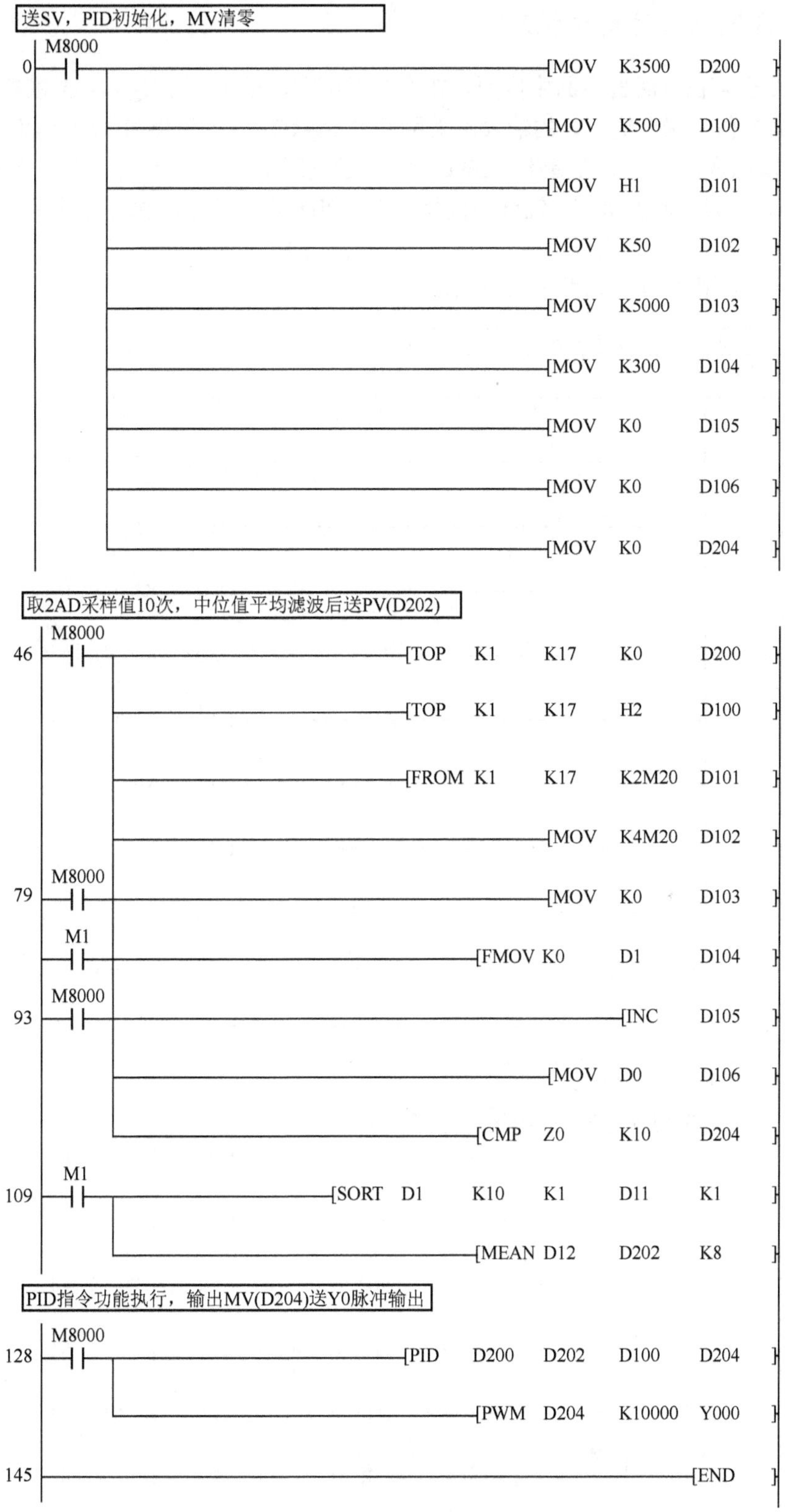

图 8-71　PID 指令执行程序

2）PID 指令定时器中断程序设计

PID 指令也可在定时器中断中应用。在这个样例中，采用了 FX_{2N}-4AD 模拟量输入模块（位置编号 0#）作为测定值 PV 的输入，采用了 FX_{2N}-4DA（位置编号 1#）作为 PID 控制输出值 MV 的模拟量输出。中断指针为 I690，I6 表示采用定时器中断，90 表示 90ms，也就是说该中断服务子程序每隔 90ms 就自动执行一次。PID 指令的中断执行方式保证了有较快的响应速度。

PID 指令中断执行程序如图 8-72 所示。

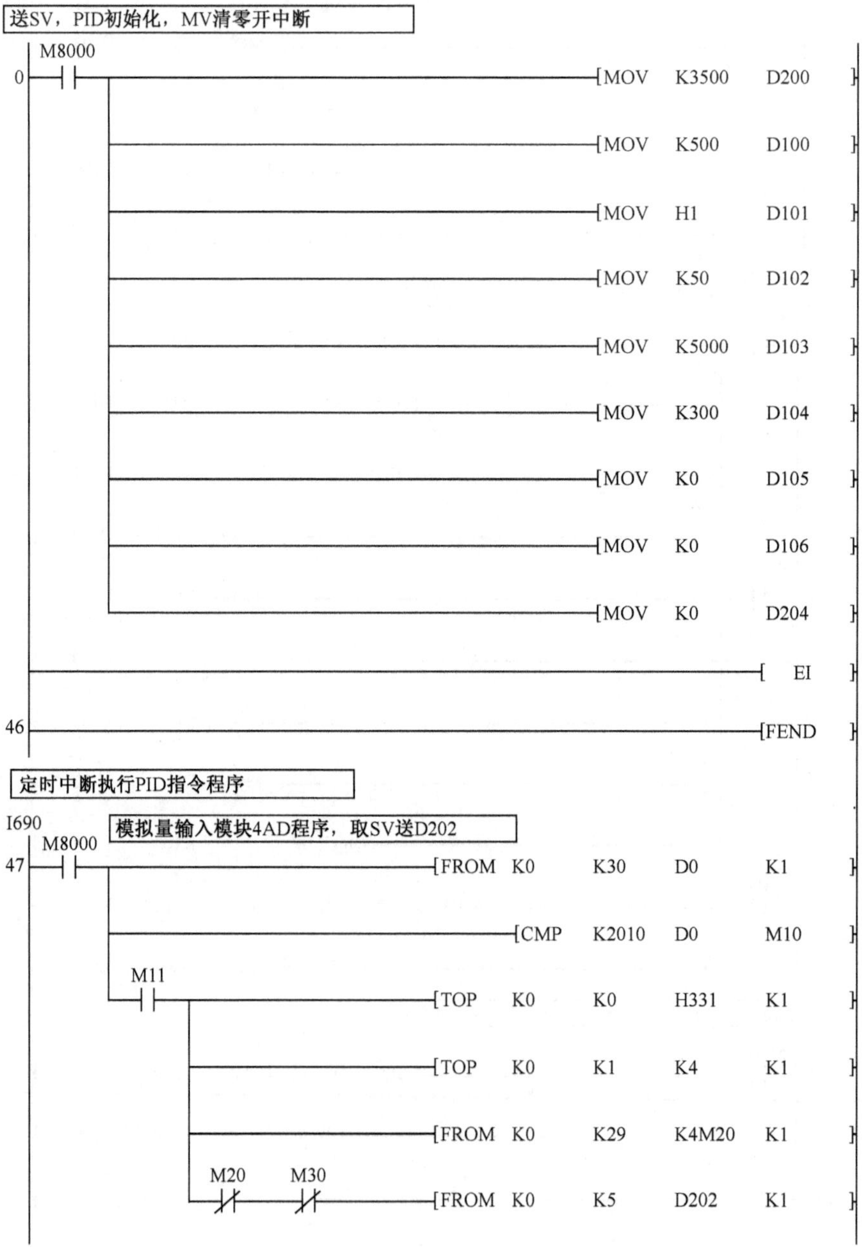

图 8-72　PID 指令中断执行程序

8.5.6　PID 控制参数自整定

当 PID 控制参数的选择与控制系统的特性和工况相配合时，才能取得最佳控制效果。而控制对象是多种多样的，它们的工况也是千变万化的，PID 参数整定方法往往是经验与技巧多于科学。整定参数的选择往往决定于调试人员对 PID 控制过程的理解和调试经验。因此，参数整定的结果并不是最佳的。在这种情况下就产生了参数自整定和自适应的整定方法。

1．参数自整定和自适应

什么是 PID 控制参数自整定？自整定是 PID 控制器的一个功能。这个功能的含义是当按照控制器的说明按下某个控制键（自整定功能键）或在功能参数里设置了自整定方式后，PID 控制器能自识别控制对象的动态特性，并根据控制目标，自动计算出 PID 控制的优化参数，并把它装入到控制器中，完成参数整定功能。因为控制参数的整定是由控制器自己完成的，所以称为自整定，自整定功能又称自动调谐功能。

PID 控制器的自整定功能是随着计算机技术，人工智能、专家系统技术的发展而发展的。实现 PID 参数自整定有采用工程阶跃响应法、波形识别法的，也有采用专家智能自整定法的。不管采用哪种方法，都是对控制过程进行多次测定、多次比较和多次校正的结果，当测定结果符合一定要求后自整定结束。

目前，各种智能型的数字显示调节仪表，一般都具有 PID 参数自整定功能。仪表在初次使用时，就可进行参数自整定，使用也非常方便。通过参数自整定能满足大多数控制系统的要求。对不同的系统，由于特性参数不同，整定的时间也不同，从几分钟到几小时不等。

自整定功能虽然解决了令人头疼的人工整定问题，但其整定值是与控制系统的工况密切相关的，如果工况改变，例如，设定值改变、负荷发生变化等，通过自整定的控制参数值在新的工况下就不一定是最优了，因此，就期望出现一种具有能随控制系统的改变不断自动去整定控制参数值以适应控制系统的变化的自整定方法，这种自整定控制方法称为自适应控制。而自整定可以认为是一种简单的自适应控制。目前，自适应 PID 控制器还在不断发展中。

2．三菱 FX 系列 PLC 的 PID 自动调谐

三菱 FX 系列 PLC 的 PID 指令设置参数自动调谐功能，其自整定的方法是采用阶跃响应法。对系统施加 0～100%的阶跃输出，由输入变化识别动作特性（R 和 L），自动求得动作方向、比例增益、积分时间和微分时间。

自动调谐是通过执行 PID 指令自动调谐程序完成的，对 PID 指令自动调谐程序有以下要求：

（1）设定自动调谐不能设定的参数值，如采样时间、滤波常数、微分增益和设定值。

（2）自动调谐的采样时间必须在 1s 以上，尽量设置成远大于输出变化周期的时间值。

（3）自动调谐开始的测定值和设定值的差在 150 以上，否则不能正确自动调谐。如果不是 150 时，可把自动调谐设定值暂时设置大一些，待自动调谐结束后，再重新调整设定值。

（4）自动调谐时，一般要求设定输出上下限，所以，自动调谐动作方向字为 H0030。

（5）用 MOV 指令将自动调谐用输出值送入 PID 指令的输出值寄存器 MV 中。其值的大

小在系统输出值的 50%～100%范围内。

上述 PID 指令自动调谐用初始化程序后，只要自动调谐用 PID 指令驱动条件成立，就开始执行自动调谐 PID 指令。在测定值达到自动调谐开始时的测定值与设定值差值的 1/3 以上时［实际测定值=开始测定值+1/3·（设定值-测定值）］，自动调谐结束，系统自动设置自动调谐为失效状态，并自动将自动调谐的控制参数——动作方向、比例增益、积分时间、微分时间送入相应寄存器中。自动调谐求得的控制参数的可靠性除了编写正确的自动调谐程序，还取决于控制系统是否在稳定状态下执行 PID 指令，如果不在稳定状态下执行，那么求出的控制参数可靠性就差，因此，应该在系统处于稳定状态下才投入 PID 指令自动调谐运行。

执行 PID 指令自动调谐时如果出错，错误代码见表 8-46。

很多情况下，由自动调谐求得的控制参数值并不是最佳值。因此，如果在自动调谐后 PID 控制过渡过程不是很理想，还可以对调谐值进行适当修正，以求得较好的 PID 控制效果。

3. 三菱 FX 系列 PLC 的 PID 自动调谐程序例

下面通过编程手册上的程序例对 PID 指令的自动调谐程序编制和操作做进一步讲解。

1）系统结构

图 8-73 为一个电加热炉温度控制系统组成图，测温热电偶（K 型）通过模拟量温度输入模块 FX_{2N}-4DA-TC 将加温炉的实测温度差送入 PLC。在 PLC 中设计 PID 指令控制程序，控制加温炉电热器的通电时间，从而达到控制炉温的目的。

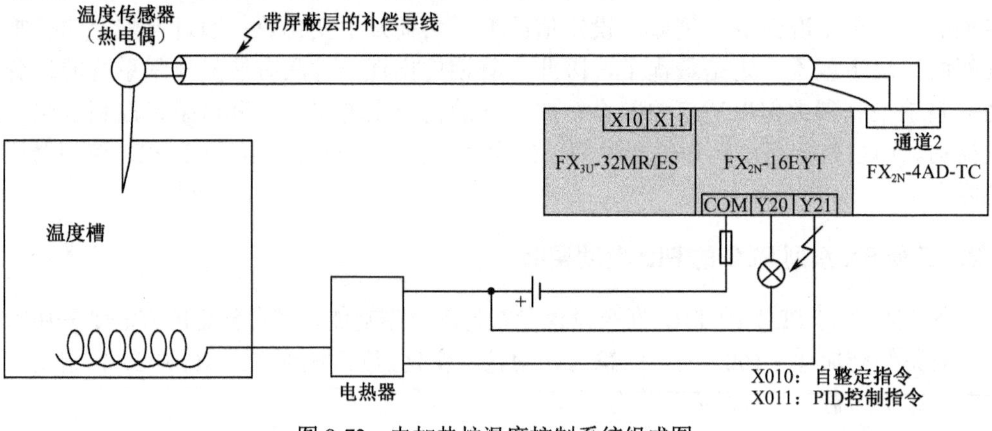

图 8-73　电加热炉温度控制系统组成图

2）I/O 分配与 PID 控制参数设置

I/O 分配见表 8-49，PID 控制参数设置及内存分配见表 8-50。

表 8-49　I/O 分配表

输　入		输　出	
X10	执行自动调谐	Y0	自动调谐出错指示
X11	执行 PID 控制	Y1	加热器控制

表 8-50 PID 控制参数设置及内存分配表

参数设置		自动调谐	PID 控制	内存分配
设定值 SV		500（50℃）	500（50℃）	D200
采样时间		3000ms	500ms	D210
输入滤波常数		70%	70%	D212
微分增益		0	0	D215
输出上限		2000（2s）	2000（2s）	D232
输出下限		0	0	D233
动作方向（ACT）	输入变化量报警	无	无	D211
	输出变化量报警	无	无	
	输出上下限设定	有	有	
输出值 MV		1800（1.8s）	根据运算	D202
测定值 PV				D201

3）FX_{2N}-4AD-TC 初始化

模块位置编号：0#。
通道字：BFM#0,H3330（CH1：K 型热电偶输入，其余关闭）。
温度读取：BFM#5，当前摄氏（℃）温度。

4）电加热器动作

电加热器采用可调脉宽的脉冲量控制输出进行电加热。设定可调制脉冲序列周期为 2s（2000ms）PID 控制输出值为脉冲序列的导通时间，如图 8-74 所示。在自动调谐时，强制输出值为系统输出的 50%～100%，这里取 90%输出值：2000ms×90%=1800ms，如图 8-75 所示。

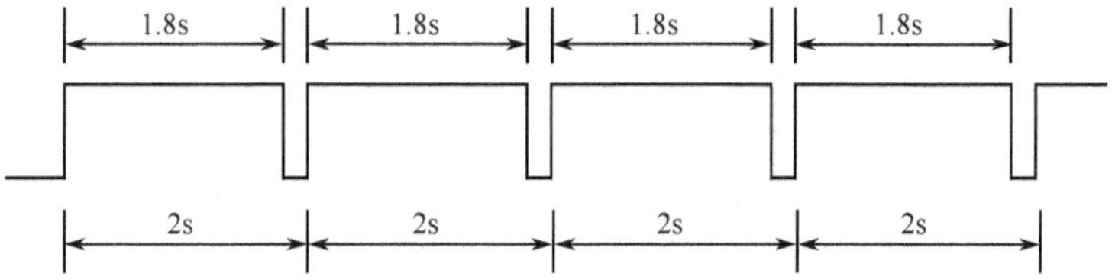

图 8-74 PID 输出电加热器通电时间

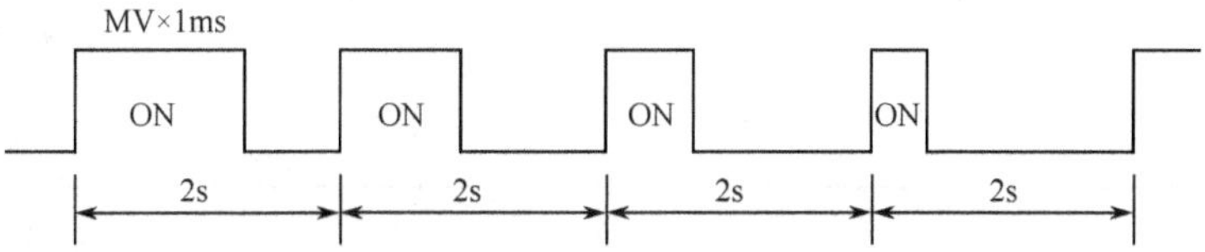

图 8-75 PID 自动调谐电加热器通电时间

5）程序设计

（1）PID 自动调谐程序。

PID 自动调谐程序如图 8-76 所示。

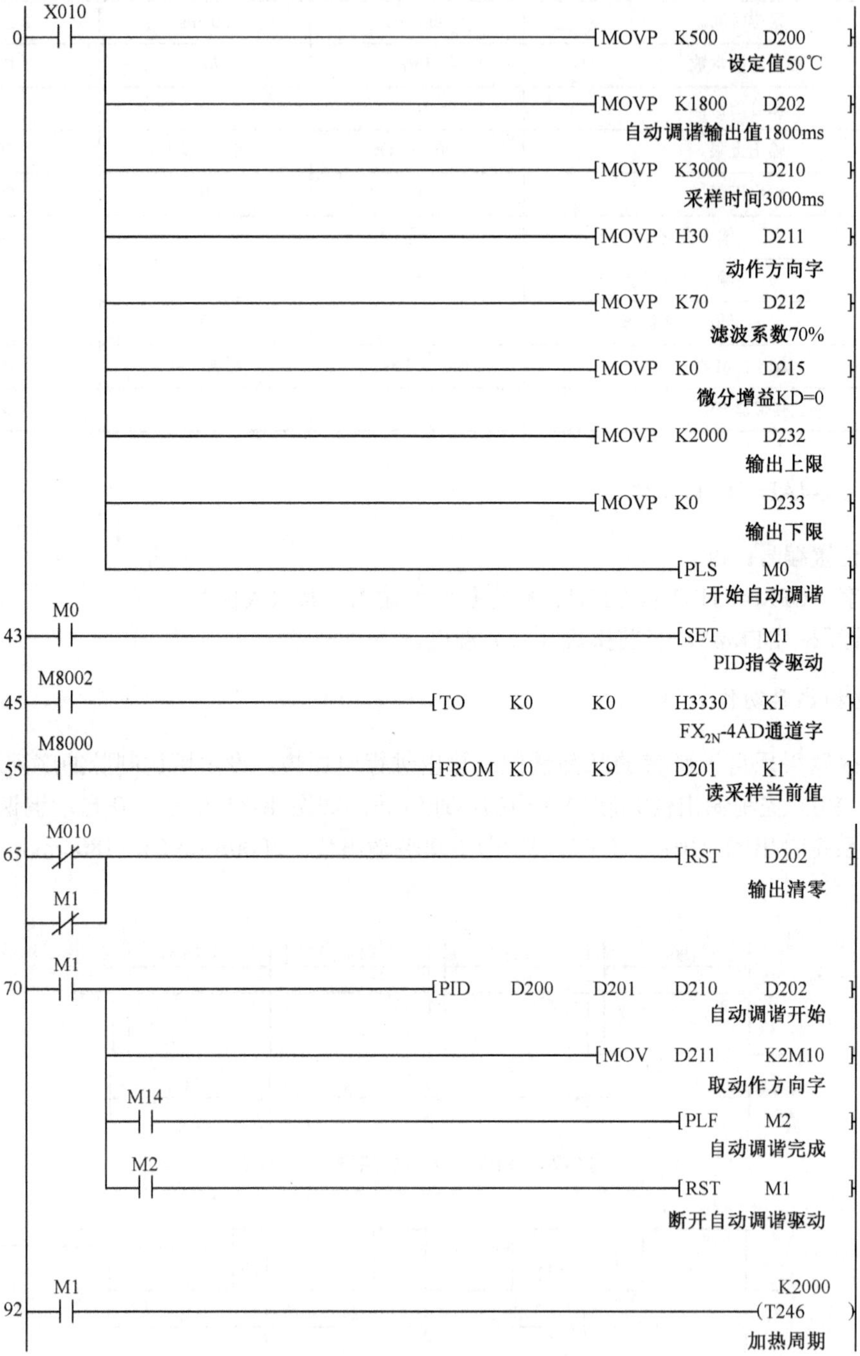

X010
0
[MOVP K500 D200]
设定值50℃
[MOVP K1800 D202]
自动调谐输出值1800ms
[MOVP K3000 D210]
采样时间3000ms
[MOVP H30 D211]
动作方向字
[MOVP K70 D212]
滤波系数70%
[MOVP K0 D215]
微分增益KD=0
[MOVP K2000 D232]
输出上限
[MOVP K0 D233]
输出下限
[PLS M0]
开始自动调谐
M0
43
[SET M1]
PID指令驱动
M8002
45
[TO K0 K0 H3330 K1]
FX2N-4AD通道字
M8000
55
[FROM K0 K9 D201 K1]
读采样当前值
M010
65
M1
[RST D202]
输出清零
M1
70
[PID D200 D201 D210 D202]
自动调谐开始
[MOV D211 K2M10]
取动作方向字
M14
[PLF M2]
自动调谐完成
M2
[RST M1]
断开自动调谐驱动
M1
92
K2000
(T246)
加热周期

图 8-76　PID 自动调谐程序

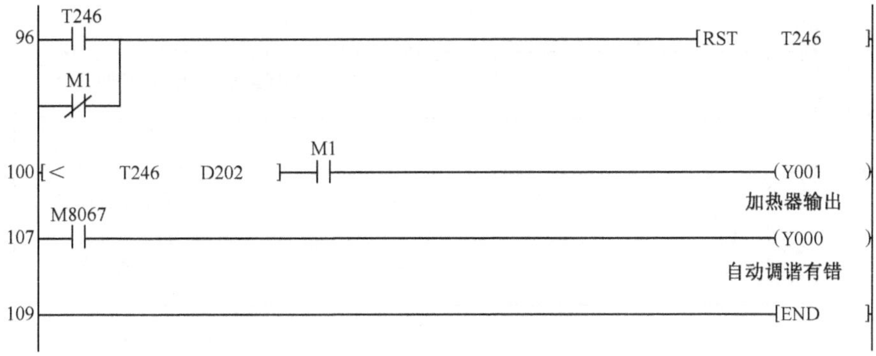
96
T246
M1
RST　T246
100
<　T246　D202
M1
Y001
加热器输出
107
M8067
Y000
自动调谐有错
109
END

图 8-76　PID 自动调谐程序（续）

（2）PID 控制+PID 自动调谐程序。

PID 控制+PID 自动调谐程序如图 8-77 所示。

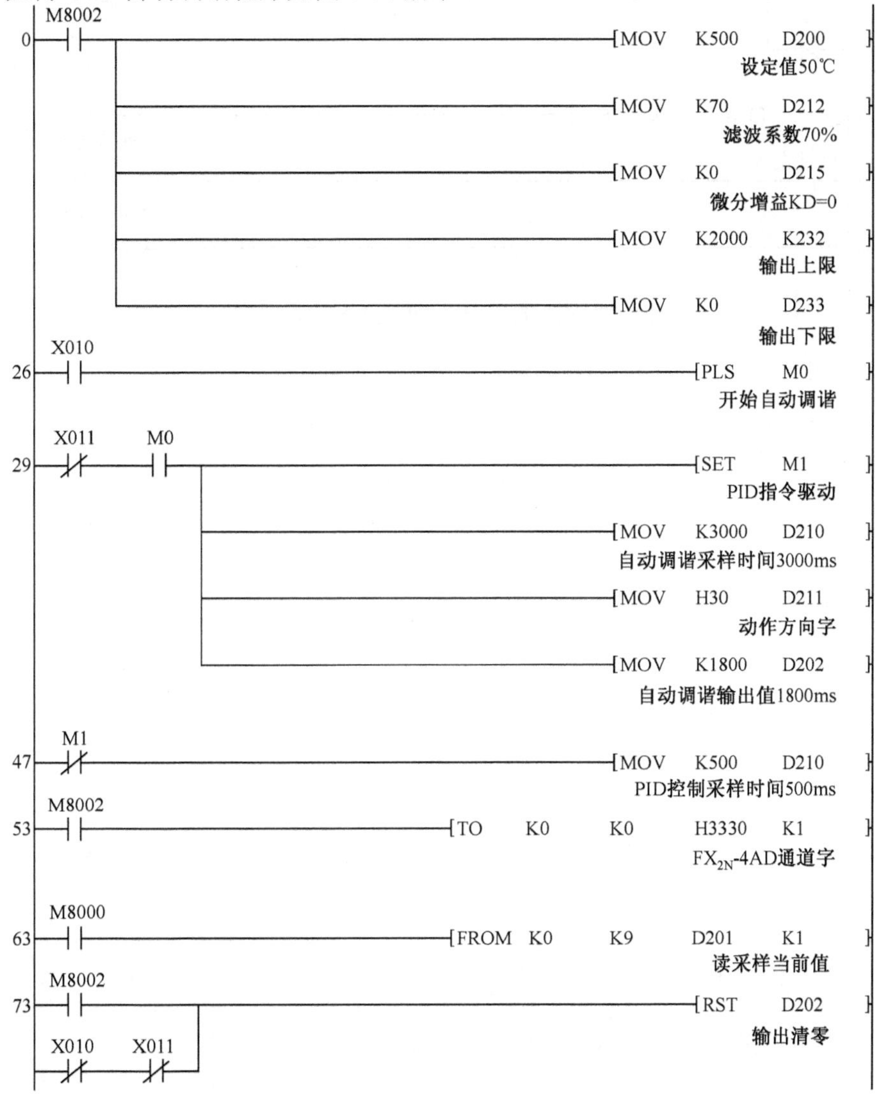
0
M8002
MOV　K500　D200
设定值50℃
MOV　K70　D212
滤波系数70%
MOV　K0　D215
微分增益KD=0
MOV　K2000　K232
输出上限
MOV　K0　D233
输出下限
26
X010
PLS　M0
开始自动调谐
29
X011
M0
SET　M1
PID指令驱动
MOV　K3000　D210
自动调谐采样时间3000ms
MOV　H30　D211
动作方向字
MOV　K1800　D202
自动调谐输出值1800ms
47
M1
MOV　K500　D210
PID控制采样时间500ms
53
M8002
TO　K0　K0　H3330　K1
FX2N-4AD通道字
63
M8000
FROM　K0　K9　D201　K1
读采样当前值
73
M8002
RST　D202
输出清零
X010
X011

图 8-77　PID 自动调谐+PID 控制程序

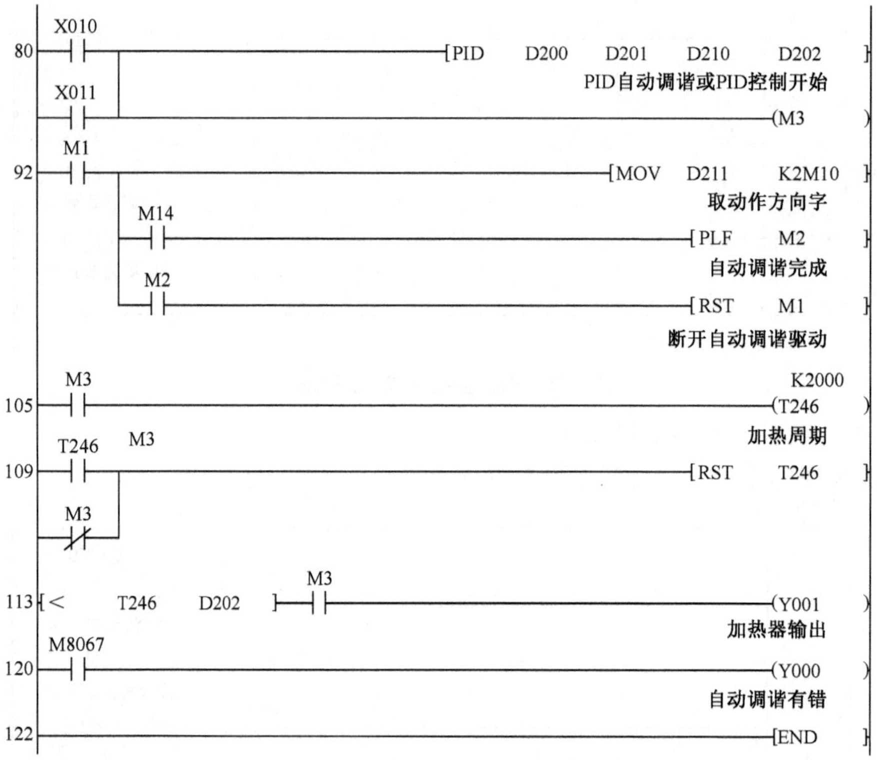
80
X010
PID D200 D201 D210 D202
PID自动调谐或PID控制开始
X011
M3
92
M1
MOV D211 K2M10
取动作方向字
M14
PLF M2
自动调谐完成
M2
RST M1
断开自动调谐驱动
105
M3
K2000
T246
加热周期
109
T246
M3
RST T246
M3
113
< T246 D202
M3
Y001
加热器输出
120
M8067
Y000
自动调谐有错
122
END

图 8-77 PID 自动调谐+PID 控制程序（续）

第9章 通信指令

本章主要介绍 FX3 系列 PLC 中有关通信的基础知识和通信指令。对 PLC 来说，通信控制是一个较好的控制方式，已获得广泛地应用，而通信又涉及外部设备，指令与程序等多方面知识，因此读者务必先学习有关串行异步通信的基础知识和三菱 FX3 系列 PLC 通信功能介绍，再学习通信指令及其应用。

FX3 系列 PLC 的通信指令有两类，一类是通用的无协议通信指令 RS 和 RS2，另一类是专用的变频器通信指令和 MODBUS 协议读写指令。另外，将并行数据传送指令 PRUN 也放在这一章中讲解。

9.1 串行异步通信基础知识

9.1.1 串行异步通信介绍

1. 串行异步通信和通信协议介绍

什么是串行通信？串行通信是以二进制的位（bit）为单位的数据传输方式，每次只传送一位，除地线外，在一个数据传输方向上只需要一根数据线，这根线既作为数据线又作为通信联络控制线，数据和联络信号在这根线上按位进行传送。什么是异步传送？异步传送是指在数据传送过程中，发送方可以在任意时刻传送字串（指一组二进制数或一个字符），两个字串之间的时间间隔是不固定的。接收端必须时刻做好接收的准备，但在传送一个字串时，所有的比特位（bit）是连续发送的。

串行异步传送需要的信号线少，最少的只需要两三根线，通信方式简单可靠、成本低、容易实现。但异步通信传送附加的非有效信息较多，它的传输效率较低，一般用于低速通信，这种通信方式广泛地应用在工业控制中。计算机、PLC 和工业控制设备都备有通用的串行通信接口。PLC 与计算机之间、多台 PLC 之间，以及 PLC 对外围设备的数据通信，一般使用串行异步通信。

通信协议是指通信双方对数据传送控制的一种约定。约定中包括对通信接口、同步方式、通信格式、传送速度、传送介质、传送步骤、数据格式及控制字符定义等一系列内容做出统一规定，通信双方必须同时遵守。通信协议又称通信规程。通信协议应该包含两部分内容：一是硬件协议，即接口标准；二是软件协议，即通信协议。下面分别给予介绍。

2. 串行通信数据接口标准

串行数据接口标准是对接口的电气特性要做出规定，例如，逻辑状态的电平、“0”是几伏、“1”是几伏、信号传输方式、传输速率、传输介质、传输距离等，还要给出使用的范围，是点对点还是点对多。同时，标准还要对所用硬件做出规定，例如，用什么连接件、用什么数据线、连接件的引脚定义及通信时的连接方式等，必要时还要对使用接口标准的软件通信协议提出要求。在串行数据接口标准中，最常用的是 RS-232、RS422 和 RS-485 串行接口标准。

当通信双方需要进行数据通信时，必须有统一的通信数据接口标准。接口标准不一样，不但不能通信，还会损坏设备。如果一方的接口标准与另一方的不一样，则必须通过转换电路转换成另一方的接口标准才能进行通信，例如，三菱 FX_{3U} PLC 的通信接口是 RS-422 接口标准，而三菱 FR-E500 变频器是 RS-485 接口标准，如果欲使 PLC 与变频器通信，则必须在 PLC 上加一块 FX_{3U}-485-BD 通信板，该通信板的作用就是把 RS-422 转换成 RS-485 接口标准。

相同的数据接口标准是通信双方与进行通信控制的前提。

3. 通信参数（又称通信格式）

串行异步通信在传送一个字符时，所有的比特位是连续发送的，但两个字符之间的时间间隔是不固定的。接收端必须时刻做好接收的准备。也就是说，接收方不知道发送方是什么时候发送信号，很可能会出现当接收方检测到数据并作出响应前，第一位比特已经过去了。因此，首先要解决的问题就是，如何通知传送的数据到了。其次，接收方如何知道一个字符发送完毕，还要能够区分上一个字符和下一个字符。再次，接收方接收到一个字符后如何知道这个字符有没有错。这些问题是通过传送方式的设置来解决的。常用的方式是起止式异步传送。

图 9-1 显示的是起止式异步传送一个字符的数据格式。

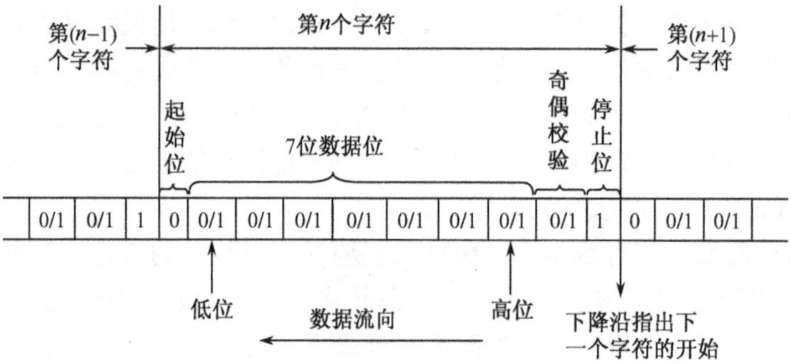

图 9-1 起止式异步传送一个字符的格式

起止式异步传送的特点：一个字符一个字符地传输，每个字符是一位一位连续地传输，并且传输一个字符时，总是以“起始位”开始，以“停止位”结束，字符之间没有固定的时间间隔要求。每一个字符的前面都有一位起始位（低电平，逻辑值 0），字符本身由 7～8 位 bit 位组成，接着 bit 位后面是一位校验位（也可以没有校验位），最后是一位或两位的停止位，停止位后面是不定长的空闲位（字符间隔）。停止位和空闲位都规定为高电平（逻辑值 1），这样就保证起始位开始处一定有一个下跳沿。这种格式是靠起始位和停止位来实现字串的界定或同步的，故称为起止式。

在起止式异步传送一个字符的格式中，除起始位是固定一个比特位外，数据位长度可以选择 7 位或 8 位，校验位可以选择有无校验，有校验是奇校验还是偶校验。停止位可以选择 1 位还是 2 位。

目前，通信传输的大部分采用的是由 ASCII 码所表示的字符代码。ASCII 码是用七位二进制组合来表示数字，字母，符号和控制码的。因此，异部传送的一个字符，实际上就是一个 ASCII 码所表示的字符。

在串行通信中，用“波特率”来描述数据的传输速率。波特率，即每秒钟传送的二进制位数，其单位为 bps（bits per second）。它是衡量串行数据速度快慢的重要指标。国际上规定了一个标准波特率系列：110，300，600,1200,1800,2400,4800,9600,14.4K,19.2K,28.8K,33.6K,56Kbps。例如，9600bps，指每秒传送 9600 位，包含字符的位和其他必须的位，如起始位、奇偶校验位、停止位等。大多数串行接口电路的接收波特率和发送波特率可以分别设置，但接收方的接收波特率必须与发送方的发送波特率相同，否则数据不能传送。

上面所讲的异步传送之字符数据格式和波特率，称为串行异步通信之通信参数，又称通信格式。在串行异步通信中，通信双方必须就通信参数进行统一规定，也就是就一个字符的 bit 位长度、有无校验位、校验方法、停止位的长度及传输速率（波特率）进行统一设置，这样才能保证双方通信的正确。如果不一样，哪怕一个规定不一样，都不能保证正确进行通信。

当 PLC 与变频器或智能控制装置通信时，对 PLC 来说，通信参数的内容变成一个 16 位二进制的数（又称通信格式字）存储在指定的存储单元中，而对变频器和智能装置来说，则是通过对相关通信参数的设定来完成通信参数的设置。

通信格式实际上是通信双方在硬件上所要求的统一规定。通信格式的设置是由硬件电路来完成的。也就是说通信格式中的数据位、停止位及奇偶校验位均是由电路来完成的。控制设备中通信参数的设定实际上是控制硬件电路的变化。有些控制设备的通信格式是规定的，不能变化。通信的另一方必须完成这些参数的设置。在具体应用中必须注意这一点。

通信格式是通信双方对一个字串传送规格的约定，它是数据通信报文的基础，必须在通信前进行设置。

4. 通信数据格式（报文格式）

把一个一个的字符组织在一起，形成了一个字符串，这个由多个字符串组成的数据信息就是通信控制的具体内容，称为一帧信息。全部通信就是由多个以帧为单位的数据信息来完成的。人们发现，设计一个合适的数据信息帧结构，再加上合适的控制规程，就可以使通信变得比较可靠。

在 PLC 的通信控制中，一个完整的数据信息帧结构如图 9-2 所示。

起始码	地址码	控制码	信息码	校验码	停止码

图 9-2　数据信息帧结构

（1）起始码：一般以一个特殊的标志（某个 ASCII 码符）为信息帧的起始边界，又称为“帧头”“头码”等。也可以没有起始码。

（2）地址码：设备在网络通信中的站址。

（3）控制码：信息帧中最主要的内容，表示发送方要求接收方做什么，又称为“功能码”。控制码不可缺少。

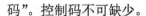

（4）信息码：与控制码相联系，告诉接收方怎么做，又称为“数据码”。信息码有时可省略。

（5）校验码：对参与校验的数据进行校验所形成的码，校验方法由通信协议规定。校验码一般不能省略。

（6）停止码：一般为一个或两个特殊的标志（ASCII 码符），为信息帧的结束边界，又称为“结束码”“尾码”“帧尾”等。

帧头一般不能省略，但“帧尾”可有可无。可有一个标志也可有两个标志。

许多通信协议的数据信息帧结构与图 9-2 所示的帧结构会有所不同，但上述基本内容都是相同的。不同的通信协议仅是对起始码、地址码、控制码、信息码、校验码及停止码作出不同的规定而已。一帧数据信息到底有多少个字符，是没有具体规定的，主要取决于通信协议。

一帧数据信息的发送，是从起始码开始到停止码结束，依次一个字符一个字符地发送。而对每个字符则是一位一位地连续依次发送。而一个字符一个字符地发送，中间是可以有间隔的。

把异步传送之字符数据格式和波特率一起称为异步传送通信格式。这里把由多个字符组成的数据信息帧结构称为异步传送数据格式。异步传送数据格式又称报文、报文格式、信息帧、数据信息帧等。

在实际应用中，PLC 通信控制信息的发送是通过编写通信控制程序来完成的，或者通过组态软件对通信格式的参数设置和数据格式的编写来完成的。

9.1.2 三菱 FX3 系列 PLC 通信功能介绍

在工业生产中，通过通信方式实施对各种生产设备的控制得到了越来越广泛的应用。PLC 作为一种通用的工业控制器，具有强大的通信控制功能。在实际应用中，它既可以作为上位机，对各种设备进行通信控制，同时，它也可以作为下位机，接受来自上位机的通信控制。

三菱 FX 系列 PLC 通信功能十分强大，主要有链接数据通信功能、串行通信功能、顺序程序通信功能、I/O 链接通信功能、以太网通信功能和电子邮件发送通信功能等。由于本书仅对 FX 系列 PLC 的相关通信指令进行讲解，不可能对其通信控制功能和应用进行详细说明。因此读者如需了解和学习，可参看相应的手册资料和专著。

三菱 FX 系列 PLC 的通信控制涉及其通信口的组成、通信用外部设备，指令和程序等多方面的知识。为节省篇幅，这里仅就通信指令及通信应用方面的一些知识进行简单介绍。后面，在讲解通信指令时，就不再赘述，读者可参看这里的说明。

1. 通信功能与通信指令

1）数据链接通信功能

数据链接通信功能是指 PLC 不需要通过编写通信控制程序而直接使用链接软元件交换信息数据或通过通信指令直接进行通信控制。在 FX3 系列 PLC 中，专用的变频器通信指令和 Modbus 读写指令就属于链接通信功能。使用专用通信指令进行通信控制的最大特点是不用编写烦琐的通信程序，只需在指令的操作数中填写根据相应通信协议所规定的功能码和信息码。而通信数据格式中的其他数据，例如起始码、校验码、停止码等均由 PLC 自动完成并进行传送。因此只要正确掌握指令的运用，就可以非常方便地进行通信控制。但专用的通信指令使用范围小，只能针对指定的专用设备或通信协议。例如变频器通信指令仅能控制三菱的某些型号的变频器，并不是所有品牌型号的变频器都能使用。

2）无协议通信功能

无协议通信功能又叫自由口通信。初学者感觉奇怪，通信怎么没有协议？实际上这里的无协议指的是 PLC 本身不自带任何通信协议，但是通过其无协议通信指令可以和带任何协议的设备进行通信控制或向上位机进行信息交换，所以称作无协议。在其他一些品牌的 PLC 上叫作自由口通信。自由口通信是在功能指令中开发了两个通信指令，一个是发送指令，一个是接受指令。三菱 FX 系列 PLC 把这两个通信指令变成一个既含有发送功能又含有接受功能的指令。然后，PLC 根据被控制设备的通信参数的设置来设置 PLC 的通信参数。再根据被控制设备的通信协议来编制通信数据信息帧（数据格式）程序，通过发送指令将数据信息发送给被控制设备，对被控制设备进行运行控制或参数设置，同时通过接收指令接收被控制设备回传的数据信息，并把回传数据送到指定的寄存器中，由 PLC 进行处理。以上就是对无协议通信（自由口通信）的通信功能的说明。

无协议通信要编写复杂的通信程序，应用上不及专用通信指令简单方便。但无协议通信应用范围广，可以和任何具有通信功能的下位机进行通信控制。因此，这是学习 PLC 进行通信控制必须掌握的知识。

3）通信指令

三菱 FX 系列 PLC 的通信指令有无协议通信指令、变频器通信指令和 Modbus 读写指令。此外，还有一些与通信程序设计相关的指令，如表 9-1 所示。

表 9-1　三菱 FX 系列 PLC 的通信指令一览表

类　别	指令	说　明	适用 PLC
无协议通信	ASCI	HEX→ASCII 变换指令	FX_{3S}, FX_{3G}, FX_{3GC}, FX_{3U}, FX_{3UC}
	HEX	ASCII→HEX 变换指令	
	RS	无协议通信指令	
	RS2	无协议通信指令	
	CCD	校验码指令	
	CRC	校验码指令	FX_{3U}, FX_{3UC}
变频器通信	IVCK	变换器运转监视指令	FX_{3S}, FX_{3G}, FX_{3GC}, FX_{3U}, FX_{3UC}
	IVDR	变频器运行控制指令	
	IVRD	变频器参数读取指令	
	IVWR	变频器参数写入指令	
	IVBWR	变频器参数成批写入指令	
	IVMC	变频器多个命令指令	
Modbus 读写	ADPRW	Modbus 读写指令	

2．通信用外部设备

PLC 是一个数字控制设备，一般在基本单元上都自带二个通信口。一个是编程通信口，简称编程口，用于 PLC 与计算机或触摸屏连接，通过编程软件对 PLC 进行程序读写或通过触摸屏对 PLC 进行控制与数据处理。另外一个为通信口，是 PLC 与外部设备进行通信控制的端口。图 9-3 所示为 FX_{3U} PLC 基本单元上这两个通信口的位置。

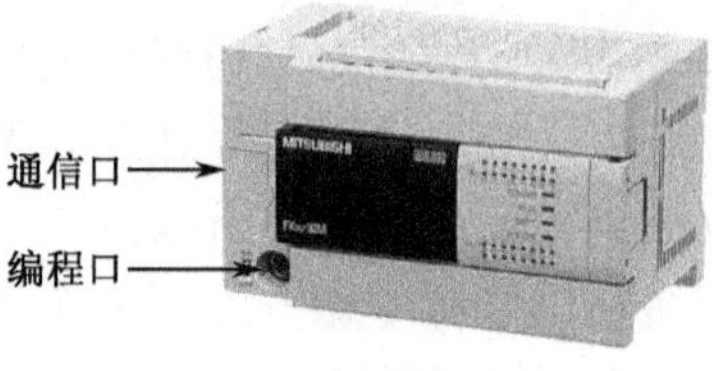

图 9-3　FX_{3U} PLC 基本单元通信口位置

PLC 的这个与外部设备进行通信控制的通信口，由于接口标准的不同或接口本身输出接线方式的不同一般是不能直接和外部设备进行连接的，必须通过生产商开发的各种通信设备才能和外部设备进行连接和通信。

三菱 FX 系列 PLC 的通信用外部设备分成两大类：一类是功能扩展板，这是一个简易的通信设备，它直接安装在基本单元的通信口上，其外形如图 9-4（a）所示。另一类是通信适配器，它是一个单独的装置，安装在 PLC 左侧，其外形如图 9-4（b）所示。

（a）FX_{3U}-485BD 功能扩展板　　（b）FX_{3U}-485ADP 适配器

图 9-4　FX_{3U} PLC 基本单元通信口位置

从通信接口标准来看，FX 系列 PLC 基本单元上的编程口和通信口均为 RS422 接口标准。如果要和 RS232 和 RS485 接口标准的外部设备进行通信，则必须进行接口标准的转移。从这一点上来看，所有的通信设备都是一个接口标准转换器，或者是一个接线方式的转换器（当通信设备为 RS422 标准输出时）。表 9-2 把目前所有的 FX 系列 PLC 的通信设备按接口标准分类列成表格供读者查询。表中适用 PLC 为该通信设备能够应用的 PLC 型号，使用时必须注意。

表 9-2　三菱 FX 系列 PLC 的通信设备一览表

接口标准	类　型	型　号	适用 PLC
RS232	功能扩展板	FX_{1N}-232-BD	FX_{1S}, FX_{1N}
		FX_{2N}-232-BD	FX_{2N}
		FX_{3U}-232-BD	FX_{3U}, FX_{3UC}

续表

接口标准	类　型	型　号	适用 PLC
RS232	功能扩展板	FX_{3G}-232-BD	FX_{3G}, FX_{3S}
	通信功能模块	FX_{2N}-232IF	FX_{3U}, FX_{3UC}
	适配器	FX_{2NC}-232ADP	FX_{1S}, FX_{1N}, FX_{2N}, FX_{1NC}, FX_{2NC}
		FX_{3U}-232ADP	FX_{3U}, FX_{3UC}, FX_{3G}, FX_{3GC}, FX_{3S}
		FX_{3U}-232ADP-MB	FX_{3U}, FX_{3UC}, FX_{3G}, FX_{3GC}, FX_{3S}
RS485	功能扩展板	FX_{1N}-485-BD	FX_{1S}, FX_{1N}
		FX_{2N}-485-BD	FX_{2N}
		FX_{3U}-485-BD	FX_{3U}, FX_{3UC}
		FX_{3G}-485-BD	FX_{3G}, FX_{3S}
		FX_{3G}-485-BD-RJ	FX_{3G}, FX_{3S}
	适配器	FX_{2NC}-485ADP	FX_{1S}, FX_{1N}, FX_{2N}, FX_{1NC}, FX_{2NC}
		FX_{3U}-485ADP	FX_{3U}, FX_{3UC}, FX_{3G}, FX_{3GC}, FX_{3S}
		FX_{3U}-485ADP-MB	FX_{3U}, FX_{3UC}, FX_{3G}, FX_{3GC}, FX_{3S}
RS422	功能扩展板	FX_{1N}-422-BD	FX_{1S}, FX_{1N}
		FX_{2N}-422-BD	FX_{2N}
		FX_{3U}-422-BD	FX_{3U}, FX_{3UC}
		FX_{3G}-422-BD	FX_{3G}, FX_{3S}
USB	功能扩展板	FX_{3U}-USB-BD	FX_{3U}, FX_{3UC}
以太网	适配器	FX_{3U}-ENET-ADP	FX_{3U}, FX_{3UC}, FX_{3G}, FX_{3GC}, FX_{3S}
接口转换	接口转换扩展板	FX_{1N}-CNV-BD	FX_{1S}, FX_{1N}
		FX_{2N}-CNV-BD	FX_{2N}
		FX_{3S}-CNV-BD	FX_{3S}
		FX_{3G}-CNV-BD	FX_{3G}
		FX_{3U}-CNV-BD	FX_{3U}

3. 通信口与通道

1）通信口与通道

这里所指的通信口是 PLC 与外部设备进行通信控制的接口，早期的 FX 系列 PLC 只有一个通信口，只能通过一台通信设备（通信扩展版或通信适配器）与外部设备进行通信控制，所有接在这个通信设备上的外部设备必须通信参数（通信格式）完全一样。当与多台设备通信时只能通过地址码来区别外部设备，但是随着通信控制应用越来越广泛，这种通信结构已不能满足需求，例如当希望与两种外部设备进行通信，而这两个外部设备的通信参数（通信格式）并不一样，这时候只有一个通信口是不能满足需求的，如有两个通信口，则可利用这两个通信口分别与这两种外部设备进行不同通信参数的通信控制。FX_{3U} PLC 就是具有两个通信口的 PLC。

当 PLC 具有两个甚至多个通信口时，为了保证通信控制正确执行必须对所使用的通信口给予说明，这就产生了通道的概念。在 FX 系列 PLC 中，通道就是通信口的代称。两个通信口称作两个通道，通过通道的编址来区分通信口，两个通信口分别命名为通道 1 和通道 2。在编制通信控制程序时，通过对通信指令中的通道设置操作数来决定所指定的通信口。

2）通道的指定

当两个外部设备通过通信设备连接到通信口时，必须要指定通道地址。三菱 FX 系列 PLC 对通道地址的指定有严格的规定。根据通信设备的选择和系统构成的不同对通道的指定也有不同。下面仅对 FX_{3U} 的 RS-485 通信场合的系统构成进行说明。

当仅有一个通信设备时，则指定为通道 1。图 9-5 为当仅有一个通信功能扩展板 FX_{3U}-485-BD 时的示意图，而图 9-6 为仅有一个通信适配器 FX_{3U}-485ADP(-MB)时的示意图，图中 FX_{3U}-CNV-BD 为接口位置转换扩展板，因为 FX_{3U}-485ADP(-MB)适配器不能直接和 PLC 的通信口相连接，必须通过 FX_{3U}-CNV-BD 板进行转接。

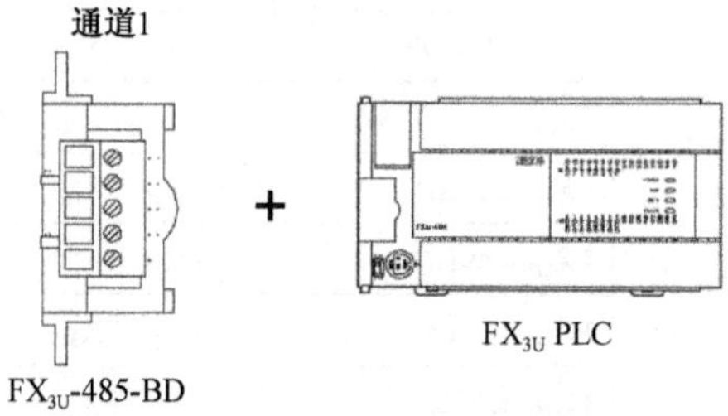

图 9-5　一个通信设备通道指定示意图

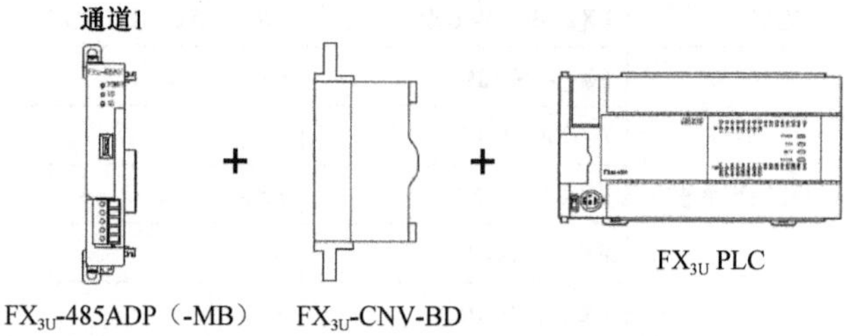

图 9-6　一个通信设备通道指定示意图

图 9-7 和图 9-8 为 FX_{3U} PLC 连接两个通信设备时通道指定示意图。对图 9-7 来说，如果通道 1 为其他接口标准通信功能扩展板（-232，-422，-USB，-8AV 等），仍占用通道 1。同样，在图 9-8 中，如果通道 1 为其他接口标准适配器，仍占用通道 1。

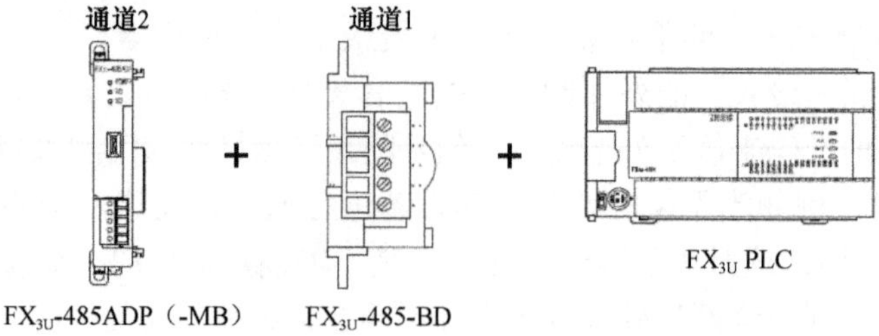

图 9-7　两个通信设备通道指定示意图

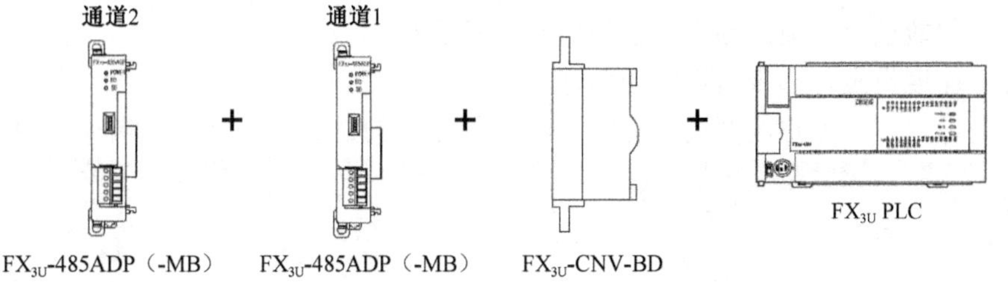

图 9-8　两个通信设备通道指定示意图

FX3 系列 PLC 的通道设置有通道 0，通道 1，通道 2 三个。其中通道 0 仅为 FX_{3G} 和 FX_{3GC} PLC 所能设置，而 FX_{3G} PLC 的 14 点和 24 点产品不能设置通道 2。

4．通信参数的设置

当 PLC 与外部设备进行通信控制时，PLC 本身并不含有通信协议。必须根据被控制设备通信参数的设置来设置 PLC 的通信参数。当外部设备的通信参数设定好后，PLC 的通信参数的设置有两种方式。

1）通信参数（通信格式字）通过程序送入 PLC 指定存储单元

这种方式是把外部设备通信参数的设定根据相应通信功能关于通信格式的规定转化成一个 16 位二进制数（通信格式字），然后把这个通信格式字以十六进制数形式通过 MOV 指令在初始化程序中直接传送到指定的数据寄存器存储单元中。

这种方式现在已经很少使用，但初学者一定要先学习这种方式，加深对通信格式字的生成和通信程序编写的理解。在下一节无协议通信指令中，将对这种方式给予详细说明。

对 PLC 来说，通信参数的内容变成一个 16 位二进制的数（又称通信格式字）存储在指定的存储单元中。

2）通信参数通过编程软件设定后写入 PLC

这种方式是通过编程软件（GX Developer 或 GX Works2）中的通信参数选项卡设定相应的参数，然后将程序和设定的参数一起写入到 PLC 中，是目前常用的方式。

用这种方式进行通信参数设置，就不需要在程序中编写通信格式字的写入程序 。PLC 会自动将用这种方式形成的通信格式字写入到相应的数据存储单元中去。

通信参数设定操作如下。

（1）启动编程软件 GX Developer 或 GX Works2。

（2）双击软件左侧“工程栏”中的“PLC 参数”，如图 9-9 所示。

（3）双击后出现如图 9-10 所示的“FX 参数设置”对话框，两种软件的对话框上方的选项卡栏目会稍有不同，再点击“PLC”参数（2)”的选项卡。

（4）点击后出现如图 9-11 所示的通信参数设置对话框，该对话框由五个部分组成，现将各部分说明如下：

- 通道设定。仅有 FX_{3U} 系列 PLC 可以设定，其他系列 PLC 无此设定项。而下面的通信参数设定为连接此通信口上的所有设备的通信参数设定。
- 进行通信设置选项。请勾选，仅勾选后才能进行下面的通信参数设定。

- 通信参数设定。根据预定的通信参数进行选择。
- 传送速度设定。选择适当的通信速率。
- 其他设定。该设定根据通信功能不同进行相应的设定。具体留在指令讲解时说明。

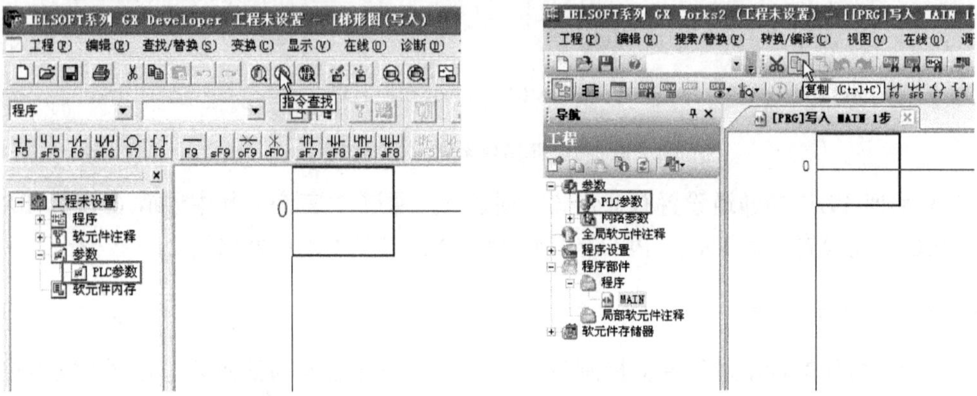

（a）GX DeVeloper　　（b）GX Works2

图 9-9　编程软件工程栏

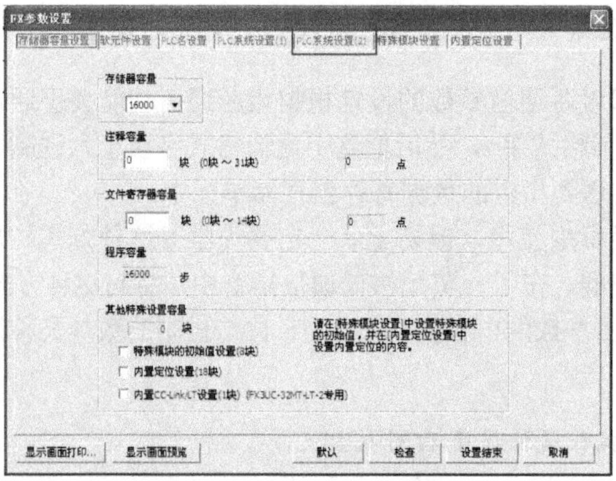

图 9-10　FX 参数设置对话框

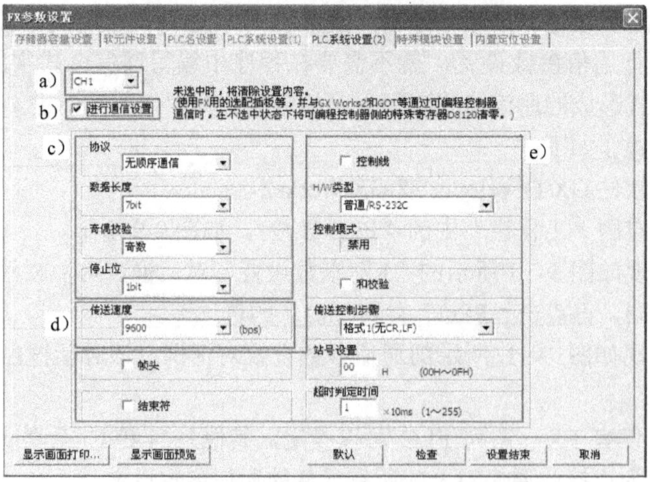

图 9-11　通信参数设置对话框

（5）程序写入时，在“PLC 写入”对话框中，务必勾选“程序+参数”，再进行写入操作。这时，程序和参数便一起写入到 PLC 中。

9.2　无协议通信指令

9.2.1　无协议通信说明

1. 通信指令说明

无协议通信并不是没有通信协议，实际上这里的无协议指的是 PLC 本身不自带任何通信协议，而是通过其无协议通信指令可以和带任何通信协议的设备进行通信控制或向上位机进行信息交换。三菱 FX 系列 PLC 的无协议通信指令有两个：RS 和 RS2。除此之外，还开发了一些与编制通信控制程序有关的方便指令，现说明如下。

1）十六进制数与 ASCII 码转换指令 ASCI 和 HEX

这两个指令功能上是数据处理指令。在许多通信协议中，数据传输要求是以 ASCII 码进行传输，例如，MODBUS 协议的 ASCII 通信方式、三菱变频器专用通信协议等。这时就需要把传输的数据格式中的十六进制符（HEX 数）转换成 ASCII 码，然后编制通信程序进行发送。同样，当 PLC 要求外部设备回传数据时，其回传的数据也是以 ASCII 码进行回传的，这时，又需要将 ASCII 码转换成 HEX 数后才能进行程序处理。进行这种转换有两种方式，一种方式是人工查表进行转换。这种方式对初学者来说，可以通过转换的过程了解数据传输的程序编写过程，但实际使用很不方便。另一种是通过转换指令自动进行。在程序中，输入 HEX 数，然后应用转换指令 ASCI 把 HEX 数自动转换成 ASCII 码后再传输出去。如是回传数据，则先通过指令 HEX 直接转换成 HEX 数后再进行程序处理。

2）串行数据传送指令 RS 和 RS2

三菱 FX 系列 PLC 进行无协议通信的指令有两个：串行数据传送指令 RS 和 RS2。其中 RS 指令所有系列 PLC 都可以用，而 RS2 指令仅限于 FX3 系列 PLC。这两个指令的功能是一样的。两者的区别在于 RS 指令没有通道设置操作数，而 RS2 指令有通道设置操作数。当 PLC 仅有一个通信口时，一般应用 RS 指令，当 PLC 具有两个通信口时，必须应用 RS2 指令。实际使用时，它们的通信格式字设定和所用的特殊辅助继电器与特殊数据寄存器的编址也不一样。具体说明在指令中进行讲解。

3）校验码指令 CCD 和 CRC

校验码是对数据格式中对参与校验的数据进行校验的结果。校验码的校验方法（或称为算法）是由通信协议规定的，因此，不同的设备其校验码的算法由设备采用的通信协议所规定。校验码通常由人工根据其算法编制程序获得，也可由人工计算获得，但对于复杂的校验码算法无论是编制程序还是人工计算都很困难。因此就出现了校验码指令，用户只需在程序中应用校验码指令，就可直接得到校验码，十分方便。

三菱 FX 系列 PLC 中，有两个校验码指令：求和校验码指令 CCD 和 CRC 校验码指令 CRC。CCD 指令是针对三菱变频器专用通信协议的校验算法设计的，它有两种校验结果，求和校验和异或校验。而 CRC 指令是针对 MODBUS 通信协议之 RTU 通信方式的 CRC 校验算法设计的。这二种校验码指令将在 9.3 节中详细讲解。

2. 通信格式说明

当 PLC 与外部设备通信时，对 PLC 来说，通信参数的内容变成一个 16 位二进制的数（又称通信格式字）存储在指定的存储单元中。而通信格式字则是根据通信指令所指定的通信格式设置表所设置的。设置完成后。把这个通信格式字以十六进制数的形式通过 MOV 指令在初始化程序中直接传送到指定的数据寄存器存储单元中。

RS 指令和 RS2 指令的通信格式字设置表详见表 9-15 和表 9-21。它们的低 8 位是相同的，主要是针对通信参数的设置。而高 8 位是针对 PLC 的控制线方式和通信协议有关内容设置的。当采用 MOV 指令传送通信格式时，如何生成通信格式字则是初学者要学习的内容。学习这种方式，可以加深对通信格式字的生成和通信程序编写的理解。

现举例加以说明。

【例 1】 三菱 E500 变频器通信参数设置如下：

Pr.118=96　　（波特率 9600）

Pr.119=10　　（数据位 7 位，停止位 1 位）

Pr.120=1　　（奇校验）

FX_{2N} PLC 使用通信板卡 FX_{2N}-485-BD 与 E500 变频器进行通信控制。试写出通信格式字。

分析如下：

Pr.118=96	（波特率 9600），	则	b7 b6 b5 b4 = 1000
Pr.119=10	（7 位，停止位 1 位），	则	b0 = 0，b3 = 0
Pr.120=1	（奇校验），	则	b2 b1 = 01
控制线	无协议，RS-485	则	b11 b10 =11

根据上述要求，结合 RS 指令通信格式设置表，分析如下：

b15	b14	b13	b12	b11	b10	b9	b8	b7	b6	b5	b4	b3	b2	b1	b0
0	0	0	0	1	1	0	0	1	0	0	0	0	0	1	0
0				C				8				2			

然后把这 16 位二进制数转换成十六进制就是 0C82H。

所以通信格式字：H 0 C 8 2。

【例 2】 某条码机的通信参数如下：

数据长度	8 位
奇偶性	偶
停止位	1 位
起始符	有

终止符　　　　　　有
传输速率　　　　　2400bps
接口标准　　　　　RS-232C

试设置 RS 指令无协议，RS-232 的通信格式。

分析如下：

数据位 8 位	b0 = 1
偶校验	b2 b1 = 11
停止位 1 位	b3 = 0
波特率 2400	b7 b6 b5 b4 = 0110
起始符有	b8 = 1
终止符有	b9 = 1
控制线无协议 RS-232	b11 b10 =00

b15	b14	b13	b12	b11	b10	b9	b8	b7	b6	b5	b4	b3	b2	b1	b0
0	0	0	0	0	0	1	1	0	1	1	0	0	1	1	1
0				3				6				7			

所以通信格式字：H 0 3 6 7。

在许多控制设备中对通信参数有一种约定俗成的写法，其约定如下：

7，	N，	1，	9600
数据长度	校验位	停止位	波特率

【例 3】 某控制设备其通信参数为：8，E，1，19200。试写出通信格式字低 8 位。

数据长度	8	则	b0 = 1
校验位	E（偶校验）	则	b2 b1 = 11
停止位	1	则	b3 = 0
波特率	19200	则	b7 b6 b5 b4 = 1001

所以通信格式字低 8 位为：H 9 7。

【例 4】 台达变频器通信格式其中之一为：7，N，2 for ASCII，波特率 19200，试写出其通信格式字低 8 位。

数据长度	7	则	b0 = 0
校验位	N（无校验）	则	b2 b1 = 00
停止位	2	则	b3 = 1
波特率	19200	则	b7 b6 b5 b4 = 1001

所以通信格式字低 8 位为：H 9 8。

注：这里“for ASCII”表示台达变频器通信采用 MODBUS 通信协议 ASCII 通信方式。

3. 通信程序相关特殊数据寄存器、特殊辅助继电器

使用 RS 和 RS2 指令时，涉及一些有关通信的特殊数据寄存器和特殊辅助继电器，其主要相关软元件，如表 9-3 和表 9-4 所示。

比较一下两个表格，就会发现，其主要相关软元件的名称和内容都是相同的。但指令不同，通道不同，其所涉及的相关软元件的编址也是不同的，这一点在使用时不能搞错。表

中，通道 0 仅支持 FX_{3G}/FX_{3GC} PLC。

表 9-3　RS 指令主要相关软元件

软元件	名称	内容
M8122	发送请求	设置发送请求后，开始发送
M8123	接收结束标志位	接收结束时置 ON，当接收结束标志位（M8123）为 ON 时，不能再接收数据
M8161	8 位处理模式	在 16 位数据和 8 位数据之间切换发送接收数据 ON：8 位模式 OFF：16 位模式
D8063	串行通信错误代码	当串行通信错误（M8063）为 ON 时，在 D8063 中保存错误代码
D8120	通信格式设定	可以通信格式设置
D8129	超时时间设定	设定超时的时间

表 9-4　RS2 指令主要相关软元件

软元件			名称	内容
通道 0	通道 1	通道 2		
M8372	M8402	M8422	发送请求	发送请求置 ON（置位）后，开始发送
M8373	M8403	M8423	接收结束标志位	当接收结束时为 ON 当接收结束标志位为 ON 时，不能再接收数据
D8062	D8063	D8438	串行通信错误代码	当串行通信错误为 ON 时，保存错误代码
D8370	D8400	D8420	通信格式设定	通信格式设定
D8379	D8409	D8429	超时时间设定	设定超时的时间

下面对这些主要相关软元件给予说明。

1）数据处理模式标志位 M8161

该标志位决定数据处理的模式。一旦确定指令 ASC，RS, ASCI，HEX，CCD 和 CRC 指令都必须按照所确定的模式处理指令中的数据。

M8161=ON，处理 8 位数据模式。这时，指令只对数据寄存器 D 的低 8 位数据进行处理。

M8161=OFF，处理 16 位数据模式。这时指令对发送数据寄存器 D 的 16 位进行处理，并按照先低 8 位后高 8 位的顺序进行处理。

2）发送请求标志位 M122/M8372/M8402/M8422

该标志位为 ON 时，数据开始发送。发送结束后，该标志位会自动复位，等待下一次发送。该标志位必须以脉冲执行型驱动为 ON。

3）接收结束标志位 M8123/M8373/M8403/M8423

当数据接收结束后，该标志位为 ON，但其不能自动复位，因此，当标志位为 ON 期间，必须将数据传送到指定的寄存器中，再使该标志位复位，转为等待接收数据状态。

4）串行通信错误代码寄存器 D8063/D8062/D8063/D8438

当串行通信出错时，该寄存器保存出错代码。同时，相同编址的特殊辅助继电器 M 为 ON。当通信恢复正常时，其也不会变 OFF，必须通过断电再上电或 STOP/RUN 切换使其复位。

5）通信格式字寄存器 D8120/D8370/D8400/D8420

设定的通信格式字存储单元如为程序设定，则必须通过 MOV 指令将通信格式字传送到该寄存器，如为采用编程软件参数设定，则会在程序写入 PLC 时，自动传送到该寄存器中。

通信前必须先将通信格式字写入该寄存器，否则不能通信；通信格式写入后，应将 PLC 断电再上电，这样通信设置才有效；在 RS，RS2 指令驱动时，不能改变寄存器的设定。

6）超时时间设定寄存器 D8129/D8379/D8409/D8429

设定的从数据接收中断时开始到报错为止的时间，以 10ms 为单位。当设定为 0 时，为 100ms。

9.2.2　HEX→ASCII 变换指令 ASCI

1．指令格式

FNC 82：ASCI 【P】　　　　程序步：3

ASCI 指令可用软元件如表 9-5 所示。

表 9-5　ASCI 指令可用软元件

操作数种类	位软元件							字软元件												其他				
	系统/用户							位数指定				系统/用户				特殊模块	变址			常数		实数	字符串	指针
	X	Y	M	T	C	S	D□.b	KnX	KnY	KnM	KnS	T	C	D	R	U□\G□	V	Z	修饰	K	H	E	"□"	P
S·								●	●	●	●	●	●	●	▲1	▲2	●	●	●	●	●			
D·									●	●	●	●	●	●	▲1	▲2			●					
n													●		▲1					●	●			

▲1：仅 $FX_{3G}/FX_{3GC}/FX_{3U}/FX_{3UC}$ 可编程控制器支持。

▲2：仅 FX_{3U}/FX_{3UC} 可编程控制器支持。

梯形图如图 9-12 所示。

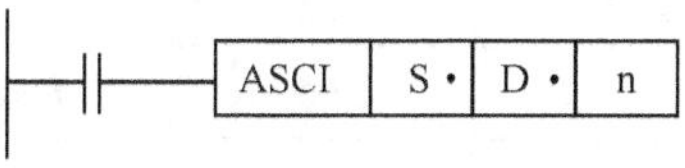

图 9-12　ASCI 指令格式

ASCI 指令操作数内容与取值如表 9-6 所示。

表 9-6　ASCI 指令操作数内容与取值

操作数种类	内　容	数 据 类 型
S·	保存要转换的 HEX 的软元件的起始编号	BIN16 位
D·	保存转换后的 ASCII 码的软元件的起始编号	字符串（仅 ASCII 码）
n	要转换的 HEX 的字符数（位数）［设定范围：1～256］	BIN16 位

解读：当驱动条件成立时，将存储在以 S 为首址的寄存器的十六进制字符转换成相应 ASCII 码存放在以 D 为首址的寄存器中，n 为转换的十六进制字符个数。

2. 指令应用

ASCI 指令也有两种数据模式，16 位数据模式和 8 位数据模式。一个 16 位的 D 寄存器存 4 个十六进制数，如果转换成 ASCII 码，则要两个 16 位的 D 寄存器存放。如果仅用寄存器的低 8 位存放 ASCII 码，那就要 4 个 16 位 D 寄存器，这就是 16 位数据模式和 8 位数据模式的区别。

当 M8161 设定为 16 位模式时，ASCI 指令的解读变成：将 S 为首址的寄存器中的十六进制数的各位转换成 ASCII 码，向 D 的高 8 位、低 8 位分别传送。转换的字符个数用 n 指定（十六位进制字符数）。一个 S 是 4 个十六进制数，转换后 ASCII 码必须有两个 D 来存放。

当 M8161 设定为 8 位模式时，ASCI 指令的解读变成：将 S 为首址的寄存器中的十六进制数的各位转换成 ASCII 码，向 D 的各个低 8 位传送，D 的高 8 位为 0。n 为转换 ASCII 码的字符个数（十六位进制字符数）。一个 S 是 4 个十六进制数，转换后 ASCII 码必须有 4 个 D 来存放。其具体存放方式通过一个例题来说明。

【例 5】 程序如图 9-13 所示，如果执行前(D10)=DCBAH，(D11)=1234H。试说明 16 位数据模式和 8 位数据模式转换后的 ASCII 码存放地址。

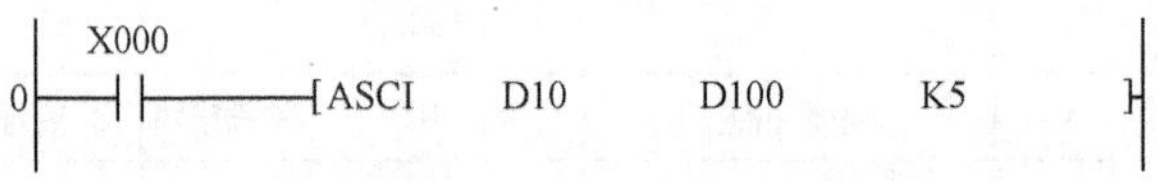

图 9-13　ASCI 指令应用

则 16 位数据模式执行后见表 9-7。

表 9-7　16 位数据模式执行后 ASCII 码存放地址

n	K1	K2	K3	K4	K5	K6
D100 低 8	【A】	【B】	【C】	【D】	【4】	【3】
D100 高 8		【A】	【B】	【C】	【D】	【4】
D101 低 8			【A】	【B】	【C】	【D】
D101 高 8				【A】	【B】	【C】

续表

n	K1	K2	K3	K4	K5	K6
D102 低 8					【A】	【B】
D102 高 8						【A】

注：(1)【A】表示 A 的 ASCII 码，即 H41。其余同，下表同。

(2) 空白处表示存储内容无变化，下表同。

则 8 位数据模式执行后见表 9-8。

表 9-8　8 位数据模式执行后 ASCII 码存放地址

n	K1	K2	K3	K4	K5	K6
D100 低 8	【A】	【B】	【C】	【D】	【4】	【3】
D101 低 8		【A】	【B】	【C】	【D】	【4】
D102 低 8			【A】	【B】	【C】	【D】
D103 低 8				【A】	【B】	【C】
D104 低 8					【A】	【B】
D105 低 8						【A】

在实际应用中常采用 8 位数据模式。因此，这里重点研究一下 8 位数据模式下的转换规律。

表 9-8 显示了 8 位数据模式执行转换后字符的 ASCII 码存放规律。这个规律是被转换字符的最低位（表中【A】）转换后存放在（D+n−1）单元，然后按字符由低到高依次存放在（D+n−2），(D+n−3）…（D+n−n）单元。例如，n=K3 时，表示有三个字符被转换，即 A,B,C。最低位 A 的 ASCII 码 41H 存放在(D100+3-1)=D102 单元，而 B,C 则依次存放在 D101,D100 单元。

因此，指令的关键数是 n，n 既是被转换字符的个数，也是存放 ASCII 码的存储器的个数，同时，n 还显示了最低位字符转换成 ASCII 码后的存储单元地址，即 D+n−1。由低位数向高位数第 m 个字符存储单元地址是 D+n−m。

9.2.3　ASCII→HEX 变换指令 HEX

1．指令格式

FNC 83：HEX 【P】　　　　　　　　　　　　　　程序步：7

HEX 指令可用软元件如表 9-9 所示。

表 9-9　HEX 指令可用软元件

操作数种类	位软元件							字软元件												其他				
	系统/用户							位数指定				系统/用户				特殊模块	变址			常数		实数	字符串	指针
	X	Y	M	T	C	S	D□.b	KnX	KnY	KnM	KnS	T	C	D	R	U□\G□	V	Z	修饰	K	H	E	"□"	P
(S·)								●	●	●	●	●	●	●	▲1	▲2			●	●	●			
(D·)									●	●	●	●	●	●	▲1	▲2	●	●	●					
n														●	▲1					●	●			

▲1：仅 $FX_{3G}/FX_{3GC}/FX_{3U}/FX_{3UC}$ 可编程控制器支持。

▲2：仅 FX_{3U}/FX_{3UC} 可编程控制器支持。

梯形图如图 9-14 所示。

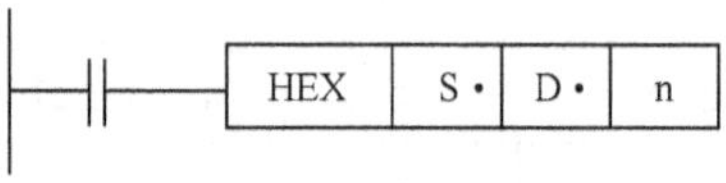

图 9-14　HEX 指令格式

HEX 指令操作数内容与取值如表 9-10 所示。

表 9-10　HEX 指令操作数内容与取值

操作数种类	内　　容	数 据 类 型
(S·)	保存要转换的 ASCII 码的软元件的起始编号	字符串（仅 ASCII 码）[①]
(D·)	保存转换后的 HEX 的软元件的起始编号	BIN16 位
n	要转换的 ASCII 码的字符数（字节数）［设定范围：1～256］	BIN16 位

注：①请仅将 ASCII 码设定为“0”～“9”“A”～“F”。

解读：当驱动条件成立时，把存储在以 S 为首址的寄存器中的 ASCII 码转换成十六进制字符，存放在 D 为首址的寄存器中，n 为转换的十六进制字符数。

2. 指令应用

同样，HEX 指令也有两种数据模式。

当 M8161 设定为 16 位模式时，HEX 指令的解读是把 S 为首址的寄存器中的高低各 8 位的 ASCII 码转换成十六进制数符，每 4 位十六进制数符存放在 1 位 D 寄存器中。转换的字符个数用 n 指定。

HEX 指令 8 位数据模式解读是这样的：把 S 为首址的寄存器中的低 8 位存储的 ASCII 码转换成十六进制数，存放在 D 寄存器中。每 4 位十六进制数存放在 1 位 D 寄存器中。转换的字符个数用 n 指定。

它的转换正好与 ASCI 指令相反，ASCI 指令是把 1 位十六进制数变成两位 ASCII 码，它是把两位 ASCII 码变成 1 位十六进制数存进去。16 位模式时，每两个 S 向 1 位 D 传送。8 位模式时，每 4 个 S 向 1 位 D 传送。下面通过例题来说明存放方式。

【例 6】　程序如图 9-15 所示，16 位数据模式。设

(D100) =【1,0】

(D101) =【3,2】

(D102) =【B,A】

(D103) =【D,C】

试说明 16 位数据模式和 8 位数据模式时转换后的 HEX 存放地址。

说明：【1,0】表示(D101)存两个十六进制符的 ASCII 码，高 8 位存【1】，低 8 位存【0】。其他同。

图 9-15　HEX 指令应用

16 位数据模式执行后见表 9-11。

表 9-11　16 位数据模式执行后表

n	D201	D200
K1		0H
K2		01H
K3		012H
K4		0123H
K5	0H	123AH
K6	01H	23ABH
K7	012H	3ABCH
K8	0123H	ABCDH

8 位数据模式执行后见表 9-12。

表 9-12　8 位数据模式执行后表

n	D201	D200
K1		0H
K2		02H
K3		02AH
K4		02ACH

对照这两个表就会发现 16 位模式是把每个 S 寄存器的两个 ASCII 码都转换成十六进制符存到 D 寄存器，8 位模式仅把每个 S 寄存器的低 8 位的 ASCII 码转换到 D 寄存器，而忽略高 8 位。

HEX 指令应用时必须注意，S 寄存器的数据如果不是 ASCII 码，则运算错误，不能进行转换，尤其是 16 位模式中 S 的高 8 位也必须是 ASCII 码。

在 PLC 通信控制中，如果通信协议规定是用 ASCII 码进行传送，则应答回传回来的数据也是 ASCII 码，所以，必须利用 HEX 指令把它转换成十六进制数后，PLC 才能进行处理。

9.2.4 串行数据传送指令 RS

1. 指令格式

FNC 80：RS 程序步：9

RS 指令可用软元件如表 9-13 所示。

表 9-13 RS 指令可用软元件

操作数种类	位软元件							字软元件												其他				
	系统/用户							位数指定				系统/用户				特殊模块	变址			常数		实数	字符串	指针
	X	Y	M	T	C	S	D□.b	KnX	KnY	KnM	KnS	T	C	D	R	U□\G□	V	Z	修饰	K	H	E	"□"	P
S·														●	▲				●					
m														●	▲					●	●			
D·														●	▲				●					
n														●	▲					●	●			

▲：仅 FX_{3G}/FX_{3GC}/FX_{3U}/FX_{3UC} 可编程控制器支持。

梯形图如图 9-16 所示。

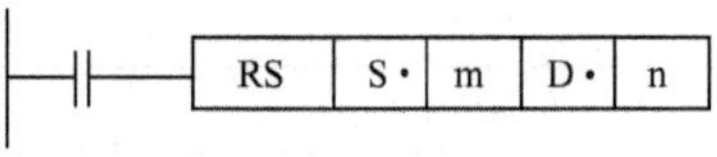

图 9-16 RS 指令梯形图

RS 指令操作数内容与取值如表 9-14 所示。

表 9-14 RS 指令操作数内容与取值

操作数种类	内 容	数据类型
S·	保存发送数据的数据寄存器的起始软元件	BIN16 位/字符串
m	发送数据的字节数［设定范围：0～4 096］	BIN16 位
D·	数据接收结束时，保存接收数据的数据寄存器的起始软元件	BIN16 位/字符串
n	接收数据的字节数［设定范围：0～4 096］	BIN16 位

解读：当驱动条件成立时，告诉 PLC 以 S 为首址的 m 个数据等待发送，并准备接收最多 n 个数据存储在以 D 为首址的寄存器中。

2. 指令执行功能

下面通过例子来具体说明指令执行功能。

【例 7】　串行指令 RS 如图 9-17 所示，试说明其执行功能。

图 9-17　串行指令 RS 例

这个指令的功能是，有 10 个存在 PLC 的 D100～D109 中的数据等待发送，最多接收 5 个数据并依次存在 PLC 的 D500～D504 中。S 和 m 是一组，D 和 n 是一组，这是两组不相干的数据，具体多少根据通信程序确定。但 S 和 D 是不能使用相同编号的数据寄存器。m 和 n 也可以使用 D 寄存器，这时，其发送和接收的数据个数由 D 寄存器的内容所决定。

3. 指令应用

1）通信格式字

表 9-15 为 RS 指令的通信格式字设置。

表 9-15　RS 指令通信格式字设置

<table>
<tr><th rowspan="2">位 编 号</th><th rowspan="2">名　称</th><th colspan="3">内　容</th></tr>
<tr><th colspan="2">0（位 OFF）</th><th>1（位 ON）</th></tr>
<tr><td>b0</td><td>数据长度</td><td colspan="2">7 位</td><td>8 位</td></tr>
<tr><td>b1
b2</td><td>奇偶校验</td><td colspan="3">b1，b2
（0，0）：无
（0，1）：奇校验（ODD）
（1，1）：偶校验（EVEN）</td></tr>
<tr><td>b3</td><td>停止位</td><td colspan="2">1 位</td><td>2 位</td></tr>
<tr><td>b4
b5
b6
b7</td><td>波特率
（bps）</td><td colspan="3">b7，b6，b5，b4　　b7，b6，b5，b4
（0，0，1，1）：300　　（0，1，1，1）：4 800
（0，1，0，0）：600　　（1，0，0，0）：9 600
（0，1，0，1）：1 200　　（1，0，0，1）：19 200
（0，1，1，0）：2 400　　（1，0，1，0）：38 400①</td></tr>
<tr><td>b8</td><td>报头</td><td colspan="2">无</td><td>有（D8124）　初始值：STX（02H）</td></tr>
<tr><td>b9</td><td>报尾</td><td colspan="2">无</td><td>有（D8125）　初始值：ETX（03H）</td></tr>
<tr><td rowspan="2">b10
b11</td><td rowspan="2">控制线</td><td>无协议</td><td colspan="2">b11，b10
（0，0）：无<RS-232C>接口
（0，1）：普通模式<RS-232C>接口
（1，0）：相互链接模式<RS-232C>接口
（FX_{2N}可编程控制器 Ver.2.00 以上的版本以及FX_{2NC}、FX_{3S}、FX_{3G}、FX_{3GC}、FX_{3U}、FX_{3UC}可编程控制器）
（1，1）：调制解调器模式
<RS-232>接口、<RS-485/RS-422>接口②</td></tr>
<tr><td>计算机链接</td><td colspan="2">b11，b10
（0，0）：<RS-485/RS-422>接口
（1，0）：<RS-232C>接口</td></tr>
</table>

续表

位编号	名称	内容	
		0（位 OFF）	1（位 ON）
b12	不可以使用		
b13[③]	和校验	不附加	附加
b14[③]	协议	无协议	专用协议
b15[③]	控制顺序	协议格式 1	协议格式 4

注：①仅 FX_{3S}, FX_{3G}, FX_{3GC}, FX_{3U}, FX_{3UC} 可编程控制器可以设定。

②使用 RS-485/RS-422 接口的场合，只有 FX_{0N}, FX_{1S}, FX_{1N}, FX_{1NC}, FX_{2N}, FX_{2NC}, FX_{3S}, FX_{3G}, FX_{3GC}, FX_{3U}, FX_{3UC} 可编程控制器可以使用。

③使用无协议通信时， 请务必在“0”中使用。

通信格式字确定后，必须先用传送指令 MOV 将其传送入特殊寄存器 D8120。同时，对 PLC 进行一次断电、上电操作，确认通信格式字的写入。在 RS 指令驱动期间，即使变更 D8120 的设置，也不会被接收。

2）数据处理模式

RS 指令执行时，对所传送或接收数据的处理有两种处理模式，这两种模式由特殊继电器 M8161 的状态所决定。

M8161=ON，处理 8 位数据模式。这时，RS 指令只对发送数据寄存器 D 的低 8 位数据进行传送，接收到的数据也只存放在接收数据寄存器 D 的低 8 位。

M8161=OFF，处理 16 位数据模式。这时 RS 指令对发送数据寄存器 D 的 16 位进行处理，按照先低 8 位后高 8 位的顺序进行传送，接收到的数据按先低 8 位后高 8 位的方式存放在接收数据寄存器 D 中。

下面通过举例来对两种存放方式给予说明。

【例 8】 PLC 利用 RS 指令发送 10 个数据和接收 8 个数据，发送数据存放首址为 D10，接收数据存放地址首址为 D20，试分别写出两种模式下数据发送和接收的存放地址内容。

发送数据：0,2,F,B,4,7,2,E,3,0

接收数据：0,3,4,0,8,0,3,0

M8161=ON。8 位数据模式下，发送数据和接收数据的存放地址及内容见表 9-16。

表 9-16　8 位数据处理模式

数据发送存放		数据接收存放	
D	内容	D	内容
D10 低 8	0 2	D20 低 8	0 3
D11 低 8	F B	D21 低 8	4 0
D12 低 8	4 7	D22 低 8	8 0
D13 低 8	2 E	D23 低 8	3 0
D14 低 8	3 0		

M8161=OFF，16 位数据模式下，发送数据和接收数据的存放地址及内容见表 9-17。

表 9-17　16 位数据处理模式

数据发送存放		数据接收存放	
D	内　容	D	内　容
D10	F B 0 2	D20	4 0 0 3
D11	2 E 4 7	D21	3 0 8 0
D12	0 0 3 0	D22	

在通信控制中，这两种模式都有采用，在 PLC 与变频器及智能设备通信中，大都采用 8 位数据模式。

数据处理模式特殊继电器 M8161 是 RS 指令和 ASCI，HEX，CCD，CRC 指令的共用状态继电器，一旦 M8161 的状态设定，RS，ASCI，HEX，CCD 和 CRRC 指令五个指令的数据处理模式均相同。

M8161 出厂值为 OFF，如果是 8 位数据处理模式，则需在 RS 指令前先设置 M8161=ON。把通信格式字确认和 8 位数据处理器模式的确定称为 RS 指令的前置程序，如图 9-18 所示。

图 9-18　串行指令 RS 前置程序

3）通信程序相关特殊辅助继电器和特殊数据寄存器

关于 RS 指令的相关软元件及其说明，请参看 9.2.1 小节讲解。

4）通信程序样式特殊辅助继电器和特殊数据寄存器

三菱 FX 系列 PLC 通信手册里给出了 RS 指令的发送接收通信梯形图程序样式，如图 9-19 所示。这个是 RS 指令经典通信程序的样本。这个样本的解读对将来编写 RS 指令经典法通信程序会有很大帮助。

X10 是 RS 指令驱动条件，当 X10 接通后，PLC 处于等待状态，其发送的数据的个数为 D0 寄存器的内容。数据存储在以 D200 为首址的（D0）个寄存器中。同时，也做好接收数据的准备，接收数据的个数不超过 K10。接收数据存储在以 D500 为首址的寄存器中，在实际应用中，D0 常以十进制数来表示。这行程序在正式发送前，必须要把要传输的数据准备到相关的寄存器中。RS 仅是一个通信指令，在通信前必须将发送数据存在规定的数据单元里。同时，RS 不是一个发送指令，仅是一个发送准备指令，也就是说，当 X0 闭合时，PLC 处于发送准备状态，也做好了接收准备工作。只有当发送请求 M8122=ON 时，才把数据发送出去。

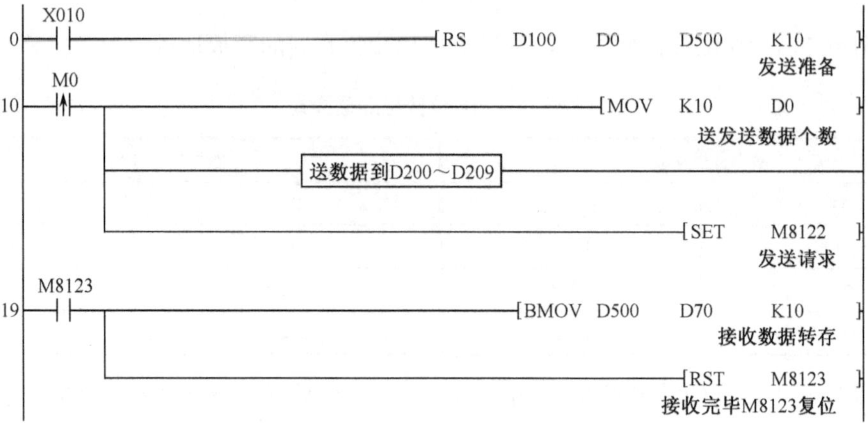

图 9-19　顺控程序样式

M0 是发送驱动条件，当 M0 接通时，M8122 置位，马上将以 D200 为首址的（D0）个数据发送出去，发送完毕，M8122 自动复位，等待下一次发送。因此，在程序中间，将要发送的数据要先存入到 D100～D109 中（M8161=ON 时）。程序的 MOV 指令是送入发送数据的个数。当 RS 指令中 m,n 直接用 K,H 数值时，该程序行不要。M8122 的置位必须用脉冲执行型指令驱动。

数据发送完后，在两个扫描周期后，PLC 自动接收回传的应答数据，接收完毕，M8123 自动接通，利用 BMOV 指令将回传数据转存到以 D70 为首址的 10 个存储单元中。因为 M8123 不会自动复位，所以，利用指令使其复位。如果不使其复位，那就要等到 RS 指令的驱动条件断开时，才能复位。在 M8123 接通期间，如果发生数据发送，就会产生数据干扰而影响传输的准确性。所以，在转存接收数据后，一定要按样式程序那样使 M8123 复位。在应用中，如果所回传的数据并不需要转存，那么该程序行也可以不用，这时，RS 指令中的 K10 也可设为 K0。

RS 指令在程序中可多次使用，但每次使用的发送数据地址和接收数据地址不能相同。而且不能同时接通两个或两个以上 RS 指令，一个时间只能接通一个 RS 指令。

为什么会使用多次 RS 指令，一是不同的从站设备，二是数据格式不同。RS 指令在一个程序中可以根据不同的数据格式分时进行数据准备，这时，不同的 RS 指令，其发送数据和接收数据的地址不能相同。

初学者常常碰到数据个数确定的问题，m 和 n 主要是根据数据格式的字符数来确定，m 和 n 不一定相同。不需要发送数据时，m 可设为 K0；不需要回传数据时，n 可设为 K0。m 和 n 也可设为大于数据格式的字符数。每种格式的字符数都不一样，一旦选好数据格式（查询及应答），则马上就可以确定 m 和 n 的数值。

在实际应用时，为了节省寄存器容量，常常用一条 RS 指令对多种内容的数据格式信息帧进行发送准备。这时，编制程序时要求：

（1）指令中 m 应为多种数据格式信息帧中长度最长的确定，同样，回传数据中也以数据格式最长的来确定 n。

（2）为保证通信正常，每一时刻只能有一种数据格式信息帧内容被发送。应在程序中采取三种确保措施：一是对 RS 指令定时刷新，即定时对 RS 指令进行通、断处理；二是对所有的发送程序段加上互锁环节；三是采用分时扫描程序分别发送。

3. RS 应用通信程序例

【例 9】　PLC 与条形码读出器的通信程序。

条形码读出器的通信格式字是 H0367，它的接口标准为 RS-232C。在 FX 系列 PLC 上必须安装一块 FX_{3U}-232-BD 通信板，用通信电缆将条码器与通信板相连接，控制程序如图 9-20 所示。

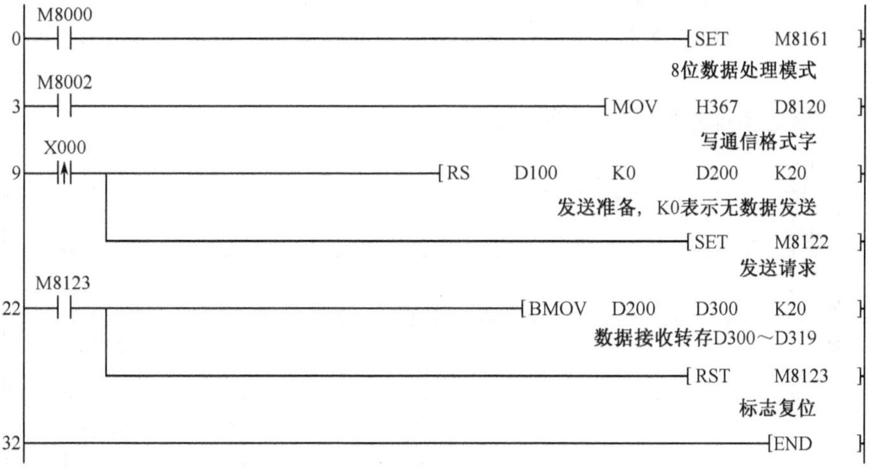

图 9-20　PLC 与条码器通信程序

【例 10】　根据三菱 FR-500 系列变频器的专用通信协议，通信控制变频器正转的信息帧为 ENQ、0、1、F、A、1、0、2、×、×。其中：ENQ 为起始码，ASCII 码为 H05。×、×为求和校验码。

控制要求如下：

（1）三菱 E500 变频器通信参数设置如下：

Pr.118=96	（波特率 9600）
Pr.119=10	（数据位 7 位，停止位 1 位）
Pr.120=1	（奇校验）

且 FX_{2N} PLC 使用通信板卡 FX_{2N}-485-BD 与三菱 FR-E500 变频器进行通信控制。

（2）通信数据传输采用 8 位数据模式。

（3）通信数据用十六进制符的 ASCII 码发送。

（4）校验为求和校验，参与求和的数据为 0,1,F,A,1,0,2 的 ASCII 码，取其和的低 8 位的 ASCII 码作为校验码。

（5）PLC 不处理变频器的应答回传数据。

在设计通信程序前，先对以上控制要求进行分析，得出通信程序所需要的数据。

① 由控制要求（1）可写出通信格式为 HOC82。

② 通信数据传输采用 8 位数据模式，M8161=ON。

③ 由控制要求（3）可知，需将十六进制符转换成 ASCII 码，转换有两种方法，一是人工查表转换；二是利用指令 ASCI 编写程序自动转换。这里采用人工查表转换，并指定相应

的发送数据寄存器，见表 9-18。

表 9-18 发送数据表

发送字符	ENQ	0	1	F	A	1	0	2	X	X
ASCII 码	H05	H30	H31	H46	H41	H31	H30	H32		
寄存地址	D10	D11	D12	D13	D14	D15	D16	D17	D18	D19

④ 校验方法为求和校验，求和校验可以人工计算得到，也可以通过指令 CCD 编写程序得到，这里采用编写程序完成，并将校验码送入相应发送数据寄存器。

⑤ 因不需要处理回传数据，所以，RS 指令中回传数据个数可设为 K0，而发送数据个数为 K10。

通信控制梯形图程序如图 9-21 所示。

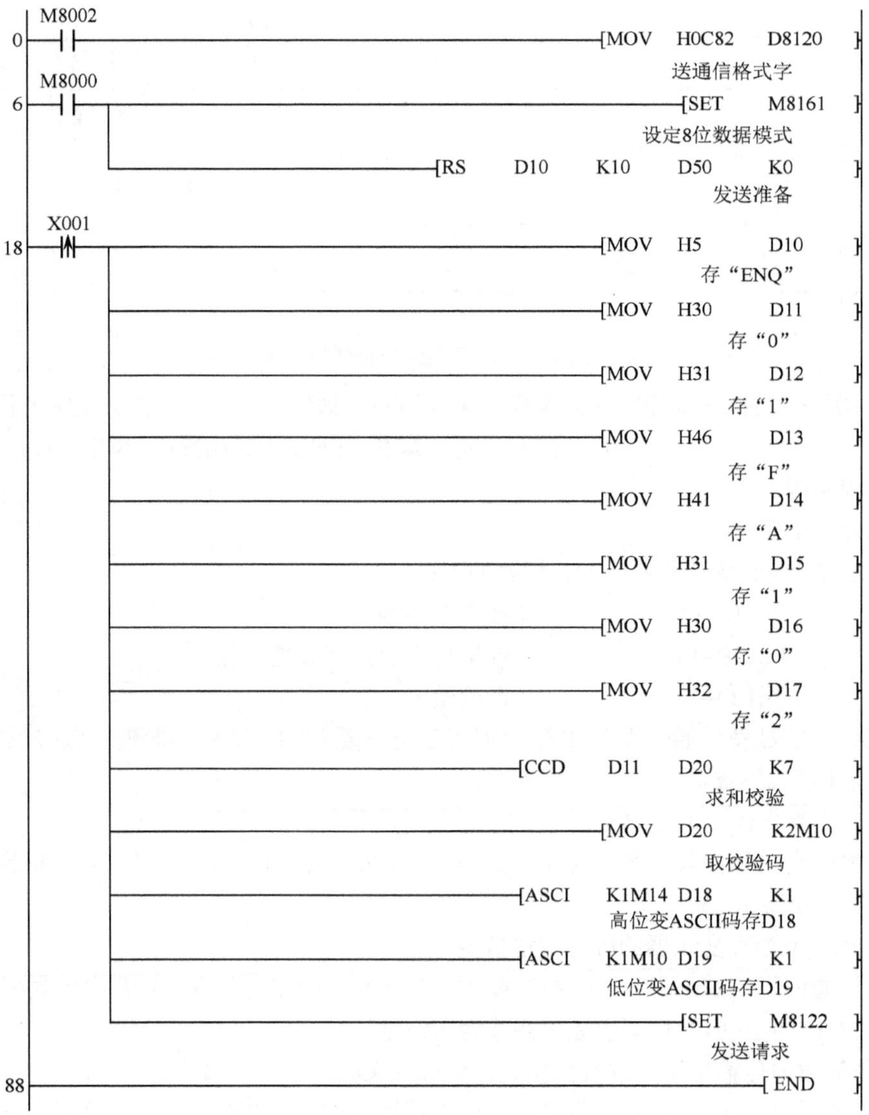

图 9-21 通信指令应用程序梯形图

9.2.5　串行数据传送指令 RS2

1. 指令格式

FNC 87：RS2　　　　　　　　　　　　　　　　　　　　　程序步：9

RS2 指令可用软元件如表 9-19 所示。

表 9-19　RS2 指令可用软元件

操作数种类	位软元件							字软元件												其他				
	系统/用户							位数指定				系统/用户				特殊模块	变址			常数		实数	字符串	指针
	X	Y	M	T	C	S	D□.b	KnX	KnY	KnM	KnS	T	C	D	R	U□\G□	V	Z	修饰	K	H	E	"□"	P
(S•)														●	▲				●					
m														●	▲					●	●			
(D•)														●	▲				●					
n														●	▲					●	●			
n1																				●	●			

▲：仅 FX_{3G}/FX_{3GC}/FX_{3U}/FX_{3UC} 可编程控制器支持。

梯形图如图 9-22 所示。

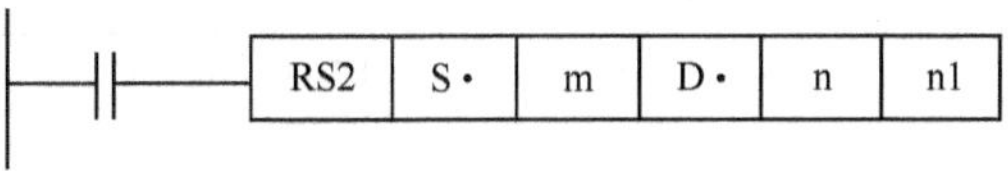

图 9-22　RS2 指令梯形图

RS2 指令操作数内容与取值如表 9-20 所示。

表 9-20　RS2 指令操作数内容与取值

操作数种类	内　容	数 据 类 型
(S•)	保存发送数据的数据寄存器的起始软元件	BIN16 位/字符串
m	发送数据的字节数［设定范围：0～4096］	BIN16 位
(D•)	数据接收结束时，保存接收数据的数据寄存器的起始软元件	BIN16 位/字符串
n	接收数据的字节数［设定范围：0～4096］	BIN16 位
n1	使用通道编号［设定内容：K0：通道 0、K1：通道 1、K2：通道 2］①	BIN16 位

注：①通道 0 仅支持 FX_{3G}/FX_{3GC} 可编程控制器。

FX_{3G} 可编程控制器（14 点、24 点型）或 FX_{3S} 可编程控制器不能使用通道 2。

解读：当驱动条件成立时，告诉 PLC 以 S 为首址的 m 个数据等待从通道 n1 发送，并准备接收最多 n 个数据存在以 D 为首址的寄存器中。

2. 指令执行功能

RS2 指令是为 FX3 系列 PLC 开发的专用通信指令，通过指定的通道，可以同时执行两个通道的串行异步通信。因此，RS2 指令的使用和 RS 指令的使用及注意事项均相同。不同之处在于通信格式字的设置和所使用的特殊辅助继电器和特殊数据寄存器的编址不同，RS 指令仅能通过一个通信装置与外部设备通信，而 RS2 指令可以通过两个通信装置与外部两个设备进行通信。关于 PLC 与通信装置的系统构成和通道指定请参考看本章 9.1 节陈述。

RS2 指令的通道由操作数 n1 指定。其中通道 0 仅为 FX_{3G}，FX_{3GC} PLC 所用。FX_{3G} 可使用两个通道，但 FX_{3G} 的 14 点和 24 点的两种基本单元不能使用通道 2。

3. 指令应用

1）通信格式字

表 9-21 为 RS2 指令的通信格式字设置。

表 9-21　RS2 指令通信格式字设置

位编号	名称	内容	
		0（位 OFF）	1（位 ON）
b0	数据长度	7 位	8 位
b1 b2	奇偶校验	b2，b1 （0，0）：无 （0，1）：奇校验（ODD） （1，1）：偶校验（EVEN）	
b3	停止位	1 位	2 位
b4 b5 b6 b7	波特率（bps）	b7，b6，b5，b4 （0，0，1，1）：300 （0，1，0，0）：600 （0，1，0，1）：1,200 （0，1，1，0）：2,400	b7，b6，b5，b4 （0，1，1，1）：4,800 （1，0，0，0）：9,600 （1，0，0，1）：19,200 （1，0，1，0）：38,400
b8	报头	无	有①
b9	报尾	无	有①
b10 b11 b12	控制线	无协议②	b12，b11，b10 （0，0，0）：无<RS-232C>接口 （0，0，1）：普通模式<RS-232C>接口 （0，1，0）：相互链接模式<RS-232C>接口 （0，1，1）：调制解调器模式<RS-232C>接口 （1，1，1）：RS-485 通信<RS-485/RS-422>接口
b13	和校验	不附加	附加④
b14③	协议	无协议	专用协议
b15	控制顺序（CR，LF）	不使用 CR，LF（协议格式 1）	使用 CR，LF（协议格式 4）

注：①RS2 指令最多可以设定 4 个报头、报尾。

②通过 FX_{3G}，FX_{3GC} 可编程控制器使用通道 0 时不能使用控制线。请设定(1, 1, 1)。

③使用无协议通信时，请务必在“0”中使用。

④在 RS2 指令中执行无协议通信时，和校验附加在报尾之后。附加和校验时，请务必设定报尾。

RS2 指令的通信参数设置与 RS 指令基本相同，但在报头、报尾（b8.b9）和控制线（b12 b11 b10）上有差别。

2）通信程序相关特殊数据寄存器特殊辅助继电器

关于 RS2 指令的相关软元件及其说明，请参看 9.2.1 小节讲解。

RS2 指令是针对两个通道的串行通信指令，因此，这两个通道都具有各自的通信特殊辅助标志继电器和数据寄存器，其功能和使用说明可参考 RS 指令叙述。在使用时，不能与 RS 指令混淆，两个通道之间也不能混淆。

3）指令应用

（1）在使用上，RS2 指令除有通道选择外，其他应用说明都和 RS 指令一样，例如，RS2 指令执行时，也有两种不同的数据处理模式，其通信程序样式和通信程序说明也和 RS 指令一样，在程序中也可以多次使用 RS2 指令，但是每个通道只允许驱动一个指令，等等，这里不赘述，读者可参考看 RS 指令讲解。

（2）FX3 系列 PLC 的通信指令有串行通行指令 RS、RS2、MODBUS，读写指令 ADPRW 和变频器通信专用指令 IVDR、EXTR 等，在编写通信程序时，PLC 规定了某一通信通道只能使用其中一个通信指令。也就是说如果你在程序中使用了 RS2 指令，则不能再用其他通信指令编制同一通道的通信程序，否则不能正常通信。

9.2.6　并行数据位传送指令 PRUN

1．指令格式

FNC 81：【D】 PRUN 【P】　　　　　　　　程序步：5/9

可用软元件见表 9-22。

表 9-22　PRUN 指令可用软元件

操作数种类	位软元件							字软元件												其他				
	系统/用户							位数指定				系统/用户				特殊模块	变址			常数		实数	字符串	指针
	X	Y	M	T	C	S	D□.b	KnX	KnY	KnM	KnS	T	C	D	R	U□\G□	V	Z	修饰	K	H	E	"□"	P
S·								●		●									●					
D·									●	●									●					

梯形图如图 9-23 所示。

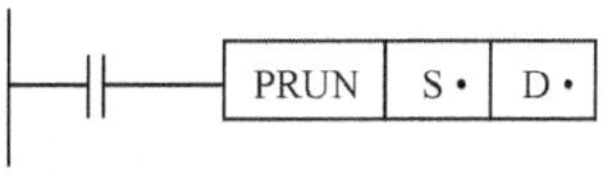

图 9-23　PRUN 指令梯形图

PRUN 指令操作数内容与取值如表 9-23 所示。

表 9-23　PRUN 指令操作数内容与取值

操作数种类	内　　容	数 据 类 型
S·	位数指定①	BIN16/32 位
D·	传送目标软元件编号①	BIN16/32 位

注：①指定要素编号的最低位数请设置为 0。

解读：在驱动条件成立时，将 S 中的组合位元件状态传送至 D 中的组合位元件。

2. 指令应用

（1）PRUN 指令实际功能是一个八进制数的组合位元件传送指令。因为 PLC 的 X,Y 口均是按照八进制数编制的，所以，组合位元件的元件号末位数必须为 0，如 KnX0,KnY10, KnM800,KnX20 等。

X,Y 是八进制元件，M 是十进制元件，传送时，按八进制编号进行一一传送，如图 9-24 所示。

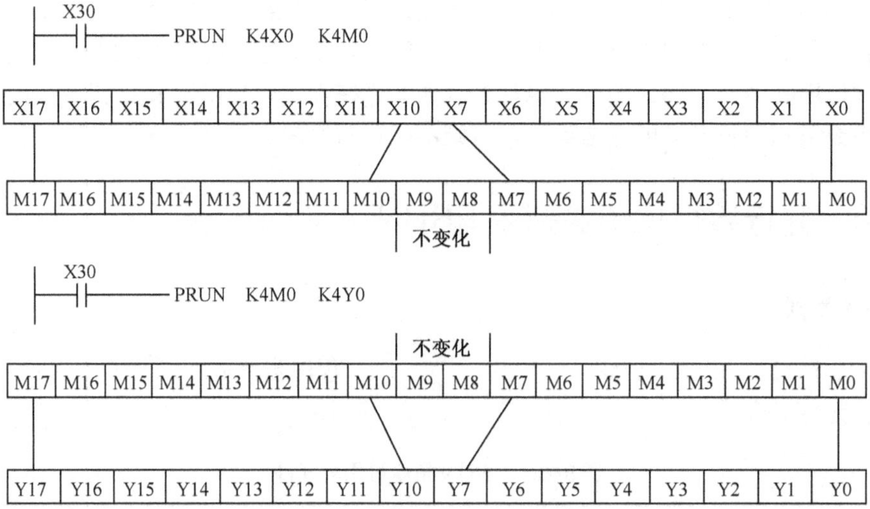

图 9-24　PRUN 指令传送对应图

（2）PRUN 指令最初是为两台 PLC 之间的通信控制设计的。三菱 FX 系列 PLC 的两台 PLC 之间通信为 PLC 网络 1∶1 通信，又称并联连接通信。两台 PLC 的连接如图 9-25 所示。

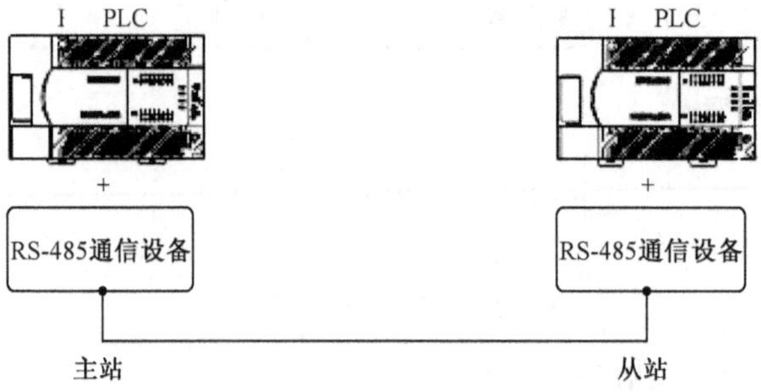

图 9-25　FX 系列 PLC 1∶1 主从方式通信

PLC 网络 1∶1 通信方式的优点是在通信过程中不会占用系统的 I/O 点数，而是在辅助继电器 M 和数据寄存器 D 中专门开辟一块地址区域，按照特定的编号分配给 PLC。在通信过程中，两台 PLC 的这些特定的地址区域是不断交换信息的。信息的交换是自动进行的，每毫秒（70ms+主站扫描周期）刷新一次。图 9-26 表示了两台 FX 系列 PLC 的普通模式信息交换的特定区域示意。

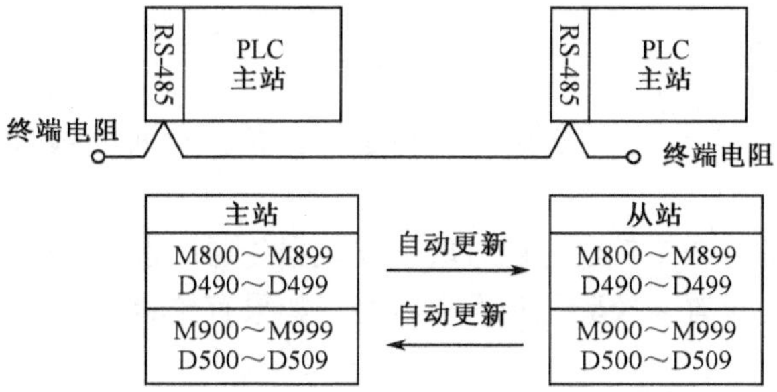

图 9-26　PLC 1∶1 主从方式通信链接软元件

由图 9-25 可见，主站中辅助继电器 M800～M899 的状态不断地被送到从站的辅助继电器 M800～M899 中去，这样，从站的 M800～M899 和主站的 M800～M899 的状态完全对应相同。同样，从站的辅助继电器 M900～M999 的状态也不断地被送到主站的 M900～M899 中去，两者状态相同。对数据寄存器来说，主站的 D490～D499 的存储内容不断地传送到从站的 D490～D499 中，而从站的 D500～D509 存储内容则不断地传送到主站的 D500～D509 中去，两边数据完全一样。这些状态和数据相互传送的软元件，称为链接软元件。两台 PLC 的并联连接的通信控制就是通过链接软元件进行的。

在进行通信控制时，先对自己的链接软元件进行编程控制，另一方则根据相应的链接软元件按照控制要求进行编程处理。因此，两台 PLC 并联连接进行通信控制时，双方都要进行程序编制，才能达到控制要求。

【例 11】　在网络 1∶1 PLC 通信中，编制主站 PLC 的输入口 X0～X7 控制从站 PLC 的 Y0～Y7 的程序。程序如图 9-27 所示。

（a）主站控制程序　　（b）从站控制程序

图 9-27　PLC 1∶1 主从方式通信控制程序

（3）实际应用时 PRUN 指令已被传送指令 MOV 代替。利用 MOV 指令，可以同样完成例 11 所示功能。不同的是，使用 MOV 指令时，不存在 PRUN 指令那样的对应关系。“MOV　K4X0　K4M0”是把 X0～X7,X10～X17 状态传送给 M0～M7，M8～M15，而“MOV　K4M0　K4Y0”则是把 M0～M7 状态传送给 Y0～Y7，M8～M15 状态传送给 Y10～Y15。

9.3　校验码指令

9.3.1　校验码

1. 校验位和校验码

在串行异步通信中，有两种校验，一种是校验位，一种是校验码，初学者往往容易搞错。

校验位是对传送的每个字符进行的校验，就数据传送而言，校验位是冗余位，主要是为增强数据传送可靠性而设置。校验位也可以没有。如果有校验，在异步传送中，常用奇偶校验。其校验方法如下。

奇校验：在一组给定数据中，“1”的个数为偶，校验位为 1；“1”的个数为奇，校验位为 0。

偶校验：在一组给定数据中，“1”的个数为偶，校验位为 0；“1”的个数为奇，校验位为 1。

校验位占用 1 个比特位。校验结果不是“1”就是“0”。这种纠错方法，虽然纠错有限，但很容易实现，通常做成奇偶校验电路集成在通信控制芯片中。在通信参数中，通常可对校验位的校验方法进行选择，校验方法有无校验（N）、奇校验（O）和偶校验（E）。

而校验码则是对数据格式（数据信息帧）中参与校验的数据进行的校验，其结果是一个 8 位或 16 位二进制数，再将结果送到数据信息帧中校验码存储单元中。数据信息帧中的校验码的校验方法（或称为算法）是由通信协议规定的，设备供应商基本上都会选用公开的标准协议（如 Modbus 协议）或推出自己的专用协议（如三菱变频器协议、西门子 USS 协议），因此，不同的设备其校验码的算法由设备采用的通信协议所规定。

校验码通常由人工根据其算法编制程序获得，也可由人工计算获得，但对于复杂的校验码算法无论是编制程序还是人工计算都很困难。因此就出现了校验码指令，用户只需在程序中应用校验码指令，就可直接得到校验码，十分方便。三菱 FX 系列 PLC 中，有两个校验码指令：求和校验码指令 CCD 和 CRC 校验码指令 CRC。

2. 常用校验码及算法

1）求和校验码

这是三菱变频器通信协议所用的校验码。求和校验也有两种：一种是取和的低 8 位作为校验码，其校验码是 8 位；另一种是取和的全部作为校验码，则其校验码为 16 位，如易能变频器 EDS1000 系列。

在三菱 FX 系列 PLC 中，求和校验码可以直接用指令 CDD 完成，用户只要在程序的适当位置应用指令即可。详细内容将在下一节介绍。

算法：将参与校验的数据按 8 位进行求和，取和的低 8 位为校验码。

【例 12】　求数据 01H、03H、21H、02H、00H、02H 的求和校验码。

求和：01H + 03H + 21H + 02H + 00H + 02H = 29H。

求和校验码为：H 29。

【例 13】　求数据 01H、D3H、21H、0EH、00H、A2H 的求和校验码。

求和：01H + D3H + 21H + 0EH + 00H + A2H = 1A5H

求和校验码取低 8 位：H A5。

2）异或校验码

在逻辑位运算中，异或运算的算法是：同为 0，异为 1。也就是说，两个二进制位进行异或运算，如果位逻辑相同，如 1 和 1 或 0 和 0，则运算结果是 0；如果位逻辑不同，如 0 和 1 或 1 和 0，则运算结果为 1。

异或校验码在变频器，特别是在智能化设备中用得还是比较多的，如西门子、丹佛斯变频器都是异或校验。

算法：将参与校验的数据按 8 位依次进行逐位异或位运算，最后异或结果为异或校验码。

【例 14】　求数据 01H、03H、EFH、4DH 的异或校验码。

```
        01H      00000001
   ⊙    03H      00000011
   ----------------------
                 00000010
   ⊙    EFH      11101111
   ----------------------
                 11101101
   ⊙    4DH      01001101
   ----------------------
                 1010 0000
                  A    0
```

异或校验码为：H A0。

如果把所有参与校验的数据进行按位偶校验（也称列偶校验），就会发现，其结果和依次进行的异或校验一样。列偶校验的算法是，对所有参与校验数据的同一二进制位进行偶校验，即如果 1 的个数为偶数，则结果为 0，如果 1 的个数为奇数，则结果为 1 。

【例 15】　求数据 01H、03H、EFH、4DH 的列偶校验码。

```
        01H      00000001
        03H      00000011
        EFH      11101111
        4DH      01001101
   ----------------------
                 1010 0000
                  A    0
```

列偶校验码为：H A0。与异或校验码结果一样。

3）LRC 校验码

这是 MODBUS 通信协议 ASCII 方式的校验算法。LRC 校验码不能直接用指令求出，但可编写程序自动算出。在三菱 FX 系列 PLC 中，求和后可以直接用指令 NEG 完成。

算法：将参与校验的数据按 8 位求和，取和的低 8 位的补码为校验码。

【例 16】 求数据 01H、03H、21H、02H、00H、02H 的 LRC 校验码。

求和：01H + 03H + 21H + 02H + 00H + 02H = 29H。对和的低 8 位进行求反加 1，如下：

H29： 0 0 1 0 1 0 0 1
求反：1 1 0 1 0 1 1 0
加 1：<u>1 1 0 1</u> <u>0 1 1 1</u>
D 7

LRC 校验码为：H D7。

MODBUS 通信协议 ASCII 方式中，数据信息帧结构即数据格式的内容都是以十六进制表示的，一字节（8 位）为两个十六进制符号。发送时每个字节（8 位）要转换成两个字符的 ASCII 码发送。其校验码是以数据格式中参与校验的十六进制数计算得到的，LRC 校验码得到后，还必须转换成两个字符的 ASCII 码存到相应存储单元再进行发送。很多初学者往往以数据格式的 ASCII 码进行 LRC 校验码计算，这是错误的。

4）CRC 校验码

由于 MODBUS 通信协议 RTU 方式具有通信的快速性和校验方法的可靠性，已经被越来越多的设备生产厂商所采用。RTU 方式的校验算法为 CRC 校验。CRC 校验的算法比较复杂。无论是人工计算还是编写程序都不是一般程序人员所能做到的。

CRC 校验码的算法是：

（1）设置 CRC 寄存器为 HFF。

（2）把第一个参与校验的 8 位数与 CRC 低 8 位进行异或运算，结果仍存 CRC 中。

（3）把 CRC 右移 1 位，最高位补 0，检查最低位 b0 位。

（4）b0=0，CRC 不变，b0=1，CRC 与 HA001 进行异或运算，结果仍存 CRC 中。

（5）重复（3）（4），直到右移 8 次，这样第一个 8 位数进行了处理，结果仍存 CRC 中。

（6）重复（2）到（5），处理第二个 8 位数。

如此处理，直到所有参与校验的 8 位数全部处理完毕。最后 CRC 寄存器所存即 CRC 校验码。

CRC 校验码是 16 位校验码，但在传送到校验码存储单元时，必须低 8 位在前，高 8 位在后。因此，要对校验码进行上述处理后再转存到校验码存储单元。

当 PLC 无 CRC 校验码指令时（FX 系列 PLC 仅 FX_{3U}/FX_{3UC} PLC 有，其他均无），必须编制 CRC 校验码子程序进行 CRC 校验码计算，程序编制如图 9-28 所示（作为子程序 P1 编制），可以直接套用。该子程序所用软元件清单见表 9-24。

表 9-24 CRC 校验码子程序所用软元件

类 型	编 号	说 明
入口软元件	D0	参与校验数据的个数（n）
	D10～D10+n−1	参与校验的 n 个数据存放地址
出口软元件	D110	存 CRC 校验码低 8 位

续表

类　型	编　号	说　明
出口软元件	D111	存 CRC 校验码高 8 位
局部软元件	V0	变址寄存器
	D100	CRC 校验码寄存器
	D101	校验数据低 8 位暂存

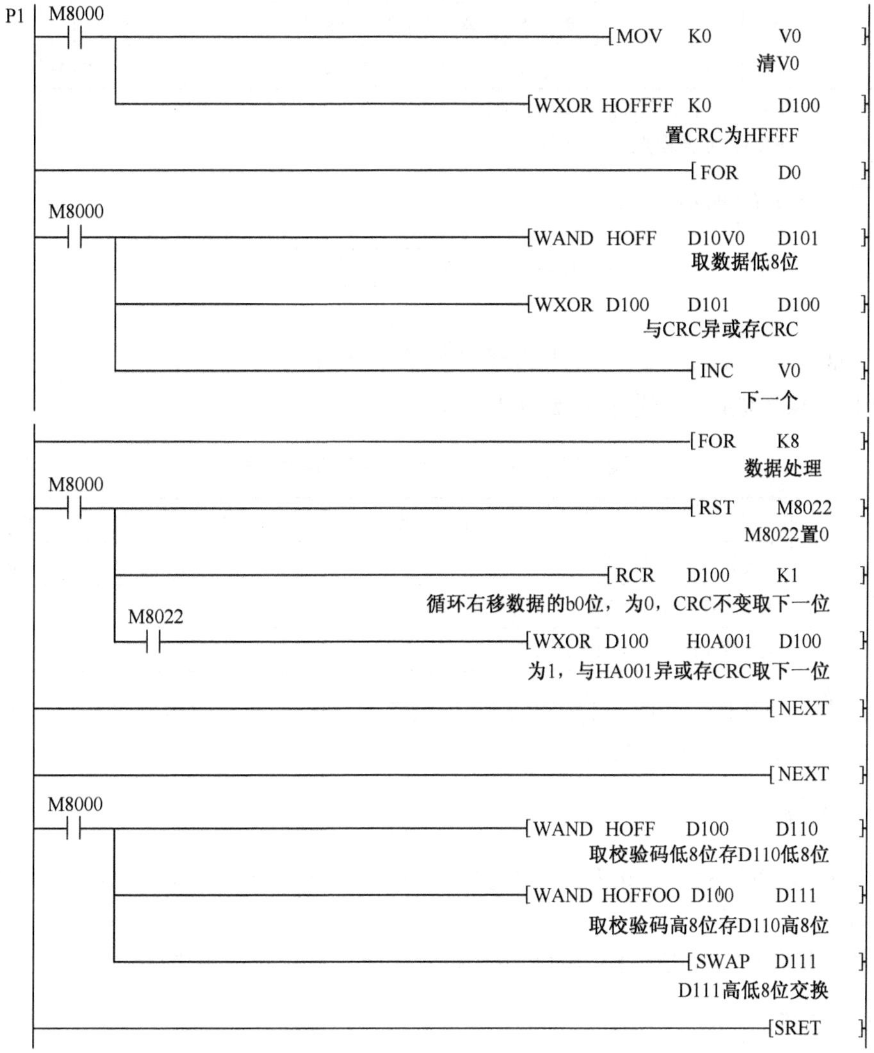
P1
M8000
MOV K0 V0
清V0
WXOR HOFFFF K0 D100
置CRC为HFFFF
FOR D0
M8000
WAND HOFF D10V0 D101
取数据低8位
WXOR D100 D101 D100
与CRC异或存CRC
INC V0
下一个
FOR K8
数据处理
M8000
RST M8022
M8022置0
RCR D100 K1
循环右移数据的b0位，为0，CRC不变取下一位
M8022
WXOR D100 H0A001 D100
为1，与HA001异或存CRC取下一位
NEXT
NEXT
M8000
WAND HOFF D100 D110
取校验码低8位存D110低8位
WAND HOFFOO D100 D111
取校验码高8位存D110高8位
SWAP D111
D111高低8位交换
SRET

图 9-28　CRC 校验码子程序

9.3.2　校验码指令 CCD

1．指令格式

FNC 84：CCD 【P】　　　　程序步：7

CCD 指令可用软元件如表 9-25 所示。

表 9-25　CCD 指令可用软元件

操作数种类	位软元件							字软元件												其他				
	系统/用户							位数指定				系统/用户				特殊模块	变址			常数		实数	字符串	指针
	X	Y	M	T	C	S	D□.b	KnX	KnY	KnM	KnS	T	C	D	R	U□\G□	V	Z	修饰	K	H	E	"□"	P
S·								●	●	●	●	●	●	●	▲1	▲2			●					
D·									●	●	●	●	●	●	▲1				●					
n														●	▲1					●	●			

▲1：仅 FX_{3G}/FX_{3GC}/FX_{3U}/FX_{3UC} 可编程控制器支持。

▲2：仅 FX_{3U}/FX_{3UC} 可编程控制器支持。

梯形图如图 9-29 所示。

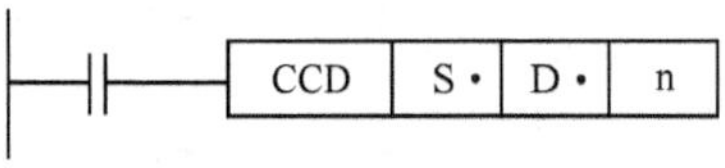

图 9-29　CCD 指令格式

CCD 指令操作数内容与取值如表 9-26 所示。

表 9-26　CCD 指令操作数内容与取值

操作数种类	内　容	数 据 类 型
S·	对象软元件的起始编号	BIN16 位/字符串
D·	保存计算出的数据的软元件的起始编号	BIN16 位/字符串
n	数据数［设定范围：1～256］	BIN16 位

解读：当驱动条件成立时，将以 S 为首址的寄存器中 n 个 8 位数据进行求和校验和奇偶校验。求和校验码存 D 中，奇偶校验码（异或校验码）存（D+1）中。

2. 指令功能

CCD 指令可以同时进行求和校验和异或校验。关于这两个校验码的算法读者可参看上一节的讲解。

必须注意操作数 n 是参与校验的 8 位数据的个数，其设定范围是 1～256。

3. 指令应用

同样，CCD 指令也有两种数据模式。

1）16 位数据模式（M8161=OFF）

CCD 指令 16 位数据模式解读是把以 S 为首址的寄存器中 n 个 8 位数据，将其高低各 8 位的数据进行求和与奇偶校验，和存 D 寄存器中，奇偶校验码存（D+1）中。注意，当 n 为偶数时，一个寄存器有两个 8 位数据参与校验。当 n 为奇数时，最后一个寄存器的高 8 位不参与校验。

16 位模式程序如图 9-30 所示。

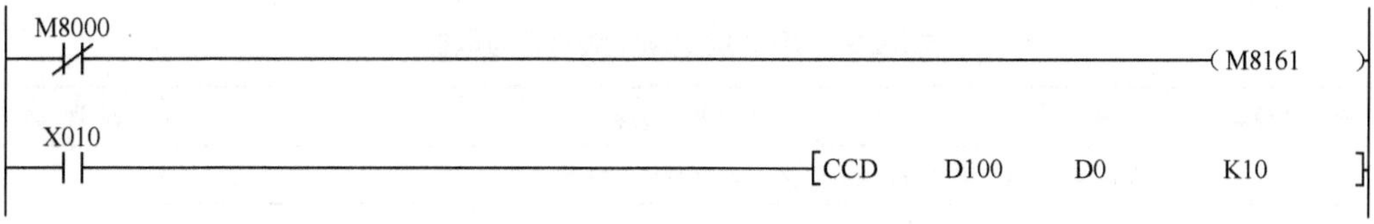

图 9-30　CCD 指令 16 位数据模式程序

2）8 位数据模式（M8161=ON）

CCD 指令 8 位数据模式解读是把以 S 为首址的 n 个寄存器中的低 8 位进行求和与奇偶校验，和存 D 寄存器中，奇偶校验码存（D+1）中。

16 位模式程序如图 9-31。

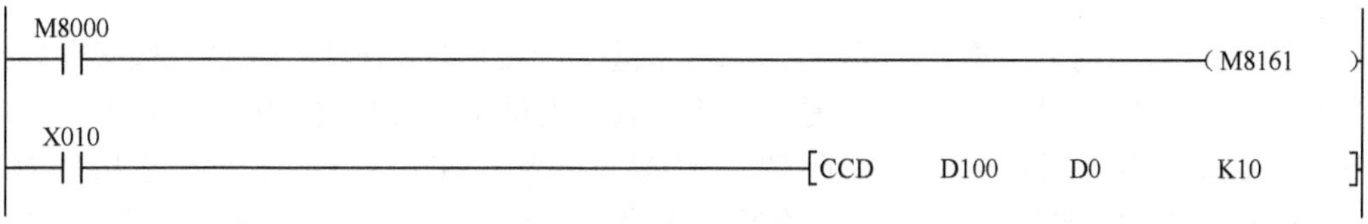

图 9-31　CCD 指令 8 位数据模式程序

求和校验码和异或校验码虽然也可以通过人工计算得到，但一般情况下都是通过校验码指令 CCD 计算自动获得，然后再传送到相关的寄存器中。

9.3.2　CRC 校验码指令 CRC

1．指令格式

FNC 188：CRC　　　　　　　　　　　　　　　　　　程序步：7

CRC 指令可用软元件如表 9-27 所示。

表 9-27　CRC 指令可用软元件

操作数种类	位软元件							字软元件													其他				
	系统/用户							位数指定				系统/用户				特殊模块	变址			常数		实数	字符串	指针
	X	Y	M	T	C	S	D□.b	KnX	KnY	KnM	KnS	T	C	D	R	U□\G□	V	Z	修饰	K	H	E	"□"	P
S·								▲	▲	▲	▲	●	●	●	●	●			●					
D·									▲	▲	▲	●	●	●	●	●			●					
n														●	●					●	●			

▲：位软元件的位数指定，请务必指定 4 位数（K4○○○○）。

梯形图如图 9-32 所示。

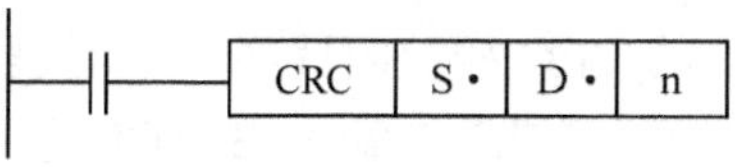

图 9-32　CRC 指令格式

CRC 指令操作数内容与取值如表 9-28 所示。

表 9-28　CRC 指令操作数内容与取值

操作数种类	内　容	数据类型
(S·)	保存作为 CRC 值生成对象的数据的软元件起始编号	BIN16 位
(D·)	保存被生成的 CRC 值的软元件编号	
n	要计算 CRC 值的 8 位数据（字节）数 或是保存数据数的软元件编号	

解读：当驱动条件成立时，将以 S 为首址的寄存器中 n 个 8 位数据进行 CRC 校验。CRC 校验码存 D 中。

2．指令说明

关于 CRC 校验的算法见上节说明。当 FX 机型没有 CRC 指令时，CRC 校验必须自行编制程序计算。但 CRC 校验码程序不是一般程序设计人员所能编制的，因此三菱电机在推出新机型 FX_{3U}，FX_{3UC} 时，专门开发了 CRC 校验码指令 CRC，只要在程序中应用 CRC 指令，就会自动算出 CRC 校验码，这给通信程序编制带来了极大的方便，目前仅 FX_{3U}，FX_{3UC} 机型才能应用 CRC 指令，FX 其他机型都不能使用 CRC 指令。

必须注意，CRC 校验码根据其选择的生成多项式不同会使同一校验码数据生成校验码值也不同，常用的生成多项式有 CRC-8, CRC-12, CRC-16, CRC32 等等。在 CRC 指令中，所使用的是 CRC-16 生成多项式($X^{16}+X^{15}+X^2+1$)，因此所计算的 CRC 校验码的值是 CRC-16 生成多项式所计算的值。

3．指令应用

（1）如果参与校验的字节数 n 为奇数，则最后一个寄存器的高 8 位数据不参与校验。

（2）CRC 校验码是一个 16 位的二进制数，分为高 8 位和低 8 位。但是在通信协议的数据格式发送顺序中是先发送低 8 位后发送高八位；因此，在 16 位模式中求出 CRC 的校验码后，不能直接送到数据格式的校验码寄存器中，需要进行高低字节交换后才送到校验码寄存器中，这样才能保证通信正确。而在 8 位模式中，则可直接将 CRC 校验码送入相应寄存器。读者可参看下面应用例。

（3）下面情况下会发生运算错误，这时，错误标志位 M8067 置 ON，错误代码保存在 D80607 中：

① 操作数 S 和 D 中使用的位软元件的位数指定，超过了 4 位数以外的值时。

② 操作数 n=0 或 n≥257 时。

③ 操作数 S 和 D 的编址超出了编址范围时。

4．指令应用例

图 9-33 所示是 16 位模式下的 CRC 校验码程序，7 个校验数据存于 D100～D103 中，其中 D103 的高 8 位数据不参与校验。CRC 校验码 H2ACF 存于 D0 中，如果要将此校验码输入通信数据格式的校验码寄存器 D20 中则不能直接传送给 D20，需要用上下字节交换指令

SWAP 先将 H2ACF 变成 HCF2A 后，再送入 D20 中。

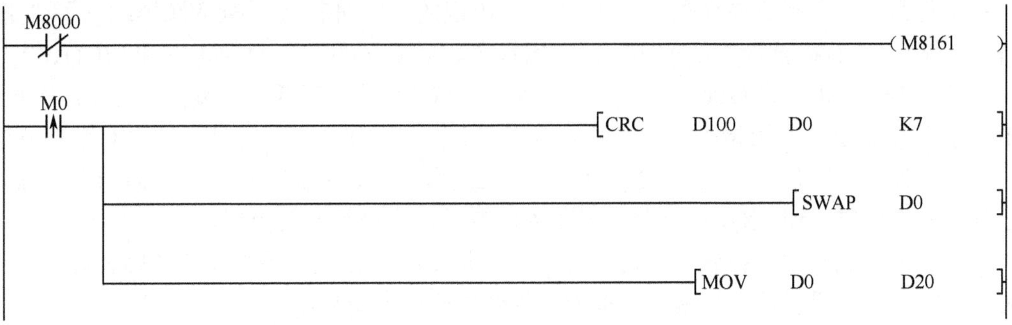
M8000
M8161
M0
CRC　D100　D0　K7
SWAP　D0
MOV　D0　D20

图 9-33　CRC 指令 16 位数据模式程序

图 9-34 所示是 8 位模式下的 CRC 校验码程序，7 个校验数据存于 D100～D106 的低 8 位中，其校验码 H2ACF 分别存于 D0～D1 的低 8 位中，其中 D0 的低 8 位存 HCF，D1 的低 8 位存 H2A，如要送入数字格式到 CRC 校验码寄存器，则必须将 D0 和 D1 的低 8 位变成 HCF2A 后送入 CRC 校验码寄存器 D20 中。

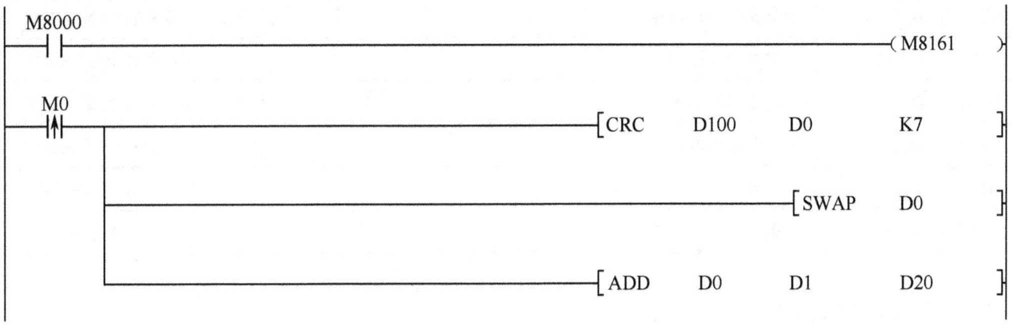
M8000
M8161
M0
CRC　D100　D0　K7
SWAP　D0
ADD　D0　D1　D20

图 9-34　CRC 指令 8 位数据模式程序

9.4　变频器通信指令

9.4.1　变频器通信概述

1．变频器通信功能和变频器通信指令

变频器的通信功能就是以 RS-485 通信方式连接 FX 系列 PLC 与变频器，最多可以对 8 台变频器进行运行监控、各种指令以及参数的读出/写入的功能。

早期，PLC 与变频器的通信控制是利用串行数据传递指令 RS 编写通信控制程序来完成的。关于 RS 指令编写通信的详细讲解可参考看《PLC 模拟量与通信控制应用实践》一书。这种方式的缺点是程序编写复杂、程序容量大、占用内存多、易出错、难调试。所以尝试仿照特殊模块读/写指令 FROM 和 TO 的功能形式，直接用指令进行变频器数据的读/写，而无须编制复杂的通信程序。变频器专用通信指令就是在这种情况下出现的。

变频器通信专用指令最早是在台达 PLC 上出现的，针对其 A 系列变频器编制了“正转”“反转”“停止”“状态读取”四个变频器专用指令，后来又增加了 MODRD 和 MODWR 这两条专门进行 MODBUS 资料读/写的指令。三菱于 2005 年在 FX 系列的新产品 FX_{3U} 及 FX_{3UC} 中推出了变频器通信专用指令，但却不能支持 FX_{2N}，而 FX_{2N} 是当时市场占有率最高的产品。为了弥补这个缺陷，三菱为 FX_{2N}（仅是 FX_{2N} 和 FX_{2NC}）做了补充程序的 ROM 盒，再加上其他一些要求，使 FX_{2N} 也能够应用变频器专用指令进行通信控制。

在与变频器进行通信控制中，运用专用通信指令特别方便，不需要考虑码制转换，程序编制也非常简单，所以已经被越来越多的变频器生产厂家所采用。

变频器通信指令按照信息的流向分为两块，一类是由 PLC 将信息写入到变频器中，另一类是 PLC 从变频器中读出相关信息，表 9-29 列出了三菱变频器通信指令及其相应的信息流向，具体的指令讲解见后面的章节。

表 9-29　FX3 系列 PLC 变频器通信专用指令

指　令	功　能	控制方向
IVCK（FNC270）	变频器的运行监视	可编程控制器←INV
IVDR（FNC271）	变频器的运行控制	可编程控制器→INV
IVRD（FNC272）	读出变频器的参数	可编程控制器←INV
IVWR（FNC273）	写入变频器的参数	可编程控制器→INV
IVBWR（FNC274）	变频器参数的成批写入	可编程控制器→INV
IVMC（FNC275）	变频器的多个命令	可编程控制器→INV

2. 变频器通信指令格式

变频器通信指令有统一的指令格式（IVMV 指令例外），如图 9-35 所示。

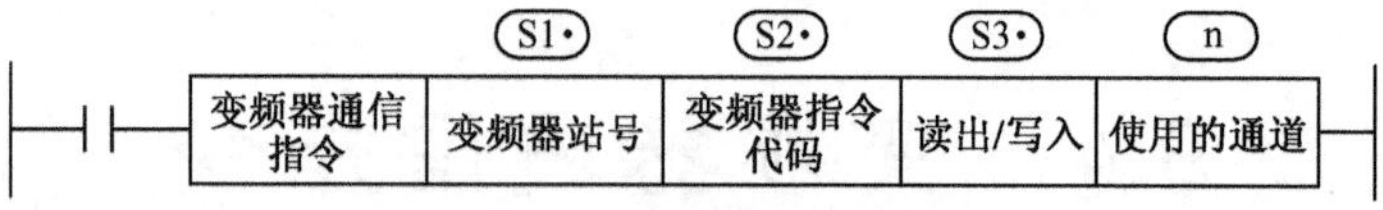

图 9-35　变频器通信指令格式

指令格式中的各个操作数说明如下。

1）变频器通信指令助记符

变频器通信指令是一个 16 位功能指令，不存在 32 位形式。指令前不允许加 D，也不允许脉冲型驱动。

2）变频器站号 S1

如果同一通信口上连接有多台变频器，必须设置站号以示区别。仅为一台也要设置站号，设置范围为 K0～K31。

3）变频器指令代码 S2

该操作数的内容与具体的变频器指令有关。详见各变频器指令讲解。

4）读出/写入 S3

该操作数为读出值的保存地址或写入到变频器中的值。

5）使用的通道 n

指变频器通信通道选择，如果只有一个通道，选择 K1，仅当 PLC 为 FX_{3U}、FX_{3UC} 和 FX_{3G}（14，24 点型除外）才可以有 K2 选择。

3．通信规格和适用变频器

1）通信规格

表 9-30 为使用三菱 FX 系列 PLC 对三菱变频器进行通信控制时的通信规格，当三菱变频器进行通信参数设置时，应参考这个规格进行设置。

表 9-30　变频器通信规格

项　目		规　格	备　注
连接台数		最多 8 台	
传送规格		符合 RS-485 规格	
最大总延长距离		使用 485ADP 时 为 500m 以下 使用 485BD 时 为 50m 以下	根据通信设备的种类不同距离也不同
协议形式		变频器计算机链接	链接启动模式
控制顺序		起停同步	
通信方式		半双工双向	
波特率		4 800/9 600/19 200bps/38 400bps①	可以选择其一
		ASCII	
字符格式	起始位	—	
	数据位	7 位	
	奇偶校验	偶校验	
	停止位	1 位	

注：①FX_{3U}、FX_{3UC} 可编程控制器 Ver.2.41 以上的版本或 FX_{3S}、FX_{3G}、FX_{3GC} 可编程控制器可支持。

2）适用变频器型号

变频器通信指令仅适用于对三菱 FR 系列变频器进行通信控制，但也不是所有三菱变频器都能用变频器通信指令进行通信控制。表 9-31 列出了三菱通信指令适用的三菱变频器的系列型号。

表 9-31　适用的三菱变频器的系列型号

系　列	内置 PU 接口	FR-A5NR（选件）	备　注
FREQROL-S500	○	×	仅带 RS—485 通信功能的型号支持
FREQROL-E500	○	×	
FREQROL-A500	○	○	
FREQROL-F500	○	○	仅 FX_{3S}，FX_{3G}，FX_{3GC}，FX_{3U}，FX_{3UC} 可编程控制器支持
FREQROL-V500	○	○	
系　列	**内置 PU 接口**	**内置 RS-485 端子**	**备　注**
FREQROL-A700	×	○	仅 FX_{3S}，FX_{3G}，FX_{3GC}，FX_{3U}，FX_{3UC} 可编程控制器支持
FREQROL-F700	×	○	
FREQROL-EJ700	○	×	
FREQROL-A800	×	○	
FREQROL-F800	×	○	
系　列	**内置 PU 接口**	**FR-E7TR（选件）**	**备　注**
FREQROL-D700	○	×	仅 FX_{3S}，FX_{3G}，FX_{3GC}，FX_{3U}，FX_{3UC} 可编程控制器支持
FREQROL-IS70	○	×	
FREQROL-E700	○	○	

4．通信参数设置

当 PLC 对变频器进行通信控制时，对于同一通道的 PLC 和变频器来说，双方的通信格式必须一致。一般是先对变频器的通信参数，按照表 9-30 所示的通信规格进行设置，然后再根据变频器的通信参数设置利用编程软件对 PLC 进行同样的设置，仅当 PLC 与变频器的通信设置及通信规格完全一致时，通信才能正确进行.

1）变频器通信参数设置

变频器的通信参数是在变频器的面板上通过手工操作完成的。不同型号的变频器通信参数的编号是不一样的，具体要查阅相应型号的变频器使用说明书。表 9-32 仅列出了 A700 系列变频器通信参数设置，供读者参考。其余的变频器系列请参看变频器使用手册或三菱通信手册。

表 9-32　A700 系列变频器通信参数设置

参数编号	参数项目	设定值	设定内容
Pr331	RS-485 通信站号	00～31	最多可以连接 8 台
Pr332	RS-485 通信速度	48	4800bps
		96	9600bps（标准）
		192	19200bps
		384	38400bps

续表

参 数 编 号	参 数 项 目	设 定 值	设 定 内 容
Pr333	RS-485 通信停止位长度	10	数据长度：7 位/停止位：1 位
Pr334	选择 RS-485 通信奇偶性校验	2	2：偶校验
Pr337	RS-485 通信等待时间的设定	9999	在通信数据中设定
Pr341	选择 RS-485 通信的 CR/LF	1	CR：有，LF：无
Pr79	运行模式	0	上电时外部运行模式
Pr340	选择通信启动模式	1	计算机链接
Pr336	RS-485 通信检查时间间隔	9999	通信检查中止
Pr549	选择协议	0	三菱变频器（计算机链接）协议

2）PLC 通信参数设置

PLC 的通信参数设置，多数采用在编程软件 GX Developer 或 GX Works2 中进行设置，如图 9-36 所示。图中 a）～d）的设置参看 9.1 节中说明，忽略图中 e）的设置。

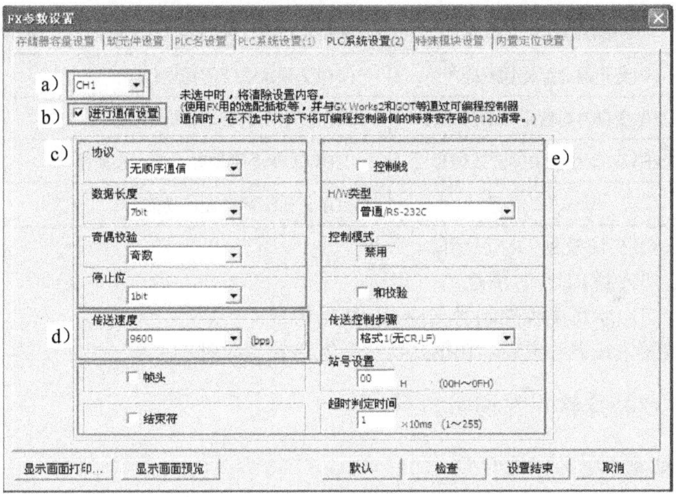

图 9-36　PLC 通信参数设置

5. 变频器通信相关特殊数据寄存器特殊辅助继电器

变频器通信涉及一些特殊辅助继电器和特殊数据寄存器如表 9-33 和表 9-34 所示。

表 9-33　变频器通信相关特殊辅助继电器

软元件编号		名　　称	内　　容
通道 1	通道 2		
M8029		指令执行结束	变频器通信指令执行结束时，维持 1 个运算周期为 ON 即使当变频器通信错误（M8152，M8157）为 ON，只要指令执行结束，也会置 ON
M8063	M8438	串行通信错误[①]	即使是变频器通信以外的通信，也置 ON，是所有通信通用的标志位

续表

软元件编号		名　称	内　容
通道 1	通道 2		
M8151	M8156	变频器通信中	与变频器进行通信中时置 ON
M8152	M8157	变频器通信错误②	与变频器之间的通信错误时置 ON 的标志位
M8153	M8158	变频器通信错误锁存②	与变频器之间的通信错误时置 ON 的标志位
M8154	M8159	IVBWR 指令错误②	在 IVBWR 指令中发生错误时置 ON

注：①在电源从 OFF 切换到 ON 后清除。

②从 STOP 切换到 RUN 时清除。

表 9-34　变频器通信相关特殊数据寄存器

软元件编号		名　称	内　容
通道 1	通道 2		
D8063	D8438	串行通信错误的错误代码①	保存通信错误的错误代码
D8150	D8155	变频器通信的响应等待时间①	设定变频器通信的响应等待时间
D8151	D8156	变频器通信中的步编号	保存正在执行变频器通信的指示的步编号
D8152	D8157	变频器通信错误代码②	保存变频器通信的错误代码
D8153	D8158	发生变频器通信错误的步锁存②	锁存发生变频器通信错误的步
D8154	D8159	IVBWR 指令错误的参数编号③④	IVBWR 指令错误时，保存参数编号
D8419	D8439	动作方式显示	保存正在执行的通信功能

注：①在电源从 OFF 切换到 ON 后清除。

②从 STOP 切换到 RUN 时清除。

③仅 FX_{3U}、FX_{3UC} 可编程控制器支持 IVBWR 指令。

④仅在首次发生错误时更新，在第 2 次以后发生错误时都不更新。

现将涉及的主要特殊软元件说明如下。

1）指令执行结束标志位 M8029

该标志位在变频器通信指令执行结束时为 ON。但仅维持一个扫描周期。如果通信中发生错误而结束，仍然维持一个扫描周期为 ON。注意，M8029 为众多指令的结束标志位，(如，定位指令)。因此，在使用时，一旦为 ON，程序中凡 M8029 的触点均为 ON 要分析对后续程序中 M8029 触点的影响。

2）串行通信错误标志位 M8063/ M8438

变频器通信中发生了奇偶性错误、溢出错误、帧错误等情况时置 ON。此外，发生变频器通信错误时也会置 ON。当串行通信错误为 ON 时，在 D8063，D8438 中保存错误代码。

即使通信恢复正常串行通信错误标志位也不会复位。将 PLC 的电源从 OFF 切换到 ON 后复位。

3）变频器的响应等待时间 D8150/ D8155

设定变频器的响应等待时间，在 1～32767 的范围内设定数值（单位：100ms）。当设定为 0 或是负值时，响应等待时间为 100ms。

9.4.2 变换器运转监视指令 IVCK

1. 指令格式

FNC 270：IVCK　　　　程序步：9

IVCK 指令可用软元件如表 9-35 所示。

表 9-35 IVCK 指令可用软元件

操作数种类	位软元件							字软元件												其他				
	系统/用户							位数指定				系统/用户				特殊模块	变址			常数		实数	字符串	指针
	X	Y	M	T	C	S	D□.b	KnX	KnY	KnM	KnS	T	C	D	R	U□\G□	V	Z	修饰	K	H	E	"□"	P
S1·														●	▲1	▲2			●	●	●			
S2·														●	▲1	▲2			●	●	●			
D·									●	●	●			●	▲1	▲2			●					
n																				●	●			

▲1：仅 $FX_{3G}/FX_{3GC}/FX_{3U}/FX_{3UC}$ 可编程控制器支持。

▲2：仅 FX_{3U}/FX_{3UC} 可编程控制器支持。

梯形图如图 9-37 所示。

IVCK	S1·	S2·	D·	n

图 9-37 IVCK 指令格式

IVCK 指令操作数内容与取值如表 9-36 所示。

表 9-36 IVCK 指令操作数内容与取值

操作数种类	内容	数据类型
S1·	变频器的站号（K0～K31）	BIN16 位
S2·	变频器的指令代码	
D·	保存读出值的软元件编号	
n	使用的通道（K1：通道 1，K2：通道 2）①	

注：①FX_{3G} 可编程控制器（14 点、24 点型）或 FX_{3S} 可编程控制器，不能使用通道 2。

解读：当驱动条件成立时，按照 S2 中的指令代码功能将连接在 n 通道上的站号为 S1 的变频器状态信息读出，并送到 PLC 的数据寄存器 D 中。

2. 指令代码 S2

IVCK 指令是 PLC 从变频器中读出运行状态信息的指令，指令中的操作数 S2 为三菱变频器专用通信协议中的指定代码，2 位十六进制数。常用的运行监视指令代码见表 9-37。

表 9-37 IVCK 指令常用行监视指令代码

(S2·) 变频器指令代码（十六进制数）	读出内容	对应变频器				
		F800，A800，F700，EJ700，A700，E700，D700，IS70	V500	F500，A500	E500	S500
H7B	运行模式	○	○	○	○	○
H6F	输出频率［旋转数］	○	○①	○	○	○
H70	输出电流	○	○	○	○	○
H71	输出电压	○	○	○	○	—
H72	特殊监控	○	○	○	—	—
H73	特殊监控的选择编号	○	○	○	—	—
H74	异常内容	○	○	○	○	○
H75	异常内容	○	○	○	○	○
H76	异常内容	○	○	○	○	○
H77	异常内容	○	○	○	○	○
H79	变频器状态监控（扩展）	○	—	—	—	—
H7A	变频器状态监控	○	○	○	○	○
H6E	读出设定频率（E^2PROM）	○	○	○	○	○
H6D	读出设定频率（RAM）	○	○	○	○	○
H7F	链接参数的扩展设定	在本指令中，不能用(S2·)给出指令。在 IVRD 指令中，通过指定［第 2 参数指定代码］会自动处理				
H6C	第 2 参数的切换					

对于在表中未出现的三菱变频专用协议中的其他指令代码，请勿使用。有关表中指令代码的详细内容请参看变频器使用手册中的关于通信协议部分的说明。

3. 指令应用

下面，试举例说明 IVCK 指令的应用。

【例 16】 试说明如图 9-38 的指令执行功能。

指令中各操作数为：K5 为变频器站址，K2 为变频所连接的通信通道。H71 为输出电压的功能代码，D100 为输出电压存储地址。

指令的执行功能是当 M0 闭合时，读出连接在通道 2 上地址为 05 的变频器的输出电压值并送到 PLC 的数据寄存器 D100 中保存。

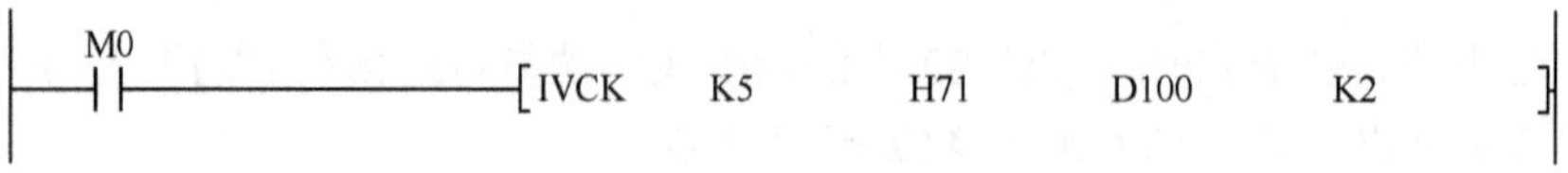

图 9-38 IVCK 指令执行例

【例 17】　图 9-39 为 FX_{3U} PLC 利用变频器专用通信指令 IVCK 设计的读出 FR-A700 系列变频器的执行状态和输出频率的梯形图程序。

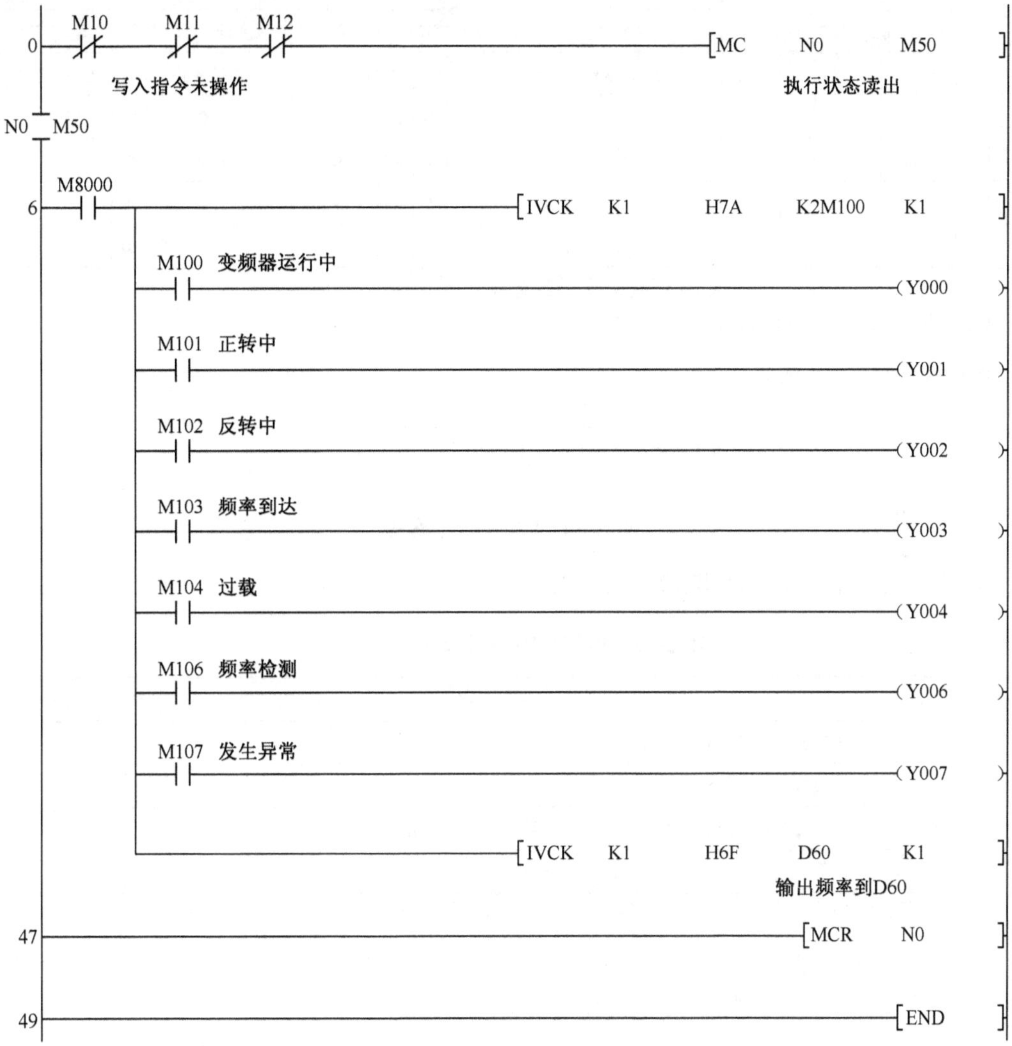
M10
M11
M12
MC N0 M50
写入指令未操作
执行状态读出
N0 M50
M8000
IVCK K1 H7A K2M100 K1
M100 变频器运行中
Y000
M101 正转中
Y001
M102 反转中
Y002
M103 频率到达
Y003
M104 过载
Y004
M106 频率检测
Y006
M107 发生异常
Y007
IVCK K1 H6F D60 K1
输出频率到D60
MCR N0
END
0
6
47
49

图 9-39　IVCK 指令应用例

这是一个在主控指令里用 M8000 进行读出状态和频率的程序。程序必须在未执行写入指令的情况下执行。M10，M11，M12 为写入指令的驱动条件。读出的状态内容显示可根据要求设置。

9.4.3　变频器运行控制指令 IVDR

1．指令格式

FNC 271：　IVDR　　　　　　　　　　　程序步：9

IVDR 指令可用软元件如表 9-38 所示。

表 9-38　IVDR 指令可用软元件

操作数种类	位软元件							字软元件												其他				
	系统/用户							位数指定				系统/用户				特殊模块	变址			常数		实数	字符串	指针
	X	Y	M	T	C	S	D□.b	KnX	KnY	KnM	KnS	T	C	D	R	U□\G□	V	Z	修饰	K	H	E	"□"	P
S1•														●	▲1	▲2			●	●	●			
S2•														●	▲1	▲2			●	●	●			
S3•								●	●	●	●			●	▲1	▲2			●	●	●			
n																				●	●			

▲1：仅 $FX_{3G}/FX_{3GC}/FX_{3U}/FX_{3UC}$ 可编程控制器支持。

▲2：仅 FX_{3U}/FX_{3UC} 可编程控制器支持。

梯形图如图 9-40 所示。

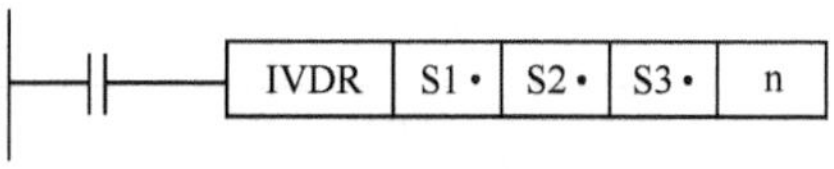

图 9-40　IVDR 指令格式

IVDR 指令操作数内容与取值如表 9-39 所示。

表 9-39　IVDR 指令操作数内容与取值

操作数种类	内　容	数据类型
S1•	变频器的站号（K0～K31）	BIN16 位
S2•	变频器的指令代码（下一页）	
S3•	写入到变频器的参数中的设定值，或是保存设定数据的软元件编号	
n	使用的通道（K1：通道 1，K2：通道 2）①	

注：①FX_{3G} 可编程控制器（14 点、24 点型）或 FX_{3S} 可编程控制器，不能使用通道 2。

解读：当驱动条件成立时，PLC 通过 S2 的指定代码功能对连接在 n 通道上站号为 S1 的变频器，按照 S3 所指定的控制命令进行控制。

2．指令代码 S2

IVRD 指令位 PLC 为对变频器进行运行控制的指令，指令中的操作数 S2 为三菱变频器专用通信协议中的指定代码，2 位十六进制数，常用的运行控制代码如表 9-40 所示。

表 9-40　　IVRD 指令常用运行控制指令代码

S2•中指定的变频器的指令代码十六进制数	读入的内容	适用的变频器			
		F700，EJ700，A700，E700，D700，IS70，F800，A800	V500	F500，A500	E500，S500
HFB	运行模式	○	○	○	○
HF3	特殊监示的选择号	○	○	○	—

续表

(S2·)中指定的变频器的指令代码十六进制数	读入的内容	适用的变频器			
		F700，EJ700，A700，E700，D700，IS70，F800，A800	V500	F500，A500	E500，S500
HF9	运行指令（扩展）	○	—	—	—
HFA	运行指令	○	○	○	○
HEE	写入设定频率（EEPROM）	○	○	○	○
HED	写入设定频率（RAM）	○	○	○	○
HFD①	变频器复位②	○	○	○	○
HF4	故障内容的成批清除	○	—	○	○
HFC	参数的全部清除	○	○	○	○
HFC	用户清除	○	—	○	—
HFF	链接参数的扩展设定	○	○	○	○

注：①由于变频器不会对指令代码 HFD(变频器复位)给出响应，所以即使对没有连接变频器的站号执行变频器复位，也不会报错。此外，变频器的复位，到指令执行结束需要约 2.2 秒。

②进行变频器复位时，请在 IVDR 指令的操作数 S2 中指定 H9696。请不要使用 H9966。

3．指令应用

【例 18】 试说明如图 9-41 的 IVDR 指令执行功能。

指令中各操作数为：左 K1 为变频器站址，右 K1 为变频所连接的通信通道。H0FA 为变频器运行控制命令功能代码，H0 为命令控制内容，即输出停止。

指令的执行功能是当 M0 闭合时，对连接在通道 1 上地址为 01 的变频器运行停止的命令。

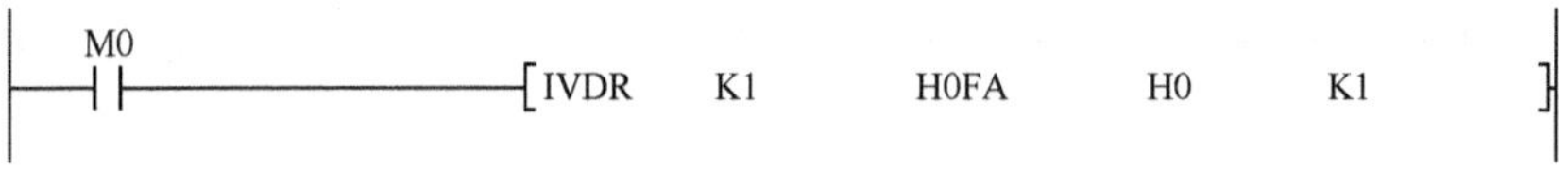

图 9-41　IVDR 指令执行例

【例 19】 图 9-42 为采用 FX_{3U} PLC 与 FR-A700 系列变频器，利用变频器专用通信指令 IVDR 设计的控制电动机停止、正转和反转的案例。其中 H00 停止，H02 正转，H04 反转。

【例 20】 图 9-43 为采用 FX_{3U} PLC 与 FR-A700 系列变频器，利用变频器专用通信指令 IVDR 进行运行速度改变的案例。

程序利用 D10 作为速度存储，驱动 M17 或 M18 为改变运行速度，应用变频器指令简单方便，程序容易编写。

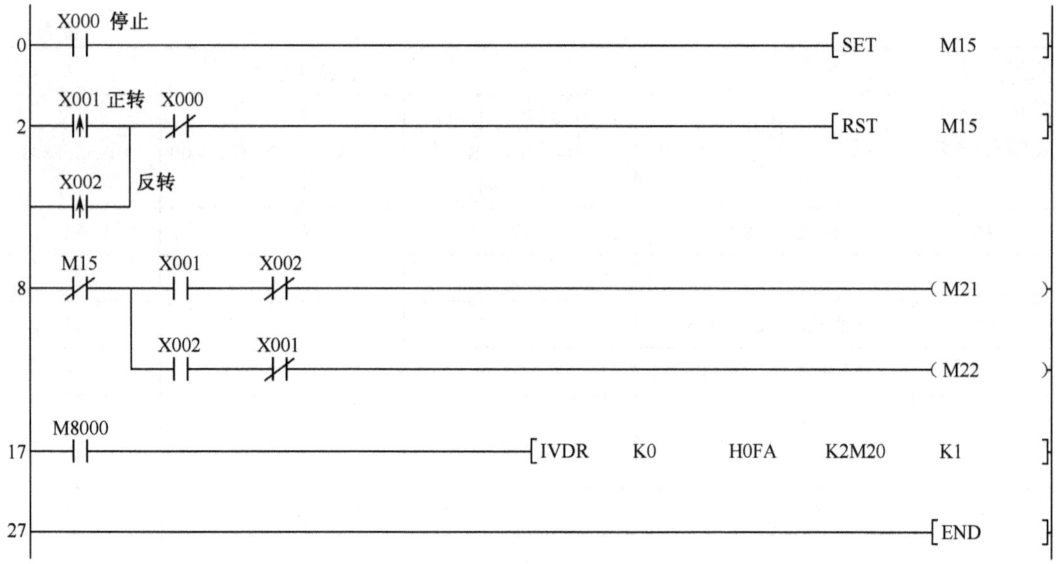

图 9-42　IVDR 指令电动机运行控制应用例

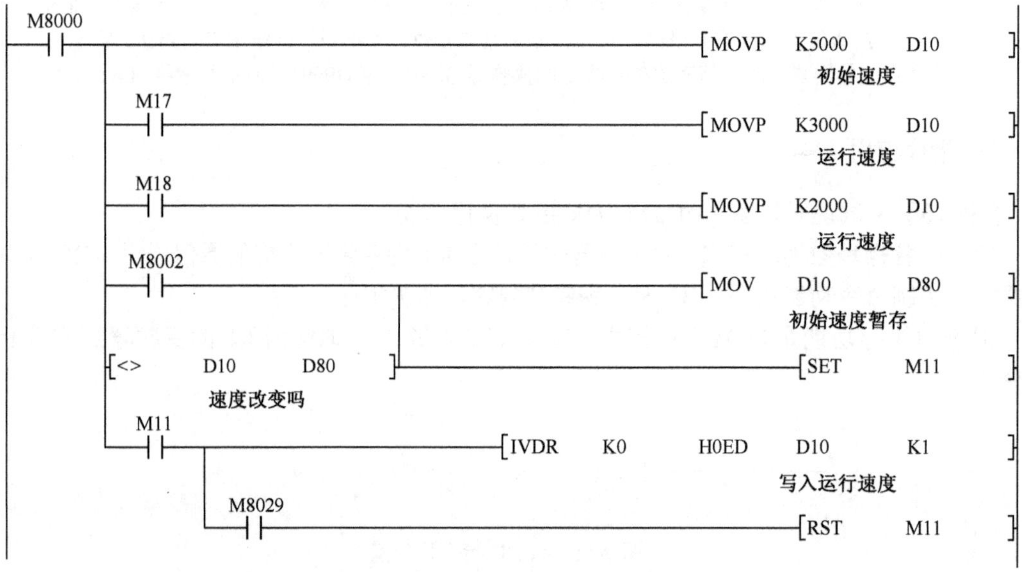

图 9-43　IVDR 指令改变运行速度应用例

9.4.4　变频器参数读取指令 IVRD

1．指令格式

FNC 272：IVRD　　　　程序步：9

IVRD 指令可用软元件如表 9-41 所示。

表 9-41　IVRD 指令可用软元件

操作数种类	位软元件							字软元件												其他				
	系统/用户							位数指定				系统/用户				特殊模块	变址			常数		实数	字符串	指针
	X	Y	M	T	C	S	D□.b	KnX	KnY	KnM	KnS	T	C	D	R	U□\G□	V	Z	修饰	K	H	E	"□"	P
(S1·)														●	▲1	▲2			●	●	●			
(S2·)														●	▲1	▲2			●	●	●			
(D·)														●	▲1	▲2			●					
n																				●	●			

▲1：仅 $FX_{3G}/FX_{3GC}/FX_{3U}/FX_{3UC}$ 可编程控制器支持。

▲2：仅 FX_{3U}/FX_{3UC} 可编程控制器支持。

梯形图如图 9-44 所示。

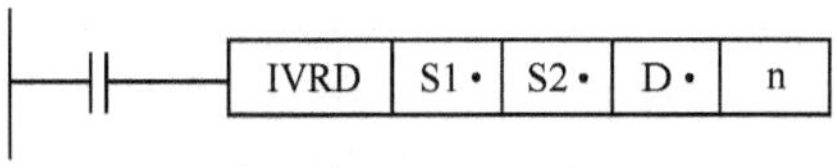

图 9-44　IVRD 指令格式

IVRD 指令操作数内容与取值如表 9-42 所示。

表 9-42　IVRD 指令操作数内容与取值

操作数种类	内　容	数 据 类 型
(S1·)	变频器的站号（K0～K31）	BIN16 位
(S2·)	变频器的参数编号	
(D·)	保存读出值的软元件编号	
n	使用的通道（K1：通道 1，K2：通道 2）①	

注：①FX_{3G} 可编程控制器（14 点、24 点型）或 FX_{3S} 可编程控制器时，不能使用通道 2。

解读：当驱动条件成立时，将连接在 n 通道上站号为 S1 的变频器参数编号为 S2 的设定值读出，送到 PLC 的数据寄存器 D 中保存。

2. 指令功能和应用

IVRD 指令是一个变频器参数设定值读出指令。需要读出的参数具体编号应查询相应变频器使用说明书或三菱 FX 系列 PLC 通信手册，注意参数编号为十进制编址。下面举例说明指令应用。程序中变频器为三菱 FR-A700 系列变频器。

【例 21】　指出如图 9-45 所示的变频器通信指令的执行功能。查 FR-A700 变频器使用手册，参数 Pr7 为加速时间设定。其执行功能是：从连接在通道 1 的站号为 06 的变频器中读出加速时间并送到 D150 中保存。

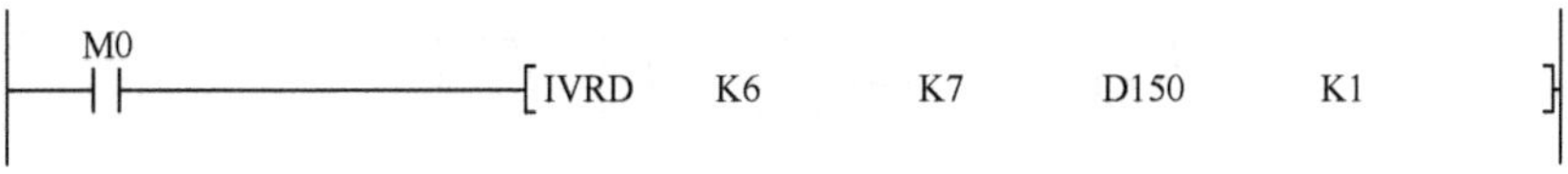

图 9-45　IVRD 指令执行例

【例 22】 图 9-46 为 FX_{3U} PLC 利用变频器专用通信指令 IVRD 设计的读出 FR-A700 系列变频器的某些参数设定值的程序。程序比较简单，不做过多说明。

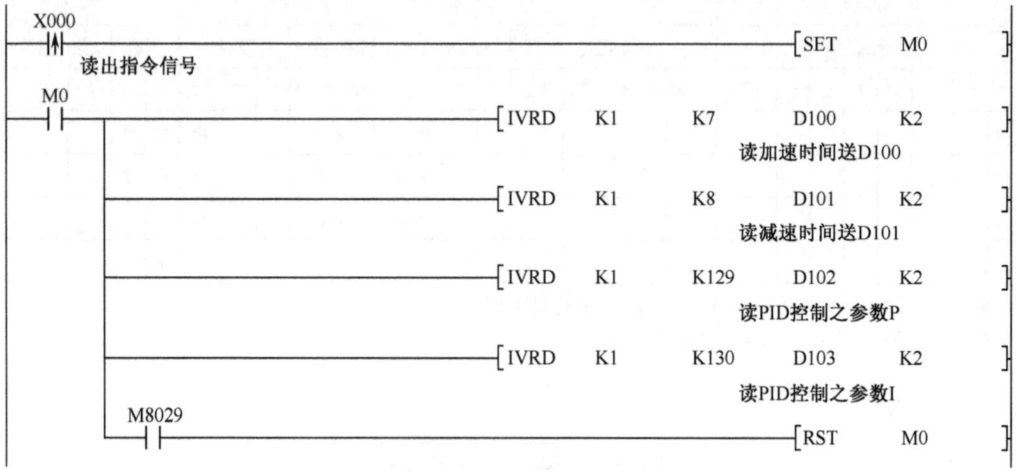

图 9-46 IVRD 指令读出变频器参数设定值应用例

9.4.5 变频器参数写入指令 IVWR

1. 指令格式

FNC 273：IVWR　　　　程序步：9

IVWR 指令可用软元件如表 9-43 所示。

表 9-43 IVWR 指令可用软元件

操作数种类	位软元件							字软元件												其他				
	系统/用户							位数指定				系统/用户				特殊模块	变址			常数		实数	字符串	指针
	X	Y	M	T	C	S	D□.b	KnX	KnY	KnM	KnS	T	C	D	R	U□\G□	V	Z	修饰	K	H	E	"□"	P
S1·														●	▲1	▲2			●	●	●			
S2·														●	▲1	▲2			●	●	●			
S3·														●	▲1	▲2			●	●	●			
n																			●	●	●			
S1·														●	▲1	▲2				●	●			

▲1：仅 $FX_{3G}/FX_{3GC}/FX_{3U}/FX_{3UC}$ 可编程控制器支持。
▲2：仅 FX_{3U}/FX_{3UC} 可编程控制器支持。

梯形图如图 9-47 所示。

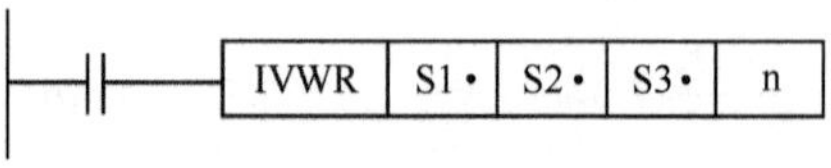

图 9-47 IVWR 指令格式

IVWR 指令操作数内容与取值如表 9-44 所示。

表 9-44　IVWR 指令操作数内容与取值

操作数种类	内　容	数据类型
(S1·)	变频器的站号（K0～K31）	BIN16 位
(S2·)	变频器的参数编号	
(S3·)	向变频器参数中写入的设定值， 或是保存设定数据的软元件编号	
n	使用的通道（K1：通道 1，K2：通道 2）①	

注：①FX_{3G} 可编程控制器（14 点、24 点型）或 FX_{3S} 可编程控制器时，不能使用通道 2。

解读：当驱动条件成立时，向连接在通道 n 上站号为 S1 的变频器的参数编号为 S3 的参数写入设定值。

2. 指令功能和应用

IVWR 指令是向变频器写入参数设定值的指令，关于参数编号及其内容请查阅相关的变频器使用手册或三菱 FX 通信手册，IVWR 指令一次只能写入一个参数值，不能成批写入。

【例 23】　指出如图 9-48 所示的变频器指令的执行功能。

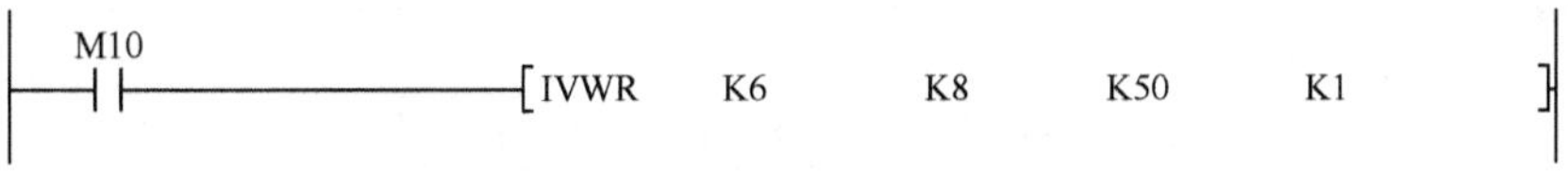

图 9-48　IVWR 指令执行例

查 FR-A700 变频器使用手册，参数 Pr8 为减速时间设定。这是一条参数值写入指令，它的执行功能是：将连接在通道 1 上站址为 06 的变频器的参数为 Pr8 减速时间设定为 K50。注意这里的 K50 不是减速时间，具体的减速时间还需和参数 Pr21 加/减速时间单位一起计算。

3. 指令应用

图 9-49 为 FX_{3U} PLC 利用变频器专用通信指令 IVWR 设计的写入 FR-A700 系列变频器的参数设定值程序。

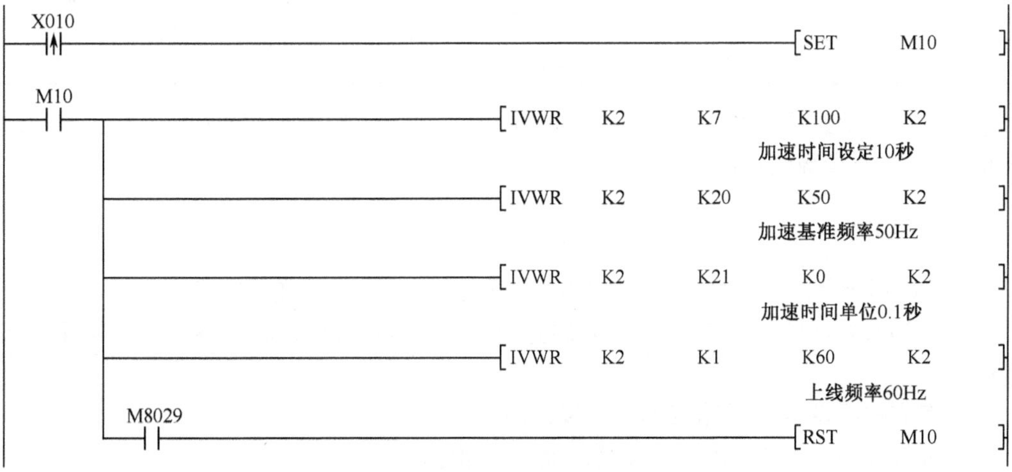

图 9-49　IVWR 指令应用例

9.4.6 变频器参数成批写入指令 IVBWR

1. 指令格式

FNC 274：IVBWR　　　　　　　　　　　　　　　　　　　　程序步：9

IVBWR 指令可用软元件如表 9-45 所示。

表 9-45　IVBWR 指令可用软元件

操作数种类	位软元件							字软元件												其他				
	系统/用户							位数指定				系统/用户				特殊模块	变址			常数		实数	字符串	指针
	X	Y	M	T	C	S	D□.b	KnX	KnY	KnM	KnS	T	C	D	R	U□\G□	V	Z	修饰	K	H	E	"□"	P
S1·														●	●	●			●	●	●			
S2·														●	●	●			●	●	●			
S3·														●	●	●			●					
n																				●	●			

注：仅 FX_{3U}/FX_{3UC} 可编程控制器支持 IVBWR 指令。

梯形图如图 9-50 所示。

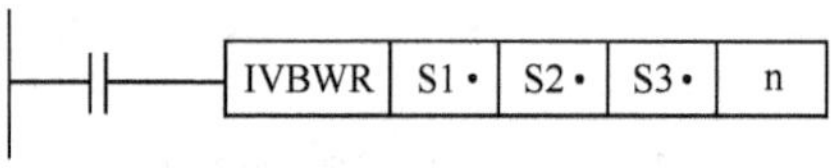

图 9-50　IVBWR 指令格式

IVBWR 指令操作数内容与取值如表 9-46 所示。

表 9-46　IVBWR 指令操作数内容与取值

操作数种类	内　容	数据类型
S1·	变频器的站号（K0～K31）	BIN16 位
S2·	变频器的参数写入个数	
S3·	写入到变频器中的参数表的起始软元件编号	
n	使用的通道（K1：通道 1，K2：通道 2）	

解读：当驱动条件成立时，向连接在 n 通道上站号为 S1 的变频器成批写入以 S3 为参数起始地址的 S2 个参数的设定值。

2. 指令功能

IVBWR 指令是一个成批写入参数值的变频器写入指令。指令在执行前，必须编制一个以地址 S3 为起始地址的表格，并把相应的参数编号和设定值写入到表格中，然后再执行指令成批传送。

参数表应按照表 9-47 的格式编制，规则如下：

（1）参数表的存储单元应为一连续编址的存储区。

（2）每一个参数占用两个存储单元，其低址为参数编号存储，高址为其设定值存储。

（3）参数编号是独立的，不需要连续编址。

表 9-47　IVBWR 指令参数表格式

软　元　件	写入的参数编号及设定值	
(S3•)	第 1 个	参数编号
(S3•)+1		设定值
(S3•)+2	第 2 个	参数编号
(S3•)+3		设定值
⋮	⋮	⋮
(S3•)+2　(S2•)-4	第(S2•)-1 个	参数编号
(S3•)+2　(S2•)-3		设定值
(S3•)+2　(S2•)-2	第(S2•)个	参数编号
(S3•)+2　(S2•)-1		设定值

3．指令应用

图 9-51 为 FX_{3U} PLC 利用变频器专用通信指令 IVBWR 设计的成批写入 FR-A700 系列变频器的参数设定值程序。指令执行前必须按照表 9-46 的格式将参数编号和设定值依次用 MOV 指令送入一个连接编址的存储区，这里连接编址的存储区的首址为 D200。

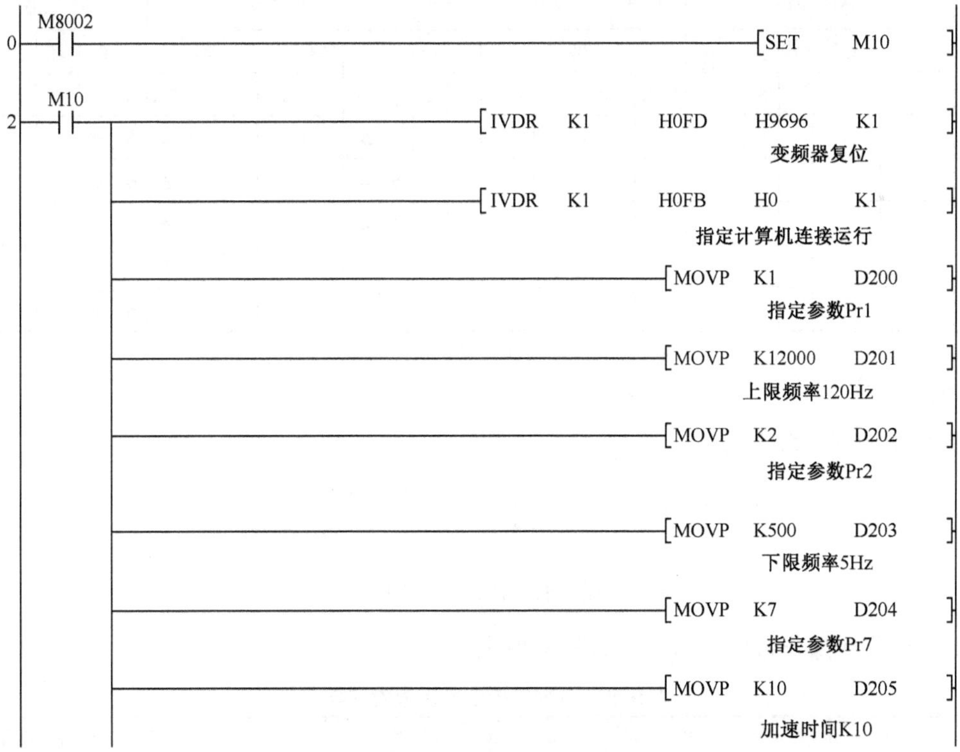

图 9-51　IVBWR 指令成批写入变频器参数设定值应用例

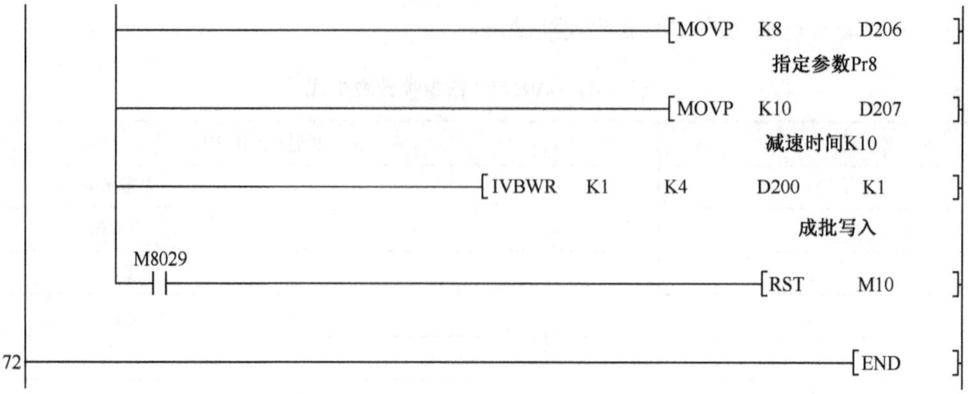

图 9-51 IVBWR 指令成批写入变频器参数设定值应用例（续）

9.4.7 变频器多个命令指令 IVMC

1. 指令格式

FNC 275：IVMC　　　　　　　　　　　　　　　　程序步：11

IVMC 指令可用软元件如表 9-48 所示。

表 9-48 IVMC 指令可用软元件

操作数种类	位软元件							字软元件												其他				
	系统/用户							位数指定				系统/用户				特殊模块	变址			常数		实数	字符串	指针
	X	Y	M	T	C	S	D□.b	KnX	KnY	KnM	KnS	T	C	D	R	U□\G□	V	Z	修饰	K	H	E	"□"	P
(S1·)														●	▲1	▲2			●	●	●			
(S2·)														●	▲1	▲2			●	●	●			
(S3·)														●	▲1	▲2			●					
(D·)														●	▲1	▲2			●					
n																				●	●			

▲1：仅 $FX_{3G}/FX_{3GC}/FX_{3U}/FX_{3UC}$ 可编程控制器支持。

▲2：仅 FX_{3U}/FX_{3UC} 可编程控制器支持。

梯形图如图 9-52 所示。

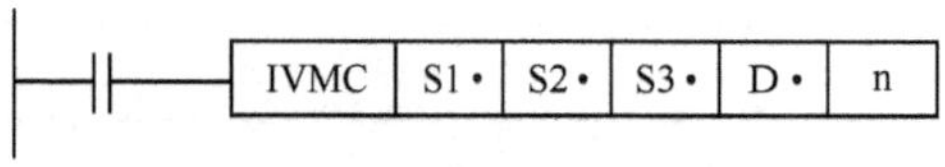

图 9-52 IVMC 指令格式

IVMC 指令操作数内容与取值如表 9-49 所示。

表 9-49 IVMC 指令操作数内容与取值

操作数种类	内　容	数据类型
(S1·)	变频器的站号（K0～K31）	BIN16 位
(S2·)	变频器的多个指令收发数据类型指定	

续表

操作数种类	内　容	数据类型
S3·	写入到变频器中的数据的起始软元件（占用 2 点）	
D·	保存从变频器的读出值的起始软元件（占用 2 点）	
n	使用的通道（K1：通道 1，K2：通道 2）①	

注：①FX_{3G} 可编程控制器（14 点、24 点型）或 FX_{3S} 可编程控制器时，不能使用通道 2。

解读： 当驱动条件成立时，将连接在 n 通道上站号位 S1 的变频器，根据 SZ 所指定数据类型写入 S3 和 S3+1 的内容，并把读出的数据送到 D 和 D+1 中。

2. 指令功能

IVMC 是一个同时对变频器进行写入和读出的功能指令，所以称作多命令读写指令，其写入和读出的功能和数据是由其 S2 所指定的数据类型代码所决定的。S2 所指定的数据类型代码如表 9-50 所示。

表 9-50　IVMC 指令数据类型

S2·收发数据类型（十六进制）	发送数据（向变频器写入内容）		接收数据（从变频器读出内容）	
	数据 1（S3·）	数据 2（S3·+1）	数据 1（D·）	数据 2（D·+1）
H0000	运行指令（扩展）	设定频率（RAM）	变频器状态监控（扩展）	输出频率（转速）
H0001				特殊监控
H0010		设定频率（RAM，EEPROM）		输出频率（转速）
H0011				特殊监控

现对表中数据说明如下：

（1）运行指令（扩展）：指由变频器指令代码 HF9 所表示的 16 位运行控制字内容。

（2）设定频率：指设定变频器的运行频率值，根据 PLC 的存储器类型分为 RAM 和 RAM EEPROM 两种选择。如需要在运行中改变频率值，请选择 RAM。

（3）变频器状态监控（扩展）：指由变频器指令代码 H79 所示的 16 位运行状态字的内容。

（4）输出频率：指变频器的实际运行频率。

（5）特殊监控：指由特殊监视器指令代码 H72 所表示的监视内容，一般很少用。

【例 23】　试说明如图 9-53 的变频器指令 IVMC 执行功能。

该指令的执行功能是：对连接在通道 1 上站址为 01 的变频器按 D10 所示内容进行运行控制，按 D11 所设定的频率运行。同时，按 D20 所示内容对运行状态进行监控，并把运行频率送到 D21 中保存。

图 9-53　IVMC 指令执行例

3. 指令应用

IVMC 指令是多命令操作指令，但它的读/写操作受到很大的限制。在写入方面，它仅能写入运行控制命令和运行频率设定，在读出方面，它也仅能读出变频器的运行状态和运行频率。但这个功能正是最常用的功能。在程序编制上，它可代替 IVCK 指令和 IVDR 指令的多次应用。

图 9-54 为利用 IVMC 指令进行读/写操作功能的程序例。程序不再进行详细说明，读者应结合图 9-39，图 9-42，图 9-43 的例子进行理解。

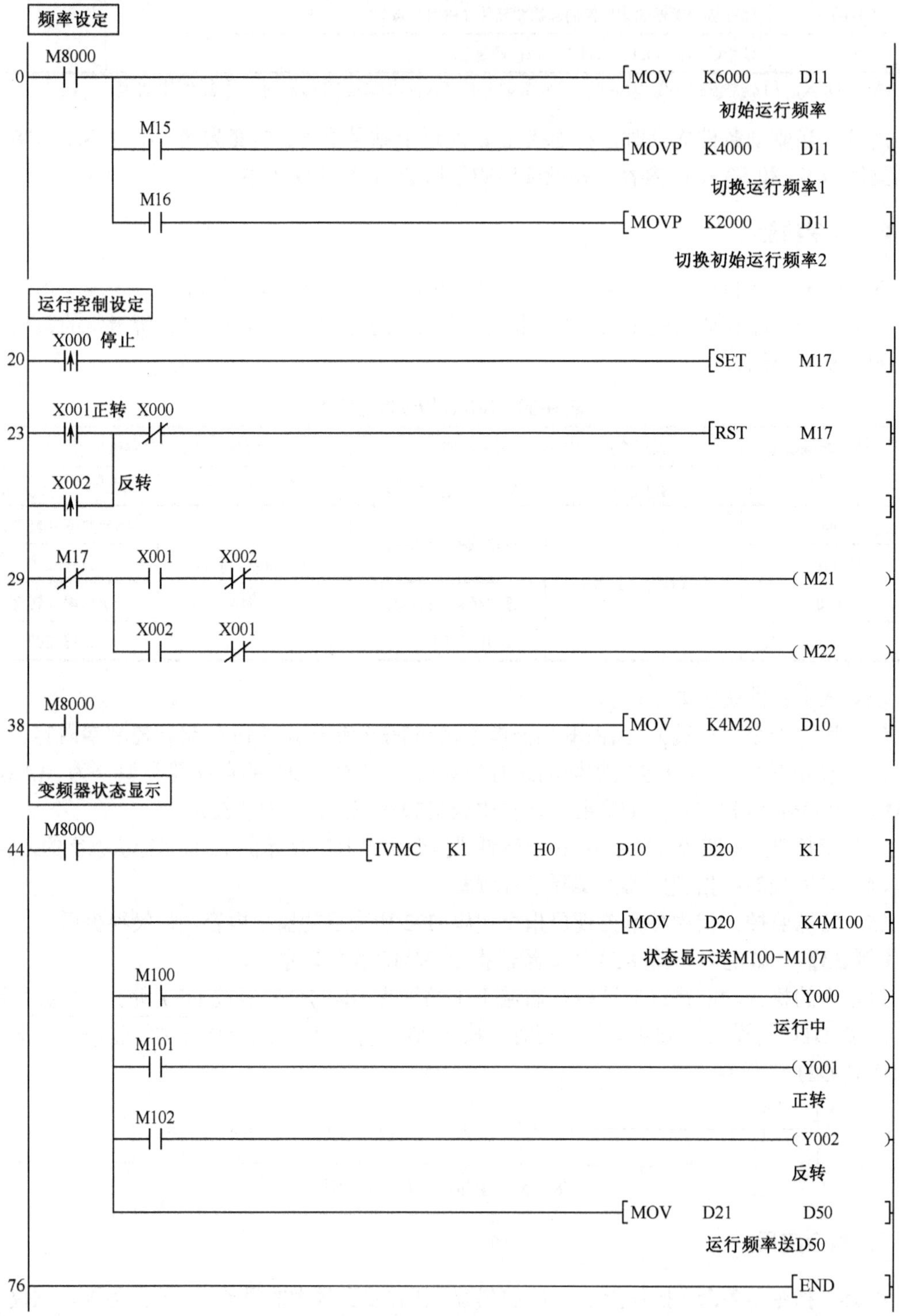
频率设定
M8000
0
MOV K6000 D11
初始运行频率
M15
MOVP K4000 D11
切换运行频率1
M16
MOVP K2000 D11
切换初始运行频率2
运行控制设定
X000 停止
20
SET M17
X001正转 X000
23
RST M17
X002 反转
M17 X001 X002
29
M21
X002 X001
M22
M8000
38
MOV K4M20 D10
变频器状态显示
M8000
44
IVMC K1 H0 D10 D20 K1
MOV D20 K4M100
状态显示送M100-M107
M100
Y000
运行中
M101
Y001
正转
M102
Y002
反转
MOV D21 D50
运行频率送D50
76
END

图 9-54　IVMC 指令执行例

4. 指令应用注意

（1）操作数 S 和 D 各占用两个存储单元，一旦指定，请不要在其他地方重复使用。

（2）如果在 S2 中设置了数据类型表以外的数据类型，则很可能会发生向变频器写入，读出预期外的情况。

（3）如果执行 IVMC 指令向变频器写入的状态和设置频率，则在下一个读出指令（IVCK 或 ICMC）执行时就会读出。

（4）本指令仅支持 FR-A800，FR-F800， FR-EJ700， FR-E700， FR-D700 和 FR-IS70 型变频器。

9.4.8　FX_{2N} PLC 变频器专用通信指令

1. 技术支持及适用变频器机型

1）技术支持

三菱于 2005 年在 FX 系列的新产品 FX_{3U} 及 FX_{3UC} 中推出了变频器通信专用指令，但对 FX_{2N} 却不能支持，而 FX_{2N} 却是市场占有率最高的产品。为了弥补这个缺陷，三菱为 FX_{2N}（仅是 FX_{2N} 和 FX_{2NC}）做了补充程序的 ROM 盒，再加上其他一些要求，使 FX_{2N} 也能够应用变频器专用指令进行通信控制。

但是补充程序的 ROM 盒并不支持所有 FX 产品，它只对 FX_{2N}、FX_{2NC} 的某些版本产品提供支持。因此，在使用前必须首先检查使用的 PLC、手持编程器及编程软件，看看是否在技术支持范围内。

表 9-51 列出了技术支持的 PLC 机型、硬件支持及软件支持。

表 9-51　技术支持机型

支持机型	FX_{2N},FX_{2NC}		
硬件支持	(FX_{2N}-ROM-E1)+(FX_{2N}-485BD) (FX_{2N}-ROM-E1)+(FX_{0N}-485ADP)+(FX_{2N}-CNV-BD)		
软件支持	机型	FX_{2N}，FX_{2NC}：	Ver.3.00 以上
	手持编程器	FX-20P：	Ver.5.10 以上
	编程软件	GX Developer：	Ver.7.0 以上
		FXGP/Win：	Ver.4.2 以上

2）适用变频器型号

同样，FX_{2N} PLC 变频器通信指令仅适用于对三菱 FR 系列变频器进行通信控制，但也不是所有三菱变频器都能用变频器通信指令进行通信控制。表 9-52 列出了三菱通信指令适用的三菱变频器的系列型号。

表 9-52　适用机型及数量

变频器台数	≤8
变频器型号	FR-A500,FR- E500,FR- S500
通信距离	50m，500m

2. 指令格式与通信指令

1）变频器通信指令格式

FX_{2N} PLC 变频器通信指令具有相同的指令格式，如图 9-55 所示，与 FX_{3U} PLC 变频器通信指令比较是操作数少了通信通道选择 n。只是因为 FX_{2N} PLC 仅有一个通信通道，没有其他选择。而其功能编号 S 是指令助记符的一部分，不是操作数。

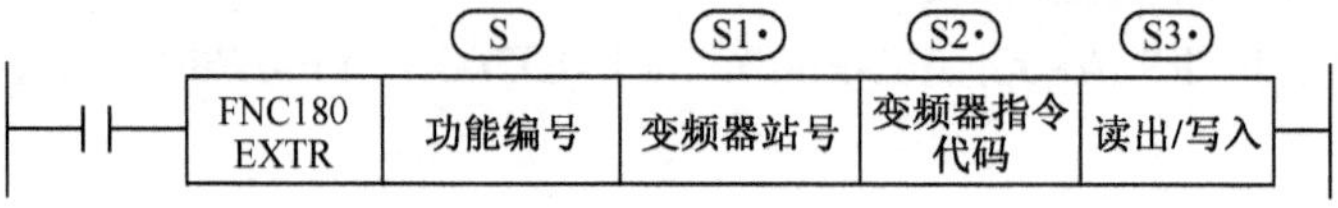

图 9-55 变频器通信指令格式

2）变频器通信指令

FX_{2N} PLC 的变频器通信指令仅有 4 条，4 条变频器指令的具体格式如表 9-53 所示。

表 9-53 FX_{2N} PLC 的变频器通信指令

指　　令	功能编号（S）	功　　能	控制方向
EXTR（FNC180）	K10	变频器的运行监视	可编程控制器←INV
	K11	变频器的运行控制	可编程控制器→INV
	K12	读出变频器的参数	可编程控制器←INV
	K13	写入变频器的参数	可编程控制器→INV

FX_{2N} PLC 的变频器通信指令各个操作数的含义和指令功能与其相对应的 FX_{3U} PLC 的变频器功能指令相同。本节就不再对它们进行讲解，读者可结合本章与其对应的 FX_{3U} PLC 变频器通信指令讲解进行学习。两种变频器通信指令对照如表 9-54 所示。

表 9-54 FX_{2N} PLC 与 FX_{3U} PLC 变频器通信指令对照表

功　　能	FX_{2N}，FX_{2NC}	FX_{3S}，FX_{3G}，FX_{3GC}，FX_{3U}，FX_{3UC}
变频器的运行监视	EXTR（K10）	IVCK
变频器的运行控制	EXTR（K11）	IVDR
读出变频器的参数	EXTR（K12）	IVRD
写入变频器的参数	EXTR（K13）	IVWR
变频器参数的成批写入	—	IVBWR
变频器的多个命令	—	IVMC

3. 通信格式及相关软元件功能

1）通信规格

三菱 FX 系列 PLC 对三菱变频器进行通信控制时的通信规格是一致的，如 9.1 节中表 9-30 所示。当三菱变频器进行通信参数设置时，应参考这个规格进行设置。变频器的通信参数是在变频器的面板上通过手工操作完成的。不同型号的变频器通信参数的编号是不一样的，具体要查阅相应型号的变频器使用说明书。PLC 的通信参数设置，多数采用在编程软件 GX Developer 或 GX Works2 中设置，请参看本章 9.1 节所示。

2）相关软元件功能

FX_{2N} PLC 的变频器通信指令同样也涉及一些特殊辅助继电器和特殊数据寄存器，如表 9-55 和表 9-56 所示。

表 9-55　FX_{2N} PLC 变频器通信相关特殊辅助继电器

软元件编号	名　称	内　容
M8029	指令执行结束	EXTR 指令执行结束时，1 个扫描内为 ON 即使 M8156（通信错误，或是参数错误）为 ON，只要指令执行结束 M8029 仍为 ON
M8104	扩展 ROM 盒的确认	安装了扩展 ROM 盒时为 ON
M8154	未使用	—
M8155	通信端口使用中	因 EXTR 指令，正在使用通信端口时为 ON
M8156	通信错误，或是参数错误	因 EXTR 指令，发生通信错误时置 ON
M8157	通信错误的锁存	发生通信错误时为 ON

表 9-56　FX_{2N} PLC 变频器通信相关特殊数据寄存器

软元件编号	名　称	内　容
D8104	扩展 ROM 盒的种类代码	保存扩展 ROM 盒的种类代码（值：K1）
D8105	扩展 ROM 盒的版本	保存扩展 ROM 盒的版本 （数值：K100=V1.00）
D8154	变频器的响应等待时间	设定变频器的响应等待时间
D8155	通信端口使用中指令的步编号	保存通信端口使用中的 EXTR 指令的步编号
D8156	错误代码	因 EXTR 指令，出现通信错误时，保存错误代码
D8157	发生错误的步编号的锁存	发生通信错误时的指令的步编号被保存 （没有错误时为 K-1）

4．变频器专用通信指令应用注意事项

变频器通信指令在应用中应注意如下几点。

（1）通信的时序。驱动条件处于上升沿时，通信开始执行。通信执行后，即使驱动条件关闭，通信也会执行完毕。驱动条件一直为 ON 时，执行反复通信。

（2）与其他通信指令的合用。变频器通信指令不能与 RS 指令合用。在设计通信程序时如果使用变频器通信指令，就不能再用 RS 指令了。

（3）不能在以下程序流程中使用：CJ-P（条件跳跃）、FOR-NEXT（循环）、P-SRET（子程序）、I-IRET（中断）。

（4）同时驱动及编程处理。变频器通信指令可以多次编写，也可以同时驱动。同时驱动多个指令时，要等一条通信指令结束后才执行下一条通信指令。

（5）通信结束标志继电器 M8029。当一个变频器通信指令执行完毕后，M8029 变 ON，且保持一个扫描周期。当执行多个变频器通信指令时，在全部指令通信完成前，务必保持触发条件为 ON，直到全部通信结束，利用 M8029 将触发条件复位。

9.5 Modbus 通信读写指令

9.5.1 Modbus 通信协议介绍

1. Modbus 通信协议

在目前工业领域中，各个设备供应商基本上都推出了自己的专用协议，但是为了兼容，几乎所有的设备都支持 Modbus 通信协议。下面先了解一下这个协议的基本情况，然后再详细地介绍这个协议。

Modbus 协议是美国 MODICON（莫迪康）公司（后被施耐德公司收购）首先推出的基于 RS485 总线的通信协议，其物理层为 RS232/RS422/RS485 接口标准。

Modbus 通信协议是一种主从式串行异步半双工通信协议。采用主从式通信结构，可使一个主站对多个从站进行双向通信，主站可单独和从站通信，也可以广播式和所有从站通信，如果单独通信，从站返回消息作为回答；如果以广播方式查询，则从站不作任何回应。协议制定了主站的查询格式，从站回应消息格式也由协议制定。

Modbus 通信协议提供了 ASCII 和 RTU（远程终端单元）两种通信方式。RTU 的通信速率比 ASCII 码要快。其物理接口为 RS232/RS422/RS485 标准接口。传输速率可以达到 115kbps，最多可接 1 台主站和 32 台从站。Modbus 协议的某些特性是固定的，如信息帧结构、帧顺序、通信错误、异常情况的处理及所执行的功能等，都不能随便改动，其他特性是属于用户可选的，如传输介质、波特率、字符奇偶校验、停止位个数等。

由于 Modbus 协议是完全公开透明的，所需的软、硬件又非常简单，这就使它已经成为一个通用的工业标准，几乎所有的控制设备和智能化仪表都支持 Modbus 通信协议。通过 Modbus 协议，不同厂商所生产的控制设备和智能仪表就可以连成一个工业网络，进行集中监控。

2. Modbus 的 ASCII 通信方式

1）通信格式

ASCII 通信方式的每个字符的通信格式规定如下：

1 个起始位；

7 个数据位；

1 个校验位，奇校验（E），偶校验（O）或无校验（N）选一；

1 个停止位（有校验），2 个停止位（无校验）。

可以看出，Modbus 的 ASCII 方式通信格式中，数据位是确定的，而校验位、停止位是由用户选择的。根据规定，其通信格式可能的选择是：7，E，1；7，0，1 和 7，N，2 三种。

2）数据格式

Modbus 的 ASCII 方式的数据格式如图 9-56 所示。

起始码	地址码	功能码	数据区	校验码	停止码

图 9-56　ASCII 方式数据格式帧

各部分内容说明如下。

（1）起始码：数据格式的帧头，以“：”号表示（二进制数 4 位，HEX 数 1 位），ASCII 码为（3AH）。HEX 数为十六进制字符，下同。

（2）地址码：从站的地址（二进制数 8 位，HEX 数 2 位），01H～FFH。

（3）功能码：主站发送，告诉从站执行功能（二进制数 8 位，HEX 数 2 位），01H～FFH，具体代码功能见后。

（4）数据区：具体数据内容（二进制数 $n\times8$ 位，HEX 数 $2n$ 位）

（5）校验码：LRC 校验码（二进制数 8 位，HEX 数 2 位），校验码的范围为由地址码开始到数据区结束，不包含起始码。

（6）停止码：数据格式的帧尾，用“CR”（0DH）、“LF”（0AH）表示（二进制数 8 位，HEX 数 2 位）。

控制器在 Modbus 网络上以 ASCII 码方式通信，在数据格式中每 4 位即 HEX 数 1 位都转换成 ASCII 码发送，也就是每个十六进制字符（0～9、A～F）都转换成 ASCII 码发送。这种方式的主要优点是字符发送的时间间隔可达 1s，而不产生错误。

数据格式的“：”为帧头，在发送时，网络上的设备不断侦测“：”字符，当有一个冒号被收到时，每个设备都会解码下个字符（地址码）来判断是否发给自己。

数据格式中的每个字符发送的时间间隔不能超过 1s，否则接收设备将认为是传送错误。

功能码是主站告诉从站要执行的功能，如运行命令、读取监控状态、修改参数、读取参数等。Modbus 协议制定了相关的功能代码，详见后。

数据区为功能码的内容，执行什么运行命令、正转、反转、停止、修改哪个参数等。Modbus 协议对数据区的具体格式与内容没有作统一的规定，而留给设备生产商去制定。凡是采用 Modbus 协议作为设备通信协议的生产商，都会在在这方面给出具体说明。

ASCII 通信方式的校验方法是 LRC 校验，其校验方法详见 9.3 节。

ASCII 通信方式的数据格式的帧尾为固定的“CR”（回车）、“LF”（换行）表示一帧数据传送的结束。

上述就是 ASCII 通信方式一帧数据信息帧的内容。在通信中，信息帧的内容必须编成通信程序，由通信指令发送和回传。

在 Modbus 的 ASCII 通信方式中，数据格式的每个字节（8 位）都由两个十六进制字符组成。发送时每个字节（8 位）都作为两个 ASCII 码字符发送。一般来说，数据信息帧结构即数据格式的内容都是以十六进制表示的，一字节（8 位）为两个十六进制符号。这样，在数据发送前，必须先将十六进制符号转换成 ASCII 码字符才能够发送，这就给通信程序的设计带来了很大的不便。但这种方式的优点是字符发送的时间间隔可达 1s 而不产生错误。

3. Modbus 的 RTU 通信方式

1）通信格式

RTU 通信方式的字符通信格式规定如下：
1 个起始位；
8 个数据位；
1 个校验位，奇校验（E），偶校验（O）或无校验（N）三选一；
1 个停止位（有校验时），2 个停止位（无校验时）。
同样，Modbus 的 RTU 方式的通信格式只能是：8，E，1；8，0，1 和 8，N，2 三种。

2）数据格式

Modbus 的 RTU 方式的数据格式如图 9-57 所示。

	地址码	功能码	数据区	校验码	

图 9-57　RTU 方式数据格式帧

可以发现，RTU 方式数据格式没有帧头和帧尾。那设备如何区别这一帧和下一帧呢？Modbus 通信协议 RTU 方式规定，信息帧的发送至少要以 3～5 个字符的时间间隔开始。网络设备在不断地侦测总线的停顿时间间隔，当第一个字符（地址码）被收到后，每个设备都要进行解码判断是否发给自己。在最后一个字符（校验码）被传送后，一个至少 3～5 个字符的停顿才标志发送结束。如果两个信息帧的时间间隔不到 3～5 个字符的时间间隔，接收设备会认为第二个信息帧是第一个的延续，这将导致一个错误。

RTU 的地址码、功能码、数据区均与 ASCII 方式类似，这里不再重复。

RTU 的校验码为 CRC 校验码，CRC 校验方法可参看本章 CRC 校验码指令所述。

另外在 ASCII 方式中，程序编制比较复杂，因为它的所有信息都需要用 ASCII 码形式发送和接收。例如，要命令变频器进行正转，它的数据格式中的功能码为 06H，但是在发送信息的时候却不能用 06H，这里必须先把“0”改成 30H，把“6”改成 36H，必须把十六进制的数据信息转换成 ASCII 码才能发送。但是在 RTU 中就不需要转换，所以 RTU 的通信方式比较快。

4. Modbus 的功能码

表 9-57 列出了为 Modbus 的常用功能码名称和功能。

表 9-57　Modbus 的功能码（常用）

功 能 码	名 称	功 能
H01	读线圈状态	取线圈状态
H02	读输入状态	取开关输入状态
H03	读保持存储器	读一个或多个保持存储值

续表

功能码	名称	功能
H04	读取存储器	读一个或多个存储器值
H05	强置单线圈	强置线圈的通断
H06	写保持存储器	把字写入一个保持存储器
H08	回送诊断校验	把诊断报告送从站
H0F	强置多线圈	强置一组连续线圈通断
H10	预置多存储器	写入一组连续保持存储器值

Modbus 协议的功能码设计有 127 个，但 20～127 为保留用，比较复杂。有些代码适用于所有控制器，有些只应用于某种控制器，还有些保留以备使用。表 9-56 选取的是适用于所有控制器的常用功能码。

在变频器 PLC 控制系统中，最常用的功能码是 03H 和 06H，一个是读，另一个是写，当要监控变频器运行情况时就用 03H 读取变频器的参数值和运行状况；如果想让变频器执行运行命令和改变运行参数，则用 06H 写入命令即可。线圈指 PLC 里的位元件 Y、M 等。读 Y、M 等的时候就要用到 01H。开关元件指 PLC 里的位元件 X。

9.5.2　Modbus 通信读写指令 ADPRW

1．指令格式

FNC 276：ADPRW　　　　　　　　　　　　　　　　程序步：11

ADPRW 指令可用软元件如表 9-58 所示。

表 9-58　ADPRW 指令可用软元件

操作数种类	位软元件							字软元件												其他				
	系统/用户							位数指定				系统/用户				特殊模块	变址			常数		实数	字符串	指针
	X	Y	M	T	C	S	D□.b	KnX	KnY	KnM	KnS	T	C	D	R	U□\G□	V	Z	修饰	K	H	E	"□"	P
S•															▲1	▲2			●	●	●			
S1•															▲1	▲2			●	●	●			
S2•															▲1	▲2			●	●	●			
S3•															▲1	▲2			●	●	●			
S4•/D•	●	●	▲1			●									▲1	▲2			●	●	●			

▲1：特殊辅助继电器（M）和特殊数据寄存器（D）除外。

▲2：仅 FX_{3G}/FX_{3GC}/FX_{3U}/FX_{3UC} 可编程控制器支持。

梯形图如图 9-58 所示。

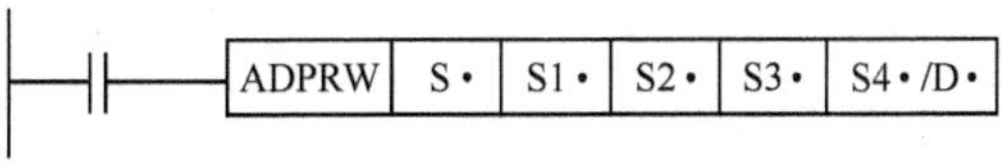

图 9-58　ADPRW 指令格式

ADPRW 指令操作数内容与取值如表 9-59 所示。

表 9-59　ADPRW 指令操作数内容与取值

操作数种类	内　容	数 据 类 型
(S·)	从站本站号（K0～K32）	BIN16 位
(S1·)	功能代码	BIN16 位
(S2·)	与功能代码相应的功能参数	BIN16 位
(S3·)	与功能代码相应的功能参数	BIN16 位
(S4·)/(D·)	与功能代码相应的功能参数	位/ BIN16 位

解读：当驱动条件成立时，PLC 按照 S1 所表示的功能对站址为 S 的外部通信设备按照 S2～S4 所表示的内容进行读/写操作。

2．三菱 FX 系列 Modbus 通信适配器介绍

由于 Modbus 通信协议是完全公开透明的，所需的软、硬件又非常简单，这就使它成为一个通用的工业标准，几乎所有的控制设备和智能化仪表都支持 Modbus 通信协议。当 PLC 作为控制设备对外部设备进行通信控制时，通常是通过无协议通信指令 RS 或 RS2 编写通信控制程序进行通信控制的。这种方式的缺点是程序编写复杂、程序容量大、占用内存多、易出错、难调试。因此仿照变频器专用通信指令功能形式，直接用指令进行 Modbus 通信，而无须编制复杂的通信程序。Modbus 通信专用通信指令就是在这种情况下开发的。

三菱电机为 FX3 系列 PLC 开发了 Modbus 通信专用适配器 FX_{3U}-485/232ADP-MB。Modbus 通信专用适配器和普通的通信适配器 FX_{3U}-485 一样，也是一个接口标准转换器，把 PLC 的 RS422 接口标准转换成 RS232C/RS485 接口标准。它的外形、面板形式、安装与 PLC 的连接方式，及与外部设备的接线等都和普通适配器一样，不一样的是它内部具有了 Modbus 通信协议的功能。与同时开发的 Modbus 通信读/写指令 ADPRW 一起，FX3 系列 PLC 就可以直接通过指令 ADPRW 与外部具有 Modbus 通信协议的设备直接进行 Modbus 通信控制。不需要考虑码制转换，不需要考虑 CRC 校验码的运算，程序编制也非常简单，当越来越多的外部设备采用 Modbus 通信协议时，掌握 Modbus 通信指令 ADPRW 的应用，就显示非常重要。

在实际应用中，三菱 FX3 系列 PLC 加装了 Modbus 通信专用适配器后，PLC 即可作为主站通过 ADPRW 指令对外部设备进行通信控制，也可作为从站与上机位进行 Modbus 通信数据交换。

三菱开发的 Modbus 通信适配器有两种，一种是 FX_{3U}-485ADP-MB，一种是 FX_{3U}-232ADP-MB，它们的区别除了接口标准不同，还有 RS485 是 1 对 32，而 RS232 是 1 对 1，在通信距离上 RS485 最大可达 500m，而 RS232 最大仅 15m，图 9-59 为这两种 Modbus 通信适配器的外形图，图 9-60 为 FX_{3U}-485ADP-MB 通信适配器的面板式样。

3．Modbus 通信设定

在执行 Modbus 读写指令 ADPRW 前，必须对通信参数和通信相关的选择进行一次设

定。这个设定叫作 Modbus 通信设定，其中最主要的是通信格式字和通信方式字的设定。设定好后，连同其他的一些参数设定通过标准的程序送到相对应的特殊数据寄存器中。与 Modbus 通信设定相关的特殊数据寄存器如表 9-60 所示。

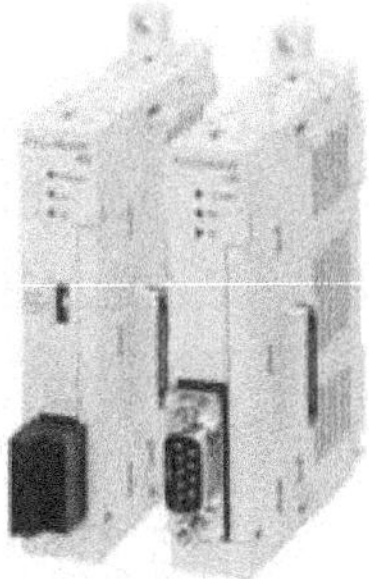

图 9-59　FX_{3U}-485(232)ADP-MB 外形

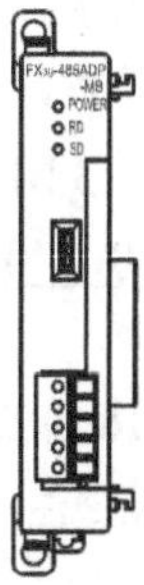

图 9-60　FX_{3U}-485ADP-MB 面板式样

表 9-60　Modbus 通信相关主要特殊数据寄存器

特殊数据寄存器		名　称	有 效 站	详 细 内 容
通道 1	通道 2			
D8400	D8420	通信格式设定	主站/从站	设定通信格式
D8401	D8421	通信方式设定	主站/从站	选择要使用的通道，指定 RTU 模式/ASCII 模式，并设定主站/从站
D8409	D8429	从站响应超时	主站	主站发送请求后，从站在该设定时间内没有响应时，主站会再次发送文本，或者根据设定的重试次数（D8412、D8432）判断为超时出错，然后结束该指令的处理
D8410	D8430	播放延迟	主站	将主站从发送播放文本后到发送下一个请求的等待时间进行储存。从站通过该等待时间可处理播放文本，并做好接收下一个请求的准备
D8411	D8431	请求间延迟（帧间延迟）	主站/从站	该延迟是从发送请求文本后到发送下一个请求文本的等待时间。通过这段时间可检测出文本结束
D8412	D8432	重试次数	主站	从站未在从站响应超时中设定的时间内响应时，主站发送文本直到达到所设定的重试次数后，会因超时出错而结束指令处理

下面对通信格式字，通信方式字和 ModbuS 通信设定程序进行重点说明。

1）通信格式字（D8400/D8420）

Modbus 通信设定的通信格式字参照表 9-61 进行设定。表中，不可以使用的二进制位均设为 0 。下面举例说明 。

【例 24】　Modbus 通信设定为 RS485 接口标准，RTU 方式，奇校验，波特率 19 200，试设定通信格式字。

由 Modbus RTU 通信方式的说明可知，当采用 RTU 方式时，数据位只能是 8 位，有校验时，停止位为 1 位。

根据上述要求，结合 Modbus 通信设定通信格式设定表，分析如下：

b15	b14	b13	b12	b11	b10	b9	b8	b7	b6	b5	b4	b3	b2	b1	b0
0	0	0	1	0	0	0	0	1	0	0	1	0	0	1	1
0				0				9				2			

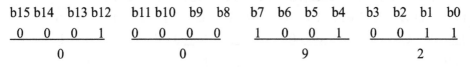

然后把这 16 位二进制数转换成十六进制就是 1092H。

所以通信格式字：H 1092。

【例 25】 Modbus 通信设定通信格式设定为 RS232/ASCII 方式，无校验，波特率 9 600，试设定通信格式字。

根据上述要求，结合 Modbus 通信设定通信格式设定表，分析如下：

b15	b14	b13	b12	b11	b10	b9	b8	b7	b6	b5	b4	b3	b2	b1	b0
0	0	0	0	0	0	0	0	1	0	0	0	1	0	0	0
0				0				8				8			

然后把这 16 位二进制数转换成十六进制就是 0088H。

所以通信格式字：H 0088。

表 9-61 Modbus 通信设定通信格式设定表

位	名 称	内 容	
		0（bit=OFF）	1（bit=ON）
b0	数据长度	7 位	8 位
b1 b2	奇偶性	b2、b1 （0，0）：无 （0，1）：奇数 （1，1）：偶数	
b3	停止位	1 位	2 位
b4 b5 b6 b7	波特率（bps）	b7，b6，b5，b4 （0，0，1，1）：300 （0，1，0，0）：600 （0，1，0，1）：1200 （0，1，1，0）：2400 （0，1，1，1）：4800 （1，0，0，0）：9600	b7，b6，b5，b4 （1，0，0，1）：19200 （1，0，1，0）：38400 （1，0，1，1）：57600 （1，1，0，0）：不可以使用 （1，1，0，1）：115200
b8～b11	不可以使用	—	—
b0	H/W 类型	RS-232C	RS-485
b1～b15	不可以使用	—	—

2）通信方式字（D8401/D8421）

通信方式字包含通信协议选择，Modbus 的通信模式 ASCII/RTU 的选择和 PLC 作为 Modbus 通信的主站/从站选择，具体根据表 9-62 的内容进行设定。

【例 26】 PLC 作为 Modbus 通信的工作主站与被控制设备进行 RTU 模式的通信控制，试设定通信方式字。

根据上述要求，结合 Modbus 通信设定通信方式设定表，分析如下：

b15	b14	b13	b12	b11	b10	b9	b8	b7	b6	b5	b4	b3	b2	b1	b0
0	0	0	0	0	0	0	0		0	0	0	0	0	0	1
0				0				0				1			

然后把这 16 位二进制数转换成十六进制就是 0001H。
所以通信方式字：H 0001。

表 9-62　Modbus 通信设定通信方式设定表

位	名　称	内　容	
		0（bit=OFF）	1（bit=ON）
b0	选择协议	其他通信协议	MODBUS 协议
b1～b3	不可以使用		
b4	主站/从站设定	MODBUS 主站	MODBUS 从站
b5～b7	不可以使用		
b8	RTU/ASCII 模式设定	RTU	ASCII
b9～b15	不可以使用		

Modbus 通信设定其他参数设定可参看参考三菱电机 FX_{3S}、FX_{3G}、FX_{3gc}、FX_{3U}、FX_{3UC} 系列用户手册（Modbus 通信篇）。其他参数可根据实际情况有选择地进行设定，而通信格式字和通信方式字是必须要设定的参数。

3）Modbus 通信相关主要特殊辅助继电器

Modbus 通信涉及主要特殊辅助继电器如表 9-63 所示。其中 M8411 为设定 Modbus 通信参数的驱动标志位。在 Modbus 通信设定程序中，是用 M8411 作为驱动触点去控制 MOV 指令将所需要的参数值送到指定的特殊数据寄存器中。

表 9-63　Modbus 通信相关主要特殊辅助继电器

特殊辅助继电器		名　称	有 效 站	详 细 内 容
通道 1	通道 2			
M8411		设定 Modbus 通信参数的标志位	主站/从站	在 Modbus 通信设定中使用
M8029		指令执行结束	主站	ADPRW 指令执行结束后置为 ON
M8402	M8422	Modbus 通信发生出错	主站/从站	发生 Modbus 通信出错时置为 ON

M8029 在 ADPRW 指令执行结束后为 ON。在程序中一般用于复位 ADPRW 指令的驱动触点。注意，M8029 是部分指令（如外部设备指令，定位控制指令，变频器专用通信指令）共同的指令执行结束状态标志位。一旦为 ON，程序中凡 M8029 的触点均为 ON。在使用时，要分析对后续程序中 M8029 触点的影响。一般 M8029 的位置必须置于应用指令的正下方，随各自的指令执行结束后为 ON。

M8042/M8422 为通信出错标志位，一般利用它进行出错显示或出错时进行错误处理（程序转移）。参考程序如图 9-61 所示。

4）Modbus 通信设定程序

PLC 作为 Modbus 通信主站时，其标准 Modbus 通信设定程序如图 9-62 所示。在用户程序中，该通信设定程序必须置于指令 ADPRW 前执行，否则会发生错误。

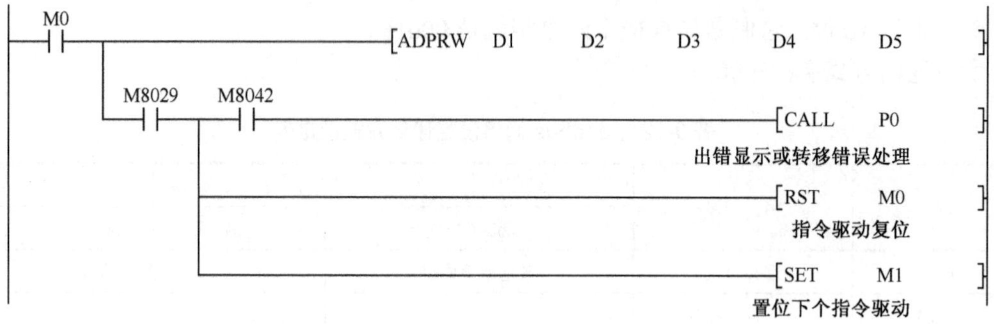

图 9-61 M8029 和 M8042 标志位使用

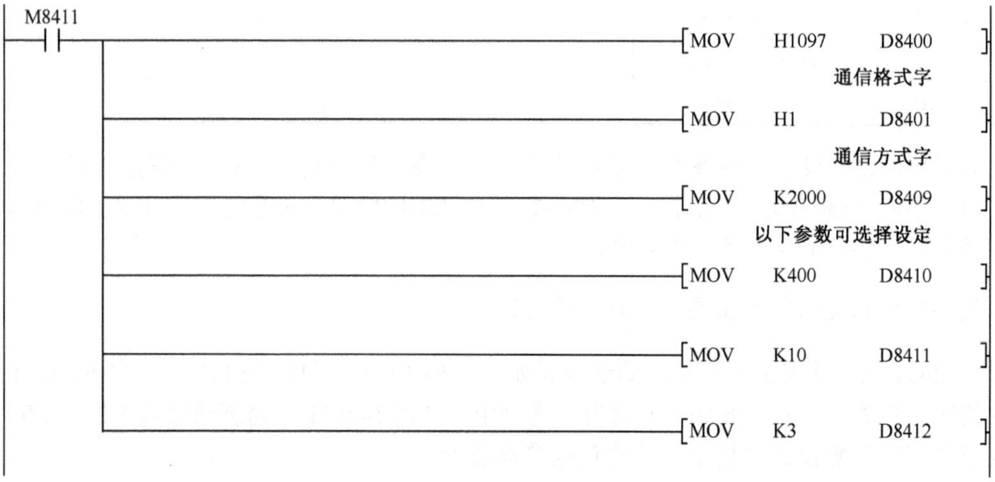

图 9-62 Modbus 通信设定程序样本（通道 1）

4．指令操作数说明

指令 ADPRW 是一个读/写双功能指令，既可以通过指令把被控制设备的状态和参数读出送到 PLC 指定的存储单元，也可以把运行控制命令和参数值写入到被控制设备中。如前所述，Modbus 协议的某些特性是固定的，如信息帧结构、帧顺序、通信错误、异常情况的处理及所执行的功能码等都不能随便改动，其他特性是属于用户可选的，如通信格式字、数据区的参数字址定义等，因此在应用指令 ADPRW 进行 Modbus 通信时，首先要对被控制设备的通信协议中的通信参数设置和设备的参数字址定义进行详细了解，这样才能正确地填写指令中各个操作数的内容。

下面，先对各操作数进行一般性说明，然后再通过台达变频器 VFD-B 的 Modbus 通信协议举例说明指令的应用。

1）从站地址 S

被控制设备的地址码，2 位 HEX 数，00H～20H。

2）功能代码 S1

这是 Modbus 协议所规定的功能代码，参看表 9-57，2 位 HEX 数。

3）Modbus 协议地址码 S2

操作数从 S2 到 S4/D 为 Modbus 通信所执行的数据区参数。其具体的填写必须结合功能码 S1 的控制功能和具体的控制要求按照用户的 Modbus 协议的参数字址定义表进行正确填写。

S2 为用户的 Modbus 协议的地址或首址（多点读写时），4 位 HEX 数。D 为 PLC 数据寄存器地址。

4）读、写的数据个数 S3

S3 为按控制要求读、写数据的个数，其上限受到限制。03H（数据寄存器读出）为 125，06H（单个寄存器写入）为 0 或 1，10H（多个寄存器写入）为 123。2 位 HEX 数。

5）读、写的数据内容或数据存储首址 S4/D

S4/D 根据功能的不同，其含义也不同。如果读出功能(03H)，则为读出到 PLC 寄存器的地址或首址。如果是写入功能(06H,10H)，则为写入的数据或存储写入数据的寄存器首址。

5．指令应用注意

（1）1 台 PLC 基本单元仅能通过 1 台 Modbus 适配器进行 Modbus 通信。当 PLC 作为主站通过 Modbus 适配器对外部控制设备进行 Modbus 通信控制时，必须使用 Modbus 读写指令 ADRPW 进行。

（2）在主站程序中，使用 ADPRW 指令时，必须将其驱动条件一直保持为 ON 状态，直到 ADPRW 指令执行结束（M8029 为 ON）才可以断开驱动条件。

（3）在主站程序中，可以多次使用 ADPRW 指令，但每一时刻只能执行一个 ADPRW 指令，只有在当前一个 ADPRW 指令执行结束后，才能执行下一个 ADPRW 指令。

（4）在梯形图程序中，Modbus 通信设定驱动触点 M8411 只能在程序中出现一次。如果出现一次以上，则程序最后一个驱动触点 M8411 所设定的通信参数有效。

（5）使用梯形图程序设计 Modbus 通信设定程序设置通信参数后，将 PLC 的电源进行一次 OFF/ON 操作，参数设定才变为有效。

（6）Modbus 通信设定驱动触点 M8411 是专用元件，不能在程序中或程序外对 M8411 进行 ON/OFF。同时，通信参数只能用 MOV 指令将设定值送入指定特殊辅助寄存器，而且在驱动触点 M8411 之前和驱动触点 M8411 与 MOV 指令之间不能插入任何其他触点。如果插入其他触点，则通信参数设置无效。

（7）Modbus 通信设定中和 Modbus 读写指令 ADPRW 都没有涉及通道的选择，在实际使用中，系统的构成就决定了其通道的选择。其通道选择如下图 9-63 所示。选择的通道不同，其通信设定中所对应的特殊数据寄存器的编址也不同。见表 9-60 说明。在图 8-63（a）中，PLC 只与一个通信适配器 FX_{3U}-485ADP-MB 相连，为通道 1。在图 9-63（b）中，通信适配器 FX_{3U}-485ADP-MB 处于通道 2 位置，为通道 2。而在图 9-63（c）中，有两个通信适配器 FX_{3U}-485ADP-MB 与 PLC 相连，这时，规定 PLC 只能通过通道 1 的通信适配器 FX_{3U}-485ADP-MB 进行 Modbus 通信，为通道 1。

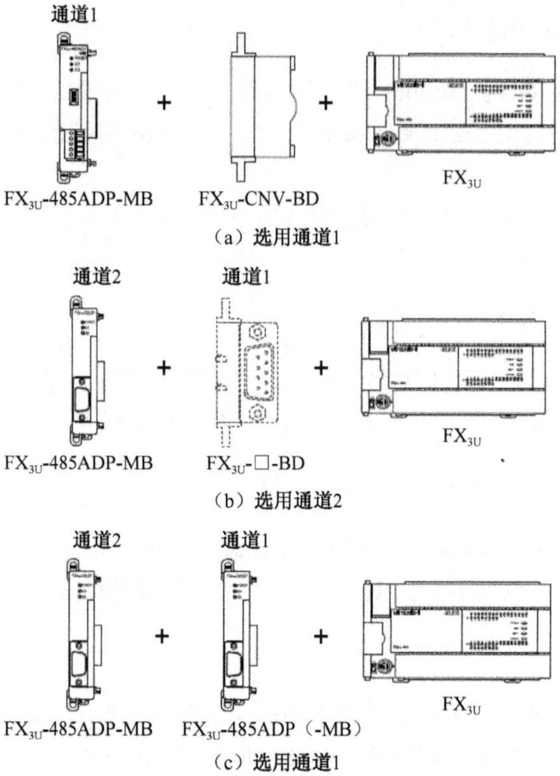

图 9-63　Modbus 通信系统的通道选择

5. Modbus 读写指令 ADPRW 应用实例

下面举一个实际应用案例说明 ADPRW 指令应用和 Modbus 通信程序的设计。

主站：FX_{3U}－16MT　PLC 一台

从站：台达变频器 VFD-M 一台，站址为 H01。

适配器：FX_{3U}-485BD-MB 一台，FX_{3U}-CNV-BD 板一块。

通信通道：通道 1。

通信方式：Modbus 通信 RTU 方式。

通信参数：偶校验，波特率 9600。

梯形图程序设计见图 9-64。读者在阅读程序时，应结合梯形图上注释和后面所附台达变频器 VFD-M 的 Modbus 通信协议（见表 9-64）一起分析。

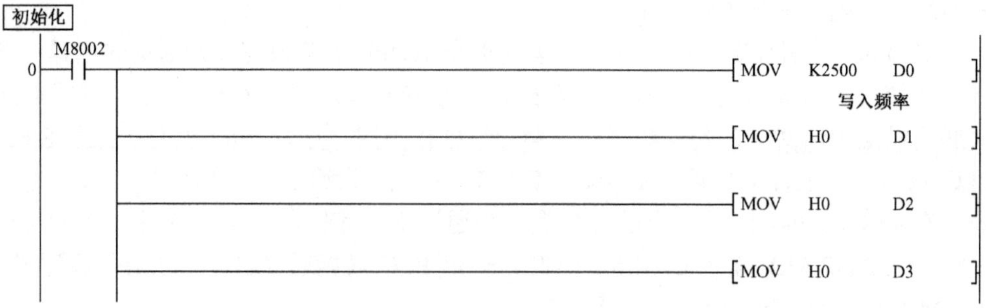

图 9-64　Modbus 读写指令 ADPRW 梯形图程序

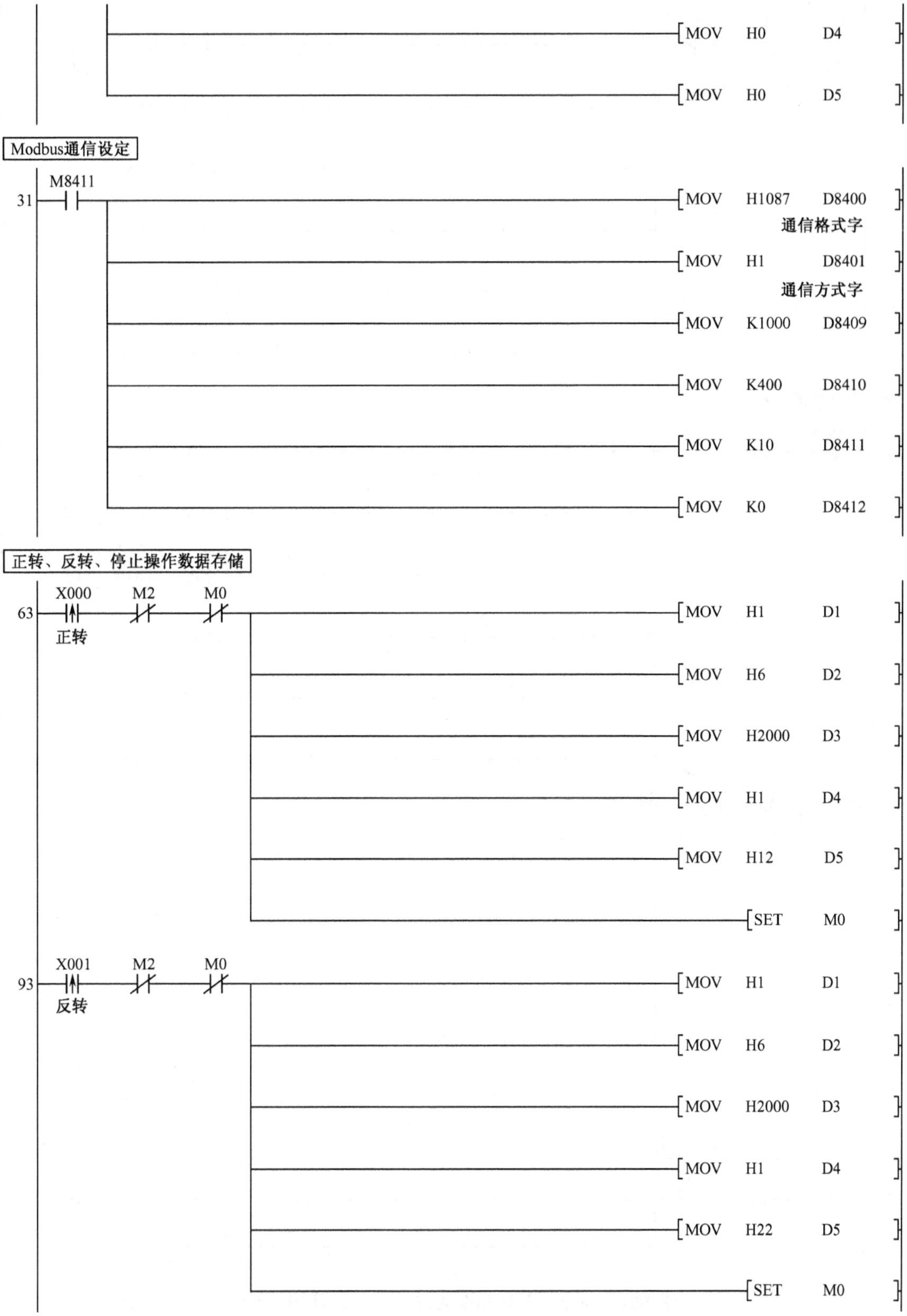

MOV H0 D4
MOV H0 D5
Modbus通信设定
31
M8411
MOV H1087 D8400
通信格式字
MOV H1 D8401
通信方式字
MOV K1000 D8409
MOV K400 D8410
MOV K10 D8411
MOV K0 D8412
正转、反转、停止操作数据存储
63
X000
正转
M2
M0
MOV H1 D1
MOV H6 D2
MOV H2000 D3
MOV H1 D4
MOV H12 D5
SET M0
93
X001
反转
M2
M0
MOV H1 D1
MOV H6 D2
MOV H2000 D3
MOV H1 D4
MOV H22 D5
SET M0

图 9-64　Modbus 读写指令 ADPRW 梯形图程序（续）

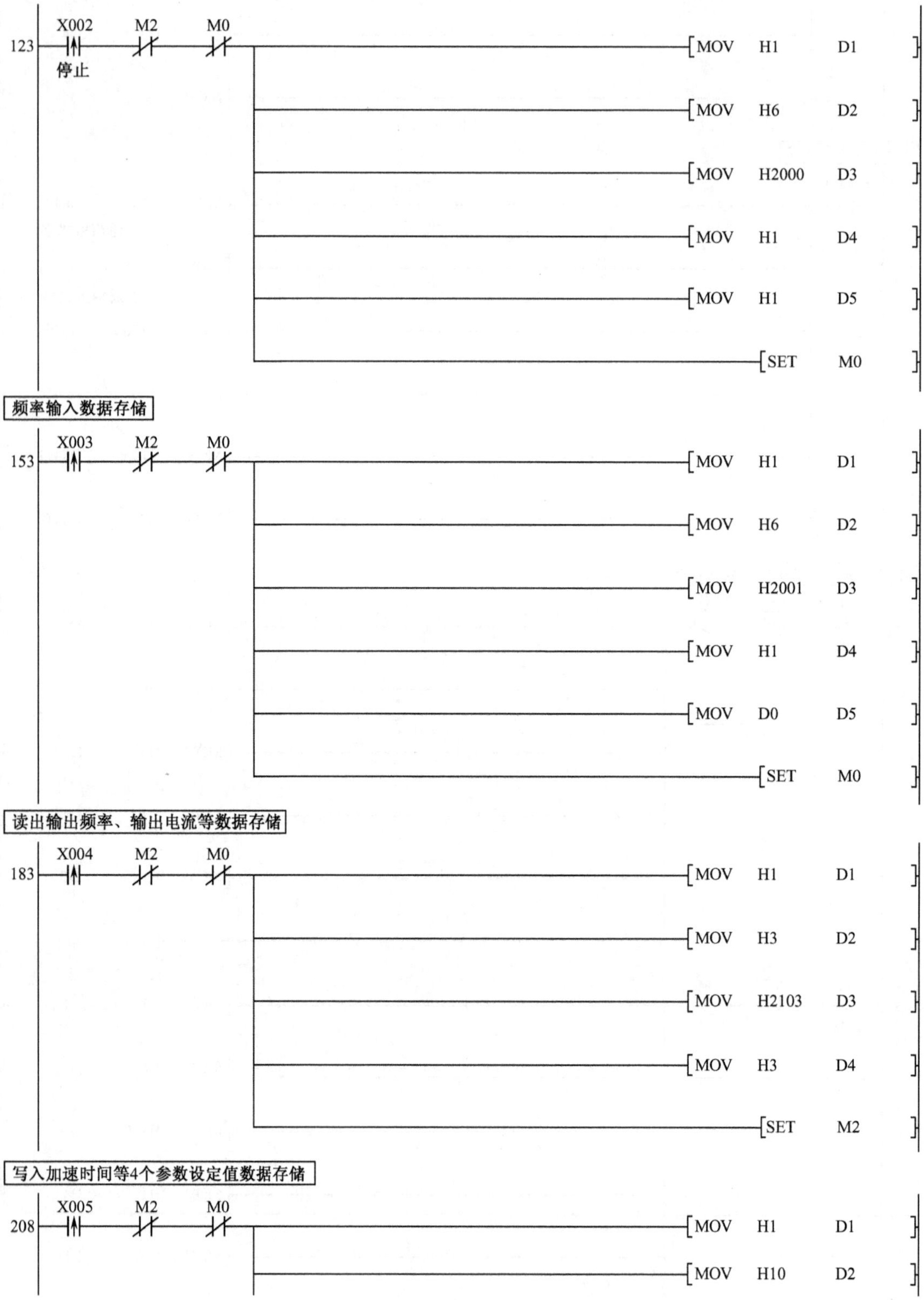

图 9-64 Modbus 读写指令 ADPRW 梯形图程序（续）

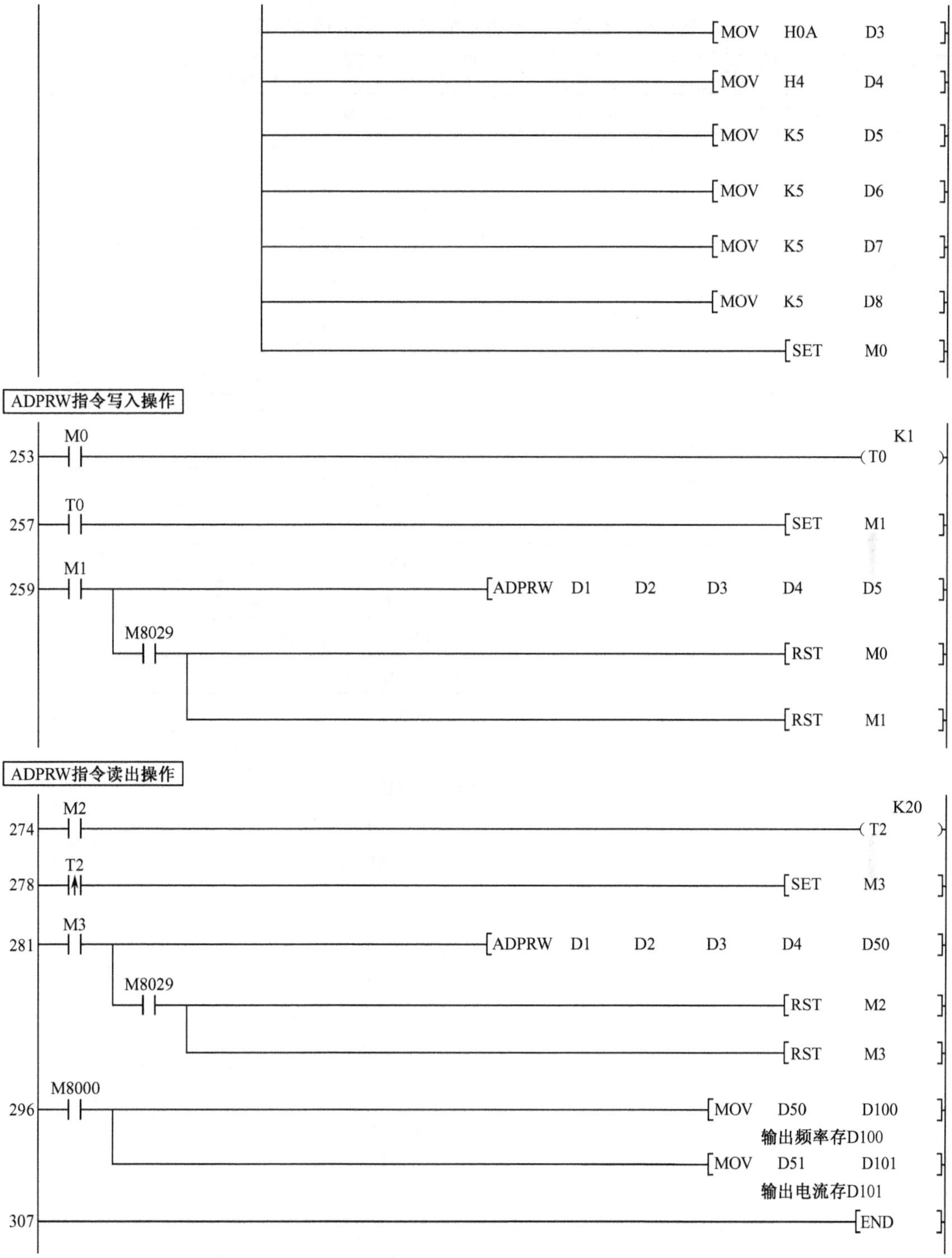
MOV H0A D3
MOV H4 D4
MOV K5 D5
MOV K5 D6
MOV K5 D7
MOV K5 D8
SET M0
ADPRW指令写入操作
253 M0 K1 T0
257 T0 SET M1
259 M1 ADPRW D1 D2 D3 D4 D5
M8029 RST M0
RST M1
ADPRW指令读出操作
274 M2 K20 T2
278 T2 SET M3
281 M3 ADPRW D1 D2 D3 D4 D50
M8029 RST M2
RST M3
296 M8000 MOV D50 D100
输出频率存D100
MOV D51 D101
输出电流存D101
307 END

图 9-64　Modbus 读写指令 ADPRW 梯形图程序（续）

表 9-64　台达变频器 VFD-M 的 Modbus 通信协议

定　义	参数地址	功能说明	
驱动器内部设定参数	00nnH	nn 表示参数号码。例如：P100 由 0064H 来表示	
对驱动器的命令	2000H	Bit0～1	00B：无功能
			01B：停止
			10B：启动
			11B：JOG 启动
		Bit2～3	保留
		Bit4～5	00B：无功能
			01B：正方向指令
			10B：反方向指令
			11B：改变方向指令
		Bit6～15	保留
	2001H	频率命令	
	2002H	Bit0	1：E.F. ON
		Bit1	1：Reset 指令
		Bit2～15	保留
监视驱动器状态	2100H	错误码（Error code）：	
		00：无异常	
		01：过电流 oc	
		02：过电压 ov	
		03：过热 OH	
		04：驱动器过负载 oL	
		05：电机过负载 oL1	
		06：外部异常 EF	
		07：CPU 写入有问题 Cf1	
		08：CPU 或模拟电路有问题 Cf3	
		09：硬件数字保护线路有问题 HPF	
		10：加速中过电流 ocA	
		11：减速中过电流 ocd	
		12：恒速中过电流 ocn	
		13：对地短路 GFF	
		14：低电压 Lv	
		15：保留	
		16：CPU 读出有问题 Cf2	
		17：b.b.	
		18：过转矩 oL2	

续表

定　义	参数地址	功能说明	
监视驱动器状态	2100H	19：不适用自动加减速设定 cFA	
		20：软件密码保护 CodE	
	2101H	Bit0～4	LED 状态 0：暗，1：亮
			RUN　STOP　JOG　FWD　REV
			BIT0　1　2　3　4
		Bit5,6,7	保留
		Bit8	1：主频率来源由通信界面
		Bit9	1：主频率来源由模拟信号输入
		Bit10	1：运转指令由通信界面
		Bit11	1：参数锁定
		Bit12	0：停机，1：运转中
		Bit13	1：有 JOG 指令
		Bit14～15	保留
	2102H	频率指令（F）（小数二位）	
	2103H	输出频率（H）（小数二位）	
	2104H	输出电流（A））（小数一位）	
	2105H	DC-BUS 电压（U）（小数一位）	
	2106H	输出电压（E）（小数一位）	
	2107H	多段速指令目前执行的段速（step）	
	2108H	程序运转该段速剩余时间（sec）	
	2109H	外部 TRIGER 的内容值（count）	
	210AH	功因角度对应值（小数一位）	
	210BH	P65xH 的 Low Word（小数二位）	
	210CH	P65xH 的 High Word	
	210DH	变频器温度（小数一位）	
	210EH	PID 回授信号（小数二位）	
	210FH	PID 目标值（小数二位）	
	2110H	变频器机种识别	

第 10 章　脉冲输出与定位指令

本章主要介绍脉冲输出和定位指令，这些指令常用于定位控制中。为帮助大家尽快地学习和掌握指令的运用，在介绍指令前，先对定位控制的相关基础知识进行阐述。

10.1　定位控制基础知识

10.1.1　定位控制介绍

1．定位控制的含义与控制系统组成

定位控制是指当控制器发出控制指令后，使运动件（如机床工作台）按指定速度，完成指定方向上的指定位移。定位控制是运动量控制的一种，又称位置控制、点位控制。

定位控制应用非常广泛，例如，机床工作台的移动、电梯的平层、定长处理、各种包装机械、输送机械等。位置控制系统中用得最多的执行元件是步进电机和伺服电机，并由它们组成了步进电机定位控制系统和伺服电机定位控制系统。

1）步进电机定位控制系统组成

步进电机是一种作为控制用的特种电机。它的旋转是以固定的角度（称为“步距角”）一步一步运行的，其特点是没有积累误差，所以广泛应用于各种定位控制中。步进电机的运行要有一电子装置进行驱动，这种装置就是步进电机驱动器，它是把控制系统发出的脉冲信号转化为步进电机的角位移。步进电机的转速与脉冲信号的频率成正比。控制步进脉冲信号的频率，可以对电机精确调速。步进电机的转动角度与脉冲信号的数量成正比。控制步进脉冲信号的数量，就可以对电机转动精确定位。

步进电机组成的定位控制系统如图 10-1 所示。可以看出，当用步进电机进行定位控制时，由于步进电机没有反馈元件，因此，控制是一个开环控制。

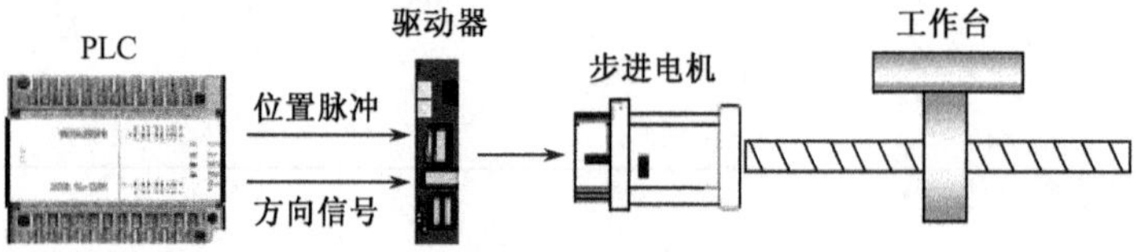

图 10-1　步进电机组成的定位控制系统

步进电机作为一种控制用的特种电机，因其没有积累误差（精度为 100%）而广泛应用于各种开环控制。步进电机的缺点是控制精度较低，电机在较高速或大惯量负载时，会造成

失步（电机运转时运转的步数不等于理论上的步数，称为失步）。特别是步进电机不能过负载运行，哪怕是瞬间，都会造成失步，严重时停转或不规则原地反复动。

2）伺服电机定位控制系统组成

伺服电机按其使用的电源性质不同，可分为直流伺服电机和交流伺服电机两大类。目前，在位置控制中采用的主要是交流永磁同步电机。伺服电机是受模拟量信号控制的，因此，采用伺服电机做定位控制的称为模拟量控制系统。但是，电子技术和计算机技术的快速发展，特别是交流变频调速技术的发展，产生了交流伺服数字控制系统。交流伺服驱动器是一个带有 CPU 的智能装置，它不但可以接收外部模拟信号，也可以直接接收外部脉冲信号而完成定位控制功能。因此，在现在的位置控制中，不论是步进电机还是伺服电机，基本上都是采用脉冲信号控制的。

伺服电机组成的定位控制系统如图 10-2 所示。当用伺服电机进行定位控制时，由于伺服电机带有反馈元件编码器，因此，控制是一个半闭环控制。编码器是一个将电机转动的位移转换成序列脉冲的传感器，又叫旋转编码器。

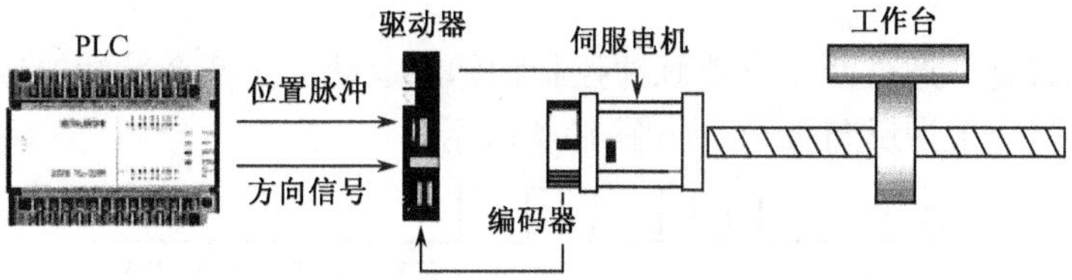

图 10-2　伺服电机组成的定位控制系统

当 PLC 发出位置脉冲指令后，电机开始运转，同时，编码器也将电机运转状态（实际位移量）反馈至驱动器的偏差计数器中。当编码器所反馈的脉冲个数与位置脉冲指令的脉冲个数相等时，偏差为 0，电机马上停止转动，表示定位控制的位移量已经到达。

这种控制方式控制简单且精度足够（已经适合大部分的应用）。为什么称为半闭环呢？这是因为编码器反馈的不是实际经过传动机构的真正位移量（工作台），而且反馈也不是从输出（工作台）到输入（PLC）的闭环，所以称为半闭环。而它的缺点也是因为不能真正反映实际经过传动机构的真正位移量，所以，当机构磨损、老化或不良时，就没有办法给予检测或补偿。

和步进电机一样，伺服电机总的回转角与输入脉冲数成正比例关系，控制位置脉冲的个数，可以对电机转动精确定位；电机的转速与脉冲信号的频率成正比，控制位置脉冲信号的频率，可以对电机精确调速。

2．定位控制脉冲输出方式

目前在定位控制中，不论是步进电机，还是伺服电机，基本上都是采用脉冲信号控制的。采用脉冲信号作为定位控制信号，其优点是：（1）系统的精度高，而且精度可以控制，只要减少脉冲当量就可以提高精度。这是模拟量控制无法做到的。（2）抗干扰能力强，只要适当提高信号电平，干扰影响就很小。而模拟量在低电平抗干扰能力较差。（3）成本低廉，控制方便，定位控制设备只要是一个能输出高速脉冲的装置即可，调节脉冲频率和输出脉冲数就可以很方便地控制运动速度和位移，程序编制简单方便。

在定位控制中，用高速脉冲去控制运动物体的速度方向和位移时，常用的脉冲控制方式有下面 4 种。

1）脉冲+方向控制

这种控制方式是：一个脉冲输出高速脉冲，脉冲的频率控制运动的速度，脉冲的个数控制运动的位移；另一个脉冲控制运动的方向。如图 10-3 所示。

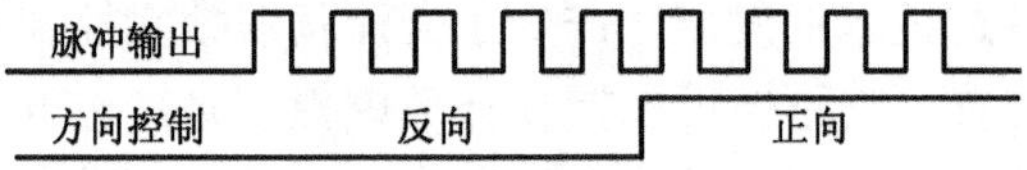

图 10-3　脉冲+方向控制波形

这种控制方式的优点是只需要一个高速脉冲输出口，但方向控制的脉冲状态必须在程序中给予控制。

2）正、反向脉冲控制

这种控制方式是：通过两个高速脉冲控制物体的运动，这两个脉冲的频率一样，其中一个为正向脉冲，另一个为反向脉冲，如图 10-4 所示。

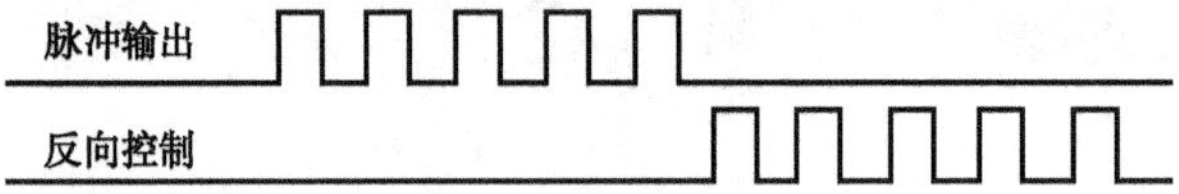

图 10-4　正、反向脉冲控制波形

与脉冲+方向相比，这种方式要占用两个高速脉冲输出口，而 PLC 的高速脉冲输出口本来就比较少，因此，这种方式在 PLC 中很少采用，PLC 中采用的大多是脉冲+方向输出方式。

这种脉冲控制方式一般在定位模块或定位单元中作脉冲输出的选项而采用。

3）双相（A-B）脉冲控制

这种控制方式也需要两个高速脉冲串，但它与正、反向脉冲控制方式不同。正、反向控制脉冲在一个时间里只能出现一个方向的脉冲，不能同时出现两个脉冲控制。而双相（A-B）脉冲控制是 A 相和 B 相脉冲同时输出的，这两个脉冲的频率一样。其方向控制是 A 相和 B 相的相位关系所决定，当 A 相超前 B 相相位 90° 时，为正向，当 B 相超前 A 相相位 90° 时为反向，如图 10-5 所示。

增量式编码器所输出的脉冲串就是双相（A-B）脉冲。

4）差动线驱动脉冲控制

差动线驱动又称做差分线性驱动。上面所介绍的三种脉冲输出方式，在电路结构上，不管是采用集电极开路输出还是电压输出电路，其本质上是一种单端输出信号，即脉冲信号的逻辑值是由输出端电压所决定（信号地线电压为 0）。差分信号也是两根线传输信号，但这两根线都传输信号。两个信号的振幅相等，相位相反，称之为差分信号。当差分信号送到接收端时，接收端比较这两个信号的差值来判断逻辑值“0”或“1”。图 10-6 为差分线驱动脉冲控制波形。当采用差分信号作为输出信号时，接收端必须是差分放大电路结构才能接受差分信号。目前，已开发出专门用于差动线传输的发送/接收 IC，如 AM26LS31/32 等。

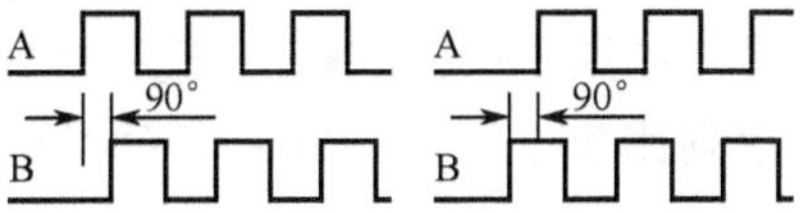

图 10-5　双相（A-B）脉冲控制波形

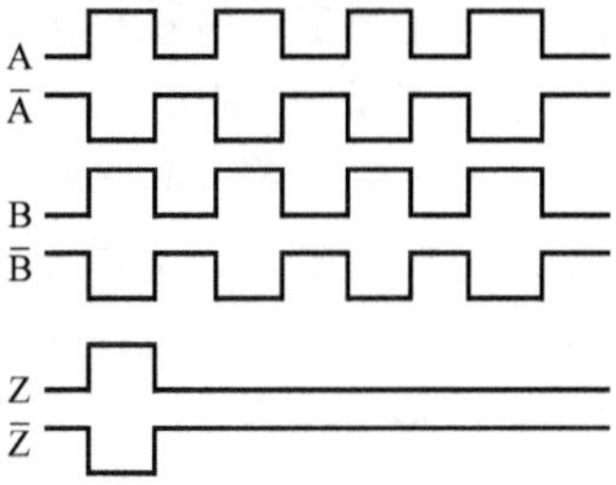

图 10-6　差动线驱动脉冲控制波形

与单端输出相比，差分线驱动的优点是：抗干扰能力强，能有效抑制电磁干扰（EMI），逻辑值受信号幅值变化影响小，传输距离长（10m）。

由于差分信号的两根线都必须发送脉冲，因此差分信号是一种双端输出信号。与单端输出信号相比，差分信号需要两个脉冲输出端口，故在 PLC 的基本单元上很少采用差分信号输出方式。

差分信号也有两种输出方式：脉冲+方向输出和正、反向脉冲输出。应用时应注意。

3. 相对定位和绝对定位

在工件做直线运动时，把其运动直线看成是一个坐标系，坐标系的原点就是工件运动的起始位置。

一旦原点确定，坐标系上其他位置的尺寸均可以用与原点的距离和方向来标记，这种位置的表示方法称之为绝对坐标。在实际工作中，还有一种定位的表示方法。它是以工件当前位置作为计算的起点，用与当前位置的距离和方向来表示，把这种表示方法称之为相对位移。

现用图 10-7 来说明。图中，O 点为工件的原点。假定工件当前位置在 A 点，要求工件移动后停在 C 点，如何来表示其位移呢？

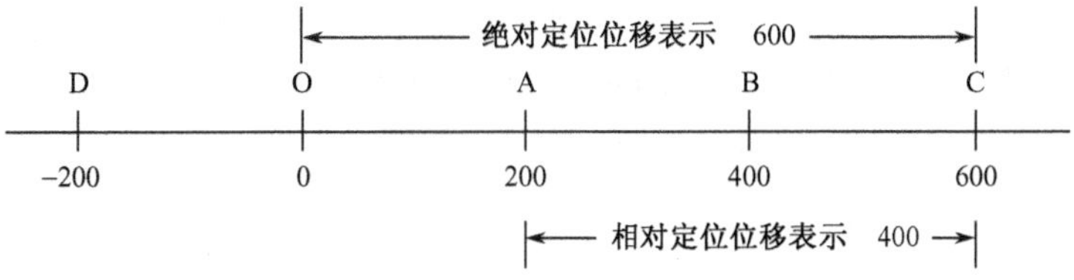

图 10-7　相对定位和绝对定位

1）相对定位

相对位移是指定位置坐标与工件当前位置坐标的位移量。由图可以看出，工件的当前位置为 200，只要移动 400 就到达 C 点，因此移动位移量为 400，用相对位移来表示为 400。相对位移量与当前位置有关，当前位置不同，位移量也不一样，表示也不同。如果设定向右移动为正值（表示电机正转），则向左移动为负值（表示电机反转）。例如，从 A 点移到 C 点，表示为 400；从 A 点移到 D 点，相对位移量为 400，表示为-400。以相对位移量来计算的位移表示称相对定位，相对定位又叫增量式定位。

2）绝对定位

绝对定位是指定位位置与坐标原点的位移量。同样，由当前位置 A 点移到 C 点时，绝对定位的定位表示为 600，也就是 C 点的坐标值，可见，绝对定位仅与定位位置的坐标有关，而与当前位置无关。同样，如果从 A 点移动到 D 点，则绝对定位的定位表示为-200。

由上述分析可知，这两种定位的表示含义是完全不同的，相对定位所表示的是实际位移量，而绝对定位表示的是定位位置的绝对坐标值。显然，如果定位控制是由一段一段的移位所连接而成，并知道各自的位移量，则使用相对定位控制比较方便。而当仅知道每次移动的坐标位置时，则用绝对定位控制比较方便。

在实际伺服系统控制中，这两种定位方式的控制过程是不一样的，执行相对定位指令时，每次执行以当前位置为参考点进行定位移动，其位移量直接由定位指令发出。而执行绝对定位指令时，定位指令给出的是绝对坐标值，而其实际位移量则是由 PLC 根据当前位置坐标和定位位置坐标值自动进行计算得到的。

10.1.2 定位控制模式分析

在定位控制中，每一个定位指令的执行都表示一种定位控制模式。因此，了解各种不同的定位控制模式对理解学习定位控制指令非常有帮助。

1．原点回归模式

在定位控制中，原点的确定涉及原点回归问题，也就是说，在每次断电后，恢复工作前，都要先做一次原点回归操作。这是因为每次断电后，机械所停止的位置不一定是原点，但 PLC 内部当前位置数据寄存器都已清零，这样就需要机械做一次原点回归操作使其保持一致。即使程序在执行前能够把当前位置读取到内部当前位置寄存器中，无须断电复电后做原点回归操作，但控制系统在首次投入运行时，也必须先做一次原点回归操作，确保原点位置的准确性。所以，原点回归操作在定位控制中是必不可少的。

原点回归模式有两种回归方式：DOG 块信号原点回归和零相信号计数原点回归。

1）DOG 块信号原点回归

图 10-8 为 DOG 块信号原点回归动作示意图。

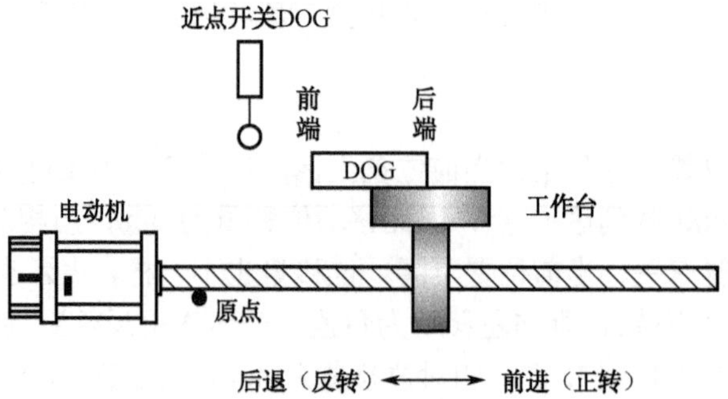

图 10-8　DOG 块原点回归动作示意图

图 10-9 为 DOG 块信号原点回归控制分析图。

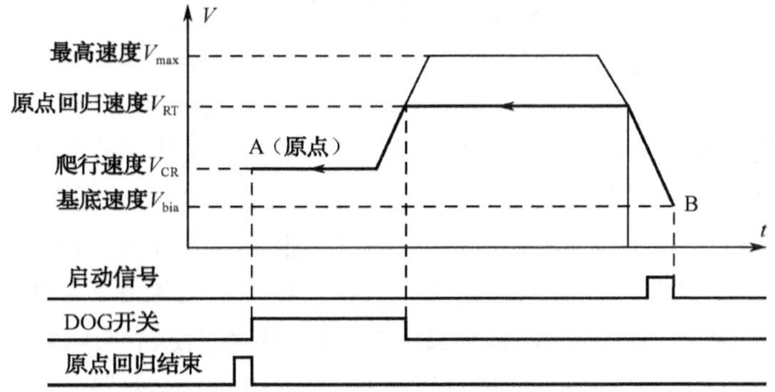

图 10-9　DOG 块原点回归控制分析图

启动原点回归指令后，机械由当前位置 B 加速至设定的原点回归速度 V_{RT}，以原点回归速度快速向原点移动。当工作台 DOG 块前端碰到近点开关 DOG 时（近点开关 DOG 由 OFF 变为 ON 时），机械由原点回归速度 V_{RT} 开始减速到爬行速度 V_{CR}，以爬行速度 V_{CR} 继续向原点移动。当工作台 DOG 块后端碰到近点开关 DOG 时（近点开关 DOG 由 ON 变成 OFF 时），马上停止，停止位置即为回归的原点 A。

原点回归指令 ZRN 执行的是 DOG 信号原点回归模式。

2）零相信号计数原点回归

DOG 块信号原点回归模式的缺陷是对 DOG 块的长度有一定要求。为保证原点回归能在爬行速度上回归到原点位置。DOG 块的长度必须大于机械在从原点回归速度减速至爬行速度这段时间里所走的距离。否则，机械将以高于爬行速度的速度停止。这就会影响到原点位置的重置性。在实际的定位控制中，DOG 块的长度往往会受到机械结构或工况的限制，不能按照要求的长度去做，这样，势必影响到原点回归的操作。因此，在很多定位控制设备上，对其进行了补充。其方法是在近点开关 DOG 由 ON 变成 OFF 时，对编码器输出的 Z 相信号（零相信号）进行计数，当零相信号到达所设定的数目时，电机停止，停止位置为原点。图 10-10 为零相信号计数原点回归控制分析。

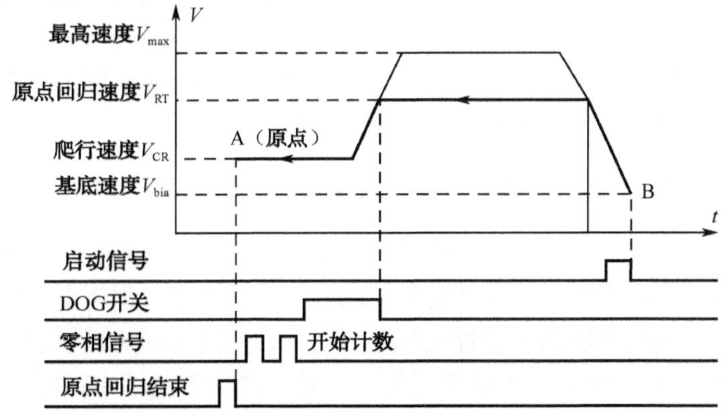

图 10-10　零相信号计数原点回归控制分析

原点回归指令 DSZR 执行的是零相信号计数原点回归模式。但其零相信号数为 1，而 1PG 和 20GM 则可设置零相信号计数个数（多于 1 个）。

3）原点回归的搜索功能

对 DOG 块信号不带搜索的原点回归来说，其开始位置只能在近点开关 DOG 的右边区域内进行原点回归动作，如图 10-11 中的 A 点。如果 DOG 块仍与近点开关 DOG 保持接触（压住近点开关 DOG），或 DOG 块处于近点开关左边区域，或 DOG 块与限位开关保持接触都不能进行原点回归，如图 10-11 中的 B 点、C 点和 D 点。这就使不带搜索功能的原点回归模式应用受到了很大的限制。为此，又开发出了带搜索功能的原点回归模式。

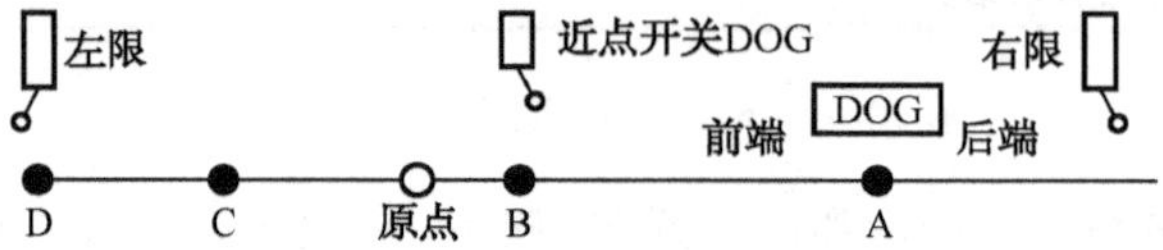

图 10-11　原点回归位置分析说明

带搜索功能的原点回归指令 DSZR 会自动识别这四种情况，如是 A 点则进行正常原点回归，如是 B，C，D 点，则会自动进行处理，最终完成原点回归操作。详细过程可参考看相关资料。

2. 单速定位运行模式

当电动机驱动执行机构以一种运行速度从位置 A 向位置 B 移动时，称为单速定位运行模式。单速定位运行模式在执行过程中不是一开始就用运行速度运行的，而是要经历升速、恒速和减速过程。如图 10-12（a）所示，单速定位运行时，电动机运行从 0 或基底速度开始加速至运行速度，然后以运行速度向 B 点运行，在快到达 B 点时会自动逐渐减速而停止。

单速运行模式是定位控制中最基本也是最常用的运行模式，一般的定位控制指令都是针对单速运行模式所设计的。在定位控制中，工件的复杂定位实际上就是一段一段单速运行模式的连接。

单速运行模式在运行时又分绝对位置运行和相对位置运行两种方式，绝对位置方式运行时，指令中的目标位置值必须用距原点的绝对位置值给出，而相对位置方式运行时，指令中的目标位置值仅是本次运行的位移值。

单速运行模式中，如果运行距离较短而加减速时间较长时会出现工件未加速到运行速度时就已减速至目标位置的情况，如图 10-12（b）所示。

3. 单速手动（JOG）运行模式

手动（JOG）运行模式是单速运行模式的一个特例。手动（JOG）运行是定位控制中不可缺少的运行模式。这是因为不管何种定位控制，手动程序都起到两个重要的作用。一是，当定位控制系统硬件电路及驱动器设置全部完成后，首先要运行的是手动正反转，通过手动运行，可以验证整个定位控制系统是否正常。二是，在生产过程中，需要对位置进行调整（如核准元件位置，核对位移等），利用手动运行十分方便。手动运行速度 V_{jog} 比较低，在最高速 V_{max} 和基底速度 V_{bia} 之间选择。

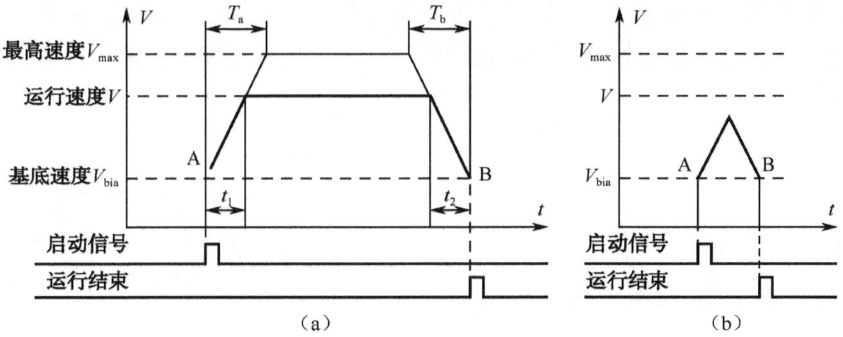

图 10-12　单速运行控制分析

4. 中断单速定长运行模式分析

中断单速定长运行模式是单速运行模式的一种变通和补充。其运行时序如图 10-13 所示。当运行起动后，工件以指令规定的运行速度 V 一直在移动，没有具体的目标位置。直到运行中间有中断信号输入时，运行就以速度 V 运行到指令设定的位置时减速停止。因此，这是一种在中断信号发生后的单速定长运行模式。在中断发生前，工件虽然也在运行，但它是没有目标位置的，称之为无限制运行段。而中断发生后，则以信号产生的位置为当前位置而进行相对位置方式定长运行。

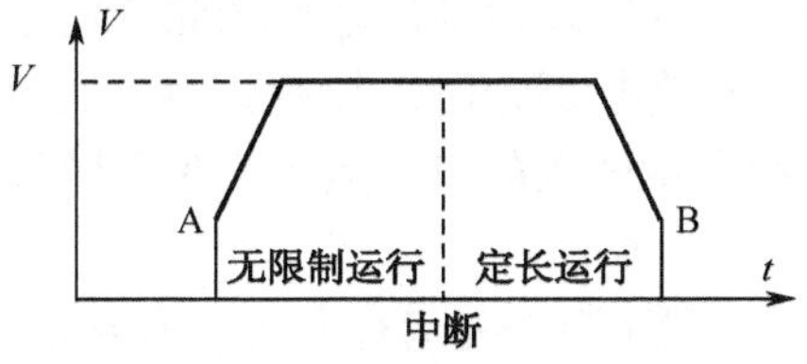

图 10-13　中断单速定长运行控制分析

由于中断信号是随机的，因此，中断单速定长运行模式常用在那些定位控制由随机信号确定的场合。例如在一些材料部是随连续输送的场合进行定长切断等。

5. 双速运行模式分析

在定位控制的实际应用中，往往为了提高生产效率和保证加工精度，需要在一个定位控制中，用两种速度运行。例如，工件的快进——工进等控制。这时，可用二次单速运行模式进行定位连续运行来完成。但是，单速运行模式有一个缺陷，它每次运行都要减速到停止后才能进行第二次单速运行，如图 10-14 所示。

而双速运行模式则克服了这个缺陷。工件的运行速度 1 减速到速度 2 时，就可以以运行速度 2 继续运行，完成运行位移 2 后结束，如图 10-15 所示。与上图相比，可缩短运行时间，提高生产效率。

6. 变速运行模式分析

双速运行模式仅能变速一次，如果需要三速、四速乃至更多的变速。就只能用单速运行模式进行如图 10-14 的连续运行。这种方法要反复使用定位指令和反复修改定位数据。在某些控制中，仅要求进行变速运行，其位置控制通过外部开关控制，希望只要改变速度参数就能连续改变运行速度，完成控制任务。这种能进行多种运行速度变换的运行模式叫作变速运行模式。

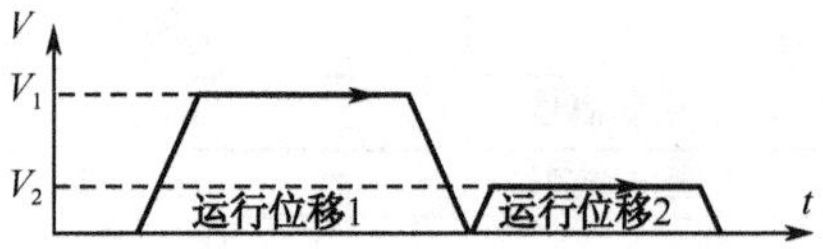

图 10-14　两次单速运行控制分析

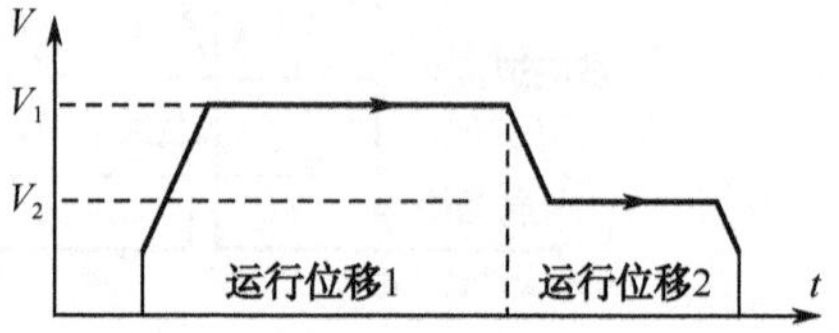

图 10-15　双速运行控制分析

变速运行模式工作如图 10-16 所示。

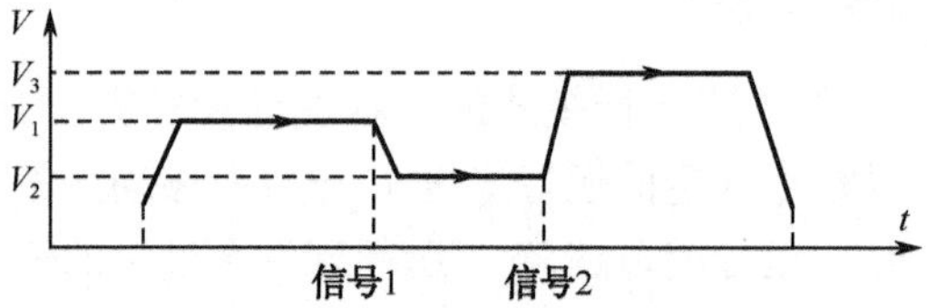

图 10-16　变速运行控制分析

在三菱 FX 系列 PLC 中多速运行是通过程序设计直接改变速度指令而进行速度变换的，也就是说，是在脉冲输出的同时修改脉冲输出的频率而达到变速的目的。因此，在速度开始，频率变化和停止时都没有加减速时间控制。由于在短时间里实现速度变换，就很容易引起惯性冲击。这对某些负载较大的变速运行来说要特别注意变速运行对机械的冲击作用。

变速运行模式在运行中，一般不要改变运行方向，因为方向的改变会使机械造成意想不到的意外事故。如实际运行中需要改变方向，必须使电机得到充分的停止，再输出不同方向的频率值。

7. 表格定位运行模式分析

表格定位运行模式与上述定位运行模式都不同，上述运行模式都有相应的定位控制指令配套实现，表格定位运行模式是把定位控制的操作模式、操作要求（输出频率、脉冲个数、脉冲方向）以指令的形式事先存放在一些存储单元内，形成了一张表格，表格中的每一行表示一个定位控制操作，这张表格随同程序一起写入到 PLC 中去。

表格定位运行模式的应用和子程序调用十分相似。在定位控制程序中，应用表格定位控制指令调用表格中的某一行（实际上是调用该行所编制的定位控制指令）就可完成相应的定位控制运动。表格运行模式在需要多种运行操作的定位控制中应用十分方便，可以简化程序。详细的表格定位操作模式在表格定位指令中讲解。

10.1.3 三菱 FX 系列 PLC 定位控制功能应用

1. FX_{1S}、FX_{1N} 的定位控制功能

在 FX 系列 PLC 中，FX_{1S}，FX_{1N} 是属于经济型的 PLC，特别是在定位控制的一些简单应用中，单独使用 PLC 就可以完成一些控制的工作时（如单速定长进给控制），FX_{1S}，FX_{1N} 的性价比最好。

FX_{1S}、FX_{1N} 的定位控制功能特点是：

（1）PLC 本身配备了五种定位控制指令和两种脉冲输出指令。可执行 4 种定位控制运行模式。

（2）不需要专用的定位控制模块就能完成定位控制任务，实现了经济型的定位控制系统构成。

（3）可以输出独立 2 轴、最大为 100kHz 的脉冲串。

FX_{1S}、FX_{1N} 的缺点是：功能指令相对少一些，没有浮点数及浮点数运算，但这些对定位控制影响较少。因此，在简易的定位控制中，FX_{1S} 和 FX_{1N} 得到了广泛的应用。

FX_{1S}、FX_{1N} 的定位控制如表 10-1 所示。

2. FX_{2N} 的定位控制功能

在 FX 系列 PLC 中，FX_{2N} 的自身功能最差，主要有两个原因，一是 FX_{2N} 只有脉冲输出指令而没有定位控制指令；二是其输出脉冲频率最高才 20kHz。因此，FX_{2N} PLC 直接用于定位控制中功能较差。但三菱电机开发了一些定位模块和定位单元与 FX_{2N} 配套使用，完成各种不同要求的定位控制。这些定位模块、定位单元也可与 FX_{1N}、FX_{3U} 配套使用。

FX_{2N} 的定位控制功能如表 10-1 所示。

3. FX_{3U} 的定位控制功能

FX_{3U} 是 FX 系列 PLC 中运算速度最快，功能最强大的 PLC。在定位控制上，FX_{3U} 的功能特点是：

（1）和 FX_{1S}、FX_{1N} 一样，不需要专用的定位控制模块就能完成定位控制任务。

（2）可以独立 3 轴，最大输出 100kHz 的脉冲串，与专用适配器 FX_{3U}-2HSY-ADP 相连，可以输出独立 4 轴，最大输出 200kHz 的脉冲串。

（3）PLC 本身配备有 8 种定位指令和 2 种脉冲输出指令，可执行 7 种定位控制运行模式。

FX_{3U} 的定位控制功能见表 10-1。

表 10-1 FX 系列 PLC 定位控制功能

名　称	FX_{1S}，FX_{1N}	FX_{2N}	FX_{3U}
控制轴数	独立 2 轴	独立 2 轴	独立 3 轴
插补功能	无	无	无
最大输出频率	100kHz	20kHz	100kHz

续表

名　称		FX1S，FX1N	FX2N	FX3U
编程语言		顺控程序	顺控程序	顺控程序
基本单元		晶体管输出型	晶体管输出型	晶体管输出型
脉冲输出指令	脉冲输出（PLSY）	○	○	○
	带加减速脉冲输出（PLSR）	○	○	○
	脉冲输出形式	脉冲+方向	脉冲+方向	脉冲+方向
定位指令	原点回归（ZRN）	○	—	○
	带 DOG 搜索的原点回归（DSZR）	—	—	○
	相对定位（DRVI）	○	—	○
	绝对定位（DRVA）	○	—	○
	中断定位（DVIT）	—	—	○
	可变速脉冲输出（PLSV）	○	○	○
	表格设定定位（DTBL）	—		○
	ABS 值读取（ABS）	○		○
	脉冲输出形式	脉冲+方向	脉冲+方向	脉冲+方向
定位运行模式	手动（JOG）操作	○	○	○
	原点回归操作	○	—	○
	带 DOG 搜索的原点回归操作	—	—	○
	单速定位操作	○	○	○
	中断定长定位操作	—	—	○
	可变速操作	○	○	○
	表格定位操作	—	—	○

10.1.4　三菱 FX 系列 PLC 定位模块介绍

三菱 FX 系列 PLC 的基本单元虽然有很强的定位控制功能，但在实际使用中，仍然存在不足。例如最多仅能控制独立 3 轴，脉冲输出频率最大为 100kHz，高速脉冲输出方式单一，脉冲输出电路不够丰富，这些不足之处，均妨碍了定位控制功能的实际应用范围。为此，三菱电机开发了与 FX 系列 PLC 配套的定位模块、专用定位单元。当 FX 系列 PLC 与这些定位模块和专用定位单元配套使用时，就能发挥出更强大的定位功能。

1．定位模块 FX_{2N}-1PG 和 FX_{2N}-10PG

定位模块有 FX_{2N}-1PG 和 FX_{2N}-10PG 两种，它们是作为特殊模块与 PLC 连接而完成定位控制功能的。可以用 PLC 读/写指令 FROM/TO 对它们进行操作。

FX_{2N}-1PG 配置了各种定位运行模式，因此，最适合 1 轴的简易定位。此外，连接两台以上设备时可以对多轴进行独立控制。

FX_{2N}-10PG 最高可输出 1MHz 的高速脉冲，可以在 1Hz～1MHz 范围内，以 1Hz 的间隔频率输出。从专用的启动端子，可以输出最短为 1ms 的脉冲串，在定位运行或 JOG 运行中，可以自由改变运行速度（强化位置、速度控制功能）。此外，配备了通过进给率成批改变速度的功能。支持近似 S 形的加减速功能、表格运行功能。通过最大 30kHz 的外部输入脉冲进行的同步比例运行功能。

2. 定位专用单元 FX_{2N}-10GM 和 FX_{2N}-20GM

定位专用单元有 FX_{2N}-10GM 和 FX_{2N}-20GM 两种，它们和定位模块功能类似。但它们最大的特点是可以自己单独运行，即在没有 PLC 基本单元的情况下，可以通过特定的编程语言（cod 编程）编制定位控制程序来控制电机的运行。

FX_{2N}-10GM 作为 1 轴定位专用单元，配备了各种定位运行模式，可以连接具有绝对位置检测功能的伺服驱动器，也可以连接手动脉冲发生器等，可以在没有 PLC 的情况下单独运行。

FX_{2N}-20GM 是具有直线插补、圆弧插补的真正 2 轴定位专用单元。配备了各种定位运行模式，可以连接具有绝对位置检测功能的伺服驱动器，也可以连接手动脉冲发生器等，可以在没有 PLC 的情况下单独运行。

3. 定位模块 FX_{3U}-20SSC-H

定位模块 FX_{3U}-20SSC-H 是为 FX_{3U} PLC 开发的高性价比、高精度、耐噪音性能优越的 2 轴输出的定位控制模块。

20SSC 的一个很大的特点是可以采用 SSCNET111 光缆，因而可以屏蔽各种噪音干扰。20SSC 支持 MR-J3 伺服电机的高分辨率编码器，在追求精度的控制中，以及低速区域的稳定性方面发挥了效果。

通过 SSCNET111 的高同步性，高速串行通信实现了高精度的 2 轴控制，支持多种运行模式（包括 2 轴直线插补，圆弧插补，2 轴同时起动）的定位控制功能。

4. 角度控制单元 FX_{2N}-1RM-SET

1RM 是一个可以检测机械转动角度的定位单元。它是通过附带的无电刷分解器（F2-720RSV）检测转动角度，实现高精度的转动位置控制。使用 1RM 可以很方便地实现动作角度的设定和监视显示。

1RM 的检测分辨率为 720 分度/转或 360 分度/转。检测精度为 0.5° 或 1° 。1RM 又被称作可编程凸轮开关。可以与 PLC 一起使用，也可以单独使用。单独使用时，可以通过使用 FX_{2N}-32CCL 型 CC-Link 接口模块连接到 CC-Link 系统上。

1RM 常用于食品生产机械、包装机械、印刷机械和各种组装机械，完成各种精确的多工位操作的定位操作。

5. 高速脉冲输出适配器 FX_{3U}-2HSY-ADP

FX_{3U}-2HSY-ADP 高速脉冲适配器是为 FX_{3U} PLC 专用的高速脉冲输出适配器，可以连接差动线性接受型的伺服电机，独立 2 轴输出，输出最高频率为 200kHz。

2HSY 不具有独立控制能力，必须连接在 FX_{3U} 基本单元上，由基本单元向其供电。其输出脉冲控制也是由 FX_{3U} 的高速输出脉冲控制的，定位指令使用的是 FX_{3U} 的内置脉冲输出和定位指令。2HSY 的优点是不占用 PLC 的 I/O 点，输出频率可以达到 200kHz。当 FX_{3U} 与两台 2HSY 连接时，可以控制独立 4 轴的定位运行。这时，FX_{3U} 的脉冲输出口由 3 个（Y0，Y1，Y2）变成了 4 个（Y0，Y1，Y2，Y4）。

10.1.5 三菱 FX 系列 PLC 定位控制相关软元件及内容含义

在 10.1.2 节中，介绍了在定位控制中常用的几种定位控制运行模式。这些模式在运行时，必须要得到速度、位置和时间等参数，这些参数有一部分是在定位指令中设置的，例如输出脉冲数（表示位置），输出脉冲频率（表示运行速度）等。但一些相关的参数却不能在指令中给出，例如当前位置、加减速时间、最高速度等，这些相关参数对于定位控制也都是必不可少的。这些速度、位置和时间参数在 FX 系列 PLC 中是用特殊数据寄存器 D 来存储的。除上面的定位控制参数外，涉及定位控制的还有一些反映定位控制中各种功能的状态标志。而这些状态标志是由特殊辅助继电器 M 的状态来表示的。

因此在学习和应用定位指令编制定位程序时，必须结合这些特殊继电器 M 和数据寄存器 D 一起理解。

由于 $FX_{1S}/FX_{1N}/FX_{2N}$ 和 FX_{3U} 系列先后开发的时间不同，因此，涉及的特殊辅助继电器和数据寄存器的编址会有所不同。读者在使用时必须注意，下面分别给以介绍。读者注意，这里所列表格，供集中查阅用。下面讲解指令应用时，也会再单独列出。

1. $FX_{1S}/FX_{1N}/FX_{2N}$ 系列 PLC 相关特殊软元件

$FX_{1S}/FX_{1N}/FX_{2N}$ 系列 PLC 定位控制指令相关特殊数据寄存器见表 10-2，相关特殊辅助继电器见表 10-3。

表 10-2 $FX_{1S}/FX_{1N}/FX_{2N}$ 相关特殊数据寄存器

编号		内容含义	出厂值	应用指令
Y0	Y1			
D8140（低位）	D8142（低位）	绝对位置当前值寄存器	0	PLSV/DRVI/DRVA
D8141（高位）	D8143（高位）			
D8145		基底速度（Hz）V_D	0	ZRN/DRVI/DRVA
D8147（高位）D8146（低位）		最高速度（Hz）V_M	100000	ZRN/DRVI/DRVA
D8148		加减速时间（ms）	100	ZRN/DRVI/DRVA

表 10-3　$FX_{1S}/FX_{1N}/FX_{2N}$ 相关特殊辅助继电器

编号		内容含义	应用指令
Y0	Y1		
【M8029】		指令执行完成标志位，执行完毕 ON	ZRN/DRVI/DRVA
M8140		清零信号输出功能有效标志位	ZRN
M8145	M8146	脉冲输出停止	ZRN/DRVI/DRVA
【M8147】	【M8148】	脉冲输出中监控（BUSY/READY）	ZRN/DRVI/DRVA

2．FX_{3U} 系列 PLC 相关特殊软元件

FX_{3U} 系列 PLC 有三个脉冲输出口，可以直接控制 3 轴运行。因此，针对每个脉冲输出口都有其相对应的相关软元件。相关特殊数据寄存器见表 10-4，相关特殊继电器见表 10-5。

FX_{3U} 系列 PLC 如果外接了两台高速输出适配器 FX_{3U}-2HSY-ADP 后，可以构成独立 4 轴定位控制，这时，PLC 上的输出口 Y3 也作为高速脉冲输出口，在这两种情况下，输出口 Y3 也有其相对应的特殊软元件。

表 10-4　FX_{3U} 相关特殊数据寄存器

编号				内容含义	出厂值	应用指令
Y0	Y1	Y2	Y3			
D8336				中断输入指定	—	DVIT
D8340（低位） D8341（高位）	D8350（低位） D8351（高位）	D8360（低位） D8361（高位）	D8370（低位） D8371（高位）	绝对位置当前值寄存器	0	ZRN/DSZN/DRVI/DRVA/DVIT/PLSV
D8342	D8352	D8362	D8372	基底速度（Hz）	0	ZRN/DSZN/DRVI/DRVA/DVIT/PLSV
D8343（低位） D8344（高位）	D8353（低位） D8354（高位）	D8363（低位） D8364（高位）	D8373（低位） D8374（高位）	最高速度（Hz）	100000	ZRN/DSZN/DRVI/DRVA/DVIT/PLSV
D8345	D8355	D8365	D8375	爬行速度（Hz）	1000	DSZN
D8346（低位） D8347（高位）	D8356（低位） D8357（高位）	D8366（低位） D8367（高位）	D8376（低位） D8377（高位）	原点回归速度（Hz）	50000	DSZN
D8348	D8358	D8368	D8378	加速时间（ms）	100	ZRN/DSZN/DRVI/DRVA/DVIT/PLSV
D8349	D8359	D8369	D8379	减速时间（ms）	100	ZRN/DSZN/DRVI/DRVA/DVIT/PLSV
D8464	D8365	D8366	D8367	清零信号软元件指定	—	ZRN/DSZN

表 10-5 FX_{3U} 相关特殊辅助继电器

编号				内容含义	应用指令
Y0	Y1	Y2	Y3		
【M8029】				指令执行完成标志位，执行完毕 ON	ZRN/DSZN/DRVI/DRVA/DVIT
【M8329】				指令执行异常结束标志位，执行完毕 ON	ZRN/DSZN/DRVI/DRVA/DVIT
M8338				中断输入指令功能有效	PLSV
M8336				中断信号源选择	DVIT
【M8340】	【M8350】	【M8360】	【M8370】	脉冲输出中监控	ZRN/DSZN/DRVI/DRVA/DVIT
M8341	M8351	M8361	M8371	清零信号输出功能有效	ZRN/DSZN
M8342	M8352	M8362	M8372	原点回归方向指定	DSZN
M8343	M8353	M8363	M8373	正转极限	ZRN/DSZN/DRVI/DRVA/DVIT
M8344	M8354	M8364	M8374	反转极限	ZRN/DSZN/DRVI/DRVA/DVIT
M8345	M8355	M8365	M8375	近点信号逻辑反转	DSZN
M8346	M8356	M8366	M8376	零点信号逻辑反转	DSZN
M8347	M8357	M8367	M8377	中断信号逻辑反转	DVIT
【M8348】	【M8358】	【M8368】	【M8378】	定位指令驱动中	ZRN/DSZN/DRVI/DRVA/DVIT
M8349	M8359	M8369	M8379	脉冲输出停止	ZRN/DSZN/DRVI/DRVA/DVIT
M8460	M8461	M8462	M8463	用户中断输入中断信号源	DVIT
M8464	M8465	M8466	M8467	清零信号软元件指定功能有效	ZRN/DSZN

注：有【 】者为只读寄存器，无【 】者为可读写寄存器。

3. 指令的初始化操作和特殊软元件的设置

脉冲输出和定位指令在执行前除在指令的操作数中有表示外，还必须把操作数中不能表达的与定位有关的速度和加减速时间数据写入相关指定的数据寄存器中，同时还必须对某些相关的特殊辅助继电器 M 的状态进行置位或复位处理。这些在指令执行前要做的步骤称为指令的初始化操作。有两种方法对特殊软元件进行初初始化操作设置。

1）在程序中设置

用传送指令将一个个设置值分别传送给相应的特殊数据寄存器，用 M8002 直接对相应的特殊辅助继电器进行置位或复位处理。然后，将程序段作为初始化程序置于定位控制程序的最前部分作执行。如果，你采用的是参数出厂值，则不需要通过程序进行改动。

2）在编程软件上集中设置

打开编程器 GX Developer 或 GX Work2 后。点击【参数】/【PLC 参数】，出现【FX 参数设置】对话框。对话框由七个选项卡组成。点击【定位设置】选项卡对话框，如图 10-17 所示。当 PLC 用于定位控制时，可以在这里集中对定位控制指令所用的各种速度、位置参数进行设置。关于定位位置参数的具体设置说明可参看《三菱 FX 系列 PLC 定位控制应用技术》一书或相关手册，这里不作详述。

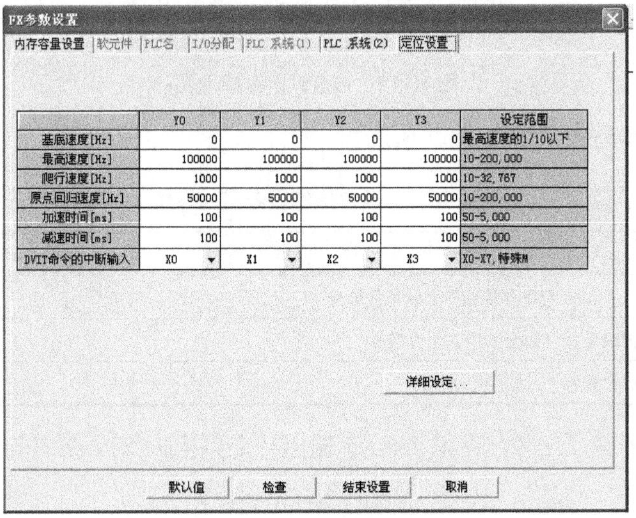

图 10-17 【定位设置】选项卡对话框

10.2 脉冲输出指令

10.2.1 脉冲输出指令 PLSY

1. 指令格式

FNC 57：【D】PLSY　　　　　　　　　　　　　　　程序步：7/13

指令可用软元件如表 10-6 所示。

表 10-6 PLSY 指令可用软元件

操作数种类	位软元件							字软元件													其他				
	系统/用户							位数指定				系统/用户				特殊模块	变址				常数		实数	字符串	指针
	X	Y	M	T	C	S	D□.b	KnX	KnY	KnM	KnS	T	C	D	R	U□\G□	V	Z	修饰		K	H	E	"□"	P
S1·								●	●	●	●	●	●	●	▲2	▲3	●	●	●		●	●			
S2·								●	●	●	●	●	●	●	▲2	▲3	●	●	●		●	●			
D·		▲1																	●						

▲1：请对基本单元的晶体管输出，或是高速输出特殊适配器①的 Y000、Y001 做指定。

▲2：仅 $FX_{3G}/FX_{3GC}/FX_{3U}/FX_{3UC}$ 可编程控制器支持。

▲3：仅 FX_{3U}/FX_{3UC} 可编程控制器支持。

注：①高速输出特殊适配器只能连接到 FX_{3U} 可编程控制器。

梯形图如图 10-18 所示。

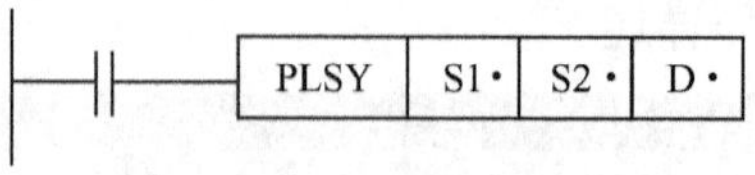

图 10-18　PLSY 指令梯形图

指令操作数内容与取值如表 10-7 所示。

表 10-7　指令操作数内容与取值

操作数种类	内　容	数 据 类 型
S1·	频率数据（Hz）或是保存数据的字软元件编号	BIN16/32 位
S2·	脉冲量数据或是保存数据的字软元件编号	BIN16/32 位
D·	输出脉冲的位软元件（Y）编号	位

解读： 当驱动条件成立时，从输出口 D 输出一个频率为 S1，脉冲个数为 S2，占空比为 50%的脉冲串。

2. 指令应用

在定位控制中，不论是步进电动机还是伺服电动机，在通过输出高速脉冲进行定位控制时，电动机的转速是由脉冲的频率所决定的，电动机的总回转角度则由输出脉冲的个数决定。而 PLSY 指令是一个能发出指定脉冲频率下指定脉冲个数的脉冲输出指令，因此 PLSY 指令虽叫作脉冲输出指令，但实际上就是一个定位控制指令。

对三菱 FX 系列 PLC 来说，PLSY 指令经常在 FX_{1S}/FX_{1N}/FX_{2N} PLC 的定位控制中使用，特别是在对步进电动机的控制中用得较多。

3. 相关特殊软元件

脉冲输出指令在执行时涉及一些特殊继电器 M 和数据寄存器 D，它们的含义和功能见表 10-8 和表 10-9。

表 10-8　相关特殊辅助继电器

编　号	内 容 含 义	适 用 机 型
M8145	停止 Y0 脉冲输出（立即停止）	FX_{1S}、FX_{1N}、FX_{2N}
M8146	停止 Y1 脉冲输出（立即停止）	
【M8147】	Y0 脉冲输出中监控（BUSY/READY）	FX_{1S}、FX_{1N}、FX_{2N}
【M8148】	Y1 脉冲输出中监控（BUSY/READY）	
【M8029】	指令执行完成标志位，执行完毕 ON	FX_{1S}、FX_{1N}、FX_{2N}、FX_{3U}

表 10-9　相关特殊数据寄存器

编　号	位　数	出 厂 值	内 容 含 义	适 用 机 型
D8140（低位）	32	0	Y0 输出位置当前值，应用脉冲指令 PLSY、PLSR 时，对脉冲输出值进行累加当前值	FX_{1S}、FX_{1N}、FX_{2N}、FX_{3U}
D8141（高位）				

续表

编　号	位　数	出 厂 值	内 容 含 义	适 用 机 型
D8142（低位） D8143（高位）	32	0	Y1 输出位置当前值，应用脉冲指令 PLSY、PLSR 时，对脉冲输出值进行累加当前值	FX_{1S}、FX_{1N}、FX_{2N}、FX_{3U}
D8136（低位） D8137（高位）	32	0	Y0、Y1 输出脉冲和计数的累计值	

在学习和应用脉冲输出指令时，必须结合这些软元件一起理解。特殊数据寄存器的内容均可用 DMOV 指令进行清零。

在 FX_{3U} PLC 中应用 PLSY 指令（含 PLSR 指令）时必须注意，其所涉及的相关特殊软元件是与 FX_{1S}/FX_{1N}/FX_{2N} PLC 有区别的。当在 FX_{3U} PLC 中用 PLSY 指令时，所涉及的特殊辅助继电器见表 10-5，而其相关特殊数据寄存器见表 10-4。例如，要停止 PLSY 指令的脉冲输出时，应用 M8349，而不是 M8145。其脉冲当前值数据寄存器仍为 D8141、D8140，而不是 D8341、D8340。因此，建议在 FX_{3U} PLC 中最好不要混用 PLSY 指令和定位指令 DRVI、DRVA，因为混用后当使用 PLSY 指令时，D8141、D8140 在变化，而 D8341、D8340 却不变化。使用 DRVI、DRVA 指令时情况相反，这样可能会引起控制动作的混乱。

4. 指令应用

1）关于输出频率 S1 和输出脉冲个数 S2

输出频率 S1：FX_{2N} PLC 为 2～20kHz，FX_{1S}、FX_{1N}、FX_{3U} PLC 为 1～100kHz。

输出脉冲个数 S2：【16 位】1～32 767，【32 位】1～2 147 483 647。

脉冲个数 S2 必须在指令未驱动时进行设置。如指令执行过程中改变脉冲个数，指令则不执行新的脉冲个数数据，而是要等到再次驱动指令后才执行新的数据。而输出频率 S1 则不同，其在执行过程中随 S1 的改变而马上改变。

2）脉冲输出方式

指令驱动后采用中断方式输出脉冲串，因此不受扫描周期影响。如果在执行过程中指令驱动条件断开，则输出马上停止，再次驱动后又从最初开始输出。如果输出连续脉冲（S2=K0），则驱动条件断开，输出马上停止。

如果在脉冲执行过程中，当驱动条件不能断开时又希望脉冲停止输出，则可利用驱动特殊继电器 M8145（对应 Y0）和 M8146（对应 Y1）来立即停止输出。

如果希望监控脉冲输出，则可利用 M8147 和 M8148 的触点驱动相应显示。

3）关于当前值 D8141、D8140 的说明

PLSY 指令可以利用指定的方向输出口的状态进行正/反转，但是，不管其是正转还是反转，当前值寄存器 D8141、D8140 的变化总是在累计统计 PLSY、PLSR 指令所发出的脉冲数，而不是工件位置的当前值，因此不能利用 PLSY 指令来监控工件的当前位置。这一点和 DRVI、DRVA 指令有很大区别。

4）连续脉冲串的输出

把指令中脉冲个数设置为 K0，则指令的功能变为输出无数个脉冲串，如图 10-19 所示。如要停止脉冲输出，则只要断开驱动条件或驱动 M8145（Y0 口）、M8146（Y1 口）即可。

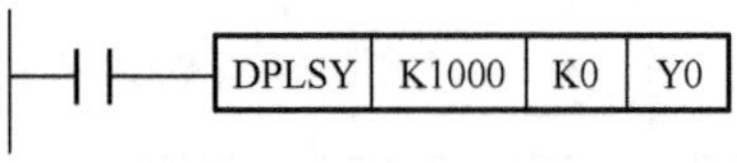

图 10-19　输出连续脉冲 PLSY 指令格式

这条指令在定位控制中常常用来做点动调试，按住按钮，指令输出脉冲，电动机运行。松开按钮，输出停止，电动机停止。调节输出频率可以调节电动机运行的快慢。

5）PLC 选型与外接电路说明

如前所述，由于高速脉冲输出频率都比较高，必须选择晶体管型输出的 PLC 型号。这时对 FX_{2N} 系列 PLC 来说，由于晶体管关断时间在输出电流较小时会变长，所以还需在输出回路上增加如图 10-20 所示的虚拟电阻，并使晶体管输出电阻电流达到 100mA。

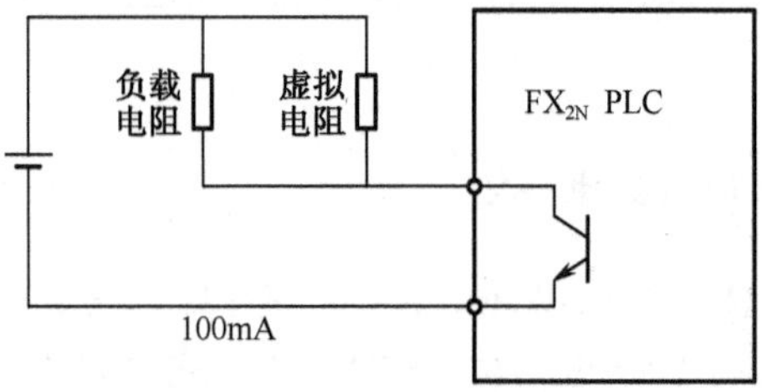

图 10-20　外接虚拟电阻电路

对于 FX_{1S}、FX_{1N} 系列 PLC 来说，即使不接虚拟电阻，在 DC5～24V（10～100mA）的条件下，也能输出 100kHz 下的频率脉冲。

上面所述适用于 PLSY、PWM 和 PLSR 指令的应用。

5．指令的使用限制

在三菱 FX 系列 PLC 中，对指令 PLSY 和 PLSR 来说其输出脉冲的当前值均为同一数据寄存器存储（D8141，D8140）；同时，指令 PLSY、PLSR、PWM 均可以从 Y0 或 Y1 输出高速脉冲，因此在实际使用时，高速脉冲输出指令的应用必须要受到一定程度的限制，如输出口限制、使用的次数限制等，这里对高速脉冲指令 PLSY、PLSR 和 PWM 的应用限制统一进行说明。

（1）对 PWM 指令来说，编程中只能使用一次，并且其所占用的高速脉冲输出口不能重复使用。也就是说，PWM 指令所指定的脉冲输出口不能再为其他指令所用。

（2）关于 PLSY 和 PLSR 指令的使用限制则比较复杂，对于低于 V2.11 以下版本的 FX_{2N} 系列，PLSY 和 PLSR 指令在编程中只限于使用其中一个编程一次。而高于 V2.11 以上版本的 FX_{1S}、FX_{1N}、FX_{2N} 系列，在编程过程中可同时使用两个 PLSY 或两个 PLSR 指令，在 Y0 和 Y1 得到两个独立的脉冲输出，也可同时使用一个 PLSY 和一个 PLSR 指令分别在 Y0、

Y1 得到两个独立的输出脉冲。

（3）FX_{1S}、FX_{1N} 系列的 PLC、PLSY 指令可以在程序中反复使用，但必须注意，使用同一脉冲输出口的 PLSY 指令不允许同时驱动两个或两个以上的 PLSY 指令，同时驱动会产生双线圈现象，无法正常工作。

（4）对于 PLSY、PLSR 指令与 SPD 指令或与高速计数器同时使用的情况，处理脉冲频率的总和也受到限制，请参看编程手册。

10.2.2　带加减速的脉冲输出指令 PLSR

1．指令格式

FNC 59：【D】PLSR　　　　　　　　　　　　程序步：9/17

PLSR 指令可用软元件如表 10-10 所示。

表 10-10　PLSR 指令可用软元件

操作数种类	位软元件							字软元件												其他				
	系统/用户							位数指定				系统/用户				特殊模块	变址			常数		实数	字符串	指针
	X	Y	M	T	C	S	D□.b	KnX	KnY	KnM	KnS	T	C	D	R	U□\G□	V	Z	修饰	K	H	E	"□"	P
S1·								●	●	●	●	●	●	●	▲	▲	●	●	●	●	●			
S2·								●	●	●	●	●	●	●	▲	▲	●	●	●	●	●			
S3·								●	●	●	●	●	●	●	▲	▲	●	●	●	●	●			
D·		▲																	●					

梯形图如图 10-21 所示。

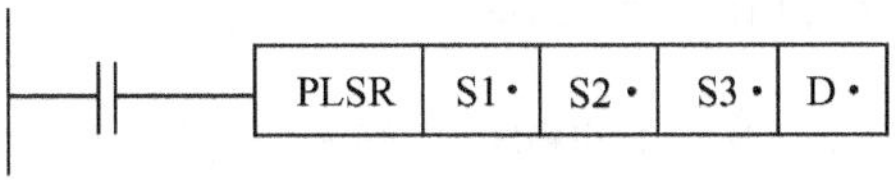

图 10-21　PLSR 指令格式

PLSR 指令操作数内容与取值如表 10-11 所示。

表 10-11　PLSR 指令操作数内容与取值

操作数种类	内　　容	数据类型
S1·	保存最高频率（Hz）数数据，或是数据的字软元件编号	BIN16/32 位
S2·	保存总的脉冲数（PLS）数据，或是数据的字软元件编号	BIN16/32 位
S3·	保存加减速时间（ms）数据，或是数据的字软元件编号	BIN16/32 位
D·	输出脉冲的位软元件（Y）编号	位

解读：当驱动条件成立时，从输出口 D 输出一个最高频率为 S1，脉冲个数为 S2，加减速时间为 S3，占空比为 50%的脉冲串。

2．步进电机的失步与过冲

在一些控制简单或要求低成本的运动控制系统中常会用到步进电动机。当步进电动机以开环的方式进行位置控制时，负载位置对控制回路没有反馈，步进电动机就必须正确响应每次励磁变化。如果励磁频率选择不当，步进电动机就不能移动到新的位置，即发生失步现象或过冲现象。失步就是漏掉了脉冲没有运动到指定的位置，过冲与失步相反，是运动超过了指定的位置。因此，在步进电动机开环控制系统中，如何防止失步和过冲是开环控制系统能否正常运行的关键。

产生失步和过冲现象的原因很多，当失步和过冲现象分别出现在步进电动机启动和停止的时候，其原因一般是系统的极限启动频率比较低，而要求的运行速度往往比较高，如果系统以要求的运行速度直接启动，该速度已经超过启动频率而不能正常启动，轻则发生失步，重则根本不能启动，产生堵转。系统运行起来后，如果达到终点时立即停止发送脉冲，则由于系统惯性的作用，步进电动机会转过控制器所希望的停止位置而发生过冲。

为了克服步进电动机失步和过冲现象，应该在启动和停止时加入适当的加减速控制。通过一个加速和减速过程，以较低的速度启动，而后逐渐加速到某一速度运行，再逐渐减速直至停止，可以减少甚至完全消除失步和过冲现象。

脉冲输出指令 PLSY 是不带加减速控制的脉冲输出。当驱动条件成立时，在很短的时间里脉冲频率上升到指定频率。如果指定频率大于系统的极限启动频率，则会发生失步和过冲现象。为此，三菱 FX 系列 PLC 又开发了带加/减速控制的脉冲输出指令 PLSR。

在实际应用中，PLSR 指令在 FX_{2N} 系列和 FX_{1S}、FX_{1N}、FX_{3U} 系列的应用是有差别的。下面分别进行指令应用介绍。

3．FX_{2N} 系列 PLSR 指令应用

1）关于输出频率 S1 和输出脉冲个数 S2

输出频率 S1 的设定范围是 10～20 000Hz，频率设定必须是 10 的整数倍。

输出脉冲个数 S2 的设定范围是：16 位运算为 110～32 767，32 位运算为 110～2 147 486 947。当设定值不满 110 时，脉冲不能正常输出。

2）脉冲输出方式

PLSR 指令与 PLSY 指令的区别在于 PLSR 指令在脉冲输出的开始及结束阶段可以实现加速和减速过程，其加速时间和减速时间一样，由 S3 指定。

S3 的具体设定范围由下式决定：

$$5\times\frac{90\,000}{\text{S1}}\leqslant \text{S3}\leqslant 818\times\frac{\text{S2}}{\text{S1}}$$

按照上述公式计算时，其下限值不能小于 PLC 扫描时间最大值的 10 倍以上（扫描时间最大值可在特殊数据寄存器 D8012 中读取），其上限值不能超过 5000ms。

FX_{2N} 系列 PLSR 指令的加/减速时间是根据所设定的时间进行 10 级均匀阶梯式的方式确定的，如图 10-22 所示。

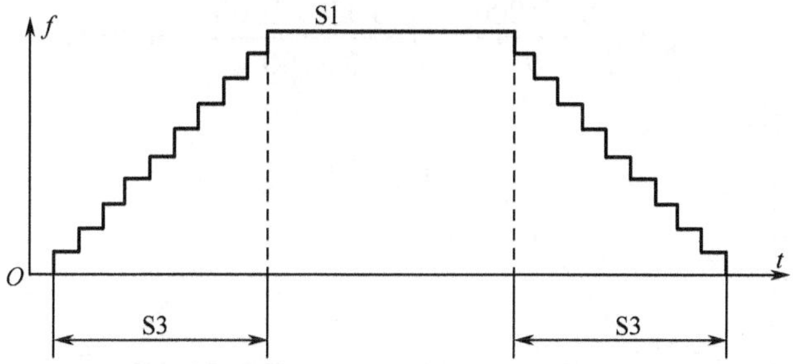

图 10-22 FX_{2N} 系列 PLSR 指令输出方式

如果图中的阶梯频率（为 S1 的 1/10）还会使步进电动机产生失步和过冲现象，则应降低输出频率 S1。

4．FX_{1S}、FX_{1N}、FX_{3U} 系列 PLSR 指令应用

1）关于输出频率 S1 和输出脉冲个数 S2

输出频率 S1 的设定范围为：FX_{1S}、FX_{1N}，10～100 000Hz；FX_{3U}，10～200 000Hz。

输出脉冲个数 S2 的设定范围是：FX_{1S}、FX_{1N}，16 位运算为 110～32 767；32 位运算为 110～2 147 486 947。设定值低于 110 时，脉冲不能正常输出。FX_{3U}，16 位运算为 1～32 767，32 位运算为 1～2 147 486 947。

2）脉冲输出方式

FX_{1S}、FX_{1N}、FX_{3U} 的 PLSR 指令是一个线性连续的加/减速过程，如图 10-23 所示。

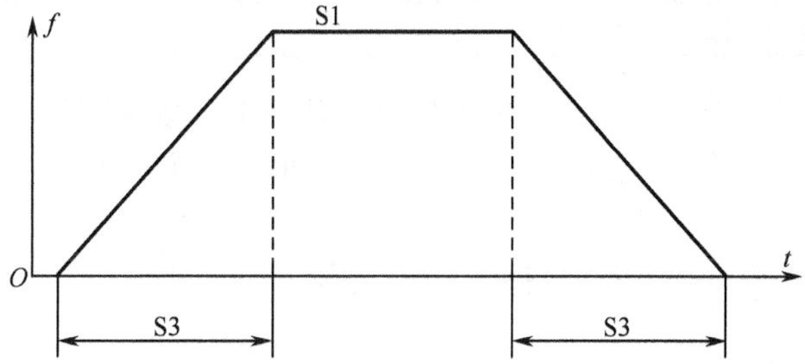

图 10-23 FX_{1S}、FX_{1N}、F_{3U} 系列 PLSR 指令输出方式

其加减速时间 S3 的设定范围为 50～5 000ms。

对 FX_{1S}、FX_{1N} 来说，其实际上输出频率有一个最低值，由下面公式决定：

$$f_{\min}=\sqrt{\frac{\mathrm{S1}\times 1\,000}{2t}}$$

最低频率的含义是，在进行加/减速控制时，其加速时间是指从最低频率升到输出频率 S1 的时间，减速时间是指从输出频率 S1 降到最低频率的时间，而从 0 到最低频率（启动时）和从最低频率到 0（停止时）为跳跃时间。下面举例说明。

【例 1】 设 PLSR 指令的 S1 为 50 000Hz，加速时间为 100ms，则其最低频率 $f_{\min}$ 为：

$$f_{\min} = \sqrt{\frac{S1 \times 1000}{2t}} = \sqrt{\frac{50\,000 \times 1000}{2 \times 100}} = 500\text{Hz}$$

其如图 10-24 所示。

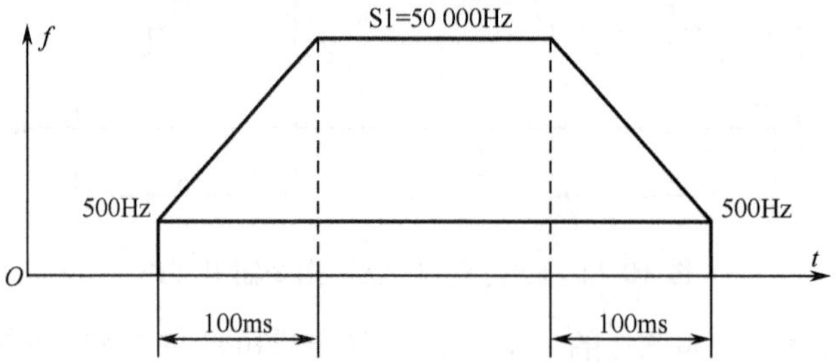

图 10-24　FX_{1S}、FX_{1N} 系列 PLSR 指令最低频率说明

对 FX_{3U} 来说不存在这个最低频率的限制。

5. 相关特殊软元件

PLSR 指令的相关特殊软元件同 PLSY 指令，见表 10-8，表 10-9。但对 FX_{3U} PLC 来说，其脉冲输出停止标志位和脉冲输出监控标志位不同，见表 10-12。

表 10-12　FX_{3U} 相关特殊辅助继电器

编　号	内 容 含 义
M8349	停止 Y0 脉冲输出（立即停止）
M8359	停止 Y1 脉冲输出（立即停止）
【M8340】	Y0 脉冲输出中监控（BUSY/READY）
【M8350】	Y1 脉冲输出中监控（BUSY/READY）

其他应用说明：如必须选择晶体管输出型号，其使用次数限制等均与 PLSY 指令相同，这里不再赘述。但 PLSR 指令不存在输出无数个脉冲串的设定，应用时必须注意。

10.2.3　可变速脉冲输出指令 PLSV

1. 指令格式

FNC 157:【D】PLSV　　　　程序步：9/17

PLSV 指令可用软元件如表 10-13 所示。

表 10-13　PLSV 指令可用软元件

操作数种类	位软元件							字软元件												其他				
	系统/用户							位数指定				系统/用户				特殊模块	变址			常数		实数	字符串	指针
	X	Y	M	T	C	S	D□.b	KnX	KnY	KnM	KnS	T	C	D	R	U□\G□	V	Z	修饰	K	H	E	"□"	P
S1·								●	●	●	●	●	●	●	▲	▲	●	●	●	●	●			
D1·		▲																	●					
D2·		▲	●			●	▲												●					

梯形图如图 10-25 所示。

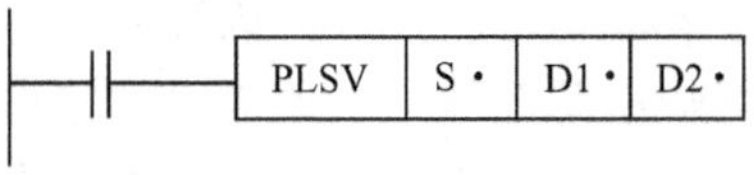

图 10-25　PLSV 指令梯形图

PLSV 指令操作数内容与取值如表 10-14 所示。

表 10-14　PLSV 指令操作数内容与取值

操作数种类	内　容	数据类型
S1·	指定输出脉冲频率的软元件编号	BIN16/32 位
D1·	指定输出脉冲的输出编号	位
D2·	指定旋转方向信号的输出对象编号	

解读：当驱动条件成立时，从输出口 D1 输出频率为 S 的脉冲串，脉冲串所控制的电机转向信号由 D2 口输出，如 S 为正值，则 D2 输出为 ON，电机正转；如 S 为负值，则 D2 输出为 OFF，电机反转。

2．指令应用

PLSV 指令是一个带旋转方向输出的可变速脉冲输出指令。现举例加以说明。

【例 3-10】　试说明指令 PLSV　D0　Y0　Y4 的执行含义。

分析如下：

S=D0 表示输出脉冲串的频率由 D0 的值决定，改变 D0 值可以改变电动机转速。脉冲串由高速脉冲输出口 Y0 输出，输出频率 D0 为正值，Y4 为 ON。

PLSV 指令中没有相关输出脉冲数量的参数设置，因此该指令本身不能用于精确定位，其最大的特点是在脉冲输出的同时可以修改脉冲输出频率，并控制运动方向。在实际应用中用来实现运动轴的速度调节，如运动的多段速度控制等动态调整功能。

PLSV 指令的速度变化可以通过外部开关信号或 PLC 内部位元件信号控制。图 10-26 表示了其动态调整频率的时序。

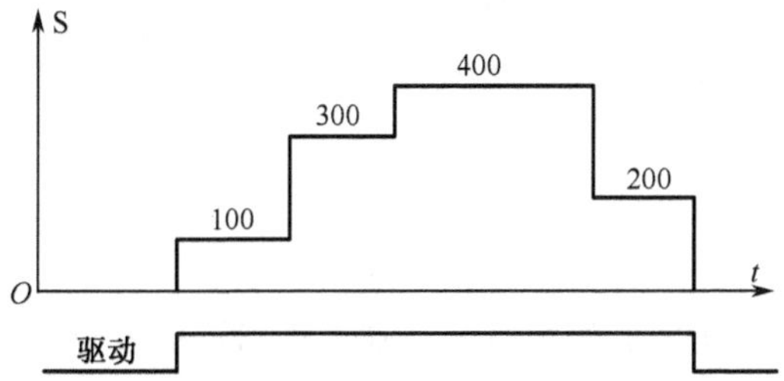

图 10-26　PLSV 指令运行时序

3．指令在 $FX_{1S}/FX_{1N}/FX_{2N}$ 中的应用注意事项

PLSV 指令的其他应用说明，如相关特殊软元件必须选择晶体管输出型号，输出端口只能是 Y0 或 Y1 等，均与 PLSY 指令相同，这里不再赘述。但 PLSV 指令不存在程序中仅使

用一次的规定。PLSV 指令可在程序中多次使用，但是指令的驱动时间必须注意以下几点。

（1）在脉冲输出过程中，如果将 S 变为 K0，则脉冲输出会马上停止。同样，如果驱动条件在脉冲输出过程中断开，则输出马上停止。如需再次输出，请在输出中标志位（M8147 或 M8148）处于 OFF 并经过 1 个扫描周期以上时间时输出其他频率的脉冲。

（2）虽然 PLSV 指令为可随时改变脉冲的频率，但在脉冲输出过程中最好不要改变输出脉冲的方向（即由正频率变为负频率或相反），由于机械的惯性，瞬间改变电动机旋转方向可能会造成意外事故。如果要变更方向，可先将输出频率设为 K0，并设定电动机充分停止时间，再输出不同方向的频率值。

（3）PLSV 指令的缺点是在开始、频率变化和停止时均没有加/减速动作，这就影响了指令的使用，因此常常把 PLSV 指令和斜坡指令 RAMP 配合使用，利用斜坡指令 RAMP 的递增/递减功能来实现 PLSY 指令的加/减速，程序如图 10-27 所示。

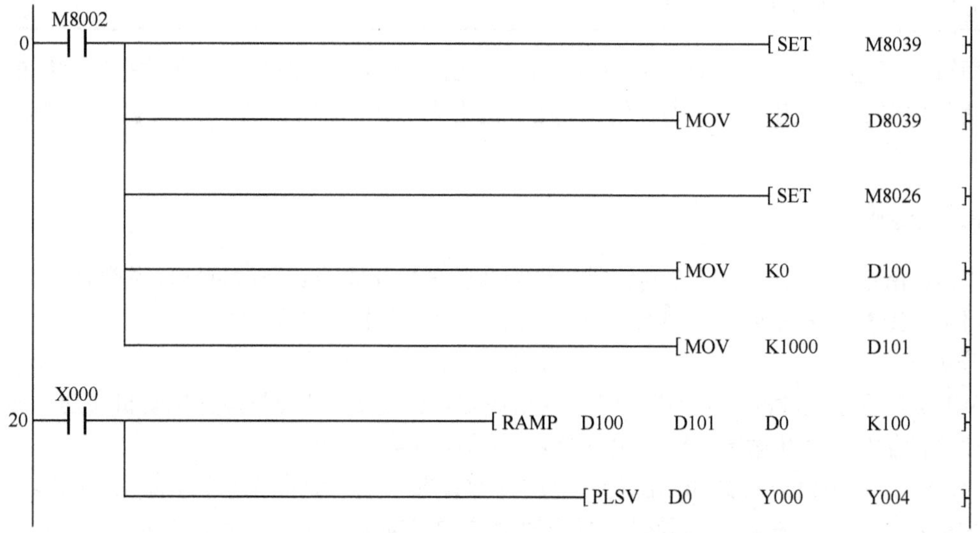
M8002
0
SET M8039
MOV K20 D8039
SET M8026
MOV K0 D100
MOV K1000 D101
X000
20
RAMP D100 D101 D0 K100
PLSV D0 Y000 Y004

图 10-27 带加/减速的 PLSV 指令应用

4．FX_{3U} PLC 对指令 PLSV 的改进功能

上述 PLSV 指令不带加/减速动作的缺陷在 FX_{3U} 中得到改进。

改进功能包括两方面的内容：一是相关软元件发生了变化；二是增加了加/减速选择功能。现分别讲解如下。

1）相关软元件

相关软元件按照 FX_{3U} PLC 的使用执行，脉冲输出端扩展至 Y0、Y1、Y2、Y3。各种速度、时间参数的存储地址见表 10-13。

在标志位方面，PLSY 指令增加了正/反转极限标志位，指令驱动中标志位和脉冲输出中监控标志位等见表 10-14。

2）加/减速选择功能

PLSV 指令在 $FX_{1S}/FX_{1N}/FX_{2N}$ 中的开始、频率变化及停止时间均没有加减速动作，FX_{3U} 为此特做了改进，增加了加/减速动作功能。但 FX_{3U} 仍然保持原有的无加/减速动作的功能，其功能模式由特殊继电器 M8338 的状态决定（见表 10-4）。

（1）M8338=OFF，无加/减速动作模式。

在这种模式下，PLSV 指令在开始、频率变化及停止时间均没有加/减速动作。这和上面所述 $FX_{1S}/FX_{1N}/FX_{2N}$ 的情况一样，不再赘述。

（2）M8338=ON，有加/减速动作模式。

在这种模式下，PLSV 指令在开始、频率变化及停止时都带有加/减速动作功能，如图 10-28 所示。

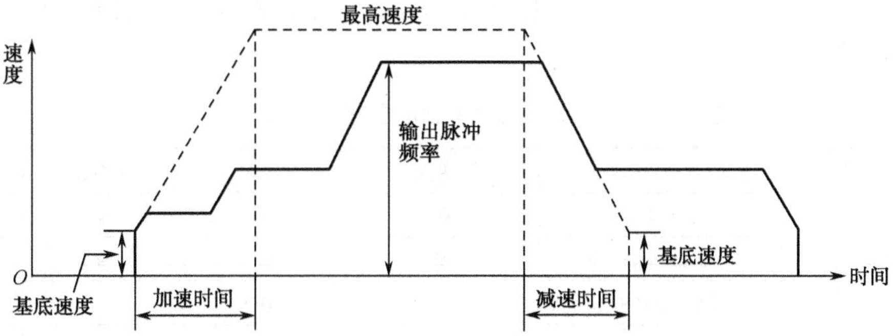

图 10-28　PLSV 指令有加/减速动作模式

图中，各种速度及加/减速时间的设置均在特殊数据寄存器里设定（见表 10-5）。

3）指令应用注意

（1）在脉冲输出过程中，如果将 S 变为 K0，则脉冲输出带加/减速时会减速停止，不带加/减速时立即停止。如需再次输出，可在输出中标志位（M8348 或 M8358）处于 OFF，并经过 1 个扫描周期以上时间时输出其他频率的脉冲。

（2）虽然 PLSV 指令为可随时改变脉冲的频率，但在脉冲输出过程中最好不要改变输出脉冲的方向（即由正频率变为负频率或相反），由于机械的惯性，瞬间改变电动机旋转方向可能会造成意外事故，如果要变更方向，则可先将输出频率设为 K0，并设定电动机的充分停止时间，再输出不同方向的频率值。

（3）在脉冲输出过程中，如果驱动条件断开，脉冲输出减速停止，不带加/减速时立即停止，但执行完成标志位 M8029 不为 ON。

（4）在运行中，如正/反转极限标志位动作，则输出脉冲会减速停止。此时，指令执行异常标志位 M8329 为 ON，结束指令的执行。

（5）不能同时执行同一脉冲输出口的指令 PLSV、PLSR 和 PLSY。

（6）指令执行结束后旋转方向的信号输出 OFF。

10.3 定位指令

定位控制有三要素：转速、转向和位移量。从这三要素的要求来看，脉冲输出指令虽然能作为定位控制用，但使用起来十分不方便，PLSY、PLSR 指令能够输出脉冲频率（转速）和脉冲个数（位移量），但却不能直接控制旋转方向，必须用另外一个输出口信号作为方向控制信号，而在程序中必须对方向信号进行程序编制。PLSV 指令为运行中改变转速的指令，但不能进行定位控制。为此，三菱电机专门为 FX 系列 PLC 开发了专用于定位控制的定位控制功能指令。这些功能指令是根据 FX 系列 PLC 机型的开发而陆续推出的。因此，其适用的 FX 系列 PLC 机型是有区别的。表 10-15 列出了 FX 系列的所有脉冲输出指令和定位控制指令及其适用机型。

表 10-15　脉冲输出指令和定位控制指令及其适用机型

助 记 符	名　称	FX_{1S}	FX_{1N}	FX_{2N}	FX_{3U}
PLSY	脉冲输出	●	●	●	●
PLSR	带加/减速脉冲输出	●	●	●	●
PLSV	可变度脉冲输出	●	●		●
ZRN	原点回归	●	●		●
DSZN	带搜索原点回归				●
DRVI	相对定位	●	●		●
DRVA	绝对定位	●	●		●
ABS	ABS 当前值读取	●	●		●
DVIT	中断定位				●
TBL	表格设定定位				●

由表中可以看出，从应用定位控制指令的角度来看，FX_{2N} 没有定位控制指令可以使用，仅有两条简单的脉冲输出指令，且其脉冲输出最大频率仅为 20kHz，而指令最丰富的是 FX_{3U}。FX_{1S}/FX_{1N} 有基本的定位控制指令。因此，在设计定位控制系统时，如果仅为单轴输出，且控制过程并不复杂，则 FX_{1S}/FX_{1N} 是性价比最高的选择。一般情况下，尽量不要选 FX_{2N} 做定位控制基本单元。如果精度要求较高或是二轴输出，则可选 FX_{3U} 作为基本单元。

应用定位控制指令时 PLC 必须是晶体管输出型。

10.3.1 原点回归指令 ZRN

在定位控制中，一般都要确定一个位置为原点，而定位运动控制，每次都是以原点位置作为运动位置的参考。当 PLC 在执行初始化或断电后再上电时，由于其当前值寄存器的内容会清零，而机械位置却不一定在原点位置。因此，有必要执行一次原点回归，使机械位置回归原点，从而保持机械原点和当前值寄存器内容一致，那么在以后的定位指令应用时，当前值寄存器中的值就表示机械的实际位置。

1. 指令格式

FNC 156:【D】ZRN　　　　　　　　　　　　　　　程序步：9/17

ZRN 指令可用软元件如表 10-16 所示。

表 10-16　ZRN 指令可用软元件

操作数种类	位软元件							字软元件												其他				
	系统/用户							位数指定				系统/用户				特殊模块	变址			常数		实数	字符串	指针
	X	Y	M	T	C	S	D□.b	KnX	KnY	KnM	KnS	T	C	D	R	U□\G□	V	Z	修饰	K	H	E	"□"	P
S1·								●	●	●	●	●	●	●	▲	▲	●	●	●	●	●			
S2·								●	●	●	●	●	●	●	▲	▲	●	●	●	●	●			
S3·	●	●	●			●	▲												●					
D·		▲																	●					

梯形图如图 10-29 所示。

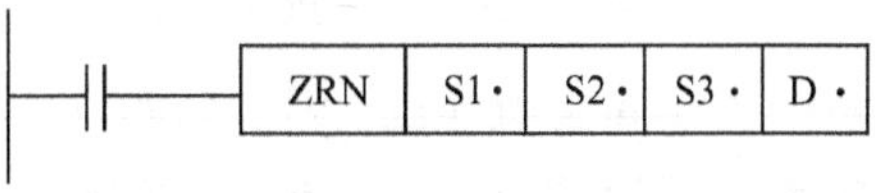

图 10-29　ZRN 指令梯形图

ZRN 指令操作数内容与取值如表 10-17 所示。

表 10-17　ZRN 指令操作数内容与取值

操作数种类	内　容	数据类型
S1·	指定开始原点回归时的速度	BIN16/32 位
S2·	指定爬行速度［10～32，767（Hz）］	
S3·	指定输入近点信号（DOG）的软元件编号	位
D·	指定要输出脉冲的输出编号	

解读：当驱动条件成立时，机械以 S1 指定的原点回归速度从当前位置向原点移动，在碰到以 S3 指定的 DOG 信号由 OFF 变 ON 时就开始减速，一直减到 S2 指定的爬行速度为止，并以爬行速度继续向原点移动，当 DOG 信号由 ON 变 OFF 时，就立即停止 D 所指定的脉冲输出。结束原点回归动作工作过程，机械停止位置为原点。

2. 指令执行功能和动作

ZRN 指令执行的是不带搜索功能的原点回归模式，指令执行时序如图 10-30 所示。关于不带搜索功能的原点回归模式的分析参看 10.1.2 节原点回归模式。

在下面对指令的讲解中均以 FX_{1S}/FX_{1N} 机型为说明对象，请读者注意。

当近点信号（DOG）由 ON 变成 OFF 时，是采用中断方式使脉冲输出停止的，脉冲输出停止后在 1ms 内发出清零信号，为图中 1*所示。同时，向当前值寄存器 D8140、D8141

或 D8142、D8143 中写入 0。

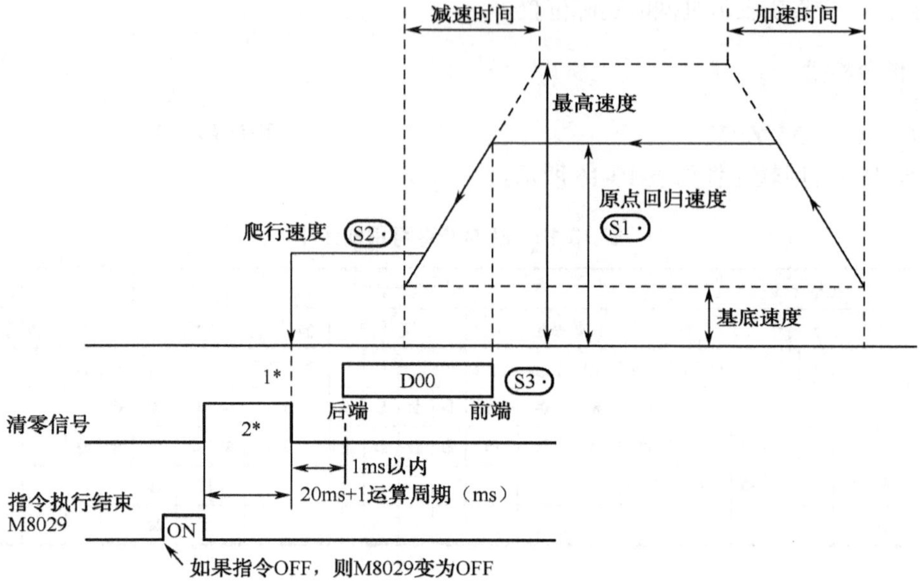

图 10-30　ZRN 指令执行时序

清零信号是指在完成原点回归的同时由 PLC 向伺服驱动器发出一个清零信号，使两者保持一致。清零信号是由规定输出端口输出的，规定脉冲输出端口为 Y0，则清零输出端口为 Y2；脉冲输出端口为 Y1，则清零输出端口为 Y3。清零信号还受到 M8140 的控制，仅当 M8140 置于 ON 时才会发出清零信号。因此，如需要发出清零信号，应先将 M8140=ON。清零信号的接通时间约为 20ms+1 个扫描周期，为图中 2*所示。

M8029 为指令执行完成标志位，当指令执行完成，清零信号由 OFF 变为 ON 时，M8029=ON，同时脉冲输出监控信号 M8147（对应于 Y0 口输出）或 M8148（对应于 Y1 输出），则由 ON 变为 OFF。

3. 指令应用

1）原点回归速度和爬行速度

原点回归有两种速度，开始时以原点回归速度回归，碰到近点信号后减速至爬行速度回归。原点回归速度较高，这样可以在较短时间内完成回归，但由于机械惯性，如以高速停止，则会造成每次停止位置不一样，即原点不唯一，因而在快到原点时降低速度，以爬行速度回归。一般爬行大大低于原点回归速度，但大于等于基底速度，故能较准确地停在原点，由于原点回归的停止是不减速停止，如果爬行速度太快，则机械会由于惯性导致停止位置偏移，所以爬行速度取值要足够小。机械惯性越大，爬行速度应越小，但爬行速度也不能太小，如果运行到 DOG 开关的后端还没有降到爬行速度时，会导致停止位置偏移。

2）近点信号（DOG）

近点信号的通断时间非常重要，它的接通时间不能太短，如太短，就不能以原点回归速度降到爬行速度，同样会导致停止位置的偏移。

ZRN 指令不支持 DOG 的搜索功能，机械当前位置必须在 DOG 信号的前面才能进行原点回归，如果机械当前位置在 DOG 信号中间或在 DOG 信号后面则都不能完成原点回归功能。近点信号的可用软元件为 X、Y、M、S，但实际使用时一般为 X0～X7，最好是 X0、X1，因为指定这个端口为近点信号输入，PLC 是通过中断来处理 ZRN 指令的停止的。如果指定了 X10 以后的端口或者其他软元件，则由于受到顺控程序的扫描周期影响而使原点位置的偏差会较大。同时，如果一旦指定了 X0～X7 为近点信号，则 ZRN 指令不能和高速计数器、输入中断、脉冲捕捉、SPD 指令等重复使用。

3）指令驱动和执行

原点回归指令驱动后，如果在原点回归过程中驱动条件为 OFF，即接点断开，则回归过程不再继续进行而马上停止，并且在监控输出 M8147 或 M8148 仍然处于 ON 时，将不接收指令的再次驱动，而指令执行结束标志 M8029 不动作。

原点回归指令驱动后回归方向是朝当前值寄存器数值减小的方向移动的。因此，在设计电动机旋转方向与当前值寄存器数值变化关系时必须注意这点。

原点回归指令一般是在 PLC 重新上电时应用的。如果是和三菱伺服驱动器 MR-H、MR-J2、MR-J3（带有绝对位置检测功能，驱动器内部常有电池）相连，由于每次断电后伺服驱动器内部的当前位置都能够保存，这时 PLC 可以通过绝对位置读取指令 DABS 将伺服驱动器内部当前位置读取到 PLC 的 D8140、D8141 中，因此，在重新上电后就不需要再进行原点回归，只要在第一次开机时进行一次即可。

4．原点位置在正转方向上的应用

上面的讨论均是在原点位置位于工作台反转（或后退）方向上进行的。也就是说，ZRN 指令默认的原点位置，如图 10-31 所示的 A 点。在执行 ZRN 指令时，其原点回归过程一开始就朝当前值寄存器数据减小的方向动作，但如果原点位置在正转（或前进）方向，如图中 *B* 点，则会因为找不到前端信号而不能进行原点回归，这时必须按照下面顺序用程序对被设置为电动机旋转方向的输出口先进行置位，再用 REF 指令（刷新指令）做输出刷新，然后再执行 ZRN 指令。执行完毕后再用 ZRN 指令结束标志位对旋转方向的输出口进行复位。程序如图 10-32 所示。

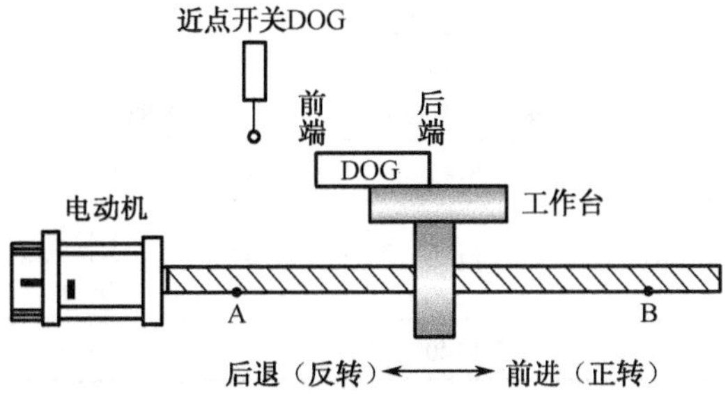

图 10-31　ZRN 原点回归动作示意图

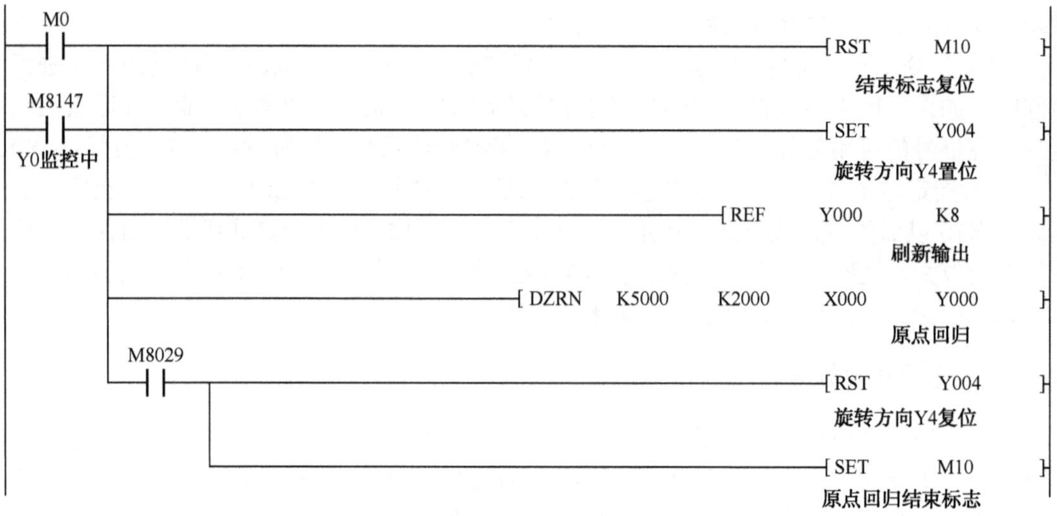

图 10-32　前进方向上原点回归程序例

5．FX_{3U} 中 ZRN 指令的应用

ZRN 指令最早是在 $FX_{1S}/FX_{1N}/FX_{2N}$ 上开发的。上面所讲解的 ZRN 指令内容也是针对 $FX_{1S}/FX_{1N}/FX_{2N}$ 的，而在 FX_{3U} PLC 中，针对 ZRN 指令的缺陷开发出具有搜索功能的原点回归指令 DSZR。在原点回归操作上做了很大改进，因此在 FX_{3U} PLC 中，原点回归操作多数应用 DSZR 指令。

ZRN 指令在 FX_{3U} PLC 中应用时，其控制过程和前面所讲的一样。但在相关软元件上完全不同，按表 10-4，表 10-5 进行处理。例如，对脉冲输出口 Y0 来说，其脉冲输出监控信号为 8340，当前值寄存器为 D8341、D8340，清零信号控制分不使用清零信号软元件和使用清零信号软元件两种处理方式（详见 DSZR 指令讲解）等。读者应用时必须注意。

6．指令初始化操作

ZRN 指令的初始化操作见表 10-18。

表 10-18　ZRN 指令的初始化操作

内 容 含 义	FX_{1S}、FX_{1N}	FX_{3U}（Y0）	出 厂 值
最高速度（Hz）	D8146（低位） D8147（高位）	D8343（低位） D8344（高位）	100 000
基底速度（Hz）	D8145	D8342	0
加/减速时间（ms）	D8148	D8348	100
加/减速时间（ms）		D8349	100
清零信号输出功能有效标志位	M8140	M8341	OFF

表中，FX_{3U} 系列仅列出脉冲输出口 Y0 的相关软元件，脉冲输出口为 Y1、Y2、Y3 时详见表 10-4 和表 10-5。

10.3.2　带搜索功能原点回归指令 DSZR

1．指令格式

FNC 150：DSZR　　　　　　　　　　　　　　　　　程序步：0/9

DSZR 指令可用软元件如表 10-19 所示。

表 10-19　DSZR 指令可用软元件

操作数种类	位软元件							字软元件												其他				
	系统/用户							位数指定				系统/用户				特殊模块	变址			常数		实数	字符串	指针
	X	Y	M	T	C	S	D□.b	KnX	KnY	KnM	KnS	T	C	D	R	U□\G□	V	Z	修饰	K	H	E	"□"	P
S1·	●	●	●			●	▲1												●					
S2·	▲2																		●					
D1·		▲																	●					
D2·		▲	●			●	▲1												●					

▲1：D□.b 仅适用于 FX_{3U}/FX_{3UC} 可编程控制器。但是，不能变址修饰（V、Z）。

▲2：$FX_{3G}/FX_{3GC}/FX_{3U}/FX_{3UC}$ 可编程控制器请指定 X000～X007。FX_{3S} 可编程控制器请指定 X000～X005。

梯形图如图 10-33 所示。

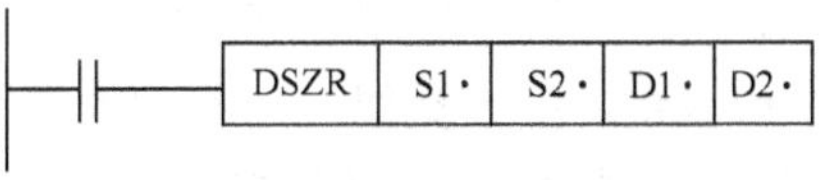

图 10-33　DSZR 梯形图

DSZR 指令操作数内容与取值如表 10-20 所示。

表 10-20　DSZR 指令操作数内容与取值

操作数种类	内　　容	数 据 类 型
S1·	指定输入近点信号（DOG）的软元件编号	位
S2·	指定输入零点信号的输入编号	
D1·	指定输出脉冲的输出编号	
D2·	指定旋转方向信号的输出对象编号	

解读：当驱动条件成立时完成原点回归功能（详见下述）。

2．指令执行功能和动作

DSZR 指令是具有自动搜索功能的原点回归指令，对当前位置没有要求，在任意位置哪怕是停止在限位开关位置上都能完成原点回归操作。在各种位置上进行原点回归操作的过程分析参看第 1 章 1.5 节定位控制运行模式分析。

DSZR 指令除了在自动搜索这点上与 ZRN 指令有很大区别，还增加了近点（DOG）信号的逻辑选择、零点信号引入和清零信号的输出地址灵活选择等功能，其使用比 ZRN 指令更加灵活、方便，原点的定位精度也得到很大提高。

原点回归指令 DSZR 的动作过程及动作完成如图 10-34 所示。

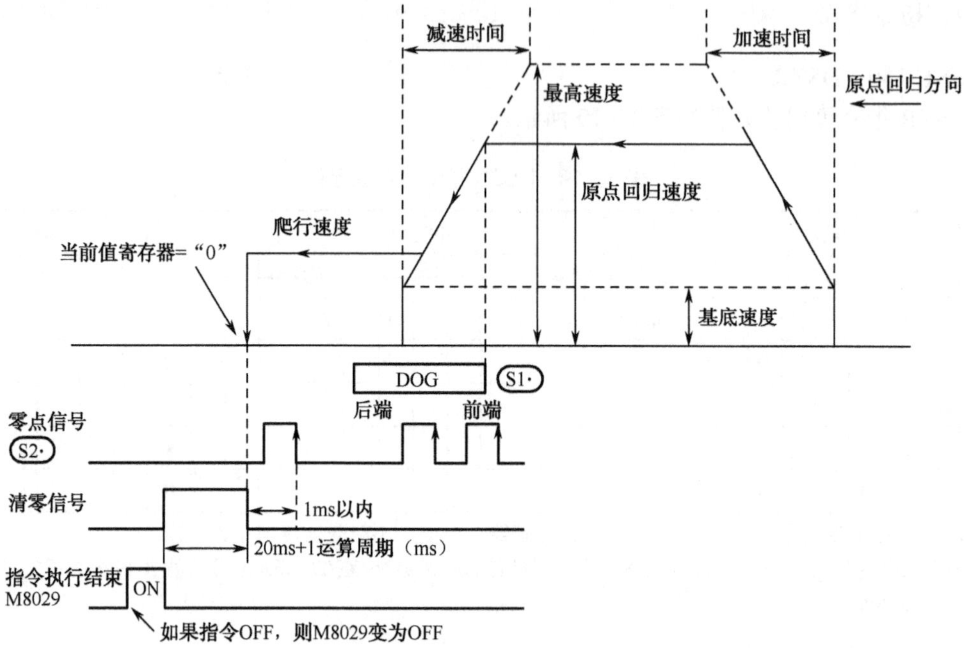

图 10-34　DSZR 指令执行时序

DSZR 指令原点回归动作和 ZRN 指令类似，所不同的是，当原点回归以爬行速度向原点运行时，如果检测到 DOG 开关信号由 ON 变到 OFF 后并不停止脉冲的输出，而是直到检测到第一个零点信号的上升沿（从 OFF 变到 ON 时）后才立即停止脉冲的输出。在脉冲停止输出后的 1ms 内，清零信号输出并保持 20ms+1 个扫描周期内为 ON。同时将当前值寄存器清零，当清零信号复位后发出在一个扫描周期内为 ON 的指令执行结束信号 M8029。

3. 指令应用

1）近点信号（DOG）S1

近点信号（DOG）和 ZRN 指令类似，它是原点回归中进行速度变换的信号。ZRN 指令仅说明由 OFF 变 ON 时开始减速至爬行速度，它表明端口信号从断开到接通是一种正逻辑关系，在某些情况下如果开关从 ON 变为 OFF 时则不能使用。而 DSZR 指令对开关信号的逻辑可以选择。

DSZR 指令设置了一个近点信号逻辑选择标志位，其状态决定了信号逻辑的选择。当该标志位为 OFF 时为正逻辑，近点信号为 ON 时（由 OFF 变为 ON）有效，开始减速至爬行速度。当该标志位为 ON 时为负逻辑，近点信号为 OFF 时（由 ON 变为 OFF）有效，开始减速至爬行速度。在设置上，每一个脉冲输出口对应一个逻辑选择标志位，见表 10-21。

表 10-21　DSZR 指令 DOG 信号逻辑选择

脉冲输出端口	逻辑选择标志位	内　容
Y0	M8345	OFF：正逻辑（输入为 ON，近点信号为 ON） ON：负逻辑（输入为 OFF，近点信号为 ON）
Y1	M8355	
Y2	M8365	
Y3	M8375	

在应用中，近点信号最好接入到基本单元的 X0～X17 端口，如果从 X20 以后端口或辅助继电器等其他软元件输入时，其后端检出信号会受到顺控程序扫描周期的影响。

DSZR 指令应用装置上有正/反转限位开关 LSF 和 LSR。近点信号 DOG 开关必须处于 LSF 和 LSR 之间。如图 10-35 所示，否则无法进行原点回归。

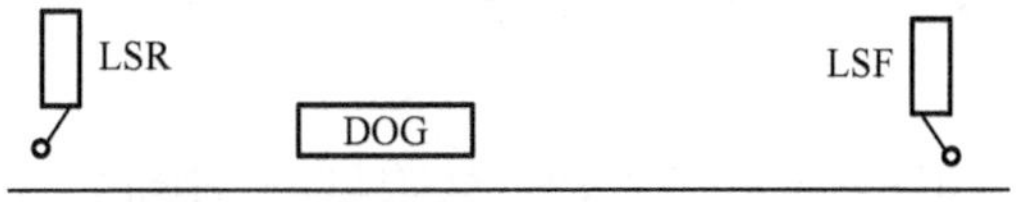

图 10-35　DOG 与 LSF、LSR 的相对位置

2）零点信号 S2

DSZR 指令零点信号指定输入端口为基本单元的 X0～X7。同样，也为零点信号设置了一个逻辑选择标志位，该标志位状态决定了零点信号的逻辑有效信号，不同的输出口对应于不同的逻辑选择标志位，见表 10-22。

表 10-22　DSZR 指令零点信号逻辑选择

脉冲输出端口	逻辑选择标志位	内　容
Y0	M8346	OFF：正逻辑（输入为 ON，零点信号为 ON） ON：负逻辑（输入为 OFF，零点信号为 ON）
Y1	M8356	
Y2	M8366	
Y3	M8376	

在使用中如果对近点信号和零点信号选择同一个输入端口，那么零点信号的逻辑选择标志位设置无效，且零点信号的逻辑选择也和近点信号一致，这时零点信号也不起作用。DSZR 指令和 ZRN 指令一样，由近点信号（DOG）的前端和后端信号决定减速开始和机械停止的位置。

DSZR 指令零点信号的引入使原点回归动作的定位精度（指原点位置的误差）得到很大提高。从图 3-36 中可以看出，DSZR 指令的原点位置是这样确定的，当运动检测到 DOG 开关的前端由 OFF 变 ON 时便开始减速到爬行速度，并以爬行速度继续向原点移动。当检测到 DOG 开关的后端信号由 ON 变 OFF，其后第 1 个零点脉冲信号从 OFF 到 ON 时，立即停止脉冲输出，停止位置为原点位置。因此，DSZR 指令的原点位置不受 DOG 开关的后端信号控制，因而不受 DOG 开关精度的影响。一般是把电动机编码器的零位信号（Z 相）作为 DSZR 指令的零点信号，而 Z 相信号是固定的，适当调整 DOG 开关的后端和零点信号之间的位置，原点位置精度可以得到提高。

如图 10-36 所示，零点信号在调整时请务必先将 DOG 块的后端调整在两个零点信号之间。然后，根据实际原点回归的要求再适当调整 DOG 块后端的精确位置（微调 DOG 块）。

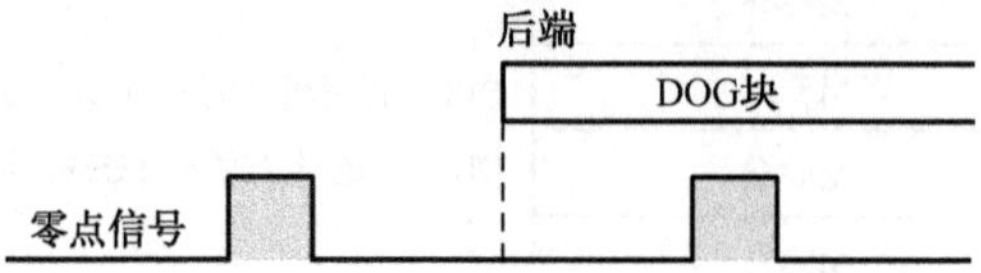

图 10-36　零点信号调整

3）旋转方向脉冲输出口 D2

D2 为旋转方向脉冲输出口，在不使用高速输出特殊适配器时，对 D2 的选择没有规定。输出口的状态和旋转方向的关系见表 10-23，在指令执行过程中不要对旋转方向输出口状态进行改变。

表 10-23　DSZR 指令输出状态与旋转方向的关系

脉冲输出端口状态	相对应旋转方向
ON	正转（输出脉冲使当前值增加）
OFF	反转（输出脉冲使当前值减小）

当使用高速脉冲特殊适配器时脉冲旋转方向输出口则有一定规定。脉冲输出 Y0～Y3 所对应的旋转方向输出口为 Y4～Y7。

4）原点回归方向

和 ZRN 指令一样，DSZR 指令也有一个原点位置在正转方向上还是在反转方向上的问题。ZRN 指令是通过程序设计来解决正转方向上原点回归转向问题的，而 DSZR 指令则是通过设置原点回归方向标志位来解决的，见表 10-24。

表 10-24　DSZR 原点回归方向标志位及方向选择

脉冲输出端口	原点回归方向标志位	内　容
Y0	M8342	在正转（前进）方向上原点回归为 ON 在反转（后退）方向上原点回归为 OFF
Y1	M8352	
Y2	M8362	
Y3	M8372	

例如，对脉冲输出端口 Y0 所代表的定位控制系统，如果其原点位置在正转方向上，则应置 M8342 为 ON。

5）关于清零信号

清零信号的作用已在上面做了介绍，对 FX_{3U} 来说，清零信号的输出与否是由清零信号输出标志位的状态所决定的（DSZR/ZRN 指令同），仅当清零信号标志位为 ON 时才会有清零信号输出。脉冲输出所对应的清零信号标志位编号见表 10-25。

表 10-25　DSZR 指令清零信号标志位

脉冲输出端口	清零信号标志位	内　容
Y0	M8341	ON：输出清零信号 OFF：不输出清零信号
Y1	M8351	
Y2	M8361	
Y3	M8371	

在清零信号标志位为 ON 的情况下，清零信号脉冲输出口又有不同：一种是固定脉冲输出口；另一种是由内存软元件的值指定脉冲输出口。这两种输出口的指定又由输出口指定标志位的状态决定。

（1）输出口指定标志位为 OFF，固定端口输出模式。

在这种模式下，清零信号脉冲输出端口是固定的端口，其与脉冲输出端口有相对应的关系，见表 10-26。

表 10-26　DSZR 指令清零信号固定端口输出模式

清零信号标志位	输出口指定标志位	脉冲输出端口	清零信号输出端口
M8341=ON	M8464=OFF	Y0	Y4
M8351=ON	M8465=OFF	Y1	Y5
M8361=ON	M8466=OFF	Y2	Y6
M8371=ON	M8467=OFF	Y3	Y7

（2）输出口指定标志位为 ON，指定端口输出模式。

在这种模式下清零信号的输出端口是被指定的，其相应的地址被事先用程序存入到清零信号输出端口存储地址中。端口地址用十六进制数存入存储地址中。例如，指定 Y0 的清零信号输出端口为 Y12，则先要用 MOV 指令将 H0012 存入到 D8464 中。程序设计如图 10-37 所示。如输入不存在输出口地址值，如 H0008、H0009、H0018 等，则出现运算错误。

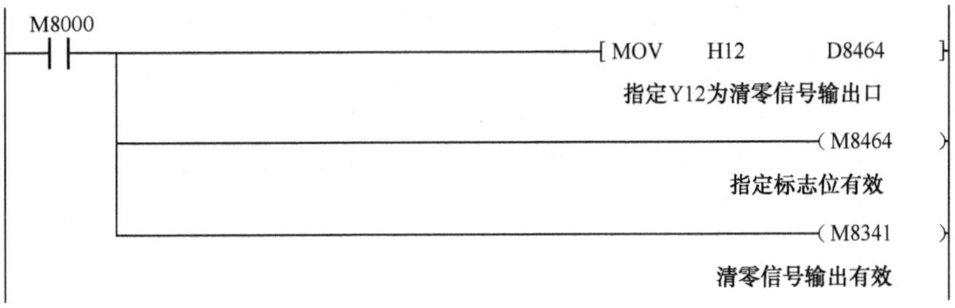

图 10-37　DSZR 指令指定端口输出模式程序

指定端口输出模式，其相应清零信号输出端口存储地址见表 10-27。

表 10-27　DSZR 指令清零信号指定端口输出模式

清零信号标志位	输出口指定标志位	脉冲输出端口	清零信号输出端口存储地址
M8341=ON	M8464=ON	Y0	D8464
M8351=ON	M8465=ON	Y1	D8465
M8361=ON	M8466=ON	Y2	D8466
M8371=ON	M8467=ON	Y3	D8467

4. 指令初始化操作

DSZR 指令初始化操作（以脉冲输出口 Y0 位为例）见表 10-28。

表 10-28　DSZR 指令初始化操作（以 Y0 为例）

内容含义	原点回归速度（Hz）	最高速度（Hz）	基底速度（Hz）	爬行速度（Hz）	加速时间（ms）
地　址	D8346（低位） D8347（高位）	D8343（低位） D8344（高位）	D8342	D8345	D8348
出厂值	50 000	100 000	0	1000	100
内容含义	减速时间（ms）	清零输出口指定存储	清零信号有效标志位	原点回归方向标志位	正转极限标志位
地　址	D8349	D8464	M8341	M8342	M8343
出厂值	100	—	OFF	OFF	OFF
内容含义	反转极限标志位	近点信号逻辑标志位	零点信号逻辑标志位	脉冲输出停止标志位	清零指定有效标志位
地　址	M8344	M8345	M8346	M8349	M8464
出厂值	OFF	OFF	OFF	OFF	OFF

10.3.3　相对位置控制指令 DRVI

相对位置控制指令 DRVI 和绝对位置控制指令 DRVA 是目标位置设定方式不同的单速定位指令。其运行模式在 10.1.2 节定位控制分析中已介绍，这里不再赘述。

不论 DRVI 还是 DRVA 指令，都必须要回答位置控制时的三个问题：一是位置移动的方向（电机转动方向）；二是电机旋转的速度；三是位置移动的距离。在学习定位控制指令时，就从这三个方面进行理解。

1. 指令格式

FNC 158：【D】DRVI　　　　程序步：9/17

DRVI 指令可用软元件如表 10-29 所示。

表 10-29　DRVI 指令可用软元件

操作数种类	位软元件							字软元件												其他				
	系统/用户							位数指定				系统/用户				特殊模块	变址			常数		实数	字符串	指针
	X	Y	M	T	C	S	D□.b	KnX	KnY	KnM	KnS	T	C	D	R	U□\G□	V	Z	修饰	K	H	E	"□"	P
(S1·)								●	●	●	●	●	●	●	▲	▲	●	●	●	●	●			
(S2·)								●	●	●	●	●	●	●	▲	▲	●	●	●	●	●			
(D1·)		▲																	●					
(D2·)		▲	●			●	▲												●					

梯形图如图 10-38 所示。

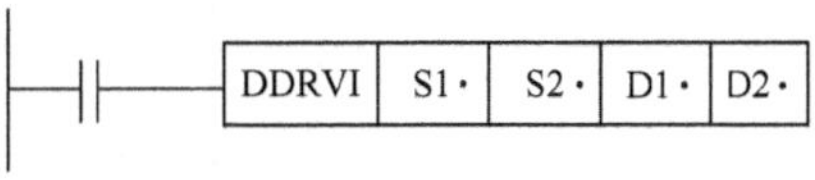

图 10-38　DRVI 指令梯形图

DRVI 指令操作数内容与取值如表 10-30 所示。

表 10-30　DRVI 指令操作数内容与取值

操作数种类	内　容	数 据 类 型
(S1·)	指定输出脉冲数（相对地址）	BIN16/32 位
(S2·)	指定输出脉冲频率	
(D1·)	指定输出脉冲的输出编号	位
(D2·)	指定旋转方向信号的输出对象编号	

解读：当驱动条件成立时，指令通过 D1 所指定的输出口发出定位脉冲，定位脉冲的频率（电机转速）由 S2 所表示的值确定；定位脉冲的个数（相对位置的移动量）由 S1 所表示的值确定，并且根据 S1 的正、负确定位置移动方向（电机的转向）。如果 S1 为正，表示向绝对位置大的方向（电机正转）移动，如果 S1 为负，则向相反方向移动。移动方向由 D2 所指定的输出口向驱动器发出，正转 ON，反转 OFF。

2. 指令执行功能

DRVI 是相对位置定位指令，其运行目标是相对于当前位置而言的，其运行时序如图 10-39 所示。

1）位置移动的速度 S2

S2 为脉冲输出频率，32 位时为 10～100 000Hz。

2）位置移动的距离 S1

S1 为输出脉冲的个数，它决定了相对于当前位置的移动距离。同样的输出脉冲个数，当前位置不同时，其最后停止的位置是不同的。因此，DRVI 指令不能确定停止位置的绝对位置值。但当前位置寄存器里的数据会随输出脉冲个数的增加或减小，永远记录当前位置的绝对位置值。

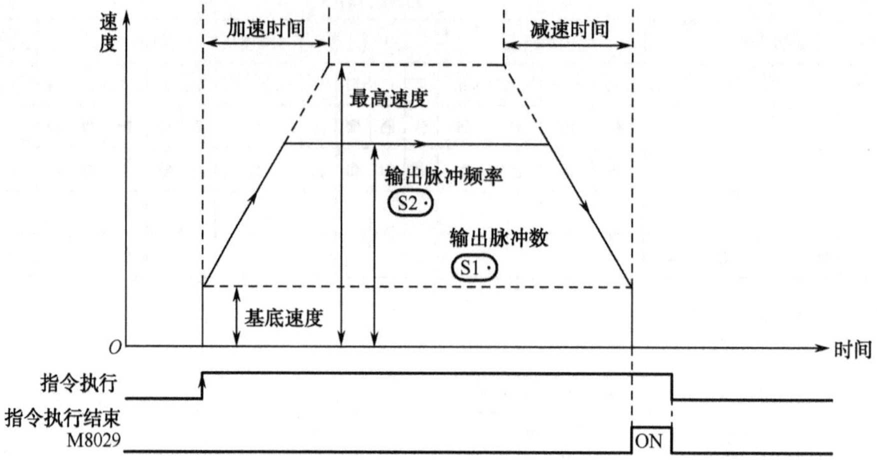

图 10-39　DRVI 指令运行时序

3）位置移动的方向 D2

位置移动的方向由 S1 的符号决定，当 S1 为正值时，为正转方向（使当前值增加），当 S1 为负值时，为反转方向（使当前值减小）。控制电动机旋转方向的脉冲由 D2 口输出，并规定正转时 D2=ON，反转时 D2=OFF。方向的控制是由指令自动完成的，S1 的符号发生改变，D2 的输出方向立即随之改变，不需要在程序中控制。

现举例加以说明。

【例 2】　试说明指令 DDRVI　K5000　K10000　Y0　Y4 执行的含义。

这是一条相对位置控制指令，分析如下：

S1=K5000 表示电动机正转移动 5000 个脉冲当量的位移。S2=K10000 表示电动机转速为 10kHz。D1=Y0 表示脉冲由 Y0 输出。D2=Y4 表示由 Y4 口向驱动器输出电动机转向信号，电动机正转，Y4=ON。

【例 3】　编写相对位置控制指令，控制要求如下。

（1）电动机以 20 000Hz 转速向绝对位置为 K2000 处移动，电动机当前位置为 K5000 处。

（2）脉冲输出端口为 Y0，方向输出端口为 Y5。

分析：电动机定位位置为 K2000，小于当前位置 K5000，实际相对移动为 K3000，故 S1 为 K-3000。

编写指令为，DDRVI　K-3000　K20000　Y0　Y5

3. 指令应用

1）FX_{1S}/FX_{1N} PLC 运行速度限制

对 FX_{1S}/FX_{1N} PLC 来说，指令对运行速度（脉冲输出频率）有如下限制：最低速度≤【S2】<最高速度。最低速度（最低输出频率）由下式决定：

$$最低输出频率 = \sqrt{最高速率 \div (2 \times (加/减速时间 \div 1000))}$$

由上式可知，最低输出频率仅与最高频率和加/减速时间有关。例如，最高频率为 50 000Hz，加/减速时间为 100ms，则可计算出最低输出频率为 500Hz。

在实际应用中，如果 S2 的设定小于 500Hz（S2=300Hz），则电动机按最低输出频率 500Hz 运行。

电动机在加速初期和减速最终部分的实际输出频率也不能低于最低输出频率。

2）指令的驱动和执行

指令驱动后，如果驱动条件为 OFF，将减速停止，但完成标志位 M8029 并不动作（不为 ON），脉冲输出中监控标志位仍为 ON 时，不接受指令的再次驱动。

指令驱动后，如果在没有完成相对目标位置时就停止驱动，将减速停止，但再次驱动时，指令不会延续上次的运行，而是默认停止位置为当前位置，执行指令。因此，需要临时停止后延续留下行程的控制时，不能使用相对定位指令。

如果在指令执行中改变指令的操作内容，则这种改变不能更改当前的运行，只能在下一次执行时才生效。

执行 DRVI 指令时如果检测到正/反转限位开关则减速停止，并使异常结束标志位为 ON，结束指令的执行。

指令在执行过程中，输出的脉冲数以增量的方式存入当前值寄存器。正转时当前值寄存器数值增加，反转时则减少，所以相对位置控制指令又叫增量式驱动指令。

4. 指令初始化操作

指令初始化操作见表 10-31。

表 10-31　DRVI 指令初始化操作

内 容 含 义	FX_{1S}、FX_{1N}（Y0）	FX_{3U}（Y0）	出 厂 值
最高速度（Hz）	D8146（低位） D8147（高位）	D8343（低位） D8344（高位）	100 000
基底速度（Hz）	D8145	D8342	0
加/减速时间（ms）	D8148	D8348	100
加/减速时间（ms）		D8349	100
正转极限标志位	—	M8343	OFF
反转极限标志位	—	M8344	OFF
脉冲输出停止标志位	M8145	M8349	OFF

10.3.4　绝对位置控制指令 DRVA

1. 指令格式

FUN 159：【D】DRVA　　　　程序步：9/17

DRVA 指令可用软元件如表 10-32 所示。

表 10-32　DRVA 指令可用软元件

操作数种类	位软元件							字软元件												其他				
	系统/用户							位数指定				系统/用户				特殊模块	变址			常数		实数	字符串	指针
	X	Y	M	T	C	S	D□.b	KnX	KnY	KnM	KnS	T	C	D	R	U□\G□	V	Z	修饰	K	H	E	"□"	P
S1·								●	●	●	●	●	●	●	▲	▲	●	●	●	●	●			
S2·								●	●	●	●	●	●	●	▲	▲	●	●	●	●	●			
D1·		▲																	●					
D2·		▲	●			●	▲												●					

梯形图如图 10-40 所示。

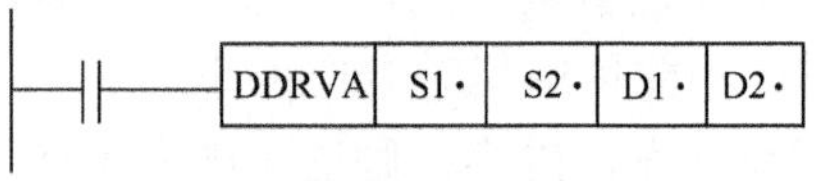

图 10-40　DRVA 指令梯形图

DRVA 指令操作数内容与取值如表 10-33 所示。

表 10-33　DRVA 指令操作数内容与取值

操作数种类	内　　容	数 据 类 型
S1·	指定输出脉冲数（绝对地址）	BIN16/32 位
S2·	指定输出脉冲频率	
D1·	指定输出脉冲的输出编号	位
D2·	指定旋转方向信号的输出对象编号	

解读：当驱动条件成立时，指令通过 D1 所指定的输出口发出定位脉冲，定位脉冲的频率（电机转速）由 S2 所表示的值决定；S1 表示目标位置的绝对位置脉冲量（以原点为参考点）。电机的转向信号由 D2 所指定的输出口向驱动器发出，当 S1 大于当前位置值时，D2 为 ON，电机正转；反之，当 S1 小于当前位置值时，D2 为 OFF，电机反转。

2. 指令执行功能

DRVA 指令是绝对位置定位指令，其运行目标地址是相对于原点位置而言的。其指令时序如图 10-41 所示。

1）位置移动的速度 S2

S2 为脉冲输出频率，32 位时为 10～100 000Hz。

2）位置移动的距离 S1

S1 为指令定位目标的绝对位置脉冲数量表示，其含义是指令的目标位置是距离原点位置为 S1 个脉冲当量的地方。

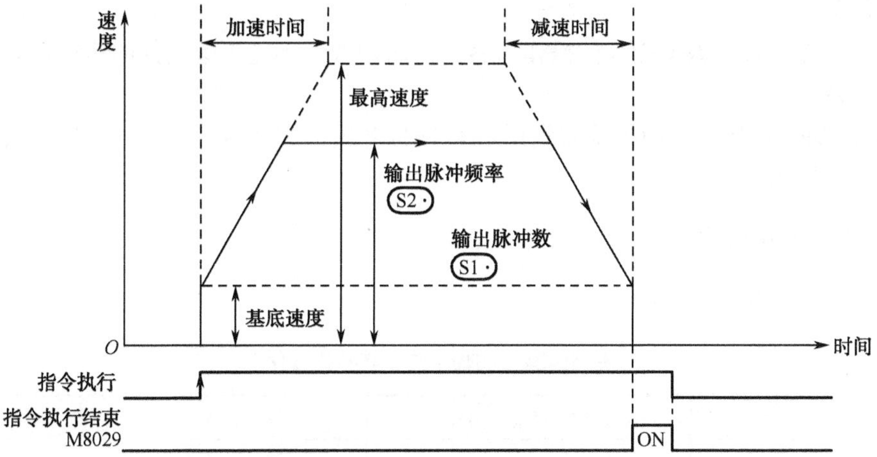

图 10-41　DRVA 指令运行时序

定位指令 DRVI 和 DRVA 都可以用来进行定位控制，其不同点在于 DRVI 是用相对于当前位置的移动量来表示目标位置的，而 DRVA 是用相对于原点的绝对位置值来表示目标位置的。

3）位置移动的方向 D2

由于目标位置的表示方法不同，因此它们的差异在于确定转向的方法也不同，DRVI 指令是通过输出脉冲数量的正/负来决定转向的，而 DRVA 指令的输出脉冲数量永远为正值，电动机的转向则是通过与当前值比较后确定的。也就是说，应用 DRVI 指令时，必须在指令中说明转向，而应用 DRVA 指令时，则无须关心其转向的确定，只关心目标位置的绝对数值，但不管是 DRVI 指令还是 DRVA 指令，一旦参数确定，D2 的方向信号都是指令自动完成的，不需要在程序中另行考虑。

D2 的方向是由 S1 所指定的脉冲数与当前值寄存器的值进行比较确定的，如果脉冲数大于当前值，则为正转 D2=ON，如果脉冲数小于当前值，则为反转 D2=OFF。

现举例加以说明。

【例 4】　试说明指令 DDRVA　K25000　K10000　Y0　Y4 执行含义。

这是一条绝对位置控制指令，分析如下：

S1=K25000，表示电动机移动到绝对位置 K25000 处，电动机转速为 10 000Hz，定位脉冲由 Y0 口输出，电动机的转向信号由 Y4 口输出。如果当前位置值小于 K25000，Y4 口输出为 ON，电动机正转到 K25000 处；如果当前位置值大于 K25000，Y4 口输出为 OFF，则电动机反转到 K25000 处，电动机的转向无须编制程序，由指令自动完成。

3. 指令应用

指令驱动后，如果驱动条件为 OFF，则将减速停止，但完成标志位 M8029 并不动作（不为 ON），而脉冲输出中监控标志位仍为 ON 时，不接受指令的再次驱动。

和 DRVI 指令不同的是，DRVA 指令是目标位置的绝对地址值，如果在运行暂停后重新驱动，只要不改变 S1 的值，它会延续前面的行程朝目标位置运行，直到完成目标位置的定位为止。所以如果定位控制需要在运行中间进行多次停止和再驱动，应用 DRVA 指令则可以完成控制任务。

如果在指令执行中改变指令的操作内容，则这种改变不能更改当前的运行，只能在下一次执行时生效。

在执行 DRVA 指令时如果检测到正/反转限位开关，则减速停止，并使异常结束标志位为 ON，结束指令的执行。

4．指令初始化操作

指令初始化操作见表 10-34。

表 10-34　DRVA 指令初始化操作

内容含义	FX_{1S}、FX_{1N}（Y0）	FX_{3U}（Y0）	出厂值
最高速度（Hz）	D8146（低位） D8147（高位）	D8343（低位） D8344（高位）	100 000
基底速度（Hz）	D8145	D8342	0
加/减速时间（ms）	D8148	D8348	100
加/减速时间（ms）		D8349	100
正转极限标志位	—	M8343	OFF
反转极限标志位	—	M8344	OFF
脉冲输出停止标志位	M8145	M8349	OFF

10.3.5　绝对位置数据读取指令 ABS

1．指令格式

FUN 155:【D】ABS　　　　程序步：13

ABS 指令可用软元件如表 10-35 所示。

表 10-35　ABS 指令可用软元件

操作数种类	位软元件							字软元件												其他				
	系统/用户							位数指定				系统/用户				特殊模块	变址			常数		实数	字符串	指针
	X	Y	M	T	C	S	D□.b	KnX	KnY	KnM	KnS	T	C	D	R	U□\G□	V	Z	修饰	K	H	E	"□"	P
S·	●	●	●			●	▲												●					
D1·		▲	●			●	▲												●					
D2·									●	●	●	●	●	●	▲	▲		●	●					

梯形图如图 10-42 所示。

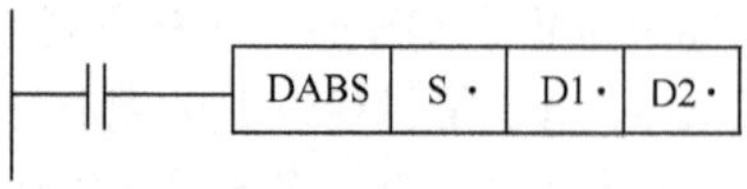

图 10-42　ABS 指令梯形图

ABS 指令操作数内容与取值如表 10-36。

表 10-36　ABS 指令操作数内容与取值

操作数种类	内　容	数据类型
(S·)	指定将来自伺服放大器的绝对值（ABS）数据用的输出信号输入进来的软元件起始编号。占用以 (S·) 开头的 3 点	位
(D1·)	指定要将自伺服放大器绝对值（ABS）数据用的输出信号输出的软元件起始编号。占用以 (D1·) 开头的 3 点	位
(D2·)	指定保存绝对值（ABS）数据（32 位值）的软元件编号	BIN32 位

解读：当驱动条件成立时，将在伺服驱动器中保存的绝对位置数据通过输入、输出控制信号以通信方式传送到 PLC 的存储地址 D 中。

2. 指令应用

1）ABS 数据读取方式分析和指令应用说明

ABS 指伺服定位控制中的绝对编码器位置数据，即伺服控制中运动所在的位置数据，它被保存在当前值寄存器中。什么叫 ABS 数据读取呢？就是当系统发生停电和故障时，运动会停在当前位置，而 PLC 中当前值寄存器已被清零，在再次通电后希望能把运动当前绝对位置数据重新送回 PLC 的当前值存储器中，而取消所必需的回原点操作。

绝对编码器所发出的是一组二进制数的编码信号（纯二进制码或格雷码等）。因此，只要记下编码器的运转圈数（对零脉冲信号计数）和当前编码值，就可以知道其绝对位置数据，而利用增量编码器也可以记录绝对位置数据，所要记下的是编码器的圈数和相对于零脉冲的增量脉冲数。这种方式又称作伪绝对编码器。在目前的定位控制中，三菱电机的伺服电动机带有的都是增量编码器，因而采用的绝对位置数据读取就是这种伪绝对式编码器方式。关于编码器及伪绝对式编码器的知识参见第 1 章编码器。

ABS 数据在伺服驱动器通电后应立即被传送到 PLC 的当前值寄存器中，这种传送是通过通信方式进行的，三菱 FX 系列 PLC 是通过绝对位置读取指令来完成 ABS 数据读取通信过程的。

ABS 数据的读取是在伺服驱动器与 PLC 之间进行的，而通信方式的读取是通过一系列 ON/OFF 控制信号的时序完成的。ABS 指令必须对上述读取过程提出一定的外部设备连接和 ABS 指令应用要求，因此 ABS 指令实际上是一种应用宏指令。只有在符合 ABS 指令的应用条件下才能通过指令完成 ABS 数据的读取功能。

那么什么是 ABS 指令的应用条件呢？

（1）ABS 指令是针对三菱 MR-H、MR-J2 和 MR-J3 等型号的伺服驱动器开发的，因此也仅适用上述型号的伺服驱动器。

（2）所应用的伺服电动机必须带有伪绝对式增量式编码器。

（3）ABS 数据是通过内置电池保存在编码器计数器中的。因此，驱动器必须配置相应的电池选件。如果没有电池选件，则编码器不能构成伪编码器方式，也不能保存 ABS 数据。

（4）按照有关驱动器的连接要求，对 PLC 与驱动器之间的输入/输出控制信号线进行正确连接。

(5) 按照 ABS 数据传送要求，设置驱动器的相关参数为使用绝对位置系统。

(6) 编写 ABS 数据读取程序。

综上所述，ABS 指令的应用涉及伺服驱动器的硬件、软件知识，由于篇幅限制，关于 ABS 指令应用对驱动器的要求这里不做进一步阐述。读者可参见伺服驱动器的使用手册和其他相关资料。

2）伺服驱动器与 PLC 的连接

ABS 指令的地址 S 和 D1 所占用的输入三点和输出三点是和伺服驱动器的 I/O 点相连的，现列举 FX_{3U}-32MT 和 MR-J3-A 型伺服驱动器的接线进行说明，其接线如图 10-43 所示。

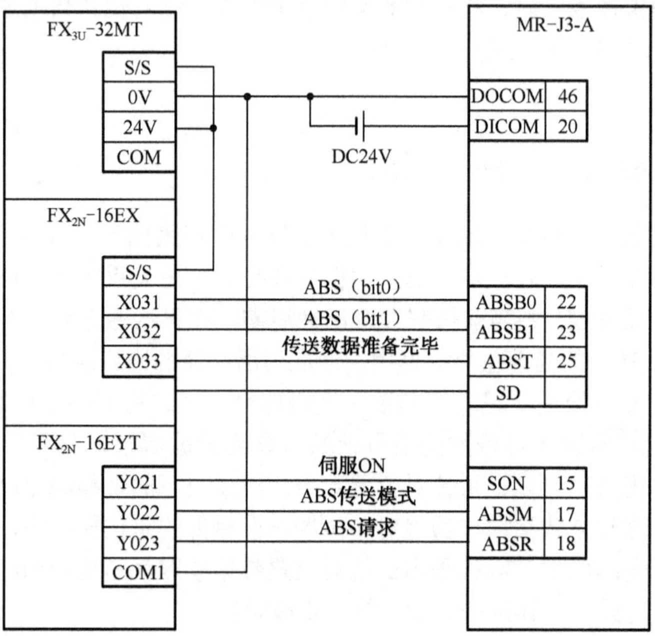

图 10-43　ABS 接线示例

3）ABS 指令绝对位置数据读取程序

典型的 ABS 指令读取程序（以 Y0 口为例）如图 10-44 所示。

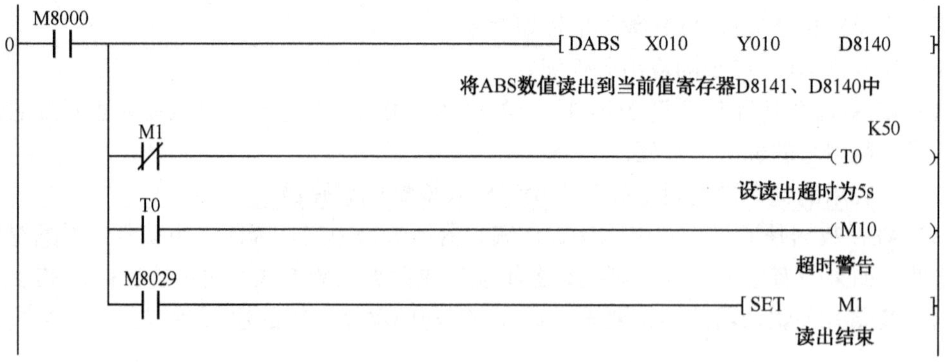

图 10-44　ABS 指令绝对位置数据读取程序

由于 PLC 向伺服驱动器读取 ABS 数据，因此在两者的通电顺序上，驱动器要优先于 PLC 上电，至少要同时上电，设计电源电路时要注意这一点。

当 PLC 直接与驱动器相连时，指令的读取存储地址为当前值寄存器，但如果 PLC 通过 1PG、10PG 与驱动器相连时，则应先将 ABS 数据读到某个数据寄存器中（如 D101、D100），再通过特殊模块写指令 TO 将 ABS 数据送到 1PG 或 10PG 相应的当前值缓冲存储器中。

由于 PLC 与伺服放大器的通信发生问题时不能作为错误被检测，所以程序中设计了超时判断通信是否正常的程序。当 ABS 数据读取完毕后执行完成标志位 M8029 置 ON。

3. 指令应用注意

（1）在读取过程中，驱动条件为 OFF 时，读取操作将被中断。读取完毕后驱动仍然要保持为 ON，如果读取完毕后驱动置于 OFF，则伺服信号（SON）由 ON 变为 OFF，伺服将不工作。

（2）本指令为 32 位指令，应用时请务必输入 DABS。

（3）虽然可以通过 ABS 指令读出 ABS 数值（包括 0 在内），但在设备初始运行时也要进行一次原点回归操作，并对伺服电动机给出清零信号，以保证绝对编码器的零信号与实际原点一致。

10.3.6　中断定长定位指令 DVIT

1. 指令格式

FNC 151：【D】DVIT　　　　程序步：9/17

DVIT 指令可用软元件如表 10-37 所示。

表 10-37　DVIT 指令可用软元件

操作数种类	位软元件							字软元件												其他				
	系统/用户							位数指定				系统/用户				特殊模块	变址			常数		实数	字符串	指针
	X	Y	M	T	C	S	D□.b	KnX	KnY	KnM	KnS	T	C	D	R	U□\G□	V	Z	修饰	K	H	E	"□"	P
S1·								●	●	●	●	●	●	●	●	●			●	●	●			
S2·								●	●	●	●	●	●	●	●	●			●	●	●			
D1·		▲																	●					
D2·		▲	●			●	▲												●					

梯形图如图 10-45 所示。

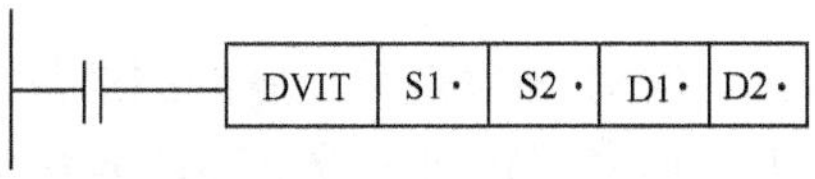

图 10-45　DVIT 指令格式

DVIT 指令操作数内容与取值如表 10-38 所示。

表 10-38 DVIT 指令操作数内容与取值

操作数种类	内　容	数据类型
S1·	指定中断后的输出脉冲数（相对地址）	BIN16/32 位
S2·	指定输出脉冲频率	
D1·	指定输出脉冲的输出编号	位
D2·	指定旋转方向信号的输出对象编号	

解读：当驱动条件成立时，指令通过 D1 口发出脉冲频率为 S2 的定位脉冲，在未接到外部中断输入信号时，定位脉冲持续进行，直到收到外部中断输入信号后输出 S1 所指定的脉冲数然后停止。

2. 指令执行功能和动作

关于中断定长定位控制模式的分析见 10.1.2 节定位控制运行模式分析，其执行时序如图 10-46 所示。

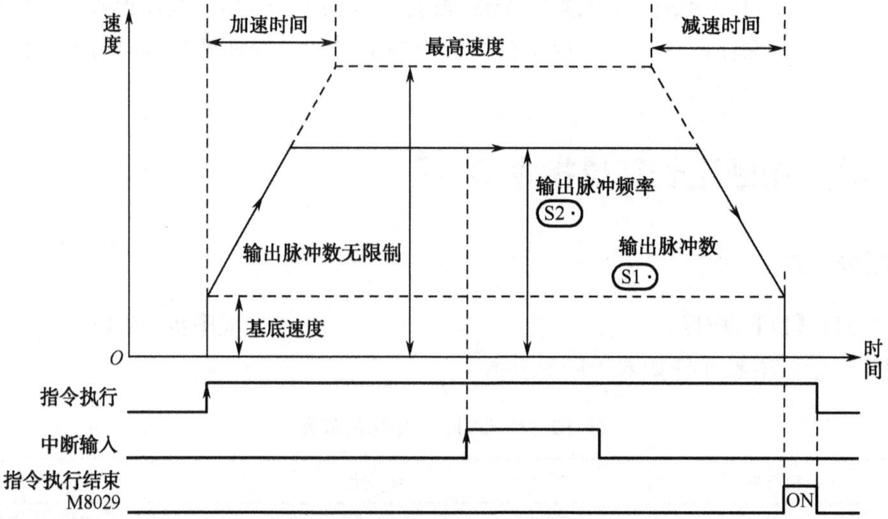

图 10-46 DVIT 指令执行时序

3. 指令应用

1）位置移动的速度 S2

S2 为脉冲输出频率，32 位时为 10～100 000Hz。

2）位置移动的距离 S1

DVIT 是中断输出定位指令，其 S1 虽然是输出脉冲的个数，但并不是指令执行期间的目标位置值。驱动条件成立后，D1 口立即输出定位脉冲，但其输出的脉冲个数不受限制，直到产生中断信号输入后输出脉冲的个数在达到 S1 所表示的值后停止脉冲输出，故称为中断定位。也就是说，中断后运行的位移是由 S1 所决定的。

3）位置移动的方向 D2

产生中断信号后其运行方向则由 S1 的正负决定。如果 S1 为正值，则为正转方向 D2=ON，如果 S1 为负值，则为反转方向 D2=OFF。这一点和相对定位指令 DRVI 一样。可见，DVIT 指令实际上是一个中断相对定位指令，其目标位置是相对于产生中断信号时的位置，S2 为相对位移量。

4）中断信号源的选择

DVIT 指令产生中断信号的信号源分为指定的和可选的两种情况。这两种情况是由特殊继电器 M8336 的状态所决定的。

（1）M8336=OFF，指定中断输入信号源。在这种情况下，脉冲输出口的中断信号源是指定的，见表 10-39。例如，对脉冲输出口 Y0 来说，仅当 X0=ON 时才执行指令的中断脉冲输出。

表 10-39　DVIT 指令指定中断信号源

脉冲输出端口	指定中断信号源
Y0	X0
Y1	X1
Y2	X2
Y3	X3

（2）M8336=ON，用户选择中断输入信号源。在这种情况下，可由用户自行选择中断源。选择的范围是 X0～X7 和特殊辅助继电器 M8460～M8463。用户选择哪一个是由特殊数据寄存器 D8336 的内容所决定的。用户在应用 DVIT 指令前必须将相关选择数据用 MOV 指令送入 D8336 中。

D8336 的数据由 4 位十六进制数组成，每一个十六进制数表示一个输入口的中断信号源，如图 10-47 所示。

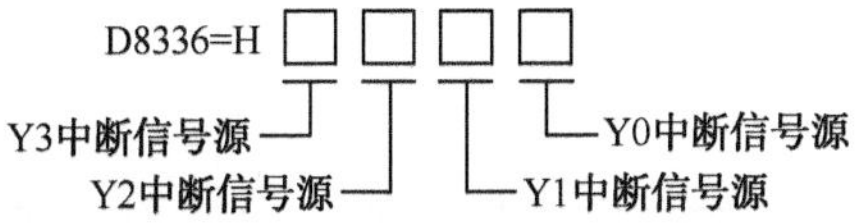

图 10-47　DVIT 指令 D8336 设定

用户选择中断信号源时必须根据表 10-40 的规定进行。

表 10-40　DVIT 指令 D8336 自选中断信号源设定

设　定　值	指定中断信号源
1	X0
2	X1
⋮	⋮
7	X7

续表

<table>
<tr><th>设 定 值</th><th>指定中断信号源</th></tr>
<tr><td>8</td><td><table><tr><th>脉冲输出口</th><th>信 号 源</th></tr><tr><td>Y0</td><td>M8460</td></tr><tr><td>Y1</td><td>M8461</td></tr><tr><td>Y2</td><td>M8462</td></tr><tr><td>Y3</td><td>M8463</td></tr></table></td></tr>
<tr><td>9～E</td><td>错误指定</td></tr>
<tr><td>F</td><td>未使用脉冲输出口</td></tr>
</table>

设定值为 0～7 时，选择相应的 X0～X7 为中断信号源。

设定值为 8 时，选择表中特殊辅助继电器为信号源。

设定值为 F 时，表示该脉冲输出口未被指令 DVIT 使用。

设定值为 9～E 不能被设定。一旦设定发生运算错误，指令不执行。

下面举例说明。

【例 5】 试说明 D8336=HFF84 执行的含义。

D8336=HFF84 的执行含义是：Y0 的中断源为 X4，Y1 的中断源为特殊继电器 M8461，Y2、Y3 在 DVIT 指令中没有使用。

【例 6】 试按表 10-41 要求设计 DVIT 指令用中断源设定程序。

表 10-41　DVIT 指令自选中断信号源设定

脉冲输出端口	指定中断信号源	设 定 值
Y0	X0	0
Y1	不使用	F
Y2	M8462	8
Y3	不使用	F

程序如图 10-48 所示。

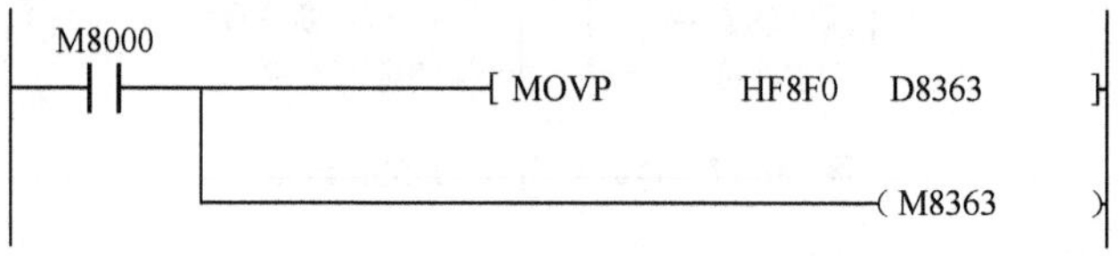

图 10-48　DVIT 指令自选中断信号源设定程序

4. 对中断信号发生时间的处理

DVIT 指令的中断信号是随机的，在不同情况下其处理方式会有所不同。图 10-49 表示了在 *a*、*b*、*c* 三处可能发生的情况。

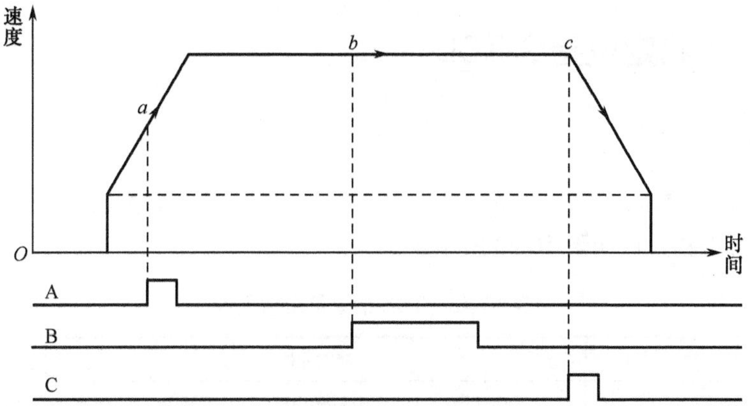

图 10-49　DVIT 指令中断信号发生时间示意图

1）在加速过程发生中断（图中 *a* 处）

这时，如果输出脉冲数 S1≥（加速所需脉冲数+减速所需脉冲数），则按正常进行“加速—匀速—减速”过程，完成输出脉冲数停止。如果 S1<（加速脉冲数+减速所需脉冲数），则直接进行“加速—减速”过程完成输出脉冲数停止。

2）在运行中发生中断（图中 *b* 处）

这是 DVIT 指令正常执行时的中断，如上所述。

3）位置移动的距离 S1 以减速频率动作（图中 *c* 处）

如果 S2 所指定的脉冲数比减速所需脉冲数还要少，则根据指定的脉冲数以可以减速的频率马上进行减速运行。

5. 指令初始化操作

DVIT 指令初始化操作见表 10-42。

表 10-42　DVIT 指令初始化操作（以 Y0 为例）

内容含义	最高速度（Hz）	基底速度（Hz）	加速时间（ms）	减速时间（ms）	中断源设定
地　址	D8343（低位） D8344（高位）	D8342	D8348	D8349	D8336
出厂值	100 000	0	100	100	—
内容含义	正转极限标志位	反转极限标志位	中断源选择标志位	脉冲输出停止标志位	用户中断源
地　址	M8343	M8344	M8336	M8349	M8460
出厂值	OFF	OFF	OFF	OFF	OFF

10.3.7 表格定位指令 TBL

1. 指令格式

FNC 152:【D】TBL　　　　　　　　　　　　　　　　　程序步：17

TBL 指令可用软元件如表 10-43 所示。

表 10-43　TBL 指令可用软元件

操作数种类	位软元件							字软元件												其他				
	系统/用户							位数指定				系统/用户				特殊模块	变址			常数		实数	字符串	指针
	X	Y	M	T	C	S	D□.b	KnX	KnY	KnM	KnS	T	C	D	R	U□\G□	V	Z	修饰	K	H	E	"□"	P
(D)		▲																						
n																				●	●			

梯形图如图 10-50 所示。

DTBL	D	n

图 10-50　TBL 指令格式

TBL 指令操作数内容与取值如表 10-44 所示。

表 10-44　TBL 指令操作数内容与取值

操作数种类	内　容	数据类型
(D)	指定输出脉冲的输出编号	位
n	执行的表格编号［1～100］	BIN32 位

解读：当驱动条件成立时，由指令所指定的脉冲输出口输出脉冲按预先设定好的定位表格中编号为 n 的定位控制指令进行定位控制操作。

2. 指令的执行和应用

表格定位运行模式在 1.5 节中已经做了介绍，这里不再赘述。

下面通过一个简单的例子来说明表格定位指令的应用过程与执行功能。图 10-51 为一个定位控制要求运行图，它共有两段定位控制运动，先从原点（0 处）运行到绝对位置值为 3000 处，然后再返回到绝对位置为 1200 处。

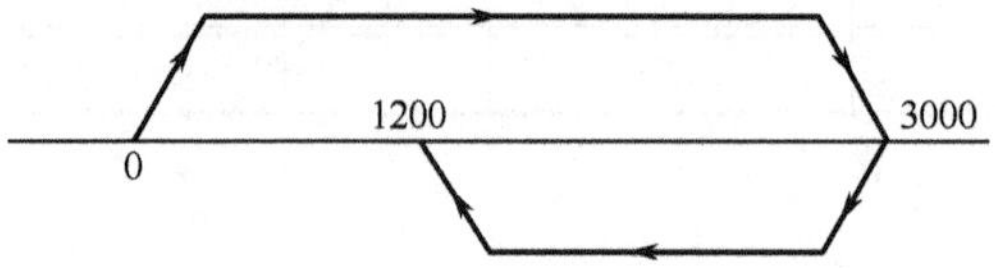

图 10-51　一个定位控制要求运行图

如果用定位控制指令做，则用二次绝对位置定位指令 DRVA 来完成，而在表格定位指令中，先把这两个绝对位置定位指令分别编制在一张表格中，这张表格有 100 行，表示可以编制 100 个不同的定位控制指令，完成 100 个不同的定位控制运动。

表格定位控制指令的应用和子程序调用十分相似。在定位控制程序中，应用表格定位控制指令调用表格中的某一行（实际上是调用该行所编制的定位控制指令）就可完成相应的定位控制运动。例如，DTAB Y0 K1 表示调用表 Y0 的第 1 行所编制的定位控制指令完成相应的定位控制运行。DTAB Y1 K5 表示调用表 Y1 的第 5 行所编制的定位控制指令完成相应的定位控制运动等。

FX_{3U} 最多可以有 4 个脉冲输出口，针对每个脉冲输出口都有一张定位表格，每一张定位表格都有 100 行，表示最多可输入 100 种不同运动的定位控制指令。

表格定位控制可以输入的指令仅限 PLSV、DVIT、DRVI 和 DRVA 四种。输入时，不但要输入指令的助记符，还需输入相应的脉冲频率、脉冲数目，而所在的表格表示脉冲输出口。

定位表格将随同 PLC 程序一起写入 PLC 中，而在表格中定位指令的参数（脉冲频率、脉冲数）均可通过程序、触摸屏和显示模块进行修改，十分方便。

表格定位控制特别适合于多轴、多种运行方式和随时对操作参数进行修改的场合。

表格定位指令在执行前必须要对各种速度参数进行初始化设定，同时还要在编程软件中编制定位表格，然后才能在程序中运行表格定位指令，完成定位控制功能。

3. 表格定位的设定操作

表格定位指令中的初始化参数设定和定位表格的编制是在编程软件 GX Developer 中进行的，编程软件的版本必须在 ver.8.23Z 以上。

1）初始化参数设定

初始化参数是指定位控制中必须用到的一些速度和时间参数。具体指 4 个定位指令所用到的初始化操作。它们是最高速度、基底速度、爬行速度、原点回归速度、加速时间、减速时间和 DVIT 指令中的中断输入信号设定。

打开编程软件 GX 后，必须在“创建新工程”对话框中设“PLC 类型”为“$FX_{3U(C)}$”。

单击左边“工程”栏内的“参数”，如图 10-52 所示。

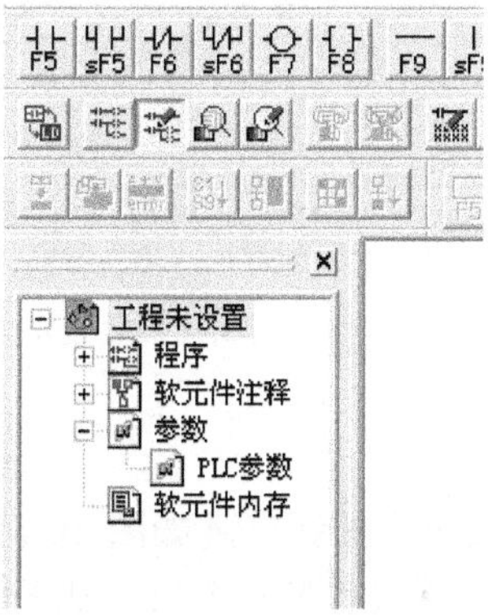

图 10-52 “工程”栏内“参数”

双击“PLC 参数”出现如图 10-53 所示对话框，勾选“定位设置（18 块）”，单击右上角“定位设置”，出现如图 10-54 所示的初始化参数设定。图中，Y0、Y1、Y2、Y3 指 FX_{3U} 的 4 个脉冲输出口，每个脉冲输出口都可以设定一套初始化参数，表中显示的值为出厂值，可直接在设定范围里对初始化参数进行修改。设定完毕后在定位表格中各定位指令的初始化参数均按此设定执行。

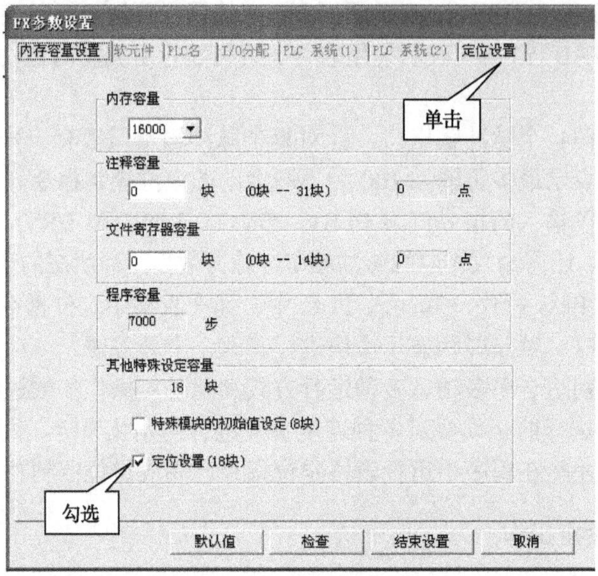

图 10-53 “FX 参数设置”对话框

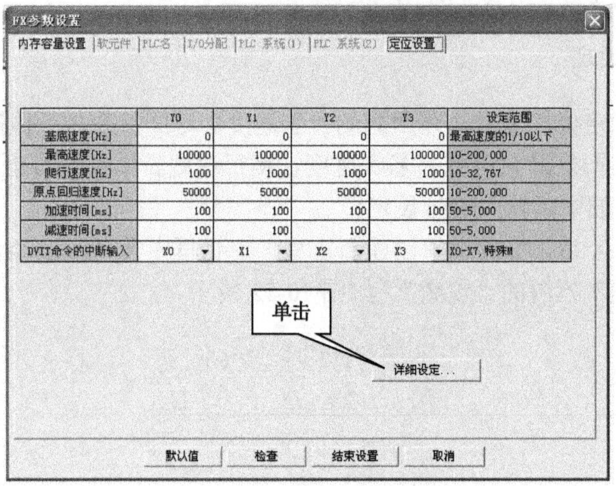

图 10-54 初始化参数设定

2）定位表格编制

在图 10-54 中，单击“详细设定”按钮出现如图 10-55 所示的定位表格。表格最上方的 Y0、Y1、Y2、Y3 为脉冲输出口，单击其中一个口，则下面所有表格内容均为该脉冲输出口服务。

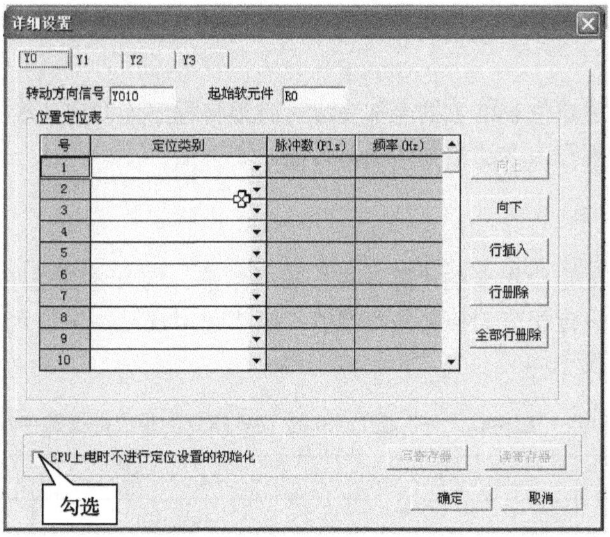

图 10-55 “定位表格”对话框

表格中每一个设定项目的详细设定内容、设定范围及出厂值见表 10-45。

表 10-45　定位表格设定项目说明

<table>
<tr><th>设定项目</th><th>设定内容</th><th>设定范围</th><th>出厂值</th></tr>
<tr><td>转动方向信号</td><td>与脉冲输出配合的旋转方向信号输出地址</td><td>Y0～Y357，M0～M7679，S0～S4095</td><td><table><tr><th>脉　冲</th><th>转动方向</th></tr><tr><td>Y0</td><td>Y4</td></tr><tr><td>Y1</td><td>Y5</td></tr><tr><td>Y2</td><td>Y6</td></tr><tr><td>Y3</td><td>Y7</td></tr></table></td></tr>
<tr><td>起始软元件</td><td>保存定位指令中脉冲数及脉冲频率存储首址</td><td>D0～D6400，R0～R31168</td><td>R0</td></tr>
<tr><td>序号</td><td>表格编号</td><td>1～100</td><td>—</td></tr>
<tr><td>定位类别</td><td>DDVIT、DPLSV、DDRVI、DDRVA</td><td>仅这四种定位指令可用</td><td>—</td></tr>
<tr><td>脉冲数</td><td>定位指令中输出脉冲数</td><td>—</td><td>—</td></tr>
<tr><td>频率</td><td>定位指令中输出脉冲频率</td><td>—</td><td>—</td></tr>
<tr><td>CPU 上电时不进行定位设置的初始化</td><td>如果选中，那么在 PLC 上电时定位设定内容不被传送。当“脉冲数”和“频率”进行修改后，在再次上电时仍然希望使用修改后的数据时，请勾选。同时，请在起始软元件中设定停电保持用软元件</td><td>—</td><td>—</td></tr>
<tr><td>写寄存器</td><td>将定位表格中“脉冲数”和“频率”写入 PLC 的起始软元件中开始的 1600 点软元件中</td><td rowspan="2">仅在勾选“CPU 上电时不进行定位设置初始化”时有效</td><td>—</td></tr>
<tr><td>读寄存器</td><td>从 PLC 中当前正在使用的脉冲输出口的定位表格中的“脉冲数”和“频率”读取到表中</td><td>—</td></tr>
</table>

3）数据写入

当用户程序及上述定位表格数据全部完成后必须将程序连同定位表格数据一起写入 PLC 中。写入的方法与常规写入方法相同，不再阐述。

4）设定参数的修改

定位表格中设定的定位指令的“脉冲数”和“频率”均可通过程序或触摸屏进行修改。修改实际上就是重新设定相应的数据寄存器值。当“起始软元件”设为 R0 时 TAB 指令的相应数据寄存器编号见表 10-46。

表 10-46 “起始软元件”设为 R0 时 TAB 指令的相应数据寄存器编号

脉冲输出口	编　号	脉 冲 数	频　率
Y0	1	R1，R0	R3，R2
	2	R5，R4	R7，R6
	3	R9，R8	R11，R10
	⋮	⋮	⋮
	100	R397，R396	R399，R398
Y1	1	R401，R400	R403，R402
	2	R405，R404	R407，R406
	3	R409，R408	R411，R410
	⋮	⋮	⋮
	100	R797，R796	R799，R798
Y2	1	R801，R800	R803，R802
	2	R805，R804	R807，R806
	3	R809，R808	R811，R810
	⋮	⋮	⋮
	100	R1197，R1196	R1199，R1198
Y3	1	R1201，R1200	R1203，R1202
	2	R1205，R1204	R1207，R1208
	3	R1209，R1208	R1211，R1210
	⋮	⋮	⋮
	100	R1597，R1596	R1599，R1598

注意：当在定位指令中应用 DPLSV 指令时，其设定值存放在“脉冲数”存储单元中，而其相应的“频率”存储单元的值为 K0。

如果用触摸屏修改“脉冲数”和“频率”，并且想断电后仍然保存，可在图 10-55 中勾选“CPU 上电时不进行定位设置的初始化”。触摸屏修改数据后必须在定位参数中调出“详细设定”对话框，然后单击“读寄存器”。当“读寄存器”执行完毕后，修改完的数据便出现在表格中，这时再一次保存参数到 PLC 中即可。

10.4　定位控制举例

10.4.1　步进电机定位控制举例

步进电机和伺服电机是目前最常用的两种定位控制执行器。步进电机是一种将电脉冲信号转换成相应的角位移和线位移的控制电机。给步进电机的定子绕组输入一个电脉冲信号，转子就转过一个角度（步距角）或前进一步。若连续输入脉冲信号，则转子就一步一步地转过一个一个角度，故称为步进电机。只要了解步距角的大小和实际走的步数，根据其初始位置，便可知道步进电机的最终位置，因此，步进电机广泛地用于定位系统中。

一般情况下，PLC 是通过步进电机驱动器去控制步进电机的运行的。步进电机驱动器是一个集功率放大、脉冲分配和步进细分为一体的电子装置。它把 PLC 发出的脉冲信号转化为步进电机的角位移。这时 PLC 只管发出脉冲，通过控制脉冲的频率对步进电机进行精确调速，通过方向信号对步进电机进行换向。而且，三菱 FX 系列 PLC 的脉冲输出指令 PLSY、PLSR 和定位指令 DRVI、DRVA 均可使用，这对步进电机的定位控制程序编制带来了很大的方便。

现举例说明步进电机 PLSY 指令定位控制程序编制。

【例 7】 如图 10-56 所示为一定长切断控制系统示意图，线材由驱动轮驱动前进，当前进设定定长时，用切刀进行切断。其控制参数及控制要求如下。

（1）驱动轮由步进电动机同轴带动，驱动轮周长为 64mm，步进电动机的步距角为 0.9°，驱动细分数 m=16。

（2）切断长度为 0～99mm，由外接两位数字开关设定输入。

（3）启动后到达设定长度时，电动机停止转动。给出 1s 时间控制切刀切断线材。1s 后，电动机重新启动。如此反复，直到按下停止按钮停止系统工作为止。

（4）为调整和维修用，单独设置脱机信号，保证步进电动机转子处于自由状态。

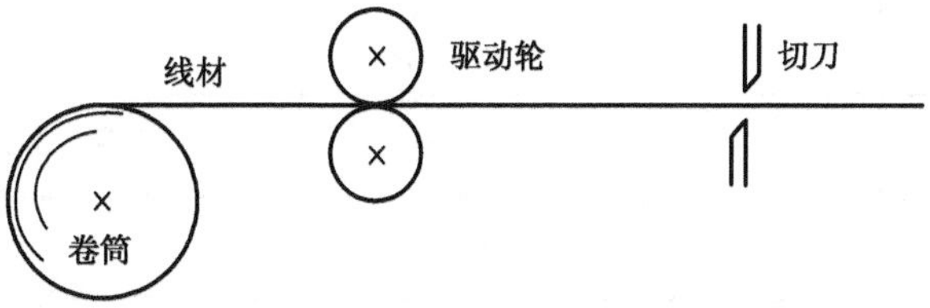

图 10-56　定长切断控制系统示意图

分析：如图 10-56 所示系统及相应参数可计算出系统的脉冲当量δ为：

$$\delta=\frac{L}{P}=\frac{L\theta}{360^\circ m}=\frac{64\times0.9^\circ}{360^\circ\times16}=0.01\text{（mm/PLS）}$$

如果数字开关输入为 S，则设定长度 S 所需脉冲数为：

$$PLS = \frac{S}{\delta} = \frac{S}{0.01} = 100S$$

定位控制系统对切断速度（条/分）并没有具体要求，所以设定脉冲频率为 1000Hz。

I/O 地址分配见表 10-47。

表 10-47　I/O 地址分配表

输　入		输　出	
地　址	功　能	地　址	功　能
X0～X7	数字开关输入端口	Y0	输出脉冲
X10	启动	Y2	方向控制
X11	停止	Y3	脱机
X12	脱机	Y4	切刀
X13	提刀	Y5	运行中

控制系统硬件接线如图 10-57 所示，程序梯形图如图 10-58 所示。

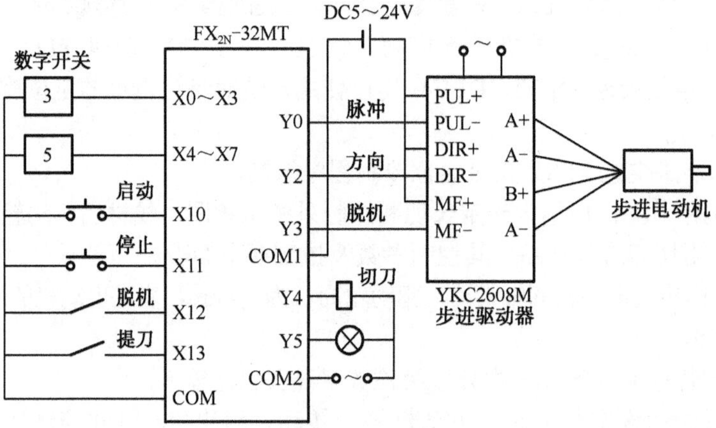

图 10-57　控制系统硬件接线图

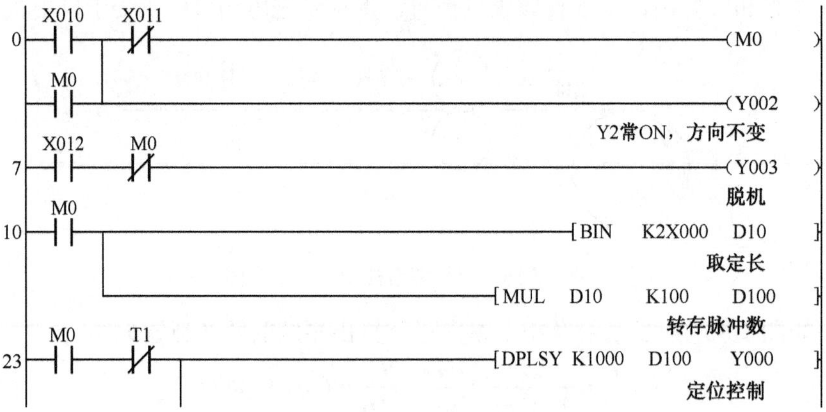

图 10-58　例 7 程序梯形图

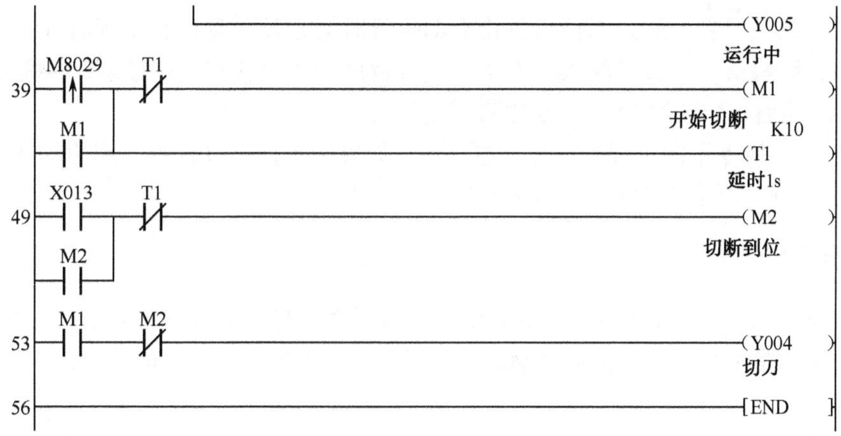

图 10-58　例 7 程序梯形图（续）

10.4.2　定位控制指令程序样例

定位控制有单轴（一个电机）和多轴（多个电机）之分，从控制角度来看，多轴不过是多个单轴的联合动作。因此，弄清楚定位指令在单轴运动的作用是定位控制程序编制的基础。下面仅就单轴定位控制中的一些问题进行讨论。

1．M8029 在程序中的应用

1）功能与时序

M8029 是指令执行完成标志特殊继电器，其功能是当指令执行完成后，M8029 为 ON，其时序如图 10-59 所示。从图中可以看出，M8029 仅在指令执行完成后的一个扫描周期里接通。

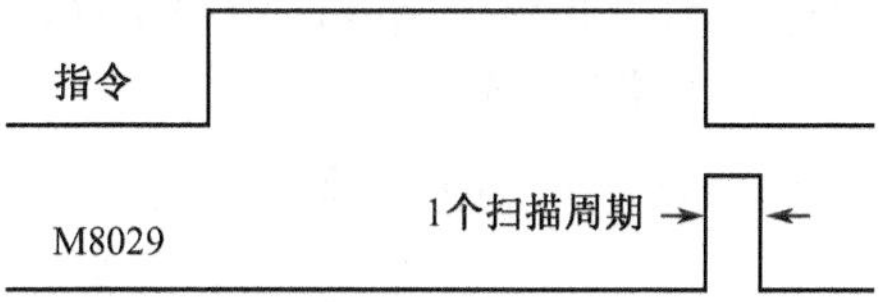

图 10-59　M8029 时序图

M8029 并不是所有功能指令的执行完成后标志，而仅是表 10-48 所示指令的执行完成标志。

表 10-48　特殊继电器 M8029 适用指令

指 令 分 类	适 用 指 令
数据处理	MTR，SORT
外部 I/O 设备	HKY，DSW，SEGL
方便	INCD，RAMP
脉冲输出	PLSY，PLSR
定位	ZRN，DRVI，DRVA，ABS

综观这些指令，它们的共同特点是指令的执行时间较长，且带有执行时间的不确定性。如果想要知道这些指令什么时候执行完毕，或者程序中某些数据处理或驱动要等指令执行完毕才能继续，这时，M8029 就可以发挥其作用了。

M8029 仅在指令正常执行完成后才置 ON，如果指令执行过程中，因驱动条件断开而停止执行，则 M8029 不会置 ON，应用中必须注意这点。

2）在程序中的位置

由于 M8029 是多个指令的执行完成标志，当程序中有多个指令需要使用 M8029 时，每一个指令的标志是不相同的，因此，M8029 在程序中的位置就比较重要，试看下面图 10-60 的梯形图程序。

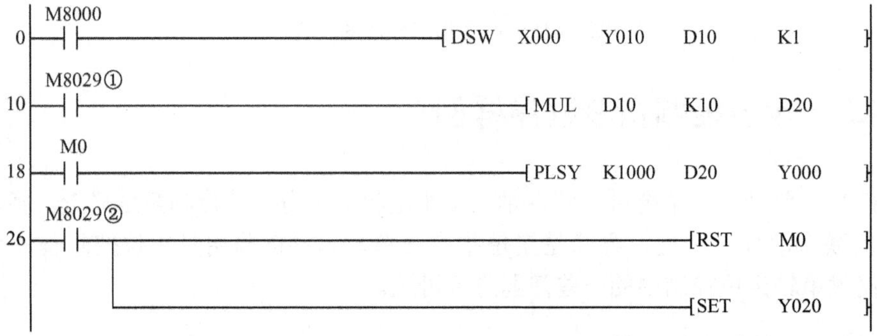
M8000
0
DSW X000 Y010 D10 K1
M8029①
10
MUL D10 K10 D20
M0
18
PLSY K1000 D20 Y000
M8029②
26
RST M0
SET Y020

图 10-60　M8029 错误位置程序梯形图

图 10-60 中，程序编制者的本意是 DSW 指令执行后，进行乘法运算，然后执行完指令 PLSY 后，输出 Y020。但实际运行时，DSW 指令执行完成后两个 M8029 指令同时置 ON，Y020 已经有输出，这是错误一。第一个 M8029 作为 MUL 的驱动条件，MUL 指令可以在一个扫描周期里完成，但如果为脉冲输出和定位指令的驱动条件，由于这些指令不可能在一个扫描周期内完成，程序运行就会发生错误，这是错误二。

正确的程序如图 10-61 所示，也可如图 10-62 所示。

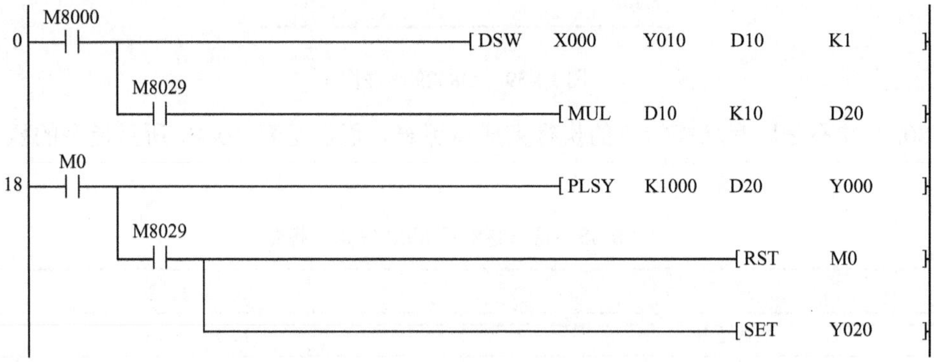
M8000
0
DSW X000 Y010 D10 K1
M8029
MUL D10 K10 D20
M0
18
PLSY K1000 D20 Y000
M8029
RST M0
SET Y020

图 10-61　M8029 正确位置程序梯形图一

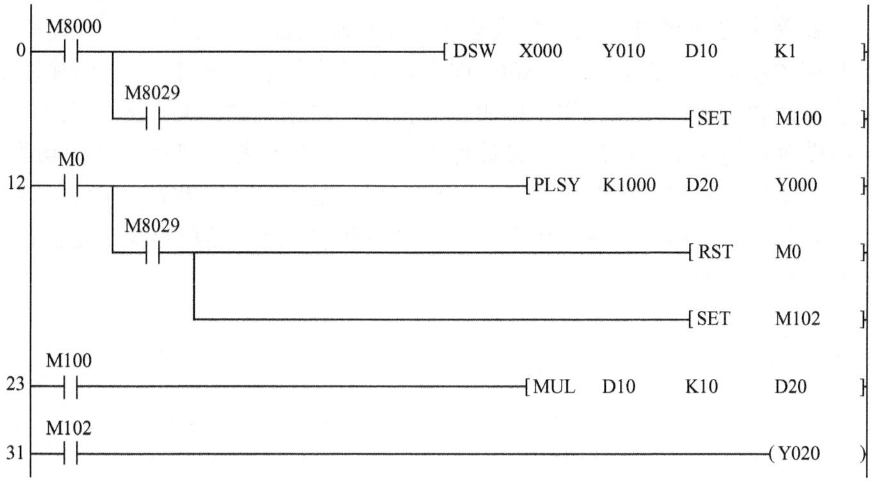
M8000
0
DSW X000 Y010 D10 K1
M8029
SET M100
M0
12
PLSY K1000 D20 Y000
M8029
RST M0
SET M102
M100
23
MUL D10 K10 D20
M102
31
Y020

图 10-62　M8029 正确位置程序梯形图二

在程序编制中，M8029 的正确位置就是紧随其指令的正下方。这样，M8029 标志位随各自的指令而置 ON。

M8029 在程序中的作用是在一个指令执行完成后可以用 M8029 来启动下一个指令，完成一个驱动输出和进行必要的数据运算。

2．定位控制指令程序样例

在单轴的定位控制中，不管运动多么复杂，总是由一段一段的运动所衔接而成的，类似于步进指令 SFC 程序，对每一段运动，可以用一条指令来完成。单轴的定位控制就是由一个一个的定位指令控制程序和完成其他控制要求的程序组合而成。在讲解定位控制样例时，不考虑控制系统的其他要求，单就定位指令的应用进行讨论。

图 10-63 为定位指令的典型应用程序，每一个定位指令后的 M8029 先复位本指令驱动条件，再驱动下一条定位指令。

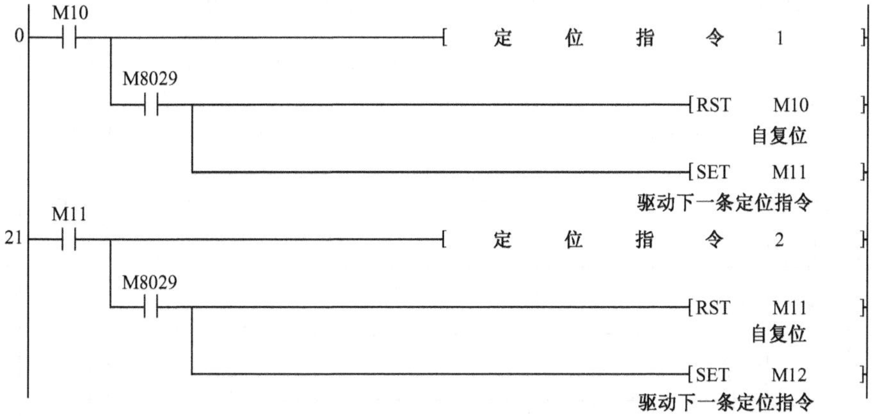
M10
0
定 位 指 令 1
M8029
RST M10
自复位
SET M11
驱动下一条定位指令
M11
21
定 位 指 令 2
M8029
RST M11
自复位
SET M12
驱动下一条定位指令

图 10-63　定位控制指令程序梯形图样例一

在定位控制中，也经常采用步进指令 SFC 程序设计方法，这时，每一个状态执行一条定位指令，当状态发生转移时，上一个状态元件是自动复位的。因此，可直接利用 M8029 进行下一个状态的激活。但是，由于 SFC 程序，在进行状态转换时，有一个扫描周期是两种状态都处于激活状态的，这就发生了同时驱动两条定位指令的错误。为避免这种情况，可利用 PLC 扫描数据集中刷新的特点，设计程序使下一条定位指令延迟一个扫描周期驱动，程序如图 10-64 所示。状态转移期间，S21 和 S22 都会激活，M31 也同时接通，但是其相应触点要等到状态转移扫描周期结束后到下一个扫描周期才接通，这就避免了定位指令 2 与定位指令 1 同时驱动的情况。

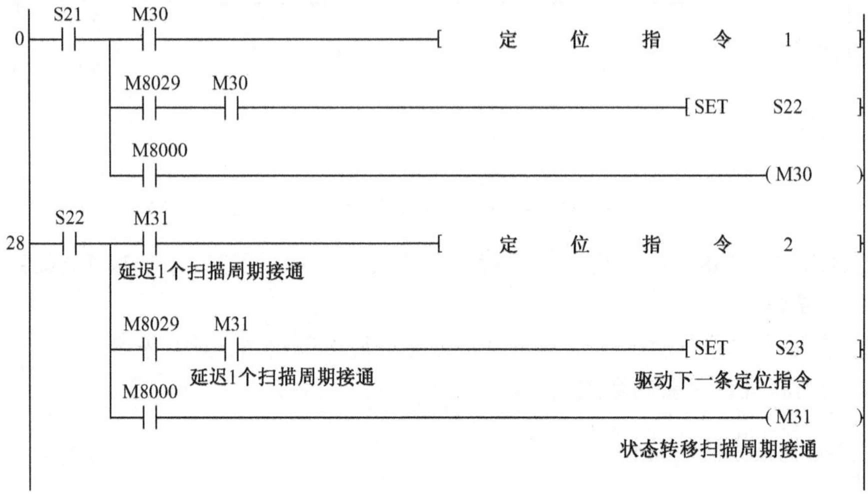
S21
M30
0
定 位 指 令 1
M8029
M30
SET S22
M8000
M30
S22
M31
28
定 位 指 令 2
延迟1个扫描周期接通
M8029
M31
SET S23
延迟1个扫描周期接通
驱动下一条定位指令
M8000
M31
状态转移扫描周期接通

图 10-64 定位控制指令程序梯形图样例二

10.4.3 伺服电机定位控制

【例 8】 图 10-65 为利用定位指令编制的工作台循环往复运动的定位控制程序梯形图。程序中，X10 为启动按钮，X11 为停止按钮，X12 为急停按钮。

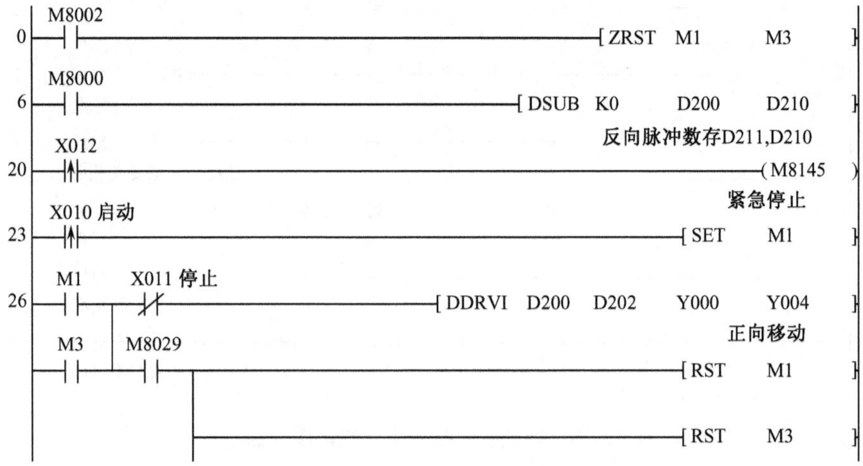
M8002
0
ZRST M1 M3
M8000
6
DSUB K0 D200 D210
反向脉冲数存D211,D210
X012
20
M8145
紧急停止
X010 启动
23
SET M1
M1
X011 停止
26
DDRVI D200 D202 Y000 Y004
正向移动
M3
M8029
RST M1
RST M3

图 10-65 例 8 往复运动定位控制程序梯形图

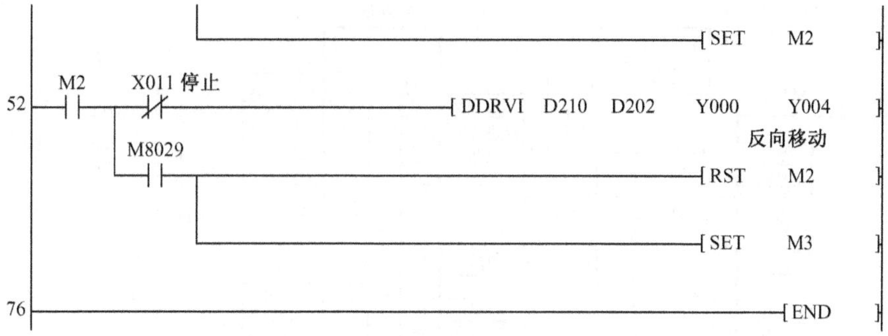

图 10-65　例 8 往复运动定位控制程序梯形图（续）

最后，举一个定位控制实例。

【例 9】　图 10-66 为一个定位运行控制示意图，要求编制能单独进行原点回归、点动正转、点动反转、正转定位和反转定位控制的程序。

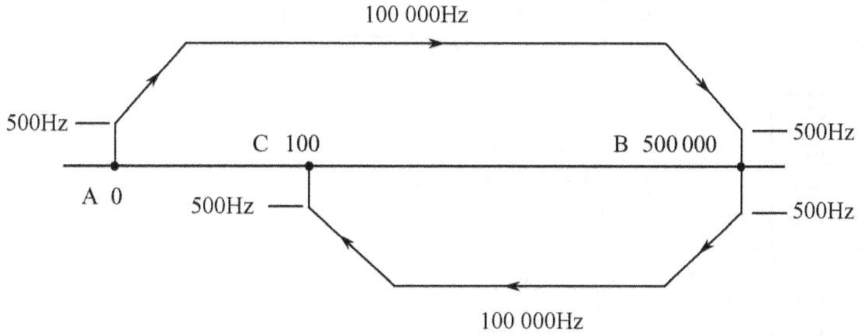

图 10-66　例 9 定位运行控制示意图

1）控制要求

（1）正转定位和反转定位使用绝对位置定位指令编写。

（2）输出频率为 100kHz，加减速时间为 100ms。

（3）为了安全起见，不仅在可编程控制器侧，而且在伺服放大器侧也请设计正转限位和反转限位的限位开关，如图 10-67 所示。请使可编程控制器侧的限位开关比伺服放大器侧的限位开关先开始动作。

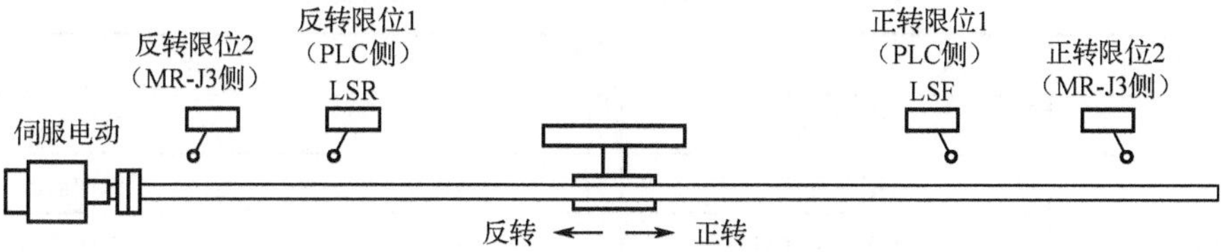

图 10-67　例 9 定位运行控制限位开关设置

2）电路连接与 I/O 地址分配

PLC 与伺服驱动器的连接如图 10-68 所示，图中仅画出 PLC 与伺服驱动器之间的相关连接。PLC 的其余部分接线和伺服驱动器的其余部分接线均未画出。同时，伺服驱动器还必须进行参数设置，这里不再进行介绍，读者自行参考其他相关资料。

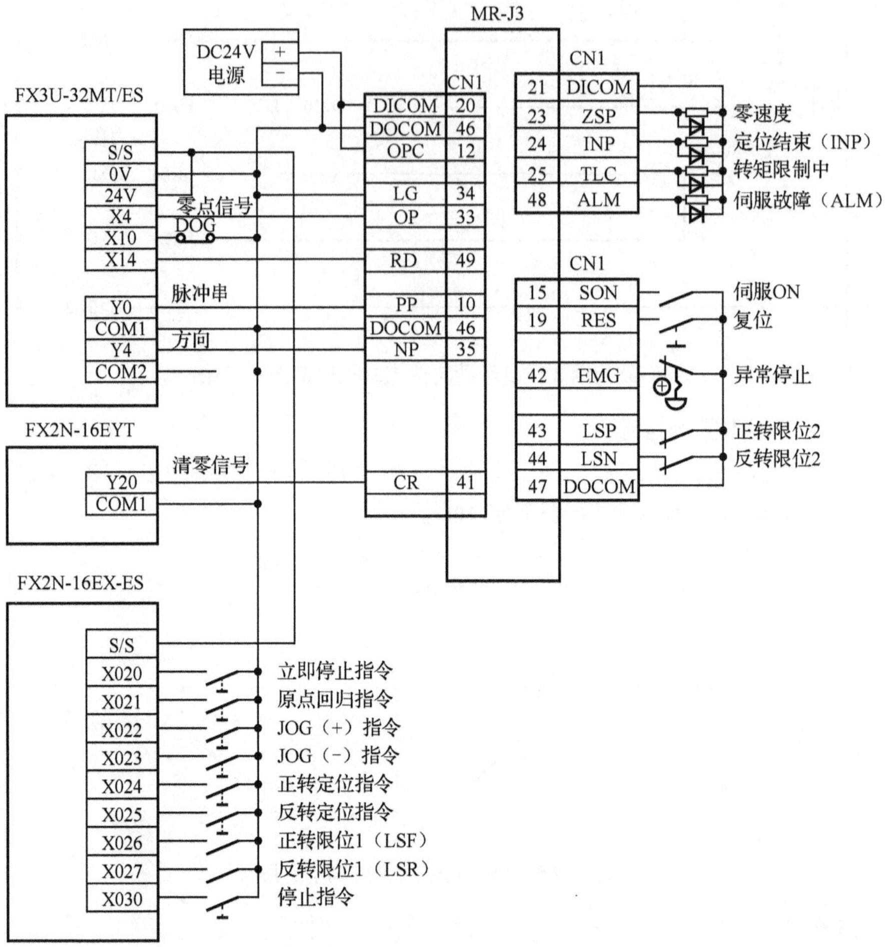

图 10-68　例 9 定位控制 PLC 与伺服驱动器接线图

由图 10-68 可以看出，输入口信号除 X10 为近点信号供原点回归外，其余输入信号均为按钮操作，也就是说各个定位控制操作均是独立的。

定位运行控制 I/O 地址分配如表 10-49 所示。

表 10-49　例 9 定位运行控制 I/O 地址分配表

输　入		输　出	
地　址	功　能	地　址	功　能
X4	零点信号	Y0	脉冲输出
X10	近点信号（DOG）	Y4	方向控制
X14	伺服准备好	Y20	清零信号
X20	立即停止		
X21	原点回归		
X22	手动（JOG）正转		
X23	手动（JOG）反转		

续表

输　入		输　出	
地　址	功　能	地　址	功　能
X24	正转		
X25	反转		
X26	正转限位		
X27	反转限位		
X30	停止		

3）程序梯形图与说明

图 10-69 为 FX_{3U} PLC 的程序梯形图，它采用的是普通顺控程序梯形图。程序中涉及的有关 FX_{3U} PLC 定位控制的特殊辅助继电器和特殊数据寄存器详见 10.1.5 节所述。

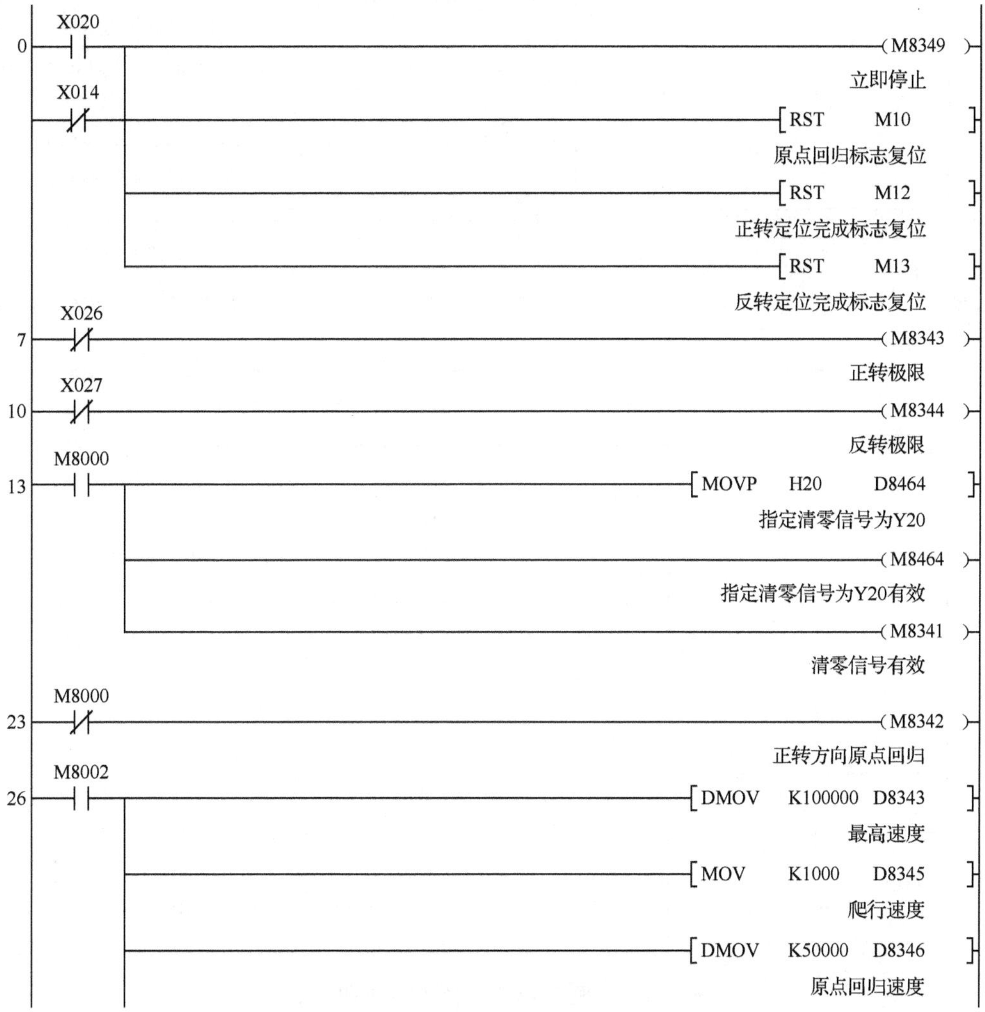

图 10-69　例 9 定位控制程序梯形图

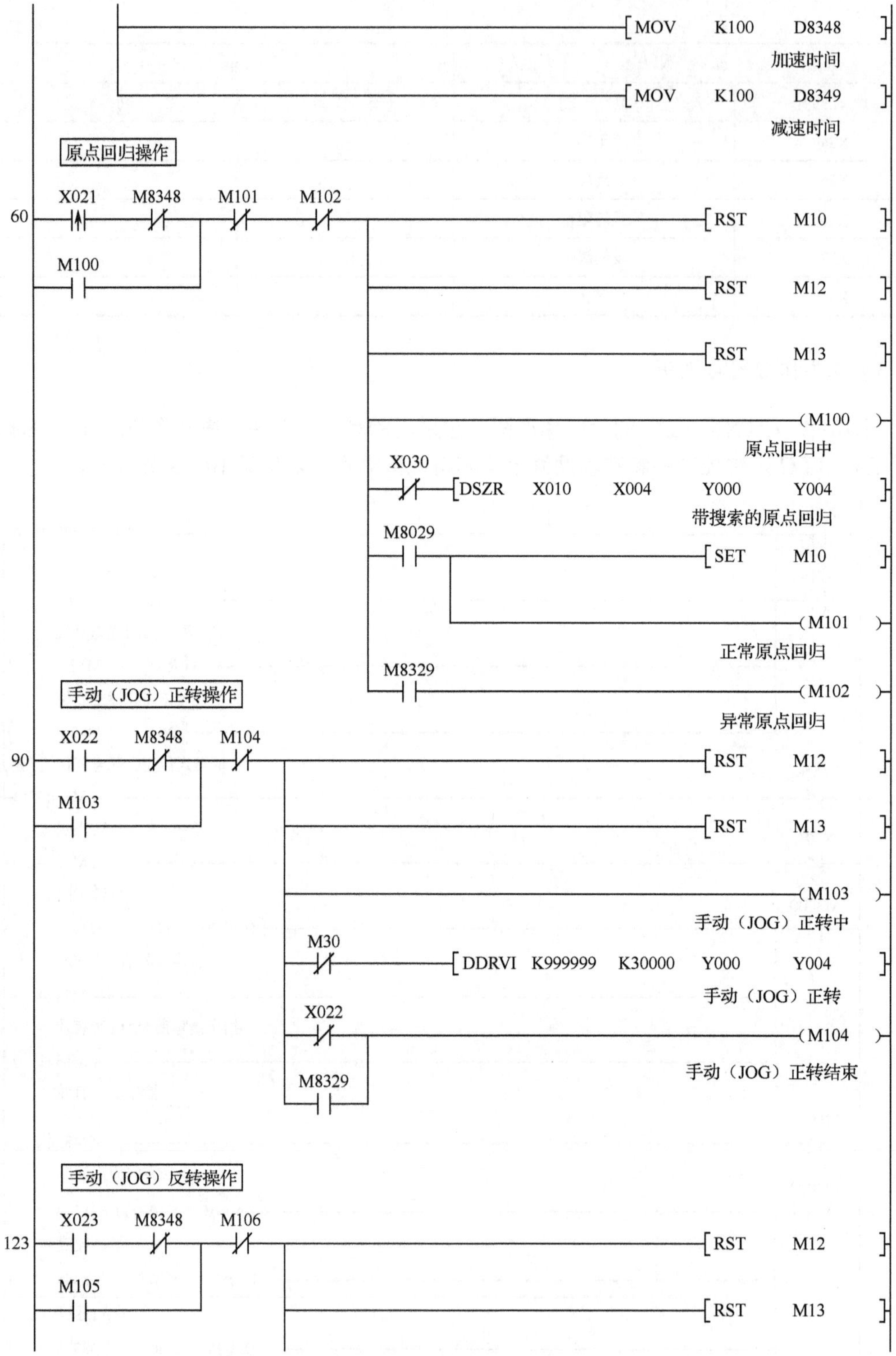

图 10-69　例 9 定位控制程序梯形图（续）

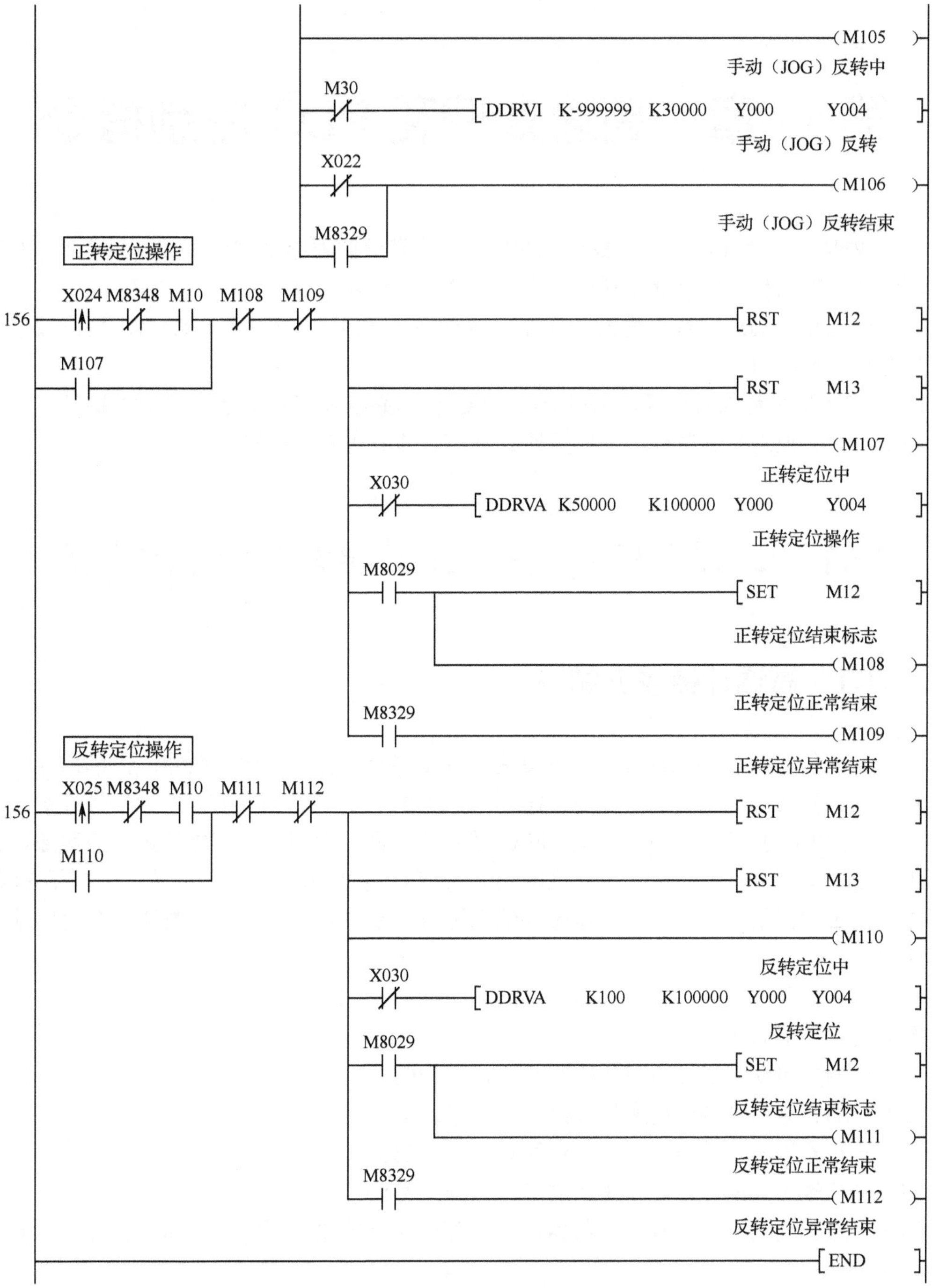
M105
手动（JOG）反转中
M30
DDRVI K-999999 K30000 Y000 Y004
手动（JOG）反转
X022
M106
手动（JOG）反转结束
M8329
正转定位操作
X024 M8348 M10 M108 M109
156
RST M12
M107
RST M13
M107
正转定位中
X030
DDRVA K50000 K100000 Y000 Y004
正转定位操作
M8029
SET M12
正转定位结束标志
M108
正转定位正常结束
M8329
M109
正转定位异常结束
反转定位操作
X025 M8348 M10 M111 M112
156
RST M12
M110
RST M13
M110
反转定位中
X030
DDRVA K100 K100000 Y000 Y004
反转定位
M8029
SET M12
反转定位结束标志
M111
反转定位正常结束
M8329
M112
反转定位异常结束
END

图 10-69　例 9 定位控制程序梯形图（续）

程序中 X20 为立即停止信号，该信号发出后输出脉冲立即停止。这一点和停止信号（X30）及左右限位开关停止信号（X26，X27）不同。停止信号（X30）和左右限位开关停止信号（X26，X27）的停止是带有减速停止的。而立即停止信号（X20）则是在为了避免危险而要求立即停止，它没有减速过程。因此，必须考虑到电机即刻停止对设备所引起的损耗。

第 11 章　高速处理和 PLC 控制指令

PLC 内部置高速计数器是计数功能的扩展，高速计数器指令和定位控制指令使 PLC 的应用范围从逻辑控制、模拟量控制扩展到了运动量控制领域。

高速处理指令的最大特点是其执行处理输出不受 PLC 扫描周期的影响，而是按中断方式工作并立即输出的。

PLC 控制指令是能够直接控制和影响 PLC 操作系统处理的指令，有 I/O 刷新、输入滤波时间设定和监视定时器调整。不再另外成章，一并放在本章讲解。

11.1　三菱 FX_{3U} PLC 内部高速计数器

11.1.1　高速计数器介绍

三菱 FX 系列 PLC 的软元件计数器分为内部信号计数器和高速计数器。内部信号计数器可以对编程元件 X，Y，M，S，T，C 信号进行计数。当它对输入端口 X 的信号计数时，要求 X 的断开和接通一次的时间应大于 PLC 的扫描时间，否则就会产生计数丢步现象，如果 PLC 的扫描时间为 40ms，则 1s 内 X 的信号频率最高为 25Hz。这么低的速度限制了 PLC 在高速处理范围的应用，例如，编码器脉冲输入测速、定位等。而高速计数器就在这些地方得到了应用。

三菱 FX 系列 PLC 的高速计数器共 21 个，其编号为 C235～C255。在实际使用时，高速计数器的类型有下面 4 种：

（1）一相无启动无复位高速计数器 C235～C240。

（2）一相带启动带复位高速计数器 C241～C245。

（3）一相双输入（双向）高速计数器 C246～C250。

（4）二相输入（A-B 相）高速计数器 C251～C255。

高速计数器均为 32 位双向计数器，与内部信号计数器不同的是，高速计数器信号只能由端口 X 输入。

不同系列的 PLC 对高速计数器的功能和使用是有差别的。本章仅对 FX_{3U} PLC 的高速计数器功能和使用进行讲解。表 11-1 列出了 FX_{3U} PLC 各个高速计数器对应的信号输入端口编号及端口功能表。

表 11-1　FX_{3U} PLC 高速计数器类型表

	计数器编号	区分	输入端子的分配							
			X000	X001	X002	X003	X004	X005	X006	X007
单相单计数的输入	C235①	H/W②	U/D							
	C236①	H/W②		U/D						
	C237①	H/W②			U/D					
	C238①	H/W②				U/D				
	C239①	H/W②					U/D			
	C240①	H/W②						U/D		
	C241	S/W	U/D	R						
	C242	S/W			U/D	R				
	C243	S/W					U/D	R		
	C244	S/W	U/D	R					S	
	C244(OP)③	H/W②							U/D	
	C245	S/W			U/D	R				S
	C245(OP)③	H/W②								U/D
单相双计数的输入	C246①	H/W②	U	D						
	C247	S/W	U	D	R					
	C248	S/W				U	D	R		
	C248(OP)①③	H/W②				U	D			
	C249	S/W	U	D	R				S	
	C250	S/W				U	D	R		S
双相双计数输入④	C251①	H/W②	A	B						
	C252	S/W	A	B	R					
	C253①	H/W②				A	B	R		
	C253(OP)③	S/W				A	B			
	C254	S/W	A	B	R				S	
	C255	S/W				A	B	R		S

H/W：硬件计数器　　S/W：软件计数器　　U：增计数输入　　D：减计数输入

A：A 相输入　　B：B 相输入　　R：外部复位输入　　S：外部启动输入

注：①在这个高速计数器中，接线上有需要注意的事项。有关接线，请参考所使用的 PLC 主机的硬件篇手册。

②与高速计数器用的比较置位复位指令（DHSCS、DHSCR、DHSZ、DHSCT）组合使用时，硬件计数器（H/W）变为软件（S/W）计数器。而且，执行外部复位输入的逻辑反转以后，C253 会变成软件计数器。

③通过用程序驱动特殊辅助继电器可以切换使用的输入端子及功能。

④双相双计数的计数器通常为 1 倍计数。但是，如果和特殊辅助继电器组合使用时，可以变成 4 倍计数。

⑤使用 FX_{3U}-4HSX-ADP 时，表中粗框内表示的是分配给 FX_{3U} PLC 连接的第 1 台 FX_{3U}-4HSX-ADP 的输入编号。除此以外的地方，是分配给第 2 台的输入编号。

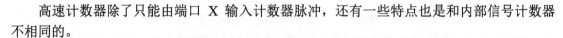

高速计数器除了只能由端口 X 输入计数器脉冲，还有一些特点也是和内部信号计数器不相同的。

（1）高速计数器为什么能对高速脉冲信号计数，这是因为高速计数器的工作方式是中断工作方式，中断工作方式与 PLC 的扫描周期无关，所以，高速计数器能对频率较高的脉冲信号进行计数。但是，即使高速计数器能对高速脉冲信号计数，速度也是有限制的。

（2）高速计数器只能与输入端口 X0～X7 配合使用，也就是说，高速计数器只能与 PLC 基本单元的输入端口配合使用。其中，X6，X7 只能用作启动/复位信号输入，不能用作计数器输入，所以实际上仅有 6 个高速计数器输入端口。

（3）6 个高速输入端口，也不是由高速计数器任意选择的，一旦某个高速计数器占用了某个输入口，便不能再给其他的高速计数器使用。例如，C235 占用了 X0 口，则 C241，C244，C246，C247，C249，C251，C254 就不能再使用。因此，虽然高速计数器有 21 个，但最多只能同时使用 6 个。

（4）所有高速计数器均为停电保持型，其当前值和触点状态在停电时都会保持停电之前的状态，也可以利用参数设定变为非停电保持型。如果高速计数器不作为高速计数器使用，可作为一般 32 位数据寄存器使用。

（5）高速计数器有停电保持功能，但其触点只有在计数脉冲输入时才能动作，如果无计数信号输入，即使满足触点动作条件，其触点也不会动作。

（6）作为高速计数器的高速输入信号，建议使用电子开关信号，而不要使用机械开关触点信号，因为机械触点的振动会引起信号输入误差，从而影响到正确计数。

对于高速计数器，还应注意以下两点内容。

1．计数方向与相关特殊软元件

高速计数器都是 32 位双向计数器，其计数方向（加计数还是减计数）的控制随计数器的类型不同而不同，见表 11-2。

表 11-2　高速计数器计数方向控制表

类　型	高速计数器	计数方向控制	计数方向监控
一相单输入	C235～C245	由 M8235～M8245 状态决定，ON：减计数，OFF：加计数	—
一相双输入	C246～C250	由输入口决定，U：输入加计数，D：输入减计数	M8246～M8255 状态，0 加计数，1 减计数
二相输入	C251～C255	A 相导通期间，B 相上升沿加计数，下降沿减计数	

与 32 位内部信号计数器方向控制一样，对一相单输入高速计数器来说，计数方向是由特殊辅助继电器 M82××来定义的。M82××中的××与计数器 C2××相对应，如 C235 由 M8235 定义，C240 由 M8240 定义等。方向定义规定 M82××为 ON，则 C2××为减计数；M82××为 OFF，则 C2××为加计数。由于 M82××的初始状态是断开的，因此，默认的 C2××都是加计数。只有当 M82××置位时，C2××才变为减计数。同样，对一相双输入和二相输入来说，其监控继电器也是和计数器编号相对应的，即 M8246 监控 C246 的计数方向，M8246 为 ON，C246 为减计数，M8246 为 OFF，C246 为加计数，以此类推。

2. 硬件计数器和软件计数器

根据高速计数器的计数不同，高速计数器有硬件计数器（H/W）和软件计数器（SW）之分。

硬件计数器是指通过硬件进行计数的计数器，其响应频率较高，分为 60kHz（单相）和 30kHz（双相）。软件计数器是指通过 CPU 中断处理进行计数的计数器，其响应频率较低，分为 10kHz（单相）和 5kHz（双相）。

硬件计数器当被高速计数指令 DHCS，DHCR，DHSZ，DHCT 指定时，硬件计数器被当作为软件计数器处理，其使用频率会受到限制。

11.1.2 高速计数器的信号形式与使用

计数器的控制可以分为计数输入、计数方向控制、计数器复位和计数的启动与停止，对 PLC 内部信号计数器而言上述控制都比较简单，图 11-1 为 16 位计数器 C0 的控制程序，图 11-2 为 32 位双向计数器 C200 的控制程序。从图中可以看出与计数器线圈相连的 X11 为计数器的计数脉冲输入口，X10 则为复位计数器控制端。X10 闭合时，计数器停止计数并进行复位，X10 断开时，计数器开始对 X11 输入脉冲进行计数。双向计数器则由 X12 控制计数方向，当 X12 闭合时，M8200 为 ON，C200 为减计数；而 X12 断开时，C200 为加计数。

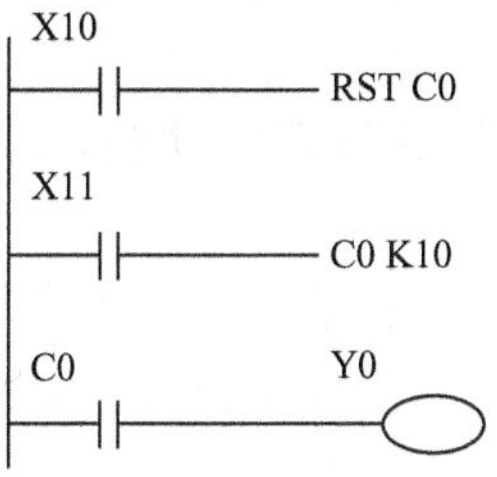

图 11-1　16 位计数器 CO 的控制程序

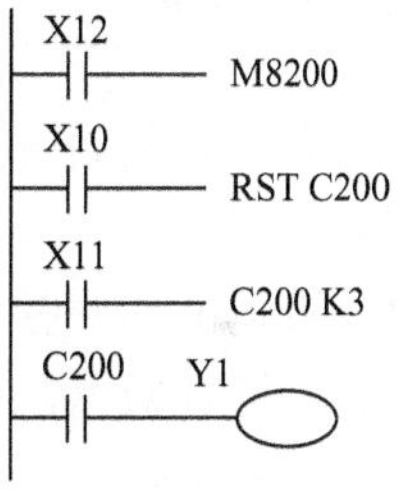

图 11-2　32 位双向计数器 C200 的控制程序

高速计数器比普通计数器要复杂一些。其类型不同，计数器的控制也有所区别，必须分别加以讨论。

1. 一相单输入无启动无复位

1）输入信号形式

一相单输入无启动无复位高速计数器输入信号形式如图 11-3 所示。

图 11-3　一相单输入无启动无复位计数器输入信号形式

2）计数器的使用

一相单输入无启动无复位高速计数器有 6 个，编号为 C235～C240。其计数方式及触点动作均与上述 32 位双向计数器一样，唯一不同的是计数器的计数脉冲输入端口不是计数器线圈控制端口，而是由高速计数器规定的相应的 X0～X5 端口。现以如图 11-4 所示的高速计数器 C236 为例，说明该类计数器的控制过程。

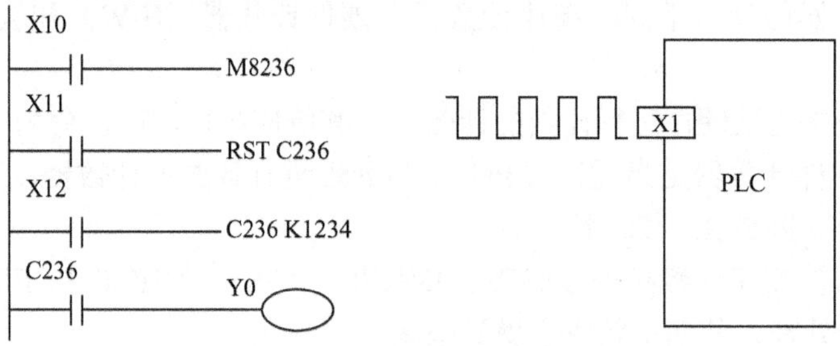

图 11-4　一相单输入无启动无复位计数器控制程序

（1）C236 的计数脉冲输入端口是 X1。

（2）X10 为计数方向控制端口，X10 接通，则 M8236 为 ON，C236 为减计数，反之为加计数。

（3）X11 为 C236 复位控制端口，当 X11 接通时，C236 马上进行复位操作，计数停止，当前值归 0，所有触点动作恢复常态。

（4）X12 为 C236 的线圈控制端，当 X12 接通时，C236 开始计数，当 X12 断开时，C236 停止计数，当前值保持不变。在计数期间，X12 是不能断开的，必须保持常通。

把 C236 的控制过程和上面所讲的 32 位双向普通计数器的控制过程比较一下，有 3 个比较明显的差别。

（1）普通计数器的脉冲输入端为其线圈控制端，而高速计数器脉冲输入端则是由 PLC 分配的。

（2）普通计数器的线圈控制端虽然也是计数器的启动与停止端，但其停止是表示脉冲信号也停止了，而高速计数器的线圈控制端只能是启动、停止。当其停止时，脉冲信号仍然在向 X1 端口输入，只是高速计数器停止计数而已。

（3）因此，普通高速计数器可以用其本身触点作为自己线圈的控制信号，而高速计数器不能在程序中用本身触点作为自己线圈的控制信号。

2．一相单输入带启动带复位

1）输入信号形式

一相单输入带启动带复位高速计数器输入信号形式如图 11-5 所示。

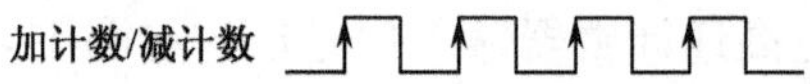

图 11-5　一相单输入带启动带复位高速计数器输入信号形式

2）计数器的使用

一相单输入带启动带复位高速计数器有 5 个，编号为 C241～C245。其中，C241～C243 只带复位，C244～C245 为带启动、带复位。高速计数器的带启动带复位是指除了指定高速计数器的脉冲输入端口，还可以指定端口为高速计数器的复位端（R）和启动端（S），通过

PLC 的外部端口输入信号控制高速计数器的启动和复位。复位端口和启动端口不是统一的，而是随计数器的地址编号而变化的，详见表 11-1。使用中如需要这些端口必须严格按照表中规定执行。

它们的控制过程可用图 11-6 来说明。

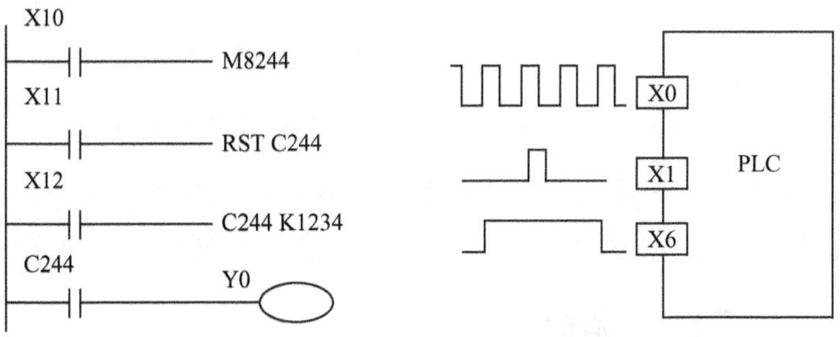

图 11-6　一相单输入带启动带复位高速计数器控制程序

（1）C244 的计数脉冲输入口为 X0。

（2）X10 为计数方向控制端口，控制方式同上。

（3）X11 为程序控制复位指令 RST 控制端口，同时，C244 还接有外部复位输入控制端 X1（R）。这两个控制端口都可以对 C244 进行复位操作。只要两者其中一个接通时，C244 就复位，其区别在于 RST 指令复位受扫描周期影响，响应有点滞后。一般情况下，程序中复位可不编程，而只使用外部端口复位。

（4）X12 为 C244 线圈控制端口，控制作用同上。但这时 C244 还连接有外部启动控制端 X6（S），这两个端口的关系是只有它们同时都接通时，计数器才开始计数。为区别起见，一般把 X12 称为选中信号，把 X6 称为启动信号。

3. 一相双输入（双向）

1）输入信号形式

一相双输入（双向）高速计数器输入信号形式如图 11-7 所示。

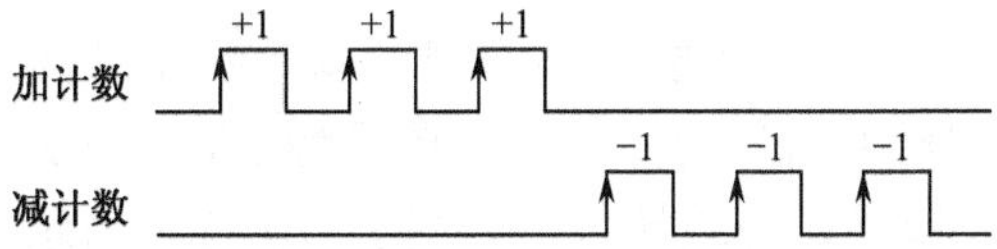

图 11-7　一相双输入（双向）高速计数器输入信号形式

2）计数器的使用

一相双输入（双向）高速计数器共 5 个，编号为 C246～C250。其中 C246 无复位无启动，C247～C248 带复位，而 C249～C250 带启动带复位。它们的控制过程用图 11-8 来说明。

这类高速计数器的计数脉冲输入口有两个，一个为加计数输入，一个为减计数输入，实际工作中，脉冲从哪个口输入决定了脉冲控制方向，如图 11-8 所示的 C250，从 X3 输入则为加计数，从 X4 输入则为减计数，这时，M8250 加计数为“0”，减计数为“1”。

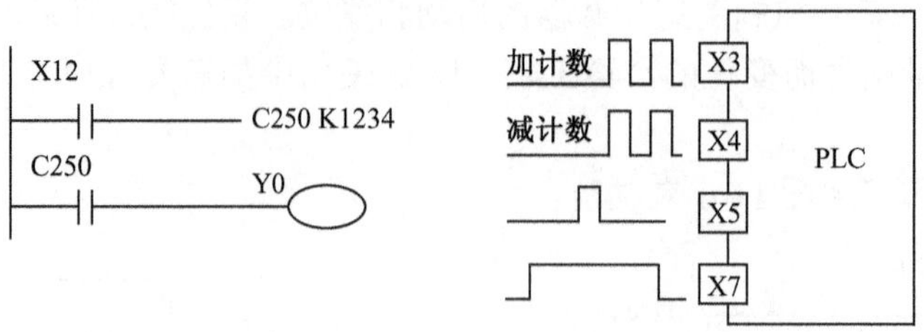

图 11-8 一相双输入（双向）高速计数器控制程序

（1）X5 为 C250 的复位控制端，如上所述，程序中不再需要 RST 指令。
（2）X12 为选中 C250 为高速计数器信号，X7 为外部启停信号，其工作过程同上所述。

4. 二相双输入（A-B 相）1 倍数

1）输入信号形式

二相双输入（双向）1 倍数高速计数器输入信号形式如图 11-9 所示。

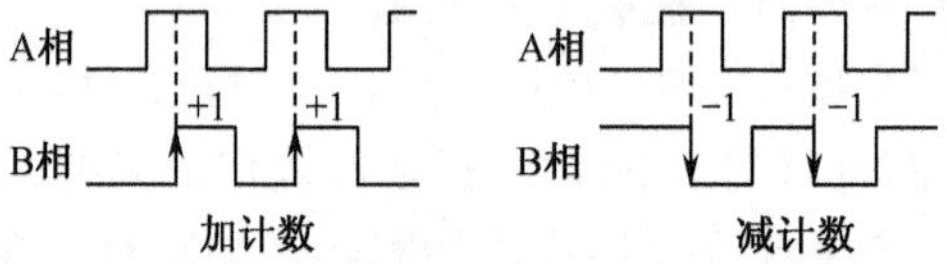

图 11-9 二相双输入（双向）1 倍数高速计数器输入信号形式

2）计数器的使用

二相双输入（A-B 相）高速计数器共有 5 个，编号为 C251～C255。这类高速计数器有两个输入，但与一相双输入不同，它的两个输入脉冲信号是同时输入的，仅在相位上相差 90°。在脉冲定位控制中，增量式旋转编码器的输出就是一个两个脉冲信号相位相差 90°的输出，可以说，这类高速计数器是专为编码器信号而设计的。

这类高速计数器也分为 3 种类型，C251 为无复位无启动，C252～C253 为带复位，C254～C255 为带复位带启动。

这类高速计数器的计数方向控制是由 A 相脉冲和 B 相脉冲的相位关系所决定的，如图 11-10 所示。在 A 相信号为“1”期间，B 相信号为上升沿，为加计数，如图 11-10（a）所示，反之，B 相信号为下降沿，为减计数，如图 11-10（b）所示。

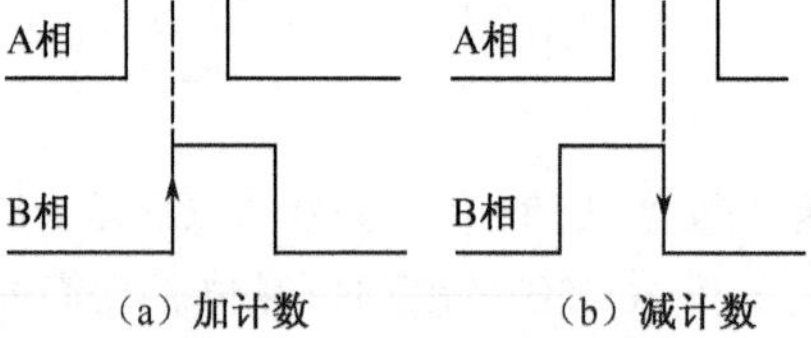

图 11-10 二相双输入高速计数器控制方向说明

现以图 11-11 说明该类计数器的控制过程。

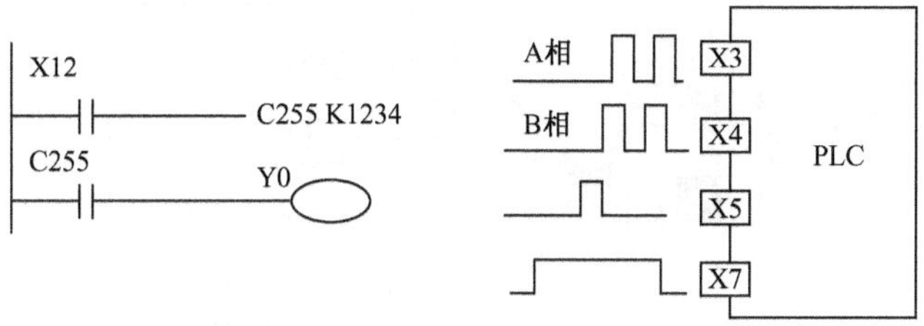

图 11-11　二相双输入高速计数器控制程序

（1）脉冲输入为双输入，由 X3 输入 A 相脉冲，X4 输入 B 相脉冲，A、B 相脉冲相位差 90°。控制方向由 A、B 相脉冲的相位关系决定，A 相超前 B 相时为加计数，A 相滞后 B 相时为减计数。同样，M8255 为计数方向监控继电器。

（2）X5 为复位输入，X12 为信号选择，X7 为启动输入，其含义和应用与上面所述相同。

5. 二相双输入（A-B 相）4 倍数输出

1）输入信号形式

二相双输入（A-B 相）4 倍数高速计数器输入信号形式如图 11-12 所示。由图 11-12 可以看出，当 4 倍数计数时，计数器同时对输入的 A 相和 B 相脉冲的两个边沿进行计数。这就形成了 4 倍数的计数。

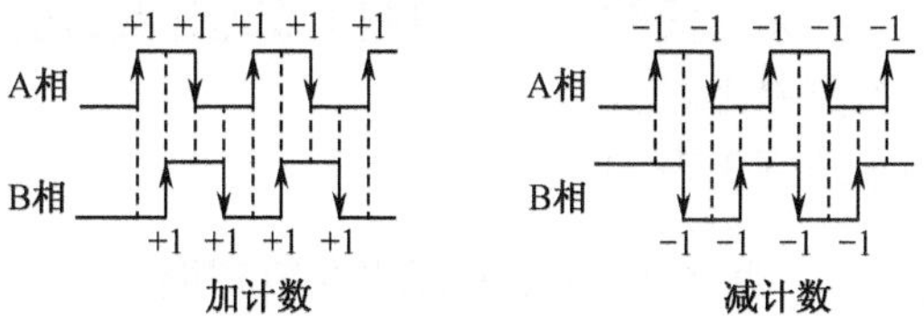

图 11-12　二相双输入 A-B 相 4 倍数高速计数器输入信号形式

2）计数器的使用

二相双输入（A-B 相）高速计数器通常是 1 倍数计数。但通过改变相应特殊辅助继电器状态可以改变成 4 倍数计数，如表 11-3 所示。

表 11-3　二相双输入 A-B 相高速计数计数倍数与状态继电器关系表

高速计数器	特殊辅助继电器	状态与倍数
C251，C252，C254	M8198	M8198=ON 为 4 倍数，M8198=OFF 为 1 倍数
C253，C255	M8199	M8199=ON 为 4 倍数，M8199=OFF 为 1 倍数

二相双输入高速计数器主要应用于对增量式旋转编码器的输出脉冲计数。增量式旋转编码器的输出有的有 A、B、Z 三相脉冲，有的只有 A、B 两相脉冲，最简单的只有 A 相脉冲。图 11-13 为只有 A、B 两相的旋转编码器与 PLC 的连接图。

旋转编码器正转时，A 相超前 B 相为加计数，反转时，A 相滞后 B 相为减计数。图中为 A、B 相由 X0、X1 输入，且无启动无复位输入。查表可知，高速计数器应为 C251。

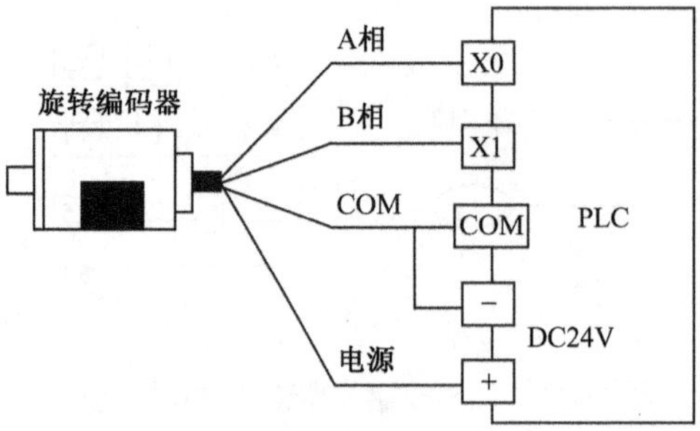

图 11-13　旋转编码器与 PLC 连接图

11.1.3　高速计数器使用频率限制

高速计数器是按中断方式工作的，不受扫描时间的影响，按理说，其计数频率是没有限制的。但有两大因素使高速计数器的计数频率受到了限制。

一是硬件电路的影响，高速计数器的输入端口都是由集成电子电路组成，其响应速度总是有一定的时间的，这就限制了计数器的最高频率。

二是高速计数器一般均用于高速处理控制场合，这种控制输出还需要在程序中应用高速处理指令 HSCS，HSCR，HSZ，HSCT 等才能完成。这是一种把硬件计数转换成软件进行处理的过程，这个过程是要有一定时间的，这就限制了高速计数器的计数频率，这也是高速计数器计数频率受到限制的主要原因。

高速计数器的计数频率限制见表 11-4。

表 11-4　高速计数器使用频率限制

		计数器的种类		综合频率计算用的倍率	根据使用指令的条件而定的响应频率和综合频率							
					无 HSZ、HSCT 指令		仅有 HSCT 指令		仅有 HSZ 指令		HSZ 指令 HSCT 指令两者	
		软件计数器	下面的计数器中和 HSCS、HSCR、HSZ、HSCT 指令并用的软件计数器①		最大响应频率（kHz）	综合频率（kHz）	最大响应频率（kHz）	综合频率（kHz）	最大响应频率（kHz）	综合频率（kHz）	最大响应频率（kHz）	综合频率（kHz）
单相单计数输入		C241，C242，C243，C244，C245	C235，C236，C237，C238，C239，C240	×1	40	80	30	60	40-（指令使用次数）②	80-1.5×（指令使用次数）	30-（指令使用次数）②	60-1.5×（指令使用次数）
单相单计数输入		—	C244（OP），C245（OP）	×1	10		10					
单相双计数输入		C247，C248，C249，C250	C246，C248（OP）	×1	40		30					
双相双计数输入	1 倍	C252，C253（OP），C254，C255	C251，C253	×1	40		30					
双相双计数输入	4 倍			×1	10		7.5		（40-指令使用次数）÷4		（30-指令使用次数）÷4	

注：①在 HSCS、HSCR、HSZ、HSCT 指令指定的计数器编号上附加变址寄存器时，所有的硬件计数器都切换成软件计数器。

②高速计数器 C244（OP）和 C245（OP），不能进行 10kHz 以上的计数。

在多个高速计数器同时使用的情况下，或高速计数器与指令 SPD，PLSY，PLSR 同时使用的情况下，对总计数频率也有限制。这里不再列出，读者可自行查询相关手册。

11.2　高速计数器指令

高速计数器指令有五个：高速计数器的传送指令 HCMOV、比较置位指令 HSCS、比较复位指令 HSCR、区间比较指令 HSZ 和表格比较指令 HSCT。其中 HSCS、HSCR、HSZ 和 HSCT 这四个指令功能虽不相同，但在指令实际应用中，有很多应用说明和使用注意的理解是相同的，因此，我们用高速计数器指令 HS（或 DHS）代表四个指令的全体。在介绍某一个指令的应用时，如果其应用说明是四个指令所共有的，就以高速计数器指令 DHS 为例进行讲解，而在后面的指令讲解中就不在重复叙述，希望读者阅读时注意。

11.2.1　高速计数器的传送指令 HCMOV

1．指令格式

FNC 189：【D】HCMOV　　　　　　　　　　程序步：0/13

HCMOV 指令可用软元件如表 11-5 所示。

表 11-5　HCMOV 指令可用软元件

操作数种类	位软元件							字软元件													其他				
	系统/用户							位数指定				系统/用户				特殊模块	变址			常数		实数	字符串	指针
	X	Y	M	T	C	S	D□.b	KnX	KnY	KnM	KnS	T	C	D	R	U□\G□	V	Z	修饰	K	H	E	"□"	P
(S)													▲	▲										
(D)														●	●									
n																				●	●			

▲：仅可以指定高速计数器（C235～C255）、环形计数器（D8099，D8398）。

指令梯形图如图 11-14 所示。

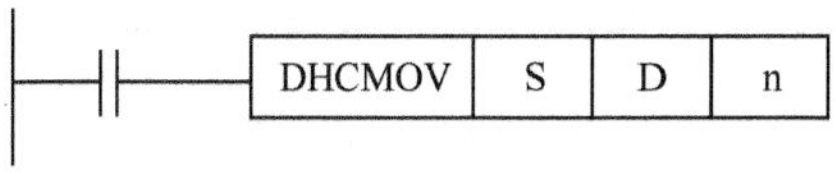

图 11-14　HCMOV 指令梯形图

HCMOV 指令操作数内容与取值如表 11-6 所示。

表 11-6　HCMOV 指令操作数内容与取值

操作数种类	内　容	数据类型
(S)	作为传送源的高速计数器，或是环形计数器①的软元件编号	BIN32 位

续表

操作数种类	内　容	数据类型
(D)	传送目标的软元件编号	BIN32 位
n	传送后，作为清除传送源的高速计数器，或是环形计数器[①]的当前值的指示［清除（K1），不处理（K0）］	BIN16 位

注：①FX_{3UC}可编程控制器的版本低于 Vet.2.20 时，不能指定环形计数器（D8099，D8398）。

解读：当驱动条件成立时，将 S 所表示的高速计数器或环形计数器的当前值传送到 D 中保存。同时，根据 n 的设定对高速计数器或环形计数器的当前值进行处理。

2. 环形计数器 D8099、D8398

在 FX_{3U}，FX_{3UC} PLC 的内部有两个时基分别为 0.1ms 和 1ms 的高速计数器。这两个计数器其计数的当前值是循环计数的。即只要计数脉冲存在，其当前值会一直按照循环的方式进行计数，所以又叫作循环计数器。循环计数方式如图 11-15 所示。当加计数至最大值 32 767 时，如再输入一个脉冲，计数变成-32 768（负最大值）。

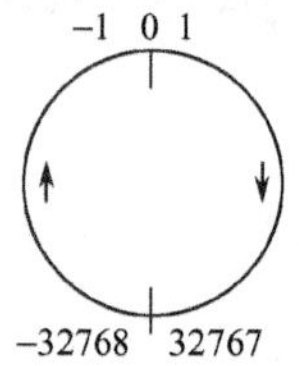

图 11-15　16 位环形计数器示意图

环形计数器工作过程与普通计数器不同，它没有驱动线圈，也没有触点可用。它有一个计数动作标志位（特殊辅助继电器），当这个标志位为 ON 时，环形计数器马上开始计数，计数的当前值送到指定的特殊数据寄存器中，而这个指定的数据寄存器被称作环形计数器。

三菱 FX_{3U} PLC 中有两个环形计数器，如表 11-7 所示。环形计数器的当前值可以通过传送指令 MOV 和 HCMOV 读出。

表 11-7　FX_{3U}、FX_{3UC} 环形计数器

环形计数器名称	时　基	位　数	当前值寄存	计数动作标志位
D8099	0.1ms	16	（D8099）	M8099
D8398	1ms	32	（D8399，D8398）	M8398

3. 指令执行功能

（1）指令的执行功能如表 11-8 所示。注意，16 位环形计数器的当前值也是送到 32 位寄存器中，这时，其高 16 位为 0。

表 11-8　FX_{3U}、FX_{3UC} 环形计数器执行功能

(S) 的软元件		执行指令后的［(D)+1，(D)］
高速计数器	C235～C255	高速计数器 (S) 的当前值→［(D)+1，(D)］

续表

(S) 的软元件		执行指令后的［(D) +1，(D)］
环形计数器	D8099	D8099→ (D) 在 (D) +1 中保存“0”
	D8398	［D8399，D8398］的当前值→［(D) +1，(D)］

（2）n 为对高速计数器或环形计数器当前值进行处理的指示。n=K0 表示通过指令读出当前值后高速计数器或环形计数器当前值仍然保留。而当 n=K1 时，则读出当前值后马上对高速计数器或环形计数器的当前值进行清 0 处理，即其当前值马上复位为 0。

3．指令应用

1）对高速计数器当前值的处理

MOV 指令和 HCMOV 指令都可以处理高速计数器的当前值。但是在应用上还是有差别的，MOV 指令处理当前值时，会受到扫描的影响。而 DHCMOV 指令在输入中断处理时，可以在中断输入的上升沿或下降沿即刻对当前值进行读取，不受扫描的影响。

MOV 指令处理高速计数器的当前值时，不能对当前值进行清零处理，而 DHCMOV 指令可以。

2）中断程序中应用

在输入中断服务程序中应用 DHCMOV 指令时，应注意以下几点。

（1）在输入中断程序的第 1 行中编程时，必须按照如图 11-16 所示的标准程序编写。DHCMOV 指令的驱动条件只能是 M8394，否则中断服务程序可能无法正常运作。

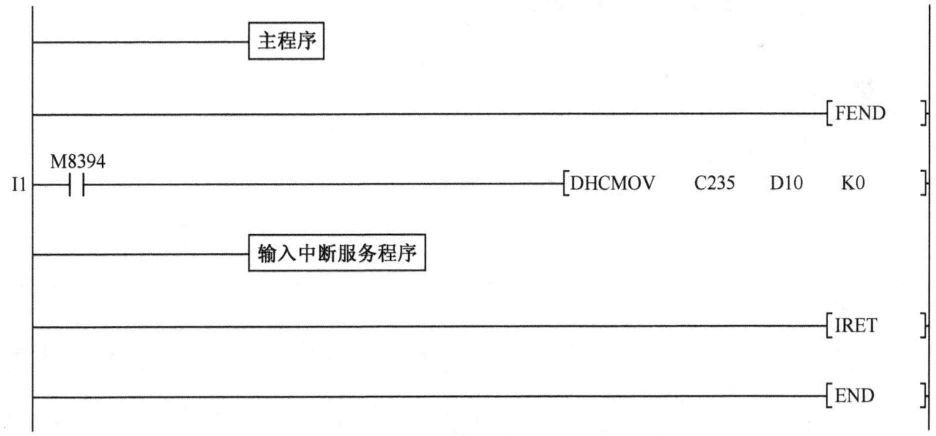

图 11-16　DHCMOV 指令中断服务程序标准样式

（2）DHCMOV 指令在程序中可以多次使用。但是当发生中断时，只有中断指针后第 1 个指令被执行，然后才能处理中断程序。而中断程序中的第 2 个及以后的 DHCMOV 指令与通常的处理相同，在扫描到该指令时处理，如图 11-17 所示。而且，中断程序中，仅第 1 个 DHCMOV 指令能使用 M8394 作为驱动条件，而以后的 DHCMOV 指令均不能使用 M8394 作为驱动条件。

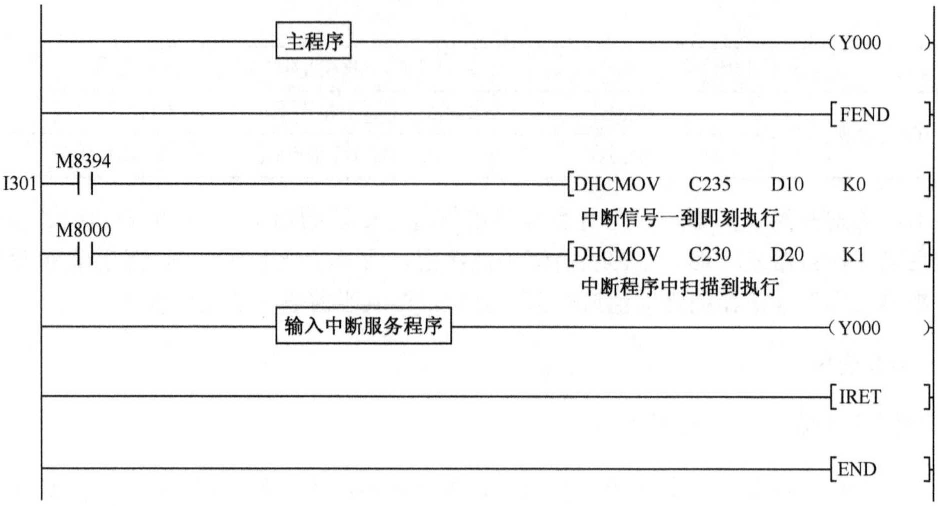

图 11-17 DHCMOV 指令中断服务程序执行说明

（3）在不同的输入中断程序中，不可以对同一个计数器使用 DHCMOV 指令。

（4）如果输入中断被输入中断禁止标志位处于禁止输入中断状态下（M805X=ON），则 DHCMOV 指令不会被执行。

（5）在中断禁止期间（执行关中断 DI 指令后，执行开中断 EI 指令前）如果发生了输入中断，则中断程序中的 DHCMOV 指令会立即执行。但中断程序本身要到执行开中断 EI 指令后才能执行。

11.2.2 比较置位指令 HSCS

1. 指令格式

FNC 53：【D】HSCS　　　　　　　　　　　　　程序步：13

HSCS 指令可用软元件如表 11-9 所示。

表 11-9 HSCS 指令可用软元件

操作数种类	位软元件							字软元件												其他				
	系统/用户							位数指定				系统/用户				特殊模块	变址			常数		实数	字符串	指针
	X	Y	M	T	C	S	D□.b	KnX	KnY	KnM	KnS	T	C	D	R	U□\G□	V	Z	修饰	K	H	E	"□"	P
(S1·)								●	●	●	●	●	●	●	▲2	▲3		●	●	●	●			
(S2·)													●						●					
(D·)		●	●			●	▲1												●					▲4

▲1：D□.b 仅支持 FX_{3U}/FX_{3UC} 可编程控制器，但是不能变址修饰（V、Z）。

▲2：仅 $FX_{3G}/FX_{3GC}/FX_{3U}/FX_{3UC}$ 可编程控制器支持。

▲3：仅 FX_{3U}/FX_{3UC} 可编程控制器支持。

▲4：FX_{3U}/FX_{3UC} 可编程控制器中使用计数器中断时，指定中断指针。

指令梯形图如图 11-18 所示。

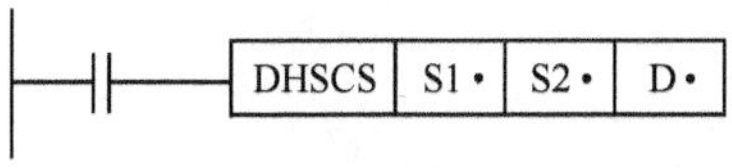

图 11-18　DHSCS 指令梯形图

HSCS 指令操作数内容与取值如表 11-10 所示。

表 11-10　HSCS 指令操作数内容与取值

操作数种类	内　容	数据类型
(S1·)	与高速计数器的当前值比较的数据，或是保存比较数据的字软元件编号	BIN32 位
(S2·)	高速计数器的软元件编号［C235～C255］	BIN32 位
(D·)	一致后进行置位（ON）的位软元件编号	位

解读：当驱动条件成立时，在高速计数器计数期间，将高速计数器的计数值与设定值比较，如果计数值等于设定值时，立即以中断处理方式置 D 为 ON 或立即转移至指定的中断服务子程序中执行。

2．指令应用

1）32 位应用

比较置位指令 HCSC 用于 32 位高数计数器，因此，在编程时应用 32 位指令 DHSCS。所有的高数计数器指令 HS 都是 32 位指令，编程应用时都必须为 DHS。

2）执行功能

（1）DHSCS 指令的执行功能和图 11-19（a）普通计数器程序执行功能是一样的，但其执行过程完全不一样，图 11-19（a）的 Y0 输出 ON，要等到程序扫描一次结束后才输出。而 DHSCS 指令是中断处理方式，当前值达到设定值时，Y0 立即有输出，不受扫描时间的影响。显然，其输出响应要比普通计数器快，如图 11-19（b）所示。

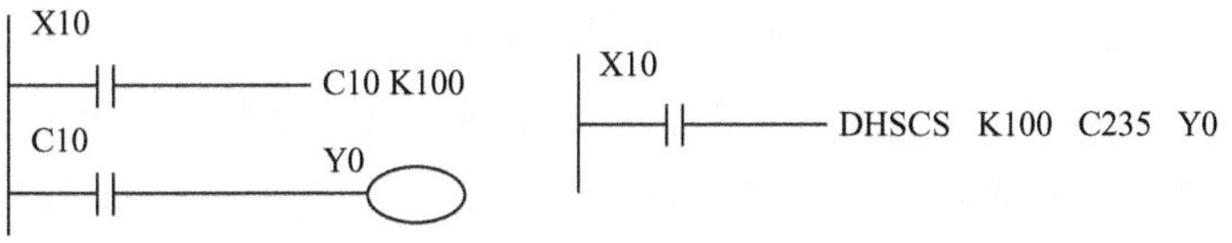

（a）　　　　　　　　（b）

图 11-19　DHSCS 指令执行功能

（2）图中，X10 接通时，普通计数器 C10 启动并开始计数（计数输入为 X10）。但对高速计数器 C235 来说，其计数输入为 X0，虽然 X10 接通，但如果没有计数输入，指令不会得到执行。这是高速计数器指令 DHS 的显著特点，应用高速计数器指令 DHS 时，其前提是指令中指定的高速计数器所对应的脉冲输入口必须有脉冲输入，且高速计数器本身必须被启动。

3）使用次数与频率限制

高速计数器指令 DHS 可以和普通指令一样在程序中多次使用，但是可以同时驱动这些指令的数量是有限制的。FX_{2N} PLC 限制在 6 个指令以内，而 FX_{3U} PLC 最多可同时驱动 32 个指令。

在高速计数器指令 DHS 中，所应用的高速计数器均受到表 11-4 所列出的计数器的频率限制，此外还受到总计频率限制，实际应用时必须加以注意。

4）关于输出 Y 编号的执行

当使用多个相同的高速计数器指令 DHS 时，如输出 Y 的编号不同会产生不同的输出响应。

如图 11-20 所示的梯形图程序，当 C255 当前值为 K100 时，Y0 以中断处理方式立即输出驱动，而 Y10 则按扫描方式在 END 指令后扫描处理时才输出驱动。

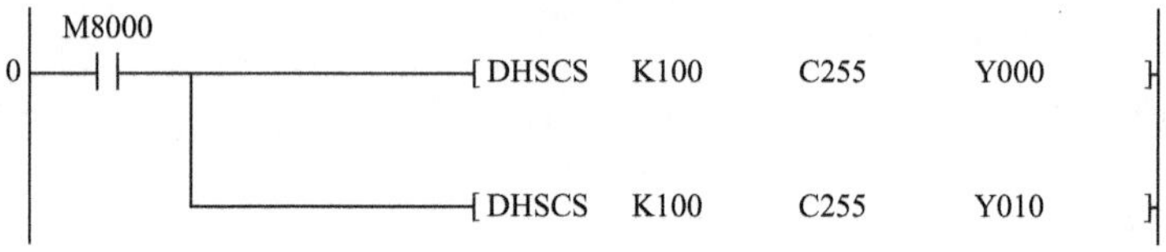
M8000
0
DHSCS K100 C255 Y000
DHSCS K100 C255 Y010

图 11-20　不同组 Y 输出执行

再看如图 11-21 所示的梯形图程序，当 C255 当前值为 K100 时，Y0，Y1 均按中断处理方式立即驱动输出。

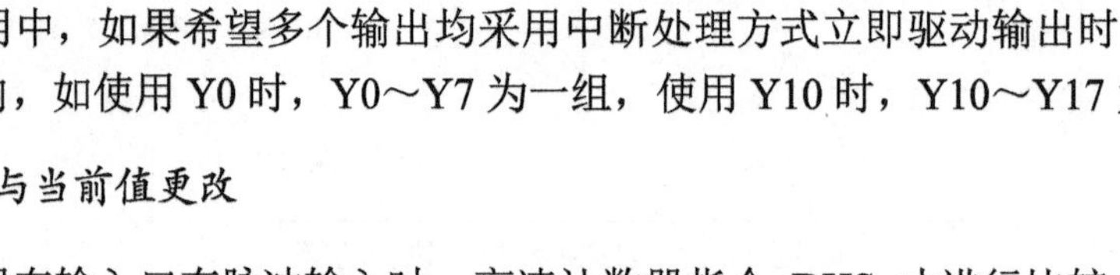
M8000
0
DHSCS K100 C255 Y000
DHSCS K100 C255 Y001

图 11-21　同组 Y 输出执行

在实际应用中，如果希望多个输出均采用中断处理方式立即驱动输出时，输出 Y 的编号应在同一组内，如使用 Y0 时，Y0～Y7 为一组，使用 Y10 时，Y10～Y17 为一组等。

5）比较值与当前值更改

高速计数器在输入口有脉冲输入时，高速计数器指令 DHS 才进行比较，并在条件满足时驱动输出。但是，如果使用 DMOV 指令等改写高速计数器的当前值，或在程序中复位计数器当前值，在这种情况，即使当前值等于设定值，只要计数器没有脉冲输入，指令虽执行但输出驱动不会发生。

如图 11-22 所示梯形图程序，当 X10 接通时，C235 的当前值改为 K10，这时，如果 C235 没有脉冲输入，Y0 也不会输出。只有在 C235 的输入口 X0 有脉冲输入时，且当前值等于 K10 时，才会驱动 Y0 输出。同样，如果比较设定值为 K0，则在程序中使 C235 复位，当前值为 0 时，如果没有脉冲输入，也不会有输出动作。

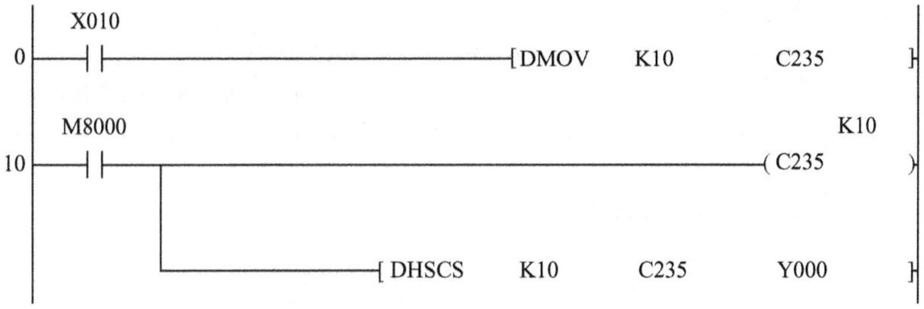

图 11-22　更改高速计数器当前值

6）外部复位端子动作影响（M8025 模式）

有部分高速计数器（C241 等）是接有外部复位端子 R 的，都是在复位信号的输入上升沿执行指令后，输出比较结果。这时如果用 K0 作为高速计数器的设定值时，外部复位信号会影响高速计数器指令 DHSCR 的执行。这个影响是由特殊继电器 M8025 的状态来决定的。在 M8025 为 ON 的状态下使用高速计数器指令时，不管计数器当前值为多少，如通过外部复位端子清除当前值时，即使没有计数输入，指令也会得到执行。

如图 11-23 所示，当外部复位端子 X1 有信号时，不管 X0 是否有脉冲输入，Y0 会置位，Y1 会复位。

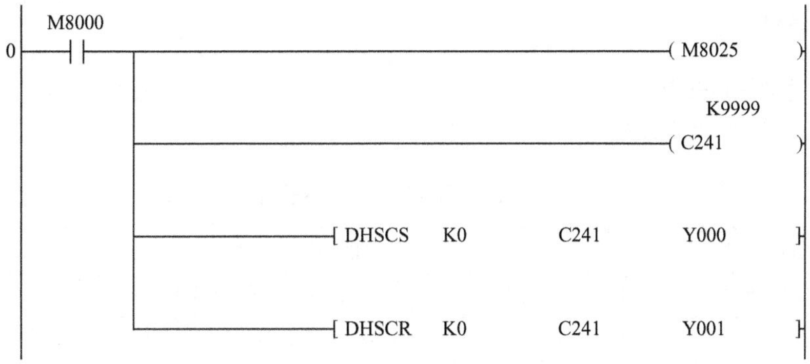

图 11-23　M8025 模式执行

7）中断服务

如指令解读中所述，当高速计数器当前值等于比较设定值时，也可利用中断处理方式，转入中断服务子程序去执行，这种中断称为计数器中断。计数器中断指针共 6 点，为 I010～I060，不可重复使用中断指针号。如要执行中断处理，需在指令 DHSCS 的终址 D 中写入中断指针，并且编写中断服务子程序，如图 11-24 所示。

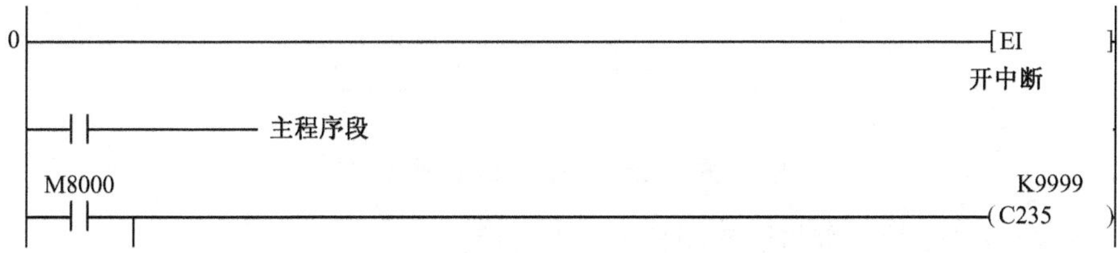

图 11-24　高速计数器中断服务程序

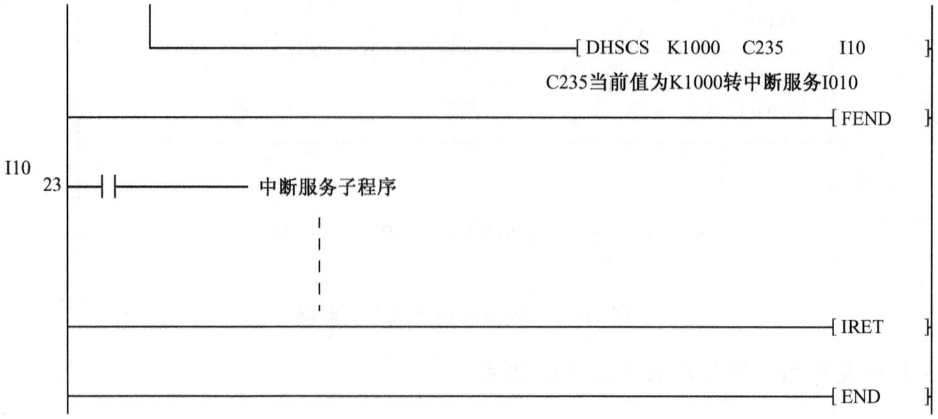

图 11-24　高速计数器中断服务程序（续）

特殊继电器 M8059 为允许计数器中断继电器，当 M8059 为 ON 时，计数器中断 I010～I060 全部被禁止。M8059 初始状态为 OFF。

11.2.3　比较复位指令 HSCR

1. 指令格式

FNC 54:【D】HSCR　　　　　　　　　　　　　　　　程序步：13

HSCR 指令可用软元件如表 11-11 所示。

表 11-11　HSCR 指令可用软元件

操作数种类	位软元件							字软元件												其他				
	系统/用户							位数指定				系统/用户				特殊模块	变址			常数		实数	字符串	指针
	X	Y	M	T	C	S	D□.b	KnX	KnY	KnM	KnS	T	C	D	R	U□\G□	V	Z	修饰	K	H	E	"□"	P
S1·								●	●	●	●	●	●	●	▲3	▲4		●	●	●	●			
S2·													●						●					
D·		●	●			●	▲1						▲2						●					

▲1：D□.b 仅支持 FX_{3U}/FX_{3UC} 可编程控制器。但是不能变址修饰（V、Z）。

▲2：也可指定与 S2· 相同的计数器（参考程序举例）。

▲3：仅 $FX_{3G}/FX_{3GC}/FX_{3U}/FX_{3UC}$ 可编程控制器支持。

▲4：仅 FX_{3U}/FX_{3UC} 可编程控制器支持。

指令梯形图如图 11-25 所示。

图 11-25　DHSCR 指令梯形图

HSCR 指令操作数内容与取值如表 11-12 所示。

表 11-12　HSCR 指令操作数内容与取值

操作数种类	内　　容	数 据 类 型
S1·	与高速计数器的当前值比较的数据，或足保存比较数据的字软元件编号	BIN32 位
S2·	高速计数器的软元件编号［C235～C255］	BIN32 位
D·	一致后进行复位（OFF）的位软元件编号	位

解读： 当驱动条件成立时，在高速计数器计数期间，将高速计数器的计数值与设定值比较，如果计数值等于设定值时，立即以中断处理方式将 D 复位或立即转移至指定的中断服务子程序中执行。

2. 指令应用

1）DHSCS 和 DHSCR 执行时序图

高速计数器的置位指令 DHSCS 和复位指令 DHSCR 均为采用中断方式直接处理驱动输出，可以用图 11-26 表示它们的执行时序。

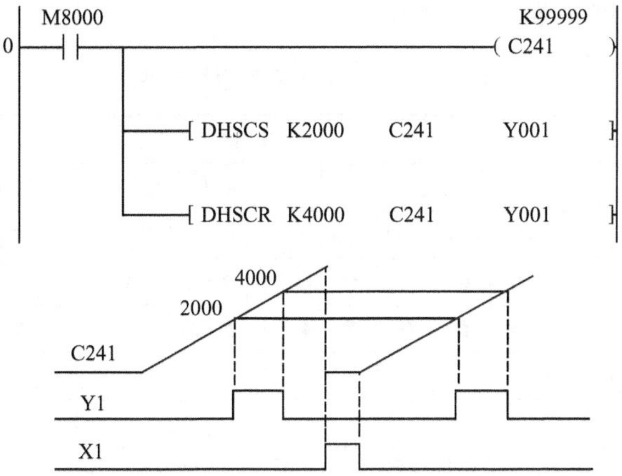

图 11-26　高速计数器 DHSCS，DHSCR 执行时序图

C241 为带复位输入高速计数器，其复位端口为 X1，当 X1 接通时，C241 从当前值马上复位到 0。待 X1 断开后，又重新开始计数。当前值为 K2000 时，Y1 立即输出；当前值为 K4000 时，Y1 立即复位，与程序扫描周期无关。

2）自我复位

DHSCR 指令的终址如为指令中指定计数器本身时，有特殊功能——计数器自行复位，如图 11-27 所示。DHSCR 指令是执行位元件 Y，M，S 复位的功能，不能控制计数器本身的触点，而这条指令可对自身触点进行复位控制，这就增加了高速计数器的应用范围。

DHSCR 指令的很多应用说明与使用注意与 DHSCS 指令类同，读者可以参看 DHSCS 指令的讲解，这里不再赘述。

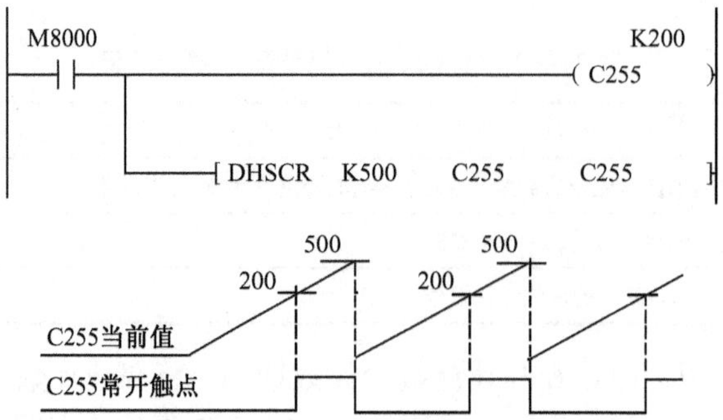

图 11-27 DHSCR 指令的自我复位

11.2.4 区间比较指令 HSZ

1. 指令格式

FNC 55:【D】HSZ 程序步：17

HSZ 指令可用软元件如表 11-13 所示。

表 11-13 HSZ 指令可用软元件

操作数种类	位软元件							字软元件													其他				
	系统/用户							位数指定				系统/用户				特殊模块	变址				常数		实数	字符串	指针
	X	Y	M	T	C	S	D□.b	KnX	KnY	KnM	KnS	T	C	D	R	U□\G□	V	Z	修饰		K	H	E	"□"	P
S1·								●	●	●	●	●	●	●	▲2	▲3		●	●		●	●			
S2·								●	●	●	●	●	●	●	▲2	▲3		●	●		●	●			
S·													●						●						
D·		●	●			●	▲1												●						

▲1：D□.b 仅支持 FX_{3U}/FX_{3UC} 可编程控制器。但是不能变址修饰（V、Z）。

▲2：仅 $FX_{3G}/FX_{3GC}/FX_{3U}/FX_{3UC}$ 可编程控制器支持。

▲3：仅 FX_{3U}/FX_{3UC} 可编程控制器支持。

指令梯形图如图 11-28 所示。

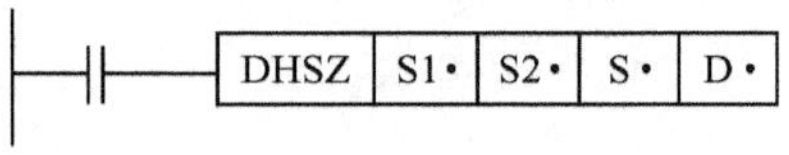

图 11-28 DHSZ 指令梯形图

HSZ 指令操作数内容与取值如表 11-14 所示。

表 11-14 HSZ 指令操作数内容与取值

操作数种类	内 容	数据类型
S1·	与高速计数器的当前值进行比较的数据，或是保存比较数据的字软元件编号（比较值 1）	BIN32 位
S2·	与高速计数器的当前值进行比较的数据，或是保存比较数据的字软元件编号（比较值 2）	BIN32 位

续表

操作数种类	内　容	数据类型
(S·)	高速计数器的软元件编号［C235～C255］	BIN32 位
(D·)	输出与比较上限值和比较下限值比较的结果的起始位软元件编号	位

解读：当驱动条件成立时，将 S 所指定的高速计数器当前值与 S1 和 S2 进行比较，并根据比较结果（S<S2，S1≤S≤S2，S>S2）驱动 D，D+1，D+2 其中一个为 ON。

2. 指令应用

1）执行功能

高速计数器区间比较指令 DHSZ 与第 7 章中所介绍的区间指令 ZCP 的执行功能类似。高速计数器的当前值与 S1，S2 比较关系和比较结果所驱动的位元件编号如图 11-29 所示。

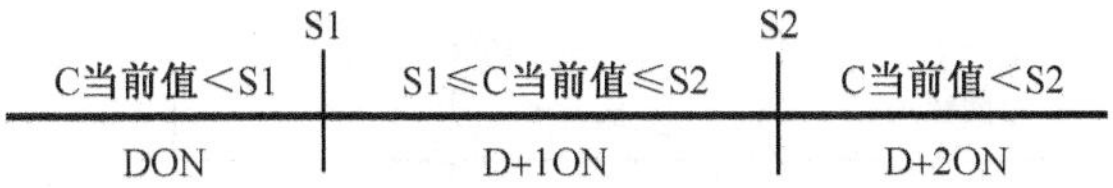

图 11-29　DHSZ 指令执行图

2）初始化启动

但 ZCP 与 DHSZ 指令的执行过程不同，ZCP 是扫描方式执行输出结果，而 DHSZ 是采用中断方式立即执行输出结果，不受扫描周期影响。

DHSZ 指令的应用说明和使用注意与 DHSCS 指令类似，请参看 DHSCS 指令阐述。图 11-30 所示为 DHSZ 指令程序，当电源刚接通或 PLC 由 STOP 拨向 RUN 时，C235 的当前值为 0，但由于计数器 C235 没有计数脉冲输入，所以，指令并不执行，而 Y0，Y1，Y2 均保持 OFF 状态。等到计数脉冲输入后，才进行比较输出。这在某些情况下，例如，当旋转编码器与电机安装在一起，只有电机启动后才有脉冲输出时，就必须希望在启动时，虽然计数器当前值为 0，也能有 Y0 输出（当前值<S1），这称为 Y0 动作初始化。图 11-31 为完成上述初始化启动的梯形图程序。

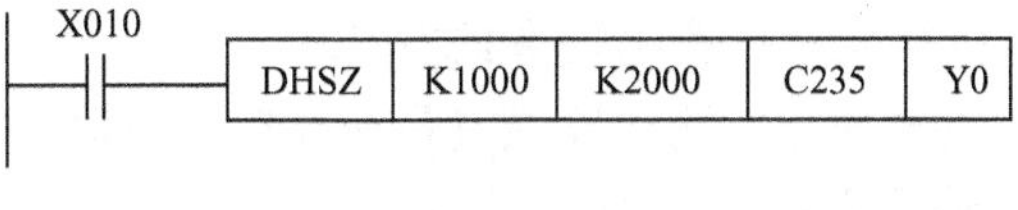

图 11-30　DHSZ 指令程序

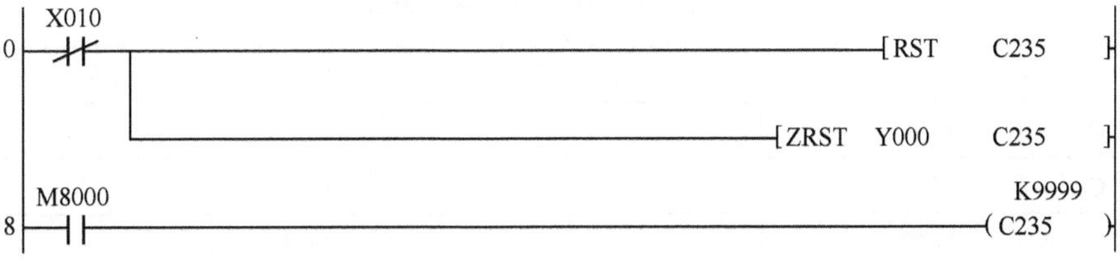

图 11-31　DHSZ 指令初始化启动程序

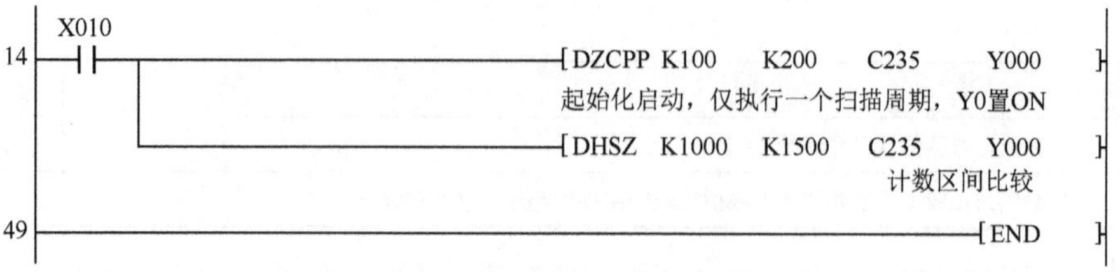

图 11-31　DHSZ 指令初始化启动程序（续）

程序中，普通比较指令 DZCPP 为初始化启动功能，其仅在电源接通第一个扫描周期内执行，因为 C235 当前值为 0，所以执行结果是 Y0 置 ON。电机启动，启动后，相连的编码器脉冲从 X0 口输入，高速计数器区间比较指令会得到执行，其时序图如图 11-32 所示。图 11-30 中①为普通比较指令 DZCPP 所产生的 Y0 初始化启动时间段。

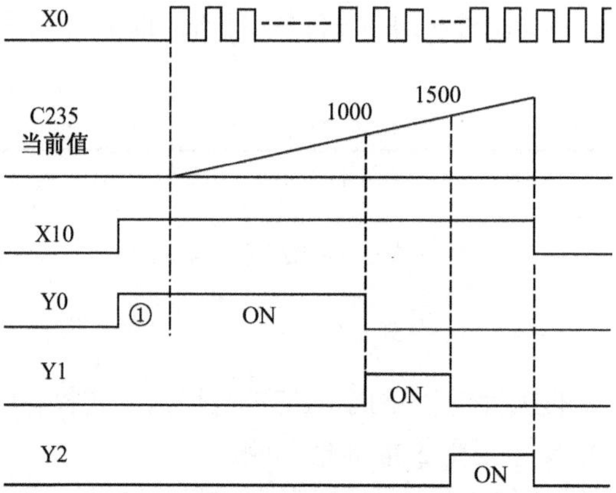

图 11-32　DHSZ 指令初始化启动时序图

11.2.5　DHSZ 指令的表格高速比较模式

1. 表格高速比较模式功能介绍

DHSZ 指令主要用于区间比较。但是如果将指令中的终址 D 指定为特殊辅助继电器 M8130，这时 DHSZ 指令执行表格高速比较模式功能。

什么是表格高速比较模式功能？简单地说就是在高速计数器的过程中，进行多点比较和多次输出。例如，有一控制要求见表 11-15。

表 11-15　多点控制多点输出

比 较 条 件	比 较 输 出
C 当前值 = K100	Y10 置位
C 当前值 = K200	Y11 置位
C 当前值 = K300	Y10 复位
C 当前值 = K400	Y11 复位

完成该控制任务可以多次使用 DHSCS，DHSCR 指令，程序如图 11-33 所示。但是高速计数器指令多次使用的次数受到限制，最多只能使用 6 条指令。这就给多点比较、多次输出的应用带来了不便。而 DHSZ 指令的表格高速比较模式的特殊功能则弥补了这个不足。

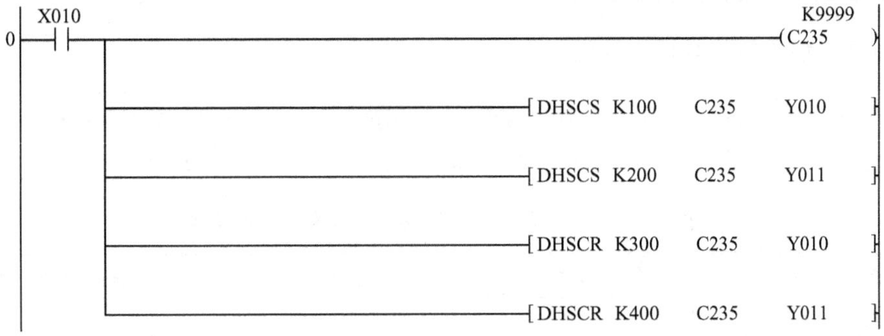

图 11-33　多点控制多次输出梯形图

2. 表格高速比较模式指令格式

DHSZ 指令表格高速比较模式可用软元件如表 11-16 所示。

表 11-16　DHSZ 指令表格高速比较模式可用软元件

操作数种类	位软元件							字软元件												其他				
	系统 /用户							位数指定				系统 /用户				特殊模块	变址			常数		实数	字符串	指针
	X	Y	M	T	C	S	D□.b	KnX	KnY	KnM	KnS	T	C	D	R	U□\G□	V	Z	修饰	K	H	E	"□"	P
S1·														●										
S2·																				●	●			
S·													●											

指令梯形图如图 11-34 所示，注意指令中的终址 D 固定为 M8130。

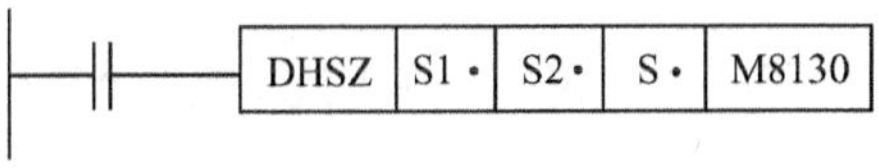

图 11-34　DHSZ 指令表格高速比较模式梯形图

DHSZ 指令表格高速比较模式操作数内容与取值如表 11-17 所示。

表 11-17　DHSZ 指令表格高速比较模式操作数内容与取值

操作数种类	内　容	数 据 类 型
S1·	保存表格数据的起始字软元件编号（仅指数据寄存器 D）	BIN32 位
S2·	表格的行数（仅 K、H）K1～K128/H1～H80	BIN32 位
S·	高速计数器的软元件编号［C235～C255］	BIN32 位
D·	M8130（表格高速比较模式声明用的特殊辅助继电器）	位

解读：当驱动条件成立时，高速计数器 S 的当前值与由 S1，S2 所组成的比较表格中的各行比较值进行比较，如果相等则以中断方式对相应的输出进行复位驱动。

3．表格高速比较模式指令应用

1）比较表格的结构与数据设定

作为表格高速比较模式应用的指令 DHSZ，在执行前必须在存储区中设置一个表格存储区，其首址为 S1，共占用连续 S2×4 个寄存器单元，表格形式见表 11-18。

表 11-18　DHSZ 指令表格高速比较模式比较表格

比较值（32 位）	输出 Y 编号（16 位）	置位/复位（16 位）	表格计数器（D8130）
S1+1，S1	S1+2	S1+3	0
S1+5，S1+4	S1+6	S1+7	1
S1+9，S1+8	S1+10	S+11	2
⋮	⋮	⋮	⋮
S1+[(n−1)×4+1]，S1+(n−1)×4	S1+[(n−1)×4+2]	S1+[(n−1)×4+3]	n−1→从 0 开始

注：表中 n 为行数，n=S2。

表格的编制和数据设定必须遵守如下规则。

（1）比较值（32 位）。

比较值为 32 位数，每一个值占两个连续的存储单元，编号大的为高 16 位，编号小的为低 16 位。数据表格中最多有 128 个比较值，当计数器当前值与表中比较值相符时，就会以中断方式驱动输出 Y。

（2）输出 Y 编号。

输出 Y 的编号，占一个存储单元。Y 的编号要求以十六进制指定，如指定 Y10 时，为 H10，指定 Y20 时，为 H20。

（3）置位/复位。

驱动输出口 Y 的状态。如置位 Y，则写入 K1 或 H1，如复位，则写入 K0 或 H0。

（4）表格计数器（D8130）。

表格计数器 D8130 是一个特殊的数据寄存器，在 DHSZ 指令的表格比较模式执行中，作为记录执行行数的指针。执行前当前值为 0，每执行一行，当前值自动加 1。执行到 n 行时，指针自动复位（D8130=K0）。

（5）在执行表格比较模式指令 DHSZ 前，上述比较表格的数据必须在程序中通过 DMOV 指令或 MOV 指令进行设定，也可以通过外部设备进行数据输入。

2）表格高速比较模式指令执行

表格高速比较模式指令执行动作如下。

（1）执行该指令后，表上数据第一行表格被设置成比较对象数据，与高速计数器的当前值比较。

（2）如高速计数器的当前值与比较对象数据行的比较值一致，比较对象数据行中的输出 Y 编号以中断处理方式立即执行置位/复位中规定的驱动输出处理。

（3）表格计数器 D8130 当前值自动加 1，比较对象数据移到下一行。

（4）在表格计数器当前值变为（n-1）之前，重复（2）～（3）的动作，当前值为（n-1）时，返回动作（1），并且表格计数器当前值由（n-1）变 0。同时，结束标志位特殊继电器 M8131 置 ON。

4．应用注意

（1）表格高速比较模式指令 DHSZ 在程序中只能编程 1 次，此外，若与高速计数器指令 DHS 配合使用，可以同时驱动指令在 6 个以内。

（2）当指令的驱动条件断开时，表格计数器 D8130 被复位为 K0，但在之前被置位/复位的输出会保持状态不变。因此，在执行过程中，不要断开驱动条件。

（3）该指令在首次扫描周期内才完成比较表格的存储，在第二次扫描周期及以后才生效，执行动作也是从第二次扫描周期开始。

（4）指令在执行前，高速计数器的当前值应小于比较表格的第一行的比较值。因此，必须在执行前使计数器当前值清零。表格执行完毕后，为保证下次使用，需要对计数器当前值清零。

（5）表格高速比较模式指令在驱动中请不要变动比较表格中的数据。

【例 1】　利用表格高速比较模式指令 DHSZ 可以设计一个简易的电子凸轮开关。

假设与机械相连的旋转编码器一周能发出 800 个脉冲。其发出脉冲数与相应的位置符号 A，B，C，D，E，F，G，H 如图 11-35 所示。当编码器旋转向 PLC 输出脉冲时，PLC 利用高速计数器对脉冲进行计数，就可以模仿机械凸轮的动作，利用表格高速比较模式指令 DHSZ 编制程序对输出进行控制。图中用 Y10，Y11，Y12 代替凸轮 A，B，C。

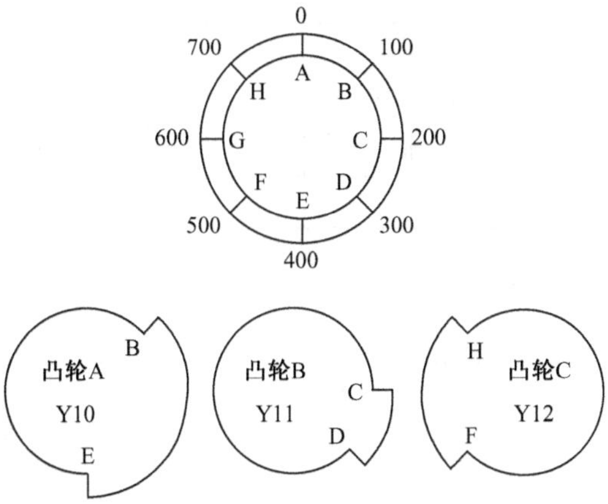

图 11-35　例 1 电子凸轮图示

控制程序时序图如图 11-36 所示。

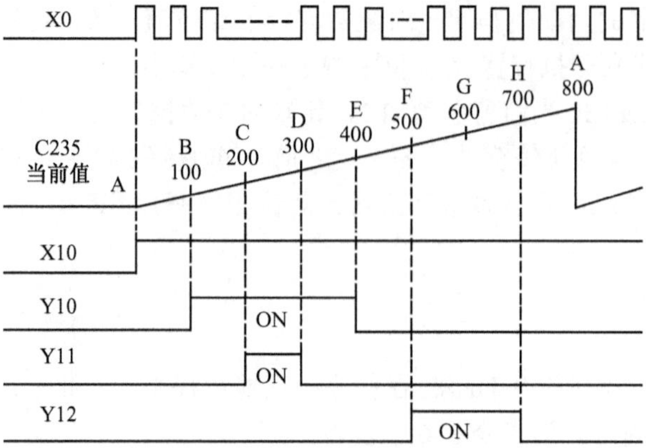

图 11-36　例 1 电子凸轮时序图

在编制程序前，先编写比较表格的数据内容及数据寄存器地址表，见表 11-19。

表 11-19　例 1 比较表格

对　应　点	比　较　值	输　出　Y	置位/复位
B	D301，D300	D302	D303
	K100	H10	K1
C	D305，D304	D306	D307
	K200	H11	K1
D	D309，D308	D310	D311
	K300	H11	K0
E	D313，D312	D314	D315
	K400	H10	K0
F	D317，D316	D318	D319
	K500	H12	K1
H	D321，D320	D322	D323
	K700	H12	K0

程序梯形图如图 11-37 所示。

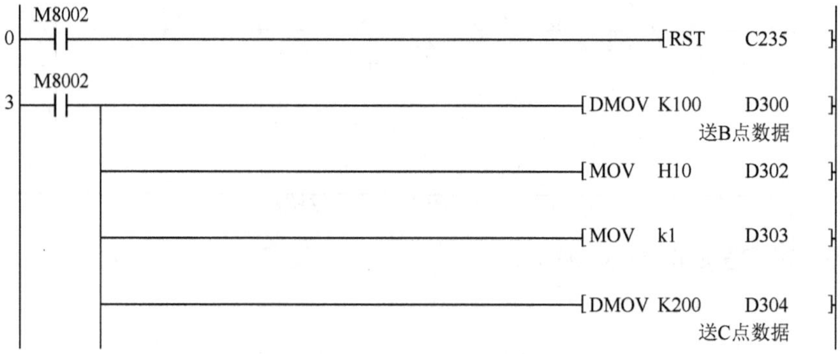

图 11-37　电子凸轮程序梯形图

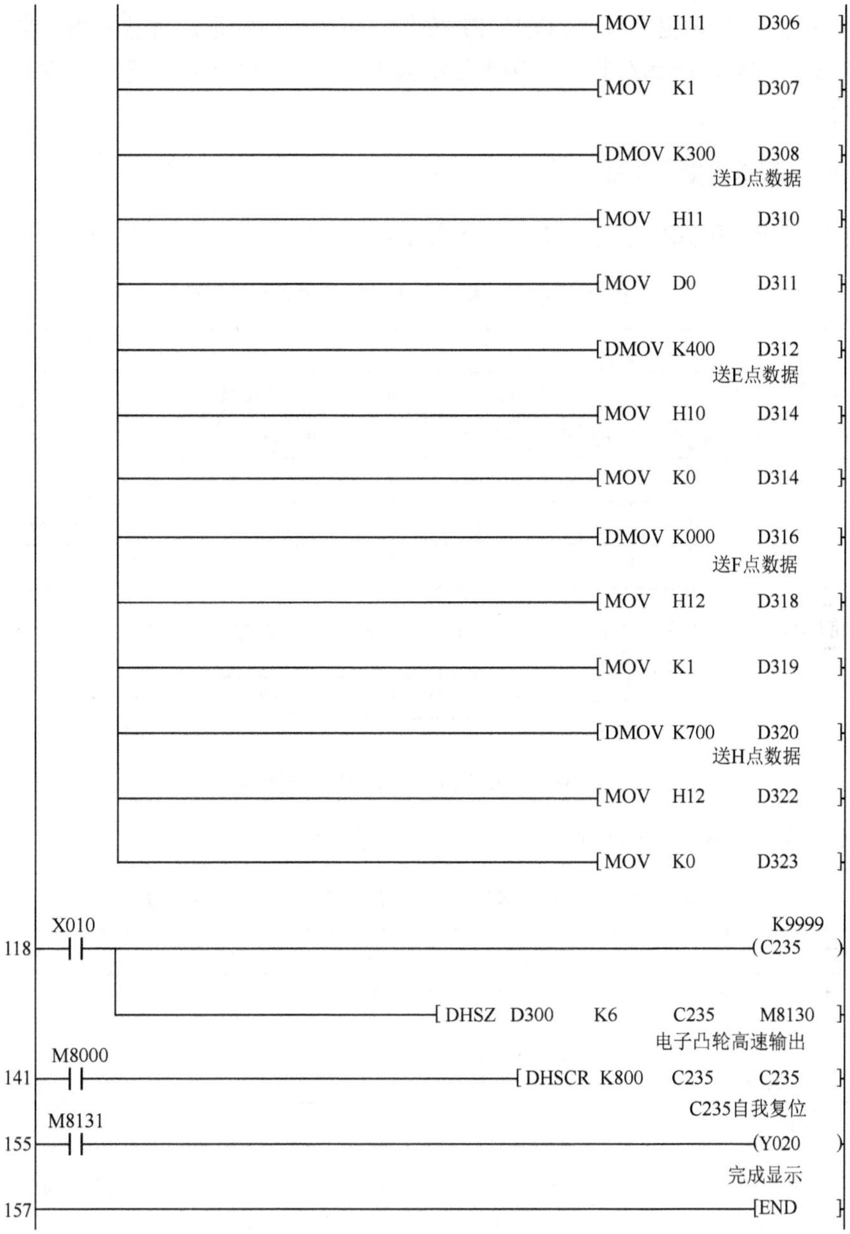

图 11-37　电子凸轮程序梯形图（续）

11.2.6　DHSZ 指令的频率控制模式

1．频率控制模式功能介绍

将终址 D 指定为特殊辅助继电器 M8132 时，DHSZ 指令还可以作为频率控制模式使用，指令执行频率控制模式功能。

频率控制模式和表格比较模式都是在高速计数的过程中，进行多点比较和多次输出。表格比较是针对 PLC 的输出口 Y 的 ON/OFF 操作。而频率控制是针对脉冲输出指令 PLSY 的输出频率控制。因此，DHSZ 指令的频率控制模式必须和 DPLSY 指令组合使用，才能完成频率控制功能。

2. 频率控制模式指令格式

DHSZ 频率控制模式指令可用软元件如表 11-20 所示。

表 11-20　DHSZ 指令频率控制模式可用软元件

操作数种类	位软元件							字软元件													其他				
	系统 /用户							位数指定				系统 /用户				特殊模块	变址			常数		实数	字符串	指针
	X	Y	M	T	C	S	D□.b	KnX	KnY	KnM	KnS	T	C	D	R	U□\G□	V	Z	修饰	K	H	E	"□"	P
S1·														●										
S2·																				●	●			
S·													●											

指令梯形图如图 11-38 所示。注意，指令中终址 D 固定为 M8132。

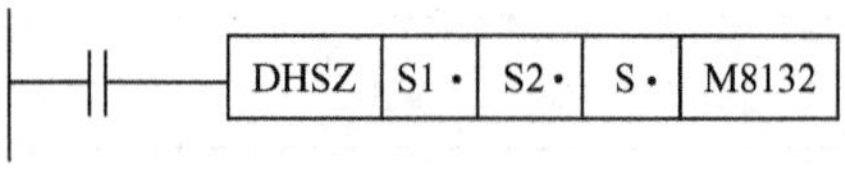

图 11-38　DHSZ 指令频率控制模式梯形图

DHSZ 频率控制模式指令操作数内容与取值如表 11-21 所示。

表 11-21　DHSZ 频率控制模式指令操作数内容与取值

操作数种类	内　容	数 据 类 型
S1·	保存表格数据的起始字软元件编号（仅指数据寄存器 D）	BIN32 位
S2·	表格的行数（仅 K、H）K1～K128/Hl～H80	BIN32 位
S·	高速计数器的软元件编号［C235～C255］	BIN32 位
D·	M8132（表格频率控制模式声明用的特殊辅助继电器）	位

解读：当驱动条件成立时，高速计数器的当前值与由 S1，S2 所组成的频率比较表格中的各行比较数值进行比较，如果相等，则与之组合使用的 DPLSY 指令的输出频率为比较表格中相应的频率。

3. 频率控制模式指令应用

1）频率控制表格的结构与数据设定

与表格高速比较模式一样，频率控制模式也必须在存储区中设置一个表格存储区。其表格形式与表格高速比较模式稍有不同，见表 11-22。

表 11-22　DHSZ 指令频率控制模式比较

比较值（32 位）	频率设定值（32 位）	表格计数器（D8131）
S1+1，S1	S1+3，S1+2	0
S1+5，S1+4	S1+7，S1+6	1
S1+9，s1+8	S1+11，S1+10	2
⋮	⋮	⋮
S1+[(n−1)×4+1]， S1+(n−1)×4	S1+[(n−1)×4+3]， S1+[(n−1)×4+2]	n−1

注：表中 n 为行数，n=S2。

（1）比较值（32 位）。

比较值为 32 位数，每一个值占两个连续的存储单元，最多有 128 个比较值。

（2）频率设定值。

为 DPLSY 指令的频率输出值，32 位数，占两个存储单元。设定时，一般其高 16 位为 0。

（3）表格计数器（D8131）。

频率控制模式的计数器为 D8131，其功能和动作与 D8130 类似，不再阐述。

2）频率控制模式指令执行

频率控制模式执行的动作：

（1）当高速计数器开始计数时，DPLSY 指令的输出频率为表中第一行频率设定值。

（2）如果计数器当前值等于表中第一行比较值时，则 DPLSY 指令输出频率为表中第二行频率设定值，同时表格计数器 D8131 加 1。

（3）如此，反复执行上述操作（2），当当前值与 n 行比较值相等时，则 DPLSY 指令的输出频率为表中第 n+1 行的频率设定值，直到所有行比较执行完毕。执行完毕后，完成标志继电器 M8133 置 ON，表格计数器自动置 0，并回到第一行重复运行。

（4）如果仅需运行一次，不要重复运行，最后一行比较值与频率设定值均设置为 K0。

4．应用注意

（1）与频率控制模式指令 DHSZ 组合应用的脉冲输出指令 DPLSY 的格式是固定的，如图 11-39 所示。格式中仅脉冲输出口可为 Y0 或 Y1，其他数据是不能更改的。

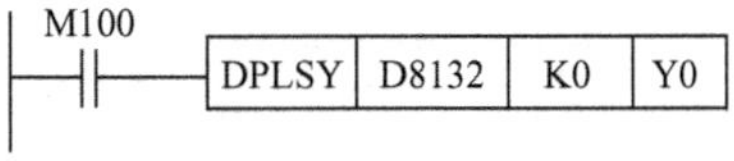

图 11-39　DPLSY 指令频率控制模式梯形图

（2）频率控制模式指令 DHSZ 在程序中只能编程 1 次，此外，若与高速计数器指令 DHS 配合使用，可以同时驱动的指令数量在 6 个以下。

（3）该指令是在首次扫描周期内才完成比较表格的存储，在第二次扫描周期及以后才生效，执行动作也是从第二次扫描周期开始的。为此，采用上升沿触发指令 PLS 来驱动 DPLSY 指令。

（4）当频率控制模式指令 DHSZ 的驱动条件断开时，脉冲输出马上停止，表格计数器 D8131 立即复位，因此，在执行过程中，不要断开驱动条件，而且也不要在驱动中修改表格中数据。

（5）频率比较模式的比较表格可以通过程序向表格中写入数据，也可通过外围设备向表格中各寄存器写入数据。这时，特殊辅助继电器 D8135（高位）、D8134（低位）为频率比较数据存储，而 D8132 为频率设定数据存储，它们都随表格计数器的计数变化而发生变化。

（6）使用频率控制模式时，脉冲输出口 Y0，Y1 不能同时有脉冲输出。

【例 2】 频率控制模式见表 11-23，试画出高速计数器计数脉冲与输出频率关系图。编制频率控制模式程序梯形图。

表 11-23　频率控制模式比较

比较值（32 位）	频率设定值（32 位）
D301，D300	D303，D302
K100	K100
D305，D304	D307，D306
K400	K500
D309，D308	D311，D310
K600	K200
D313，D312	D315，D314
K800	K50
D317，D316	D319，D318
K0	K0

频率控制模式输出特性图如图 11-40 所示。

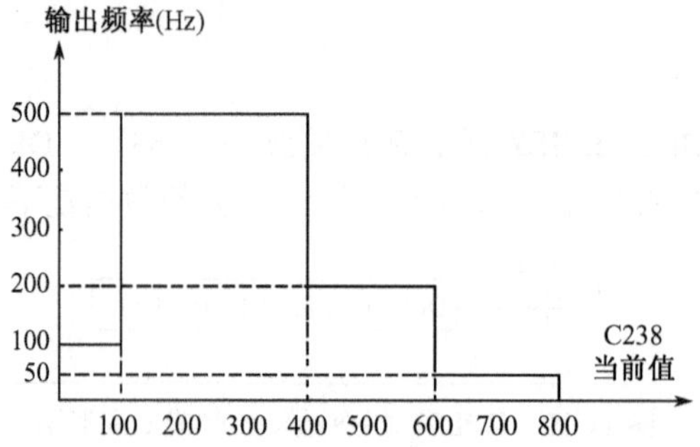

图 11-40　例 2 频率控制模式输出特性图

程序梯形图如图 11-41 所示。

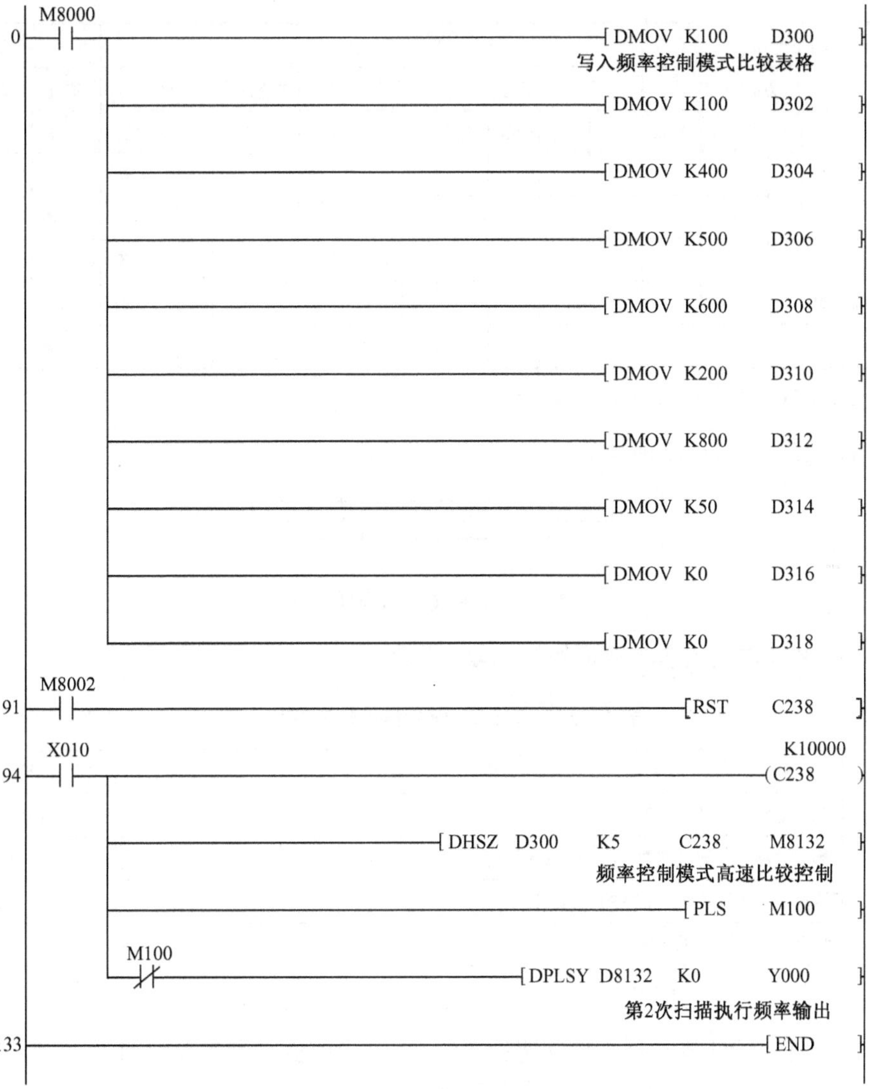

图 11-41　例 2 频率控制模式程序梯形图

11.2.7　高速计数器表格比较指令 HSCT

1．指令格式

FNC 280：【D】HSCT　　　　　　　　　　　程序步：0/21

HSCT 指令可用软元件如表 11-24 所示。

表 11-24　HSCT 指令可用软元件

操作数种类	位软元件							字软元件												其他				
	系统 /用户							位数指定				系统 /用户				特殊模块	变址			常数		实数	字符串	指针
	X	Y	M	T	C	S	D□.b	KnX	KnY	KnM	KnS	T	C	D	R	U□\G□	V	Z	修饰	K	H	E	"□"	P
(S1·)														●	●				●					
m																				●	●			
(S2·)													▲						●					
(D·)		●	●			●													●					
n																				●	●			

▲：仅可以指定高速计数器 C235～C255。

指令梯形图如图 11-42 所示。

DHSCT	S1·	m	S2·	D·	n

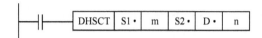

图 11-42　HSCT 指令梯形图

HSCT 指令操作数内容与取值如表 11-25 所示。

表 11-25　HSCT 指令操作数内容与取值

操作数种类	内　容	数 据 类 型
(S1·)	保存数据表格的软元件起始编号	BIN16 位/32 位
m	数据表格数（比较点数）［1≤m≤128］	BIN16 位
(S2·)	高速计数器（C235～C255）的编号	BIN32 位
(D·)	动作输出软元件的起始编号	位
n	动作输山点数［1≤n≤16］	BIN16 位

解读：当驱动条件成立时，将高速计数器 S2 的当前值与预先设定的以 S1 为首址的具有 n 点的数据表格 m 所指定的位元件状态对位元件组合 D 的位元件进行置位（ON）或复位（OFF）驱动。

2. 指令说明

指令 HSCT 与 11.2.5 节所讲解的 HSZ 指令的高速比较模式很接近。它也是在高速计数的过程中进行多点比较和多次输入。但 HSZ 指令一次比较仅对一个输出驱动。而 HSCT 指令可以一次比较对多个输出（最多 16 个）进行同时驱动。在讲解 HSCT 指令执行功能前，先对相关的数据比较表格和多点输出的设定进行说明。

1）比较表格结构

HSCT 指令在执行前，必须在存储区中设置一个做比较用的表格存储区，其首址为 S1，占用单元数为 3m 个存储单元。m 为表格的行数（m 最大为 128），表格的存储结构如表 11-26

所示。其中，比较数据为 32 位数，表格的行数 m 由指令设定，行数为指令执行时比较的次数，每一次比较成立时，都按照动作输出的设定去控制输出指定的位元件组合的状态。表格数据必须按表格中所指定的顺序进行设置。例如第一个比较数据存储在（R1，R0）中，则 R2 存储其动作输出对设定。紧接着在（R4，R3）中存储第 2 个比较数据，而在 R5 中存储其动作输出设定，以此类推，直到全部数据设置完毕。

表 11-26　HSCT 指令比较表格结构

表格编号	比较数据	动作输出的设定（置位［1］/复位［0］）	动作输出目标软元件
0	S1·+1，S1·	S1·+2	D·～D·+n-1
1	S1·+4，S1·+3	S1·+5	
2	S1·+7，S1·+6	S1·+8	
⋮	⋮	⋮	
m-2	S1·+3m-5，S1·+3m-6	S1·+3m-4	
m-1	S1·+3m-2，S1·+3m-3	S1·+3m-1	

2）动作输出软元件

动作输出软元件为位元件 Y、M、S。指令执行后所控制的是指定位元件组合的状态，位元件组合的个数由操作数 n 所决定，n 最少为 1 个，最高不能超过 16 个。位元件组合对首址由 D 决定，例如，当 D 为 M0 时，n 为 8，则位元件组合为 M7～M0。指令执行后所控制是 M7～M0 的状态，而对输出位元件 Y 来说，请务必指定 Y 的编址的最低个位数为 0，例如 Y0、Y10、Y20 等，不要指定其他编址为首址。同时，指定了位元件 Y 为输出时，不要等到执行完 END 指令刷新输出锁存器后才输出，而是要立即执行输出的处理。

3）动作输出的设定

动作输出位元件的状态是由动作输出设定寄存器的内容所决定的。动作输出设定寄存器是一个 16 位的存储器，其每一个二进制位的状态对应于相应输出位元件的状态。对应关系是：二进制为“1”，则其对应输出位元件为 ON；二进制为“0”，输出位元件状态为 OFF。在指令中，常常是通过设置成十六进制数来确定的。

【例 3】　HSCT 指令的操作数 D=M0，n=k8，动作设定寄存器设定值为 HA716。当计数器当前值与比较值一致时，请指出输出软元件的状态。

动作设定寄存器设定值为 HA716，其二进制数表示为 1010011100010110。由 n=k8，D=M0 可以得出指令所控制的是输出软元件 M7～M0 的状态。其对应的动作设定寄存器的二进制位为 b7～b0。所以其输出状态为 M1，M2 和 M4 为 ON，其余为 OFF。可参看图 11-43 示意图。

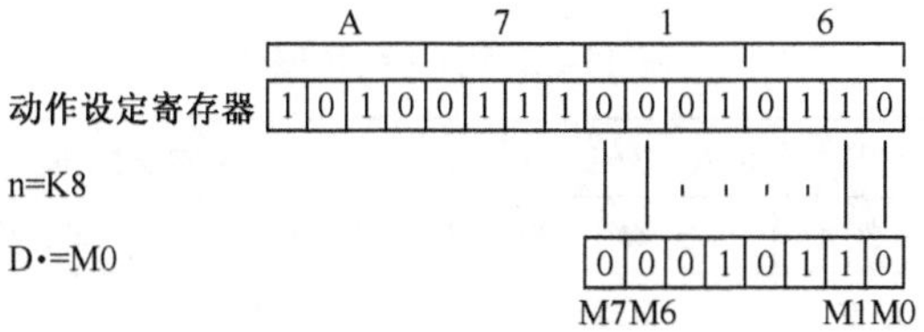

图 11-43　例 3 说明示意图

动作设定寄存器为 16 位寄存器，因此，最多控制 16 个连续编址的位元件，实际控制多少由 n 确定，当 n 小于 16 时，最低位 b0 状态为起始位元件状态，而动作设定寄存器多余的二进制位则被舍去。

3. 指令应用

1）相关软元件

HSCT 指令涉及两个软元件，如表 11-27 所示。

M8138 为 HSCT 指令结束标志位，当比较表格中所有比较数据比较完毕后为 ON。仅接通 1 个扫描周期。

D8138 为表格计数器。在执行第 1 个比较数据的比较前，其当前值为“0”，执行完毕后，当前值自动加 1，直到当前值变为 m 时，立即被复位为“0”。当指令的驱动条件断开后，表格计数器 D8138 的当前值也立即被复位为 0。

表 11-27　HCST 指令相关软元件

软 元 件	名　称	内　容
M8138	HSCT（FNC 280）结束标志位	当最后一个表格（m-1）号的动作结束时为 ON
D8138	HSCT（FNC 280）表格计数器	保存作为比较对象的表格编号

2）执行功能

指令的执行功能是：

（1）由 S2 所指定的高速计数器的当前值首先与表格中的第 1 个数据进行比较，如果当前值等于比较数据时，则按照第 1 个动作输出设定去驱动 n 个输出位元件 D 的输出状态。

（2）表格计数器 D8138 的当前值加 1。

（3）作为比较对象的数据转移到下一个数据中。

（4）重复（1）～（3）的动作，直到全部比较数据比较完毕。

（5）结束标志位 M8138=ON，同时表格计数器 D8138 复位为 0。

【例 4】 试说明如图 11-44 程序执行功能，指令 HSCT 的数据比较表格如表 11-28 所示。

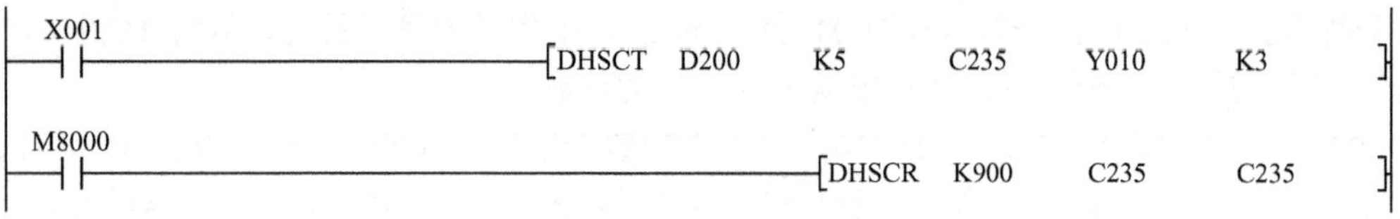

图 11-44　例 4 程序图

表 11-28　例 4 比较表格

表 格 编 号	比 较 数 据		SET/RESET 模式		表格计数器（D8138）
	软 元 件	比 较 值	软 元 件	动作输出设定值	
0	D201，D200	K321	D202	H0001	0↓
1	D204，D203	K432	D205	H0007	1↓

续表

表格编号	比较数据		SET/RESET 模式		表格计数器（D8138）
	软元件	比较值	软元件	动作输出设定值	
2	D207，D206	K543	D208	H0002	2↓
3	D210，D209	K764	D211	H0000	3↓
4	D213，D212	K800	D214	H0003	4↓0 开始重复

DHSCT 指令的操作数显示，一共有 5 个比较数据，当高速计数器 C235 的当前值与比较数据相符时，根据动作输出设定值的 b2～b0 状态去控制 Y12，Y11，Y10 的输出状态。程序增加 DHSCR 指令的目的是可以进行循环计数。当执行 DHSCR 指令时，由于终址也为 C235 本身，相当于 C235 计数器当前值为 900 时，C235 计数器自行复位，当前值为 0。这样，DHSCT 指令又可重新开始执行，程序执行功能如图 11-45 所示。当计数器当前值为 K321 时，其输出设定值为 H0001，仅 b0 为 1，则 Y12，Y11，Y10 的输出状态为 OFF，OFF，ON，见图中 D8138 为 1 时所对应的 Y 输出，表格计数器 D8138 加 1 变为 1。以此类推，当 C235 当前值为 K800 时，执行最后一行的输出设定值 H0003，即 Y12，Y11，Y10 输出状态为 OFF，ON，ON，表格计数器由当前值 4 加 1 变为 5，等于操作数 k5 值后，马上复位为 0。这也是图上看不到 D8138 当前值为 5 的原因。C235 当前值为 900 时，执行 DHSCR 指令，其当前值立即复位为 0，又开始了第二次的数据比较循环。图中还显示了当驱动条件中断后，指令不再执行，Y12，Y11，Y10 的状态保持不变，表格计数器马上复位为 0 的情况。

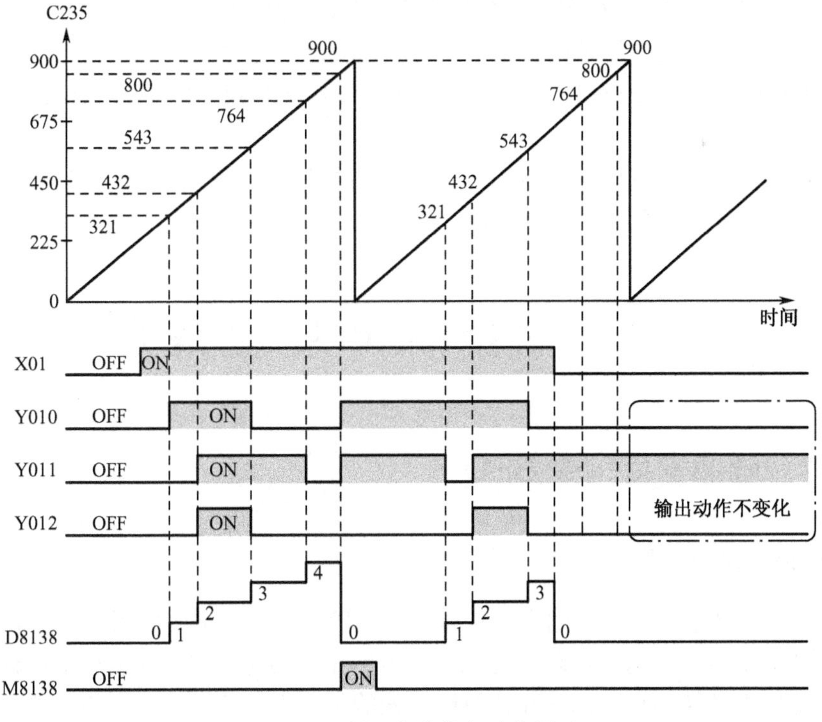

图 11-45　例 4 程序执行功能图示

3）指令应用

（1）HSCT 指令只能在程序中执行一次。如果出现两个以上的 HSCT 指令，则第二个及以上的指令均会出现运算错误。

（2）指令所设置的比较数据表格是在初次执行指令后的 END 指令执行完才形成的，因此，所指定的输出状态要等到第二个扫描周期才开始动作。

（3）指令执行数据表格的数据比较时，是一行一行进行比较的。只有上一行数据比较完后（即存在当前值等于比较值时），才会移到下一行数据进行比较。如果上一行数据不能得到执行，则以后的数据行均不能得到执行。举例来说，如果在指令执行前，增计数器 C235 的当前值为 K500，而比较表格的第一行比较数据为 K300，则 C235 计数是由 K500 向上递增，不可能达到当前值 K300，因此，第一行比较数据不可能得到执行，第一行以后的数据均不能得到执行。哪怕第二行比较数据为 K1000，当 C235 计数到 K1000 时，也不会执行。HSCT 指令的这个特性要求在使用前必须使计数器的当前值小于第 1 行的比较数据值，最好当前值为 0。另外，对比较数据表格来说，其比较数据应逐行递增，而不是忽大忽小，避免发生计数器当前值大于比较数据的情况。

4．指令应用注意

以下情况会发生运算错误，错误标志位 M8067 置 ON，错误代码保存在 D8067 中。

（1）S2 中指定了高速计数器 C235～C255 以外的软元件时。

（2）S1 中指定的软元件编址超出了该软元件的编址范围时。

（3）D 中指定的软元件编址超出了该软元件的编址范围时。

（4）DHSCT 指令，DHSCS 指令，DHSCR 指令和 DHSZ 指令可以同时执行的指令数超过 32 个以上时。

（5）高速计数器指令 DHSCT 所应用的高速计数器均受到表 11-4 计数器的频率限制和总计频率限制，实际应用时必须加以注意。

11.3 高速脉冲处理指令

11.3.1 脉冲密度指令 SPD

1．旋转体转速的测量

旋转体转速的测量是工业控制中经常碰到的问题，一般常采用如图 11-46 所示的方法。在旋转体的轴上安装一个码盘，码盘边上有许多小孔。码盘的侧边安装一个计数光电开关，当码盘随旋转体主轴转动时，光电开关便对透光的小孔进行计数。通过统计单位时间内脉冲的个数便可测量旋转体的转速。

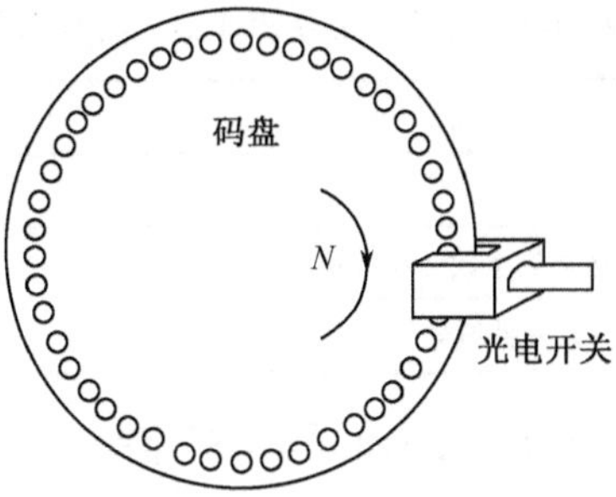

图 11-46　旋转体转速的测量

假定码盘上一周小孔的个数为 n，测量时间为 t 毫秒，t 毫秒内得到脉冲的个数为 D，则转速 N 的计算公式为

$$N = \frac{60 \times D}{n \times t} \times 10^3 \mathrm{r/min}$$

也可以把旋转编码器直接套在旋转体的轴上，或通过机械减速机构与轴相连。计算时必须考虑到减速比和编码器每周脉冲数。

脉冲密度指令 SPD 可以完成上述的转速测量功能，所以 SPD 又称速度检测指令、转速测量指令等。

2. 指令格式

FNC 56：【D】SPD　　　　　　　　　　　　程序步：7/13

SPD 指令可用软元件如表 11-29 所示。

表 11-29　SPD 指令可用软元件

操作数种类	位软元件							字软元件												其他				
	系统/用户							位数指定				系统/用户				特殊模块	变址			常数		实数	字符串	指针
	X	Y	M	T	C	S	D□.b	KnX	KnY	KnM	KnS	T	C	D	R	U□\G□	V	Z	修饰	K	H	E	"□"	P
S1·	▲1																		●					
S2·								●	●	●	●	●	●	●	▲2	▲3	●	●	●	●	●			
D·												●	●	●	▲2		●	●	●					

▲1：FX_{3G}/FX_{3GC}/FX_{3U}/FX_{3UC} 可编程控制器请指定 X000～X007。FX_{3S} 可编程控制器请指定 X000～X005。

▲2：仅 FX_{3G}/FX_{3GC}/FX_{3U}/FX_{3UC} 可编程控制器支持。

▲3：仅 FX_{3U}/FX_{3UC} 可编程控制器支持。

指令梯形图如图 11-47 所示。

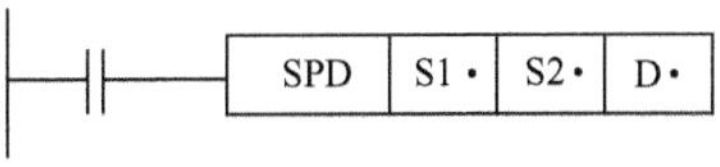

图 11-47　SPD 指令梯形图

SPD 指令操作数内容与取值如表 11-30 所示。

表 11-30 SPD 指令操作数内容与取值

操作数种类	内容	数据类型
S1·	输入（X）脉冲的软元件编号	位
S2·	时间（ms）数据或是保存数据的字软元件编号	BIN16/32 位
D·	保存脉冲密度数据的起始字软元件编号	BIN16/32 位

解读：当驱动条件成立时，把在 S2 时间里对 S1 输入的脉冲的计量值送到 D 中保存。

3. 指令应用

1）执行功能

16 位指令 SPD 在执行时，占有 D、D+1 和 D+2 三个寄存器，这三个寄存器的作用如下。
D：存储在测量时间里所测得脉冲的个数。
D+1：存储在 SPD 执行时测量的脉冲个数当前值。
D+2：测量时间剩余时间存储，是一个倒计时的时间值。开始时为 S2，然后减小到 0。
SPD 指令的动作时序如图 11-48 所示。

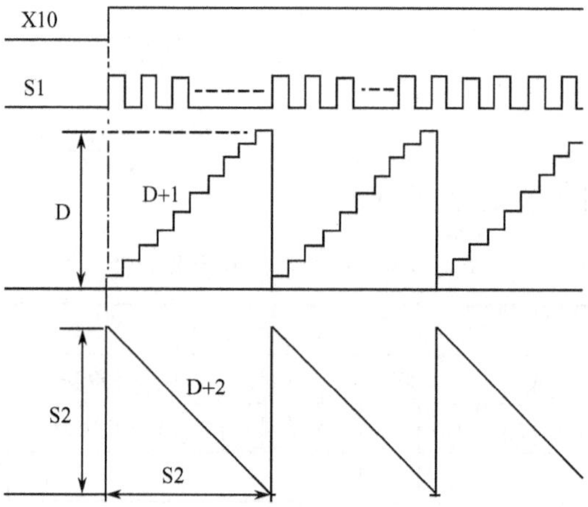

图 11-48 SPD 指令动作时序图

32 位指令 DSPD 占用（D+1，D），（D+3，D+2），（D+5，D+4）六个 D 寄存器。

SPD 主要是用来测量规定时间内输入脉冲的密度，如果把规定的时间定为 1s，就可以测量输入脉冲的频率，如果经过适当的换算，就可用来测量旋转体的转速。

驱动条件只要成立，SPD 指令执行就不断地重复测量。因此，它测量的是实际值；如果用来显示，显示的是当前值。

2）应用注意

（1）测量脉冲输入的 X0～X5 口不能与高速计数器、输入中断、脉冲捕捉等重复使用。

（2）输入脉冲的最大频率与一相高速计数器同样处理，如果与高速计数器、PLSY 指令和 PLSR 指令同时使用时，频率受到高速计数器使用总计频率的限制。

【例 3】　用码盘测量电机的转速，如图 11-46 所示，码盘每转发出 200 个脉冲，试编写 PLC 控制测量程序。

程序编制前，先设定一些参数和计算公式。取测量时间为 1s（1 000ms），代入公式得

$$N=\frac{60\times D}{n\times t}\times 10^{3}\,\mathrm{r/min}$$

$$=\frac{60\times D}{200\times 1000}\times 10^{3}\,\mathrm{r/min}=\frac{3\times D}{10}\,\mathrm{r/min}$$

一般情况下，当程序涉及公式运算时，最好对运算公式进行化简处理，然后再编制程序，这样做可以使运算结果不超出数值处理范围。

转速测量程序梯形图如图 11-49 所示。

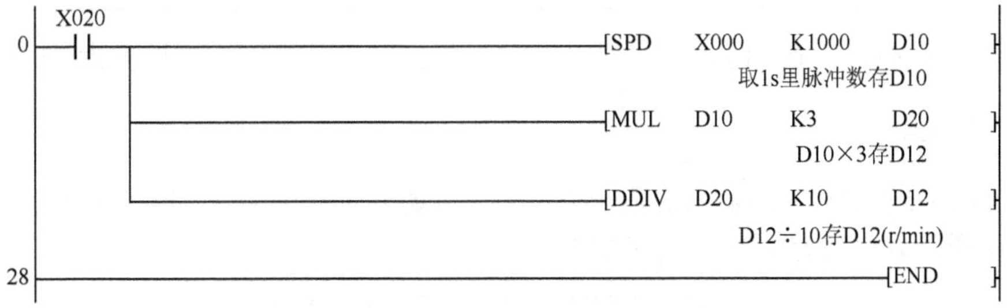

图 11-49　例 3 程序梯形图

11.3.2　脉宽调制指令 PWM

1. 指令格式

FNC 58：PWM　　　　　　　　　　　　　　　　程序步：7

PWM 指令可用软元件如表 11-31 所示。

表 11-31　PWM 指令可用软元件

操作数种类	位软元件							字软元件												其他				
	系统 /用户							位数指定				系统 /用户				特殊模块	变址			常数		实数	字符串	指针
	X	Y	M	T	C	S	D□.b	KnX	KnY	KnM	KnS	T	C	D	R	U□\G□	V	Z	修饰	K	H	E	"□"	P
S1·								●	●	●	●	●	●	●	▲2	▲3	●	●	●	●	●			
S2·								●	●	●	●	●	●	●	▲2	▲3	●	●	●	●	●			
D·		▲1																	●					

▲1：请指定基本单元的晶体管输出 Y000、Y001、Y002[①]或是高速输出特殊适配器[②]的 Y000、Y001、Y002、Y003。

▲2：仅 $FX_{3G}/FX_{3GC}/FX_{3U}/FX_{3UC}$ 可编程控制器支持。

▲3：仅 FX_{3U}/FX_{3UC} 可编程控制器支持。

① FX_{3G} 可编程控制器（14 点、24 点型）或 FX_{3GC} 可编程控制器不能使用 Y002。

② 高速输出特殊适配器只能连接到 FX_{3U} 可编程控制器。

梯形图如图 11-50 所示。

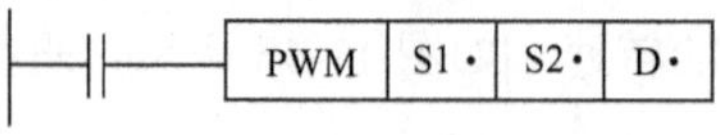

图 11-50　PWM 指令梯形图

PWM 指令操作数内容与取值如表 11-32 所示。

表 11-32　PWM 指令操作数内容与取值

操作数种类	内　容	数据类型
S1·	脉宽（ms）数据或是保存数据的字软元件编号	BIN16 位
S2·	周期（mg）数据或是保存数据的字软元件编号	BIN16 位
D·	输出脉冲的软元件（Y）编号	位

解读：当驱动条件成立时，从脉冲输出口 D 输出一个周期为 S2，脉宽为 S1 的脉冲串。

2．指令说明

脉宽调制指令 PWM 的输出的是一个占空比可调节的脉冲信号。什么叫脉冲的占空比？如图 11-51 所示为周期为 T 的脉冲序列信号。

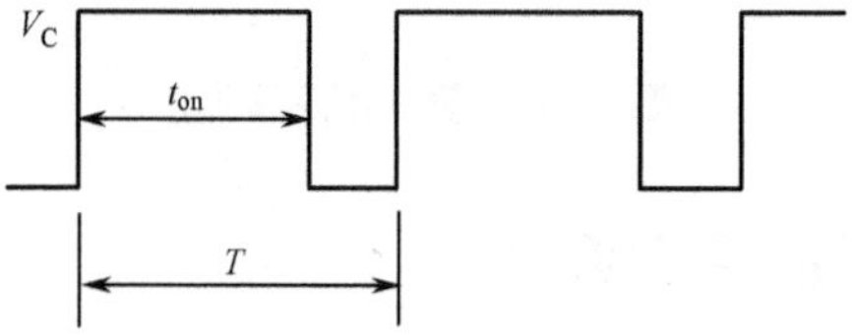

图 11-51　脉冲序列信号

设 T 为脉冲周期，t_{on} 为一个周期内脉冲导通时间，则其占空比 D 为

$$D=\frac{t_{on}}{T}$$

脉冲序列平均值 V_L 为

$$V_L=\frac{V_C\times t_{on}}{T}=V_C\times D$$

可见，调节占空比 D 可调节输出平均值 V_L，且 V_L 与 D 成正比。

3．指令应用

（1）PWM 指令的输出脉冲频率比较低，其最小脉冲周期为 2ms，则其输出脉冲频率最高为 500Hz。实际上为了等到较宽的调制范围和调整精度，一般设置周期都远大于 2ms。

脉宽 S1 必须小于脉冲周期 S2，如果 S1 大于 S2，则会出现错误，指令不能执行。

脉冲串输出采用中断方式进行，不受 PLC 扫描周期的影响。驱动条件一旦断开，输出立即中断，必须采用晶体管输出型的 PLC。

PWM 指令在程序中只能使用一次，PWM 所占用的高速脉冲输出口不能再为其他高速脉冲指令所用。

指令在执行中可以改变脉宽 S1 和周期 S2 的数值，一旦改变，指令会立即执行新的脉宽和周期。但在实际应用时，常常是周期 S2 不变，而改变脉宽 S1 来调整脉冲的占空比，从而去控制模拟量的变化。

（2）PWM 指令多用在模拟量控制中调节电炉温度，设定一个脉冲序列周期 T 和给定温度值电压，由测温传感器检测到的炉温通过 A/D 模块送入 PLC，与给定温度值进行比较，其偏差在 PLC 内进行 PID 控制运算。运算的结果作为脉冲序列输出的 t_{on} 控制占空比，从而控制电阻丝的加热电压平均值，也可以说是控制其加热时间与停止加热时间之比来达到控制炉温的目的。当炉温温升高时，t_{on} 会变小，这样，其加热时间变短，停止加热时间变长，炉温回落。也可以说输出平均值 V_L 变小，平均电流变小，炉温回落。通常情况下，PWM 指令输出的调制脉冲是通过外接电子电路或器件（固态继电器）才能控制执行器。

图 11-52 为 PWM 脉宽调压输出控制电路，通过滤波电路去控制输出电压的变化，再用输出电压变化去控制执行器，从而控制模拟量的变化。电路中的滤波电路时间常数为 RC=1kΩ×470μF=470ms，此值要远大于 PWM 指令输出的脉冲周期 S2 才能达到控制效果。

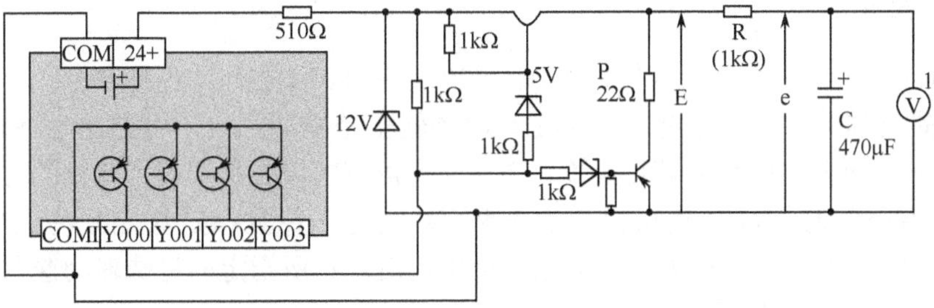

图 11-52　PWM 脉宽调压输出控制电路

11.3.3　产生定时脉冲指令 DUTY

1. 指令格式

FNC 186：DUTY　　　　　　　　　　　　　程序步：7

DUTY 指令可用软元件如表 11-33 所示。

表 11-33　DUTY 指令可用软元件

操作数种类	位软元件							字软元件												其他				
	系统 /用户							位数指定				系统 /用户				特殊模块	变址			常数		实数	字符串	指针
	X	Y	M	T	C	S	D□.b	KnX	KnY	KnM	KnS	T	C	D	R	U□\G□	V	Z	修饰	K	H	E	"□"	P
n1												●	●	●	●					●	●			
n2												●	●	●	●					●	●			
(D·)			▲																●					

▲：请指定 M8330～M8334。

指令梯形图如图 11-53 所示。

DUTY 指令操作数内容与取值如表 11-34 所示。

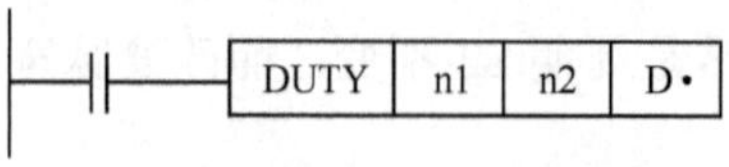

图 11-53　DUTY 指令梯形图

表 11-34　DUTY 指令操作数内容与取值

操作数种类	内　容	数据类型
n1	ON 的扫描次数（运算周期）[n1>0]	BIN16 位
n2	OFF 的扫描次数（运算周期）[n2>0]	
D·	定时时钟输出的目标地址	位

解读：当驱动条件成立时，在 D 指定的地址输入一个周期性脉冲，脉冲的周期为（n1+n2），其中脉冲为 ON 的时间为 n1 个扫描周期，脉冲为 OFF 的时间为 n2 个扫描周期。

2. 指令说明

指令 DUTY 的功能与 PLC 内部定时钟 M8011～M8014 类似，也是产生一个周期性脉冲信号，但不是高速脉冲输出信号。内部定时时钟输出是周期固定，占空比为 50%的脉冲信号，而 DUTY 指令输出的是周期可设置，占空比也可调的以扫描周期为单位的时钟脉冲。

DUTY 指令的时钟脉冲输出口由操作数 D 决定，并且指定只能是特殊辅助继电器 M8330～M8334，共 5 个。一旦 DUTY 指令被驱动后，它所指定的特殊辅助继电器的常开或常闭触点均按 DUTY 指令所规定的 ON/OFF 时间动作。

DUTY 指令常用在采集周期较长的数据采集中，例如，希望在 5 个扫描周期进行一次数据采集，用 DUTY 指令就很容易做到。

3. 指令应用

1）执行功能

指令执行功能可用图 11-54 进行说明，当 X000 为 ON 时，从定时时钟 M8330 输出一个周期性脉冲，其周期为 4 个扫描周期，其中第 1 个扫描周期为 ON，其余 3 个扫描周期为 OFF。

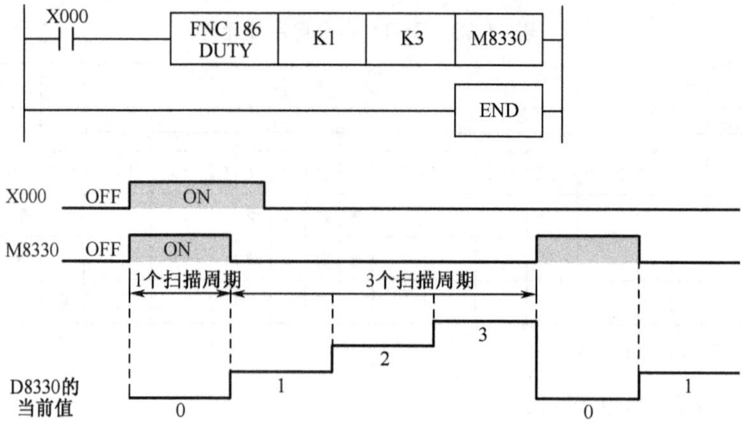

图 11-54　DUTY 指令执行功能图示

同时对应的扫描计数器 D8330 对扫描次数进行计数并存储扫描次数当前值，当计数到 4 个扫描周期（n1+n2）时，D8330 被复位为 0 又重新开始计数。

2）定时时钟与扫描计数

DUTY 指令规定了定时时钟脉冲输出只能是 M8330～M8334，共 5 个，与其对应的扫描周期计数存储器为 D8330～D8334，如表 11-35 所示。

表 11-35　DUTY 指令相关软元件

定时时钟脉冲输出目标地址	对扫描计数用软元件
M8330	D8330
M8331	D8331
M8332	D8332
M8333	D8333
M8334	D8334

定时时钟一旦被驱动，并不马上工作，而是在执行到 END 指令处时开始输出周期脉冲，扫描周期计数器也开始计数。定时时钟工作后，即使驱动条件断开，其动作也不停止，仅在 STOP 或断电时，才停止输出。

3）指令应用注意

DUTY 指令在程序中最多能使用 5 次，但是应用时不能在多个指令中使用同一个定时时钟，换句话说，5 个 DUTY 指令只能分别使用 M8330～M8334 定时时钟。

当 n1 或 n2 设定为 0 时，定时时钟状态如表 11-36 所示。

表 11-36　n1，n2 为 0 时定时时钟状态

n1、n2 的状态	定时时钟 ON/OFF 的状态
n1 = 0，n2 >= 0	定时时钟固定为 OFF
n2 = 0，n1 >= 0	定时时钟固定为 ON

11.4　PLC 内部处理指令

11.4.1　输入输出刷新指令 REF

1. 指令格式

FNC 50：REF 【P】　　　　程序步：5

REF 指令可用软元件如表 11-37 所示。

表 11-37　REF 指令可用软元件

操作数种类	位软元件							字软元件												其他				
	系统 /用户							位数指定				系统 /用户				特殊模块	变址			常数		实数	字符串	指针
	X	Y	M	T	C	S	D□.b	KnX	KnY	KnM	KnS	T	C	D	R	U□\G□	V	Z	修饰	K	H	E	"□"	P
(D)	▲1	▲2																						
n																				▲3	▲3			

▲1：X000、X010、X020……到最终输入编号为止（最低位位数编号仅为 0）。

▲2：Y000、Y010、Y020……到最终输出编号为止（最低位位数编号仅为 0）。

▲3：FX_{3S} 可编程控制器时，为 K8（H8）、K16（H10）。

FX_{3G}/FX_{3GC} 可编程控制器时，从 K8（H8）、K16（H10）……到 K128（H80）为止（仅限 8 的倍数）。

FX_{3U}/FX_{3UC} 可编程控制器时，从 K8（H8）、K16（H10）……到 K256（H100）为止（仅限 8 的倍数）。

指令梯形图如图 11-55 所示。

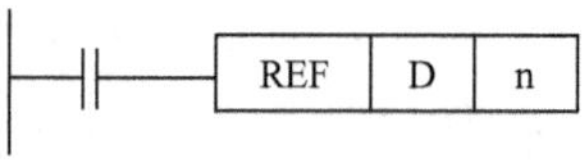

图 11-55　REF 指令梯形图

REF 指令操作数内容与取值如表 11-38 所示。

表 11-38　REF 指令操作数内容与取值

操作数种类	内　　容	数 据 类 型
(D)	刷新的位软元件（X、Y）编号	位
n	刷新的位软元件点数（8～256 中 8 的倍数）	BIN16 位

解读：当驱动条件成立时，在程序扫描过程中，将最新获得的信息 X 马上送入映像寄存器或将输出 Y 扫描结果马上送至输出锁存寄存器并立即输出控制。

2．关于刷新的说明

当 PLC 投入运行后，在整个运行期间是按一定顺序进行循环扫描的，即循环重复执行用户程序的输入处理、用户程序执行和输出处理 3 个阶段，如图 11-56 所示。

在输入采样阶段，PLC 进行输入刷新。在此期间，PLC 以扫描方式依次地读入所有输入状态和数据，并将它们存入 I/O 映像区中相应的映像寄存器内。在本次扫描周期内，即使输入状态和数据发生变化，I/O 映像区中相应的单元的状态和数据也不会改变，直至下一个扫描周期的输入采样阶段才会改变。

在用户程序执行阶段，PLC 按由上向下的顺序依次地扫描用户程序（梯形图）。在用户程序执行过程中，只有输入点在 I/O 映像区内的状态和数据不会发生变化，而其他输出点和软设备在 I/O 映像区或系统 RAM 存储区内的状态和数据都有可能发生变化。而且排在上面的梯形图，其程序执行结果会对排在下面的凡是用到这些线圈或数据的梯形图起作用；相反，排在下面的梯形图，其被刷新的逻辑线圈的状态或数据只能到下一个扫描周期才能对排在其上面的程序起作用。

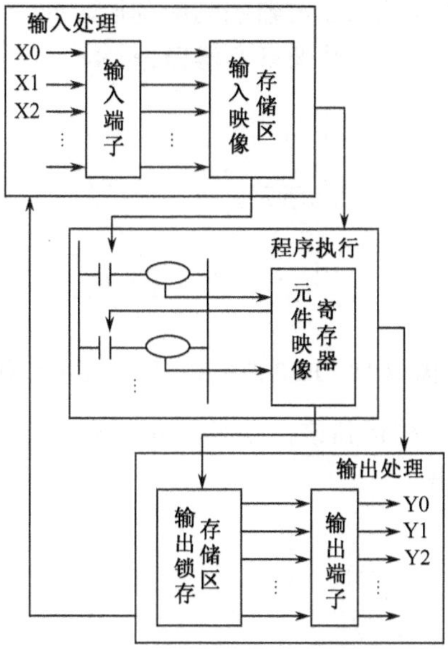

图 11-56　PLC 扫描工作方式图示

当扫描用户程序结束后，PLC 就进入输出刷新。在此期间，PLC 按照 I/O 映像区内对应的状态和数据集中刷新所有的输出锁存存储区，然后传送到相应的输出端子，再经输出电路驱动相应的实际负载。

这种输入刷新集中采样与输出刷新集中输出的方式是 PLC 的一大特点。外界信号状态的变换要到下一个扫描周期才能被 PLC 采样，输出端口状态要保存一个扫描周期才能改变，这样就从根本上提高了系统的抗干扰能力，提高了工作的可靠性。

但是，这种扫描方式也带来了响应滞后的问题，如果程序过长（扫描时间长），程序内含有循环程序、中断服务程序、子程序（程序执行时间长）及高速处理时，实时响应就更差。在某些控制情况下，希望最新的输入信号能马上在程序运行中得到响应，而不是等到下一个扫描周期才输入。希望程序运行中的输出状态能及时输出控制，而不要等到 END 指令执行后才输出。这种需要及时处理的输入和输出可以利用输入输出刷新指令 REF 来完成。在程序中安排 REF 指令，可立即对 I/O 映像区刷新或立即对输出锁存寄存器进行刷新，这就是 REF 指令刷新的含义。

3. 指令执行功能

1）输入刷新

REF 指令输入刷新应用梯形图如图 11-57 所示。

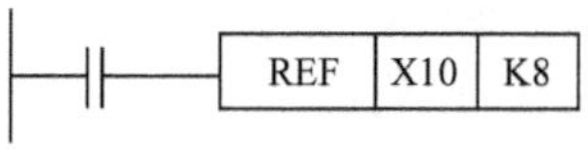

图 11-57　REF 指令输入刷新应用梯形图

指令的执行功能：当 PLC 执行到该指令时，立即读取 X10～X17 这 8 个输入点的状态并同时送到输入映像寄存器（刷新），以供 PLC 程序执行时采用。

如果在指令执行前 10ms（输入滤波器的响应延迟时间，见 REFF 指令说明）输入状态已经置 ON，则执行该指令时，输入映像寄存器仍为 ON。

2）输出刷新

REF 指令输出刷新应用如图 11-58 所示。

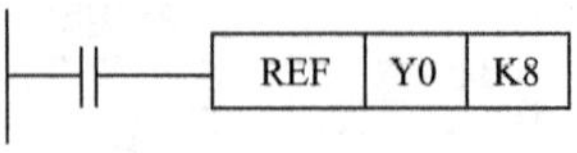

图 11-58　REF 指令输出刷新应用梯形图

指令执行功能：当 PLC 执行到该指令时，立即将 Y0～Y7 的当前状态送到输出锁存区，并马上以此状态控制输出。

4. 指令应用

1）终址 D 与 n 编号

终址 D 的位元件只能是 X，Y。其编号的低位数一定为 0，如 X0，X10…Y0，Y10 等。
n 为刷新点数，必须为 8 的倍数，如 K8，K16，K24 等，除此以外的数都是错误的。

2）指令使用与执行

刷新指令可在程序任意地方使用，但常在循环程序、子程序和中断服务程序中使用。例如，根据外部中断信号，可以马上转入中断服务程序中，但在中断程序中的输出点的变化只是送入到输出锁存区中保存，要等到 END 指令执行后才能刷新输出。如果在中断服务子程序中应用 REF 指令进行输出刷新，则输出点的变化马上就可以控制输出。而循环程序、子程序及 CJ 指令转移程序等，在运行时间过长时也经常用到 REF 指令。

PLC 是顺序扫描的，当执行 REF 后，映像区的状态被当前的状态所更新。因此，在 REF 指令之前的指令已经执行完毕，在 REF 之后执行的值，将使用更新后的映像区的值。

3）关于输出响应时间

执行 REF 指令后，输出 Y 在下述响应时间后接通输出信号。
继电器输出型：约 10ms，在输出继电器响应时间后，输出触点动作。
晶体管输出型：Y0，Y1 为 15μs～30μs，其他输出响应时间为 0.2μs 以下。

11.4.2　输入滤波时间调整指令 REFF

1. 指令格式

FNC 51：REFF 【P】　　　　程序步：3
REFF 指令可用软元件如表 11-39 所示。

表 11-39　REFF 指令可用软元件

操作数种类	位软元件							字软元件												其他				
	系统/用户							位数指定				系统/用户				特殊模块	变址			常数		实数	字符串	指针
	X	Y	M	T	C	S	D□.b	KnX	KnY	KnM	KnS	T	C	D	R	U□\G□	V	Z	修饰	K	H	E	"□"	P
n														●	●					▲	▲			

▲：K0（H0）～K60（H3C）

指令梯形图如图 11-59 所示。

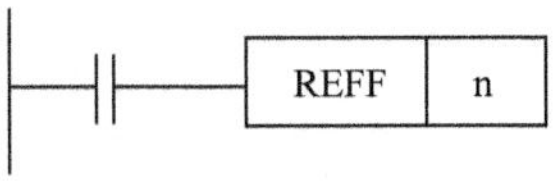

图 11-59　REFF 指令梯形图

REFF 指令操作数内容与取值如表 11-40 所示。

表 11-40　REFF 指令操作数内容与取值

操作数种类	内　　容	数 据 类 型
n	数字式滤波器的时间数据［K0～K60（H0～H3C）×1ms］	BIN16 位

解读：当驱动条件成立时，将输入口 X0～X17 的数字滤波器的滤波时间改为 n ms。

2. 关于输入滤波时间的说明

为了防止输入触点的振动和干扰噪声的影响，通常会在 PLC 的输入口设置 RC 滤波器或数字滤波器。当信号通过 RC 滤波器时，就会将一些干扰信号衰减掉，保证了触点状态能正确的送入到映像存储区中。但是，这种滤波方式是需要一定时间的，也就是说，当触点状态改变时，在设定的滤波时间延迟后才能把变化后的状态送到映像寄存区。例如，滤波时间为 10ms，则输入刷新要经过 10ms 的延迟才把输入状态送到输入映像存储区。但对一些无触点的电子开关来说，它们没有抖动和干扰噪声，可以高速输入，而输入滤波时间的延迟影响了这些开关信号的高速输入。为此，许多 PLC 都设置了滤波时间调整指令或通过改变特殊数据寄存器的内容来调整输入滤波时间。

三菱 FX 系列 PLC 的输入口的滤波时间因型号不同而不同，见表 11-41。

表 11-41　FX 系列 PLC 滤波时间及调整方式

型　　号	可调整输入口	滤 波 时 间	滤波时间调整方式	
			调整指令 REFF	修改 D8020
FX_{1S}	X0～X17	0～15ms	—	●
FX_{1N}		0～15ms	—	●
FX_{2N}，FX_{2NC}		0～60ms	●	●
FX_{3U}，FX_{3UC}		0～60ms	●	●

滤波时间的调整有两种方式：一是通过调整指令 REFF 在程序中进行调整，二是通过修

改滤波时间存储特殊数据寄存器 D8020 的内容进行调整。FX_{1S}，FX_{1N} 系列 PLC 没有调整指令，只能通过 MOV 指令修改 D8020 进行调整。

3. 指令执行功能

在程序中插入调整指令 REFF，则该指令被驱动执行后，其后面的程序执行时，输入口 X0～X17 按指令所指定的滤波时间进行输入状态的刷新，如图 11-60 所示。

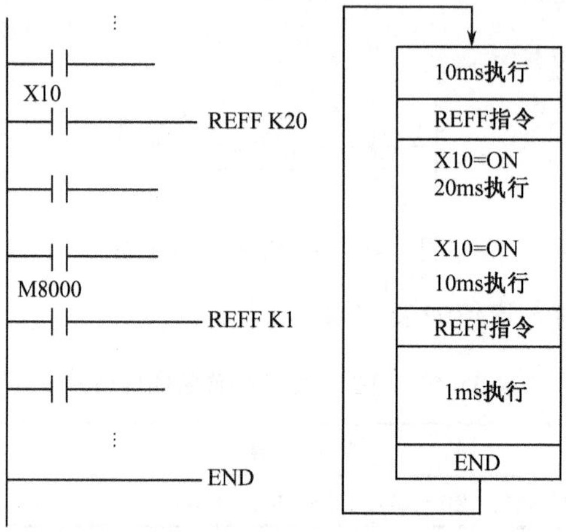

图 11-60　REFF 指令执行图

D8020 的初始值为 10ms，所以，在指令 REFF K20 执行前 D8020 为 10ms。D8020 为滤波时间寄存器，可以通过 MOV 指令来修改它的内容，如果在程序中用 MOV 指令修改了 D8020 的内容，可以更改在执行 END 指令时被执行的输入滤波时间。

4. 指令应用

（1）当驱动条件为 ON 时，REFF 指令在每个扫描周期都执行，而指令 REFFP 仅在驱动条件由 OFF 变成 ON 时执行。当驱动条件断开时，指令不执行，X0～X17 的输入滤波时间转换为初始值 10ms。

（2）不论是用指令 REFF 还是用指令 MOV 将滤波时间设为 0 时，实际上都不可能为 0，T13 存在一定的滤波时间，见表 11-42。

表 11-42　滤波时间为 0 时实际值

型　号	输 入 口	最小滤波时间	附　注
FX_{1S}	X0，X1	10μs	
	X2～X17	50μs	
FX_{1N}	X0，X1	10μs	
	X2～X17	50μs	
FX_{2N}，FX_{2NC}	X0，X1	20μs	
	X2～X17	50μs	

续表

型　号	输　入　口	最小滤波时间	附　注
FX_{3U}，FX_{3UC}	X0～X5	5μs	使用 5μs，有如下配置：① 接线长度确保在 5m 以下；② 输入端口连接 1.5kΩ漏电阻
	X6，X7	50μs	
	X10～X17	200μs	

（3）如果程序中使用输入中断功能中指定的中断指针进行输入，那么高速计数器中使用的输入和 SPD 指令中所使用的输入的输入滤波时间会自动更改为 50μs（X0，X1 为 20μs），但是如果在一般程序中采用这些高速处理指令已使用的输入口，则会变为 REFF 指令所指定的或 D8120 所设定的滤波时间，而不是 50μs 或 20μs。

11.4.3　监视定时器刷新指令 WDT

1．指令格式

FNC 07：WDT 【P】　　　　　　　　程序步：1

指令梯形图如图 11-61 所示，该指令无操作数。

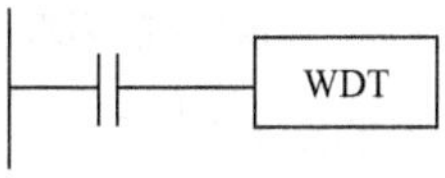

图 11-61　WDT 指令梯形图

解读：当驱动条件成立时，刷新监视定时器当前值，使当前值为 0。

2．关于监视定时器的说明

在 PLC 内部有一个由系统自行启动运行的定时器，这个定时器称为监视定时器（俗称看门狗定时器或看门狗）。它的主要作用是监视 PLC 程序的运行周期时间，它随程序从 0 行开始启动计时，到 END 或 FEND 结束计时。计时时间一旦超过监视定时器的设定值，PLC 就出现看门狗出错（检测运行异常），然后 CPU 出错，LED 灯亮并停止所有输出。

FX 系列 PLC 的看门狗设定值为 200ms，一旦超过 200ms，看门狗就会出错，那么，在程序中有哪些情况会使程序的运行周期超过 200ms 呢？

（1）循环程序运行时间过长或死循环。看门狗最早就是为这类程序设计的。

（2）过多的中断服务程序和过多的子程序调用会延长程序运行周期时间。

（3）在采用定位、凸轮开关、链接、模拟量等较多特殊扩展设备的系统中，PLC 会执行缓冲存储器的初始化而延长运行周期时间。

（4）执行多个 FROM/TO 指令，传送多个缓冲存储区数据会使 PLC 的运行周期时间延长。

（5）编写多个高速计数器，同时对高速进行计数时，运行周期时间会延长。

在上述情况中，有一些程序是异常的（如死循环），但大多数控制程序是正常的运行周期时间较长（远超过 200ms）的程序。为了使这类正常程序能够正常运行，一般采用两种办法解决。一是改变监视定时器的设定值；二是利用看门狗指令对监视定时器不断刷新，让其当前值在不到 200ms 时复位为 0，又重新开始计时，从而达到在分段计时时不超过 200ms 的目的。

3. WDT 指令应用

1）分段监视

当一个程序运用周期时间较长时，可在程序中间插入 WDT 指令，进行分段监视，这时等于把一个运行时间较长的时间分成几段进行监视，每一段都不超过 200ms，如图 11-62 所示。

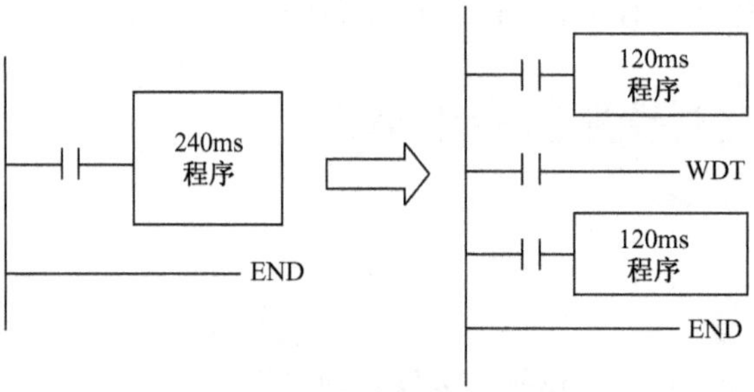

图 11-62　分段监视 WDT 应用

图中，WDT 监视上面 120ms 程序的运算时间。执行 WDT 指令时，将定时器当前值复位为 0，重新开始对下面 120ms 程序的监视。因此，当程序运算时间较长时，可以在程序中反复使用 WDT 指令对定时器复位。

2）循环程序中插入

如果程序中循环程序（FOR-NEXT）运行时间超过 200ms，可在循环程序中插入 WDT 指令，等于在 FOR-NEXT 循环中进行分段监视，如图 11-63 所示。

4. 监视定时器定时值修改

第二种方法是直接修改监视定时器的设定值。FX 系列 PLC 的监视定时器设定值是由特殊数据寄存器 D8000 存储的，这是一个可改写的数据寄存器，其初始值为 200ms，可以通过 MOV 指令进行改写，如图 11-64 所示。

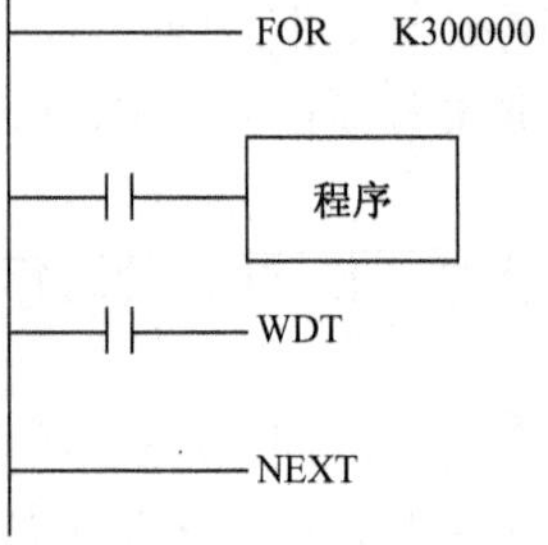

图 11-63　循环程序 WDT 应用

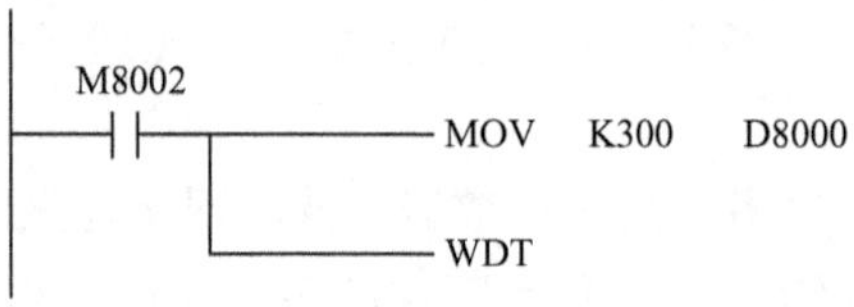

图 11-64　监视定时器定时值修改程序

图 11-64 中，把定时时间修改为 300ms，其下加了 WDT 指令，表示定时时间由这里开始启动监视。如果不加 WDT 指令，则修改后的监视定时时间要等到下一个扫描周期才开始生效。

监视定时器设定值范围最大为 32 767ms。如果设置过大会导致运算异常检测的延迟。所以，一般在运行没有问题的情况下，请置初始化值为 200ms。

第12章 方便指令

方便指令是三菱 FX 系列 PLC 专门为某些特定机械设备开发的功能指令，因此，它们的应用对外部设备、PLC 的 I/O 口和 PLC 内部软元件都有一些规定，只有在满足这些规定的条件下，才能显示出程序设计的方便。其中 IST 指令应用最多，它是三菱 FX 系列 PLC 最有特色的一个指令，因为它与步进指令 STL 顺控程序密切相关，所以把它放到第 15 章中进行讲解。而其他方便指令由于应用较少，几乎变成了“休眠”指令。

ALT 指令是数据处理指令，RAMP 指令则应属于脉冲控制指令，依据惯例把它们放在这一章讲解。

12.1 凸轮控制指令

FX 系列 PLC 模仿机械凸轮组的指令有绝对式凸轮控制指令 ABSD 和增量式凸轮控制指令 INCD 两条。两条指令都可以有多个输出，但 ABSD 指令多个输出的区域可以重叠，其上升点、下降点的数据以起始脉冲为参照值。INCD 指令的多个输出只能依次出现，类似于脉冲宽度可调的选通扫描时序输出，前一个输出的结束为后一个输出的参照值。

12.1.1 凸轮和凸轮控制

在自动化和半自动化的机械设备中，凸轮是一种常见的机械零件，在这里，不讨论组成凸轮机构的具有曲线轮廓的凸轮，仅讨论绕固定轴旋转的具有变化直径的凸轮，如图 12-1（a）所示。如果在凸轮的凸起部分（又称凸面）安装一个行程开关 X1，且安装后保证当凸起部分压紧 X1 时，能使 X1 动作，而离开凸轮凸起部分，使 X1 复位，那么在凸轮顺时针方向匀速旋转时，X1 的常开触点就会形成如图 12-1（b）所示的输出开关动作时序。

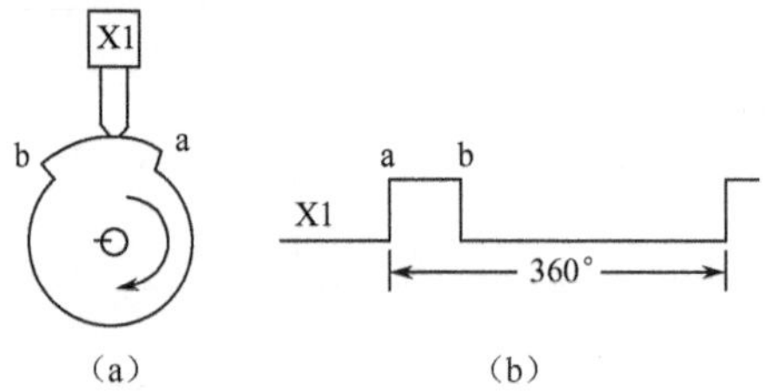

图 12-1 凸轮控制及其输出时序图

把使 X1 开始动作的点（图 12-1 中 a 点）称为上升点，它对应输出脉冲波的上升沿，而把对应于使 X1 复位的点（图 12-1 中 b 点）称为下降点，它对应于输出脉冲波的下降沿。凸轮旋转一圈的角度是 360°，输出脉冲的宽度与凸轮凸起部分对应的角度有关，而输出脉冲的位置则与其上升点的位置（凸起部分在整个凸轮中的相对位置）有关。

在凸轮上可以有一个凸面，也可以有多个凸面，多个凸面在不同的时间段形成输出，图 12-2 是一个具有三个凸面的凸轮及其输出脉冲波形时序图。

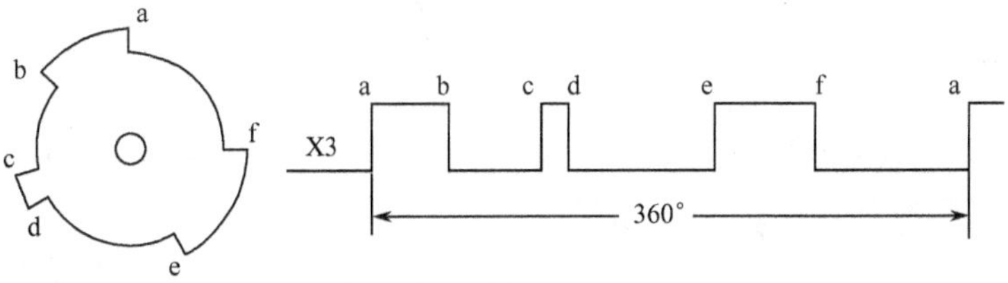

图 12-2　三个凸面凸轮控制及其输出时序图

上面讨论的是单个凸轮与行程开关结合输出控制的状态，在许多机械设备中，会碰到多工位控制的生产机械。例如，在薄膜塑料加热封口设备——全自动果冻充填封口机中，一个果冻要经过放杯、加料、一次封口、二次封口、剪切成型五个工位，在连续生产中，这五个工位在一个周期里是同步工作的，但其工作的起始时间和复位时间是各不相同的。对这种多工位的生产机械就可以用多个凸轮组成或一个凸轮组来解决。

图 12-3 表示了一个由三个凸轮组成的凸轮组情况，三个凸轮都固定在同一根轴上，每个凸轮的凸起位置及它们之间的相对位置如图 12-3 所示，三个凸轮凸起部分都压紧一个行程开关。

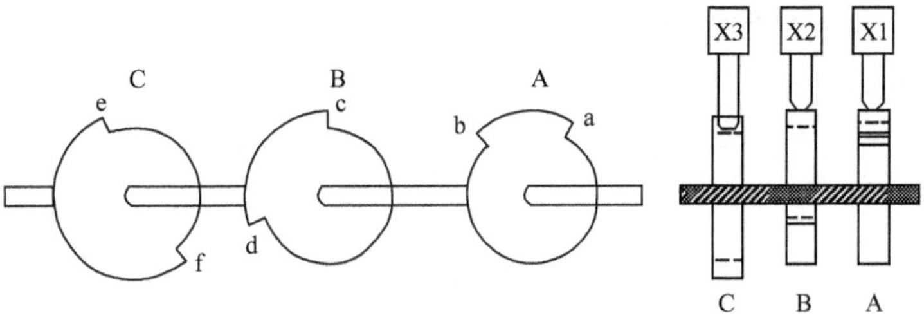

图 12-3　凸轮组控制

当中心轴带动三个凸轮同时顺时针旋转时，其相应的输出 X1，X2，X3 便产生如图 12-4 所示的工作时序图。

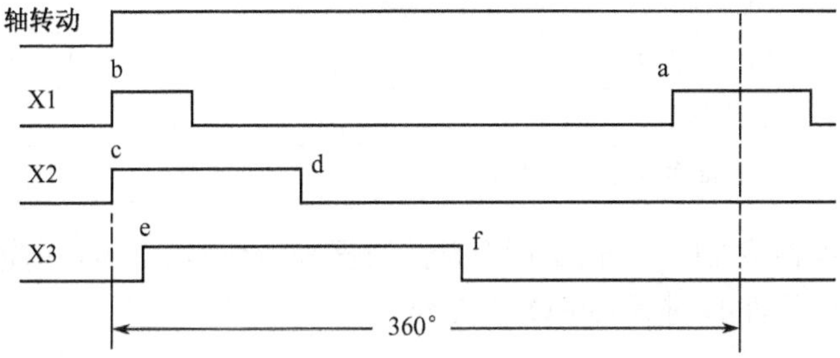

图 12-4　凸轮组控制工作时序图

其行程开关的输出可以重叠也可以不重叠。可以根据控制要求做出不同的凸面，也可以通过调整凸轮在中心轴上的位置来控制上升点时间，设计非常灵活，这种凸轮组设计在半自动和自动专用机械中得到了广泛的应用。

12.1.2 绝对方式凸轮控制指令 ABSD

1. 指令格式

FNC 62:【D】 ABSD　　　　程序步：9/17

ABSD 指令可用软元件如表 12-1 所示。

表 12-1 ABSD 指令可用软元件

操作数种类	位软元件							字软元件													其他				
	系统/用户							位数指定				系统/用户				特殊模块	变址			常数		实数	字符串	指针
	X	Y	M	T	C	S	D□.b	KnX	KnY	KnM	KnS	T	C	D	R	U□\G□	V	Z	修饰	K	H	E	"□"	P
S1·								●	●	●	●	●	●	●	▲2	▲3			●					
S2·													●						●					
D·		●	●			●	▲1												●					
n																				●	●			

▲1：D□.b 仅支持 FX_{3U}/FX_{3UC} 可编程控制器。但是，不能变址修饰（V、Z）。

▲2：仅 FX_{3G}/FX_{3GC}/FX_{3U}/FX_{3UC} 可编程控制器支持。

▲3：仅 FX_{3U}/FX_{3UC} 可编程控制器支持。

梯形图如图 12-5 所示。

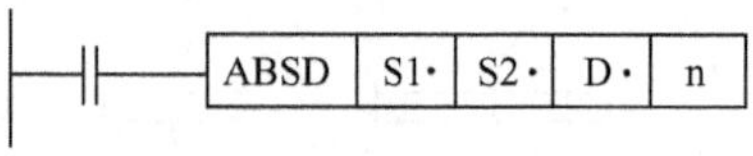

图 12-5 ABSD 指令梯形图

ABSD 指令操作数内容与取值如表 12-2 所示。

表 12-2 ABSD 指令操作数内容与取值

操作数种类	内容	数据类型
S1·	保存数据表格（上升沿、下降沿）的起始软元件编号	BIN16/32 位
S2·	与数据表格比较的当前值监控用计数器编号	BIN16/32 位
D·	输出的起始位软元件编号	位
n	表格的行数以及输出的位软元件的点数［1≤n≤64］	BIN16 位

解读：在驱动条件成立时，将 S1 所存储的数据与计数器 S2 的当前值比较，在旋转 1 次期间，对 n 个输出位元件 D 进行 ON/OFF 控制。

2. 指令应用

1）指令执行功能

指令的执行功能类似于上面所讲的凸轮组控制输出，现对图 12-6 所示的 ABSD 指令应用梯形图给予说明。

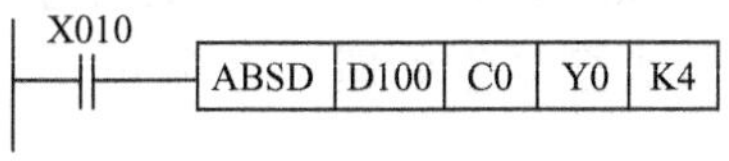

图 12-6　ABSD 指令应用梯形图

指令的操作数 K4 表示有四个凸轮，Y0 为这些凸轮所关联的行程开关输出，四个凸轮的开关分别为 Y0～Y3。而这些凸轮的上升点位置和下降点位置则是由以 D100 为首址的 8 个数据寄存器内容所决定的，它与输出 Y0～Y4 的关系见表 12-3。

表 12-3　ABSD 指令输出位元件数据对应存储表

输出位元件编号	上 升 点		下 降 点	
	存储地址	数　据	存储地址	数　据
Y0	D100	40	D101	140
Y1	D102	100	D103	200
Y2	D104	160	D105	60
Y3	D106	240	D107	280

指令执行时，输出位元件的上升点和下降点数据的参照点是计数器 C0 的当前值，如果 C0 是一个凸轮旋转一周输入 360 个脉冲的计数器，那么计数器的当前值为 40 时，Y0 就为 ON，当前值为 140 时，Y0 就为 OFF，这样，就会得到如图 12-7 所示的输出位元件时序图。

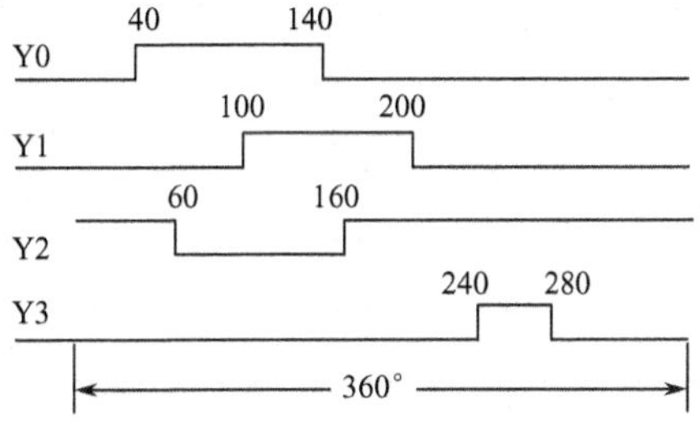

图 12-7　ABSD 应用指令时序图

其对应的机械凸轮如图 12-8 所示。

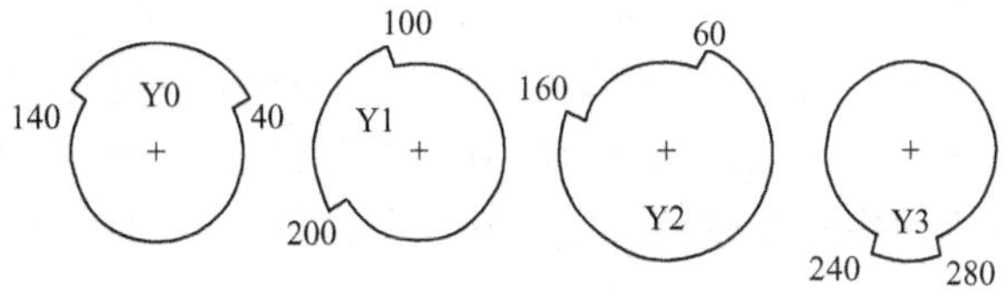

图 12-8　ABSD 应用指令输出对应的机械凸轮

对比一下，输出 ON 的时间相当于机械凸轮的凸面长度，要改变凸面的长度或者要改变凸面在凸轮中的相对位置，只要改变其上升点和下降点的数据即可。用指令程序来代替实物凸轮的功能称为电子凸轮。

在实际应用中，凸轮组的运动是周期性的，因此，电子凸轮的输出也必须是周期性的。一般采用编码器或电子码盘作为计数输入，由机械结构来保证它与机械的其他部分同步。编码器或电子码盘输入的脉冲由 ABSD 指令所指定的计数器进行计数。当计数当前值达到一个周期的设定值时，必须对计数器进行复位处理，进入下一个周期的计数，其梯形图程序如图 12-9 所示。

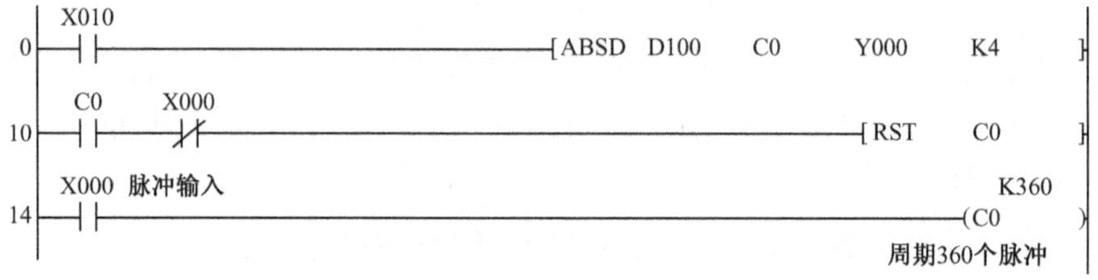

图 12-9 ABSD 应用指令梯形图程序

2）指令应用

（1）ABSD 指令可以是 16 位运算数据，也可以是 32 位运算数据，当应用 32 位运算指令 DABSD 时，其源址 S1 所占用的点数为 4n 个。输出点的上升点、下降点对应的数据存储地址见表 12-4。

表 12-4 DABSD 指令 32 位运算输出位元件数据对应存储表

输出位元件编号	上 升 点		下 降 点	
	存储地址	数 据	存储地址	数 据
D	S+1，S	××	S+3，S+2	××
D+1	S+5，S+4	××	S+7，S+6	××
D+2	S+9，S+8	××	S+11，S+10	××
⋮	⋮	⋮	⋮	⋮
D+n-1	S+4n+1，S+4n	××	S+4n+3，S+4n+2	××

在 32 位运算指令 DABSD 中，也可以指定高速计数器，但是此时对于计数器的当前值，在输出时会由于扫描周期的影响而造成响应延迟。如果需要响应及时，可使用 DHSZ 指令的高速比较模式的高速比较功能，构成电子凸轮开关，或使用 DHSCT 指令。

（2）组合位元件也作为上升点、下降点的存储地址。但对组合位元件有如下规定：位元件的起始编号只能是 0、16、32、64，而其组合在 ABSD 指令仅为 K4，DABSD 指令仅为 K8。例如，K4M0、K4M16 都可以作为 ABSD 指令的源址 S1，而 K3M0、K4M2 则不能。

（3）ABSD 指令在程序中只能使用一次。在使用过程中，即使驱动条件断开，输出也不会改变。

3）指令应用例

电子凸轮控制常用在多个工位同时动作的半自动、自动单机设备上，也可以用在简易的定位控制上，在食品、包装、冲压加工、纺织等行业都可以用电子凸轮控制代替传统的凸轮组控制部件。

【例 1】 图 12-10 为全自动果冻充填封口机的示意图，其放杯、充填、热封一、热封二、成型的动作均由气缸控制，在一个周期内，各个气缸动作的时序图如图 12-11 所示，光电码盘的缺口为一周 180 个，试编制 ABSD 指令控制梯形图程序。

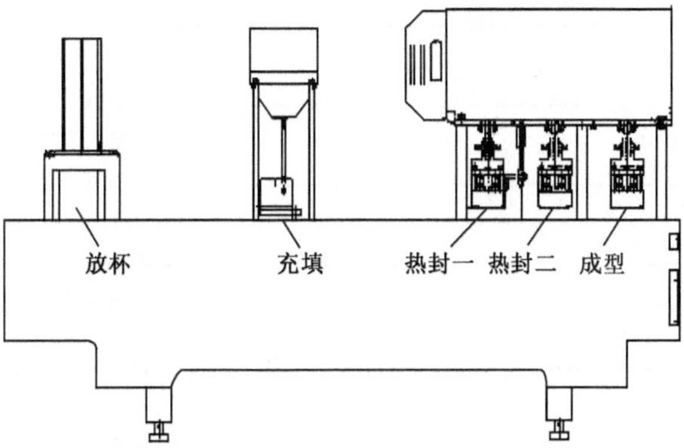

图 12-10　全自动果冻充填封口机示意图

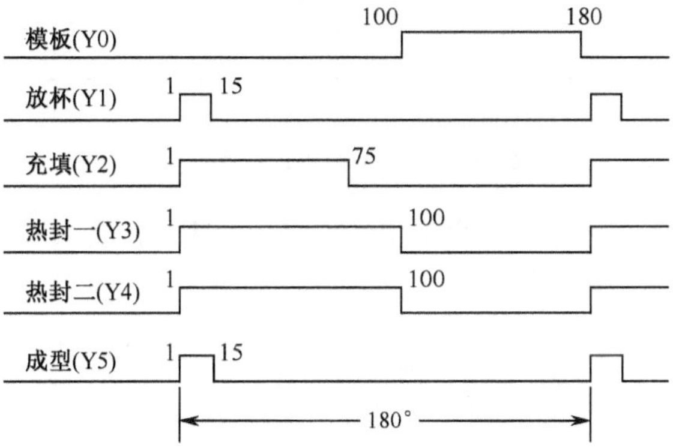

图 12-11　全自动果冻充填封口机动作时序图

控制梯形图程序如图 12-12 所示。

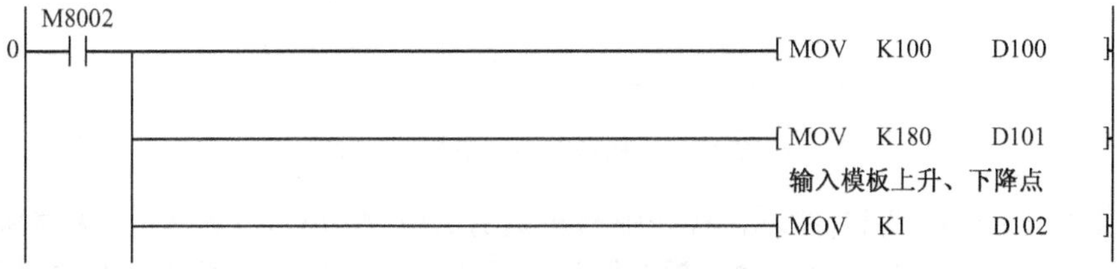

图 12-12　例 1 程序梯形图

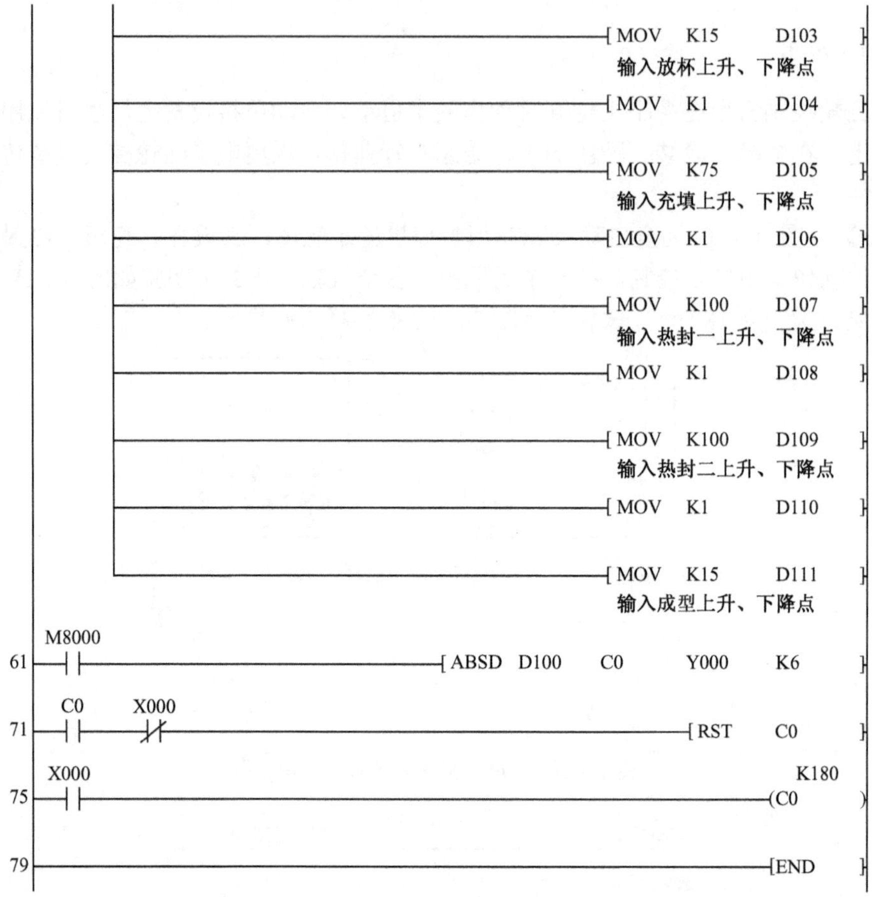

图 12-12　例 1 程序梯形图（续）

【例 2】　图 12-13 为一个三相六拍步进电机脉冲序列，要求应用 ABSD 指令编制输出符合要求的脉冲系列梯形图程序。

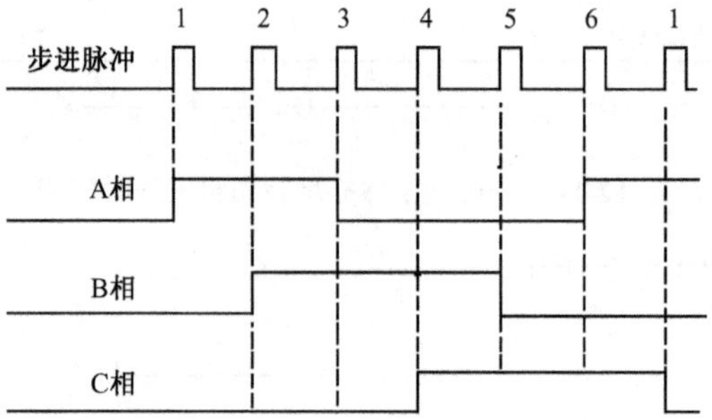

图 12-13　三相六拍步进电机脉冲序列

梯形图程序如图 12-14 所示，程序中只是说明了用 ABSD 指令输出三相六拍脉冲的功能，至于步进电机的转向控制、输出频率控制（低速、高速控制），程序中均未涉及。

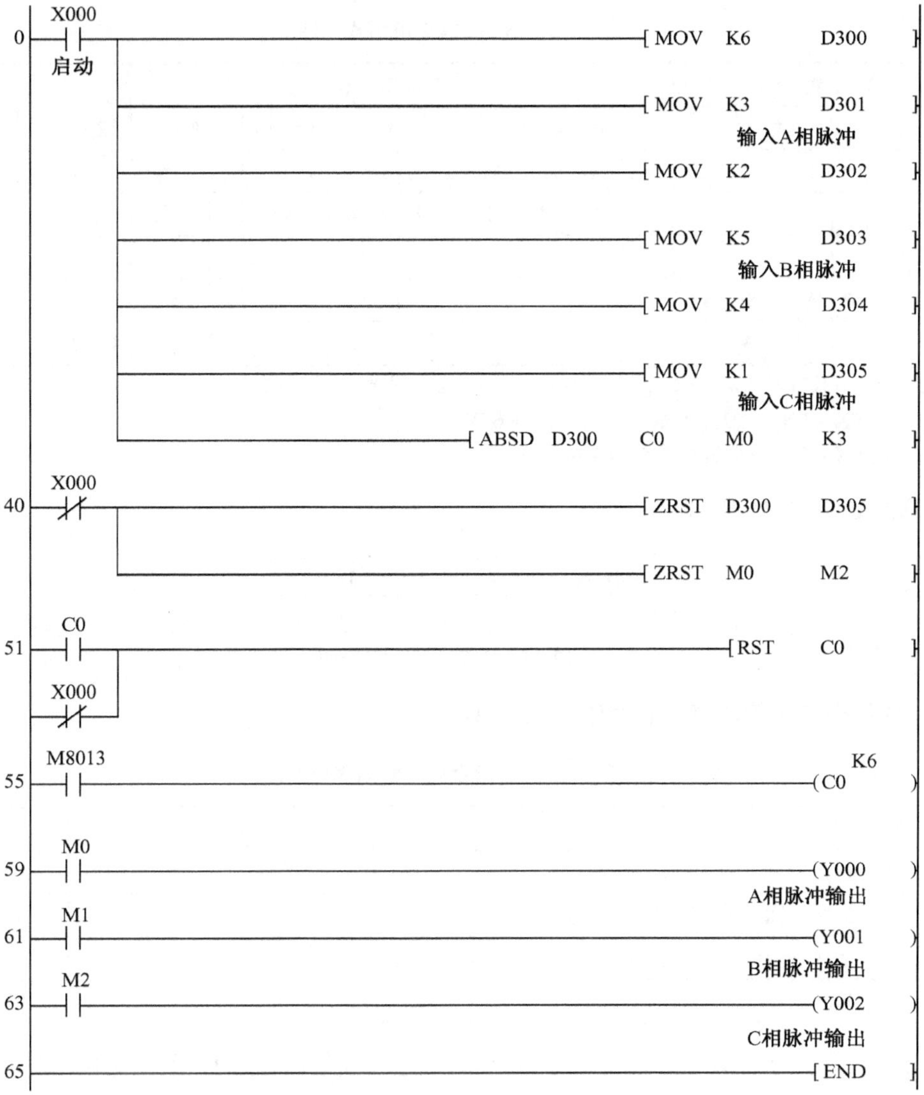

图 12-14 三相六拍步进电机程序梯形图

12.1.3 增量方式凸轮控制指令 INCD

1. 指令格式

FNC 63：INCD 程序步：9

INCD 指令可用软元件如表 12-5 所示。

表 12-5 INCD 指令可用软元件

操作数种类	位软元件							字软元件												其他			
	系统/用户							位数指定				系统/用户				特殊模块	变址			常数		实数	字符串	指针
	X	Y	M	T	C	S	D□.b	KnX	KnY	KnM	KnS	T	C	D	R	U□\G□	V	Z	修饰	K	H	E	"□"	P
(S1·)								●	●	●	●	●	●	●	▲2	▲3			●					
(S2·)													●						●					
(D·)			●	●		●	▲1												●					
n						●														●	●			

▲1：D□.b 仅支持 FX_{3U}/FX_{3UC} 可编程控制器。但是，不能变址修饰（V、Z）

▲2：仅 $FX_{3G}/FX_{3GC}/FX_{3U}/FX_{3UC}$ 可编程控制器支持。

▲3：仅 FX_{3U}/FX_{3UC} 可编程控制器支持。

梯形图如图 12-15 所示。

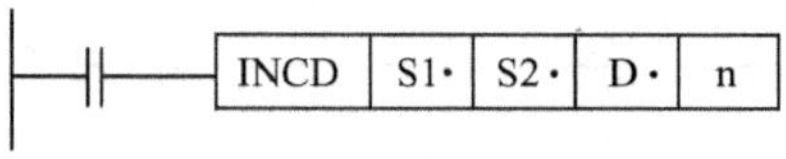

图 12-15 INCD 指令梯形图

INCD 指令操作数内容与取值如表 12-6 所示。

表 12-6 INCD 指令操作数内容与取值

操作数种类	内 容	数 据 类 型
(S1·)	保存设定值的起始字软元件编号	BIN16 位
(S2·)	监控当前值用的计数器的起始编号	BIN16 位
(D·)	输出的起始位软元件编号	位
N	输出的位软元件的点数［1≤n≤64］	BIN16 位

解读：在驱动条件成立时，将 S1 所存储的数据与计数器 S2 的当前值比较，对 n 个输出位元件 D 进行 ON/OFF 控制。

2．指令应用

1）指令执行功能

INCD 指令和 ABSD 指令一样，也是一个提供多输出的指令，但它与凸轮控制没有关系，它的执行功能可通过图 12-16 的应用指令来说明。

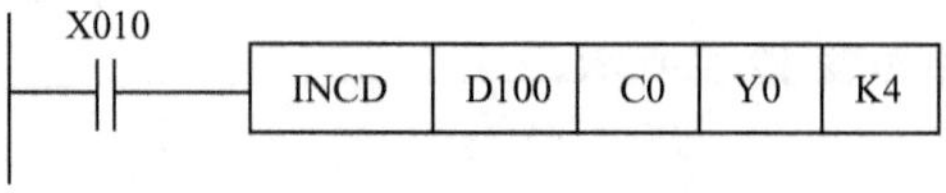

图 12-16 INCD 指令应用梯形图

指令中 n=K4，表示有四个输出 Y0～Y3，与其相对应的数据存储为 D100～D103，见表 12-7。

表 12-7　INCD 指令应用梯形图输出位元件数据对应存储表

输出位元件编号	存储地址	数　据
Y0	D100	20
Y1	D101	30
Y2	D102	10
Y3	D103	40

在驱动条件 X10 为 ON 期间，输出 Y0～Y3 的时序如图 12-17 所示。

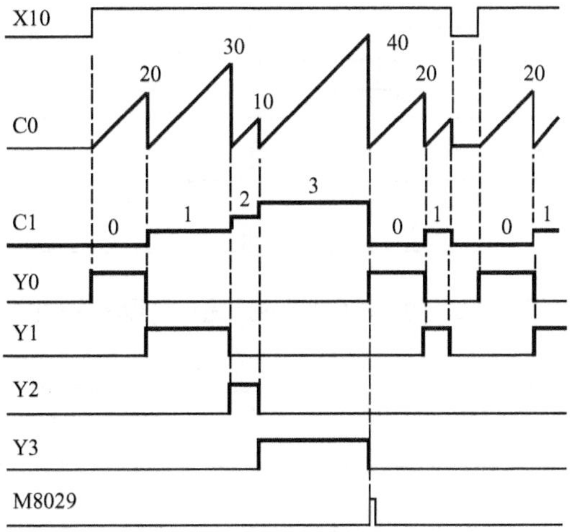

图 12-17　INCD 应用指令执行时序图

通过时序图可以得到如下说明。

（1）在驱动条件 X10 接通期间，指令的输出是按照顺序轮流输出的，输出区间不能重叠，任何时刻只能有一个输出。如果把每个输出的时间设为一致，则 INCD 指令所得到的输出是一组选通扫描信号。

（2）每个输出的时间与其对应的存储数据决定（见表 12-7）驱动条件成立后第一个输出马上置位，并且计数器 C0 开始计数，当计数当前值等于 20 时（第一个输出所设定的数据），第一个输出马上复位，同时第二个输出置位，计数器清零，重新开始计数。当前值等于 30 时，重复上述动作，直至所有输出顺序执行完毕。

（3）在驱动条件成立期间，指令的功能是反复循环执行所有输出置位。如果在执行过程中，驱动条件断开，则马上停止执行，所有输出均复位。

（4）所有输出置位完成一次后，标志位 M8029 为 ON，执行结束一个扫描周期。

2）相关计数器

INCD 指令涉及两个计数器，S2 及 S2+1，实例中为 C0 和 C1。这两个计数器的作用是不同的，C0 为当前值监控计数器，配合 S1 中的数据控制输出的时间和顺序。C1 为输出步序计数器，其当前值开始为 0，每顺序输出一个就加 1，由 n 指定的全部顺序输出完毕后，C1 当前值复位为 0，因此，C1 的当前值在 0～（n−1）间变化。利用 C1 可以监控当前是哪一个步序输出。

和 ABSD 指令相同，INCD 指令在程序中只能使用一次，如果源址 S1 使用组合位元件，其相关规定也与 ABSD 指令相同。

3）指令应用例

【例 3】 图 12-18 为三个选通信号轮流输出的选通扫描程序时序图，扫描时间为 100ms，梯形图如图 12-19 所示。

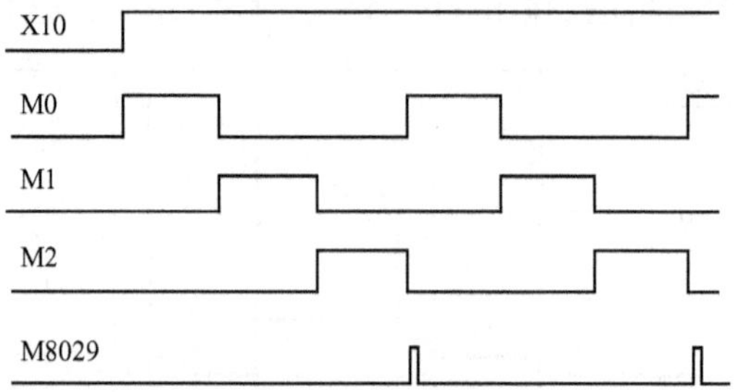

图 12-18 例 3 INCD 指令选通扫描程序时序图

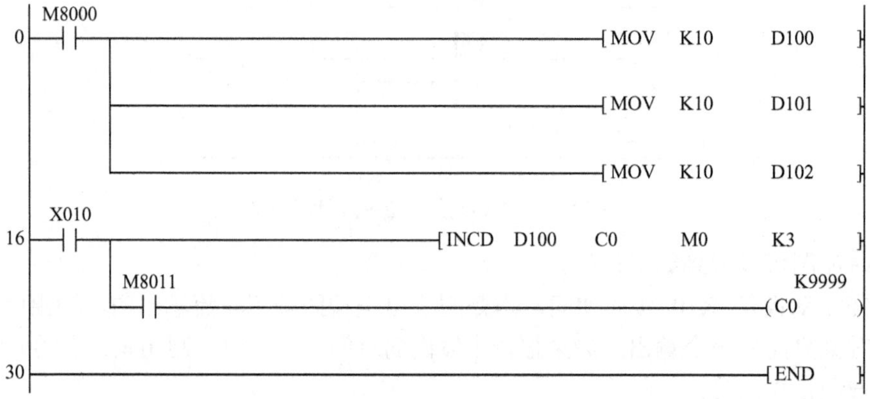

图 12-19 例 3 INCD 指令选通扫描程序梯形图

【例 4】 某控制场合需要两台电机轮流工作，以有效地保护电机，延长使用寿命。现有两台电机，其运行控制是 1#电机运行 24h 后，自动切换到 2#电机运行，2#电机运行 24h 后，自动切换到 1#电机运行……如此反复循环，试编制控制程序。

梯形图程序如图 12-20 所示。

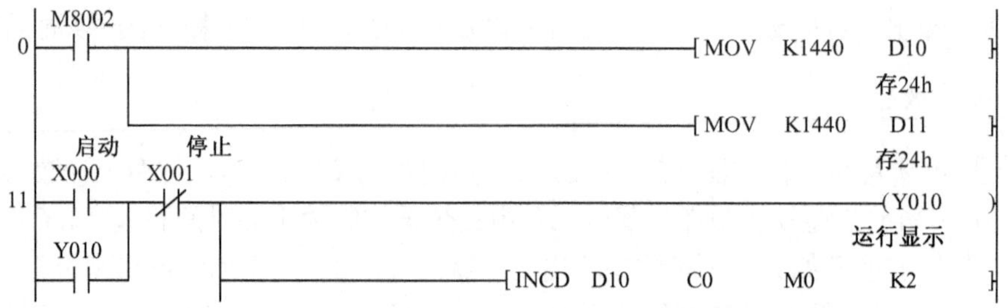

图 12-20 例 4 INCD 指令程序梯形图

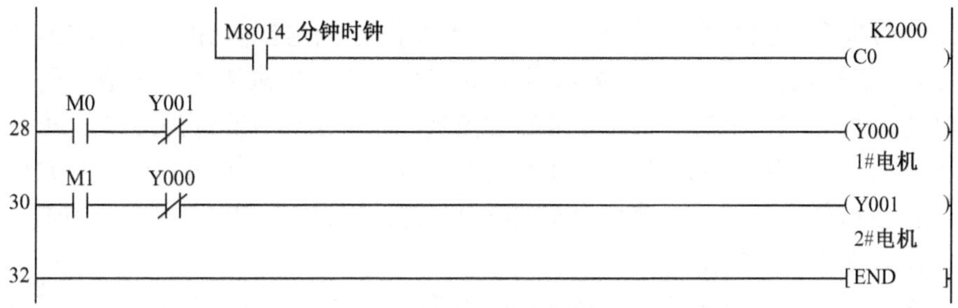

图 12-20　例 4 INCD 指令程序梯形图（续）

12.2　旋转工作台控制指令

12.2.1　旋转工作台控制介绍

旋转工作台控制指令 ROTC 又称回转体控制指令，它也是一种方便指令。在应用指令时，必须按照指令所规定的外部条件和内部软元件使用条件来编写指令程序，因此，有必要先对旋转工作台的控制要求和控制过程进行简单说明。

图 12-21 为旋转工作台控制示意图，工作台上有工件若干个（图中为 10 个，编号 0～9），工作台左侧有两台作业口，它们是固定的，用来对工件进行处理和加工，例如，机械手抓走工件或动力头对工件加工等。0 号作业口只能对 0 号位置工件进行处理，1 号作业口只能对 1 号位置工件进行处理。针对工作台的运动，设三个传感开关，一个是原点检测开关 X2，当开关闭合时，表示旋转工作台处于原点位置，这时，作业口对准各自工件，工件编号如图 12-21 所示。另两个是工作台旋转方向检测开关，它们向 PLC 的 X0，X1 输入一对相位差为 90°的脉冲信号，如图 12-22 所示，两个脉冲输入频率相等，相位相差 90°。当工作台正转时为加计数信号，反转时为减计数信号，这两个开关一般采用双向旋转编码器的输入，编码器 Z 相还可用于原点检测开关信号。

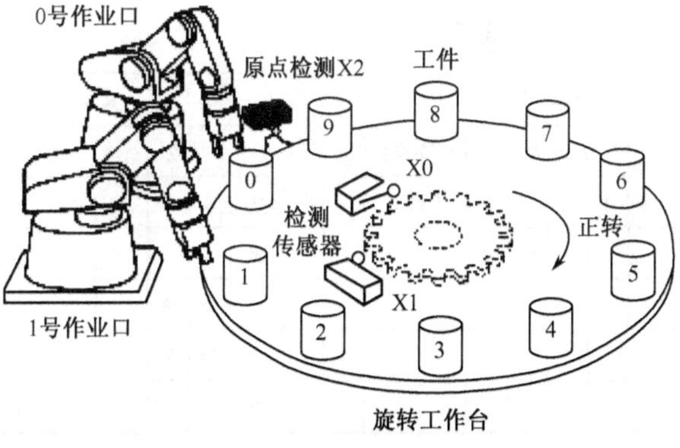

图 12-21　旋转工作台控制示意图

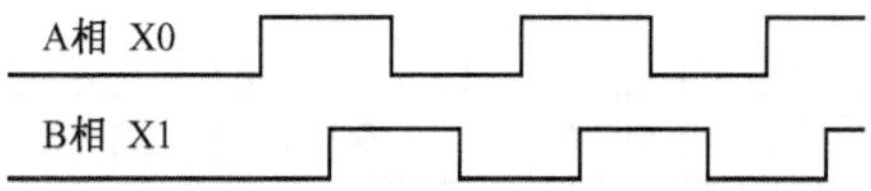

图 12-22　工作台转向检测脉冲输入时序图

旋转工作台指令 ROTC 可以实现工作台工件的最佳路径控制功能，如图 12-21 所示，工作台上有 10 个工件位置，假如工件被放置于 6 号位置上，要求迅速准确地送到 0 号位置供 0 号作业口进行处理。ROTC 指令则会做如下控制，先使工作台高速逆时针旋转 2 个工作位置（到达 8 号工位），然后以低速转至 0 号工位停止。在这个控制过程中，ROTC 指令会自动识别到达作业口的最佳路径（最短回转距离），然后以高速（提高效率）和低速（防止惯性，准确定位）到达指定的作业口。

图 12-23 为 ROTC 指令外部机械结构示意图。旋转工作台指令可以用于机械手工件装卸，数控机床的自动换刀和仓库自动进出料等多种控制场合。

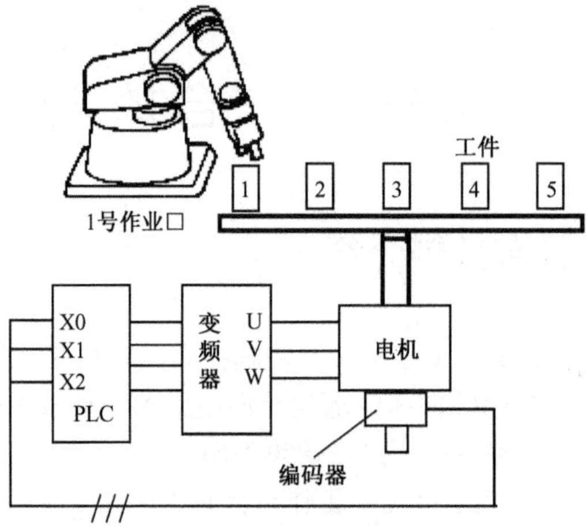

图 12-23　工作台机械结构示意图

12.2.2　旋转工作台控制指令 ROTC

1. 指令格式

FNC 68：ROTC　　　　　　　　　　　　　　程序步：9

ROTC 指令可用软元件如表 12-8 所示。

表 12-8　ROTC 指令可用软元件

操作数种类	位软元件							字软元件												其他				
	系统/用户							位数指定				系统/用户				特殊模块	变址			常数		实数	字符串	指针
	X	Y	M	T	C	S	D□.b	KnX	KnY	KnM	KnS	T	C	D	R	U□\G□	V	Z	修饰	K	H	E	"□"	P
S·														●	●				●					
m1																				●	●			
m2																				●	●			
D·		●	●			●	▲												●					

▲：D□.b 不能变址修饰（V、Z）。

梯形图如图 12-24 所示。

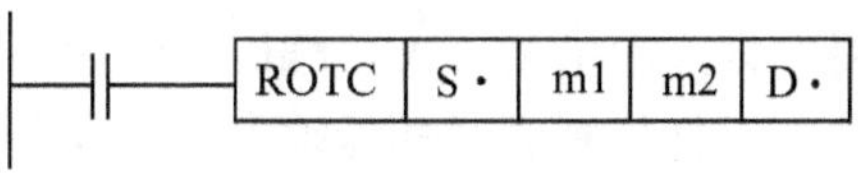

图 12-24　ROTC 指令梯形图

ROTC 指令操作数内容与取值如表 12-9 所示。

表 12-9　ROTC 指令操作数内容与取值

操作数种类	内　容	数据类型
S·	计数用的数据寄存器	BIN16 位
m1	分割数	BIN16 位
m2	低速区间数	BIN16 位
D·	驱动的起始软元件编号	位

解读：在驱动条件成立时，自动地将指定位置的工件以最佳路径通过高速和低速运转方式送到指定的作业口。

2．指令应用

ROTC 指令对设备结构有一定的要求，对指令的操作数设定也有一定的要求，现以图 12-25 所示应用实例进行说明。

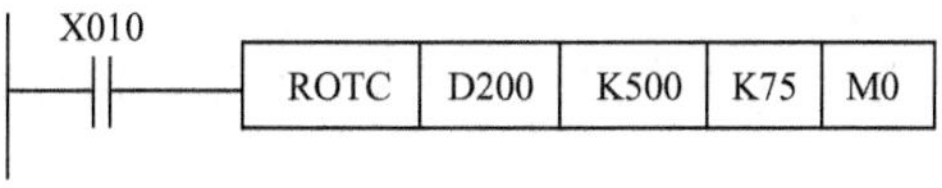

图 12-25　ROTC 指令应用梯形图

操作数 S 占用三个 D 寄存器，具体内容见表 12-10。

表 12-10　ROTC 指令操作数 S 的内容

寄存器地址	指令应用实例	内　容	说　明
S	D200	计数器	用指令内部设定
S+1	D201	指定作业口编号	用 MOV 指令设定
S+2	D202	指定工件编号	

1）操作数 S 的设定

D200 为计数器寄存器，需要预先进行清零后才开始工作，运行中，若碰到零点信号为 ON，则 D200 自动清零。在使用 ROTC 指令时，必须要先设定作业口编号和工件位置编号，它们是用 MOV 指令输入的，工件位置编号和作业口编号与分度值 m1 有关，详见下面分析。

2）分度数 m1 的设定

分段值 m1 是指工作台转动一周划分的等分数，它等于方向检测开关在一周内向 PLC 输入的脉冲数，例如，用编码器作为方向检测开关，编码器一周内发生的脉冲数就是分度数。

分度数是确定作业口编号、工件位置编号和低速运行区间分度值 m2 的基数，下面举例说明。

【例 5】 如果编码器一周输出 500 个脉冲，工作台上均匀放置 20 个工件，两台作业口，一台对准 0 号工件，一台对准 1 号工件，低速运行为 2 个工件间距，试写出工件编号数和作业口编号数。

由题意 m1=K500

工件间距：K500÷20=K25，则工件 0～19 的编号为 0，25，50，75，100，125，…，475

0 号作业口对准 0 号工件，其编号为 0；1 号作业口对准 1 号工件，其作业口编号为 25。在实际应用中，作业口可以对准任一工件位置，其编号为该工件位置编号。

3）低速运行间距分度值 m2 的设定

m2 为工作台在低速区间运行的分度值，一般取 1.5～2 个工作区间，如上例 20 个工件取 2 个工件区间作为低速运行的区间，则 m2=2×25=K50，就是说，当工作台高速运转至离作业口还剩 2 个工件区间时（K50 个脉冲处），开始低速运行，以保证工件准确地停在指定的作业口。

4）操作数 D 的设定

ROTC 指令在执行时，指定了 3 个输入信号和 5 个输出信号的位元件，ROTC 指令指令 D 的内容见表 12-11。

表 12-11 ROTC 指令指令 D 的内容

	位元件地址	指令应用例	工 作 内 容	说 明
信号输入	D	M0	A 相信号输入	应用指令前要编制由输入口驱动程序
	D+1	M1	B 相信号输入	
	D+2	M2	原点信号	
驱动输出	D+3	M3	高速正转	编制驱动输出口程序： X10 为 ON，指令自动分配输出驱动； X10 为 OFF，全部输出关断
	D+4	M4	低速正转	
	D+5	M5	停止	
	D+6	M6	高速反转	
	D+7	M7	低速反转	

由于方向检测开关信号必须有输入口输入，指令要求该信号必须送至 D～D+2 元件中（表 12-11 中 M0～M2），所以，在指令使用前，必须编制如图 12-26 所示的驱动程序。

方向检测信号可以由任意输入口输入，但通常都由 X0，X1，X2 口输入。5 个输出信号是控制工作台电机正反转和速度变化的，同样，它们也要通过编制程序驱动输出口 Y，再由外接电路驱动电机运转。

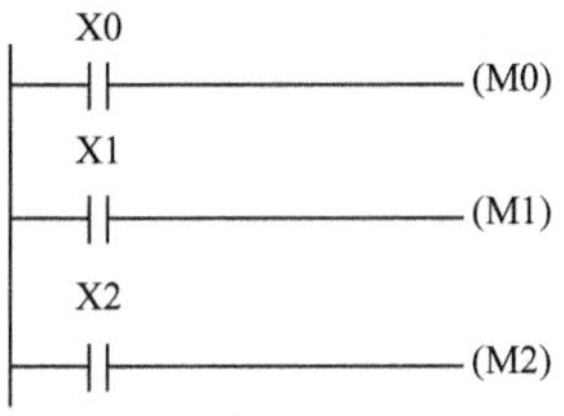

图 12-26　ROTC 指令输入信号驱动内部解点梯形图

5）指令应用

ROTC 指令和初始状态指令 IST 一样，都可以称为方便指令，它们的共同特点是，只要满足指令所规定的外部条件和内部软元件设置条件，指令会自动地完成一系列顺序动作，不需要设计复杂程序。不同的是，IST 指令针对的是设备的工作方式控制，适应性较广，对硬件结构没有特殊要求，而 ROTC 指令仅适用于旋转工作台，采用最佳路径置工件于作业口。两种指令在程序中仅只能使用一次。

具体应用程序编制可参看下面的例子。

【例 6】　某一旋转工作台上有 10 个工件，有 2 个作业口，0 号作业口对准 0 号工件，1 号作业口对准 3 号工件。PLC 外接一位数字开关，选择 0～9 号工件，外接一位选择开关选择作业口，低速运行区间为 1.5 个工件间距，采用每周输出 100 个脉冲的双相旋转编码器作为旋转工作台的计数输入，试编制 ROTC 指令控制程序。

I/O 地址分配见表 12-12。程序梯形图如图 12-27 所示。

表 12-12　例 6 ROTC 指令 I/O 地址分配表

输　入		输　出	
地　址	功　能	地　址	功　能
X0	A 相信号输入	Y0	高速正转
X1	B 相信号输入	Y1	高速反转
X2	原点信号	Y2	低速正转
X3	作业口选择	Y3	低速反转
X4	数字开关输入		
X5			
X6			
X7			
X10	启动		
X11	停止		

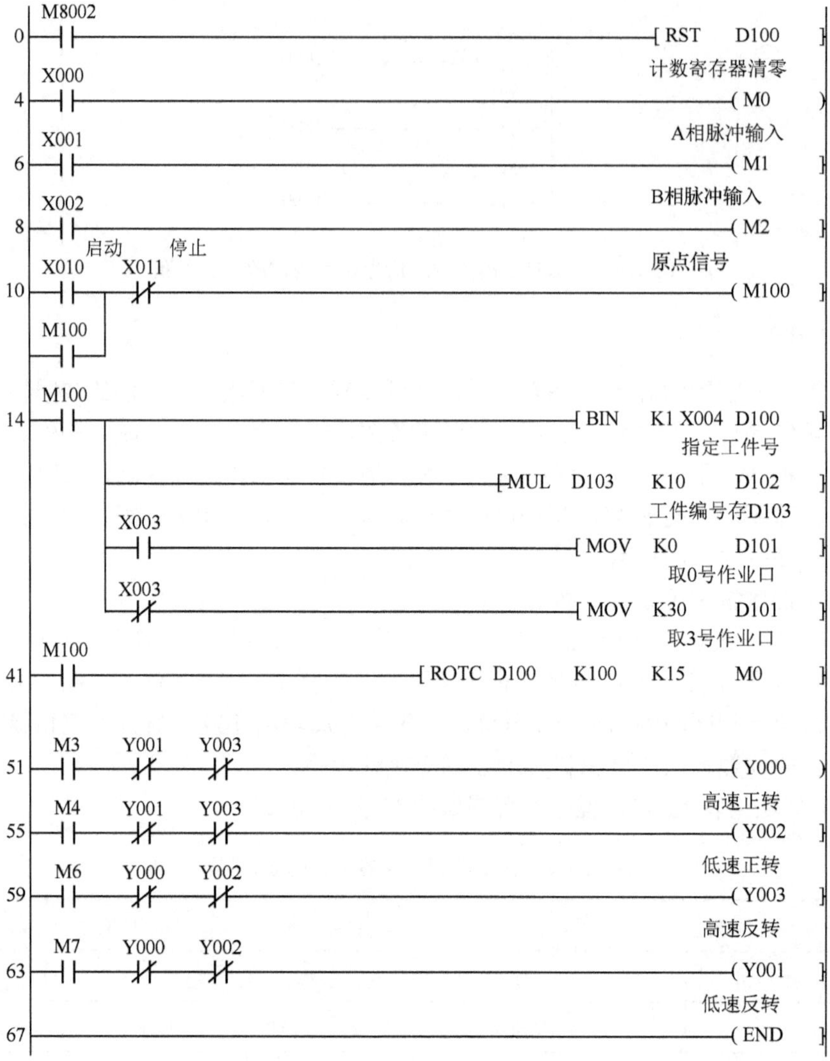

图 12-27　例 6 ROTC 指令程序梯形图

12.3　信号输出指令

12.3.1　交替输出指令 ALT

1．指令格式

FNC 66：ALT 【P】　　　　　　　　　　　　　　程序步：3

ALT 指令可用软元件如表 12-13 所示。

表 12-13　ALT 指令可用软元件

操作数种类	位软元件							字软元件												其他				
	系统/用户							位数指定				系统/用户				特殊模块	变址			常数		实数	字符串	指针
	X	Y	M	T	C	S	D□.b	KnX	KnY	KnM	KnS	T	C	D	R	U□\G□	V	Z	修饰	K	H	E	"□"	P
D·		●	●			●	▲												●					

▲：D□.b 仅支持 FX_{3U}/FX_{3UC} 可编程控制器。但是，不能变址修饰（V、Z）。

梯形图如图 12-28 所示。

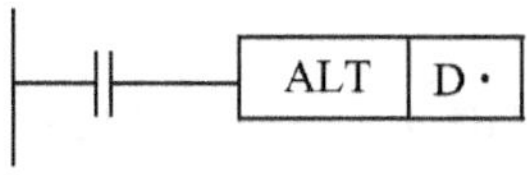

图 12-28　ALT 指令梯形图

ALT 指令操作数内容与取值如表 12-14 所示。

表 12-14　ALT 指令操作数内容与取值

操作数种类	内　容	数 据 类 型
D·	交替输出的位软元件编号	位

解读：在驱动条件成立时，D 中指定的位元件执行一次 ON/OFF 反转。

2. 指令应用

（1）指令的执行可以用如图 12-29 所示的时序图来表示。

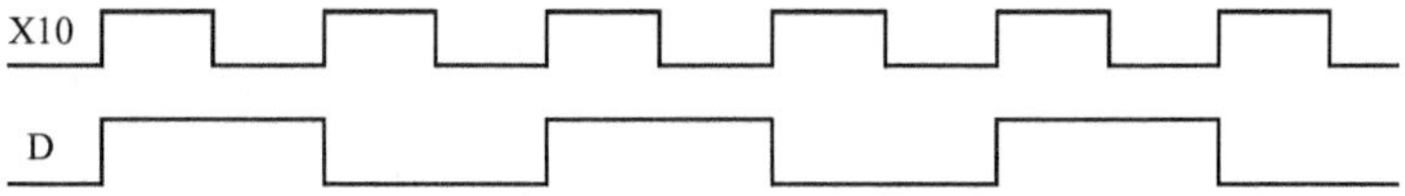

图 12-29　ALT 指令时序图

由时序图可以看出，位元件 D 的动作频率是驱动条件 X10 频率的二分之一。在数字电路中，这种电路被称为分频电路，因此，ALT 指令是一个分频指令。如果连续使用 ALT 指令，则可以对 X10 频率进行二分频、四分频等，图 12-30 是一个四分频的梯形图与时序图。

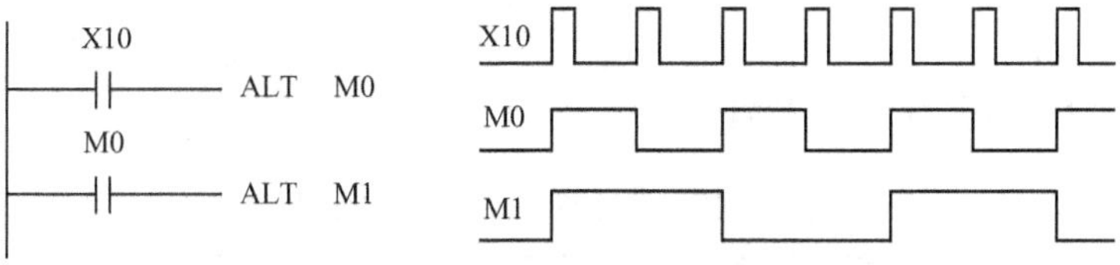

图 12-30　四分频梯形图与时序图

（2）在驱动条件为 ON 期间，ALT 每个扫描周期都要执行一次，因此，希望通过驱动条件每 ON/OFF 一次，使位元件 D 反转一次时，使用脉冲执行型指令 ALTP 或边沿触发指令进行驱动。

（3）ALT 指令的应用由下面的例子来说明。

【例 7】 用一个按钮控制一台电动机的启动和停止反复动作，控制梯形图如图 12-31 所示。

【例 8】 用一个按钮控制一台电动机的正反转，控制梯形图如图 12-32 所示。

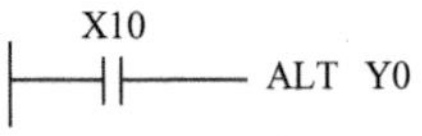

图 12-31 一个按钮控制电动机运行和停止

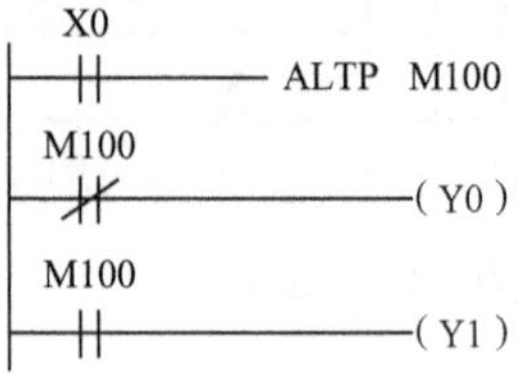

图 12-32 一个按钮控制电动机正反转

这个例子表示了用 ALT 指令来控制一个物体的两种状态的切换，实际上它也可以用来控制两个物体之间运动的切换，如下例。

【例 9】 如图 12-33 所示为一个按钮控制两台生产线（如包装生产线）轮流工作的程序。这时，只需要一个生产工人就可以交替在两台生产线上进行包装工作。

【例 10】 图 12-34 是一个毫秒计的计时程序，X1 为开始计时，X2 为结束计时，T246 为 1ms 定时器。

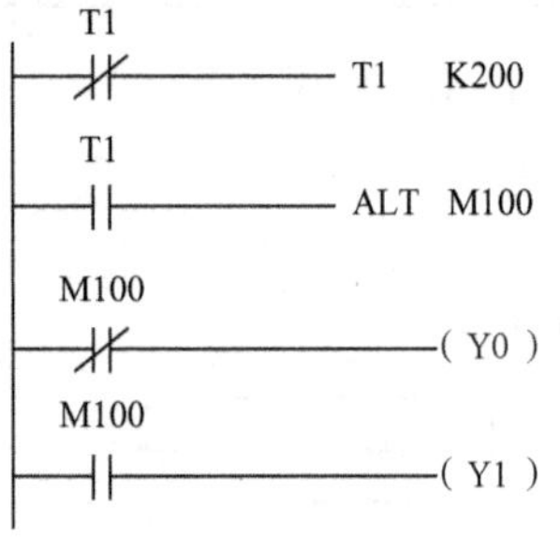

图 12-33 一个按钮控制两台生产线

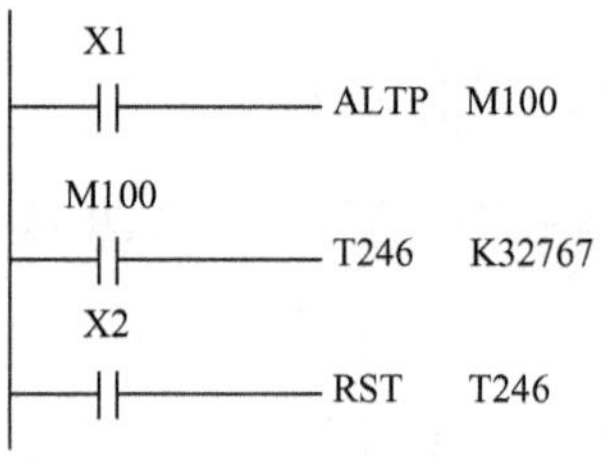

图 12-34 毫秒计的计时程序

12.3.2 斜坡信号指令 RAMP

1. 指令格式

FNC 67：RAMP　　　　　　　　　　　　程序步：9

RAMP 指令可用软元件如表 12-15 所示。

表 12-15 RAMP 指令可用软元件

操作数种类	位软元件							字软元件												其他				
	系统/用户							位数指定				系统/用户				特殊模块	变址			常数		实数	字符串	指针
	X	Y	M	T	C	S	D□.b	KnX	KnY	KnM	KnS	T	C	D	R	U□\G□	V	Z	修饰	K	H	E	"□"	P
(S1·)														●	▲				●					
(S2·)														●	▲				●					

续表

操作数种类	位软元件							字软元件												其他				
	系统/用户							位数指定				系统/用户				特殊模块	变址			常数		实数	字符串	指针
	X	Y	M	T	C	S	D□.b	KnX	KnY	KnM	KnS	T	C	D	R	U□\G□	V	Z	修饰	K	H	E	"□"	P
(D·)														●	▲				●					
n														●	▲					●	●			

▲：仅 FX_{3G}/FX_{3GC}/FX_{3U}/FX_{3UC} 可编程控制器支持。

梯形图如图 12-35 所示。

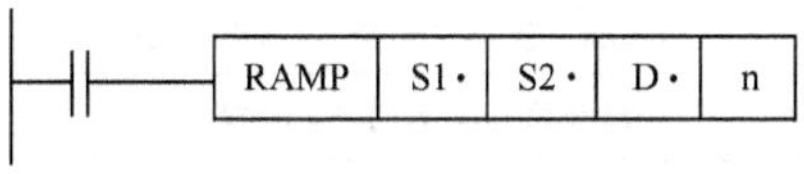

图 12-35　RAMP 指令梯形图

RAMP 指令操作数内容与取值如表 12-16 所示。

表 12-16　RAMP 指令操作数内容与取值

操作数种类	内　　容	数据类型
(S1·)	保存设定的斜坡初始值的软元件编号	BIN16 位
(S2·)	保存设定的斜坡目标值的软元件编号	BIN16 位
(D·)	保存斜坡的当前值数据的软元件编号	BIN16 位
n	斜坡的转移时间（扫描周期）[1～32 767]	BIN16 位

解读：在驱动条件成立时，在 n 所指定的扫描周期数内，D 由 S1 指定的初始值变化到 S2 所指定的结束值。

2. 指令应用

1）指令执行功能

指令的执行功能可通过图 12-36 来说明，根据 S1 和 S2 的大小分为两种情况。当 S2>S1 时，D 的值为缓慢上升，如图 12-36（a）所示；当 S2<S1 时，D 的值为缓慢下降，如图 12-36（b）所示。

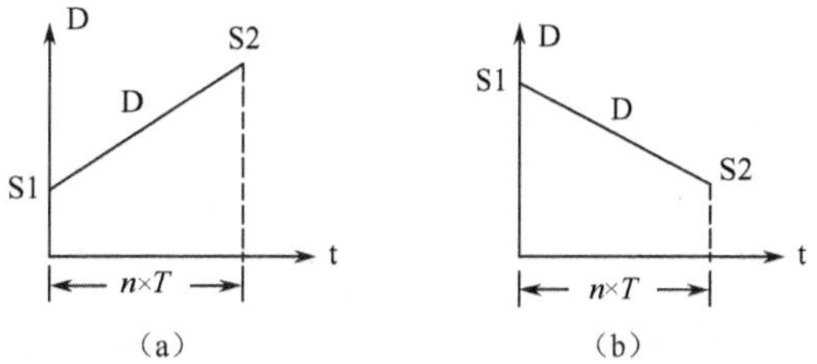

图 12-36　RAMP 指令执行功能图示

指令在执行时，由初始值（S1）变化至结束值（S2）的当前值存于 D 中，执行扫描周期 T 的次数存于（D+1）中，由图 12-36 可以看出，在 $n\times T$ 时间里完成指令功能。

如果在执行过程中断开指令的驱动，则变为执行中断状态，这时 D 的当前值得以保持，而执行扫描周期次数的（D+1）则被清零，再将驱动置 ON，D 的当前值也被清除，又重新从初始值 S1 开始执行。

2）相关特殊软元件

与 RAMP 指令相关的几个特殊辅助继电器和数据寄存器见表 12-17。

表 12-17　相关特殊软元件

编　号	名　称	功能和用途
M8026	RAMP 模式标志位	ON：执行保持模式，OFF：执行重复模式
M8029	执行结束标志位	指令执行结束 D=S2 时置 ON
M8039	恒定扫描模式标志位	为 ON 时，程序执行恒定的扫描周期
D8039	恒定扫描时间存储	指定恒定扫描周期时间

3）两种工作模式

当指令的驱动时间大于指令的执行时间时，RAMP 指令有两种工作模式，两种工作模式下的执行结果是不一样的，这两种工作模式的选择由标志位 M8026 的状态决定。

（1）M8026=OFF 时，为重复执行模式。

重复执行模式的时序如图 12-37（a）所示，在这种模式下，当前值 D 在一次斜坡结束后马上又复位到 0，重复执行 RAMP 指令，进行下一次斜坡，如此反复直到驱动断开，驱动断开后保持当前值不变。驱动的过程中（D+1）也随之变化，驱动断开后马上为 0。当驱动又接通时，D 和（D+1）均又从 0 开始变化。结束标志 M8029 则在每一次斜坡结束且 D=S2 时，导通一个扫描周期。

（2）M8026=ON 时，为保持模式。

保持模式时序图如图 12-37（b）所示。在这种模式下，当前值 D 和存储扫描周期 T 的次数（D+1）在第一次到达 S2 之后均保持不变。但驱动断开时，当前值 D 仍保持不变，而（D+1）则变为 0，直到驱动再次接通时，D 和（D+1）都从 0 开始变化，结束标志 M8029 则在一次斜坡结束后且 D=S2 时导通，直到驱动断开后才断开。

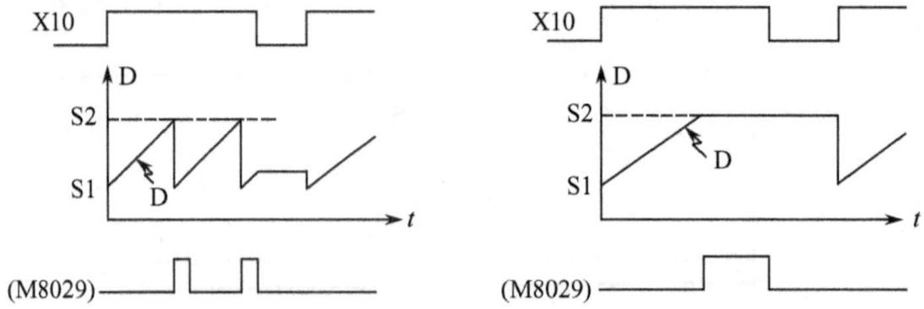

（a）M8026=OFF　　（b）M8026=ON

图 12-37　RAMP 指令执行两种模式时序图

4）恒定扫描模式

在实际使用时，常常希望在一定时间里（一般为整数，如 5s、10s 等）完成斜坡上升（或下降）的过程，而 RAMP 指令的斜坡执行时间与扫描周期 T 有关（等于 n 个 T），而 T 又难以正确估计，这时，可以采用恒定扫描时间和定时器中断方式进行处理。

恒定扫描时间如确定为 t，则 RAMP 指令的斜坡执行时间为 $t\times n$。这样，只要确定斜坡执行时间 T，则 $n=T\div t$，便可确定 n。若要求斜坡执行时间为 10s，恒定扫描时间为 50ms，则 $n=10\times1000\div50=200$。

也可以采用定时器中断方式处理 RAMP 指令，在 2 章 2.4.3 节的【例 9】中，采用了 10ms 的定时中断，每个 10ms 定时中断执行一次 RAMP 指令，其 n=1000，则斜坡执行时间为 10ms×1000=10s。

5）指令应用

斜坡指令 RAMP 的终址 D 是一个缓慢上升或缓慢下降的过程，因此，在实际应用中，常与其他指令或程序配合，应用于电机或步进电机软启动及软停止中，也可以作为模拟量控制的执行器控制模拟量（如流量、压力等）缓慢上升或下降的过程。

【例 11】　在步进电机控制中，斜坡指令常与 PLSY 指令一起使用来控制步进电机的软启停，图 12-38 为软启停程序梯形图。

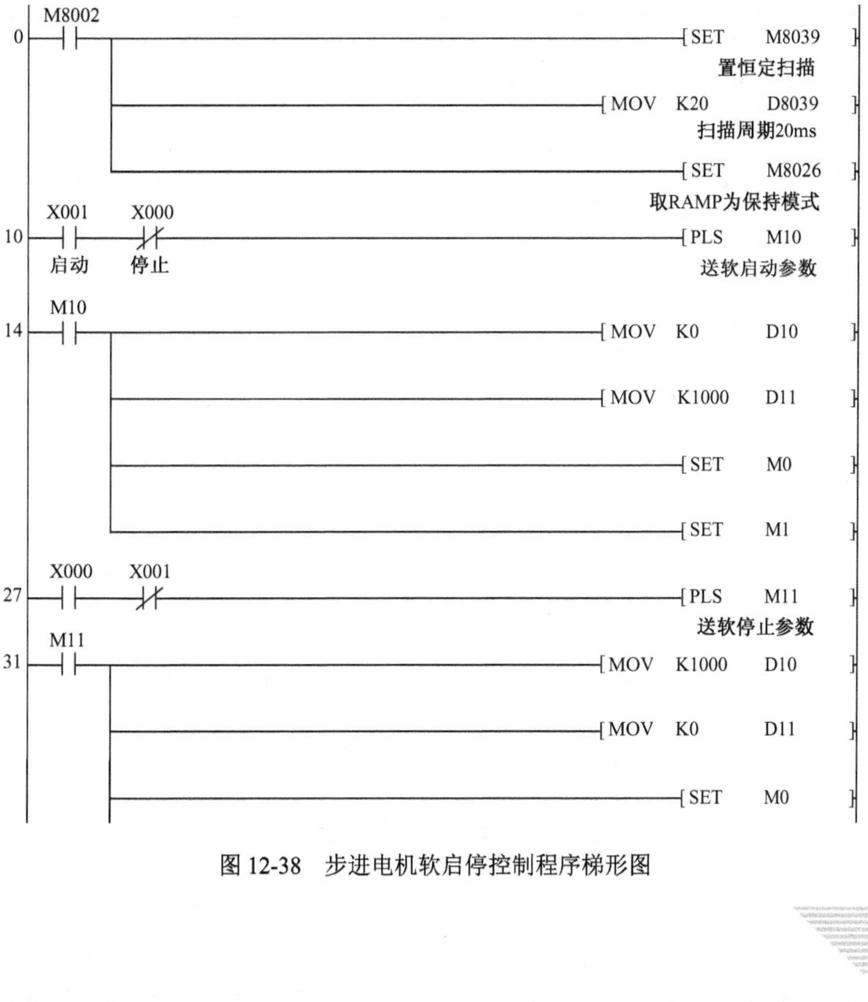

图 12-38　步进电机软启停控制程序梯形图

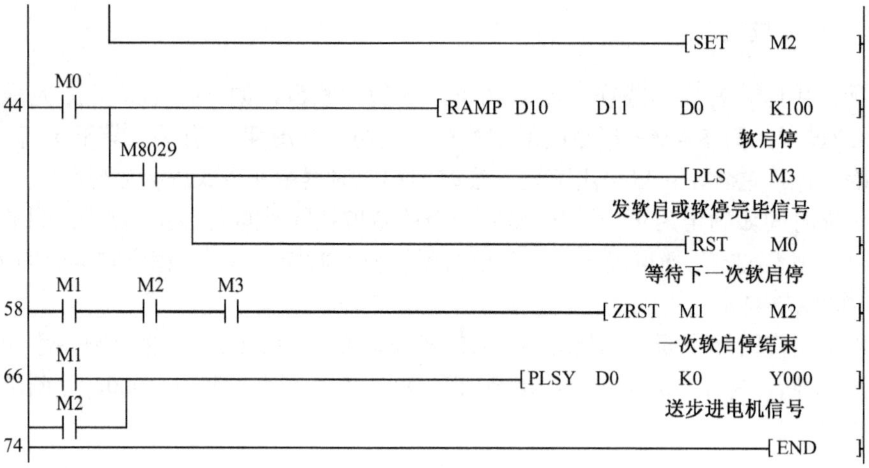

图 12-38　步进电机软启停控制程序梯形图（续）

【例 12】　某控制系统执行器为 0～10V 电压控制，试编制在 10s 内电压缓慢上升控制该执行器的梯形图程序，程序中模拟量输入模块为 FX_{2N}-2DA，其位置编号为 1#，输出数据为 D100。

程序梯形图如图 12-39 所示。

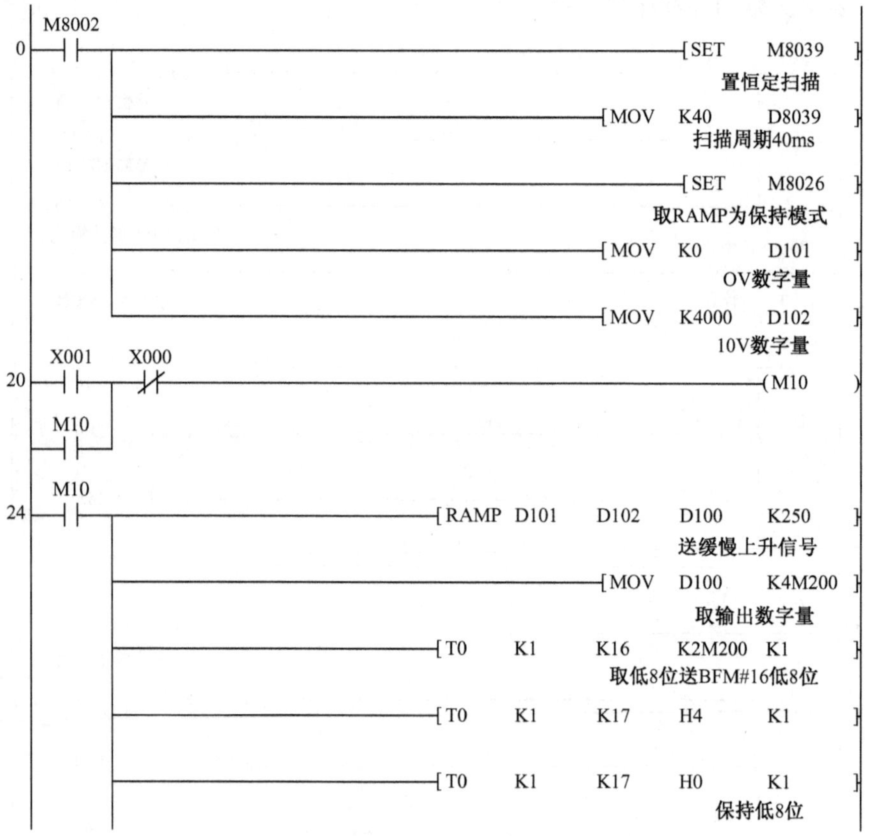

图 12-39　模拟量斜坡输出控制程序梯形图

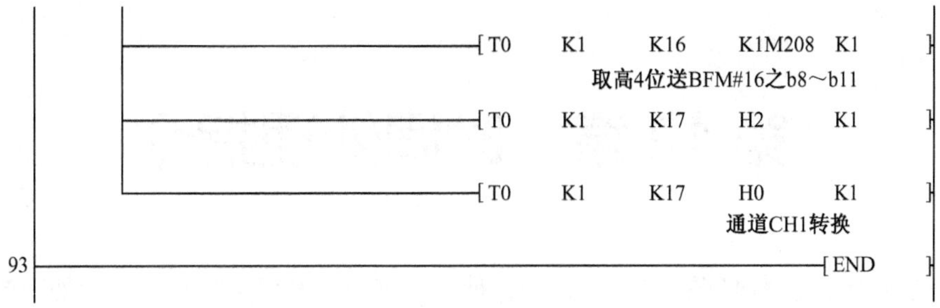

图 12-39　模拟量斜坡输出控制程序梯形图（续）

第 13 章　时间处理指令

时间处理指令是对时间数据（时、分、秒）和 PLC 内部实时时钟进行处理的指令，包括时间数据的比较、换算、运算和累计及 PLC 内部实时时钟的读/写。

13.1　关于 PLC 的时间控制

三菱 FX 系列 PLC 对时间的描述有三种：内部时钟辅助继电器、定时器 T 与时间控制、实时时钟，下面分别进行讲解。

13.1.1　内部时钟辅助继电器

内部时钟是指 4 个特殊辅助继电器 M8011～M8014，这 4 个继电器的触点按照规定的周期自动地进行通断操作，相当于发出一系列周期固定的时钟脉冲信号，它们相应的内部时钟周期见表 13-1。

表 13-1　内部时钟周期

时　钟	周　期	脉冲波形
M8011	10ms	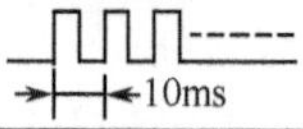
M8012	100ms	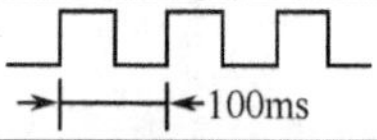
M8013	1s	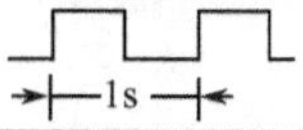
M8014	1min	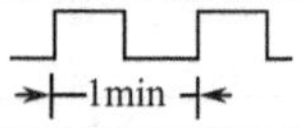

内部时钟继电器均为触点利用型特殊辅助继电器，在程序中只能利用其触点去驱动其他软元件或指令，程序中不能出现其线圈。只要 PLC 上电，不管程序是否用到内部时钟，也不管 PLC 是处于运行状态还是停止状态，内部时钟都一直在工作。在程序中，利用内部时钟继电器可以直接控制告警灯进行闪烁显示，方便简单。

利用内部时钟继电器和计数器相配合，可以设计不同时间的闪烁电路和长时间延时定时器，图 13-1 和图 13-2 为 0.5s 闪烁和 20h 延时的程序梯形图。

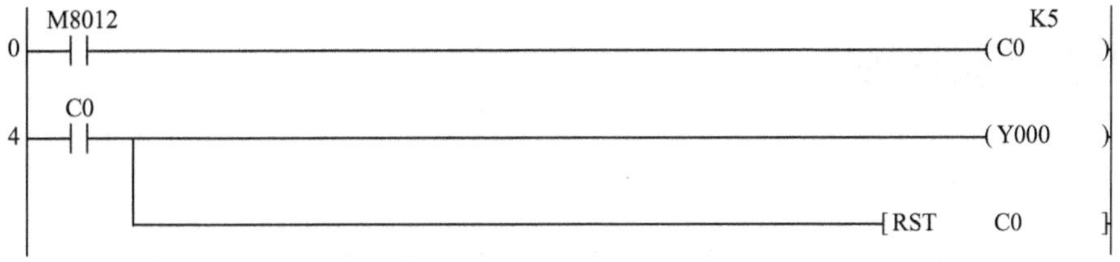

图 13-1　0.5s 闪烁程序梯形图

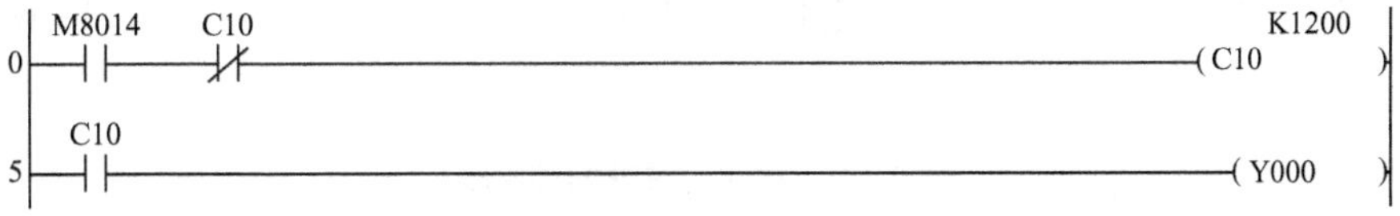

图 13-2　20h 延时程序梯形图

13.1.2　定时器 T 与时间控制

定时器 T 可以组成多种多样的控制电路，其定时时间可以任意设定，也可以在程序中随时改变。定时器 T 还有一个很重要的功能：它可以根据设定值是否达到而控制其触点的使用，还可以利用当前值作为数值数据进行控制操作。

【例 1】　试编写三台电机每隔 10s 顺序启动的程序。

程序梯形图如图 13-3 所示。

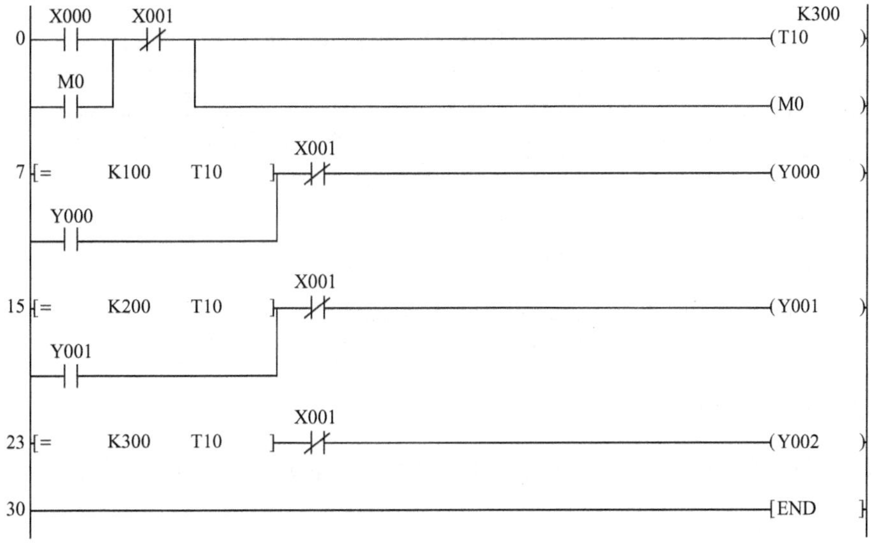

图 13-3　例 1 程序梯形图

但定时器也存在一个缺陷，它只有通电延时触点，没有瞬时和断电延时触点，必须编制程序解决。为此，在 FX 系列 PLC 上开发了三个有关时间控制的功能指令：示教定时器指令 TTMR、特殊定时器指令 STMR 和计时器指令 HOUR。这三个指令增加了 PLC 的时间控制功能。

13.1.3 实时时钟

1. 实时时钟数据

三菱 FX 系列 PLC 在特殊数据寄存器 D8013～D8019 中专门存放年、月、日、时、分、秒及星期的数据，一般用来存放公元时间的当前值，这些数据被称为实时时钟数据。实时时钟由 PLC 内部电池供电运作，随着实时时间一秒一秒地变化。实时时钟数据存储见表 13-2。

表 13-2 实时时钟数据存储表

特殊数据寄存器	内　容	设定范围	说　明
D8013	秒	0～59	
D8014	分	0～59	
D8015	时	0～23	
D8016	日	1～31	
D8017	月	1～12	
D8018	年	00～99	表示年份：1980～2079
D8019	星期	0～6	0（日）～6（六）

与实时时钟数据相关的特殊辅助继电器见表 13-3。

表 13-3 实时时钟相关特殊辅助继电器

特殊辅助继电器	名　称	动作功能
M8015	时钟停止及校时	ON 时，时钟停止，在 ON→OFF 的边沿写入时间，再次动作
M8016	显示时间停止	ON 时，停止显示时间（计时仍动作）
M8017	±30s 的修正	在 OFF→ON 的边沿对秒进行修正（秒为 0～29 时，秒变为 0，秒为 30～59 时，进位到分钟，秒变为 0）
M8018	安装检测	一直为 ON
M8019	RTC 出错	校验时间时，当实时时钟特殊数据寄存器的数据超出设定范围时为 ON

2. 实时时钟数据校准

实时时钟数据在使用时如发现时间不准，可以通过下列几种方法进行校准。

1）通过程序校准

可以通过以下程序进行时间校准，例如，将时间设定为 2011 年 12 月 10 日 12 时 0 分 0 秒，星期六，程序梯形图如图 13-4 所示。

为保证时间准确，在校准时间前 2～3min 将程序写入 PLC 开始运行 PLC，并使 X0 为 ON，当到达校准时间时，马上断开 X0，时间被设定，开始计时。如果校准前 X0 没有接通，M8015 为 OFF 状态，则时间不能校准，而在 M8015 由 ON→OFF 断开的瞬间输入校准时间。

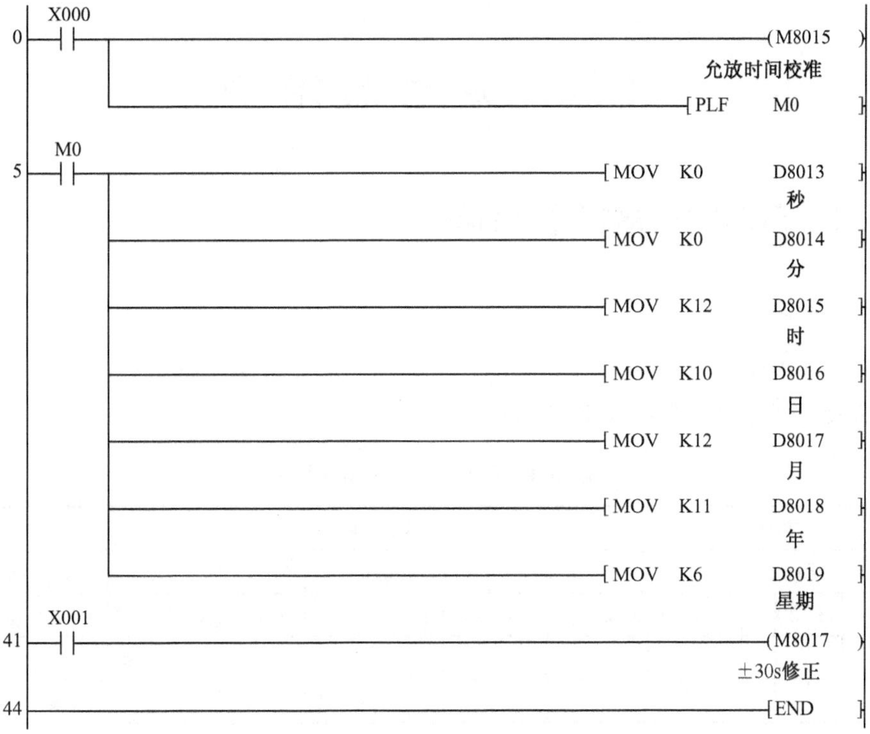
X000
0
M8015
允放时间校准
PLF
M0
M0
5
MOV K0 D8013
秒
MOV K0 D8014
分
MOV K12 D8015
时
MOV K10 D8016
日
MOV K12 D8017
月
MOV K11 D8018
年
MOV K6 D8019
星期
X001
41
M8017
±30s修正
44
END

图 13-4　实时时钟校准程序梯形图

为确保时间数据的准确，如果输入了超出设定范围的时间数据，则不能进行校准。

M8017 为±30s 修正，当 X1 从 OFF 变为 ON 时，即刻对实时时钟的秒进行修正，修正结果见表 13-3。

2）通过编程软件 GX-Developer 校准

在编程软件中校准实时时间的方法：

（1）开始更改时间前，强制置位 M8015。

（2）在编程软件的软元件监控功能中，使用数据寄存器当前值更改功能，对实时时钟数据寄存器 D8013～D8019 写入相应的校准时间年、月、日、时、分、秒、星期。

（3）到达校准时间时，强制复位 M8015，时间被校准，并开始计时动作。

3）通过指令 TWR 校准

FX 系列 PLC 设有专门的实时时钟校准指令 TWR，关于指令 TWR 的介绍及如何对实时时钟进行校准，参见本章 13.4.2 节，这里不再赘述。

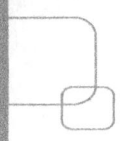

13.2 定时器指令

13.2.1 示教定时器指令 TTMR

1. 指令格式

FNC 64：TTMR　　　　程序步：5

TTMR 指令可用软元件如表 13-4 所示。

表 13-4　TTMR 指令可用软元件

操作数种类	位软元件							字软元件												其他				
	系统/用户							位数指定				系统/用户				特殊模块	变址			常数		实数	字符串	指针
	X	Y	M	T	C	S	D□.b	KnX	KnY	KnM	KnS	T	C	D	R	U□\G□	V	Z	修饰	K	H	E	"□"	P
(D·)														●	●				●					
n														●	●					●	●			

梯形图如图 13-5 所示。

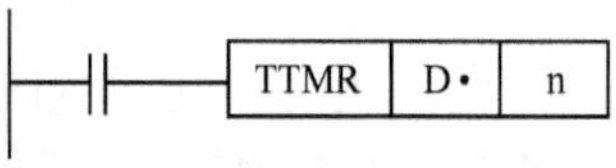

图 13-5　TTMR 指令梯形图

TTMR 操作数内容与取值如表 13-5 所示。

表 13-5　TTMR 指令操作数内容与取值

操作数种类	内　容	数 据 类 型
(D·)	保存示教数据的软元件编号	BIN16 位
n	示教数据乘以的倍率数［K0～K2/H0～H2］	BIN16 位

解读：在驱动条件为 ON 时，测量驱动条件闭合的时间，其测量时的当前值存储在（D+1）中，测量结果存储于 D 中。

2. 指令应用

1）执行功能

指令的执行可以用图 13-6 来说明。当 X10 为 ON 时，开始对其计时；当 X10 为 OFF 时，计时结束。计时结果存储在单元 D 中，而当前值存储单元（D+1）则复位为 0。当 X10 为 ON 时再一次开始计时，D 从 0 开始计时。

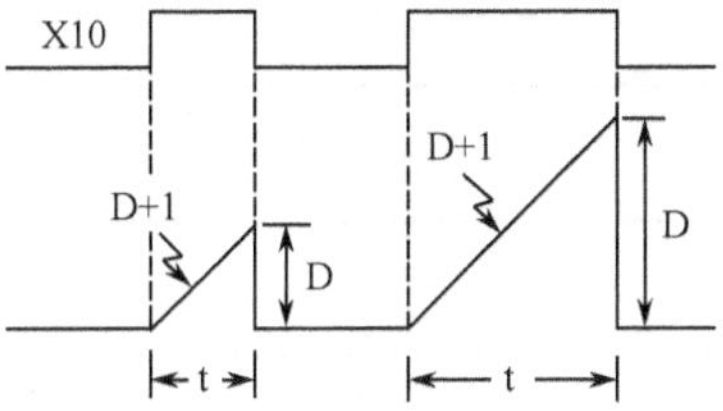

图 13-6　TTMR 指令执行功能示意图

计时单位为秒，但其计时精度与 n 的设定有关，表 13-6 表示 n 与计时精度的关系。

表 13-6　n 与计时精度的关系

n	计 时 精 度	计时值 D
K0	1s	t×1
K1	0.1s	t×10
K2	0.01s	t×100

2）指令应用

与 TTMR 指令类似的功能的指令有 HOUR 指令（FNC 169），TTMR 指令计时单位为秒，而 HOUR 指令计时单位为小时。关于 HOUR 指令的详解见本章 13.2.3 节。

指令应用例如下。

【例 2】　图 13-7 程序可以对 X0 的多次闭合时间进行累加统计，统计结果存于 D10 中。

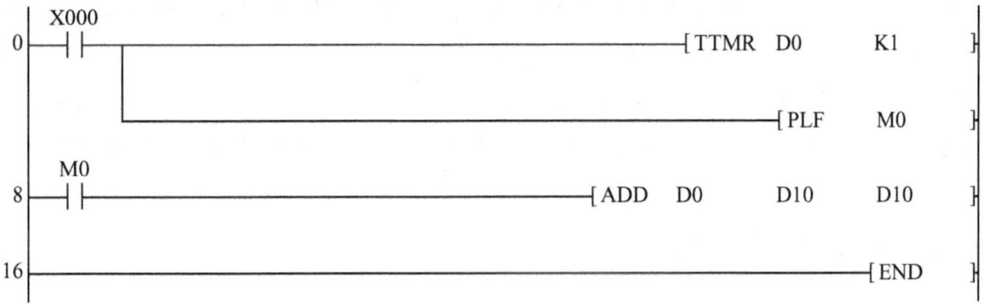

图 13-7　例 2 程序梯形图

【例 3】　利用 TTMR 指令，可以很方便地修改 PLC 中多个定时器的设定值，图 13-8 为对 10 个定时器 T0～T9 进行修改的程序梯形图。

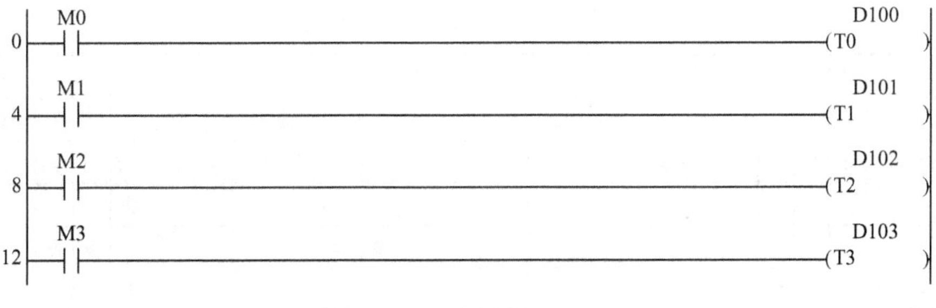

图 13-8　例 3 程序梯形图

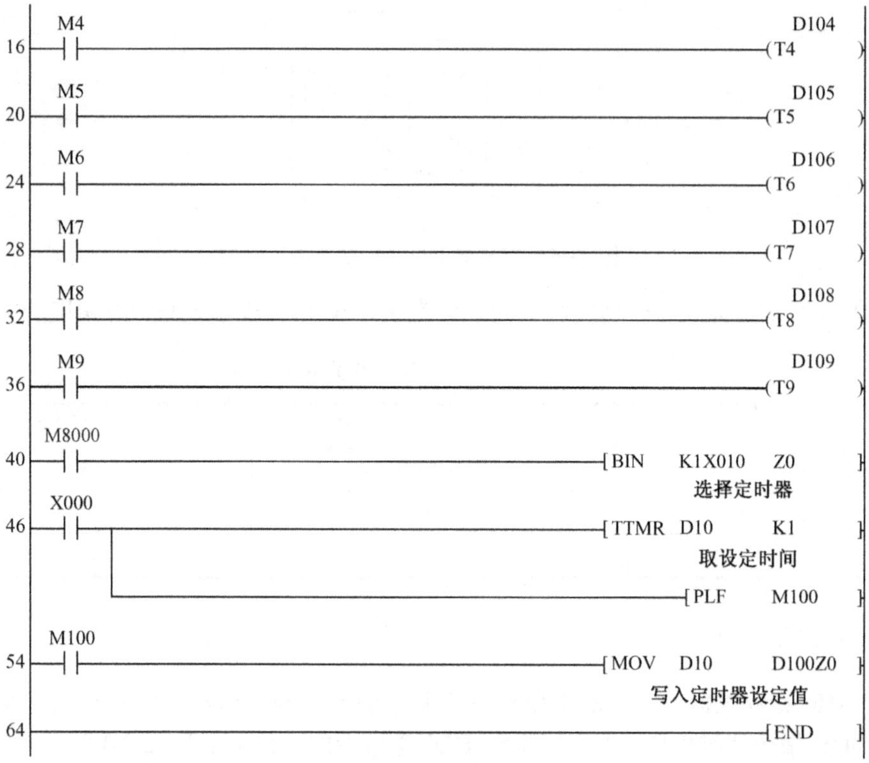

图 13-8　例 3 程序梯形图（续）

BCD 指令为从外接一位数字开关中输入要选择的定时器编号，X0 为修正值按钮，由于 T0～T9 为 100ms 计数器，所以，在示教定时器指令中为 K1，这时，D10 的值为按 100ms 精度的计时值。若 n 为 K0，则应乘以 10 后再写入定时器设定值。由于定时值的大小与按钮为 ON 的时间有关，而按钮为 ON 的时间很难掌握，所以这种方法定时的精度较差。

13.2.2　特殊定时器指令 STMR

1. 指令格式

FNC 65：STMR　　　　　　　　　　　　　　　　程序步：7

STMR 指令可用软元件如表 13-7 所示。

表 13-7　STMR 指令可用软元件

操作数种类	位软元件							字软元件												其他				
	系统/用户							位数指定				系统/用户				特殊模块	变址			常数		实数	字符串	指针
	X	Y	M	T	C	S	D□.b	KnX	KnY	KnM	KnS	T	C	D	R	U□\G□	V	Z	修饰	K	H	E	"□"	P
(S·)												●							●					
m														●	●					●	●			
(D·)		●	●			●	▲												●					

▲：D□.b 不能变址修饰（V、Z）。

梯形图如图 13-9 所示。

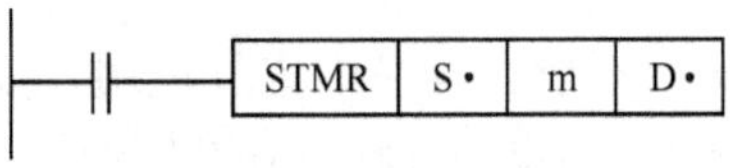

图 13-9　STMR 指令梯形图

STMR 操作数内容与取值如表 13-8 所示。

表 13-8　STMR 指令操作数内容与取值

操作数种类	内　容	数 据 类 型
(S·)	使用的定时器编号［T0～T199（100ms 定时器）］	BIN16 位
m	定时器的设定值（1～32 767）	BIN16 位
(D·)	被输出的起始位编号（占用 4 点）	位

解读：在驱动条件成立时，可以获得以 S 所指定定时器定时值 m 为参考的断电延时断开、单脉冲、通电延时断开和通电延时接通、断电延时断开四种辅助继电器的输出触点。

2．指令应用

1）执行功能

FX 系列 PLC 内部定时器的触点为通电延时接通，但在实际应用中，也需要其他方式的触点，例如，断电延时断开触点、通电延时断开触点等，遇到这种情况常常需要编制程序解决。STMR 指令则是一个可以同时输出以上几种定时触点的多路输出功能指令。

STMR 指令的执行功能可以由图 13-10 所示的时序图说明，虚线左侧部分是驱动条件接通时间大于定时器定时时间的时序图，虚线右侧部分是驱动条件接通时间小于定时器定时时间的时序图。可以看出除 M1 为一单脉冲定时器输出外，其余 M0，M2，M3 均可作为定时器的延时触点使用。

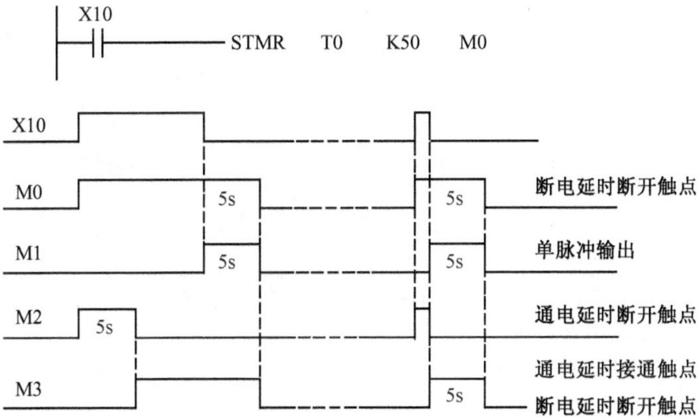

图 13-10　STMR 指令输出时序图

2）指令应用

指令中所指定的定时器的编号不能在程序中重复使用，如果重复使用，该定时器不能正常工作，指令中占用的四点位元件也不能被程序中的其他控制使用。

当驱动条件断开时，定时器被即时复位。

STMR 指令虽然有多种输出功能，但在实际应用中很少使用。利用 M3 的常闭触点作为指令的驱动，可以得到 M1 和 M2 轮流输出的闪烁程序，如图 13-11 所示。利用这个程序可以控制十字路口晚上 21:00 到早晨 6:30 期间无人值班时红绿灯的轮流转换。程序中 M8013 为周期为 1s 的振荡器，红绿灯转换时间为 50s，红灯亮时每秒闪烁 1 次，而绿灯不闪烁。

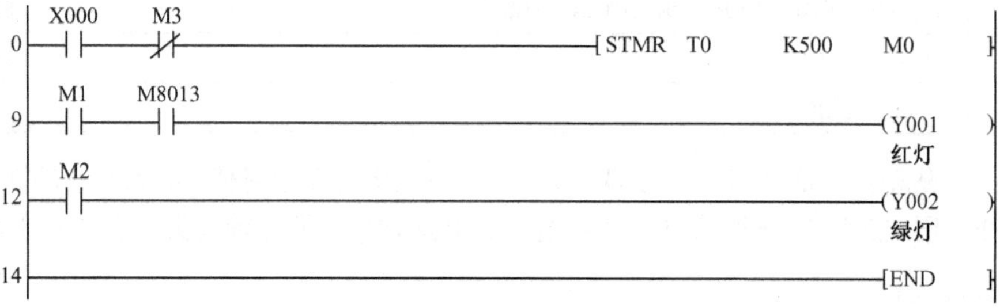

图 13-11　STMR 指令输出闪烁程序梯形图

13.2.3　计时器指令 HOUR

1. 指令格式

FNC169：【D】HOUR　　　　　　　　　　程序步：7/13

HOUR 指令可用软元件如表 13-9 所示。

表 13-9　HOUR 指令可用软元件

操作数种类	位软元件							字软元件													其他				
	系统/用户							位数指定				系统/用户				特殊模块	变址				常数		实数	字符串	指针
	X	Y	M	T	C	S	D□.b	KnX	KnY	KnM	KnS	T	C	D	R	U□\G□	V	Z	修饰		K	H	E	"□"	P
S·								●	●	●	●	●	●	●	▲2	▲3	●	●	●		●	●			
D1·														●	▲2				●						
D2·		●	●			●	▲1												●						

▲1：D□.b 仅支持 FX_{3U}/FX_{3UC} 可编程控制器。但是，不能变址修饰（V、Z）。

▲2：仅 $FX_{3G}/FX_{3GC}/FX_{3U}/FX_{3UC}$ 可编程控制器支持。

▲3：仅 FX_{3U}/FX_{3UC} 可编程控制器支持。

指令梯形图如图 13-12 所示。

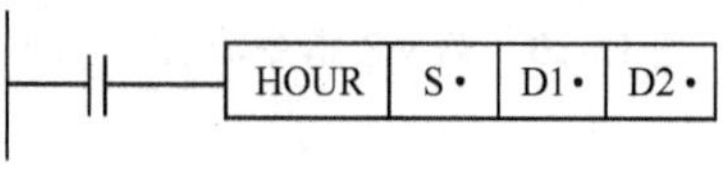

图 13-12　HOUR 指令梯形图

HOUR 操作数内容与取值如表 13-10 所示。

表 13-10　HOUR 指令操作数内容与取值

操作数种类	内　容	数 据 类 型
(S·)	使 (D2·) 为 0N 的时间（以 1 个小时为单位设定）	BIN16/32 位
(D1·)	以 1 个小时为单位的当前值（指定停电保持用数据寄存器）	BIN16/32 位
(D2·)	报警输出的起始编号	位

解读：当驱动条件成立时，对驱动条件闭合的时间进行累加检测，当累加时间超过了 S 所设定的时间时，D2 输出为 ON。

2. 指令应用

1）执行功能

HOUR 指令实际上是一个以小时为单位的计时器，它针对驱动触点进行计时，计时的当前值占用两个存储单元，其中 D1 存计时时间小时数，不满 1h 的计时时间以秒为单位存储在（D1+1）中。指令要求 D1（D1+1）均为停电保持寄存器（D200～D7999），这样在断开电源后，计时数据仍能得到保存，而再次通电后仍然可以继续计时。

指令执行功能用如图 13-13 所示应用梯形图进行说明。

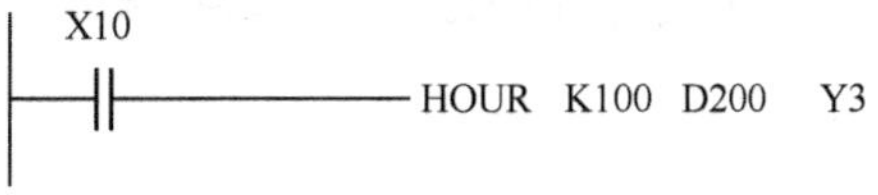

图 13-13　HOUR 指令应用梯形图

指令执行功能是当 X10 闭合的时间达到 100h 零 1s 时，Y3 输出为 ON。

如果 X10 的闭合时间超过了 100h，则计时器当前值仍继续计时，直到达到最大值 32767h 或 X10 断开为止。停止计时后，如果需要重新开始测量，必须清除 D200，D201 的当前值，并使 Y3 复位。

2）指令应用例

【例 4】　某控制场合，需要两台电机轮流工作，以有效地保护电机，延长使用寿命。现有两台电机，其运行控制为 1#电机运行 24h 后，自动切换到 2#电机运行，2#电机运行 24h 后，自动切换到 1#电机运行……如此反复循环，试编制控制程序。该控制已在第 12 章 12.2.3 节中用 INCD 指令编写过，读者可比较哪种方便。

控制程序梯形图如图 13-14 所示。

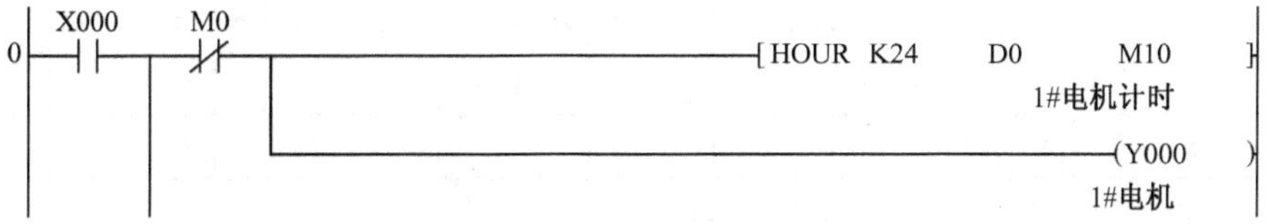

图 13-14　例 4 程序梯形图

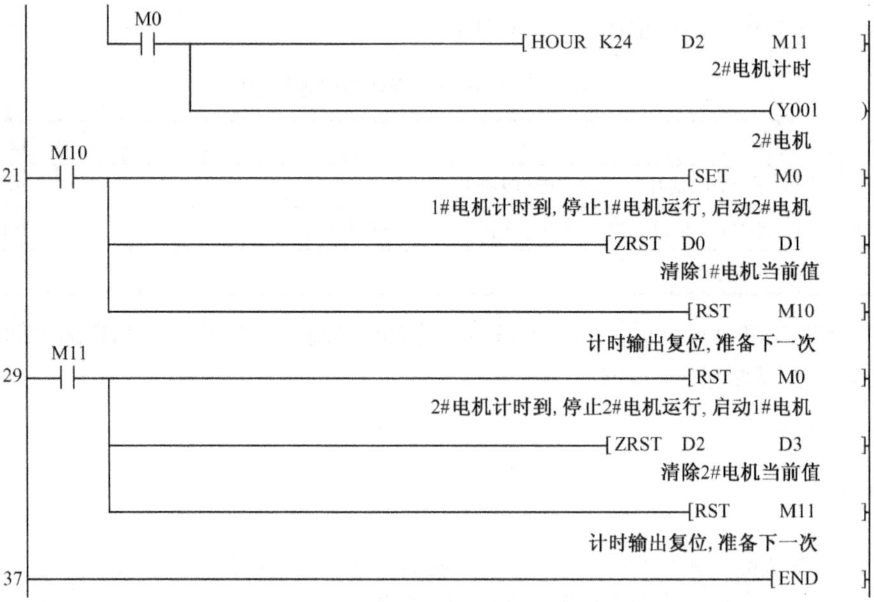

图 13-14 例 4 程序梯形图（续）

13.3 时间数据运算指令

13.3.1 时钟数据比较指令 TCMP

1．指令格式

FNC 160：TCMP 【P】　　　　　　　　　　程序步：11

TCMP 指令可用软元件如表 13-11 所示。

表 13-11 TCMP 指令可用软元件

操作数种类	位软元件							字软元件													其他				
	系统/用户							位数指定				系统/用户				特殊模块	变址			常数		实数	字符串	指针
	X	Y	M	T	C	S	D□.b	KnX	KnY	KnM	KnS	T	C	D	R	U□\G□	V	Z	修饰	K	H	E	"□"	P
S1·								●	●	●	●	●	●	●	▲2	▲3	●	●	●	●	●			
S2·								●	●	●	●	●	●	●	▲2	▲3	●	●	●	●	●			
S3·								●	●	●	●	●	●	●	▲2	▲3	●	●	●	●	●			
S·												●	●	●	▲2	▲3			●					
D·		●	●			●	▲1												●					

▲1：D□.b 仅支持 FX_{3U}/FX_{3UC} 可编程控制器。但是，不能变址修饰（V、Z）。

▲2：仅 $FX_{3G}/FX_{3GC}/FX_{3U}/FX_{3UC}$ 可编程控制器支持。

▲3：仅 FX_{3U}/FX_{3UC} 可编程控制器支持。

指令梯形图如图 13-15 所示。

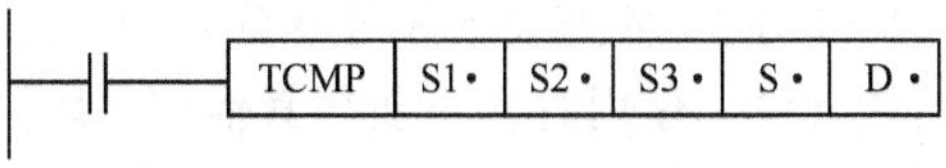

图 13-15　TCMP 指令梯形图

TCMP 操作数内容与取值如表 13-12 所示。

表 13-12　TCMP 指令操作数内容与取值

操作数种类	内　容	数 据 类 型
S1·	指定比较基准时间的“时”（设定范围：0～23）	BIN16 位
S2·	指定比较基准时间的“分”（设定范围：0～59）	BIN16 位
S3·	指定比较基准时间的“秒”（设定范围：0～59）	BIN16 位
S·	指定时间数据（时、分、秒）的“时”（占用 3 点）	BIN16 位
D·	根据比较结果 ON/OFF 位软元件（占用 3 点）	位

解读：当驱动条件成立时，将指定的时间数据 S（时），S+1（分），S+2（秒）与基准时间 S1（时），S2（分），S3（秒）进行比较，并根据比较结果驱动位元件 D，D+1，D+2 中的一个。

2．指令应用

TCMP 指令的含义和 CMP，ECMP 等指令相似，只不过这里比较的是时间（时、分、秒）而已。

图 13-16 为该指令的应用说明图。

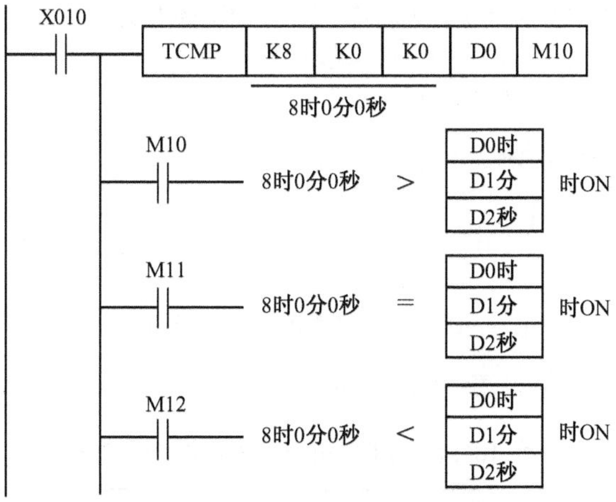

图 13-16　TCMP 指令应用说明

指令执行后即使驱动条件 X10 断开，D，D+1，D+2 也均会保持当前状态，不会随 X10 的断开而改变。

时间比较的准则：时、分、秒数值大的为大，仅在时、分、秒完全一样时为相等。例如，图中，D0 时、D1 分、D2 秒在 0 时 0 分 0 秒到 7 时 59 分 59 秒之间为小于 8 时 0 分 0 秒，而 8 时 0 分 1 秒到 23 时 59 分 59 秒则大于 8 时 0 分 0 秒，仅在 8 时 0 分 0 秒为相等。

TCMP 指令占用较多的软元件，使用时，不要与其他程序段共享。

时钟比较指令一般都是与 PLC 的内置实时时钟进行比较，已达到规定时间进行预先设置的控制，因此，在与实时时钟比较时，首先要把实时时钟通过时钟数据读取指令 TRD 将实时时钟值送到 S，S+1，S+2 中去，然后再应用 TCMP 指令进行操作，实际应用见 13.4 节应用实例。

13.3.2 时钟数据区间比较指令 TZCP

1．指令格式

FNC 161：TZCP 【P】　　　　　　　　　　　　　程序步：9

TZCP 指令可用软元件如表 13-13 所示。

表 13-13 TZCP 指令可用软元件

操作数种类	位软元件							字软元件												其他				
	系统/用户							位数指定				系统/用户				特殊模块	变址			常数		实数	字符串	指针
	X	Y	M	T	C	S	D□.b	KnX	KnY	KnM	KnS	T	C	D	R	U□\G□	V	Z	修饰	K	H	E	"□"	P
S1·												●	●	●	▲2	▲3			●					
S2·												●	●	●	▲2	▲3			●					
S·												●	●	●	▲2	▲3			●					
D·		●	●			●	▲1												●					

▲1：D□.b 仅支持 FX_{3U}/FX_{3UC} 可编程控制器。但是，不能变址修饰（V、Z）。
▲2：仅 FX_{3G}/FX_{3GC}/FX_{3U}/FX_{3UC} 可编程控制器支持。
▲3：仅 FX_{3U}/FX_{3UC} 可编程控制器支持。

指令梯形图如图 13-17 所示。

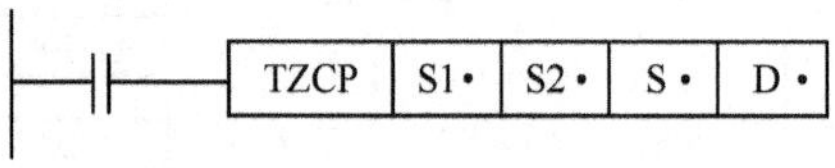

图 13-17　TZCP 指令梯形图

TZCP 操作数内容与取值如表 13-14 所示。

表 13-14 TZCP 指令操作数内容与取值

操作数种类	内　容	数据类型
S1·	指定比较下限时间（时、分、秒）的"时"（占用 3 点）	BIN16 位
S2·	指定比较上限时间（时、分、秒）的"时"（占用 3 点）	BIN16 位
S·	指定时间数据（时、分、秒）的"时"（占用 3 点）	BIN16 位
D·	根据比较结果 ON/OFF 位软元件（占用 3 点）	位

解读：当驱动条件成立时，将指定的时间数据 S（时），S+1（分），S+2（秒）与上、下限比较基准时间 S1（时），S1+1（分），S1+2（秒）及 S2（时），S2+1（分），S2+2（秒）进行比较，并根据比较结果置 D，D+1，D+2 位元件中的一个为 ON。

2．指令应用

TZCP 指令与 ZCP，EZCP 指令功能类似，TZCP 指令比较的是时间数据。
图 13-18 表示了它的执行功能。

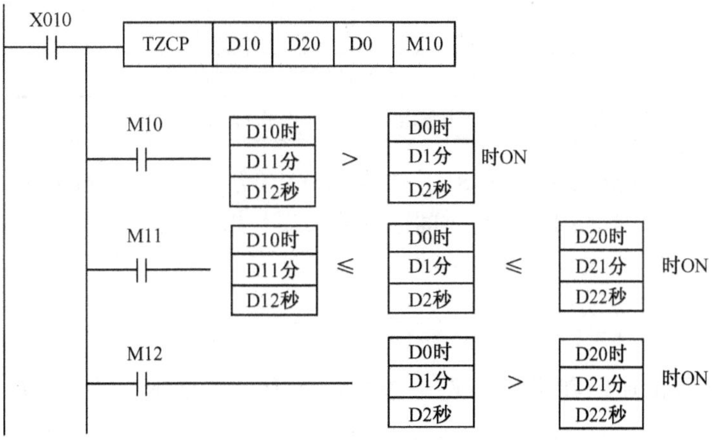

图 13-18　TZCP 指令应用说明

13.3.3　时钟数据加法指令 TADD

1．指令格式

FNC 162：TADD 【P】　　　　　　　　　　　　　程序步：7

TADD 指令可用软元件如表 13-15 所示。

表 13-15　TADD 指令可用软元件

操作数种类	位软元件							字软元件												其他				
	系统/用户							位数指定				系统/用户				特殊模块	变址			常数		实数	字符串	指针
	X	Y	M	T	C	S	D□.b	KnX	KnY	KnM	KnS	T	C	D	R	U□\G□	V	Z	修饰	K	H	E	"□"	P
S1·												●	●	●	▲1	▲2			●					
S2·												●	●	●	▲1	▲2			●					
D·												●	●	●	▲1	▲2			●					

▲1：仅 $FX_{3G}/FX_{3GC}/FX_{3U}/FX_{3UC}$ 可编程控制器支持。

▲2：仅 FX_{3U}/FX_{3UC} 可编程控制器支持。

指令梯形图如图 13-19 所示。

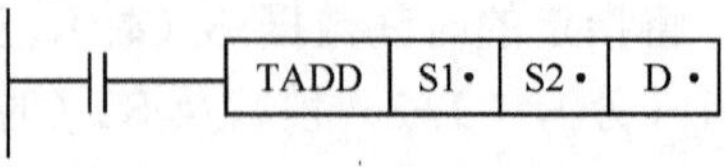

图 13-19 TADD 指令梯形图

TADD 操作数内容与取值如表 13-16 所示。

表 13-16 TADD 指令操作数内容与取值

操作数种类	内容	数据类型
S1•	指定进行加法运算的时间数据（时、分、秒）的“时”（占用 3 点）	BIN16 位
S2•	指定进行加法运算的时间数据（时、分、秒）的“时”（占用 3 点）	BIN16 位
D•	保存两个时间数据（时、分、秒）加法运算的结果（占用 3 点）	BIN16 位

解读：当驱动条件成立时，将 S1（时），S1+1（分），S1+2（秒）和 S2（时），S2+1（分），S2+2（秒）所表示的时间进行时间进制的相加，相加结果存于 D（时），D+1（分），D+2（秒）中。

2. 指令应用

两个时间数据相加，其进制不是十进制，而是六十进制（分、秒）和二十四进制（时），举例说明。

【例 5】 3 时 10 分 20 秒 + 8 时 40 分 10 秒。

　　3 时 10 分 20 秒
+ 8 时 40 分 10 秒
————————
　11 时 50 分 30 秒

【例 6】 10 时 48 分 50 秒 + 8 时 40 分 23 秒。

　10 时 48 分 50 秒
+ 8 时 40 分 23 秒
————————
　19 时 29 分 13 秒

【例 7】 10 时 18 分 50 秒 + 18 时 30 分 13 秒。

　10 时 18 分 50 秒
+18 时 30 分 13 秒
————————
　4 时 49 分 03 秒

当运算结果超过 24h 时，进位标志位 M8022 为 ON。当计算结果为 0 时 0 分 0 秒时，零位标志位 M8020 为 ON。

13.3.4 时钟数据减法指令 TSUB

1. 指令格式

FNC 163：TSUB 【P】　　　　　　　　程序步：7

TSUB 指令可用软元件如表 13-17 所示。

表 13-17　TSUB 指令可用软元件

操作数种类	位软元件							字软元件												其他				
	系统/用户							位数指定				系统/用户				特殊模块	变址			常数		实数	字符串	指针
	X	Y	M	T	C	S	D□.b	KnX	KnY	KnM	KnS	T	C	D	R	U□\G□	V	Z	修饰	K	H	E	"□"	P
S1·												●	●	●	▲1	▲2			●					
S2·												●	●	●	▲1	▲2			●					
D·												●	●	●	▲1	▲2			●					

▲1：仅 $FX_{3G}/FX_{3GC}/FX_{3U}/FX_{3UC}$ 可编程控制器支持。

▲2：仅 FX_{3U}/FX_{3UC} 可编程控制器支持。

指令梯形图如图 13-20 所示。

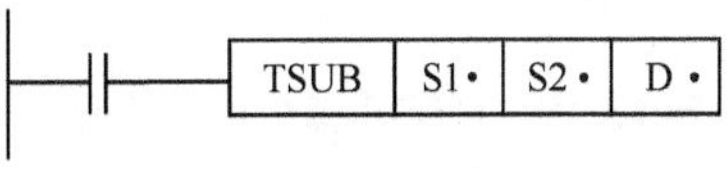

图 13-20　TSUB 指令梯形图

TSUB 操作数内容与取值如表 13-18 所示。

表 13-18　TSUB 指令操作数内容与取值

操作数种类	内　容	数据类型
S1·	指定进行减法运算的时间数据（时、分、秒）的“时”（占用 3 点）	BIN16 位
S2·	指定进行减法运算的时间数据（时、分、秒）的“时”（占用 3 点）	BIN16 位
D·	保存两个时间数据（时、分、秒）减法运算的结果（占用 3 点）	BIN16 位

解读：当驱动条件成立时，将 S1（时），S1+1（分），S1+2（秒）的时间数据减去 S2（时），S2+1（分），S2+2（秒）的时间数据，其结果存放于 D（时），D+1（分），D+2（秒）。

2. 指令应用

时间相减，若不够减时，不能为负时间数据，而是借 1 当 60（分、秒）和借 1 当 24（时），再减为答案，见下例。

【例 8】　10 时 40 分 20 秒 －8 时 25 分 10 秒。

　　10 时 40 分 20 秒
　－8 时 25 分 10 秒
　———————————
　　2 时 15 分 10 秒

【例 9】　10 时 28 分 50 秒 －8 时 40 分 53 秒。

　　10 时 28 分 50 秒
　－8 时 40 分 53 秒
　———————————
　　1 时 47 分 57 秒

【例 10】　10 时 18 分 50 秒 － 18 时 30 分 23 秒。

$$\begin{array}{r} 10时\ 52分\ 50秒 \\ -18时\ 30分\ 13秒 \\ \hline 16时\ 22分\ 37秒 \end{array}$$

当运算结果小于 0 时（不够减），借位标志位 M8021 为 ON；当运算结果为 0 时（两个时间数据完全相等）零位标志位 M8020 为 ON。

13.3.5 时、分、秒数据的秒转换指令 HTOS

1．指令格式

FNC 164：【D】 HTOS 【P】　　　　　　　　　　　　　　程序步：5/9

HTOS 指令可用软元件如表 13-19 所示。

表 13-19　HTOS 指令可用软元件

操作数种类	位软元件							字软元件												其他				
	系统/用户							位数指定				系统/用户				特殊模块	变址			常数		实数	字符串	指针
	X	Y	M	T	C	S	D□.b	KnX	KnY	KnM	KnS	T	C	D	R	U□\G□	V	Z	修饰	K	H	E	"□"	P
S·								●	●	●	●	●	●	●	●	●			●					
D·									●	●	●	●	●	●	●	●			●					

指令梯形图如图 13-21 所示。

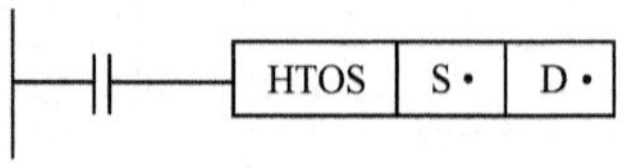

图 13-21　HTOS 指令梯形图

HTOS 操作数内容与取值如表 13-20 所示。

表 13-20　HTOS 指令操作数内容与取值

操作数种类	内　容	数 据 类 型
S·	保存转换前的时间（时刻）数据（时、分、秒）的软元件的起始编号	BIN16 位
D·	保存转换后的时间（时刻）数据（秒）的软元件编号	BIN16/32 位

解读：当驱动条件成立时，将 S 中保存的时、分、秒数据转换成秒后保存在 D 中。

2．指令应用

（1）时、分、秒数据分别存储在 S，S+1，S+2 三个存储单元，且存储数据有指定的范围，超出范围会发生运算错误。

（2）指令分 16 位和 32 位运算，其应用范围如图 13-22 所示。

从图中可以看出，16 位运算最多为 9 小时，超过 9 小时转换成秒会超过 32767，必须用 32 位运算。

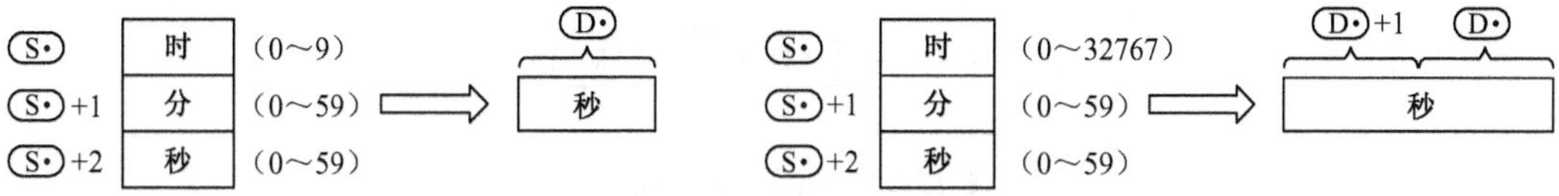

（a）16位　（b）32位

图 13-22 HTOS 指令应用图示

【例 11】 图 13-23 为从 PLC 内置的实时时钟中读取数据，换算成秒，然后，保存到 D101,D100 中的程序梯形图。

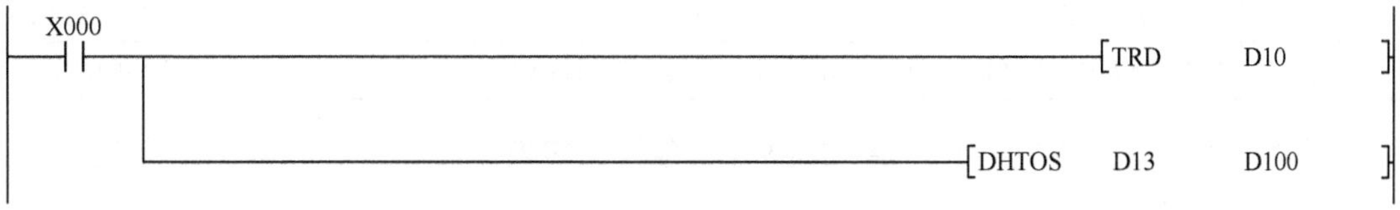

图 13-23 例 11 程序梯形图

实时时钟数据转换为秒的执行过程如图 13-24 所示。

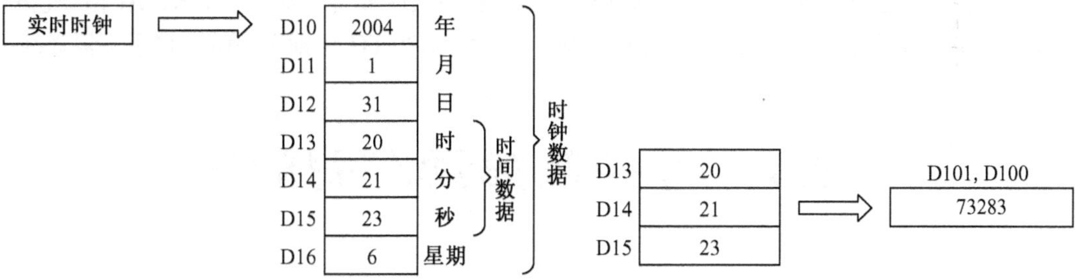

（a）TRD指令执行功能　（b）HTOS指令执行功能

图 13-24 实时时钟数据转换为秒的执行过程

13.3.6 秒数据的［时、分、秒］转换指令 STOH

1．指令格式

FNC 165：【D】 STOH 【P】　　　　程序步：5/9

STOH 指令可用软元件如表 13-21 所示。

表 13-21 STOH 指令可用软元件

操作数种类	位软元件							字软元件													其他				
	系统/用户							位数指定				系统/用户				特殊模块	变址			常数		实数	字符串	指针
	X	Y	M	T	C	S	D□.b	KnX	KnY	KnM	KnS	T	C	D	R	U□\G□	V	Z	修饰	K	H	E	"□"	P
S·								●	●	●	●	●	●	●	●	●			●					
D·									●	●	●	●	●	●	●	●			●					

指令梯形图如图 13-25 所示。

图 13-25　STOH 指令梯形图

STOH 操作数内容与取值如表 13-22 所示。

表 13-22　STOH 指令操作数内容与取值

操作数种类	内　容	数据类型
S·	保存转换前的时间（时刻）数据（秒）的软元件编号	BIN16/32 位
D·	保存转换后的时间（时刻）数据（时、分、秒）的软元件起始编号	BIN16 位

解读：当驱动条件成立时，将 S 中所保存的秒转换成时、分、秒数据，存放于 S，S+1，S+2 寄存器中。

2．指令应用

STOH 指令是 HTOS 的反向转换指令，其功能和 HTOS 指令正好相反，STOH 指令也分为 16 位运算和 32 位运算，也有各自的数据范围，读者可参考 HTOS 指令理解，这里不再详述。

13.4　时钟数据读/写指令

13.4.1　时钟数据读出指令 TRD

1．指令格式

FNC 166：TRD 【P】　　　　　　　　　　　　程序步：3

TRD 指令可用软元件如表 13-23 所示。

表 13-23　TRD 指令可用软元件

操作数种类	位软元件							字软元件												其他				
	系统/用户							位数指定				系统/用户				特殊模块	变址			常数		实数	字符串	指针
	X	Y	M	T	C	S	D□.b	KnX	KnY	KnM	KnS	T	C	D	R	U□\G□	V	Z	修饰	K	H	E	"□"	P
D·												●	●	●	▲1	▲2			●					

▲1．仅 FX_{3G}/FX_{3GC}/FX_{3U}/FX_{3UC} 可编程控制器支持。

▲2．仅 FX_{3U}/FX_{3UC} 可编程控制器支持。

指令梯形图如图 13-26 所示。

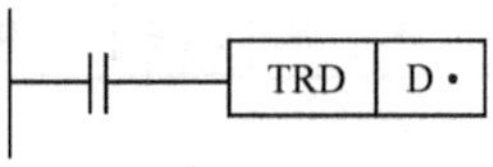

图 13-26　TRD 指令梯形图

TRD 操作数内容与取值如表 13-24 所示。

表 13-24　TRD 指令操作数内容与取值

操作数种类	内　容	数据类型
(D·)	指定保存读出时间数据的起始软元件编号（占用 7 点）	BIN16 位

解读：当驱动条件成立时，将 PLC 中的特殊寄存器 D8013～D8019 的实时时间数据传送到数据寄存器 D～D+6 中。

2. 指令应用

实时时间数据与传送终址的对应关系见表 13-25。

表 13-25　实时时间数据与传送终址的对应关系

内　容	设定范围	特殊数据寄存器	传送终址
年	0～99	D8018	D
月	1～12	D8017	D+1
日	1～31	D8016	D+2
时	0～23	D8015	D+3
分	0～59	D8014	D+4
秒	0～59	D8013	D+5
星期	0（日）～6（六）	D8019	D+6

注：年的设定为公历年的后两位数，对应于 1980～2079 年。

13.4.2　时钟数据写入指令 TWR

1. 指令格式

FNC 167：TWR 【P】　　　　　　　　　　程序步：3

TWR 指令可用软元件如表 13-26 所示。

表 13-26　TWR 指令可用软元件

操作数种类	位软元件							字软元件												其他				
	系统/用户							位数指定				系统/用户				特殊模块	变址			常数		实数	字符串	指针
	X	Y	M	T	C	S	D□.b	KnX	KnY	KnM	KnS	T	C	D	R	U□\G□	V	Z	修饰	K	H	E	"□"	P
(S·)												●	●	●	▲1	▲2			●					

▲1：仅 $FX_{3G}/FX_{3GC}/FX_{3U}/FX_{3UC}$ 可编程控制器支持。

▲2：仅 FX_{3U}/FX_{3UC} 可编程控制器支持。

指令梯形图如图 13-27 所示。

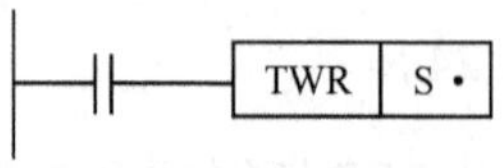

图 13-27 TWR 指令梯形图

TWR 操作数内容与取值如表 13-27 所示。

表 13-27 TWR 指令操作数内容与取值

操作数种类	内 容	数据类型
S·	指定写入时间数据的源地址的起始软元件编号（占用 7 点）	BIN16 位

解读：当驱动条件成立时，将设定的时钟数据存储 S～S+6 写入 PLC 的特殊时钟寄存器 D8013～D8019 中，指令执行后，PLC 的实时时钟数立刻被更改，其对应关系见表 13-25。

2．指令应用

（1）TWR 指令是 TRD 指令的反向操作指令，当 PLC 的实时时间数据需要校准时，可利用该指令进行校准。当驱动条件成立时，马上将校准的实时时间数据送入 PLC 中，因此，先将快几分钟的时间数据送到 S～S+6 中，等到变成正确时间后才执行指令。

时间校准时，应使用脉冲执行型 TWRP 指令。TWRP 指令对实时时钟数据的修正不需要驱动特殊继电器 M8015（见本章 13.1 节所述）。

图 13-28 为实时时钟设定的程序梯形图，设定实时时间为 2011 年 1 月 8 日（星期六）13 时 10 分 25 秒。

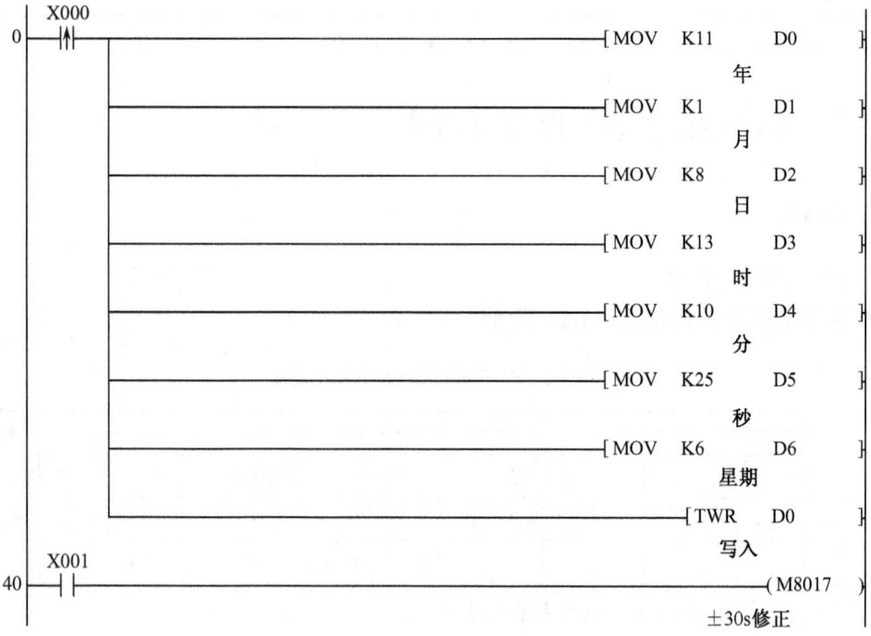

图 13-28 实时时钟设定的程序梯形图

（2）PLC 通常用两位数据来表示实时时钟数据的公元年份，但也可以改变为用四位数据来表示，例如，2011 年，二位数据表示为 11，而四位数据表示为 2011，更为直观。这时，需在程序中增加如图 13-29 所示的程序行。

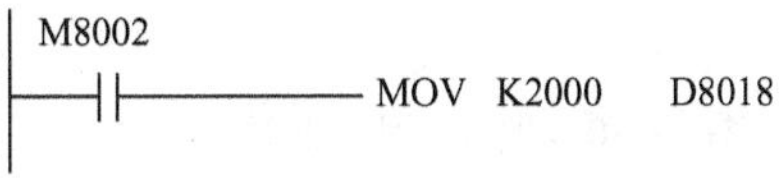

图 13-29　四位数据表示实时时钟数据程序行

PLC 仅在 RUN 后的一个周期内执行上述程序行，当 PLC 第一次扫描到 END 指令后，才由二位数切换成四位数，传送 K2000 到 D8018 仅表示切换为四位数据显示，而对当前时间没有影响。

（3）TWR 指令通常用来写入实时时间数据，作为 PLC 的标准时间用来显示和控制，但 TWR 指令也可以写入任意实时时钟数据，只要输入数据符合规定就可以，不一定是标准的时间数据，这时，TWR 指令可作为特长时间定时器使用，详见 13.4.3 节例 15。

13.4.3　时钟数据程序实例

时钟数据指令的应用常和 PLC 的实时时钟结合起来，用于在固定的时间执行某种功能，现举几例加以说明。

【例 12】　某工厂上下班有 4 个响铃时刻，上午 8 点，中午 12 点，下午 1:30，下午 5:30，每次铃响 1min，试编制响铃程序。

程序梯形图如图 13-30 所示。

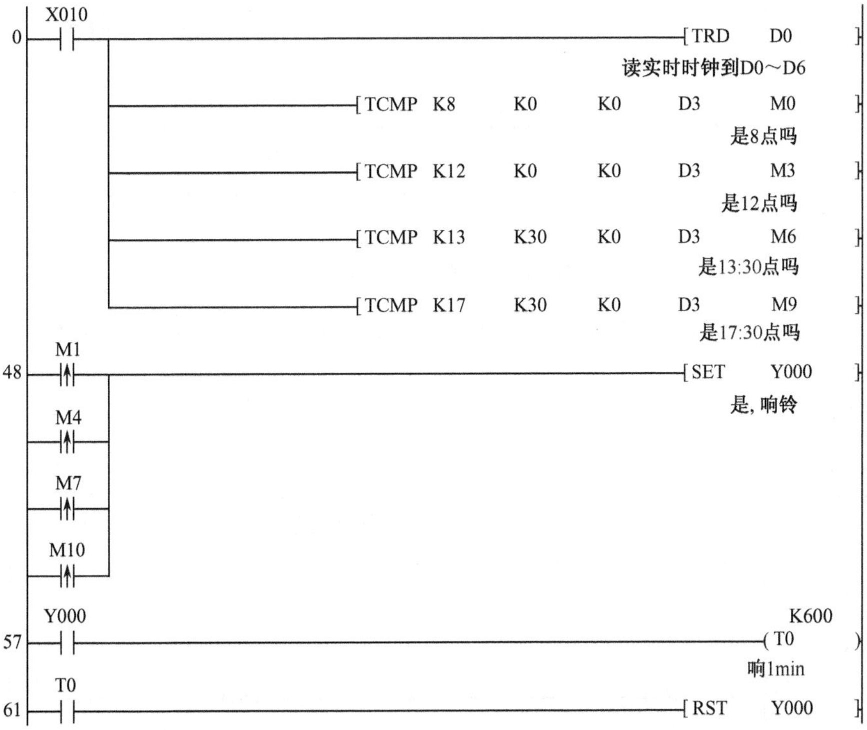

图 13-30　例 12 程序梯形图

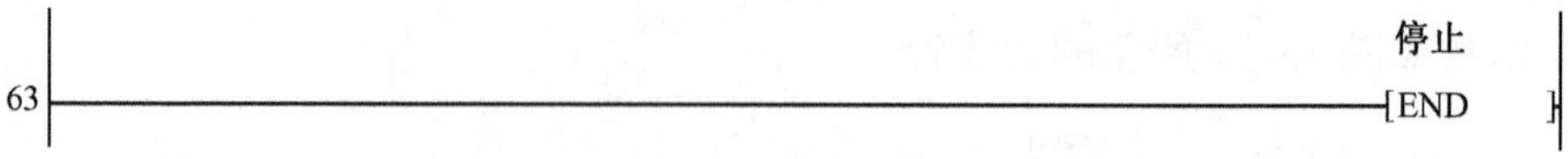
停止
63
END

图 13-30　例 12 程序梯形图（续）

【例 13】　某交通指示灯要求在 23:00 到早上 5:30 之间关闭，试编写控制程序。

程序梯形图如图 13-31 所示。

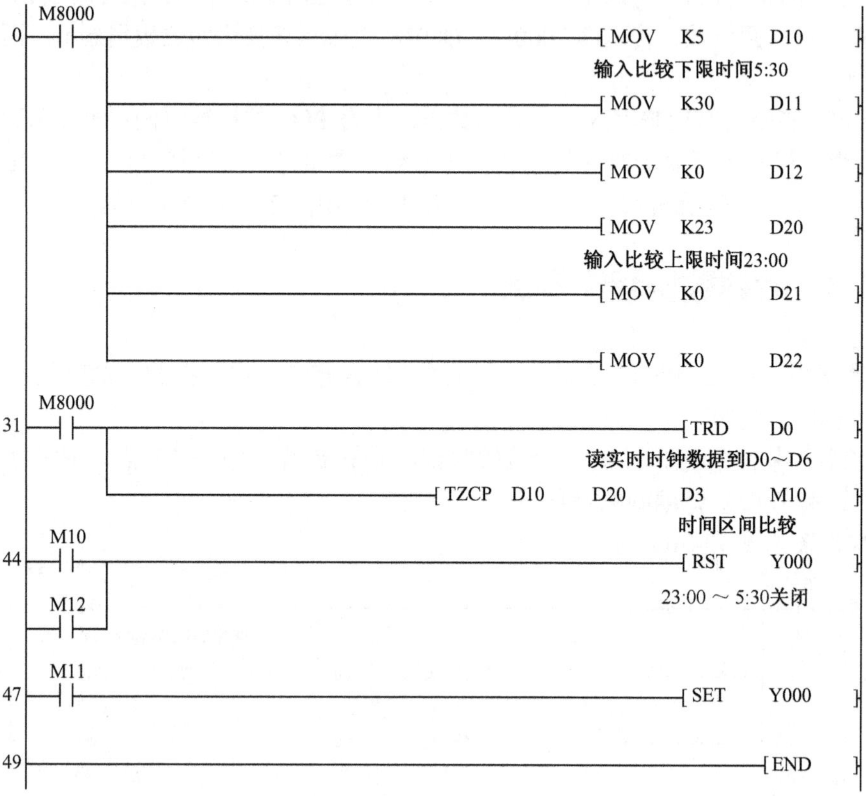
M8000
0
MOV K5 D10
输入比较下限时间5:30
MOV K30 D11
MOV K0 D12
MOV K23 D20
输入比较上限时间23:00
MOV K0 D21
MOV K0 D22
M8000
31
TRD D0
读实时时钟数据到D0~D6
TZCP D10 D20 D3 M10
时间区间比较
M10
44
RST Y000
M12
23:00 ~ 5:30关闭
M11
47
SET Y000
49
END

图 13-31　例 13 程序梯形图

【例 14】　某工艺流程要求在 12 月 14 日 23 点 59 分关闭 PLC 的所有输出，试编写控制程序。

程序梯形图如图 13-32 所示。

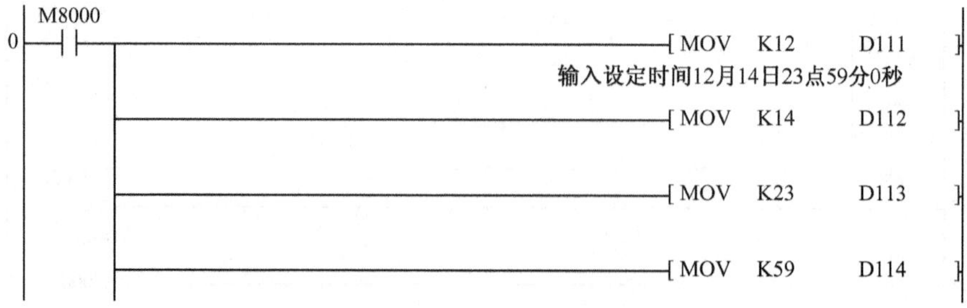
M8000
0
MOV K12 D111
输入设定时间12月14日23点59分0秒
MOV K14 D112
MOV K23 D113
MOV K59 D114

图 13-32　例 14 程序梯形图

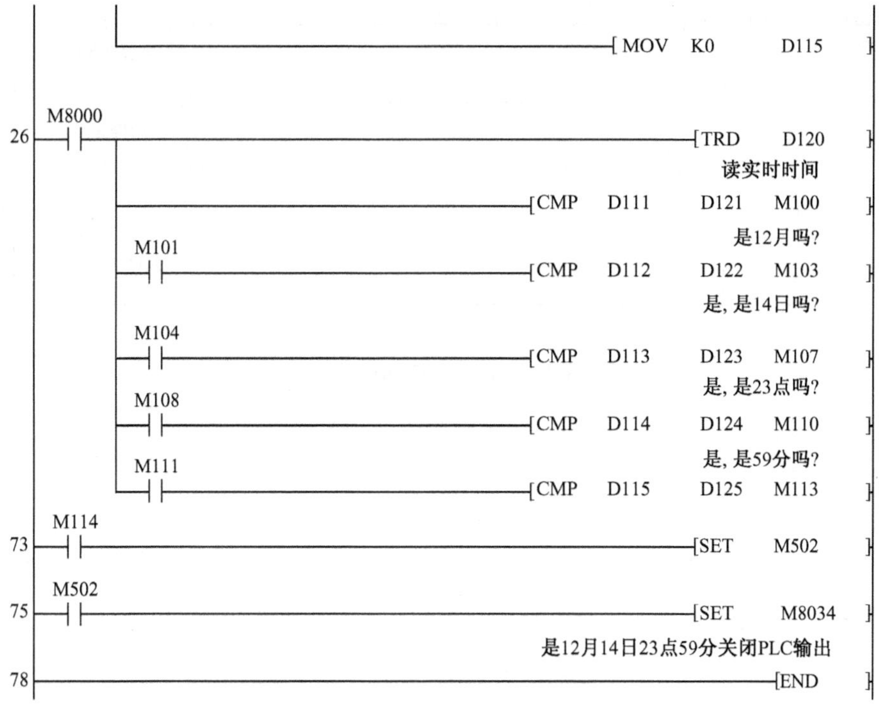
MOV K0 D115
26 M8000
TRD D120
读实时时间
CMP D111 D121 M100
是12月吗?
M101
CMP D112 D122 M103
是, 是14日吗?
M104
CMP D113 D123 M107
是, 是23点吗?
M108
CMP D114 D124 M110
是, 是59分吗?
M111
CMP D115 D125 M113
73 M114
SET M502
75 M502
SET M8034
是12月14日23点59分关闭PLC输出
78
END

图 13-32　例 14 程序梯形图（续）

【例 15】　某控制系统要求开时计时，5 日后停止 M0，10 日后停止 M1，20 日后停机检测，试编写控制程序。

程序梯形图如图 13-33 所示。

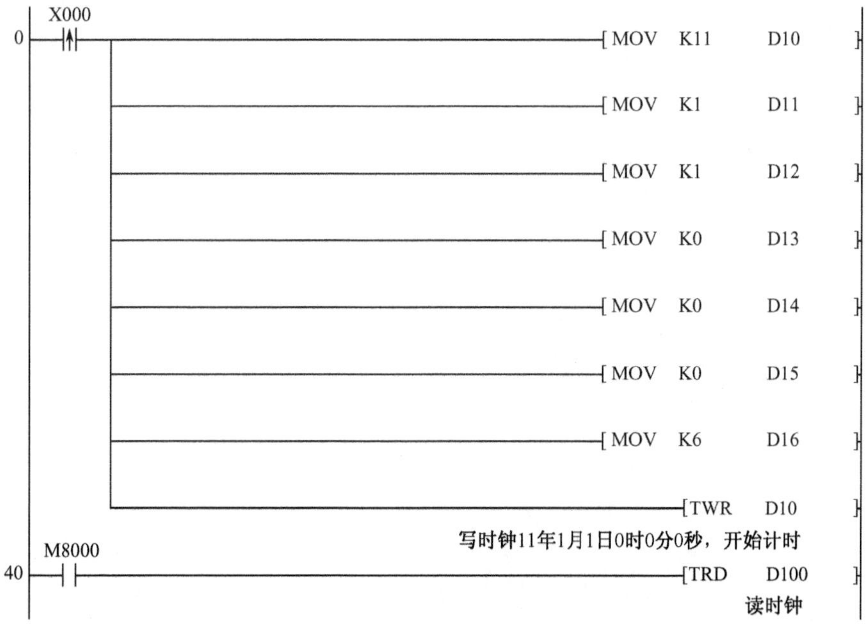
0 X000
MOV K11 D10
MOV K1 D11
MOV K1 D12
MOV K0 D13
MOV K0 D14
MOV K0 D15
MOV K6 D16
TWR D10
写时钟11年1月1日0时0分0秒，开始计时
40 M8000
TRD D100
读时钟

图 13-33　例 15 程序梯形图

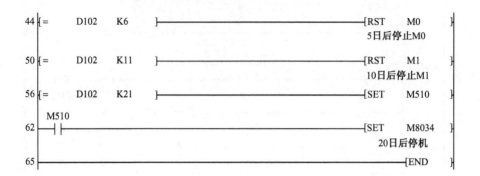

图 13-33　例 15 程序梯形图（续）

第 14 章　字符串控制指令

字符串控制指令操作对象是字符和字符串，PLC 是一个数字化控制设备，一般主要是对开关量和数据量（数值）进行控制和处理。三菱 FX3 系列 PLC 新增加了字符串控制指令，使 PLC 的应用范围得到了扩展。

本章重点介绍字符串控制指令，也包括字符串与 BIN 数及浮点数转换指令，另外，软元件注释读出指令 COMRD 也放在本章中讲解。

14.1　字　符　串

14.1.1　ASCII 字符编码

数字系统所处理的绝大部分信息是非数值信息，例如，字母、符号、控制信息等。PLC 是一个数字化控制设备，主要是用来进行开关量和数据量（数值）的控制和处理，因此，当 PLC 需要进行文字符号处理时，例如输出打印或输出显示时，其本身是没有办法处理的，需借助于组态软件或其他软件解决。三菱电机在 FX3 系列 PLC 中开发了字符串控制指令，使 PLC 能处理字符等非数值信息，扩展了 PLC 的应用范围。在 PLC 中，字符也是用二进制码来表示的，如何用二进制码来表示这些字母、符号等就形成了字符编码。其中 ASCII 码是使用最广泛的字符编码。

ASCII 码是美国国家标准学会制定的信息交换标准代码，它包括 10 个数字、26 个大写字母、26 个小写字母及大约 25 个特殊符号和一些控制码。ASCII 码规定用七位或者八位二进制数组合来表示 128 种或 256 种的字符及控制码。标准 ASCII 码是用七位二进制组合来表示数字、字母、符号和控制码。

标准的 ASCII 码码表见表 14-1。ASCII 码表有两种表示方法，一种是二进制表示，这是在数字系统如计算机、PLC 中真正的表示。一种是十六进制表示，这是为了阅读和书写方便的表示。

表 14-1　标准七位 ASCII 码码表

	二进制	000	001	010	011	100	101	110	111
二进制	十六进制	0	1	2	3	4	5	6	7
0000	0	NUL	DLE	SP	0	@	P	、	P
0001	1	SOH	DC1	!	1	A	Q	a	q
0010	2	STX	DC2	”	2	B	R	b	r

续表

	二进制	000	001	010	011	100	101	110	111
二进制	十六进制	0	1	2	3	4	5	6	7
0011	3	ETX	DC3	#	3	C	S	c	s
0100	4	EOT	DC4	$	4	D	T	d	t
0101	5	ENQ	NAK	%	5	E	U	e	u
0110	6	ACK	SYN	&	6	F	V	f	v
0111	7	BEL	ETB	’	7	G	W	h	w
1000	8	BS	CAN	(	8	H	X	h	x
1001	9	HT	EM	)	9	I	Y	i	y
1010	A	LF	SUB	*	:	J	Z	j	z
1011	B	VT	ESC	+	;	K	[	k	{
1100	C	FF	FS	,	〈	L	\	l	:
1101	D	CR	GS	-	=	M	]	m	}
1110	E	SO	RS	.	〉	N	↑	n	～
1111	F	SI	US	/	?	O	—	o	DEL

如何通过 ASCII 码表查找字符的 ASCII 码？下面举例加以说明。例如，查找数字 E 的 ASCII 码，首先在表中找到“E”，然后向上、向左找到相应的二进制和十六进制数如图 14-1 所示。“E”的 ASCII 码由上面的和左面的二进制数或十六进制数相拼而成。“E”= B1000101，或“E”=H45。为了与二、十六进制数相区别，常常把数制符放在数的后面，就是“E”=1000101 B 或“E”= 45 H。以此类推，可查到“W”=1010111 B 或“W”= 57 H 等。

	二进制		100	
二进制	十六进制		4	
			⇧	
0101	5	⇦	E	

图 14-1　查找字符的 ASCII 码

在 ASCII 码表中，有一部分是表示非打印字符的控制字符的缩写词，例如，开始“STX”、回车“CR”、换行“LF”等，也称控制码。控制码含义如下：

ACK	应答	BEL	振铃	BS	退格
CAN	取消	CR	回车	DC1～DC4	直接控制
DEL	删除	DLE	链路数据换码	EM	媒质终止
ENQ	询问	EOT	传输终止	ESC	转义
ETB	传输块终止	ETX	文件结束	FF	换页
FS	文件分隔符	GS	组分隔符	HT	横何制表符
LF	换行	NAK	否认应答	NUL	零

RS	记录分隔符	SI	移入	SO	移出
SOH	报头开始	SP	空格	STX	文件开始
SUB	替代	SYN	同步空闲	US	单位分隔符
VT	纵向制表符				

14.1.2　字符串的存储表示

三菱 FX3 系列 PLC 对字符串的存储方式有以下说明。

（1）在数据存储区中，设立一个连续编址的字符串存储块，块的大小由用户确定。

（2）字符串存储块中，每一个存储单元保存 2 个由 ASCII 编码所确定的字符，每个字符占用一个字节。

（3）存储时，按照字符串的顺序在字符串存储块中按照先低字节，后高字节，先低地址单元，后高地址单元的顺序进行存储，如图 14-2 所示。

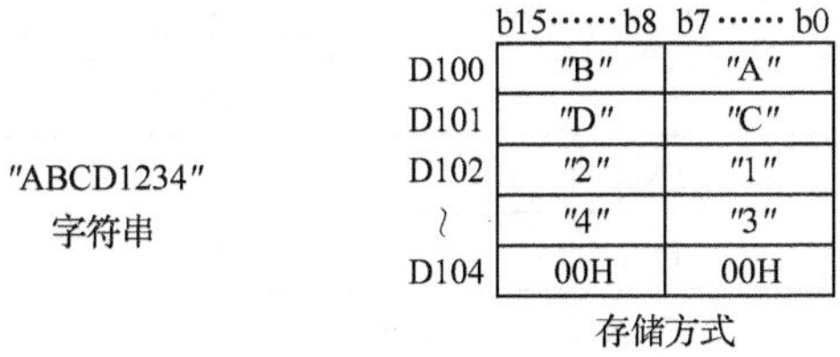

图 14-2　字符串存储方式

（4）字符串必须由结束符 00H 表示字符串结束。

（5）如果字符串的个数为奇数，则在最后一个存储单元高字节存结束符 00H。如果字符串的个数为偶数，则在下一个存储单元存入 0000H，表示字符串结束，如图 14-3 所示。

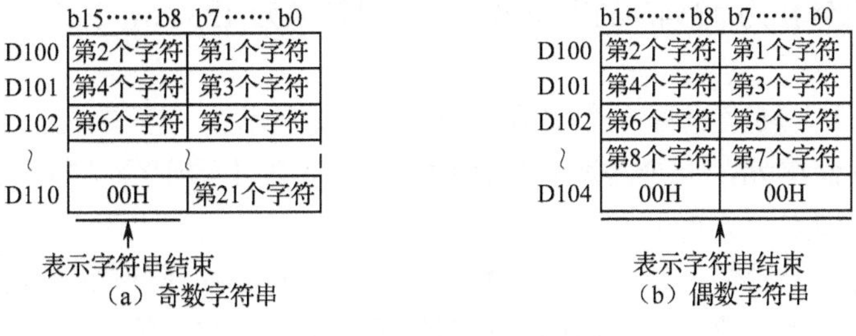

图 14-3　字符串结束字符 00H 表示

图 14-4 为三种错误的字符串存储方式，读者可自行分析错误之处。

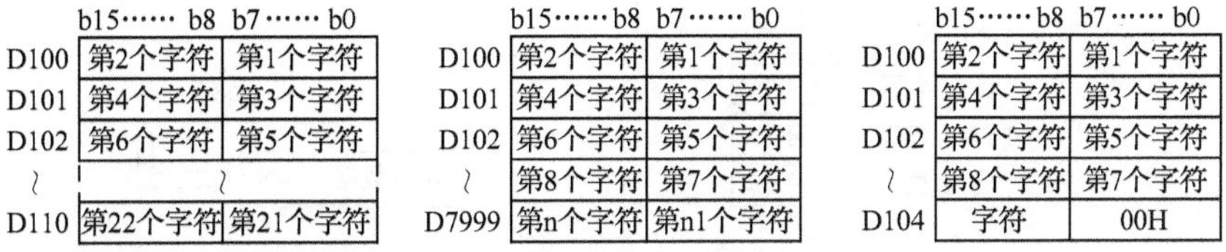

图 14-4　三种错误的字符串存储方式

14.2　字符串转换指令

14.2.1　字符串转换指令说明

1．字符串转换指令

字符串转换指令有两组，都是数值与字符之间相互转换，如表 14-2 所示。不论是 BIN 数与字符串之间的转换，还是浮点数与字符串之间的转换，都必须遵守规定的存储方式，才能正确执行。

表 14-2　字符串转换指令

分　类	功能号	助记符	功　能
BIN-字符串转换	FNC200	STR	BIN→字符串转换
	FNC201	VAL	字符串→BIN 转换
浮点数-字符串转换	FNC116	ESTR	浮点数→字符串转换
	FNC117	EVAL	字符串→浮点数转换

2．BIN-字符串转换

BIN-字符串转换并不完全是将 BIN 数转换成所表示的字符串，也可以将由 BIN 数所表示的整数转换成带小数点的实数形式的字符串，图 14-5 说明了转换的含义。图中，16 位 BIN 数 12345 可以转换为 12345 的字符串，也可以转换为 123.45，1.2345…等实数形式的字符串。

一样的 BIN 数，转换成哪一个实数，是通过位数的设置来完成的。在转换前，先取出两个连续编址的存储单元，一个为所有位数设置，一个为小数部分位数设置，如图 14-6 所示，它们的含义是如下。

所有位数：包含符号位、整数部分位数、小数点位和小数部分位数的所有位数之和。

小数部分位数：指小数点位后面的小数的位数（不含小数点位）。

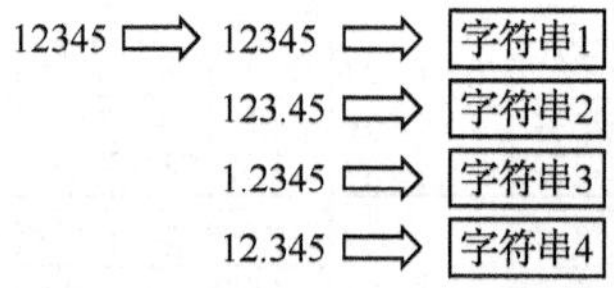

图 14-5　BIN-字符串转换示意

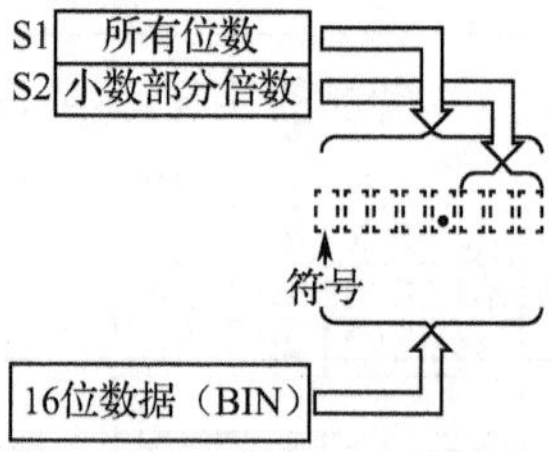

图 14-6　BIN-字符串转换位数设置示意

这样，一样的 BIN 数通过不同的位数设置就可以变成不同的实数，图 14-7 为 BIN 数 12345 和不同位数设置结合变换成不同实数的示意图。图中，所有位数为 7，包含符号位、整数部分位数、小数点位和小数部分位数。

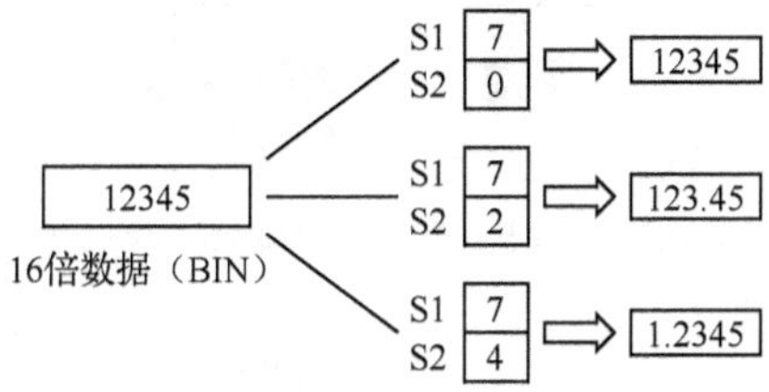

图 14-7　BIN 数+位数设置变换不同实数示意图

因此，在 BIN-字符串转换指令中，除了源址和终址，还必须有一个操作数是用来设置所有位数和小数部分位数的，而且，在指令执行前必须对该操作数赋值。

3. 浮点数-字符串转换

浮点数和字符串之间的转换是将一个二进制浮点数转换成字符串。一个二进制浮点数在转换成字符串之前先要确定表示形式，浮点数-字符串转换设计了二种表示形式：小数形式和指数形式。

1）小数形式

在小数形式时，和 BIN-字符串转换一样，先要对小数形式的所有位数，小数部分位数进行设置。二进制浮点数根据这个设置转换成用字符串表示的小数形式，然后再把小数形式转换成字符串。图 14-8 说明了这个转换过程。

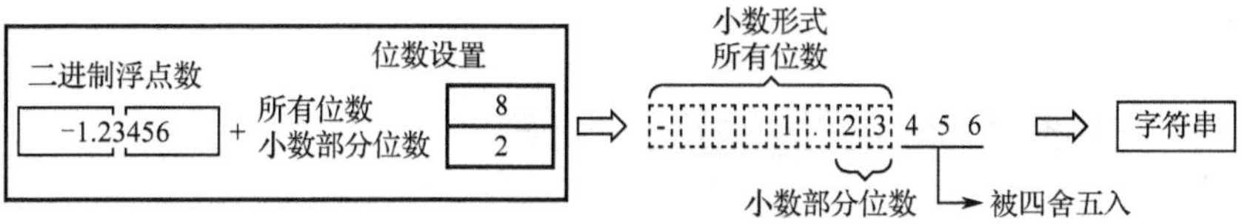

图 14-8　浮点数-字符串小数形式转换示意

2）指数形式

指数形式就是科学计数法表示，由尾数和指数两部分一起表示浮点数。图 14-9 为数的科学计数法表示。尾数永远大于-10 小于 10，指数可正可负。

$$-1234.5 = \underbrace{-1.2345}_{\text{尾数}} \times 10^{3\text{—指数}}$$

图 14-9　科学计数法表示

因此，用指数形式表示时，既要表示尾数，也要表示指数。浮点数-字符串转换的指数形式是这样表示的：在尾数后面添加 E 表示后面的字符为指数表示，E 后面的第一位为指数符号位，符号位后面是指数位，指数位固定为两位，如图 14-10 所示。

理解了上面所讲的浮点数指数形式表示方法后就很容易理解浮点数-字符串转换过程。一个二进制浮点数，结合所有位数和小数部分位数的设置，先变换成如图 14-10 的指数形式，然后再根据指数形式转换成字符串数据，如图 14-11 所示。

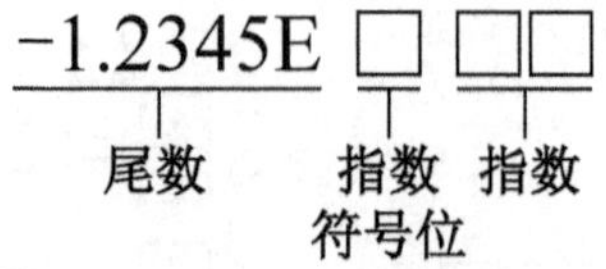

图 14-10　浮点数-字符串转换的指数形式表示

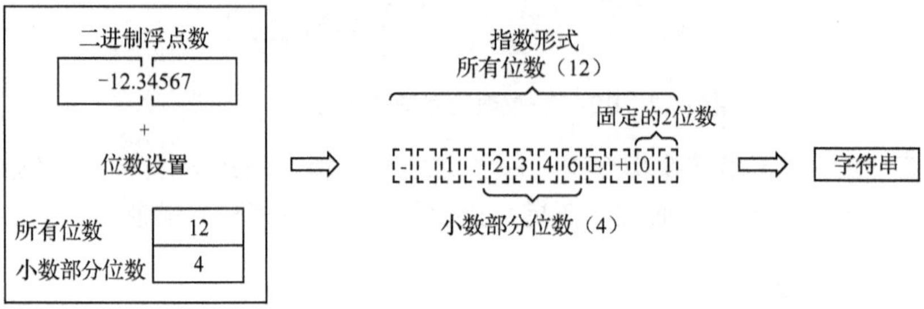

图 14-11　浮点数-字符串指数形式转换示意

3）转换设置

综上所述，浮点数-字符串转换指令在执行前，必须要事先设置以下三个参数：

- 转换形式：是小数形式还是指数形式。
- 所有位数。
- 小数部分位数。

然后指令根据这三个参数的设置转换成相应的表示形式，再根据表示形式转换成字符串数据。

14.2.2　BIN→字符串转换指令 STR

1. 指令格式

FNC 200：【D】STR 【P】　　　　程序步：7/13

STR 指令可用软元件如表 14-3 所示。

表 14-3　STR 指令可用软元件

操作数种类	位软元件							字软元件												其他				
	系统/用户							位数指定				系统/用户				特殊模块	变址			常数		实数	字符串	指针
	X	Y	M	T	C	S	D□.b	KnX	KnY	KnM	KnS	T	C	D	R	U□\G□	V	Z	修饰	K	H	E	"□"	P
S1·												●	●	●	●				●					
S2·								●	●	●	●	●	●	●	●	●	●	●	●	●	●			
D·												●	●	●	●				●					

梯形图如图 14-12 所示。

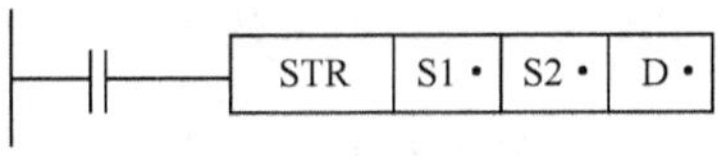

图 14-12　STR 指令梯形图

STR 指令操作数内容与取值如表 14-4 所示。

表 14-4　STR 指令操作数内容与取值

操作数种类	内　容	数据类型
(S1·)	保存要转换数值的位数的软元件起始编号	BIN16 位
(S2·)	保存要转换的 BIN 数据的软元件编号	BIN16/32 位
(D·)	保存已转换的字符串的软元件起始编号	字符串

解读：当驱动条件成立时，将 S2 的 16 位 BIN 数，在所有位数 S1 和小数部分位数（S1+1）指定的位置上加上小数点后，转换成字符串，保存到以 D 为首址的存储单元中。

2. 指令应用

1）指令说明和操作数设置范围

读者在阅读本节内容前，应先参看 14.2.1 节中关于 BIN 数-字符串转换的讲解。操作数 S1 占用两个存储单元，其中 S1 为所有位数设置值，（S1+1）为小数部分位数设置值。操作数 S1（位数设置）和 S2（BIN 数）均有规定的设置范围，见表 14-5。

表 14-5　STR 指令操作数设置范围

	所有位数	小数位数	BIN 数范围
16 位运算	2～8	0～5	-32768～32767
32 位运算	2～13	0～10	-2147483648～2147483647

注：小数位数≤（所有位数-3）

2）执行功能

根据 BIN 数的位数和设置的所有位数，小数部分位数将 BIN 数转换成相应实数的字符串，在已转换字符串的末尾处，会自动添加表示字符串结束的 0000H（总位数为偶数）或在高字节处添加 00H（总位数为奇数）。

图 14-13 为 BIN 数→123 的 STR 指令转换例。

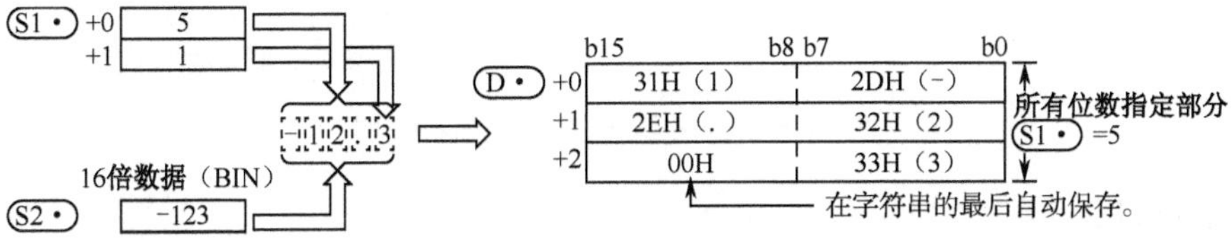

图 14-13　STR 指令执行功能例

3）所有位数、小数位数和 BIN 数位数的关系处理

指令在执行时，根据位数设置与 BIN 数位数之间的关系会自动附加一些必要的字符，以正确表示所表示的实数，现举例说明。

（1）当小数位数设置为 0 时，转换后为整数，不附加小数点字符“.”，而当小数位数设置为 0 以外的数字时，指令会自动地在小数点的位置上添加小数点字符“.”，如图 4-14 所示。

（2）图 14-15 是 BIN 数，所有位数设置，小数部分位数都达到了最大位数，指令会自动添加 0 和小数点位。

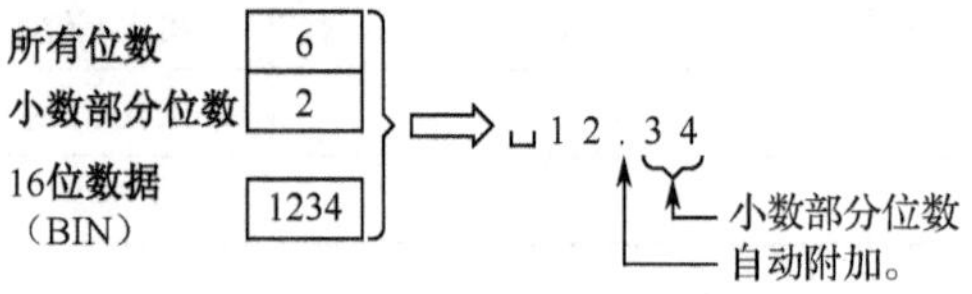

图 14-14　小数点字符添加例

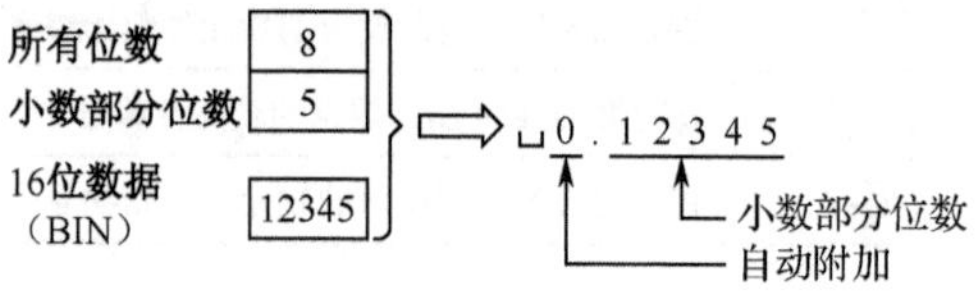

图 14-15　自动添加 0 和小数点位例

（3）当小数位数设置大于 BIN 数的位数时，指令会自动向右对齐，在左边添加“0”，如图 14-16 所示。图中，小数位数是 3 位，大于 BIN 数位数 2 位。

（4）如果除去符号位和小数点位之外剩余的位数大于 BIN 数的位数，则在符号位和数值位之间自动添加空格（20H），如图 14-17 所示。如转换成-12.3，才 5 位，而所有位数为 8 位，则在符号位和 1 之间添加空格。

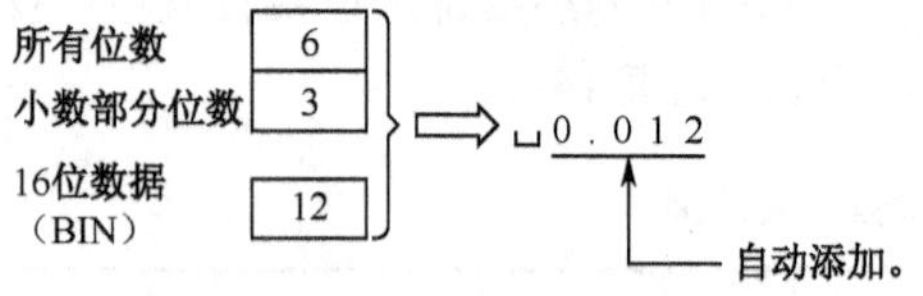

图 14-16　自动向右对齐例

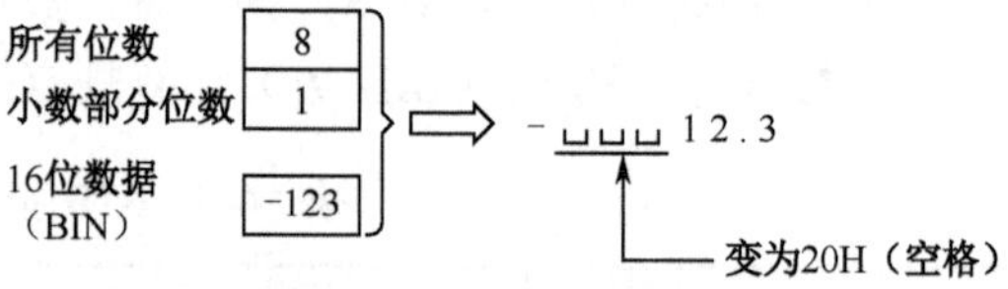

图 14-17　自动添加空格例

3. 32 位应用

指令的 32 位应用与 16 位应用基本相同，只是 BIN 数的位数增加了，其相应的所有位数和小数位数的设置范围也增大了。各种字符串的自动添加和 16 位应用一样，不再阐述。图 14-18 为 32 位应用执行例，读者可与 16 位应用例进行比较。

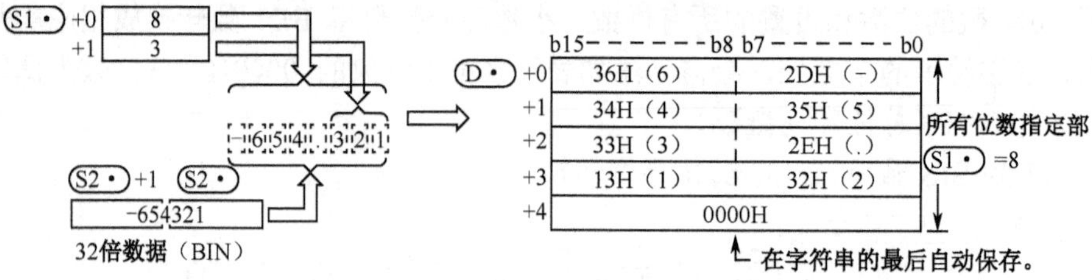

图 14-18　STR 指令 32 位应用执行例

4. 指令应用出错

指令应用时，发生下述情况，会发生运算错误，错误标志位 M8067=ON，错误代码（代码：K6706）保存在 D8067 中。

（1）所有位数和小数位数的设置超出范围。
（2）小数位数>（所有位数-3）时，
（3）（所有位数+符号位+小数点位）<BIN 数的位数时，
（4）保存字符串的 D 的范围超出相应软元件的范围时。

14.2.3　字符串→BIN 转换指令 VAL

1．指令格式

FNC 201：【D】VAL 【P】　　　　　　　　　　程序步：7/13

VAL 指令可用软元件如表 14-6 所示。

表 14-6　VAL 指令可用软元件

操作数种类	位软元件							字软元件												其他				
	系统/用户							位数指定				系统/用户				特殊模块	变址			常数		实数	字符串	指针
	X	Y	M	T	C	S	D□.b	KnX	KnY	KnM	KnS	T	C	D	R	U□\G□	V	Z	修饰	K	H	E	"□"	P
S·												●	●	●	●				●					
D1·												●	●	●	●				●					
D2·									●	●	●	●	●	●	●	●			●					

梯形图如图 14-19 所示。

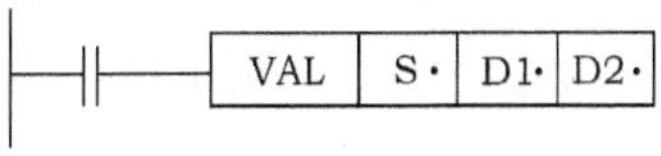

图 14-19　VAL 指令梯形图

VAL 指令操作数内容与取值如表 14-7 所示。

表 14-7　VAL 指令操作数内容与取值

操作数种类	内　容	数据类型
S·	保存要转换成 BIN 数据的字符串的软元件起始编号	字符串
D1·	保存已经转换的 BIN 数据位数的软元件起始编号	BIN16 位
D2·	保存已经转换的 BIN 数据的软元件起始编号	BIN16/32 位

解读：当驱动条件成立时，将源址 S 所存储的字符串转换成 BIN 数保存在终址 D2 中，同时将字符串的所有位数存储在 D1 中，将小数部分位数存储在（D1+1）中。

2．指令应用

1）指令说明

VAL 指令是 STR 指令的反变换指令。它将字符串数据转换成 BIN 数（注意不是实数），其源址的字符串可能是整数表示也可能是小数表示。但转换的结果是不带小数点的整数。源址字符串的所有位数和小数部分位数都由指令自动地保存在 D1 和（D1+1）两个存储单元中，供用户进行查询处理。通过转换过的 BIN 数和保存的所有位数及小数部分位数，就可以知道原来的源址字符串存储的是什么实数。

源址字符串的一些设置的限制范围和 STR 一样，如表 14-5 所示。

2）执行功能

VAL 指令的执行功能如图 14-20 所示。源址 S 中存储的字符串数据是-12345.678，执行后变成 BIN 数-12345678 存储到双字单元（D2，D2+1）中，而指令自动地把字符串数据的所有位数 10 和小数部分位数 3 存储到 D1，（D1+1）单元中。在 VAL 指令的操作数中并没有所有位数和小数部分位数的设置信息。

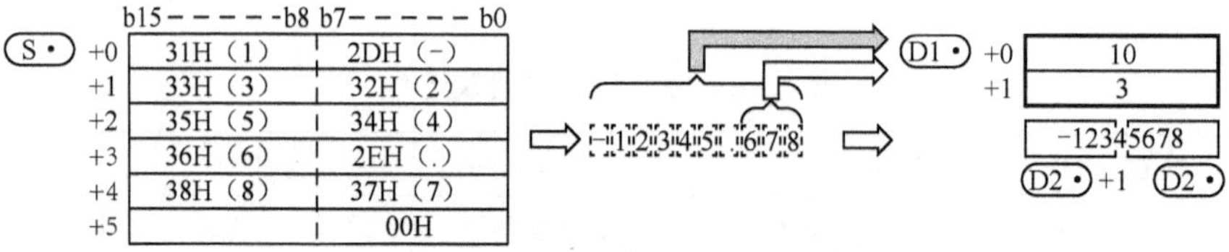

图 14-20 VAL 指令执行功能例

3）字符串中空格和 0 的处理

VAL 指令在执行转换时，除了小数点位被忽略，在有效数据位和符号位之间的所有“空格（20H）”或是“0（30H）”均被忽略后，再转换成 BIN 数。

图 14-21 说明了上述处理方式。图（a）中，符号位和有效数据位 1 之间的一个空格位被忽略，图（b）中，符号位和有效数据位 1 之间的 0 和小数点均被忽略。当然，这些忽略都是由指令自动完成的。

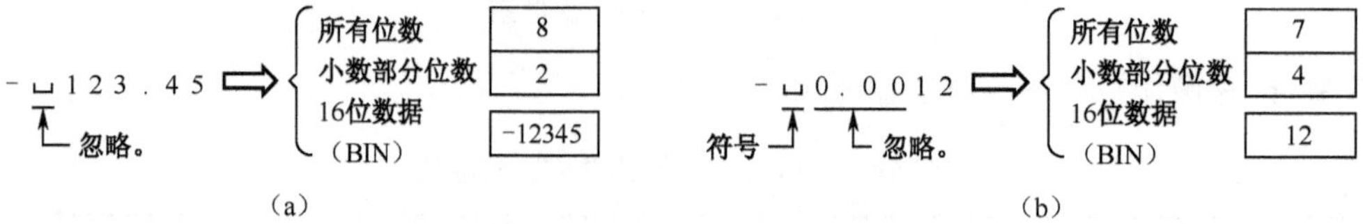

图 14-21 字符串中空格和 0 的处理

3. 32 位应用

指令的 32 位应用与 16 位基本相同。只是 BIN 数的位数和所有位数及小数部分的位数的范围扩大了。图 14-22 所示为 VAL 指令 32 位应用示意图。

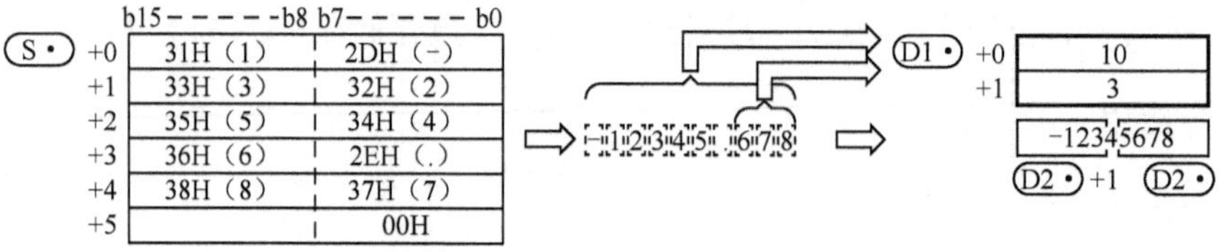

图 14-22 VAL 指令 32 位应用示意图

4．指令应用出错

VAL 指令对字符串有严格的要求，凡是不符合字符串规定的以下情况，均会发生运算错误，错误标志位 M8067 置 ON，错误代码 K6706 保存在 D8067 中。

（1）字符串的第 1 个字节必须是“空格（20H）”或“-（2DH）”，不能为其他任何字符。

（2）从字符串的第 2 个字节开始，到字符串结束符 00H 之间，只能是“0（30H）～9（39H）”“空格（20H）”及“.（2EH）”，不能为其他任何字符。且小数点符号不能出现两个及两个以上。

（3）所有位数、小数部分位数和 BIN 数的位数均不能超出规定的范围。

（4）转换后的 BIN 数不能超出其所表示的范围。

（5）字符串数据中，不存在结束符“00H”。

14.2.4　浮点数→字符串转换指令 ESTR

1．指令格式

FNC 116：【D】ESTR 【P】　　　　程序步：0/13

ESTR 指令可用软元件如表 14-8 所示。

表 14-8　ESTR 指令可用软元件

操作数种类	位软元件							字软元件															其他				
	系统/用户							位数指定				系统/用户				特殊模块	变址			常数		实数	字符串	指针
	X	Y	M	T	C	S	D□.b	KnX	KnY	KnM	KnS	T	C	D	R	U□\G□	V	Z	修饰	K	H	E	"□"	P
S1·														●	●	●			●			●		
S2·								●	●	●	●	●	●	●	●	●			●					
D·									●	●	●	●	●	●	●	●			●					

梯形图如图 14-23 所示。

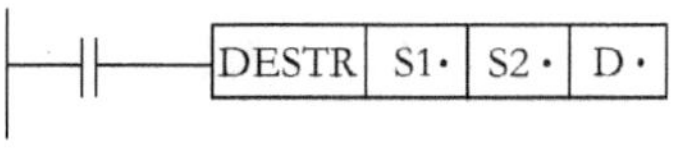

图 14-23　ESTR 指令梯形图

ESTR 指令操作数内容与取值如表 14-9 所示。

表 14-9　ESTR 指令操作数内容与取值

操作数种类	内　容	数据类型
S1·	要转换的二进制浮点数数据，或是保存数据的软元件的起始编号	实数（二进制）
S2·	保存要转换数值的显示指定的软元件起始编号	BIN16 位
D·	保存已转换的字符串的软元件起始编号	字符串

解读：当驱动条件成立时，将 S1 中的浮点数根据 S2 中设置的内容转换成字符串并保存在 D 中。

2. 指令设置说明

读者在阅读本书内容前，应先参看 14.2.1 节中关于浮点数-字符串转换的讲解。

指令的操作数 S2 为指令转换设置，有三个单元。S2 为转换形式设置，S2+1 为所有位数设置，S2+2 为小数位数设置。这些设置的内容及范围如表 14-10 所示。

表 14-10　ESTR 指令操作数的设置内容及范围

S2	转换形式	0：小数形式　　1：指数形式
S2+1	所有位数	设置范围与转换形式有关
S2+2	小数位数	

3. 指令应用—小数形式转换

1）执行功能

当浮点数按小数形式转换时，其位数设置范围如表 14-11 所示。

表 14-11　小数形式转换位数设置范围

S2	转换形式	0：小数形式
S2+1	所有位数	2～24
S2+2	小数位数	0～7

注：小数位数≤（所有位数-3）

图 14-24 为 ESTR 指令小数形式转换执行功能例。二进制浮点数为-1.23456。而小数形式的小数部分位数为 3 位，转换为小数时，只能保留 3 位，3 位以后的小数根据四舍五入的原则处理，转换后变成-1.235。所有位数为 8 位，多过浮点数小数的位数，因此，在符号位和有效数字位 1 之间必须自动补加空格位（20H），使转换后的二进制浮点数的位数为 8 位，如图 14-24 所示。然后，再将这个转换后的浮点数转换成字符串，并在字符串数据的最后自动添加 0000H 表示结束。

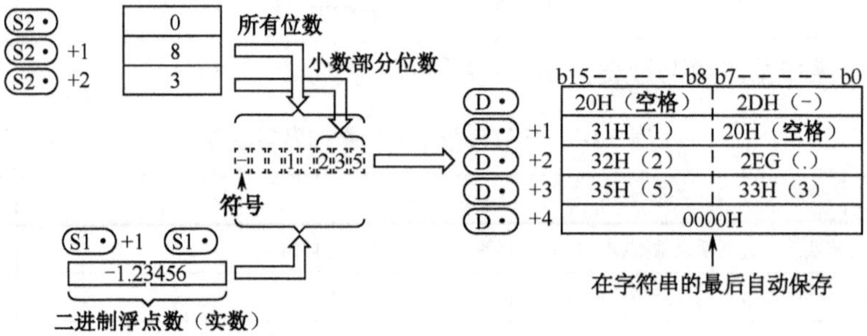

图 14-24　ESTR 指令小数形式转换执行功能例

2）指令应用

（1）当小数部分位数设置不为 0 时，会自动在适当位置上添加小数点位。但如果小数部分位数为 0 时，不会添加小数点位。如图 14-25 所示。

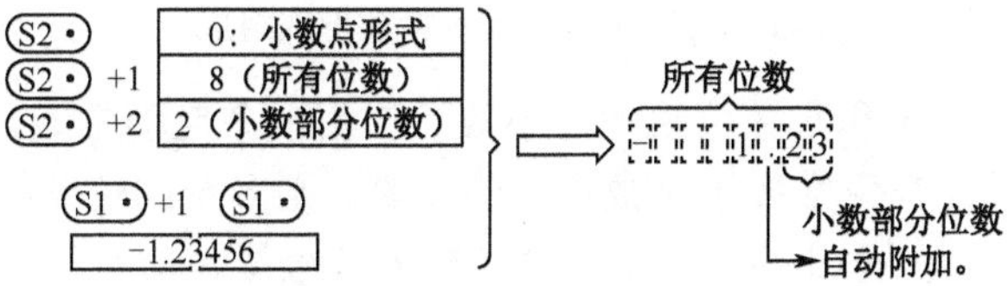

图 14-25 转换后自动添加小数点例

（2）如果浮点数小数部分的位数多于小数形式中的小数部分位数设置，浮点数小数部分中多余的位数按四舍五入原则处理保留到小数部分位数所设置的位数。如图 14-26 所示。

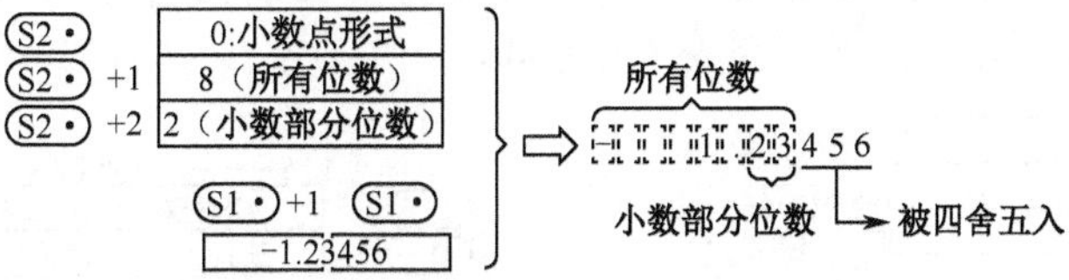

图 14-26 转换后多余位数四舍五入例

（3）当所有位数设置值大于小数形式转换的所表示的位数时，会自动地在符号位和第 1 个有效位之间加添一定数量的空格符（20H），如图 14-27 所示。

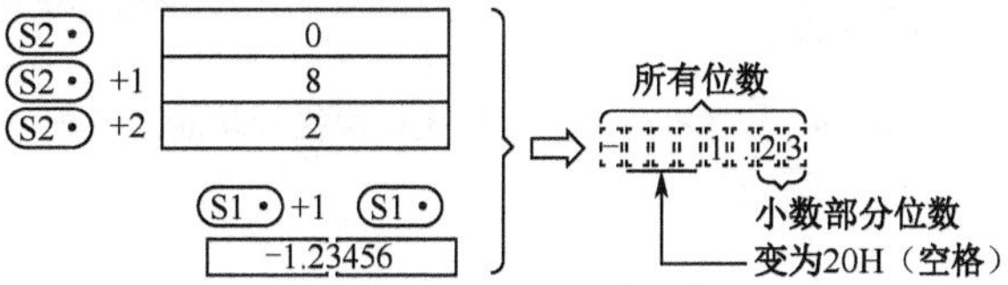

图 14-27 转换后添加空格符示例

4．指令应用—指数形式转换

当浮点数按指数形式转换时，其位数设置范围如表 14-12 所示。

表 14-12 指数形式转换位数设置范围

S2	转 换 形 式	1：指数形式
S2+1	所有位数	6～24
S2+2	小数位数	0～7

注：小数位数≤（所有位数-7）

浮点数转换为指数形式时，其表示由三部分组成，包括整数部分、小数部分和指数部分，如图 14-28 所示。

整数部分：由符号位、空格位（20H）和整数位组成，符号位和整数位之间必须有一个空格位（20H），整数位为 1 位数，在 1～9 之间。符号位为正时为 20H，为负时为 2DH。

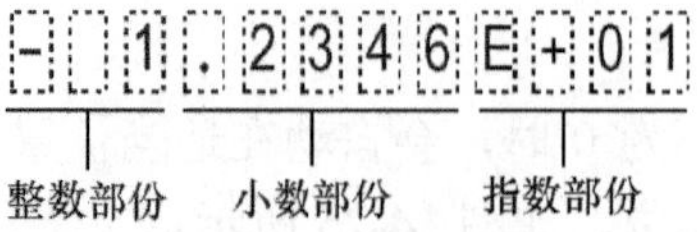

图 14-28　ESTR 指令指数形式组成

小数部分：由小数点位和小数位组成，小数点位由指令自动生成，小数位的位数由小数位数的设置决定。如浮点数位数多于小数位数的设置，则多余的位数按四舍五入处理。

指数部分：E 为指数部分开始，第二位是指数的符号位，这里正为 2BH，负为 2DH。与整数部分符号位表示有差异。最后两位为指数位，当指数为 1 位数时，则在符号位和指数位之间保存“0”(30H)。

图 14-29 为 ESTR 指令指数形式转换执行功能示意图。结合上面讲解，很容易看懂图中的转换执行过程。例如：浮点数是-12.34567，小数部分位数设置为 4，只保留 4 位小数，这样多余的位数进行四舍五入处理，变成了-1.2346。

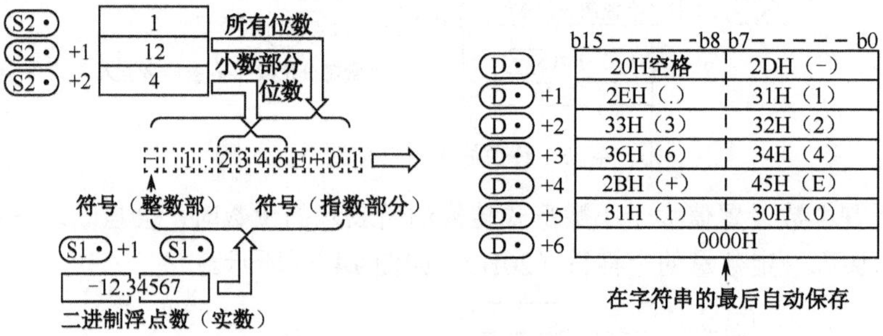

图 14-29　ESTR 指令指数形式转换执行功能示意图

5. 指令应用注意

以下情况会导致指令运算出错。

(1) 操作数 S1，S2，S2+1 超出了所指定的范围时。

(2) 保存字符串的软元件 D 超出了相应软元件的范围时。

【例 1】 浮点数 0.0327457 按小数形式转换成字符串，如图 14-30 所示。

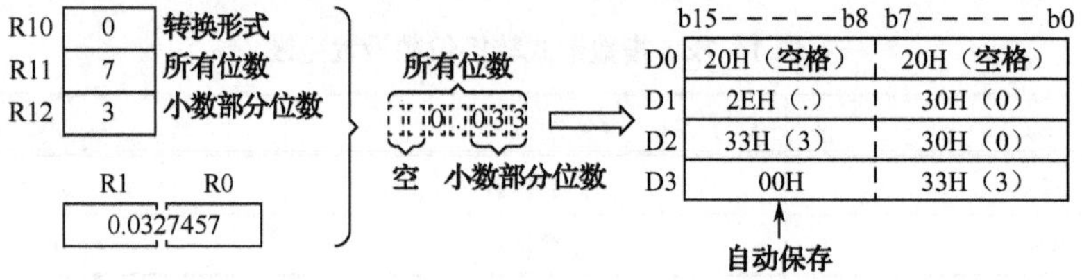

图 14-30　例 1 ESTR 指令小数形式转换例

【例 2】 浮点数 0.0327457 按指数形式转换成字符串，如图 14-31 所示。

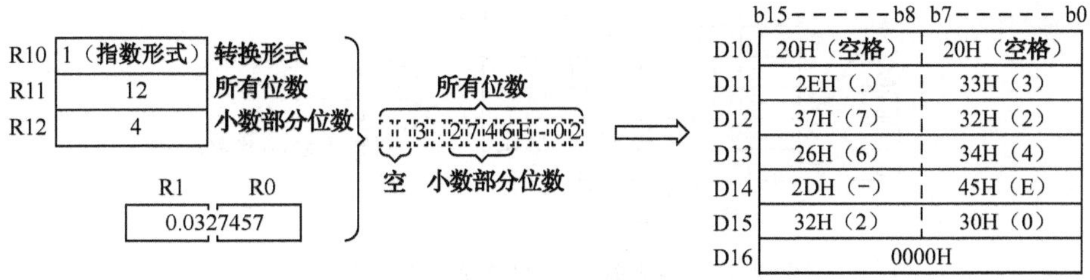

图 14-31　例 2 ESTR 指令指数形式转换例

14.2.5　字符串→浮点数转换指令 EVAL

1. 指令格式

FNC 117:【D】EVAL 【P】　　　　　　　　　　　程序步：0/9

EVAL 指令可用软元件如表 14-13 所示。

表 14-13　EVAL 指令可用软元件

操作数种类	位软元件							字软元件												其他				
	系统/用户							位数指定				系统/用户				特殊模块	变址			常数		实数	字符串	指针
	X	Y	M	T	C	S	D□.b	KnX	KnY	KnM	KnS	T	C	D	R	U□\G□	V	Z	修饰	K	H	E	"□"	P
S·								●	●	●	●	●	●	●	●	●			●					
D·														●	●	●			●					

梯形图如图 14-32 所示。

图 14-32　EVAL 指令梯形图

EVAL 指令操作数内容与取值如表 14-14 所示。

表 14-14　EVAL 指令操作数内容与取值

操作数种类	内　　容	数 据 类 型
S·	保存要转换成二进制浮点数数据的字符串数据的软元件的起始编号	字符串
D·	保存已转换的二进制浮点数数据的软元件的起始编号	实数（二进制）

解读：当驱动条件成立时，将源址 S 中所保存的字符串数据转换成二进制浮点数并保存在终址 D 中。

2. 指令说明

源址 S 中的字符串数据，不论是以小数形式存储，还是以指数形式存储，都可以转换成二进制浮点数，但是在编程软件上的显示会有所不同，见图 14-33 和图 14-34。二进制浮点数显示一般以小数形式显示，但对 EVAL 指令的执行结果，会出现指数形式的显示。

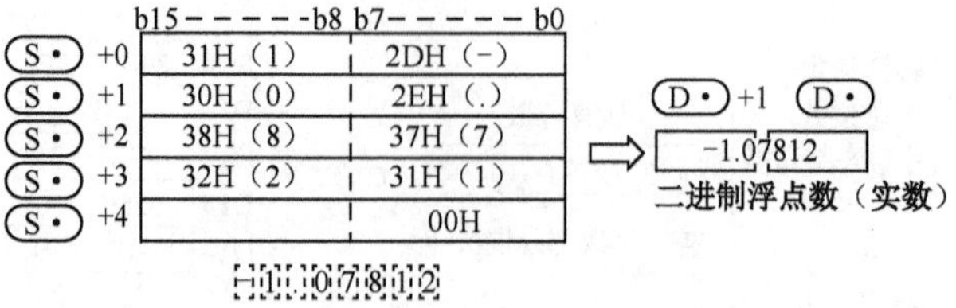

图 14-33　字符串-浮点数转换小数形式显示

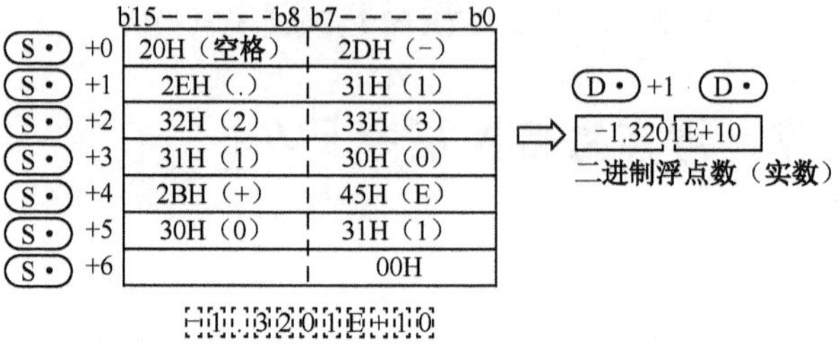

图 14-34　字符串-浮点数转换指数形式显示

3．指令应用

（1）字符串转换成二进制浮点数时，除了符号位、小数点位和指数部分外，如果有效数字位超过 7 位以上时，从第 7 位开始以后的位数全部自动舍去（不存在四舍五入）。如图 14-35（小数形式）和图 14-36（指数形式）所示。

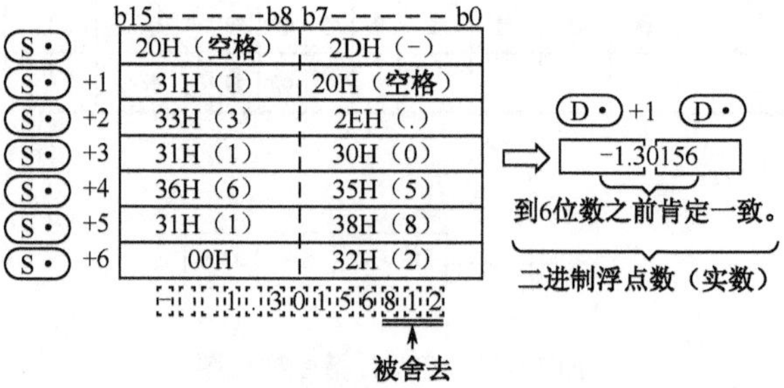

图 14-35　小数形式舍去例

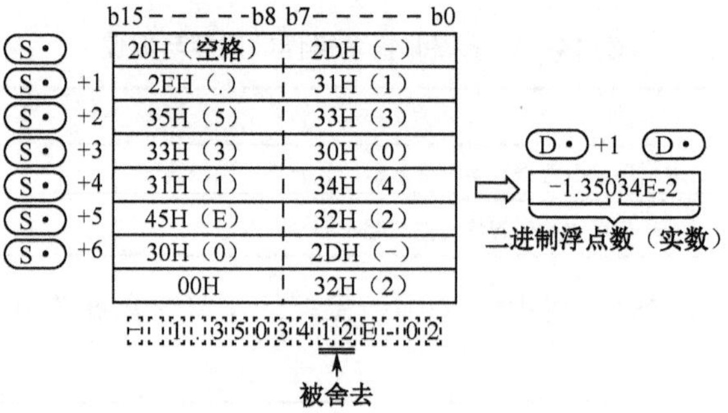

图 14-36　指数形式舍去例

（2）如果字符串数据中，在符号位和第 1 个有效数字之间存在空格符（20H）和“0”（30H），转换时会忽略这些字符，如图 14-37 所示。

（3）在字符串指数形式的转换中，如果 E 和数值之间存在“0”（30H），转换时，忽略

“0”，如图 14-38 所示。

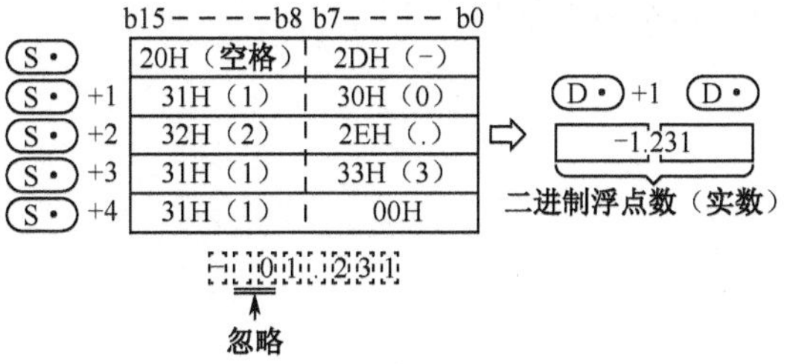

图 14-37　小数形式舍去例

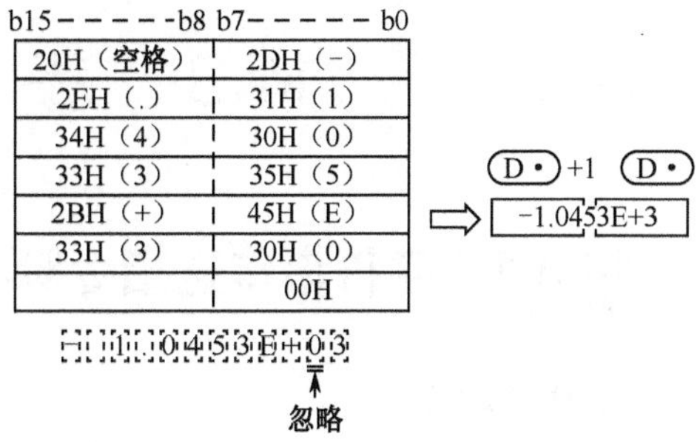

图 14-38　指数形式舍去例

（4）源址 S 的字符串数据最多为 24 个字符，包括空格符（20H）和“0”（30H）。

4．相关软元件

字符串转换成二进制浮点数，其转换结果会影响零、借位和进位标志位，如表 14-15 所示。

表 14-15　EVAL 指令标志位

软元件	名　称	内　容	
		条　件	动　作
M8020	零位	转换结果真的为零（尾数部分为“0”时）	零位标志位（M8020）为 ON
M8021	借位	转换结果的绝对值<2^{-126}	(D·)的值小于 32 位实数的最小值（2^{-126}）部分被舍去，借位标志位（M8021）为 ON
M8022	进位	转换结果的绝对值≥2^{128}	(D·)的值大于 32 位实数的最大值（2^{128}）部分被舍去，进位标志位（M8022）为 ON

5．指令应用注意

下列情况下会发生指令运算错误，错误标志位 M8067=ON。

（1）整数位和小数部分出现除“0”（30H）～“9”（39H）之外的其他字符时。

（2）字符串数据中，存在两个小数点位时。

（3）指数部分中，指数部分开始符为非“E”时，符号位出现非“2BH（+）”，“2DH（-）”字符，指数出现非“0”（30H）～“9”（39H）字符时。

（4）字符串数据中没有结束标志 0000H 时。

（5）字符串的字符数为 0 或超过 24 个字符时。

14.3 字符串控制指令

14.3.1 字符串传送指令$MOV

1. 指令格式

FNC 209：$MOV 【P】 程序步：5

$MOV 指令可用软元件如表 14-16 所示。

表 14-16 $MOV 指令可用软元件

操作数种类	位软元件							字软元件												其他				
	系统/用户							位数指定				系统/用户				特殊模块	变址			常数		实数	字符串	指针
	X	Y	M	T	C	S	D□.b	KnX	KnY	KnM	KnS	T	C	D	R	U□\G□	V	Z	修饰	K	H	E	"□"	P
S·								●	●	●	●	●	●	●	●	●			●				●	
D·									●	●	●	●	●	●	●	●			●					

梯形图如图 14-39 所示。

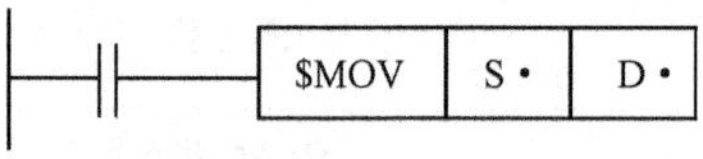

图 14-39 $MOV 指令梯形图

$MOV 指令操作数内容与取值如表 14-17 所示。

表 14-17 $MOV 指令操作数内容与取值

操作数种类	位软元件							字软元件												其他				
	系统/用户							位数指定				系统/用户				特殊模块	变址			常数		实数	字符串	指针
	X	Y	M	T	C	S	D□.b	KnX	KnY	KnM	KnS	T	C	D	R	U□\G□	V	Z	修饰	K	H	E	"□"	P
S·								●	●	●	●	●	●	●	●	●			●				●	
D·									●	●	●	●	●	●	●	●			●					

解读：在驱动条件成立时，将源址 S 中的字符串数据传送到终址 D 中。

2. 指令应用

（1）指令执行功能是将源址 S 中的字符数据（到字符串结束符 00H 为止）一次性传送到终址 D 中，传送完毕，源址 S 保持不变，如图 14-40 所示。

（2）指令的源址也可以是直接指定的字符串数据，但必须加上双引号。且字符串的字符不能超过 32 个。

$MOV "ABCD1234" D10

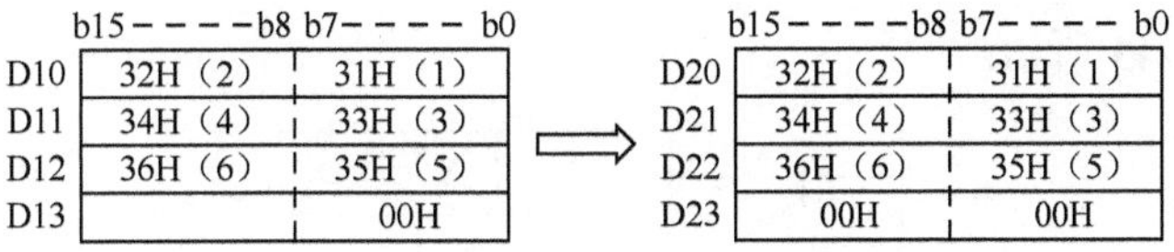

图 14-40　$MOV 指令执行示意图

（3）源址 S 和终址 D 可以为同一类型软元件，软元件地址也可重复，传送的过程遵守“存新除旧，不存保旧”的原则，即发生重叠的软元件用源址字符串覆盖，不重叠的软元件保留原来的数据。如图 14-41 所示，D10 没有重叠，仍保留原来的数据，而 D11、D12、D13、D14 均被传送数据覆盖。

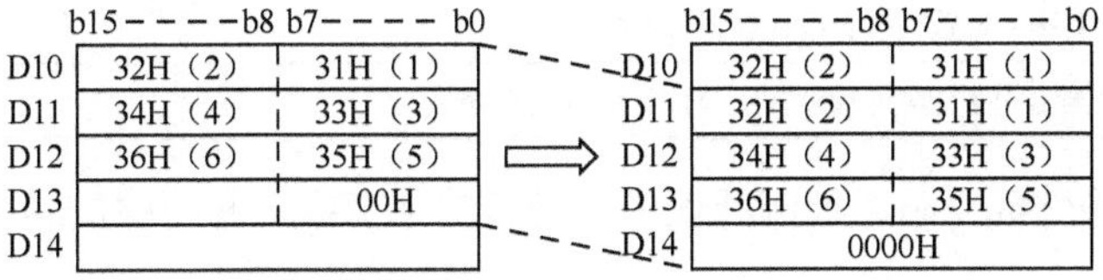

图 14-41　$MOV 指令地址重叠示意图

（4）如果源址 S 的结束符 00H 结束在低字节，且高字节存储有其他数据时，传送后，终址的结束地址的高字节自动变为 00H，不传送原来的字符，如图 14-42 所示。

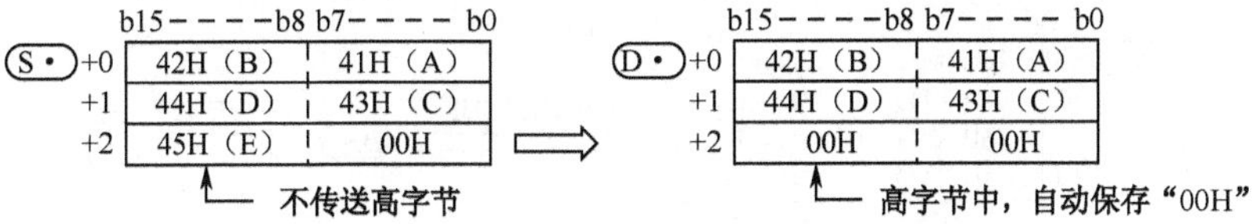

图 14-42　$MOV 指令结束符修改示意图

3．指令应用注意

以下一些情况会发生运算错误，错误标志位 M8067=ON。

（1）源址 S 的字符串数据不存在结束符 00H 时。

（2）终址 D 的设置容量不能保存源址 S 中的字符串数据时。

14.3.2　检测字符串长度指令 LEN

1．指令格式

FNC 203：LEN 【P】　　　　　　　　　　　　程序步：7

LEN 指令可用软元件如表 14-18 所示。

表 14-18　LEN 指令可用软元件

操作数种类	位软元件							字软元件												其他				
	系统/用户							位数指定				系统/用户				特殊模块	变址			常数		实数	字符串	指针
	X	Y	M	T	C	S	D□.b	KnX	KnY	KnM	KnS	T	C	D	R	U□\G□	V	Z	修饰	K	H	E	"□"	P
S·								●	●	●	●	●	●	●	●	●			●					
D·									●	●	●	●	●	●	●	●			●					

梯形图如图 14-43 所示。

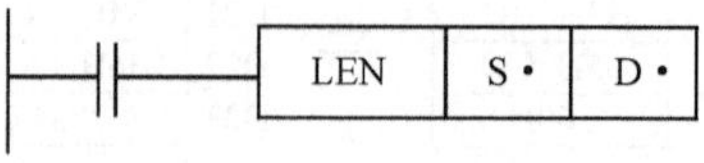

图 14-43　LEN 指令梯形图

LEN 指令操作数内容与取值如表 14-19 所示。

表 14-19　LEN 指令操作数内容与取值

操作数种类	内　容	数据类型
S·	保存要检测出字符数的字符串的软元件起始编号	字符串
D·	保存已检测出的字符串的长度（字节数）的软元件编号	BIN16 位

解读：在驱动条件成立时，检测源址中字符串的字节数，并将检测结果送到终址 D 中。

2. 指令应用

一个字符占用一个字节，当源址 S 中所表示的是 ASCII 码字符时，实际上就是检测字符的数量，即字符串长度，如图 14-44 所示，但不包括字符串结束符 00H。

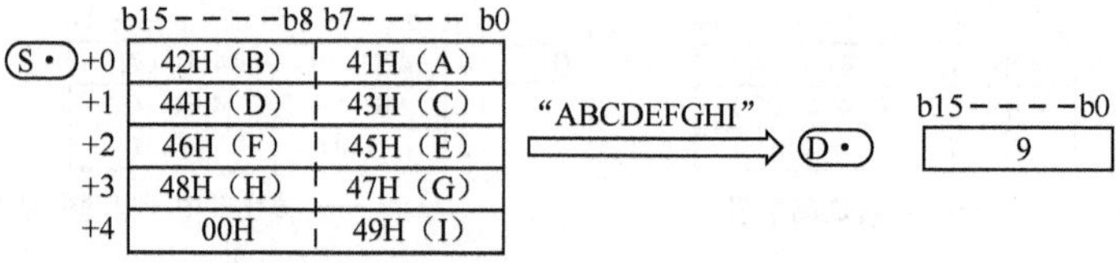

图 14-44　LEN 指令执行功能示意图

以下情况会发指令运算错误，错误标志位 M8067=ON。

（1）被检测字符串没有结束符 00H。

（2）字符串长度超过 32768 个。

14.3.3　字符串检索指令 INSTR

1. 指令格式

FNC 208：INSTR 【P】　　　　　　　　　　　程序步：9

INSTR 指令可用软元件如表 14-20 所示。

表 14-20　INSTR 指令可用软元件

操作数种类	位软元件							字软元件													其他				
	系统/用户							位数指定				系统/用户				特殊模块	变址			常数		实数	字符串	指针
	X	Y	M	T	C	S	D□.b	KnX	KnY	KnM	KnS	T	C	D	R	U□\G□	V	Z	修饰	K	H	E	"□"	P
S1·												●	●	●	●				●				●	
S2·												●	●	●	●				●					

续表

操作数种类	位软元件							字软元件												其他			
	系统/用户							位数指定				系统/用户				特殊模块	变址			常数		实数	字符串	指针
	X	Y	M	T	C	S	D□.b	KnX	KnY	KnM	KnS	T	C	D	R	U□\G□	V	Z	修饰	K	H	E	"□"	P
(D·)												●	●	●	●				●					
n														●	●					●	●			

梯形图如图 14-45 所示。

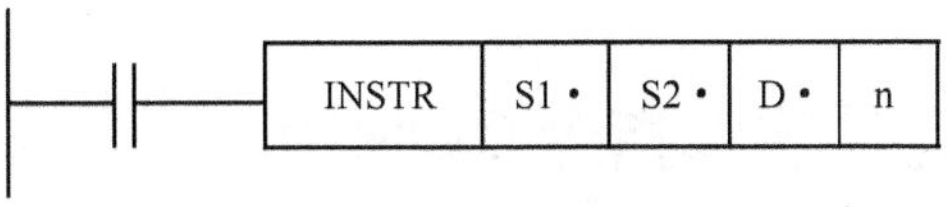

图 14-45　INSTR 指令梯形图

INSTR 指令操作数内容与取值如表 14-21 所示。

表 14-21　INSTR 指令操作数内容与取值

操作数种类	内　　容	数据类型
(S1·)	保存要检索的字符串的软元件起始编号	字符串
(S2·)	保存检索源字符串的软元件起始编号	字符串
(D·)	保存检索结果的软元件起始编号	BIN16 位
n	开始检索的位置	BIN16 位

解读：当驱动条件成立时，在源址 S2 的字符串数据中第 n 个字符开始检索有没有与源址 S 字符串相同的字符串，并将检索结果的相同字符串在 S2 中的起始位置信息送到 D 中保存。

2．指令应用

INSTR 指令执行功能可以通过图 14-46 进行说明。n=5，表示从字符串 S2 中的第 5 个字符“1”开始检索，检索到发现有与字符串 S1 相同的字符“ABCD”，把“A”在字符串 S2 中的位置（第 9 个）送到 D 中（D=K9）。

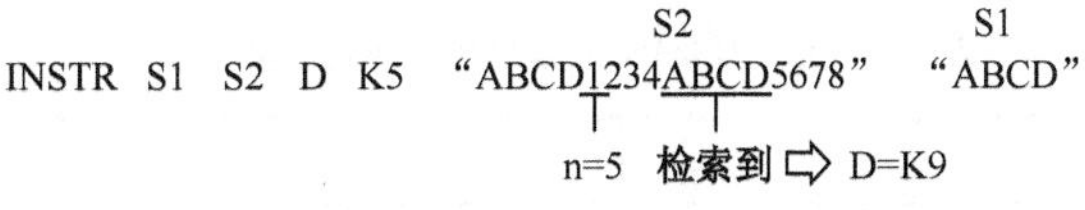

图 14-46　INSTR 指令执行功能示意图

INSTR 指令要检索的字符串 S1，也可以直接指定为字符串数据，如图 14-47 所示。

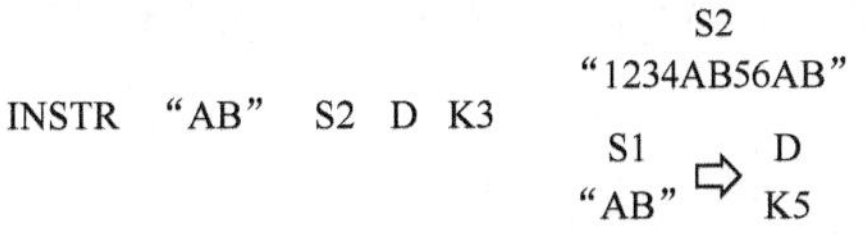

图 14-47　INSTR 指令直接寻址

检索是从指定的字符开始检索，对于指定的字符之前出现的相同的字符串和检索到相同的字符串之后又检索到的相同的字符串指令都不予处理。

不存在相同的字符串时，在 D 中保存 0。

2．指令应用注意

以下情况会发生运算错误，错误标志位 M8067=ON。

（1）n 为 0 或负值时。

（2）n 超过了 S2 的字符串的字符数时。

（3）字符串数据 S1 和 S2 均没有结束符 00H 时。

14.3.4　读出软元件注释指令 COMRD

1．指令格式

FNC 182：COMRD 【P】　　程序步：7

COMRD 指令可用软元件如表 14-22 所示。

表 14-22　COMRD 指令可用软元件

操作数种类	位软元件							字软元件												其他				
	系统/用户							位数指定				系统/用户				特殊模块	变址			常数		实数	字符串	指针
	X	Y	M	T	C	S	D□.b	KnX	KnY	KnM	KnS	T	C	D	R	U□\G□	V	Z	修饰	K	H	E	"□"	P
S·	●	●	●			●						●	●	●	●				●					
D·												●	●	●	●				●					

梯形图如图 14-48 所示。

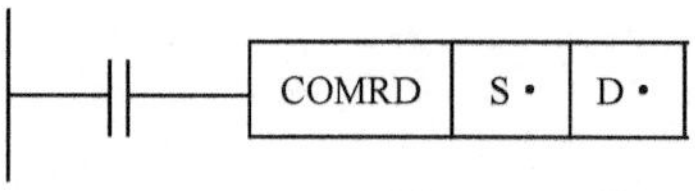

图 14-48　COMRD 指令梯形图

COMRD 指令操作数内容与取值如表 14-23 所示。

表 14-23　COMRD 指令操作数内容与取值

操作数种类	内　容	数 据 类 型
S·	保存要读出注解的软元件编号	软元件名
D·	保存已经读出注释的软元件起始编号	字符串

解读：在驱动条件成立时，将软元件 S 的注释读出并保存在 D 中。

2．指令应用

（1）COMRD 指令是读出在编程软件 GX Developer 和 GX works2 上软元件注释的字符串，并把它送到 D 中保存。执行功能如图 14-49 所示。

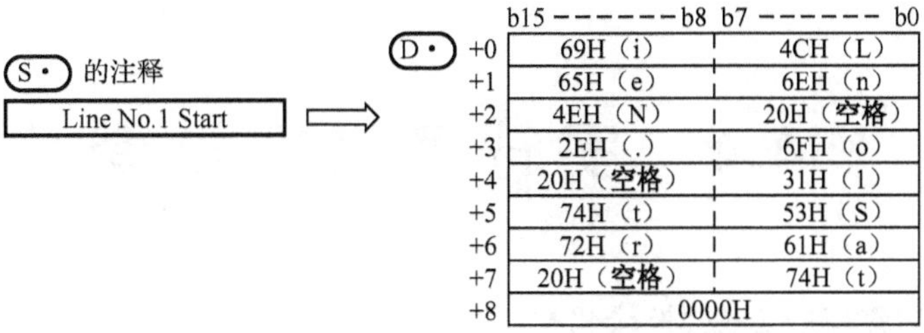

图 14-49　COMRD 指令执行功能示意图

（2）三菱 FX 系列 PLC 编程软件有三种梯形图注释：注释编辑、注解编辑和声明编辑。COMRD 指令仅能读出注释编辑内容，不能读出其他两种编辑的内容。注释编辑即软元件注释，在编程软件中通过在梯形图上或工程栏内对软元件进行注释，批量写入软元件的注释内容。

能被 COMRD 指令读出的软元件注释必须满足下面三个条件：

- 是在 GX Developer 和 GX works2 编程软件上写入的。
- 注释内容是用 ASCII 码所表示的字符串形式写入的，COMRD 命令不能读出中文或其他文字的注释。
- 程序和注释必须一起下载到 PLC 中。COMRD 指令不能仿真，必须接上 PLC 才会执行。

（3）COMRD 指令的操作数 D 固定为 16 个字符，占用 8 个存储单元。如果读出的注释内容不满 16 个字符，那多余的存储单元均用空格符（20H）填满。如果注释内容超过了 16 个字符，则超过 16 个字符以外的字符则不予写入。如果发现没有注释内容时，则 D 全部用空格符（20H）填满，并出现运算错误，标志位 M8067=ON。

3. 相关软元件

COMRD 指令最多只能读出 16 个字符。占用 D0～D0+7 8 个存储单元，对于 16 个字符以后的（D+8）存储单元的内容与特殊辅助继电器 M8091 的状态有关，如表 14-24 所示。

表 14-24　特殊辅助继电器 M8091

ON/OFF 状态	处 理 内 容
M8091=OFF	在保存最后注释字符的软元件的下一个软元件中保存 0000H
M8091=ON	保存最后注释字符的软元件的下一个软元件不变化

当 M8091=ON 时，（D+8）存储单元的内容保持原数据不变。而 M8091=OFF 时，（D+8）存储单元的内容变为 0000H，而 0000H 又表示字符串结束符，所以一般情况下均设置 M8091=OFF。

14.4 字符串处理指令

14.4.1 字符串结合指令$+

1. 指令格式

FNC 202：$+ 【P】 程序步：7

$+指令可用软元件如表 14-25 所示。

表 14-25 $+指令可用软元件

操作数种类	位软元件							字软元件												其他				
	系统/用户							位数指定				系统/用户				特殊模块	变址			常数		实数	字符串	指针
	X	Y	M	T	C	S	D□.b	KnX	KnY	KnM	KnS	T	C	D	R	U□\G□	V	Z	修饰	K	H	E	"□"	P
S1·								●	●	●	●	●	●	●	●	●			●				●	
S2·								●	●	●	●	●	●	●	●	●			●				●	
D·									●	●	●	●	●	●	●	●			●					

梯形图如图 14-50 所示。

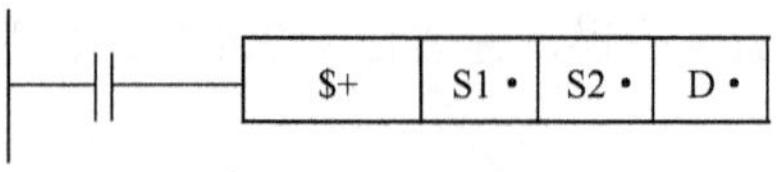

图 14-50 $+指令梯形图

$+指令操作数内容与取值如表 14-26 所示。

表 14-26 $+指令操作数内容与取值

操作数种类	内 容	数 据 类 型
S1·	保存连接源数据（字符串）的软元件起始编号， 或是被直接指定的字符串	字符串
S2·	保存要连接的数据（字符串）的软元件起始编号， 或是被直接指定的字符串	
D·	保存连接后的数据（字符串）的软元件起始编号	

解读：在驱动条件成立时，将源址 S1 的字符串和 S2 的字符串连接在一起，组成了一个新的字符串送到 D 中保存。

2. 指令应用

（1）指令执行功能。

$+指令实质上就是一个字符加指令，把两个字符串中间不留任何空位连接在一起，形成一个字符串，如图 14-51 所示。

"ABCD"+"1234" ⟹ "ABCD1234"

"AB CD"+"12 34" ⟹ "AB CD12 34"

图 14-51　$+指令执行功能示意图

（2）指令执行后，会自动地在最后附加结束符 00H。连接后字符数为奇数时，在最后字符保存的存储单元高字节保存 00H；连接后字符为偶数时，在保存最后字符的下一个存储单元保存 0000H。

（3）源址操作数 S1 和 S2 均可直接指定为字符串（必须加双引号），但最多为 32 个字符。但如果间接指定时，字符数不受限制。

（4）如果源址 S1 和 S2 没有字符串，或以 00H 开始，则将 0000H 送到 D 中保存。

3. 指令应用注意

以下情况，会发生运算错误，标志位 M8067=ON。

（1）源址 S1 和 S2 均为终址 D 的软元件相同且编址发生重复时。

（2）源址 S1 和 S2 中未有字符串结束符“00H”时。

（3）终址 D 中的软元件存储单元数量比相加后字符串所需的存储单元更少时。

14.4.2　从字符串右侧取出指令 RIGHT

1. 指令格式

FNC 204：RIGHT 【P】　　程序步：7

RIGHT 指令可用软元件如表 14-27 所示。

表 14-27　RIGHT 指令可用软元件

操作数种类	位软元件							字软元件													其他				
	系统/用户							位数指定				系统/用户				特殊模块	变址			常数		实数	字符串	指针
	X	Y	M	T	C	S	D□.b	KnX	KnY	KnM	KnS	T	C	D	R	U□\G□	V	Z	修饰	K	H	E	"□"	P
S·								●	●	●	●	●	●	●	●	●			●					
D·									●	●	●	●	●	●	●	●			●					
n														●	●					●	●			

梯形图如图 14-52 所示。

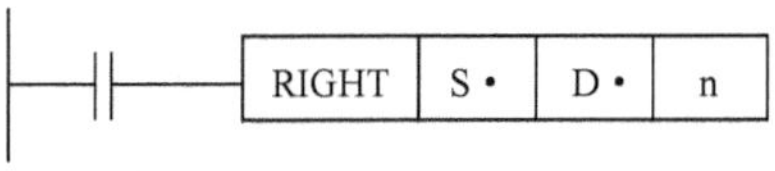

图 14-52　RIGHT 指令梯形图

RIGHT 指令操作数内容与取值如表 14-28 所示。

表 14-28 RIGHT 指令操作数内容与取值

操作数种类	内 容	数据类型
(S·)	保存字符串的软元件起始编号	字符串
(D·)	保存被取出的字符串的软元件起始编号	
n	要取出的字符数	BIN16 位

解读：在驱动条件成立时，从源址 S 的字符串的右侧开始取出 n 个字符的数据，送到终址 D 中存储。

2. 指令应用

（1）指令执行功能。

RIGHT 指令和 LEFT 指令、MIDR 指令均是从一个字符串中取出部分字符串的指令，只是它们取出的方式不同。RIGHT 指令是从右边截取部分字符串，LEFT 指令是从左边截取部分字符串，MIDR 指令是从字符串中任意位置截取部分字符串。

RIGHT 指令的执行功能如图 14-53 所示。它是从最右边一个字符（最后一个字符）起，截取 n 个字符送到 D 中保存。

S	n		D
"ABCD1234EFGH"	n=3	⇨	"FGH"
	n=5	⇨	"4EFGH"
	n=8	⇨	"1234EFGH"

图 14-53 RIGHT 指令执行功能示意图

（2）指令执行后，会自动地在最后附加结束符 00H。连接后字符数为奇数时，在最后字符保存的存储单元高字节保存 00H；连接后字符为偶数时，在保存最后字符的下一个存储单元保存 0000H。

（3）n=0 时，送 0000H 到终址 D。

3. 指令应用

以下情况，会发生运算错误，标志位 M8067=ON。

（1）源址 S 中字符串数据没有结束符 00H 时。

（2）n 为负值，或 n 超过了 S 中的字符串的个数时。

14.4.3 从字符串左侧取出指令 LEFT

1. 指令格式

FNC 205：LEFT 【P】　　　　程序步：7

LEFT 指令可用软元件如表 14-29 所示。

表 14-29　LEFT 指令可用软元件

操作数种类	位软元件							字软元件													其他				
	系统/用户							位数指定				系统/用户				特殊模块	变址				常数		实数	字符串	指针
	X	Y	M	T	C	S	D□.b	KnX	KnY	KnM	KnS	T	C	D	R	U□\G□	V	Z	修饰		K	H	E	"□"	P
S·								●	●	●	●	●	●	●	●	●			●						
D·									●	●	●	●	●	●	●	●			●						
n														●	●						●	●			

梯形图如图 14-54 所示。

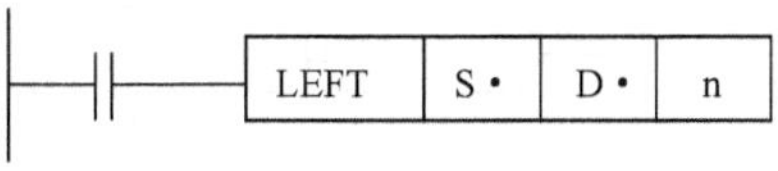

图 14-54　LEFT 指令梯形图

LEFT 指令操作数内容与取值如表 14-30 所示。

表 14-30　LEFT 指令操作数内容与取值

操作数种类	内　　容	数 据 类 型
S·	保存字符串的软元件起始编号	字符串
D·	保存被取出的字符串的软元件起始编号	字符串
n	要取出的字符数	BIN16 位

解读：在驱动条件成立时，从源址 S 的左侧开始取出 n 个字符的数据，送到终址 D 中存储。

2．指令应用

（1）LEFT 指令的执行功能是从源址 S 字符串的左侧开始取出 n 个字符送到 D 中保存。如图 14-55 所示。

S	n		D
"ABCD1234EFGH"	n=3	⇨	"ABC"
	n=5	⇨	"ABCD1"
	n=8	⇨	"ABCD1234"

图 14-55　LEFT 指令执行功能示意图

（2）其他均和 RIGHT 指令相同。

14.4.4　从字符串中间取出指令 MIDR

1．指令格式

FNC 206：MIDR 【P】　　　　　　　　　　　　程序步：7

MIDR 指令可用软元件如表 14-31 所示。

表 14-31 MIDR 指令可用软元件

操作数种类	位软元件							字软元件												其他				
	系统/用户							位数指定				系统/用户				特殊模块	变址			常数		实数	字符串	指针
	X	Y	M	T	C	S	D□.b	KnX	KnY	KnM	KnS	T	C	D	R	U□\G□	V	Z	修饰	K	H	E	"□"	P
(S1·)								●	●	●	●	●	●	●	●	●			●					
(D·)									●	●	●	●	●	●	●	●			●					
(S2·)								●	●	●	●	●	●	●	●	●			●					

梯形图如图 14-56 所示。

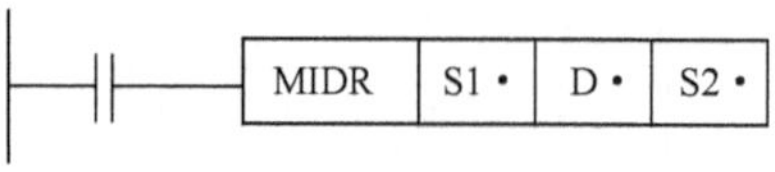

图 14-56 MIDR 指令梯形图

MIDR 指令操作数内容与取值如表 14-32 所示。

表 14-32 MIDR 指令操作数内容与取值

操作数种类	内 容	数 据 类 型
(S1·)	保存字符串的软元件起始编号	字符串
(D·)	保存被取出的字符串的软元件起始编号	字符串
(S2·)	指定要取出的字符的起始位置以及字符数的软元件起始编号 (S2·)：起始字符位置 (S2·) +1：字符数	BIN16 位

解读： 在驱动条件成立时，在字符串 S1 中从左侧算起第 S2 个字符开始截取 S2+1 个字符组成新的字符串，并送到 D 中保存。

2. 指令说明

MIDR 指令为任意截取字符串指令。所谓任意是指可在任意位置上截取。因此，就必须要告诉指令是从什么位置上截取。为此，指令设置了两个存储单元说明这个截取的位置。这两个单元一个存储在字符串中截取的起始位置，另一个存储从起始位置开始截取字符串的个数。因此，指令在执行前必须先给这两个单元赋值。

3. 指令应用

1）指令执行功能如图 14-57 所示。MIDR 指令的操作数 S2 有两个单元，其中 S2 是在字符串中截取的起始位置，S2+1 为从起始位置开始截取字符串的个数。图中，S2 为 5，说明从 D 的第 5 个字符“E”开始截取，S2+1 为 5，说明要截取的字符是从字符“E”开始 5 个字符“EFGHI”，指令执行后，D 中的字符串为“EFGHI”。

（2）指令执行后，会自动地在最后附加结束符 00H。连接后字符数为奇数时，在最后字符保存的存储单元高字节保存 00H；连接后字符为偶数时，在保存最后字符的下一个存储单元保存 0000H。

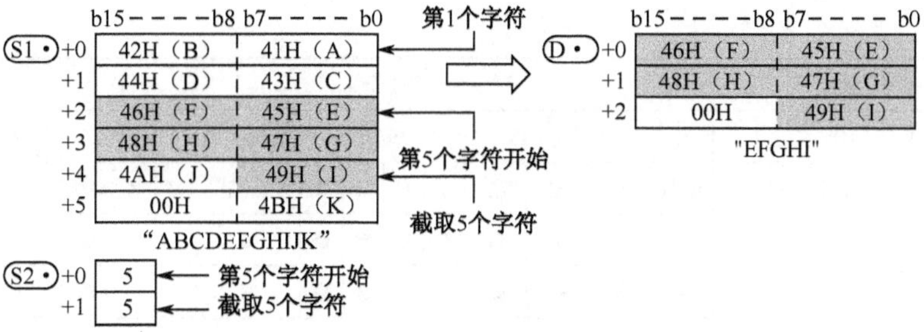

图 14-57　MIDR 指令执行功能示意图

（3）如果 S2+1 中要截取的字符串个数为 0，则指令不执行。

（4）如果 S2+1 中要截取的字符串个数为-1，则从 S2 所指定的第 n 个字符串到字符串结束符 00H 之前的全部字符串被送到 D 中保存，如图 14-58 所示。

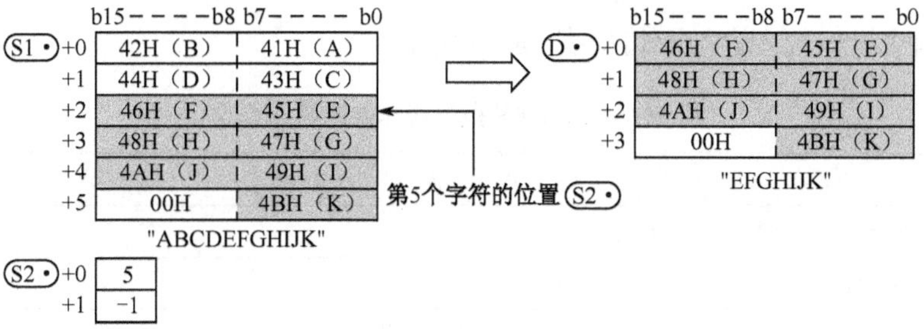

图 14-58　MIDR 指令 n=-1 执行示意图

4. 指令应用注意

以下情况会发生运算错误，标志位 M8067=ON。

（1）源址 S1 中字符串没有结束符 00H 时。

（2）S2 中所指定值大于 S1 的字符串个数时。

（3）当 S2 为负值时，S2+1 为-2 以下的值时。

（4）S2+1 所设置的截取字符串多于 S2 的字符数时。

14.4.5　字符串任意替换指令 MIDW

1. 指令格式

FNC 207：MIDW 【P】　　程序步：7

MIDW 指令可用软元件如表 14-33 所示。

表 14-33　MIDW 指令可用软元件

操作数种类	位软元件							字软元件												其他				
	系统/用户							位数指定				系统/用户				特殊模块	变址			常数		实数	字符串	指针
	X	Y	M	T	C	S	D□.b	KnX	KnY	KnM	KnS	T	C	D	R	U□\G□	V	Z	修饰	K	H	E	"□"	P
S1・								●	●	●	●	●	●	●	●	●			●					

续表

操作数种类	位软元件							字软元件												其他				
	系统/用户							位数指定				系统/用户				特殊模块	变址			常数		实数	字符串	指针
	X	Y	M	T	C	S	D□.b	KnX	KnY	KnM	KnS	T	C	D	R	U□\G□	V	Z	修饰	K	H	E	"□"	P
(D·)									●	●	●	●	●	●	●	●			●					
(S2·)								●	●	●	●	●	●	●	●	●			●					

梯形图如图 14-59 所示。

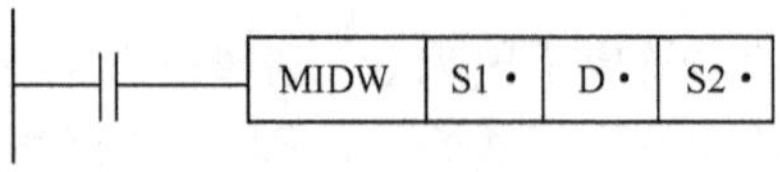

图 14-59　MIDW 指令梯形图

MIDW 指令操作数内容与取值如表 14-34 所示。

表 14-34　MIDW 指令操作数内容与取值

操作数种类	内　容	数据类型
(S1·)	保存字符串的软元件起始编号	字符串
(D·)	保存被取出的字符串的软元件起始编号	字符串
(S2·)	指定要取出的字符的起始位置以及字符数的软元件起始编号 (S2·)：起始字符位置 (S2·) +1：字符数	BIN16 位

解读：在驱动条件成立时，从 S1 的字符串数据的左侧开始截取由 S2 所指定的字符串，送到 D 中替换 S2 指定位置的相应字符串。

2．指令说明

MIDW 指令为任意替换指令，它的功能就是从一个字符串中截取 *n* 个字符，去替换另一个字符串中指定位置的 *n* 个字符。现以图 14-60 进行说明，S 为源址字符串，D 既是源址也是终址字符串，从 S 中要选中几个字符去替换 D 中的几个字符，选中字符和替换字符都存在两个问题，从哪里选起，选几个字符，从哪里替换，替换几个字符。MIDW 指令的操作数必须回答这几问题。

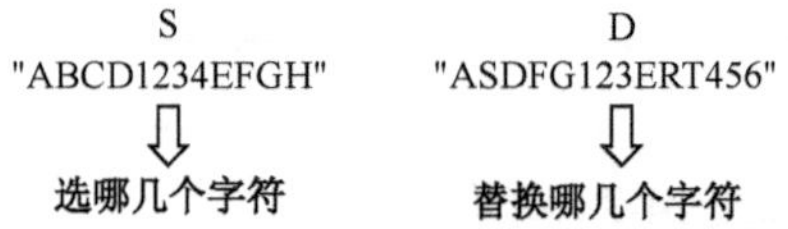

图 14-60　MIDW 指令执行功能说明

3．指令应用

（1）指令执行功能如图 14-61 所示。MIDW 指令的操作数 S2 有两个单元，其中 S2 为被替换字符在 D 中的从左侧算起的起始位置，S2+1 为替换字符的个数。并且规定，替换字符是从源址 S1 的左侧第 1 个字符算起。图中，S2 为 3，说明从 D 的第 3 个字符“C”开始替换，S2+1 为 6，说明，要替换的字符是 S1 的左侧开始的 6 个字符“012345”，指令执行后，D 中的字符串由“ABCDEFGHI”变成了“AB012345I”。

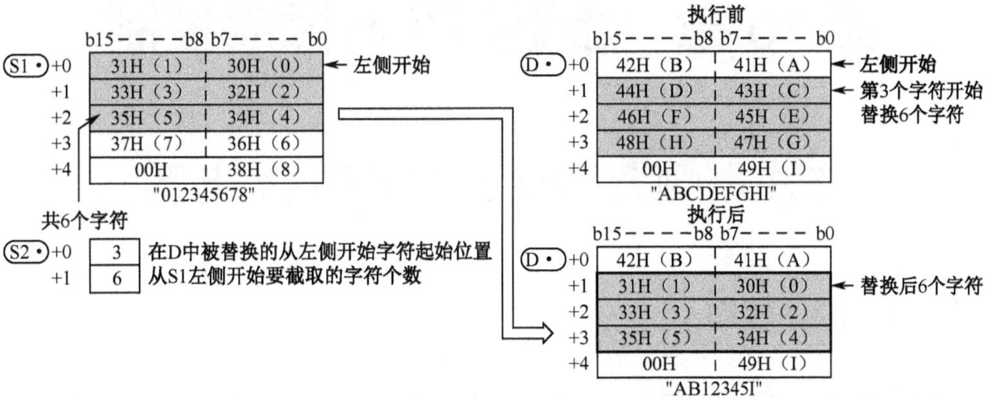

图 14-61　MIDW 指令执行功能示意图

（2）如果 S2+1 的设置值为 0，则指令不执行。

（3）如果 S2+1 所设置的替换字符串个数超过了 D 中要替换的字符串个数，则保存到要替换字符的相应个数，多余的字符不保存。如图 14-62 所示，源址 S1 为“ABCD1234EFGH”，替换为 8 个字符“ABCD1234”，D 中的字符串数据从第 5 个开始被替换，但到字符串结束仅 4 个字符，小于 8 个字符。这时，仅替换为前 4 个字符“ABCD”，而多余的字符“1234”则被忽略，执行结果 D 为“ASDFABCD”。

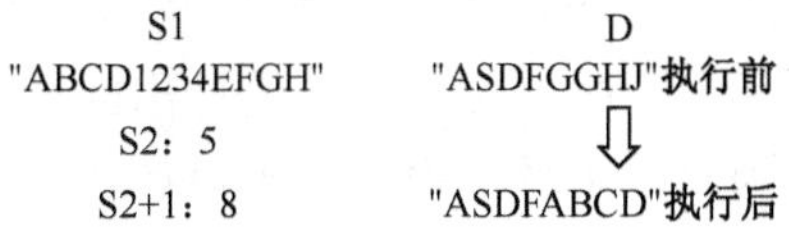

图 14-62　MIDW 指令多余的字符不保存例

（4）如果 S2+1`的设置值为-1，则 S1 的字符串全部为替换字符串，去替换 D 中相应的字符串数据。

4．指令应用注意

以下一些情况会发生运算错误，标志位 M8067=ON。

（1）S1 和 D 中字符串数据没有结束符 00H 时。

（2）S2 的设置值多过 D 的字符串的个数时。

（3）S2+1 的设置值超过了 S1 的字符串的个数时。

（4）S2 为负值和 S2+1 为小于-2 的值时。

第 15 章　步进指令与顺序控制

15.1　顺序控制与顺序功能图

15.1.1　顺序控制

在工业控制中，除了模拟量控制，大部分控制都是一种顺序控制。所谓顺序控制，就是按照生产预先规定的顺序，在各个输入信号的作用下，根据内部状态和时间的顺序，在生产过程中各个执行机构自动、有序地进行操作。

工业控制特别是开关量逻辑控制，往往是通过输出与输入的逻辑控制关系来设计程序的。这种设计方法与个人经验有很大的关系。这种方法在控制系统较为简单时比较可行，就很难控制系统一旦复杂一些，输入、输出较多时，输出与输入的逻辑控制关系就很难写出。这种设计方法称为经验设计法。经验设计法没有一套固定的方法和步骤可以遵循，对不同控制系统，没有一种通用的容易掌握的设计方法。在设计复杂梯形图时，要用大量的中间单元来完成互锁、联锁、记忆等功能。设计时往往会遗漏一些应该考虑的问题。修改某一局部电路时，会对其他部分产生意想不到影响。用经验法设计出的梯形图一般很难阅读，别人看不懂，时间长了自己也看不懂。因此，用经验设计法来设计较为复杂的顺序控制是不适宜的，而顺序控制设计法解决了复杂顺序控制系统程序设计的问题。

将逻辑控制看成顺序控制的基本思路是：逻辑控制系统在一定的时间内只能完成一定的控制任务。这样，就可以把一个工作周期内的控制任务划分成若干个时间连续、顺序相连的工作段。而在某个工作段，只要关心该工作段的控制任务和什么情况下该工作段结束转移到下一个工作段。

下面以电动机星三角降压为例进行说明，表 15-1 为基本元件及功能。图 15-1 表示了星三角降压起动的顺序控制过程。

表 15-1　星三角降压启动的基本元件及功能

符　号	名　称	功能说明
SB1	启动信号	启动星三角降压
SB2	停止信号	停止电动机运转
KM1	主接触器	
KM2	星形启动接触器	KM1，KM2 接通为星形启动
KM3	三角形运转接触器	KM1，KM3 接通为三角形运转
SJ	启动时间控制信号	控制星三角转换时间

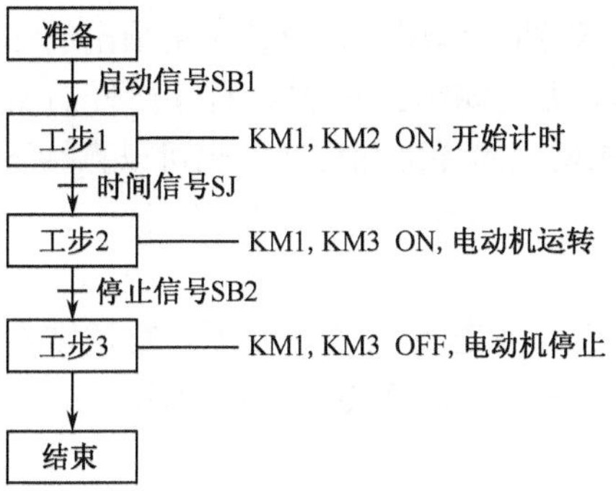

图 15-1　星三角降压启动顺序控制流程图

从图 15-1 可以看出，每个方框表示一个工步（准备和结束也算作工步）。工步之间用带箭头的直线相连，箭头方向表示工步转移方向，直线旁边为工步之间转移条件。而在每个工步方框的右边写出了该工步应完成的控制任务。

因此，在顺序控制中，生产过程是按照顺序，一步一步地连续完成的。这样，就将一个较复杂的生产过程分解成为若干个工作步骤，每一步对应生产过程中的一些控制任务。且每个工作步骤往下进行都需要一定的转移条件，也需要一定的转移方向。

这种表示顺序控制过程的图形叫作控制流程图，也叫作顺序控制状态流程图。而顺序功能图就是在状态流程图的基础上发展起来的，成为 PLC 控制的首位编程语言。

15.1.2　顺序功能图（SFC）

1. 概述

绝大多数逻辑控制系统（包括运动量控制）都可以看成是顺序控制系统。而如何方便、高效地设计顺序控制系统则摆到了工程技术人员的面前。继电控制系统中，顺序控制是由硬件电路来完成的。PLC 是一种通过软件设计来完成各种工业控制的控制设备。如何通过梯形图程序来方便、高效地完成顺序控制设计便是 PLC 设计人员的一个重要思考。为此，PLC 的设计者专门开发了供设计顺序控制程序用的顺序功能图，为顺序控制设计提供了方便快捷的设计方法。

顺序功能图（Sepuential Function Chart，SFC）又叫状态转移图或功能表图，它是描述控制系统的控制流程功能和特性的一种图形语言。它并不涉及所描述的控制功能的具体技术，是一种通用的技术语言，很容易被初学者所接受，也可以供不同专业之间的人员进行技术交流使用。

顺序功能图（SFC）已被国际电工委员会（IEC）在 1994 年 5 月公布的“IEC 可编程序控制器标准 IEC1131”中确定为 PLC 的首位编程语言。SFC 虽然是居首位的 PLC 编程语言，但目前仅仅作为组织编程的工具使用，SFC 不能为 PLC 所执行。因此，还需要其他编程语言（主要是梯形图）将 SFC 转换成 PLC 可执行的程序。在这方面，三菱 FX 系列 PLC 的步进指令 STL 是最好的设计，用 STL 指令可以非常方便地一边看 SFC，一边写出梯形图程序。同时，三菱编程软件 GX Developer 和 GX WORK2 都为 SFC 专门开发了 SFC 块图编辑功能，SFC 块图就是 SFC 的图形体现。只要按照所画出的 SFC 根据 SFC 块图的编辑要求，可以很快地在 SFC 块图界面上编制出和 SFC 程序一样的图形程序。这个 SFC 块图图形程序可以利用软件马上转换成相应的梯形图程序，也可以直接下载到 PLC 中执行。

2. SFC 的组成

SFC 是用状态元件描述工步状态的工艺流程图。它通常由步（初始步、活动步、一般步)、有向连线、转移条件、转移方向及命令和动作组成。

1）步（状态）

SFC 中的步是指控制系统的一个工作状态，是顺序相连的阶段中的一个阶段。SFC 就由这些顺序相连的步组成。在三菱 FX 系列 PLC 中，把步称作为“状态”，即一个步就是一个工作状态，下面就以“状态”术语代替“步”进行分析。

“状态”即步。除初始状态以外的状态均为一般性状态。每一个状态相当于控制系统的一个阶段。状态用单线矩形框表示，如图 15-2 所示。状态框（包括初始状态框）中都有一个表示该状态的元件编号，称之为“状态元件”。状态元件可以按状态顺序连续编号，也可以不连续编号。

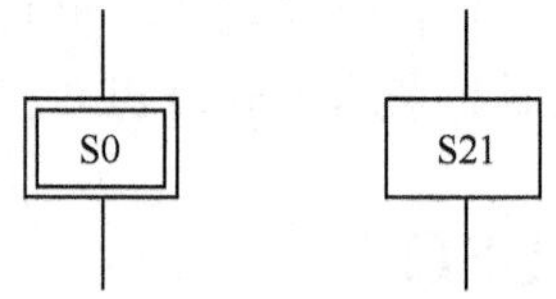

（a）初始状态　　（b）状态

图 15-2　状态与初始状态

状态又分为“初始状态”和“激活状态”(也称“初始步”和“活动步”)。

（1）初始状态。

系统的初始状态为系统等待启动命令而相对静止的状态。初始状态可以有命令与动作，也可以没有命令和动作。在 SFC 中，初始状态用双线矩形框表示，如图 15-2 所示。

（2）活动状态。

在 SFC 中，如果某一个状态被激活，则这个状态为活动状态，又称活动步。状态被激活的含义是：该状态的所有命令与动作均会得到执行，而未被激活的状态中的命令与动作均不能得到执行。SFC 中，被激活的状态有一个或几个，当下一个状态被激活时，前一个激活状态一定要关闭。整个顺序控制就是这样一个一个状态被顺序激活而完成全部控制任务。

2）与状态对应的命令和动作

“命令”是指控制要求，而“动作”是指完成控制要求的程序。与状态对应则是指每一个状态中所发生的命令和动作。在 SFC 中，命令和动作用相应的文字和符号（包括梯形图程序行）写在状态矩形框的旁边，并用直线与状态框相连。

状态内的动作有两种情况，一种为非保持型，其动作仅在本状态内有效，没有连续性，当本状态变为非激活状态时，动作全部 OFF；另一种为保持型，其动作有连续性，它会把动作结果延续到后面的状态中去。例如，“启动电动机运转并保持”为保持型命令和动作，它要求在该状态中启动电动机，并把这种结果延续到后面的状态中去。而“启动电动机”可以认为其为非保持性指令，它仅仅指在该状态中启动电动机，如果该状态被关闭，则电动机也会停止运转。命令和动作的说明中应对这种区分有清楚的解释。

3）有向连线

有向连线是状态与状态之间的连接线。它表示了 SFC 的各个状态之间成为活动状态的先后顺序，如图 15-2 中，状态的方框所示的上、下直线。一般活动状态的转移方向习惯是从上到下，因此，这两个方向上有向连线箭头可以省略。如果不是上述方向，例如发生跳转、循环等，必须用带箭头的有向连线表示转移方向。当顺序控制系统太复杂时，会产生中断的有向连线，这时，必须在中断处注明其转移方向。

4）转移与转移条件

两个状态之间用有向连线相连。与有向连线相垂直的短线表示转移，转移将相连的两个状态隔开。状态活动情况的转移是由转移条件的实现来完成的，并与控制过程的发展相对应。状态与状态之间的转移必须条件满足时，才能进行。转移条件可以是信号、信号的逻辑组合等。在 SFC 中，转移条件常用图形符号或逻辑代数表达式标注在短线旁边，如表 15-2 所示。

表 15-2　转移条件常用图形符号或逻辑代数表达式

转移条件	图形符号标注	逻辑代数表达式标注	对应梯形图
常开	X1	X1	X1
常闭	$\overline{X1}$	$\overline{X1}$	X1
与	X2 X3	X2·X3	X2　X3
或	X2　X3	X2+X3	X2 X3
组合	X2　$\overline{X2}$ X3　X4	(X2·X3)+(X2·X4)	X2　X3 $\overline{X2}$　X4

状态、有向连线、转移和转移条件是 SFC 的基本要素。一个 SFC 就是由这些基本元素所构成的，如图 15-3 所示。

通过上面的介绍和分析，SFC 与其他 PLC 程序最大的区别是：SFC 在执行过程中，始终只有一个状态（即活动状态）的命令和动作得到执行，而其他状态的命令和动作均无效。这一点给程序设计带来了很大的方便。编程人员只要根据时序确定程序步，并考虑各步的命令和动作及步与步之间的转移条件，便可以完成程序设计。完全不需要像梯形图那样考虑各个输入、输出之间的联锁、互锁关系，也不需要考虑双线圈、程序扫描等所产生的程序执行问题。这种程序设计方法对设计人员的需求极低，很容易上手，使初学者感到 PLC 的学习和应用并不难，对 PLC 的普及和推广非常有利。

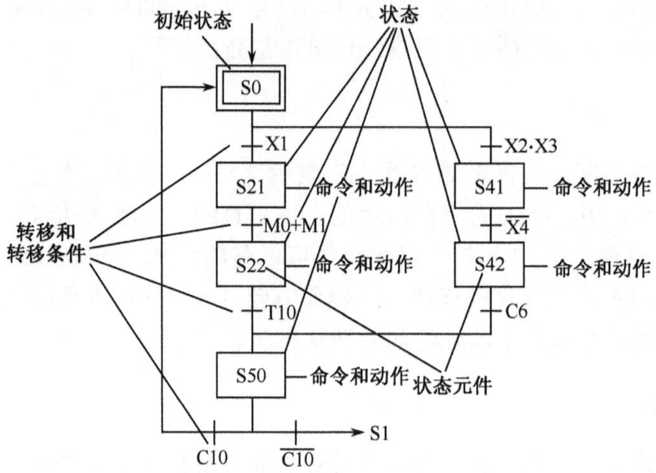

图 15-3　SFC 基本元素组成图

15.1.3　SFC 的基本结构

SFC 按其流程可分为单流程 SFC 和分支 SFC 两大类结构。分支 SFC 又有选择性分支、并列性分支和流程跳转、循环等。

1. 单流程结构

当 SFC 仅有 1 个通道时，称为“单流程结构”。单流程的特点是，从初始状态开始，每一个状态后面只有一个转移，每一个转移后面只有一个状态，如图 15-4 所示。

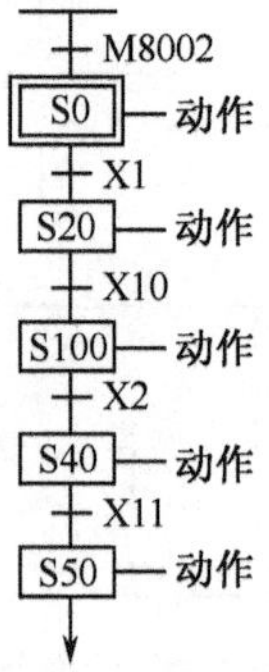

图 15-4　单流程 SFC

单流程 SFC 中，由初始状态 S0 开始。按上下顺序依次将各个状态激活，但在整个控制周期内，除转移瞬间外，只能有一个状态处于激活状态，也就是只有一个状态是工作状态，其中的命令和动作正在被执行。不允许出现两个或两个以上状态同时被激活，单流程 SFC 只能有一个初始状态。

单流程结构是最简单的 SFC，容易理解也容易编写。

2. 分支与汇合

当 SFC 有两个或两个以上的流程通道时，便称之为“分支”。根据分支的性质不同，有选择性分支和并行性分支的区别。多个流程向单流程进行合并的结构称“汇合”。同样，汇合也有选择性汇合和并行性汇合之分。

1）选择性分支与汇合

选择性分支的含义是，当由单流程向分支转移时，根据转移条件成立与否只能向其中一个流程进行转移，它是一种多选一的过程，如图 15-5 所示。状态 S20 只能向 S21、S50、S40 三个状态中的一个进行转移。

选择性汇合是指当分支流程向单一流程合并时，只有一个符合转移条件的分支转换到单流程的状态。如图 15-6 所示，S20、S50、S40 三个状态只能有一个向 S21 进行转移。

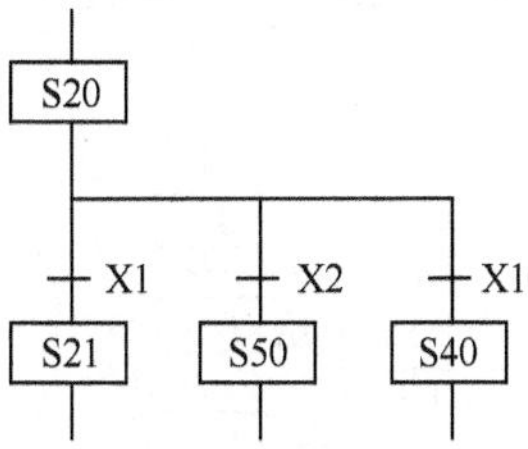

图 15-5　选择性分支

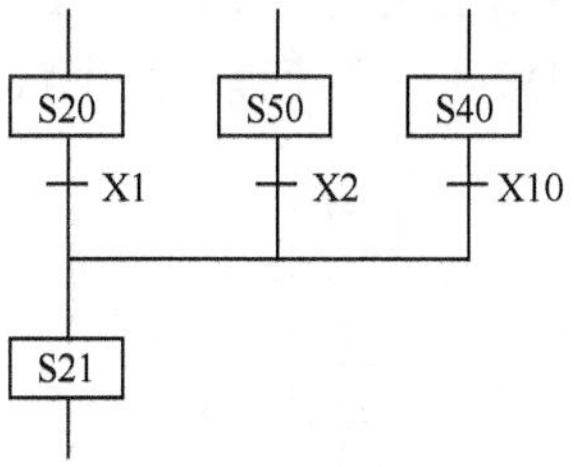

图 15-6　选择性分支汇合

2）并行性分支与汇合

并行性分支为单流程向多个分支流程转移时，多个分支的转移条件均相同，一旦转移条件成立，则同时激活各个分支流程。在编制 SFC 时，为了区别选择性分支与并行分支，规定选择性分支用单线表示，且各个分支均有其转移条件；并行性分支用双线表示，只允许有一个条件。并行性分支如图 15-7 所示，当 X1 为 ON 时，状态 S20 同时向 S21、S50、S40 转移，S21、S50、S40 同时被激活，同时执行命令和动作。

并行性分支的各个分支流程向单流程合并称为并行性汇合。当每个流程都完成后且转移条件成立时，单流程状态被激活。如图 15-8 所示，当 S20、S50、S40 三个状态动作均结束，且转移条件 X2 成立时，激活状态 S21。

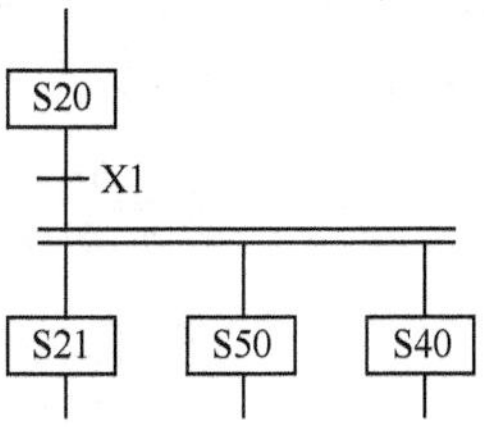

图 15-7　并行性分支

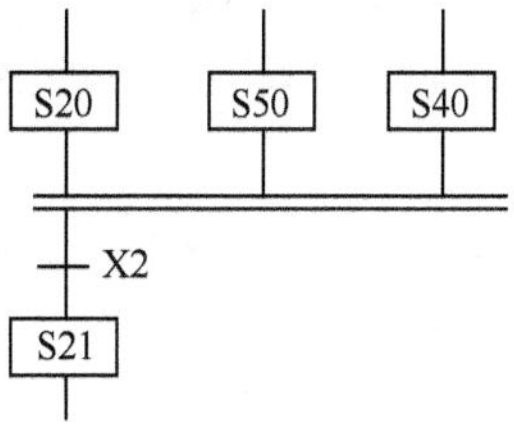

图 15-8　并行性分支汇合

SFC 程序中分支和分支汇合是两个独立的概念，一般来说，在一个 SFC 程序流程中当单流程向多流程转移时，就形成了分支。而形成分支后，又发生所形成的分支流程向一个单流程转移，才叫作汇合。也就是说，某些控制要求可能会形成有分支而无汇合的流程，这种情况也是正常的 SFC 程序。通常，把有分支也有汇合的分支流程叫作选择性分支或并行性分支，而把有分支没有汇合的分支流程叫作分支。对某些特殊性的分支有一定的叫法，例如，跳转、分离、重复、循环等。

3. 跳转、重复和循环

SFC 除了上述几种类型，还存在一些非连续性的状态转移类型。

1）跳转与分离

SFC 中的某一状态，在转移条件成立时，跳过下面的若干状态而进行的转移称为跳转。这是一种特殊的转移，与分支不同的是它仍然在本流程里进行转移。如图 15-9 所示，如果转移条件 X1=OFF，X2=ON，则状态 S20 直接跳转到状态 S40 去转移激活执行，而 S21，S50 则不再被顺序激活。

如果跳转发生在两个 SFC 程序流程之间，则称为分离。这时，跳转的转移已不在本流程内，跳转到另外一个流程的某个状态，如图 15-10 所示。

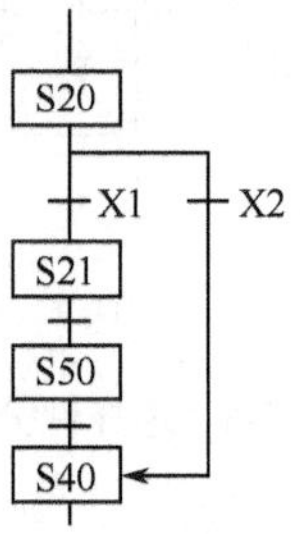

图 15-9　跳转

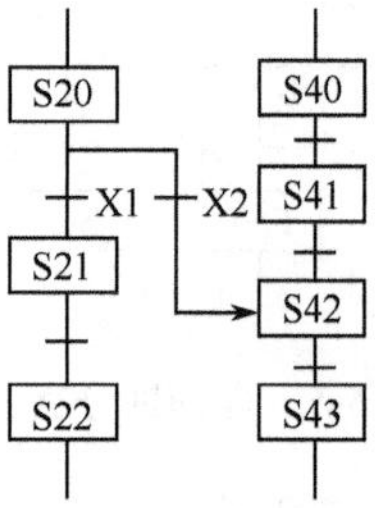

图 15-10　分离

2）重复与复位

重复就是反复执行流程中的某几个状态动作。实际上这是一种向前的跳转。重复的次数由转换条件决定，如图 15-11 所示。如果只是在本状态重复，叫作复位，如图 15-12 所示。

3）循环

在 SFC 流程结束后，又回到了流程的初始状态，称为系统的循环。回到初始状态有两种可能，一种是自动地开始一个新的工作周期；另一种是进入等待状态，等待指令下达后才开始新的工作周期。具体由初始状态的动作所决定，循环如图 15-13 所示。

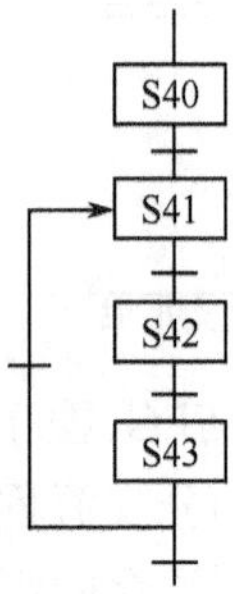

图 15-11　重复

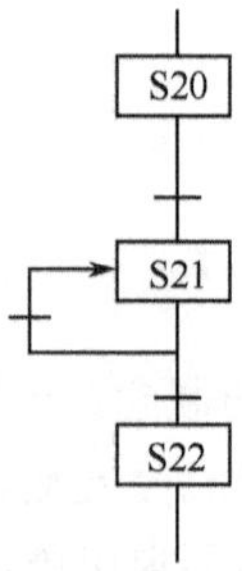

图 15-12　复位

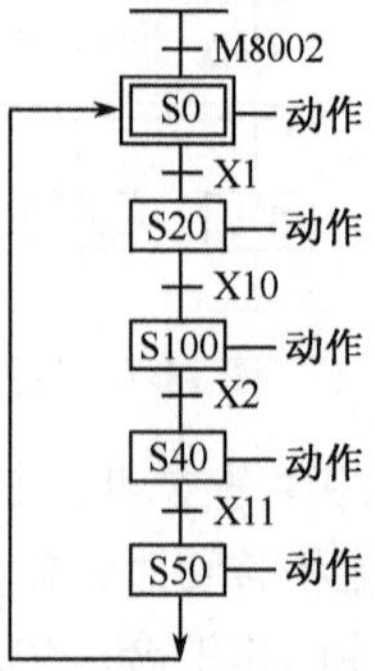

图 15-13　循环

上面介绍的 SFC 的结构仅是一些基本的结构形式。一般而言，比较简单的控制系统，可以直接采用基本结构编制出 SFC，稍微复杂一些的控制系统都需要将不同的基本结构组合在一起，才能组成一个完整的 SFC。

15.2　步进指令 STL 和步进梯形图

15.2.1　SFC 功能图在 GX 编程软件中的编程方法

如前所述，SFC 虽然是居首位的 PLC 编程语言，但目前仅作为组织编程的工具使用，不能为 PLC 所执行。因此，还需要其他编程语言（主要是梯形图）将它转换成 PLC 可执行的程序。在 GX Developer 编程软件中，SFC 可以有三种不同的编程方法。

1. 梯形图程序

这是最通用的 SFC 编程方法，在 GX Developer 编程软件中的梯形图编程界面，可以一边看 SFC 功能图，一边编辑 STL 指令步进梯形图。这是三菱 FX 系列 PLC 的一个非常优秀的 SFC 编程特点，易学、易理解、易用。本章主要介绍这种编程方法。

2. SFC 块图程序

这是一种类似于功能图的图形程序，在 GX Developer 编程软件的 SFC 块图编程界面编辑。这种方法对了解 SFC 程序的流程非常直观、简洁、方便，梯形图程序则做不到这一点。SFC 块图是按照 SFC 编程语言标准开发的，因此，SFC 块图的编辑必须符合 SFC 编程标准所制定的各种规定。这一点是和直接用 STL 指令编制步进梯形图有区别的。例如，在步进梯形图中可以不加空操作，而在 SFC 块图的编辑中，某些情况下，必须要加空操作才符合 SFC 编程语言的规定。

在 GX Developer 编程软件中，梯形图程序和 SFC 块图程序相互之间可以进行转换。一般来说，SFC 块图均能转换成步进梯形图，但步进梯形图如果存在不符合 SFC 块图标准的情况，则不能转换成 SFC 块图。

3. 指令语句表程序

指令语句表程序是由一条条指令组成的程序。目前没有人采用这种方法编辑程序。在 GX Developer 编程软件中，指令语句表程序和梯形图程序互相之间可以进行转换。而在 GX WORK2 编程软件中，已经取消了这种转换。

三种编程方法中，指令语句表程序已经淘汰，梯形图程序和 SFC 块图程序都在使用。在 GX Developer 编程软件中，这两种方法编辑的 SFC 都可以直接下载到 PLC 中。但这两种方法还是有区别的。编辑梯形图程序要求编程人员熟练掌握 SFC 和 STL 指令步进梯形图之间的对应关系，这样才能一边看 SFC，一边编辑 STL 指令步进梯形图。而编辑 SFC 块图程序则要求编程人员熟练掌握 SFC 编程的各种规定和 GX Developer 编程软件 SFC 块图的编辑方法，才能编辑出符合要求的 SFC 块图图形程序。初学者往往会碰到学哪种方法好的问题。编者的意见是，初学者开始学习时，先学习梯形图程序的编辑，因为梯形图程序比较适用于单流程和简单分支流程的程序，通过梯形图程序的编辑可以了解到 STL 指令步进梯形图的结构和编程规则，这些编制规则也适用于 SFC 块图的编辑。然后再学习 SFC 块图的编辑，并熟练掌握 SFC 块图的编辑方法。在以后的实际应用中应以 SFC 块图程序为主编辑 SFC 程序。因此，掌握 SFC 块图程序编辑是学习的重点。

在这一节中，重点介绍了 STL 指令步进梯形图的编辑，对 GX Developer 编程软件中 SFC 块图程序的编辑不进行介绍。读者可参看拙著《三菱 FX_{3U} PLC 应用基础与编程入门》一书第 8 章。

15.2.2 步进指令 STL 与状态元件 S

为方便顺控系统的梯形图程序设计，各种品牌的 PLC 都开发了与 SFC 有关的指令。在这类指令中，三菱 FX 系列 PLC 的步进指令 STL 是设计的最好、最具有特色的。使用 STL 指令，可以很方便地从 SFC 直接写出梯形图程序。程序编制十分直观、有序，初学者易于学习理解、易于实际应用，可以节省大量的设计时间。同时，也非常方便工控人员的阅读和交流。

1. 步进指令 STL 与步进返回指令 RET

步进指令 STL 与步进返回指令 RET 梯形图表示见表 15-3 所示。

表 15-3 STL 指令与 RET 指令梯形图表示

助 记 符	名 称	梯形图表示 可用软元件	程 序 步
STL	步进指令	├──STL S××	1
RET	步进返回指令	├──RET	1

1）步进指令 STL

步进指令 STL 又叫步进梯形指令。STL 指令必须和状态继电器 S 一起组成一个常开触点。为了与一般继电器触点相区别，将此触点称为 STL 触点。STL 触点在梯形图中的表示因编程软件的不同而不同，三菱的三代编程软件的 STL 触点的表示如图 15-14 所示。

STL 触点在早期的编程软件 FXGP/Win-C 中用空心的常开触点格式表示，如图 15-14（a）所示。GX Developer 编程软件中直接用了与母线相连的 STL 指令表示，如图 15-14（b）所示。而在三菱综合软件 GX Works2 中，有两种表示方式，一种与 GX Developer 编程软件相同；另一种通过选择也可变为以触点格式显示，如图 15-14（c）所示。

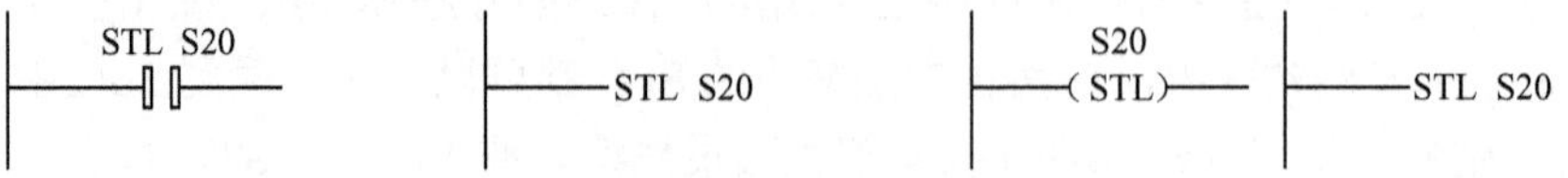

（a）FXGP/Win-C （b）GX Developer （c）GX Works2

图 15-14 STL 触点梯形图中表示

本书在梯形图中采用的是 GX Developer 编程软件所表示的方法，如图 15-14（b）所示。但编者感到就理解和阅读指令步进梯形图来说，用触点格式表示比用直接用与母线相连的指令表示更容易理解和阅读。图 15-15 为同一个状态的 SFC 的两种软件梯形图表示方式的对比图示。

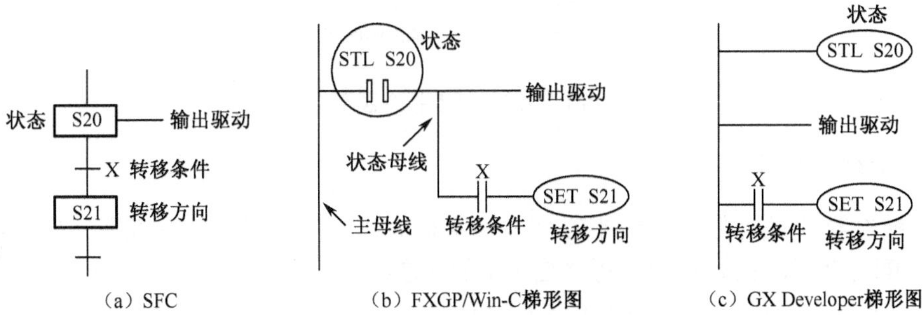

图 15-15　SFC 与其对应的两种软件梯形图表示方式

早期的 FXGP/Win-C 编程软件 STL 指令生成的是一个空心的常开触点，称为 STL 触点。一个 STL 触点是一个状态，与 STL 触点相连的是该状态内需完成控制命令和动作、转移条件和转移方向。整个顺序控制是由许多 STL 触点组成的，控制流程在这些 STL 触点所表示的状态中一步一步地完成。

在 GX Developer 编程软件中，用直接与母线相连的 STL 指令表示状态。状态里的输出驱动和转移条件、转移方向梯形图程序与直接与母线相连。显然，这种表示方法不如用 FXGP/Win-C 编程软件表示的容易理解。但由于 FXGP/Win-C 编程软件已基本被淘汰，所以，读者要从上述讲解去掌握 GX Developer 编程软件的 SFC 梯形图程序的编制。下面均以用 GX Developer 编程软件编写的 SFC 梯形图为例进行讲解。

在 SFC 中，把输出驱动、转移条件和转移方向这三个操作称作 STL 指令三要素。在某些状态中，输出驱动操作可以没有（称空操作）。在某些情况下，转移条件也可以没有，这时，STL 触点本身就是转移条件，即 STL 触点直接与表示转移方向的 SET 或 OUT 指令相连。梯形图程序如图 15-16 所示。

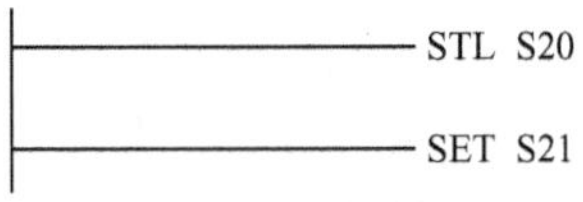

图 15-16　空操作、无转移条件 STL 指令梯形图

2）步进返回指令 RET

RET 指令为步进返回指令，它的出现表示 SFC 流程的结束。SFC 程序返回到下一行普通的梯形图程序。一个 SFC 控制流程仅需一条 RET 指令，安排在最后一个 STL 触点梯形图程序的最后一行，如图 15-17 所示。

RET 指令可以在程序中多次编写。如果程序中有几个 SFC 块程序流程，则每个 SFC 块流程都必须有 RET 指令。当梯形图块和 SFC 块混在一起的时候，分别在每个 SFC 块的最后编写 RET 指令。如果没有编写 RET 指令，程序会出错并停止运行。

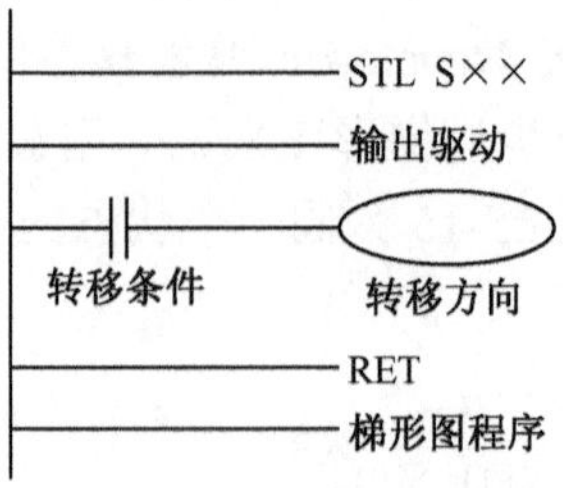

图 15-17　RET 指令图示

2．状态继电器 S

状态继电器 S 是三菱 FX 系列 PLC 专门用来编制 SFC 程序的一种编程元件，它与步进指令 STL 配合使用，就成为 SFC 程序控制中的状态标志。

FX 系列 PLC 的状态继电器如表 15-4 所示。

表 15-4　FX 系列 PLC 状态继电器 S

型　号	初始状态用	ITS 指令用	通　用	报　警　用
FX_{1S}	S0～S9	S10～S19	S20～S127 （全部为停电保持型）	—
FX_{1N}	S0～S9	S10～S19	S20～S899 （S10～S127 为停电保持型）	S900～S999
FX_{2N}	S0～S9	S10～S19	S20～S899 （S500～S899 为停电保持型）	S900～S999
FX_{3U}	S0～S9	S10～S19	S20～S4095 （S500～S4095 为停电保持型）	S900～S999

规定 S0～S9 为初始状态专用状态元件，S10～S19 为功能指令 IST 应用的专用状态元件（有关 IST 指令详见 15.4），S900～S999 供信号报警或外部故障诊断用。状态继电器也分为非停电保持型和停电保持型两种，FX_{1S} 为停电保持型，而 FX_{1N}、FX_{2N} 和 FX_{3U} 分为两种，但是其停电保持区的范围可以通过 PLC 参数进行设定，表中为 PLC 出厂时的设定。非停电保持型状态继电器在电源断开后，都会自动复位变为 OFF 状态，但停电保持型状态继电器能记住停电前一刻的 ON/OFF 状态，因此，当再次通电后，能延续停电前的状态继续运行。状态继电器也和辅助继电器一样，有无数个常开、常闭触点，在不作为 STL 触点时，也可在梯形图程序中作为辅助继电器使用。

3．相关特殊辅助继电器

在 SFC 控制中，经常会涉及一些特殊辅助继电器，如表 15-5 所示。

表 15-5　相关特殊辅助继电器

编　号	名　称	功能和用途
M8000	RUN 运行	PLC 运行中接通，可作为驱动程序的输入条件或作为 PLC 运行状态显示
M8002	初始脉冲	在 PLC 接通瞬间，接通一个扫描周期。用于程序的初始化或 SFC 的初始状态激活

续表

编　号	名　称	功能和用途
M8040	禁止转移	该继电器接通后，禁止所有状态之间的转移，但激活状态内的程序仍然运行，输出仍然执行，所以输出等不会自动断开
M8046	STL 动作	任一状态激活时，M8046 自动接通。用于避免与其他流程同时启动或用于工序的动作标志
M8047	STL 监视有效	该继电器接通，编程功能可自动读出正在工作中的状态元件编号并加以显示

15.2.3　GX 编程软件中 STL 指令步进程序梯形图编程方法

下面通过一一对比来介绍如何将 SFC 直接编辑成 STL 指令步进梯形图的方法。需要重点掌握 SFC 和 STL 指令步进程序梯形图之间的联系和规律。

1．一个状态 STL 指令步进程序梯形图编程

一个状态 STL 指令步进程序梯形图编程如图 15-18 所示。图中，用于母线相连的指令 STL S20 表示状态开始（其功能相当于步进触点），在其下面则是该状态内的输出驱动和转移梯形图。

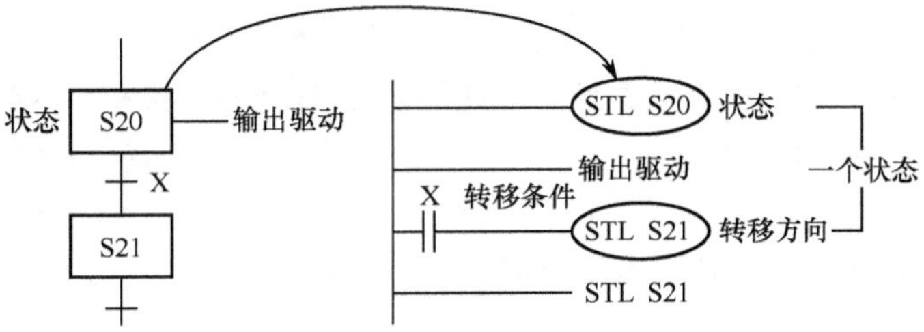

（a）SFC功能图　　（b）STL 指令步进梯形图

图 15-18　一个状态 STL 指令步进程序梯形图编程

在梯形图中，其梯形图顺序是不能颠倒的，输出驱动程序在前，而转移条件及转移方向程序一定放在最后。如果有输出驱动程序放在转移程序行后面，则不会得到执行。

2．初始状态的 STL 指令步进梯形图编程方法

初始状态是 SFC 的必备状态。在 STL 指令步进程序编写中，初始状态的状态元件一定为 S0～S9，不可为其他编号的状态元件。初始状态在 PLC 运行 SFC 时一定要用步进程序梯形图以外的程序激活（一般用 M8002 激活）。初始状态一定要放在步进程序梯形图的最前面，如图 15-19 所示。初始状态可以有驱动，可以没有驱动，可以有转移条件，可以没有转移条件。

3．单流程结构的 STL 指令步进梯形图编程方法

单流程结构 STL 步进梯形图如图 15-20 所示。编程时，状态元件的编号顺序可以连续，也可以不连续，建议连续。但是转移方向必须指向与本状态相连的下一个状态。在 SFC 中，初始状态以外的一般状态，都必须在 SFC 中通过其他状态驱动，不能被 SFC 以外的程序驱动。

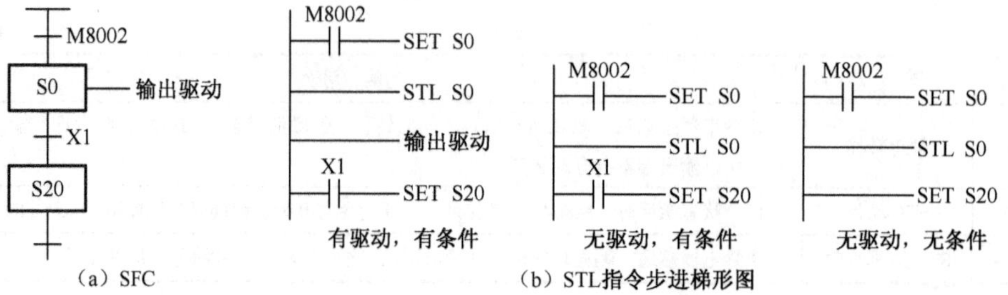

图 15-19　初始状态 STL 指令梯形图

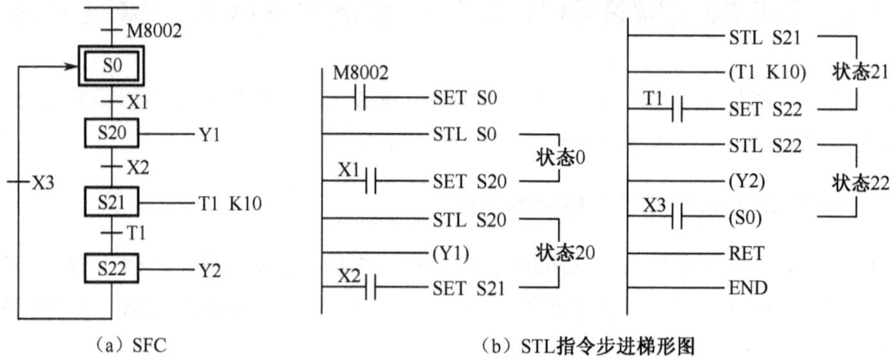

图 15-20　单流程结构 STL 步进梯形图

图 15-17（b）中，最后一个状态触点 STL S22 循环回初始状态，不是用 SET 指令而是用 OUT 指令，其原因之后说明。仔细对比一下 SFC 和梯形图，就会发现步进指令梯形图的编写很有规律。每一个状态都是以 STL S××指令开始，以转移梯形图结束，一个状态接一个状态。一边看 SFC，就可以一边写出步进指令的梯形图。

4．结束状态的 STL 指令步进梯形图编程方法

步进指令程序的最后一个状态编号为结束状态（图 15-20（b）中的 STL S22）。一般地说，为构成 SFC 的循环工作，在最后一个状态内应设置返回到初始状态或工作周期起始状态的循环转移。这时，不能用 SET 指令，而是用 OUT 指令进行方向转移，同时必须编制 RET 指令表示该 SFC 状态流程结束（见图 15-20）。

5．选择分支与汇合的步进梯形图编程

图 15-21 表示了一个有三个选择性分支流程的步进梯形图。由梯形图可知，如果 S20 为激活状态，则转移条件 X1 成立时，状态 S21 被激活；X2 成立时，S50 被激活；X10 成立时，S40 被激活。如果分支流程增加，就再并联上相应的分支支路即可，对应关系十分清晰，程序编制非常方便。必须注意，选择性分支每一条支路都必须有一个转移条件，不能有相同的转移条件。

选择性汇合的编程方法如图 15-22 所示，这是一个由三条分支流程组成的选择性分支的汇合。三条分支中，总有一个状态处于激活状态，当该状态转移条件成立时，都会使状态 S50 被激活，这一点从梯形图中可以看出。

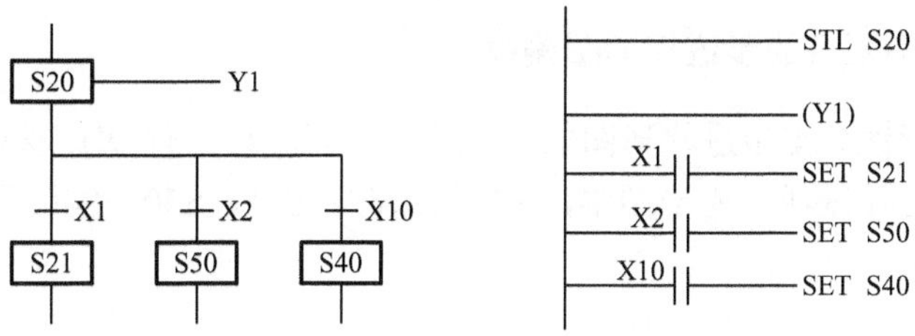

（a）SFC　　（b）STL指令步进梯形图

图 15-21　选择性分支流程的步进梯形图

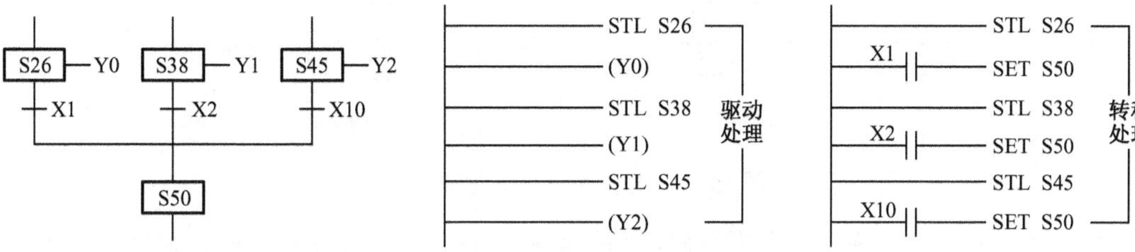

（a）SFC　　（b）STL指令步进梯形图

图 15-22　选择性汇合步进梯形图处理一

SFC 出现分支后，步进梯形图是按照由上到下，由左到右的顺序编程的。因此，图中 S26、S38、S45 不是相邻状态。

图 15-22 所示的 STL 指令梯形图是一种处理方式，它把驱动处理和转移处理分开编辑。编者的习惯的是按流程顺序进行编辑，见下例。

【例 1】　图 15-23 为有两条分支的选择性分支 SFC 功能图及其 STL 指令步进程序梯形图。两条分支分别为流程 A 和流程 B。在编辑梯形图时，按照流程从上到下，从左到右的顺序编辑。其程序执行是和图 15-22 所示梯形图的分开驱动处理、转移处理一样的。但分流程编辑显然比上一种方法条理清楚，且容易理解便于检查。读者可以根据自己的学习和思维习惯掌握 STL 指令步进程序的编辑方法。

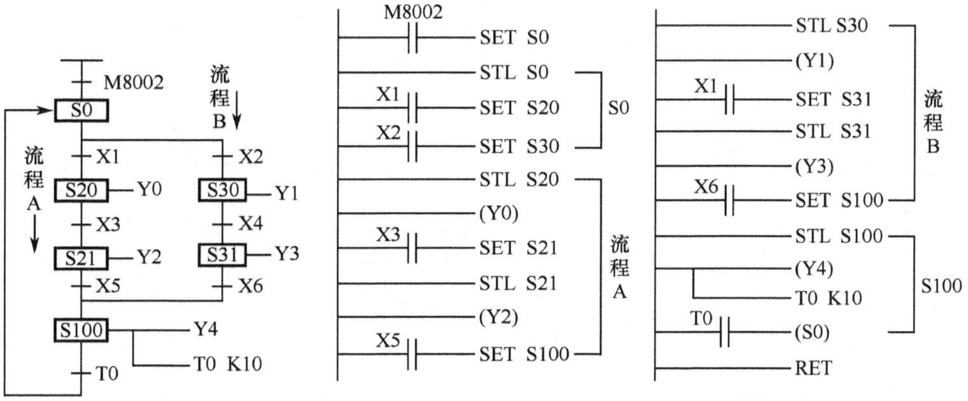

（a）SFC功能图　　（b）STL 指令步进梯形图

图 15-23　选择性汇合步进梯形图处理二

6. 并行性分支与汇合的步进梯形图编程

图 15-24 为并行性分支步进梯形图的编程方法，当转移条件 X1 成立时，三条分支流程 S21、S50、S40 同时被激活。梯形图中，X1 接通时，S21、S50、S40 同时被置位激活，而 S20 变为非激活状态。

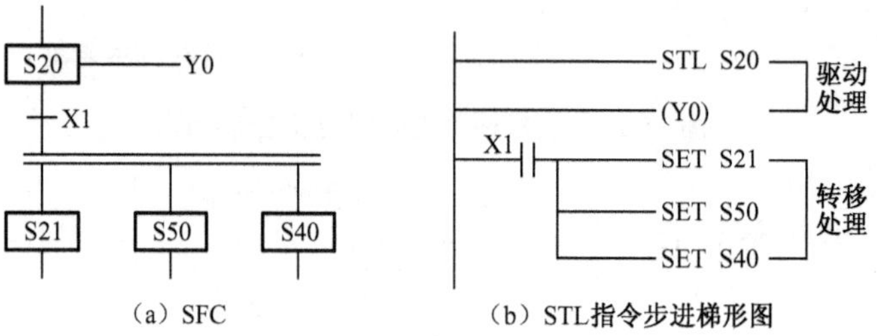

图 15-24 并行性分支步进梯形图

图 15-25 为并行性分支汇合步进梯形图的编程方法。并行性分支汇合必须等全部支路流程动作完成，S20、S50、S40 处于激活状态且转移条件 X2 成立时，才汇合到状态 S21。

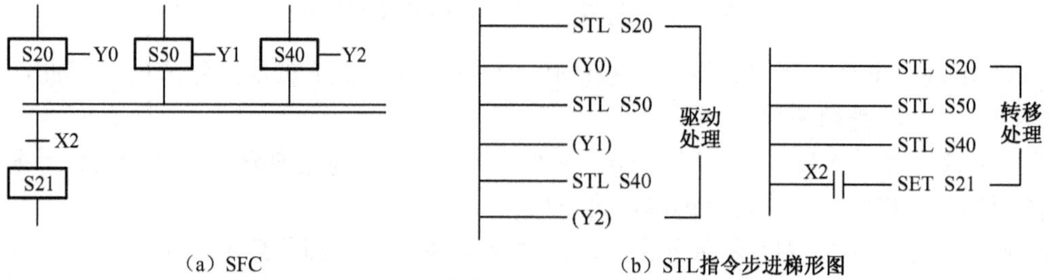

图 15-25 并行性分支汇合步进梯形图

【例 2】 图 15-26 为并行性分支的 SFC 功能图及其 STL 指令步进程序梯形图。在并行汇合处程序行 STL S21 和 STL S31 不能缺少。

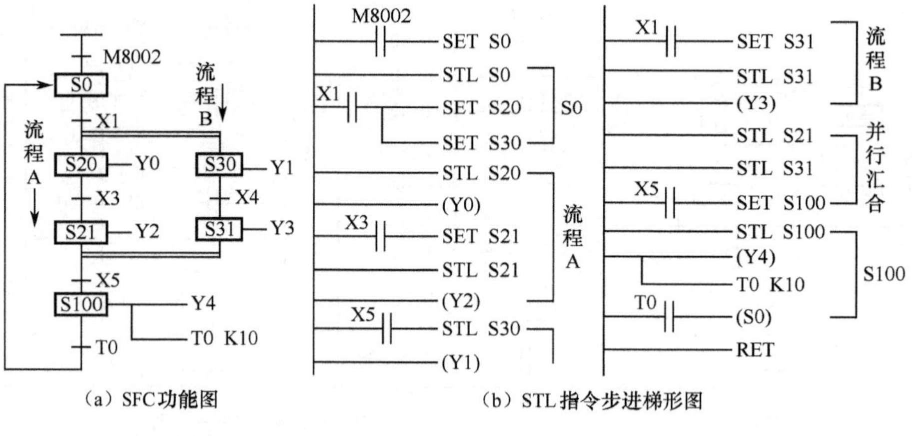

图 15-26 并行性分支汇合步进梯形图

7. 混合性分支与汇合的步进梯形图编程

图 15-27 为一混合分支 SFC 功能图及其 STL 指令步进程序梯形图。

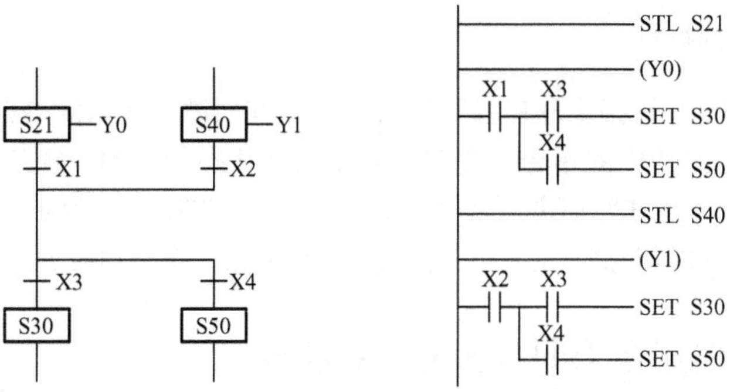

（a）SFC功能图　（b）STL指令步进梯形图

图 15-27　混合性分支与汇合步进梯形图

8. 跳转、重复、分离和循环的步进梯形图编程

步进指令梯形图对程序转移方向可以用 SET 指令，也可用 OUT 指令，它们具有相同的功能，都会将原来的激活状态复位并使新的激活状态 STL 触点接通。但它们在具体应用上有所区别，SET 指令用于相连状态（下一个状态）的转移，OUT 指令则用于非相连状态的转移（跳转，循环，分离），对自身重复转移则用 RST 指令，如图 15-28 所示。

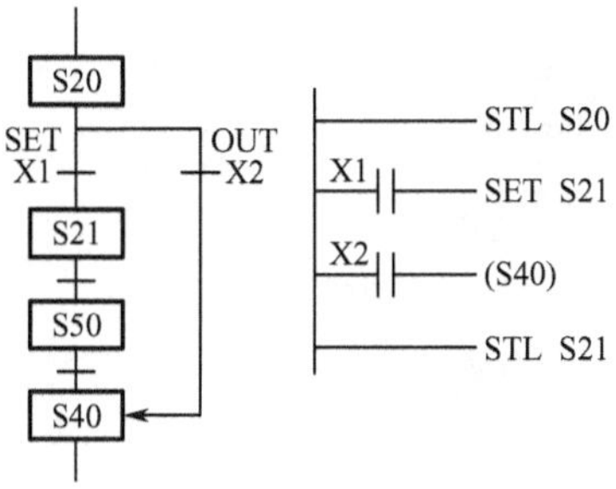

（a）向后跳转

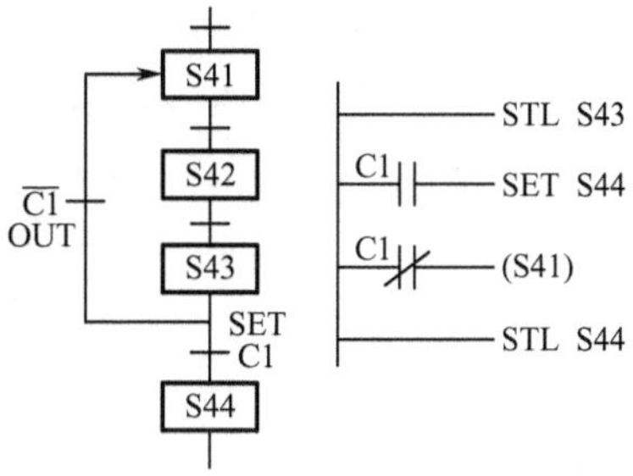

（b）向前跳转（重复）

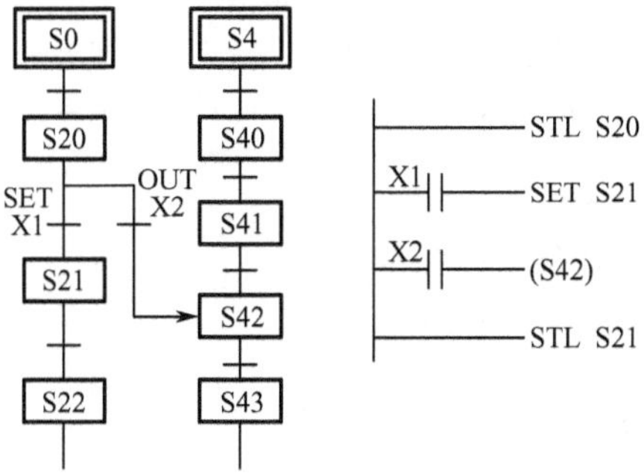

（c）分离

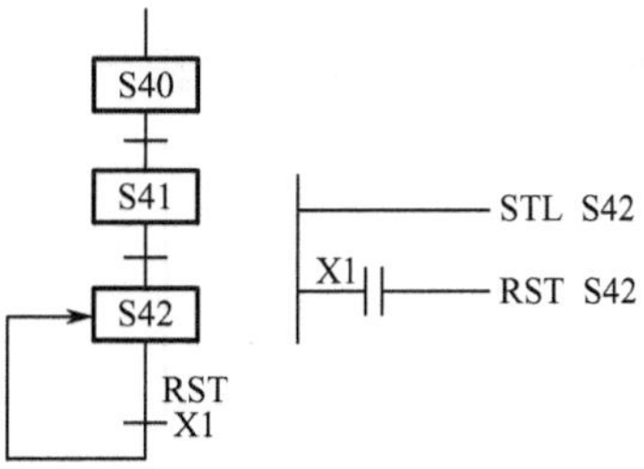

（d）复位

图 15-28　跳转、重复、分离和复位的步进梯形图

但在实际使用中，在使用 OUT 指令进行转移的地方，使用 SET 指令也一样可以进行转移，不会发生错误。

9．步进梯形图的执行

PLC 在扫描 STL 步进指令程序梯形图时，当扫描到激活状态的 STL 触点时，同时扫描并执行其所驱动的电路块中的指令。而对于处于断开状态的 STL 触点驱动的电路块中的指令，并不扫描与执行。当在没有并行序列时，只有一个 STL 触点接通，因此使用 STL 指令可以显著的缩短用户程序的执行时间，提高 PLC 的输入、输出响应速度。

15.2.4 步进指令 STL 编程应用注意

1．初始状态

每一个 SFC 程序流程必须有一个初始状态。初始状态为 SFC 程序流程中等待启动命令而相对静止的状态。初始状态可以有命令和动作，也可以没有命令和动作。SFC 程序的初始状态一般设计成等待系统启动和启动前初始化。图 15-29（a）为等待状态的梯形图，程序进入初始状态 S0 后，X0 为启动命令，仅当 X0 接通后，程序才进入下一状态 S20 开始运行。在一些周期性动作的循环中，S0 也是单周期动作返回的状态，而 S20 则为全自动动作返回的状态，如图 15-29（b）所示。

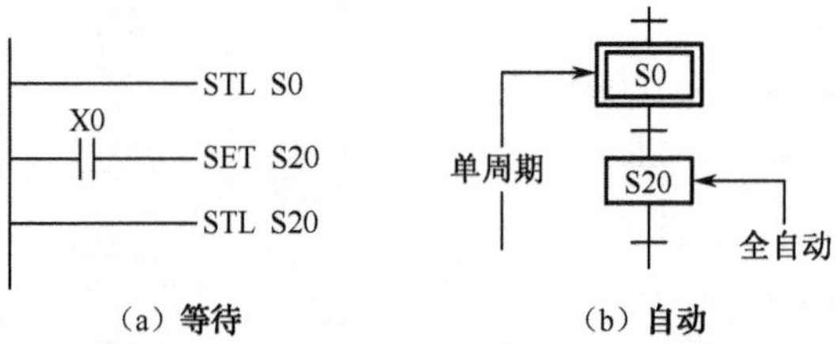

图 15-29　初始状态的设计

很多系统要求系统在工作前，进行一次回原点、清零等初始化操作，这时，初始状态的动作就是等待这些动作完成后，自动进入下一状态开始工作。图 15-30 中的 Y0 在完成初始化原点回归后显示，其常开触点闭合自动进入下一状态 S20。

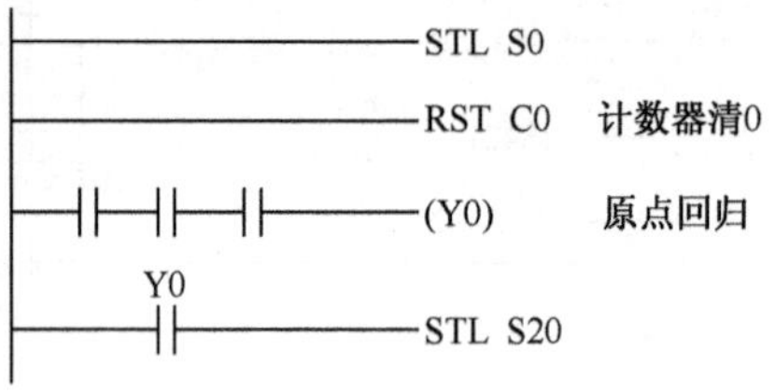

图 15-30　初状态用于初始化

进入初始状态有两种方式，一种是利用 M8002 开机后立刻进入初始状态。这种方式一般适用于仅存 SFC 程序的梯形图情况。另一种是满足某种条件后才进入初始状态，当用户程序中既有 SFC 块程序，也有梯形图块程序时，用这种方式。

2．输出驱动的保持性

在 15.1.2 中介绍过，状态内的动作分保持型和非保持型两种，并要求对这种区分要有清楚的表示。步进指令梯形图内当驱动输出时，如果用 SET 指令则为保持型的动作，即使发生状态转移，输出仍然会保持为 ON，直到使用 RST 指令使其复位。如果用 OUT 指令驱动则为非保持性的动作，一旦发生状态转移，输出随着本状态的复位而置 OFF。如图 15-31 中，Y0 为非保持型输出，状态发生转移，马上自动复位为 OFF，而 Y1 为保持型输出，其输出 ON 状态一直会延续到以后的状态中。

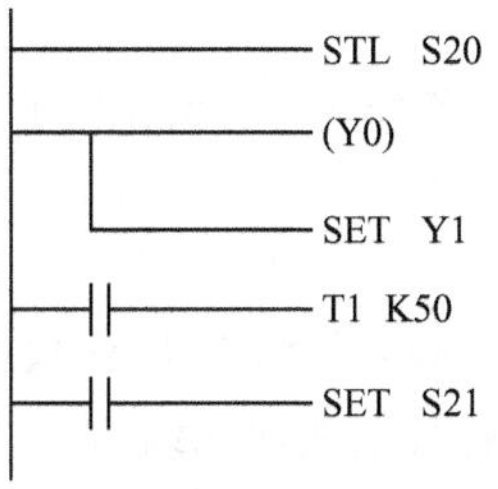

图 15-31　保持性与非保持性输出驱动

3．状态转移的动作时间

步进指令在进行状态转移的过程中，有一个扫描周期的时间是两种状态都处于激活状态。因此，对某些不能同时接通的输出，除了在硬件电路上设置互锁环节，在步进梯形图上也应设置互锁环节，如图 15-32 所示。

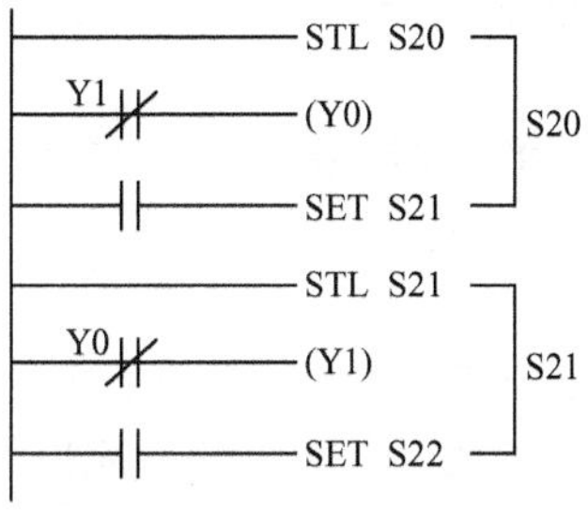

图 15-32　输出的互锁

4．双线圈处理

由于步进梯形图工作过程中，只有一个状态被激活（并行性分支除外），因此可以在不同的状态中使用同样的编号的输出线图。在普通梯形图中，因为双线圈的处理动作复杂，极易出现输出错误，故不可采用双线圈编程。在步进梯形图中，只要是在不同的状态中，可以应用双线圈编程，这一点给 SFC 设计带来了极大的方便。但是同一元件的线圈不能在可能同时为活动步的状态内出现。因此，如果是在同一状态内编程，仍然不可以使用双线圈，而且在并行序列的顺序功能图中，也不可以使用双线圈，应特别注意这一问题。

对定时器计数器来说，也可以和输出线圈一样处理。在不同的状态中对同一编号定时器计数器进行编程。但是，由于相邻两个状态在一个扫描周期里会同时接通，如在相邻两个状态使用同一编号定时器计数器，则状态转移时，定时器计数器线圈不能断开使当前值复位而发生错误。所以，同一编号的定时器计数器不能在相邻状态中出现，如图 15-33 所示。

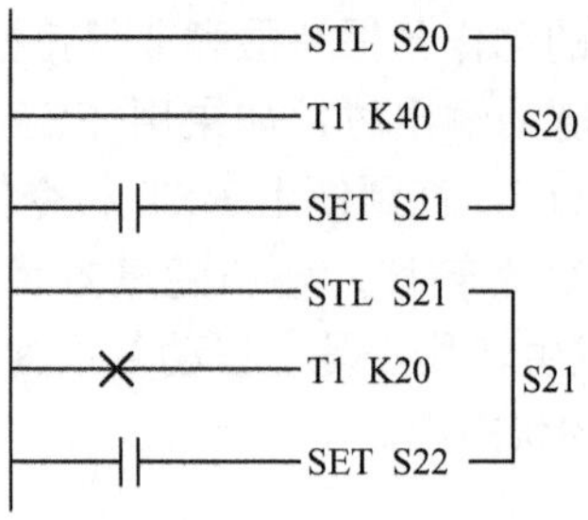

图 15-33　定时器处理

5．输出驱动的序列

在状态内，输出有直接驱动（无触点驱动）和有触点驱动两种。步进梯形图编程规定，无触点驱动输出应先编程，一旦有触点驱动输出编程后，则不能再对无触点驱动输出编程，同时还规定，无触点驱动输出只能第一个输出与母线相连，第二个及以后的输出均只能按图 15-34 所示的方式编写梯形图程序。

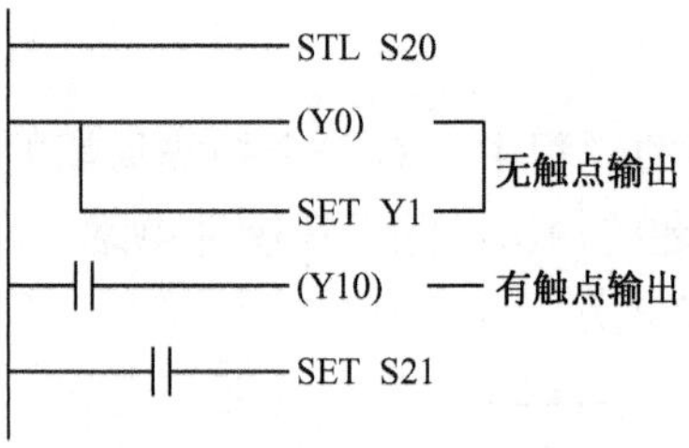

图 15-34　输出驱动的序列

6．分支数目的限定

当状态转移产生分支（选择性分支、并行性分支或分离状态的转移）时，STL 指令规定一个初始状态下分支不得多于 8 条。如果在分支状态流程中又产生新的分支，那每个初始状态下的分支总和不能超过 16 条。

7．状态内可以处理的基本指令

状态内可以处理的基本指令如表 15-6 所示。

表 15-6　状态内可以处理的基本指令

状　态		LD/LDI/LDP/LDF AND/ANI/ANDP/ANDF OR/ORI/ORP/ORF INV/OUT/SET/RTT PLS/PLF	ANB/ORB/MPB MRD/MPP	MC/MCR
初始状态/一般状态		可以使用	可以使用	不可以使用
分支、汇合状态	驱动处理	可以使用	可以使用	不可以使用
	转移处理	可以使用	不可以使用	不可以使用

在中断程序与子程序内，不能使用 STL 触点。在状态内部可以使用跳转指令，但因其动作过于复杂，建议不要使用。

8．停电保持

在许多机械设备中，控制要求在失电再得电后能够继续失电前的状态运行，或希望在运转中能停止工作以备检测、调换工具等，再启动运行时也能继续以前的状态运转。这时，状态元件要使用停电保持型状态元件。

9．停止的处理

在步进指令 STL 指令顺序控制中，停止的处理是利用特殊继电器 M8040 完成的。当 M8040 为 ON 时，禁止所有状态之间的转移，但激活状态内的程序仍然运行，输出仍然执行。当 M8040 为 OFF 时，状态之间的转移又开始得到执行。因此，控制 M8040 的状态，就等于控制程序的运行和停止。

图 15-35 为在梯形图块编辑顺序控制中的任意状态停止转移的程序。

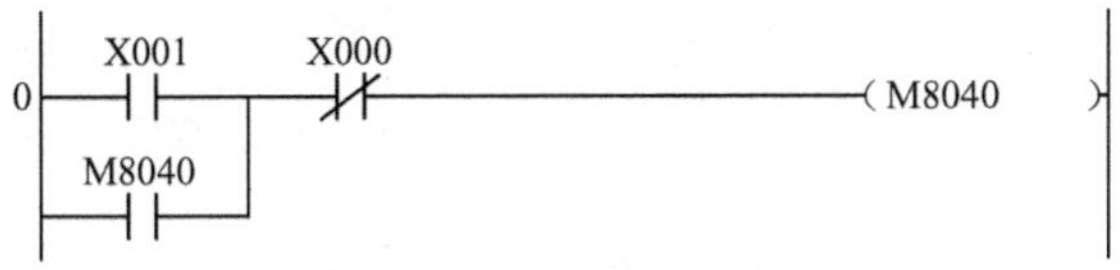

图 15-35　停止转移程序（一）

图中，按下按钮 X001，M8040 驱动，SFC 块中的正在运行的状态继续运行，输出也得到执行。但转移条件成立时，不能发生转移。直到按下按钮 X000，又开始下一状态运行。M8040 常用来对 STL 指令步进程序进行单步操作调试，详细讲解见 15.3.1 节所述。

也可以利用图 15-36 所示梯形图程序随时停止 SFC 的运行，停止后，程序回到初始状态，等待下一次启动。

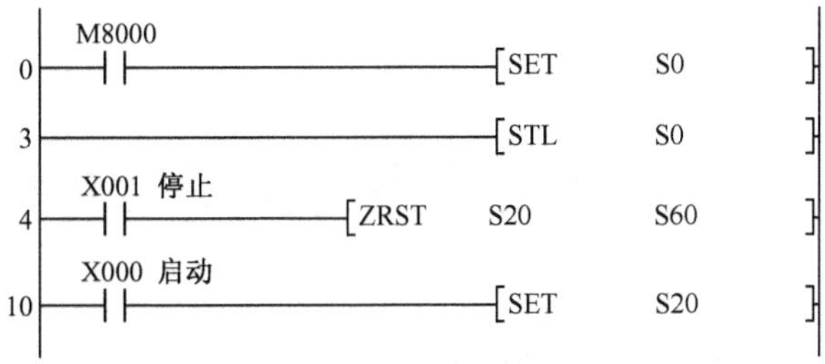

图 15-36　停止转移程序（二）

如果希望在停止时，某些输出得到执行，某些输出得到禁止。则可编制如图 15-37 所示的梯形图程序。当 X10 按下后，相关状态（图中为 S30）中的 Y10 仍然被输出，而 M100 常闭触点驱动的 Y15、M50、T10 均得不到执行，被禁止输出。

在 PLC 中也可以利用 M8040、M8034 这两个特殊继电器实现紧急停止功能，不需要在每一个状态中添加停止转移分支流程。PLC 实现紧急停止仅是断开所有的输出触点，并不能断开 PLC 电源，这点必须注意。图 15-38 为在梯形图块编辑的紧急停止处理程序。

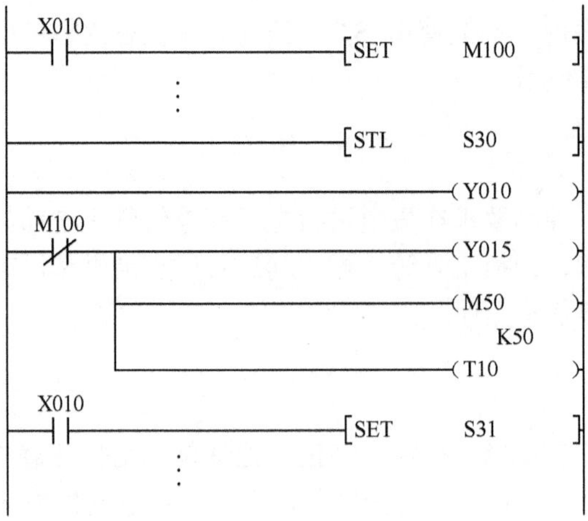

图 15-37 SFC 程序停止转移程序（三）

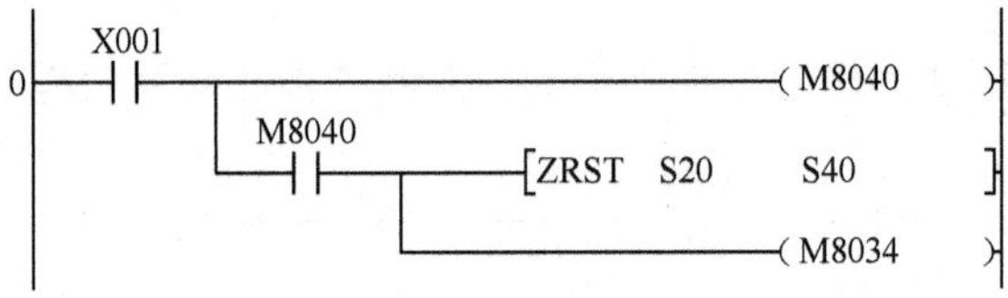

图 15-38 紧急停止处理程序

当执行到某状态时，按下 X001，当前状态仍然运行并执行输出，同时接通 M8034，所有输出被禁止。ZRST 指令对程序中使用的所有状态继电器复位（如 S20～S40）。复位的目的是当需要重新运行时，能从最初状态开始运行。

最后，必须向读者提醒，紧急停止是停止所有的输出。这在某些控制系统中，必须要结合设备运行综合考虑。如果某些执行元件在某种条件下（如高速）紧急停止会发生重大事故。执行紧急停止的同时，必须在这些执行元件上加装安全防护措施，以避免因紧急停止而带来重大的设备人身事故。

15.3 SFC 步进顺控程序编程实例

15.3.1 SFC 程序编程步骤与调试

1．含有 SFC 程序的梯形图结构

当梯形图程序中含有 STL 指令编制的步进梯形图时，全部梯形图就由梯形图程序和 SFC 程序所组成。由 STL 指令编制的 SFC 程序是一种特殊的梯形图。它的特点是：以初始状态为开始，以 RET 指令为结束，并按照一定的规则编制，中间不能插入非 STL 触点程序的梯形图。把梯形图中的 SFC 程序称作 SFC 块，而把除 SFC 块以外的程序称作梯形图块，那么，梯形图程序就由 SFC 块和梯形图块所组成，如图 15-39（a）所示。

一般来说，许多单机设备的控制系统梯形图由一个 SFC 程序和相应的梯形图所组成。当控制系统较为复杂时，梯形图程序中可以有多个 SFC 块，它们在程序中的位置也不一定非要紧紧相连，中间也可以有梯形图块，这就是常用的含有 SFC 块的梯形图结构，如图 15-39（b）所示。

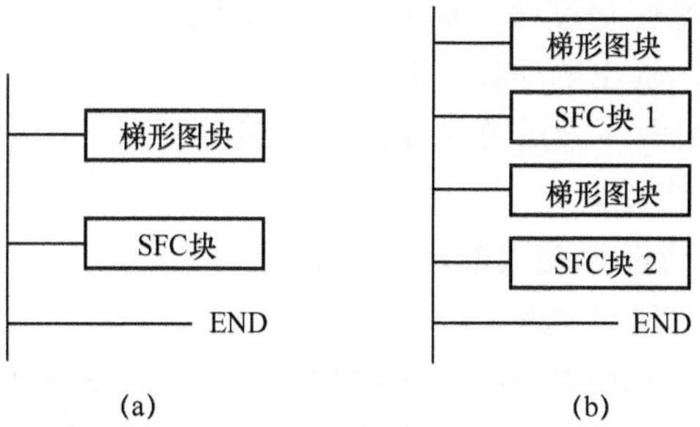

图 15-39　含有 SFC 块的梯形图结构

一个梯形图中的 SFC 块不能超过 10 块。

具有多个 SFC 块的步进梯形图，要按各个 SFC 块分开编写。每个 SFC 块都有各自的初始状态，以初始状态开始，以 RET 指令结束。一个 SFC 块的流程全部编写结束后，再对另一个 SFC 块的流程进行编写。编程时必须注意，各个 SFC 块的 STL 触点编号是唯一的，不能重复使用，但 SFC 块之间可以进行分离转移，如图 15-40（a）所示。而且，一个块的 STL 触点可以作为另一个块的转移条件和内置梯形图的驱动条件，如图 15-40（b）所示。图中 S5 块的 STL 触点 S41 为 S21 的转移条件。同样，S0 块中的 STL 触点 S20 为 S5 块中 S41 状态中的驱动条件。

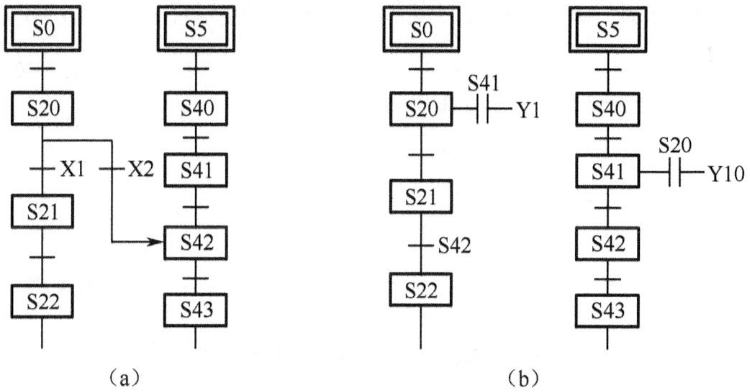

图 15-40　分离转移与 STL 触点转移

程序运行后，所有梯形图块和 SFC 块程序都会被扫描到，因此，只要 SFC 块被激活，SFC 块就在运行中。多个 SFC 块同时被激活，就同时在运行，各自完成各自的顺序控制要求。这一点，对程序设计和应用带来了很大的方便。例如，一个复杂的逻辑开关量控制系统，可以根据控制要求，分解成多个 SFC 块程序进行编制。在应用上，可以用一个 PLC 控制多台设备的 SFC 程序（当然，PLC 的 I/O 点要够用）。每一台设备是一个 SFC 块，完成自己的顺序控制要求。

2. SFC 程序编程步骤

应用 STL 指令编制顺序控制程序时，一般需要以下几个步骤：

（1）分析工艺控制过程。

（2）根据控制要求，把控制过程分解为顺序控制的各个工步。

（3）根据分解的工步，画出顺序控制功能图（SFC）。

（4）列出 I/O 地址分配表（含重要编程元件功能表）。

（5）画出 PLC 电路接线图。

（6）根据 SFC 直接编辑梯形图或编辑 SFC 块图。

（7）输入程序到 PLC，进行调试。

其中，最重要的是工步划分和 SFC 的编制。一般地，在单机设备中，工步是根据动作的顺序来划分的。也就是说在一个工作周期内依据动作的先后顺序来进行划分。对生产流水线来说，除按动作顺序进行划分外，也可按工艺流程的时间进行划分。工步的划分可先从整个系统的功能入手，先划分几个大的工步，然后对每个大的工步再划分更详细的工步。

在编制 SFC 时，建议先用文字描述各个状态工步的内容和转移条件，画出控制流程图。然后再画出 SFC 功能图。再根据 I/O 地址分配进行置换，这样可以减少错误发生且缩短查错时间。

SFC 的编制重点是每个状态工步所执行的驱动输出和转移条件的实现。驱动输出必须要从整个系统出发考虑，在该段时间里的所有驱动输出，不能有遗漏。对于一些整个工作周期都在工作的输出（例如主电机运转），可以安排在梯形图块中，不要在 SFC 块中设计。转移条件一般为开关量器件（各种有源、无源开关），但根据控制要求也可用定时器、计数器触点作为转移条件，如转移条件是较复杂的逻辑组合时，可采用如图 15-41 所示的方式处理。

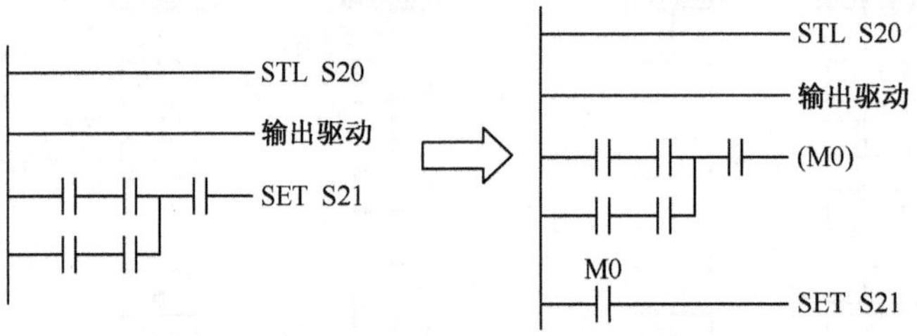

图 15-41　复杂的逻辑组合转移条件处理方式

3. SFC 程序调试

SFC 程序的调试有单步调试、单周期调试和自动循环调试，其中最重要的是单步调试。所谓单步调试就是指每按一次按钮，就进行一次状态转移，控制流程前进一步。这种程序对顺序控制的设备调试十分有用。单步调试可以对 SFC 的每一个状态步内的驱动和转移条件进行单独调试，这也是 SFC 程序的一个重要特点。

简单的单步调试可以在仿真软件上进行，利用仿真软件上的软元件强制功能进行条件转移，观察每个状态中的驱动输出状态。但是这种单步调试主要是测试顺序动作是否符合控制要求，对现场的开关状态不能进行调试。一般采取现场单步调试，这样的调试结果更可靠。无差错后，就可投入试运行。

现场调试主要调试两个内容，一是现场作为转移条件的各种开关是否完好？安装是否到位？灵敏度是否符合要求？接线是否正确？是否有意外情况发生等。二是每个状态的驱动输出是否能够完成控制要求的动作和顺序。现场调试主要是人工控制各种开关，观察是否进行转移、控制动作是否到位等。有时候还要设想一些故障，看看发生故障后会发生什么情况。

一般均采用 M8040 进行单步调试，M8040 为禁止转移特殊继电器。当 M8040 为 ON 时，禁止状态转移，但激活状态里的程序仍在继续运行，输出仍然执行。当 M8040 为 OFF 时，禁止状态转移功能失效。利用 M8040 进行单步调试的梯形图程序如图 15-42 所示。单步调试程序必须置于 SFC 程序的前面。X000 为带自锁的按钮，按下为禁止状态转移，松开后为状态转移。M8040 主要用于 SFC 程序的暂停中，如果用于单步调试，只能调试顺序控制的动作顺序和动作完成，不能调试作为转移条件的开关状态。但如果 SFC 的全部转移条件均由定时器或计数器触点控制，用 M8040 可以完整地进行单步调试。

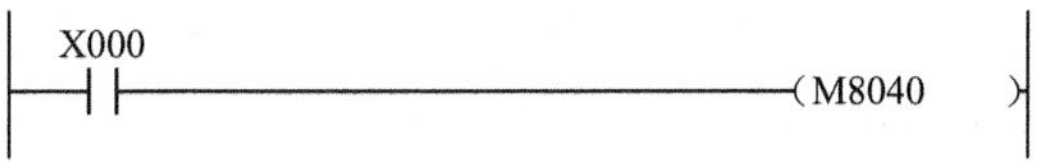

图 15-42　M8040 单步调试梯形图

若 SFC 程序中有分支和转移，则每个分支的每一个状态都要进行单步调试，每个转移条件也都要进行调试。

当单步调试完成，且在单步调试中所发现的问题均得到解决后，才可以进行单周期调试。在进行单周期调试时，应在初始状态中设置手动起动条件，这样，当 SFC 程序执行完单周期后返回到初始状态时，会停止而等待起动。如果 SFC 程序存在分支和转移，同样，在进行单周期调试时，相关的分支和转移都要单周期调试一次，以保证正式运行时，任何情况下都不会出错。

经过单步调试和单周期调试后，一般都可以进入正式运行。

15.3.2　SFC 程序编程实例

本节通过众多实例使读者全面掌握 SFC 程序的设计。上一节重点是讲直接从 SFC 编制 STL 指令步进梯形图。本节则是从 SFC 块图编辑方式来考虑 SFC 程序的设计，因此，要求读者必须掌握 GX Developer 编程软件中 SFC 块图的编辑。本节所有例子都画出了 SFC 块图编辑的图形，供读者在练习时参考。除个别例子外，其余例子均不提供 STL 指令步进梯形图。建议读者在完成 SFC 块图的编辑后，将其转换成 STL 指令步进梯形图。与 SFC 块图进行对比学习，可以更进一步掌握直接编制 STL 指令步进梯形图的方法。

例题讲解中，没有涉及梯形图块的设计，这一点留给读者自己去完成。

【例 3】　图 15-43 为一运料小车运行示意图。

1）控制要求：

（1）小车处于右端，并压下右限位开关，按下启动按钮后，小车左行，运行至左限位开关处，料斗门打开，料斗给小车上料，10 秒后，上料完毕，料斗门关闭。小车右行，行至右限位处，小车门打开，卸料 15 秒，小车门关闭。此为小车一次装料卸料工作周期。

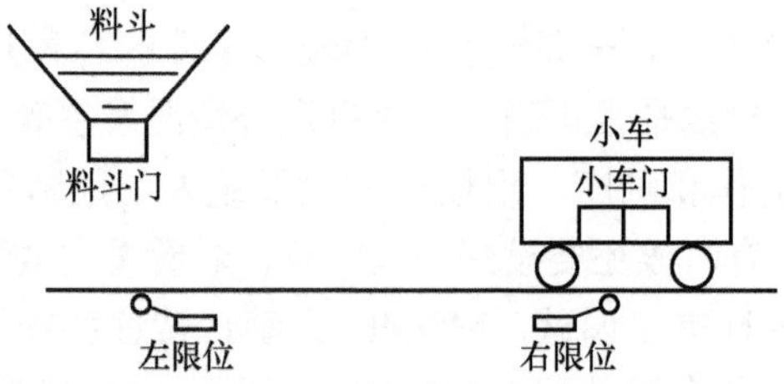

图 15-43　运料小车运行示意图

（2）要求控制运料小车运行有下面两种工作方式。

① 自动运行方式：起动后，小车自动地按运行要求连续往复运动。

② 单周期运行方式：起动后，小车仅运行一次，停在右限位处等待下一次启动命令。

2）I/O 地址分配：

I/O 地址分配如表 15-7 所示。

表 15-7　例 3 I/O 地址分配表

输　入		输　出	
功　能	接口地址	控制作用	接口地址
启动按钮	X0	料斗门电磁铁	Y1
停止按钮	X1	小车门电磁铁	Y2
左限位开关	X2	小车左行电动机（正转）	Y3
右限位开关	X3	小车右行电动机（反转）	Y4
工作方式选择	X4		

3）SFC 功能图和 GX 软件 SFC 块图编辑

分析：这也是一个单流程程序，不同的是，在流程的最后出现了选择性分支，两种工作方式的选择。它由工作方式选择开关 X4 的状态决定，由控制要求可知，当选择单周期工作方式时，流程应转向初始状态，等待起动命令。选择自动工作方式时，直接转向运行开始状态，进行下一个周期工作。对许多自动化单机设备来讲，这是一种典型的 SFC 编程方法。

SFC 功能图和 GX 软件 SFC 块图如图 15-44 所示。

【例 4】　4 台电动机的顺序起动和逆序停止。

1）控制要求

（1）按下起动按钮，4 台电动机 M1、M2、M3、M4 每隔 3 秒顺序起动，按下停止按钮，按 M4、M3、M2、M1 的顺序每隔 1 秒时间分别停止。

（2）如在起动过程中，按下停止按钮，电动机仍然按逆序停止。

2）I/O 地址分配

I/O 地址分配如表 15-8 所示。

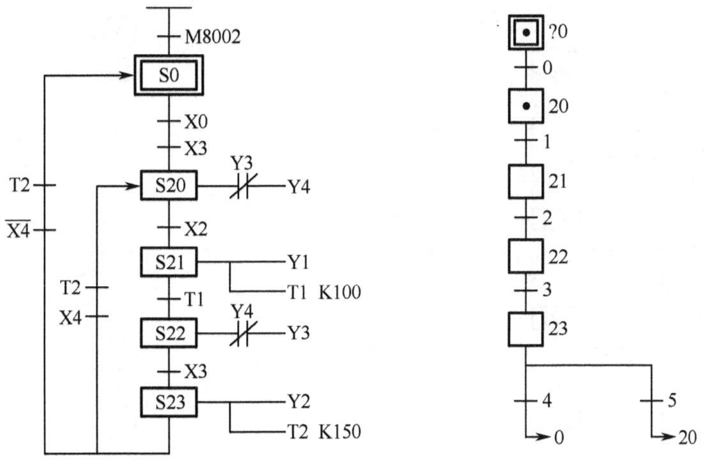

（a）SFC　　（b）SFC块图

图 15-44　例 3 SFC 功能图和 SFC 块图

表 15-8　例 4 I/O 地址分配表

输　入		输　出	
功　能	接 口 地 址	控 制 作 用	接 口 地 址
启动按钮	X0	电动机 M1	Y0
停止按钮	X1	电动机 M2	Y1
		电动机 M3	Y2
		电动机 M4	Y3

3）SFC 功能图和 GX 软件 SFC 块图编辑

分析：这是一个具有跳转的单流程程序。例如在 M2 起动后，如果按下停止按钮 X1，则流程会跳转到停止 M2 运转的状态继续往下运行。因此，在 M2 起动状态下面就会有两个分支。但这两个分支没有共同的汇合，因此，不是选择性分支，是一个跳转分支。

SFC 和 GX 软件 SFC 块图如图 15-45 所示。

【例 5】　许多公共场所均采用自动门，当人靠近自动门时，门会自动打开，在 2 秒内检测到无人时，门会自动关闭。

1）控制要求

（1）感应器（X0）检测到有人时，Y0 驱动电动机高速开门。

（2）当开门后碰到减速开关（X1）时，变为 Y1 减速开门。

（3）减速后，碰到限位开关（X2）时，Y1 停止。

（4）开始计时，如在 2 秒内 X0 感应到无人，则驱动 Y2 高速关门。

（5）关门过程中，碰到减速开关 X3 后，驱动 Y3 减速关门，减速后，碰到限位开关 X4 后，停止关门。

（6）无论是在高速，还是低速关门的过程中，当 X0 感应到有人时，均停止关门，延时 1 秒后转为高速开门。

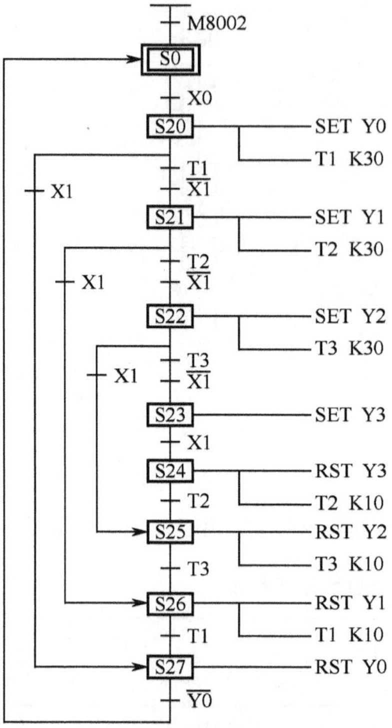

（a）SFC

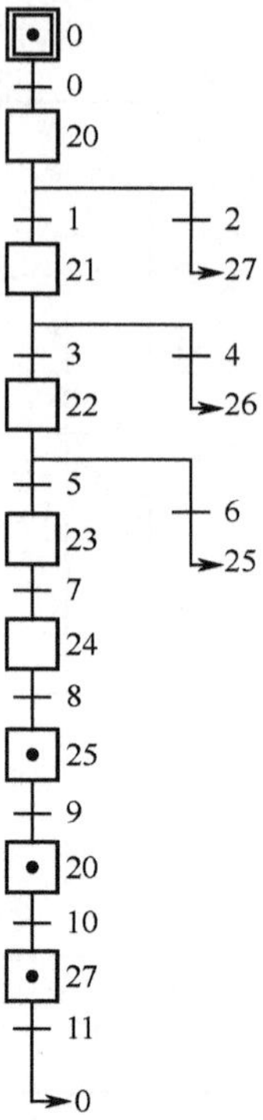

（b）SFC块图

图 15-45 例 4 SFC 和 GX 软件 SFC 块图

2）I/O 地址分配

I/O 地址分配如表 15-9 所示。

表 15-9 例 5 I/O 地址分配表

输 入		输 出	
功 能	接口地址	控制作用	接口地址
检测传感器	X0	高速开门	Y0
开门减速开关	X1	低速开门	Y1
开门限位开关	X2	高速关门	Y2
关门减速开关	X3	低速关门	Y3
关门限位开关	X4		

3）SFC 功能图和 GX 软件 SFC 块图编辑

分析：这也是一个具有跳转的单流程程序。它的跳转特点是有两个状态一个跳转条件，即无论是高速关门（S23）还是低速关门（S24）时，如果感应到有人（X0），均会停止关门，延时 1 秒（S25）。

SFC 和 GX 软件 SFC 块图如图 15-46 所示。

【例 6】 图 15-47 为一圆盘工作台控制示意图，图盘工作台有三个工位，按下起动按钮后，三个工位同时对工件进行加工，一个工件要经过三个工位的顺序加工后才算加工好。因此，这是一个流水作业法的机械加工设备。这种设备的控制流程在半自动生成设备上具有典型意义。

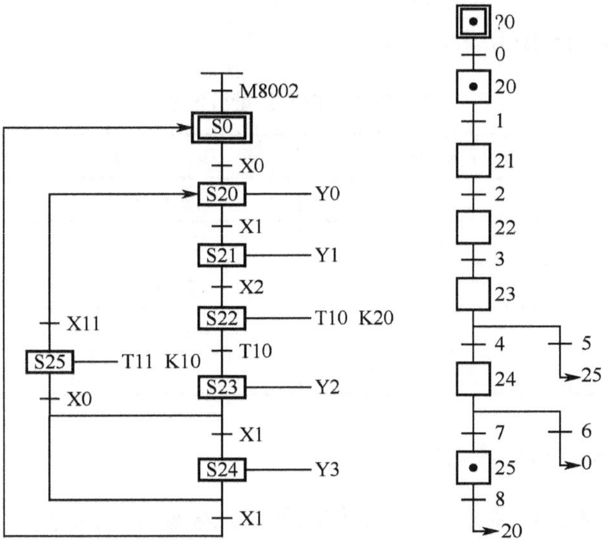

（a）SFC　　（b）SFC块图

图 15-46　例 5 SFC 和 GX 软件 SFC 块图

1）控制要求

其控制过程可用下面的流程表示。

（1）
- 工位 1：① 推料杠推进工件—上料到位。
  - ② 推料杠退出—上料退出到位，等待。
- 工位 2：① 夹紧工件—夹紧到位。② 钻头下降到钻孔—钻孔到位。
  - ③ 钻头上升—上升到位。④ 松开工件—松开到位，等待。
- 工位 3：① 测量头下降检测—检测到位或检测时间到位。
  - ② 测量头升起—升起到位。
  - ③ 检测到位，推料杠推出工件，工件到位，推料杠返回，等待。
  - ④ 检测时间到位，人工取下废品工件—人工复位，等待。

（2）工作台转动 120 度，旋转到位。

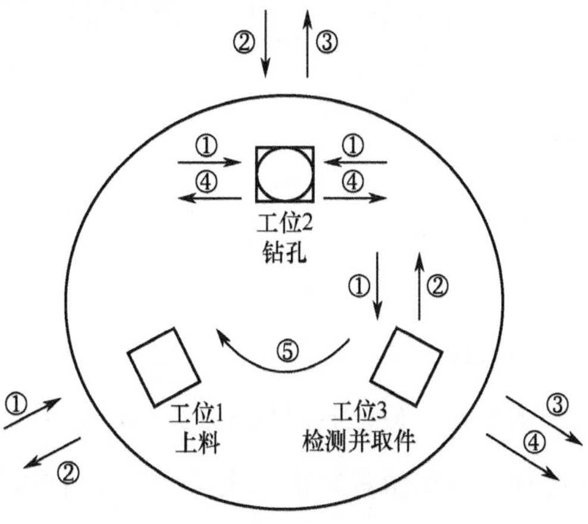

图 15-47　圆盘工作台控制示意图

2）I/O 地址分配

I/O 地址分配如表 15-10 所示。

表 15-10　例 6 地址分配表

接口地址	控制作用	接口地址	控制作用
上料电磁阀	Y1	检测头升起	Y6
夹紧电磁阀	Y2	工作台旋转	Y7
钻头进给	Y3	废品指示	Y10
钻头升起	Y4	卸料电磁阀	Y11
检测头下降	Y5		

3）SFC 和 GX 软件 SFC 块图编辑

这也是一个典型的并行性分支流程的控制系统。根据控制流程和分析所画出的 SFC 和 SFC 块图如图 15-48 所示。由 SFC 可以看出，这是一个并行分支和选择分支的混合 SFC 控制。三个工位同时对工件进行加工为并行分支。在工位 3 中，根据工位是否合格选择分支，当工件合格（检测到位）时，工件自动由推料杆推出，而当工件不合格（检测不到位且过了 2 秒后）时，工件必须由人工取出。

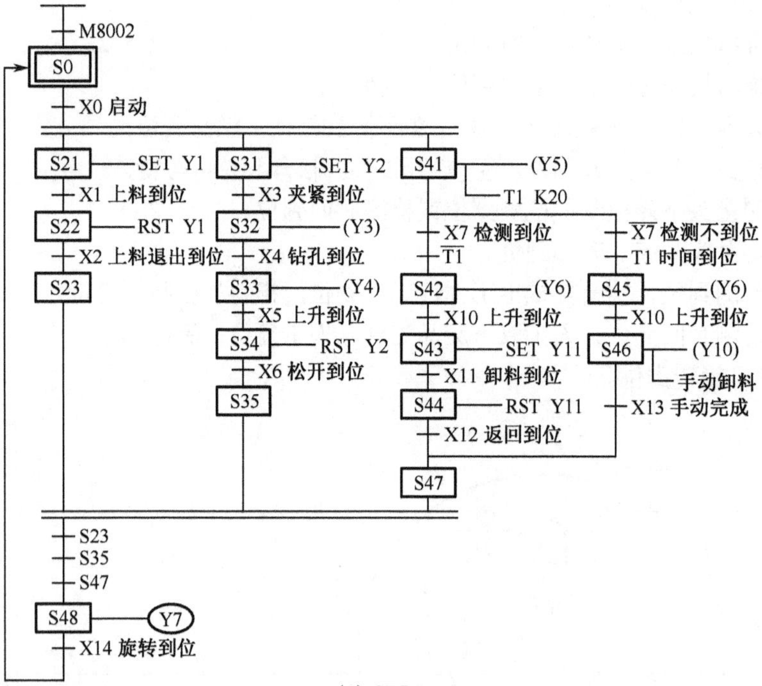

（a）SFC

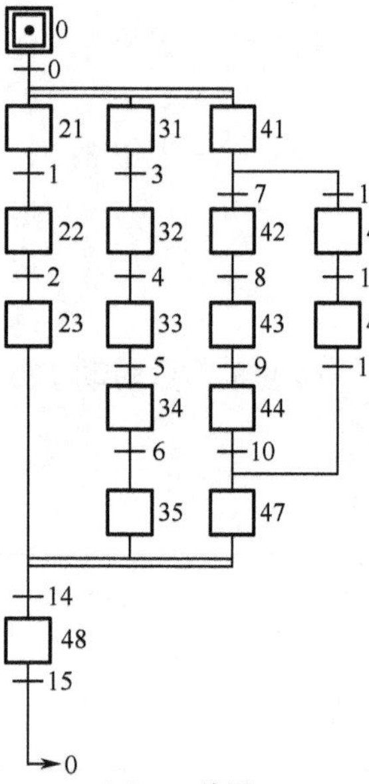

（b）SFC块图

图 15-48　例 6 SFC 和 GX 软件 SFC 块图

【例 7】　交通信号灯控制。对初学者来说，这是一个很好的综合练习题。

1）控制要求

（1）信号灯分自动、手动两种控制，由 X0 状态决定。

（2）控制信号灯分为交通信号灯（红、黄、绿三色）和人行道信号灯（红、绿两色）。

（3）手动控制为在紧急情况下，强制控制南北方向和东西方向的信号灯，人工拨动 X1 进行控制。

（4）信号灯分白天和晚上两种控制方式，白天指 7 点到 23 点，晚上指 23 点到次日 7 点。在梯形图中判断 D8015（PLC 时钟的小时值存储器）的值决定是白天还是晚上。

（5）信号灯白天的控制除手动外均为周期性循环操作。其时间控制周期时序如图 15-45 所示。时序图中，绿灯的闪烁频率为 1 次/秒。交通信号的绿灯是在亮 35s 后，3 秒闪烁 3 次，然后熄灭。而人行信号绿灯是在亮 35S 后，5 秒里闪烁 5 次然后熄灭。

（6）信号灯晚上的控制要求是所有红灯、绿灯均熄灭，只有黄灯闪烁，频率为 1 次/秒，即 0.5 秒南北方向黄灯亮，0.5 秒东西方向黄灯亮。

根据控制要求画出的交通信号灯控制时序图如图 15-49 所示。

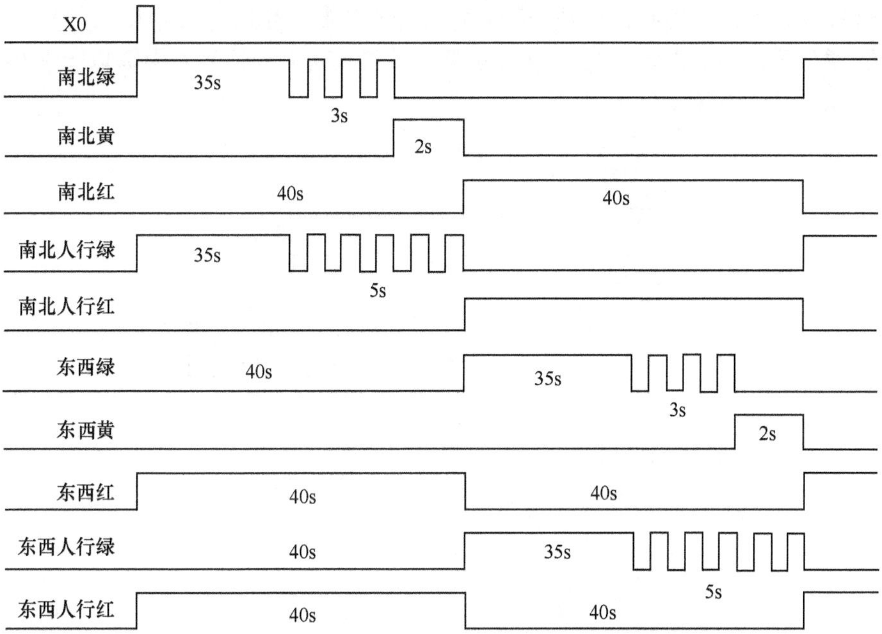

图 15-49　交通信号灯控制时序图

2）I/O 地址分配

I/O 地址分配如表 15-11 所示。

表 15-11　例 7 I/O 地址分配表

输　入		输　出			
功　能	接口地址	控制作用	接口地址	控制作用	接口地址
手动/自动选择	X0	南北绿	Y0	东西绿	Y10

续表

输入		输出			
功能	接口地址	控制作用	接口地址	控制作用	接口地址
手动东西/南北选择	X1	南北黄	Y1	东西黄	Y11
		南北红	Y2	东西红	Y12
		南北人行绿	Y3	东西人行绿	Y13
		南北人行红	Y4	东西人行红	Y14

3）SFC 和 GX 软件 SFC 块图编辑

分析：

（1）一进入 SFC 程序，有一个选择性分支，即自动/手动控制。

（2）自动有一个选择性分支，即白天/晚上选择。手动也有一个选择性分支，即东西/南北选择。

（3）信号灯的白天控制要求：南北方向交通信号灯和人行信号灯与东西方向交通信号灯和人行信号灯同时工作。因此，这是一种并行性分支控制。由时序图中可知，共 4 个并行分支：南北交通信号，南北人行信号、东西交通信号和东西人行信号。根据以上分析画出的并行分支 SFC 如图 15-50 所示。

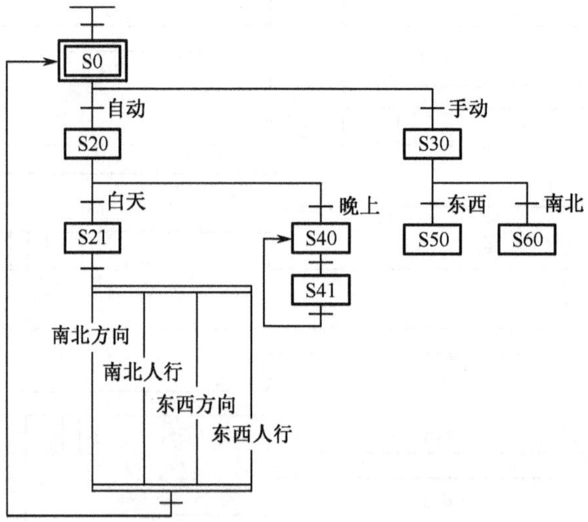

图 15-50 例 7 SFC

（4）信号灯白天控制的并行分支根据时序图可以很快画出 SFC，如图 15-51 所示。注意：此功能图仅是根据时序图画出的示意图，真正的每个并列分支的程序步与状态编号必须由实际编写的 SFC 决定。

【例 8】 啤酒灌装生产线控制，示意图如图 15-52 所示。

1）控制要求

（1）啤酒灌装生产线以全自动模式运行，按下启动按钮后，传送带开始前进，当瓶子传感器检测到空瓶传送到灌装工位时，传送带停止运行，灌装阀门打开，开始灌装，灌装 3 秒后，灌装阀门自动关闭，生产线又自动启动向前运行。

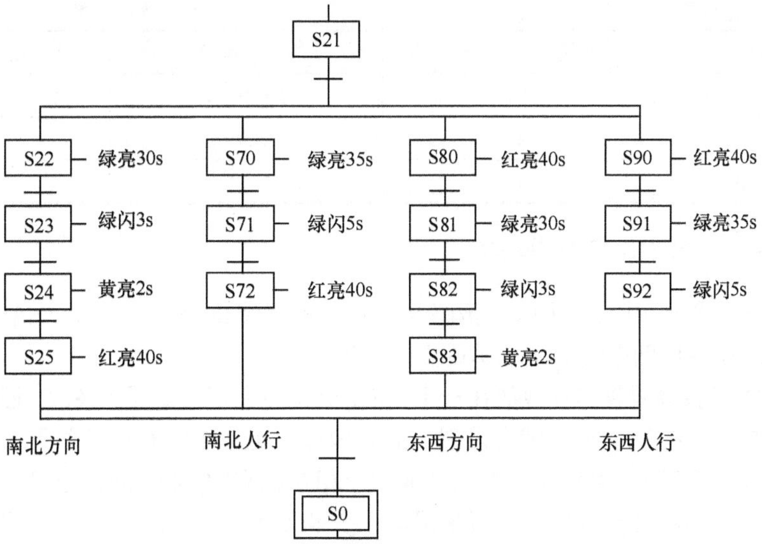

图 15-51　信号灯白天控制 SFC

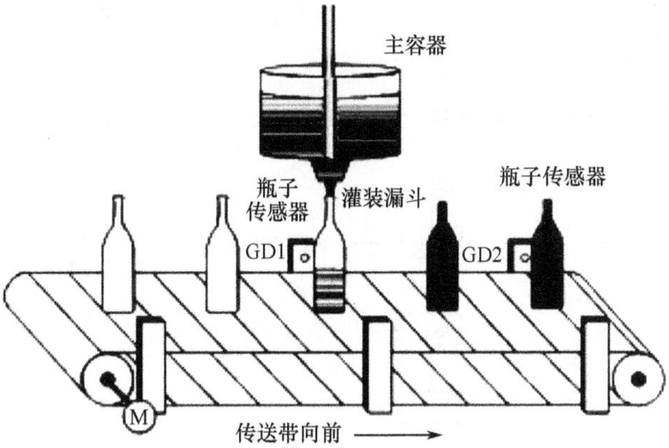

图 15-52　啤酒灌装生产线示意图

（2）计数传感器完成装箱计数功能，计数传感器每检测到连续 6 个满瓶通过时，接通一个输出指示灯，使灯亮 1 秒，表示瓶子装满一箱。

（3）按下停止按钮后，生产线停止运行。

2）I/O 地址分配

I/O 地址分配如表 15-12 所示。

表 15-12　例 8 I/O 地址分配表

输　入		输　出	
功　能	接口地址	控制作用	接口地址
启动	X0	输送带电机	Y0

续表

输入		输出	
功 能	接口地址	控制作用	接口地址
停止	X1	灌装电磁阀	Y1
灌装光电开关	X2	装箱指示灯	Y2
计数光电开关	X3		

3）SFC 和 GX 软件 SFC 块图编辑

分析：在这个例子中，用了两个传感器，一个是灌装传感器 GD1，一个是计数传感器 GD2。程序必须在使用两个传感器的基础上进行设计。

初学者往往容易将灌装和计数放在一个 SFC 流程中处理，结果使 SFC 程序编制产生了困难。仔细分析一下控制要求，就会发现，灌装和计数是两个没有相互关系的独立动作。因此，在设计 SFC 程序时，可以将它们设计成两个相互独立的 SFC 块，也可以设计成在一个 SFC 程序中两个并列的分支程序。编者采用同一个 SFC 程序并列的分支程序设计。

SFC 和 GX 软件 SFC 块图如图 15-53 所示。

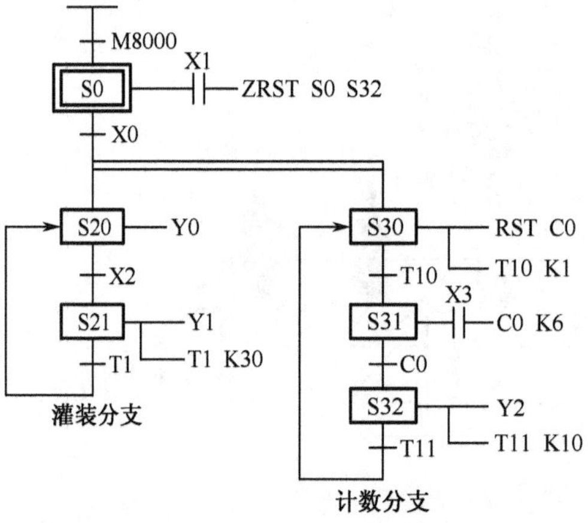

（a）SFC

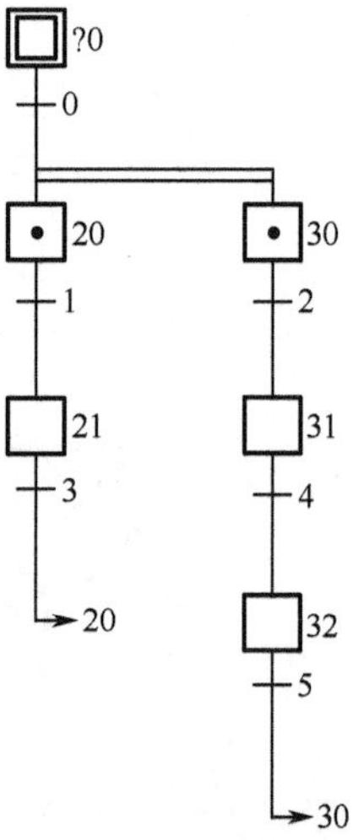

（b）SFC块图

图 15-53　例 8 SFC 和 GX 软件 SFC 块图

【例 9】 有 10 个数，分别存在 D0～D10 存储器中，试找出其中最大数存在 D100 中。

分析：这是一道数据处理题，完全可以用普通梯形图程序编制。数据处理题的关键在于算法，即如何通过现有的指令找出解决问题的途径。算法和控制要求一样，它也可以分解成一步一步地解析过程，所以也可以采用 SFC 程序来设计。本题的算法可以通过流程图来说明，如图 15-54（a）所示，根据流程图画出的 SFC 如图 15-54（b）所示，相应的 GX Developer 编程软件的 SFC 块图如图 15-54（c）所示，STL 指令步进程序梯形图如图 15-55 所示。

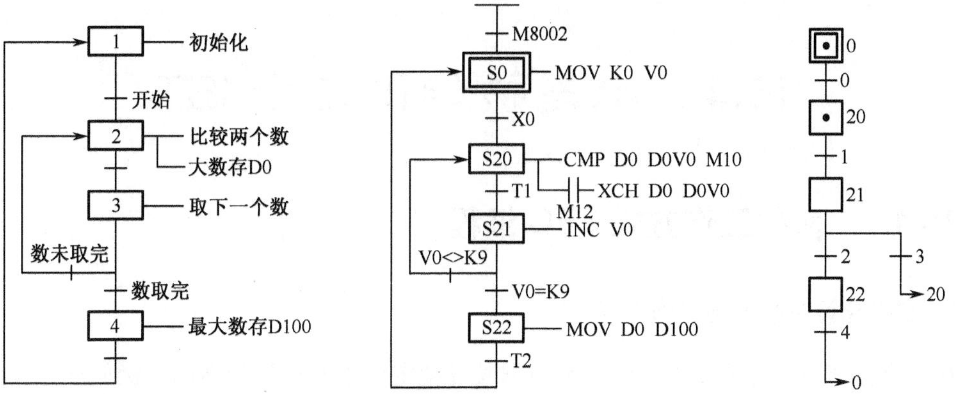

（a）流程图　（b）SFC　（c）SFC块图

图 15-54　例 9 流程图及 SFC、SFC 块图

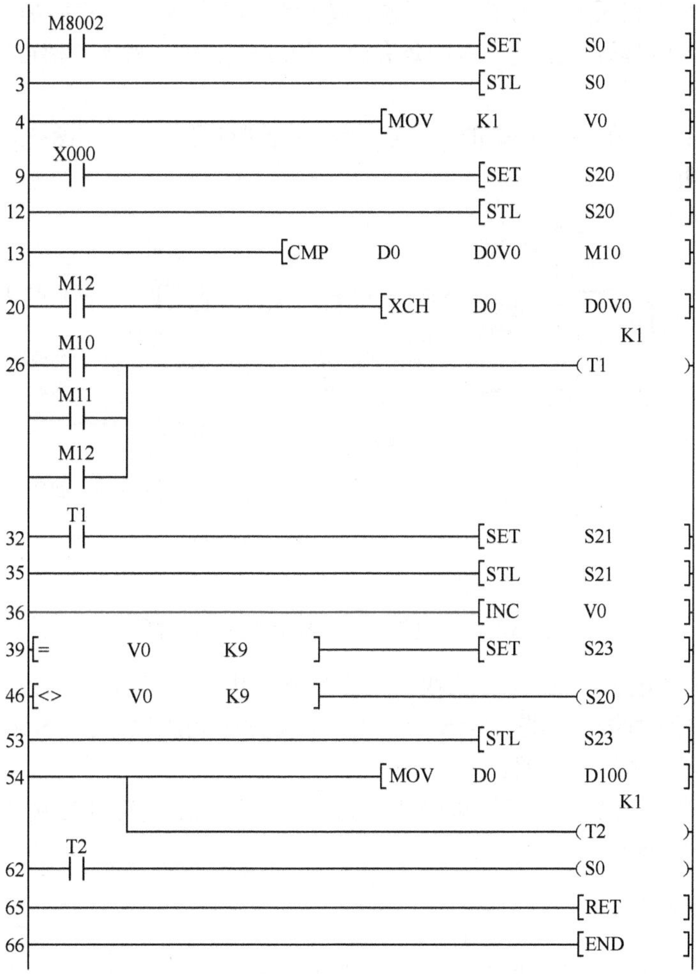

图 15-55　例 9 程序梯形图

15.4 状态初始化指令 IST

15.4.1 多种工作方式 SFC 编程

1. 自动化设备的多种工作方式

在工业生产中，有很多生产设备是根据某种特定要求而设计制造的，例如动力头、机械手、各式各样的非标设备和生产线专用机械等。这些工业专机设备是机械、电动、气动、液压和电气控制相结合的一体化产品，它们的共同特点是自动化程度高，可以半自动化或全自动化地完成特定的控制任务，无须人工干预。从控制的角度来看，它们基本上都属于顺序控制系统，有的是单流程顺序控制，有的是有分支的顺序控制。因此，都可以成为 SFC 的应用控制对象。

在工作方式上，它们也有控制的共同点，这些共同点可以通过如图 15-56 所示的钻孔动力头控制进行说明。

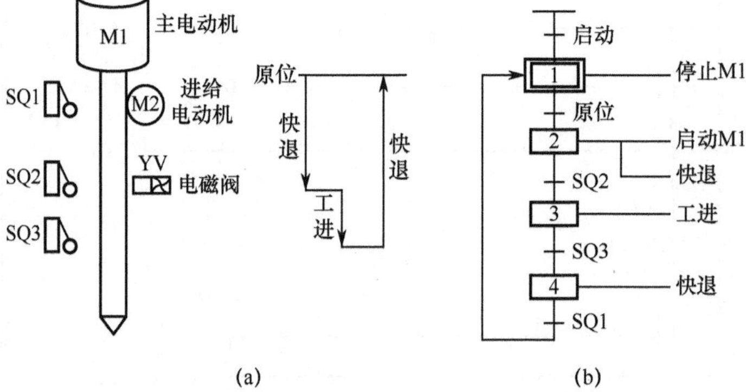

图 15-56 钻孔动力头控制示意图及流程图

图中，M1 为主电机，M2 为钻头快进快退的进给电动机，YV 为钻头工步进给电磁阀。其控制原理与控制流程要求如图 15-56（a）所示，顺序控制流程如图 15-56（b）所示，控制流程比较简单，不再做详细说明。

钻孔动力头虽然简单，但却可以说明以它为代表的工业自动化专用生产设备的控制方式，下面分别给予介绍。

1）原点回归工作方式

原点是指设备的最初机械位置，一般的设备都是从原点开始作为一个控制周期的出发点。实际生产中，如果在工作过程中发生了断电等特殊情况，控制可能会停留在中途位置，等到再来电时，需要一个回原点的控制方式。

在机械设备中，原点大多以位置的开关信号表示，有的还要考虑到执行元件的状态情况，例如压力等模拟量参数是否到达，各执行器是否处于复位状态等。

在本例中，原点是指钻孔起始位置，这时，钻杆应没有任何进给，限位开关 SQ1 受压闭合。很明显，如果设备在三维空间运动，原点至少有三个方向的限位开关表示。

如果设备不处于原点位置，则必须通过回原点的程序使设备回到原点位置。

2）手动工作方式

手动是指用手按动按钮使控制流程中各个执行器负载能单独接通和断开。

在自动设备中，手动方式也是不可缺少的一种工作方式。在正式生产前，可以手动测试各个负载是否能正常工作。在部分设备中途停止时，可以用手动方式继续完成一个周期的工作等。

在本例中，手动是指对主电机 M1、进给电动机 M2 和钻头工步进给电磁阀 YV 的控制。单独手动时，除了测试负载是否正常工作，还要测试是否能完成控制动作要求。

3）单步运行工作方式

单步运行是指在顺序控制中，每按动一次按钮，控制运行就前进一个状态工步。在正常生产中，这是没有必要的工作方式。但在对设备进行调试时却是非常必要的。单步运行时主要观察控制顺序是否正常，每一个状况工步内的动作是否符合要求，状态能否正确转移等。

4）单周期运行工作方式

单周期是指仅运行一个工作周期，本例中，如果一个工件钻孔完毕，必须用人工进行装卸，只能运行一个周期回到原位等待启动指令。所以单周期运行是一种半自动工作方式。在单周期运行期间，若中途按下停止按钮，则停止运行，若再按下启动按钮，应从断开处继续运行，直到完成一个周期工作为止。

5）自动运行工作方式

如果把半自动运行工作方式中人工装卸料换成由设备自动进行装卸料（当然要增加设备机构，还要改变控制流程），就变成了反复循环运行的自动工作方式。和半自动不一样，若在中途按下停止按钮，则会继续完成一个工作周期回到原点才停止。

这里，是用钻孔动力头为例来说明自动化生产设备的五种工作方式。实际上并不是所有自动化设备都需要多种工作方式，简单设备仅需要半自动和/或全自动工作方式。

2. 多种工作方式的编程

如果一个负载的系统要求具有上述五种工作方式，那么如何对这五种工作方式进行编程，并把他们融合到一个程序中是程序编制的一个难点。

分析一下这五种工作方式的控制要求，就会发现单步、单周期和自动工作方式的控制过程是一样的，都是系统的运行控制，只不过控制方式不同而已。因此，实际上需要编程的是手动程序、原点回归程序、自动程序和它们之间相互切换的公用程序。如果利用 SFC 对多控制方式系统进行编程，其程序结构如图 15-57 所示。

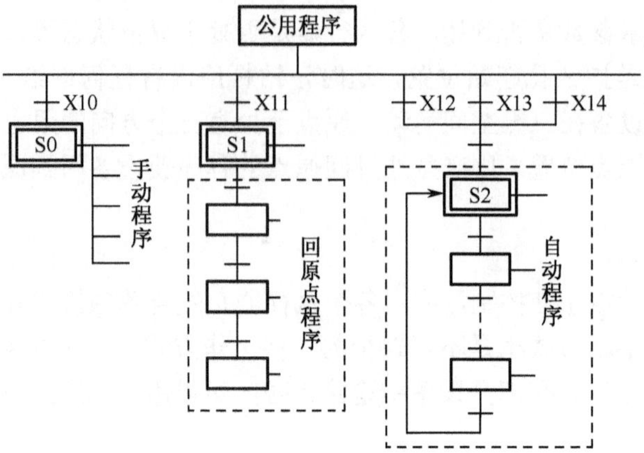

图 15-57　多种工作方式程序结构示意图

图中 X10～X14 为五种工作方式的选择开关，这五个选择开关是互为相斥的，每次只能有一个为 ON，在外部硬件上是用波段开关来保证五个选择开关中不会有两个或两个以上同时为 ON。

手动程序比较简单，它是用负载相对应的按钮来单独控制各个负载的动作，设计中为了保证系统的安全运行，必须增加一些相互之间的互锁和连锁。

原点回归程序也比较简单，只要按顺序进行位置方向上的回归即可。设计中必须注意，如果回归动作是双向动作（左右行、上下行、前后行等）中的一个，必须先停止相反方向的运动，再进行回归运动。注意回归原点后，必须发出信号，示意原点位置条件满足，并为进入自动程序段做好准备。

自动程序的设计则比较复杂。当然，复杂的程序也可以设计，但复杂程序所耗费的设计时间和精力相当多。能不能为这种多方式控制系统开发出一种通用的简便的设计方法呢，这是众多 PLC 生产商和广大用户所关心的问题。

三菱 FX 系列 PLC 的状态初始化指令 IST 就是生产商为多种方式控制系统开发的一种方便指令。IST 指令和步进指令 STL 结合使用，专门用来自动设置具有多种工作方式控制系统的初始状态和相关特殊辅助继电器状态。用户不必去考虑这些初始化状态的激活和多种方式之间的切换，可以专心设计手动、自动和原点回归程序，简化了设计工作，节省了大量的时间。

和其他功能指令不同，IST 指令是一个应用指令宏。所谓“宏”是指带有一定条件的简化。因此，应用 IST 指令必须要有满足指令所要求的外部接线规定、内部软元件应用条件，才能实现 IST 指令所代表的多方式控制的功能。

15.4.2　状态初始化指令 IST

1．指令格式

FNC 60：IST　　　　程序步：7

IST 指令可用软元件如表 15-13 所示。

表 15-13　IST 指令可用软元件

操作数种类	位软元件							字软元件												其他				
	系统/用户							位数指定				系统/用户				特殊模块	变址			常数		实数	字符串	指针
	X	Y	M	T	C	S	D□.b	KnX	KnY	KnM	KnS	T	C	D	R	U□\G□	V	Z	修饰	K	H	E	"□"	P
(S·)	●	●	●				▲1												●					
(D1·)						▲2													●					
(D2·)						▲2													●					

▲1：D□.b 仅支持 FX_{3U}/FX_{3UC} 可编程控制器。但是，不能变址修饰（V、Z）。

▲2：FX_{3G}/FX_{3GC}/FX_{3U}/FX_{3UC} 可编程控制器为 S20～S899、S1000～S4095。
FX_{3S} 可编程控制器为 S20～S255。

梯形图如图 15-58 所示。

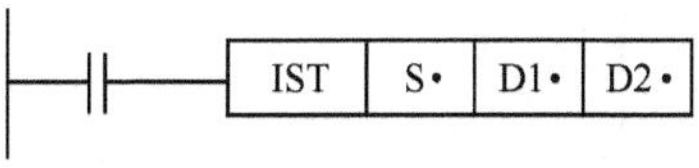

图 15-58　IST 指令梯形图

IST 指令操作数内容与取值如表 15-14 所示。

表 15-14　IST 指令操作数内容与取值

操作数种类	内　容	数 据 类 型
(S·)	运行模式的切换开关的起始软元件编号	位
(D1·)	自动模式下实用状态的最小状态编号［(D1·)<(D2·)］	位
(D2·)	自动模式下实用状态的最大状态编号［(D1·)<(D2·)］	位

解读：在驱动条件成立时，在规定的多种方式输入情况下，指令完成对多种工作方式控制系统的初始化状态和特殊辅助继电器的自动设置。

2. 指令功能和 PLC 外部接线

IST 指令是一个应用指令宏，使用时对 PLC 外部电路的连接和内部软元件都有一定的要求，现以图 15-59 所示的指令应用梯形图进行说明。

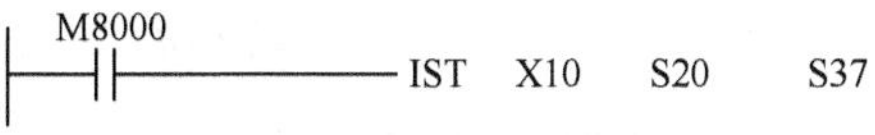

图 15-59　IST 指令应用梯形图

源址操作数 X10 规定了占用 PLC 的输入口，为以 X10 为起始地址的连续 8 个点，即占用 X10～X17，而且这 8 个口的功能分配规定如表 15-15 所示。

表 15-15　IST 指令 PLC 源址规定功能表

源　址	应 用 例	规定开关功能	源　址	应 用 例	规定开关功能
S	X10	手动	S+2	X12	单步
S+1	X11	原点回归	S+3	X13	单周期

续表

源　址	应 用 例	规定开关功能	源　址	应 用 例	规定开关功能
S+4	X14	自动	S+6	X16	自动启动
S+5	X15	原点回归启动	S+7	X17	停止

为保证 X10～X14 不同时为 ON，必须使用波段开关，PLC 的外部接线如图 15-60 所示。由图中可以看出，X10～X14 使用波段开关接入，X15～X17 为按钮接入，但它们所表示的操作功能已由 IST 指令所规定，不可随意变动。其余的输入口为“手动操作负载按钮”和“输入开关及其他用”。它们的地址可任意分配，一旦分配好，梯形图程序必须按照分配地址编程。

IST 指令的外部接线及操作都是规定的，因此，只要是应用 IST 指令给多方式控制系统编程，其控制面板设计也是相同的，如图 15-61 所示。

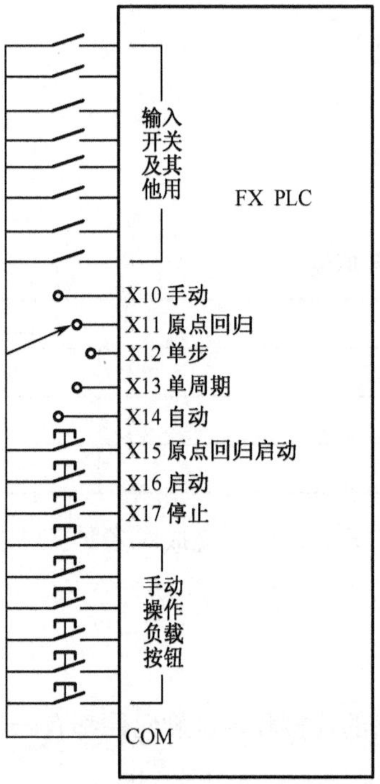

图 15-60　IST 指令 PLC 外部接线图

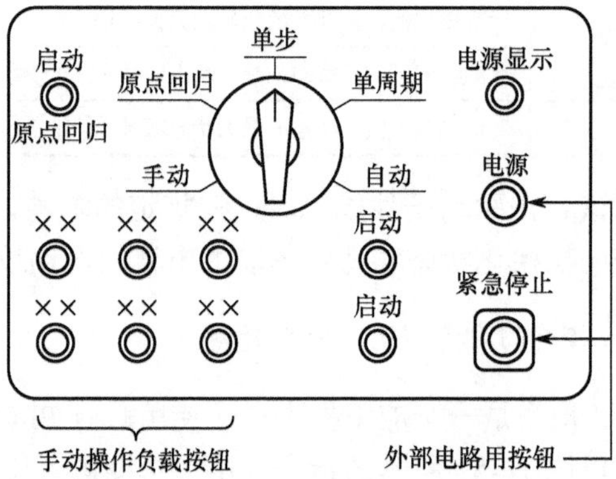

图 15-61　IST 指令控制面板图

操作面板上各按钮的操作及工作内容如表 15-16 所示。

表 15-16　各按钮操作及工作内容

选择开关位置	操 作 按 钮	工 作 内 容
手动	手动操作	手动操作相应负载动作
原点回归	原点回归启动	做原点回归工作
单步	启动	每按动一次启动按钮，顺序前进一个工步
单周期	启动	工作一个周期后结束在原点位置

续表

选择开关位置	操 作 按 钮	工 作 内 容
单周期	停止	中途按下停止按钮，停止在该工步，再次启动后会在刚才停止的工步继续运行，直到一个周期结束，在原点停止
自动	启动	进行自动连续运行
	停止	按下停止按钮，运行一个周期后才结束运行，停止在原点位置
任意	电源	接通 PLC 电源
	紧急停止	断开 PLC 电源

3．软元件应用和程序结构

IST 指令对编程软元件的使用也做了相应的规定。表 15-17 表示了状态元件的使用规定和特殊辅助继电器的使用功能。

表 15-17　IST 指令软元件的使用规定及特殊辅助继电器功能表

状 态 元 件		特殊辅助继电器		
编　　号	指 定 功 能	编　　号	功　　能	注
S0	手动方式初始状态元件	M8040	状态转移禁止	IST 指令自动控制
S1	原点回归方式初始状态元件	M8041	自动方式开始状态转移	
S2	自动方式初始状态元件	M8042	启动脉冲	
S3-S9	其他流程初始状态元件	M8043	原点回归方式结束	用户程序驱动
S10-S19	原点回归方式专用状态元件	M8044	原点标志	
S20-S899	自动方式及其他流程用状态元件	M8045	禁止所有输出复位	
		M8047	STL 监控有效	IST 指令自动控制

由表 15-17 可以看出，对于状态元件的使用必须符合下面的要求。

（1）S0，S1，S2 规定了手动、原回归和自动三种方式 SFC 对应的初始状态元件，不能为其他流程所用。

（2）在原点回归的 SFC 中，状态元件只能使用 S10～S19。而 S10～S19 也不能为其他流程 SFC 所用。

（3）S20 以后的状态元件，由 IST 指令的终址 D1 和 D2 确定自动方式的 SFC 的最小编号和最大编号状态元件。

在特殊辅助继电器中，IST 指令自动控制是指这些继电器的 ON/OFF 处理是 IST 指令自动执行的，用户程序驱动是指用户根据需要可以进行 ON/OFF。这点在下面的程序程式中给予说明。

使用 IST 指令用于多种方式控制系统时，由于初始化状态的激活，各种工作方式之间的切换，都是由指令去自动完成的。因此，只要编写公用程序、手动方式程序、原点回归程序和自动运行程序即可，而这些程序编写都有一定的程式可循。

1）公用程序（梯形图块程序）

公用程序为驱动原点标志 M8044（含义是确保开始运行前在原点位置，并作为自动方式的运行条件），输入 IST 指令。程序如图 15-62 所示。

2）手动和原点回归程序

手动方式和原点回归方式程序程式如图 15-63 所示。

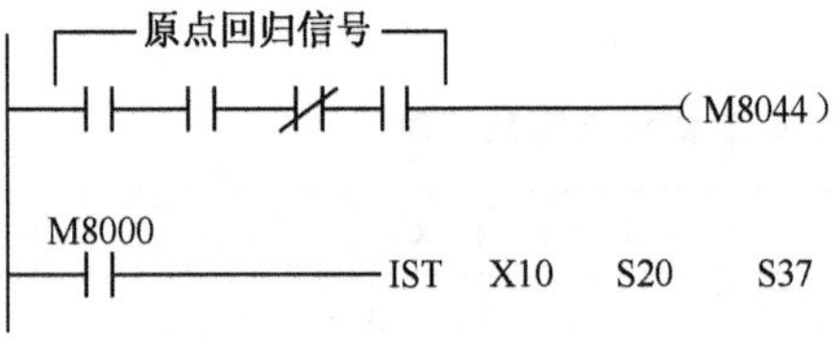

图 15-62 IST 指令公用程序

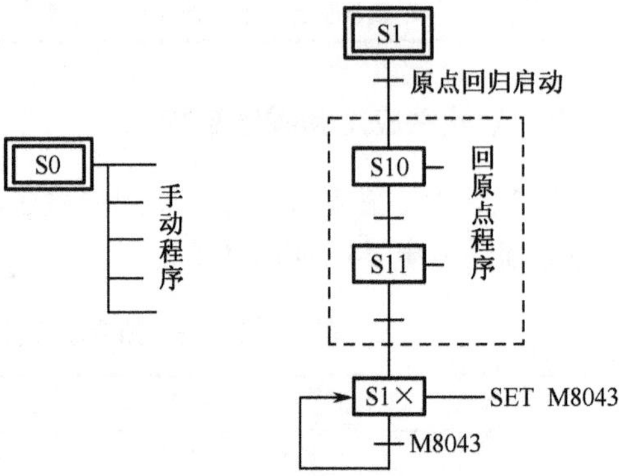

图 15-63 IST 指令手动和原点回归程序程式

在原点回归方式程序中，必须使用状态 S10～S19。原点回归结束后，驱动 M8043，并执行 S1×状态自复位。

如果无原点回归方式，则不需要编程，但是在运行自动程序前，需要先将 M8043 置位一次。

3）自动程序程式

自动程序程式如图 15-64 所示。在自动程序程式中利用 M8044 和 M8041 作为状态转移条件。因此，如果系统位置不在原点，即使在单步/单周期/自动方式下按下启动按钮程序也不运行。

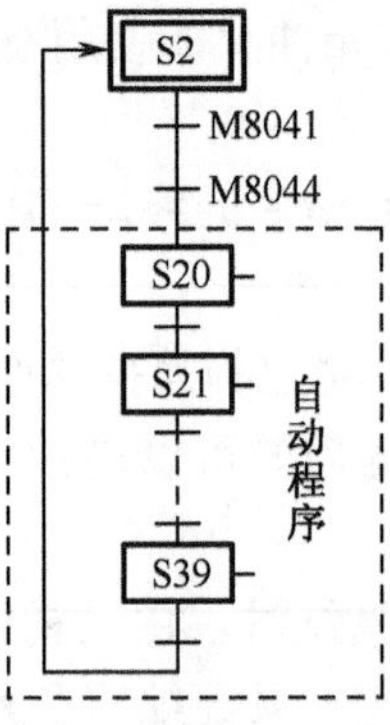

图 15-64 IST 指令自动程序

4）程序结构

在上述程序设计好后，IST 指令对整体程序的结构也有一定的要求。整体程序是上述四个程序的依次叠加，需要注意的是 IST 指令必须安排在程序开始的地方，而 SFC 程序必须放在它的后面。在程序中，IST 指令只能使用一次。

整体程序结构顺序见图 15-65 的说明。梯形图程序如图 15-66 所示。由梯形图程序可见，它是四个程序的依次叠加，它没有操作方式选择程序，没有手动/原点回归/自动方式的转换程序。只要严格按照指令的外部接线和内部软元件的使用规定，就不需要进行以上程序的设计，为程序设计提供了极大的方便，故三菱称它为“方便指令”。

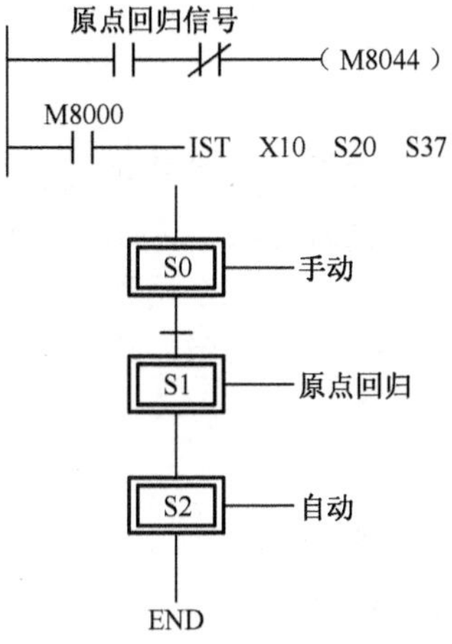

图 15-65　IST 指令程序结构

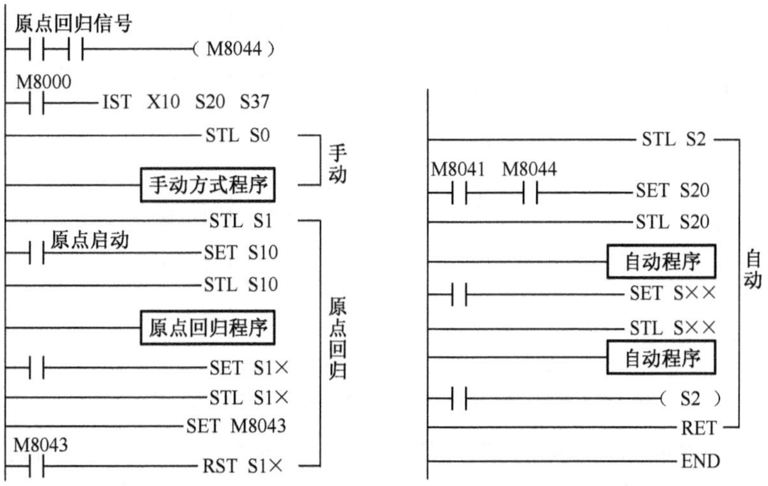

图 15-66　多方式控制梯形图整体程序

15.4.3 IST 指令应用处理

1. 空工作方式的处理

在实际应用中，某些设备并不都需要五种工作方式，如果仍然应用 IST 指令进行控制，则应将不需要的工作方式的控制输入断开，但是该控制输入接口不能再作他用。例如，如果 X10～X14 为五种工作方式的输入接口，实际中不需要手动操作和原点回归这两种工作方式，则将 X10，X11 两个输入口断开。但 X10，X11 已经被 IST 指令所占用，不能再做其他用途。

2. 不连续地址的应用

IST 指令对源址 S 所表示的是 8 个连续编号的输入地址。如果这样的分配在实际设计中存在困难，也可以使用不连续的 8 个输入地址。这时，应把 IST 指令的源址 S 指定为辅助继电器 M，例如 M0～M7，M10～M17 等，并在公用程序中用相应的不连续的地址分配输入去驱动继电器 M，梯形图程序如图 15-67（a）所示，其外部接线如图 15-67（b）所示。

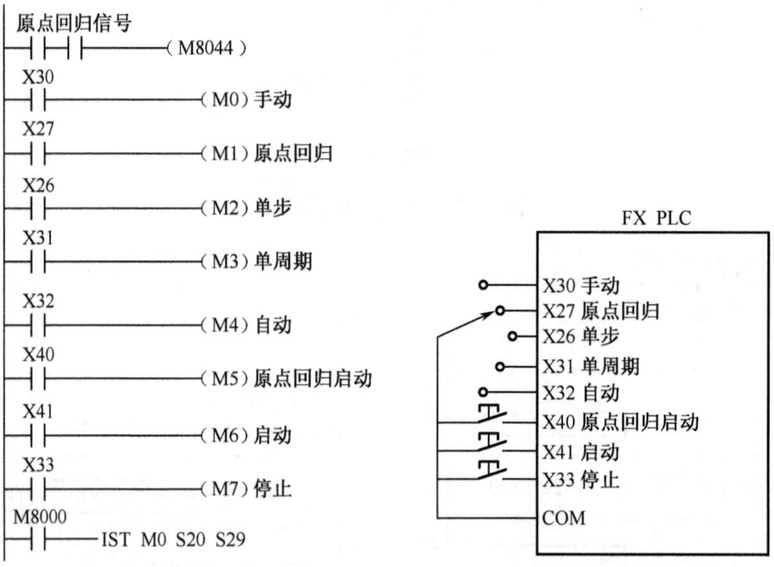

（a）梯形图　　（b）接线图

图 15-67　不连续输入地址梯形图和外部接线图

注意，IST 指令中源址为 M0，M0～M7 的功能定义按指令规定执行，如表 15-15 所示。

图 15-68 为仅有原点回归方式和自动方式的例子，且原点回归启动和自动方式启动合二为一，更为简便。图 15-69 为仅有手动/自动方式的例子。

3. 特殊辅助继电器 M8043 的使用

M8043 是原点回归结束后需置位的特殊辅助继电器，由用户完成置 ON 动作。所以在原点回归程序最终状态时将 M8043 置 ON，然后利用其触点复位最初状态，如图 15-63 所示。

如果原点回归完成后 M8053 不置 ON，则在各种工作方式之间进行切换时所有输出都变为 OFF。因此，只有在原点回归工作完成之后且 M8043 置 ON 后，才可以进行其他方式的运行。

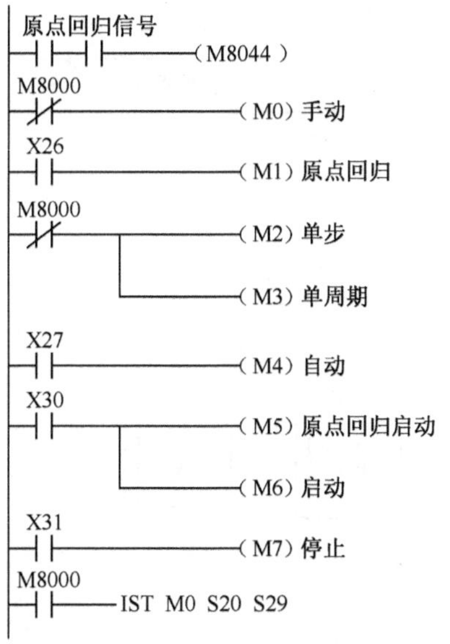

图 15-68　仅有原点回归方式和自动方式的梯形图

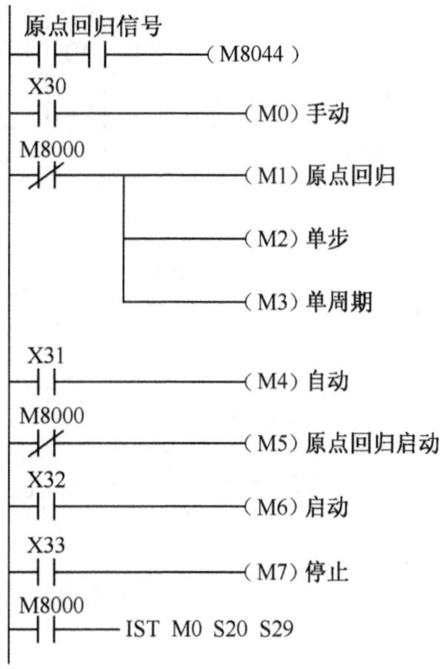

图 15-69　仅有手动/自动方式梯形图

M8043 置 ON 后，在设备运行过程中，可以随意在单步/单周期/自动方式内进行切换。也可以在手动/原点回归/自动方式之间进行切换。但为了安全起见，在对所有输出复位一次后，切换后的方式设置才有效。

在某些控制系统中，不需要原点回归方式，也不设计原点回归程序。这时，必须在手动和自动运行前设计将 M8043 置 ON 一次的程序。

15.4.4　状态初始化 IST 指令应用实例

图 15-70 为一大小球分拣控制系统工作示意图。

（1）CY1 为电磁滑筒，CY2 为机械横臂。电磁铁 Y1、Y2 可在电磁滑筒 CY1 内上下滑动，CY1 可在机械横臂 CY2 上左右移动。

（2）图中黑点为原点位置。工作一个周期（分拣一个球）后仍然要回到该位置等待下次动作。

（3）X2 为大小球检测开关。如是大球，则电磁铁下降时不能碰到 X2，X2 不动作；如是小球，则电磁铁下降后会碰到 X2，X2 动作。

（4）X0 为球检测传感开关。只要盘中有球，不管大球小球，它都会感应动作。

（5）X3 为上限开关，是电磁铁 Y1 在电磁滑筒内上升的极限位置。X1 为左限开关，是电磁滑筒在横臂上向左移动的极限位置。当这两个开关都动作时，表示系统正处于原点位置。

（6）电磁铁 Y1 在电磁滑筒内滑动下限由时间控制。当电磁铁开始下滑时，滑动 2 秒表示已经到达吸球位置（小球）。如果是大球，则会压住大球零点几秒时间。

（7）电磁铁 Y1 在吸球和放球时都需要 1 秒时间完成。

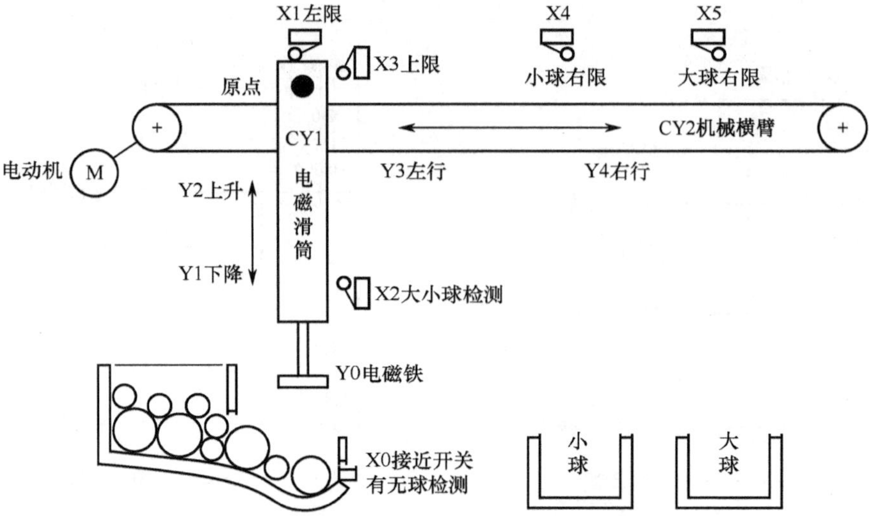

图 15-70　大小球分拣控制系统示意图

1．控制要求

（1）铁球有大、小两种，要求系统能自动识别大、小球，并在拣出后分别放到相应的大小容器中。

（2）要求有五种工作方式：

- 手动方式：能够在操作面板上使电磁铁 Y1 在电磁滑筒 CY1 内上下滑动，电磁滑筒在机械横臂上左右移动，电磁铁的吸球和放球进行单独操作。
- 原点回归工作方式：按下原点回归按钮，系统能自动回到原点位置。原点位置条件是电磁铁位于电磁滑筒最上方，电磁滑筒位于机械横臂最左方，电磁铁处于放球状态。
- 单步工作方式：从原点位置开始，按一次启动按钮，系统就转换到下一步，完成该步的任务后，自动停止工作并停留在该步，再按一次按钮又转换到下一步，直到回到原点位置。
- 单周期工作方式：按下启动按钮后，系统从原点位置出发，完成一次分拣任务，并回到原点位置。如果在运行过程中按下停止按钮，运行马上停止，再次启动，应从停止地方继续运行，直到完成一次分拣任务。
- 自动工作方式：按下启动按钮后，系统从原点位置出发，自动地循环进行大小球分拣工作，直到按下停止按钮。运行中任意时间按下停止按钮，系统会把一次分拣任务全部完成，并停止在原点位置。

（3）在单步/单周期/自动方式中，如果检测传感开关检测到无球，则系统不工作，处于待命状态。

2. I/O 地址分配

I/0 地址分配如表 15-18 所示。

表 15-18　大小球检测分栋系统 I/O 地址分配表

输入				输出	
地址	功能	地址	功能	地址	功能
X0	检测开关	X14	自动	Y0	电磁铁吸放
X1	左限开关	X15	原点回归启动	Y1	电磁铁下降
X2	下限开关	X16	启动	Y2	电磁铁上升
X3	上限开关	X17	停止	Y3	电磁滑筒左行
X4	小球右限开关	X20	手动吸球	Y4	电磁滑筒右行
X5	大球右限开关	X21	手动放球		
X10	手动	X22	手动下降		
X11	原点回归	X23	手动上升		
X12	单步	X24	手动左行		
X13	单周期	X25	手动右行		

3. 梯形图程序

1）公用程序

公用程序如图 15-71 所示。

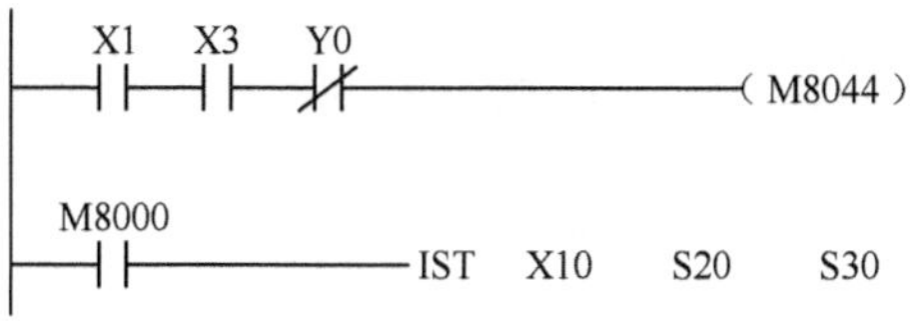

图 15-71　公用程序

2）手动程序

手动程序 SFC 及梯形图如图 15-72 所示。在左行、右行中连锁了 X3，保证了电磁铁升起后才能进行手动左行、右行，以防止电磁铁在低位移动碰到物体。

3）原点回归程序

原点回归程序 SFC 及梯形图如图 15-73 所示。

4）自动程序

自动程序 SFC 如图 15-74 所示。

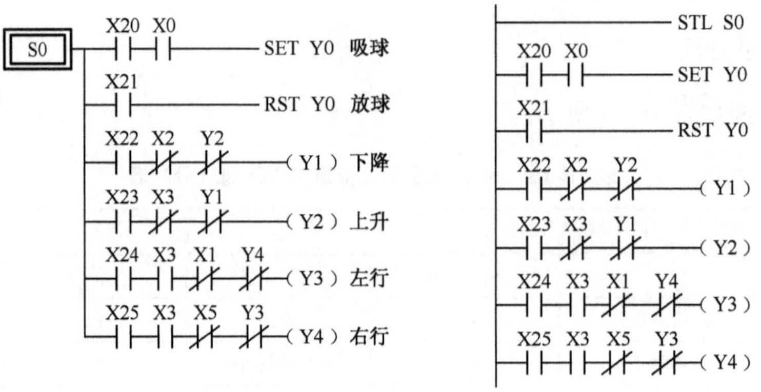

图 15-72 手动程序 SFC 及梯形图

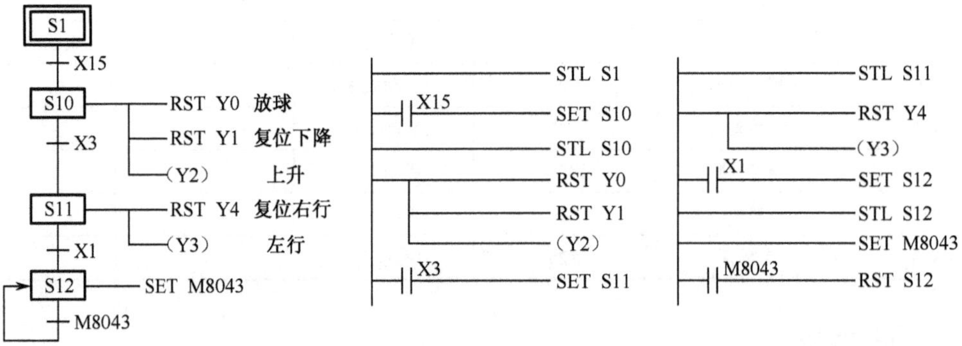

图 15-73 原点回归程序 SFC 及梯形图

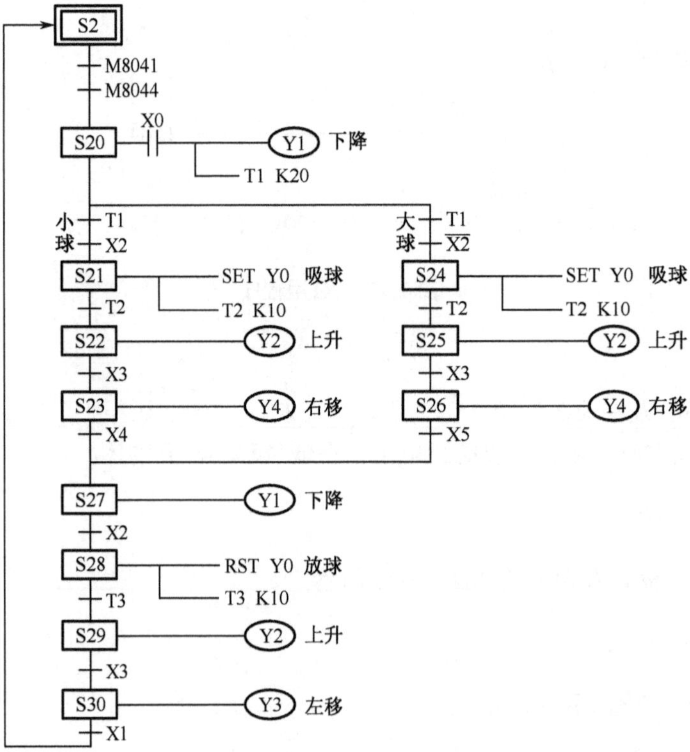

图 15-74 自动程序 SFC

将公用程序、手动程序、原点回归程序和自动程序按顺序进行叠加就是一个完整的 IST 指令多方式控制大小球分拣系统的梯形图程序。梯形图程序如图 15-75 所示。

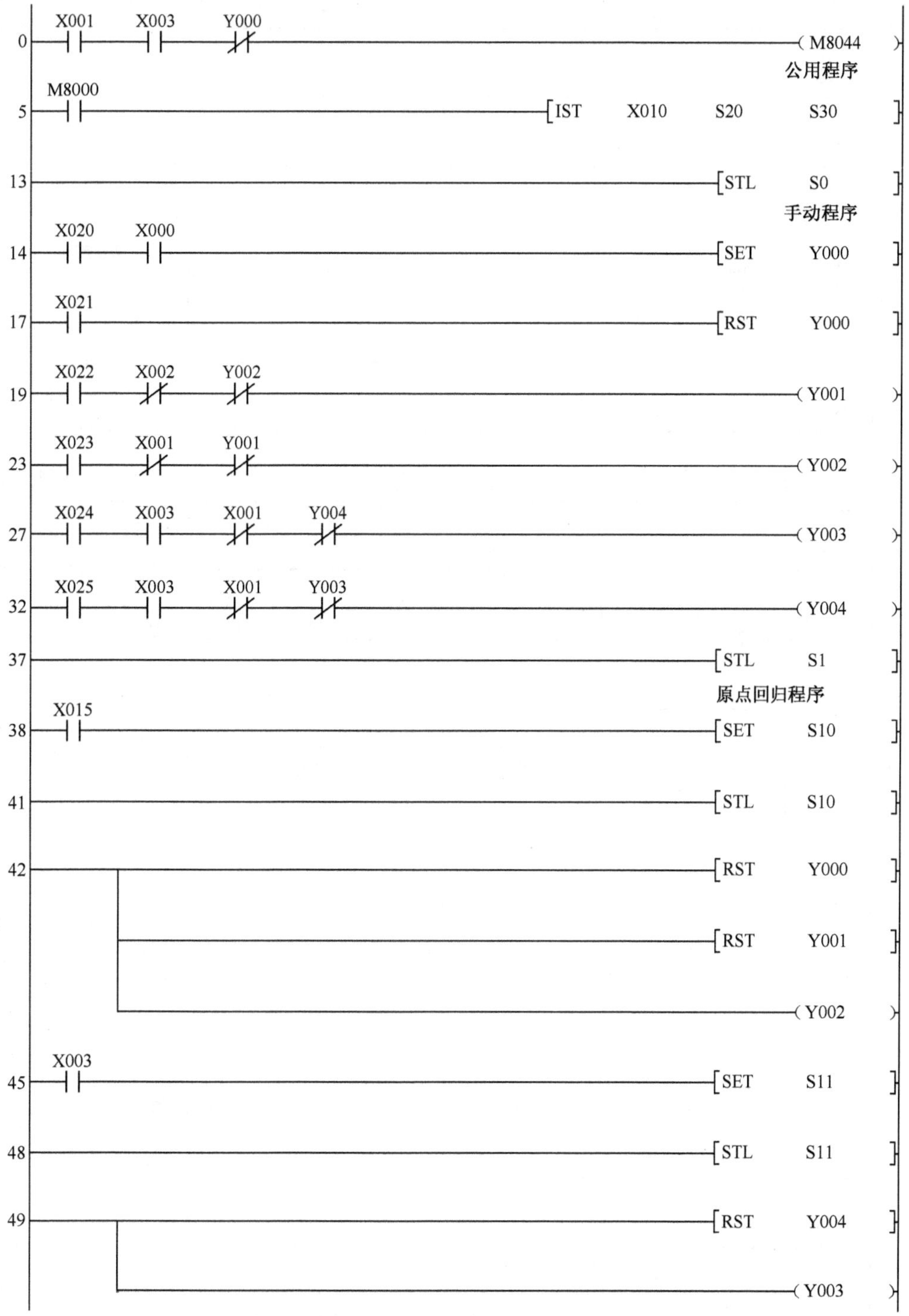
0 X001 X003 Y000 M8044
公用程序
5 M8000 IST X010 S20 S30
13 STL S0
手动程序
14 X020 X000 SET Y000
17 X021 RST Y000
19 X022 X002 Y002 Y001
23 X023 X001 Y001 Y002
27 X024 X003 X001 Y004 Y003
32 X025 X003 X001 Y003 Y004
37 STL S1
原点回归程序
38 X015 SET S10
41 STL S10
42 RST Y000
RST Y001
Y002
45 X003 SET S11
48 STL S11
49 RST Y004
Y003

图 15-75　大小球分拣系统梯形图程序

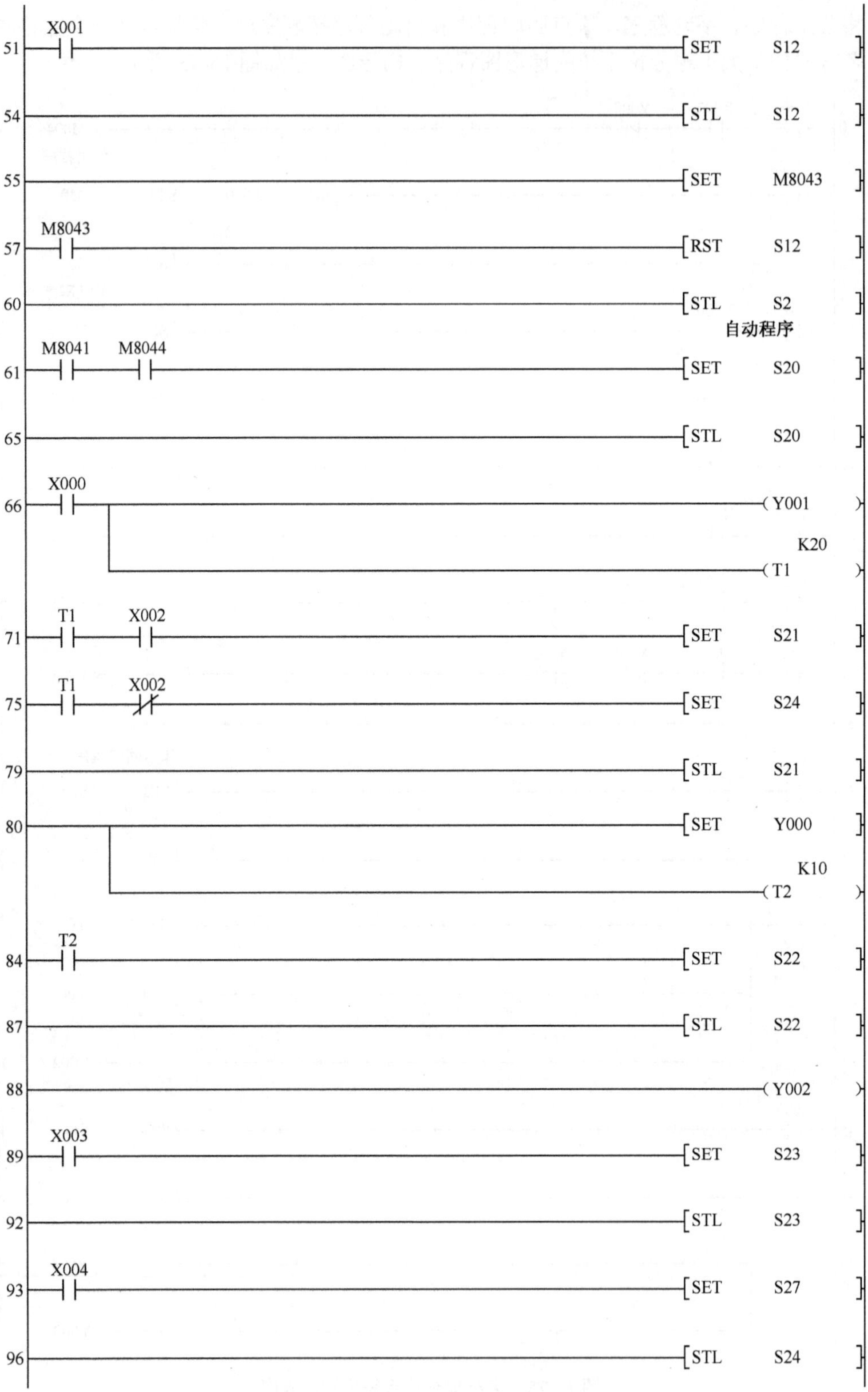

图 15-75　大小球分拣系统梯形图程序（续）

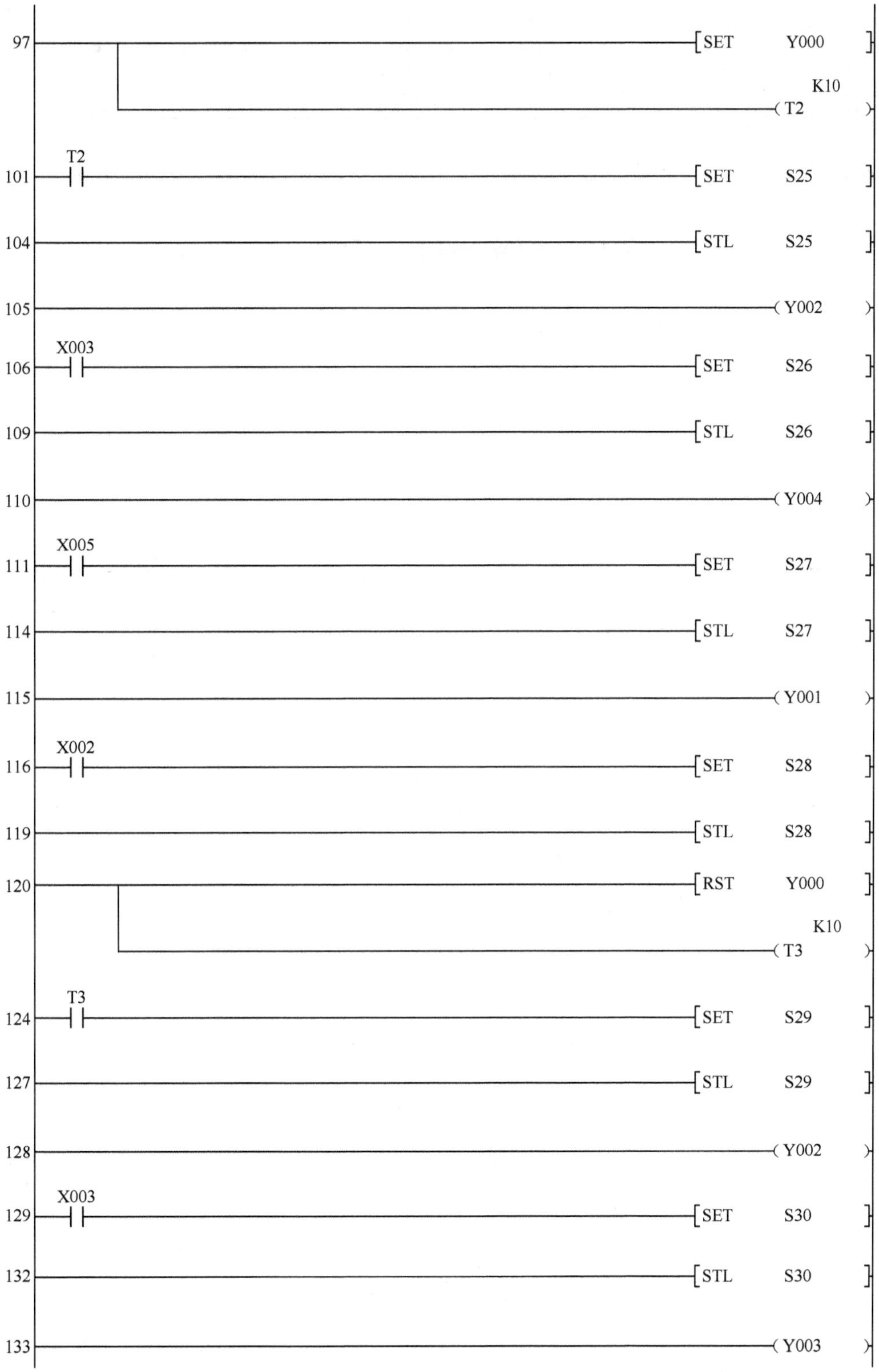

图 15-75　大小球分拣系统梯形图程序（续）

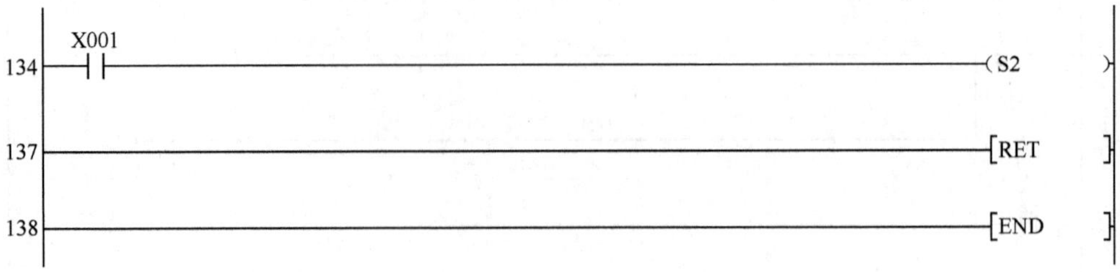

图 15-75　大小球分拣系统梯形图程序（续）

附录A　FX 系列 PLC 功能指令应用范围

三菱 FX 系列 PLC 一共开发了 220 条功能指令。本书仅讲解了其中 208 条功能指令，这些功能指令并不是所有 FX 系列 PLC 都支持，目前仅 FX$_{3U}$ 及 FX$_{3UC}$ 系列 PLC 才支持使用全部 208 条功能指令。为使读者了解不同 FX 系列 PLC 所支持的功能指令范围，现将不同 FX 系列 PLC 不支持的功能指令整理成表格供读者查询（见表 A.1）。表 A.1 中，具体的 PLC 型号所对应列出的指令即是该 PLC 所不支持的指令。例如，FX$_{1S}$ 在第 1 行、第 5 行和第 6 行中显示，则所在行列出的功能指令 FX$_{1S}$ 都不支持。

表 A.1　FX 系列 PLC 不支持的功能指令

FX 系列 PLC 型号	PLC 不能应用的功能指令助记符
FX$_{1S}$	FROM、RD3A、TO、WR3A
FX$_{1NC}$	VRRD、VRSC
FX$_{2N}$	DRVI、DRVA、PLSV、ZRN
FX$_{2NC}$	DRVI、DRVA、PLSV、VRRD、VRSC、ZRN
FX$_{1S}$、FX$_{1N}$、FX$_{1NC}$	ANS、ANR、ARWS、ASC、BON、CML、COS、EADD、ESUB、EMUL、EDIV、ECMP、EZCP、EBCD、EBIN、ESDR、EXTR、FMOV、FLT、GRY、GBIN、HSZ、HKY、INT、MEAN、NEG、PR、ROR、ROL、RCR、RCL、REFF、ROTC、SM0V、SUM、SER、SQR、STMR、SORT、SWAP、SEGD、SIN、TTMR、TKY、TAN、WSFR、WSFL、XCH
FX$_{1S}$、FX$_{1N}$、FX$_{1NC}$、FX$_{2N}$、FX$_{2NC}$	ADPRW、ASIN、ACOS、ATAN、BK+、BK-、BKCMP=、BKCMP>、BKCMP<、BKCMP<>、BKCMP>=、BKCMP<=、BTOW、BINDA、BAND、COMRD、CRC、DEG、DSZR、DVIT、DUTY、DABIN、EMOV、ESTR、EVAL、EXP、ENEG、FDEL、FINS、HTOS、HCMOV、HSCT、IVCK、IVDR、IVRD、IVWR、IVBWR、IVMC、INSTR、LIMIT、LOGE、LOG10、LEFT、LEN、MIDR、MIDW、POP、RAD、RND、RIGHT、RS2、RBFM、SORT2、STOH、STR、SFR、SFL、SCL、SCL2、TBL、UNI、VAL、WSUM、WTOB、WBFM、ZONE、ZPUSH、ZPOP、$+、$MOV
FX$_{3S}$	ANS、ANR、FROM、RD3A、TO、TBL、WR3A
FX$_{3GC}$	VRRD、VRSC
FX$_{3U}$、FX$_{3UC}$	EXTR
FX$_{3S}$、FX$_{3G}$、FX$_{3GC}$	ARWS、ASC、ASIN、ACOS、ATAN、BK+、BK-、BKCMP=、BKCMP>、BKCMP<、BKCMP<>、BKCMP>=、BKCMP<=、BTOW、BINDA、BAND、COS、COMRD、CRC、DUTY、DVIT、DABIN、DEG、ESTR、EVAL、EBCD、EBIN、EXP、ENEG、EXTR、FDEL、FINS、HCMOV、HTOS、HSCT、HKY、INSTR、IVBWR、LOGE、LOG10、LEN、LEFT、LIMIT、MIDR、MIDW、NEG、POP、PR、RCR、RCL、REFF、RAD、RND、ROTC、RIGHT、RBFM、SQR、SWAP、SORT2、STOH、STR、STMR、SORT、SEGD、SIN、SFR、SFL、SCL、SCL2、TTMR、TKY、TAN、UNI、VAL、WSFR、WSFL、WSUM、WTOB、WBFM、XCH、ZPUSH、ZPOP、ZONE、$+、$MOV

附录 B　特殊辅助继电器 M8000～M8511

特殊辅助继电器 M8000～M8511 的使用说明如图 B.1 所示。该图截取自三菱公司的《FX_{3S}・FX_{3G}・FX_{3GC}・FX_{3U}・FX_{3UC} 系列微型可编程控制器编程手册》，为与手册中的内容一致，本附录直接截图未作改动；图中所列的参考资料为三菱公司的相关资料，如需了解请读者自行查找。

编号・名称	动作・功能	适用机型										
		FX_{3S}	FX_{3G}	FX_{3GC}	FX_{3U}	FX_{3UC}	对应特殊软元件	FX_{1S}	FX_{1N}	FX_{1NC}	FX_{2N}	FX_{2NC}
PLC状态												
[M]8000 RUN监控 a触点	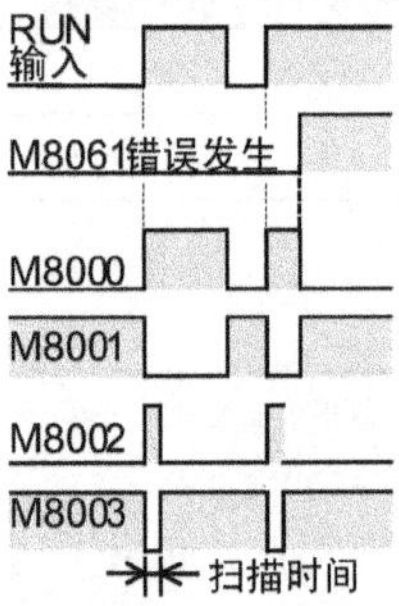	○	○	○	○	○	–	○	○	○	○	○
[M]8001 RUN监控 b触点		○	○	○	○	○	–	○	○	○	○	○
[M]8002 初始脉冲 a触点		○	○	○	○	○	–	○	○	○	○	○
[M]8003 初始脉冲 b触点		○	○	○	○	○	–	○	○	○	○	○
[M]8004 错误发生	• FX_{3S}、FX_{3G}、FX_{3GC}、FX_{3U}、FX_{3UC} M8060、M8061、M8064、M8065、M8066、M8067中任意一个为ON时接通 • FX_{1S}、FX_{1N}、FX_{1NC}、FX_{2N}、FX_{2NC} M8060、M8061、M8063、M8064、M8065、M8066、M8067中任意一个为ON时接通	○	○	○	○	○	D8004	○	○	○	○	○
[M]8005 电池电压低	当电池处于电压异常低时接通	–	○	○	○	○	D8005	–	–	–	○	○
[M]8006 电池电压低 锁存	检测出电池电压异常低时置位	–	○	○	○	○	D8006	–	–	–	○	○
[M]8007 检测出瞬间停止	检测出瞬间停止时，1个扫描为ON 即使M8007接通，如果电源电压降低的时间在D8008的时间以内时，可编程控制器的运行继续。	–	–	–	○	○	D8007 D8008	–	–	–	○	○
[M]8008 检测出停电中	检测出瞬时停电时为ON。 如果电源电压降低的时间超出D8008的时间，则M8008复位，可编程控制器的运行STOP(M8000=OFF)。	–	–	–	○	○	D8008	–	–	–	○	○
[M]8009 DC24V掉电	输入输出扩展单元、特殊功能模块/单元中任意一个的DC24V 掉电时接通	–	○	○	○	○	D8009	–	–	–	○	○

图 B.1　特殊辅助继电器 M8000～M8511 的使用说明

编号・名称	动作・功能	适用机型										
		FX3S	FX3G	FX3GC	FX3U	FX3UC	对应特殊软元件	FX1S	FX1N	FX1NC	FX2N	FX2NC
时钟												
[M]8010	不可以使用	–	–	–	–	–	–	–	–	–	–	–
[M]8011 10ms时钟	10ms周期的ON/OFF(ON: 5ms, OFF: 5ms)	○	○	○	○	○	–	○	○	○	○	○
[M]8012 100ms时钟	100ms周期的ON/OFF(ON: 50ms, OFF: 50ms)	○	○	○	○	○	–	○	○	○	○	○
[M]8013 1s时钟	1s周期的ON/OFF(ON: 500ms, OFF: 500ms)	○	○	○	○	○	–	○	○	○	○	○
[M]8014 1min时钟	1min周期的ON/OFF(ON: 30s, OFF: 30s)	○	○	○	○	○	–	○	○	○	○	○
M8015	停止计时以及预置 实时时钟用	○	○	○	○	○	–	○	○	○	○	○*3
M8016	时间读出后的显示被停止 实时时钟用	○	○	○	○	○	–	○	○	○	○	○*3
M8017	±30秒的修正 实时时钟用	○	○	○	○	○	–	○	○	○	○	○*3
[M]8018	检测出安装(一直为ON) 实时时钟用	○	○	○	○	○	–	○(一直为ON)*3				
M8019	实时时钟(RTC)错误 实时时钟用	○	○	○	○	○	–	○	○	○	○	○*3
标志位												
[M]8020 零位	加减法运算结果为0时接通	○	○	○	○	○	–	○	○	○	○	○
[M]8021 借位	减法运算结果超过最大的负值时接通	○	○	○	○	○	–	○	○	○	○	○
M8022 进位	加法运算结果发生进位时，或者移位结果发生溢出时接通	○	○	○	○	○	–	○	○	○	○	○
[M]8023	不可以使用	–	–	–	–	–	–	–	–	–	–	–
M8024*1	指定BMOV方向 (FNC 15)	○	○	○	○	○	–	–	○	○	○	○
M8025*2	HSC模式 (FNC 53～55)	–	–	–	○	○	–	–	–	–	○	○
M8026*2	RAMP模式 (FNC 67)	–	–	–	○	○	–	–	–	–	○	○
M8027*2	PR模式 (FNC 77)	–	–	–	○	○	–	–	–	–	○	○
M8028	100ms/10ms的定时器切换	○	–	–	–	–	–	○	–	–	–	–
	FROM/TO(FNC 78、79)指令执行过程中允许中断	–	○	○	○	○	–	–	–	–	○	○
[M]8029 指令执行结束	DSW(FNC 72)等的动作结束时接通	○	○	○	○	○	–	○	○	○	○	○

*1. 根据可编程控制器如下所示。
- FX1N・FX1NC・FX2N・FX2NC可编程控制器中不被清除。
- FX3S・FX3G・FX3GC・FX3U・FX3UC可编程控制器中，从RUN→STOP时被清除。

*2. 根据可编程控制器如下所示。
- FX2N・FX2NC可编程控制器中不被清除。
- FX3U・FX3UC可编程控制器中，从RUN→STOP时被清除。

*3. FX2NC可编程控制器需要选件的内存板(带实时时钟)。

图 B.1 特殊辅助继电器 M8000～M8511 的使用说明（续）

编号・名称	动作・功能	适用机型										
		FX3S	FX3G	FX3GC	FX3U	FX3UC	对应特殊软元件	FX1S	FX1N	FX1NC	FX2N	FX2NC
PLC模式												
M8030*1 电池LED 灭灯指示	驱动M8030后，即使电池电压低，可编程控制器面板上的LED也不亮灯。	—	○	○	○	○	—	—	—	—	○	○
M8031*1 非保持内存 全部清除	驱动该特殊M后，Y/M/S/T/C的ON/OFF映像区，以及T/C/D/特殊D*3，R*2的当前值被清除。 但是，文件寄存器（D）、扩展文件寄存器(ER)*2不清除。	○	○	○	○	○	—	○	○	○	○	○
M8032*1 保持内存 全部清除		○	○	○	○	○	—	○	○	○	○	○
M8033 内存保持 停止	从RUN到STOP时，映象存储区和数据存储区的内容按照原样保持。	○	○	○	○	○	—	○	○	○	○	○
M8034*1 禁止所有输出	可编程控制器的外部输出触点全部断开。	○	○	○	○	○	—	○	○	○	○	○
M8035 强制RUN模式		○	○	○	○	○	—	○	○	○	○	○
M8036 强制RUN指令		○	○	○	○	○	—	○	○	○	○	○
M8037 强制STOP指令		○	○	○	○	○	—	○	○	○	○	○
[M]8038 参数的设定	通信参数设定的标志位 (设定简易PC之间的链接用)	○	○	○	○	○	D8176～D8180	○	○	○	○*4	○
M8039 恒定 扫描模式	M8039接通后，一直等待到D8039中指定的扫描时间到可编程控制器执行这样的循环运算。	○	○	○	○	○	D8039	○	○	○	○	○

*1. 在执行END指令时处理

*2. R、ER仅对应FX3G・FX3GC・FX3U・FX3UC可编程控制器

*3. FX1S・FX1N・FX1NC・FX2N・FX2NC可编程控制器中，特殊D不被清除。

*4. Ver.2.00以上版本支持

图 B.1 特殊辅助继电器 M8000～M8511 的使用说明（续）

编号・名称	动作・功能	适用机型										
		FX3S	FX3G	FX3GC	FX3U	FX3UC	对应特殊软元件	FX1S	FX1N	FX1NC	FX2N	FX2NC
步进梯形图・信号报警器（详细内容请参考ANS（FNC 46）、ANR（FNC 47）、IST（FNC 60）以及35章）												
M8040 禁止转移	驱动M8040时，禁止状态之间的转移。	○	○	○	○	○	—	○	○	○	○	○
[M]8041*1 转移开始	自动运行时，可以从初始状态开始转移。	○	○	○	○	○	—	○	○	○	○	○
[M]8042 启动脉冲	对应启动输入的脉冲输出。	○	○	○	○	○	—	○	○	○	○	○
M8043*1 原点回归结束	请在原点回归模式的结束状态中置位。	○	○	○	○	○	—	○	○	○	○	○
M8044*1 原点条件	请在检测出机械原点时驱动。	○	○	○	○	○	—	○	○	○	○	○
M8045 禁止所有输出复位	切换模式时，不执行所有输出的复位。	○	○	○	○	○	—	○	○	○	○	○
[M]8046*2 STL状态动作	当M8047接通时，S0～S899、S1000～S4095*3中任意一个为ON则接通	○	○	○	○	○	M8047	○	○	○	○	○
M8047*2 STL监控有效	驱动了这个特M后，D8040～D8047有效	○	○	○	○	○	D8040～D8047	○	○	○	○	○
[M]8048*2 信号报警器动作	当M8049接通时，S900～S999中任意一个为ON则接通	—	○	○	○	○	—	—	—	—	○	○
M 8049*1 信号报警器有效	驱动了这个特M时，D8049的动作有效	—	○	○	○	○	D8049 M8048	—	—	—	○	○

*1.　从RUN→STOP时清除

*2.　在执行END指令时处理

*3.　S1000～S4095仅对应FX3G・FX3GC・FX3U・FX3UC

编号・名称	动作・功能	FX3S	FX3G	FX3GC	FX3U	FX3UC	对应特殊软元件	FX1S	FX1N	FX1NC	FX2N	FX2NC
禁止中断（详细内容请参考36.2.1项）												
M8050 （输入中断） I00□禁止*4	• **禁止输入中断或定时器中断的特M接通时** 即使发生输入中断和定时器中断，由于禁止了相应的中断的接收，所以不处理中断程序。 例如，M8050接通时，由于禁止了中断I00□的接收，所以即使是在允许中断的程序范围内，也不处理中断程序。 • **禁止输入中断或定时器中断的特M断开时** a) 发生输入中断或定时器中断时，接收中断。 b) 如果是用EI（FNC 04）指令允许中断时，会即刻执行中断程序。 但是，如用DI（FNC 05）指令禁止中断时，一直到用EI（FNC 04）指令允许中断为止，等待中断程序的执行。	○	○	○	○	○	—	○	○	○	○	○
M8051 （输入中断） I10□禁止*4		○	○	○	○	○	—	○	○	○	○	○
M8052 （输入中断） I20□禁止*4		○	○	○	○	○	—	○	○	○	○	○
M8053 （输入中断） I30□禁止*4		○	○	○	○	○	—	○	○	○	○	○
M8054 （输入中断） I40□禁止*4		○	○	○	○	○	—	○	○	○	○	○
M8055 （输入中断） I50□禁止*4		○	○	○	○	○	—	○	○	○	○	○
M8056 （定时器中断） I6□□禁止*4		○	○	○	○	○	—	—	—	—	○	○
M8057 （定时器中断） I7□□禁止*4		○	○	○	○	○	—	—	—	—	○	○
M8058 （定时器中断） I8□□禁止*4		○	○	○	○	○	—	—	—	—	○	○
M8059 计数器中断禁止*4	使用I010～I060的中断禁止	—	—	—	○	○	—	—	—	—	○	○

*4.　从RUN→STOP时清除

图 B.1　特殊辅助继电器 M8000～M8511 的使用说明（续）

编号·名称	动作·功能	适用机型										
		FX3S	FX3G	FX3GC	FX3U	FX3UC	对应特殊软元件	FX1S	FX1N	FX1NC	FX2N	FX2NC
错误检测（详细内容，请参考38章）												
[M]8060	I/O构成错误	—	○	○	○	○	D8060	—	—	—	○	○
[M]8061	PLC硬件错误	○	○	○	○	○	D8061	—	—	—	○	○
[M]8062	PLC/PP通信错误	○*1	—	—	○*1	○*1	D8062	○	○	○	○	○
	串行通信错误0[通道0]*2	—	○	○	—	—	D8062	—	—	—	—	—
[M]8063*3*4	串行通信错误1[通道1]	○	○	○	○	○	D8063	○	○	○	○	○
[M]8064	参数错误	○	○	○	○	○	D8064	○	○	○	○	○
[M]8065	语法错误	○	○	○	○	○	D8065 D8069 D8314 D8315	○	○	○	○	○
[M]8066	回路错误	○	○	○	○	○	D8066 D8069 D8314 D8315	○	○	○	○	○
[M]8067*5	运算错误	○	○	○	○	○	D8067 D8069 D8314 D8315	○	○	○	○	○
M8068	运算错误锁存	○	○	○	○	○	D8068 D8312 D8313	○	○	○	○	○
M8069*6	I/O总线检测	—	○	○	○	○	—	—	—	—	○	○

*1. FX3S·FX3U·FX3UC可编程控制器只有在发生存储器访问错误(6230)时会变为ON。

*2. 电源从OFF变为ON时清除

*3. 根据可编程控制器如下所示。
－FX1S·FX1N·FX1NC·FX2N·FX2NC可编程控制器中，从STOP→RUN时被清除。
－FX3S·FX3G·FX3GC·FX3U·FX3UC可编程控制器时，电源从OFF变为ON时清除

*4. FX3G·FX3GC·FX3U·FX3UC可编程控制器串行通信错误2[通道2]为M8438。

*5. 从STOP→RUN时清除

*6. 驱动了M8069后，执行I/O总线检测。（详细内容请参考38章）

编号·名称	动作·功能	FX3S	FX3G	FX3GC	FX3U	FX3UC	对应特殊软元件	FX1S	FX1N	FX1NC	FX2N	FX2NC
并联链接												
M8070*7	并联链接 请在主站时驱动。	○	○	○	○	○	—	○	○	○	○	○
M8071*7	并联链接 请在子站时驱动。	○	○	○	○	○	—	○	○	○	○	○
[M]8072	并联链接 运行过程中接通	○	○	○	○	○	—	○	○	○	○	○
[M]8073	并联链接 当M8070/M8071设定错误时接通	○	○	○	○	○	—	○	○	○	○	○

*7. 从STOP→RUN时清除

编号·名称	动作·功能	FX3S	FX3G	FX3GC	FX3U	FX3UC	对应特殊软元件	FX1S	FX1N	FX1NC	FX2N	FX2NC
采样跟踪[FX3U·FX3UC·FX2N·FX2NC用]												
[M]8074	不可以使用	—	—	—	—	—	—	—	—	—	—	—
[M]8075	采样跟踪准备开始指令	—	—	—	○	○	D8075～D8098	—	—	—	○	○
[M]8076	采样跟踪执行开始指令	—	—	—	○	○		—	—	—	○	○
[M]8077	采样跟踪执行中监控	—	—	—	○	○		—	—	—	○	○
[M]8078	采样跟踪执行结束监控	—	—	—	○	○		—	—	—	○	○
[M]8079	采样跟踪系统区域	—	—	—	○	○		—	—	—	○	○
[M]8080～[M]8089	不可以使用	—	—	—	—	—	—	—	—	—	—	—

图 B.1 特殊辅助继电器 M8000～M8511 的使用说明（续）

编号·名称	动作·功能	适用机型										
		FX3S	FX3G	FX3GC	FX3U	FX3UC	对应特殊软元件	FX1S	FX1N	FX1NC	FX2N	FX2NC
脉宽/周期测量功能[FX3G·FX3GC用](详细参考第36.8节)												
[M]8074	不可以使用	—	—	—	—	—	—	—	—	—	—	—
[M]8075	脉宽/周期测量设定标志位	—	○*1	○	—	—	—	—	—	—	—	—
[M]8076	X000脉宽/周期测量标志位	—	○*1	○	—	—	D8074～D8079	—	—	—	—	—
[M]8077	X001脉宽/周期测量标志位	—	○*1	○	—	—	D8080～D8085	—	—	—	—	—
[M]8078	X003脉宽/周期测量标志位	—	○*1	○	—	—	D8086～D8091	—	—	—	—	—
[M]8079	X004脉宽/周期测量标志位	—	○*1	○	—	—	D8092～D8097	—	—	—	—	—
M 8080	X000脉冲周期测量模式	—	○*1	○	—	—	D8074～D8079	—	—	—	—	—
M 8081	X001脉冲周期测量模式	—	○*1	○	—	—	D8080～D8085	—	—	—	—	—
M 8082	X003脉冲周期测量模式	—	○*1	○	—	—	D8086～D8091	—	—	—	—	—
M 8083	X004脉冲周期测量模式	—	○*1	○	—	—	D8092～D8097	—	—	—	—	—
[M]8084～[M]8089	不可以使用	—	—	—	—	—	—	—	—	—	—	—

*1.　Ver.1.10以上版本支持

编号·名称	动作·功能	FX3S	FX3G	FX3GC	FX3U	FX3UC	对应特殊软元件	FX1S	FX1N	FX1NC	FX2N	FX2NC
标志位												
[M]8090	BKCMP(FNC 194～199)指令 块比较信号	—	—	—	○	○*2	—	—	—	—	—	—
M8091	COMRD(FNC 182)、BINDA(FNC 261)指令输出字符数切换信号	—	—	—	○	○*2	—	—	—	—	—	—
[M]8092	不可以使用	—	—	—	—	—	—	—	—	—	—	—
[M]8093		—	—	—	—	—	—	—	—	—	—	—
[M]8094		—	—	—	—	—	—	—	—	—	—	—
[M]8095		—	—	—	—	—	—	—	—	—	—	—
[M]8096		—	—	—	—	—	—	—	—	—	—	—
[M]8097		—	—	—	—	—	—	—	—	—	—	—
[M]8098		—	—	—	—	—	—	—	—	—	—	—
高速环形计数器												
M8099*3	高速环形计数器(0.1ms单位，16位)动作	—	—	—	○	○	D8099	—	—	—	○	○
[M]8100	不可以使用	—	—	—	—	—	—	—	—	—	—	—

*2.　Ver.2.20以上版本支持

*3.　在FX2N、FX2NC中，M8099驱动后的END指令执行之后，0.1ms的高速环形计数器D8099动作。
在FX3U、FX3UC中，M8099驱动后，0.1ms的高速环形计数器D8099动作。

编号·名称	动作·功能	FX3S	FX3G	FX3GC	FX3U	FX3UC	对应特殊软元件	FX1S	FX1N	FX1NC	FX2N	FX2NC
内存信息												
[M]8101	不可以使用	—	—	—	—	—	—	—	—	—	—	—
[M]8102		—	—	—	—	—	—	—	—	—	—	—
[M]8103		—	—	—	—	—	—	—	—	—	—	—
[M]8104	安装有功能扩展存储器时接通	—	—	—	—	—	D8104 D8105	—	—	—	○*5	○*5
[M]8105	在RUN状态写入时接通*4	○	○	○	○	○	—	—	—	—	—	—
[M]8106	不可以使用	—	—	—	—	—	—	—	—	—	—	—
[M]8107	软元件注释登录的确认	—	—	—	○	○	D8107	—	—	—	—	—
[M]8108	不可以使用	—	—	—	—	—	—	—	—	—	—	—

*4.　FX3U、FX3UC仅在安装了存储器盒时有效

*5.　Ver.3.00以上版本支持

编号·名称	动作·功能	FX3S	FX3G	FX3GC	FX3U	FX3UC	对应特殊软元件	FX1S	FX1N	FX1NC	FX2N	FX2NC
输出刷新错误(详细内容请参考38章)												
[M]8109	输出刷新错误	—	○	○	○	○	D8109	—	—	—	○	○
[M]8110	不可以使用	—	—	—	—	—	—	—	—	—	—	—
[M]8111		—	—	—	—	—	—	—	—	—	—	—

图 B.1　特殊辅助继电器 M8000～M8511 的使用说明（续）

编号·名称	动作·功能	适用机型 FX3S	FX3G	FX3GC	FX3U	FX3UC	对应特殊软元件	FX1S	FX1N	FX1NC	FX2N	FX2NC
功能扩展板[FX3S・FX3G用]												
[M]8112	FX3G-4EX-BD：BX0的输入	○*1	○*2	—	—	—	—	—	—	—	—	—
[M]8113	FX3G-4EX-BD：BX1的输入	○*1	○*2	—	—	—	—	—	—	—	—	—
[M]8114	FX3G-4EX-BD：BX2的输入	○*1	○*2	—	—	—	—	—	—	—	—	—
[M]8115	FX3G-4EX-BD：BX3的输入	○*1	○*2	—	—	—	—	—	—	—	—	—
M8116	FX3G-2EYT-BD：BY0的输出	○*1	○*2	—	—	—	—	—	—	—	—	—
M8117	FX3G-2EYT-BD：BY1的输出	○*1	○*2	—	—	—	—	—	—	—	—	—
[M]8118	不可以使用	—	—	—	—	—	—	—	—	—	—	—
[M]8119		—	—	—	—	—	—	—	—	—	—	—

*1. Ver.1.10以上版本对应

*2. Ver.2.20以上版本对应

编号·名称	动作·功能	FX3S	FX3G	FX3GC	FX3U	FX3UC	对应特殊软元件	FX1S	FX1N	FX1NC	FX2N	FX2NC
功能扩展板[FX1S・FX1N用]												
M8112	FX1N-4EX-BD：BX0的输入	—	—	—	—	—	—	○	○	—	—	—
	FX1N-2AD-BD：通道1的输入模式切换	—	—	—	—	—	D8112	○	○	—	—	—
M8113	FX1N-4EX-BD：BX1的输入	—	—	—	—	—	—	○	○	—	—	—
	FX1N-2AD-BD：通道2的输入模式切换	—	—	—	—	—	D8113	○	○	—	—	—
M8114	FX1N-4EX-BD：BX2的输入	—	—	—	—	—	—	○	○	—	—	—
	FX1N-1DA-BD：输出模式的切换	—	—	—	—	—	D8114	○	○	—	—	—
M8115	FX1N-4EX-BD：BX3的输入	—	—	—	—	—	—	○	○	—	—	—
M8116	FX1N-2EYT-BD：BY0的输出	—	—	—	—	—	—	○	○	—	—	—
M8117	FX1N-2EYT-BD：BY1的输出	—	—	—	—	—	—	○	○	—	—	—
[M]8118	不可以使用	—	—	—	—	—	—	—	—	—	—	—
[M]8119		—	—	—	—	—	—	—	—	—	—	—
RS(FNC 80)・计算机链接[通道1](详细内容请参考通信控制手册)												
[M]8120	不可以使用	—	—	—	—	—	—	—	—	—	—	—
[M]8121*3	RS(FNC 80)指令 发送待机标志位	○	○	○	○	○	—	○	○	○	○	○
M8122*3	RS(FNC 80)指令 发送请求	○	○	○	○	○	D8122	○	○	○	○	○
M8123*3	RS(FNC 80)指令 接收结束标志位	○	○	○	○	○	D8123	○	○	○	○	○
[M]8124	RS(FNC 80)指令 载波的检测标志位	○	○	○	○	○	—	○	○	○	○	○
[M]8125	不可以使用	—	—	—	—	—	—	—	—	—	—	—
[M]8126	计算机链接[通道1] 全局ON	○	○	○	○	○	D8127 D8128 D8129	○	○	○	○	○
[M]8127	计算机链接[通道1] 下位通信请求(ON Demand)发送中	○	○	○	○	○		—	—	—	○	○
M8128	计算机链接[通道1] 下位通信请求(ON Demand)错误标志位	○	○	○	○	○		○	○	○	○	○
M8129	计算机链接[通道1] 下位通信请求(ON Demand)字/字节的切换 RS(FNC 80)指令 判断超时的标志位	○	○	○	○	○		○	○	○	○	○

*3. 从RUN→STOP时，或是RS指令OFF时清除

图 B.1 特殊辅助继电器 M8000～M8511 的使用说明（续）

编号・名称	动作・功能	适用机型										
		FX3S	FX3G	FX3GC	FX3U	FX3UC	对应特殊软元件	FX1S	FX1N	FX1NC	FX2N	FX2NC
高速计数器比较・高速表格・定位[定位为FX3S、FX3G、FX3GC、FX1S、FX1N、FX1NC用]												
M8130	HSZ(FNC 55)指令 表格比较模式	—	—	—	○	○	D8130	—	—	—	○	○
[M]8131	同上的执行结束标志位	—	—	—	○	○		—	—	—	○	○
M8132	HSZ(FNC 55)、PLSY(FNC 57)指令 速度模型模式	—	—	—	○	○	D8131～D8134	—	—	—	○	○
[M]8133	同上的执行结束标志位	—	—	—	○	○		—	—	—	○	○
[M]8134	不可以使用	—	—	—	—	—	—	—	—	—	—	—
[M]8135		—	—	—	—	—	—	—	—	—	—	—
[M]8136		—	—	—	—	—	—	—	—	—	—	—
[M]8137		—	—	—	—	—	—	—	—	—	—	—
[M]8138	HSCT(FNC 280)指令 指令执行结束标志位	—	—	—	○	○	D8138	—	—	—	—	—
[M]8139	HSCS(FNC 53)、HSCR(FNC 54)、HSZ(FNC 55)、HSCT(FNC 280)指令 高速计数器比较指令执行中	—	—	—	○	○	D8139	—	—	—	—	—
M8140	ZRN(FNC 156)指令 CLR信号输出功能有效	—	—	—	—	—	—	○	○	○	—	—
[M]8141	不可以使用	—	—	—	—	—	—	—	—	—	—	—
[M]8142		—	—	—	—	—	—	—	—	—	—	—
[M]8143		—	—	—	—	—	—	—	—	—	—	—
[M]8144		—	—	—	—	—	—	—	—	—	—	—
M8145	[Y000] 脉冲输出停止指令	○	○	○	—	—	—	○	○	○	—	—
M8146	[Y001] 停止脉冲输出的指令	○	○	○	—	—	—	○	○	○	—	—
[M]8147	[Y000] 脉冲输出中的监控(BUSY/READY)	○	○	○	—	—	—	○	○	○	—	—
[M]8148	[Y001] 脉冲输出中的监控(BUSY/READY)	○	○	○	—	—	—	○	○	○	—	—
[M]8149	不可以使用	—	—	—	—	—	—	—	—	—	—	—

图 B.1　特殊辅助继电器 M8000～M8511 的使用说明（续）

编号・名称	动作・功能	适用机型										
		FX3S	FX3G	FX3GC	FX3U	FX3UC	对应特殊软元件	FX1S	FX1N	FX1NC	FX2N	FX2NC
变频器通信功能(详细内容，请参考通信控制手册)												
[M]8150	不可以使用	—	—	—	—	—	—	—	—	—	—	—
[M]8151	变频器通信中[通道1]	○	○*3	○	○	○	D8151	—	—	—	—	—
[M]8152*1	变频器通信错误[通道1]	○	○*3	○	○	○	D8152	—	—	—	—	—
[M]8153*1	变频器通信错误的锁定[通道1]	○	○*3	○	○	○	D8153	—	—	—	—	—
[M]8154*1	IVBWR(FNC 274)指令错误[通道1]	—	—	—	○	○	D8154	—	—	—	—	—
[M]8154	在每个EXTR(FNC 180)指令中被定义	—	—	—	—	—	—	—	—	—	○*2	○*2
[M]8155	通过EXTR(FNC 180)指令使用通信端口时	—	—	—	—	—	D8155	—	—	—	○*2	○*2
[M]8156	变频器通信中[通道2]	—	○*3	○	○	○	D8156	—	—	—	—	—
[M]8156	EXTR(FNC 180)指令中，发生通信错误或是参数错误	—	—	—	—	—	D8156	—	—	—	○*2	○*2
[M]8157*1	变频器通信错误[通道2]	—	○*3	○	○	○	D8157	—	—	—	—	—
	在EXTR(FNC 180)指令中发生过的通信错误被锁定	—	—	—	—	—	D8157	—	—	—	○*2	○*2
[M]8158*1	变频器通信错误的锁存[通道2]	—	○*3	○	○	○	D8158	—	—	—	—	—
[M]8159*1	IVBWR(FNC 274)指令错误[通道2]	—	—	—	○	○	D8159	—	—	—	—	—

*1. 从STOP→RUN时清除

*2. Ver.3.00以上版本支持

*3. Ver.1.10以上版本支持

编号・名称	动作・功能	FX3S	FX3G	FX3GC	FX3U	FX3UC	对应特殊软元件	FX1S	FX1N	FX1NC	FX2N	FX2NC
扩展功能												
M8160*4	XCH(FNC 17)的SWAP功能	—	—	—	○	○	—	—	—	—	○	○
M8161*4*5	8位处理模式	○	○	○	○	○	—	○	○	○	○	○
M8162	高速并联链接模式	○	○	○	○	○	—	○	○	○	○	○
[M]8163	不可以使用	—	—	—	—	—	—	—	—	—	—	—
M8164*4	FROM(FNC 78)、TO(FNC 79)指令 传送点数可改变模式	—	—	—	—	—	D8164	—	—	—	○*6	○
M8165*4	SORT2(FNC 149)指令 降序排列	—	—	—	○	○*7	—	—	—	—	—	—
[M]8166	不可以使用	—	—	—	—	—	—	—	—	—	—	—
M8167*4	HKY(FNC 71)指令 处理HEX数据的功能	—	—	—	○	○	—	—	—	—	○	○
M8168*4	SMOV(FNC 13) 处理HEX数据的功能	○	○	○	○	○	—	—	—	—	○	○
[M]8169	不可以使用	—	—	—	—	—	—	—	—	—	—	—

*4. 从RUN→STOP时清除

*5. 适用于ASC(FNC 76)、RS(FNC 80)、ASCI(FNC 82)、HEX(FNC 83)、CCD(FNC 84)、CRC(FNC 188)指令*8

*6. Ver.2.00以上版本支持

*7. Ver.2.20以上版本支持

*8. CRC(FNC 188)指令仅支持FX3U・FX3UC可编程控制器

图 B.1 特殊辅助继电器 M8000～M8511 的使用说明（续）

编号·名称	动作·功能	适用机型										
		FX3S	FX3G	FX3GC	FX3U	FX3UC	对应特殊软元件	FX1S	FX1N	FX1NC	FX2N	FX2NC
脉冲捕捉(详细内容，请参考36.7节)												
M8170*1	输入X000 脉冲捕捉	○	○	○	○	○	—	○	○	○	○	○
M8171*1	输入X001 脉冲捕捉	○	○	○	○	○	—	○	○	○	○	○
M8172*1	输入X002 脉冲捕捉	○	○	○	○	○	—	○	○	○	○	○
M8173*1	输入X003 脉冲捕捉	○	○	○	○	○	—	○	○	○	○	○
M8174*1	输入X004 脉冲捕捉	○	○	○	○	○	—	○	○	○	○	○
M8175*1	输入X005 脉冲捕捉	○	○	○	○	○	—	○	○	○	○	○
M8176*1	输入X006 脉冲捕捉	—	—	—	○	○	—	—	—	—	—	—
M8177*1	输入X007 脉冲捕捉	—	—	—	○	○	—	—	—	—	—	—

*1. 从STOP→RUN时清除
FX3U、FX3UC、FX2N、FX2NC可编程控制器…需要EI(FNC 04)指令。
FX3S、FX3G、FX3GC、FX1S、FX1N、FX1NC可编程控制器……不需要EI(FNC 04)指令。

编号·名称	动作·功能	FX3S	FX3G	FX3GC	FX3U	FX3UC	对应特殊软元件	FX1S	FX1N	FX1NC	FX2N	FX2NC
通信端口的通道设定(详细内容，请参考通信控制手册)												
M8178	并联链接 通道切换(OFF：通道1，ON：通道2)	—	○	○	○	○	—	—	—	—	—	—
M8179	简易PC间链接 通道切换*2	—	○	○	○	○	—	—	—	—	—	—

*2. 通过判断是否需要在设定用程序中编程，来指定要使用的通道。

→关于设定用程序，请参考通信控制手册

- 通道1：不编程
- 通道2：编程

编号·名称	动作·功能	FX3S	FX3G	FX3GC	FX3U	FX3UC	对应特殊软元件	FX1S	FX1N	FX1NC	FX2N	FX2NC
简易PC间链接(详细内容，请参考通信控制手册)												
[M]8180	不可以使用	—	—	—	—	—	—	—	—	—	—	—
[M]8181		—	—	—	—	—	—	—	—	—	—	—
[M]8182		—	—	—	—	—	—	—	—	—	—	—
[M]8183*3	数据传送顺控错误(主站)	○	○	○	○	○	D8201～D8218	(M504)	○	○	○*4	○
[M]8184*3	数据传送顺控错误(1号站)	○	○	○	○	○		(M505)	○	○	○*4	○
[M]8185*3	数据传送顺控错误(2号站)	○	○	○	○	○		(M506)	○	○	○*4	○
[M]8186*3	数据传送顺控错误(3号站)	○	○	○	○	○		(M507)	○	○	○*4	○
[M]8187*3	数据传送顺控错误(4号站)	○	○	○	○	○		(M508)	○	○	○*4	○
[M]8188*3	数据传送顺控错误(5号站)	○	○	○	○	○		(M509)	○	○	○*4	○
[M]8189*3	数据传送顺控错误(6号站)	○	○	○	○	○		(M510)	○	○	○*4	○
[M]8190*3	数据传送顺控错误(7号站)	○	○	○	○	○		(M511)	○	○	○*4	○
[M]8191*3	数据传送顺控的执行中	○	○	○	○	○		(M503)	○	○	○*4	○
[M]8192	不可以使用	—	—	—	—	—	—	—	—	—	—	—
[M]8193		—	—	—	—	—	—	—	—	—	—	—
[M]8194		—	—	—	—	—	—	—	—	—	—	—
[M]8195		—	—	—	—	—	—	—	—	—	—	—
[M]8196		—	—	—	—	—	—	—	—	—	—	—
[M]8197		—	—	—	—	—	—	—	—	—	—	—

*3. FX1S可编程控制器使用( )内的编号

*4. Ver.2.00以上版本支持

编号·名称	动作·功能	FX3S	FX3G	FX3GC	FX3U	FX3UC	对应特殊软元件	FX1S	FX1N	FX1NC	FX2N	FX2NC
高速计数器倍增的指定(详细内容请参考4.8.8项)												
M8198*5*6	C251、C252、C254用1倍/4倍的切换	—	—	—	○	○	—	—	—	—	—	—
M8199*5*6	C253、C255、C253(OP)用1倍/4倍的切换	—	—	—	○	○	—	—	—	—	—	—

*5. OFF：1倍
ON：4倍

*6. 从RUN→STOP时清除

图 B.1 特殊辅助继电器 M8000～M8511 的使用说明（续）

编号·名称		动作·功能	适用机型										
			FX3S	FX3G	FX3GC	FX3U	FX3UC	对应特殊软元件	FX1S	FX1N	FX1NC	FX2N	FX2NC
计数器增/减计数的计数方向(详细内容请参考4.6节)													
M8200	C200		○	○	○	○	○	—	—	○	○	○	○
M8201	C201		○	○	○	○	○	—	—	○	○	○	○
M8202	C202		○	○	○	○	○	—	—	○	○	○	○
M8203	C203		○	○	○	○	○	—	—	○	○	○	○
M8204	C204		○	○	○	○	○	—	—	○	○	○	○
M8205	C205		○	○	○	○	○	—	—	○	○	○	○
M8206	C206		○	○	○	○	○	—	—	○	○	○	○
M8207	C207		○	○	○	○	○	—	—	○	○	○	○
M8208	C208		○	○	○	○	○	—	—	○	○	○	○
M8209	C209		○	○	○	○	○	—	—	○	○	○	○
M8210	C210		○	○	○	○	○	—	—	○	○	○	○
M8211	C211		○	○	○	○	○	—	—	○	○	○	○
M8212	C212		○	○	○	○	○	—	—	○	○	○	○
M 8213	C213		○	○	○	○	○	—	—	○	○	○	○
M8214	C214		○	○	○	○	○	—	—	○	○	○	○
M8215	C215		○	○	○	○	○	—	—	○	○	○	○
M8216	C216	M8□□□动作后，与其支持的C□□□变为递减模式。 • ON：减计数动作 • OFF：增计数动作	○	○	○	○	○	—	—	○	○	○	○
M8217	C217		○	○	○	○	○	—	—	○	○	○	○
M8218	C218		○	○	○	○	○	—	—	○	○	○	○
M8219	C219		○	○	○	○	○	—	—	○	○	○	○
M8220	C220		○	○	○	○	○	—	—	○	○	○	○
M8221	C221		○	○	○	○	○	—	—	○	○	○	○
M8222	C222		○	○	○	○	○	—	—	○	○	○	○
M8223	C223		○	○	○	○	○	—	—	○	○	○	○
M8224	C224		○	○	○	○	○	—	—	○	○	○	○
M8225	C225		○	○	○	○	○	—	—	○	○	○	○
M8226	C226		○	○	○	○	○	—	—	○	○	○	○
M8227	C227		○	○	○	○	○	—	—	○	○	○	○
M8228	C228		○	○	○	○	○	—	—	○	○	○	○
M8229	C229		○	○	○	○	○	—	—	○	○	○	○
M8230	C230		○	○	○	○	○	—	—	○	○	○	○
M8231	C231		○	○	○	○	○	—	—	○	○	○	○
M8232	C232		○	○	○	○	○	—	—	○	○	○	○
M8233	C233		○	○	○	○	○	—	—	○	○	○	○
M8234	C234		○	○	○	○	○	—	—	○	○	○	○
高速计数器增/减计数的计数方向(详细内容，请参考4.7节或4.8节)													
M8235	C235		○	○	○	○	○	—	○	○	○	○	○
M8236	C236		○	○	○	○	○	—	○	○	○	○	○
M8237	C237		○	○	○	○	○	—	○	○	○	○	○
M8238	C238		○	○	○	○	○	—	○	○	○	○	○
M8239	C239	M8□□□动作后，与其支持的C□□□变为递减模式。 • ON：减计数动作 • OFF：增计数动作	○	○	○	○	○	—	○	○	○	○	○
M8240	C240		○	○	○	○	○	—	○	○	○	○	○
M8241	C241		○	○	○	○	○	—	○	○	○	○	○
M8242	C242		○	○	○	○	○	—	○	○	○	○	○
M8243	C243		○	○	○	○	○	—	○	○	○	○	○
M8244	C244		○	○	○	○	○	—	○	○	○	○	○
M8245	C245		○	○	○	○	○	—	○	○	○	○	○

图 B.1　特殊辅助继电器 M8000～M8511 的使用说明（续）

编号・名称	动作・功能	适用机型 FX3S	FX3G	FX3GC	FX3U	FX3UC	对应特殊软元件	FX1S	FX1N	FX1NC	FX2N	FX2NC
高速计数器增/减计数器的监控(详细内容，请参考4.7节或4.8节)												
[M]8246	C246 单相双输入计数器，双相双输入计数器的C□□□为递减模式时，与其支持的M8□□□为ON。 • ON：减计数动作 • OFF：增计数动作	○	○	○	○	○	—	○	○	○	○	○
[M]8247	C247	○	○	○	○	○	—	○	○	○	○	○
[M]8248	C248	○	○	○	○	○	—	○	○	○	○	○
[M]8249	C249	○	○	○	○	○	—	○	○	○	○	○
[M]8250	C250	○	○	○	○	○	—	○	○	○	○	○
[M]8251	C251	○	○	○	○	○	—	○	○	○	○	○
[M]8252	C252	○	○	○	○	○	—	○	○	○	○	○
[M]8253	C253	○	○	○	○	○	—	○	○	○	○	○
[M]8254	C254	○	○	○	○	○	—	○	○	○	○	○
[M]8255	C255	○	○	○	○	○	—	○	○	○	○	○
[M]8256～[M]8259	不可以使用	—	—	—	—	—	—	—	—	—	—	—
模拟量特殊适配器[FX3U・FX3UC](关于各模拟量特殊适配器的内容，请参考37.2.19项)												
M8260～M8269	第1台的特殊适配器*1	—	—	—	○	○*2	—	—	—	—	—	—
M8270～M8279	第2台的特殊适配器*1	—	—	—	○	○*2	—	—	—	—	—	—
M8280～M8289	第3台的特殊适配器*1	—	—	—	○	○*2	—	—	—	—	—	—
M8290～M8299	第4台的特殊适配器*1	—	—	—	○	○*2	—	—	—	—	—	—
模拟量特殊适配器[FX3S・FX3G・FX3GC]、模拟功能扩展板[FX3S・FX3G] (关于各个模拟量特殊适配器、模拟功能扩展板的支持，参考37.2.18项)												
M8260～M8269	第1台功能扩展板*3	○	○*6	—	—	—	—	—	—	—	—	—
M8270～M8279	第2台功能扩展板*4*5	—	○*6	—	—	—	—	—	—	—	—	—
M8280～M8289	第1台特殊适配器*1	○	○	○	—	—	—	—	—	—	—	—
M8290～M8299	第2台特殊适配器*1*5	—	○	○	—	—	—	—	—	—	—	—
标志位												
[M]8300～[M]8303	不可以使用	—	—	—	—	—	—	—	—	—	—	—
[M]8304 零位	乘除运算结果为0时，置ON	○	○	○	○*7	○*7	—	—	—	—	—	—
[M]8305	不可以使用	—	—	—	—	—	—	—	—	—	—	—
[M]8306 进位	除法运算结果溢出时，置ON	○	○	○	○*7	○*7	—	—	—	—	—	—
[M]8307～[M]8311	不可以使用	—	—	—	—	—	—	—	—	—	—	—

*1. 从基本单元侧计算连接的模拟量特殊适配器的台数。
*2. Ver.1.20以上版本支持
*3. 变成已连接FX3G可编程控制器(40点、60点型)的BD1连接器、或者FX3G可编程控制器(14点、24点型)、FX3S可编程控制器的BD连接器的功能扩展板。
*4. 变成已连接FX3G可编程控制器(40点、60点型)的BD2连接器的功能扩展板。
*5. 只能连接FX3G可编程控制器(40点、60点型)。
*6. Ver.1.10以上版本支持
*7. Ver.2.30以上版本支持

编号・名称	动作・功能	FX3S	FX3G	FX3GC	FX3U	FX3UC	对应特殊软元件	FX1S	FX1N	FX1NC	FX2N	FX2NC
I/O非实际安装指定错误(详细内容，请参考38章)标志位												
M8312*8	实时时钟时间数据丢失错误	○	○	○	—	—	—	—	—	—	—	—
[M]8313～[M]8315	不可以使用	—	—	—	—	—	—	—	—	—	—	—
[M]8316*9	I/O非实际安装指定错误	—	—	—	○	○	D8316 D8317	—	—	—	—	—
[M]8317	不可以使用	—	—	—	—	—	—	—	—	—	—	—
[M]8318	BFM的初始化失败 从STOP→RUN时，对于用BFM初始化功能指定的特殊扩展单元/模块，发生针对其的FROM/TO错误时接通，发生错误的单元号被保存在D8318中，BFM号被保存在D8319中。	—	—	—	○	○ *10	D8318 D8319	—	—	—	—	—
[M]8319～[M]8321	不可以使用	—	—	—	—	—	—	—	—	—	—	—
[M]8322	辨别FX3UC-32MT-LT与FX3UC-32MT-LT-2的机型 1：FX3UC-32MT-LT-2 0：FX3UC-32MT-LT	—	—	—	—	○ *11	—	—	—	—	—	—

*8. 通过EEPROM进行停电保持。有关停电保持的详细内容，请参考2.6节。执行清除M8312操作或重设时间数据，将自动清除。
*9. 在LD、AND、OR、OUT指令等的软元件编号中直接指定以及通过变址间接指定时，在输入输出的软元件编号未安装的情况下为ON。
*10. Ver.2.20以上版本支持
*11. 仅FX3UC-32MT-LT-2可使用

图 B.1　特殊辅助继电器 M8000～M8511 的使用说明（续）

编号・名称	动作・功能	适用机型										
		FX3S	FX3G	FX3GC	FX3U	FX3UC	对应特殊软元件	FX1S	FX1N	FX1NC	FX2N	FX2NC
I/O非实际安装指定错误(详细内容，请参考38章)标志位												
[M]8323	要求内置CC-Link/LT配置	—	—	—	—	○*1	—	—	—	—	—	—
[M]8324	内藏CC-Link/LT配置结束	—	—	—	—	○*1	—	—	—	—	—	—
[M]8325～[M]8327	不可以使用	—	—	—	—	—	—	—	—	—	—	—
[M]8328	指令不执行	—	—	—	○	○*2	—	—	—	—	—	—
[M]8329	指令执行异常结束	○	○	○	○	○	—	—	—	—	—	—

*1. 仅FX3UC-32MT-LT-2可使用
*2. Ver.2.20以上版本支持

编号・名称	动作・功能	FX3S	FX3G	FX3GC	FX3U	FX3UC	对应特殊软元件	FX1S	FX1N	FX1NC	FX2N	FX2NC
定时时钟(详细内容，情参考24.3节)・定位[FX3S・FX3G・FX3GC・FX3U・FX3UC](详细内容，请参考定位控制手册)												
[M]8330	DUTY(FNC 186)指令 定时时钟的输出1	—	—	—	○	○*3	D8330	—	—	—	—	—
[M]8331	DUTY(FNC 186)指令 定时时钟的输出2	—	—	—	○	○*3	D8331	—	—	—	—	—
[M]8332	DUTY(FNC 186)指令 定时时钟的输出3	—	—	—	○	○*3	D8332	—	—	—	—	—
[M]8333	DUTY(FNC 186)指令 定时时钟的输出4	—	—	—	○	○*3	D8333	—	—	—	—	—
[M]8334	DUTY(FNC 186)指令 定时时钟的输出5	—	—	—	○	○*3	D8334	—	—	—	—	—
[M]8335	不可以使用	—	—	—	—	—	—	—	—	—	—	—
M8336*4	DVIT(FNC 151)指令 中断输入指定功能有效	—	—	—	○	○*5	D8336	—	—	—	—	—
[M]8337	不可以使用	—	—	—	—	—	—	—	—	—	—	—
M8338	PLSV(FNC 157)指令 加减速动作	○	○	○	○	○*3	—	—	—	—	—	—
[M]8339	不可以使用	—	—	—	—	—	—	—	—	—	—	—
[M]8340	[Y000] 脉冲输出中监控(ON: BUSY/OFF: READY)	○	○	○	○	○	—	—	—	—	—	—
M8341*4	[Y000] 清除信号输出功能有效	○	○	○	○	○	—	—	—	—	—	—
M8342*4	[Y000] 指定原点回归方向	○	○	○	○	○	—	—	—	—	—	—
M8343	[Y000] 正转限位	○	○	○	○	○	—	—	—	—	—	—
M8344	[Y000] 反转限位	○	○	○	○	○	—	—	—	—	—	—
M8345*4	[Y000] 近点DOG信号逻辑反转	○	○	○	○	○	—	—	—	—	—	—
M8346*4	[Y000] 零点信号逻辑反转	○	○	○	○	○	—	—	—	—	—	—
M8347*4	[Y000] 中断信号逻辑反转	—	—	—	○	○	—	—	—	—	—	—
[M]8348	[Y000] 定位指令驱动中	○	○	○	○	○	—	—	—	—	—	—
M8349*4	[Y000] 脉冲输出停止指令	○	○	○	○	○	—	—	—	—	—	—
[M]8350	[Y001] 脉冲输出中监控(ON: BUSY/OFF: READY)	○	○	○	○	○	—	—	—	—	—	—
M8351*4	[Y001] 清除信号输出功能有效	○	○	○	○	○	—	—	—	—	—	—
M8352*4	[Y001] 指定原点回归方向	○	○	○	○	○	—	—	—	—	—	—
M8353	[Y001] 正转限位	○	○	○	○	○	—	—	—	—	—	—
M8354	[Y001] 反转限位	○	○	○	○	○	—	—	—	—	—	—
M8355*4	[Y001] 近点DOG信号逻辑反转	○	○	○	○	○	—	—	—	—	—	—
M8356*4	[Y001] 零点信号逻辑反转	○	○	○	○	○	—	—	—	—	—	—
M8357*4	[Y001] 中断信号逻辑反转	—	—	—	○	○	—	—	—	—	—	—
[M]8358	[Y001] 定位指令驱动中	○	○	○	○	○	—	—	—	—	—	—
M8359*4	[Y001] 停止脉冲输出的指令	○	○	○	○	○	—	—	—	—	—	—
[M]8360	[Y002] 脉冲输出中监控(ON: BUSY/OFF: READY)	—	○	—	○	○	—	—	—	—	—	—
M8361*4	[Y002] 清除信号输出功能有效	—	○	—	○	○	—	—	—	—	—	—
M8362*4	[Y002] 指定原点回归方向	—	○	—	○	○	—	—	—	—	—	—
M8363	[Y002] 正转限位	—	○	—	○	○	—	—	—	—	—	—
M8364	[Y002] 反转限位	—	○	—	○	○	—	—	—	—	—	—
M8365*4	[Y002] 近点DOG信号逻辑反转	—	○	—	○	○	—	—	—	—	—	—
M8366*4	[Y002] 零点信号逻辑反转	—	○	—	○	○	—	—	—	—	—	—
M8367*4	[Y002] 中断信号逻辑反转	—	—	—	○	○	—	—	—	—	—	—
[M]8368	[Y002] 定位指令驱动中	—	○	—	○	○	—	—	—	—	—	—
M8369*4	[Y002] 脉冲输出停止指令	—	○	—	○	○	—	—	—	—	—	—

*3. Ver.2.20以上版本支持
*4. 从RUN→STOP时清除
*5. Ver.1.30以上版本支持

图 B.1 特殊辅助继电器 M8000～M8511 的使用说明（续）

编号・名称	动作・功能	适用机型 FX3S	FX3G	FX3GC	FX3U	FX3UC	对应特殊软元件	FX1S	FX1N	FX1NC	FX2N	FX2NC
定位(FX3U可编程控制器)(详细内容请参考定位控制手册)												
[M]8370	[Y003] 脉冲输出中监控(ON: BUSY/OFF: READY)	—	—	—	○*2	—	—	—	—	—	—	—
M8371*1	[Y003] 清除信号输出功能有效	—	—	—	○*2	—	—	—	—	—	—	—
M8372*1	[Y003] 指定原点回归方向	—	—	—	○*2	—	—	—	—	—	—	—
M8373	[Y003] 正转限位	—	—	—	○*2	—	—	—	—	—	—	—
M8374	[Y003] 反转限位	—	—	—	○*2	—	—	—	—	—	—	—
M8375*1	[Y003] 近点DOG信号逻辑反转	—	—	—	○*2	—	—	—	—	—	—	—
M8376*1	[Y003] 零点信号逻辑反转	—	—	—	○*2	—	—	—	—	—	—	—
M8377*1	[Y003] 中断信号逻辑反转	—	—	—	○*2	—	—	—	—	—	—	—
[M]8378	[Y003] 定位指令驱动中	—	—	—	○*2	—	—	—	—	—	—	—
M8379	[Y003] 脉冲输出停止指令*1	—	—	—	○*2	—	—	—	—	—	—	—
RS2(FNC 87)[通道0](FX3G・FX3GC可编程控制器)(详情请参考通信控制手册)												
[M]8370	不可以使用	—	—	—	—	—	—	—	—	—	—	—
[M]8371*1	RS2(FNC 87)[通道0] 发送待机标志位	—	○	○	—	—	—	—	—	—	—	—
M8372*1	RS2(FNC 87)[通道0] 发送要求	—	○	○	—	—	D8372	—	—	—	—	—
M8373*1	RS2(FNC 87)[通道0] 接收结束标志位	—	○	○	—	—	D8374	—	—	—	—	—
[M]8374～[M]8378	不可以使用	—	—	—	—	—	—	—	—	—	—	—
M8379	RS2(FNC 87)[通道0] 超时的判断标志位	—	○	○	—	—	—	—	—	—	—	—

*1. 从RUN→STOP时，或是RS指令[ch0]OFF时清除
*2. 仅当FX3U可编程控制器中连接了2台FX3U-2HSY-ADP时可以使用

编号・名称	动作・功能	FX3S	FX3G	FX3GC	FX3U	FX3UC	对应特殊软元件	FX1S	FX1N	FX1NC	FX2N	FX2NC
高速计数器功能(详细内容，请参考4.8.5项或4.7.5项)												
[M]8380*3	C235、C241、C244、C246、C247、C249、C251、C252、C254的动作状态	—	—	—	○	○	—	—	—	—	—	—
[M]8381*3	C236的动作状态	—	—	—	○	○	—	—	—	—	—	—
[M]8382*3	C237、C242、C245的动作状态	—	—	—	○	○	—	—	—	—	—	—
[M]8383*3	C238、C248、C248(OP)、C250、C253、C255的动作状态	—	—	—	○	○	—	—	—	—	—	—
[M]8384*3	C239、C243的动作状态	—	—	—	○	○	—	—	—	—	—	—
[M]8385*3	C240的动作状态	—	—	—	○	○	—	—	—	—	—	—
[M]8386*3	C244(OP)的动作状态	—	—	—	○	○	—	—	—	—	—	—
[M]8387*3	C245(OP)的动作状态	—	—	—	○	○	—	—	—	—	—	—
[M]8388	高速计数器的功能变更用触点	○	○	○	○	○	—	—	—	—	—	—
M8389	外部复位输入的逻辑切换	—	—	—	○	○	—	—	—	—	—	—
M8390	C244用功能切换软元件	—	—	—	○	○	—	—	—	—	—	—
M8391	C245用功能切换软元件	—	—	—	○	○	—	—	—	—	—	—
M8392	C248,C253用功能切换软元件	○	○	○	○	○	—	—	—	—	—	—

*3. 从STOP→RUN时清除

编号・名称	动作・功能	FX3S	FX3G	FX3GC	FX3U	FX3UC	对应特殊软元件	FX1S	FX1N	FX1NC	FX2N	FX2NC
中断程序												
[M]8393	设定延迟时间用的触点	—	—	—	○	○	D8393	—	—	—	—	—
[M]8394	HCMOV(FNC 189)中断程序用驱动触点	—	—	—	○	○	—	—	—	—	—	—
[M]8395	C254用功能切换软元件	—	○	○	—	—	—	—	—	—	—	—
[M]8396	不可以使用	—	—	—	—	—	—	—	—	—	—	—
[M]8397	不可以使用	—	—	—	—	—	—	—	—	—	—	—
环形计数器												
M8398	1ms的环形计数(32位)动作*4	○	○	○	○	○	D8398, D8399	—	—	—	—	—
[M]8399	不可以使用	—	—	—	—	—	—	—	—	—	—	—

*4. M8398驱动后的END指令执行之后，1ms的环形计数[D8399, D8398]动作。

图 B.1 特殊辅助继电器 M8000～M8511 的使用说明（续）

编号·名称	动作·功能	适用机型										
		FX3S	FX3G	FX3GC	FX3U	FX3UC	对应特殊软元件	FX1S	FX1N	FX1NC	FX2N	FX2NC
RS2(FNC 87)[通道1](详细内容请参考通信控制手册)												
[M]8400	不可以使用	—	—	—	—	—	—	—	—	—	—	—
[M]8401*1	RS2(FNC 87)[通道1] 发送待机标志位	○	○	○	○	○	—	—	—	—	—	—
M8402*1	RS2(FNC 87)[通道1] 发送请求	○	○	○	○	○	D8402	—	—	—	—	—
M8403*1	RS2(FNC 87)[通道1] 接收结束标志位	○	○	○	○	○	D8403	—	—	—	—	—
[M]8404	RS2(FNC 87)[通道1] 载波的检测标志位	○	○	○	○	○	—	—	—	—	—	—
[M]8405	RS2(FNC 87)[通道1] 数据设定准备就绪(DSR)标志位	○	○	○	○*3	○*3	—	—	—	—	—	—
[M]8406～[M]8408	不可以使用	—	—	—	—	—	—	—	—	—	—	—
M8409	RS2(FNC 87)[通道1] 判断超时的标志位	○	○	○	○	○	—	—	—	—	—	—
RS2(FNC 87)[通道2]计算机链接[通道2](详细内容请参考通信控制手册)												
[M]8410～[M]8420	不可以使用	—	—	—	—	—	—	—	—	—	—	—
[M]8421*2	RS2(FNC 87)[通道2] 发送待机标志位	—	○	○	○	○	—	—	—	—	—	—
M8422*2	RS2(FNC 87)[通道2] 发送请求	—	○	○	○	○	D8422	—	—	—	—	—
M8423*2	RS2(FNC 87)[通道2] 接收结束标志位	—	○	○	○	○	D8423	—	—	—	—	—
[M]8424	RS2(FNC 87)[通道2] 载波的检测标志位	—	○	○	○	○	—	—	—	—	—	—
[M]8425	RS2(FNC 87)[通道2] 数据设定准备就绪(DSR)标志位	—	○	○	○*3	○*3	—	—	—	—	—	—
[M]8426	计算机链接[通道2] 全局ON	—	○	○	○	○	D8427 D8428 D8429	—	—	—	—	—
[M]8427	计算机链接[通道2] 下位通信请求(On Demand)发送中	—	○	○	○	○		—	—	—	—	—
M8428	计算机链接[通道2]下位通信请求(On Demand)错误标志位	—	○	○	○	○		—	—	—	—	—
M8429	计算机链接[通道2]下位通信请求(On Demand)字/字节的切换 RS2(FNC 87)[通道2] 判断超时的标志位	—	○	○	○	○		—	—	—	—	—

*1. 从RUN→STOP时，或是RS2指令[通道1]OFF时清除
*2. 从RUN→STOP时，或是RS2指令[通道2]OFF时清除
*3. Ver.2.30以上的产品支持

编号·名称	动作·功能	FX3S	FX3G	FX3GC	FX3U	FX3UC	对应特殊软元件	FX1S	FX1N	FX1NC	FX2N	FX2NC
MODBUS通信用[通道1](详细内容请参考MODBUS通信手册)												
[M]8401	MODBUS通信中	○	○*4	○	○*5	○*5	—	—	—	—	—	—
[M]8402	MODBUS通信错误	○	○*4	○	○*5	○*5	D8402	—	—	—	—	—
[M]8403	MODBUS通信错误锁	○	○*4	○	○*5	○*5	D8403	—	—	—	—	—
[M]8404	只接收模式(脱机状态)	—	—	—	○*5	○*5	—	—	—	—	—	—
[M]8405～[M]8407	不可以使用	—	—	—	—	—	—	—	—	—	—	—
[M]8408	发生重试	○	○*4	○	○*5	○*5	—	—	—	—	—	—
[M]8409	发生超时	○	○*4	○	○*5	○*5	—	—	—	—	—	—
[M]8410	不可以使用	—	—	—	—	—	—	—	—	—	—	—
MODBUS通信用[通道2](详细内容请参考MODBUS通信手册)												
[M]8421	MODBUS通信中	—	○*4	○	○*5	○*5	—	—	—	—	—	—
[M]8422	MODBUS通信错误	—	○*4	○	○*5	○*5	D8422	—	—	—	—	—
[M]8423	MODBUS通信错误锁	—	○*4	○	○*5	○*5	D8423	—	—	—	—	—
[M]8424	只接收模式(脱机状态)	—	—	—	○*5	○*5	—	—	—	—	—	—
[M]8425～[M]8427	不可以使用	—	—	—	—	—	—	—	—	—	—	—
[M]8428	发生重试	—	○*4	○	○*5	○*5	—	—	—	—	—	—
[M]8429	发生超时	—	○*4	○	○*5	○*5	—	—	—	—	—	—
[M]8430	不可以使用	—	—	—	—	—	—	—	—	—	—	—
MODBUS通信用[通道1、通道2](详细内容请参考MODBUS通信手册)												
M 8411	设定MODBUS通信参数的标志位	○	○*4	○	○*5	○*5	—	—	—	—	—	—

*4. Ver.1.30以上的产品支持
*5. Ver.2.40以上的产品支持

图B.1 特殊辅助继电器M8000～M8511的使用说明（续）

编号・名称	动作・功能	适用机型										
		FX3S	FX3G	FX3GC	FX3U	FX3UC	对应特殊软元件	FX1S	FX1N	FX1NC	FX2N	FX2NC
FX3U-CF-ADP用[通道1]（详细内容请参考CF-ADP手册）												
[M]8400～[M]8401	不可以使用	—	—	—	—	—	—	—	—	—	—	—
[M]8402	正在执行CF-ADP用应用指令	—	—	—	○*2	○*2	—	—	—	—	—	—
[M]8403	不可以使用	—	—	—	—	—	—	—	—	—	—	—
[M]8404	CF-ADP单元就绪	—	—	—	○*2	○*2	—	—	—	—	—	—
[M]8405	CF卡安装状态	—	—	—	○*2	○*2	—	—	—	—	—	—
[M]8406～[M]8409	不可以使用	—	—	—	—	—	—	—	—	—	—	—
M8410	利用END指令停止状态更新的标志位	—	—	—	○*2	○*2	—	—	—	—	—	—
[M]8411～[M]8417	不可以使用	—	—	—	—	—	—	—	—	—	—	—
M8418	CF-ADP用应用指令错误*1	—	—	—	○*2	○*2	—	—	—	—	—	—
[M]8419	不可以使用	—	—	—	—	—	—	—	—	—	—	—
FX3U-CF-ADP用[通道2]（详细内容请参考CF-ADP手册）												
[M]8420～[M]8421	不可以使用	—	—	—	—	—	—	—	—	—	—	—
[M]8422	正在执行CF-ADP用应用指令	—	—	—	○*2	○*2	—	—	—	—	—	—
[M]8423	不可以使用	—	—	—	—	—	—	—	—	—	—	—
[M]8424	CF-ADP单元就绪	—	—	—	○*2	○*2	—	—	—	—	—	—
[M]8425	CF卡安装状态	—	—	—	○*2	○*2	—	—	—	—	—	—
[M]8426～[M]8429	不可以使用	—	—	—	—	—	—	—	—	—	—	—
M8430	利用END指令停止状态更新的标志位	—	—	—	○*2	○*2	—	—	—	—	—	—
[M]8431～[M]8437	不可以使用	—	—	—	—	—	—	—	—	—	—	—
M8438	CF-ADP用应用指令错误*1	—	—	—	○*2	○*2	—	—	—	—	—	—
[M]8439	不可以使用	—	—	—	—	—	—	—	—	—	—	—

*1.　从STOP→RUN时清除
*2.　Ver.2.61以上版本支持

图 B.1　特殊辅助继电器 M8000～M8511 的使用说明（续）

编号·名称	动作·功能	适用机型										
		FX3S	FX3G	FX3GC	FX3U	FX3UC	对应特殊软元件	FX1S	FX1N	FX1NC	FX2N	FX2NC
FX3U-ENET-ADP用[通道1](详细内容请参考ENET-ADP手册)												
[M]8063	错误发生	○	○*2	○*2	○*3	○*3	—	—	—	—	—	—
[M]8400～[M]8403	不可以使用	—	—	—	—	—	—	—	—	—	—	—
[M]8404	FX3U-ENET-ADP单元就绪	○	○*2	○*2	○*3	○*3	—	—	—	—	—	—
[M]8405	不可以使用	—	—	—	—	—	—	—	—	—	—	—
[M]8406*1	正在执行时间设定	○	○*2	○*2	○*3	○*3	—	—	—	—	—	—
[M]8407～[M]8410	不可以使用	—	—	—	—	—	—	—	—	—	—	—
M 8411*1	执行时间设定	○	○*2	○*2	○*3	○*3	—	—	—	—	—	—
[M]8412～[M]8415	不可以使用	—	—	—	—	—	—	—	—	—	—	—
FX3U-ENET-ADP用[通道2](详细内容请参考ENET-ADP手册)												
[M]8420～[M]8423	不可以使用	—	—	—	—	—	—	—	—	—	—	—
[M]8424	FX3U-ENET-ADP单元就绪	—	○*2	○*2	○*3	○*3	—	—	—	—	—	—
[M]8425	不可以使用	—	—	—	—	—	—	—	—	—	—	—
[M]8426*1	正在执行时间设定	—	○*2	○*2	○*3	○*3	—	—	—	—	—	—
[M]8427～[M]8430	不可以使用	—	—	—	—	—	—	—	—	—	—	—
M 8431*1	执行时间设定	—	○*2	○*2	○*3	○*3	—	—	—	—	—	—
[M]8432～[M]8435	不可以使用	—	—	—	—	—	—	—	—	—	—	—
[M]8438	错误发生	—	○*2	○*2	○*3	○*3	—	—	—	—	—	—
FX3U-ENET-ADP用[通道1、通道2](详细内容请参考ENET-ADP手册)												
[M]8490～[M]8491	不可以使用	—	—	—	—	—	—	—	—	—	—	—
M 8492	IP地址保存区域写入要求	○	○*4	○*4	—	—	—	—	—	—	—	—
[M]8493	IP地址保存区域写入结束	○	○*4	○*4	—	—	—	—	—	—	—	—
[M]8494	IP地址保存区域写入错误	○	○*4	○*4	—	—	—	—	—	—	—	—
M 8495	IP地址保存区域清除要求	○	○*4	○*4	—	—	—	—	—	—	—	—
[M]8496	IP地址保存区域清除结束	○	○*4	○*4	—	—	—	—	—	—	—	—
[M]8497	IP地址保存区域清除错误	○	○*4	○*4	—	—	—	—	—	—	—	—
[M]8498	变更IP地址功能运行中标志位	○	○*4	○*4	—	—	—	—	—	—	—	—

*1. 在参数的时间设置中，SNTP功能设定设为「使用」时动作。
*2. Ver.2.00以上的产品支持
*3. Ver.3.10以上的产品支持
*4. Ver.2.10以上的产品支持

图 B.1 特殊辅助继电器 M8000～M8511 的使用说明（续）

编号·名称	动作·功能	适用机型										
		FX3S	FX3G	FX3GC	FX3U	FX3UC	对应特殊软元件	FX1S	FX1N	FX1NC	FX2N	FX2NC
错误检测（详细内容，请参考38章）												
[M]8430～[M]8437	不可以使用	—	—	—	—	—	—	—	—	—	—	—
M8438	串行通信错误2[通道2]*1	—	○	○	○	○	D8438	—	—	—	—	—
[M]8439～[M]8448	不可以使用	—	—	—	—	—	—	—	—	—	—	—
[M]8449	特殊模块错误标志位	—	○	○	○	○*2	D8449	—	—	—	—	—
[M]8450～[M]8459	不可以使用	—	—	—	—	—	—	—	—	—	—	—

*1.　电源从OFF变为ON时清除
*2.　Ver. 2. 20以上版本支持

编号·名称	动作·功能	FX3S	FX3G	FX3GC	FX3U	FX3UC	对应特殊软元件	FX1S	FX1N	FX1NC	FX2N	FX2NC
定位[FX3S·FX3G·FX3GC·FX3U·FX3UC]（详细内容，请参考定位手册）												
M8460	DVIT(FNC 151)指令[Y000] 用户中断输入指令	—	—	—	○	○*3	D8336	—	—	—	—	—
M8461	DVIT(FNC 151)指令[Y001] 用户中断输入指令	—	—	—	○	○*3	D8336	—	—	—	—	—
M8462	DVIT(FNC 151)指令[Y002] 用户中断输入指令	—	—	—	○	○*3	D8336	—	—	—	—	—
M8463	DVIT(FNC 151)指令[Y003] 用户中断输入指令	—	—	—	○*4	—	D8336	—	—	—	—	—
M8464	DSZR(FNC 150)指令、ZRN(FNC 156)指令 [Y000] 清除信号软元件指定功能有效	○	○	○	○	○*3	D8464	—	—	—	—	—
M8465	DSZR(FNC 150)指令、ZRN(FNC 156)指令 [Y001] 清除信号软元件指定功能有效	○	○	○	○	○*3	D8465	—	—	—	—	—
M8466	DSZR(FNC 150)指令、ZRN(FNC 156)指令 [Y002] 清除信号软元件指定功能有效	—	○	—	○	○*3	D8466	—	—	—	—	—
M8467	DSZR(FNC 150)指令、ZRN(FNC 156)指令 [Y003] 清除信号软元件指定功能有效	—	—	—	○*4	—	D8467	—	—	—	—	—

*3.　Ver. 2. 20以上版本支持
*4.　仅当FX3U可编程控制器中连接了2台FX3U-2HSY-ADP时可以使用

编号·名称	动作·功能	FX3S	FX3G	FX3GC	FX3U	FX3UC	对应特殊软元件	FX1S	FX1N	FX1NC	FX2N	FX2NC
错误检测												
[M]8468～[M]8483	不可以使用	—	—	—	—	—	—	—	—	—	—	—
M8484*5	扩展总线发生异常时强制停止	—	○*6	○*6	○*7	○*7	—	—	—	—	—	—
[M]8485～[M]8486	不可以使用	—	—	—	—	—	—	—	—	—	—	—
[M]8487	USB通信错误	○	—	—	—	—	D8487	—	—	—	—	—
[M]8488	不可以使用	—	—	—	—	—	—	—	—	—	—	—
[M]8489	特殊参数错误	○	○*8	○*8	○*9	○*9	D8489	—	—	—	—	—
[M]8490～[M]8511	不可以使用	—	—	—	—	—	—	—	—	—	—	—

*5.　驱动M8484后检测出扩展总线异常。（详细内容参照38章）
*6.　Ver. 2. 30以上版本支持
*7.　Ver. 3. 20以上版本支持
*8.　Ver. 2. 00以上版本支持
*9.　Ver. 3. 10以上版本支持

图 B.1　特殊辅助继电器 M8000～M8511 的使用说明（续）

附录C　特殊数据寄存器D8000～D8511

特殊数据寄存器 D8000～D8511 的使用说明如图 C.1 所示。该图截取自三菱公司的《FX_{3S}·FX_{3G}·FX_{3GC}·FX_{3U}·FX_{3UC} 系列微型可编程控制器编程手册》，为与手册中的内容一致，本附录直接截图未作改动；图中所列的参考资料为三菱公司的相关资料，如需了解请读者自行查找。

编号名称	寄存器的内容	适用机型										
		FX3S	FX3G	FX3GC	FX3U	FX3UC	对应特殊软元件	FX1S	FX1N	FX1NC	FX2N	FX2NC
PLC状态												
D8000 看门狗定时器	初始值如右侧所示(1ms单位) (电源ON时从系统ROM传送过来) 通过程序改写的值，在执行了END、WDT指令后生效	200	200	200	200	200	—	200	200	200	200	200
[D]8001 PLC类型以及系统版本	2 4 1 0 0 ↑如右侧所示 ↑版本V1.00	28	26	26	24	24	D8101*1	22	26	26	24	24
[D]8002 内存容量	• 2…2K步 • 4…4K步 • 8…8K步 • 16K步以上时 D8002 为 [8] 时，在 D8102 中输入 [16]、[32]、[64]。	○ 4*2	○ 8	○ 8	○ 8	○ 8	D8102	○ 2	○ 8	○ 8	○ 4 8	○ 4 8
[D]8003 内存种类	保存内置存储器、RAM/EEPROM/EPROM盒的种类以及保护开关的ON/OFF状态。 内容 / 内存的种类 / 保护开关 00H / RAM存储器盒 / — 01H / EPROM存储器盒 / — 02H / EEPROM存储器盒或是快闪存储器盒 / OFF 0AH / EEPROM存储器盒或是快闪存储器盒 / ON 10H / 可编程控制器内置存储器 / —	○	○	○	○	○	—	○	○	○	○	○
[D]8004 错误M编号	8 0 6 0 ↑ 8060～8068(M8004ON时)	○	○	○	○	○	M8004	○	○	○	○	○
[D]8005 电池电压	3 0 (0.1V单位) 电池电压的当前值(例如:3.0V)	—	○	○	○	○	M8005	—	—	—	○	○
[D]8006 检测出电池电压低的等级	初始值 • FX2N·FX2NC可编程控制器： 3.0V(0.1V单位) • FX3G·FX3GC·FX3U·FX3UC可编程控制器： 2.7V(0.1V单位) (电源ON时从系统ROM传送过来)	—	○	○	○	○	M8006	—	—	—	○	○

*1.　支持特殊软元件的D8101仅指FX3S·FX3G·FX3GC·FX3U·FX3UC可控制编程器。
FX1S·FX1N·FX1NC·FX2N·FX2NC可编程控制器中没有支持的特殊软元件。

*2.　利用参数设定将存储器容量设定为16k步时，也显示为“4”。

图 C.1　特殊数据寄存器 D8000～D8511 的使用说明

编号名称	寄存器的内容	适用机型										
		FX3S	FX3G	FX3GC	FX3U	FX3UC	对应特殊软元件	FX1S	FX1N	FX1NC	FX2N	FX2NC
PLC状态												
[D]8007 检测出瞬间停止	保存M8007的动作次数。 电源断开时清除。	—	—	—	○	○	M8007	—	—	—	○	○
D8008 检测出停电的时间	初始值*1 • FX3U、FX2N可编程控制器： 10ms(AC电源型) • FX3UC、FX2NC可编程控制器： 5ms(DC电源型)	—	—	—	○	○	M8008	—	—	—	○	○
[D]8009 DC24V掉电单元号	掉电的输入输出扩展单元中最小的输入软元件编号	—	○	—	○	—	M8009	—	—	—	○	○

*1. FX2N・FX2NC可编程控制器的停电检测时间如下所示。
关于FX3U・FX3UC可编程控制器，请参考37.2.4项

—FX2N可编程控制器的AC电源型使用的是AC100V的电源时，允许的瞬时停电时间为10ms。请保持初始值不变使用。

—FX2N 可编程控制器的 AC 电源型使用的是 AC200V 的电源时，允许的瞬时停电时间最大为 100ms。可以在 10～100(ms)的范围内更改停电检测时间D8008。

—FX2N可编程控制器的DC电源型的允许瞬时停电时间为5ms。请在停电检测时间D8008中写入“K-1”作修正。

—FX2NC 可编程控制器的允许瞬时停电时间为 5ms。系统会在停电检测时间 D8008 中写入“K-1”作修正。请勿用顺控程序更改。

编号名称	寄存器的内容	FX3S	FX3G	FX3GC	FX3U	FX3UC	对应特殊软元件	FX1S	FX1N	FX1NC	FX2N	FX2NC
时钟												
[D]8010 扫描当前值	0步开始的指令累计执行时间 (0.1ms单位)	○ 同右	○ 同右	○ 同右	○ 同右	○ 同右	—	○ 在显示值中，还包括了驱动M8039时的恒定扫描运行的等待时间				
[D]8011 MIN扫描时间	扫描时间的最小值 (0.1ms单位)						—					
[D]8012 MAX扫描时间	扫描时间的最大值 (0.1ms单位)						—					
D8013 秒	0～59秒 (实时时钟用)	○	○	○	○	○	—	○	○	○	○	○*2
D8014 分	0～59分 (实时时钟用)	○	○	○	○	○	—	○	○	○	○	○*2
D8015 时	0～23小时 (实时时钟用)	○	○	○	○	○	—	○	○	○	○	○*2
D8016 日	1～31日 (实时时钟用)	○	○	○	○	○	—	○	○	○	○	○*2
D8017 月	1～12月 (实时时钟用)	○	○	○	○	○	—	○	○	○	○	○*2
D8018 年	西历2位数(0～99) (实时时钟用)	○	○	○	○	○	—	○	○	○	○	○*2
D8019 星期	0(日)～6(六) (实时时钟用)	○	○	○	○	○	—	○	○	○	○	○*2

*2. FX2NC可编程控制器时，需要使用带实时时钟功能的内存板

图 C.1　特殊数据寄存器 D8000～D8511 的使用说明（续）

编号名称	寄存器的内容	适用机型										
		FX3S	FX3G	FX3GC	FX3U	FX3UC	对应特殊软元件	FX1S	FX1N	FX1NC	FX2N	FX2NC
输入滤波器												
D 8020 输入滤波器的调节	X000～X017*1输入滤波器值 (初始值: 10ms)	○	○	○	○	○	–	○	○	○	○	○
[D]8021	不可以使用	–	–	–	–	–	–	–	–	–	–	–
[D]8022		–	–	–	–	–	–	–	–	–	–	–
[D]8023		–	–	–	–	–	–	–	–	–	–	–
[D]8024		–	–	–	–	–	–	–	–	–	–	–
[D]8025		–	–	–	–	–	–	–	–	–	–	–
[D]8026		–	–	–	–	–	–	–	–	–	–	–
[D]8027		–	–	–	–	–	–	–	–	–	–	–
变址寄存器Z0, V0												
[D]8028	Z0(Z)寄存器的内容*2	○	○	○	○	○	–	○	○	○	○	○
[D]8029	V0(V)寄存器的内容*2	○	○	○	○	○	–	○	○	○	○	○

*1. FX3G・FX3GC・FX1N・FX1NC基本单位可达X000～X007。

*2. Z1～Z7、V1～V7的内容保存在D8182～D8195中

编号名称	寄存器的内容	FX3S	FX3G	FX3GC	FX3U	FX3UC	对应特殊软元件	FX1S	FX1N	FX1NC	FX2N	FX2NC
模拟电位器[FX3S・FX3G・FX1S・FX1N]												
[D]8030	模拟电位器VR1的值(0～255的整数值)	○*3	○	–	–	–	–	○	○	–	–	–
[D]8031	模拟电位器VR2的值(0～255的整数值)	○*3	○	–	–	–	–	○	○	–	–	–
恒定扫描												
[D]8032	不可以使用	–	–	–	–	–	–	–	–	–	–	–
[D]8033		–	–	–	–	–	–	–	–	–	–	–
[D]8034		–	–	–	–	–	–	–	–	–	–	–
[D]8035		–	–	–	–	–	–	–	–	–	–	–
[D]8036		–	–	–	–	–	–	–	–	–	–	–
[D]8037		–	–	–	–	–	–	–	–	–	–	–
[D]8038		–	–	–	–	–	–	–	–	–	–	–
D8039 恒定扫描时间	初始值: 0ms(1ms单位) (电源ON时从系统ROM传送过来) 可以通过程序改写	○	○	○	○	○	M8039	○	○	○	○	○

*3. 不适用于FX3S-30M□/E□-2AD。

图 C.1 特殊数据寄存器 D8000～D8511 的使用说明（续）

编号名称	寄存器的内容	适用机型										
		FX3S	FX3G	FX3GC	FX3U	FX3UC	对应特殊软元件	FX1S	FX1N	FX1NC	FX2N	FX2NC
步进梯形图·信号报警器												
[D]8040*1 ON状态编号1	状态S0～S899、S1000～S4095*2中为ON的状态的最小编号保存到D8040中，其次为ON的状态编号保存到D8041中。 以下依次将运行的状态(最大8点)保存到D8047为止。	○	○	○	○	○	M8047	○	○	○	○	○
[D]8041*1 ON状态编号2		○	○	○	○	○		○	○	○	○	○
[D]8042*1 ON状态编号3		○	○	○	○	○		○	○	○	○	○
[D]8043*1 ON状态编号4		○	○	○	○	○		○	○	○	○	○
[D]8044*1 ON状态编号5		○	○	○	○	○		○	○	○	○	○
[D]8045*1 ON状态编号6		○	○	○	○	○		○	○	○	○	○
[D]8046*1 ON状态编号7		○	○	○	○	○		○	○	○	○	○
[D]8047*1 ON状态编号8		○	○	○	○	○		○	○	○	○	○
[D]8048	不可以使用	—	—	—	—	—	—	—	—	—	—	—
[D]8049*1 ON状态最小编号	M8049为ON时，保存信号报警继电器S900～S999中为ON的状态的最小编号。	—	○	○	○	○	M8049	—	—	—	○	○
[D]8050～[D]8059	不可以使用	—	—	—	—	—	—	—	—	—	—	—

*1. 在执行END指令时处理

*2. S1000～S4095仅指FX3G·FX3GC·FX3U·FX3UC可编程控制器

编号名称	寄存器的内容	FX3S	FX3G	FX3GC	FX3U	FX3UC	对应特殊软元件	FX1S	FX1N	FX1NC	FX2N	FX2NC
错误检测(详细内容，请参考38章)												
[D]8060	I/O构成错误的非实际安装I/O的起始编号被编程的输入、输出软元件没有被安装时，写入其起始的软元件编号。 (例如)X020未安装时 1 0 2 0 BCD转换值 软元件编号*3 1:输入X 0:输出Y	—	○	○	○	○	M8060	—	—	—	○	○
[D]8061	PLC硬件错误的错误代码编号	○	○	○	○	○	M8061	—	—	—	○	○
[D]8062	PLC/PP通信错误的错误代码编号	○	○	○	○	○	M8062	○	○	○	○	○
	串行通信错误0[通道0]的错误代码编号*4	—	○	○	—	—	M8062	—	—	—	—	—
[D]8063*5	串行通信错误1[通道1]的错误代码编号	○	○	○	○	○	M8063	○	○	○	○	○
[D]8064	参数错误的错误代码编号	○	○	○	○	○	M8064	○	○	○	○	○
[D]8065	语法错误的错误代码编号	○	○	○	○	○	M8065	○	○	○	○	○
[D]8066	梯形图错误的错误代码编号	○	○	○	○	○	M8066	○	○	○	○	○
[D]8067*6	运算错误的错误代码编号	○	○	○	○	○	M8067	○	○	○	○	○
D8068	发生运算错误的步编号的锁存	○	○	○	○*7	○*7	M8068	○	○	○	○	○
[D]8069*6	M8065～M8067的错误步编号	○	○	○	○*8	○*8	M8065～M8067	○	○	○	○	○

*3. FX3U·FX3UC·FX2N·FX2NC可编程控制器可达10～337。
FX3G·FX3GC可编程控制器可达10～177。

*4. 电源从OFF变为ON时清除

*5. 根据可编程控制器，如下所示。
- FX1S·FX1N·FX1NC·FX2N·FX2NC可编程控制器中，从STOP→RUN时被清除
- FX3S·FX3G·FX3GC·FX3U·FX3UC可编程控制器中，电源从OFF变为ON时清除

*6. 从STOP→RUN时清除

*7. 32K步以上时，在[D8313, D8312]中保存步编号

*8. 32K步以上时，在[D8315, D8314]中保存步编号

图 C.1 特殊数据寄存器 D8000～D8511 的使用说明（续）

编号名称	寄存器的内容	适用机型										
		FX3S	FX3G	FX3GC	FX3U	FX3UC	对应特殊软元件	FX1S	FX1N	FX1NC	FX2N	FX2NC
并联链接（详细内容请参考通信控制手册）												
[D]8070	判断并联链接错误的时间 500ms	○	○	○	○	○	—	○	○	○	○	○
[D]8071	不可以使用	—	—	—	—	—	—	—	—	—	—	—
[D]8072		—	—	—	—	—	—	—	—	—	—	—
[D]8073		—	—	—	—	—	—	—	—	—	—	—
采样跟踪*1 [FX3U・FX3UC・FX2N・FX2NC用]												
[D]8074	在计算机中使用了采样跟踪功能时，这些软元件是被可编程控制器系统占用的区域。*1	—	—	—	○	○	M8075～M8079	—	—	—	○	○
[D]8075		—	—	—	○	○		—	—	—	○	○
[D]8076		—	—	—	○	○		—	—	—	○	○
[D]8077		—	—	—	○	○		—	—	—	○	○
[D]8078		—	—	—	○	○		—	—	—	○	○
[D]8079		—	—	—	○	○		—	—	—	○	○
[D]8080		—	—	—	○	○		—	—	—	○	○
[D]8081		—	—	—	○	○		—	—	—	○	○
[D]8082		—	—	—	○	○		—	—	—	○	○
[D]8083		—	—	—	○	○		—	—	—	○	○
[D]8084		—	—	—	○	○		—	—	—	○	○
[D]8085		—	—	—	○	○		—	—	—	○	○
[D]8086		—	—	—	○	○		—	—	—	○	○
[D]8087		—	—	—	○	○		—	—	—	○	○
[D]8088		—	—	—	○	○		—	—	—	○	○
[D]8089		—	—	—	○	○		—	—	—	○	○
[D]8090		—	—	—	○	○		—	—	—	○	○
[D]8091		—	—	—	○	○		—	—	—	○	○
[D]8092		—	—	—	○	○		—	—	—	○	○
[D]8093		—	—	—	○	○		—	—	—	○	○
[D]8094		—	—	—	○	○		—	—	—	○	○
[D]8095		—	—	—	○	○		—	—	—	○	○
[D]8096		—	—	—	○	○		—	—	—	○	○
[D]8097		—	—	—	○	○		—	—	—	○	○
[D]8098		—	—	—	○	○		—	—	—	○	○

*1. 采样跟踪是外围设备使用的软元件。

图 C.1 特殊数据寄存器 D8000～D8511 的使用说明（续）

编号名称		寄存器的内容	适用机型										
			FX3S	FX3G	FX3GC	FX3U	FX3UC	对应特殊软元件	FX1S	FX1N	FX1NC	FX2N	FX2NC
脉宽/周期测量功能[FX3G・FX3GC用](详细参考第36.8节)													
D8074*1	低位	X000上升沿环形计数器值[1/6μs单位]	—	○*2	○	—	—	M8076 M8080	—	—	—	—	—
D8075*1	高位												
D8076*1	低位	X000下降沿环形计数器值[1/6μs单位]	—	○*2	○	—	—		—	—	—	—	—
D8077*1	高位												
D8078*1	低位	X000脉宽[10μs 单位]/X000脉冲周期[10μs 单位]	—	○*2	○	—	—		—	—	—	—	—
D8079*1	高位												
D8080*1	低位	X001上升沿环形计数器值[1/6μs单位]	—	○*2	○	—	—	M8077 M8081	—	—	—	—	—
D8081*1	高位												
D8082*1	低位	X001下降沿环形计数器值[1/6μs单位]	—	○*2	○	—	—		—	—	—	—	—
D8083*1	高位												
D8084*1	低位	X001脉宽[10μs 单位]/X001脉冲周期[10μs 单位]	—	○*2	○	—	—		—	—	—	—	—
D8085*1	高位												
D8086*1	低位	X003上升沿环形计数器值[1/6μs单位]	—	○*2	○	—	—	M8078 M8082	—	—	—	—	—
D8087*1	高位												
D8088*1	低位	X003下降沿环形计数器值[1/6μs单位]	—	○*2	○	—	—		—	—	—	—	—
D8089*1	高位												
D8090*1	低位	X003脉宽[10μs 单位]/X003脉冲周期[10μs 单位]	—	○*2	○	—	—		—	—	—	—	—
D8091*1	高位												
D8092*1	低位	X004上升沿环形计数器值[1/6μs单位]	—	○*2	○	—	—	M8079 M8083	—	—	—	—	—
D8093*1	高位												
D8094*1	低位	X004下降沿环形计数器值[1/6μs单位]	—	○*2	○	—	—		—	—	—	—	—
D8095*1	高位												
D8096*1	低位	X004脉宽[10μs 单位]/X004脉冲周期[10μs 单位]	—	○*2	○	—	—		—	—	—	—	—
D8097*1	高位												
[D]8098		不可以使用	—	—	—	—	—	—	—	—	—	—	—

*1. 从STOP→RUN时清除

*2. Ver. 1.10以上版本支持

编号名称	寄存器的内容	FX3S	FX3G	FX3GC	FX3U	FX3UC	对应特殊软元件	FX1S	FX1N	FX1NC	FX2N	FX2NC
高速环形计数器												
D8099	0～32767(0.1ms单位，16位)的递增动作的环形计数器*2	—	—	—	○	○	M8099	—	—	—	○	○
[D]8100	不可以使用	—	—	—	—	—	—	—	—	—	—	—

*3. 驱动M8099后，随着END指令的执行，0.1ms的高速环形计数器D8099动作。

图 C.1 特殊数据寄存器 D8000～D8511 的使用说明（续）

编号名称	寄存器的内容	适用机型										
		FX3S	FX3G	FX3GC	FX3U	FX3UC	对应特殊软元件	FX1S	FX1N	FX1NC	FX2N	FX2NC
内存信息												
[D]8101 PLC类型以及系统版本	1 6 1 0 0 如右侧所示 版本V1.00	28	26	26	16	16	—	—	—	—	—	—
[D]8102 内存容量	2…2K步 4…4K步 8…8K步 16…16K步 32…32K步 64…64K步	○ 4*1	○ 32	○ 32	○ 16*2 64	○ 16*2 64	—	○ 2	○ 8	○ 8	○ 4 8 16	○ 4 8 16
[D]8103	不可以使用	—	—	—	—	—	—	—	—	—	—	—
[D]8104	功能扩展内固有的机型代码	—	—	—	—	—	M8104	—	—	—	○*3	○*3
[D]8105	功能扩展内存的版本(Ver. 1. 00=100)	—	—	—	—	—		—	—	—	○*3	○*3
[D]8106	不可以使用	—	—	—	—	—	—	—	—	—	—	—
[D]8107	软元件注释登录数	—	—	—	○	○	M8107	—	—	—	—	—
[D]8108	特殊模块的连接台数	—	○	○	○	○	—	—	—	—	—	—

*1. 即使在参数设定中将内存容量设定成16k步的情况下也会显示“4”。

*2. 安装有FX3U-FLROM-16时。

*3. Ver. 3. 00以上版本支持

编号名称	寄存器的内容	FX3S	FX3G	FX3GC	FX3U	FX3UC	对应特殊软元件	FX1S	FX1N	FX1NC	FX2N	FX2NC
输出刷新错误(详细内容请参考38章)												
[D]8109	发生输出刷新错误的Y编号	—	○	○	○	○	M8109	—	—	—	○	○
[D]8110	不可以使用	—	—	—	—	—	—	—	—	—	—	—
[D]8111		—	—	—	—	—	—	—	—	—	—	—
功能扩展板FX1S・FX1N专用												
[D]8112	FX1N-2AD-BD: 通道1的数字值	—	—	—	—	—	M8112	○	○	—	—	—
[D]8113	FX1N-2AD-BD: 通道2的数字值	—	—	—	—	—	M8113	○	○	—	—	—
D8114	FX1N-1DA-BD: 要输出的数字值	—	—	—	—	—	M8114	○	○	—	—	—
[D]8115～[D]8119	不可以使用	—	—	—	—	—	—	—	—	—	—	—
RS(FNC 80)・计算机链接[通道1](详细内容请参考通信控制手册)												
D8120*4	RS(FNC 80)指令・计算机链接[通道1] 设定通信格式	○	○	○	○	○	—	○	○	○	○	○
D8121*4	计算机链接[通道1] 设定站号	○	○	○	○	○	—	○	○	○	○	○
[D]8122*5	RS(FNC 80)指令 发送数据的剩余点数	○	○	○	○	○	M8122	○	○	○	○	○
[D]8123*5	RS(FNC 80)指令 接收点数的监控	○	○	○	○	○	M8123	○	○	○	○	○
D8124	RS(FNC 80)指令 报头<初始值: STX>	○	○	○	○	○	—	○	○	○	○	○
D8125	RS(FNC 80)指令 报尾<初始值: ETX>	○	○	○	○	○	—	○	○	○	○	○
[D]8126	不可以使用	—	—	—	—	—	—	—	—	—	—	—
D8127	计算机链接[通道1] 指定下位通信请求(ON Demand)的起始编号	○	○	○	○	○	M8126～M8129	○	○	○	○	○
D8128	计算机链接[通道1] 指定下位通信请求(ON Demand)的数据数	○	○	○	○	○		○	○	○	○	○
D8129*4	RS(FNC 80)指令・计算机链接[通道1] 设定超时时间	○	○	○	○	○		○	○	○	○	○

*4. 通过电池或EEPROM停电保持。关于停电保持的详细内容，请参考2.6节。

*5. 从RUN→STOP时清除

图 C.1 特殊数据寄存器 D8000～D8511 的使用说明（续）

编号名称		寄存器的内容	适用机型										
			FX3S	FX3G	FX3GC	FX3U	FX3UC	对应特殊软元件	FX1S	FX1N	FX1NC	FX2N	FX2NC
高速计数器比较・高速表格・定位[定位为FX3S、FX3G、FX3GC、FX1S、FX1N、FX1NC用]													
[D]8130		HSZ(FNC 55)指令高速比较表格计数器	—	—	—	○	○	M8130	—	—	—	○	○
[D]8131		HSZ(FNC 55)、PLSY(FNC 57)指令 速度型式表格计数器	—	—	—	○	○	M8132	—	—	—	○	○
[D]8132	低位	HSZ(FNC 55)、PLSY(FNC 57)指令 速度型式频率	—	—	—	○	○	M8132	—	—	—	○	○
[D]8133	高位												
[D]8134	低位	HSZ(FNC 55)、PLSY(FNC 57)指令 速度型式目标脉冲数	—	—	—	○	○	M8132	—	—	—	○	○
[D]8135	高位												
D8136	低位	PLSY(FNC 57)、PLSR(FNC 59)指令 输出到Y000和Y001的脉冲合计数的累计	○	○	○	○	○	—	○	○	○	○	○
D8137	高位												
[D]8138		HSCT(FNC 280)指令 表格计数器	—	—	—	○	○	M8138	—	—	—	—	—
[D]8139		HSCS(FNC 53)、HSCR(FNC 54)、HSZ(FNC 55)、 HSCT(FNC 280)指令 执行中的指令数	—	—	—	○	○	M8139	—	—	—	—	—
D8140	低位	PLSY(FNC 57)、PLSR(FNC 59)指令 输出到Y000的脉冲数的累计	○	○	○	○	○	—	○	○	○	○	○
D8141	高位												
D8142	低位	PLSY(FNC 57)、PLSR(FNC 59)指令 输出到Y001的脉冲数的累计	○	○	○	○	○	—	○	○	○	○	○
D8143	高位												
[D]8144		不可以使用	—	—	—	—	—	—	—	—	—	—	—
D8145		ZRN(FNC 156)、DRVI(FNC 158)、DRVA(FNC 159)指令偏差速度 初始值：0	—	—	—	—	—	—	○	○	○	—	—
D8146	低位	ZRN(FNC 156)、DRVI(FNC 158)、DRVA(FNC 159)指令 最高速度 • FX1S、FX1N初始值：100000 • FX1NC初始值：100000*1	—	—	—	—	—	—	○	○	○*1	—	—
D8147	高位												
D8148		ZRN(FNC 156)、DRVI(FNC 158)、DRVA(FNC 159)指令加减速时间 (初始值：100)	—	—	—	—	—	—	○	○	○	—	—
[D]8149		不可以使用	—	—	—	—	—	—	—	—	—	—	—

*1.　请用顺控程序更改成10000以下的值。

图 C.1　特殊数据寄存器 D8000～D8511 的使用说明（续）

编号名称	寄存器的内容	适用机型										
		FX3S	FX3G	FX3GC	FX3U	FX3UC	对应特殊软元件	FX1S	FX1N	FX1NC	FX2N	FX2NC
变频器通信功能（详细内容，请参考通信控制手册）												
D8150*1	变频器通信的响应等待时间[通道1]	○	○*4	○	○	○	—	—	—	—	—	—
[D]8151	变频器通信的通信中的步编号[通道1] 初始值：-1	○	○*4	○	○	○	M8151	—	—	—	—	—
[D]8152*2	变频器通信的错误代码[通道1]	○	○*4	○	○	○	M8152	—	—	—	—	—
[D]8153*2	变频器通信的错误步的锁存[通道1] 初始值：-1	○	○*4	○	○	○	M8153	—	—	—	—	—
[D]8154*2	IVBWR(FNC 274)指令中发生错误的参数编号[通道1] 初始值：-1	—	—	—	○	○	M8154	—	—	—	—	—
	EXTR(FNC 180)指令的响应等待时间	—	—	—	—	—	—	—	—	—	○*3	○*3
D8155*1	变频器通信的响应等待时间[通道2]	—	○*4	○	○	○	—	—	—	—	—	—
[D]8155	EXTR(FNC 180)指令的通信中的步编号	—	—	—	—	—	M8155	—	—	—	○*3	○*3
[D]8156	变频器通信的通信中的步编号[通道2] 初始值：-1	—	○*4	○	○	○	M8156	—	—	—	—	—
	EXTR(FNC 180)指令的错误代码	—	—	—	—	—	M8156	—	—	—	○*3	○*3
[D]8157*2	变频器通信的错误代码[通道2]	—	○*4	○	○	○	M8157	—	—	—	—	—
[D]8157	EXTR(FNC 180)指令的错误步(锁存) 初始值：-1	—	—	—	—	—	M8157	—	—	—	○*3	○*3
[D]8158*2	变频器通信的错误步锁存[通道2] 初始值：-1	—	○*4	○	○	○	M8158	—	—	—	—	—
[D]8159*2	IVBWR(FNC 274)指令中发生错误的参数编号[通道2] 初始值：-1	—	—	—	○	○	M8159	—	—	—	—	—

*1. 电源从OFF变为ON时清除

*2. 从STOP→RUN时清除

*3. Ver.3.00以上版本支持

*4. Ver.1.10以上版本支持

编号名称	寄存器的内容	FX3S	FX3G	FX3GC	FX3U	FX3UC	对应特殊软元件	FX1S	FX1N	FX1NC	FX2N	FX2NC
显示模块功能[FX1S, FX1N]												
D8158	FX1N-5DM用 控制软元件(D) 初始值：-1	—	—	—	—	—	—	○	○	—	—	—
D8159	FX1N-5DM用 控制软元件(M) 初始值：-1	—	—	—	—	—	—	○	○	—	—	—
FX1N-BAT用[FX1N]（详细内容请参考FX1N-BAT手册）												
D8159	FX1N-BAT用电池电压过低检测标志位的指定 初始值：-1	—	—	—	—	—	—	—	○	—	—	—

图C.1 特殊数据寄存器D8000～D8511的使用说明（续）

编号名称	寄存器的内容	适用机型 FX3S	FX3G	FX3GC	FX3U	FX3UC	对应特殊软元件	FX1S	FX1N	FX1NC	FX2N	FX2NC
扩展功能												
[D]8160	不可以使用	—	—	—	—	—	—	—	—	—	—	—
[D]8161		—	—	—	—	—	—	—	—	—	—	—
[D]8162		—	—	—	—	—	—	—	—	—	—	—
[D]8163		—	—	—	—	—	—	—	—	—	—	—
D8164	指定FROM(FNC 78)、TO(FNC 79)传送点数	—	—	—	—	—	M8164	—	—	—	○*1	○
[D]8165	不可以使用	—	—	—	—	—	—	—	—	—	—	—
[D]8166	特殊模块错误情况	—	—	—	○*5	○*5	—	—	—	—	—	—
[D]8167	不可以使用	—	—	—	—	—	—	—	—	—	—	—
[D]8168		—	—	—	—	—	—	—	—	—	—	—
[D]8169	限制存取的状态	○	○	○	○	○*4	—	—	—	—	—	—

当前值	存取的限制状态	程序 读出	程序 写入	监控	更改当前值
H**00 *2	第2关键字未设定	○*3	○*3	○*3	○*3
H**10 *2	禁止写入	○	×	○	○
H**11 *2	禁止读出/写入	×	×	○	○
H**12 *2	禁止所有的在线操作	×	×	×	×
H**20 *2	解除关键字	○	○	○	○

*1. Ver.2.00以上版本支持

*2. **在系统上使用时被清除。

*3. 通过关键字的设定状态，未限制存取。

*4. Ver.2.20以上版本支持

*5. Ver.3.00以上版本支持
关于详细内容，请参考38.4节 错误代码一览及解决方法

编号名称	寄存器的内容	FX3S	FX3G	FX3GC	FX3U	FX3UC	对应特殊软元件	FX1S	FX1N	FX1NC	FX2N	FX2NC
简易PC间链接(设定)(详细内容请参考通信控制手册)												
[D]8170	不可以使用	—	—	—	—	—	—	—	—	—	—	—
[D]8171		—	—	—	—	—	—	—	—	—	—	—
[D]8172		—	—	—	—	—	—	—	—	—	—	—
[D]8173	相应的站号的设定状态	○	○	○	○	○	—	○	○	○	○*6	○
[D]8174	通信子站的设定状态	○	○	○	○	○	—	○	○	○	○*6	○
[D]8175	刷新范围的设定状态	○	○	○	○	○	—	○	○	○	○*6	○
D8176	设定相应站号	○	○	○	○	○	M8038	○	○	○	○*6	○
D8177	设定通信的子站数	○	○	○	○	○		○	○	○	○*6	○
D8178	设定刷新范围	○	○	○	○	○		○	○	○	○*6	○
D8179	重试的次数	○	○	○	○	○		○	○	○	○*6	○
D8180	监视时间	○	○	○	○	○		○	○	○	○*6	○
[D]8181	不可以使用	—	—	—	—	—	—	—	—	—	—	—

*6. Ver.2.00以上版本支持

图C.1 特殊数据寄存器D8000~D8511的使用说明（续）

编号名称	寄存器的内容	适用机型										
		FX3S	FX3G	FX3GC	FX3U	FX3UC	对应特殊软元件	FX1S	FX1N	FX1NC	FX2N	FX2NC
变址寄存器Z1～Z7、V1～V7												
[D]8182	Z1寄存器的内容	○	○	○	○	○	—	○	○	○	○	○
[D]8183	V1寄存器的内容	○	○	○	○	○	—	○	○	○	○	○
[D]8184	Z2寄存器的内容	○	○	○	○	○	—	○	○	○	○	○
[D]8185	V2寄存器的内容	○	○	○	○	○	—	○	○	○	○	○
[D]8186	Z3寄存器的内容	○	○	○	○	○	—	○	○	○	○	○
[D]8187	V3寄存器的内容	○	○	○	○	○	—	○	○	○	○	○
[D]8188	Z4寄存器的内容	○	○	○	○	○	—	○	○	○	○	○
[D]8189	V4寄存器的内容	○	○	○	○	○	—	○	○	○	○	○
[D]8190	Z5寄存器的内容	○	○	○	○	○	—	○	○	○	○	○
[D]8191	V5寄存器的内容	○	○	○	○	○	—	○	○	○	○	○
[D]8192	Z6寄存器的内容	○	○	○	○	○	—	○	○	○	○	○
[D]8193	V6寄存器的内容	○	○	○	○	○	—	○	○	○	○	○
[D]8194	Z7寄存器的内容	○	○	○	○	○	—	○	○	○	○	○
[D]8195	V7寄存器的内容	○	○	○	○	○	—	○	○	○	○	○
[D]8196～[D]8199	不可以使用	—	—	—	—	—	—	—	—	—	—	—
简易PC间链接(监控)(详细内容请参考通信控制手册)												
[D]8200	不可以使用	—	—	—	—	—	—	—	—	—	—	—
[D]8201*1	当前的链接扫描时间	○	○	○	○	○	—	(D201)	○	○	○*2	○
[D]8202*1	最大的链接扫描时间	○	○	○	○	○	—	(D202)	○	○	○*2	○
[D]8203*1	数据传送顺控错误计数数(主站)	○	○	○	○	○	M8183～M8191	(D203)	○	○	○*2	○
[D]8204*1	数据传送顺控错误计数数(站1)	○	○	○	○	○		(D204)	○	○	○*2	○
[D]8205*1	数据传送顺控错误计数数(站2)	○	○	○	○	○		(D205)	○	○	○*2	○
[D]8206*1	数据传送顺控错误计数数(站3)	○	○	○	○	○		(D206)	○	○	○*2	○
[D]8207*1	数据传送顺控错误计数数(站4)	○	○	○	○	○		(D207)	○	○	○*2	○
[D]8208*1	数据传送顺控错误计数数(站5)	○	○	○	○	○		(D208)	○	○	○*2	○
[D]8209*1	数据传送顺控错误计数数(站6)	○	○	○	○	○		(D209)	○	○	○*2	○
[D]8210*1	数据传送顺控错误计数数(站7)	○	○	○	○	○		(D210)	○	○	○*2	○
[D]8211*1	数据传送错误代码(主站)	○	○	○	○	○		(D211)	○	○	○*2	○
[D]8212*1	数据传送错误代码(站1)	○	○	○	○	○		(D212)	○	○	○*2	○
[D]8213*1	数据传送错误代码(站2)	○	○	○	○	○		(D213)	○	○	○*2	○
[D]8214*1	数据传送错误代码(站3)	○	○	○	○	○		(D214)	○	○	○*2	○
[D]8215*1	数据传送错误代码(站4)	○	○	○	○	○		(D215)	○	○	○*2	○
[D]8216*1	数据传送错误代码(站5)	○	○	○	○	○		(D216)	○	○	○*2	○
[D]8217*1	数据传送错误代码(站6)	○	○	○	○	○		(D217)	○	○	○*2	○
[D]8218*1	数据传送错误代码(站7)	○	○	○	○	○		(D218)	○	○	○*2	○
[D]8219～[D]8259	不可以使用	—	—	—	—	—	—	—	—	—	—	—

*1. FX1S可编程控制器使用( )内的编号

*2. Ver.2.00以上版本支持

图 C.1 特殊数据寄存器 D8000～D8511 的使用说明（续）

编号名称	寄存器的内容	适用机型										
		FX3S	FX3G	FX3GC	FX3U	FX3UC	对应特殊软元件	FX1S	FX1N	FX1NC	FX2N	FX2NC
模拟量特殊适配器[FX3U、FX3UC](关于各模拟量特殊适配器的内容，请参考37.2.19项)												
D8260~D8269	第1台的特殊适配器*1	—	—	—	○	○*2	—	—	—	—	—	—
D8270~D8279	第2台的特殊适配器*1	—	—	—	○	○*2	—	—	—	—	—	—
D8280~D8289	第3台的特殊适配器*1	—	—	—	○	○*2	—	—	—	—	—	—
D8290~D8299	第4台的特殊适配器*1	—	—	—	○	○*2	—	—	—	—	—	—
模拟量特殊适配器[FX3S、FX3G、FX3GC]、模拟功能扩展板[FX3S、FX3G] (关于各个模拟量特殊适配器、模拟功能扩展板的支持，参考37.2.18项)												
D8260~D8269	第1台功能扩展板*3	○	○*6	—	—	—	—	—	—	—	—	—
D8270~D8279	第2台功能扩展板*4*5	—	○*6	—	—	—	—	—	—	—	—	—
D8280~D8289	第1台特殊适配器*1	○	○	○	—	—	—	—	—	—	—	—
D8290~D8299	第2台特殊适配器*1*5	—	○	○	—	—	—	—	—	—	—	—
内置模拟量功能[FX3S-30M□/E□-2AD](详情请参考FX3S硬件篇手册)												
[D]8270	通道1模拟量输入数据(0~1020)	○*7	—	—	—	—	—	—	—	—	—	—
[D]8271	通道2模拟量输入数据(0~1020)	○*7	—	—	—	—	—	—	—	—	—	—
[D]8272	不可以使用	—	—	—	—	—	—	—	—	—	—	—
[D]8273		—	—	—	—	—	—	—	—	—	—	—
D8274	通道1平均次数(1~4095)	○*7	—	—	—	—	—	—	—	—	—	—
D8275	通道2平均次数(1~4095)	○*7	—	—	—	—	—	—	—	—	—	—
[D]8276	不可以使用	—	—	—	—	—	—	—	—	—	—	—
[D]8277		—	—	—	—	—	—	—	—	—	—	—
[D]8278	错误状态 b0：通道1上限刻度超出检测 b1：通道2上限刻度超出检测 b2：未使用 b3：未使用 b4：EEPROM错误 b5：平均次数设定错误(通道1、通道2通用) b6~b15：未使用	○*7	—	—	—	—	—	—	—	—	—	—
[D]8279	机型代码=5	○*7	—	—	—	—	—	—	—	—	—	—

*1. 从基本单元侧计算连接的模拟量特殊适配器的台数。
*2. Ver.1.20以上版本支持
*3. 变成已连接FX3G可编程控制器(40点、60点型)的BD1连接器、或者FX3G可编程控制器(14点、24点型)、FX3S可编程控制器的BD连接器的功能扩展板。
*4. 变成已连接FX3G可编程控制器(40点、60点型)的BD2连接器的功能扩展板。
*5. 只能连接FX3G可编程控制器(40点、60点型)。
*6. Ver.1.10以上版本支持
*7. 仅适用于FX3S-30M□/E□-2AD。

编号名称	寄存器的内容	FX3S	FX3G	FX3GC	FX3U	FX3UC	对应特殊软元件	FX1S	FX1N	FX1NC	FX2N	FX2NC
显示模块(FX3G-5DM，FX3U-7DM)功能(详细内容请参考可编程控制器主机的硬件篇手册)												
D8300	显示模块用 控制软元件(D) 初始值：K-1	—	○*8	—	○	○	—	—	—	—	—	—
D8301	显示模块用 控制软元件(M) 初始值：K-1	—	○*8	—	○	○	—	—	—	—	—	—
[D]8302*9	设定显示语言 日语：K0 英语：K0以外	—	○*8	—	○	○	—	—	—	—	—	—
[D]8303	LCD对比度设定值 初始值：K0	—	○*8	—	○	○	—	—	—	—	—	—
[D]8304~[D]8309	不可以使用	—	—	—	—	—	—	—	—	—	—	—

*8. Ver.1.10以上版本支持
*9. 通过电池或EEPROM停电保持。关于停电保持的详细内容，请参考2.6节。

图C.1 特殊数据寄存器D8000~D8511的使用说明（续）

编号名称		寄存器的内容	适用机型										
			FX3S	FX3G	FX3GC	FX3U	FX3UC	对应特殊软元件	FX1S	FX1N	FX1NC	FX2N	FX2NC
RND (FNC 184)													
[D]8310	低位	RND(FNC 184)生成随机数用的数据	—	—	—	○	○	—	—	—	—	—	—
[D]8311	高位	初始值：K1											
语法・回路・运算・I/O非实际安装的指定的错误步编号(详细内容请参考38章)													
D8312	低位	发生运算错误的步编号的锁存	—	—	—	○	○	M8068	—	—	—	—	—
D8313	高位	(32bit)											
[D]8314*1	低位	M8065～M8067的错误步编号	—	—	—	○	○	M8065～M8067	—	—	—	—	—
[D]8315*1	高位	(32bit)											
[D]8316	低位	指定(直接/通过变址的间接指定)了未	—	—	—	○	○	M8316	—	—	—	—	—
[D]8317	高位	安装的I/O编号的指令的步编号											
[D]8318		BFM初始化功能 发生错误的单元号	—	—	—	○	○*2	M8318	—	—	—	—	—
[D]8319		BFM初始化功能 发生错误的BFM号	—	—	—	○	○*2	M8318	—	—	—	—	—
[D]8320～[D]8328		不可以使用	—	—	—	—	—	—	—	—	—	—	—

*1. 从STOP→RUN时清除

*2. Ver.2.20以上版本支持

图 C.1 特殊数据寄存器 D8000～D8511 的使用说明（续）

编号名称	寄存器的内容	适用机型 FX3S	FX3G	FX3GC	FX3U	FX3UC	对应特殊软元件	FX1S	FX1N	FX1NC	FX2N	FX2NC
定时时钟(详细内容请参考24.3节)・定位[FX3S・FX3G・FX3GC・FX3U・FX3UC](详情请参考定位控制手册)												
[D]8329	不可以使用	—	—	—	—	—	—	—	—	—	—	—
[D]8330	DUTY(FNC 186)指令 定时时钟输出1用扫描数的计数器	—	—	—	○	○*1	M8330	—	—	—	—	—
[D]8331	DUTY(FNC 186)指令 定时时钟输出2用扫描数的计数器	—	—	—	○	○*1	M8331	—	—	—	—	—
[D]8332	DUTY(FNC 186)指令 定时时钟输出3用扫描数的计数器	—	—	—	○	○*1	M8332	—	—	—	—	—
[D]8333	DUTY(FNC 186)指令 定时时钟输出4用扫描数的计数器	—	—	—	○	○*1	M8333	—	—	—	—	—
[D]8334	DUTY(FNC 186)指令 定时时钟输出5用扫描数的计数器	—	—	—	○	○*1	M8334	—	—	—	—	—
D8336	DVIT(FNC 151)用中断输入的指定初始值: —	—	—	—	○	○*2	M8336	—	—	—	—	—
[D]8337～[D]8339	不可以使用	—	—	—	—	—	—	—	—	—	—	—
D8340	低位 [Y000] 当前值寄存器	○	○	○	○	○	—	—	—	—	—	—
D8341	高位 初始值: 0											
D8342	[Y000] 偏差速度初始值: 0	○	○	○	○	○	—	—	—	—	—	—
D8343	低位 [Y000] 最高速度	○	○	○	○	○	—	—	—	—	—	—
D8344	高位 初始值: 100000											
D8345	[Y000] 爬行速度初始值: 1000	○	○	○	○	○	—	—	—	—	—	—
D8346	低位 [Y000] 原点回归速度	○	○	○	○	○	—	—	—	—	—	—
D8347	高位 初始值: 50000											
D8348	[Y000] 加速时间初始值: 100	○	○	○	○	○	—	—	—	—	—	—
D8349	[Y000] 减速时间初始值: 100	○	○	○	○	○	—	—	—	—	—	—
D8350	低位 [Y001] 当前值寄存器	○	○	○	○	○	—	—	—	—	—	—
D8351	高位 初始值: 0											
D8352	[Y001] 偏差速度初始值: 0	○	○	○	○	○	—	—	—	—	—	—
D8353	低位 [Y001] 最高速度	○	○	○	○	○	—	—	—	—	—	—
D8354	高位 初始值: 100000											
D8355	[Y001] 爬行速度初始值: 1000	○	○	○	○	○	—	—	—	—	—	—
D8356	低位 [Y001] 原点回归速度	○	○	○	○	○	—	—	—	—	—	—
D8357	高位 初始值: 50000											
D8358	[Y001] 加速时间初始值: 100	○	○	○	○	○	—	—	—	—	—	—
D8359	[Y001] 减速时间初始值: 100	○	○	○	○	○	—	—	—	—	—	—
D8360	低位 [Y002] 当前值寄存器	—	○	—	○	○	—	—	—	—	—	—
D8361	高位 初始值: 0											
D8362	[Y002] 偏差速度初始值: 0	—	○	—	○	○	—	—	—	—	—	—
D8363	低位 [Y002] 最高速度	—	○	—	○	○	—	—	—	—	—	—
D8364	高位 初始值: 100000											
D8365	[Y002] 爬行速度初始值: 1000	—	○	—	○	○	—	—	—	—	—	—
D8366	低位 [Y002] 原点回归速度	—	○	—	○	○	—	—	—	—	—	—
D8367	高位 初始值: 50000											
D8368	[Y002] 加速时间初始值: 100	—	○	—	○	○	—	—	—	—	—	—
D8369	[Y002] 减速时间初始值: 100	—	○	—	○	○	—	—	—	—	—	—

*1. Ver. 2.20以上版本支持

*2. Ver. 1.30以上版本支持

图C.1 特殊数据寄存器D8000～D8511的使用说明（续）

编号名称	寄存器的内容	FX3S	FX3G	FX3GC	FX3U	FX3UC	对应特殊软元件	FX1S	FX1N	FX1NC	FX2N	FX2NC
		适用机型										
定位(FX3U)(详细内容请参考定位控制手册)												
D8370	低位 [Y003] 当前值寄存器	—	—	—	○*2	—	—	—	—	—	—	—
D8371	高位 初始值: 0											
D8372	[Y003] 偏差速度初始值: 0	—	—	—	○*2	—	—	—	—	—	—	—
D8373	低位 [Y003] 最高速度	—	—	—	○*2	—	—	—	—	—	—	—
D8374	高位 初始值: 100000											
D8375	[Y003] 爬行速度初始值: 1000	—	—	—	○*2	—	—	—	—	—	—	—
D8376	低位 [Y003] 原点回归速度	—	—	—	○*2	—	—	—	—	—	—	—
D8377	高位 初始值: 50000											
D8378	[Y003] 加速时间初始值: 100	—	—	—	○*2	—	—	—	—	—	—	—
D8379	[Y003] 减速时间初始值: 100	—	—	—	○*2	—	—	—	—	—	—	—
[D]8380～[D]8392	不可以使用	—	—	—	—	—	—	—	—	—	—	—
RS2(FNC 87)[通道0](FX3G、FX3GC)(详情请参考通信控制手册)												
D8370	RS2(FNC 87)[通道0]设定通信格式	—	○	○	—	—	—	—	—	—	—	—
D8371	不可以使用	—	—	—	—	—	—	—	—	—	—	—
[D]8372*1	RS2(FNC 87)[通道0] 发送数据的剩余点数	—	○	○	—	—	—	—	—	—	—	—
[D]8373*1	RS2(FNC 87)[通道0] 接收点数的监控	—	○	○	—	—	—	—	—	—	—	—
[D]8374～[D]8378	不可以使用	—	—	—	—	—	—	—	—	—	—	—
D8379	RS2(FNC 87)[通道0] 设定超时时间	—	○	○	—	—	—	—	—	—	—	—
D8380	RS2(FNC 87)[通道0] 报头1，2<初始值: STX>	—	○	○	—	—	—	—	—	—	—	—
D8381	RS2(FNC 87)[通道0] 报头3，4	—	○	○	—	—	—	—	—	—	—	—
D8382	RS2(FNC 87)[通道0] 报尾1，2<初始值: ETX>	—	○	○	—	—	—	—	—	—	—	—
D8383	RS2(FNC 87)[通道0] 报尾3，4	—	○	○	—	—	—	—	—	—	—	—
[D]8384	RS2(FNC 87)[通道0] 接收求和(接收数据)	—	○	○	—	—	—	—	—	—	—	—
[D]8385	RS2(FNC 87)[通道0] 接收求和(计算结果)	—	○	○	—	—	—	—	—	—	—	—
[D]8386	RS2(FNC 87)[通道0] 发送求和	—	○	○	—	—	—	—	—	—	—	—
[D]8387～[D]8388	不可以使用	—	—	—	—	—	—	—	—	—	—	—
[D]8389	显示动作模式[通道0]	—	○	○	—	—	—	—	—	—	—	—
[D]8390～[D]8392	不可以使用	—	—	—	—	—	—	—	—	—	—	—

*1. 从RUN→STOP时清除

*2. 仅当FX3U可编程控制器中连接了2台FX3U-2HSY-ADP时可以使用

<table>
<tr><td colspan="13">中断程序(详细内容参考36章)</td></tr>
<tr><td>D8393</td><td>延迟时间</td><td>—</td><td>—</td><td>—</td><td>○</td><td>○</td><td>M8393</td><td>—</td><td>—</td><td>—</td><td>—</td><td>—</td></tr>
<tr><td>[D]8394</td><td>不可以使用</td><td>—</td><td>—</td><td>—</td><td>—</td><td>—</td><td>—</td><td>—</td><td>—</td><td>—</td><td>—</td><td>—</td></tr>
<tr><td>[D]8395
程序的源代码信息、块口令状态</td><td>源代码信息的保存以及利用块口令进行执行程序的保护设定
<table>
<tr><th>当前值</th><th>源代码信息的保存</th><th>执行程序的保护</th></tr>
<tr><td>H**00*3</td><td>无</td><td>无</td></tr>
<tr><td>H**01*3</td><td>无</td><td>有</td></tr>
<tr><td>H**10*3</td><td>有</td><td>无</td></tr>
<tr><td>H**11*3</td><td>有</td><td>有</td></tr>
</table></td><td>—</td><td>—</td><td>—</td><td>○*4</td><td>○*4</td><td>—</td><td>—</td><td>—</td><td>—</td><td>—</td><td>—</td></tr>
<tr><td>[D]8396</td><td>CC-Link/LT设定信息</td><td>—</td><td>—</td><td>—</td><td>—</td><td>○*5</td><td>—</td><td>—</td><td>—</td><td>—</td><td>—</td><td>—</td></tr>
<tr><td>[D]8397</td><td>不可以使用</td><td>—</td><td>—</td><td>—</td><td>—</td><td>—</td><td>—</td><td>—</td><td>—</td><td>—</td><td>—</td><td>—</td></tr>
</table>

*3. **表示在系统中使用的区域。

*4. Ver.3.00以上版本支持

*5. 仅FX3UC-32MT-LT-2可使用

图 C.1 特殊数据寄存器 D8000～D8511 的使用说明（续）

编号名称	寄存器的内容	适用机型 FX3S	FX3G	FX3GC	FX3U	FX3UC	对应特殊软元件	FX1S	FX1N	FX1NC	FX2N	FX2NC
环形计数器												
D8398	低位 0～2,147,483,647(1ms单位)的递增动作的环形计数*1	○	○	○	○	○	M8398	—	—	—	—	—
D8399	高位											

*1. M8398驱动后，随着END指令的执行，1ms的环形计数器[D8399，D8398]动作。

编号名称	寄存器的内容	FX3S	FX3G	FX3GC	FX3U	FX3UC	对应特殊软元件	FX1S	FX1N	FX1NC	FX2N	FX2NC
RS2(FNC 87)[通道1](详细内容请参考通信控制手册)												
D8400	RS2(FNC 87)[通道1] 设定通信格式	○	○	○	○	○	—	—	—	—	—	—
[D]8401	不可以使用	—	—	—	—	—	—	—	—	—	—	—
[D]8402*2	RS2(FNC 87)[通道1] 发送数据的剩余点数	○	○	○	○	○	M8402	—	—	—	—	—
[D]8403*2	RS2(FNC 87)[通道1] 接收点数的监控	○	○	○	○	○	M8403	—	—	—	—	—
[D]8404	不可以使用	—	—	—	—	—	—	—	—	—	—	—
[D]8405	显示通信参数[通道1]	○	○	○	○	○	—	—	—	—	—	—
[D]8406～[D]8408	不可以使用	—	—	—	—	—	—	—	—	—	—	—
D8409	RS2(FNC 87)[通道1] 设定超时时间	○	○	○	○	○	—	—	—	—	—	—
D8410	RS2(FNC 87)[通道1] 报头1，2<初始值：STX>	○	○	○	○	○	—	—	—	—	—	—
D8411	RS2(FNC 87)[通道1] 报头3，4	○	○	○	○	○	—	—	—	—	—	—
D8412	RS2(FNC 87)[通道1] 报尾1，2<初始值：ETX>	○	○	○	○	○	—	—	—	—	—	—
D8413	RS2(FNC 87)[通道1] 报尾3，4	○	○	○	○	○	—	—	—	—	—	—
[D]8414	RS2(FNC 87)[通道1] 接收求和(接收数据)	○	○	○	○	○	—	—	—	—	—	—
[D]8415	RS2(FNC 87)[通道1] 接收求和(计算结果)	○	○	○	○	○	—	—	—	—	—	—
[D]8416	RS2(FNC 87)[通道1] 发送求和	○	○	○	○	○	—	—	—	—	—	—
[D]8417～[D]8418	不可以使用	—	—	—	—	—	—	—	—	—	—	—
[D]8419	显示动作模式[通道1]	○	○	○	○	○	—	—	—	—	—	—
RS2(FNC 87)[通道2]计算机链接[通道2](详细内容，请参考通信控制手册)												
D8420	RS2(FNC 87)[通道2] 设定通信格式	—	○	○	○	○	—	—	—	—	—	—
D8421	计算机链接[通道2] 设定站号	—	○	○	○	○	—	—	—	—	—	—
[D]8422*2	RS2(FNC 87)[通道2] 发送数据的剩余点数	—	○	○	○	○	M8422	—	—	—	—	—
[D]8423*2	RS2(FNC 87)[通道2] 接收点数的监控	—	○	○	○	○	M8423	—	—	—	—	—
[D]8424	不可以使用	—	—	—	—	—	—	—	—	—	—	—
[D]8425	显示通信参数[通道2]	—	○	○	○	○	—	—	—	—	—	—
[D]8426	不可以使用	—	—	—	—	—	—	—	—	—	—	—
D8427	计算机链接[通道2] 指定下位通信请求(On Demand)的起始编号	—	○	○	○	○		—	—	—	—	—
D8428	计算机链接[通道2] 指定下位通信请求(On Demand)的数据数	—	○	○	○	○	M8426～M8429	—	—	—	—	—
D8429	RS2(FNC 87)[通道2]计算机链接[通道2] 设定超时时间	—	○	○	○	○		—	—	—	—	—
D8430	RS2(FNC 87)[通道2] 报头1，2<初始值：STX>	—	○	○	○	○	—	—	—	—	—	—
D8431	RS2(FNC 87)[通道2] 报头3，4	—	○	○	○	○	—	—	—	—	—	—
D8432	RS2(FNC 87)[通道2] 报尾1，2<初始值：ETX>	—	○	○	○	○	—	—	—	—	—	—
D8433	RS2(FNC 87)[通道2] 报尾3，4	—	○	○	○	○	—	—	—	—	—	—
[D]8434	RS2(FNC 87)[通道2] 接收求和(接收数据)	—	○	○	○	○	—	—	—	—	—	—
[D]8435	RS2(FNC 87)[通道2] 接收求和(计算结果)	—	○	○	○	○	—	—	—	—	—	—
[D]8436	RS2(FNC 87)[通道2] 发送求和	—	○	○	○	○	—	—	—	—	—	—
[D]8437	不可以使用	—	—	—	—	—	—	—	—	—	—	—

*2. 从RUN→STOP时清除

图 C.1 特殊数据寄存器 D8000～D8511 的使用说明（续）

编号名称	寄存器的内容	适用机型										
		FX3S	FX3G	FX3GC	FX3U	FX3UC	对应特殊软元件	FX1S	FX1N	FX1NC	FX2N	FX2NC
MODBUS通信用[通道1]（详细内容请参考MODBUS通信手册）												
D 8400	通信格式设定	○	○*1	○	○*2	○*2	—	—	—	—	—	—
D 8401	协议	○	○*1	○	○*2	○*2	—	—	—	—	—	—
D 8402	通信出错代码	○	○*1	○	○*2	○*2	M8402	—	—	—	—	—
D 8403	出错详细内容	○	○*1	○	○*2	○*2	M8403	—	—	—	—	—
D 8404	发生通信出错的步	○	○*1	○	○*2	○*2	—	—	—	—	—	—
[D]8405	显示通信参数	○	○*1	○	○*2	○*2	—	—	—	—	—	—
D 8406	接收结束代码的第2个字节	—	—	—	○*2	○*2	—	—	—	—	—	—
[D]8407	通信中步编号	○	○*1	○	○*2	○*2	—	—	—	—	—	—
[D]8408	当前的重试次数	○	○*1	○	○*2	○*2	—	—	—	—	—	—
D 8409	从站响应超时	○	○*1	○	○*2	○*2	—	—	—	—	—	—
D 8410	播放延迟	○	○*1	○	○*2	○*2	—	—	—	—	—	—
D 8411	请求间延迟（帧间延迟）	○	○*1	○	○*2	○*2	—	—	—	—	—	—
D 8412	重试次数	○	○*1	○	○*2	○*2	—	—	—	—	—	—
D 8414	从站本站号	○	○*1	○	○*2	○*2	—	—	—	—	—	—
D 8415	通信计数器・通信事件日志储存软元件	—	—	—	○*2	○*2	—	—	—	—	—	—
D 8416	通信计数器・通信事件日志储存位置	—	—	—	○*2	○*2	—	—	—	—	—	—
[D]8419	动作方式显示	○	○*1	○	○*2	○*2	—	—	—	—	—	—
MODBUS通信用[通道2]（详细内容请参考MODBUS通信手册）												
D 8420	通信格式设定	—	○*1	○	○*2	○*2	—	—	—	—	—	—
D 8421	协议	—	○*1	○	○*2	○*2	—	—	—	—	—	—
D 8422	通信出错代码	—	○*1	○	○*2	○*2	M8422	—	—	—	—	—
D 8423	出错详细内容	—	○*1	○	○*2	○*2	M8423	—	—	—	—	—
D 8424	发生通信出错的步	—	○*1	○	○*2	○*2	—	—	—	—	—	—
[D]8425	显示通信参数	—	○*1	○	○*2	○*2	—	—	—	—	—	—
D 8426	接收结束代码的第2个字节	—	—	—	○*2	○*2	—	—	—	—	—	—
[D]8427	通信中步编号	—	○*1	○	○*2	○*2	—	—	—	—	—	—
[D]8428	当前的重试次数	—	○*1	○	○*2	○*2	—	—	—	—	—	—
D 8429	从站响应超时	—	○*1	○	○*2	○*2	—	—	—	—	—	—
D 8430	播放延迟	—	○*1	○	○*2	○*2	—	—	—	—	—	—
D 8431	请求间延迟（帧间延迟）	—	○*1	○	○*2	○*2	—	—	—	—	—	—
D 8432	重试次数	—	○*1	○	○*2	○*2	—	—	—	—	—	—
D 8434	从站本站号	—	○*1	○	○*2	○*2	—	—	—	—	—	—
D 8435	通信计数器・通信事件日志储存软元件	—	—	—	○*2	○*2	—	—	—	—	—	—
D 8436	通信计数器・通信事件日志储存位置	—	—	—	○*2	○*2	—	—	—	—	—	—
[D]8439	动作方式显示	—	○*1	○	○*2	○*2	—	—	—	—	—	—

*1. Ver.1.30以上的产品支持

*2. Ver.2.40以上的产品支持

图 C.1 特殊数据寄存器 D8000～D8511 的使用说明（续）

编号名称	寄存器的内容		适用机型										
			FX3S	FX3G	FX3GC	FX3U	FX3UC	对应特殊软元件	FX1S	FX1N	FX1NC	FX2N	FX2NC
MODBUS通信用[通道1、通道2](详细内容请参考MODBUS通信手册)													
D 8470	低位	MODBUS软元件分配信息1	—	—	—	○*1	○*1	—	—	—	—	—	—
D 8471	高位							—	—	—	—	—	—
D 8472	低位	MODBUS软元件分配信息2	—	—	—	○*1	○*1	—	—	—	—	—	—
D 8473	高位							—	—	—	—	—	—
D 8474	低位	MODBUS软元件分配信息3	—	—	—	○*1	○*1	—	—	—	—	—	—
D 8475	高位							—	—	—	—	—	—
D 8476	低位	MODBUS软元件分配信息4	—	—	—	○*1	○*1	—	—	—	—	—	—
D 8477	高位							—	—	—	—	—	—
D 8478	低位	MODBUS软元件分配信息5	—	—	—	○*1	○*1	—	—	—	—	—	—
D 8479	高位							—	—	—	—	—	—
D 8480	低位	MODBUS软元件分配信息6	—	—	—	○*1	○*1	—	—	—	—	—	—
D 8481	高位							—	—	—	—	—	—
D 8482	低位	MODBUS软元件分配信息7	—	—	—	○*1	○*1	—	—	—	—	—	—
D 8483	高位							—	—	—	—	—	—
D 8484	低位	MODBUS软元件分配信息8	—	—	—	○*1	○*1	—	—	—	—	—	—
D 8485	高位							—	—	—	—	—	—

*1.　Ver. 2. 40以上的产品支持

编号名称	寄存器的内容		FX3S	FX3G	FX3GC	FX3U	FX3UC	对应特殊软元件	FX1S	FX1N	FX1NC	FX2N	FX2NC
FX3U-CF-ADP用[通道1](详细内容请参考CF-ADP手册)													
[D]8400～[D]8401	不可以使用		—	—	—	—	—	—	—	—	—	—	—
[D]8402	低位	执行中指令步编号*3	—	—	—	○*2	○*2	—	—	—	—	—	—
[D]8403	高位		—	—	—	○*2	○*2	—	—	—	—	—	—
[D]8404～[D]8405	不可以使用		—	—	—	—	—	—	—	—	—	—	—
[D]8406	CF-ADP状态		—	—	—	○*2	○*2	—	—	—	—	—	—
[D]8407	不可以使用		—	—	—	—	—	—	—	—	—	—	—
[D]8408	CF-ADP的版本		—	—	—	○*2	○*2	—	—	—	—	—	—
[D]8409～[D]8413	不可以使用		—	—	—	—	—	—	—	—	—	—	—
[D]8414	低位	CF-ADP用应用指令错误发生步编号*3	—	—	—	○*2	○*2	—	—	—	—	—	—
[D]8415	高位		—	—	—	○*2	○*2	—	—	—	—	—	—
[D]8416	不可以使用		—	—	—	—	—	—	—	—	—	—	—
[D]8417	CF-ADP用应用指令错误代码详细内容*3*4		—	—	—	○*2	○*2	—	—	—	—	—	—
[D]8418	CF-ADP用应用指令错误代码*3*4		—	—	—	○*2	○*2	—	—	—	—	—	—
[D]8419	动作模式的显示		—	—	—	○*2	○*2	—	—	—	—	—	—
FX3U-CF-ADP用[通道2](详细内容请参考CF-ADP手册)													
[D]8420～[D]8421	不可以使用		—	—	—	—	—	—	—	—	—	—	—
[D]8422	低位	执行中指令步编号*3	—	—	—	○*2	○*2	—	—	—	—	—	—
[D]8423	高位		—	—	—	○*2	○*2	—	—	—	—	—	—
[D]8424～[D]8425	不可以使用		—	—	—	—	—	—	—	—	—	—	—
[D]8426	CF-ADP状态		—	—	—	○*2	○*2	—	—	—	—	—	—
[D]8427	不可以使用		—	—	—	—	—	—	—	—	—	—	—
[D]8428	CF-ADP的版本		—	—	—	○*2	○*2	—	—	—	—	—	—
[D]8429～[D]8433	不可以使用		—	—	—	—	—	—	—	—	—	—	—
[D]8434	低位	CF-ADP用应用指令错误发生步编号*3	—	—	—	○*2	○*2	—	—	—	—	—	—
[D]8435	高位		—	—	—	○*2	○*2	—	—	—	—	—	—
[D]8436	不可以使用		—	—	—	—	—	—	—	—	—	—	—
[D]8437	CF-ADP用应用指令错误代码详细内容*3*4		—	—	—	○*2	○*2	—	—	—	—	—	—
[D]8438	CF-ADP用应用指令错误代码*3*4		—	—	—	○*2	○*2	—	—	—	—	—	—
[D]8439	动作模式的显示		—	—	—	○*2	○*2	—	—	—	—	—	—

*2.　Ver. 2. 61以上版本支持
*3.　从STOP→RUN时清除
*4.　关于所保存的错误代码的详细内容，请参考CF-ADP手册

图 C.1　特殊数据寄存器 D8000～D8511 的使用说明（续）

编号名称	寄存器的内容	适用机型										
		FX3S	FX3G	FX3GC	FX3U	FX3UC	对应特殊软元件	FX1S	FX1N	FX1NC	FX2N	FX2NC
FX3U-ENET-ADP用[通道1](详细内容请参考ENET-ADP手册)												
[D]8400	IP地址(低位)	○	○*1	○*1	○*2	○*2	–	–	–	–	–	–
[D]8401	IP地址(高位)	○	○*1	○*1	○*2	○*2	–	–	–	–	–	–
[D]8402	子网掩码(低位)	○	○*1	○*1	○*2	○*2	–	–	–	–	–	–
[D]8403	子网掩码(高位)	○	○*1	○*1	○*2	○*2	–	–	–	–	–	–
[D]8404	默认路由器IP地址(低位)	○	○*1	○*1	○*2	○*2	–	–	–	–	–	–
[D]8405	默认路由器IP地址(高位)	○	○*1	○*1	○*2	○*2	–	–	–	–	–	–
[D]8406	状态信息	○	○*1	○*1	○*2	○*2	–	–	–	–	–	–
[D]8407	以太网端口的连接状态	○	○*1	○*1	○*2	○*2	–	–	–	–	–	–
[D]8408	FX3U-ENET-ADP版本	○	○*1	○*1	○*2	○*2	–	–	–	–	–	–
D 8409	通信超时时间	○	○*1	○*1	○*2	○*2	–	–	–	–	–	–
D 8410	连接强制无效化	○	○*1	○*1	○*2	○*2	–	–	–	–	–	–
[D]8411	时间设置功能动作结果	○	○*1	○*1	○*2	○*2	–	–	–	–	–	–
[D]8412～[D]8414	本站MAC地址	○	○*1	○*1	○*2	○*2	–	–	–	–	–	–
[D]8415	不可以使用	–	–	–	–	–	–	–	–	–	–	–
[D]8416	机型代码	○	○*1	○*1	○*2	○*2	–	–	–	–	–	–
[D]8417	以太网适配器的错误代码	○	○*1	○*1	○*2	○*2	–	–	–	–	–	–
[D]8418	不可以使用	–	–	–	–	–	–	–	–	–	–	–
[D]8419	显示动作模式	○	○*1	○*1	○*2	○*2	–	–	–	–	–	–
FX3U-ENET-ADP用[通道2](详细内容请参考ENET-ADP手册)												
[D]8420	IP地址(低位)	–	○*1	○*1	○*2	○*2	–	–	–	–	–	–
[D]8421	IP地址(高位)	–	○*1	○*1	○*2	○*2	–	–	–	–	–	–
[D]8422	子网掩码(低位)	–	○*1	○*1	○*2	○*2	–	–	–	–	–	–
[D]8423	子网掩码(高位)	–	○*1	○*1	○*2	○*2	–	–	–	–	–	–
[D]8424	默认路由器IP地址(低位)	–	○*1	○*1	○*2	○*2	–	–	–	–	–	–
[D]8425	默认路由器IP地址(高位)	–	○*1	○*1	○*2	○*2	–	–	–	–	–	–
[D]8426	状态信息	–	○*1	○*1	○*2	○*2	–	–	–	–	–	–
[D]8427	以太网端口的连接状态	–	○*1	○*1	○*2	○*2	–	–	–	–	–	–
[D]8428	FX3U-ENET-ADP版本	–	○*1	○*1	○*2	○*2	–	–	–	–	–	–
D 8429	通信超时时间	–	○*1	○*1	○*2	○*2	–	–	–	–	–	–
D 8430	连接强制无效化	–	○*1	○*1	○*2	○*2	–	–	–	–	–	–
[D]8431	时间设置功能动作结果	–	○*1	○*1	○*2	○*2	–	–	–	–	–	–
[D]8432～[D]8434	本站MAC地址	–	○*1	○*1	○*2	○*2	–	–	–	–	–	–
[D]8435	不可以使用	–	–	–	–	–	–	–	–	–	–	–
[D]8436	机型代码	–	○*1	○*1	○*2	○*2	–	–	–	–	–	–
[D]8437	以太网适配器的错误代码	–	○*1	○*1	○*2	○*2	–	–	–	–	–	–
[D]8438	不可以使用	–	–	–	–	–	–	–	–	–	–	–
[D]8439	显示动作模式	–	○*1	○*1	○*2	○*2	–	–	–	–	–	–
FX3U-ENET-ADP用[通道1、通道2](详细内容请参考ENET-ADP手册)												
[D]8490～[D]8491	不可以使用	–	–	–	–	–	–	–	–	–	–	–
D 8492	IP地址设置(低位)	○	○*3	○*3	–	–	–	–	–	–	–	–
D 8493	IP地址设置(高位)	○	○*3	○*3	–	–	–	–	–	–	–	–
D 8494	子网掩码设置(低位)	○	○*3	○*3	–	–	–	–	–	–	–	–
D 8495	子网掩码设置(高位)	○	○*3	○*3	–	–	–	–	–	–	–	–
D 8496	默认路由器IP地址设置(低位)	○	○*3	○*3	–	–	–	–	–	–	–	–
D 8497	默认路由器IP地址设置(高位)	○	○*3	○*3	–	–	–	–	–	–	–	–
[D]8498	IP地址保存区域写入错误代码	○	○*3	○*3	–	–	–	–	–	–	–	–
[D]8499	IP地址保存区域清除错误代码	○	○*3	○*3	–	–	–	–	–	–	–	–

*1. Ver. 2. 00以上的产品支持
*2. Ver. 3. 10以上的产品支持
*3. Ver. 2. 10以上的产品支持

图C.1 特殊数据寄存器D8000～D8511的使用说明（续）

编号名称	寄存器的内容	适用机型										
		FX3S	FX3G	FX3GC	FX3U	FX3UC	对应特殊软元件	FX1S	FX1N	FX1NC	FX2N	FX2NC
错误检测（详细内容，请参考38章）												
[D]8438*1	串行通信错误2[通道2]的错误代码编号	—	○	○	○	○	M8438	—	—	—	—	—
RS2(FNC 87)[通道2]计算机链接[通道2]（详细内容，请参考通信控制手册）												
[D]8439	显示动作模式[通道2]	—	○	○	○	○	—	—	—	—	—	—
错误检测（详细内容请参考38章）												
[D]8440～[D]8448	不可以使用	—	—	—	—	—	—	—	—	—	—	—
[D]8449	特殊模块错误代码	—	○	○	○	○*2	M8449	—	—	—	—	—
[D]8450～[D]8459	不可以使用	—	—	—	—	—	—	—	—	—	—	—

*1.　电源从OFF变为ON时清除

*2.　Ver.2.20以上版本支持

编号名称	寄存器的内容	FX3S	FX3G	FX3GC	FX3U	FX3UC	对应特殊软元件	FX1S	FX1N	FX1NC	FX2N	FX2NC
定位[FX3G・FX3U・FX3GC・FX3UC]（详情请参考定位控制手册）												
[D]8460～[D]8463	不可以使用	—	—	—	—	—	—	—	—	—	—	—
D8464	DSZR(FNC 150)、ZRN(FNC 156)指令[Y000]指定清除信号软元件	○	○	○	○	○*3	M8464	—	—	—	—	—
D8465	DSZR(FNC 150)、ZRN(FNC 156)指令[Y001]指定清除信号软元件	○	○	○	○	○*3	M8465	—	—	—	—	—
D8466	DSZR(FNC 150)、ZRN(FNC 156)指令[Y002]指定清除信号软元件	—	○	—	○	○*3	M8466	—	—	—	—	—
D8467	DSZR(FNC 150)、ZRN(FNC 156)指令[Y003]指定清除信号软元件	—	—	—	○*4	—	M8467	—	—	—	—	—

*3.　Ver.2.20以上版本支持

*4.　仅当FX3U可编程控制器中连接了2台FX3U-2HSY-ADP时可以使用

编号名称	寄存器的内容	FX3S	FX3G	FX3GC	FX3U	FX3UC	对应特殊软元件	FX1S	FX1N	FX1NC	FX2N	FX2NC
错误检测												
[D]8468～[D]8486	不可以使用	—	—	—	—	—	—	—	—	—	—	—
[D]8487	USB通信错误	○	—	—	—	—	M8487	—	—	—	—	—
[D]8488	不可以使用	—	—	—	—	—	—	—	—	—	—	—
[D]8489	特殊参数错误的错误代码编号	○	○*5	○*5	○*6	○*6	M8489	—	—	—	—	—
[D]8490～[D]8511	不可以使用	—	—	—	—	—	—	—	—	—	—	—

*5.　Ver.2.00以上版本支持

*6.　Ver.3.10以上版本支持

图C.1　特殊数据寄存器D8000～D8511的使用说明（续）

附录D　错误代码及解决方法

FX3 系列 PLC 程序错误时，其可能的错误代码及解决方法如图 D.1 所示。该图截取自三菱公司的《FX_{3S}・FX_{3G}・FX_{3GC}・FX_{3U}・FX_{3UC} 系列微型可编程控制器编程手册》，为与手册中的内容一致，本附录直接截图未作改动。

错误代码	错误时动作	错误内容	解决方法
I/O构成错误[M8060(D8060)]			
例如 1020	继续运行	未安装的I/O的起始软元件编号 (例如)X020未安装时 1 0 2 0　BCD转换值 软元件编号 1:输入X 0:输出Y • 1～3位数:软元件编号 FX3G・FX3GC: 10～177 FX3U・FX3UC: 10～337 • 4位数:输入输出的种类(1=输入X, 0=输出Y) 例:D8060中保存了1020时，输入的X020以后没有安装	未安装的输入继电器、输出继电器的编号被用于编写程序。 可编程控制器会继续运行，但是如有程序错误时，请修改。
串行通信错误2[M8438(D8438)]			
0000	—	无异常	
3801	继续运行	奇偶校验错误，溢出错误，帧错误	• 以太网通信、变频器通信、计算机链接、编程: 请确认是否根据用途正确设定了通信参数。 • 简易PC间链接、并联链接、MODBUS通信等: 请确认是否根据用途正确设定程序。 • 远程维护: 请确认调制解调器的电源接通以及AT命令的设定内容。 • 接线: 还请确认通信电缆的接线情况。
3802		通信字符错误	
3803		通信数据的和校验不一致	
3804		数据格式错误	
3805		命令错误	
3806		监视超时	
3807		调制解调器初始化错误	
3808		简易PC间链接的参数错误	
3809		简易PC之间的链接设定程序错误	
3812		并联链接字符错误	
3813		并联链接求和校验错误	
3814		并联链接格式错误	
3820		变频器通信功能中的通信错误	
3821		MODBUS通信出现了错误	
3830		存储器访问错误	使用存储器盒时，请确认存储器盒是否正确安装。如果状态没有改变，且未使用存储器盒，则可能是可编程控制器内部发生异常。请联系三菱电机自动化（中国）有限公司。
3840		特殊适配器连接异常	请确认特殊适配器的连接情况。
PLC硬件错误[M8061(D8061)]			
0000	—	无异常	
6101	停止运行	存储器访问错误	使用存储器盒时，请确认存储器盒是否正确安装。如果状态没有改变，且未使用存储器盒，则可能是可编程控制器内部发生异常。请联系三菱电机自动化（中国）有限公司。
6102		运算回路错误	拆下可编程控制器，放在桌子上另外供电。 如ERROR(ERR) LED灯灭，则认为是受到噪音干扰的影响，所以此时请考虑下列的对策。 —确认接地的接线，修改接线路径以及设置的场所。 —在电源线中加上噪音滤波器。 即使实施了上述内容，ERROR(ERR) LED灯仍然不灭的情况下，请咨询三菱电机自动化（中国）有限公司。

图 D.1　错误代码及解决方法

错误代码	错误时动作	错误内容	解决方法
PLC硬件错误[M8061(D8061)]			
6103	停止运行	I/O总线错误(M8069 ON时)	请检查扩展电缆的连接是否正确。
6104		扩展单元24V掉电(M8069 ON时)	
6105		看门狗定时器错误	采样(运算时间)超出了D8000的值。 请确认程序。
6106		I/O表制作错误错误(CPU错误)	上电时扩展单元的24V掉电。 (最长等待10秒以上仍然掉电。) 上电时，CC-Link/LT(FX3UC-32MT-LT(-2)内置)的输入输出分配没有做好。
6107		系统构成错误	特殊功能单元/模块的连接台数超过限制。请确认连接台数。
6108		扩展总线错误	确认扩展电缆是否已正确连接。
6112		安装有存储器盒的情况下，执行内置CC-Link/LT的设定更改时，不能正常写入到存储器盒中。	确认存储器盒的连接
6113		安装有存储器盒的情况下，执行内置CC-Link/LT的设定更改时，由于保护开关置ON，因此不能更改设定。	将存储器盒的保护开关置为OFF。
6114		不能对内置CC-Link/LT主站执行设定的写入	请再次进行配置。如果状况没有改善，则可能是可编程控制器内部有故障。请与三菱电机自动化(中国)有限公司或其办事处联系。
6115		向内置CC-Link/LT主站的EEPROM中写入超时错误。或者，采用自配置模式时，不能正常结束配置	
PLC/PP通信错误(D8062) 串行通信错误0[M8062(D8062)]			
0000	—	无异常	
6201	继续运行	奇偶校验错误，溢出错误，帧错误	请检查编程面板(PP)或编程用的连接器上连接的设备与可编程控制器(PLC)之间的连接是否确实连好。 如在监控可编程控制器的过程中插拔连接器，也可能发生错误。
6202		通信字符错误	
6203		通信数据的和校验不一致	
6204		数据格式错误	
6205		命令错误	
6230		存储器访问错误	使用存储器盒时，请确认存储器盒是否正确安装。如果状态没有改变，且未使用存储器盒，则可能是可编程控制器内部发生异常。请联系三菱电机自动化（中国）有限公司。

图 D.1　错误代码及解决方法（续）

错误代码	错误时动作	错误内容	解决方法
串行通信错误1 [M8063(D8063)]			
0000	—	无异常	
6301	继续运行	奇偶校验错误，溢出错误，帧错误	• 以太网通信、变频器通信、计算机链接、编程： 请确认是否根据用途正确设定了通信参数。 • 简易PC间链接、并联链接、MODBUS通信等： 请确认是否根据用途正确设定程序。 • 远程维护： 请确认调制解调器的电源接通以及AT命令的设定内容。 • 接线： 还请确认通信电缆的接线情况。
6302		通信字符错误	
6303		通信数据的和校验不一致	
6304		数据格式错误	
6305		命令错误	
6306		监视超时	
6307		调制解调器初始化错误	
6308		简易PC间链接的参数错误	
6309		简易PC之间的链接设定程序错误	
6312		并联链接字符错误	
6313		并联链接求和校验错误	
6314		并联链接格式错误	
6320		变频器通信功能中的通信错误	
3821		MODBUS通信出现了错误	
6330		存储器访问错误	使用存储器盒时，请确认存储器盒是否正确安装。如果状态没有改变，且未使用存储器盒，则可能是可编程控制器内部发生异常。请联系三菱电机自动化（中国）有限公司。
6340		特殊适配器连接异常	请确认特殊适配器的连接情况。
参数错误[M8064(D8064)]			
0000	—	无异常	
6401	停止运行	程序和校验不一致	• 请停止可编程控制器，正确设定参数。 • 安装了存储器盒时，对未支持版本的可编程控制器，请确认没有使用以下功能。 —无法解除的保护 （FX3U • FX3UC可编程控制器Ver. 2.61版本以上支持） —模块密码的执行程序保护功能 （FX3U • FX3UC可编程控制器Ver. 3.00版本以上支持） —FX3U-FLROM-1M的使用 （FX3U • FX3UC可编程控制器Ver. 3.00版本以上支持）
6402		内存容量的设定错误	
6403		保持区域的设定错误	
6404		注释区域的设定错误	
6405		文件寄存器的区域设定错误	
6406		BFM初始值数据的和校验不一致	
6407		BFM初始值数据异常	
6409		其他的设定错误	
6411		内置CC-Link/LT设定(专用区域)的参数错误	• 请停止可编程控制器，正确设定参数。 • 正确设定参数后，请将电源断开后重新上电。
6412		内藏CC-Link/LT設定(特殊设定区域)的参数和校验不一致	
6413		内藏CC-Link/LT設定(专用区域)的参数和校验不一致	
6420		特殊参数的和校验不一致	• 请停止可编程控制器，正确设定特殊参数。 • 正确设定特殊参数后，请将电源断开后重新上电。
6421		特殊参数的设定错误	• 确认特殊参数的错误代码(D8489)的内容及特殊适配器/特殊模块的故障排除后，正确设定特殊参数。 • 正确设定特殊参数后，请将电源断开后重新上电。

图 D.1　错误代码及解决方法（续）

错误代码	错误时动作	错误内容	解决方法
语法错误[M8065(D8065)]			
0000	—	无异常	
6501	停止运行	指令－软元件符号－软元件编号的组合错误	编写程序时请检查各指令的使用方法是否正确，出现错误时，请在编程模式下修改指令。
6502		在设定值前面没有OUT T、OUT C	
6503		• OUT T、OUT C后面没有设定值 • 应用指令的操作数不够	
6504		• 标签编号重复 • 中断输入和高速计数器输入重复	
6505		软元件编号超出范围	
6506		使用了未定义的指令	
6507		标签编号(P)的定义错误	
6508		中断输入(I)的定义错误	
6509		其他	
6510		MC的嵌套编号的大小关系错误	
回路错误[M8066(D8066)]			
0000	—	无异常	
6610	停止运行	LD、LDI的连续使用次数超过9次	作为回路块整体的指令组合方法有不正确的地方时，或者成对的指令的关系不正确时，会发生这样的错误。 请在编程模式下，将指令的相互关系修改正确。
6611		相对LD、LDI指令而言，ANB、ORB指令数过多	
6612		相对LD、LDI指令而言，ANB、ORB指令数过少	
6613		MPS的连续使用次数超过12次	
6614		遗漏MPS	
6615		遗漏MPP	
6616		MPS-MRD、MPP之间的线圈遗漏，或关系错误	
6617		应该从母线开始的指令没有连接在母线上 STL、RET、MCR、P、I、DI、EI、FOR、NEXT、SRET、IRET、FEND、END	
6618		只能在主程序中使用的指令在主程序以外(中断、子程序等)。 STL、MC、MCR	
6619		FOR-NEXT之间有不能使用的指令 STL、RET、MC、MCR、I、IRET	
6620		FOR-NEXT嵌套超出	
6621		FOR-NEXT数的关系错误	
6622		无NEXT指令	
6623		无MC指令	
6624		无MCR指令	
6625		STL的连续使用次数超出9次	
6626		STL-RET之间有不能使用的指令 MC、MCR、I、SRET、IRET	
6627		无STL指令	
6628		在主程序中有主程序不能使用的指令 I、SRET、IRET	
6629		无P、I	
6630		无SRET、IRET指令 在子程序内有STL-RET或者MC-MCR指令	
6631		不能使用SRET指令的场所中有SRET指令	
6632		不能使用FEND指令的场所中有FEND指令	

图 D.1　错误代码及解决方法（续）

错误代码	错误时动作	错误内容	解决方法
运算错误[M8067(D8067)]			
0000	—	无异常	
6701	继续运行	• 没有CJ、CALL的跳转目标地址 • 变址修饰的结果、标签未定义，以及在 P0 ～ P4095以外时 • 在CALL指令中执行了P63。因为P63是向END跳转的标签，所以不能在CALL指令中使用	这些是在运算执行过程中产生的错误，请修改程序或是检查应用指令的操作数的内容。 即使没有发生语法、回路错误，但是例如由于下列原因也会产生运算错误。 (例如) T500Z本身没有错误，但是如果运算结果为Z=100，则会变为T600，那样软元件编号会超出。
6702		CALL的嵌套超出6个	
6703		中断的嵌套超出3个	
6704		FOR-NEXT的嵌套超出6个	
6705		应用指令的操作数是对象软元件以外的软元件	
6706		应用指令的操作数的软元件编号范围或数据的值超出	
6707		没有设定文件寄存器的参数，就对文件寄存器进行访问	
6708		FROM/TO指令错误	在执行运算过程中出现的错误。 • 请修改程序，或是检查应用指令的操作数的内容。 • 请确认相应的设备中是否存在指定的缓冲存储区。 • 请确认扩展电缆的连接情况。
6709		其他(不正确的分支等)	这些是在运算执行过程中产生的错误，请修改程序或是检查应用指令的操作数的内容。 即使没有发生语法、回路错误，但是例如由于下列原因也会产生运算错误。 (例如) T500Z本身没有错误，但是如果运算结果为Z=100，则会变为T600，那样软元件编号会超出。
6710		参数之间的不匹配	在移位指令等中，存在源操作数和目标操作数的重复的情况
6730		采样时间(T_S)为对象范围以外 ($T_S \leqq 0$)	《停止PID运算》 在控制参数的设定值或PID运算中出现数据错误。 请检查参数的内容。
6732		输入滤波器常数(α)为对象范围以外 ($\alpha<0$或$100\leqq\alpha$)	
6733		比例增益(K_P)为对象范围以外 ($K_P<0$)	
6734		积分时间(T_I)为对象范围以外 ($T_I<0$)	
6735		微分增益(K_D)为对象范围以外 ($K_D<0$或$201\leqq K_D$)	
6736		微分时间(T_D)为对象范围以外($T_D<0$)	
6740		采样时间(T_S)≦运算周期	《继续自整定》 视为采样时间(T_S)=循环时间(运算周期) 运算、继续执行。

图 D.1　错误代码及解决方法（续）

错误代码	错误时动作	错误内容	解决方法
运算错误[M8067(D8067)]			
6742	继续运行	测量值变化量超出 (ΔPV<-32768或是32767<ΔPV)	《继续PID运算》 各参数在最大值或最小值下继续运行。
6743		偏差超出 (EV<-32768或是32767<EV)	
6744		积分计算值超出 (-32768～32767以外)	
6745		由于微分增益(K_D)超出导致微分值超出	
6746		微分计算值超出 (-32768～32767以外)	
6747		PID运算结果超出 (-32768～32767以外)	
6748		PID输出上限设定值<输出下限设定值	《替换输出上限值和输出下限值→继续PID运算》 请确认对象的设定内容是否正确。
6749		PID输入变化量报警设定值、输出变化量报警设定值异常(设定值<0)	《无报警输出→继续PID运算》 请确认对象的设定内容是否正确。
6750		《步响应法》 自整定结果错误	《自整定结束→转移到PID运算》 • 自整定开始时的偏差为150以下时结束。 • 自整定结束时的偏差为开始时偏差的1/3以上时结束。 确认测量值、目标值以后，请再次执行自整定。
6751		《步响应法》 自整定动作方向不一致	《自整定强制结束→不转移到PID运算》 从自整定开始时的测量值考虑的动作方向，与自整定用的输出中的实际动作方向不一致。 请将目标值、自整定用输出值，测量值的关系都修改正确后，再次执行自整定。
6752		《步响应法》 自整定动作错误	《自整定结束→不转移到PID运算》 在自整定中，由于设定值上下变动，导致自整定不能正确动作。 请将采样时间设置成远远大于输出的变化周期的时间，或是将输入滤波器的常数放大。 在更改设定后，重新执行自整定。
6753		《极限循环法》 自整定用输出设定值异常 [ULV(上限)≦LLV(下限)]	《自整定强制结束→不转移到PID运算》 请确认对象的设定内容是否正确。
6754		《极限循环法》 自整定用PV临界值(滞后)设定值异常(SH_{PV} < 0)	
6755		《极限循环法》 自整定状态转移异常 (管理状态转移的软元件的数据被异常改写)	《自整定强制结束→不转移到PID运算》 请确认程序中是否改写了PID指令占用的软元件。
6756		《极限循环法》 由于自整定测量时间超出导致的结果异常($\tau_{on} > \tau$, $\tau_{on} < 0$, $\tau < 0$)	《自整定强制结束→不转移到PID运算》 自整定所需的时间超出了原先的需要。请确认采取将自整定用输出值的上下限的差(ULV-LLV)变大，输入滤波器常数α、自整定用PV临界值SH_{PV}的值变小等措施后，是否看到改善的效果。
6757		《极限循环法》 自整定结果的比例增益超出(K_P=0～32767以外)	《自整定结束(K_P=32767)→转移到PID运算》 相对输出值而言测量值(PV)的值的变化小。请通过将测量值(PV)放大10倍后输入等方法，将自整定中的PV的变化放大。

图D.1　错误代码及解决方法（续）

错误代码	错误时动作	错误内容	解决方法
运算错误[M8067(D8067)]			
6758	继续运行	《极限循环法》 自整定结果的积分时间超出 (T_I=0～32767以外)	《自整定结束(K_P=32767)→转移到PID运算》 自整定所需的时间超出了原先的需要。请确认采取将自整定用输出值的上下限的差(ULV-LLV)变大，输入滤波器常数α、自整定用PV临界值SH_{PV}的值变小等措施后，是否看到改善的效果。
6759		《极限循环法》 自整定结果的微分时间超出 (T_D=0～32767以外)	
6760		来自伺服的ABS数据的和校验不一致	请确认与伺服的连接，及设定情况。
6762		在变频器通信指令中指定的通信端口，已经在其他的通信中被使用了。	请确认指定的通信端口是否在其他指令中被使用了。
6763		1) DSZR、DVIT、ZRN指令中指定的输入(X)，已经在其他的指令中被使用了。 2) DVIT指令的中断信号软元件在设定范围以外。	1) 请确认DSZR、DVIT和ZRN指令中指定的输入(X)是否在下列的用途中被使用。 —输入中断(包含延迟功能) —高速计数器C235～C255 —脉冲捕捉M8170～M8177 —SPD指令 2) 请确认DVIT指令的中断信号指定D8336的内容。
6764		脉冲输出编号，已经在定位指令、脉冲输出指令(PLSY、PWM等)中被使用了。	请确认在脉冲输出对象地址中指定的输出，是否在其他的定位指令中被驱动。
6765		应用指令的使用次数错误	请确认是否超限使用在程序中有使用次数限制的应用指令。
6770		存储器访问错误	使用存储器盒时，请确认存储器盒是否正确安装。如果状态没有改变，且未使用存储器盒，则可能是可编程控制器内部发生异常。请联系三菱电机自动化（中国）有限公司。
6771		存储器盒未连接	请确认是否正确安装了存储器盒。
6772		存储器盒禁止写入时的写入错误	存储器盒的保护开关为ON时，向存储器盒执行了写入。 请将保护开关置为OFF。
6773		对RUN中写入中的存储器盒的访问错误	在RUN中写入时执行了与存储器盒之间的传送(读出/写入)。
USB通信错误			
8702	继续运行	通信字符错误	请检查编程用的连接器上连接的设备与可编程控制器（PLC）之间的连接是否确实连好。如在监控可编程控制器的过程中，插拔连接器，也可能发生错误。
8703		通信数据的和校验不一致	
8704		数据格式错误	
8705		命令错误	
8730		存储器访问错误	使用存储器盒时，请确认存储器盒是否正确安装。如果状态没有改变，且未使用存储器盒，则可能是可编程控制器内部发生异常。请联系三菱电机自动化（中国）有限公司。

图D.1 错误代码及解决方法（续）

错误代码	错误时动作	错误内容	解决方法
特殊模块错误[M8449(D8449)]			
□020*1	继续运行	一般数据的和校验错误	请确认扩展电缆的连接情况
□021*1		一般数据的报文异常	
□022*1		系统访问异常	
□025*1		CC-Link经由其他站访问和校验错误	
□026*1		CC-Link经由其他站报文异常	
□030*1		存储器访问错误	使用存储器盒时，请确认存储器盒是否正确安装。如果状态没有改变，且未使用存储器盒，则可能是可编程控制器内部发生异常。请联系三菱电机自动化（中国）有限公司。
□080*1		FROM/TO错误	在执行运算过程中出现的错误。 • 请修改程序，或是检查应用指令的操作数的内容。 • 请确认相应的设备中是否存在指定的缓冲存储区。 • 请确认扩展电缆的连接情况。
□090*1		外围设备访问错误	• 检查编程面板(PP)或编程用的连接器上连接的设备与可编程控制器(PLC)之间的连接是否确实连好 • 请确认扩展电缆的连接情况。
特殊参数错误[M8489(D8489)]			
□□01*2	继续运行	特殊参数设定的超时错误	电源OFF后，请确认特殊适配器/特殊模块的电源及连接。
□□02*2		特殊参数设定错误	特殊参数的设定异常。 • 确认特殊适配器 / 特殊模块的故障排除后，正确设定特殊参数。 • 正确设定特殊参数后，请将电源断开后重新上电。
□□03*2		特殊参数传送目标未连接错误	已设定特殊参数，但特殊适配器/特殊模块未连接。 请确认特殊适配器/特殊模块是否连接。
□□04*2		有特殊参数未支持功能	对连接的特殊适配器/特殊模块，请确认是否设定了包含有未支持设定的特殊参数。

*1. □中为发生错误的特殊单元/特殊模块的0～7单元编号。

*2. □□中为按发生错误的特殊适配器/特殊模块为单位的保存值。
2台以上发生错误时，按发生错误的特殊适配器/特殊模块中最小的值保存。

□□的值(10进制)	发生错误的特殊适配器/特殊模块
00	特殊模块的单元编号0
10	特殊模块的单元编号1
20	特殊模块的单元编号2
30	特殊模块的单元编号3
40	特殊模块的单元编号4
50	特殊模块的单元编号5
60	特殊模块的单元编号6
70	特殊模块的单元编号7
81	特殊适配器通信CH1
82	特殊适配器通信CH2

图 D.1　错误代码及解决方法（续）

出错位	错误时动作	错误内容	解决方法
特殊模块错误情况［D8166］			
b0	继续运行	单元0访问错误	在执行运算过程中或END指令执行过程中出现的错误。 • 请修改程序， 或是检查应用指令的操作数的内容。 • 请确认在相应的设备中是否存在指定的缓冲存储区。 • 请确认扩展电缆的连接情况。
b1		单元1访问错误	
b2		单元2访问错误	
b2		单元3访问错误	
b4		单元4访问错误	
b5		单元5访问错误	
b6		单元6访问错误	
b7		单元7访问错误	
b8b～15	—	不可以使用	

图 D.1　错误代码及解决方法（续）

参 考 文 献

[1] 李金城．PLC模拟量与通信控制应用实践．北京：电子工业出版社，2011．

[2] 李金城．三菱FX_{2N} PLC功能指令应用详解．北京：电子工业出版社，2012．

[3] 李金城．三菱FX系列PLC定位控制应用技术．北京：电子工业出版社，2012．

[4] 李金城．工控技术应用数学．北京：电子工业出版社，2014．

[5] 李金城．三菱FX_{3U} PLC应用基础与编程入门．北京：电子工业出版社，2016．

[6] 三菱电机．FX_{3S}・FX_{3G}・FX_{3gc}・FX_{3U}・FX_{3UC}系列微型可编程控制器编程手册（基本・应用指令说明书）．2016．

[7] 三菱电机．FX_{3S}・FX_{3G}・FX_{3GC}・FX_{3U}・FX_{3UC}系列微型可编程控制器用户手册（定位控制篇）．2009．

[8] 三菱电机．FX系列可编程控制器用户手册（通信篇）．2016．

[9] 三菱电机．FX_{3S}・FX_{3G}・FX_{3GC}・FX_{3U}・FX_{3UC}系列微型可编程控制器用户手册（模拟量控制篇）．2006．

[10] 三菱电机．FX_{3S}・FX_{3G}・FX_{3GC}・FX_{3U}・FX_{3UC}系列微型可编程控制器用户手册（MODBUS 通信篇）．2010．

[11] 三菱电机．FX_{3U}系列可编程控制器用户手册（硬件篇）．2010．